Technische Fluidmechanik

Herbert Sigloch

Technische Fluidmechanik

11. Auflage

Springer Vieweg

Herbert Sigloch
Bad Überkingen, Deutschland

ISBN 978-3-662-64628-1 ISBN 978-3-662-64629-8 (eBook)
https://doi.org/10.1007/978-3-662-64629-8

Die Deutsche Nationalbibliothek verzeichnet diese Publikation in der Deutschen Nationalbibliografie; detaillierte bibliografische Daten sind im Internet über http://dnb.d-nb.de abrufbar.

Springer Vieweg

Springer Vieweg ist ein Imprint der eingetragenen Gesellschaft Springer-Verlag GmbH, DE und ist ein Teil von Springer Nature.
Die Anschrift der Gesellschaft ist: Heidelberger Platz 3, 14197 Berlin, Germany

Vorwort zur elften Auflage

Das Buch „Technische Fluidmechanik" beinhaltet die anwendungsbezogene Beschreibung und Berechnung des physikalischen Verhaltens – mechanischen und thermischen – von Flüssigkeiten sowie Gasen/Dämpfen. Es ist jetzt in der 11. Auflage verfügbar. Ungereimtheiten wurden beseitigt und Ergänzungen, gemäß dem Stand der Wissenschaft, sind durchgeführt, wobei die bewährte Gesamtstruktur des Buches beibehalten bleibt. Wie bisher, wurde der Wert auf die Grundlagen der Fluidmechanik, ein Teilgebiet der angewandten Physik, sowie deren praktischen Nutzbarkeit gelegt. Auf die theoretische Fluidmechanik, die sehr stark mathematisch geprägt ist und die computergestützte, numerische Strömungsmechanik wurden, bis auf einführende Hinweise, bewusst verzichtet. Dies ist die Aufgabe von entsprechenden Spezialisten.Für den Ingenieurbedarf gibt es hierfür jedoch schon viele anwendungsgerechte Computerprogramme mit klaren Anleitungen für die Simulation und Berechnung technischer Probleme um entsprechend vorteilhafte Herstellung der geplanten Produkte, als auch deren günstigen, ökonomisch-wirtschaftlichen Gebrauch zu erreichen.Diese Programme bauen auf den im vorgelegten Buch kurz dargestellten Grundlagen auf und erfordern meist nur relativ kleinere, leistungsfähige Computer. Die Simulation des Wettergeschehens zum Beispiel dagegen, benötigt die derzeit größten und schnellsten Hochleitungscomputer, sog. Petarechner, und dazu notwendigerweise immer dichter auf der Erdekugel angeordneten Messpunkte um hohe Voraussagegenauigkeit der Rechenergebnisse möglichst weiter zu erhöhen, also immer geringere Abweichungen von der folgend auftretenden Wirklichkeit zu erreichen. Auch die Teilchenphysik hofft sogar auf noch höhere Leistungsfähigkeit der sog. Großcomputer zum Erkunden des Tatsächlichen Aufbaus der Materie …

Hinweise zu dem nun in der vorgelegten elften Auflage des Buches sind immer erwünscht. Diese werden dankbar angenommen und beachtet.

Dem Springerverlag als Ganzes sowie dessen für das Buch zuständigen Betreuer, Herr Michael Kottusch und seinem Team gebühren großer Dank für die angenehme Zusammenarbeit als auch hervorragende Ausstattung des Buches.

Bad Überkingen
Herbst 2021

Herbert Sigloch

Vorwort zur ersten Auflage

Das Buch ist aus der Vorlesung „Technische Fluidmechanik für Maschinenbauingenieure“ an der Hochschule Reutlingen – Fachhochschule für Technik und Wirtschaft – hervorgegangen. Der Verfasser hat den Stoff so ausgewählt und dargestellt, wie er nach seiner Meinung für ein praxisbezogenes Hochschulstudium notwendig ist. Weitgreifende theoretische Erörterungen und Ableitungen wurden nur insoweit aufgenommen, wie es zum Einblick in die Zusammenhänge des Wissensgebietes und damit zum Verständnis notwendig erscheint. Außer den im Text eingefügten 37 Beispielen sollen 77 vollständig durchgerechnete Übungsbeispiele die Anwendung der Strömungsgleichungen veranschaulichen.

Das Werk soll nicht nur dem Studenten an Berufsakademien, Fachhochschulen und Technischen Universitäten das weitgehende Eindringen in den ebenso umfangreichen wie interessanten Wissenszweig Fluidmechanik ermöglichen, sondern ebenso dem praktisch tätigen Ingenieur als Gedächtnisstütze und Arbeitsgrundlage für strömungstechnische Berechnungen dienen. Hierbei wird insbesondere der Anhang des Buches vorteilhafte Hilfestellungen leisten können. Zudem sind Hinweise für die moderne computergestützte Strömungsberechnung (-mechanik), die sog. Computational Fluid-Dynamics (CFD) enthalten.

Die Inhaltsgliederung ist eng ausgeführt, um durch Auswahl entsprechender Abschnitte Schwerpunkte setzen zu können.

Wichtige Begriffe, Phänomene und Zusammenhänge der Fluidphysik werden nur soweit angedeutet, wie diese zum Verständnis des behandelten Stoffes notwendig sind. Zudem sollten die Mathematik bis einschließlich Vektor-, Differential- und Integralrechnung sowie die technische Mechanik der festen Körper und die Grundlagen der Thermodynamik bekannt sein.

Das Buch ist modern ausgestattet und verwendet ausschließlich genormte Formelzeichen und Dimensionen. Möge es alle Ansprüche und Erwartungen erfüllen. Verbesserungsvorschläge aller Art sind immer willkommen und werden dankbar entgegengenommen.

Dem Verlag gebührt Dank für die vertrauensvolle Zusammenarbeit und die gute Ausstattung des Buches. Den zahlreichen Erweiterungen, Ergänzungen sowie Änderungswünschen in Bezug auf Inhalt und Gestaltung brachte er großes Verständnis entgegen.

Reutlingen
Sommer 1980

Herbert Sigloch

Benutzer-Hinweise

Kursiv gedruckte Wörter sind häufig Stichwörter, **halbfett** gedruckte sind es in der Regel. Das umfangreiche **Sachwortverzeichnis** erleichtert den Zugang zu Einzelfragen. Es sollte jedoch auch genutzt werden, um die unter demselben oder ähnlichen Sachwörtern an verschiedenen Stellen des Buches zu findenden Informationen zu verknüpfen.

Gleichungen, Bilder und Tabellen sind durch Nummern gekennzeichnet, deren erste Zahl (vor dem Bindestrich) jeweils die Nummer des Hauptabschnittes angibt, zu welchem sie gehören. Die zweite Zahl (nach dem Strich) ergibt sich aus der fortlaufenden Nummerierung, jeweils getrennt für Gleichungen, Bilder und Tabellen. Die Führungszahl 6 verweist dabei immer auf den Anhang. Näherungsbeziehungen werden auch als **Formeln** bezeichnet.

Bezugssysteme sind immer so angeordnet, dass die z-Achse beim (x, y, z)-Koordinatensystem vertikal verläuft mit der Plusrichtung nach oben (Höhe) und der Minusrichtung (Tiefe) nach unten. Die (x, y)-Fläche liegt deshalb in der waagrechten Ebene gemäß dem mathematischen Rechtssystem (Gegenuhrzeigerdrehsinn) mit x-Achse nach rechts und y-Achse nach hinten. Verschiedentlich werden auch verwendet: h für Höhenkoordinate (positive z-Achse) und t für Tiefenrichtung (negative z-Achse).

Das **Symbol** $\boldsymbol{\Delta}$ (großes griechisches Delta) für Differenz wird in zweifacher Weise verwendet: Einerseits als Unterschied von End- und Anfangswert, andererseits für den Abstand von oberem und unterem Wert, d. h. von Größt- und Kleinstwert. Weitere Bedeutungen von Δ sind LAPLACE-Operator und BOOLE-Matrix.

Unvermeidlich ist, dass fast alle **Abkürzungssymbole** mehrere Bedeutungen haben. In jedem Einzelfall empfiehlt sich daher genaues Prüfen und Zuordnen.

Bild-Nummern mit einem ohne Leerstelle angehängten Buchstaben bedeuten den Teil des betreffenden Bildes, z. B. Abb. 2.14a. Hier ist Bildteil a von Abb. 2.14 gemeint.

Beispiele sind zur Veranschaulichung eingefügt und sofort gelöst (meist nur mit Buchstaben). **Übungsbeispiele** dagegen sollen dem Leser das selbständige Bearbeiten von Strömungsproblemen ermöglichen.

Zur Übersichtlichkeit wurden bei den Lösungen der Beispiele und Übungsbeispiele folgende kennzeichnende **Abkürzungen** verwendet:

D für **D**urchflussbeziehung
K für **K**ontinuitätsbedingung
E für **E**nergiegleichung idealer Strömung
EB für **E**nergie**b**ilanz
EE für Energiegleichung realer Strömung, sog. **E**rweiterte **E**nergiegleichung
ER für **E**nergiegleichung der **R**elativbewegung idealer Strömung
IS für **I**mpuls**s**atz
DS für **D**rall**s**atz
KR für **K**ontroll**r**aum
DP für **D**reh**p**unkt

Bezugsstellen, die zur sinnvollen Anwendung der zuvor aufgelisteten Fluidmechanikgesetze erforderlich sind, werden durch in Kreise gesetzte Ziffern gekennzeichnet.

Bei **Mittelwerten** sind exakt zu unterscheiden [107]:

- durchsatzgemittelte Geschwindigkeit → lineares Mittel
- energiegemittelte Geschwindigkeit → quadratisches Mittel
- impulsgemittelte Geschwindigkeit → quadratisches Mittel

Oft jedoch nicht unterschieden und überwiegend überall die durchsatzgemittelte Geschwindigkeit (arithmetischer Mittelwert) verwendet, da meist turbulente Strömung, weshalb geringer – vernachlässigbarer – Unterschied. Besondere Kennzeichnung daher in der Regel nicht notwendig.

Eckige Klammern mit Zahlen kennzeichnen **Literaturstellen**, die dem Schrifttumverzeichnis entnehmbar sind.

Bemerkungen Bei Strömungsmaschinen, auch als Turbomaschinen bezeichnet, ist es notwendig zwischen drei Geschwindigkeiten zu unterscheiden: Umfangs- oder Basisgeschwindigkeiten u, Relativgeschwindigkeit w und Absolutgeschwindigkeit c. Da in der Fluidmechanik es sich fast immer um Absolutgeschwindigkeiten handelt, wird im vorliegenden Buch in Übereinstimmung zu Strömungsmaschinen das Formelzeichen c verwendet.

Wenn die Werte verschiedener Tabellen und Diagramme für den gleichen Stoff bzw. den gleichen Fall nicht übereinstimmen, liegt dies an den Rand-, d. h. Versuchsbedingungen, die bei der experimentellen Werte-Ermittlung zugrunde gelegt wurden und an Aufbau- sowie Messungenauigkeiten.

Berechnungen nur so genau, wie es den Ausgangs- und Tabellen-, bzw. Diagrammwerten entspricht. Die Genauigkeit von Berechnungsergebnissen ist daher der Genauigkeit der Vorgaben anzupassen.

Durch Überschlags- und Vergleichsrechnungen sollte die Richtigkeit von Berechnungen geprüft werden. Solche Abschätzrechnungen sind notwendig, da elektronische Rechner den von ihnen durchgeführten Rechnungsprozess nicht auf Richtigkeit überprüfen können. Nur wenn zufällig eine Nulldivision auftritt, steigt der Rechner aus, d. h. er beendet den Berechnungslauf und gibt eine Fehlermeldung aus.

Allgemein ist eine Dimension eine physikalische Größe (Zahlenwert mit Einheit), die der menschlichen Wahrnehmung zugänglich ist. Meist können physikalische Größen nicht direkt, sondern nur indirekt wahrgenommen werden, d. h. durch ihre Wirkungen, z. B. Kräfte, Energien usw.

Die Physik beruht letztlich auf Axiomen und Erfahrungssätzen: Axiom... Grundsatz, der keines Beweises bedarf. Naturgesetze sind Erfahrungssätze, also Erkenntnisse, die auf Erfahrung und Messungen beruhen.

Bei **Energie** (Abkürzung E) werden unterschieden:

- gespeicherte E, das sind potentielle, kinetische und innere thermische (latente)
- transportierte E, das sind Arbeit und Wärme (äußere thermische, sog. fühlbare)

des Systems.

Jede Materie besitzt Masse, aber nicht jede Masse ist Materie. Masse ist, was Beschleunigungen Wiederstand entgegensetzt.

Der **Anhang** (Kap. 6) enthält Hinweise, Tabellen und Diagramme für die Lösung technischer Strömungsprobleme.

Die vollständigen Lösungen der 77 Übungsbeispiele sind im Kap. 7 zusammengefasst und beruhen immer nur jeweils auf dem Kenntnisstand, der bis zum betreffenden Beispiel vom Buch vermittelt wird.

Fehlt bei Übungsbeispielen die **Angabe des Mediums** und/oder dessen Zustandswerte, ist bei Flüssigkeiten Wasser von 20 °C mit der Dichte von rund $1000\,\mathrm{kg/m^3}$, bei Gasen Luft von 20 °C und 1 bar zugrunde zu legen. Bei nicht angegebenem Atmosphärendruck gilt $p_b = 1$ bar.

Empfohlen wird, für die Übungsbeispiele **Computer-Programme** zu erstellen.

Hinweise Zum physikalischen Kennzeichen von Stoffen dienen die drei Größen Masse, Volumen, Form:

- Festkörper sind masse-, volumen- und in der Regel, d. h. ohne Krafteinfluss, formstabil.
- Flüssigkeiten sind masse- und in der Regel, d. h. meist volumenstabil.
- Gase/Dämpfe sind nur noch massestabil, also massekonstant (-unveränderlich).

Deshalb steigt wegen der wachsenden Anzahl von Freiheitsgrade der mathematische Aufwand zum physikalischen Beschreiben entsprechend von Festkörpern über Flüssigkeiten zu Gasen und Dämpfen.

Die Fluidmechanik fußt auf den Gleichgewichtsbedingungen der drei NEWTONschen Axiomen – Trägheit, Wechselwirkung, Aktion – und den Erhaltungsbedingungen von Masse sowie Energie. Axiome sind Fundamentalsätze, die auf Erfahrung beruhen und letztlich nicht beweisbar, bzw. berechenbar sind.

Es gilt der Grundsatz: Alles was nicht berechnet werden kann, da oft zu komplex, wird gemessen. Das führt dann zu Erfahrungs- und Richtwerten.

Was exakt berechenbar, wird daher durchgeführt. Falls das jedoch nicht möglich, was oft der Fall, ist mit Meß- oder Näherungswerten (Richt- bzw. Erfahrungswerten) zu arbeiten (rechnen).

Konstruktion ist die Verbindung (Symbiose) von *Berechnung* und *Gestaltung* zum Erreichen optimaler Verhältnisse. Nur durch deren sinnvolles Zusammenwirken sind günstige Vorgaben für die Fertigung effektiver Produkte möglich.

Feststellungen von deutschen Physikern, die Nobelpreisträger waren:

- Albert EINSTEIN (1879–1955)
  - Materie und Masse sind zweierlei. Jede Materie hat Masse, aber nicht jede Masse hat Materie.
  - Beide „Medien“ aus denen das Weltall besteht, Materie und Strahlung, besitzen Energie. Gemäß Relativitätstheorie besitzt alles was Energie hat auch Masse in dem Sinne, dass es der Gravitation unterliegt.
  - Masse und Energie sind gleichwertig. Ihr Gesamtwert besteht dabei jeweils immer aus der Summe von Ruhe- und Bewegungsanteil.
- Werner HEISENBERG (1901–1976)
  Am Ende seines Lebens hatte er noch zwei wichtige Fragen, die er Gott stellen wollte: warum Relativität und warum Turbulenz? Er glaubte, dass Gott nur eine Antwort auf die erste Frage – die Relativität – geben könne.

Weitreichende Feststellungen Erkenntnisse von Dr. Robert MAYER (1848–1878), deutscher Arzt und Physiker:

- Wärme ist eine Form von Energie.
- Nichts wird aus nichts und nichts wird zu nichts.

Das sind in Kurzform die Erhaltungssätze für Energie und Masse.

Aussage von Prof. Dr. Max BORN (1882–1970), Nobelpreis 1954, deutscher Physiker:

> Anschaulichkeit ist Gewöhnung; Vertrautheit entsteht nicht beim ersten Kontakt.

Inhaltsverzeichnis

Allgemeines 1

1.1 Begriffe, Dimensionen, Formelzeichen

Jeder Zweig der Wissenschaft prägt seine eigene Sprache. So auch die Fluidmechanik. Die wichtigsten *Begriffe*, *Einheiten* und *Formelzeichen* sind genormt. Die *Normen*, die das Gebiet der Technischen Fluidmechanik berühren, sind im Anhang (Tab. 6.1) aufgeführt.

Tab. 1.1 SI-Basiseinheiten $[E]$, mks-System

SI-Basiseinheiten		Grundgrößen	
Meter	m	Länge	L
Kilogramm[a]	kg	Masse	m
Sekunde	s	Zeit	t
Kelvin	K	Temperatur	T

[a] bzw. Grundeinheit Gramm g.

Alle in der Mechanik verwendeten dimensionsbehafteten Größen G (Länge, Zeit, Masse, Kraft, Impuls, Energie, Leistung u. dgl.) lassen sich durch die des *Internationalen Einheitensystems* (SI … Système International d'Unités) ausdrücken. Alle anderen Dimensionen (SI-Einheiten) sind von den *Basiseinheiten* abgeleitet (DIN 1301), Tab. 1.1 und 1.2.

Außer Geschwindigkeit und Beschleunigung werden alle *auf die Zeit bezogenen*, d. h. nach der Zeit differenzierten Größen mit dem *Wortzusatz „Strom"* versehen und durch einen hochgestellten Punkt gekennzeichnet; z. B.:

V … Volumen $\quad L$ … Drall
$\dot{V}$ … Volumenstrom $\quad \dot{L}$ … Drallstrom

Tab. 1.2 Wichtige Größen G mit den von den Basiseinheiten abgeleiteten Dimensionen

Größe	SI-Einheit (Dimension)	
Kraft	*Newton*	$N = kg \cdot m/s^2$
Druck	*Pascal*	$Pa = N/m^2$
	Bar	$bar = 10\,N/cm^2$
Energie, Wärme, Arbeit	*Joule*	$J = N\,m = kg \cdot m^2/s^2$
Leistung (Energiestrom)	*Watt*	$W = J/s = N\,m/s$

Physikalische Größen

- kennzeichnen die physikalischen Eigenschaften von Stoffen
- der Wert jeder physikalischen Größe, der Größenwert G, ist das Produkt aus Zahlenwert Z und Einheit E (Dimension), also $G = \{Z\} \cdot [E]$.

Abkürzungen

Tab. 1.3 bis 1.9 enthalten eine Zusammenstellung der wichtigsten verwendeten *Symbole* und *Formelzeichen* nach DIN 5492 sowie DIN 1303.

Tab. 1.3 Geometrische Größen

Symbol	Größe
x, y, z	Rechtwinklige Koordinaten (Orthogonal-Koordinaten; orthogonal … rechtwinklig)
r, φ (Phi)	Polarkoordinaten
s, x	Weg bzw. Koordinate längs der Strömungsrichtung
n	Normalenkoordinate, -richtung
D, d	Durchmesser
D_{gl}	Gleichwertiger Durchmesser
R, r	Radius, Halbmesser

H. Sigloch, *Technische Fluidmechanik*, https://doi.org/10.1007/978-3-662-64629-8_1

Tab. 1.3 (Fortsetzung)

Symbol	Größe
B, b	Breite
H, h	Höhe
L, l	Länge
T, t	Tiefe, tief: Tangentenrichtung
k	Absolute Rauigkeitshöhe (Rauheit, Rauigkeit). Entspricht R_t bzw. R_{max} nach DIN 4768
k_s	Äquivalente Sandrauigkeit
A	Fläche, Querschnitt
U	Umfang
α, β, γ	Strömungswinkel
$\vec{e}$	Einheitsvektor (allgemein) $\lvert\vec{e}\rvert = e = 1$
$\vec{e}_x, \vec{e}_y, \vec{e}_z$	Einheitsvektoren in den Koordinatenrichtungen x, y, z $\lvert\vec{e}_x\rvert = \lvert\vec{e}_y\rvert = \lvert\vec{e}_z\rvert = e_x = e_y = e_z = 1$
n_i	Richtungscosinus zur i-Richtung
z	Komplexe Größe

Tab. 1.4 Thermische und JOULEsche Größen

Symbol	Größe
t, T	Temperatur
q, Q	Wärme
h, H	Enthalpie
u, U	Innere Energie
s, S	Entropie
w_G, W_G	Gasarbeit
w_t, W_t	Technische (Gas-)Arbeit
$\Delta h_V, Y_V$	(spezifische) Verlustenergie

Tab. 1.5 Kinematische Größen

Symbol	Größe
c	Tatsächliche (lokale) Geschwindigkeit
$\bar{c}$	Mittlere Geschwindigkeit (Volumenstromdichte)
c_x, c_y, c_z	(Ortho-)Komponenten der Strömungsgeschwindigkeit c in Richtung der Koordinaten x, y, z
c'_x, c'_y, c'_z	Turbulente Schwankungsgeschwindigkeiten in x-, y- und z-Richtung
c_L	LAVAL-Geschwindigkeit
u	Umfangsgeschwindigkeit
a_B	Beschleunigung (Index B nur bei Verwechslungsgefahr)
a	Schallgeschwindigkeit
Ψ (Psi)	Stromfunktion
Φ (Phi)	Potentialfunktion, Strömungspotential, Geschwindigkeitspotential
X (Chi)	Komplexes Strömungspotential

Tab. 1.5 (Fortsetzung)

Symbol	Größe
Λ (Lambda)	Linienintegral
Γ (Gamma)	Zirkulation
$\dot{V}$	Volumenstrom
δ (Delta)	Grenzschichtdicke
δ_1	Verdrängungsdicke der Grenzschicht
δ_2	Impulsverlustdicke der Grenzschicht
δ_3	Energieverlustdicke der Grenzschicht
t, T	Zeit

Tab. 1.6 Kinetische Größen

Symbol	Größe
F	Kraft (allgemein)
F_G	Gewichtskraft
F_A	Dynamische Auftriebskraft (Auftrieb), Querkraft
F_a	Archimedische Auftriebskraft (statischer Auftrieb)
F_w	Widerstandskraft (kurz Widerstand)
T	Drehmoment
θ (Theta)	bezogenes (dimensionsloses) Drehmoment
τ (Tau)	Schubspannung
p	Druck (allgemein)
p_b	Atmosphärendruck, Barometerdruck, Luftdruck
p_{stat}	Statischer Druck, Piezodruck
p_{dyn}, q	Dynamischer Druck, Staudruck
p_{ges}	Gesamtdruck, Totaldruck, PITOT-Druck
$p_{ü}$	Überdruck
p_u	Unterdruck
H, h	Druckhöhe
m	Masse, Menge
$\dot{m}$	Massenstrom, Mengenstrom
W	Arbeit
w	Spezifische Arbeit
E	Energie
$\dot{E}$	Energiestrom (Leistung)
P	Leistung, dimensionsloser Druck
Y	Spezifische Energie, d. h. Energie je Masseneinheit; E/m Spezifische Leistung, d. h. Leistung je Massenstromeinheit; $P/\dot{m}$
Y_V	Spezifische Verlustenergie, kurz Verlustenergie
J	Energieliniengefälle
I	Impuls
$\dot{I}$	Impulsstrom
L	Drall, Impulsmoment
$\dot{L}$	Drallstrom, Impulsmomentstrom
M, T	Moment (allgemein), Drehmoment

Tab. 1.7 Verhältnisgrößen, Beiwerte und Kenngrößen. Für die *Beiwerte* sind auch die Bezeichnungen *Zahlen* oder *Koeffizienten* üblich, z. B. Geschwindigkeitszahl oder Geschwindigkeitskoeffizient

Symbol	Größe
α (Alpha)	Kontraktionsbeiwert
φ (Phi)	Geschwindigkeitsbeiwert
η (Eta)	Wirkungsgrad
μ (My)	Ausflussbeiwert
λ (Lambda)	Rohrreibungsbeiwert
ζ (Zeta)	Widerstandsbeiwert (für Innenströmungen)
ζ_A, C_A	Auftriebsbeiwert
ζ_W, C_W	Widerstandsbeiwert (für Außenströmungen)
ζ_M, C_M	Momentenbeiwert
ε (Epsilon)	Gleitzahl
Eu	EULER-Zahl
Fr	FROUDE-Zahl
Ma	MACH-Zahl
Re	REYNOLDS-Zahl
Sr	STROUHAL-Zahl
We	WEBER-Zahl

Tab. 1.8 Stoffgrößen

Symbol	Größe
ϱ (Rho)	Dichte
r	Verdampfungs- bzw. Kondensationswärme
v	Spezifisches Volumen
c_p	Spezifische Wärme (Wärmekapazität) bei konstantem Druck
c_v	Spezifische Wärme (Wärmekapazität) bei konstantem Volumen
I_d	Verdampfungswärme
R	(spezifische) Gaskonstante
Z	Realgasfaktor
κ (Kappa)	Isentropenexponent
σ (Sigma)	Oberflächenspannung, Grenzflächenspannung
η (Eta)	Dynamische Viskosität
ν (Ny)	Kinematische Viskosität
φ (Phi)	Fluidität

Tab. 1.9 Indizes

Symbol	Größe
x, y, z	Koordinatenrichtungen
k	konvektiv
l	lokal, laminar
n	Normalenrichtung
m	Meridianrichtung
u	Umfangsrichtung
t	Tangentialrichtung, turbulent, technisch
B	Beschleunigung
Br	Brennstoff
D	Druck(-Kraft)
Da	Dampf
Dü	Düse
Fl	Flüssigkeit
L	LAVAL
Lu	Luft
M	Mündung
O, o	Oberfläche
Q	Querschnitt
R	Reibung, Ruhezustand, Ruhegröße
s	Konstante Entropie, isentrop, Entropie
S	Schub, Saughöhe, Schwerpunkt
T	Turbulenz, Trägheit, isotherm
v	Viskosität, viskos
V	Verlust
W	Widerstand
Wa	Wasser
Wd	Wand
We	Wellen
Wi	Wirk
id	ideal
kr	kritisch
stat	statisch
dyn	dynamisch
ges	gesamt
abs	absolut
1, 2, 3	Bezugsstellen
0, r	Ruhezustand
u	unter, unten
ü	über
e	Eintritt
a	Austritt
∞	in großem (theor. unendlich großem) Abstand von Wand, Hindernis, Körper
$\sim$	Kopfzeiger, Tilde

1.2 Aufgabe und Bedeutung

Die **Technische Fluidmechanik** (früher Technische Strömungsmechanik) ist ein Teilgebiet der Technischen Mechanik; diese wiederum ein Teil der angewandten Physik.

Die *Mechanik* ist die Wissenschaft, die sich mit Kräften sowie mit Wirkungen von Kräften auf Körper und Stoffen aller Art befasst, die dabei sowohl in Ruhe als auch in Bewegung sein können.

Die *Fluidmechanik*, die sich erst in den letzten hundert Jahren zu einer selbstständigen Wissenschaft entwickelte, erforscht die Gesetzmäßigkeiten der Bewegungen und des Kräftegleichgewichtes sowohl von ruhenden als auch bewegten Fluiden. Viele der Zusammenhänge sind bis heute noch nicht oder nur unvollständig geklärt. Wo eine exakte Klärung noch nicht erfolgte, müssen Versuchsergebnisse die Lücken möglichst gut schließen.

Nach DIN 5492 wird unter einem **Fluid**[1] (das Fluid, die Fluide) eine Flüssigkeit, ein Gas oder ein Dampf verstanden, also ein nichtfestes **Kontinuum** (das Kontinuum, die Kontinua), auf welches die Gesetze der Fluidmechanik anwendbar sind.

Als **Kontinuum**[2] wird ein zusammenhängendes Medium bezeichnet, z. B. eine Flüssigkeit. Ein Gas gilt als Kontinuum, falls das Verhältnis von der mittleren freien Weglänge der Gasteilchen zur charakteristischen Länge (Durchmesser, Länge) des durch- oder umströmten Körpers, die sog. KNUDSEN-Zahl, klein gegenüber eins ist. Dies ist in der Regel erfüllt. Andernfalls muss das Gas als aus einzelnen diskreten Teilchen (Atome, Moleküle) bestehend betrachtet werden. Dies ist z. B. bei Strömungsproblemen von Satellitenbewegungen in der Atmosphäre in Höhen über ca. 50 km notwendig.

[1] Vom englischen Schrifttum übernommen. Dort wurde zuerst „fluid“ als Sammelbegriff für „liquid“ (flüssig) *und* gasförmig verwendet.

[2] Ein Kontinuum ist ein ausgedehnter stoffhomogener Bereich (fest, flüssig, gasförmig), der keine oder wenige ausgezeichnete Punkte hat. z. B. an seinen Rändern, also ein Gebiet mit theoretisch unendlich vielen Freiheitsgraden.

Bei 20 °C und 1 bar, dem sog. technischen Norm- oder Normalzustand, beispielsweise enthält ein Volumen von 1 mm^3 bei Luft ca. $2{,}7 \cdot 10^{16}$ Moleküle, bei Wasser etwa $3{,}3 \cdot 10^{19}$ und bei Quecksilber sogar etwa $4{,}1 \cdot 10^{19}$ Moleküle (Abschn. 1.4). Damit bestätigt sich, dass Flüssigkeiten immer und Gase meistens als Kontinuum betrachtet werden können, d. h. homogener stetiger Stoffaufbau sowie gleiches Verhalten.

Zu unterscheiden ist zwischen:

- *inkompressiblen Fluiden*, die massebeständig und annähernd volumenbeständig sind, den Flüssigkeiten, sowie
- *kompressiblen Fluiden*, die massebeständig, jedoch **nicht** volumenbeständig sind: Gase, Dämpfe (Heiß-, Satt- und Nassdämpfe).

Beide Fluid- oder Stoffgruppen sind nicht formbeständig. Dies ist der wesentlichste Unterschied zum Festkörper.

Abb. 1.1 zeigt die Stellung der Fluidmechanik innerhalb der Technischen Mechanik.

Das Forschungsgebiet **Fluidmechanik** verzweigte sich bald in zwei Richtungen, die sich jedoch nicht unabhängig voneinander weiterentwickelten:

- *Theoretische Fluidmechanik*
  Mathematisches Durchdringen fluidmechanischer Phänomene. Es werden möglichst exakte, mathematische Darstellungen angestrebt, ohne Rücksicht auf Lösbarkeit, Praktikabilität und Anwendung. Zum Lösen der Differentialgleichungen dienen analytische und numerische Methoden. Analytische Verfahren ermöglichen Ergebnisse nur bei Sonderfällen. Numerische Methoden sind aufwändig und erfordern oft Großcomputer. Neuerdings wird dieser Bereich auch als eigenständiges Forschungsgebiet „Numerische Strömungsmechanik“ betrachtet (Abschn. 4.3.1.8).
- *Technische Fluidmechanik*
  Äquivalente Bezeichnungen:
  - Angewandte Fluidmechanik
  - Praktische Fluidmechanik

  Auf praktische Anwendung ausgerichtete, vielfach auf experimentelle Ergebnisse fußen-

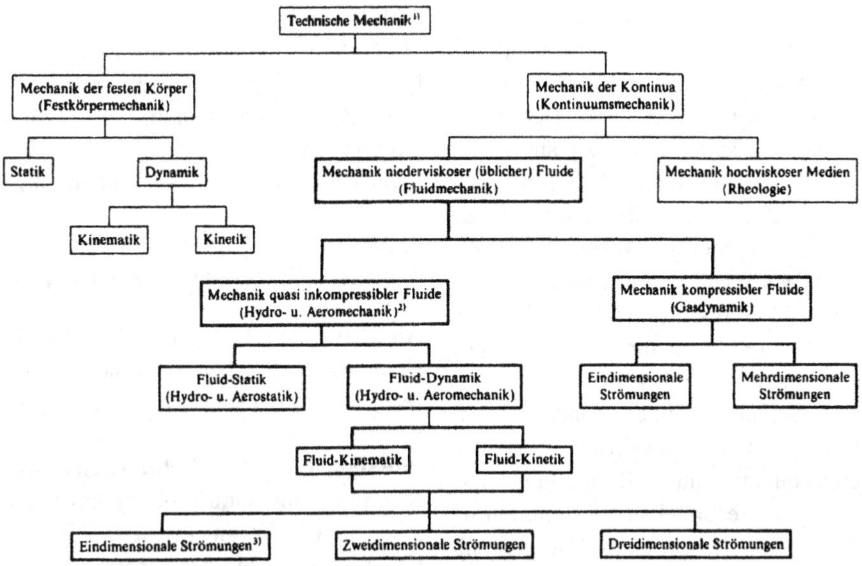

Abb. 1.1 Gliederung der Technischen Mechanik. Die dicken Linien kennzeichnen die Gebiete, die in diesem Buch angesprochen oder behandelt werden.
1) Festigkeitslehre, Maschinenteile und Thermodynamik sind im weiteren Sinne ebenfalls Teilgebiete der Technischen Mechanik. SZABÒ [36] unterteilt in Kinematik (Bewegungslehre) und Dynamik (Kraftlehre). Die Dynamik (Kraftwirkung) unterteilt er weiter in Statik (Kraftwirkung bei Ruhe) und Kinetik (Kraftwirkung bei Bewegung). Hier wird, wie dargestellt, die meistens übliche, für die Fluidmechanik günstigere Unterteilung verwendet.
2) Hydro (gr. hydor) ... Wasser; Aero (gr. aēr) ... Luft.
3) Im engeren Sinne wird unter Technischer Strömungslehre (auch mit Hydraulik bezeichnet) die Mechanik eindimensionaler inkompressibler Strömungen (Flüssigkeiten) verstanden

de mathematische Darstellung der Erscheinungen der Ruhe und Bewegung von Fluiden, deshalb auch als experimentelle Fluidmechanik bezeichnet.

Gemäß dem Titel des Buches wird nur die Technische Fluidmechanik dargestellt und etwas auf die Grundlagen der Numerischen Fluidmechanik eingegangen. Dabei erfolgt, wie das Inhaltsverzeichnis zeigt, keine so enge Eingrenzung, wie dies bei der *Technischen Strömungslehre* (*Hydraulik*) vielfach üblich ist.

Die weitgehende Bedeutung der Fluidmechanik ist offenkundig. Immer wenn sich *Systeme in Fluiden* (z. B. Fahrzeuge, Schiffe, Flugzeuge) oder *Fluide in Systemen* (z. B. Rohrleitungen, Strömungsmaschinen) *bewegen*, sind, um optimale Verhältnisse, d. h. geringe Verluste und niedriger Herstellungsaufwand zu erreichen, die Strömungsgesetze zu erfüllen. Innenströmungen dienen zum Stofftransport. Bei technischen Fortbewegungsmitteln und Bauwerken aller Art erfolgt (Außen-)Umströmung.

Unter den Begriffen *Hydraulik* (Fluid: Flüssigkeit, meist Öl) und *Pneumatik* (Fluid: Luft) werden heute Techniken verstanden, die „Kraftbewegungen" verwirklichen und steuern. Bei der *Hydraulik* sind größere Kräfte erreichbar; bei der Pneumatik elastisches Verhalten und schnelle Bewegungen. *Hydraulik* und *Pneumatik* werden neuerdings auch zusammengefasst unter den Begriffen *Fluidik* oder *Fluidtechnik*. Diese beiden Gebiete sind nicht Gegenstand dieses Buches.

Die Fluidmechanik fußt, wie praktisch alle Gebiete der Naturwissenschaften, auf Gleichgewichts- und Bilanz-Ansätzen bzw. -Bedingungen. Das sind Kräfte- und Momentengleichgewichte, Stoff-, Massen-, Energie-, Impuls- sowie Drall-Bilanzen bzw. -Erhaltungen.

Die in der Technik auftretenden Probleme der angewandten Physik lassen sich auf zwei verschiedenen Wegen mathematisch bearbeiten. Der erste besteht darin, das physikalische Verhalten eines infinitesimal kleinen Bereiches durch Differentialgleichungen zu beschreiben und diese unter Berücksichtigung der Anfangs- sowie Randbedingungen zu lösen. Wenn dabei die exakte Lösung nicht möglich ist, erfolgen entsprechende, oft zulässige Vereinfachungen oder Näherungen mit Hilfe experimentell ermittelter Werte. Der zweite Weg geht von einem Variationsprinzip aus. Dabei wird das insgesamt untersuchte Gebiet in seiner Gesamtheit erfasst. Die exakte Lösung ist hierbei diejenige, die den zugehörigen Ausdruck, der sich in bestimmter Weise aus einem Integral anderer unbekannter Größen ergibt, zum Minimum macht (Variationsrechnung). Ein derartiger Integralausdruck, dessen Integrand unbekannte Funktionen enthält, wird als Funktional bezeichnet. Die **Variationsrechnung** ist somit ein Verfahren zum Bestimmen einer Funktion durch Ermitteln des Extremals eines von dieser unbekannten Funktion abhängigen Integrals, des Funktionals (Energieminimum-Prinzip, Abschn. 4.3.1.8.1).

Oft werden physikalische Größen unterteilt in

- intensive Größen:
  physikalische, von der Masse unabhängige Größen, z. B. Temperatur, Länge, Zeit. Intensive Größen sind somit Qualitätsgrößen.
- extensive Größen:
  physikalische, von der Masse abhängige Größen, z. B. Kraft, Volumen, Energie. Extensive Größen sind somit Quantitätsgrößen.
- spezifische Größen:
  physikalische Größen, die auf Länge, Fläche, Volumen oder Masse bezogen sind, z. B. Oberflächenspannung, Druck, Dichte, Feldstärke.

1.3 Wichtige Eigenschaften der Fluide

1.3.1 Kompressibilität

Die **Kompressibilität** bezeichnet allgemein die Zusammendrückbarkeit eines Fluides. Analog zum im elastischen Bereich gültigen HOOKEschen Gesetz für Festkörper $\Delta L/L_0 = \varepsilon = \sigma/E$ wird definiert:

$$\Delta V/V_0 = -\Delta p/E \qquad (1.1)$$

Dabei bedeutet $\Delta V/V_0$ die *relative Volumenänderung* (Volumendilatation), d. h. Volumenverkleinerung (also negativ), welche durch die Drucksteigerung Δp (positiv) bewirkt wird. Deshalb ist eine Kompensation durch das angefügte Minuszeichen in (1.1) nötig. Es gilt mit den Werten von Druck p und Volumen V vor (Index 0) und nach (ohne Index) der Kompression:

$$\Delta p = p - p_0 \quad \text{(Zunahme, also positiv)}$$
$$\Delta V = V - V_0 \quad \text{(Abnahme, deshalb negativ)}$$

Als Differenz wird somit, wie meist üblich, der Unterschied zwischen End- und Anfangswert gesetzt; nicht umgekehrt, was auch möglich ist.

Flüssigkeiten Der **Volumenelastizitäts-** oder **Kompressionsmodul** (Kompressibilitätsmodul) E von **tropfbaren** Fluiden, also **Flüssigkeiten**, ist kleiner als der (lineare) Elastizitätsmodul von Festkörpern. Deshalb sind Fluide elastischer als Festkörper. Bei **Wasser** z. B. ist $E \approx 2000\,\text{N/mm}^2 = 20.000\,\text{bar}$ (Tab. 1.10), und bei Öl ist $E \approx 10.000\,\text{bar}$ ($1\,\text{N/mm}^2 \cdot 10^6\,\text{mm}^2/\text{m}^2 = 10 \cdot 10^6\,\text{N/m}^2 = 10\,\text{bar}$). Öl ist somit etwa doppelt so elastisch (kompressibel) wie Wasser. Hierzu vergleichsweise hat **Stahl** einen (Linear-)Elastizitätsmodul von $E = 200.000\,\text{N/mm}^2$. Wasser ist somit ca. 100-mal elastischer als Stahl. Das bedeutet auch: Durch eine Druckerhöhung von 1 bar wird bei Wasser eine relative Volumenänderung von $1/20.000 \mathrel{\hat{=}} 0{,}05\,‰$ hervorgerufen. Oder 200 bar sind notwendig, wenn Wasser um 1 % zusammengepresst werden soll. Ähnliches gilt für die anderen Flüssigkeiten. Bei tropfbaren Fluiden ist somit die Kompressibilität so gering, dass sie in der Regel vernachlässigt werden kann. Flüssigkeitsströmungen verhalten sich daher im Allgemeinen *quasi* d. h. fast *inkompressibel*. Erst bei höheren Drücken (ab ca. 500 bar) muss die Kompressibilität bei Flüssigkeiten berücksichtigt und damit von der ungefähr inkompressiblen Betrachtungsweise abgerückt werden, z. B. in Hochdruckanlagen.

Der Kehrwert des Volumenelastizitätsmoduls E wird auch als **Kompressibilität** $\boldsymbol{K}$ bezeichnet:

$$K = 1/E = -(1/\Delta p) \cdot \Delta V/V_0 \qquad (1.1a)$$

Tab. 1.11 enthält die Kompressibilität verschiedener Flüssigkeiten.

Tab. 1.10 Volumen-Elastizitätsmodul E von Wasser bei 20 °C, abhängig vom Druck p; $E = f(p)$

Druck p [bar]	Elastizitätsmodul E [bar]
1 … 50	20.400
50 … 100	21.740
100 … 200	22.220
200 … 300	22.730
300 … 500	23.810
500 … 1000	26.320
1000 … 2000	30.300
2000 … 3000	37.040
3000 … 5000	41.670

Tab. 1.11 Kompressibilität K verschiedener Flüssigkeiten bei 20 °C und 1 bar Anfangsdruck

Flüssigkeit	Kompressibilität K
Quecksilber	$\approx 0{,}4 \cdot 10^{-5}\,\text{bar}^{-1}$
Wasser	$\approx 4{,}9 \cdot 10^{-5}\,\text{bar}^{-1}$
Maschinenöl	$\approx 9{,}6 \cdot 10^{-5}\,\text{bar}^{-1}$
Glyzerin	$\approx 12{,}8 \cdot 10^{-5}\,\text{bar}^{-1}$
Ethanol	$\approx 18{,}7 \cdot 10^{-5}\,\text{bar}^{-1}$

Wie alle Stoffwerte – sind experimentell zu ermitteln – ist auch die Kompressibilität und damit der (Volumen-)Elastizitätsmodul E von Flüssigkeiten abhängig von Temperatur und Druck. Die Druck-Abhängigkeit des E-Moduls von Wasser bei 20 °C enthält Tab. 1.10. Bis etwa 500 bar ist der E-Modul etwa konstant (Abweichung ca. 15 %), weshalb hier fast linearelastisches Verhalten zwischen Druck- und Volumenänderung besteht.

Gase Bei **nichttropfbaren** Fluiden kann, wenn die Volumenänderung relativ klein bleibt, näherungsweise die Temperatur T als konstant angenommen werden. Dann folgt aus der Gasgleichung $p \cdot v = R \cdot T$, da meist $R =$ konst, das Gesetz von BOYLE-MARIOTTE[3] $p \cdot v \cdot m = p \cdot V =$ konst, also:

$$p \cdot V = p_0 \cdot V_0$$

$$(p_0 + \Delta p) \cdot (V_0 + \Delta V) = p_0 \cdot V_0$$

ausgewertet:

$$p_0 \cdot \Delta V + \Delta p \cdot V_0 + \Delta p \cdot \Delta V = 0$$

[3] BOYLE, R. (1627 bis 1691). MARIOTTE, E. (1620 bis 1684).

Wird $\Delta p \cdot \Delta V$ als Glied (Term) klein von 2. Ordnung vernachlässigt (zulässig), ergibt sich:

$$\frac{\Delta V}{V_0} \approx -\frac{\Delta p}{p_0} = -\frac{1}{p_0} \cdot \Delta p \qquad (1.2)$$

Das Minus-Zeichen bedeutet wieder: Das Volumen wächst um ΔV, also positiv, bei abnehmendem Druck (Δp negativ) und umgekehrt.

Der Volumen-Elastizitätsmodul ist, wie der Vergleich der Beziehungen (1.1) und (1.2) zeigt, gleich dem Druck p_0 des Gases im Anfangszustand. Für Luft vom Normzustand (0 °C; 1,0133 bar nach DIN 1343) ist somit $E = p_0 = 10{,}133\,\text{N/cm}^2 \approx 0{,}1\,\text{N/mm}^2$. Luft ist demnach ungefähr 20.000-mal so kompressibel wie Wasser. Ähnliches gilt für die anderen nichtvolumenbeständigen Fluide (Gase und Dämpfe).

Ob bei Gasströmungen die Kompressibilität, wie vielfach der Fall, vernachlässigt werden kann, hängt ab vom Strömungsvorgang sowie der Größe der durch die dabei auftretende Druckänderung bewirkten relativen Volumen- und damit Dichteänderung.

Nach dem Massenerhaltungssatz gilt:

$$m = m_0$$

$$V \cdot \varrho = V_0 \cdot \varrho_0$$

$$(V_0 + \Delta V) \cdot (\varrho_0 + \Delta\varrho) = V_0 \cdot \varrho_0$$

Hieraus:

$$V_0 \cdot \varrho_0 + V_0 \cdot \Delta\varrho + \Delta V \cdot \varrho_0 + \Delta V \cdot \Delta\varrho = V_0 \cdot \varrho_0$$

Wird wieder Glied $\Delta V \cdot \Delta\varrho$, da klein von 2. Ordnung, vernachlässigt, ergibt sich:

$$\frac{\Delta V}{V_0} \approx -\frac{\Delta\varrho}{\varrho_0} \qquad (1.3)$$

Eingesetzt in (1.2) liefert mit $p_0 = E$ von zuvor:

$$\boldsymbol{\Delta p = E\frac{\Delta\varrho}{\varrho_0}} \quad \text{oder} \quad \boldsymbol{\frac{\Delta\varrho}{\varrho_0} = \frac{\Delta p}{E}} \qquad (1.4)$$

Ein Strömungsvorgang kann, wie (1.4) zeigt, üblicherweise als *inkompressibel* behandelt werden, solange die relative Dichteänderung sehr klein bleibt, also $\Delta\varrho/\varrho_0 \ll 1$.

Die mit einer Strömung verbundenen Druckänderungen Δp sind, wenn der Reibungseinfluss unberücksichtigt bleibt, von der Größe des später – Abschn. 3.3.6.3.3 – noch zu behandelnden *Staudruckes* $q = \varrho_0 \cdot c^2/2$, also $\Delta p \approx q$. Hierbei ist c die Strömungsgeschwindigkeit des Fluids (Tab. 1.5). Damit ergibt sich nach Beziehung (1.4):

$$\frac{\Delta \varrho}{\varrho_0} \approx \frac{q}{E} \tag{1.5}$$

Bemerkung: Das Ungefährzeichen $\approx$ wird dabei meist durch das Gleichheitszeichen = ersetzt.

Gasströmungen können mit $E = p_0$ demnach in guter Näherung *inkompressibel* behandelt werden, wenn:

$$\frac{\Delta \varrho}{\varrho_0} \approx \frac{q}{E} \ll 1$$

Dies ist somit dann gegeben, wenn in der Strömung der Staudruck q sehr klein gegenüber dem Elastizitätsmodul E bleibt, d. h. im Vergleich zum statischen Druck p_0, was oft der Fall.

Mit der LAPLACE[4]-Beziehung für die Schallgeschwindigkeit a (Abschn. 1.3.4)

$$a^2 = E/\varrho_0 \tag{1.6}$$

kann die Bedingung für *quasi-inkompressibles Gas-Verhalten* $\Delta\varrho/\varrho_0$ weiter umgeschrieben werden

$$\frac{\Delta \varrho}{\varrho_0} \approx \varrho_0 \frac{c^2}{2} \frac{1}{E} = \frac{1}{2}\left(\frac{c}{a}\right)^2 \tag{1.7}$$

mit $\Delta\varrho = \varrho - \varrho_0$ als Dichteänderung (Zunahme).

Die MACHzahl (Abschn. 3.3.1.2)

$$Ma = \frac{c}{a} \tag{1.8}$$

eingeführt, ergibt:

$$\boldsymbol{\frac{\Delta \varrho}{\varrho_0} = \frac{1}{2} Ma^2} \tag{1.9}$$

Die Kompressibilität bei Gasströmungen kann somit vernachlässigt werden, falls gilt:

$$\frac{1}{2} Ma^2 \ll 1 \quad (\text{also } < 0{,}1) \tag{1.10}$$

[4] LAPLACE, P. S. (1749 bis 1827), frz. Mathematiker.

Für Luft (Schallgeschwindigkeit $a \approx 340\,\text{m/s}$ bei Normzustand) erweisen sich Strömungsgeschwindigkeiten bis 100 m/s, d. h. $Ma \approx 0{,}3$, als praktisch noch zulässig für annähernd inkompressibles Verhalten, da:

$$\frac{\Delta \varrho}{\varrho_0} \approx \frac{1}{2} \cdot \left(\frac{1}{3}\right)^2 \approx 0{,}05 \mathrel{\hat{=}} 5\,\%$$

► ***Ma* = 0,3** wird deshalb als obere Grenze angesehen, bis zu der Gasströmungen als *inkompressibel* behandelt werden können. Werte darüber werden auch als hohe MACH-Zahlen bezeichnet, weil Kompressibilitäts-Einfluss nicht mehr vernachlässigbar.

Ergänzung zu (1.9): Volumenänderung ΔV_T infolge Temperaturänderung ΔT (= Δt):

$$\Delta V_T = V_0 \cdot \beta \cdot \Delta T \quad \text{oder} \quad \Delta V_T/V_0 = \beta \cdot \Delta T$$

Hierbei ist der Volumen- oder kubische Ausdehnungskoeffizient $\beta = 3 \cdot \alpha$ mit α als dem linearen Ausdehnungsbeiwert. Beispiele: Öle $\beta = (5 \ldots 7) \cdot 10^{-4}\,\text{K}^{-1}$, Wasser $\beta \approx 2 \cdot 10^{-4}\,\text{K}^{-1}$.

Mit Gleichung (1.3) gilt auch für den thermischen Einfluss:

$$\Delta\varrho_T/\varrho_0 = -\beta \cdot \Delta T \tag{1.9a}$$

wobei wieder $\Delta\varrho_T = \varrho - \varrho_0$ und $\Delta T = T - T_0$, da Differenz $\Delta T = \Delta t = t - t_0$.

1.3.2 Stoffarten und -kombinationen

Die Physik unterscheidet zwischen den drei Phasen oder Aggregatzuständen fest (solid), flüssig (liquid) und gasförmig. Gase sind hochüberhitzte Dämpfe, oder umgekehrt: Dämpfe sind Gase, deren Zustand (Druck und Temperatur) relativ dicht bei der Siedegrenze, d. h. der flüssigen Phase liegt. Unterschieden wird zwischen Nass-, Satt- und Heißdampf. Sattdampf liegt unmittelbar an der flüssigen Phase (Tau- bzw. Siedelinie). Überhitzter Dampf (Heißdampf) ist unsichtbar, oberhalb der Siedelinie und nähert sich mit wachsender Überhitzung immer mehr dem reinen Gasverhalten. Umgekehrt ist es beim Nassdampf (Nebel). Er ist sichtbar, unterhalb der Siedelinie, ein Gemisch von Sattdampf und mikroskopisch kleinen, gleichmäßig verteilten Wassertröpfchen.

Flüssigkeiten sind nur wenig zusammendrückbar (Abschn. 1.3.1) und werden deshalb meist als quasi inkompressibel bezeichnet, kurz als inkompressibel, was bei kleineren Drücken ($\lesssim$ 500 bar) genügend genau ist. Sie können auch freie Oberflächen (Abschn. 2.1.1) bilden, bei denen der Druck nach unten (Minimalwert) durch ihren stoff- und temperaturabhängigen Dampfdruck (Kap. 2) begrenzt ist.

Gase dagegen sind stark kompressibel und streben in ihrer Ausdehnung gegen unendlich, wenn kein äußerer Druck (Gegendruck) vorhanden ist. Sie sind daher nur in geschlossenen Systemen, z. B. in Behältern, im Gleichgewicht.

Die meisten Stoffe treten, bestimmt durch Druck und Temperatur, in einer oder zwei Phasen auf. In Sonderfällen sogar gleichzeitig in allen drei Phasen (Tripelpunkt), z. B. Eis/Wasser/Wasserdampf bei 0 °C; 0,0612 bar (physikalischer Bezugspunkt). Manche Stoffe überspringen die Liquidphase und gehen sofort von fest in gasförmig über oder umgekehrt, je nach Ausgangszustand. Dieser Vorgang wird auch als **Sublimation** bezeichnet. Kristalline Festkörper, z. B. Metalle, Salze, Eis, ändern ihren Aggregatzustand sprunghaft bei der zugehörigen Temperatur. Bei amorphen Stoffen wie Wachs, Glas u. a. dagegen erfolgt der Phasenwechsel mit steigender Temperatur allmählich.

Die Fluidmechanik untersucht in der Regel nur das physikalische Verhalten der Stoffe in flüssigem und gasförmigem Aggregatzustand. Ein Sonderfall ist der sog. fluidische Feststofftransport. Hier liegt die Solidphase in Pulver- oder Körnerform im gasförmigen oder flüssigen Trägermedium vor.

Insgesamt sind in der Fluidmechanik unterscheidbar:

- Ein- und Mehrphasen-Strömungen,
- Ein- und Mehrstoff-Strömungen,
- Mehrstoff-Mehrphasen-Strömungen.

Das Buch befasst sich nur mit den Einphasenströmungen. Ausnahme: Nassdampf.

Die Naturwissenschaft unterscheidet bei Mehrstoff-Gemischen zwischen echter Lösung, Kolloidallösung und Aufschlämmung gemäß Tab. 1.12.

Tab. 1.12 Mehrstoff-Lösungsarten mit Unterscheidungskennzeichen

Merkmal	echte Lösung	kolloide Lösung	Aufschlämmung
Zerteilung	feinste	feine	grobe
Teilchengröße	$< 10^{-9}$ m	$10^{-9} \ldots 10^{-6}$ m	$> 10^{-6}$ m
Sichtbarkeit	unsichtbar	mit Elektronenmikroskop	mit Mikroskop
Trennung durch Filter	keine	Ultrafilter	Papierfilter, Tonfilter
Diffusion	stark	schwach	keine

Bei echten Lösungen besteht molekulare Verteilung der Mischungsbestandteile ineinander. Es liegt somit feinste Verteilung vor, und das Gemisch verhält sich physikalisch wie ein einheitlicher Stoff, also vollständig homogen. Da Licht an einzelnen Molekülen nicht gebrochen (abgelenkt) oder reflektiert wird, durchdringt es reine Stoffe und damit auch echte Lösungen, ohne seine Bahn anzuzeigen. Deshalb bleiben die unterschiedlichen Teile unsichtbar.

Bei Kolloiden oder kolloidalen Lösungen sind die vorhandenen Bestandteile des Gemisches nicht in einzelne Moleküle aufgeteilt, sondern bestehen aus größeren Teilchen, die von Molekülgruppen gebildet werden. Infolge der jedoch bestehenden feinen Verteilung – selbst mikroskopisch kaum erkennbar – verhalten sich kolloide Mischungen physikalisch ebenfalls immer wie homogene Stoffe.

Als Aufschlämmung werden Gemische bezeichnet, bei denen die Aufteilung der einzelnen Bestandteile relativ grob ist. Die Teilchen der vorhandenen Mischungsbestandteile bestehen aus Molekülpaketen und sind daher vergleichsweise groß. Physikalisch verhalten sich Aufschlämmungen verschiedentlich inhomogen. Diese Inhomogenität wirkt sich besonders auf das Reibungsverhalten strömender Aufschlämmungen aus.

In der Physik sind bei Gemischen von Stoffen unterschiedlicher Art und/oder verschiedener Phasen insgesamt auch folgende Bezeichnungen üblich:

- *Lösung*: Homogenes Gemisch verschiedener Stoffe mit atomarer bzw. molekularer Verteilung der Komponenten.
- *Dispersion* (Oberbegriff): Besteht aus mindestens zwei Stoffen, wobei in dem einen Stoff, dem Dispersionsmittel, die anderen Stoffe – disperse Phase – fein verteilt sind. Auch als disperses System bezeichnet.
- *Suspension*: Disperses System, in dem feste Teilchen in einer Flüssigkeit fein verteilt sind. Auch als Aufschlämmung bezeichnet.
- *Emulsion*: Disperses System, in dem kleine Flüssigkeitstropfen in einer zweiten Flüssigkeit gleichmäßig fein verteilt sind.
- *Kolloid*: Disperses System, in dem die Teilchen der dispersen Phase lineare Abmessungen von etwa 10^{-9} bis 10^{-6} m haben (kollidale Größe).
- *Nebel*: Flüssige Phase in gasförmiger Phase.
- *Rauch*: Feste Phase in gasförmiger Phase (Kolloid).
- *Aerosole*: Luftgetragene Teilchen: Gase, Flüssigkeiten (Nebel), Feststoffe (Staub) entsprechender Kleinheit und Form.

Dispersionen sind somit Stoffgemische feiner Verteilung. Die feinst pulverisierten Feststoffteilchen (disperse Phase) schweben unaufgelöst gleichmäßig verteilt in einem Trägermedium (Dispersionsmittel; meist flüssig), z. B. Lacke, Kreide- und Kalkaufschlämmungen. Die disperse Phase (nicht gelöst) ist dabei vom Dispersionsmittel gleichmäßig umschlossen. **Suspensionen** sind Aufschlämmungen kleinster unlöslicher fester Stoffe in flüssiger Phase (Feststoffteilchen in Flüssigkeiten), oder flüssige Phase in gasförmiger, z. B. Nebel (auch Dispersion). **Emulsionen** sind Gemenge von sich nicht lösenden Flüssigkeiten in feiner gleichmäßiger Verteilung. Die eine Flüssigkeit schwebt in kleinen Teilchen (oft kolloider Größe) in der anderen, der sog. Trägerflüssigkeit, z. B. Öl in Wasser. Beide Stoffe sind somit in flüssiger Phase.

Bei **Aerosolen** ist der eine Stoff ebenfalls fein verteilt in einem anderen und dabei oft in kolloider Größe, entweder mikroskopisch kleine Flüssigkeitströpfchen in Gas, z. B. Wassertröpfchen in Luft, oder kleinste Festkörperteilchen in Gas, wie beispielsweise bei Rauchgasen von Verbrennungsprozessen.

Die wichtigsten das Verhalten von Gemengen bestimmenden Gesetze sind aufzuführen:

AVOGADRO[5]-Gesetz Gleiche Volumina verschiedener Gase enthalten bei gleicher Temperatur und gleichem Druck die gleiche Anzahl Moleküle. Ausgedrückt wird dies in der auf den physikalischen Normzustand 0 °C und 1,0133 bar bezogenen **AVOGADRO-Zahl** $N_A = 2{,}69 \cdot 10^{19}$ Moleküle je cm^3 Gasvolumen. Das bedeutet, dass sich bei Gasen und unzersetzt verdampfenden Flüssigkeiten die Molekülmassen wie die Massen im gleichen Volumen verhalten. Umgerechnet ergibt sich bei gleichem Zustand $(p; T)$ ein gleicher Molraum aller Gase. Diese Molvolumen betragen 22,418 m^3/kmol beim Norm- oder Normalzustand 0 °C; 1,0133 bar [62]. Demnach wiegen 22,418 m^3 Gas so viel in kg, wie seine Molekularmasse angibt.

DALTON[6]-Gesetz Enthält ein Raum mehrere verschiedene Gase, so hat jedes einen Teildruck, der gerade so groß ist, als ob der betreffende Gasanteil alleine im Raum bestände. Die Summe der Partialdrücke der Einzelgase ergibt den Gesamtdruck des Gemisches. Der Gemisch-Gesamtdruck setzt sich somit additiv aus den Einzel-Teildrücken des Gemisches zusammen.

GAY-LUSSAC[7]-Gesetz Alle Gase dehnen sich unter konstantem Druck bei Erwärmung um denselben Bruchteil ihres Anfangsvolumens V_0 aus. Der zugehörige Volumenausdehnungskoeffizient aller (idealen) Gase beträgt $\beta = 1/273\,K^{-1}$. Damit ist die Volumenänderung $\Delta V_T = V_0 \cdot \beta \cdot \Delta T$

[5] AVOGADRO; Graf Amadeo di Quaregna e Ceretto (1776 bis 1856), ital. Physiker und Chemiker.

[6] DALTON; John (1766 bis 1844), engl. Chemiker und Physiker.

[7] GAY-LUSSAC; Joseph Louis (1778 bis 1850), frz. Chemiker und Physiker.

bei der Temperaturänderung $\Delta T = T - T_0$ und deshalb das Endvolumen $V = V_0 + \Delta V_T$. Entsprechendes gilt bei konstantem Volumen für die Druckänderung $\Delta p_T = p_0 \cdot \beta \cdot \Delta T$ und damit $p = p_0 + \Delta p_T$, wobei p der Enddruck und p_0 der Anfangsdruck.

HENRY[8]-Gesetz Gemäß dem Absorptionsgesetz von HENRY ist die Löslichkeit der Komponenten eines Gasgemisches in einer Flüssigkeit bei jeder Temperatur dem jeweiligen Partialdruck der Mischungskomponenten direkt proportional. Das von einer Flüssigkeit absorbierte Gasvolumen ist somit von seinem Zustand abhängig, d. h. von Druck und Temperatur. Das in einer Flüssigkeit bis zur Sättigungsgrenze lösbare Gasvolumen ist demnach bei unveränderter Temperatur für jeden Druck gleich groß. Deshalb nimmt gemäß dem allgemeinen Gasgesetz die absorbierte Gasmenge $m = (p \cdot V)/(R \cdot T)$ mit steigendem Druck zu und verringert sich mit zunehmender Temperatur.

Osmose Die Osmose bewirkt durch Diffusion einen Konzentrationsausgleich in Gemischen, auch durch semipermeable (halbdurchlässige) Membranen hindurch. Dabei gilt für den osmotischen Druck, der den Ausgleich der ursprünglich ungleichen Konzentration des Fluidgemenges bewirkt:

a) Der osmotische Druck von Lösungen ist der Konzentrationshöhe des gelösten Stoffes proportional. Das entspricht dem Gesetz von BOYLE-MARIOTTE (Abschn. 1.3.1).
b) Der osmotische Druck von Lösungen ist der absoluten Temperatur proportional. Das entspricht dem Gesetz von GAY-LUSSAC.
d) Die osmotischen Drücke von Lösungen gleicher molarer Konzentration sind gleich.
c) Der osmotische Druck einer Lösung von 1 mol in 22,4 Liter Lösungsmittel beträgt bei 0 °C gerade 1 bar.

[8] HENRY; William (1774 bis 1836), engl. Physiker und Chemiker.

1.3.3 Teilchenkräfte, Kapillarität

1.3.3.1 Teilchenkräfte

Die Massenanziehungskräfte, welche die Teilchen (Atome bzw. Moleküle) von Stoffen aufeinander ausüben, werden als **Teilchenkräfte**[9] (Atom- bzw. Molekularkräfte) bezeichnet. Sie sind bei Fluiden sehr viel kleiner als bei Festkörpern, weshalb auch, gegensätzlich zu diesen, keine Gitterstruktur besteht. Die Folge ist, dass sich die Teilchen der Fluide vergleichsweise *leicht gegeneinander verschieben* lassen. Fluide haben daher keine feste Gestalt. Sie passen sich jeder Gefäßform an. Es genügen kleinste Kräfte, um die Form eines Fluids zu ändern (Abschn. 1.3.5). Die Teilchenkräfte bestimmen jedoch die Form der freien Fluid-Oberfläche (Abb. 1.2).

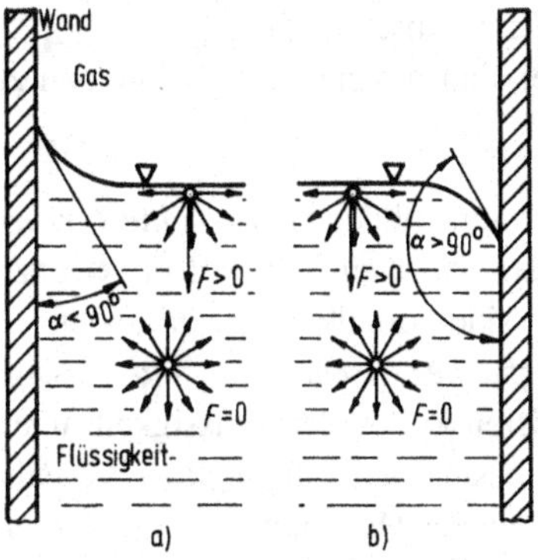

Abb. 1.2 Formen der freien Oberfläche von Flüssigkeiten an festen Wänden. Am Fluidrand (Trennfläche) wird $F > 0$, ergibt Oberflächenspannung.
a) Randwinkel $\alpha < 90°$, z. B. Wasser/Glas → Adhäsion größer Kohäsion.
b) Randwinkel $\alpha > 90°$, z. B. Quecksilber/Glas → Kohäsion größer Adhäsion

Zu unterscheiden sind:

- **Kohäsionskräfte**[10] ... Kräfte zwischen gleichen Teilchen.
- **Adhäsions-**[11] und **Adsorptionskräfte** ... Kräfte zwischen verschiedenartigen Teilchen. Dabei bezeichnet:
  - *Adhäsion* ... Wirkung zwischen fest/fest und fest/flüssig.

[9] Teilchen ... Sammelbegriff für Moleküle und Atome.
[10] cohaerére (lat.) ... zusammenhängen.
[11] adhaerére (lat.) ... festhängen, anhaften.

- *Adsorption*[12] ... Wirkung zwischen fest/gasförmig. Anlagern von Gasen oder Dämpfen an der Oberfläche fester Körper.
- *Absorption*[13] ... Aufnahme von Gasen und Dämpfen durch Flüssigkeiten oder Feststoffe (Einlagern). Das zugehörige Absorptionsgesetz nach HENRY enthält Abschn. 1.3.2. Demnach nimmt die in Flüssigkeiten gelöste Gasmenge mit steigendem Druck und/oder sinkender Temperatur zu.

Diese Kräfte treten an den Trennflächen verschiedener Stoffe als sog. *Grenzflächenkräfte* deutlich in Erscheinung. Der Wirkungsbereich der Grenzflächenkräfte erreicht einen Radius kleiner $\approx 10^{-6}$ cm (kugelige Wirkungssphäre). Der stabile Abstand zwischen Fluidteilchen beträgt dagegen etwa 10^{-8} cm und deren Durchmesser ca. 10^{-9} cm (Abschn. 1.4).

Dabei sind folgende Erscheinungen zu beobachten:

1. *Zwei Gase* bilden meist *keine Grenzflächen*, sondern *mischen sich* sofort. Grenzflächenkräfte sind deshalb nicht vorhanden.
2. *Grenzfläche zwischen Gas und Flüssigkeit*: Kohäsionskräfte der Flüssigkeit überwiegen und bestimmen allein das Verhalten der Grenzfläche. Dies führt zur *Kapillarspannung* (Oberflächenspannung).
3. *Grenzfläche zwischen Gas und Festkörper*: Ausschließlich der Festkörper bestimmt durch seine Form die Grenzfläche.
4. *Grenzfläche zwischen Flüssigkeit und Festkörper*:
   a) Kohäsion größer als Adhäsion, ergibt ein *nichtbenetzendes* Fluid (zieht sich zusammen → kugelförmige Oberfläche, Abb. 1.3a),
   b) Kohäsion kleiner als Adhäsion, ergibt *benetzendes Fluid* (breitet sich aus, Abb. 1.3b) bzw. Abb. 1.3c).
5. *Flüssigkeiten* verhalten sich meist wie Gase und bilden *keine Grenzfläche*, sondern *mischen sich*. Im Sonderfall nichtmischbarer Flüssigkeiten ergeben sich Verhältnisse wie unter Punkt 4.

[12] adsorbieren ... anlagern.

[13] absorbieren ... einlagern, aufsaugen.

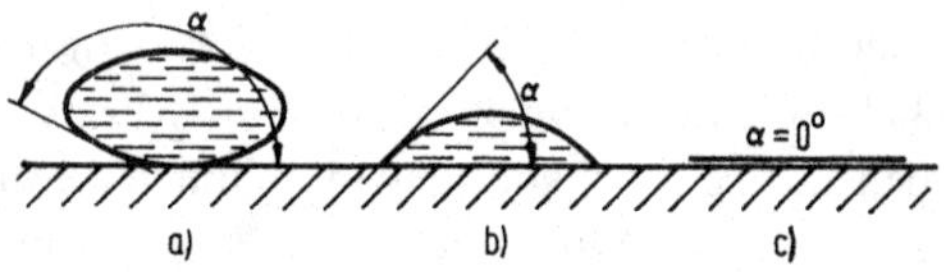

Abb. 1.3 Benetzungsarten von Flüssigkeiten auf Festkörpern (bzw. auf Flüssigkeit).
a) nichtbenetzend, z. B. Quecksilber/Glas.
b) wenig benetzend, z. B. Wasser/Glas.
c) stark benetzend (Fluid breitet sich aus), z. B. Petroleum/Glas oder Öl auf Wasser

1.3.3.2 Kapillarität

Kapillarität wird verursacht durch die *Grenzflächenkräfte*, und zwar:

a) *Kapillarspannung* (Oberflächenspannung) durch Kohäsion.
b) *Kapillarwirkung* durch Adhäsion.

Kapillarspannung σ

Die **Kapillarspannung** oder Kapillarkonstante ist bedingt durch die nicht kompensierten Teilchenkräfte am Fluidrand ($F > 0$, Abb. 1.2) und definiert als Quotient aus der am Flüssigkeitsrand angreifenden Kraft F mit der Randlänge l entsprechend Abb. 1.4:

$$\sigma = \frac{F}{l} \qquad (1.11a)$$

Die Kapillarspannung kann auch als **spezifische Grenzflächenenergie** definiert oder bezeichnet werden. Das ist die potentielle Energie $\mathrm{d}E$, welche die Grenzfläche A um den Betrag $\mathrm{d}A$ vergrößert (infinitesimale Größen):

$$\sigma = \mathrm{d}E/\mathrm{d}A \qquad (1.11b)$$

Bei linearem Verhalten ergibt sich dann aus den Differenzenwerten ΔE und ΔA:

$$\sigma = \Delta E/\Delta A \qquad (1.11c)$$

In Abb. 1.4 ist $\Delta E = F \cdot \Delta s$ und $\Delta A = l \cdot \Delta s$.

Kapillarspannungen sind sehr klein (Tab. 1.13) und nehmen mit steigender Fluidtemperatur ab. Auch verringern bereits geringfügige Verunreinigungen die Oberflächenspannung merklich.

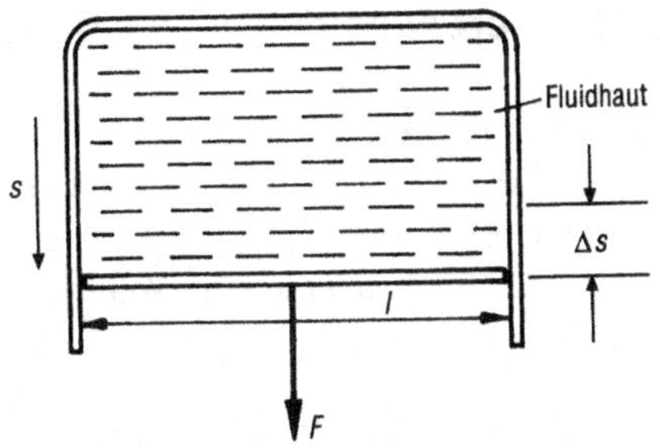

Abb. 1.4 Modellversuch zur Bestimmung der Oberflächenspannung $\sigma = F/l$ mit Kapillarspannung $\leq$ Kapillarwirkung. Der Weg Δs, bewirkt durch die Kraft F, ergibt Vergrößerung der Fluidhaut um Fläche $\Delta A = l \cdot \Delta s$

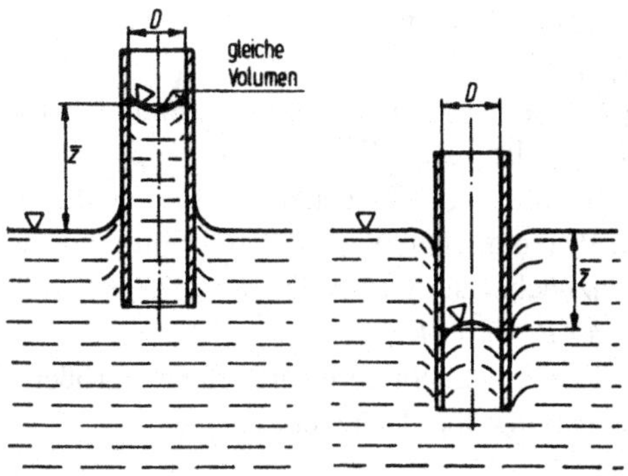

Abb. 1.5 Kapillarwirkung verschiedener Flüssigkeiten.
a) Kapillaraszension, z. B. Wasser in Glasrohr
b) Kapillardepression, z. B. Quecksilber in Glasrohr

Tab. 1.13 Oberflächenspannungen verschiedener Fluide

Fluide (Temperatur 20 °C)		σ in N/m
Luft gegen	Quecksilber	0,47
	Wasser	0,073
	Ethanol	0,025
	Ethylether	0,016
	Öl	0,028
Wasser gegen	Quecksilber	0,38
	Öl	0,02
	Ethanol	0,002

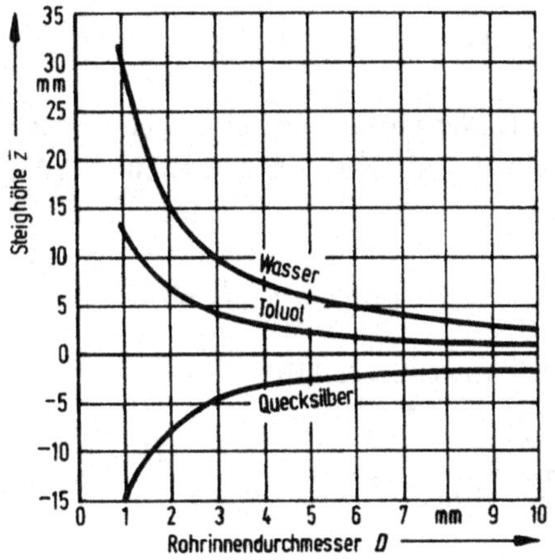

Abb. 1.6 Kapillar-Steighöhen verschiedener Fluide bei Raumtemperatur in Abhängigkeit vom Rohrdurchmesser

Kapillarwirkung

Die Flüssigkeit steigt im Rohr in Abb. 1.5 und Abb. 1.6 so weit hoch (bzw. senkt sich so tief ab), bis Gleichgewicht zwischen der durch Adhäsion bewirkten Kapillarkraft (Kapillarwirkung) und dem angehobenen (bzw. verdrängten) Flüssigkeitsgewicht besteht. Es kann deshalb unter der zulässigen Annahme, dass die freie Oberfläche etwa die Form einer Halbkugelschale aufweist, in der die Spannung gemäß Festigkeitsmechanik überall gleich groß und damit die Oberflächenspannung gleich der Kapillarwirkung ist, gesetzt werden:

$$\text{Gewichtskraft} = \text{Kapillarkraft}$$

$$\frac{D^2 \cdot \pi}{4} \cdot \bar{z} \cdot \varrho \cdot g = \sigma \cdot D \cdot \pi$$

Hieraus ergibt sich die mittlere *Anhebung* bzw. *Absenkung* $\bar{z}$:

$$\bar{z} = \frac{4 \cdot \sigma}{D \cdot \varrho \cdot g} \tag{1.12}$$

1.3.3.3 Krümmungsdruck

Eine gekrümmte Grenzfläche wird durch den auf der konkaven (hohlen) Seite wirkenden Überdruck stabil gehalten. Gleichgewicht besteht so lange, wie die Kapillarspannung des Mediums dabei nicht überschritten wird. Dieser Überdruck wird als Krümmungs- oder Kapillardruck bezeichnet.

Mit Hilfe der Oberflächenspannung σ gemäß Definition (1.11b) lässt sich der zugehörige Überdruck $p_{\ddot{u}}$ in einem Flüssigkeitstropfen (Kugelform angenommen) oder einer Gasblase vom Radius R bestimmen. Unter der Wirkung des Überdruckes vergrößert sich die anfängliche Kugeloberfläche um den Betrag $\mathrm{d}A_0$, wozu die potentielle Energie $\mathrm{d}E$ notwendig ist. Auf die ursprüngliche Blasenoberfläche $A_0 = D^2 \cdot \pi = 4 \cdot R^2 \cdot \pi$ wirkt infolge des inneren Überdruckes $p_ü$ die Kraft $F = p_ü \cdot A_0 = p_ü \cdot 4 \cdot R^2 \cdot \pi$. Dadurch vergrößert sich der Blasenradius um den differentiellen Wert $\mathrm{d}R$. Die infinitesimale Grenzflächenenergie beträgt dann $\mathrm{d}E = F \cdot \mathrm{d}R = p_ü \cdot 4 \cdot R^2 \cdot \pi \cdot \mathrm{d}R$.

Für die zugehörige Oberflächenvergrößerung (Index 0 für Oberfläche) ergibt sich:

$$\begin{aligned}\mathrm{d}A_0 &= (A_0 + \mathrm{d}A_0) - A_0 \\ &= 4 \cdot (R + \mathrm{d}R)^2 \cdot \pi - 4 \cdot R^2 \cdot \pi \\ &= 4 \cdot \pi \cdot [(R^2 + 2 \cdot R \cdot \mathrm{d}R + (\mathrm{d}R)^2) - R^2] \\ &= 4 \cdot \pi \cdot [2 \cdot R \cdot \mathrm{d}R + (\mathrm{d}R)^2]\end{aligned}$$

Bei zulässigen näherungsweisen Vernachlässigen des Gliedes $(\mathrm{d}R)^2$ (klein von zweiter Ordnung) gilt:

$$\mathrm{d}A_0 = 8 \cdot \pi \cdot R \cdot \mathrm{d}R$$

Dann wird gemäß (1.11b):

$$\sigma = \frac{\mathrm{d}E}{\mathrm{d}A_0} = \frac{p_ü \cdot 4 \cdot R^2 \cdot \pi \cdot \mathrm{d}R}{8 \cdot \pi \cdot R \cdot \mathrm{d}R} = p_ü \cdot \frac{R}{2}$$

und hieraus der im Tropfen herrschende Überdruck:

$$p_ü = 2 \cdot \sigma / R \qquad (1.12a)$$

Der Druck nimmt demnach mit abnehmendem Tropfenradius zu. Der Druck in kleinen Blasen ist somit höher als in größeren. Umgekehrt sinkt der Druck mit wachsender Tropfengröße, und zwar umgekehrt proportional zum Radius. Diese Erscheinung begrenzt wegen der zudem vorhandenen Wirkungen von Tropfengewichtskraft und Umgebungsdruck den maximal stabilen Tropfendurchmesser, z. B. bei Wasser auf etwa 6,5 mm. Wassertropfen von mehr als 6,5 mm Durchmesser zerfallen unter der Wirkung des umgebenden Luftdruckes [38]. Deshalb kommen beispielsweise größere Tropfen auch bei starkem Regen nicht vor.

1.3.4 Mittlere freie Teilchenweglänge

Für die mittlere freie Weglänge l_{Tl}, der Fluidteilchen (Moleküle, Atome) gilt mit der LOSCHMIDTschen Zahl $\tilde{Lo}$ [62] der Dimension cm^{-3}, d. h. Teilchen Tl je cm^3 Volumen, also $[Tl/cm^3]$:

$$l_{Tl} = \tilde{Lo}^{-1/3} = (Lo/V_{Mol})^{-1/3}\ [cm] \qquad (1.12b)$$

Die Ursprung- oder Original-LOSCHMIDT[14]-Zahl $Lo = 6{,}023 \cdot 10^{23}$ [Tl/mol] – Teilchen je mol – beim physikalischen Normzustand 0 °C und 1,0133 bar ist dabei entsprechend umzurechnen. Lo wird auch als AVOGADRO-Konstante bezeichnet.

Bei gleichbleibender Temperatur, also $T = T_0 =$ konst (Isotherme), gilt mit dem Gesetz nach BOYLE-MARIOTTE beim Druck p und Anfangsdruck $p_0 = 1{,}0133$ bar:

$$l_{Tl} \approx [(p/p_0) \cdot \tilde{Lo}]^{-1/3} \qquad (1.12c)$$

Beispiel

Luft: 0 °C; 1,0133 bar. Wasser 4 °C.

- Luft:
  Stickstoff $N_2 \approx 79\,\%$;
  Molekülmasse 28 g/mol
  Sauerstoff $O_2 \approx 21\,\%$;
  Molekülmasse 32 g/mol
  Spurenelemente näherungsweise vernachlässigt.

$$\begin{aligned}m_{Mol,Lu} &= m_{N_2} + m_{O_2} \\ &= 0{,}79 \cdot 28 + 0{,}21 \cdot 32 \\ &\approx 28{,}8\ g/mol \\ \varrho_{Lu} &= 1{,}293\ kg/m^3 \\ &= 1{,}293 \cdot 10^{-3}\ g/cm^3 \\ V_{Mol,Lu} &= \frac{m_{Mol,Lu}}{\varrho_{Lu}} \\ &= \frac{28{,}8}{1{,}293 \cdot 10^{-3}} \left[\frac{g/mol}{g/cm^3}\right] \\ &= 2{,}23 \cdot 10^{-4}\ cm^3/mol\end{aligned}$$

[14] LOSCHMIDT; Josef (1821 bis 1895), österr. Physiker.

$$\tilde{L}o = \frac{Lo}{V_{\text{Mol,Lu}}} = \frac{6{,}023 \cdot 10^{23}}{2{,}23 \cdot 10^4}\left[\frac{\text{Tl/mol}}{\text{cm}^3/\text{mol}}\right] = 2{,}70 \cdot 10^{19}\left[\frac{\text{Tl}}{\text{cm}^3}\right] = 2{,}7 \cdot 10^{19}\,\text{cm}^{-3}$$

$$l_{\text{Tl}} = \tilde{L}o^{-1/3} = (2{,}7 \cdot 10^{19})^{-1/3}\,[(\text{cm}^{-3})^{-1/3}] = 3{,}33 \cdot 10^{-7}\,\text{cm} \approx 3 \cdot 10^{-9}\,\text{m} = 3\,\text{nm}$$

Siehe hierzu auch Tab. 6.8 und 6.22.

Bei anderen Drücken p gelten dementsprechend die Werte:

p/p_0	1	2	5	10	100	1000
$10^7 \cdot l_{\text{Tl}}$ [cm]	3,33	2,65	1,95	1,55	0,72	0,33

- Wasser: $H_2O = H_2 + (1/2) \cdot O_2$
  H_2 Molekülmasse 2 g/mol
  O_2 Molekülmasse 32 g/mol

$$m_{\text{Mol,Wa}} = 2 + (1/2) \cdot 32 = 18\,\text{g/mol}$$

$$\varrho_{\text{Wa}} = 1000\,\text{kg/m}^3 = 1\,\text{g/cm}^3$$

$$V_{\text{Mol,Wa}} = \frac{m_{\text{Mol,Wa}}}{\varrho_{\text{Wa}}} = \frac{18}{1}\left[\frac{\text{g/mol}}{\text{g/cm}^3}\right] = 18\,\text{cm}^3/\text{mol}$$

$$\tilde{L}o = \frac{6{,}023 \cdot 10^{23}}{18}\left[\frac{\text{Tl/mol}}{\text{cm}^3/\text{mol}}\right] = 3{,}35 \cdot 10^{22}\,\frac{\text{Tl}}{\text{cm}^3}$$

$$L_{\text{Tl}} = (3{,}35 \cdot 10^{22})^{-1/3}\left[\left(\frac{1}{\text{cm}^3}\right)^{-1/3}\right] = 3 \cdot 10^{-8}\,\text{cm} = 30\,\text{nm} \quad ◀$$

1.3.5 Viskosität

1.3.5.1 Definition

Nach DIN 1342 ist **Viskosität** definiert als die Eigenschaft eines fließfähigen (vorwiegend flüssigen oder gasförmigen) Stoffsystems, beim Verformen eine Spannung aufzunehmen, die von der *Verformungsgeschwindigkeit* abhängt. Ebenso kann die Spannung (Schub-, also Tangentialspannung) als Ursache angesehen werden, durch die eine Verformungsgeschwindigkeit im Fluid hervorgerufen wird.

Die Stoffgröße „Viskosität" ist demnach ein Maß für die durch innere Reibung bestimmte *Verschiebbarkeit der Fluidteilchen gegeneinander*. Die früher für die Viskosität übliche Bezeichnung *Zähigkeit* sollte nicht mehr verwendet werden, da Verwechslungsgefahr mit anderen Stoffeigenschaften besteht, z. B. zähes Metall oder Leder.

1.3.5.2 Fluidreibungsgesetz nach Newton

Auf NEWTON[15] geht die Vorstellung zurück, dass die Friktion[16] zwischen zwei sich „berührenden" Fluidteilchen, weitgehend unabhängig vom herrschenden Druck, jedoch proportional der Geschwindigkeits*änderung* zwischen den Teilchen ist. Völlig gegensätzlich verhält sich die Reibung zwischen Festkörpern, bei denen die Normalkraft, nicht jedoch das Geschwindigkeitsgefälle bestimmend ist. Um über einem Fluid, wie Abb. 1.7 zeigt, eine aufliegende, jedoch nicht eintauchende ebene Platte (benetzte Fläche A) parallel zu einer ruhend angenommenen Wand ($c_{x,1} = 0$), z. B. dem Gefäßboden, im Abstand Δz mit konstanter Geschwindigkeit $c_{x,2}$ entlang zu bewegen, ist die Kraft F notwendig.

Für diese Kraft F gemäß Versuchen:

$$F \sim A$$
$$F \sim \Delta c_x = c_{x,2} - c_{x,1}$$
$$F \sim 1/\Delta z$$

Zusammengefasst:

$$F \sim A \cdot \Delta c_x / \Delta z$$

Mit dem Proportionalitätsfaktor η, der von der Art des Fluides abhängig ist, ergibt sich das sog. **NEWTONsche Fluidreibungs-Gesetz**:

$$F = \eta \cdot A \cdot \Delta c_x / \Delta z \tag{1.13}$$

[15] NEWTON, Isaac (1643 bis 1727); engl. Physiker, Mathematiker und Astronom.
[16] Friktion (lat.) … Reibung.

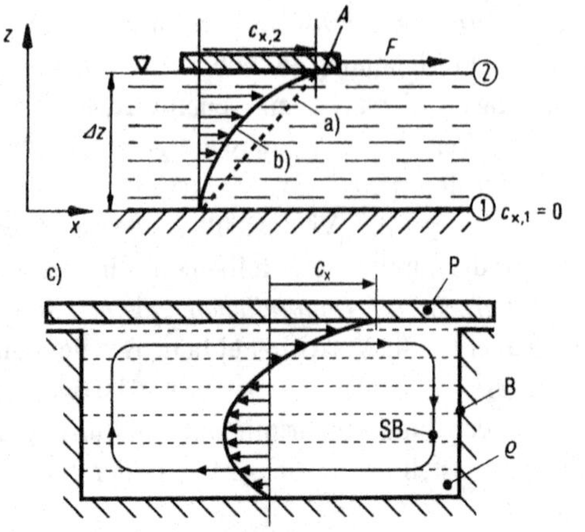

Abb. 1.7 Scherströmung zwischen parallelen Flächen. ① und ② Bezugsstellen. Platte (Fläche A) schwimmt (taucht nicht ein → Folie).
a) linearer, b) nichtlinearer Geschwindigkeitsverlauf im Medium, c) in Behälter B mit translar bewegter Deckplatte P. SB Sekundär-Bewegung

Die an Wand und Platte jeweils angrenzenden Fluidschichten (Partikelschichten) haften an diesen. Diese durch Adhäsion verursachte Erscheinung wird als **Haftbedingung**[17] bezeichnet und ist ein wichtiges Kennzeichen der Fluide. Ein Beweis für die Haftbedingung ist beispielsweise, dass in staubiger Atmosphäre sich selbst an schnell drehenden Ventilatorflügeln ein Belag bildet, der durch die Strömung nicht „weggepustet" wird, oder Wasserfilm auf Auto-Windschutzscheiben auch bei Fahrt im Regen, weshalb Scheibenwischer notwendig sind. Es handelt sich demnach nicht um die Friktion (Reibung) zwischen festen und flüssigen bzw. gasförmigen Körpern, sondern um die *Reibung zwischen benachbarten Fluidschichten*. Die Scherkraft F ist notwendig zum Verformen und Trennen (Auseinanderreißen) der durch die Molekularkräfte zusammengehaltenen Fluidteilchen. Die Gesamtbewegung der Fluidteilchen besteht dabei aus der immer vorhandenen thermischen Bewegung (mikroskopisch) und dem eigentlichen Fließvorgang (makroskopisch).

[17] Diese Annahme wurde für die meisten unter normalen Drücken stehenden Fluide experimentell bestätigt und gilt deshalb als Erfahrungstatsache. Bei stark verdünnten Gasen dagegen können gewisse Gleitbewegungen längs fester Wände auftreten.

Bemerkung: Fluidpartikel sind kleinste Teilmengen eines Fluides, die noch eine genügende Anzahl von Molekülen enthalten, so dass statistisch eine kontinuierliche Deutung möglich ist. Die detaillierte Molekularstruktur ist dadurch völlig verwischt, und diese makroskopischen Teilchen geben das Fluidverhalten wieder.

Zur physikalisch-mathematischen Erklärung des als Fluidreibung bezeichneten Phänomens wird auch auf den späteren Abschn. 3.3.3.4 Grenzschichtströmung und besonders auf Abschn. 4.1.6.2 Turbulente Kreisströmung verwiesen.

Zwischen ruhender und bewegter Wand bildet sich innerhalb des Fluides bei nicht zu großer Schichtdicke ein lineares Geschwindigkeitsgefälle $\Delta c/\Delta z$, Abb. 1.8a. Je größer dieses Gefalle, desto größer die Fluidreibung. Bei großer Schichtdicke entsteht immer eine nichtlineare Geschwindigkeitsverteilung gemäß Abb. 1.7 Verlauf b), bzw. Abb. 1.8b, je nach Strömungsverhältnissen, d. h. ob sich der Körper oder das Fluid bewegt.

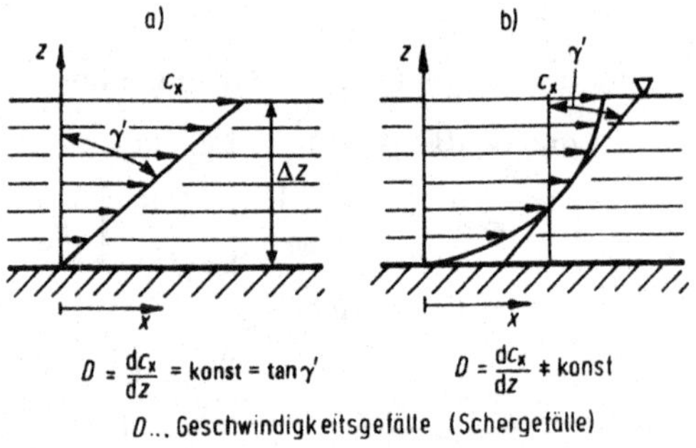

Abb. 1.8 Geschwindigkeitsverteilung in an ruhender Wand (schraffiert) entlangströmendem Fluid: a) linear (nur vorhanden bei kleinem Δz); b) nichtlinear (meist der Fall)

Ist das Geschwindigkeitsgefälle im Fluid nicht konstant, was bei größerer Schichtdicke fast immer vorliegt, tritt an Stelle des Differenzenquotienten $\Delta c_x/\Delta z$ der Differentialquotient $\mathrm{d}c_x/\mathrm{d}z$ (Dimension s^{-1}) und damit statt (1.13) die allgemeine Definition für das **NEWTON-Fluidreibungsgesetz**:

$$\boldsymbol{F = \eta \cdot A \cdot \mathrm{d}c_x/\mathrm{d}z} \qquad (1.14)$$

Wird die Scherkraft F auf die Fläche A bezogen, ergibt sich die durch Fluidreibung bedingte **Tangentialspannung** τ, auch als Widerstands-, Reibungs-, Scher- oder Schubspannung bezeichnet:

$$\tau = \eta \cdot \mathrm{d}c_x/\mathrm{d}z = \eta \cdot D \quad (1.15)$$

Das Geschwindigkeitsgefälle $\mathrm{d}c_x/\mathrm{d}z$, auch **Scherrate** oder Geschwindigkeitsgradient genannt, wird oft mit D abgekürzt. Also $D = \mathrm{d}c_x/\mathrm{d}z$ und damit wie in (1.15) aufgeführt $\tau = \eta \cdot D$. Zu betonen ist noch, dass die betrachtete Bewegung nach Abb. 1.8a einen wichtigen Spezialfall darstellt. Diese *parallele Schichtenströmung* wird auch als einfache *Scher- oder* COUETTE[18]*-Strömung* bezeichnet, mit $\mathrm{d}c_x/\mathrm{d}z = \Delta c_x/\Delta z$, also linear.

Die Verallgemeinerung des elementaren Reibungsgesetzes nach Newton (1.14) ergibt den Stokes[19]*schen Reibungsansatz* (Abschn. 4.3.1) für Raumströmungen (3-dimensional → 3D).

Alle Fluide, die dem NEWTONschen Reibungsgesetz bei konstantem Proportionalitätsfaktor η entsprechen, werden als **NEWTONsche Fluide** bezeichnet. Die technisch wichtigen Fluide (Wasser, Öle, Wasserdampf, Luft, Erdgas usw.) sind NEWTONsche Fluide.

Die **Technische Fluidmechanik** im engeren Sinne ist die Mechanik der **NEWTONschen Fluide**. Bei ihnen ändert sich die Viskosität nicht mit dem Schergeschwindigkeitsgefälle D, also $\eta = \text{konst}$ bei Temperatur $T = \text{konst}$. Die **Rheologie** ist die Wissenschaft aller anderen Fluide, den sog. **Nicht-NEWTONschen Fluiden**, bei denen sich die Viskosität mit dem Geschwindigkeitsgradienten D ändert ($\eta \neq \text{konst}$).

Das Viskositäts-Verhalten verschiedener Fluidtypen zeigt indirekt Abb. 1.9. Nach DIN 1342 ist ein Fluid *linearviskos* und wird somit als Newton*sches Fluid* bezeichnet, wenn es den folgenden Bedingungen genügt:

[18] COUETTE; Maurice (1858 bis 1943), frz. Forscher.

[19] STOKES; George (1819 bis 1903), engl. Mathematiker und Physiker.

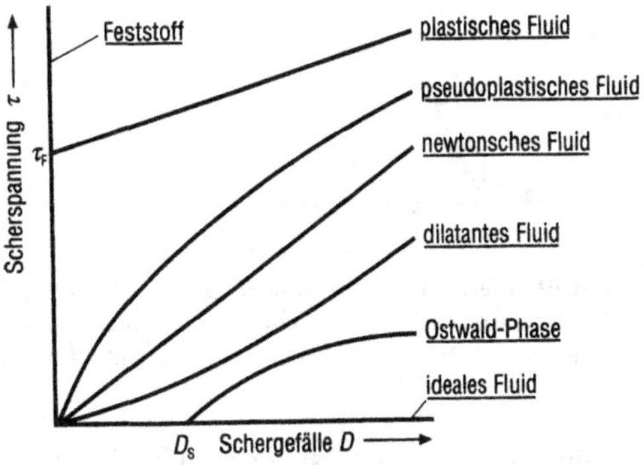

Abb. 1.9 Fließkurven. Reibungsverhalten verschiedener Fluide bzw. Phasen (prinzipieller Verlauf). τ_F Schwell- oder Fließgrenze der Scherspannung, D_s Schwellwert des Schergefälles, bei Druck $p = \text{konst}$ und Temperatur $T = \text{konst}$. Abszisse: ideales Fluid (viskositätsfrei), Ordinate: Feststoff

- Schubspannung τ und Geschwindigkeitsgefälle $D = \mathrm{d}c_x/\mathrm{d}z$ sind direkt proportional (linear).
- In der Schichtenströmung sind die Normalspannungen in allen drei Koordinatenrichtungen x, y, und z gleich groß, d. h. der Druck ist richtungsunabhängig.
- Eine elastische Verformung der Flüssigkeit muss bei zeitlich veränderlicher Schubspannung so klein sein, dass die das Geschwindigkeitsgefälle nicht beeinflusst.

Die Scherspannung τ, (1.15), ist verwandt mit dem Elastizitätsgesetz elastischer fester Körper. Bei **Festkörpern** ist nach dem **HOOKE[20]schen Gesetz** die Schubspannung τ proportional der Formänderung γ:

$$\tau = G \cdot \gamma \quad (1.16)$$

Dabei ist G der Schubmodul, und nach Abb. 1.10 bedeutet die Formänderung γ die Winkeländerung des ursprünglichen rechten Kantenwinkels beim unbeanspruchten Teilchen:

$$\gamma \equiv \hat{\gamma} = \tan\gamma = \frac{\mathrm{d}x}{\mathrm{d}z}$$

Während bei Festkörpern die Schubspannung proportional der Größe der elastischen **Formän-**

[20] HOOKE, Robert (1635 bis 1703), engl. Physiker.

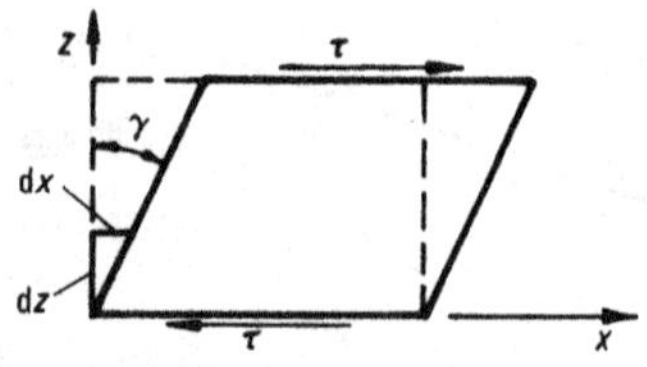

Abb. 1.10 Elastische Verformung eines Festkörpers durch Scherspannung τ. Strichlinien-Teilchen (gestrichelt) unbelastet. Volllinien-Teilchen beansprucht durch τ

derung γ ist, verhält sie sich nach Überlegungen von STOKES[21] bei den Fluiden proportional zur **Formänderungsgeschwindigkeit $\mathrm{d}\gamma/\mathrm{d}t$** – auch als **Deformationsgeschwindigkeit** bezeichnet –, und an Stelle des Schubmoduls G tritt, wie sich noch zeigt, die Fluidviskosität η. Für Fluide gilt demnach – vorerst mit dem Proportionalitätsfaktor ψ – der **STOKESsche Analogieansatz:**

$$\tau = \psi \cdot \frac{\mathrm{d}\gamma}{\mathrm{d}t} = \psi \cdot \frac{\mathrm{d}}{\mathrm{d}t}\left(\frac{\mathrm{d}x}{\mathrm{d}z}\right) = \psi \cdot \frac{\mathrm{d}}{\mathrm{d}z}\left(\frac{\mathrm{d}x}{\mathrm{d}t}\right) \tag{1.17}$$

Stetige Funktion, weshalb Differentationsfolge vertauschbar. Mit $\mathrm{d}x/\mathrm{d}t$, der Verschiebegeschwindigkeit c_x, wird:

$$\tau = \psi \cdot \mathrm{d}c_x/\mathrm{d}z \tag{1.18}$$

Mit $\psi \equiv \eta$ geht (1.18) in (1.15) über und bestätigt damit auch auf diesem Wege über den STOKESschen Analogieansatz (1.17) zum HOOKE-Gesetz, (1.16), das NEWTONsche Fluidreibungsgesetz.

Der Differentialquotient $\mathrm{d}c_x/\mathrm{d}z$, das Geschwindigkeitsgefälle D, wird auch als **Schergeschwindigkeitsgradient** oder **-gefälle** bezeichnet, kurz und unscharf jedoch auch als **Schergefälle** oder **Deformationsgeschwindigkeit**.

Dimension von D:

$$[D] = \left[\frac{\mathrm{d}c_x}{\mathrm{d}z}\right] = \frac{\mathrm{m/s}}{\mathrm{m}} = \frac{1}{\mathrm{s}}$$

Das NEWTONsche Fluidreibungsgesetz ergibt auch, dass bei ruhenden Fluiden im Gegensatz zu Festkörpern keine Reibung vorhanden ist.

[21] STOKES, George Gabriel (1818 bis 1903), engl. Mathematiker und Physiker.

Diese STOKES-Betrachtung zeigt die Analogie zwischen Festkörper-Verformung und Fluidströmung hinsichtlich der Scherspannung.

Bemerkung: Gemäß (1.14) tritt bei Fluiden Friktion nur bei Bewegung auf. Je größer Strömungsgeschwindigkeit (bzw. deren Unterschied) und Berührfläche sind, desto stärker wird die Fluidreibung. Dies ist gegensätzlich zur Festkörperreibung. Bei Festkörpern besteht Ruhereibung ($F_{\mathrm{R},0} = \mu_0 \cdot F_\mathrm{n}$), die sogar größer ist als beim Gleiten ($F_\mathrm{R} = \mu \cdot F_\mathrm{n}$ mit $\mu < \mu_0$), und die Reibungskraft ist zudem unabhängig von der Berührfläche A, dagegen abhängig von der Normalkraft F_n. Bei Fluiden andererseits ist der der Normalkraft entsprechende Druck p ohne direkten Einfluss auf die Reibung, allenfalls über die Viskosität ($\eta = f(p)$).

Insgesamt lassen sich die Fluide bzw. Aggregatphasen aufteilen in die drei Klassen:

- viskose Fluide
- Fluide mit Gedächtnis
- viskoelastische Fluide

Viskose Fluide

Das Fließverhalten der verschiedenen unter viskosen Medien zusammengefassten Fluidgruppen ist in Abb. 1.9 prinzipiell dargestellt. Sie sind generell unterteilbar in

- NEWTONsche Fluide (häufig auftretender Sonderfall)
- nicht-NEWTONsche Fluide

Zu den **nicht-NEWTONschen** Fluiden bzw. Phasen gehören:

Dilatantes[22] Verhalten Die Viskosität und damit die Scherspannung steigt progressiv mit wachsendem Schergeschwindigkeitsgefälle. Solches Verhalten zeigen z. B. Stärkesuspensionen (Klebstoffe u. a.) sowie nasser Sand. Bei geringem Schergeschwindigkeitsgradienten füllt das Wasser bei nassem Sand die Zwischenräume der Sandschüttung (-körner) vollständig und wirkt

[22] dilatabel (lat.) ... dehnbar.

deshalb als Gleitmittel. Je größer das Schergeschwindigkeitsgefälle wird, desto mehr reißt die Wasserumhüllung auf. Die Sandkörner berühren sich dann zunehmend direkt, weshalb die Schmierwirkung des Wassers zurückgeht und die Scherspannung stark ansteigt.

Pseudoplastisches Verhalten Diese Erscheinung wird auch als **strukturviskoses Verhalten** bezeichnet. Die Scherspannung solcher Fluide steigt degressiv mit wachsendem Schergeschwindigkeitsgradienten. Die zugehörige Viskosität nimmt somit relativ ab. Solche Medien sind beispielsweise Schmelzen sowie Lösungen von Hochpolymeren (Polymerschmelzen und -lösungen) oder anderen markromolekularen Substanzen, als auch Dispersionen mit länglichen Partikeln u. a. Die Teilchen sind im Ruhezustand kräftig miteinander verhakt. Sie widersetzen sich deshalb erheblich der wirkenden Scherung. Mit zunehmender Scherbewegung richten sich die länglichen Teilchen immer mehr in Scherrichtung aus, weshalb der Widerstand relativ zurückgeht. Dadurch begründet sich ihr degressives Reibungsverhalten.

Plastisches Verhalten: Stoffe dieser Art verhalten sich bis zu einer bestimmten charakteristischen Scherspannung, der sog. Schwell- oder Fließspannung σ_F, wie Festkörper. Erst nach diesem endlichen Spannungsschwellwert beginnen derartige Medien, fluidartig zu fließen, wobei dann die Scherspannung mit wachsendem Schergeschwindigkeitsgradienten weiter ansteigt. Das zugehörige weitere Reibungsverhalten kann dann pseudoplastisch, newtonisch oder dilatant verlaufen. Ruß, Ölfirnis, viele industrielle Schlämme, Honig, Wachse, Teer, Fette wie auch Suspensionen von Kalk sowie Kreide (Zahnpasta) u. ä. sind solche Stoffe. Plastische Medien werden auch als **BINGHAM[23]-Fluide** bezeichnet.

Sogenannte **e**lektro**v**iskose **F**luide, abgekürzt EVF, haben ebenfalls BINGHAM-Verhalten. Zudem ändert sich bei diesen die Viskosität beim Anlegen einer elektrischen Spannung entsprechender Stärke (mehrere kV). Die Viskosität wächst ab einer Schwellfeldstärke in begrenztem Maße mit steigender elektrischer Spannung. Dabei muss ein kleiner elektrischer Strom fließen (mA-Bereich), welcher das viskositätsverändernde Ausrichten der Fluidionen im bestehenden elektrischen Feld bewirkt. Solche meist auf Siliconölbasis mit suspendierten Aluminiumpartikeln beruhenden Medien sind also hochohmig. Bei ca. 4 bis 6 kV elektrischer Spannung kommt es bei Fluidschichtdicken von etwa 1 mm in der Regel zum elektrischen Durchschlagen, wodurch das Medium meist geschädigt wird. Der Anwendung sind deshalb Grenzen gesetzt.

OSTWALD[24]-Verhalten Solche äußerst selten auftretenden Phasen verhalten sich bis zu einem endlichen Geschwindigkeitsgefälle-Schwellwert (D_s in Abb. 1.9) fluidmechanisch ideal, d. h. reibungsfrei. Anschließend tritt pseudoplastisches, newtonsches oder dilatantes Verhalten auf.

Fluide mit Gedächtnis
Diese Stoffe sind durch die Zeitabhängigkeit der aufgebrachten Scherspannung gekennzeichnet. Wird ein solches Medium zum Fließen gebracht, verändert sich mit der Zeit der Reibungswiderstand. Die Änderung ist dabei meist stark (großer Gradient) kurz nach Beginn der Bewegung. In der Regel geht die Scherspannung bei anhaltender Bewegung dann anschließend allmählich, d. h. asymptotisch, in einen gleichbleibenden Wert über. Wenn die Bewegung aufhört und neu beginnt, wiederholt sich der Gesamtvorgang.

Unterschieden wird bei diesem Fließverhalten zwischen **Thixotropie** und **Rheopexie**. Bei thixotropen Medien nimmt die Scherspannung von einem Anfangswert ausgehend mit der Bewegungszeit ab. Derartige Fluide werden bei längerem Rühren dünnflüssiger. Lacke und Farben beispielsweise gehören zu dieser Gruppe. Das umgekehrte Verhalten zeigen rheopexe Medien. Unter dem Einfluss gleichbleibendem Schergeschwindigkeitsgefälle steigt bei ihnen die Scherspan-

[23] BINGHAM, E. C. (1878 bis 1945).

[24] OSTWALD, Wolfgang (1883 bis 1945), dt. Chemiker, Sohn von Wilhelm Ostwald (1853 bis 1932), dem Begründer der modernen Elektrochemie.

nung mit zunehmender Zeit. Der Stoff verfestigt sich somit unter dem Einfluss der Scherung. Gipssuspensionen zeigen z. B. solches Verhalten, d. h., sie verfestigen sich durch Rühren schneller als bei Ruhe.

Viskoelastische Fluide

Derartige Medien, die auch als elastoviskose Fluide bezeichnet werden, zeigen MAXWELL[25]-Verhalten: Die Hauptvalenzbindungen der Makromoleküle können theoretisch unbehindert um die Nachbarvalenzen rotieren. In Wirklichkeit bestehen aber außer den Valenzkräften[26] zwischen benachbarten Gruppen derselben oder verschiedener Moleküle noch COULOMB[27]-Kräfte (Abschn. 1.4), welche die freie Rotation behindern [26].

Beim langsamen gleichmäßigen Bewegen (Rühren) verhalten sich elastoviskose Stoffe viskos (newtonisch). Bei starkem zeitlichem Ändern der Schergeschwindigkeit (Schlagen) dagegen verhalten sich solche Fluide überwiegend elastisch. Kriechende Medien und Teige beispielsweise sind elastoviskose Stoffe.

Die Beziehung für die Scherspannung nach NEWTON, (1.15), lässt sich entsprechend auf alle Fluide erweitern:

$$\tau = \tau_F + [\eta \cdot (D - D_S)]^n \qquad (1.18a)$$

Die zugehörigen Werte dieses Ansatzes sind für jeden Stoff, abhängig von Druck und Temperatur, jeweils experimentell zu bestimmen (Tab. 1.14).

Zusammengefasst gilt: Fluide sind bis auf das Anfangsverhalten von BINGHAM-Medien (Fließspannung τ_F) Stoffe, die – unabhängig von der Viskosität – unter der Einwirkung einer noch so kleinen Kraft dauernd fließen. Dagegen benötigt jeder Feststoff – unabhängig von seiner Verformung – eine Kraft bestimmter Größe, bevor er anfängt zu fließen. Die Scherspannung in Fluiden verschwindet, wenn die Bewegung aufhört. Bei Feststoffen dagegen bleibt die Tangentialspannung auch nach dem Aufhören der Verformungsbewegung erhalten und versucht diese gemäß des elastischen Anteils in Richtung seiner Ursprungsform zurückzubringen.

Tab. 1.14 Grundsätzliche Größenwerte für die verschiedenen Medium-Gruppen zu (1.18a)

Fluide-Typ	n	τ_F	D_S
NEWTONsche	$= 1$	$= 0$	$= 0$
pseudoplastische	< 1	$= 0$	$= 0$
dilatante	> 1	$= 0$	$= 0$
plastische	$= 1$	> 0	$= 0$
OSTWALDsche	$= 1$	$= 0$	> 0

Hochviskose Fluide: $\eta \approx 200 \ldots 800\,\text{Pa} \cdot \text{s}$ im Temperaturbereich von ca. $-20 \ldots +80\,°\text{C}$ und Scherrate $D \approx 80\,\text{s}^{-1}$

Die Fließtechnik lässt sich somit, wie erwähnt, aufteilen in

- Fluidmechanik:
  Behandelt NEWTONsche Fluide. Sehr wichtiger, häufig vorhandener Sonderfall. Teilweise nur schwer theoretisch behandelbar, weshalb vielfach Versuche und/oder Näherungsrechnungen (Numerik) notwendig.
- Rheologie:
  Behandelt nichtNEWTONsche Fluide. Allgemeiner Fall. Äußerst schwer theoretisch behandelbar, weshalb meist nur experimentell möglich und dabei oft nur unzureichend.

1.3.5.3 Dynamische Viskosität η

Der Proportionalitätsfaktor η ist eine Stoffgröße und ein *Maß für die Verschiebbarkeit der Fluidteilchen gegeneinander*, also die mit Viskosität bezeichnete Kenngröße. Zur genauen Kennzeichnung wird η als **dynamische Viskosität** oder auch als **Scherviskosität** bzw. **absolute Viskosität** bezeichnet. Die Viskosität ist durch die sog. VAN-DER-WAALS[28]schen Kräfte (Teilchenkräfte) und die BROWN[29]sche Molekularbewegung bedingt (Abschn. 1.4).

---

[25] MAXWELL, James Clerk (1831 bis 1873), engl. Physiker.

[26] Valenz (lat.) ... chemische Wertigkeit. Ionenbindung (-Wertigkeit).
Valenzelektronen ... gemeinsame Bindungselektronen der Atome von Molekülen.

[27] COULOMB, Charles Augustin de (1736 bis 1806), frz. Physiker.

[28] VAN DER WAALS, Johannes Diderik (1837 bis 1923), niederl. Physiker.

[29] BROWN, R. (1773 bis 1838).

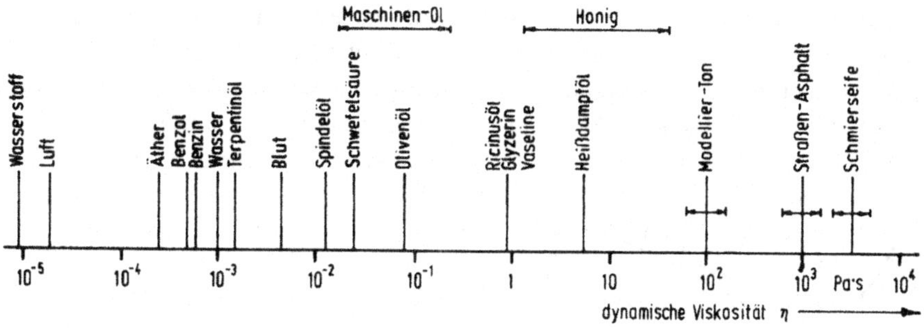

Abb. 1.11 Dynamische Viskosität einiger Medien bei 20 °C und 1 bar (Größenordnungen)

Dimension von η[30]

$$[\eta] = \left[\frac{\tau}{\Delta c/\Delta z}\right] = \frac{\mathrm{N/m^2}}{\frac{\mathrm{m}}{\mathrm{s}}/\mathrm{m}} = \frac{\mathrm{N}}{\mathrm{m^2}} \cdot \mathrm{s} = \mathbf{Pa \cdot s}$$

Oder in den Grundeinheiten: Mit $\mathrm{Pa} = \mathrm{N/m^2} = \mathrm{kg/(m \cdot s^2)}$ wird

$$[\eta] = \mathrm{kg/(m \cdot s)} = \mathrm{kg \cdot m^{-1} \cdot s^{-1}}$$

Frühere Dimension: *Poise* P

$$1\,\mathrm{P} = 100\,\mathrm{cP} = 0{,}1\,\mathrm{Pa \cdot s}$$

Einen Überblick über die Größenordnung der dynamischen Viskosität verschiedener Medien gibt Abb. 1.11. Die Spanne ist sehr groß (viele Dekaden).

Der Kehrwert der dynamischen Viskosität wird mit **Fluidität** φ bezeichnet, also:

$$\varphi = \frac{1}{\eta} \tag{1.19}$$

1.3.5.4 Kinematische Viskosität ν

In der Fluidmechanik tritt sehr häufig der Quotient von dynamischer Viskosität und Dichte auf. Dieses Verhältnis η/ϱ erhielt den Namen **kinematische Viskosität** $\boldsymbol{\nu}$. Die Bezeichnung ist missverständlich, da der Wert η/ϱ von Gasen infolge ihrer sehr viel kleineren Dichte wesentlich größer ist als der von viskoseren Flüssigkeiten (Tab. 1.15).

[30] Eckige Klammer bedeutet Dimension des Eingeklammerten. Dadurch optische Abgrenzung bzw. Kennzeichnung.

Tab. 1.15 Dichte und Viskositäten von Wasser und Luft bei 20 °C; 1 bar (Näherungswerte)

Fluid	ϱ in kg/m³	η in Pa · s	ν in m²/s
Wasser	1000	$1000 \cdot 10^{-6}$	$1 \cdot 10^{-6}$
Luft	1,2	$18 \cdot 10^{-6}$	$15 \cdot 10^{-6}$

Am besten wären die Benennungen: Für η absolute Viskosität und für ν spezifische Viskosität.

Definition und Dimension der kinematischen Viskosität:

$$\boldsymbol{\nu = \frac{\eta}{\varrho}} \tag{1.20}$$

$$[\nu] = \left[\frac{\eta}{\varrho}\right] = \frac{\mathrm{Pa \cdot s}}{\mathrm{kg/m^3}} = \frac{\mathrm{N/m^2 \cdot s}}{\mathrm{kg/m^3}}$$

$$\text{Also} \quad [\nu] = \frac{\mathbf{m^2}}{\mathbf{s}}$$

Frühere Dimension: *Stokes* St

$$1\,\mathrm{St} = 100\,\mathrm{cSt} = 10^{-4}\,\mathrm{m^2/s};\ 1\,\mathrm{cSt} = 1\,\mathrm{mm^2/s}$$

Die Dimension der kinematischen Viskosität ν enthält nur die kinematischen Einheiten von Länge und Zeit. Damit lässt sich begründen, warum die Stoffgröße ν auch die Bezeichnung „kinematische Viskosität" erhielt.

Wie jede Stoffkonstante ist auch die Viskosität (absolute und spezifische) nicht konstant, sondern von den **primären Zustandsgrößen** Druck und Temperatur abhängig, weshalb die Bezeichnung Stoffgröße zutreffender ist. Das gilt deshalb auch für NEWTONsche Fluide. Während die Abhängigkeit vom Druck – gegensätzlich zu Gasen – bei Flüssigkeiten nur gering ist (Tab. 6.5; Abb. 6.1), weshalb üblicherweise vernachlässigbar (bis etwa 1000 bar), verändert sich die Viskosität aller Fluide sehr stark mit der Temperatur, z. B. Abb. 6.9. Dabei zeigen Flüssigkeiten und Gase entgegengesetztes Verhalten (Abb. 1.12, VT-Diagramm).

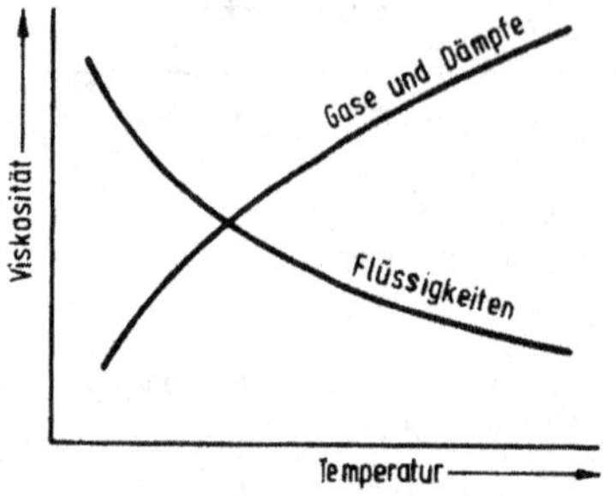

Abb. 1.12 Prinzipielles Viskositätsverhalten in Abhängigkeit von der Temperatur T bei konstantem Druck (Viskosität-Temperatur-Diagramm, sog. VT-Blatt), hier kinematische Viskosität $\nu = f(T)$

Die Viskosität der Flüssigkeiten sinkt mit wachsender Temperatur, da bei Temperatursteigerung die Kohäsionskräfte zwischen den Fluidteilchen infolge Ausdehnung abnehmen und somit auch die gegenseitigen Behinderungen bei Strömungsvorgängen geringer werden. Zudem finden infolge der mit der Temperatur steigenden Molekularbewegung häufigere Platzwechsel der Teilchen statt.

Die Viskosität der Gase steigt mit wachsender Temperatur, da die bei höheren Temperaturen sich schneller und weiter bewegenden Gasteilchen (kinetische Gastheorie) öfter und heftiger gegeneinander stoßen, sich also stärker behindern – wobei die Scherung auch wegen Querdiffusion ansteigt – und dadurch einen größeren Strömungswiderstand bewirken. Das Viskositätsverhalten von Gasen ist daher gegensätzlich zu dem von Flüssigkeiten.

Ständig gelangen Moleküle bestimmter Geschwindigkeit in Zonen höherer oder niedrigerer mittlerer Geschwindigkeit. Infolge der dadurch unvermeidlichen Zusammenstöße (teilelastische Stöße) werden Moleküle beschleunigt bzw. verzögert. Dieser verlustbehaftete Impulsaustausch bewirkt hauptsächlich die Scherspannung und damit die Friktion. Die Verluste ergeben sich dadurch, dass bei den Zusammenstößen die Bewegungswege von Teilchen immer kleiner werden und so letztlich in die der thermischen Bewegung übergehen (Wärme → kinetische Gastheorie).

Für die kinematische Viskosität von Gasen gilt gemäß der kinetischen Gastheorie:

$$\nu \approx 3 \cdot c_{\mathrm{Tl}} \cdot l_{\mathrm{Tl}} \tag{1.20a}$$

mit

c_{Tl} ... mittlere thermische Teilchen-Geschwindigkeit
l_{Tl} ... mittlere freie Weglänge der Teilchen Tl.

Für die mittlere thermische Teilchengeschwindigkeit c_{Tl} gilt mit Absolut-Temperatur T [K]:

$$c_{\mathrm{Tl}} \approx \sqrt{30 \cdot (Bo \cdot T)/m_{\mathrm{Tl}}} \tag{1.20b}$$

Hierbei bedeuten:
BOLTZMANN[31]-Konstante [62]

$$Bo = 1{,}38 \cdot 10^{-23}\,\frac{\mathrm{J}}{\mathrm{K}} = 1{,}38 \cdot 10^{-20}\,\frac{\mathrm{g \cdot m^2}}{\mathrm{s^2 \cdot K}}$$

Teilchenmasse

$$m_{\mathrm{Tl}} = m_{\mathrm{Mol}}/Lo$$

Dazu nach Abschn. 1.3.4 LOSCHMIDT-Zahl $Lo = 6{,}023 \cdot 10^{23}$ Tl/mol → Tl ... Teilchen
Eingesetzt ergibt:

$$c_{\mathrm{Tl}} \approx \sqrt{30 \cdot Bo \cdot Lo \cdot T/m_{\mathrm{Mol}}}$$

Mit (Kennzeichen Tl weggelassen)

$$\begin{aligned} 30 \cdot Bo \cdot Lo &= 30 \cdot 1{,}38 \cdot 10^{-20} \cdot 6{,}023 \cdot 10^{23} \\ &\quad \cdot \left[\frac{\mathrm{g \cdot m^2}}{\mathrm{s^2 \cdot K}} \cdot \frac{1}{\mathrm{mol}}\right] \\ &\approx 0{,}25 \cdot 10^6\,[(\mathrm{g \cdot m^2})/(\mathrm{s^2 \cdot K \cdot mol})] \end{aligned}$$

wird:

$$c_{\mathrm{Tl}} \approx 500 \cdot \sqrt{T/m_{\mathrm{Mol}}}\,[\mathrm{m/s}] \tag{1.20c}$$

Wobei Molmasse m_{Mol} in g/mol und die absolute Gastemperatur T in K einzusetzen sind.

[31] BOLTZMANN (1844 bis 1906).

Beispiel

Luft 0 °C; 1,0133 bar (physikalischer Normzustand)

$$m_{\text{Mol}} = 28\,\text{g/mol}$$
$$c_{\text{Tl}} = 500 \cdot \sqrt{273/28} = 1560\,\text{m/s}$$
$$l_{\text{Tl}} = 3{,}33 \cdot 10^{-7}\,\text{cm} = 3{,}33 \cdot 10^{-9}\,\text{m}$$
$$\nu = 3 \cdot c_{\text{Tl}} \cdot l_{\text{Tl}}$$
$$= 3 \cdot 1560 \cdot 3{,}33 \cdot 10^{-9}\,[(\text{m/s}) \cdot \text{m}]$$
$$= 15{,}6 \cdot 10^{-6}\,\text{m}^2/\text{s}$$

(hierzu Abschn. 1.3.4 sowie Abb. 6.7 und 6.8)

◀

1.3.5.5 Viskositätseinheiten

Neben den genormten Einheiten (DIN 1301) Pa·s für die dynamische und m^2/s für die kinematische Viskosität sind in der Praxis noch immer einige *empirische Größen* gebräuchlich:

- *Engler*grad E (DIN 51.560)
  Anhaltswert ab ca. $\nu \geq 20\,\text{mm}^2/\text{s}$:
  $E \approx (0{,}13 \ldots 0{,}14) \cdot \nu$ mit ν in mm^2/s
- *Saybold*-Sekunden (USA)
- *Redwood*-Sekunden (England)
- SAE-Viskositätsklassen für Öle (DIN 51.511 und 51.512). SAE ... **S**ociety of **A**utomotive **E**ngineers

Wichtige *Verfahren* zur Bestimmung der Viskosität:

- *Kapillarviskosimeter* nach UBBELOHDE (DIN 51.562)
  Messung der Durchflusszeit einer bestimmten Fluidmenge durch eine Kapillare.
- *Kugelfallviskosimeter* nach HÖPPLER
  Messung der Fallzeit einer Kugel in einem mit dem Messfluid gefüllten Rohr.
- *Rotationsviskosimeter*
  Messung des Drehmoments, das durch eine erzeugte COUETTE-Strömung in einem Ringspalt verursacht wird.

Während des gesamten Messvorganges sind bei der Bestimmung der Viskosität Temperatur und Druck (bei Gasen) jeweils konstant zu halten. Die Messergebnisse werden dann meist im sog. VT-Blatt nach UBBELOHDE aufgetragen. Die Maßstabsteilung der Diagramm-Achsen ist hierbei so gewählt, dass über die T-Koordinate die V-Kurven NEWTONscher Fluide sich als gerade Linien abbilden. Dabei steht V für Viskosität (η bzw. ν) und T für Temperatur (°C oder K).

Die USA-Gesellschaft der Kraftfahrzeug-Ingenieure teilt die Viskosität der Öle in SAE-Klassen ein (Abb. 6.3), die in die DIN-Norm übernommen wurden.

Bei Schmierölen wird das VT-Verhalten (Abb. 1.12) oft auch durch den sog. Viskositätsindex VI angegeben. Je höher der Index, desto temperaturabhängiger ist die Viskosität des Öles:

Unlegierte Öle	VI = 65 bis 75
Legierte Öle (HD-Öle)	VI = 80 bis 95
Mehrbereichsöle	VI = 90 bis 110

Zwischen 10 und 80 °C gilt näherungsweise

$$\nu_{\text{t}} = \nu_{20} \cdot (20/t)^{\alpha}$$

mit

$\alpha =$ 1,6 bis 2,5 je nach Öl-Zusammensetzung
t ... Öl-Temperatur in °C

Die *Viskositätwerte* einiger technisch wichtiger Fluide sind im Anhang aufgeführt (Tab. 6.5 bis 6.8 und Abb. 6.1 bis 6.10).

1.3.6 Schallgeschwindigkeit

Die Schallgeschwindigkeit a ist die Ausbreitungsgeschwindigkeit, mit der sich kleine Druckstörungen (Schall) – und damit Dichteänderungen – in einem Medium fortpflanzen. Schallwellen sind deshalb eine periodische Aufeinanderfolge von kleinen Verdichtungen und Verdünnungen im Fluid. Diese elastischen Längswellen werden auch als *Longitudinalwellen* bezeichnet.

Herleitung der Schallgeschwindigkeit *a*

In einer gedachten Röhre (Abb. 1.13) mit konstantem Querschnitt A wird der masse- und reibungsfreie Kolben K in der Zeit dt durch die

Kraft $\mathrm{d}F$ um den Weg $\mathrm{d}x$ verschoben. Die dadurch bewirkte Druckerhöhung $\mathrm{d}p = \mathrm{d}F/A$ – und damit auch Dichteänderung $\mathrm{d}\varrho$ – pflanzen sich mit Schallgeschwindigkeit im Rohr in Achsrichtung fort.

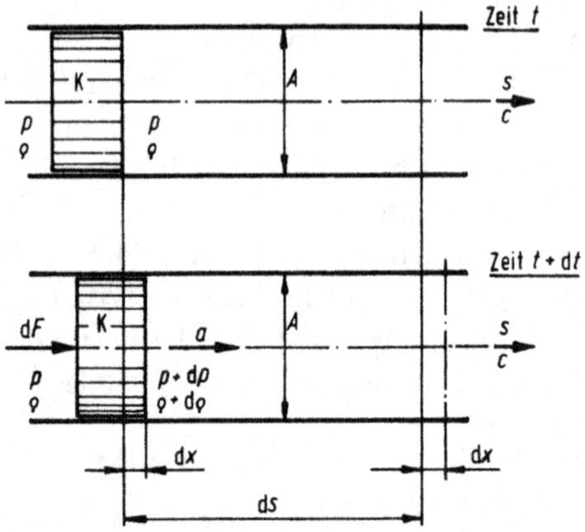

Abb. 1.13 Schallausbreitung (Signaltransport)

Es gelten:

Schallgeschwindigkeit:

$$a = \mathrm{d}s/\mathrm{d}t$$

Fluidbeschleunigung:

$$a_\mathrm{B} = \dot{c} = \ddot{s} = \frac{\mathrm{d}^2 s}{\mathrm{d}t^2} = \frac{\mathrm{d}x}{\mathrm{d}t^2}$$

mit $\mathrm{d}^2 s = \mathrm{d}(\mathrm{d}s) = \mathrm{d}x$ (Abb. 1.13).

Nach dem NEWTONschen Grundgesetz und wieder wegen Stetigkeit vertauschbaren Ableitungen wird:

$$\begin{aligned}
\mathrm{d}F &= \mathrm{d}m \cdot \ddot{s} \\
A \cdot \mathrm{d}p &= \varrho \cdot A \cdot \mathrm{d}s \cdot \frac{\mathrm{d}x}{\mathrm{d}t^2} \\
\mathrm{d}p &= \varrho \cdot \mathrm{d}s \cdot \frac{\mathrm{d}x}{\mathrm{d}t^2} = \varrho \cdot \mathrm{d}s \cdot \frac{\mathrm{d}x}{\mathrm{d}t^2} \cdot \frac{\mathrm{d}s}{\mathrm{d}s} \\
&= \varrho \cdot \left(\frac{\mathrm{d}s}{\mathrm{d}t}\right)^2 \cdot \frac{\mathrm{d}x}{\mathrm{d}s} \\
\mathrm{d}p &= \varrho \cdot a^2 \cdot \frac{\mathrm{d}x}{\mathrm{d}s}
\end{aligned}$$

Da sich durch die Druckerhöhung $\mathrm{d}p$ das Fluidvolumen $\mathrm{d}V$ – nicht jedoch die Fluidmasse (Massenerhaltung) – verändert, führt folgende Herleitung zum Differentialquotienten $\mathrm{d}x/\mathrm{d}s$:

Vor der Druckstörung:

$$\mathrm{d}m = \mathrm{d}V \cdot \varrho$$

Nach der Druckstörung:

$$\mathrm{d}m = (\mathrm{d}V - \mathrm{d}(\mathrm{d}V))(\varrho + \mathrm{d}\varrho)$$

Gleichgesetzt:

$$\mathrm{d}V \cdot \varrho = (\mathrm{d}V - \mathrm{d}(\mathrm{d}V))(\varrho + \mathrm{d}\varrho)$$

Hieraus:

$$0 = \mathrm{d}V \cdot \mathrm{d}\varrho - \varrho \cdot \mathrm{d}(\mathrm{d}V) - \mathrm{d}\varrho \cdot \mathrm{d}(\mathrm{d}V)$$

Das Glied $\mathrm{d}\varrho \cdot \mathrm{d}(\mathrm{d}V)$ ist klein von höherer Ordnung und kann deshalb vernachlässigt werden.

Dann wird:

$$\frac{\mathrm{d}(\mathrm{d}V)}{\mathrm{d}V} = \frac{\mathrm{d}\varrho}{\varrho}$$

Andererseits

$$\mathrm{d}(\mathrm{d}V) = A \cdot \mathrm{d}(\mathrm{d}s) = A \cdot \mathrm{d}x$$

und

$$\mathrm{d}V = A \cdot \mathrm{d}s$$

Dividiert ergibt

$$\frac{\mathrm{d}(\mathrm{d}V)}{\mathrm{d}V} = \frac{\mathrm{d}x}{\mathrm{d}s}$$

Diesen Ausdruck mit dem zuvor gewonnenen gleichgesetzt ergibt:

$$\frac{\mathrm{d}x}{\mathrm{d}s} = \frac{\mathrm{d}\varrho}{\varrho}$$

Dieser Quotient, eingesetzt in die Beziehung für $\mathrm{d}p$, liefert die **LAPLACEsche[32] Gleichung:**

$$\mathrm{d}p = a^2 \cdot \mathrm{d}\varrho \quad \text{oder}$$

$$\boldsymbol{a = \sqrt{\frac{\mathrm{d}p}{\mathrm{d}\varrho}}} \tag{1.21}$$

[32] LAPLACE, Pierre Simon (1749 bis 1828).

Bemerkung: Die durchgeführte Herleitung für die Schallgeschwindigkeit ist zur Veranschaulichung und da durch den bisherigen Buchtext noch keine fluidmechanischen Gleichungen zur Verfügung stehen, stark vereinfacht. Sie enthält daher physikalische und mathematische Unschärfen. Dennoch ergibt sich das richtige Ergebnis (1.21). Diese simplifizierte Ableitung ist, um nicht auf viel später verweisen zu müssen, hier eingefügt, da die Schallgeschwindigkeit schon in Abschn. 1.3.1 verwendet wurde. Die physikalisch-mathematisch strenge Herleitung enthält Abschn. 5.2.1.

Die LAPLACE-Gleichung (1.21), auf die zwei Fluidtypen angewandt, ergibt für:

a) **Quasi[33] inkompressible Medien** (Flüssigkeiten und hier auch Feststoffe)
Nach (1.4) ist:

$$\frac{\Delta p}{\Delta \varrho} = \frac{E}{\varrho_0}$$

Da bei tropfbaren Fluiden im Schallbereich Linearität (E-Modul konstant) zwischen Druck- und Dichteänderung besteht, gilt:

$$\frac{\mathrm{d}p}{\mathrm{d}\varrho} = \frac{\Delta p}{\Delta \varrho}$$

Damit ergibt (1.21):

$$\boldsymbol{a = \sqrt{\frac{E}{\varrho_0}}} \qquad (1.22)$$

Die Schallgeschwindigkeit wird also durch die Kompressibilität (Elastizität) des Mediums bestimmt. Bei völliger Inkompressibilität, also $E \to \infty$ – theoretischer Fall – würde auch $a \to \infty$ gehen.
Beziehung (1.22) gilt, da die Herleitung hinsichtlich Stoffart keine Einschränkungen enthält, auch für Festkörper (Tab. 1.16).

b) **Kompressible Fluide** (Gase, Dämpfe)
Die beim Schall auftretenden *Druckänderungen* sind sehr *klein* und von so *geringer Dauer*, dass ideales Gasverhalten angenommen werden kann (quasi reibungsfrei; $R \approx$ konst) und bei der bewirkten Kompression sowie Expansion für den Wärmeaustausch mit der Umgebung praktisch keine Zeit bleibt (adiabat). Die schallbedingte Verdichtung/Expansion kann deshalb praktisch exakt als *isentrope* Zustandsänderung angesehen werden:

$$p \cdot v^{\varkappa} = \text{konst}$$

mit $v = 1/\varrho$ und konst $\equiv K$ (Abkürzung) wird

$$p = K \cdot \varrho^{\varkappa} \to K = p/\varrho^{\varkappa}$$

Differenziert:

$$\frac{\mathrm{d}p}{\mathrm{d}\varrho} = K \cdot \varkappa \cdot \varrho^{\varkappa-1}$$
$$= K \cdot \varrho^{\varkappa} \cdot \varkappa \cdot \varrho^{-1}$$
$$\frac{\mathrm{d}p}{\mathrm{d}\varrho} = p \cdot \varkappa \cdot \frac{1}{\varrho} = \varkappa \cdot p \cdot v$$

mit Gasgesetz $p \cdot v = R \cdot T$ ist

$$\frac{\mathrm{d}p}{\mathrm{d}\varrho} = \varkappa \cdot p \cdot v = \varkappa \cdot R \cdot T$$

Eingesetzt in die LAPLACE-Beziehung, (1.21), ergibt für kompressible Fluide:

$$\boldsymbol{a = \sqrt{\varkappa \cdot p \cdot v} = \sqrt{\varkappa \cdot R \cdot T}} \qquad (1.23)$$

Die Schallgeschwindigkeit ist demnach abhängig von der Gas(Dampf)-Temperatur, $a = f(T)$.

Gleichung (1.23) gilt, gemäß ihrer Ableitung, nur für *kleine Druckstörungen*. Bei großen Druckstößen ist deren Fortpflanzungsgeschwindigkeit wesentlich größer. Dies kann bei Explosionen und Detonationen beobachtet werden. Beispielsweise ergeben sich bei Detonation von Nitroglycerin Geschwindigkeiten von ca. 7500 m/s bei Drücken bis 100.000 bar. Mit wachsendem Abstand vom Explosionsherd fällt die Stärke der Druckwelle und damit die Fortpflanzungsgeschwindigkeit immer mehr ab, bis letztlich Schallgeschwindigkeit erreicht wird, Tab. 1.16 bis 1.18.

[33] quasi [lat.] … wie, gleichsam, gewissermaßen, sozusagen.

Tab. 1.16 Schallgeschwindigkeit verschiedener Stoffe. Gase bei 20 °C; 1 bar

Stoff		ϱ_0	$\varkappa$	R	E	a
		$\frac{kg}{m^3}$	–	$\frac{J}{kg \cdot K}$	$\frac{N}{m^2}$	$\frac{m}{s}$
Stahl		7850			$2{,}1 \cdot 10^{11}$	5170
Grauguss		7250			$0{,}75 \cdot 10^{11}$	3210
Beton		2300			$0{,}32 \cdot 10^{11}$	3730
Kunststoffe	PVC	1400			$3{,}0 \cdot 10^{9}$	1462
	PE	950			$0{,}9 \cdot 10^{9}$	973
Holz		600			$12{,}2 \cdot 10^{9}$	4500
Glas		2500			$70{,}2 \cdot 10^{9}$	5300
Wasser		998			$2{,}06 \cdot 10^{9}$	1437
Quecksilber		13.595			$28{,}3 \cdot 10^{9}$	1440
Rohöl		900			$1{,}69 \cdot 10^{9}$	1370
Diesel		860			$1{,}25 \cdot 10^{9}$	1206
Benzin		780			$0{,}88 \cdot 10^{9}$	1062
Luft (trocken)			1,4	287,1		343
Helium			1,66	2078,7		1005
Wasserstoff			1,4	4123,1		1300
Argon			1,66	208		318
Stickstoff			1,4	297		349
Kohlenmonoxid			1,4	297,1		350
Kohlendioxid			1,3	188,8		268
Ammoniak			1,31	488,3		433
Methan			1,32	518,9		446

Tab. 1.17 Verbrennungsarten mit Richtwerten

Verbrennungsvorgang	Verbrennungsgeschwindigkeit	Druckanstieg [bar]
Verbrennung	0,1 bis 50 m/s	bis ca. 0
Verpuffung	$\gtrapprox$ 0,01 km/s	bis ca. 10
Explosion	$\gtrapprox$ 0,1 km/s	bis ca. 10^3
Detonation	$\gtrapprox$ 1 km/s	bis über 10^5

Verbrennung: „normale" Verbrennung
Verpuffung: schnelle Verbrennung
Explosion: unterschallschnelle Verbrennung
Detonation: überschallschnelle Verbrennung

PRANDTL [38] definiert:

Explosion Schnelle, fast plötzliche Verbrennung von Brenn-, besser Sprengstoffen. Das dabei entstehende große Verbrennungsgas-Volumen verdrängt die umgebende Luft mit großer Intensität.

Detonation Mit Überschallgeschwindigkeit unter starkem Druckanstieg ablaufender Verbrennungsvorgang.

Die Schallgeschwindigkeiten in verschiedenen Stoffen sind aus Tab. 1.16 zu entnehmen.

Tab. 1.18 Druckwirkungen (Richtwerte)

Druckanstieg	Zerstörung
≈ 0,05 bar	Fensterscheiben
≈ 0,1 bar	Fachwerkbauten
≈ 0,3 bis 0,8 bar	Betonwände, Dicke 12 bis 24 cm

Schallgrößen für den Einfluss auf den Menschen enthält Tab. 6.13.

1.4 Fluidkräfte, reale und ideale Fluide

Die auf ein sich bewegendes Fluidelement (massefestes Volumenelement) mit dem Volumen dV wirkenden Kräfte sind:

- **Masse- oder Volumenkräfte:**
  Schwere- oder Gewichtskraft (normal)

$$\Delta F_G = \Delta m \cdot g = \Delta V \cdot \varrho \cdot g$$

Trägheits- oder Beschleunigungskraft (tangential)

$$\Delta F_B = -\Delta m \cdot a_B = -\Delta V \cdot \varrho \cdot \dot{c}$$

Bemerkung: Obwohl ebenfalls Trägheitskraft, wird die Schwerewirkung, da immer vorhanden, getrennt ausgewiesen.

- **Oberflächenkräfte:**
Druckkraft (Normalkraft)

$$\Delta F_{\mathrm{D}} = p \cdot \Delta A$$

Widerstand (Scherkraft)

$$\Delta F_{\mathrm{W}} = \Delta F_{\mathrm{V}} + \Delta F_{\mathrm{T}}$$

mit *Viskositätskraft* ΔF_{V}, und *Turbulenzkraft* ΔF_{T} (auch als Reibungskräfte bezeichnet).

Mit $\Delta m = \varrho \cdot \Delta V$ als zeitlich unveränderlicher Masse des strömenden Fluid-Volumenelementes lassen sich die Kräfte auf dessen Volumen ΔV beziehen. Dadurch ergeben sich die volumenbezogenen, meist unscharf bezeichnet als spezifische Kräfte:

Spezifische Gewichtskraft (Wichte, spez. Feldkraft):

$$f_{\mathrm{G}} = \frac{\Delta F_{\mathrm{G}}}{\Delta V} = \varrho \cdot g$$

Spezifische Trägheitskraft:

$$f_{\mathrm{B}} = \frac{\Delta F_{\mathrm{B}}}{\Delta V} = -\varrho \cdot \frac{\mathrm{d}c}{\mathrm{d}t}$$

Spezifische Druckkraft:

$$f_{\mathrm{D}} = \frac{\Delta F_{\mathrm{D}}}{\Delta V}$$

Spezifische Viskositätskraft:

$$f_{\mathrm{V}} = \frac{\Delta F_{\mathrm{V}}}{\Delta V}$$

Spezifische Turbulenzkraft:

$$f_{\mathrm{T}} = \frac{\Delta F_{\mathrm{T}}}{\Delta V}$$

Minuszeichen bei f_{B}, da entgegen Beschleunigung $\dot{c}$ gerichtet. F_{G} wirkt in Richtung der Schwerkraft. Je nach Anordnung des Koordinatensystems ist dann das Vorzeichen von f_{G} festzulegen (Abschn. 2.2.7).

Nach dem Prinzip von D'ALEMBERT ist ein System im dynamischen Gleichgewicht, wenn die Vektorsumme aller beteiligten Kräfte zu null wird (Nullvektor $\vec{0}$). Demnach gilt für das dynamische Kräftegleichgewicht in:

a) *Vektordarstellung*:

$$\sum_{i=1}^{n} \vec{f_i} = \vec{0}$$

$$\vec{f}_{\mathrm{G}} + \vec{f}_{\mathrm{B}} + \vec{f}_{\mathrm{D}} + \vec{f}_{\mathrm{V}} + \vec{f}_{\mathrm{T}} = \vec{0} \qquad (1.24a)$$

oder

$$-\vec{f}_{\mathrm{B}} = \vec{f}_{\mathrm{G}} + \vec{f}_{\mathrm{D}} + \vec{f}_{\mathrm{V}} + \vec{f}_{\mathrm{T}}$$

mit

$$\vec{f}_{\mathrm{B}} = -\varrho \cdot \dot{\vec{c}} = -\varrho \cdot \mathrm{d}\vec{c}/\mathrm{d}t$$

wird

$$\varrho \cdot \dot{\vec{c}} = \vec{f}_{\mathrm{G}} + \vec{f}_{\mathrm{D}} + \vec{f}_{\mathrm{V}} + \vec{f}_{\mathrm{T}} \qquad (1.24b)$$

b) *Matrixdarstellung*:

$$\varrho \cdot \begin{pmatrix} \dot{c}_x \\ \dot{c}_y \\ \dot{c}_z \end{pmatrix} = \begin{pmatrix} f_{\mathrm{G},x} + f_{\mathrm{D},x} + f_{\mathrm{V},x} + f_{\mathrm{T},x} \\ f_{\mathrm{G},y} + f_{\mathrm{D},y} + f_{\mathrm{V},y} + f_{\mathrm{T},y} \\ f_{\mathrm{G},z} + f_{\mathrm{D},z} + f_{\mathrm{V},z} + f_{\mathrm{T},z} \end{pmatrix} \qquad (1.24c)$$

c) *Komponentendarstellung* in kartesischen Koordinaten:

$$\varrho \cdot \dot{c}_j = f_{\mathrm{G},j} + f_{\mathrm{D},j} + f_{\mathrm{V},j} + f_{\mathrm{T},j} \qquad (1.24d)$$

mit $j = x, y, z$.

Die Gleichungen (1.24a)–(1.24d) stellen entsprechend dem allgemeinen NEWTONsche Grundgesetz (2. Axiom) die dynamische **Grundgleichung der Fluidmechanik** dar. Dabei ist $c = f(s; t)$ (Komponenten c_x, c_y, c_z) die Geschwindigkeit des strömenden Fluid-Volumenelementes; Weg $s = (x\ y\ z)$. Bei stationären Strömungen ($c = f(s)$, also unabhängig von Zeit t) ist die spezifische Beschleunigungskraft $f_{\mathrm{B}} = 0$, da keine Beschleunigung, also $\dot{c} = 0$.

Die dynamische Grundgleichung der Fluidmechanik, welche die allgemeine Fluidbewegung mathematisch beschreibt, ist für die *realen Fluide* so schwierig, dass sie bis heute noch nicht allgemein analytisch exakt gelöst werden konnte. Bei diesen sind daher immer nur Sonderfälle durch mehr oder weniger gute Näherungen lösbar. Vielfach müssen die Lösungen durch Ergebnisse aus umfangreichen Versuchen ersetzt werden. Allgemeine Strömungsprobleme bedingen für gute Näherungslösungen über Modellansätze, sog. moderne numerische Rechenverfahren (FD, FV, FE), die oft Großcomputer erfordern (Abschn. 4.3.1.8).

Deshalb wird unterschieden:

Turbulente Strömung (allgem. Fall):

$$f_V \neq 0; \quad f_T \neq 0$$

Die sehr komplizierten Gleichungen (1.24a)–(1.24d) bleiben dann voll bestehen und werden als Bewegungsgleichungen der turbulenten Strömung bezeichnet, die sog. REYNOLDschen Bewegungsgleichungen (umgebaute NAVIER-STOKES-Gleichungen)[34]. In der Technik sind über 90 % der Strömungsvorgänge turbulent. Widerstandskraft, bestehend aus Viskositäts- (Reibungs-) und Turbulenzanteil (Impulsaustausch) hier nicht vernachlässigbar.

Laminare Strömung (viskose, d. h. Schichten-Strömung) → keine turbulente Vermischung:

$$f_V \neq 0; \quad \text{aber} \quad f_T = 0$$

Die Gleichungen (1.24a)–(1.24d) vereinfachen sich und werden in dieser Grundform als **NAVIER-STOKESsche Bewegungsgleichung** bezeichnet.

Reibungsfreie Strömung (Idealfall):

$$f_V = 0; \quad f_T = 0$$

Solche Strömungen sind in der Wirklichkeit nicht zu finden, oftmals jedoch gut angenähert (quasi-reibungsfreie Strömungen). Bei vielen Strömungsproblemen führt diese Annahme deshalb zu brauchbaren Näherungslösungen. Die Haftbedingung wird dann allerdings nicht mehr erfüllt. PRANDTL[35] schaffte hierfür durch seine **Grenzschichttheorie** (wird später behandelt) Abhilfe. Diese führt zu den PRANDTLschen Grenzschichtgleichungen (vereinfachte NAVIER-STOKES-Gleichungen).

Die Gleichungen (1.24a)–(1.24d) vereinfachen sich bei Reibungsfreiheit, wobei Wirbelfreiheit nicht notwendig, sehr stark, sind dann oft geschlossen lösbar und werden als **EULERsche Bewegungsgleichung** bezeichnet. Besteht zudem auch Wirbelfreiheit, ergibt sich die nochmals einfachere **Potenzialgleichung**.

Fluide, welche die EULERsche Bewegungsgleichung exakt erfüllen, sind die sog. *idealen Fluide*.

Demnach ist das Kennzeichen des strömungstechnisch

- **idealen tropfbaren Fluides:**

$$\varrho = \text{konst} \quad \text{und} \quad \eta = 0$$

- **idealen allgemeinen Fluides:**

$$\eta = 0$$

Zu unterscheiden ist bei kompressiblen Fluiden zwischen

- strömungsmechanisch ideal → reibungsfrei, also Stoffwert $\eta = 0$; auch als nichtviskos bezeichnet
- thermodynamisch ideal → Stoffwerte R und $\varkappa$ je konst, wobei $\varkappa = \text{konst}$ meist erfüllt. Ausnahme: Dämpfe (Tab. 6.19)

Oft ist eine Kombination von beiden Idealforderungen notwendig, also $\eta = 0$ und $R = \text{konst}$ sowie $\varkappa = \text{konst}$.

Die Mechanik des idealen Fluides ermöglicht oftmals schnellen Einblick in das Strömungsgeschehen. Viele Strömungsgesetze werden am idealen Fluid abgeleitet und dann durch experi-

[34] NAVIER, Claude Louis Marie Henri (1785 bis 1836), franz. Ingenieur.

[35] PRANDTL, Ludwig (1875 bis 1953), dtsch. Physiker und Ingenieur.

mentell bestimmte Faktoren dem Verhalten der realen Fluide möglichst gut angepasst (übliche Vorgehensweise der Technischen Fluidmechanik).

Fluid in Ruhe

$$f_B = 0, \quad f_V = 0 \quad \text{und} \quad f_T = 0$$

Die Gleichungen (1.24a)–(1.24d) ergeben dann die EULERsche Grundgleichung der Fluidstatik, kurz als hydro- oder fluidstatisches Grundgesetz bezeichnet (Abschn. 2.2.8).

Ruhe bedeutet in diesem Zusammenhang, die Fluidteilchen dürfen ruhen oder sich bewegen, und zwar gemeinsam, jedoch nicht zu- bzw. voneinander (relativ). Deshalb $f_V = 0$ und $f_T = 0$ gemäß (1.14) keine Fluidreibung ($dc_x = 0$).

Bemerkungen: Volumenkräfte sind sog. **Fernwirkungskräfte**. Sie nehmen mit der Entfernung nur relativ schwach ab. Abgesehen von der unmittelbaren Umgebung der Körper nimmt die Wirkung der Volumenkräfte mit dem Quadrat des Abstandes ab. Volumenkräfte beruhen physikalisch auf der Massenanziehungswirkung (Gravitationskraft) und den Anziehungs- bzw. Abstoßungskräften elektrischer sowie magnetischer Ladungen.

Oberflächenkräfte sind sog. **Nahwirkungskräfte**. Sie nehmen mit der Entfernung sehr stark ab. Abgesehen von der unmittelbaren Umgebung, dem Nahbereich, nimmt die Wirkung etwa mit der siebten bis achten Potenz des Abstandes ab. Oberflächenkräfte beruhen auf der Wirkung intermolekularer Anziehungskräfte.

Inter- oder zwischenmolekulare Kräfte sind die Wirkungen zwischen den Teilchen (Atome, Moleküle) eines Stoffes und abhängig von ihrem gegenseitigen Abstand t (Abb. 1.14). Diese Molekularkräfte werden auch als VAN-DER-WAALSsche- oder COULOMB-Kräfte bezeichnet.

Die **intermolekularen Kräfte** (Teilchenkräfte) bewirken, wie erwähnt, die Adhäsion und die Kohäsion (Abschn. 1.3.3.1). Bei dem stabilen Abstand t_0 der Teilchen (Abb. 1.14) kompensieren sich die abstoßenden und anziehenden Wirkungen, weshalb die resultierende Molekularkraft null ist und damit Gleichgewicht besteht. Je mehr der Abstand vermindert wird ($t < t_0$), desto stärker überwiegt die abstoßende Wirkung. Die resultierende Abstoßkraft steigt steil an. Wächst andererseits der Teilchenabstand t über die Gleichgewichtslage hinaus ($t > t_0$), ergibt sich als Resultante eine Anziehungskraft. Diese steigt mit wachsendem Abstand zuerst an, nimmt dann aber wieder ab und strebt asymptotisch gegen null. Der stabile Teilchenabstand im Normalzustand liegt allgemein in der Größenordnung von 10^{-10} bis 10^{-8} m.

Zum Vergleich weitere Größenordnungen:

- Teilchendurchmesser[36]
  10^{-11} bis 10^{-10} m
- freie mittlere Teilchenweglänge
  10^{-9} bis 10^{-6} m
- turbulenter Schwankungsweg
  10^{-4} bis 10^{-3} m.

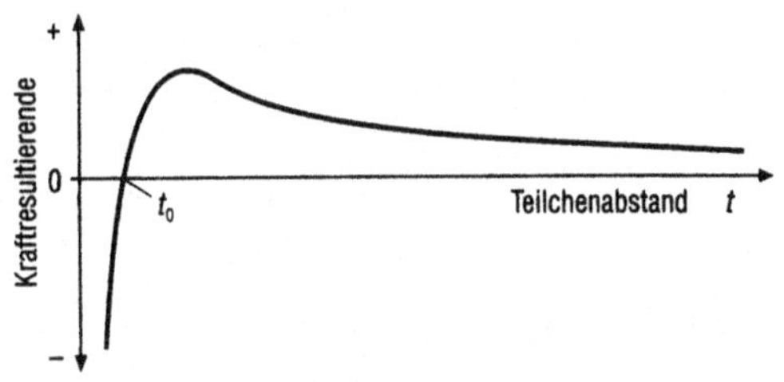

Abb. 1.14 Resultierende Kraft zwischen den Teilchen (Atome, Moleküle), abhängig von ihrem Abstand (prinzipieller Verlauf). Teilchenkraft: + Anziehung; – Abstoßung. t_0 Gleichgewichtsabstand

[36] Durchmesser eines Moleküls $\approx 10^{-10}$ m, eines Atoms $\approx 10^{-11}$ m und der eines Atomkernes etwa 10^{-15} m (Größenordnungen).

2 Fluid-Statik

Hydro- und Aerostatik

2.1 Grenzflächen (Trennflächen, freie Oberflächen)

2.1.1 Grundsätzliches

Fluide bilden *Begrenzungsflächen* (Grenzflächen) gegenüber festen Körpern und gegenüber solchen anderen Fluiden, mit denen ein Vermischen nicht stattfindet. Dabei sind zu unterscheiden:

- **Trennfläche:** Grenzfläche zwischen *zwei sich nicht mischenden Flüssigkeiten.*
- **Freie Oberfläche** (Spiegel):
  Grenzfläche einer *Flüssigkeit gegenüber einem Gas.* Die häufigste freie Oberfläche ist die von Wasser gegenüber Luft (Umgebung).

Die *leichte Verschiebbarkeit* der Fluidteilchen hat in der Statik zur Folge:

1. *Fluide passen sich vollständig den begrenzenden Festkörpern (Gefäßwänden) an.*
2. Die Fluidteilchen, die in diesem Zusammenhang als viele, sehr kleine, reibungsfreie Kügelchen vorstellbar sind, verschieben sich unter den tangentialen Kraftkomponenten so lange gegeneinander, bis diese verschwinden. Reibung besteht deshalb praktisch nicht, weil letztendlich keine Bewegung ($c \to 0$; (1.13)) vorhanden ist. *Die Fluidteilchen kommen zur Ruhe, wenn nur noch Normalkräfte zwischen ihnen wirken.*

Hieraus ergibt sich:

- Freie Oberflächen stellen sich in jedem Punkt senkrecht (normal) zur Richtung der jeweiligen Kraftresultierenden.
- An freien Oberflächen (und Trennflächen) ist der Druck konstant. Sie werden deshalb auch als *Niveauflächen* (Flächen konstanten Druckes = Isobaren) oder *Äquipotentialflächen* (Flächen konstanten Potentials) bezeichnet. In grafischen Darstellungen erfolgt ihre Kennzeichnung durch ein gleichseitiges Dreieck, das auf der freien Oberfläche mit einer Spitze aufsitzt, Abb. 2.1.

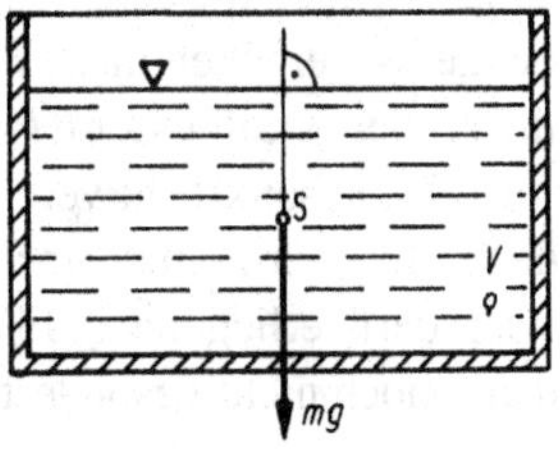

Abb. 2.1 Freie Oberfläche kleiner Ausdehnung in ruhendem Gefäß

2.1.2 Fluid in Ruhe oder konstanter Translationsbewegung

Resultierende Kraft ist die allein wirkende, zum Erdmittelpunkt gerichtete Schwer- oder Gewichtskraft F_G. Freie Oberflächen von Flüs-

H. Sigloch, *Technische Fluidmechanik*, https://doi.org/10.1007/978-3-662-64629-8_2

sigkeiten in ruhenden Gefäßen sind deshalb – entsprechend der Erdgestalt – Kugelflächenausschnitte von annäherndem Erdradius mit zum Erdmittelpunkt gerichteten Normalen. Daher sind freie Oberflächen von kleiner Ausdehnung praktisch waagrechte Ebenen, Abb. 2.1.

Erstarrungsprinzip Ein sich im Gleichgewicht befindendes Fluid bleibt im Gleichgewicht, auch wenn Teilbereiche davon erstarren. Diese Tatsache ist z. B. nützlich bei komplizierten Berandungsflächen. Die Kraftverteilung im Medium ändert sich durch die Teilerstarrung nicht, erleichtert jedoch den physikalisch-mathematischen Ansatz.

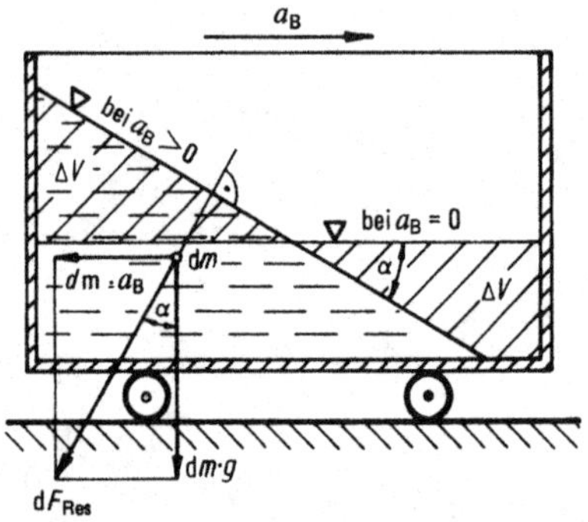

Abb. 2.2 Freie Oberfläche einer Flüssigkeit in einem Gefäß unter der Translationsbeschleunigung a_B (Index B zur Unterscheidung gegenüber der a)

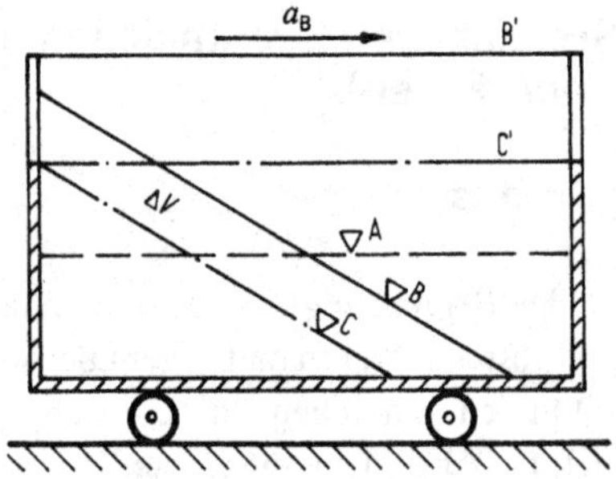

Abb. 2.3 Freie Oberfläche (Spiegel) bei verschiedenen Gefäßhöhen und Beschleunigungen.
A: Spiegel bei $a_B = 0$
B: Spiegel bei $a_B > 0$ und der Gefäßhöhe B'
C: Spiegel, wenn bei $a_B > 0$ die Gefäßrandhöhe von B' auf C' abgesenkt wird. Das Volumen ΔV zwischen den Spiegeln B und C läuft dann vom Behälter aus

2.1.3 Fluid in beschleunigter Translationsbewegung

Ein Behälter (Abb. 2.2), der eine beschleunigte Translationsbewegung ausführt, sei teilweise mit Flüssigkeit gefüllt. Die Fluidmenge unterliegt somit insgesamt einer beschleunigten Bewegung, während die einzelnen Fluidteilchen zueinander in Ruhe sind (deshalb Statik!). Auf jedes Fluidteilchen $\mathrm{d}m$ im Bereich der freien Oberfläche wirken die Gewichtskraft $\mathrm{d}m \cdot g$, und der Beschleunigungsrichtung entgegen die Trägheitskraft $\mathrm{d}m \cdot a_B$. Zusammengefasst ergeben diese Komponenten den resultierenden Kraftvektor $\mathrm{d}F_{Res}$, zu dem die freie Spiegelfläche senkrecht verläuft. In den tieferliegenden Schichten kommt noch die Massenwirkung der darüberliegenden Fluidteilchen hinzu, was hier jedoch nicht gesondert betrachtet werden muss.

Nach Abb. 2.2 ist der Neigungswinkel α der freien Oberfläche:

$$\tan\alpha = \frac{\mathrm{d}m \cdot a_B}{\mathrm{d}m \cdot g} = \frac{a_B}{g}$$

$$\alpha = \arctan(a_B/g) \qquad (2.1)$$

Der Einfluss der Gefäßrandhöhe auf die Spiegelausbildung geht aus Abb. 2.3 hervor. Die notwendige Gefäßwandhöhe – es darf kein Medium „verlorengehen“ – folgt aus der Volumenkonstanz-Bedingung. Das bedeutet, dass die „verschobene“ Fluidmenge ΔV gemäß Abb. 2.2 am neuen Ort innerhalb des Gefäßes Platz finden muss.

2.1.4 Fluid in Rotationsbewegung

Ein zylindrisches Gefäß, Abb. 2.4, wird bis zur Höhe H_0 mit Flüssigkeit gefüllt und durch kleine Beschleunigung auf die konstante Winkelgeschwindigkeit ω gebracht. Infolge Reibung wird die Flüssigkeit allmählich mitgenommen. Sie rotiert nach entsprechender Zeit ebenfalls mit der Winkelgeschwindigkeit ω. Der Fluid-„Körper“ führt eine Drehbewegung aus, wobei die einzelnen Fluidteilchen im Stationärzustand relativ zueinander in Ruhe sind. Auf jedes Fluidteilchen mit der Masse dm wirken dann im Bereich des freien Spiegels nur die Gewichtskraft d$m \cdot g$ und die vom variablen Radius r abhängige Fliehkraft d$m \cdot \omega^2 \cdot r$. Diese beiden Kräfte bestimmen die Form der freien Oberfläche. An jeder Stelle muss die zugehörende Tangentenebene der Spiegelfläche senkrecht zur Resultierenden der beiden Kräfte verlaufen.

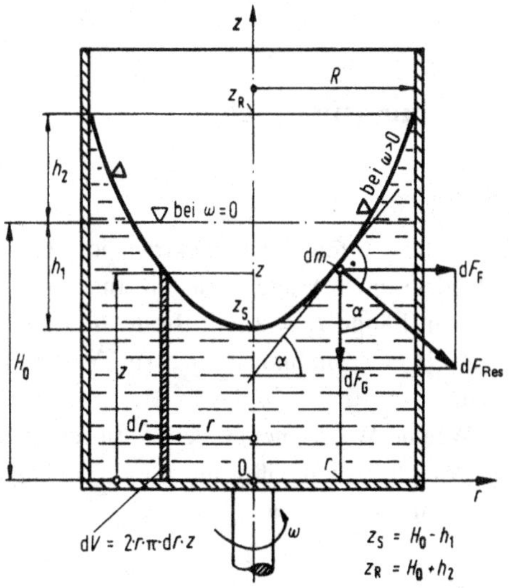

Abb. 2.4 Flüssigkeit in rotierendem Gefäß bei stationärem Betriebszustand

In jedem Punkt der freien Oberfläche gilt daher für den Neigungswinkel α der Kraftresultierenden dF_{Res}:

$$\tan\alpha = \frac{\mathrm{d}F_\mathrm{F}}{\mathrm{d}F_\mathrm{G}} = \frac{\mathrm{d}m \cdot \omega^2 \cdot r}{\mathrm{d}m \cdot g} = \frac{\omega^2}{g} \cdot r = f(r)$$

Da α andererseits der Steigungswinkel der Tangente an die Spiegelfläche $z = f(r)$ ist, gilt des weiteren gemäß Mathematik:

$$\tan\alpha = \frac{\mathrm{d}z}{\mathrm{d}r}$$

Durch Gleichsetzen ergibt sich die Differential-Gleichung der Spiegelfläche:

$$\frac{\mathrm{d}z}{\mathrm{d}r} = \frac{\omega^2}{g} \cdot r \tag{2.2}$$

Trennen der Variablen und Integration führt zur Meridiankurve der freien Fluid-Oberfläche bei $\omega = \text{konst}$ (stationär):

$$\mathrm{d}z = \frac{\omega^2}{g} \cdot r \cdot \mathrm{d}r$$

$$\int \mathrm{d}z = \frac{\omega^2}{g} \cdot \int r \cdot \mathrm{d}r \quad \text{mit} \quad \omega = \text{konst}$$

$$z = \frac{\omega^2}{2 \cdot g} \cdot r^2 + C = \frac{u^2}{2 \cdot g} + C \tag{2.3}$$

Die Rotationskurve (Meridianlinie) des Spiegels ist, wie (2.3) zeigt, eine Parabel, die freie Oberfläche selbst die Fläche eines **Rotationsparaboloids** zweiten Grades. Bemerkenswert ist dabei, dass die Paraboloid-Form nicht von der Art der Flüssigkeit abhängt, da die Gleichung keine Stoffgrößen, wie beispielsweise ϱ, enthält.

Die Integrationskonstante C ergibt sich aus den Randbedingungen. Diese wiederum sind abhängig von der Festlegung des Koordinaten-Ursprungs. Den Nullpunkt 0 des (r, z)-Koordinatensystems. Dieser, wie in Abb. 2.4 eingezeichnet, in den Drehmittelpunkt des Gefäßbodens gelegt, führt zu folgenden Randbedingungen:

1. bei $r = 0$ ist $z = z_\mathrm{S} = H_0 - h_1$
2. bei $r = R$ ist $z = z_\mathrm{R} = H_0 + h_2$

Randbedingung 1 in (2.3) eingesetzt liefert: $z_\mathrm{S} = C$ und damit:

$$\boldsymbol{z = \frac{\omega^2}{2 \cdot g} \cdot r^2 + z_\mathrm{S}} \tag{2.4}$$

Die Scheitelhöhe z_S und damit die Spiegelabsenkung h_1 sowie die Randhöhe z_R, also der maximale Spiegelanstieg h_2 der freien Oberfläche, ergeben sich aus:

a) der 2. Randbedingung, eingesetzt in (2.4):

$$z_\mathrm{R} = H_0 + h_2 = \frac{\omega^2}{2 \cdot g} \cdot R^2 + z_\mathrm{S}$$

Mit $z_\mathrm{S} = H_0 - h_1$ wird

$$z_\mathrm{R} = H_0 + h_2 = \frac{\omega^2}{2 \cdot g} \cdot R^2 + H_0 - h_1$$

Hieraus

$$h_1 + h_2 = \frac{\omega^2}{2 \cdot g} \cdot R^2 \tag{2.5}$$

b) der Volumenkonstanz, das bedeutet, das Flüssigkeitsvolumen V_Z (Zylinder) vor Beginn der Rotation ist so groß wie das unter dem Rotationsparaboloid V_P, also $V_Z = V_P$.

Hierbei sind mit den Größen von Abb. 2.4:

$$V_Z = R^2 \cdot \pi \cdot H_0$$

$$\text{und} \quad V_P = \int_{(V_P)} dV_P = \int_0^R 2 \cdot r \cdot \pi \cdot z \cdot dr$$

Ausgewertet mit z nach (2.4) ergibt sich:

$$\begin{aligned} V_P &= 2\pi \int_0^R \left(\frac{\omega^2}{2g} r^2 + z_S \right) r\,dr \\ &= 2\pi \int_0^R \left(\frac{\omega^2}{2g} r^3 + z_S r \right) dr \\ &= 2\pi \left(\frac{\omega^2}{2g} \frac{r^4}{4} + z_S \frac{r^2}{2} \right) \Bigg|_0^R \\ &= \pi \left(\frac{\omega^2}{2g} \frac{R^4}{2} + z_S R^2 \right) \end{aligned}$$

Mit $z_S = H_0 - h_1$ wird

$$V_P = \pi R^2 \left(\frac{\omega^2}{2g} \frac{R^2}{2} + H_0 - h_1 \right)$$

Gleichgesetzt:

$$\begin{aligned} V_Z &= V_P \\ R^2 \pi H_0 &= \pi R^2 \left(\frac{\omega^2}{2g} \frac{R^2}{2} + H_0 - h_1 \right) \\ h_1 &= \frac{\omega^2}{2g} \frac{R^2}{2} \end{aligned} \tag{2.6}$$

Gleichung (2.6) eingesetzt in (2.5) ergibt:

$$\frac{\omega^2}{2 \cdot g} \cdot \frac{R^2}{2} + h_2 = \frac{\omega^2}{2 \cdot g} \cdot R^2$$

$$h_2 = \frac{\omega^2}{2 \cdot g} \cdot \frac{R^2}{2} \tag{2.7}$$

Also

$$\boldsymbol{h_1 = h_2 = \frac{\omega^2}{2g} \frac{R^2}{2}} \tag{2.8}$$

Diese Ergebnisse in die früheren Gleichungen eingesetzt, führt zu:

$$z = \frac{\omega^2}{2 \cdot g} \left(r^2 - \frac{R^2}{2} \right) + H_0 \tag{2.9}$$

$$z_S = H_0 - \frac{\omega^2}{2 \cdot g} \cdot \frac{R^2}{2} \tag{2.10}$$

$$z_R = H_0 + \frac{\omega^2}{2 \cdot g} \cdot \frac{R^2}{2} \tag{2.11}$$

2.1.5 Übungsbeispiele[1]

Übung 1

Der oben offene Rechtecktransportbehälter (Quader) eines Wagens hat die Innenabmessungen: Länge $L = 15$ m; Breite $B = 2{,}8$ m; Höhe $H = 2{,}5$ m und ist mit $50\,\text{m}^3$ Wasser gefüllt.

Welche Wassermenge geht verloren, wenn der Wagen gleichmäßig mit $a_B = 3\,\text{m/s}^2$ beschleunigt wird? ◄

Übung 2

Das in Abb. 2.5 dargestellte Gefäß: Höhe 150 mm; Durchmesser 250 mm; ist bis zur Höhe von 100 mm mit Wasser gefüllt und rotiert um seine Achse.

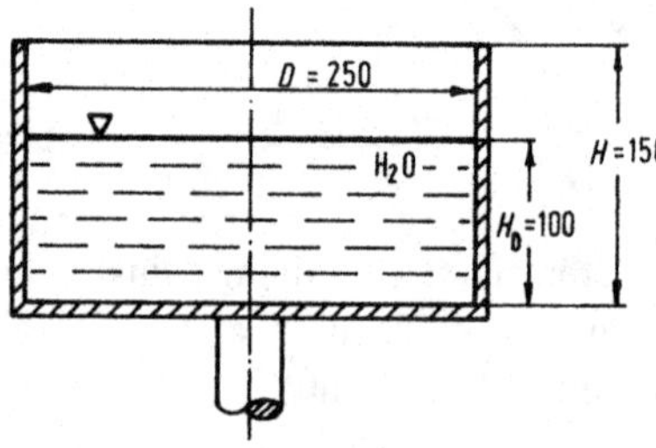

Abb. 2.5 Wasser in zylindrischem Gefäß

Gesucht:

1. Drehzahl, bei der das Fluid bis zum Gefäßrand hochsteigt.
2. Drehzahl, bei der der Gefäßboden beginnt sichtbar zu werden.

[1] Vollständige Lösungen in Kap. 7.

3. Ausfließende Fluidmenge bei der Drehzahl von Frage 2.
4. Notwendige Gefäßrandhöhe, bei der kein Fluid ausfließt und der Gefäßboden gerade sichtbar wird.
5. Drehzahl, die bei Frage 4 notwendig ist. ◀

2.2 Fluid-Druck

2.2.1 Druck-Definition (Druckspannung)

In einem sich in Ruhe und damit im Gleichgewicht befindenden NEWTONschen Fluid können nur Druckkräfte auftreten. Zugkräfte dagegen sind in der Regel nicht übertragbar und Schubkräfte bei Ruhe nicht vorhanden, (1.14).

EULER definierte als erster den Begriff „Druck". Nach dem Freilegungsprinzip der Mechanik wird ein Schnitt geführt und die inneren Kräfte durch äußere, die sog. Schnittkräfte, ersetzt, Abb. 2.6. Als Druckspannung (Normalspannung) wird dann der Quotient aus Normalkraft und Fläche definiert:

$$p = \frac{\mathrm{d}F}{\mathrm{d}A} \tag{2.12}$$

Die Druckspannung wird auch als EULERscher Druck, **EULER-Druck**, oder meist nur kurz als **Druck** $\boldsymbol{p}$ bezeichnet. Druck ist also eine Normalspannung (Abschn. 1.4).

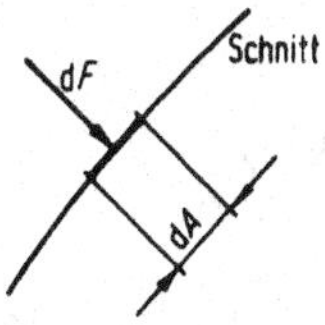

Abb. 2.6 Freilegungsschnitt zur Druckdefinition

Druck-Dimension:

$$[p] = \left[\frac{\text{Kraft}}{\text{Fläche}}\right] = \frac{\mathrm{N}}{\mathrm{m}^2}$$

Druckeinheiten nach DIN 1314:

PASCAL[2] (Pa):

$$\mathbf{1\,Pa = 1\,N/m^2}$$

[2] PASCAL, Blaise (1623 bis 1662), frz. Mathematiker und Philosoph.

Bar (bar):

$$\begin{aligned} \mathbf{1\,bar} &= \mathbf{10\,N/cm^2} \\ &= \mathbf{10^5\,\frac{N}{m^2} = 10^5\,Pa} \\ &= \mathbf{100\,kPa = 0{,}1\,MPa} \end{aligned}$$

$$\begin{aligned} 1\,\mathrm{mbar} &= 10^{-3}\,\mathrm{bar} \\ &= 100\,\mathrm{Pa} = 1\,\mathrm{hPa} \\ 1\,\mathrm{N/mm^2} &= 10^6\,\mathrm{Pa} = 10\,\mathrm{bar} \end{aligned}$$

Frühere Dimension:

Atmosphäre (at):

$$1\,\mathrm{at} = 1\,\frac{\mathrm{kp}}{\mathrm{cm}^2} = 9{,}81\,\frac{\mathrm{N}}{\mathrm{cm}^2} = 0{,}981\,\mathrm{bar} \approx 1\,\mathrm{bar}$$

Druck kann verursacht werden durch:

a) äußere Kraft (Pressungen), z. B. Kolben
b) innere Kraft (Gewicht, Trägheit)

2.2.2 Richtungsabhängigkeit des Druckes

Um zu untersuchen, in welcher Weise der Druck richtungsabhängig ist, d. h. Vektor oder Skalar, wird in einem Fluid an einer beliebig gewählten Stelle $\mathrm{P}(x, y, z)$, Abb. 2.7, ein tetraederförmiges Teilchen gedanklich in günstiger Konfiguration herausgeschnitten und erstarrt gedacht (Erstarrungsprinzip, Abschn. 2.1.2). Die Massewirkung (Gewichtskraft) des Teilchens bleibt dabei, wie noch begründet, unberücksichtigt. Der groß herausgezeichnete Tetraeder, Abb. 2.8, ist so angeordnet, dass je eine Kante in den drei Achsrichtungen des Koordinatensystems liegt. Die Schnittkräfte werden als äußere Kräfte $\mathrm{d}F_x$, $\mathrm{d}F_y$, $\mathrm{d}F_z$ senkrecht auf die in den Koordinatenebenen liegenden Flächen $\mathrm{d}A_x$, $\mathrm{d}A_y$, $\mathrm{d}A_z$ und $\mathrm{d}F$ normal auf die schräg liegende Fläche $\mathrm{d}A$ wirkend eingetragen. Die Normale der schräg liegenden Tetraederfläche $\mathrm{d}A$ bildet mit den Koordinatenrichtungen die Winkel α_x, α_y und α_z.

Die außerdem auf das Teilchen wirkenden Massenkräfte, wie die Gewichtskraft, sind proportional dem Tetraedervolumen und somit klein

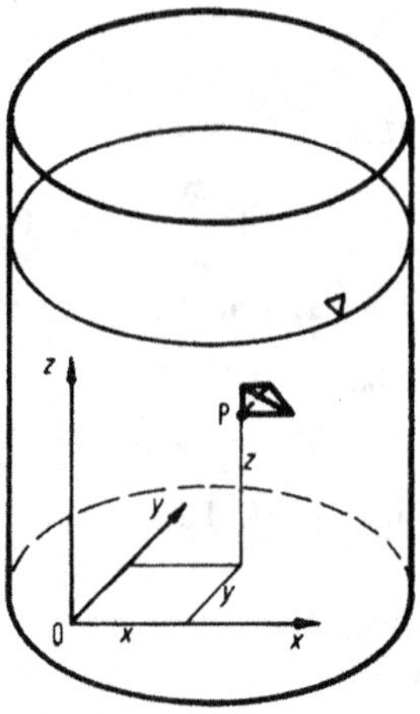

Abb. 2.7 Beliebiges Teilchen (raumfestes Volumenelement, erstarrt) in ruhendem Fluid

von 3. Ordnung. Die Normalkräfte dagegen verhalten sich proportional zu den Tetraederflächen und sind damit nur klein von 2. Ordnung. Daher sind die Massenkräfte bei dieser Betrachtung vernachlässigbar. Dies ist auch deshalb gerechtfertigt, da nur die Richtungs-, jedoch nicht die Massenabhängigkeit des Druckes untersucht werden soll.

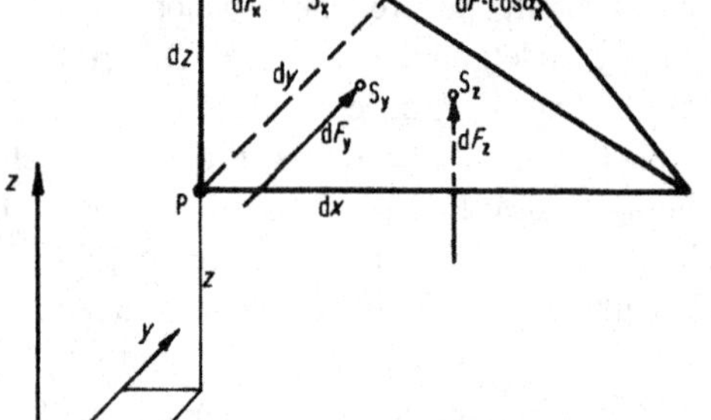

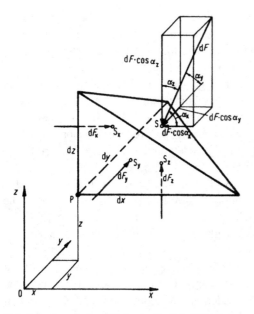

Abb. 2.8 Raumfestes Teilchen nach Abb. 2.7 mit eingetragenen Kräften auf die Schnittflächen (Schnittkräfte)

Mit diesen Festlegungen gemäß Abb. 2.8 lässt sich der Spannungszustand von Fluiden darstellen:

Geometrische Beziehungen (Projektionen):

$$\begin{aligned} \mathrm{d}A_x &= \mathrm{d}A \cdot \cos\alpha_x \\ \mathrm{d}A_y &= \mathrm{d}A \cdot \cos\alpha_y \\ \mathrm{d}A_z &= \mathrm{d}A \cdot \cos\alpha_z \end{aligned} \tag{2.13}$$

Gleichgewichtsbedingungen der Mechanik:

1. $\sum \vec{M} = \vec{0}$
2. $\sum \vec{F} = \vec{0}$

$$\rightarrow \quad \begin{cases} \sum M_x = 0; & \sum F_x = 0 \\ \sum M_y = 0; & \sum F_y = 0 \\ \sum M_z = 0; & \sum F_z = 0 \end{cases}$$

Momente nach Bedingung 1 sind nicht vorhanden, falls sich die Wirkungslinien der Kräfte $\mathrm{d}F_x$, $\mathrm{d}F_y$, $\mathrm{d}F_z$, und $\mathrm{d}F$ in einem Punkt schneiden. Dies ist erfüllt, da die Kräfte jeweils senkrecht auf den Flächen $\mathrm{d}A_x$, $\mathrm{d}A_y$, $\mathrm{d}A_z$ sowie $\mathrm{d}A$ stehen und in deren Schwerpunkt wirken. Die Wirkungslinien aller Kräfte gehen daher durch den Teilchen-, d. h. Tetraederschwerpunkt.

Nach Abb. 2.8 ergibt die 2. Gleichgewichtsbedingung die drei Komponentenforderungen:

a) $\sum F_x = 0$
$\mathrm{d}F_x - \mathrm{d}F \cdot \cos\alpha_x = 0 \rightarrow \mathrm{d}F_x = \mathrm{d}F \cdot \cos\alpha_x$

b) $\sum F_y = 0$
$\mathrm{d}F_y - \mathrm{d}F \cdot \cos\alpha_y = 0 \rightarrow \mathrm{d}F_y = \mathrm{d}F \cdot \cos\alpha_y$

c) $\sum F_z = 0$
$\mathrm{d}F_z - \mathrm{d}F \cdot \cos\alpha_z = 0 \rightarrow \mathrm{d}F_z = \mathrm{d}F \cdot \cos\alpha_z$

Andererseits gilt unter Verwendung von (2.13):

$$\begin{aligned} \mathrm{d}F_x &= p_x \cdot \mathrm{d}A_x = p_x \cdot \mathrm{d}A \cdot \cos\alpha_x \\ \mathrm{d}F_y &= p_y \cdot \mathrm{d}A_y = p_y \cdot \mathrm{d}A \cdot \cos\alpha_y \\ \mathrm{d}F_z &= p_z \cdot \mathrm{d}A_z = p_z \cdot \mathrm{d}A \cdot \cos\alpha_z \\ \mathrm{d}F &= p \cdot \mathrm{d}A \end{aligned}$$

Durch Einsetzen dieser Gleichungen in die Beziehungen unter a), b) und c) ergibt sich:

$$p_x = p_y = p_z = p \qquad (2.14)$$

An allen Flächen des beliebigen Teilchens herrscht demnach der gleiche Druck. Hieraus folgt der **fluidstatische Spannungszustand**:

- Der Druck ist ein Skalar (richtungsunabhängig) und nur eine Funktion des Ortes.

Bemerkungen: Jede andere Lage und Form des ausgegrenzten Teilchens führt zum selben Ergebnis. Der mathematische Aufwand ist jedoch entsprechend größer und die Herleitung unübersichtlicher.

Da – auf den jeweiligen Punkt bezogen – die Flächen und damit das Teilchenvolumen gegen null gehen (Grenzübergangs-Betrachtung), ist die Massenkraft in diesem Zusammenhang exakt ohne Einfluss. Sie geht ebenfalls gegen null. Der Druck ist an jeder Stelle nach allen Richtungen gleich groß; gilt deshalb uneingeschränkt.

2.2.3 Druck-Fortpflanzung

Ein durch einen Kolben abgeschlossenes Gefäß, Abb. 2.9, ist vollständig mit Fluid gefüllt. Durch die Kolbenkraft F wird das Fluid gepresst. Der durch die Kolbenfläche A auf das Fluid wirkende Druck (exakt Überdruck) beträgt $p = F/A$.

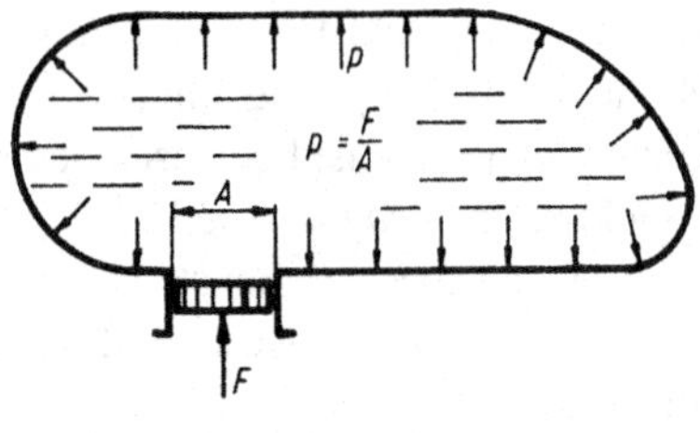

Abb. 2.9 Fluid unter Pressung

Infolge der leichten Verschiebbarkeit (keine Reibung) der Fluid-Teilchen stützt sich jedes Teilchen an seinen Nachbarn ab und leitet dadurch die Pressung weiter. Der Druck pflanzt sich deshalb nach allen Seiten gleichmäßig fort. Wird die Masse des Fluids vernachlässigt, was bei Gasen fast immer zulässig ist oder die aufgebrachte Pressung im Vergleich zur Fluidmasse so groß, dass die Gewichtskraft bedeutungslos, z. B. bei der Ölhydraulik, gilt allgemein das **Druckfortpflanzungsgesetz von PASCAL**:

- Wird auf ein vollständig umschlossenes Fluid an einer Stelle eine Pressung ausgeübt, pflanzt sich der Druck – ohne Berücksichtigung der Dichte-, d. h. Schwerewirkung – nach allen Richtungen gleichmäßig und unvermindert durch das gesamte Fluid fort. Überall im Innern des Fluids und an der Berandung herrscht dann der gleiche Druck.

Bemerkung: Unter Berücksichtigung der Schwerewirkung des Fluids ändert sich der Druck im Medium mit der Ortshöhe und ist daher nur noch in waagrechten Ebenen jeweils konstant (Abschn. 2.2.8).

2.2.4 Technische Anwendung der Druck-Fortpflanzung

Ein wichtiger technischer Anwendungsbereich des Druckfortpflanzungsgesetzes ist die im vorhergehenden Abschnitt erwähnte Ölhydraulik und Pneumatik. Hier wird in vielfältiger Form das Prinzip der fluidstatischen Presse (Abb. 2.10) verwirklicht. Dabei können die Fluide in der Regel als masselos betrachtet werden. Fluidreibung ist nicht vorhanden, da letztlich keine Bewegung (Strömung) vorliegt.

Für die in Abb. 2.10 im Prinzip dargestellte, reibungsfreie hydraulische Presse ergeben sich folgende Zusammenhänge:

Druckfortpflanzung:

$$p_2 = p_1 = p$$

Volumenkonstanz
(da Dichte $\varrho =$ konst; wegen $p =$ konst):

$$\Delta V_2 = \Delta V_1 = \Delta V \quad \text{(je Hub)}$$

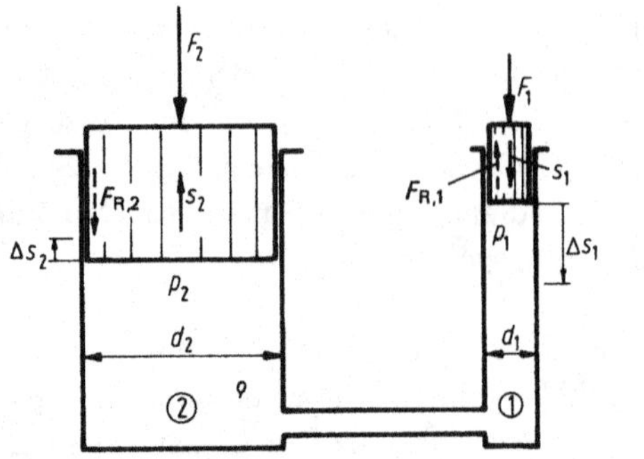

Abb. 2.10 Prinzip der hydraulischen Presse. Ventile und sonstiges notwendiges Zubehör sind weggelassen, da diese ohne Einfluss auf die Fluidwirkung. $A_2/A_1 = (d_2/d_1)^2$ bei Kreiszylinder

Kraftübersetzung
(Dichtungsreibung unberücksichtigt):

$$\frac{F_2}{F_1} = \frac{A_2 \cdot p_2}{A_1 \cdot p_1} = \frac{A_2}{A_1} = \left(\frac{d_2}{d_1}\right)^2 = \varphi_{\text{th}} \quad (2.15)$$

Wegübersetzung:

$$\frac{\Delta s_2}{\Delta s_1} = \frac{\Delta V_2/A_2}{\Delta V_1/A_1} = \frac{A_1}{A_2} = \left(\frac{d_1}{d_2}\right)^2 = \frac{1}{\varphi_{\text{th}}} \quad (2.16)$$

Arbeitsumsetzung (Wirkungsgrad):

$$\frac{\Delta W_2}{\Delta W_1} = \frac{F_2 \cdot \Delta s_2}{F_1 \cdot \Delta s_1} = \varphi_{\text{th}} \cdot \frac{1}{\varphi_{\text{th}}} = 1 = \eta \quad (2.17)$$

Theoretisches Kraftübersetzungsverhältnis:

$$\varphi_{\text{th}} = \frac{A_2}{A_1} = \left(\frac{d_2}{d_1}\right)^2 \quad (2.18)$$

Bei technisch ausgeführten fluidstatischen Pressen liegt der Wirkungsgrad infolge der unvermeidlichen Reibung (Friktion) in den Kolbendichtungen unter eins ($\eta < 1$). Dies hat eine Verringerung der Presskraft F_2 durch die Kolbenreibungskräfte $F_{R,1}$ und $F_{R,2}$ zur Folge; dagegen hat die Fließreibung des Fluides hierauf keinen Einfluss, denn sie ist wegen des statischen Endzustandes nicht vorhanden. Daher:

$$p_1 = \frac{F_1 - F_{R,1}}{A_1}$$

$$p_2 = \frac{F_2 + F_{R,2}}{A_2}$$

mit $p_1 = p_2$:

$$\frac{F_2 + F_{R,2}}{A_2} = \frac{F_1 - F_{R,1}}{A_1}$$

$$F_2 = \frac{A_2}{A_1}(F_1 - F_{R,1}) - F_{R,2}$$

$$F_2 = \varphi_{\text{th}} \cdot (F_1 - F_{R,1}) - F_{R,2}$$

$$F_2 = \varphi_{\text{th}} \cdot F_1 \left(1 - \frac{\varphi_{\text{th}} \cdot F_{R,1} + F_{R,2}}{\varphi_{\text{th}} \cdot F_1}\right)$$

$$F_2 = \varphi_{\text{th}} \cdot F_1 \cdot \eta = \varphi_e \cdot F_1 \quad (2.19)$$

Hierbei sind:

Der Wirkungsgrad

$$\eta = 1 - \frac{\varphi_{\text{th}} \cdot F_{R,1} + F_{R,2}}{\varphi_{\text{th}} \cdot F_1} = 1 - \frac{F_{R,1}}{F_1} - \frac{F_{R,2}}{\varphi_{\text{th}} \cdot F_1} \quad (2.20)$$

Die tatsächliche (effektive) Kraftübersetzung

$$\varphi_e = \eta \cdot \varphi_{\text{th}}$$

Der entscheidende Vorteil des Prinzips der hydraulischen Presse ist die große verwirklichbare Kraftübersetzung auch bei großem räumlichen Abstand zwischen Pumpenkolben (Druckerzeuger) und Arbeitskolben. Das gilt sowohl für Flüssigkeiten als auch Gase, da die Fluiddichte bei den Betrachtungen ohne Einfluss ist und daher nicht in die Kraft-Beziehung eingeht. Bei der Wege-Gleichung jedoch ist bei Gasen besser von der Massenkonstanz ($\Delta m = \varrho \cdot \Delta V = \varrho \cdot A \cdot \Delta s$) auszugehen. Wenn aber $p =$ konst, wie in diesem Fall, bleibt auch $\varrho =$ konst, weshalb (2.16) allgemein gilt.

2.2.5 Druckenergie

Zur Kurzzeitspeicherung begrenzter Mengen mechanischer Energie bei Hydraulik-Anlagen werden vielfach Druckflüssigkeits-Akkumulatoren eingesetzt. Die Speicherung erfolgt, indem die unter Pressung stehende Flüssigkeit in einem Raum mit veränderbarem Volumen gesammelt wird. Der prinzipielle Aufbau der möglichen Ausführung eines solchen Druckflüssigkeits-Speichers geht aus Abb. 2.11 hervor.

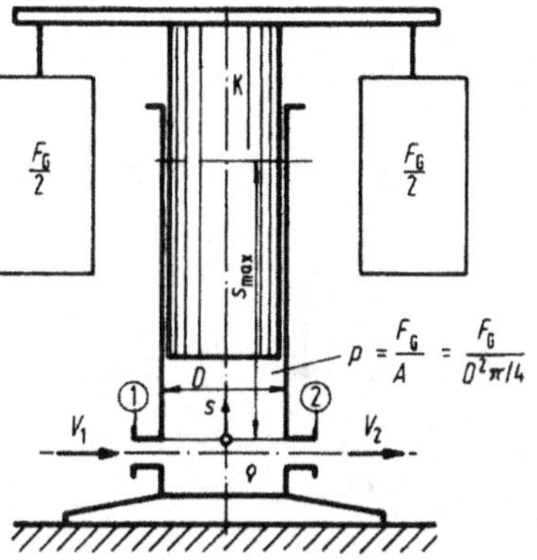

Abb. 2.11 Prinzip eines Druckflüssigkeits-Speichers (Gewichts- oder Kolbenspeicher). Gewichtskraft F_G wird gebildet von Belastungsgewichten und Kolben

Ist das an Stelle ① zufließende Flüssigkeitsvolumen größer als das bei Stelle ② abgerufene, wird der gewichtsbelastete Kolben K angehoben. Der dadurch freiwerdende Zylinderbereich nimmt das unter dem Druck p stehende Differenzvolumen $\Delta V = V_1 - V_2$ des Fluides auf. Ist umgekehrt die bei ② abfließende Flüssigkeitsmenge größer, als die bei ① ankommende, wird der Fehlbedarf durch den Speicher gedeckt. Der Kolben K sinkt entsprechend ab. Die speicherbare Fluid- und damit Energiemenge bestimmt der maximale Kolbenweg bei vorgegebener Kolbenfläche, welche zusammen mit dem zu verwirklichenden Druck die notwendigen Belastungsgewichte festlegen.

Die Energiespeicherung erfolgt daher letztlich durch Heben der Belastungsgewichte, also in potentieller Form. *Druckenergie* ist demnach eine Art der potentiellen Energie; wird auch als *Verschiebearbeit* bezeichnet.

Die Wortbildung *Druckenergie* als Verbindung von Druck und Energie ist unglücklich. Trotzdem wird dieser Terminus, da griffig, häufig verwendet. Im Gegensatz hierzu ist der ebenso ungünstige Begriff *Kraftenergie* als Produkt aus Kraft und Weg für potentielle Energie nicht gebräuchlich.

Zusammenhänge nach Abb. 2.11 mit Belastungsgewicht F_G und Kolbendurchmesser D:

Druck:

$$p = \frac{2 \cdot F_G/2}{A} = \frac{F_G}{A} = \frac{F_G}{D^2 \cdot \pi/4} = \text{konst} \tag{2.21}$$

Energie:

$$W = F_G \cdot s$$
$$W_{max} = F_G \cdot s_{max}$$
$$\Delta W = F_G \cdot \Delta s = p \cdot A \cdot \Delta s$$
$$\Delta W = p \cdot \Delta V \tag{2.22}$$

Gleichung (2.22) umgestellt:

$$\text{Druck} \quad \boldsymbol{p = \frac{\Delta W}{\Delta V} = \frac{W}{V} = \frac{W_{max}}{V_{max}}} \tag{2.23}$$

$$\frac{p}{\varrho} = \frac{\Delta W}{\varrho \cdot \Delta V} = \frac{\Delta W}{\Delta m} \tag{2.24}$$

Gleichungen (2.23) und (2.24) ermöglichen es, dem Druck – außer der bisherigen Definition als Kraft je Flächeneinheit – weitere Bedeutungen zuzumessen:

- Nach (2.23) ist Druck der Quotient aus Energie und Volumen.

  Nach (2.24) ist Druck, bezogen auf die Fluiddichte, der Quotient aus Energie und Masse.

Diese Erkenntnisse – Druck ist Energie – sind, wie später beschrieben, besonders wichtig bei kompressiblen Fluiden, aber auch bei der Strömung raumbeständiger Medien.

Ist während des Lade- bzw. Entladevorganges des Energiespeichers der Druck nicht konstant, muss die aufgenommene bzw. abgegebene Energiemenge über einen Summations-, d. h. Integrationsvorgang, ermittelt werden. Dann gilt:

$$\mathrm{d}W = p \cdot \mathrm{d}V \tag{2.25}$$

Während das infinitesimale Volumen $\mathrm{d}V$ eingebracht oder entnommen wird, ändert sich der Druck p auch theoretisch nicht.

Die Integration von (2.25) liefert dann die allgemeine Beziehung für die Druckenergie (Hinweis auf Thermodynamik → Gasarbeit):

$$\boldsymbol{W = \int_{(V)} p \cdot \mathrm{d}V} \tag{2.26}$$

Zwei grundsätzliche Typen von Druckenergiespeicher sind möglich und werden technisch verwirklicht:

a) *Gewichtsspeicher* (entsprechend Abb. 2.11).
   Vorteil: Druck konstant
   Nachteile: Große Abmessungen und Massen
   Bewegte Teile
   Dichtungen zwischen den gegeneinander bewegten Teilen
b) *Druckgasspeicher* (Windkessel)
   Meist Trennung von Druckgas und Speicherflüssigkeit durch elastische Wand (Membran).
   Vorteile: Kleine Abmessungen
   Praktisch keine bewegten Teile (außer Membran)
   Nachteile: Druck nicht konstant (abhängig vom Ladezustand)

2.2.6 Druckkraft auf gekrümmte Flächen

Der in Abb. 2.12 dargestellte Behälter mit der gekrümmten Fläche A ist vollständig mit einem Fluid gefüllt. Auf den Kolben K mit der Fläche A_K wirkt die Presskraft F_K. Das Fluid kann im Vergleich zur Presskraft meist als masselos angesehen werden, und Reibung ist nicht vorhanden, da das Fluid sich nicht bewegt.

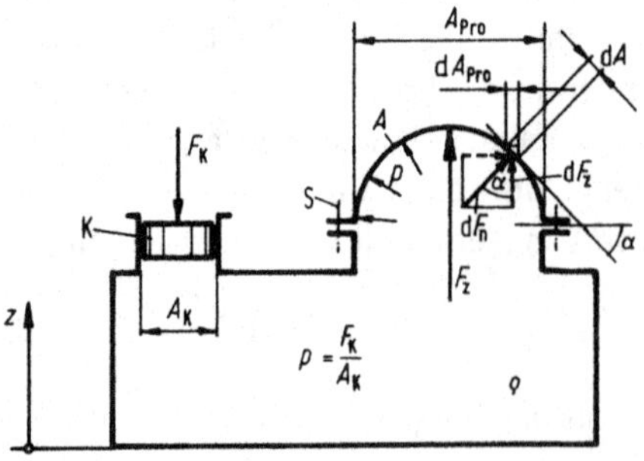

Abb. 2.12 Druckkraft auf eine gekrümmte Fläche A

Die auf die Fläche A in Richtung z wirkende Kraft F_z muss bekannt sein, z. B. zum Auslegen der Schrauben S.

Es gilt:

$$\mathrm{d}F_\mathrm{n} = p \cdot \mathrm{d}A \quad \text{mit } p = F_\mathrm{K}/A_\mathrm{K}$$
$$\mathrm{d}F_z = \mathrm{d}F_\mathrm{n} \cdot \cos\alpha = p \cdot \mathrm{d}A \cdot \cos\alpha$$

Mit $\mathrm{d}A_\mathrm{Pro} = \mathrm{d}A \cdot \cos\alpha$ wird

$$\mathrm{d}F_z = p \cdot \mathrm{d}A_\mathrm{Pro}$$

und

$$F_z = \int_{(A)} \mathrm{d}F_z = p \cdot \int_{(A_\mathrm{Pro})} \mathrm{d}A_\mathrm{Pro}$$
$$\boldsymbol{F_z = p \cdot A_\mathrm{Pro}} \tag{2.27}$$

► Die Druck- oder Presskraft auf eine gewölbte Fläche in einer bestimmten Richtung ergibt sich demnach aus dem Produkt von Fluiddruck und Projektionsfläche A_Pro der gepressten Fläche in der betrachteten Richtung, d. h. auf eine dazu senkrechte Ebene. Das gilt für alle Richtungen.

Bemerkung: Die Integration der differentiellen Waagrechtkomponenten in Abb. 2.12 über die gesamte gekrümmte Fläche A führt zur Horizontalkraft, die jedoch in der Regel null ist. Integrationsgrenzen eingeklammert, da symbolisch.

2.2.7 Gleichgewichtszustand

Ein Fluid bleibt in Ruhe oder gleichbleibender Geschwindigkeit und damit im Gleichgewicht, wenn die Summe der an ihn angreifenden Kräfte verschwindet, also gleich dem Nullvektor $\vec{0}$ ist (Abschn. 1.4). Die Beschleunigung ist null, es liegt also Statik vor. In Abb. 2.13 sind die an einem Fluidteilchen angreifenden Oberflächenkräfte (Druckkräfte) $p \cdot \mathrm{d}\vec{A}$ und die allgemein angenommene, spezifische Volumenkraft $\vec{f} = \vec{F}_\mathrm{M}/V$ bzw. $\vec{f} = \mathrm{d}\vec{F}_\mathrm{M}/\mathrm{d}V$ (auf die Volumeneinheit bezogene Massenkraft) eingetragen. $f = |\vec{f}|$ wird auch als spezifische Feldkraft bezeichnet

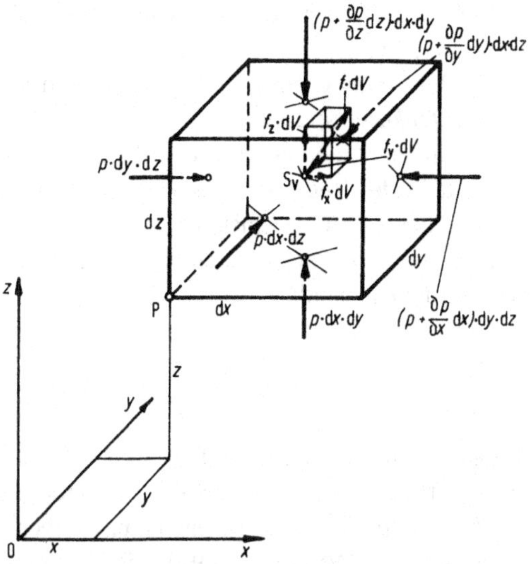

Abb. 2.13 Kräfte an einem Fluidteilchen im allgemeinen Kraftfeld, z. B. Schwere- plus Fliehkraftwirkung. Der Druck p ändert sich in x-, y- und z-Richtung, also $p = f(x, y, z)$. Auf Flächen durch Punkt P mittlerer Druck p

und Quotient $f/\varrho = F_M/m$ als Feldstärke oder Felddichte.

Für die Koordinatenrichtungen ergeben sich zusammengefasst letztlich:

a) x-Achse

$$\sum F_x = 0: \quad f_x - \frac{\partial p}{\partial x} = 0 \tag{2.28}$$

b) y-Achse

$$\sum F_y = 0: \quad f_y - \frac{\partial p}{\partial y} = 0 \tag{2.29}$$

c) z-Achse

$$\sum F_z = 0: \quad f_z - \frac{\partial p}{\partial z} = 0 \tag{2.30}$$

Hinweis: Die zweite statische Gleichgewichtsbedingung $\sum \vec{M} = 0$ ist gemäß Abschn. 2.2.2 ebenfalls erfüllt.

Weitere sinnvolle partielle Ableitungen zum Eliminieren von Druck p wobei deren Reihenfolge vertauschbar, da stetige Funktionen:

- (2.28) partiell nach y und (2.29) partiell nach x:

$$\left.\begin{aligned} \frac{\partial f_x}{\partial y} - \frac{\partial^2 p}{\partial x\,\partial y} &= 0 \\ \frac{\partial f_y}{\partial x} - \frac{\partial^2 p}{\partial y\,\partial x} &= 0 \end{aligned}\right\} \quad \frac{\partial f_x}{\partial y} = \frac{\partial f_y}{\partial x} \tag{2.31}$$

- (2.28) partiell nach z und (2.30) partiell nach x:

$$\left.\begin{aligned} \frac{\partial f_x}{\partial z} - \frac{\partial^2 p}{\partial x\,\partial z} &= 0 \\ \frac{\partial f_z}{\partial x} - \frac{\partial^2 p}{\partial z\,\partial x} &= 0 \end{aligned}\right\} \quad \frac{\partial f_x}{\partial z} = \frac{\partial f_z}{\partial x} \tag{2.32}$$

- (2.29) partiell nach z und (2.30) partiell nach y:

$$\left.\begin{aligned} \frac{\partial f_y}{\partial z} - \frac{\partial^2 p}{\partial y\,\partial z} &= 0 \\ \frac{\partial f_z}{\partial y} - \frac{\partial^2 p}{\partial z\,\partial y} &= 0 \end{aligned}\right\} \quad \frac{\partial f_y}{\partial z} = \frac{\partial f_z}{\partial y} \tag{2.33}$$

Gleichungen (2.31) bis (2.33), je aus Substraktion, sind gemäß CAUCHY[3]-RIEMANN[4] die notwendigen und hinreichenden Bedingungen, um die Komponenten der allgemein angesetzten Volumenkraft $\vec{f} \cdot \mathrm{d}V$ (Massenkraft) und damit diese selbst aus einer anderen Größe, dem sog. Kräftepotential $U(x; y; z)$ abzuleiten. Dieses **Kraft-Potenzial U** ist als der Quotient von Arbeitsvermögen und Masse definiert und hat daher die Dimension $\mathrm{N\,m/kg} = \mathrm{m^2/s^2}$, weshalb als spez. potentielle Energie bezeichnet. Daraus folgt für die Komponenten der spezifischen Volumenkraft $\vec{f}$ (Dimension $\mathrm{N/m^3}$):

$$f_x = -\varrho\,\frac{\partial U}{\partial x}; \quad f_y = -\varrho\,\frac{\partial U}{\partial y}; \quad f_z = -\varrho\,\frac{\partial U}{\partial z} \tag{2.34}$$

Kräfte, die ein Potential besitzen, d. h. von einem solchen ableitbar sind, heißen **energieerhaltende** oder **konservative Kräfte**, was in der Regel

[3] CAUCHY, A.L. (1789 bis 1837).
[4] RIEMANN, B. (1826 bis 1866).

Massenkräfte sind. Energieerhaltend bezieht sich dabei auf mechanische Energie. Minuszeichen, weil Potential-Zunahme bei Fortschrittsrichtung entgegen der Kraftwirkungs-Richtung des Feldes.

Damit ergibt sich die wichtige Bedingung:

- Ein Fluid kann sich nur dann im Gleichgewicht, also in Ruhe, befinden, wenn seine Volumenkraft konservativ ist – von einem Potential ableiten lässt.

Die Physik bezeichnet Größen als **Potenziale**, deren Wert nur vom Ort abhängt, also zwischen Anfangs- und Endzustand unabhängig vom dazwischen reibungsfrei durchlaufenen Weg sind. Potentiale sind somit reine Ortsgrößen (Ortsfunktionen). Die Potentialdifferenz ist der Betragsunterschied zwischen Anfangs- und Endwert. Das Potential U lässt sich, wie erwähnt, anschaulich als potentielle Energie (Arbeitsvermögen) interpretieren.

Die allgemeine spezifische Volumenkraft hat folgende Darstellungsarten:

Vektorform:

$$\vec{f} = +\vec{f_x} + \vec{f_y} + \vec{f_z} = \vec{e}_x \cdot f_x + \vec{e}_y \cdot f_y + \vec{e}_z \cdot f_z$$
$$\vec{f} = -\varrho\left(\vec{e}_x \cdot \frac{\partial U}{\partial x} + \vec{e}_y \cdot \frac{\partial U}{\partial y} + \vec{e}_z \cdot \frac{\partial U}{\partial z}\right) \tag{2.35a}$$

Vektoranalysis-Form[5]:

$$\boldsymbol{\vec{f} = -\varrho \cdot \mathbf{grad}\, U = -\varrho \cdot \nabla U \equiv -\varrho \cdot (\nabla \cdot U)} \tag{2.35b}$$

Matrizen-Form:

$$\begin{pmatrix} f_x \\ f_y \\ f_z \end{pmatrix} = -\varrho \cdot \begin{pmatrix} \partial U/\partial x \\ \partial U/\partial y \\ \partial U/\partial z \end{pmatrix} \tag{2.35c}$$

[5] Nabla-Operator (symbolischer Vektor), mit Hinweis auf Tab. 6.23:

$$\nabla = \vec{e}_x \cdot \frac{\partial}{\partial x} + \vec{e}_y \cdot \frac{\partial}{\partial y} + \vec{e}_z \cdot \frac{\partial}{\partial z} = \text{grad}$$

Dient zur Darstellung von vektoriellen Differentialoperationen. Durch formale Multiplikation dieses Vektors mit einem Skalar ergibt sich der Gradient in kartesischen Koordinaten. $|\vec{e}_x| = |\vec{e}_y| = |\vec{e}_z| = 1$; Einheitsvektoren in x-, y- und z-Richtung (orthogonale Basisgrößen).

Die Bedeutung der Matrizensymbole enthält Tab. 6.23 (Anhang).

Die Beziehung (2.35a)–(2.35c) wird auch als *Potentialfunktion* bezeichnet.

An einem **ruhenden Fluid** wirkt als Volumenkraft in der Regel nur die in der negativen z-Achse liegende Gewichtskraft $\Delta F_G = g \cdot \varrho \cdot \Delta V$, die durch das Schwerefeld der Erde verursacht wird. Dann sind:

$$f_x = 0; \quad f_y = 0; \quad f_z = -\Delta F_G / \Delta V = -\varrho \cdot g \tag{2.36}$$

Minuszeichen auch in diesem Fall, weil Wirkung von Kraft f_z entgegen der z-Richtung (Höhenkoordinate). In der waagerechten (x, y)-Ebene besteht gemäß (2.28) und (2.29) keine Druckänderung.

Das Kräftepotential, das dadurch zum Schwere-, also Gravitationspotential wird, eingesetzt in (2.34) ergibt:

$$f_z = -\varrho \cdot g = -\varrho \cdot (\mathrm{d}U/\mathrm{d}z) \tag{2-36a}$$

Da nur noch eine Variable vorkommt, sind die partiellen Differentialsymbole nicht mehr notwendig. Die Beziehung vereinfacht und umgestellt liefert:

$$\mathrm{d}U = g \cdot \mathrm{d}z \tag{2.37}$$

Integriert:

$$U = g \cdot z + C$$

Wird, wie meist, allgemein üblich, gesetzt:

$$U = 0 \quad \text{bei } z = 0 \quad \text{(Erdoberfläche)}$$

so ist

$$C = 0$$

Damit wird:

$$U = g \cdot z$$

Exakter:

$$U(x; y; z) = U(z) = g \cdot z \tag{2.38}$$

Gleichung (2.36) eingesetzt in die Gleichgewichtsbedingungen ((2.28) bis (2.30)) liefert für das Schwerefeld folgende Beziehung, wobei, wie begründet, wieder partielle Differentialsymbole ∂ nicht mehr notwendig sind, da nur noch eine Koordinatenabhängigkeit für den Druck verbleibt, und zwar $p(z)$:

$$-\varrho \cdot g - \frac{\mathrm{d}p}{\mathrm{d}z} = 0$$

$$\mathrm{d}p = -\varrho \cdot g \cdot \mathrm{d}z \qquad (2.39)$$

Eine weitere Auswertung dieser Beziehung enthält Abschn. 2.2.8.

Gleichung (2.37) eingesetzt in (2.39) ergibt: $\mathrm{d}p = -\varrho \cdot \mathrm{d}U$. Hieraus

$$\frac{\mathrm{d}p}{\varrho} + \mathrm{d}U = 0 \qquad (2.40)$$

Integriert

$$\int \frac{\mathrm{d}p}{\varrho} + \int \mathrm{d}U = \text{konst.}$$

Teilausgewertet ergibt:

$$\int \frac{\mathrm{d}p}{\varrho} + U = \text{konst} \qquad (2.41)$$

Mit der sog. Druckfunktion (technische Druckenergie):

$$Y = \int \frac{\mathrm{d}p}{\varrho} = \int v \cdot \mathrm{d}p \qquad (2.42)$$

wird

$$Y + U = \text{konst} \qquad (2.43)$$

Diese Beziehung ist die *allgemeine Gleichgewichtsbedingung für Fluide im Gravitationsfeld der Erde.* Die Druckfunktion Y ist dabei auswert-, d. h. integrierbar, wenn die Druckabhängigkeit der Dichte $\varrho(p)$ bekannt.

2.2.8 Druck-Ausbildung durch Schwerewirkung (Schweredruck)

2.2.8.1 Inkompressible Fluide (Hydrostatisches Grundgesetz)

Abb. 2.14a dient auf andere Weise als Herleitung von (2.39) zur Aufstellung der Ortsfunktion des Druckes. Durch den Kolben K wird der eingeschlossenen Flüssigkeit der äußere Druck $p_K = F_K/A_K$ aufgeprägt. Zudem wirkt über den Kolben der Druck p_b der umgebenden Luft (Atmosphärendruck, Barometerdruck von barys (griech.) ... schwer).

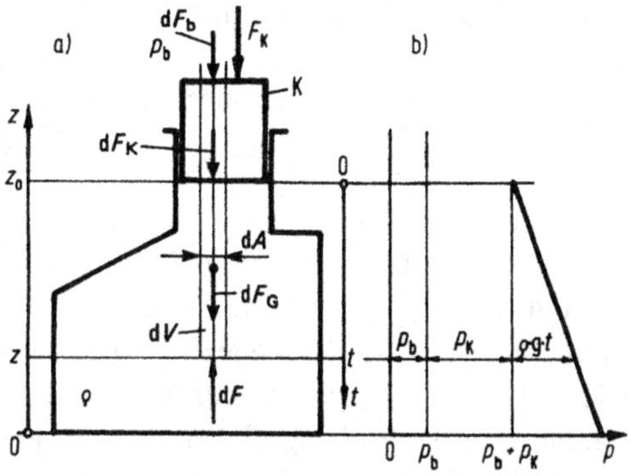

Abb. 2.14 Druckverlauf in einem inkompressiblen Fluid. z Höhenkoordinate (auch mit h bezeichnet); t Tiefenkoordinate mit Nullpunkt in höchster Fluidtrennfläche

Für den abgegrenzten kleinen Flüssigkeitszylinder liefert das Kräftegleichgewicht $\sum \mathrm{d}F = 0$ unter Berücksichtigung der Dichte-, d. h. Schwerewirkung (Fluid-Gewichtskraft $\mathrm{d}F_G$):

$$\mathrm{d}F - \mathrm{d}F_G - \mathrm{d}F_K - \mathrm{d}F_b = 0$$

mit

$$\mathrm{d}F = p \cdot \mathrm{d}A$$

$$\mathrm{d}F_G = \varrho \cdot g \cdot \mathrm{d}A\,(z_0 - z) = \varrho \cdot g \cdot \mathrm{d}A \cdot t$$

$$\mathrm{d}F_K = p_K \cdot \mathrm{d}A = (F_K/A_K) \cdot \mathrm{d}A$$

$$\mathrm{d}F_b = p_b \cdot \mathrm{d}A$$

wird

$$p - \varrho \cdot g\,(z_0 - z) - p_K - p_b = 0$$

Umgestellt ergibt sich das **hydrostatische Grundgesetz**, besser **fluidstatisches Grundgesetz**, in allgemeiner Form bei Dichte $\varrho \approx$ konst:

$$\boldsymbol{p = \varrho \cdot g(z_0 - z) + p_b + p_K} \qquad (2.44)$$

oder mit **Tiefe** $t = z_0 - z$

$$p = \varrho \cdot g \cdot t + p_b + p_K \qquad (2.45)$$

und mit **Überdruck** $p_ü = p - p_b$ (Abschn. 2.2.8.2.5)

$$\Delta p = p_ü = \varrho \cdot g\,(z_0 - z) + p_K = \varrho \cdot g \cdot t + p_K \tag{2.46}$$

Beim Regelfall $p_K = 0$, d. h. freier Oberfläche, von der ab Tiefe t gemessen wird, ist:

$$\boldsymbol{p_ü = p - p_b = \Delta p = \varrho \cdot g(z_0 - z) = \varrho \cdot g \cdot t} \tag{2.47}$$

Die Ortsfunktion des Druckes (Überdruck $p_ü$) ist also linear, Abb. 2.14b. Der Schweredruck wächst gleichmäßig mit zunehmender Tiefe t.

Das fluidstatische Grundgesetz folgt auch aus (2.40) bzw. (2.43), zusammen mit (2.37) (Abschn. 2.2.7). Gleichung (2.37) in (2.40) eingesetzt und integriert zwischen den Grenzen: Druck p bei Höhe z und $p_K + p_b$ bei z_0:

$$\int_p^{p_K+p_b} \mathrm{d}p = -g \int_z^{z_0} \varrho \cdot \mathrm{d}z$$

Da $\varrho =$ konst. wird:

$$p\,\big|_p^{p_K+p_b} = -\varrho \cdot g \cdot z\,\big|_z^{z_0}$$

$$p_K + p_b - p = -\varrho \cdot g\,(z_0 - z)$$

$$p = \varrho \cdot g(z_0 - z) + p_K + p_b \tag{2.48}$$

In jedem anderen Kräftefeld, z. B. ein dem Schwerefeld überlagertes Fliehkraftfeld (Zentrifuge), ermöglichen die Gleichungen des Abschn. 2.2.7 eine entsprechende Ableitung. Die Gleichungen dieses Abschnittes sind allgemein anwendbar.

Das fluidstatische Grundgesetz, angewendet auf zwei sich nicht mischende Flüssigkeiten, zeigt Abb. 2.15. Die leichtere Flüssigkeit wird infolge der in ihr mit der Tiefe geringeren Druckzunahme von der schwereren nach oben verdrängt (Auftriebswirkung). Sie sammelt sich deshalb über dieser an. In der schwereren Flüssigkeit wächst der Druck entsprechend der höheren Dichte schneller als in der leichteren.

Bei völlig störungsfreier Situation (z. B. ohne Erschütterungen), wäre es theoretisch mög-

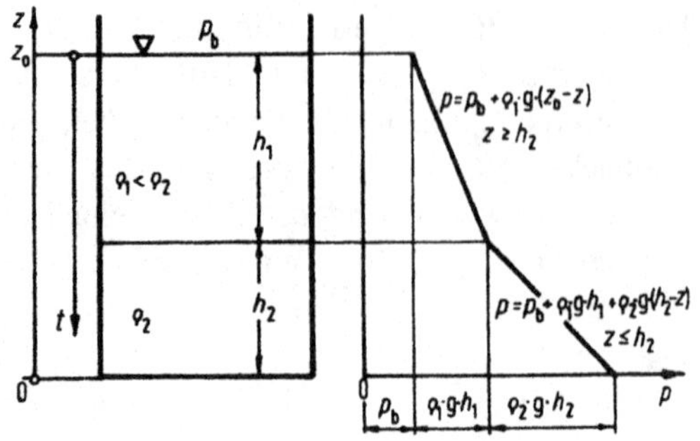

Abb. 2.15 Druckverlauf als Funktion der Höhe z bzw. Tiefe t in zwei sich nicht mischenden inkompressiblen Fluiden

lich, dass sich die leichtere Flüssigkeit unter der schwereren befindet. Die geringste zufällige Einbuchtung – auch durch Molekularbewegung – der ebenen Trennfläche zwischen den beiden sich nicht mischenden Fluiden bewirkt jedoch, dass dieses labile Gleichgewicht nicht haltbar ist und die Fluide in den zuvor beschriebenen sicheren Aufbau übergehen: schwereres unten, leichteres oben.

Das hydrostatische Grundgesetz ermöglicht es, Drücke durch Flüssigkeitssäulen zu messen und darzustellen. Durch Umstellen der physikalischen Beziehung, (2.47), kann die sog. **Druckhöhe** $\boldsymbol{h}$ definiert werden:

$$h = \frac{p - p_b}{\varrho \cdot g} = \frac{p_ü}{\varrho \cdot g} \tag{2.49}$$

Die Druckhöhe verschiedener Fluide ist z. B. für einen Druckunterschied von 1 bar = 10^5 Pa bei:

a) Wasser (15 °C; $\varrho_{Wa} = 999\,\mathrm{kg/m^3}$)

$$h_{Wa} = \frac{10^5}{999 \cdot 9{,}81}\left[\frac{\mathrm{N/m^2}}{\mathrm{kg/m^3 \cdot m/s^2}}\right] = 10{,}203\,\mathrm{m}$$

b) Quecksilber (15 °C; $\varrho_Q = 13.560\,\mathrm{kg/m^3}$)

$$h_Q = \frac{10^5}{13.560 \cdot 9{,}81}\left[\frac{\mathrm{N/m^2}}{\mathrm{kg/m^3 \cdot m/s^2}}\right] = 0{,}752\,\mathrm{m}$$

c) Luft (15 °C; $\varrho_{Lu} = 1{,}225\,\mathrm{kg/m^3}$)
Obwohl nicht zulässig, wird zum Vergleich mit Wasser und Quecksilber die Luftdichte als

konstant angenommen:

$$h_{\mathrm{Lu}} = \frac{10^5}{1{,}225 \cdot 9{,}81}\left[\frac{\mathrm{N/m^2}}{\mathrm{kg/m^3 \cdot m/s^2}}\right] = 8321{,}4\,\mathrm{m}$$

Zusammengefasst gilt damit:

$$1\,\mathrm{bar} \mathrel{\hat{=}} 10{,}2\,\mathrm{mWS} \mathrel{\hat{=}} 752\,\mathrm{mmQS} \mathrel{\hat{=}} 8320\,\mathrm{mLS}$$

$$1\,\mathrm{mmWS} \mathrel{\hat{=}} 10\,\mathrm{Pa} = 10 \cdot 10^{-5}\,\mathrm{bar}$$

Bemerkungen: Druckhöhenangaben werden kaum noch verwendet. Sie sind nicht mehr genormt.

Bei Luft und sonstigen Gasen kann für Höhenunterschiede bis etwa 200 m in ausreichend guter Näherung die Dichte konstant ($\varrho \approx$ konst) gesetzt werden.

Bezugsrichtungen (vertikal):

- z oder h Höhenkoordinate, wobei Nullstelle (Bezugspunkt) festgelegt gemäß Situation, d. h. Anwendungsfall.
- t Tiefenkoordinate, vom Fluidspiegel ausgehend und nach unten gerichtet.

2.2.8.2 Kompressible Fluide (Luft- oder Barometerdruck)

2.2.8.2.1 Grundsätzliches

Im Gasvolumen kleiner Ausdehnung, z. B. Behältern aller Art, ist die Druckänderung infolge Fluiddichte (Schwerewirkung) unbedeutend und kann deshalb meist vernachlässigt werden. Der Druck ist dann nach dem Druckfortpflanzungsgesetz in sehr guter Näherung im Behälter überall gleich groß.

Bei Gasschichten großer Ausdehnung, insbesondere der Atmosphäre, darf die Druckänderung bei größeren Höhenänderungen, z. B. Gebirge, Flug- und Raketentechnik, dagegen nicht vernachlässigt werden.

Der *Barometerdruck* p_{b}, auch mit Atmosphären oder Luftdruck bezeichnet, wird durch das Gewicht der die Erde umgebenden Lufthülle verursacht. Er schwankt infolge Witterungseinflüssen (Temperatur, Feuchtigkeit) und hängt von der geographischen Ortshöhe ab:

$$p_{\mathrm{b}} = f(\text{Ortshöhe, Klima})$$

Der Verlauf des Luftdruckes p_{b} lässt sich grundsätzlich wie bei den inkompressiblen Fluiden (Abschn. 2.2.8.1) durch Verbinden von (2.37) und (2.40) bzw. (2.39) von Abschn. 2.2.7 bestimmen.

$$\mathrm{d}p = -\varrho \cdot g \cdot \mathrm{d}z$$

oder mit $v = 1/\varrho$

$$v \cdot \mathrm{d}p = -g \cdot \mathrm{d}z \tag{2.50}$$

Dabei ist jedoch zu beachten, dass sich die Luftdichte, bzw. das spezifische Luftvolumen, mit der Luftfeuchte, der Temperatur (Witterung) und dem Druck, d. h. der Ortshöhe, verändert:

$$v_{\mathrm{b}} = f(p_{\mathrm{b}}; t_{\mathrm{b}})$$

Da keine exakte Beziehung hierfür verfügbar ist, muss auf Messwerte oder Näherungen zurückgegriffen werden. Je nach Anforderung werden der Berechnung verschiedene Schichtungen der Atmosphäre zugrundegelegt.

2.2.8.2.2 Isotherme Schichtung

Die *isotherme* Schichtung wird auch als *barotrope* Schichtung bezeichnet; Dichte nur abhängig vom Druck.

Innerhalb eines nicht zu großen Höhenbereiches kann die Temperatur näherungsweise als konstant betrachtet und durch die mittlere Temperatur ersetzt werden. Dann gilt die Beziehung von Boyle-Mariotte $p \cdot v = C = p_0 \cdot v_0$ als Sonderfall des Gasgesetzes $p \cdot v = R \cdot T$ bei Temperatur $T \approx$ konst (Isotherme).

Eingesetzt in (2.50) und integriert ergibt:

$$C \cdot \int_{p_{\mathrm{b},0}}^{p_{\mathrm{b}}} \frac{\mathrm{d}p}{p} = -g \cdot \int_{z_0}^{z} \mathrm{d}z$$

$$C \cdot \ln p\,\Big|_{p_{\mathrm{b},0}}^{p_{\mathrm{b}}} = -g \cdot z\,\Big|_{z_0}^{z}$$

$$\ln \frac{p_{\mathrm{b}}}{p_{\mathrm{b},0}} = -\frac{g}{C} \cdot (z - z_0)$$

$$\frac{p_{\mathrm{b}}}{p_{\mathrm{b},0}} = \mathrm{e}^{-\frac{g}{C}(z-z_0)} = \exp\left[-\frac{g}{C}(z - z_0)\right] \tag{2.51}$$

Werden als Bezugsgrößen (Index 0) die Werte auf der Erdoberfläche $z_0 = 0$ und zugehörig für Konstante $C = p_{b,0} \cdot v_{b,0} = p_{b,0}/\varrho_{b,0}$ gesetzt, ergibt sich eine Gleichung für den Luftdruck p_b als Funktion der Ortshöhe z, die als **barometrische Höhenformel der isothermen Schichtung**, (2.52), bezeichnet wird:

$$p_b = p_{b,0} \cdot \exp\left[-\frac{\varrho_{b,0} \cdot g}{p_{b,0}} \cdot z\right] \qquad (2.52)$$

2.2.8.2.3 Isentrope Schichtung

Erfahrungsgemäß nimmt die Lufttemperatur mit wachsender Höhe stark ab; im Mittel 0,66 °C je 100 m Höhenzunahme (Abb. 2.16 und (2.54)).

Die isotherme Schichtung ist deshalb nur innerhalb kleinerer Höhendifferenzen (bis ca. 400 m) brauchbar.

Ein besserer Ansatz für größere Höhenunterschiede ist reibungsfreies Verhalten im adiabaten System. Wärmezu- und -abfuhr wird somit ausgeschlossen und Reibungswärme zwischen den Luftteilchen entsteht nicht. Für diese dann isentrope Schichtung gilt:

$$p_0 \cdot v_0^{\varkappa} = p \cdot v^{\varkappa} \quad \text{(Isentropenbeziehung)}$$

Hieraus:

$$v = v_0 \cdot p_0^{1/\varkappa} \cdot p^{-1/\varkappa}$$

In (2.50) eingesetzt und wieder integriert ergibt den Druckverlauf als Funktion der geographischen Höhe z bei isentroper Schichtung. Werte mit Index 0 beziehen sich ebenfalls wieder auf die Erdoberfläche ($z_0 = 0$):

$$v_{b,0} \cdot p_{b,0}^{1/\varkappa} \int_{p_{b,0}}^{p_b} p^{-1/\varkappa} \mathrm{d}p = -g \int_0^z \mathrm{d}z$$

$$v_{b,0} \cdot p_{b,0}^{1/\varkappa} \cdot \left.\frac{p^{-(1/\varkappa)+1}}{-(1/\varkappa)+1}\right|_{p_{b,0}}^{p_b} = -g \cdot z$$

$$p_b^{\frac{\varkappa-1}{\varkappa}} - p_{b,0}^{\frac{\varkappa-1}{\varkappa}} = \frac{\varkappa - 1}{\varkappa} \cdot \frac{p_{b,0}^{-1/\varkappa}}{v_{b,0}} \cdot g \cdot z$$

$$p_b = \left[p_{b,0}^{\frac{\varkappa-1}{\varkappa}} - \frac{\varkappa - 1}{\varkappa} \cdot \frac{p_{b,0}^{\frac{\varkappa-1}{\varkappa}}}{p_{b,0}} \cdot \varrho_{b,0} \cdot g \cdot z\right]^{\frac{\varkappa}{\varkappa-1}}$$

$$p_b = p_{b,0}\left[1 - \frac{\varkappa - 1}{\varkappa} \cdot \frac{\varrho_{b,0} \cdot g}{p_{b,0}} \cdot z\right]^{\frac{\varkappa}{\varkappa-1}} \qquad (2.53)$$

Diese Beziehung wird auch als **barometrische Höhenformel der isentropen Schichtung** bezeichnet.

Temperatur und Dichte als Funktionen der Ortshöhe z lassen sich entsprechend ermitteln, d. h. über Gasgleichung und Isentropenbeziehung.

Entsprechendes gilt für die Dichte auch bei isothermer Schichtung. Hier über BOYLE-MARIOTTE-Gesetz, da Temperatur T = konst angenommen gemäß vorhergehendem Abschnitt.

2.2.8.2.4 Normatmosphäre

Da Dichte, Temperatur und Feuchtigkeit der Luft ständig sowohl örtlich als auch zeitlich schwanken, liefern die angenommenen Schichtungen (isotherm oder isotrop) oft zu grobe und damit unbrauchbare Näherungswerte. Außerdem fehlt eine Vergleichsgrundlage für die verschiedensten Betrachtungen. Deshalb wurde die auf Messwerten fußende **Normatmosphäre** festgelegt. Die Normatmosphäre wird z. B. Berechnungen in der Ballistik, Flug- und Raketentechnik zugrundegelegt. Die internationale Normatmosphäre der ICAO (**I**nternational **C**ivil **A**vitation **O**rganisation) und die Normatmosphäre nach DIN 5450 sind in Tabellen oder Diagrammen niedergelegt (Abb. 2.16 und Tab. 6.4).

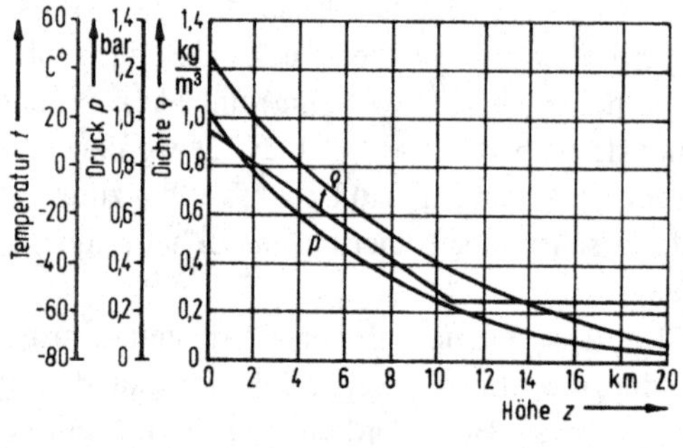

Abb. 2.16 Normatmosphäre nach DIN 5450

Die Werte der *Normatmosphäre am Erdboden* ($z_0 = 0$) betragen:

- Luftdruck

$$\begin{aligned} p_{b,0} &= 1{,}01325\,\text{bar} \approx 1{,}0133\,\text{bar} \\ &= 1013{,}25\,\text{mbar} \\ &= 101.325\,\text{Pa} \\ &= 1013{,}25\,\text{hPa} \end{aligned}$$

- Lufttemperatur

$$T_{b,0} = 288{,}15\,\text{K} (t_{b,0} = 15\,°\text{C})$$

- Luftdichte

$$\varrho_{b,0} = 1{,}225\,\text{kg/m}^3$$

Zustandsänderung: In Höhenrichtung polytropisch mit Polytropenexponent $n = 1{,}235$. Gültig bis ca. 11 km Höhe (Troposphäre).

Temperaturverlauf: Temperaturgradient bis $z = 11$ km Höhe:

$$\frac{dT_b}{dz} = -0{,}0066\,\frac{\text{K}}{\text{m}} \quad (2.54)$$

Ab $z = 11$ km Höhe bleibt die Lufttemperatur konstant und beträgt gemäß Festlegung:

$$T_b = 216{,}5\,\text{K} \quad (t_b = -56{,}65\,°\text{C})$$

Nullhöhe (NN ... Normal Null): Bezugspunkt (Nullpunkt) für geodätische Höhenangaben ist für Europa der Nullpegel (Meeres-Bezugspegel) von Amsterdam.

Mit der Polytropenbeziehung $p \cdot v^n = \text{konst}$ ergibt sich entsprechend (2.53) und $v = 1/\varrho$:

$$p_b = p_{b,0}\left[1 - \frac{n-1}{n} \cdot \frac{\varrho_{b,0} \cdot g}{p_{b,0}} \cdot z\right]^{n/(n-1)} \quad (2.54a)$$

Diese Beziehung gilt gemäß dem Vorstehenden bei $n = 1{,}235$ für Höhen bis ca. $z = 11$ km.

Näherungsbeziehungen, d. h. Formeln für den höhenabhängigen Barometerdruck p_b:
Nach PFLEIDERER bis $z \approx 2500$ m:

$$p_b = (1 - 2{,}4 \cdot 10^{-5} \cdot z)^5 \cdot p_{b,0}\ [\text{bar}] \quad (2.54b)$$

Nach KÄPPELI bis $z \approx 4000$ m:

$$p_b = (1 - 1{,}16 \cdot 10^{-4} \cdot z) \cdot p_{b,0}\ [\text{bar}] \quad (2.54c)$$

jeweils mit

Ortshöhe z in m über NN
Nullhöhendruck $p_{b,0} = 1{,}0133$ bar.

2.2.8.2.5 Druckbegriffe

In der Technik werden sehr häufig die Begriffe

absoluter Druck	p_{abs}	
Überdruck	$p_ü$	Relativdrücke
Unterdruck	p_u	Relativdrücke

verwendet.

Hinweis: Der Index „abs" als Kennzeichen des absoluten Druckes beim p-Symbol wird einfachheitshalber meist weggelassen. Bei Druckangaben ohne Bezugsindex (abs; ü; u) handelt es sich deshalb fast immer um Absolutdrücke. Bei Zweifel sind entsprechende Nachprüfungen notwendig.

Diese Begriffe werden abhängig vom Bezugsdruck definiert und sind bezogen auf:

- luftleeren Raum (Vakuum):
  Absolutdruck (absoluter Druck)
- herrschenden Luftdruck:
  Relativdruck (Über- bzw. Unterdruck)

Dabei gilt für die Relativdrücke:

Absoluter Druck > Luftdruck → Überdruck
Absoluter Druck < Luftdruck → Unterdruck

Die Zusammenhänge zwischen den verschiedenen Druckangaben sind in Abb. 2.17 dargestellt.

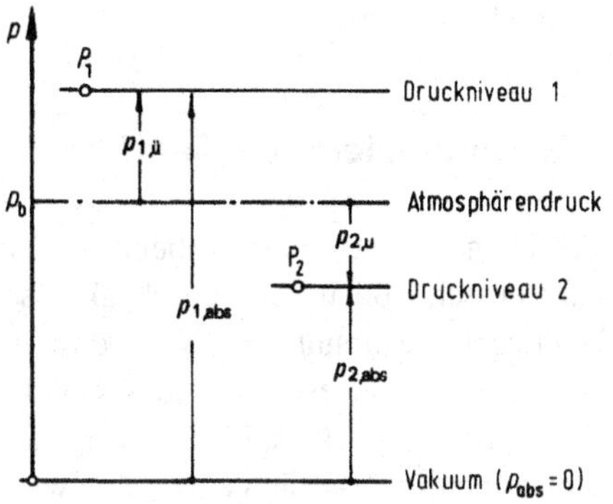

Abb. 2.17 Absoluter Druck p_{abs}, Überdruck $p_ü$, Unterdruck p_u. Üblicher Atmosphären- oder Luftdruck p_b = 1 bar

Es gilt:

Überdruck $\boldsymbol{p_{\ddot{u}} = p_{abs} - p_b}$ (2.55)

Unterdruck $\boldsymbol{p_u = p_b - p_{abs}}$ (2.56)

Die Umstellung von (2.56) ergibt:

$$p_u = -(p_{abs} - p_b) = -p_{\ddot{u}}$$

Unterdruck kann demnach als negativer Überdruck bezeichnet werden. Die Norm kennt deshalb den Begriff des Unterdruckes nicht mehr.

Der theoretisch erreichbare maximale Unterdruck ist $p_u = p_b$. Dabei ist der Absolutdruck $p_{abs} = 0$. Beim üblichen Luftdruck beträgt demnach der theoretisch maximal mögliche Unterdruck $p_u \approx 1$ bar bzw. der negative Überdruck $p_{\ddot{u}} = -1$ bar und kennzeichnet das **absolute Vakuum**.

Als **relatives Vakuum** wird definiert:

$$\frac{p_u}{p_b} = \frac{p_b - p_{abs}}{p_b} = 1 - \frac{p_{abs}}{p_b} = 1 - \frac{p}{p_b} \quad (2.57)$$

Meist erfolgt Angabe in Prozent: $100 \cdot \frac{p_u}{p_b}$ [%]

Beispiel $p_b = 1$ bar, $p_{abs} = 0{,}3$ bar

- Unterdruck: $p_u = p_b - p_{abs} = 0{,}7$ bar
- Relatives Vakuum: $100 \cdot \frac{p_u}{p_b} = 70\,\%$
- Bezeichnung: 70 % Vakuum

Hinweis: Technische Druckmesser – **Manometer** – können gemäß ihrerBauweise meist nur Relativdrücke messen.

2.3 Kommunizierende Gefäße

Das Verhalten von Fluiden in verbundenen Gefäßen wird ausschließlich von den physikalischen Erscheinungen bestimmt, die sich durch das hydrostatische Grundgesetz und das Druckfortpflanzungsgesetz ausdrücken, wenn von der hier vernachlässigbaren Adhäsion abgesehen wird.

Die Zusammenhänge zwischen den Spiegelhöhen in kommunizierenden Gefäßen sind mittels Abb. 2.18 aufzeigbar. Das linke Gefäß ① ist teilweise mit einem Fluid der Dichte ϱ_1 gefüllt. Die sich mit dem Fluid 1 nicht mischende und schwere Flüssigkeit 2 des rechten Gefäßes ② dringt auch teilweise durch die horizontale Verbindungsröhre V in das linke Gefäß ① ein und verdrängt dort die Flüssigkeit 1 bis zur Trennfläche T. Auf waagrechter Linie, der Nulllinie, ist infolge fehlenden Höhenunterschiedes nach (2.47) der Druck gleich groß ($p_2 = p_1$).

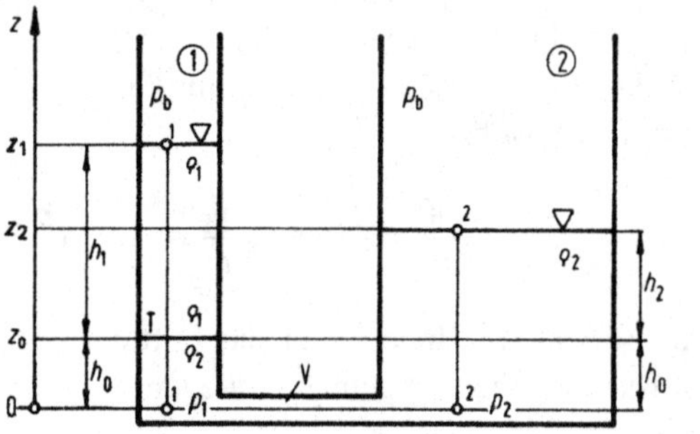

Abb. 2.18 Kommunizierende Gefäße, gefüllt mit zwei sich nicht mischenden Flüssigkeiten verschiedener Dichte

Ableitung mit (2.47):

Strecke 1–1: $p_1 = p_b + \varrho_1 \cdot g \cdot h_1 + \varrho_2 \cdot g \cdot h_0$

Strecke 2–2: $p_2 = p_b + \varrho_2 \cdot g \cdot (h_2 + h_0)$

Gleichgesetzt, da $p_1 = p_2$ (Bezugshöhenlinie):

$$\varrho_1 \cdot g \cdot h_1 + \varrho_2 \cdot g \cdot h_0 = \varrho_2 \cdot g (h_2 + h_0)$$

$$\varrho_1 \cdot h_1 = \varrho_2 \cdot h_2$$

$$\frac{h_2}{h_1} = \frac{\varrho_1}{\varrho_2} \quad (2.58)$$

Regelfall: Gleiche Flüssigkeit, also $\varrho_2 = \varrho_1$ dann wird $h_2 = h_1$.

Die Flüssigkeit steigt in beiden Gefäßen gleich hoch. Die Spiegel liegen damit in einer gemeinsamen waagrechten Ebene.

Mammutpumpe Das Gesetz der verbundenen Gefäße mit Medien verschiedener Dichte (2.58) findet z. B. auch technische Anwendung bei der sog. *Mammutpumpe*. Dabei bilden das in die zu fördernde Flüssigkeit (meist Wasser) ragende, unten offene Förderrohr zusammen mit der umgebenden Flüssigkeit der Grube verbundene Gefäße. Durch eine separate Druckluftleitung wird dem Förderrohr am unteren Ende ständig Luft zugeführt (eingedüst). Die Dichte des im Förderrohr entstehenden Flüssigkeit-Luft-Gemisches ist kleiner als die Dichte der das Rohr umgebenden Flüssigkeit. Infolgedessen steigt das Flüssigkeit-Luft-Gemisch im Förderrohr hoch und tritt bei günstiger Anordnung – bei nicht zu großer Förderhöhe – am oberen Rohrende aus. Der große Vorteil dieser Pumpe ist ihre Einfachheit, da keine Ventile oder sonstige bewegten Teile im Förderbereich notwendig sind. Sie eignet sich daher besonders zur Förderung verunreinigter Flüssigkeiten, z. B. Schmutzwasser. Nachteilig ist der hohe Pressluftbedarf.

Kaminzug Auch der Kaminzug beruht entsprechend den kommunizierenden Röhren auf dem fluidstatischen Grundgesetz. Die Temperatur der Rauchgase im Inneren des Kamines ist höher als die der Luft auf der Kaminaußenseite (Umgebung). Entsprechend ist die Dichte des Mediums im Kamininneren geringer als die der Umgebung. Am Kaminaustritt muss aus Gleichgewichtsgründen der Druck innen und außen gleich groß sein. Ab hier nimmt der Druck im Kamininneren abwärts weniger zu als außen. Am Kaminfuss ist der Druck somit außen ($p_{U,a}$) größer als innen ($p_{U,i}$). Die Differenz $\Delta p = p_{U,a} - p_{U,i}$ ist der Kaminzug (Naturumlauf, Schwerkraftwirkung), der das Eindringen von Gas am unteren Ende (Sole) und damit die Durchströmung des Kamines bzw. den „Naturumlauf" bewirkt (Index U für unten).

2.4 Saugwirkung

Das sog. Saugen ist ebenfalls eine Folge der Wirkung, welche das hydrostatische Grundgesetz beschreibt. Es kann direkt mittels dieser Beziehung hergeleitet oder als Ergebnis der kommunizierenden Gefäße betrachtet werden, indem das eine Gefäß die Atmosphäre und das andere die mit ihr über das Fluid verbundene Saugleitung darstellt.

Mit Hilfe von Abb. 2.19 lässt sich das Phänomen „Saugwirkung" aufzeigen:

In die Flüssigkeit Fl (Dichte ϱ) ragt eine oben mit dem Ventil V abschließbare Röhre R. Durch eine Pumpe kann das Rohr R über die Leitung L auf den Absolutdruck $p_{S,abs}$ (zur exakten Kennzeichnung hier Index abs angefügt) und damit auf den Unterdruck $p_{S,u} = p_b - p_{S,abs}$ evakuiert werden. Dabei steigt die Flüssigkeit im Rohr R um die Höhe H_S.

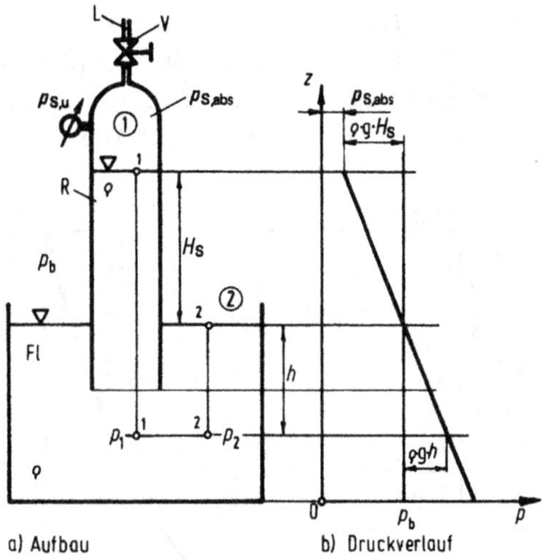

Abb. 2.19 Saugwirkung (Prinzipdarstellung)

Herleitung der **Saughöhe H_S**:

Strecke 1–1 $\quad p_1 = p_{S,abs} + \varrho \cdot g (H_S + h)$

Strecke 2–2 $\quad p_2 = p_b + \varrho \cdot g \cdot h$

Gleichgesetzt:

$$p_1 = p_2$$

$$p_{S,abs} + \varrho \cdot g \cdot H_S = p_b$$

Hieraus

$$H_S = \frac{p_b - p_{S,abs}}{\varrho \cdot g} = \frac{p_{S,u}}{\varrho \cdot g} \quad (2.59)$$

Nach (2.59) wird die Saughöhe umso größer, je höher der Atmosphärendruck und je geringer der absolute Evakuierungs-, d. h. Saugdruck ist. Der Luftdruck ist nicht beeinflussbar und der Saugdruck wird begrenzt durch den Dampfdruck der angesaugten Flüssigkeit. Bei Erreichen des Dampfdruckes p_{Da} beginnt die Flüssigkeit zu verdampfen, so dass eine weitere Druckabsenkung nicht möglich ist. Da der Dampfdruck außer vom Fluidtyp sehr stark von der Temperatur abhängt, wird die Saughöhe von der Art des Fluides, dessen Temperatur sowie vom Umgebungsdruck begrenzt.

Abb. 2.20 zeigt den Verlauf der Dampfdruckhöhe $H_{Da} = f(t)$ für die wichtigste Flüssigkeit, das Wasser. Tab. 2.1 enthält für verschiedene Temperaturen t die Dichte, den Dampfdruck und die zugehörige Dampfdruckhöhe von Wasser.

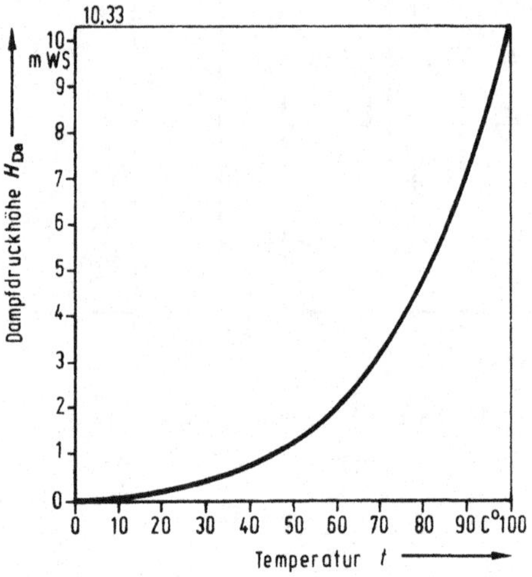

Abb. 2.20 Dampfdruckkurve von Wasser. Dampfdruckhöhe $H_{Da} = f(t)$ in Meter Wassersäule gemäß Tab. 2.1

Tab. 2.1 Dichte ϱ, Dampfdruck p_{Da} und Dampfdruck $H_{Da} = p_{Da}/(\varrho \cdot g)$ von Wasser als Funktion seiner Temperatur t (nicht Tiefe, Abb. 2.14)

Temperatur t in °C	Dichte ϱ in kg/m^3	Dampfdruck p_{Da} in bar	Dampfdruckhöhe H_{Da} in mWS
0	999,8	0,006	0,06
5	1000,0	0,009	0,09
10	999,6	0,012	0,12
20	998,2	0,024	0,24
30	995,6	0,042	0,43
40	992,2	0,074	0,75
50	988,0	0,123	1,25
60	983,2	0,198	2,02
70	977,7	0,311	3,17
80	971,3	0,473	4,82
90	965,3	0,700	7,14
100	958,3	1,013	10,33

Mit der Bedingung

$$p_{S,\,abs} \geq p_{Da}(t)$$

wird die maximale theoretische Saughöhe:

$$\begin{aligned} H_{S,\,max,\,th} &= \frac{p_b - p_{Da}}{\varrho \cdot g} = \frac{p_b}{\varrho \cdot g} - \frac{p_{Da}}{\varrho \cdot g} \\ &= H_b - H_{Da} \end{aligned} \quad (2.60)$$

Die maximale tatsächliche Saughöhe ist, bedingt durch die Strömungsverluste in den Saugleitungen, kleiner als die theoretische nach Beziehung (2.60):

$$H_{S,\,max} < H_{S,\,max,\,th}$$

Beispiel Wasser $\varrho \approx 1000\,kg/m^3$, Atmosphärendruck $p_b \approx 1\,bar = 10^5\,Pa$

Nach (2.60):

$$H_{S,\,max,\,th} = \frac{10^5}{10^3 \cdot 9{,}81}\left[\frac{N/m^2}{kg/m^3 \cdot m/s^2}\right] - \frac{p_{Da}}{\varrho \cdot g}$$

$$H_{S,\,max,\,th} = 10{,}2\,m - \frac{p_{Da}}{\varrho \cdot g} = 10{,}2\,m - H_{Da}$$

Für Wasser von 20 °C ergibt Tab. 2.1:

$$p_{Da} = 0{,}024\,bar; \quad H_{Da} = 0{,}24\,mWS$$

Dann wird hierzu (WS … **W**asser-**S**äule):

$$\mathbf{H_{S,\,max,\,th} \approx 10\,mWS}$$

Wasser mit Temperaturen bis ca. 20 °C kann also theoretisch maximal 10 m hoch gesaugt werden. Technisch sind bei gut ausgeführten Saugleitungen sowie Pumpen maximale Saughöhen $H_{S,\,max}$ von 6 bis 8 m erreichbar. Bei größer ausgeführten Saughöhen reißt die Strömung in der Saugleitung ab, das bedeutet, ab der Höhe, in welcher der Dampfdruck erreicht wird, beginnt Dampfblasenbildung. Das Saugleitungsvolumen über $H_{S,\,max}$ füllt sich dann mit Wasserdampf und die Pumpe kann nicht mehr fördern.

Bemerkung: Die Begriffe Saugdruck und Saughöhe sind eigentlich falsch, zumindest missverständlich. Streng betrachtet kann Flüssigkeit nicht angesaugt werden. Es ist nur möglich, durch Herausfördern von Luft den Druck über dem Fluidspiegel in der Saugleitung, d. h. deren Oberkante, unter den Atmosphärendruck abzusenken. Dadurch entsteht ein Ungleichgewicht. Der Barometerdruck drückt deshalb von außen so viel Flüssigkeit in die Saugleitung, bis die zugeordnete Höhe H_S und dadurch das Gleichgewicht wieder erreicht ist (kommunizierende Röhren).

2.5 Fluidkräfte auf Wandungen

2.5.1 Grundsätzliches

Fluidkräfte auf Wandungen werden durch die Schwerewirkung verursacht, falls äußere Presskräfte nicht vorhanden sind oder unberücksichtigt bleiben. Die hydrostatischen Fluidkräfte auf Wände oder Wandbereiche sind daher nur bei inkompressiblen Medien (Flüssigkeiten) infolge ihrer relativ hohen Dichte bedeutungsvoll. Das hydrostatische Grundgesetz ermöglicht wieder das Berechnen dieser Kräfte.

2.5.2 Fluidkräfte gegen ebene Wandungen

2.5.2.1 Bodenkraft

Nach Abb. 2.21 ergibt sich für die Bodenkraft:

$$F = A \cdot (p_i - p_a)$$

mit i ... innen, a ... außen

$$p_i = p_{abs} = p_b + \varrho\, g\, H$$
$$p_a = p_b$$
$$\rightarrow\ p_i - p_a = \varrho\, g\, H = p_ü$$
$$\boldsymbol{F = p_ü \cdot A = \varrho \cdot g \cdot H \cdot A}$$
$$\boldsymbol{= \varrho \cdot g \cdot V_A = F_{G,A}} \qquad (2.61)$$

Da der Überdruck $p_ü$ infolge der Fluid-Schwere nur von der Flüssigkeitshöhe über der gedrückten Fläche abhängt (2.47), kann gemäß Beziehung (2.61) formuliert werden:

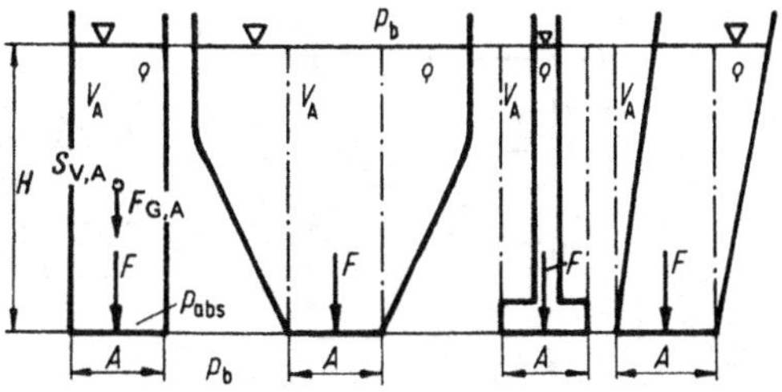

Abb. 2.21 Bodenkraft (PASCALsches Paradoxon). Gefäße mit gleicher Bodenfläche und gleich hohem Fluidstand. $F_{G,A}$ Gewichtskraft des Fluidzylinders vom Volumen $V_A = A \cdot H$

► Die Boden- oder Abkraft wird ausschließlich von der Größe der belasteten Bodenfläche und der Höhe der darüber befindlichen tatsächlichen, oder fiktiven Fluidsäule bestimmt. Die Form des Gefäßes dagegen ist vollkommen ohne Einfluss.

Gefäße der verschiedensten Formen, jedoch gleicher Bodenfläche, erfahren bei gleicher Spiegelhöhe, trotz unterschiedlichster Flüssigkeitsmenge, die gleiche Bodenkraft. Dieser widersinnig erscheinende, jedoch richtige Tatbestand wird als **hydrostatisches** oder **PASCALsches Paradoxon** bezeichnet.

2.5.2.2 Seitenkraft

Um Flüssigkeits-Begrenzungswände oder Wandteile, z. B. Schleusentore, Ablassklappen, Staumauern und vieles andere mehr zu dimensionieren, müssen Größe, Richtung und Angriffspunkt der wirkenden Fluidkräfte (Flächen- oder Einzelkraft) bekannt sein. Die Herleitung ist über Abb. 2.22 möglich (Neigungswinkel α = konst, da ebene Fläche).

Kraft Auf das Flächenelement dA wirkt an der Fluidseite der Absolutdruck $p_{abs} = p_ü + p_b$, wobei Index abs einfachheitshalber meist wieder weggelassen wird.

Da an dessen Außenseite von dA normalerweise etwa der gleiche Umgebungsdruck p_b wie auf der Fluidspiegelfläche herrscht, ist die resultierende infinitesimale Kraft:

$$dF = p_ü \cdot dA = \varrho \cdot g \cdot t \cdot dA$$
$$= \varrho \cdot g \cdot \sin\alpha \cdot y \cdot dA$$

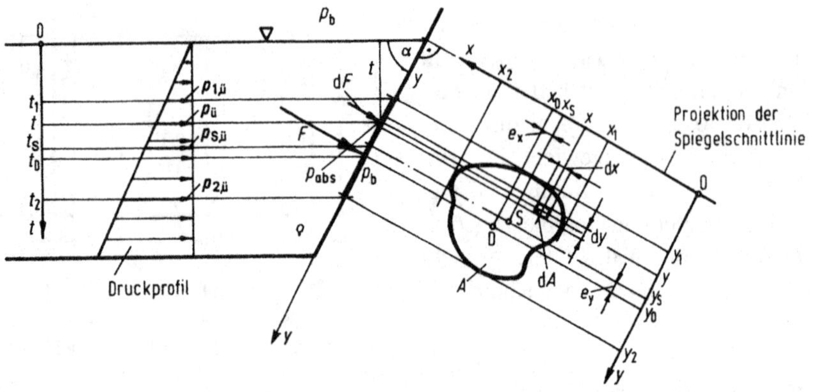

Abb. 2.22 Seitenkraft auf einen beliebigen Wandbereich der ebenen Fläche A mit Winkel α = konst. Die Spiegelschnittlinie wird als die x-Achse gewählt, die y-Achse in Wandebene abwärts und die t-Achse vertikal abwärts (Tiefe). S Flächenschwerpunkt, D Druckpunkt. $t = y \cdot \sin\alpha$

Unter Verwendung der Beziehungen $t = y \cdot \sin\alpha$ und $\mathrm{d}A = \mathrm{d}x \cdot \mathrm{d}y$ ergibt sich durch Integrieren die normal auf die Fläche A wirkende **Gesamtkraft** $\boldsymbol{F}$:

$$F = \int_{(A)} \mathrm{d}F = \varrho\, g\, \sin\alpha \int_{(A)} y \mathrm{d}A$$

$$= \varrho\, g\, \sin\alpha \int_{x_1}^{x_2} \int_{y_1}^{y_2} y \mathrm{d}x \mathrm{d}y$$

Das Integral $\int_{(A)} y \cdot \mathrm{d}A$ ist dabei das statische Moment 1. Ordnung der gedrückten Fläche A in Bezug auf die Spiegelschnittlinie (x-Achse). Für dieses gilt nach dem Momentengleichgewicht mit der Flächenschwerpunkts-Koordinate y_S der gedrückten Fläche A:

$$\int_{(A)} y \cdot \mathrm{d}A = y_S \cdot A$$

In die Beziehung der Normalkraft F eingesetzt:

$$\boldsymbol{F} = \boldsymbol{\varrho \cdot g \cdot y_S \cdot \sin\alpha \cdot A}$$
$$= \boldsymbol{\varrho \cdot g \cdot t_S \cdot A = p_{S,ü} \cdot A} \qquad (2.62)$$

Die Seitenkraft F lässt sich nach (2.62) als identisch der Gewichtskraft F_G eines Flüssigkeitsvolumens $V = A \cdot H$ interpretieren mit der Grundfläche A und der Höhe H gemäß Schwerpunktstiefe t_S, also $H = t_S$.

Bemerkung: Das Flächensymbol A ist bei der Integral-Grenzenangabe eingeklammert, da es keine direkte Grenze angibt. Es ist nur ein Hinweis auf den Integrationsbereich, hier auf Fläche A.

Angriffspunkt Die Angriffsstelle (Druckmittelpunkt D) der Kraft F, die infolge des linear mit der Tiefe ansteigenden Schweredrucks nicht mit dem Schwerpunkt S der Fläche A zusammenfällt, ergibt sich aus dem Momentensatz: Gesamtmoment gleich Summe (Integral) der Einzelmomente.

a) y-Koordinate:

$$y_D \cdot F = \int_{(A)} y \cdot \mathrm{d}F$$

$$y_D \cdot \varrho \cdot g \cdot y_S \cdot \sin\alpha \cdot A = \int_{(A)} y \cdot \varrho \cdot g \cdot y \cdot \sin\alpha \cdot \mathrm{d}A$$

$$y_D = \frac{1}{y_S \cdot A} \cdot \int_{(A)} y^2 \cdot \mathrm{d}A$$

Dabei ist das Integral $\int_{(A)} y^2 \cdot \mathrm{d}A$ das statische Moment 2. Ordnung (Flächenträgheitsmoment) I_x der Fläche A, bezogen auf die x-Achse (Spiegelschnittlinie). Demnach wird:

$$y_D = \frac{I_x}{y_S \cdot A}$$

Mit dem Satz von STEINER[6] [107]

$$I_x = I_{S,x} + y_S^2 \cdot A$$

ergeben sich:
Druckmittelpunktsabstand

$$\boldsymbol{y_D = \frac{I_{S,x} + y_S^2 \cdot A}{y_S \cdot A} = y_S + \frac{I_{S,x}}{y_S \cdot A}} \tag{2.63}$$

Exzentrizität

$$e_y = y_D - y_S = \frac{I_{S,x}}{y_S \cdot A} \tag{2.64}$$

b) x-Koordinate:

$$x_D \cdot F = \int_{(A)} x \cdot \mathrm{d}F$$

$$x_D \cdot \varrho \cdot g \cdot y_S \cdot \sin\alpha \cdot A = \int_{(A)} x \cdot \varrho \cdot g \cdot y \cdot \sin\alpha \cdot \mathrm{d}A$$

$$x_D = \frac{1}{y_S \cdot A} \cdot \int_{(A)} x \cdot y \cdot \mathrm{d}A$$

Hierbei ist das Integral $\int x \cdot y \cdot \mathrm{d}A$ das Flächenmoment 2. Ordnung (Zentrifugal- oder Deviationsmoment) I_{xy}, bezogen auf die Koordinatenachsen x und y. Daraus folgen Abstände von:
Druckmittelpunkt:

$$\boldsymbol{x_D = \frac{I_{xy}}{y_S \cdot A}} \tag{2.65}$$

Exzentrizität:

$$e_x = x_D - x_S \tag{2.66}$$

Der Druckmittelpunkt D(x_D; y_D) (Kraftangriff) liegt um die Exzentrizität E(e_x, e_y) „tiefer“ und „seitlicher“ als der Flächenschwerpunkt S(x_s, y_s).

[6] STEINER, J. (1796 bis 1863).

Allgemein gilt für die resultierende Seitenkraft:

1. Ihre Größe ist gleich dem Integral des Druck-Profils $p = f(t)$ über der gedrückten Fläche.
2. Ihre Wirkungslinie geht durch den Schwerpunkt des Druckprofils der gedrückten Fläche. Exakt müsste es Überdruckprofil heißen.

Meist sind die Begrenzungswände, bzw. die belasteten Wandbereiche, symmetrisch zu einer Parallelen der y-Achse. Auf dieser Symmetrieachse der Fläche liegen dann Schwerpunkt S und Druckmittelpunkt D im Abstand e_y. Der Exzentrizitätsabstand e_x ist in diesen Fällen nicht vorhanden ($e_x = 0$).

Einige Beispiele sollen die Anwendung der Gleichungen veranschaulichen.

Beispiel 1

Senkrechte, rechteckige Wand, Abb. 2.23.

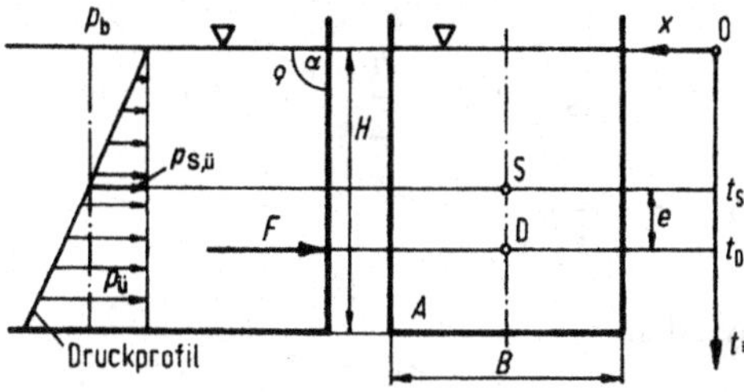

Abb. 2.23 Kraft auf eine rechteckige Seitenwand ($\alpha = 90°$)

Bekannt: $H, B, \varrho, \alpha = 90°$
Gesucht: F, e, t_D

Mit

$$t \equiv y, \quad t_S = \frac{H}{2}, \quad A = B \cdot H \quad \text{und}$$

$$I_{S,x} = \frac{B \cdot H^3}{12}$$

werden:

$$F = p_{S,ü} \cdot A = \varrho \cdot g \cdot t_S \cdot A = \frac{1}{2} \cdot \varrho \cdot g \cdot B \cdot H^2$$

$$e = \frac{I_{S,x}}{y_S \cdot A} = \frac{B \cdot H^3/12}{(H/2) \cdot B \cdot H} = \frac{1}{6} H$$

$$t_D = t_S + e = \frac{H}{2} + \frac{1}{6} H = \frac{2}{3} H \quad ◀$$

Beispiel 2

Rechteckige Fläche A in senkrechter Wand, Abb. 2.24.

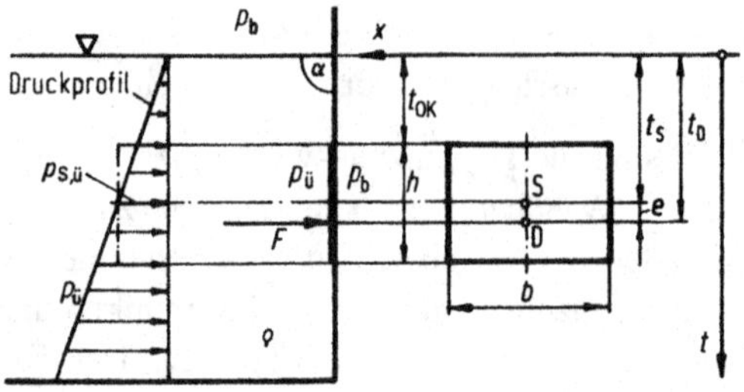

Abb. 2.24 Seitenkraft F auf einen rechteckigen Wandbereich ($\alpha = 90°$)

Bekannt: $t_{OK}, h, b, \varrho, \alpha = 90°$
Gesucht: F, e, t_D

Mit

$$t \equiv y, \quad t_S = t_{OK} + \frac{h}{2}, \quad A = b \cdot h \quad \text{und}$$

$$I_{S,x} = \frac{b \cdot h^3}{12}$$

werden

$$F = p_{S,ü} \cdot A = \varrho \cdot g \cdot t_S \cdot A$$
$$= \varrho \cdot g \left(t_{OK} + \frac{h}{2} \right) b \cdot h$$
$$e = \frac{I_{S,x}}{y_S \cdot A} = \frac{b \cdot h^3}{12(t_{OK} + h/2) \cdot b \cdot h}$$
$$= \frac{h^2}{6(2 \cdot t_{OK} + h)}$$
$$t_D = t_S + e$$
$$= \left(t_{OK} + \frac{h}{2} \right) + \frac{h^2}{6(2 \cdot t_{OK} + h)} \quad \blacktriangleleft$$

Beispiel 3

Kreisförmige Platte in einer Wand unter dem Neigungswinkel α, Abb. 2.25.

Bekannt: H, d, ϱ, α
Gesucht: F, e, t_D

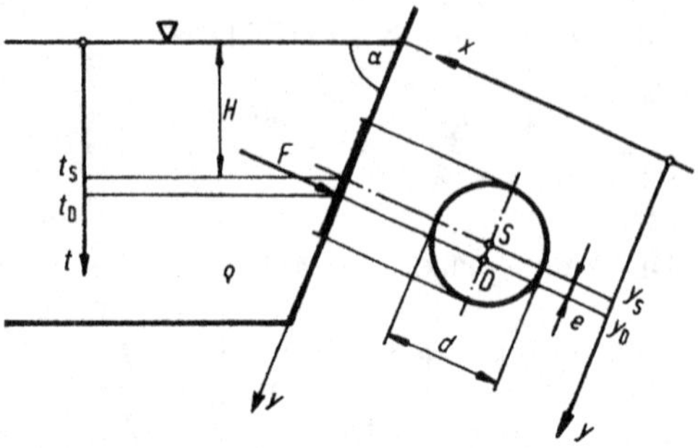

Abb. 2.25 Seitenkraft auf eine kreisförmige Platte ($\alpha < 90°$)

Mit $t_S = H$, $A = \frac{d^2 \cdot \pi}{4}$, $I_{S,x} = \frac{\pi \cdot d^4}{64}$ werden:

$$F = p_{S,ü} \cdot A = \varrho \cdot g \cdot t_S \cdot A$$
$$= \varrho \cdot g \cdot H \cdot \frac{d^2 \cdot \pi}{4}$$
$$e = \frac{I_{S,x}}{y_S \cdot A} = \frac{\pi \cdot d^4 \cdot \sin\alpha \cdot 4}{64 \cdot H \cdot \pi \cdot d^2}$$
$$= \sin\alpha \cdot \frac{d^2}{16 \cdot H}$$
$$t_D = t_S + e \cdot \sin\alpha = H + \sin^2\alpha \cdot \frac{d^2}{16 \cdot H} \quad \blacktriangleleft$$

2.5.2.3 Aufkraft

Im Einfüllstutzen eines beliebigen Behälters, Abb. 2.26, steht die Flüssigkeit um die variable Höhe gemäß Tiefe t über dem Deckel mit der Fläche A. Zur Dimensionierung, z. B. der Befestigungsschrauben, ist es notwendig, die auf den Deckel wirkende Kraft F zu kennen.

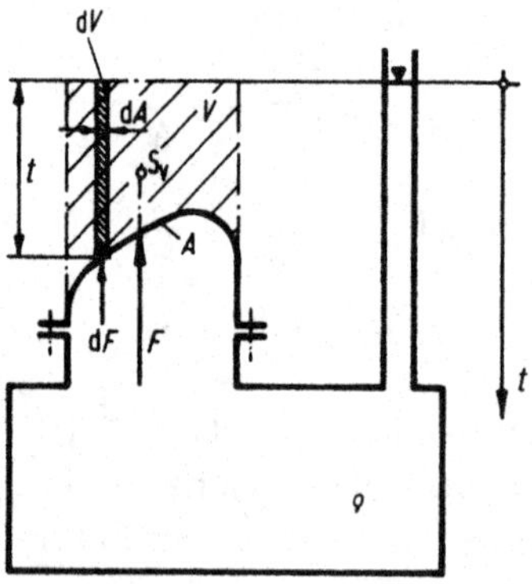

Abb. 2.26 Aufkraft F auf eine beliebige Fläche A, analog zur Druckkraft F_z gemäß Abb. 2.12.

Nach dem hydrostatischen Grundgesetz ist in der Tiefe t der Überdruck $p_{ü} = \varrho \cdot g \cdot t$ vorhanden. Dieser Druck herrscht wie bei den kommunizierenden Gefäßen auch an der entsprechenden Stelle der Deckelunterseite. Der Überdruck auf die Deckelunterfläche verändert sich deshalb mit der Tiefe t. Die kleine Aufkraft dF auf die infinitesimale Fläche dA beträgt:

$$\mathrm{d}F = p_{ü} \cdot \mathrm{d}A = \varrho \cdot g \cdot t \cdot \mathrm{d}A = \varrho \cdot g \cdot \mathrm{d}V$$

Hinweis: Da infinitesimal, ist die schräge Fläche dA zugleich Grundfläche vom fiktiven differentiellen Volumen dV bzw. Projektionsfläche gemäß Abschn. 2.2.6.

Die gesamte Aufkraft F auf die Fläche A ergibt sich durch Integration:

$$F = \int_{(A)} \mathrm{d}F = \varrho \cdot g \cdot \int_{(V)} \mathrm{d}V$$

$$\boldsymbol{F = \varrho \cdot g \cdot V = F_{\mathrm{G}}} \qquad (2.67)$$

► Die Aufkraft ist nach (2.67) identisch der Gewichtskraft F_{G} des (fiktiven) Flüssigkeitszylinders (-körpers), der sich über der gedrückten Fläche bis zum freien Flüssigkeitsspiegel aufbauen lässt, Abb. 2.26. Die Kraftwirkungslinie geht deshalb auch durch den Schwerpunkt S_{V} dieses virtuellen Flüssigkeitszylinders mit dem Volumen V. Diese Erkenntnis gilt allgemein, d. h. für jede Form und Lage der gedrückten Fläche.

Bemerkung: Die Herleitung wurde allgemein für die gekrümmte Wand durchgeführt. Trotzdem ist die Aufkraft einfachheitshalber unter dem Hauptabschnitt Fluidkräfte gegen ebene Wände eingeordnet. Grund: Überlegung einfach und vorbereitend für den folgenden Abschnitt.

2.5.3 Fluidkräfte gegen gekrümmte Wandungen

Der Behälter in Abb. 2.27 ist rechts durch eine zur vertikalen Tiefenkoordinate (t-Achse) symmetrische, räumlich gekrümmte Seitenwand begrenzt. Die bis zur Höhe H reichende Flüssigkeit übt auf diese Begrenzung die Kraft F aus, die nach Größe, Richtung und Angriffspunkt zu bestimmen ist.

Um die Ableitung zu vereinfachen und übersichtlich zu gestalten, wurde die Fläche symmetrisch ausgebildet. Dies schränkt jedoch nur vordergründig die Gültigkeit der sich ergebenden Gleichungen ein. Es wird sich zeigen, dass die Ergebnisse der folgenden Erörterungen ohne weiteres verallgemeinert werden können.

Auf den schmalen Flächenstreifen dA, dessen Tangente unter dem Neigungswinkel α verläuft, wirkt senkrecht die infinitesimale Kraft dF. Diese fluidische Kraft dF wird in ihre waagrechte (y-Richtung) und vertikale (t-Richtung) Komponente zerlegt. Die Projektionen der kleinen Fläche dA auf die Koordinatenrichtungen sind dA_{y} und dA_{t}. Der Index kennzeichnet die Richtung

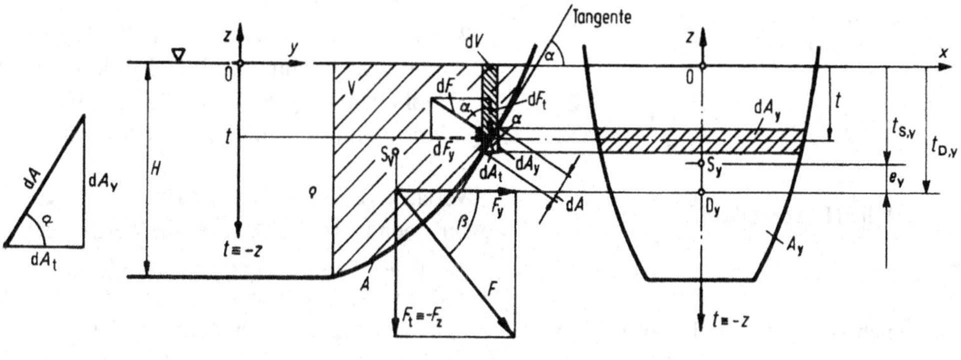

Abb. 2.27 Kraft auf symmetrische, räumlich nach außen gekrümmte Fläche mit vergrößerter Darstellung der infinitesimalen Teilfläche dA im Seitenriss, weshalb diese sich als Strecken darstellt mit unveränderter Breite senkrecht zur Bildebene. Neigungswinkel α der Fläche veränderlich, also $\alpha \neq$ konst

der Projektionsflächennormalen. Da der Barometerdruck p_b sowohl auf der freien Oberfläche der Flüssigkeit, als auch auf der Außenseite der Seitenwand wirkt, werden die wirkenden Wandkräfte ausschließlich wieder durch den Fluid-Überdruck verursacht.

Für die infinitesimalen Projektionsflächen, welche den veränderlichen Neigungswinkel α berücksichtigen gelten:

$$\mathrm{d}A_\mathrm{y} = \mathrm{d}A \cdot \sin\alpha$$
$$\mathrm{d}A_\mathrm{t} = \mathrm{d}A \cdot \cos\alpha$$

da sich die zur Projektionsrichtung quer verlaufenden Seitenkanten (Breite) der Fläche dabei nicht ändern.

Damit folgt für die Kraftkomponenten:

$$\begin{aligned} \mathrm{d}F_\mathrm{y} &= \mathrm{d}F \cdot \sin\alpha = p_\mathrm{ü} \cdot \mathrm{d}A \cdot \sin\alpha \\ &= \varrho \cdot g \cdot t \cdot \mathrm{d}A_\mathrm{y} \\ \mathrm{d}F_\mathrm{t} &= \mathrm{d}F \cdot \cos\alpha = p_\mathrm{ü} \cdot \mathrm{d}A \cdot \cos\alpha \\ &= \varrho \cdot g \cdot t \cdot \mathrm{d}A_\mathrm{t} \end{aligned}$$

Durch Integration ergeben sich:

Horizontalkraft F_y (Kraftkomponente in y-Richtung):

$$F_\mathrm{y} = \int_{(A)} \mathrm{d}F_\mathrm{y} = \varrho \cdot g \cdot \int_{(A_\mathrm{y})} t \cdot \mathrm{d}A_\mathrm{y}$$

Entsprechend Abschn. 2.5.2.2 ist das Integral $\int_{(A_\mathrm{y})} t \cdot \mathrm{d}A_\mathrm{y}$ das 1. statische Moment der Projektionsfläche A_y in Bezug auf die Spiegelschnittlinie (x-Achse). Mit der Tiefe $t_{\mathrm{s,\,y}}$ des Schwerpunktes S_y der Projektionsfläche A_y gilt:

$$\int_{(A_\mathrm{y})} t \cdot \mathrm{d}A_\mathrm{y} = t_{\mathrm{S,\,y}} \cdot A_\mathrm{y}$$

Somit wird die Horizontalkraft:

$$\boldsymbol{F_\mathrm{y} = \varrho \cdot g \cdot t_{\mathrm{S,y}} \cdot A_\mathrm{y} = p_{\mathrm{S,y,ü}} \cdot A_\mathrm{y}} \tag{2.68}$$

Der Vergleich von (2.62) und (2.68) zeigt: Zwischen der Seitenkraft auf die ebene Fläche und der Horizontalkraft gegen die beliebig gekrümmte Wand besteht volle Analogie.

Deshalb gelten:

1. Die Horizontalkraft gegen eine gekrümmte Fläche ist identisch mit der Druckkraft gegen die Projektion der gedrückten Fläche in waagrechter Richtung (vertikale Projektionsfläche).
2. Die Wirkungslinie der Horizontalkraft geht durch den Druckmittelpunkt $\mathrm{D_y}$, der vertikalen Projektionsfläche, (2.64), mit dem Flächenträgheitsmoment $I_{\mathrm{S,\,y}}$ der Projektionsfläche A_y in Bezug auf die Achse in x-Richtung durch den Schwerpunkt $\mathrm{S_y}$.

$$e_\mathrm{y} = t_{\mathrm{D,\,y}} - t_{\mathrm{S,\,y}} = \frac{I_{\mathrm{S,\,y}}}{t_{\mathrm{S,\,y}} \cdot A_\mathrm{y}} \tag{2.69}$$

Vertikalkraft F_t (Kraftkomponente in t- bzw. z-Richtung)

$$F_\mathrm{t} = \int_{(A)} \mathrm{d}F_\mathrm{t} = \varrho \cdot g \cdot \int_{(V)} \mathrm{d}V = \varrho \cdot g \cdot V$$

$$\boldsymbol{F_t = \varrho \cdot g \cdot V = F_\mathrm{G}} \quad \text{bzw.} \tag{2.70}$$
$$F_\mathrm{z} = -F_\mathrm{t} = -F_\mathrm{G}$$

Zwischen der in der Regel nach unten gerichteten Vertikalkraft, (2.70) und der Aufkraft ((2.67), Abschn. 2.5.2.3) besteht somit ebenfalls volle Analogie.

Allgemein gelten (Abb. 2.27 und 2.28):

1. Die Vertikalkraft gegen eine gekrümmte Fläche wird durch Gewichtskraft F_G der seitlich senkrecht begrenzten Flüssigkeitssäule verursacht, die über der gedrückten Fläche steht und bis zum Spiegel reicht.
2. Die Wirkungslinie der Vertikalkraft geht durch den Schwerpunkt des Flüssigkeitskörpers mit Volumen V, gemäß Pkt. 1, der über der gedrückten Fläche bis zum Spiegel steht.

Verläuft die räumlich gekrümmte Fläche entsprechend Abb. 2.28, wirkt die Vertikalkraft von unten nach oben, also in positiver z-Richtung, und ist identisch dem Gewicht des gedachten (fiktiven) Flüssigkeitsvolumens V über der gedrückten Fläche bis zum Spiegel mit unterer Begrenzung entsprechend der äußeren Flächenkontur und seitlich senkrechtem Verlauf.

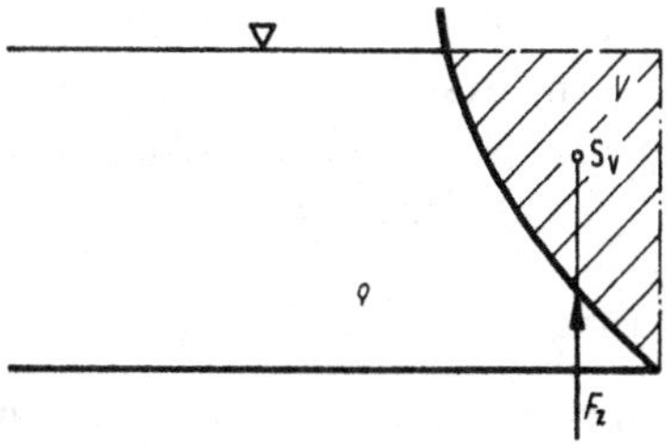

Abb. 2.28 Vertikalkraft F_z auf eine räumlich nach innen gekrümmte Fläche. V fiktives Fluidvolumen

Gesamtkraft *F*
Die Gesamtkraft wird gebildet als Resultierende von Horizontal- und Vertikalkraft (Komponenten):

a) Betrag:

$$F = \sqrt{F_y^2 + F_t^2} = \sqrt{F_y^2 + F_z^2} \quad (2.71)$$

b) Richtung:

$$\tan\beta = F_t/F_y = |F_z|/F_y \quad (2.72)$$

c) Angriffspunkt:

Schnittpunkt von F_y und F_t bzw. F_z (2.73)

Verallgemeinerung
Für eine beliebige, also unsymmetrische, räumlich gekrümmte Fläche ergibt sich zusätzlich zu den beiden Kraftkomponenten in y- und t- bzw. z-Richtung noch eine dritte Komponente in x-Richtung. Für diese wie F_y ebenfalls waagrecht wirkende Kraftkomponente (allerdings senkrecht zu F_y) gelten zur y-Richtung, (2.68) und (2.69), analoge Beziehungen. Dabei ist der Index y jeweils durch den Index x zu ersetzen:

$$\boldsymbol{F_x = \varrho \cdot g \cdot t_{S,x} \cdot A_x = p_{s,x,\ddot{u}} \cdot A_x} \quad (2.74)$$

$$\boldsymbol{e_x = t_{D,x} - t_{S,x} = \frac{I_{S,x}}{t_{S,x} \cdot A_x}} \quad (2.75)$$

Die Gesamtkraft ist dann die Raumdiagonale mit zwei Richtungswinkeln, gebildet aus den Komponenten in den drei Koordinatenrichtungen.

2.5.4 Übungsbeispiele

Übung 3

Seitliche Klappe als Überlaufschutz, Abb. 2.29.

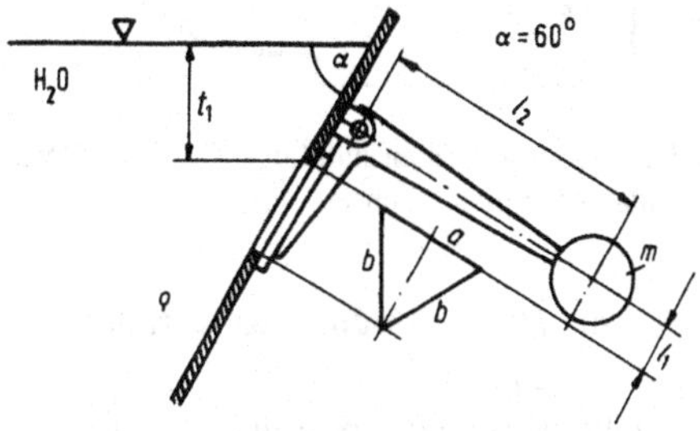

Abb. 2.29 Seitliche Klappe als Überlaufschutz

Bekannt: $t_1 = 60\,\text{cm}$, $a = 40\,\text{cm}$, $b = 30\,\text{cm}$, $l_1 = 50\,\text{cm}$, $l_2 = 80\,\text{cm}$, Wasser 15 °C
Gesucht: 1. Kraft auf die Klappe
2. Masse des Gegengewichtes ◄

Übung 4

Rechteckiger Kanal mit Sicherheitsklappe, Abb. 2.30.

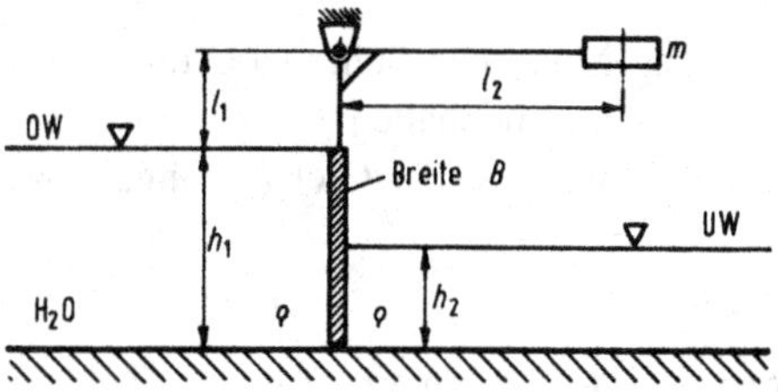

Abb. 2.30 Rechteckiger Kanal mit vertikaler Sicherheitsklappe

Bekannt: $B = 200\,\text{cm}$, $l_1 = 30\,\text{cm}$, $l_2 = 200\,\text{cm}$, $h_1 = 100\,\text{cm}$, $h_2 = 40\,\text{cm}$
Gesucht: Masse m, damit die Wehrplatte in der gezeichneten Lage im Gleichgewicht. ◄

Übung 5

Halbkugelförmiger Abschlussdeckel eines mit Wasser von 20 °C gefüllten Behälters, Abb. 2.31.

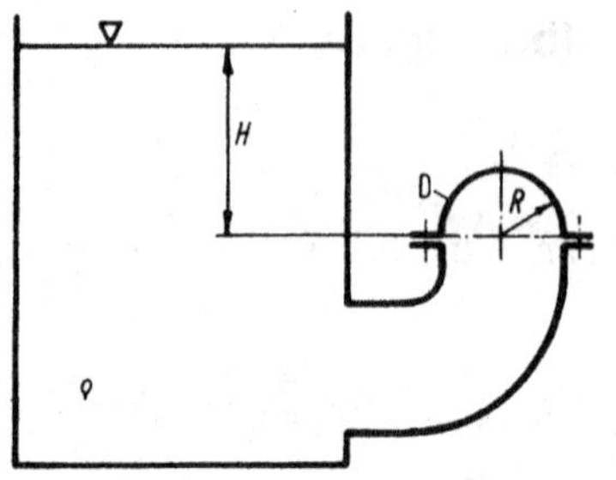

Abb. 2.31 Kraft auf einen halbkugelförmigen Deckel D mit vertikaler Symmetrieachse

Bekannt: $H = 300\,\text{cm}$, Kugelradius $R = 20\,\text{cm}$

Gesucht: Kraft auf Abschlussdeckel. ◀

Übung 6

Ein waagrecht angeordneter Körper, bestehend aus drei koaxialen kreiszylindrischen Abschnitten mit den Durchmessern und Längen $D_1 = 200\,\text{mm}$, $l_1 = 250\,\text{mm}$, $D_2 = 300\,\text{mm}$, $l_2 = 120\,\text{mm}$, $D_3 = 240\,\text{mm}$, $l_3 = 180\,\text{mm}$ ist in einem Formkasten eingeformt. Der Formkasten wird vollständig mit flüssigem Grauguss ausgegossen. Der Oberkasten ist $H = 400\,\text{mm}$ hoch.

Gesucht: Maximale Schraubenkraft zum Zusammenhalten des Formkastens während des Gießvorganges. ◀

Übung 7

Walzenwehr, Abb. 2.32.

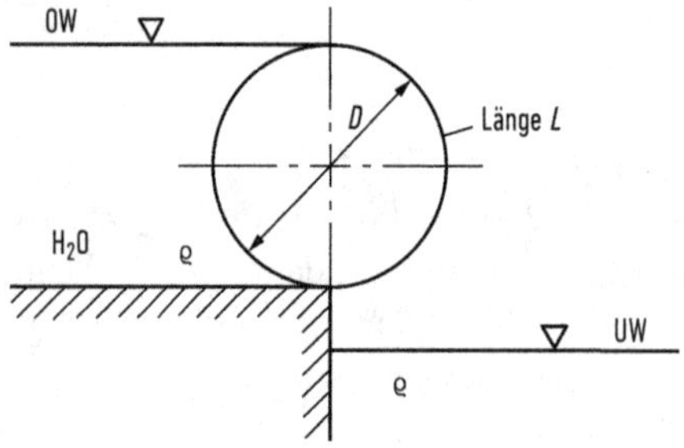

Abb. 2.32 Walzenwehr

Bekannt: Walzendurchmesser D und -länge L.

Gesucht: a) Wirkende Fluidkräfte
b) Resultierendes Moment
c) Was folgt aus dem Ergebnis von Frage b? ◀

Übung 8

Kreisförmiger, durch Kugel geschlossener Bodenablass, Abb. 2.33.

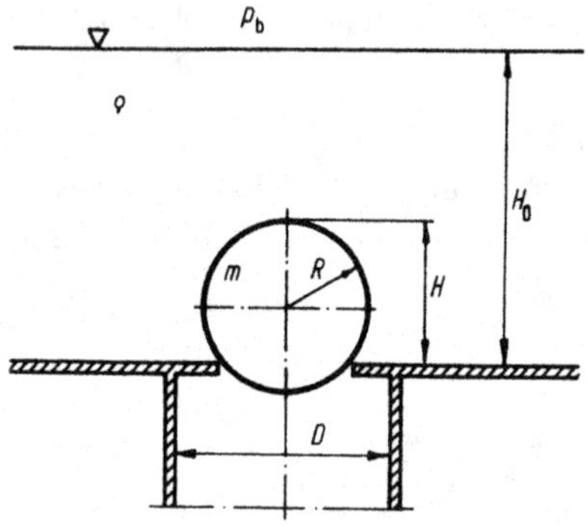

Abb. 2.33 Kreisförmiger, durch eine Kugel verschlossener Bodenablass

Bekannt: R, H, H_0, m, D, ϱ

Gesucht: a) Kraft F, mit der die Kugel auf die Dichtkante gedrückt wird, bei $H_0 \geq H$.
b) Überdruck im Rohr vom Durchmesser D, damit Ventilkugel gerade öffnet.
c) Verhältnis H/R, damit bei $H_0 = H$ die Dichtkante nur durch die Kugelmasse belastet wird. ◀

2.6 Auftrieb und Schwimmen

2.6.1 Auftrieb

Die Kraft, die ein Fluid auf einen eingetauchten Körper ausübt, wird exakt als (fluid-)statische Auftriebskraft, kurz jedoch nur als Auftrieb bezeichnet und ist nach ARCHIMEDES[7] so groß wie die Gewichtskraft des vom Körper verdrängten Fluidvolumens (Uminterpretation!).

[7] ARCHIMEDES (287 bis 212 v. Chr.), griech. Mathematiker. Heureka … ich hab's (gefunden); Ausruf von ARCHIMEDES bei der Entdeckung des Auftriebs.

Der ARCHIMEDES-Auftrieb – bedingt durch den Druckunterschied von Unter- und Oberseite des Körpers – wird demnach durch die Schwerewirkung des Fluides verursacht, weshalb mittels des hydrostatischen Grundgesetzes herleitbar (Aufkraft minus Abkraft).

Auf das infinitesimale Körper-Scheibchen in Abb. 2.34 mit Querschnitt $\mathrm{d}A$ wirken vertikal von oben die Abkraft $\mathrm{d}F_{1,z}$ und von unten die Aufkraft $\mathrm{d}F_{2,z}$.

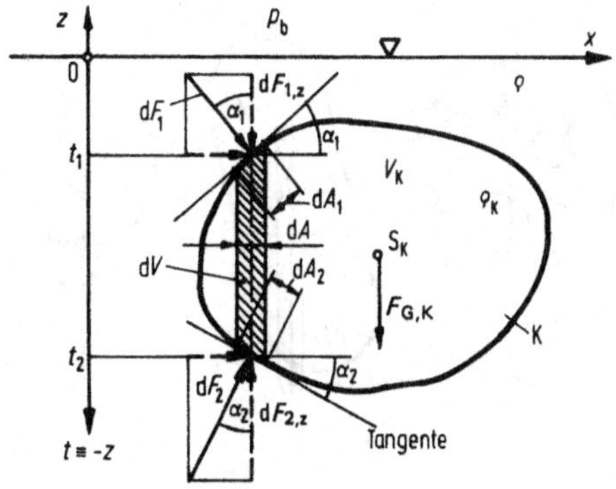

Abb. 2.34 Auftrieb auf den Körper K

Hierzu folgt der Auftrieb $\mathrm{d}F_a$ als resultierende Vertikalkraft $\mathrm{d}F_z$ auf das zugehörige Körpervolumen $\mathrm{d}V$ (infinitesimal):

$$\begin{aligned}\mathrm{d}F_a &= \mathrm{d}F_z = \mathrm{d}F_{2,z} - \mathrm{d}F_{1,z}\\ &= \mathrm{d}F_2 \cdot \cos\alpha_2 - \mathrm{d}F_1 \cdot \cos\alpha_1\end{aligned}$$

Hierbei allgemein, d. h. für jede Körperstelle:

$$\begin{aligned}\mathrm{d}F_z &= p \cdot \mathrm{d}A = (p_ü + p_b) \cdot \mathrm{d}A\\ &= (\varrho \cdot g \cdot t + p_b) \cdot \mathrm{d}A\end{aligned}$$

Eingesetzt für Körperstellen 1 und 2, ergibt:

$$\begin{aligned}\mathrm{d}F_a = &(\varrho \cdot g \cdot t_2 + p_b) \cdot \mathrm{d}A_2 \cdot \cos\alpha_2\\ &- (\varrho \cdot g \cdot t_1 + p_b) \cdot \mathrm{d}A_1 \cdot \cos\alpha_1\end{aligned}$$

Mit $\mathrm{d}A_2 \cdot \cos\alpha_2 = \mathrm{d}A_1 \cdot \cos\alpha_1 = \mathrm{d}A$ wird:

$$\mathrm{d}F_a = (p_2 - p_1) \cdot \mathrm{d}A$$
$$\mathrm{d}F_a = \varrho \cdot g \cdot (t_2 - t_1) \cdot \mathrm{d}A = \varrho \cdot g \cdot \mathrm{d}V_K$$

und

$$F_a = \int_{(V_K)} \mathrm{d}F_a = \varrho \cdot g \cdot \int_{(V_k)} \mathrm{d}V_K$$

$$\boldsymbol{F_a = \varrho \cdot g \cdot V_K} \qquad (2.76)$$

Es ergibt sich das Gesetz von ARCHIMEDES.

Der (fluid)statische Auftrieb (Kraft) oder auch **ARCHIMEDESauftrieb**, meist kurz Auftrieb genannt, wirkt auf jeden in ein Fluid eingetauchten Körper. Er ist nach (2.76) nur von der Fluiddichte und dem vom Körper verdrängten Fluidvolumen abhängig, nicht jedoch von der Tiefe, in der sich der Körper im Fluid befindet, wenn von der Änderung der Fluiddichte $\varrho = f(\text{Tiefe } t)$ infolge Kompressibilität abgesehen wird.

Bemerkungen:

1. Der Körper dreht sich solange, bis die Auftriebskraft im Körperschwerpunkt angreift, d. h. die Integrale der Kräfte in der waagrechten Ebene (x- und y-Koordinaten) über die Körperoberfläche verschwinden.
2. Bei vollständig in Fluid eingetauchten Körpern mit der Gewichtskraft F_G wird unterschieden:
   $F_G = F_a$ Körper schwebt (Gleichgewicht)
   $F_G > F_a$ Körper sinkt ab
   $F_G < F_a$ Körper steigt auf
3. Sitzt ein Körper entsprechend Abb. 2.35 so exakt auf dem Gefäßboden auf, dass kein Fluid zwischen Körperunterfläche und Behälterbodenfläche dringen kann, auch nicht in molekularer Schichtdicke, was meist unerreichbar, ist keine Aufkraft – unten fehlt der Fluiddruck –

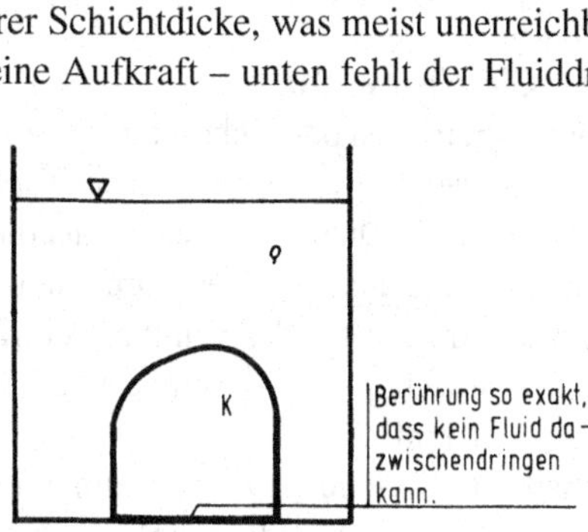

Abb. 2.35 Körper K ohne Auftrieb, da unten keine Fluidbenetzung

und somit auch kein Auftrieb vorhanden. Der Körper wird dann mit der von oben wirkenden Abkraft auf den Gefäßboden gedrückt. Diese Bodenkraft ist, wie abgeleitet, gleich der Gewichtskraft des auf dem Körper ruhenden Fluidvolumens gemäß Abb. 2.26. Diese Erscheinung kann in der Technik z. B. am Aneinanderhaften von Endmaßen (Messklötzchen) beobachtet werden. Der Effekt wird dabei durch Adhäsion etwas verstärkt.

4. Bei sich nicht mischenden Fluiden verdrängt das schwerere infolge Auftriebswirkung das leichtere nach oben (Abschn. 2.2.8.1). In homogenem Fluid oder Fluidgemisch (Dispersion) (ohne eingetauchten Stoff) sind Auftrieb und Verdrängung daher nicht vorhanden, bzw. Auftrieb und Adhäsion gleichen sich aus.

Nur in völlig erschütterungsfreiem Zustand ist, wie erwähnt, ein Aufbau möglich, bei dem das schwerere über dem leichteren Fluid geschichtet ruht (labiler Gleichgewichtszustand). Hier handelt es sich um einen theoretischen Fall, der praktisch nicht zu verwirklichen ist. Bei der geringsten störungsbedingten Einbeulung der Trennfläche zwischen den zwei Flüssigkeitsschichten ergeben sich lokal unterschiedliche fluidstatische Drücke, wodurch das System instabil wird und dadurch in Bewegung kommt. Diese hält so lange an, bis sich die Fluidschichtung vollständig umgekehrt hat, also das schwerere Fluid unten und das leichtere oben angeordnet ist, wodurch dann der stabile Gleichgewichtszustand erreicht.

2.6.2 Schwimmen

2.6.2.1 Gleichgewicht

Ein Körper (homogen oder inhomogen) kann nur schwimmen, wenn die auf sein äußeres Gesamtvolumen bezogene Dichte kleiner ist, als die des Fluides, in das er eintaucht. Der Körper taucht so weit in das Fluid ein, bis das von ihm verdrängte Flüssigkeitsgewicht $\varrho \cdot g \cdot V_K$ gerade so groß, wie seine Gewichtskraft F_G.

Deshalb gilt: Gleichgewichtsbedingung für Schwimmen (Schwimmbedingung):

$$F_a = F_G$$

2.6.2.2 Stabilität

Wie allgemein in der Mechanik wird auch beim Schwimmen zwischen drei Stabilitätsfällen unterschieden, Abb. 2.36.

a) stabile Schwimmlage
b) labile Schwimmlage
c) indifferente Schwimmlage

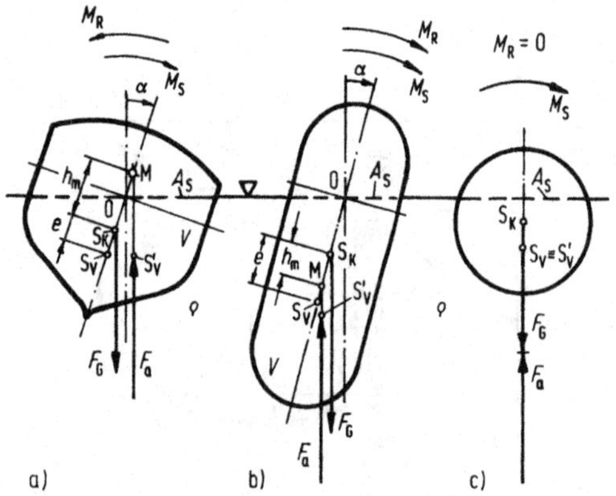

Abb. 2.36 Stabilitätsfälle: a) stabil, b) labil, c) indifferent

In Abb. 2.36 bedeuten:

- A_s Schwimmfläche. Das ist die Körperquerschnittsfläche in der Spiegelflächen-Ebene.
- α Auslenkungswinkel aus der stabilen Schwimmlage.
- 0 Drehachse des Körpers, liegt in der Schwimmfläche und geht durch deren Schwerpunktslinie.
- S_K Körperschwerpunkt; unabhängig von α.
- S_V Schwerpunkt der verdrängten Fluidmenge vor der Drehung um α, also bei $\alpha = 0$.
- S_V' Schwerpunkt der verdrängten Fluidmenge nach der Auslenkung um $\alpha \to S_V' = f(\alpha)$.
- V Vom Körper verdrängtes Fluidvolumen, unabhängig von α (Schwimmbedingung).
- M Metazentrum, Schnittpunkt der Wirkungslinie von F_a mit der Körpersymmetrieachse.
- h_m metazentrische Höhe.
- e Exzentrizität; Abstand zwischen S_K und S_V.

Bei vielen praktischen Fällen, z. B. Schiffen, ist stabile Schwimmlage von grundlegender Bedeutung. Stabiles Schwimmverhalten ist gegeben, wenn der Schwimmkörper nach Wegfallen störender Kräfte bzw. Momente wieder in seine Ausgangslage, die Gleichgewichtslage, zurückstrebt.

Die notwendige und hinreichende Bedingung für stabiles Schwimmverhalten bei Auslenkungswinkel α bis ungefähr 12° ergibt folgende Herleitung:

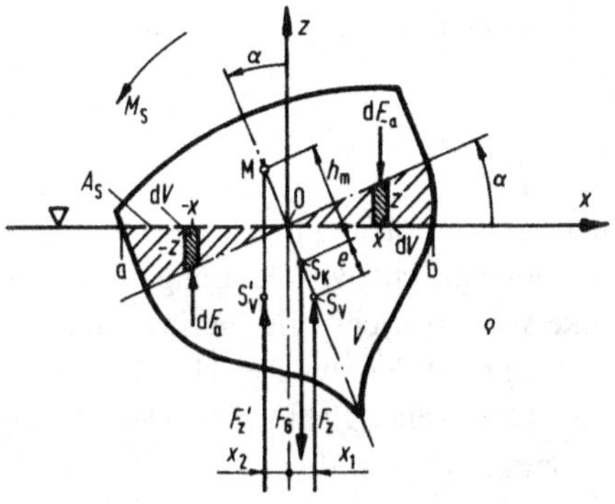

Abb. 2.37 Stabiles Schwimmverhalten

Mit den in Abb. 2.37 eingezeichneten Volumenelementen gilt:

$$\mathrm{d}F_\mathrm{a} = \mathrm{d}V \cdot \varrho \cdot g = \mathrm{d}A \cdot z \cdot \varrho \cdot g$$

Mit $z = x \cdot \widehat{\alpha}$ für $\alpha° < 12°$ (Grad!), also $\widehat{\alpha} < 0{,}21$ (Bogenmaß!) wird

$$\mathrm{d}F_\mathrm{a} = \varrho \cdot g \cdot \widehat{\alpha} \cdot x \cdot \mathrm{d}A$$

Das Moment des Auftriebes nach Auslenkung um Winkel α lässt sich wie folgt zusammensetzen:

Wirkung der Auftriebskraft am ursprünglichen Angriffspunkt $\mathrm{S_V}$ vor der Auslenkung ($\alpha = 0$) zuzüglich des Einflusses des infolge Auslenkung zusätzlich verdrängten Flüssigkeitskörpers abzüglich der Momentwirkung des ausgetauchten Körpervolumens (eingeführt als negative Auftriebswirkung):

$$M_\mathrm{A} = F_\mathrm{z} \cdot x_1 - \int_\mathrm{a}^{0} x \cdot \mathrm{d}F_\mathrm{a} - \int_{0}^{\mathrm{b}} x \cdot \mathrm{d}F_{-\mathrm{a}}$$

Wenn stabiles Schwimmverhalten ($h_\mathrm{m} > 0$) erreicht werden soll, muss dieses Moment einem Rückdrehmoment $F'_\mathrm{z} \cdot x_2$ (negative Drehrichtung) identisch sein. $F'_\mathrm{z} \cdot x_2$ ist das tatsächlich vorhandene Rückstellmoment der Auftriebskraft $F'_\mathrm{z} = F_\mathrm{z}$, wirkend im Schwerpunkt S'_V des verdrängten Flüssigkeitskörpers nach der Auslenkung:

$$-F'_\mathrm{z} \cdot x_2 = F_\mathrm{z} \cdot x_1 - \int_\mathrm{a}^{0} x \cdot \mathrm{d}F_\mathrm{a} - \int_{0}^{\mathrm{b}} x \cdot \mathrm{d}F_{-\mathrm{a}}$$

Dabei sind:

$$F'_\mathrm{z} = F_\mathrm{z} = \varrho \cdot g \cdot V$$
$$\mathrm{d}F_{-\mathrm{a}} = \mathrm{d}F_\mathrm{a} = \varrho \cdot g \cdot \widehat{\alpha} \cdot x \cdot \mathrm{d}A$$

Eingesetzt und nach Zusammenfassen der Integrale ergibt sich:

$$V \cdot \varrho \cdot g(x_1 + x_2) = \varrho \cdot g \cdot \widehat{\alpha} \cdot \int_\mathrm{a}^{\mathrm{b}} x^2 \mathrm{d}A$$

Mit $x_1 + x_2 = \widehat{\alpha} \cdot (h_\mathrm{m} + e)$ und $I_\mathrm{S} = \int_\mathrm{a}^{\mathrm{b}} x^2 \cdot \mathrm{d}A$ wird

$$h_\mathrm{m} = \frac{I_\mathrm{S}}{V} - e \qquad (2.77)$$

I_S ist dabei das Flächenträgheitsmoment der Schwimmfläche A_S bezüglich der Drehachse 0 und daher abhängig von der Auslenkung α, also $I_\mathrm{S} = f(\alpha)$.

Stabiles Schwimmverhalten gemäß der durchgeführten Herleitung nur dann gegeben, wenn das bei der Auslenkung um α auftretende Moment M_A ein Rückstellmoment ist, dadurch gekennzeichnet, dass das Metazentrum M oberhalb 0 liegt ($h_\mathrm{m} > 0$). Dies muss immer der Fall sein, auch bei der ungünstigsten Stellung mit $I_{\mathrm{S,\,min}}$. Hieraus folgt die **allgemeine Stabilitätsbedingung**:

$$\frac{I_{\mathrm{S,\,min}}}{V} - e > 0 \quad \text{oder}$$
$$\frac{\boldsymbol{I_{\mathrm{S,\,min}}}}{\boldsymbol{V}} > \boldsymbol{e} \qquad (2.78)$$

Je nach Schiffstyp liegt die metazentrische Höhe h_m bei Hochseeschiffen meist etwa zwischen 0,4 und 1,2 m.

2.6.3 Übungsbeispiele

Übung 9

Perpetuum Mobile, Abb. 2.38, infolge Fluidauftrieb.

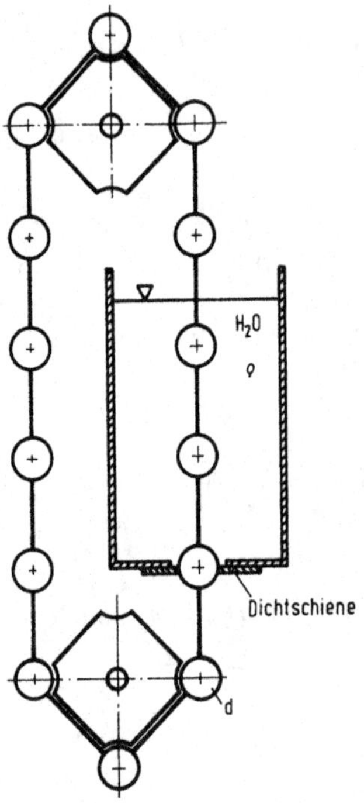

Abb. 2.38 Perpetuum Mobile? (Prinzipdarstellung) Dichtschiene automatisch gesteuert und reibungsfrei

Die im Wasser eingetauchten Kugeln sind um den Auftrieb leichter als die gleiche Anzahl der außen hängenden. Dadurch müsste eine freie Drehkraft links abwärts vorhanden sein und die Apparatur in Bewegung setzen, also Arbeit verrichten. Es wäre ein Perpetuum Mobile!

Zu beweisen ist, dass die Apparatur auch unter Vernachlässigung aller Reibungsverluste kein Perpetuum Mobile sein kann. ◄

Übung 10

Eine gelenkig, oberkantig, längsseitig gelagerte homogene Platte von der Länge L, Breite B, Dicke s – vergleichsweise gering – und Dichte ϱ_{Pl} ragt mit dem unteren (Längen-)Ende in eine Flüssigkeit (Dichte ϱ_{Fl}). Der Plattengelenkpunkt liegt um den Abstand H oberhalb des Flüssigkeitsspiegels.

Bekannt: L, B, s, ϱ_{Pl}, ϱ_{Fl}

Gesucht: a) Plattenauslenkungswinkel α gegenüber der Vertikalen als Funktion des Drehpunktabstandes H von der Flüssigkeitsoberfläche.

b) Höhe $H = H_0$, damit die vertikale Gleichgewichtslage ($\alpha = 0$) stabil ist. ◄

Fluid-Dynamik, Grundlagen

Hydro- und Aerodynamik

3

3.1 Strömungseinteilung und Begriffe

3.1.1 Strömungseinteilung

Strömungsgruppen (Abb. 1.1)

- *Eindimensionale* (Linien-)Strömungen
- *Zweidimensionale* (Flächen-)Strömungen
- *Dreidimensionale* (Raum-)Strömungen

Strömungsarten

- *Instationäre Strömungen*: Strömungsgrößen c, p, ϱ, T sind abhängig von Ort und Zeit, z. B. Geschwindigkeit $c = f(s,t)$
- *Stationäre Strömungen*: Strömungsgrößen sind nur ortsabhängig, z. B. $c = f(s)$, und somit *zeitlich konstant*. Nach der Geschwindigkeit werden dabei unterschieden:
  - *Gleichförmige* Strömungen: $c(s) = \text{konst}$
  - *Ungleichförmige* Strömungen: $c(s) \neq \text{konst}$

Viele praktische Strömungsvorgänge lassen sich exakt oder in guter Näherung (quasi!) als stationär betrachten. Oftmals lässt sich eine instationäre Strömung durch Mitbewegen des Bezugssystems (relatives Koordinatensystem) in eine stationäre überführen → Relativbetrachtung.

Strömungsformen

- *Laminare* (Schichten-)Strömung
- *Turbulente* (Wirbel-)Strömung

Strömungsklassen

- *Potenzialströmungen* sind reibungsfrei und drehungs-, d. h. wirbelfrei (Potenzialgleichung)
- *Wirbelströmungen*
  - reibungsfrei (EULER-Gleichung)
  - reibungsbehaftet (NAVIER-STOKES-, bzw. REYNOLDS-Gleichung)

Fluidmodelle

- *Ideales* Fluid: $\eta = 0$ (viskositätsfrei und damit reibungslos)
- *Reales* Fluid: $\eta \neq 0$, d. h. $\eta > 0$ (viskos und deshalb reibungsbehaftet)

Fluidarten

- *Inkompressible* Fluide (exakt $\varrho = \text{konst}$): Flüssigkeiten fast immer genügend genau $\varrho = \text{konst}$, sowie näherungsweise Gase und Dämpfe bei $Ma \leq 0{,}3$
- *Kompressible* Fluide ($\varrho \neq \text{konst}$): Gase und Dämpfe ab $Ma > 0{,}3$. Außer dem Druckfeld ist dann auch das zugehörige Temperaturfeld zu berücksichtigen

3.1.2 Begriffe

Strömungsgeschwindigkeit *c* (Massetransport)

- *Lokale Strömungsgeschwindigkeit* c. Ist die Geschwindigkeit der einzelnen Fluidteilchen bzw. -bereiche

H. Sigloch, *Technische Fluidmechanik*, https://doi.org/10.1007/978-3-662-64629-8_3

- *Mittlere Strömungsgeschwindigkeit*:

$$\bar{c} = \frac{1}{A} \cdot \int\limits_{(A)} c \cdot \mathrm{d}A$$

$\bar{c}$ ... Mittelwert der Geschwindigkeiten über dem Strömungsquerschnitt, d. h. des Geschwindigkeitsprofiles (durchsatzgemittelt)

Bemerkung: Einfachheitshalber wird vielfach der Querstrich auf den Geschwindigkeits-Symbolen als Kennzeichen für die mittlere Strömungsgeschwindigkeit weggelassen. Trotzdem handelt es sich bei den c-Werten auch ohne diesen Hinweis gewöhnlich um die mittlere Geschwindigkeit der Strömung. Jeweiliges Vergewissern ist jedoch angeraten (Benutzer-Hinweise).

Mit Hilfe von Abb. 3.1 stellt sich die Geschwindigkeit der Fluidteilchen in jedem Punkt entlang ihres Weges mathematisch allgemein wie folgt dar:

$$\vec{c} = \frac{\mathrm{d}\vec{s}}{\mathrm{d}t} = \vec{e} \cdot \frac{\mathrm{d}s}{\mathrm{d}t}$$

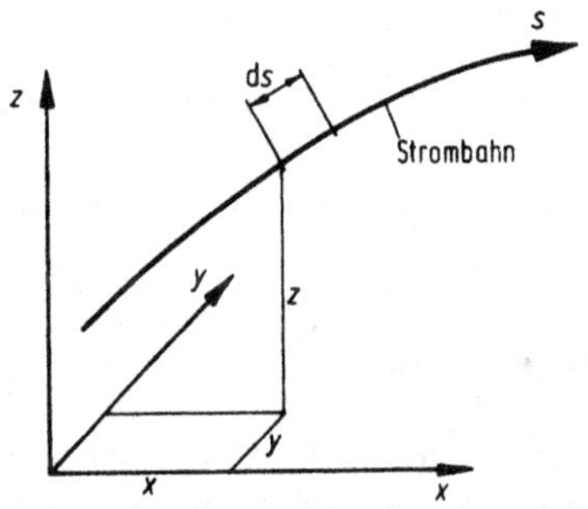

Abb. 3.1 Strombahn (Fluidteilchen-Weg)

Mit $\mathrm{d}\vec{s} = \vec{e} \cdot \mathrm{d}s = \vec{e}_x \cdot \mathrm{d}x + \vec{e}_y \cdot \mathrm{d}y + \vec{e}_z \cdot \mathrm{d}z$ wird

$$\begin{aligned}\vec{c} &= \vec{e} \cdot c = \vec{e}_x \cdot \frac{\mathrm{d}x}{\mathrm{d}t} + \vec{e}_y \cdot \frac{\mathrm{d}y}{\mathrm{d}t} + \vec{e}_z \cdot \frac{\mathrm{d}z}{\mathrm{d}t}\\ &= \vec{e}_x \cdot c_x + \vec{e}_y \cdot c_y + \vec{e}_z \cdot c_z\end{aligned}$$

Hierbei sind mit Richtungs-Index $i = x; y; z$ zu unterscheiden:

- *Einheitsvektoren*
  s-Richtung $\vec{e}$, i-Richtung $\vec{e}_i$

$$e = |\vec{e}| = |\vec{e}_i| = e_i = 1$$

- *Richtungscosinusse*
  i-Richtung

$$\vec{n}_i = \vec{e}_\mathrm{i} \cdot \cos\alpha_i$$
$$n_i = |\vec{n}_i| = \cos\alpha_i$$
$$e = |\vec{e}| = \sqrt{\sum(n_i^2)} = \sqrt{n_x^2 + n_y^2 + n_z^2}$$

Strombahn (Fluidteilchen-Bahn)
Die *Bahnlinie* oder *Strombahn* ist der Weg s, den ein Fluidteilchen(-bereich) mit der Geschwindigkeit c in der Zeit t zurücklegt:

$$\vec{s} = \int\limits_0^t \vec{c} \cdot \mathrm{d}t = \vec{e} \cdot \int\limits_0^t c \cdot \mathrm{d}t$$

Strombahnen können durch Zugabe von Schwebeteilchen, z. B. Aluminiumflitter, oder Farbstoff in das strömende Medium sichtbar gemacht und durch fotografische **Langzeitaufnahmen** festgehalten werden.

Streichlinie
Verbindungslinie all der Fluidteilchen, die den betreffenden Ort zu verschiedenen Zeiten passierten. Die zugehörige Streichlinie geht deshalb durch diese Stelle.

Stromlinie
Eine Stromlinie ist die Tangentenkurve an zusammenpassende Geschwindigkeitsvektoren des Strömungsfeldes, Abb. 3.2. Stromlinien können durch fotografische **Momentaufnahmen** von – dem Strömungsfeld zugegebenen – Schwebeteilchen dargestellt werden. Jedes Schwebeteilchen bestreicht ein kurzes Wegstückchen. Insgesamt bestimmen zusammengehörende bzw. -passende Stückchen das Richtungsfeld der Stromlinien. Somit sind Stromlinien Integral-, d. h. Tangentenkurven des Richtungsfeldes der Geschwindigkeitsvektoren. Jedes Strömungsfeld lässt sich daher zu jedem Zeitpunkt durch eine Schar von Kurven veranschaulichen, die in jedem Ortspunkt des Feldes den zugehörigen Geschwindigkeitsvektor tangieren, d. h. in dessen Richtung weisen. Stromlinien sind also Tangenten-Kurven, die beim jeweils festgehaltenen Zeitpunkt zum Geschwindigkeitsfeld passen.

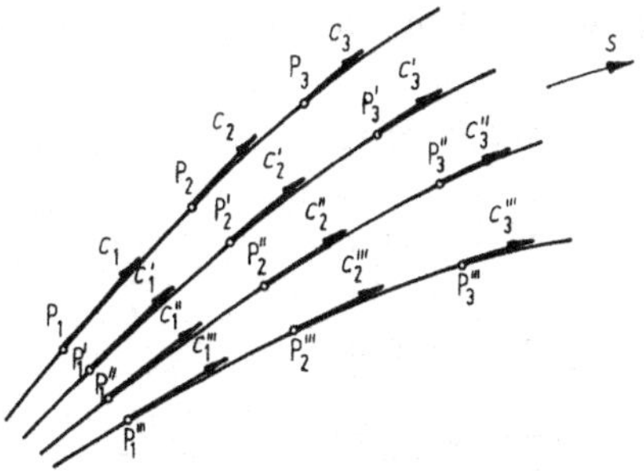

Abb. 3.2 Stromlinien (Geschwindigkeitsfeld)

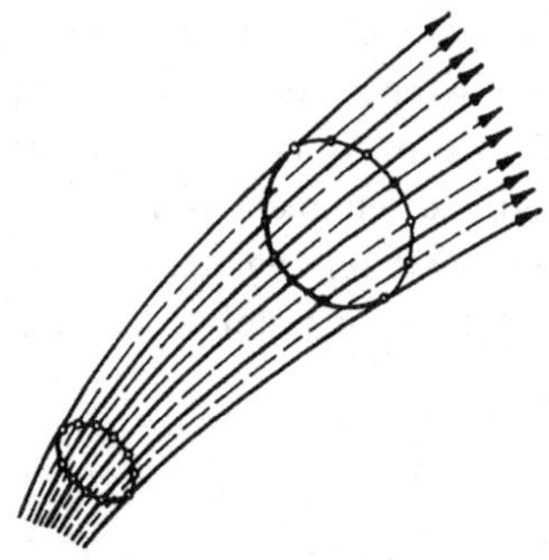

Abb. 3.3 Stromröhre

Bemerkungen:

1. *Stromlinienverdichtung*(-verengung) bedeutet Beschleunigung der Strömung.
2. *Stromlinienverdünnung*(-auffächerung) bedeutet Verzögerung der Strömung.
3. *Stromlinien* können *nicht geknickt* sein und sich *nicht schneiden*, da an einem Punkt nicht zugleich zwei verschiedene resultierende Fluidgeschwindigkeiten möglich sind.
4. Bei *stationären Strömungen fallen Strombahnen, Streichlinien sowie Stromlinien zusammen* und sind in ihrer Gestalt zeitlich unveränderlich.

Isotachen
Kurven gleicher Geschwindigkeit. Isotachen (iso … gleich; Tachen … Geschwindigkeit) sind im Strömungsfeld die Verbindungslinien jeweils aller Punkte mit gleicher Fluidgeschwindigkeit.

Hodograf
Kurve, welche die Endpunkte der von einem frei gewählten Bezugspunkt aus aufgetragenen Geschwindigkeitsvektoren einer Strömung verbindet.

Stromröhre
Gebildet durch ein Bündel von Stromlinien, die eine ortsfeste, geschlossene Raumkurve berühren, Abb. 3.3. Als Strömungsgeschwindigkeit wird dabei jeweils die mittlere Geschwindigkeit über dem Querschnitt der Stromröhre bezeichnet. Die lokale Geschwindigkeit über den Stromröhrenquerschnitt braucht dabei nicht konstant, sondern kann nach Betrag (Größe) und/oder Richtung verschieden sein.

Stromfaden
Stromröhre mit infinitesimalem Querschnitt $\mathrm{d}A$ (Grenzübergang). Geschwindigkeit, Druck, Dichte und Temperatur sind dann über dem Stromfadenquerschnitt jeweils konstant. Außerdem treten keine Geschwindigkeitskomponenten quer zur Stromfadenachse auf. Das Fluid bewegt sich ausschließlich in Strömungs-, d. h. Stromfadenrichtung. Dies alles muss, wie erwähnt, für die Stromröhre nicht zutreffen.

Durch die Mantelfläche des Stromfadens und meist auch der Stromröhre tritt kein Massenfluss hindurch, da die Geschwindigkeitsvektoren tangential verlaufen. Der Massenfluss kann nur über den Ein- und Austrittsquerschnitt erfolgen.

Stromfadentheorie
Anwendung der Strömungsgleichungen auf den Stromfaden. Es ergeben sich relativ einfache Beziehungen. Die Strömung erfolgt eindimensional entlang dem Stromfaden. Häufig auch angewendet auf endliche und teilweise große Querschnitte A. Liefert hierfür jedoch verschiedentlich unbefriedigende Ergebnisse.

Staupunkt
Staupunkt ist die Körperstelle, an der das strömende Medium zur Ruhe kommt, also $c = 0$ wird. Der Staupunkt ist demnach die Stelle, an der eine Stromlinie *senkrecht* auf den Körper trifft, bzw. von ihm abgeht. Die zugehörige Stromlinie wird auch als Staupunktstromlinie oder kurz Staustromlinie bezeichnet. Sie teilt das ebene Strömungsfeld in zwei Teile.

Abb. 3.4 zeigt das **Stromlinienbild** eines stationär umströmten, rotationssymmetrischen Körpers in reibungsfreiem Fluid. Es gibt eine Stromlinie, die den Körper vorne senkrecht trifft, sich dort teilt, der Körperkontur folgt, sich hinten wieder vereinigt und senkrecht von der Körperoberfläche abgeht. Der Teilungspunkt ist der *vordere* (SP_v), die Vereinigungsstelle der *hintere Staupunkt* (SP_h).

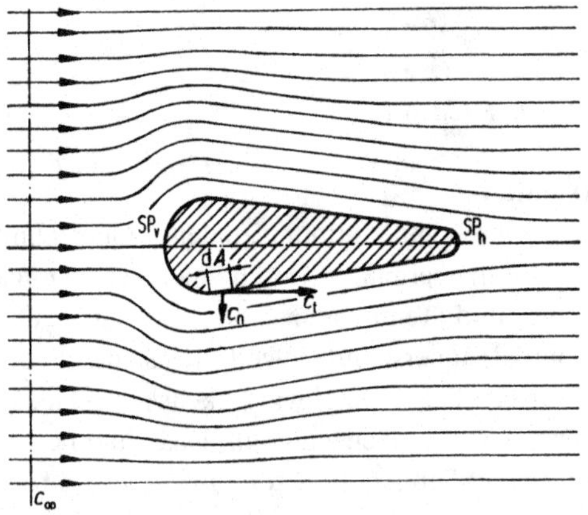

Abb. 3.4 Körperumströmung (ideal), Prinzipdarstellung

Stromfläche
Ein umströmter Körper (Abb. 3.4) wird durch Stromlinien eingehüllt. Die umhüllenden Stromlinien insgesamt bilden eine Fläche, die sog. *Stromfläche*. Liegt die Strömung an der Körperoberfläche vollständig an, ist die Stromfläche mit der Körperoberfläche identisch. Löst sich die Strömung vom Körper ab, unterscheiden sich Stromfläche und Körperoberfläche.

Entsprechend der Definition der Stromlinie besitzen die Geschwindigkeiten keine Komponenten normal zur Stromfläche, sondern nur tangential. An der Stromfläche muss deshalb $c_n = 0$ sein.

Wirbel
Rotation einzelner Fluidteilchen (Molekülgruppe), **Kleinwirbel**, bzw. Fluidbereiche (Singularitäten), **Großwirbel**, in einem Strömungsfeld.

Strom
Alle Größen (außer Geschwindigkeit und Beschleunigung), die aus Ableitungen nach der Zeit hervorgehen (gekennzeichnet durch hochgestellten Punkt), erhalten den *Zusatz „Strom"*, z. B.

$$\text{Volumenstrom} \quad \dot{V} = \frac{\mathrm{d}V}{\mathrm{d}t}$$

$$\text{Massenstrom} \quad \dot{m} = \frac{\mathrm{d}m}{\mathrm{d}t}$$

$$\text{Impulsstrom} \quad \dot{I} = \frac{\mathrm{d}I}{\mathrm{d}t}$$

$$\text{Drallstrom} \quad \dot{L} = \frac{\mathrm{d}L}{\mathrm{d}t}$$

Globale Aussagen
Betreffen den *ganzen Fluidbereich*, also das gesamte Fluid im festgelegten Bezugsgebiet, dem sog. Kontrollraum. Einzelheiten der Strömung im Innern des Kontrollraumes bleiben unberücksichtigt. Nur die Größen an der Kontrollraumberandung (Druck, Dichte, Geschwindigkeit, Fläche) gehen in die Berechnung ein. Diese Methode wird insbesondere bei Massen-, Impuls-, Drall- sowie Energieflussbetrachtungen vorteilhaft angewendet.

Lokale Aussagen
Betreffen Einzelheiten der Strömung in der *unmittelbaren Umgebung* jedes zur Untersuchung gewählten Punktes.

Diese Methode wird bei den **Erhaltungssätzen** für Masse, Impuls und Energie in differenzieller Form angewendet und führt zu partiellen Differenzialgleichungen.

3.2 Fluid-Kinematik

3.2.1 Grundsätzliches

Die *Kinematik* beschreibt mathematisch die Bewegungsvorgänge ohne die dabei auftretenden Kräfte zu berücksichtigen. Wege, Geschwindigkeiten, Beschleunigungen, Volumen- und Mengenströme werden zueinander in Beziehung gesetzt. Alle Größen sind Eigenschaften der Materie oder an diese gebunden. Die Kinematik steht daher in der Mitte zwischen Geometrie und Kinetik. Sie untersucht die zeitliche Aufeinanderfolge räumlicher Konfigurationen.

Zur analytischen Darstellung der Fluidbewegung stehen zwei Methoden zur Verfügung:

1. LAGRANGE[1]sche Betrachtungsweise
Entsprechend der Punktmechanik wird bei dieser Methode der Weg *jedes* Fluidteilchens(-elementes) – wenigstens jedoch eines stellvertretend für alle – bezüglich eines Koordinatensystems analytisch beschrieben; ergibt die sog. Materie- oder **Substanzgrößen**. Die meist vielen sich dadurch ergebenden **LAGRANGEschen Bewegungsgleichungen** sind oft sehr kompliziert und erfordern deshalb erheblichen mathematischen Aufwand. Aus diesem Grunde wird die LAGRANGEsche Betrachtungsweise nur in Sonderfällen angewendet. Jedes Teilchen Tl oder Element, also Teilchengruppe, ist dabei durch seine Anfangskoordinaten ($\vec{s}_{\mathrm{Tl}}; t_{\mathrm{Tl}}$) gekennzeichnet, z. B. Teilchen Tl_0 durch ($\vec{s}_0; t_0$). Da die Lagekoordinaten jedoch ebenfalls von der Zeit abhängen, verbleibt diese letztlich als wichtigste Funktionsgröße.

2. EULER[2]sche Betrachtungsweise
Während LAGRANGE alle Strömungsgrößen jeweils an ein Fluidteilchen(-Gruppe) bindet, beschreibt EULER diese Größen nur orts- und zeitabhängig. Für vorgegebene Stellen (einzelne oder mehrere) des festgelegten Koordinatensystems werden Geschwindigkeit c, Beschleunigung a, Dichte ϱ, Temperatur T analytisch dargestellt und in Beziehung zueinander gesetzt. Die Werte beziehen sich nicht auf das einzelne, sondern jedes Teilchen (Element), das am betreffenden Punkt (Bezugsstelle) ist bzw. hinkommt → **Feldgrößen**.

Das lokale Einzelschicksal der Fluidteilchen interessiert demnach nicht, sondern lediglich das Verhalten der ständig wechselnden Fluidteilchen, welche die festgelegte Stelle passieren. Die Größen c, a, p, ϱ, T sind in der allgemeinsten Form durch Funktionen des Ortes sowie der Zeit festgelegt und gelten für *alle* Teilchen, die den Ort erreichen. Die sich ergebenden **EULERschen Bewegungsgleichungen** sind einfacher und bilden überwiegend die Grundlage der Strömungsmechanik.

[1] LAGRANGE, Josef-Louis (1736 bis 1813), frz. Mathematiker.
[2] EULER, Leonhard (1707 bis 1783), Schweizer Mathematiker und Physiker.

Kurz zusammengefasst gilt bei den Betrachtungsweisen nach:

LAGRANGE Geschwindigkeitsbeschreibung ist *teilchen*gebunden (Teilchenkoordinaten, also Substanzgrößen). Mit Bezugskoordinate $\vec{s}_0$ zur Zeit t_0 des Teilchens ($s_0; t_0$):

$$\vec{c} = f(\vec{s}_0; t_0; t)$$

EULER Geschwindigkeitsbeschreibung ist *orts*gebunden (Raumkoordinaten, d. h. Feldgrößen):

$$\vec{c} = f(\vec{s}, t)$$

Unterschieden wird, wie zuvor verwendet, zwischen Substanz- und Feldgrößen. Substanzielle Größen sind physikalische Eigenschaften des Mediums. Feldgrößen sind physikalische Eigenschaften des Raumes (Ortsgrößen).

3.2.2 Eindimensionale Strömungen

3.2.2.1 Bewegungszustand

Reine Stromfadenströmung. Bewegung somit nur in Stromfadenrichtung. *Querbewegung* daher nicht vorhanden. Nach der EULER-Darstellung interessiert nicht das Schicksal des einzelnen Fluidteilchens, sondern nur der Bewegungszustand des Fluids an jedem Punkt des Stromfadens, bzw. an ausgewählten Bezugsstellen.

Die eindimensionale Strömung ist Inhalt der Stromfadentheorie.

Weg s
Dem Stromfaden, Abb. 3.5, entlang.

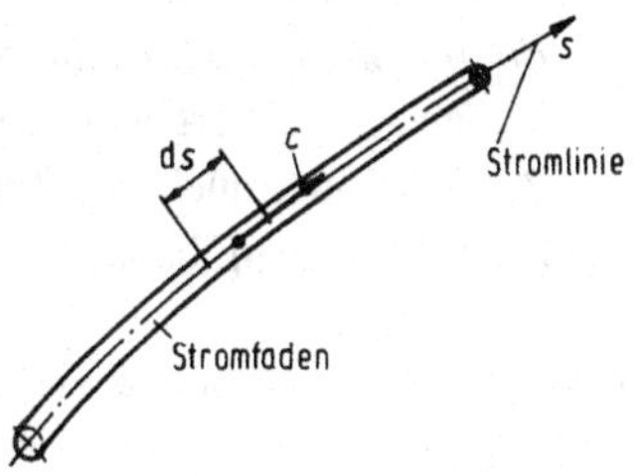

Abb. 3.5 Bewegung im Stromfaden

Geschwindigkeit c
Dem Stromfaden entlang

- bei instationärer Strömung

$$c = \frac{\mathrm{d}s}{\mathrm{d}t} = \dot{s} = F(s, t)$$

- bei stationärer Strömung

$$c = \frac{\mathrm{d}s}{\mathrm{d}t} = \dot{s} = f(s)$$

Beschleunigung a[3]
Dem Stromfaden entlang

$$a = \frac{\mathrm{d}c}{\mathrm{d}t} = \dot{c} \qquad (3.1)$$

Mit dem vollständigen, d. h. totalen Differenzial aus der allgemeinen, also instationären Geschwindigkeit $c = f(s, t)$:

$$\mathrm{d}c = \frac{\partial c}{\partial t} \cdot \mathrm{d}t + \frac{\partial c}{\partial s} \cdot \mathrm{d}s$$

wird

$$a = \frac{\mathrm{d}c}{\mathrm{d}t} = \frac{\partial c}{\partial t} + \frac{\partial c}{\partial s} \cdot \frac{\mathrm{d}s}{\mathrm{d}t} = \underbrace{\frac{\partial c}{\partial t}}_{a_\mathrm{l}} + \underbrace{c \cdot \frac{\partial c}{\partial s}}_{a_\mathrm{k}} \qquad (3.2)$$

Bezeichnungen:

Allgemeine Strömungen:

$a = \frac{\mathrm{d}c}{\mathrm{d}t}$ **Totale, gesamte, vollständige, substanzielle oder materielle Beschleunigung,** ist gesamte Beschleunigung, die Fluidteilchen erfahren können. *Eindimensionale Strömungen*: Außer den vorhergehenden Begriffen hier auch mit **Bahnbeschleunigung** bezeichnet.

$a_\mathrm{l} = \frac{\partial c}{\partial t}$ **Lokale** oder **transiente**[4] **Beschleunigung,** ist die Beschleunigung, der die Fluidteilchen am jeweiligen Ort, also lokal, unterliegen.

$a_\mathrm{k} = c \cdot \frac{\partial c}{\partial s}$ **Konvektive** oder **longitudinale Beschleunigung,** ist die Beschleunigung, welche die Fluidteilchen während ihrer Ortsveränderung (Konvektion) erfahren.

Bei *stationären* Strömungen ist $\frac{\partial c}{\partial t} = 0$. Dann wird:

$$a = c \cdot \frac{\partial c}{\partial s} = c \cdot \frac{\mathrm{d}c}{\mathrm{d}s} = \frac{\mathrm{d}s}{\mathrm{d}t} \cdot \frac{\mathrm{d}c}{\mathrm{d}s} = \frac{\mathrm{d}c}{\mathrm{d}t} = \dot{c}$$

Bemerkungen: Hinweis auf das 1. Axiom (Trägheitsgesetz) von NEWTON [27].

Zeit t wird auch als Einbahn- oder **Einrichtungskoordinate** bezeichnet.

3.2.2.2 Grundgleichungen

3.2.2.2.1 Durchfluss

In Abb. 3.6 ist c die mittlere Geschwindigkeit über dem Querschnitt A der Stromröhre.

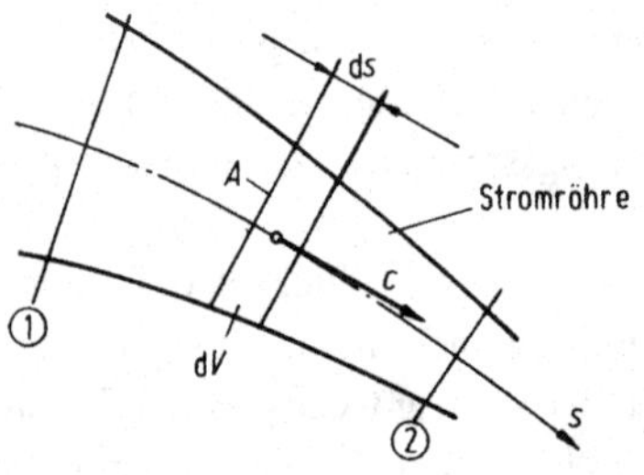

Abb. 3.6 Durchfluss durch Stromröhre. Querschnitt A immer senkrecht zur Mittenstromlinie

Richtwerte für mittlere Fluidgeschwindigkeiten enthält Tab. 6.10.

Dargestellt sei die vereinfachte Herleitung, bei der in Abb. 3.6 die Querschnittsänderung der Stromröhre entlang der differenziellen Länge ds vernachlässigt wird. Wegen des infinitesimal

[3] Index B an Beschleunigungssymbol a nur noch dann angebracht, wenn Verwechslungsgefahr mit Schallgeschwindigkeit besteht, für welche ebenfalls Buchstabe a zu verwenden ist.

[4] transient … zeitabhängig.

kleinen Weges ergibt sich das richtige Ergebnis. Die Vereinfachung begründet sich auch dadurch als zulässig, dass entlang des differentialen Wegelementes $\mathrm{d}s$ die infinitesimale Querschnittsänderung $\mathrm{d}A \sim (\mathrm{d}s)^2$ ist und damit klein von zweiter Ordnung.

Volumenstrom $\dot{V}$

$$\dot{V} = \frac{\mathrm{d}V}{\mathrm{d}t}$$

Hierbei nach Abb. 3.6:

$$\mathrm{d}V = \mathrm{d}(A \cdot s) = A \cdot \mathrm{d}s + s \cdot \mathrm{d}A \approx A \cdot \mathrm{d}s$$

da gemäß zuvor $\mathrm{d}A \ll \mathrm{d}s \to \mathrm{d}A \sim (\mathrm{d}s)^2$.

Deshalb:

$$\dot{V} = A \cdot \frac{\mathrm{d}s}{\mathrm{d}t} = A \cdot c \tag{3.3}$$

Mengenstrom $\dot{m}$

Für allgemein, d. h. $\varrho \neq$ konst, gilt:

$$\dot{m} = \frac{\mathrm{d}m}{\mathrm{d}t} = \frac{\mathrm{d}}{\mathrm{d}t}(\varrho \cdot V) = V \cdot \frac{\mathrm{d}\varrho}{\mathrm{d}t} + \varrho \cdot \frac{\mathrm{d}V}{\mathrm{d}t}$$

$$\dot{m} = V \cdot \dot{\varrho} + \varrho \cdot \dot{V} \tag{3.4}$$

Da die Fluiddichte ϱ bei stationären Strömungen an verschiedenen Stellen möglicherweise unterschiedlich (konvektiv variabel), an jeder beliebigen Stelle der Stromröhre jedoch jeweils zeitlich konstant ist, also $\dot{\varrho} = 0$, geht (3.4) über in:

$$\boldsymbol{\dot{m} = \varrho \cdot \dot{V} = \varrho \cdot c \cdot A} \tag{3.5}$$

Gleichung (3.5) wird als **allgemeine Durchflussgleichung** der Stromfadentheorie bezeichnet und gilt somit sowohl für inkompressible Fluide (Flüssigkeiten) als auch für kompressible (Gase, Dämpfe). Bei Flüssigkeiten kann (3.3) als spezielle Form der Durchflussbeziehung verwendet werden.

3.2.2.2.2 Kontinuität

Nach dem *Massenerhaltungssatz* muss in jeder Stromröhre (Abb. 3.6) erfüllt sein:

$$\dot{m}_1 = \dot{m}_2$$

Oder allgemein ($\varrho \neq$ konst):

$$\dot{m} = \text{konst} \tag{3.6}$$

$$\boldsymbol{\dot{m} = \varrho \cdot \dot{V} = \varrho \cdot A \cdot c =} \text{ konst} \tag{3.7}$$

$$\varrho_1 \cdot A_1 \cdot c_1 = \varrho_2 \cdot A_2 \cdot c_2 = \varrho_3 \cdot A_3 \cdot c_3 = \ldots$$

für Bezugsstellen ①; ②; ③.

Bei Flüssigkeiten ($\varrho =$ konst) lässt sich vereinfachen:

$$\dot{V} = \text{konst} \tag{3.8}$$

$$\boldsymbol{\dot{V} = A \cdot c =} \text{ konst} \tag{3.9}$$

$$A_1 \cdot c_1 = A_2 \cdot c_2 = A_3 \cdot c_3 = \ldots$$

Gleichung (3.7) ist die **Kontinuitätsgleichung** für Gase und Dämpfe, (3.9) die für Flüssigkeiten.

Wird (3.7) differenziert, ergibt sich **differenzielle Kontinuitätsgleichung**, (3.10):

$$\varrho \cdot A \cdot c = \text{konst}$$

$$A \cdot c \cdot \mathrm{d}\varrho + \varrho \cdot c \cdot \mathrm{d}A + \varrho \cdot A \cdot \mathrm{d}c = 0 \quad | : (\varrho \cdot A \cdot c)$$

$$\frac{\mathrm{d}\varrho}{\varrho} + \frac{\mathrm{d}A}{A} + \frac{\mathrm{d}c}{c} = 0 \tag{3.10}$$

Bemerkung: Die Kontinuitätsgleichung wird auch abgekürzt als **Kontigleichung** bezeichnet.

Ergänzung: Verkürzte, physikalisch-mathematisch strenge Herleitung der Kontinuitätsgleichung in Anlehnung an TRUCKENBRODT [37]:

Festlegungen gemäß Abb. 3.6:

Stelle ①:	$s_1(t)$;	$c_1 = c(s_1, t)$;	$A_1 = A(s_1, t)$
Stelle ②:	$s_2(t)$;	$c_2 = c(s_2, t)$;	$A_2 = A(s_2, t)$
Stelle s:	$s(t)$;	$c(s, t)$;	$A(s, t)$
	zwischen Stellen ① und ②		

differenzielles Volumen

$$\mathrm{d}V(s;t) = A(s;t) \cdot \mathrm{d}s$$

endliches Volumen $\Delta V(t)$ zwischen den Stellen $s_1(t)$ und $s_2(t)$.

Dann gilt:

$$\Delta V(t) = \int_{s_1(t)}^{s_2(t)} \mathrm{d}V(t, s) = \int_{s_1(t)}^{s_2(t)} A(s, t) \cdot \mathrm{d}s$$

Hiermit die zeitliche Ableitung:

$$\frac{\mathrm{d}(\Delta V)}{\mathrm{d}t} = \frac{\mathrm{d}}{\mathrm{d}t}\left(\int\limits_{s_1(t)}^{s_2(t)} A(s,t)\cdot \mathrm{d}s\right)$$

Umgeformt nach der LEIBNIZ-Regel [107]:

$$\frac{\mathrm{d}(\Delta V)}{\mathrm{d}t} = \int\limits_{s_1(t)}^{s_2(t)} \frac{\partial A}{\partial t}\cdot \mathrm{d}s + \int\limits_{s_1(t)}^{s_2(t)} \mathrm{d}\left(A\cdot\frac{\mathrm{d}s}{\mathrm{d}t}\right)$$

$$\frac{\mathrm{d}(\Delta V)}{\mathrm{d}t} = \int\limits_{s_1(t)}^{s_2(t)} \frac{\partial A}{\partial t}\cdot \mathrm{d}s + \left(A\cdot\frac{\mathrm{d}s}{\mathrm{d}t}\right)\Bigg|_{s_1(t)}^{s_2(t)}$$

$$\frac{\mathrm{d}(\Delta V)}{\mathrm{d}t} = \int\limits_{s_1(t)}^{s_2(t)} \frac{\partial A}{\partial t}\cdot \mathrm{d}s + \left(A(s_2,t)\cdot\frac{\mathrm{d}s_2}{\mathrm{d}t} - A(s_1,t)\cdot\frac{\mathrm{d}s_1}{\mathrm{d}t}\right)$$

Mit $A(s_2,t) = A_2$; $A(s_1,t) = A_1$; $\mathrm{d}s_2/\mathrm{d}t = c_2$ und $\mathrm{d}s_1/\mathrm{d}t = c_1$ ergibt sich letztlich:

$$\frac{\mathrm{d}(\Delta V)}{\mathrm{d}t} = \int\limits_{s_1(t)}^{s_2(t)} \frac{\partial A}{\partial t}\cdot \mathrm{d}s + (A_2\cdot c_2 - A_1\cdot c_1)$$

Dabei stellen dar:

- Linke Gleichungsseite die zeitliche Änderung des materiellen Volumens.
- Integral auf der rechten Seite der Gleichung den lokalen Volumenänderungsanteil.
- Die Klammer auf der rechten Gleichungsseite die Differenz der Volumenströme durch die Flächen A_2 an Stelle s_2 und A_1 an Stelle s_1.

Bei zeitunabhängiger, also stationärer Strömung besteht keine transiente materielle Volumenänderung, und auch die lokale Flächen-Zeitableitung entfällt ($\partial A/\partial t = 0$). Dafür vereinfacht sich dann die Beziehung zu:

$$0 = A_2\cdot c_2 - A_1\cdot c_1 \rightarrow A_1\cdot c_1 = A_2\cdot c_2$$

Allgemein gilt somit wie zuvor für die Kontinuitäts-Beziehung (3.9) bei $\varrho = \text{konst}$:

$$\dot{V} = A\cdot c = \text{konst}$$

Entsprechend für die Masse:

$$\mathrm{d}m(s,t) = \varrho(s,t)\cdot \mathrm{d}V(s,t) = \varrho(s,t)\cdot A(s,t)\cdot \mathrm{d}s$$

$$\Delta m(t) = \int\limits_{s_1(t)}^{s_2(t)} \mathrm{d}m(s,t) = \int\limits_{s_1(t)}^{s_2(t)} \varrho(s,t)\cdot A(s,t)\cdot \mathrm{d}s$$

Hierzu die Zeitableitung:

$$\frac{\mathrm{d}(\Delta m)}{\mathrm{d}t} = \frac{\mathrm{d}}{\mathrm{d}t}\left(\int\limits_{s_1(t)}^{s_2(t)} \varrho(s,t)\cdot A(s,t)\cdot \mathrm{d}s\right)$$

Die LEIBNIZ-Regel liefert jetzt:

$$\frac{\mathrm{d}(\Delta m)}{\mathrm{d}t} = \int\limits_{s_1(t)}^{s_2(t)} \frac{\partial(\varrho\cdot A)}{\partial t}\cdot \mathrm{d}s + (\varrho_2\cdot c_2\cdot A_2 - \varrho_1\cdot c_1\cdot A_1)$$

Hierbei bedeuten entsprechend zuvor:

$\mathrm{d}(\Delta m/\mathrm{d}t)$	vollständige zeitliche Änderung der Masse des Volumens ΔV infolge $\mathrm{d}\varrho/\mathrm{d}t \neq 0$
Integral	lokaler Massenänderungsanteil
Klammer	konvektiver Anteil

Bei stationärer Strömung entfallen wieder die zeitlichen Ableitungen. Es sind dann also $\partial(\,)/\partial t = 0$ und $\mathrm{d}(\,)/\mathrm{d}t = 0$. Dafür ergibt sich somit wie zuvor (3.7):

$$\varrho_2\cdot c_2\cdot A_2 = \varrho_1\cdot c_1\cdot A_1$$
$$\rightarrow \dot{m} = \varrho\cdot c\cdot A = \text{konst}$$

3.2.2.3 Übungsbeispiele

Übung 11

In der Rohrverzweigung nach Abb. 3.7 teilt sich der im Rohr 1, NW 100 → $D_1 = 100\,\text{mm}$, ankommende Wasserstrom von 42,4 m³/h auf im Verhältnis $\dot{V}_2 : \dot{V}_3 = 2 : 1$.

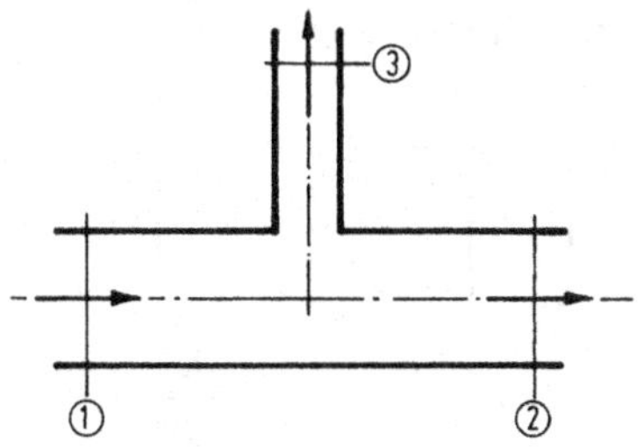

Abb. 3.7 Rohrverzweigung

Gesucht:

a) Durchmesser D_3 der Abzweigleitung bei gleichbleibender Strömungsgeschwindigkeit.
b) Geschwindigkeit im Hauptrohr nach der Abzweigung (Stelle 2). ◄

Übung 12

Im Dauerbetrieb benötigt eine pneumatische Presse stündlich 225 kg Druckluft von 8 bar Überdruck. In der nicht isolierten Zuleitung nimmt die Luft die Raumtemperatur von 22 °C an. Gesucht: Leitungsdurchmesser. ◄

3.2.3 Mehrdimensionale Strömungen

3.2.3.1 Bewegungszustand

Wegen einfacherer zeichnerischer Darstellungen erfolgen die Überlegungen am *ebenen Strömungsfeld*. Entsprechende Erweiterung der Ergebnisse auf räumliche Strömungen ist ohne Einschränkung möglich und zulässig.

Bei *inkompressiblen Fluid* wird ein quadratisches Teilchen abgegrenzt und dessen Verhalten bei verschiedenen Strömungszuständen beobachtet.

Die Gesamtbewegung ist aus Teilbewegungen zusammensetzbar (vektoriell).

3.2.3.1.1 Translation

Das Fluidteilchen ABCD, Abb. 3.8, bewege sich in einem Strömungsfeld mit den Geschwindigkeitskomponenten c_x bzw. c_y in den Koordinatenrichtungen x bzw. y des Bezugssystems. Das Teilchen verschiebt sich demnach in Richtung der Geschwindigkeitsresultierenden des Strömungsfeldes, wobei seine Diagonalen ihre Lage beibehalten. Kennzeichen der reinen Translation ist demnach: Die Richtungen der Diagonalen bleiben erhalten.

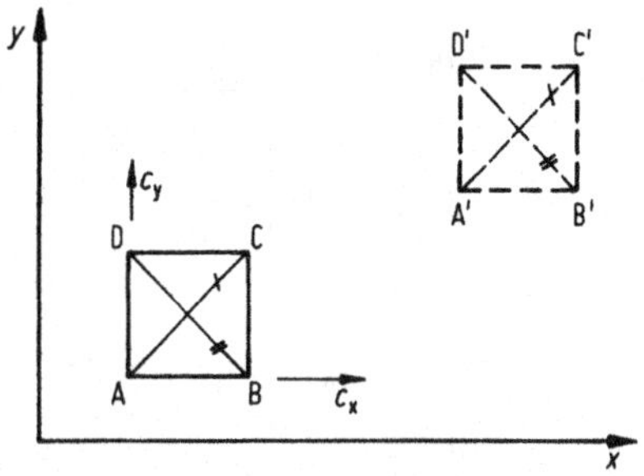

Abb. 3.8 Translation

Geschwindigkeiten
Komponenten:

- x-Richtung

$$c_x = \frac{\mathrm{d}x}{\mathrm{d}t} = f_1(x, y, z, t)$$

- y-Richtung

$$c_y = \frac{\mathrm{d}y}{\mathrm{d}t} = f_2(x, y, z, t)$$

- z-Richtung

$$c_z = \frac{\mathrm{d}z}{\mathrm{d}t} = f_3(x, y, z, t)$$

Resultierende:

- Betrag

$$c = \sqrt{c_x^2 + c_y^2 + c_z^2} \qquad (3.11)$$

- Vektor

$$\vec{c} = \vec{e}_x \cdot c_x + \vec{e}_y \cdot c_y + \vec{e}_z \cdot c_z$$

Problem: Die drei Funktionen f_1 bis f_3 sind oft nicht bekannt, sondern meist gesucht.

Beschleunigung

Zum Beispiel Komponente in der x-Richtung:[5]

$$a_x = \dot{c}_x = \frac{\mathrm{d}c_x}{\mathrm{d}t}$$

Mit

$$\mathrm{d}c_x = \frac{\partial c_x}{\partial t} \cdot \mathrm{d}t + \frac{\partial c_x}{\partial x} \cdot \mathrm{d}x + \frac{\partial c_x}{\partial y} \cdot \mathrm{d}y + \frac{\partial c_x}{\partial z} \cdot \mathrm{d}z$$

wird

$$\frac{\mathrm{d}c_x}{\mathrm{d}t} = \frac{\partial c_x}{\partial t} + \frac{\partial c_x}{\partial x} \cdot \frac{\mathrm{d}x}{\mathrm{d}t} + \frac{\partial c_x}{\partial y} \cdot \frac{\mathrm{d}y}{\mathrm{d}t} + \frac{\partial c_x}{\partial z} \cdot \frac{\mathrm{d}z}{\mathrm{d}t}$$

$$a_x = \dot{c}_x = \frac{\mathrm{d}c_x}{\mathrm{d}t} = \frac{\partial c_x}{\partial t} + c_x \cdot \frac{\partial c_x}{\partial x} + c_y \cdot \frac{\partial c_x}{\partial y} + c_z \cdot \frac{\partial c_x}{\partial z} \tag{3.12}$$

Hierbei sind wieder, gemäß Abschn. 3.2.2.1:

$a_x = \frac{\mathrm{d}c_x}{\mathrm{d}t}$ totale, vollständige oder substantielle Beschleunigung

$\frac{\partial c_x}{\partial t}$ lokale oder transiente Beschleunigung (bei stationärer Strömung nicht vorhanden)

$c_x \cdot \frac{\partial c_x}{\partial x} + c_y \cdot \frac{\partial c_x}{\partial y} + c_z \cdot \frac{\partial c_x}{\partial z}$ konvektive Beschleunigung.

Entsprechende Ableitungen führen zu den Beschleunigungskomponenten a_y und a_z in der y- und z-Koordinate.

Gesamtbeschleunigung (substanzielle):

- Betrag

$$a = \sqrt{a_x^2 + a_y^2 + a_z^2} \tag{3.13a}$$

- Vektor

$$\vec{a} = \vec{e}_x \cdot a_x + \vec{e}_y \cdot a_y + \vec{e}_z \cdot a_z \tag{3.13b}$$

In **Matrizen-Darstellung**[6]:

$$\vec{a} = \begin{Bmatrix} a_x \\ a_y \\ a_z \end{Bmatrix} = \begin{Bmatrix} \mathrm{d}c_x/\mathrm{d}t \\ \mathrm{d}c_y/\mathrm{d}t \\ \mathrm{d}c_z/\mathrm{d}t \end{Bmatrix} = \frac{\mathrm{d}}{\mathrm{d}t}\begin{Bmatrix} c_x \\ c_y \\ c_z \end{Bmatrix}$$

$$= \begin{Bmatrix} \frac{\partial c_x}{\partial t} + c_x \cdot \frac{\partial c_x}{\partial x} + c_y \cdot \frac{\partial c_x}{\partial y} + c_z \cdot \frac{\partial c_x}{\partial z} \\ \frac{\partial c_y}{\partial t} + c_x \cdot \frac{\partial c_y}{\partial x} + c_y \cdot \frac{\partial c_y}{\partial y} + c_z \cdot \frac{\partial c_y}{\partial z} \\ \frac{\partial c_z}{\partial t} + c_x \cdot \frac{\partial c_z}{\partial x} + c_y \cdot \frac{\partial c_z}{\partial y} + c_z \cdot \frac{\partial c_z}{\partial z} \end{Bmatrix}$$

$$= \begin{Bmatrix} \frac{\partial c_x}{\partial t} \\ \frac{\partial c_y}{\partial t} \\ \frac{\partial c_z}{\partial t} \end{Bmatrix} + \begin{Bmatrix} \frac{\partial c_x}{\partial x} & \frac{\partial c_x}{\partial y} & \frac{\partial c_x}{\partial z} \\ \frac{\partial c_y}{\partial x} & \frac{\partial c_y}{\partial y} & \frac{\partial c_y}{\partial z} \\ \frac{\partial c_z}{\partial x} & \frac{\partial c_z}{\partial y} & \frac{\partial c_z}{\partial z} \end{Bmatrix} \cdot \begin{Bmatrix} c_x \\ c_y \\ c_z \end{Bmatrix} \tag{3.13c}$$

Darstellung in **Index-Schreibweise**:

$$\dot{c}_i = \frac{\mathrm{d}c_i}{\mathrm{d}t} = \frac{\partial c_i}{\partial t} + c_j \cdot \frac{\partial c_i}{\partial x_j} \tag{3.13d}$$

Mit $i; j$ als **Platz-** oder **Statthalterindizes**, wobei

i *freier Index*

j *gebundener Index*; auch als Scheinindex bezeichnet

$i; j = 1; 2; 3$ entspricht oder bedeutet:

$$x_1 = x; \quad x_2 = y; \quad x_3 = z$$
$$c_1 = c_x; \quad c_2 = c_y; \quad c_3 = c_z$$
$$a_1 = a_x; \quad a_2 = a_y; \quad a_3 = a_z$$

usw.

Gemäß der EINSTEINschen Summationskonvention gilt:

a) Indizes, die in jedem Ausdruck der Gleichung nur jeweils einmal vorkommen, sind freie Indizes.

[5] Um Verwechslungen mit dem partiellen Differenzial $\partial/\partial t$ zu vermeiden, wird vielfach das vollständige Differenzial $\mathrm{d}/\mathrm{d}t$ auch als $\mathrm{D}/\mathrm{D}t$ bezeichnet.

[6] Die Bedeutung der Matrix-Symbole enthält Tab. 6.23 (Anhang).

b) Indizes, die in mindestens einem Ausdruck der Beziehung mehr als einmal auftreten, sind gebundene Indizes. Gebundene Indizes werden verschiedentlich auch als Scheinindizes bezeichnet.
c) Der gleiche Index darf in jedem Ausdruck der Gleichung nicht mehr als je zweimal vorkommen.
d) Es gibt so viele Gleichungen, wie der freie Index zählt, also z. B. bei $i = 3$ sind es drei unabhängige Gleichungen. In jeder Gleichung werden dabei die Glieder der gebundenen Indizes aufsummiert, d. h. bis zu deren oberer Grenze wird summiert. Bei $j = 4$ sind das somit in jeder der i-Gleichungen jeweils 4 Glieder.
e) Wenn es nur einen freien Index gibt, stimmt die Anzahl der Gleichungen mit der oberen Grenze dieses freien Index überein. Gibt es jedoch mehr als einen freien Index, ergibt sich die Gesamtzahl der Gleichungen aus dem Produkt der oberen Grenzen aller freien Indizes.
f) Da der gleiche Index in jedem Ausdruck der Gleichung höchstens zweimal auftreten darf, ist z. B. $a_{ii} \cdot b_i = c_i$ nicht definiert. Hier kommt Index i in den Ausdruck auf der linken Gleichungsseite dreimal vor, was nicht zulässig ist.
g) Des Weiteren müssen in einer Beziehung die freien Indizes in allen Gliedern übereinstimmen, d. h. die gleichen sein. $a_{ij} \cdot b_j = c_k$ ist deshalb unzulässig, da die freien Indizes i und k, falls vorhanden, nicht übereinstimmen; $a_{ij} \cdot b_j = c_i$ wäre dagegen richtig.

3.2.3.1.2 Deformation

Das Teilchen ABCD, Abb. 3.9, erfährt eine reine Verformung ohne Volumenänderung und nimmt dabei, der Kraftwirkung entsprechend, die Form A′B′C′D′ nach Abb. 3.9a oder Abb. 3.9b an oder eine Kombination aus beiden Teilbildern.

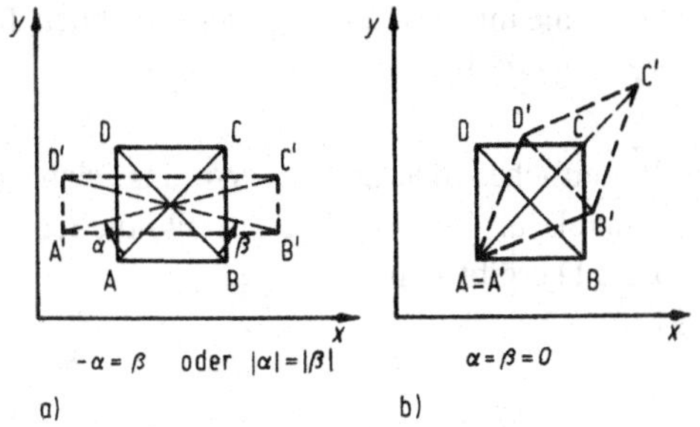

Abb. 3.9 Deformation

Nach Abb. 3.9 ergibt sich als Kennzeichen der reinen Deformation: Die Gesamtdrehung der Diagonalen bleibt null, d. h. die Drehung der Diagonalen ist null oder gleich groß und entgegengesetzt gerichtet ($-\alpha = \beta \rightarrow |\alpha| = |\beta|$).

3.2.3.1.3 Rotation

Das Fluidteilchen ABCD in Abb. 3.10 führe eine Drehbewegung um den Eckpunkt A aus. Dabei ergeben sich jeweils gleiche Winkel, um die sich die Seiten AB und AD sowie die Diagonale AC drehen. Außerdem bleiben die Schnittwinkel der Diagonalen unverändert.

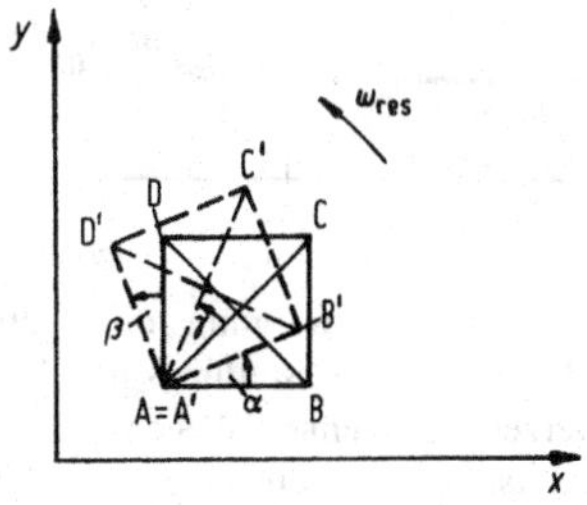

Abb. 3.10 Rotation

Kennzeichen der reinen Rotation ist demnach: Die Schnittwinkel der Diagonalen bleiben unverändert.

Es gilt:

$$\gamma = \alpha = \beta \rightarrow \gamma = \frac{1}{2}(\alpha + \beta)$$

$$\omega_{\mathrm{AB}} = \frac{\mathrm{d}\alpha}{\mathrm{d}t} \quad \text{und} \quad \omega_{\mathrm{AD}} = \frac{\mathrm{d}\beta}{\mathrm{d}t}$$

Meist verwendet, da auch bei $\omega_{\mathrm{AD}} \neq \omega_{\mathrm{AB}}$ gültig:

$$\omega_{\mathrm{res}} = \frac{1}{2}(\omega_{\mathrm{AB}} + \omega_{\mathrm{AD}}) \tag{3.14}$$

3.2.3.1.4 Allgemeine Bewegung

Die allgemeine Bewegung entsteht durch Überlagerung (Superposition) von Translation, Deformation und Rotation. Hinzu kommt noch als vierte Teilgröße die Dilatation (Volumenänderung), falls vorhanden. Zur Vereinfachung hier weggelassen, was bei inkompressiblen Medien ($\varrho \approx$ konst) ohnehin zutrifft.

In Abb. 3.11 ist der allgemeine Bewegungszustand für eine inkompressible ebene stationäre Strömung dargestellt. Das Fluidteilchen ABCD habe im Punkt A die Translationsgeschwindigkeiten $c_x = c_x(x, y)$ und $c_y = c_y(x, y)$. Zudem wandern die Kanten AB und AC um die Winkel α bzw. β aus ihren Ursprungslagen.

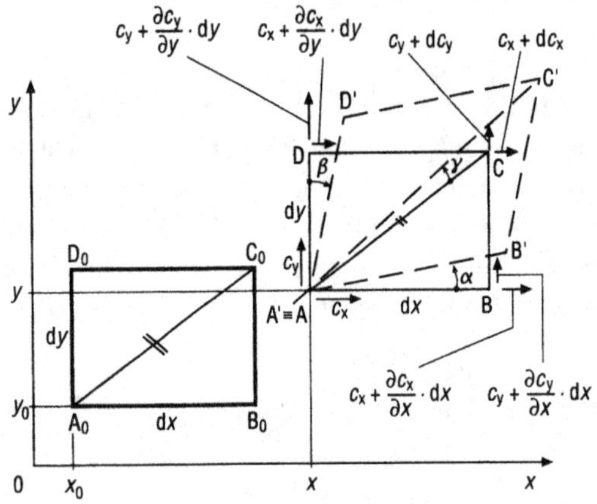

Abb. 3.11 Allgemeine Bewegung einer ebenen Strömung. Verhältnisse aus Darstellungsgründen stark vergrößert und verzerrt gezeichnet. Wegen Volumenkonstanz Geschwindigkeitsänderung teilweise evtl. negative Richtung, obwohl zeichnerisch, da einfacher, positiv dargestellt, was jedoch ohne Einfluss auf die zugehörige Herleitung ist. $A_0B_0C_0D_0$ Fluidteilchen zur Zeit t und A′B′C′D′ Fluidteilchen zur Zeit $(t + dt)$

Für den Punkt C ergibt sich dann die Geschwindigkeit der stationär angenommenen Bewegung, wobei $c(x, y)$ mit Komponenten c_x und c_y in Punkt A:

$$\vec{c}_{\mathrm{C}} = \vec{c} + \mathrm{d}\vec{c} \quad \text{und} \quad \mathrm{d}\vec{c} = \mathrm{d}\vec{c}_x + \mathrm{d}\vec{c}_y$$

bei Punkt C mit den Komponenten

- in x-Richtung $c_{x,C} = c_x + \mathrm{d}c_x$
- in y-Richtung $c_{y,C} = c_y + \mathrm{d}c_y$

Wegen $c_x = f(x, y)$ und $c_y = f(x, y)$ ist

$$\mathrm{d}c_x = \frac{\partial c_x}{\partial x} \cdot \mathrm{d}x + \frac{\partial c_x}{\partial y} \cdot \mathrm{d}y \quad \text{und}$$
$$\mathrm{d}c_y = \frac{\partial c_y}{\partial x} \cdot \mathrm{d}x + \frac{\partial c_y}{\partial y} \cdot \mathrm{d}y$$

Eingesetzt

$$c_{x,C} = c_x + \frac{\partial c_x}{\partial x} \cdot \mathrm{d}x + \frac{\partial c_x}{\partial y} \cdot \mathrm{d}y$$
$$c_{y,C} = c_y + \frac{\partial c_y}{\partial x} \cdot \mathrm{d}x + \frac{\partial c_y}{\partial y} \cdot \mathrm{d}y \tag{3.15}$$

Werden die Abkürzungen

$$b_1 = \frac{\partial c_x}{\partial x}; \quad b_2 = \frac{\partial c_y}{\partial y}; \quad b_3 = \frac{1}{2}\left(\frac{\partial c_y}{\partial x} + \frac{\partial c_x}{\partial y}\right)$$
$$\text{und} \quad \omega_z = \frac{1}{2}\left(\frac{\partial c_y}{\partial x} - \frac{\partial c_x}{\partial y}\right) \tag{3.16}$$

eingeführt, lassen sich die Beziehungen, (3.15), wie folgt darstellen:

$$c_{x,C} = c_x + b_1 \cdot \mathrm{d}x + b_3 \cdot \mathrm{d}y - \omega_z \cdot \mathrm{d}y$$
$$c_{y,C} = c_y + b_2 \cdot \mathrm{d}y + b_3 \cdot \mathrm{d}x + \omega_z \cdot \mathrm{d}x \tag{3.16a}$$

Dazu gelten:

- Bei $b_1 = b_2 = b_3 = \omega_z = 0$ liegt reine Translationsströmung vor.
- Die Glieder $b_1 \cdot \mathrm{d}x$ und $b_2 \cdot \mathrm{d}y$ stellen wegen (3.16) zunächst die Änderungen der Geschwindigkeiten c_x und c_y auf den Wegen $\mathrm{d}x$ bzw. $\mathrm{d}y$ dar. Da jedoch Geschwindigkeit gleich dem Quotient aus Weg und Zeit ist, geben $b_1 \cdot \mathrm{d}x$ und $b_2 \cdot \mathrm{d}y$ die zeitlichen Änderungen der Kontur des betrachteten Teilchens (Abb. 3.11) in den beiden Koordinatenrichtungen an gemäß Abb. 3.9a. Die Glieder $b_3 \cdot \mathrm{d}y$ und $b_3 \cdot \mathrm{d}x$ kennzeichnen dagegen die Richtungsänderungen der Seitenkanten des Teilchens entsprechend Abb. 3.9b.
- Die Terme mit ω_z (Rotation) kennzeichnen die Drehung des Teilchens nach Abb. 3.10.

Für die zeitliche Änderung des ursprünglich rechten Winkels an der Ecke A des Fluidteilchens (Abb. 3.11) ergibt sich:

Mit

$$\dot{\alpha} = \frac{\partial c_y}{\partial x} \quad \text{und} \quad \dot{\beta} = \frac{\partial c_x}{\partial y} \tag{3.17}$$

wird

$$\dot{\alpha} + \dot{\beta} = \frac{\partial c_y}{\partial x} + \frac{\partial c_x}{\partial y} = 2 \cdot b_3$$

Die Größen b_1, b_2, b_3 in (3.16a) bestimmen somit die Formänderung, d. h. Deformation des Fluidteilchens gemäß Abb. 3.9, und zwar Überlagerung der Vorgänge gemäß den zugehörigen Teilbildern a und b.

Wäre das Fluidteilchen völlig starr, müssten $\beta = -\alpha \rightarrow \dot{\beta} = -\dot{\alpha}$ also $\partial c_x/\partial y = -\partial c_y/\partial x$ und $b_1 = 0$ sowie $b_2 = 0$ sein.

Damit würde auch $b_3 = 0$.

Dies bedeutet jedoch nicht, dass gleichzeitig ω_z verschwindet. Vielmehr wird, da $\dot{\beta} = -\dot{\alpha}$, dann nach (3.16) und (3.17):

$$\omega_z = (1/2) \cdot (\dot{\alpha} - \dot{\beta}) = \dot{\alpha} \tag{3.18}$$

Das Teilchen erfährt dabei offenbar eine Drehung um eine Momentanachse, die parallel zur z-Achse verläuft und durch seinen Eckpunkt A geht.

Aus (3.17) ergibt sich, dass $\dot{\alpha}$ und $\dot{\beta}$ je die Dimension $1/\text{s}$ haben, also die zeitlichen Winkeländerungen sind. Die aus ihnen gebildete Größe ω_z, (3.18), stellt daher eine Winkelgeschwindigkeit dar. $\omega_z = (\dot{\alpha} - \dot{\beta})/2$ ist die Winkelgeschwindigkeit, mit der sich das Teilchen im mathematisch positiven Drehsinn um die zur z-Koordinate parallele Achse durch seine Ecke A dreht. ω_z ist also eine Komponente der Gesamtrotation des Teilchens, d. h. der resultierenden Winkelgeschwindigkeit ω, welche die Gesamt-Drehung des Fluides kennzeichnet.

Bei einer räumlichen Strömung ergeben sich für die beiden anderen Koordinatenrichtungen x und y analoge Ausdrücke.

Die Komponenten somit für die gesamte Rotation entsprechend (3.16):

$$\begin{aligned} x\text{-Achse} \quad \omega_x &= \frac{1}{2}\left(\frac{\partial c_z}{\partial y} - \frac{\partial c_y}{\partial z}\right) \\ y\text{-Achse} \quad \omega_y &= \frac{1}{2}\left(\frac{\partial c_x}{\partial z} - \frac{\partial c_z}{\partial x}\right) \\ z\text{-Achse} \quad \omega_z &= \frac{1}{2}\left(\frac{\partial c_y}{\partial x} - \frac{\partial c_x}{\partial y}\right) \end{aligned} \tag{3.19}$$

Sie ergeben sich also durch rollierendes Vertauschen von x, y und z bei ω und im Nenner. Entsprechend auch im Zähler.

Eine Fluidströmung, bei der die Ausdrücke ω_x, ω_y, ω_z, (3.19), oder wenigstens einer von ihnen, einen von null verschiedenen Wert haben, wird als **Wirbelbewegung** bezeichnet.

Der Vektor

$$\vec{\omega} = \vec{e}_x \cdot \omega_x + \vec{e}_y \cdot \omega_y + \vec{e}_z \cdot \omega_z \tag{3.20}$$

heißt **Wirbelvektor** mit den Komponenten ω_x, ω_y und ω_z in den drei Koordinatenrichtungen x, y und z. Sein Betrag, die gesamte Winkelgeschwindigkeit, ist:

$$\omega = |\vec{\omega}| = \sqrt{\omega_x^2 + \omega_y^2 + \omega_z^2} \tag{3.21}$$

Mit Hilfe der **Vektoranalysis** lässt sich der Wirbelvektor, die **Wirbelstärke** (Rotation), auch wie folgt darstellen:

$$\vec{\boldsymbol{\omega}} = \mathbf{(1/2) \cdot rot}\,\vec{\boldsymbol{c}} = \mathbf{(1/2) \cdot \nabla \times}\,\vec{\boldsymbol{c}} \tag{3.22}$$

Hierbei ist der Rotor[7] von $\vec{c}$:

$$\begin{aligned} \operatorname{rot}\vec{c} &= \nabla \times \vec{c} \\ &= \left(\vec{e}_x \frac{\partial}{\partial x} + \vec{e}_y \frac{\partial}{\partial y} + \vec{e}_z \frac{\partial}{\partial z}\right) \\ &\quad \times (\vec{e}_x c_x + \vec{e}_y c_y + \vec{e}_z c_z) \\ &= \begin{vmatrix} \vec{e}_x & \vec{e}_y & \vec{e}_z \\ \frac{\partial}{\partial x} & \frac{\partial}{\partial y} & \frac{\partial}{\partial z} \\ c_x & c_y & c_z \end{vmatrix} \quad \text{(Determinanten-darstellung!)} \\ &= \vec{e}_x\left(\frac{\partial c_z}{\partial y} - \frac{\partial c_y}{\partial z}\right) - \vec{e}_y\left(\frac{\partial c_z}{\partial x} - \frac{\partial c_x}{\partial z}\right) \\ &\quad + \vec{e}_z\left(\frac{\partial c_y}{\partial x} - \frac{\partial c_x}{\partial y}\right) \end{aligned}$$

Matrizen-Darstellung:

$$\vec{\omega} = \begin{pmatrix} \omega_x \\ \omega_y \\ \omega_z \end{pmatrix} = \begin{pmatrix} (\partial c_z/\partial y - \partial c_y/\partial z) \\ -(\partial c_z/\partial x - \partial c_x/\partial z) \\ (\partial c_y/\partial x - \partial c_x/\partial y) \end{pmatrix}$$

[7] Rotor „rot" ist als „Dreh"-Vektor eines Vektorfeldes ein Begriff der Vektoranalysis (Tab. 6.23).

Eine Fluidbewegung ist in dem betrachteten Gebiet **wirbel-** und damit **drehungsfrei**, wenn der Wirbelvektor verschwindet, d. h. seine Komponenten ω_x, ω_y, ω_z, (3.19), überall null sind:

$$\frac{\partial c_z}{\partial y} - \frac{\partial c_y}{\partial z} = 0$$
$$\frac{\partial c_z}{\partial x} - \frac{\partial c_x}{\partial z} = 0$$
$$\frac{\partial c_y}{\partial x} - \frac{\partial c_x}{\partial y} = 0 \qquad (3.23)$$

Gleichung (3.23) wird auch als **HELMHOLTZ**[8]**sche Bedingung** der **Drehungsfreiheit** bezeichnet.

Den Gleichungen (2.31) bis (2.33) aus Abschn. 2.2.7 entsprechend, folgt aus den Beziehungen von (3.23), dass sich die Geschwindigkeit $\vec{c}$ und damit ihre Komponenten c_x, c_y, c_z unter dieser Voraussetzung (Drehungsfreiheit) als partielle Ableitungen einer Potenzial-Funktion $\Phi = \Phi(x, y, z)$ nach den Koordinatenrichtungen x, y, z darstellen lassen. Analog zum Kräftepotenzial U von Abschn. 2.2.7 wird die Funktion Φ als **Geschwindigkeits-** oder **Strömungspotenzial** bezeichnet. Es gilt daher:[9]

$$c_x = \frac{\partial \Phi}{\partial x} \quad c_y = \frac{\partial \Phi}{\partial y} \quad c_z = \frac{\partial \Phi}{\partial z} \qquad (3.24)$$

$$\vec{c} = \vec{e}_x \cdot c_x + \vec{e}_y \cdot c_y + \vec{e}_z \cdot c_z$$
$$= \vec{e}_x \cdot \frac{\partial \Phi}{\partial x} + \vec{e}_y \cdot \frac{\partial \Phi}{\partial y} + \vec{e}_z \cdot \frac{\partial \Phi}{\partial z}$$
$$\boldsymbol{\vec{c} = \mathrm{grad}\Phi = \nabla\Phi \equiv \nabla \cdot \Phi} \qquad (3.25a)$$

oder in Matrix-Darstellung:

$$\begin{pmatrix} c_x \\ c_y \\ c_z \end{pmatrix} = \begin{pmatrix} \partial\Phi/\partial x \\ \partial\Phi/\partial y \\ \partial\Phi/\partial z \end{pmatrix} \qquad (3.25b)$$

Dass die Beziehungen (3.24) die von (3.23) erfüllen, bestätigt sich durch partielles Differenzieren von (3.24) und Einsetzen in (3.23).

[8] HELMHOLTZ, Hermann Ludwig, Ferdinand von (1821 bis 1894) dt. Physiker und Militärarzt.

[9] Gradient „grad" ist als „Richtungs"-Vektor eines Skalarfeldes ebenfalls ein Begriff der Vektoranalysis (Anhang Tab. 6.23).

Da bei wirbelfreien Strömungen ohne Friktion die Geschwindigkeit $\vec{c}$, wie gezeigt, aus einem Potenzial Φ ableitbar ist, werden derartige Bewegungen als **Potenzialströmungen** (mechanische Energie erhaltend) bezeichnet (Abschn. 3.1.1).

3.2.3.2 Grundgleichung (Kontinuität)

Die Kontinuitätsgleichung ist, wie in Abschn. 3.2.2.2 für eindimensionale Strömungen gezeigt, die mathematische Formulierung des Massenerhaltungssatzes, einem Grundgesetz (Axiom → Erfahrungssatz) der Physik.

In Abb. 3.12 ist ein raumfestes Volumenelement dargestellt. Ein solches Element oder Volumen besteht immer aus den gleichen ortsfesten Punkten, während es von Fluid durchströmt wird, d. h., die Massenteilchen wechseln. Hiervon ist das sog. materielle fluid- oder massefeste Volumen zu unterscheiden, das immer aus den gleichen Masseteilchen besteht und sich daher mit der Fluidströmung bewegt, weshalb es auch als flüssiges Volumen bezeichnet wird.

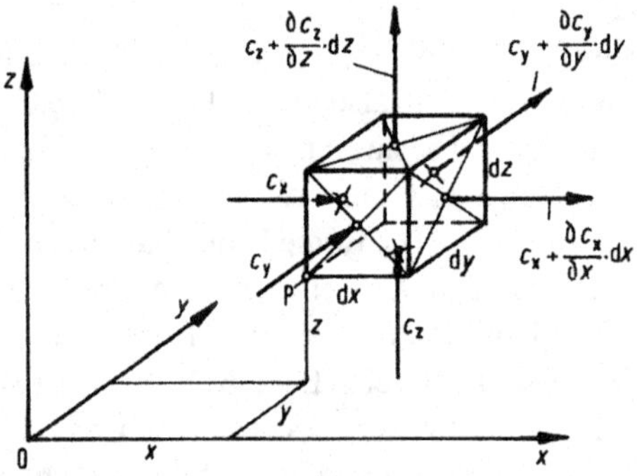

Abb. 3.12 Raumelement durchströmt, d. h. raum- oder ortsfestes Volumenelement in dreidimensionaler Strömung, auch als Bezugs- oder Kontrollvolumen KV bezeichnet

Mit Hilfe des in Abb. 3.12 dargestellten Raumelementes in einem allgemeinen Strömungsfeld soll die analytische Darstellung der Kontinuitätsbedingung für mehrdimensionale Strömungen hergeleitet werden:

Der Massenerhaltungssatz und damit die Kontinuität ist erfüllt, wenn bei raumbeständigem Fluid ($\varrho = \text{konst}$) das in der Zeit dt in das Raumelement insgesamt einströmende Volumen dV_{Ein} so groß ist wie das gesamte, gleichzeitig ausströ-

Tab. 3.1 Zusammenfassung der in das Raumelement nach Abb. 3.12 in der differenziellen Zeit dt ein- und austretenden Volumen infolge der Durchströmung

Achsrichtung	einströmendes Volumen	ausströmendes Volumen	Differenz
x	$c_x \cdot dt \cdot dy \cdot dz$	$\left(c_x + \frac{\partial c_x}{\partial x} \cdot dx\right) \cdot dt \cdot dy \cdot dz$	$\frac{\partial c_x}{\partial x} \cdot dx \cdot dy \cdot dz \cdot dt$
y	$c_y \cdot dt \cdot dz \cdot dx$	$\left(c_y + \frac{\partial c_y}{\partial y} \cdot dy\right) \cdot dt \cdot dz \cdot dx$	$\frac{\partial c_y}{\partial y} \cdot dy \cdot dx \cdot dz \cdot dt$
z	$c_z \cdot dt \cdot dx \cdot dy$	$\left(c_z + \frac{\partial c_z}{\partial z} \cdot dz\right) \cdot dt \cdot dx \cdot dy$	$\frac{\partial c_z}{\partial z} \cdot dz \cdot dx \cdot dy \cdot dt$
Zusammengefasst	dV_{Ein}	dV_{Aus}	0

mende Volumen dV_{Aus}, also

$$dV_{\text{Ein}} = dV_{\text{Aus}} \quad \text{oder} \quad dV_{\text{Ein}} - dV_{\text{Aus}} = 0$$

Nach der Auswertung, Tab. 3.1, muss dann bei stationärer Strömung sein:

$$\left(\frac{\partial c_x}{\partial x} + \frac{\partial c_y}{\partial y} + \frac{\partial c_z}{\partial z}\right) \cdot dx \cdot dy \cdot dz \cdot dt = 0$$

Oder, weil dx, dy, dz, dt ungleich null sind, ergibt sich als allgemeine Bedingung für die Kontinuität strömender raumbeständiger Fluide:

$$\frac{\partial c_x}{\partial x} + \frac{\partial c_y}{\partial y} + \frac{\partial c_z}{\partial z} = 0 \tag{3.26}$$

Dies ist die **allgemeine Kontinuitätsgleichung inkompressibler Fluide**, kurz **Kontigleichung.** Da die Gleichung von der Wahl des Koordinatensystems unabhängig ist, wird sie auch als *invariante Beziehung* bezeichnet.

In vektorieller Schreibweise lautet die *Kontinuitätsgleichung* für $\varrho =$ konst:[10]

$$\mathbf{div\,\vec{c} = 0} \tag{3.27}$$

mit $\operatorname{div}\vec{c} = \nabla\vec{c} = \nabla \cdot \vec{c}$.

Bei $\varrho \neq$ konst ergibt sich entsprechend:

$$\operatorname{div}(\varrho \cdot \vec{c}) = 0 \tag{3.27a}$$

Werden bei **wirbelfreien Strömungen** für die Geschwindigkeitskomponenten in (3.26) die Bedingungen nach (3.24) eingesetzt, ergibt sich:

$$\frac{\partial}{\partial x}\left(\frac{\partial \Phi}{\partial x}\right) + \frac{\partial}{\partial y}\left(\frac{\partial \Phi}{\partial y}\right) + \frac{\partial}{\partial z}\left(\frac{\partial \Phi}{\partial z}\right) = 0$$

$$\frac{\partial^2 \Phi}{\partial x^2} + \frac{\partial^2 \Phi}{\partial y^2} + \frac{\partial^2 \Phi}{\partial z^2} = 0$$

$$\mathbf{\Delta\Phi = 0} \tag{3.28}$$

Mit $\Delta\Phi \equiv \Delta \cdot \Phi$, wobei

$$\Delta = \frac{\partial^2}{\partial x^2} + \frac{\partial^2}{\partial y^2} + \frac{\partial^2}{\partial z^2} \tag{3.28a}$$

den **LAPLACE-Operator** bezeichnet, der zur gerafften Darstellung von skalaren Differenzialoperationen dient (Tab. 6.23).

Deshalb wird die Kontinuitätsgleichung für Potenzialströmungen auch als **LAPLACEsche Gleichung** oder seltener als **Potenzialgleichung** bezeichnet. Mit diesen Erkenntnissen können die Strömungen auch eingeteilt werden in:

Quellfreie Strömungen

$$\Delta\Phi = 0 \quad \text{LAPLACE-Gleichung}$$

Nichtquellfreie Strömungen

$$\Delta\Phi = q\,(x, y, z, t) \quad \text{POISSON-Gleichung}$$

Die POISSON[11]-*Gleichung* unterscheidet sich von der LAPLACE-*Gleichung* dadurch, dass auf der rechten Seite eine Funktion q steht, welche die **Quelldichte** (Diffusionsterm) beschreibt und ungleich null ist. Bei negativem q wird auch von

[10] Divergenz „div" (Quelldichte) ist als Skalar eines Vektorfeldes ebenfalls ein Begriff der Vektoranalysis. $\vec{c}(x, y, z)$ ist dabei das Vektorfeld, hier Strömungsfeld (Anhang Tab. 6.23).

[11] POISSON, Denis (1781 bis 1840), frz. Mathematiker und Physiker.

Senkendichte gesprochen (negative Quelle). Volumen „erscheint“ oder „verschwindet“.

Potenziale Φ zu finden, die (3.28) erfüllen und dabei den vorgegebenen Randbedingungen genügen, ist meist schwierig. Für ebene Strömungen bestehen jedoch zwei andere, einfachere Möglichkeiten:

Die *erste Methode* nützt die Tatsache, dass die allgemeine Lösung der Potenzialgleichung, (3.28), für zweidimensionale Strömungen in der Komplexdarstellung nach **Gauss** die Form

$$\Phi = f(x + i \cdot y) + g(x - i \cdot y)$$

hat. Das bedeutet, die Verfahren der Funktionentheorie und der konformen Abbildung für die Lösung solcher Strömungsprobleme sind anwendbar.

Die *zweite Methode* geht von der Erkenntnis aus, dass die Überlagerung (Superposition) von Einzellösungen $\Phi_1, \Phi_2, \Phi_3 \ldots \Phi_n$ wieder eine Lösung der Potenzialgleichung ist. Das Strömungspotenzial ist ein Skalar, weshalb die Überlagerung durch arithmetische Addition $\Phi_{\text{ges}}(x, y, z) = \sum \Phi_i(x, y, z)$ mit $i = 1 \ldots n$ erfolgt und zulässig ist. Bei diesem Verfahren wird der Strömungskörper oder komplizierte Strömungen aus einzelnen Bauelementen (einfache Einzelströmungen) mit Hilfe des sog. **Singularitäten-Verfahren** durch entsprechende Superposition aufgebaut (Abschn. 4.2.8.3.1).

Die **Potenzialtheorie** befasst sich mit der Lösung der Potenzialgleichung $\Delta\Phi = 0$, (3.28). Ein Geschwindigkeits-Vektorfeld $\vec{c}(x, y, z)$ ist eine Potenzial-Strömung, falls es eine Funktion $\Phi(x, y, z)$ – Potenzial – gibt, wodurch dann grad $\Phi = \vec{c}$ erfüllt wird.

Bemerkung: Allgemein gilt das auf ein Kontrollvolumen KV (Abb. 3.12) anwendbare **Erhaltungsprinzip**. Dies führt für jede physikalische Größe zu folgendem Bilanz-Ansatz:

(zeitliche Änderung im KV)
= (Strömungstransport ein – aus)
+ (Molekültransport ein – aus)
+ (Quellen – Senken)
+ (sonstige Wirkungen, falls vorhanden)

3.2.3.3 Gaussscher Integralsatz

Nach dem Gausssschen Satz, dem ersten Integralsatz der Feldtheorie, gilt:

$$\int_{(V)} \operatorname{div} \vec{c} \cdot \mathrm{d}V = \int_{(A_0)} \vec{c} \cdot \mathrm{d}\vec{A}_0 \qquad (3.28b)$$

Der Gausssche Satz bringt prägnant zum Ausdruck: Das Integral der Geschwindigkeits-Quelldichte $\operatorname{div} \vec{c} = \nabla \cdot \vec{c}$ über das Volumen V (Volumenintegral) ist gleich dem Integral der Geschwindigkeit über die Oberfläche A_0 (Flächenintegral), welche das betrachtete Volumen V umschließt. Bei quellfreier Strömung (3.27) ist somit die gesamte Geschwindigkeits-Quelldichte des Volumens gleich dem Durchfluss durch dessen Umrandungsfläche (Oberfläche). Der Gausssche Satz ist in der theoretischen Fluidmechanik sehr bedeutungsvoll. Das Volumenintegral der Quelldichte $(\nabla \cdot \vec{c}) \cdot \mathrm{d}V$ ist also gleich dem Flächenintegral des Durchflusses $(\vec{c} \cdot \mathrm{d}\vec{A}_0) = (\vec{c} \cdot \vec{n} \cdot \mathrm{d}A_0) = c \cdot \cos\alpha \cdot \mathrm{d}A_0$ über die das Volumen umschließende (Ober-)Fläche. Hierbei ist $\vec{n}$ der Normaleneinheitsvektor (senkrecht auf die Fläche $\mathrm{d}A_0$ nach außen gerichtet) sowie α der zwischen den beiden Vektoren $\vec{n}$ und $\vec{c}$ eingeschlossene Winkel.

Merkhilfe:

GFV … Gauss, **F**läche, **V**olumen oder
Gauss verbindet Ober-Fläche mit davon umschlossenem Volumen.

3.3 Fluid-Kinetik

3.3.1 Ähnlichkeitstheorie

3.3.1.1 Grundlagen

Viele Strömungsprobleme können letztlich nicht exakt analytisch gelöst werden. Deshalb sind auch Experimente notwendig, die vielfach aus Aufwandgründen an der Apparatur nachgebildeten *Modellen* durchgeführt werden müssen. Damit die Versuchsergebnisse vom Modell auf die Großausführung übertragbar sind, sog. Scale-up-Vorgang, muss zwischen den Strömungen Ähnlichkeit bestehen.

Strömungen werden als *ähnlich* bezeichnet, wenn die geometrischen und charakteristischen physikalischen Größen für beliebige, einander jedoch zugeordneten Stellen der zu vergleichenden Strömungsfelder zu entsprechenden Zeiten jeweils ein festes Verhältnis bilden, d. h. proportional sind. Strömungsmechanische Ähnlichkeit besteht somit, wenn sowohl geometrische als auch physikalische Proportionalität (Ähnlichkeit) vorliegt, also geometrische und dynamische **Skalierung**. Die Ähnlichkeitstheorie führt somit zur Maßstabsinvarianz, d. h. Maßstabsunabhängigkeit.

Geometrische Ähnlichkeit, Abb. 3.13, ist gegeben, wenn gleiche Proportionalität besteht

- zwischen den Abmessungen (Längen, Flächen, Volumen)
- zwischen den Rauigkeiten (Oberflächenbeschaffenheit)

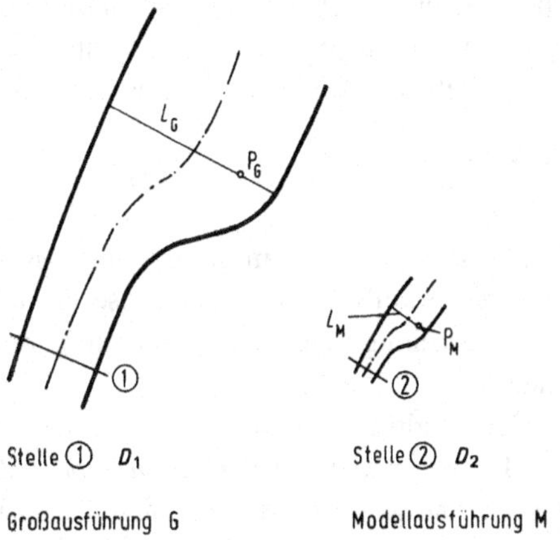

Abb. 3.13 Geometrische Ähnlichkeit (Prinzipdarstellung)

Geometrische Ähnlichkeit ist demnach vorhanden, wenn (Abb. 3.13) erfüllt sind:

Längen $L_G/L_M = D_1/D_2$
Flächen $A_G/A_M = D_1^2/D_2^2$
Volumen $V_G/V_M = D_1^3/D_2^3$
Rauigkeiten $k_G/k_M = D_1/D_2$ oder
$k_G/D_1 = k_M/D_2$, d. h. gleiche *relative Rauigkeiten*.

Zusammengefasst ist also notwendig ein maßstabsgetreuer Aufbau mit Längen-**M**aßstab (Längen-Skalierung):

$$M_L = L_G/L_M = k_G/k_M = D_1/D_2 \quad (3.28c)$$

In der Praxis ist es jedoch oftmals nicht möglich, geometrische Ähnlichkeiten in allen Einzelheiten und vor allem in den Oberflächenrauigkeiten von Modell- und Großausführung zu erreichen. Die Lackoberflächen von Autos und Flugzeugen sind z. B. schon so glatt, dass eine proportionale Verkleinerung dieser Rauigkeiten beim kleinen Modell kaum noch verwirklichbar ist.

Physikalische Ähnlichkeit ist gegeben, wenn Proportionalität zwischen den physikalischen Größen besteht, die den Strömungsverlauf bestimmen. Dies sind:

- *mechanische Größen*
  Zeit, Weg, Geschwindigkeit, Beschleunigung, Kräfte, Energie, Temperatur u. a.
- *Stoffeigenschaften*
  Dichte, Viskosität, Wärmeleitfähigkeit u. a.

Die Temperatur und die Stoffwerte Wärmekapazität sowie Wärmeleitfähigkeit sind jedoch nur bei thermodynamischer, nicht dagegen bei strömungstechnischer Ähnlichkeit wichtig.

Vollkommene physikalische Ähnlichkeit von Strömungsvorgängen, die bei geometrischer Proportionalität der um- oder durchströmten Körper unter der Wirkung gleichartiger strömungsmechanischer und thermodynamischer Einflüsse stehen, ist meist kaum zu erzielen. Es ist vielmehr nur möglich, die jeweils wesentlichen physikalischen Größen miteinander vergleichend in Proportionalität zu bringen (physikalischer Maßstab oder physikalische Skalierung). Hierzu dienen dimensionslose, voneinander unabhängige *Ähnlichkeitsgrößen*, die auch als **Kenngrößen** oder **Kennzahlen** bezeichnet werden. Solche sind in der Regel dimensionslos. Diese Kennzahlen lassen sich neben Erfahrungsansätzen durch drei Methoden bestimmen:

- *Dimensionsanalyse*
  Verwendet die Bedingung, dass Kennzahlen dimensionslose Produkte verschiedener dimensionsbehafteter Größen sind.
- *Vergleich gleichartiger Größen*
  Aus der Erkenntnis, dass physikalische Ähnlichkeit vorliegt, wenn Proportionalität der mechanischen Größen gegeben ist, werden gleichartige Größen zueinander ins Verhältnis gesetzt. Da Wege durch Geschwindigkeiten zurückgelegt, Geschwindigkeiten durch Beschleunigungen erzeugt, und diese durch Kräfte verursacht werden sowie Arbeit das Produkt aus Weg und Kraft ist, werden in der Regel Kräfte zueinander in Beziehung gebracht (→ Kräfte-Maßstab; seltener Geschwindigkeiten). Bei dem Verfahren des Kräftevergleichs werden verschiedene, am Problem beteiligte Kräfte meist auf die Trägheitskraft bezogen.
  In Fällen ohne Trägheitskraft wird auf den Energievergleich zurückgegriffen.
- *Differenzialgleichung dimensionsloser Variablen*
  Werden die mechanischen Größen in Differenzialgleichungen durch konstante Bezugsgrößen jeweils gleicher Art – z. B. Geschwindigkeit dividiert durch Bezugsgeschwindigkeit – dimensionslos gemacht (entdimensioniert), stellen sich Kennzahlen ein. Bei Strömungsvorgängen handelt es sich dabei fast immer um Systeme partieller Differenzialgleichungen für Bewegung und Energie (Abschn. 4.3.1.2).

3.3.1.2 Strömungskennzahlen aus Dimensionsanalyse

Die Dimensionsanalyse ist Grundlage der Ähnlichkeitstheorie, und auf dieser beruht die Modelltheorie.

Jede Größe setzt sich bekanntlich aus Zahlenwert (Maßzahl) und Dimension (Maßeinheit) zusammen. Beispiel: Geschwindigkeit 20 m/s. Exakt müsste $20 \cdot \text{m/s}$ geschrieben werden. Der Multiplikationspunkt wird, wie in der Mathematik meist üblich, im praktischen Gebrauch weggelassen, so auch hier.

Die ähnlichkeitstheoretische Methodologie kennt zwei Verfahren zur Herleitung von Kennzahlen Π (großes griechisches Pi) mit Hilfe der Dimensionsanalyse. Diese verwenden einerseits das sog. Π-Theorem und andererseits die Matrizen-Methode. Dabei ist immer die Kohärenz des verwendeten Maßsystems wichtig, d. h., die Dimensionen sind aus den Grund-Maßeinheiten (Tab. 1.1, Kap. 1) zu bilden.

Π-Theorem (Lehrsatz)
Liegt die mathematische Formulierung eines Problems nicht vor, sind jedoch die Einflussgrößen bekannt, lassen sich die **Ähnlichkeitsgesetze** (*Kennzahlen*) dennoch mit dem **Hauptsatz der Dimensionsanalyse**, dem sog. **Π-Theorem von** BUCKINGHAM (1914) bestimmen, das bis auf wenige Ausnahmen allgemein gilt.

Nach dem Π-Theorem kann die allgemeine Funktion

$$f(a_1, a_2, a_3, \ldots, a_n) = 0 \tag{3.29}$$

mit den n geometrischen und physikalischen Systemgrößen a_1 bis a_n bei allgemein i Grundeinheiten dargestellt werden in der Funktionsform:

$$F(\Pi_1, \Pi_2, \Pi_3, \ldots, \Pi_k, \ldots, \Pi_{n-i}) = 0 \tag{3.30}$$

Hierbei sind Π_1 bis Π_{n-i} insgesamt $(n-i)$ Kennzahlen, die jeweils als dimensionslose Produkte aus den Systemgrößen $a_1, \ldots, a_n$ an gebildet werden.

In der Fluidmechanik treten die *geometrische Größe* Länge l und die *dynamischen Größen* Zeit t, Geschwindigkeit c, Beschleunigung, insbesondere Schwerebeschleunigung g und Druck p sowie die *Stoffgrößen* Dichte ϱ, kinematische Viskosität ν und die Schallgeschwindigkeit a auf; insgesamt somit acht Größen, d. h. $n = 8$. Die dabei vorkommenden drei Einheiten ($i = 3$) sind: Kilogramm kg, Meter m und Sekunde s. Demzufolge muss es $n - i = 5$ voneinander unabhängige Kennzahlen geben. Die dynamischen Größen können noch unterteilt werden in kinematische (t, c, g) und kinetische (p).

Werden alle acht Größen zusammengefasst, ergibt sich ein homogenes Gleichungssystem von drei linearen Gleichungen ($i = 3$) mit acht Unbekannten ($n = 8$). Dieses System hat genau

$(n-i) = 5$ voneinander unabhängige Lösungen, die den Kennzahlen entsprechen. Die $(n-i)$ Lösungen ergeben sich nacheinander, wenn jeweils $(n-i)$ Unbekannte vorgegeben werden. Das sich dann immer ergebende inhomogene Gleichungssystem von i Gleichungen mit den restlichen i Unbekannten ist jeweils in bekannter Weise lösbar und liefert je eine Kennzahl. Um das Verfahren abzukürzen, werden, wie von TRUCKENBRODT [37] durchgeführt, die drei wichtigsten strömungsmechanischen Größen $\boldsymbol{c}$, $\boldsymbol{l}$, ϱ festgehalten und die restlichen fünf (t, p, v, g, a) durch ε_k variiert. Die Kennzahl der mechanischen Ähnlichkeit erhält demnach mit der jeweils festzulegenden Variablen ε_k die allgemeine Form:

$$\Pi_k = c^\alpha \cdot l^\beta \cdot \varrho^\gamma \cdot \varepsilon_k^\delta \tag{3.31}$$

Die Variable ε_k – gleicher Index wie bei Kennzahlen Π_k – wird nacheinander jeweils durch eine der in (3.31) bisher nicht verwendeten fünf Größen t, p, v, g, a ersetzt. Die Exponenten α, β, γ, δ ergeben sich dann jeweils über die *Dimensionsanalyse* aus der zugehörenden Einheiten-Gleichung:

$$[1] = \left[\left(\frac{\text{m}}{\text{s}}\right)^\alpha \cdot \text{m}^\beta \cdot \left(\frac{\text{kg}}{\text{m}^3}\right)^\gamma \cdot (\text{m}^a \cdot \text{s}^b \cdot \text{kg}^c)^\delta\right]$$

Nach gleichen Potenzen zusammengefasst und ersetzt

$$[1] = [\text{m}^0 \cdot \text{s}^0 \cdot \text{kg}^0]$$

führt zu:

$$\text{m}^0 \cdot \text{s}^0 \cdot \text{kg}^0 = \text{m}^{\alpha+\beta-3\cdot\gamma+a\cdot\delta} \cdot \text{s}^{-\alpha+b\cdot\delta} \cdot \text{kg}^{\gamma+c\cdot\delta} \tag{3.32}$$

Für $\boldsymbol{\varepsilon_k}$ wurde dabei die allgemeine Dimension $[\boldsymbol{m^a \cdot s^b \cdot kg^c}]$ eingesetzt. Die Exponenten a, b, c sind durch die Dimension der jeweils für ε_k eingesetzten Größe festgelegt.

Der Exponentenvergleich bei (3.32) ergibt:

$$\begin{aligned} &\text{Einheit m:} && \alpha + \beta - 3\cdot\gamma + a\cdot\delta = 0 \\ &\text{Einheit s:} && -\alpha + b\cdot\delta = 0 \\ &\text{Einheit kg:} && \gamma + c\cdot\delta = 0 \end{aligned} \tag{3.33}$$

Für die vier Unbekannten $\alpha, \beta, \gamma, \delta$ ergeben sich drei Gleichungen. Das System ist lösbar, sofern noch eine der Unbekannten von vornherein festlegbar. Wenn sinnvollerweise die Strömungsgeschwindigkeit c als strömungsmechanische Hauptgröße, d. h. als allerwichtigste Größe, linear, also $\alpha = 1$ gesetzt wird, beeinträchtigt diese Festlegung die Allgemeingültigkeit der Ableitung nicht, sondern prägt nur den grundsätzlichen Charakter der Kennzahlen. Jede andere sinnvolle Festlegung wäre möglich, ohne die Verwendbarkeit der Ähnlichkeitsgesetze prinzipiell zu schmälern.

Die Lösung des linearen Gleichungssystems (3.33) ergibt dann:

$$\alpha = 1; \quad \beta = -\frac{a+b+3\cdot c}{b};$$
$$\gamma = -\frac{c}{b}; \quad \delta = \frac{1}{b} \tag{3.34}$$

Der Reihe nach für ε_k die bisher nicht verwendeten Größen t, p, v, g und a einschließlich zugehöriger Dimension eingesetzt, liefert die in Tab. 3.2 ermittelten und zusammengestellten *Ähnlichkeitsgesetze* (*Kennzahlen* Π_k):

Tab. 3.2 Kennzahlen Π_k gemäß Ansatz (3.31) mit Beziehungen (3.34). Exponent c nicht verwechseln mit der Geschwindigkeit c!

Nr. k	1	2	3	4	5
ε_k	t	p	v	g	a
$[\varepsilon_k]$	s	kg/(m s^2)	m^2/s	m/s^2	m/s
a	0	−1	2	1	1
b	1	−2	−1	−2	−1
c	0	1	0	0	0
α	1	1	1	1	1
β	−1	0	1	−1/2	0
γ	0	1/2	0	0	0
δ	1	−1/2	−1	−1/2	−1
Π_k	$\frac{c\cdot t}{l}$	$c\cdot\sqrt{\frac{\varrho}{p}}$	$\frac{c\cdot l}{v}$	$\frac{c}{\sqrt{g\cdot l}}$	$\frac{c}{a}$

Matrix-Methode

An Stelle der direkten Größen-Kombination des Π-Theorems geht das Matrizen-Verfahren nach PAWLOWSKI [28] über den Rang der erstellten Dimensionsmatrix. Dieser kann mit der üblichen

Determinanten-Methode oder dem Eliminationsverfahren des GAUSS-Algorithmus [86] gemäß PAWLOWSKI über die Matrizen-Hauptdiagonale (Tab. 6.23) bestimmt werden. Der GAUSSsche Algorithmus macht auch sichtbar, ob die Dimensionen des zugehörigen Teiles der Dimensionsmatrix, der sog. Kernmatrix, voneinander linear unabhängig sind oder nicht.

ZLOKARNIK[12] stellt die Vorgehensweise des Verfahrens der Kennzahlenermittlung über die Matrizenrechnung ebenso ausführlich wie sorgfältig dar.

Die Matrizenmethode gliedert sich in die Schritte:

a) Erstellen und Ordnen der Relevanzliste durch
- Aufführen aller relevanter Variablen des Systems, d. h. Erfassen und Festhalten aller Einflussgrößen (geometrische, mechanische, stoffliche),
- Festlegen der *Zielgröße* durch Aufteilen der Variablen in unabhängige und abhängige. Die Zielgröße ist dann der gesuchte Wert, d. h. die abhängige Variable. Jede zu untersuchende Fragestellung, die jeweils durch eine Zielgröße gekennzeichnet ist, bedarf dabei einer eigenen gesonderten Referenzliste.

b) Bestimmen des vollständigen Kennzahlensatzes durch
- Aufstellen der Dimensionsmatrix, unter Aufteilen in **Kern-** und **Restmatrix**.
- Umwandeln der Kernmatrix in die Einheitsmatrix,
- Feststellen des Ranges der Dimensionsmatrix,
- Feststellen der Anzahl der möglichen Kennzahlen,
- Bilden, Bewerten und gegebenenfalls Umformen der Kennzahlen durch entsprechende Kombination, um zum Darstellen des Sachverhaltes günstige Ausdrücke zu erhalten.

[12] ZLOKARNIK, M.: Modellübertragung in der Verfahrenstechnik. Chem.-Ing.-Tech. 55 (1983) Nr. 5, S. 363 bis 372.

Am Fall der Rohrströmung soll das Matrix-Kennzahlenverfahren gemäß ZLOKARNIK verdeutlicht werden:

a) **Relevanzliste**

Einflussgrößen sind
- geometrische:
  Durchmesser D [m] und Länge L [m] des Rohres, wobei ein Abmessungsmaß oft charakteristisch für alle steht; meist D [m],
- mechanische:
  Druckverlust Δp_v [Pa $=$ N/m^2 $=$ kg m^{-1} s^{-2}] und Strömungsgeschwindigkeit c [m s^{-1}] im Rohr,
- stoffliche:
  Dichte ϱ [kg m^{-3}] und dynamische Viskosität η [Pa s $=$ (N/m^2) s $=$ kg m^{-1} s^{-1}] des strömenden Mediums (Fluid).

Zielgröße ist hierbei der Druckverlust Δp_v, da meist gesucht.

b) **Kennzahlensatz**

Dimensionsmatrix mit Unterteilung in Kern- und Festmatrix:

In der Restmatrix sind die Größen der Relevanzliste anzuordnen, die je einzeln im Zähler der zu bildenden Kennzahlen auftreten sollen. Die Kernmatrix wird mit den übrigen Größen, den sog. *Füllgrößen* der Relevanzliste gebildet, die später in allen Kennzahlen auftreten dürfen. Die Elemente von Kern- und Restmatrix sind dabei die Exponenten der zur Dimension der zugehörigen Größe gehörenden Maß-Grundeinheiten. Zur Kennzeichnung stehen dazu stellvertretend:
- M für die Masseneinheit kg,
- L für die Längeneinheit m,
- Z für die Zeiteinheit s.

Die Relevanzliste führt zur Start- oder Anfangs-Dimensionsmatrix:

		Anfangs-Dimensionsmatrix						
Lfd. Nr. k	Einheits-Kenn-zeichen	Kernmatrix			Restmatrix			
		D	ϱ	η	Δp_v	c	L	
1	M	0	1	1	1	0	1	$m = 3$
2	L	1	−3	−1	−1	1	1	
3	Z	0	0	−1	−2	−1	0	

$n = 6$

Die sich ergebende $(m;n)$-Matrix besteht aus $m = 3$ Zeilen ($k = 1 \ldots 3$) und $n = 6$ Spalten.

Kernmatrix-Überführung in die Einheitsmatrix: Die Dimensionsmatrix ist so aufzubauen, dass durch Anwenden des Eliminationsprozesses gemäß des GAUSS-Algorithmus die Anfangs-Dimensionsmatrix möglichst einfach in den Grundzustand, genannt End-Dimensionsmatrix, überführt werden kann. Diese Bedingung wird erfüllt, wenn die Kernmatrix durch ein Minimum von gleichartigen Umformungen, d. h. Äquivalenztransformationen in die Einheitsmatrix übergeht. Die Umwandlungsvorschrift besteht somit darin, in sinnvoller Weise jede Zeile der gesamten Dimensionsmatrix durch Linearkombinationen (Addieren, Subtrahieren) aus einer oder mehrerer ihrer anderen Zeilen bzw. ein entsprechendes Vielfaches davon so umzuwandeln, dass in der Kernmatrix die Elemente der Hauptdiagonale (Tab. 6.23) je zu eins und alle übrigen null werden. Gegebenenfalls sind noch Zeilen und/oder Spalten der gesamten Dimensionsmatrix so zu vertauschen, dass dieses Ziel erreicht wird.
Das Durchführen solcher Lineartransformationen (Zeilenadditionen) führt zu folgender umgewandelter Diagonalmatrix der Rohrströmung:

		Umgewandelte Dimensionsmatrix					
Lfd. Nr. k	Linear-operationen	Kernmatrix D	ϱ	η	Restmatrix Δp_V	c	L
1	$M+Z$	0	1	0	−1	−1	0
2	$3\cdot M+L+2\cdot Z$	1	0	0	−2	−1	1
3	$-Z$	0	0	1	2	1	0

Durch Vertauschen von Spalte 1 mit Spalte 2 geht die Kernmatrix in die Einheitsmatrix und damit letztlich die Dimensionsmatrix in den Grund- oder Endzustand über. Das Vertauschen der Zeilen 1 und 2 wäre auch möglich. Es würde zum gleichen Ergebnis führen, ist jedoch aufwendiger, da sowohl Kern- als auch Restmatrix betroffen. Den ersten Vorschlag ausgeführt, liefert folgende End-Dimensionsmatrix:

		End-Dimensionsmatrix					
Lfd. Nr. k	Linear-operationen	Kernmatrix ϱ	D	η	Restmatrix Δp_V	c	L
1	$M+Z$	1	0	0	−1	−1	0
2	$3\cdot M+L+2\cdot Z$	0	1	0	−2	−1	1
3	$-Z$	0	0	1	2	1	0

Rang der Dimensionsmatrix: Der Matrix-Rang r ist festgelegt durch die Anzahl der linear voneinander unabhängigen Zeilen einer Matrix, weshalb $r \leq m$ mit m Ordnung der Matrix, d. h. ihre Zeilenanzahl. Zeilen sind unabhängig voneinander, wenn die eine nicht durch lineare Kombinationen in die andere übergeht, also ihr identisch wird.

Zum Feststellen des Matrizenranges bestehen zwei Wege, die meist verwendete Determinanten-Methode und das PAWLOWSKI-Verfahren.

Determinanten-Verfahren: Der Rang r wird durch die Ordnung (Zeilenzahl) der Matrix (Ausgangs- bzw. Untermatrix) bestimmt, deren Determinante nicht verschwindet, d. h. verschieden von null bleibt. Dies ist gegeben, wenn die Zeilen der betreffenden Matrix linear unabhängig voneinander sind. Das wird, wie zuvor erwähnt, erfüllt, wenn sich aus ihnen, d. h. ihren Koeffizienten, durch Linearkombinationen keine Nullzeile erzeugen lässt, also nicht alle Elemente einer Zeile, oder gar mehrerer, null sind. Durchführung dieses Verfahrens am vorliegenden Fall der Rohrströmung:

Kernmatrix: Da Einheitsmatrix, ist Rang r so groß wie ihre Ordnung (keine Nullzeile vorhanden), also $r = 3$. Dies bestätigt auch die Determinante der Kernmatrix, die Untermatrix der Dimensionsmatrix ist.

$$\begin{vmatrix} 1 & 0 & 0 \\ 0 & 1 & 0 \\ 0 & 0 & 1 \end{vmatrix} \quad \text{entwickelt über die erste Zeile!}$$

$$= 1 \cdot \begin{vmatrix} 1 & 0 \\ 0 & 1 \end{vmatrix} - 0 \cdot \begin{vmatrix} 0 & 0 \\ 0 & 1 \end{vmatrix} + 0 \cdot \begin{vmatrix} 0 & 1 \\ 0 & 0 \end{vmatrix}$$

$$= 1 \cdot (1 - 0) - 0 + 0 = 1 \neq 0 \rightsquigarrow r = 3$$

Restmatrix: Ist ebenfalls Untermatrix der Dimensionsmatrix. Rangsuche erübrigt sich eigentlich, da Restmatrix nicht von höherer Ordnung als Kernmatrix, weshalb Rang nicht höher sein kann und geringerer, falls vorhanden, nicht interessiert. Zur Veranschaulichung soll dennoch die Determinante der Restmatrix berechnet werden, und dieses Mal über die erste Spalte entwickelt:

$$\begin{vmatrix} -1 & -1 & 0 \\ -2 & -1 & 1 \\ 2 & 1 & 0 \end{vmatrix}$$
$$= -1 \cdot \begin{vmatrix} -1 & 1 \\ 1 & 0 \end{vmatrix} - (-2) \cdot \begin{vmatrix} -1 & 0 \\ 1 & 0 \end{vmatrix} + 2 \begin{vmatrix} -1 & 0 \\ -1 & 1 \end{vmatrix}$$
$$= -1 \cdot (0 - 1) + 2 \cdot (0 - 0) + 2 \cdot (-1 + 0)$$
$$= -1 \neq 0 \rightsquigarrow r = 3$$

Bemerkung: Die Determinantenbildungen an der Anfangs-Determinantenmatrix würden zwangsläufig zum selben Rang-Ergebnis führen, da an den Matrizen ausschließlich mathematisch korrekte Umwandlungen vorgenommen wurden.

PAWLOWSKI-*Rangmethode*: Bei diesem Verfahren wird der Rang einer Matrix über deren Hauptdiagonale festgestellt. Mit dem GAUSS-Algorithmus (Linearkombinationen) muss hierzu die Matrix so lange umgeformt werden, bis unterhalb ihrer Hauptdiagonalen nur noch Nullen vorkommen. Die Anzahl z der danach nicht verschwundenen Elemente der Hauptdiagonale, die eine lückenlose Folge bilden, bestimmt dann den Rang r der Matrix, also $r = z$.

In der Kernmatrix sind als Einheitsmatrix diese Bedingungen automatisch erfüllt. Hier ist $z = 3$, weshalb $r = 3$, wie zuvor.

Anzahl i der möglichen Kennzahlen: Diese ergibt sich als Differenz von Prozessparameter-Anzahl der Relevanzliste, hier $n = 6$, und Rang der Dimensionsmatrix, hier $r = 3$. Also:

$$i = n - r = 6 - 3 = 3 \rightarrow \Pi_j \quad \text{mit } j = 1 \text{ bis } 3$$

Bilden der Kennzahlen: Erfolgt gemäß PAWLOWSKI nach der Regel: Jede physikalische Größe der Kopfzeile der Restmatrix tritt getrennt nacheinander im Zähler eines Bruches auf. Der Nenner wird dabei jeweils gebildet von den Füllgrößen (Kopfzeile der Kernmatrix), versehen in der Elementfolge von Kernmatrix-Kopfzeile mit zugeordnet den Spaltenkoeffizienten aus der Restmatrix, die zu der verwendeten Größe im Zähler des Bruches gehören.

Gemäß dieser Vorgehensweise nach PAWLOWSKI ergeben sich folgende zu den Restmatrix-Spalten $j = 1$ bis 3 gehörenden Kennzahlen der End-Dimensionsmatrix für die Rohrströmung:

$$j = 1;\ \text{Spalte 1:}\quad \Pi_1 = \frac{\Delta p_v}{\varrho^{-1} \cdot D^{-2} \cdot \eta^2} = \frac{\Delta p_v \cdot \varrho \cdot D^2}{\eta^2}$$

$$j = 2;\ \text{Spalte 2:}\quad \Pi_2 = \frac{c}{\varrho^{-1} \cdot D^{-1} \cdot \eta^1} = \frac{c \cdot D}{\eta/\varrho} = \frac{c \cdot D}{\nu}$$

$$j = 3;\ \text{Spalte 3:}\quad \Pi_3 = \frac{L}{\varrho^0 \cdot D^1 \cdot \eta^0} = \frac{L}{D}$$

Bewerten der erhaltenen Kennzahlen und gegebenenfalls Umwandeln in anwendungsgünstigere Ausdrücke: *Kennzahl* Π_1: Gemäß Erfahrung ist die Struktur dieser Kennzahl für die praktische Anwendung nicht vorteilhaft, weil sich mit dem Ändern der dynamischen Viskosität η, z. B. durch Übergehen auf ein anderes Medium, auch Kennzahl Π_2 ändert. Dies ist im Versuchswesen ungünstig. Deshalb verwendet man eine entsprechende Kombination (Produktbildung) von Π_1 mit Π_2, sodass sich eine neue, von der Viskosität unabhängige Kennzahl ergibt:

$$\Pi_4 = \Pi_1 \cdot \Pi_2^{-2} = \frac{\Delta p_v \cdot \varrho \cdot D^2}{\eta^2} \cdot \left(\frac{c \cdot D \cdot \varrho}{\eta}\right)^{-2}$$

$$\Pi_4 = \frac{\Delta p_v}{\varrho \cdot c^2}$$

Dies ist die EULER-Zahl gemäß (3.36), also $\Pi_4 = Eu$.

Kennzahl Π_2: Dies ist nach (3.37) die REYNOLDS-Zahl, also $\Pi_2 = Re$.

Kennzahl Π_3: Das ist als Geometrieverhältnis ein triviales Ergebnis und bestätigt nur die ohnehin notwendige Ähnlichkeitsforderung nach geometrischer Proportionalität (Abschn. 3.3.1.1).

Ergebnis: Der vollständige Kennzahlensatz (Π-Satz) für die reale Fluidströmung in geraden glatten Rohrleitungen lautet demnach:

$$\{Eu; Re; L/D\}$$

Das ist die maximale Auskunft, welche die Dimensionsanalyse über das Matrixverfahren aufgrund der vorab festgelegten Relevanzliste geben kann.

Abschlussbemerkungen: Es sei in diesem Buch nicht tiefer auf die Matrizenmethode zur Kennzahlenermittlung, das ein elegantes, allgemein anwendbares Verfahren darstellt, eingegangen. Ausführliches findet sich im zugehörigen Spezialschrifttum (Abschnitt 8), besonders PAWLOWSKI [28] und ZLOKARNIK (vorhergehende Fußnote).

Probleme und mögliche Fehler der Ähnlichkeitstechnik sind fast ausschließlich mit der Relevanzliste verbunden. Die größte Schwierigkeit der ähnlichkeitstheoretischen Behandlung besteht darin, möglichst alle problemrelevanten Einflussgrößen vorab zu finden, um diese dann bei der Ähnlichkeits-Verarbeitung berücksichtigen zu können. Durch theoretische Überlegungen und Vorversuche sind deshalb ein erster Schritt möglichst alle Einflussgrößen der Aufgabenstellung aufzuspüren. Gegebenenfalls können später erkannte Einflussgrößen oft entsprechend noch nachgefügt werden, wie beispielsweise die Wandoberflächen-Rauigkeit als Parameter (Abb. 6.11, 6.38 und 6.42).

3.3.1.3 Bedeutung der Ähnlichkeitsgesetze

Die ermittelten Kennzahlen Π_k (Tab. 3.2), ein Vielfaches oder der Kehrwert davon, werden mit den Namen der Forscher bezeichnet, die sich zuerst mit den Problemen beschäftigten, auf die sich das jeweilige *Ähnlichkeitsgesetz* bezieht:

$k = 1$: STROUHAL-Zahl $$\boldsymbol{Sr} = \frac{l}{c \cdot t} \quad (3.35)$$

$k = 2$: EULER-Zahl $$\boldsymbol{Eu} = \frac{p}{\varrho \cdot c^2} \quad (3.36)$$

$k = 3$: REYNOLDS-Zahl $$\boldsymbol{Re} = \frac{c \cdot l}{\nu} \quad (3.37)$$

$k = 4$: FROUDE-Zahl $$\boldsymbol{Fr} = \frac{c}{\sqrt{g \cdot l}} \quad (3.38)$$

$k = 5$: MACH-Zahl $$\boldsymbol{Ma} = c/a \quad (3.39)$$

Für die in den Kennzahlen auftretenden Größen sind die Werte einzusetzen, die das betreffende Strömungsproblem charakterisieren.

Charakteristische Größen sind bei:

a) Innenströmungen

Für c: Die mittlere Strömungsgeschwindigkeit $\bar{c}$ (Querstrich auf c meist wieder weggelassen; Abschn. 3.1.2).

Für l: Bei Kreisrohren der Rohrdurchmesser D. Bei beliebigen Rohrquerschnitten der gleichwertige Durchmesser D_{gl} (Abschn. 4.1.1.4).

b) Außenströmungen

Für c: Die ungestörte Anströmgeschwindigkeit c_∞.

Für l: Bei Profilen die Profiltiefe L (Abb. 6.47).
Bei Kugeln und quer angeströmten Zylindern der Durchmesser D.
Bei Fahrzeugen und Körpern deren Länge L.
Bei längs angeströmten Platten die Länge L in Strömungsrichtung.
Bei quer angeströmten Platten und Prismen die Höhe h (Abb. 6.46).
Bei Grenzschichtströmungen die Grenzschichtdicke δ (Abschn. 3.3.3.2).

3.3.1.4 Anwendung der Kennzahlen

Die **STROUHAL[13]-Zahl** *Sr* tritt bei der Berechnung *instationärer* Strömungsvorgänge auf. Sie

[13] STROUHAL, V. (1850 bis 1922).

ist ein Maß für die Instationarität einer Strömung. Dabei ist l/c die Zeit, die ein Fluidteilchen benötigt, um mit der Geschwindigkeit c den Weg l zurückzulegen. Ist diese Zeit dabei klein im Vergleich zur Größenordnung der Zeit t, in welcher sich der instationäre Vorgang abspielt, wird auch Sr klein. Die Strömung kann dann als *quasistationär* betrachtet werden ($Sr \to 0$).

Die **EULER-Zahl** Eu kann als Verhältnis von Druckkraft zur Trägheitswirkung, oder dem der Arbeiten dieser beiden Kräfte gedeutet werden. Sie kennzeichnet z. B. zusammen mit der REYNOLDS-Zahl Re den Druckverlust Δp_v in Rohrleitungen bei vorgegebenen Abmessungen (Durchmesser D; Länge L) und Strömungsverhältnissen (Dichte ϱ; Fließgeschwindigkeit c). Dabei steht dann in der Eu-Zahl an Stelle des Druckes p der Druckverlust Δp_v gemäß (4.5), Abschn. 4.1.

Die **REYNOLDS[14]-Zahl** Re ist, wie sich später zeigen wird, die wichtigste Ähnlichkeitsgröße der Fluidmechanik. Sie charakterisiert die Strömungsform, bedingt auch durch die Einflüsse von Trägheit und Viskosität des Fluides, und bestimmt deshalb maßgeblich die Übertragbarkeit von Versuchswerten auf andere Verhältnisse.

Der Grenzfall sehr kleiner REYNOLDS-Zahlen ($Re \leq 1$) beschreibt die sog. *schleichenden Bewegungen*, z. B. Schmierschichtströmung in Gleitlagern. In der Versuchstechnik ermöglicht das REYNOLDSgesetz freie Wahl der Abstimmung von Modellgröße, Geschwindigkeit und Fluid, wenn dabei die Re-Zahlen von Modell- und Großausführung gleich sind. Bei $Ma \gtrsim 0{,}3$ ist hierbei jedoch zudem auch die MACH-Zahl möglichst einzuhalten.

Die **FROUDE[15]-Zahl** Fr ist das Kriterium für die Ähnlichkeit von Strömungsvorgängen, die im Wesentlichen durch die Schwerewirkung des Fluids verursacht werden. Sie ist deshalb besonders bei der Wellenbildung von Strömungen mit freier Oberfläche (Kanäle, Flüsse) wichtig, d. h. bei den sog. Schwerewellen. Dabei bedeutet die Größe $\sqrt{g \cdot l}$ die Grundwellengeschwindigkeit in flachem Wasser mit der Tiefe l. Bei der Wellenbewegung verbleiben die einzelnen Fluidteilchen jeweils im Mittel am gleichen Ort. Sie durchlaufen beim Schwingen geschlossene Bahnen (kreis- oder ellipsenförmig).

Die **MACH[16]-Zahl** Ma kommt zur REYNOLDS-Zahl als weitere wichtige Kenngröße für die Beschreibung und die Ähnlichkeit kompressibler Strömungen. Nach Abschn. 1.3.1 (1.10) kann bei Strömungen kompressibler Fluide bis $Ma \approx 0{,}3$ die Kompressibilität vernachlässigt, das Gas somit als *quasi-inkompressibel* betrachtet werden. Die MACH-Zahl kennzeichnet den Abstand der Strömungsgeschwindigkeit zur Schallgeschwindigkeit des Fluides.

Die Kennzahl-Beziehungen werden auch als Modellgesetze bezeichnet. So steht z. B. für REYNOLDS-Beziehung auch REYNOLDS-Modellgesetz. Entsprechendes gilt für Sr, Eu, Fr und Ma.

Die REYNOLDS-Zahl als wichtigste Kenngröße ist immer zu erfüllen. Je nach Strömungsfall müssen zudem die zugehörigen anderen Kennzahlen ebenfalls erfüllt sein.

Kennzahlen dienen oft auch zum Normieren, d. h. dimensionslosen Darstellen (sog. Entdimensionieren) von Variablen in Diagrammen.

3.3.1.5 Herleitung der Kennzahlen durch Vergleichen gleichartiger Größen

REYNOLDS-Zahl

Gemäß Erfahrung sowie Formelaufbau (3.37) beschreibt die REYNOLDS-Zahl auch den Zusammenhang zwischen Trägheit (falls vorhanden, d. h. $a_\text{B} \neq 0$) und Viskosität der Strömung. Sie folgt daher aus dem Vergleich der beiden zugehörigen Kräfte.

An Strömungsvorgängen realer Fluide sind die drei Kräfte

- Druckkraft $F_\text{D} = p \cdot A_\text{Q}$
- Viskositätskraft $F_\text{W} = \tau \cdot A_0$ (Widerstands- oder Reibungskraft)
- Trägheitskraft $F_\text{T} = m \cdot a_\text{B} = m \cdot \dot{c}$

[14] REYNOLDS, Osborne (1842 bis 1912), engl. Physiker.
[15] FROUDE, W. (1810 bis 1879).
[16] MACH, Ernst (1838 bis 1916), österr. Physiker u. Philosoph.

beteiligt, die nach dem NEWTONschen Grundgesetz über dem D'ALEMBERT-Prinzip im Gleichgewicht stehen.

Mechanische Ähnlichkeit ist nach Abschn. 3.3.1.1 gegeben, wenn die Kräfteverhältnisse an den geometrisch proportional zugeordneten Punkten P_G und P_M (Abb. 3.13) der zu vergleichenden Strömungen gleich sind:

$$F_{D,G}/F_{D,M} = F_{W,G}/F_{W,M} = F_{T,G}/F_{T,M} \tag{3.40}$$

Diesem **Kräftemaßstab** gemäß (3.40) ist entsprochen, wenn zwei der drei Verhältnisse erfüllt werden, da dann nach dem NEWTONschen Grundgesetz das dritte mitberücksichtigt ist. Die Quotienten der Kräfte infolge Trägheit und Viskosität werden, wie zuvor erwähnt, weiter untersucht:

$$F_{W,G}/F_{W,M} = F_{T,G}/F_{T,M} \quad \text{oder}$$
$$F_{T,M}/F_{W,M} = F_{T,G}/F_{W,G} \tag{3.41}$$

Ausgewertet:

a) *Verhältnis der Viskositätskräfte der Fluide*:
Nach (1.14) ist

$$F_W = A_0 \cdot \eta \cdot \frac{dc_x}{dz}$$

Damit wird:

$$\frac{F_{W,G}}{F_{W,M}} = \frac{A_{0,G} \cdot \eta_G \cdot dc_{x,G} \cdot dz_M}{A_{0,M} \cdot \eta_M \cdot dc_{x,M} \cdot dz_G}$$

Mit den geometrischen Ähnlichkeitsbedingungen

$z \sim D$; $A_0 \sim D^2$; $dc_x/dz \sim c_x/z$ und $c_x = c$

sowie den Bezugsstellen ① von G und ②, geometrisch proportional in M gemäß Abb. 3.13, folgt:

$$\frac{F_{W,G}}{F_{W,M}} = \frac{D_1^2 \cdot \eta_1 \cdot c_1 \cdot D_2}{D_2^2 \cdot \eta_2 \cdot c_2 \cdot D_1} = \frac{D_1 \cdot \eta_1 \cdot c_1}{D_2 \cdot \eta_2 \cdot c_2} \tag{3.42}$$

b) *Verhältnis der Trägheitskräfte der Strömungen*:
Mit allgemein $F_T = m \cdot a_B = \varrho \cdot V \cdot \frac{dc_x}{dt}$ wird

$$\frac{F_{T,G}}{F_{T,M}} = \frac{\varrho_G \cdot V_G \cdot dc_{x,G} \cdot dt_M}{\varrho_M \cdot V_M \cdot dc_{x,M} \cdot dt_G}$$

Unter Verwendung der Ähnlichkeitsbeziehungen

$$V \sim D^3 \quad \text{und}$$
$$\Delta t = \Delta s/c \sim D/c \to dt \sim D/c$$

ergibt sich wieder mit den Bezugsstellen ① in G und ② in M gemäß Abb. 3.13:

$$\frac{F_{T,G}}{F_{T,M}} = \frac{\varrho_1 \cdot D_1^3 \cdot c_1 \cdot c_1 \cdot D_2}{\varrho_2 \cdot D_2^3 \cdot c_2 \cdot D_1 \cdot c_2} = \frac{\varrho_1 \cdot D_1^2 \cdot c_1^2}{\varrho_2 \cdot D_2^2 \cdot c_2^2} \tag{3.43}$$

c) Zusammengefasst:
Die beiden Kräfteverhältnisse (Proportionalitäten), (3.42) und (3.43) gemäß Beziehung (3.41) gleichgesetzt, liefert:

$$\frac{D_1 \cdot \eta_1 \cdot c_1}{D_2 \cdot \eta_2 \cdot c_2} = \frac{\varrho_1 \cdot D_1^2 \cdot c_1^2}{\varrho_2 \cdot D_2^2 \cdot c_2^2}$$
$$\frac{\eta_1}{\eta_2} = \frac{\varrho_1 \cdot D_1 \cdot c_1}{\varrho_2 \cdot D_2 \cdot c_2}$$

Werden jeweils die Größen mit gleichen Indizes zusammengefasst, was gleichbedeutend ist mit dem Verhältnis von Trägheit- und Viskositätskraft, ergibt sich mit der kinematischen Viskosität $\nu = \eta/\varrho$:

$$c_1 \cdot D_1/\nu_1 = c_2 \cdot D_2/\nu_2 \tag{3.44}$$

oder allgemein $c \cdot D/\nu = \text{konst} = Re$

Die Ähnlichkeitsbedingung fordert demnach gleich große REYNOLDS-Zahlen

$$Re = c \cdot D/\nu \tag{3.45}$$

der zu vergleichenden Strömungsvorgänge, z. B. bei der Übertragung von Versuchsergebnissen.

Die REYNOLDS-Zahl folgt auch aus dem Verhältnis von Stau- und Viskositätskraft, bzw. von Staudruck q (Abschn. 3.3.6.3.3) und Viskositätsscherspannung τ (1.14). Kurzherleitung:

$$\frac{q}{\tau} = \frac{\varrho \cdot c^2/2}{\eta \cdot \mathrm{d}c/\mathrm{d}r}$$

mit $\mathrm{d}c/\mathrm{d}r \sim c/r$

$$\frac{\varrho \cdot c^2/2}{\eta \cdot c/r} = \frac{c \cdot r}{(\eta/\varrho) \cdot 2} = \frac{c \cdot D}{4 \cdot \nu} \rightarrow \frac{c \cdot D}{\nu} = Re$$

Diese Verhältnisbildung ist allgemeiner, da beispielsweise bei stationären Strömungen in Rohren von gleichbleibendem Durchmesser ($c =$ konst) keine Trägheitskräfte auftreten.

MACH-Zahl
Folgt aus Geschwindigkeits-Vergleich, und zwar von Strömungs- bzw. Bewegungsgeschwindigkeit mit der Fluid-Schallgeschwindigkeit → Geschwindigkeits-Maßstab:

$$\left(\frac{c}{a}\right)_{\mathrm{G}} = \left(\frac{c}{a}\right)_{\mathrm{M}} \rightarrow Ma_{\mathrm{G}} = Ma_{\mathrm{M}}$$

Bemerkungen: Wie die REYNOLDS-Zahl physikalisch als Quotient von Trägheitskraft der Strömung und Viskositätskraft (Reibungskraft) des Fluides aufgefasst werden kann, ist die MACH-Zahl deutbar als Verhältnis von Trägheitskraft der Strömung zu Elastizitätskraft des strömenden Mediums, da die Schallgeschwindigkeit durch die Kompressibilität und die Strömungsgeschwindigkeit durch die Trägheit des Fluides bestimmt wird. Die MACH-Zahl kennzeichnet somit das elastische Verhalten des beteiligten Fluides:

Die Re-Zahl wird umso größer, je mehr die Trägheitswirkung die Reibungskraft (Viskositätseinfluss) übersteigt. Die Ma-Zahl wird umso größer, je mehr die Strömungsträgheit die Fluidelastizität übertrifft (Überschall).

FROUDE-Zahl
Ergibt sich aus Vergleich von Trägheitskraft $F_{\mathrm{T}} = m \cdot a_{\mathrm{B}}$ und Schwer-, d. h. Gewichtskraft $F_{\mathrm{G}} = m \cdot g$.

Ansatz somit:

$$\left(\frac{F_{\mathrm{T}}}{F_{\mathrm{G}}}\right)_{\mathrm{G}} = \left(\frac{F_{\mathrm{T}}}{F_{\mathrm{G}}}\right)_{\mathrm{M}}$$
$$\left(\frac{m \cdot a_{\mathrm{B}}}{m \cdot g}\right)_{\mathrm{G}} = \left(\frac{m \cdot a_{\mathrm{B}}}{m \cdot g}\right)_{\mathrm{M}}$$
$$\left(\frac{a_{\mathrm{B}}}{g}\right)_{\mathrm{G}} = \left(\frac{a_{\mathrm{B}}}{g}\right)_{\mathrm{M}}$$

Übergang auf Bezugsstelle ① an Großausführung G und der geometrisch proportional gelegenen ② am Modell M gemäß Abb. 3.13: Mit $a_{\mathrm{B}} \sim \frac{c}{t} = \frac{c}{l/c} = \frac{c^2}{l}$ werden

$$\left(\frac{a_{\mathrm{B}}}{g}\right)_{\mathrm{G}} \mathrel{\hat{=}} \frac{c_1^2/l_1}{g} \quad \text{sowie} \quad \left(\frac{a_{\mathrm{B}}}{g}\right)_{\mathrm{M}} \mathrel{\hat{=}} \frac{c_2^2/l_2}{g}$$

Gleichgesetzt gemäß Ansatz:

$$\frac{c_1^2}{l_1 \cdot g} = \frac{c_2^2}{l_2 \cdot g} \quad \text{oder radiziert}$$
$$\frac{c_1}{\sqrt{l_1 \cdot g}} = \frac{c_2}{\sqrt{l_2 \cdot g}} \rightarrow Fr_1 = Fr_2$$

Das bedeutet wieder: Es muss die gleiche FROUDE-Zahl $Fr = c/\sqrt{l \cdot g}$ an Großausführung und Modell vorliegen, damit physikalische Ähnlichkeit der zugehörigen Vorgänge besteht.

EULER-Zahl
Sie folgt aus dem Verhältnis von Druckenergie E_{D} (Abschn. 2.2.5) und kinetischer Energie E_{kin} der Strömung → Energie-Maßstab:

$$\frac{E_{\mathrm{D}}}{E_{\mathrm{kin}}} = \frac{p \cdot V}{m \cdot c^2/2} = \frac{p \cdot V}{\varrho \cdot V \cdot c^2/2} = \frac{p}{\varrho \cdot c^2/2} \rightarrow \frac{p}{\varrho \cdot c^2} = Eu$$

Bemerkung: Die EULER-Zahl folgt auch aus dem Quotienten von Druckkraft F_{D} und Trägheitskraft F_{T} der Strömung.

STROUHAL-Zahl
Sie ist der Quotient von lokaler und konvektiver Beschleunigung (Abschn. 3.3.3 und 3.3.4) → Beschleunigungsmaßstab. Nach (3.2) gilt:

$$\frac{a_l}{a_k} = \frac{\partial c/\partial t}{c \cdot \partial c/\partial s} = \frac{\partial s}{c \cdot \partial t} \rightarrow \frac{s}{c \cdot t}$$

entsprechend $Sr = L/(c \cdot t)$.

Die STROUHAL-Zahl enthält somit nur kinematische Größen, die ausschließlich bei instationären Strömungen auftreten, besonders Zeit t.

3.3.2 Strömungsformen

Vorbemerkungen: Beim Untersuchen von Strömungen realer Fluide sind zwei Strömungsformen zu beobachten:

- Schichtströmung oder laminare[17] Strömung
- Wirbelströmung oder turbulente[18] Strömung

Die beiden Strömungsformen unterscheiden sich grundsätzlich, sowohl hinsichtlich des Erscheinungsbildes als auch der physikalischen Bedingungen. Die jeweilige Strömungsform wird dabei von der Strömungsgeschwindigkeit wesentlich beeinflusst.

3.3.2.1 Laminare Strömung

Die Fluidteilchen bewegen sich in wohlgeordneten, nebeneinanderlaufenden Schichten, die sich weder durchsetzen, noch miteinander mischen. Dabei können die einzelnen Schichten verschiedene Geschwindigkeiten haben und sich aneinander vorbeibewegen. REYNOLDS hat als erster diese Strömungsform durch Einleiten von Farbstoff mittels einer feinen Kanüle nachgewiesen. Dabei zieht sich von der in die Strömung eingebrachten Kanüle ein farbiger Stromfaden zwischen den Schichten entlang der Strömung, ohne seine Form zu ändern, Abb. 3.14. Laminare Strömung entsteht vor allem bei kleinen Strömungsgeschwindigkeiten. Ein Vermischen (Diffusion) der Strombahnen findet nur im mikroskopischen Bereich statt, bedingt durch die thermische Molekularbewegung (freie Weglänge) der Teilchen. Die thermische Teilchengeschwindigkeit beträgt etwa 1000 bis 2000 m/s (Abschn. 1.3.5.3). Die Fluidreibung kommt durch den molekülbedingten Impulsaustausch zustande. Dieser wirkt sich als Scherspannung (Viskosität) aus.

[17] *lamina* (lat.) Schicht, geordnet.
[18] *turbo* (lat.) Wirbel, ungeordnet. Turbulenz ... unregelmäßige, nicht exakt reproduzierbare Variation in Raum und Zeit; nur Mittlung.

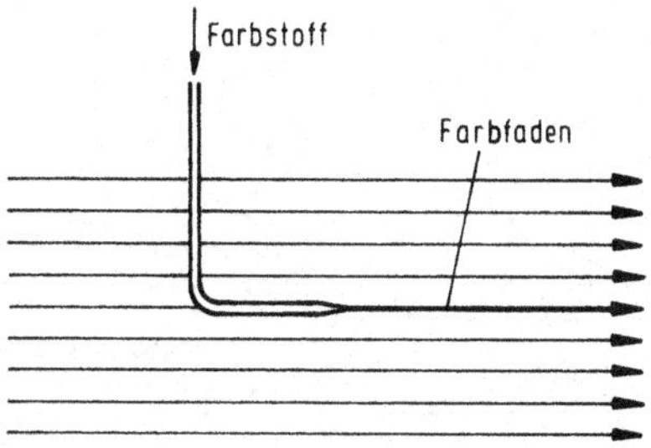

Abb. 3.14 Laminare Strömung, d. h. makroskopisch geordnete Bewegung

Allgemein wird eine Struktur mit regelmäßiger Ordnung als laminar bezeichnet. Laminare Strömungen zeichnen sich daher durch einen hohen Grad an Ordnung aus, und diffuser Transport erfolgt nur durch Teilchenbewegung, die sog. **BROWNsche Molekularbewegung**.

3.3.2.2 Turbulente Strömung

3.3.2.2.1 Grundsätzliches

Wird die Strömungsgeschwindigkeit eines laminaren Strömungsfeldes gesteigert, ändert sich das Strömungsbild ab einem kritischen Wert erheblich. Die ursprünglich stabile laminare Strömung wird instabil. Der eingebrachte Farbstoff-„Faden" führt immer stärkere unregelmäßige Querbewegungen aus, Abb. 3.15, bis er sehr schnell vollständig zerflattert. Bei der turbulent gewordenen Strömung überlagern sich der geordneten Grundströmung ungeordnete stochastische, d. h. statistisch zufallsbedingte Schwankungsbewegungen in Quer- und Längsrichtung (Strömungsrichtung). Die turbulente Strömung ist deshalb durch eine intensive Durchmischung charakterisiert. Turbulente Strömungen, immer lokal instationär, sind gut korreliert (wechselbezogen), jedoch nicht deterministisch (vorbestimmt), also zufällig ungeordnet, aber nicht völlig chaotisch. Die wohlgeordnete laminare Schichtströmung ist in die irreguläre turbulente Strömung (ungeordnet) übergegangen. Dem molekularen Impulsaustausch der laminaren Strömung überlagert sich der makroskopische der Turbulenzbewegung.

Ständig wird makroskopische Schwankungsbewegung (Turbulenz) durch Impulsübertrag letztlich in mikroskopische Bewegung (Wärme)

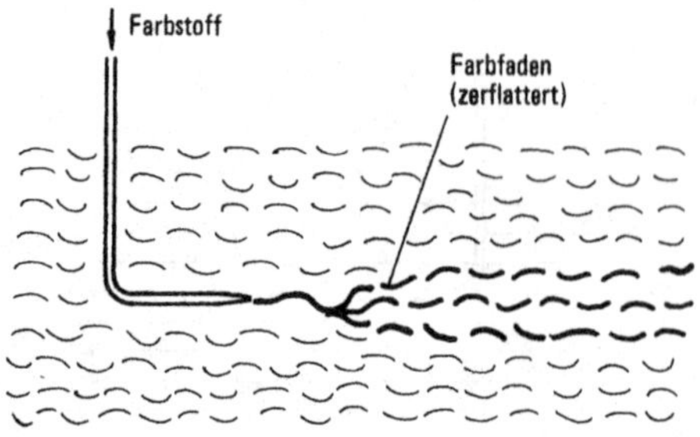

Abb. 3.15 Turbulente Strömung (makroskopisch ungeordnete Bewegung), besteht aus Haupt- und Störbewegung

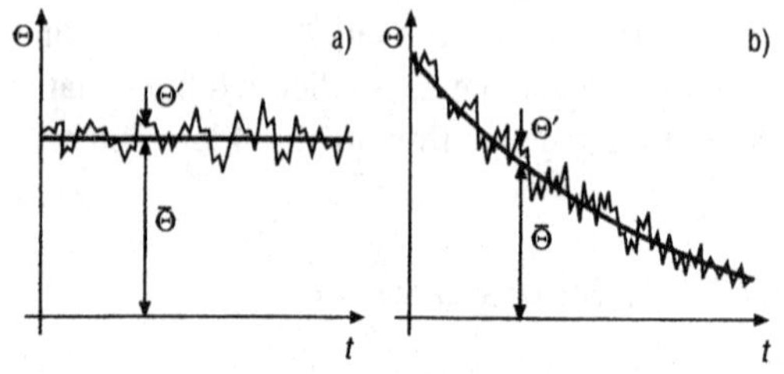

Abb. 3.16 Turbulenz (unregelmäßiges Verhalten). Messgröße an festgehaltener Orts-Stelle als Funktion der Zeit t (Prinzipdarstellung)
a) statistisch stationäre Strömung
b) statistisch instationäre Strömung
Statthaltergröße Θ steht dabei für Geschwindigkeit c oder Druck p. $\bar{\Theta}$ Mittelwert, bei Fall a) zeitlicher Mittelwert, bei Strömung b) sog. Ensemble-Mittelwert (Orts-Mittelwert). $\Theta = \bar{\Theta} + \Theta'$ Momentanwert, jeweils zur Zeit t

umgewandelt (Dissipation). Dadurch schwächt sich die Turbulenz fortwährend ab, wenn sie nicht von außen durch Energiezufuhr immer neu angefacht wird, was meist der Fall. Auswirkung der Viskosität somit

- makroskopisch betrachtet: Reibung
- mikroskopisch betrachtet: Impulsaustausch

Bei Strömungen ändert sich der Druck oft in Strömungsrichtung (Abschn. 3.3.6.3), also konvektiv mit dem Strömungsweg. Senkrecht zur Strömung (Querrichtung) dagegen ist der makroskopische Druckgradient jedoch immer null, d. h., es besteht hier keine Druckänderung.

Die Aufrechterhaltung der Turbulenz erfolgt besonders durch die Fluidreibung an den Begrenzungen (meist Wände) des Strömungsfeldes. Von den Wänden lösen sich fortlaufend dort gebildete kleine Wirbel (Fluidteilchengruppen mit Drehung) ab, die ins Fluidinnere eindringen und dadurch die Schwankungsbewegungen (Mischbewegungen) hauptsächlich verursachen. Im Kleinen (lokal) sind turbulente Strömungen infolge der unregelmäßigen Schwankungen instationär. Unter Beachten der zeitlichen Strömungsmittelwerte, d. h. im Großen (global) betrachtet, können sie jedoch als stationär angesehen werden.

Den Mittelwerten von Geschwindigkeit und Druck ($\bar{\vec{c}}, \bar{p}$) sind unregelmäßige Schwankungen ($\vec{c}', p'$) überlagert. Die Momentanwerte von Geschwindigkeit und Druck betragen daher $\vec{c} = \bar{\vec{c}} + \vec{c}'$ und $p = \bar{p} + p'$ (Abb. 3.16).

Die etwas chaotischen (Chaostheorie), d. h. regellosen, letztlich nicht berechenbaren statistischen Schwankungswerte $\vec{c}', p'$ sind bei laminarer Strömung mikroskopisch klein und bewirken durch Querdiffusion nur den Ausgleich von Konzentrations- sowie Temperaturunterschieden. Die Strömung ist jedoch stabil und die Reibung daher gering.

Bei turbulenter Strömung sind die Schwankungswerte dagegen von makroskopischer Größe, also wesentlich größer als bei laminarer Strömung, wenn auch um Dekaden, kleiner als die Strömungsmittelwerte. Die turbulente Strömung ist daher nur in ihren Mittelwerten stabil. Die unregelmäßigen Schwankungswerte sind das Charakteristikum der turbulenten Strömung und bewirken durch den starken Impulsaustausch die wesentlich erhöhte Reibung (Schubspannung).

Die Fluktuationen (Schwankungen) der Turbulenz erfolgen im Kilohertz- und Millimeterbereich. Sie werden auch als **Kleinturbulenz** bezeichnet, im Gegensatz zur **Großturbulenz** (Wirbelbereiche, Ablösegebiete, Toträume → Abschn. 3.3.4).

Wie die Turbulenz aus der Laminarbewegung entsteht, ist letztlich noch nicht einwandfrei analytisch geklärt (Stabilitätsproblem). PRANDTL entwickelte die Theorie, nach der Turbulenzen aus dünnen Fluid-Randschichten des Strömungsfeldes entstehen, die sich entlang der Begrenzungswände bilden, den sog. **Grenzschichten** (*Grenzschichttheorie*).

Beim *Entstehen der Turbulenz* wird zwischen drei Phasen unterschieden:

1. Anfachen kleiner Störungen.
2. Entstehen örtlicher Turbulenzstellen.
3. Anwachsen und Ausbreiten der lokalen Turbulenzbereiche bis zur voll ausgebildeten turbulenten Strömung. Die Viskositätskräfte steigen linear, die Turbulenzkräfte quadratisch mit der Geschwindigkeit, weshalb diese bei höheren Geschwindigkeiten (gemäß $\geq Re_{\mathrm{kr}}$, Abschn. 3.3.2.2.4) überwiegen und die Strömung turbulent bleibt.

Zusammenfassung: Turbulente Strömungen sind insgesamt durch folgende Eigenschaften gekennzeichnet:

- zeitabhängig
- unregelmäßig
- mischungsintensiv
- dreidimensional
- drehungsbehaftet
- dissipativ

Die charakteristischen makroskopischen Längen (Abmessungen des Strömungsgebietes) sind meist sehr viel größer als die kleinsten Wirbel der turbulenten Strömung. Die Größe der kleinsten Turbulenzelemente verringert sich mit wachsender REYNOLDS-Zahl. Die theoretische und numerische Behandlung des Phänomens Turbulenz ist daher äußerst schwierig sowie aufwendig, wenn letztlich überhaupt möglich (siehe Benutzer-Hinweise).

3.3.2.2.2 Turbulenzgrad

Der **Turbulenzgrad** ***Tu*** ist das Maß für die Intensität der Turbulenz und definiert:

$$Tu = \frac{\sqrt{\frac{1}{3}\left(\overline{c_x'^2} + \overline{c_y'^2} + \overline{c_z'^2}\right)}}{c_\infty} \tag{3.46}$$

Dabei sind c_x', c_y', c_z' die Komponenten der stochastischen[19] turbulenten Schwankungsgeschwindigkeit c' und $\overline{c_x'}$, $\overline{c_y'}$, $\overline{c_z'}$ die zugehörigen Schwankungs-Mittelwerte, die gemäß Definition null sind, da positive und negative Werte (Richtungen) sich ausgleichen (aufheben). Dagegen sind die zeitlichen Mittelwerte der Quadrate dieser Schwankungsgeschwindigkeiten, also $\overline{c_x'^2}$, $\overline{c_y'^2}$ und $\overline{c_z'^2}$ praktisch immer ungleich null. Die Minuszeichen der negativen Werte entfallen durch das Quadrieren vor der Mittelwertbildung.

Wie bereits erwähnt, ist die turbulente unregelmäßige Schwankungsbewegung (Nebenströmung) der Grundströmung (Hauptströmung), als zeitlicher Mittelwert der Strömungsgeschwindigkeit, überlagert. Die **turbulente Strömungsgeschwindigkeit** $\vec{c}$ hat demnach die Form:

$$\vec{c} = \bar{\vec{c}} + \vec{c}' \tag{3.47}$$

Bei **isotroper Turbulenz**, die meist näherungsweise vorliegt, ist

$$\overline{c_x'^2} = \overline{c_y'^2} = \overline{c_z'^2}$$

und dazu der Turbulenzgrad:

$$Tu = \sqrt{\overline{c_x'^2}}/c_\infty \tag{3.48}$$

Bei üblichen turbulenten Strömungen hat der *Turbulenzgrad* Werte von $Tu \approx 0{,}1$. Turbulenzarme Strömungen haben Werte von $Tu \leq 0{,}01$. Gute Windkanäle beispielsweise erreichen $Tu \approx 0{,}5 \cdot 10^{-3}$, verwirklicht durch mehrere, quer zur Strömungsrichtung hintereinander angeordnete feinmaschige Beruhigungsgitter (Siebe).

Die kritische REYNOLDS-Zahl, bei welcher der Übergang laminar-turbulent erfolgt, ist in großem Bereich vom Turbulenzgrad abhängig. Erreicht der Turbulenzgrad jedoch den geringen Wert von 0,1 %, sog. **kritischer Turbulenzgrad**, bleibt Re_{kr} auch bei weiter fallendem Turbulenzgrad konstant. Das bedeutet, oberhalb $Tu = 0{,}1\,\%$ wird der Umschlag durch äußere Störungen herbeigeführt, z. B. durch turbulente Schwankungsbewegungen der Windkanal-Zuströmung, unterhalb durch die nach der Theorie von TOLLMIEN vorausgesetzten inneren, etwa sinusförmigen Störungswellen. Die kritische REYNOLDS-Zahl beträgt dabei etwa im Bereich $Re_{\mathrm{kr}} = (1 \ldots 3) \cdot 10^6$.

[19] stochastisch … zufallsbedingt
Stochastik … Teilgebiet der Statistik, das sich mit der Analyse zufallsbedingter Ereignisse befasst.

Um die Schwankungsgeschwindigkeiten c'_x, c'_y, c'_z zu messen, werden hauptsächlich *Hitzdrahtanemometer* eingesetzt. Prinzip solcher Messsonden: Ein dünner elektrischer Draht (meist Gold von ungefähr 2 µm Durchmesser) ist der Strömung ausgesetzt. Er kühlt sich, abhängig von der Umströmungsgeschwindigkeit, mehr oder weniger stark ab und verändert dadurch seinen elektrischen Widerstand, der damit ein Maß für die Strömungsschwankung ist. Nach entsprechender Kalibrierung misst er infolge seiner sehr geringen Masse praktisch trägheitslos die normal zu seiner Achse auftretenden Geschwindigkeitsschwankungen. Anwendbar sind solche Geräte bei Strömungsgeschwindigkeit über etwa 1 m/s.

Ein anderes Verfahren ist die LASER-DOPPLER[20]-Anemometrie, abgekürzt LDA, bei dem kein Messgeber in die Strömung eingebracht werden muss. Hier wird die Geschwindigkeit über Laserstrahlablenkung (DOPPLER-Effekt) durch in der Strömung sich mitbewegende kleinste Verunreinigungen gemessen, die meist vorhanden sind. Das erfordert jedoch durchsichtige Wände und aufwendige Apparaturen sowie gegebenenfalls Beigabe von Streuteilchen.

Turbulenzfrequenzen (Geschwindigkeits- und Druckschwankungen, teilweise im hörbaren Bereich) betragen bei

Flüssigkeiten ca. 5 bis 50 kHz
Gasen, Dämpfen ca. 10 bis 100 kHz

Dabei gibt es Schwankungswege in der Größenordnung von ca. 10^{-3} m.

3.3.2.2.3 Scheinbare Viskosität η_t

Durch die bei der Turbulenz vorhandenen stochastischen Quer- oder Mischungsbewegungen erfolgt ein Impulsaustausch. Die dabei auftretenden teilelastischen Stöße zwischen den Fluidteilchen verursachen, dass mechanische Energie verloren geht, die in Wärme umgesetzt wird (Dissipation). Bei diesen Stoßvorgängen wird also kinetische Energie der (geordneten) Strömung in kinetische Energie der (ungeordneten) Wärmebewegung – molekularkinetische Gastheorie – überführt. Aus makroskopischen Schwankungen werden mikroskopische. Die Turbulenz bewirkt dadurch einen zusätzlichen Strömungswiderstand, eine sog. turbulente Scheinreibung. Außerdem besteht die Vorstellung, dass in einem turbulent strömenden Medium ständig kleine „Fluidballen" von wandnahen Stromlinien (Grenzschicht) von solchen der Kernströmung (Außenschicht) verdrängt werden und umgekehrt. Beschleunigung, bzw. Verzögerung der kleinen verdrängten Fluidballen ist die Folge, was mechanische Energie verbraucht (Impulsaustausch). Die ständig neu entstehenden Turbulenzballen zerfallen ebenso wieder fortlaufend unter Wärmeerzeugung. Die turbulente Strömung verhält sich daher so, als ob sie eine zusätzliche Viskosität (Reibung) zu überwinden habe.

Basierend auf diesem Wirbelviskositätsprinzip (Hypothese) von BOUSSINESQ[21] kann entsprechend dem NEWTONschen Fluidreibungsgesetz, (1.15), formal gesetzt werden:

$$\tau_t = \eta_t \cdot \partial c / \partial n \qquad (3.49)$$

In diesem Spannungsansatz sind:

τ_t ... Schubspannung, durch die Turbulenz hervorgerufen (Abschn. 4.1.6.1.2)
η_t ... scheinbare Viskosität infolge Turbulenz
n ... Normalrichtung zur mittleren Strömungsgeschwindigkeit $\vec{c}$

Die **Scheinviskosität** η_t, auch als turbulente Austauschgröße oder **Turbulenz**viskosität bezeichnet, ist keine physikalische Stoffgröße, sondern als sog. *Impulsaustauschgröße* maßgeblich von der Turbulenzstärke und damit vom örtlichen Strömungszustand (Turbulenzstruktur) abhängig, also vom Turbulenzgrad. Allgemeingültige Zahlenwerte anzugeben ist deshalb nicht möglich. Meistens ist jedoch $\eta_t \gg \eta$. Der Strömungswiderstand infolge Turbulenz ist somit wesentlich größer als der infolge (laminarer) Reibung (Viskosität). Der Strömungsverlust turbulenter Strömungen ist daher in der Regel bedeutend größer als der laminarer. Oftmals beträgt η_t das 100-

[20] DOPPLER, Christian (1803 bis 1858), österr. Physiker und Mathematiker.

[21] BOUSSINESQ, Valientin-Josef (1842 bis 1929), frz. Mathematiker und Physiker.

bis über 1000-fache von η; beim Freistrahl z. B. 1400-fach. Deshalb ist bei turbulenter Strömung die Laminar-, d. h. Molekularviskosität η meist vernachlässigbar.

$\nu_t = \eta_t/\varrho$ **Turbulenz-** oder **Wirbelviskosität**

Die gesamte Schubspannung, die Gesamtscherspannung τ_{ges} einer turbulenten Strömung ist daher:

$$\tau_{ges} = (\eta + \eta_t) \cdot \frac{\partial c}{\partial n} = \eta_{ges} \cdot D \qquad (3.50)$$

Hierbei könnte $(\eta + \eta_t) = \eta_{ges}$ als **Effektiv-** oder **Gesamtviskosität** bezeichnet werden. Gemäß Abschn. 1.3.5.1 ist $D = \partial c/\partial n$ das Geschwindigkeitsgefälle.

Es werden auch bezeichnet:

- $\tau = \eta \cdot \partial c/\partial n$ als laminare, mikroskopische oder molekulare Schubspannung. Sie ist, wie erwähnt, bedingt durch den laminaren Impulsaustausch (mikroskopisch) infolge molarer (thermischer) Schwankungsbewegungen, die immer vorhanden sind und deshalb auch bei laminarer Strömung (Abschn. 1.3.5.1).
- $\tau_t = \eta_t \cdot \partial c/\partial n$ als turbulente oder makroskopische Schubspannung, bedingt durch die turbulenten (makroskopisch) Schwankungsbewegungen (Abschn. 4.1.6.1.2 und 4.3.1.6).

Das Prinzip der Wirbelviskosität τ_t nach BOUSSINESQ beruht auf der Annahme, dass – analog zu den laminaren Schubspannungen – die turbulenten Spannungen ebenfalls proportional zu den Deformationsgeschwindigkeiten (Schergefälle) der Strömung sind. Der Hintergrund der Wirbelviskositätsannahme ist also die Modellvorstellung des Impulsaustausches durch fluktuierende Wirbel in turbulenten Strömungen, analog dem Impulsaustausch der Moleküle bei laminaren Strömungen, der molaren Viskosität. Größere Wirbel zerfallen ständig in immer kleinere, bis letztlich nur die thermische Bewegung der Moleküle (Wärme) gemäß der kinetischen Stoff-Theorie verbleibt → Energiekaskade. Die Wirbel und damit die Turbulenz muss daher ständig neu angefacht werden, was entsprechenden Energieaufwand erfordert, der sich als Verlust ausdrückt. Mechanische Energie wird in thermische transferiert (makroskopische in mikroskopische Bewegung).

Strömungsumschlag Nach Versuchen ist die Strömungsform und damit der Übergang von laminarer zu turbulenter Strömung maßgeblich durch folgende Einflussgrößen bestimmt:

- Strömungsgeschwindigkeit c,
- Fluidart, gekennzeichnet durch die Eigenschaften Dichte ϱ und dynamische Viskosität η,
- Geometrische Abmessungen des Strömungsfeldes bzw. -vorganges,
- Störungen der Strömung, wie z. B. zufällige, praktisch immer vorhandene Unregelmäßigkeiten, Erschütterungen, Schallwellen.

Durch diese Größen wird jedoch auch die REYNOLDS-Zahl gebildet. Die REYNOLDS-Zahl ist daher die hauptsächliche Kenngröße für die Strömungsform und den Umschlag von laminarer in turbulente Strömung. Der Umschlag erfolgt bei der sog. **kritischen REYNOLDS-Zahl** $\boldsymbol{Re_{kr}}$.

3.3.2.2.4 Kritische Reynolds-Zahl

Der Umschlag laminar-turbulent ist ein Stabilitätsproblem und auf die entstehende Instabilität der Laminarströmung zurückzuführen. Er ist von der Art des Strömungvorganges abhängig, der Vorturbulenz des Fluids und anderen Einflüssen, z. B. Erschütterungen, Oberflächenrauigkeit. Die kritische REYNOLDS-Zahl muss experimentell ermittelt werden. Für die beiden Gruppen Innen- und Außenströmungen ergibt sich aufgrund von Messwerten:

Innenströmungen (Rohr- und Kanalströmungen)

$$\boldsymbol{Re_{kr} = \frac{c_{kr} \cdot D}{\nu} = 2320 \approx 2300} \qquad (3.51)$$

Mit

c_{kr} ... kritische Strömungsgeschwindigkeit
D ... Rohr- oder gleichwertiger Durchmesser D_{gl} (Vergleichsdurchmesser, Abschn. 4.1.1.4.1).

Daraus folgt

$Re < 2320$ Laminarströmung
$Re \geq 2320$ Turbulenzströmung

Hinweis: Tab. 6.11.

Unter günstigen Bedingungen, d. h. Strömungen ohne jede Vorturbulenz bei völlig erschütterungsfreier Anordnung und ohne sonstigen störenden Einflüssen, kann laminares Verhalten bis *Re*-Zahlen von ca. 10.000 aufrechterhalten werden. Manche Forscher verwirklichten laminare Strömung sogar bis $Re = 50.000$. Bei der geringsten Störung, z. B. Erschütterung, schlägt diese labile laminare Strömung jedoch in turbulente um und kehrt nicht mehr zurück. Oberhalb dieser Werte liegt demnach immer turbulente Strömung vor. Dagegen besteht in der Technik erst unterhalb $Re = 2320$ immer laminare Strömung, was allerdings nur selten auftritt. Die Strömung ist hier stabil laminar. Durch äußere Einflüsse verursachte Störungen (Wirbel) „beruhigen sich", d. h. sie verschwinden langsam und die Strömung wird wieder laminar (sie kehrt zurück).

Allgemein kann deshalb definiert werden:

$Re < Re_{kr}$ stabiles laminares Verhalten; **unterkritischer Fall**. Wird in diesem Bereich eine Strömung gestört, z. B. durchgerührt, so klingt diese Störung mit wachsender Entfernung von der Störstelle ab und die Strömung wird wieder laminar.

$Re > Re_{kr}$ labiles laminares Verhalten. Bei der geringsten Störung schlägt die laminare Strömung, sofern vorhanden, in turbulente um und wird nicht mehr laminar. Technische Innenströmungen sind daher bei $Re > Re_{kr}$ immer turbulent; **überkritischer Fall**.

$Re = Re_{kr}$ **kritischer Fall**. Dieser Grenzfall wird meist beim überkritischen eingruppiert.

Außenströmungen (Umströmungen)

$$Re_{kr} = (c \cdot L_{kr})/\nu \qquad (3.52a)$$

Widerstandskörper:[22]

$$Re_{kr} = 3 \cdot 10^5 \text{ bis } 5 \cdot 10^5 \text{ (bis } 3 \cdot 10^6) \qquad (5.52b)$$

Auftriebskörper (Flügel-Profile):

$$Re_{kr} = (0{,}5 \text{ bis } 1{,}5 \text{ bis } 5) \cdot 10^5 \qquad (5.52c)$$

L_{kr} ... kritische Körpertiefe in Strömungsrichtung, davor laminar, danach turbulent.

Während bei technischen Innenströmungen eine relativ scharfe Grenze für den Umschlag festliegt, ist dies bei Außenströmungen nicht der Fall. In der Regel erfolgt der Umschlag an der Stelle des Druckminimums am umströmten Körper.

Widerstandskörper sind solche, die nur Strömungswiderstand verursachen. Profil- oder Auftriebskörper (Tragflügel) dagegen erzeugen sowohl Auftrieb (Querkraft), ihre eigentliche Aufgabe, als auch unvermeidlichen Widerstand (Abschn. 4.3.3).

Bei technischen Umströmungen von Widerstandskörpern mit der Länge L in Strömungsrichtung liegt der *Umschlagspunkt* normalerweise zwischen $Re = 3 \cdot 10^5$ bis $5 \cdot 10^5$, also Umströmung meist:

$$Re = c \cdot L/\nu < 3 \cdot 10^5 \text{ bis } 5 \cdot 10^5 \text{ laminar}$$
$$Re = c \cdot L/\nu \geq 3 \cdot 10^5 \text{ bis } 5 \cdot 10^5 \text{ turbulent}$$

Turbulente Umströmung bedeutet laminare Anfangsströmung bis Weglänge (kritischer Wert):

$$L_{kr} = (Re_{kr} \cdot \nu)/c$$

dann Umschlag und danach turbulentes Weiterströmen.

Je stärker die Vorturbulenz, desto früher erfolgt der Umschlag. Bei besonders störungsfreier Außenströmung kann der Umschlagspunkt bis auf $Re_{kr} = 3 \cdot 10^6$ hinausgeschoben werden.

Bemerkungen:

1. Da sich die REYNOLDS-Zahl auch aus dem Verhältnis von Trägheits- und Viskositätskraft, (3.41), ergibt, kann festgestellt werden: Bei Strömungen mit
   - *kleinen Re-Werten*: Viskositätskraft überwiegt (viskose Strömungen), also η bestimmende Stoffgröße.
   - *großen Re-Werten*: Trägheitskraft überwiegt (träge Strömungen), d. h. ϱ bestimmende Stoffgröße.

[22] Der eingeklammerte Bereich gilt für Sonderfälle.

2. *Schleichende Strömungen*
   Schleichende Fluidbewegungen sind Strömungen mit sehr kleinen *Re*-Zahlen. Im Allgemeinen wird $Re \leq 1$ als Grenze festgelegt. Solche vollausgebildeten Viskositätsstörungen sind z. B.
   - Kapillarströmungen (eindimensional),
   - Schmierschichtströmungen (zweidimensional),
   - STOKESsche Kugelumströmung (dreidimensional).
3. Technische Strömungen sind, wie die Berechnung ergibt und die Erfahrung, bzw. der Versuch bestätigt, fast durchweg turbulent. Eine der wenigen technischen Ausnahmen ist die Strömung in Warmwasserheizungen.
   Grund: Geräuschvermeidung, da Turbulenz-Druckschwankungen hörbar.

3.3.3 Grenzschichttheorie

3.3.3.1 Grundsätzliches

Nach der *Haftbedingung* (Abschn. 1.3.3) nimmt die eine Begrenzungswand berührende Fluidschicht (Monomolekularschicht) infolge Adhäsionswirkung deren Geschwindigkeit an. Bei den üblichen Fluiden geht der Wandeinfluss jedoch sehr schnell zurück und hört in meist vergleichsweise kleinem Abstand praktisch auf.

Von einem NEWTONschen Fluid darf angenommen werden, dass es sich in genügender Entfernung von einer festen Begrenzungswand bzw. von der Oberfläche eines eingetauchten Körpers nahezu wie ein ideales Fluid verhält, wenn von der Turbulenzwirkung abgesehen wird. Bei geringer Viskosität kann die Fluidreibung nach dem NEWTON-Reibungsgesetz nur dann einen merklichen Einfluss ausüben, sofern ein großes Geschwindigkeitsgefälle vorhanden ist. Im äußeren Strömungsbereich ist dies im Allgemeinen nicht der Fall, wohl aber im Randbereich, d. h. in unmittelbarer Wandnähe. Während also das Fluid an der Wand haftet und dort deren Geschwindigkeit annimmt, erreicht diese schon in geringem Wandabstand fast den Wert der reibungsfreien Bewegung. Zwischen der Wand einerseits und der äußeren, annähernd reibungsfreien Strömung andererseits befindet sich daher eine dünne Übergangsschicht, die sog. **Reibungs-, Rand-** oder **Grenzschicht.** In dieser relativ dünnen Grenzschicht vollzieht sich somit der Übergang von der Wandgeschwindigkeit etwa zum Wert der äußeren Strömung.

Nach dieser sog. *Grenzschichttheorie* kann demnach das Strömungsfeld in zwei, allerdings nicht scharf voneinander getrennte Bereiche eingeteilt werden:

a) Äußerer Bereich (Außenströmung), in dem angenähert konstante Geschwindigkeit und damit nahezu reibungsfreie Bewegung herrscht. Hier gelten bei Wirbelfreiheit die Gesetze der Potenzialströmung → nichtviskoses Gebiet. Bei Turbulenz ist jedoch der dadurch bedingte, verlustbehaftete Impulsaustausch vorhanden (Abschn. 3.3.2.2.3).
b) Grenzschicht (Randströmung) mit steilem Geschwindigkeitsanstieg, in welcher die Gesetze der viskosen Fluidbewegung – exakt durch NAVIER-STOKES-Gleichungen beschrieben – maßgebend sind. Infolge des hohen Geschwindigkeitsgradienten treten trotz kleiner Fluidviskosität in der Grenzschicht meist erhebliche Reibungswirkungen auf (viskoses Gebiet).

Auch Großwirbel-Gebiete gehören, falls vorhanden, zu den Reibungsbereichen, die meist erhebliche Strömungsverluste bewirken.

Innerhalb der Grenzschicht sind bei kleiner Viskosität, d. h. üblichen Fluiden, Reibungs- und Trägheitskräfte, besonders bei Turbulenz, etwa von gleicher Größenordnung. Außerhalb (Kernströmung) ist praktisch nur noch die Turbulenz-Trägheitskraft von Bedeutung und die Viskositätskraft vernachlässigbar.

Die Fluidviskosität wirkt sich deshalb direkt fast ausschließlich in der Grenzschicht aus, während ihre Wirkung in der Außenströmung direkt ohne Bedeutung ist, aber von indirektem Einfluss über die Turbulenz. Auch bleibt der Druck in der Grenzschicht in Querrichtung praktisch konstant. Der Druck wird der Grenzschicht gleichsam von der Außenströmung aufgeprägt [40].

Das große Verdienst von L. PRANDTL[23] besteht darin, diese Trennung zwischen Außen- und Randströmung erstmals vorgenommen und damit die Strömungsvorgänge insbesondere in der Grenzschicht einer theoretischen Behandlung, der Grenzschichttheorie, zugänglich gemacht zu haben. Die Überlegungen führen zu der sog. PRANDTLschen Grenzschichtgleichung (Abschn. 4.3.1.4).

3.3.3.2 Grenzschichtdicke δ

Die Definition der Grenzschichtdicke ist in gewisser Weise willkürlich, da sich der Übergang der Geschwindigkeit in die Außenströmung asymptotisch vollzieht. Praktisch ist dies jedoch bedeutungslos, da die Geschwindigkeit, wie erwähnt, in der Grenzschicht i. Allg. bereits in sehr kleinem Wandabstand fast die Geschwindigkeit der Außenströmung erreicht.

Als *Grenzschichtdicke* δ wird in der Regel der Wandabstand definiert, an dem sich die Geschwindigkeit nur noch um 1 % vom Wert der Außenströmung unterscheidet, Abb. 3.17.

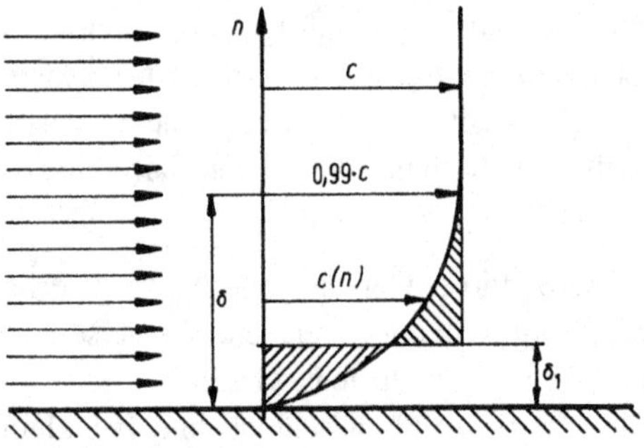

Abb. 3.17 Grenzschichtdicke δ und Verdrängungsdicke δ_1

3.3.3.3 Verdrängungsdicke δ_1

Statt der Grenzschichtdicke δ wird oft auch die Verdrängungsdicke δ_1 verwendet. Diese ist nach SCHLICHTING [40] definiert:

$$\delta_1 = \frac{1}{c_\infty} \int\limits_{n=0}^{\infty} (c_\infty - c\,(n))\mathrm{d}n \qquad (3.53)$$

[23] Vortrag über Grenzschichttheorie auf dem Internationalen Mathematiker-Kongress in Heidelberg 1904. PRANDTL, Ludwig (1875 bis 1953), dt. Physiker und Ingenieur.

Mit

c_∞ … Geschw. bei $n \to \infty$. Praktisch ist $c \approx c_\infty$ mit c bei $n \geq \delta$.

n … Normalenrichtung zur Wand (Abb. 3.17).

Die *Verdrängungsdicke* δ_1 gibt an, um welchen Betrag die Stromlinie der äußeren Strömung durch die Grenzschicht nach außen verschoben werden (Verdrängungswirkung der Grenzschicht). Infolge der geringeren Geschwindigkeit in der Grenzschicht ist hier die strömende Fluidmenge kleiner als im Außenbereich. Dieser Versperrungseffekt lässt sich bei unverändert angenommener Geschwindigkeit (dünne Linie in Abb. 3.17) interpretieren als Erhöhung der Wand um die Verdrängungsdicke. Bei längs angeströmten Platten z. B. beträgt die Verdrängungsdicke δ_1 bei laminar etwa 1/3 und bei turbulent ca. 1/8 der Grenzschichtdicke δ.

3.3.3.4 Grenzschichtströmung

Die Strömung in der Grenzschicht selbst kann ebenfalls laminar oder turbulent sein, Abb. 3.18. Dabei ist der Geschwindigkeitsanstieg in der turbulenten Grenzschicht und damit die Strömungsenergie (kinetische Energie) wesentlich größer als in der laminaren. Dies hat zur Folge, dass der Strömungswiderstand nach dem NEWTONschen Reibungsgesetz bei turbulenter Grenzschicht erheblich größer ist als bei laminarer (Nachteil), und zwar bis ca. fünffach. Da der turbulenten Grenzschicht durch Impulsaustausch mit der Außenströmung andererseits immer wieder Energie

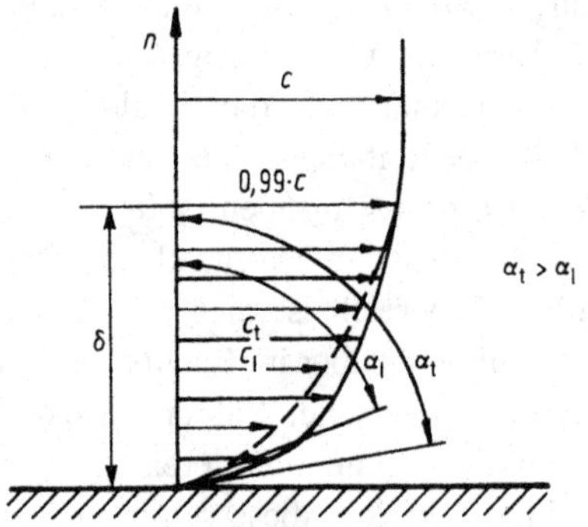

Abb. 3.18 Laminare (– – –) und turbulente (——) Grenzschichtströmung (Geschwindigkeitsverlauf oder -profil). Indizes: l laminar; t turbulent

zugeführt wird, wodurch sich der steilere Geschwindigkeitsanstieg begründet, ist sie weniger ablösungsgefährdet, d. h. ablösungsunempfindlicher als eine laminare Grenzschicht (Vorteil). Die turbulente Grenzschicht überwindet deshalb ohne Ablösung etwa den dreifachen Druckanstieg der laminaren, falls vorhanden. Zudem ist der Wärmeübergang bei turbulenter Strömung, bedingt durch die überlagerte Schwankungsbewegung, ein Vielfaches des bei laminarer.

Geschwindigkeitsverteilung, Potenzgesetze

laminar $c_l(n)/c = 1 - [(\delta - n)/\delta]^2$ (3.54)

turbulent $c_t(n)/c = (n/\delta)^m$ (3.55)

mit Exponent $m \approx 1/7 \rightarrow 1/7$-Geschwindigkeits-Gesetz.

Die Geschwindigkeitsverteilung der turbulenten Grenzschicht kann oft besser durch eine entsprechend gestaltete logarithmische Funktion, das sog. **Logarithmusgesetz**, angenähert werden, hergeleitet mit Impuls- und Energiesatz. Diese logarithmische Verteilung ist zudem vollständig stetig. Das bedeutet z. B. ohne Knick in der Mitte von Rohren, der beim 1/7-**Potenzgesetz** auftritt.

Wie bei der turbulenten Außenströmung, sind auch bei der turbulenten Grenzschichtströmung entlang der Wand der Grundgeschwindigkeit Schwankungskomponenten in Längs- und Querrichtung überlagert. Infolge Haftbedingung, des dämpfenden Einflusses und Undurchlässigkeit verschwinden diese jedoch direkt an der Wand. Darüber hinaus sind diese in unmittelbarer Wandnähe sehr klein und gehen gegen null. Hieraus folgt, dass bei jeder turbulenten Grenzschicht unmittelbar in Wandnähe eine sehr dünne laminare Unterschicht (viskose Schicht) vorhanden ist, deren Dicke etwa 2 bis 5 % der gesamten Grenzschicht beträgt. Bei NEWTONschen Fluiden ist dabei der Einfluss der Viskosität auf die Unterschicht beschränkt, während im Hauptbereich der Grenzschicht (Oberschicht) die Turbulenz von Bedeutung ist. Den Aufbau der turbulenten Grenzschicht zeigt Abb. 3.19. Der Umschlag der Grenzschicht von laminar in turbulent ist ein Stabilitätsproblem. Die Berechnung des Umschlagpunktes stellt sich als eines der schwierigsten Probleme der Fluidmechanik dar (Grenzschicht-Differenzialgleichungen) und ist deshalb mathematisch noch nicht exakt gelöst. Meist sind langwierige komplizierte Experimente notwendig. Dies ist auch durch die laminare Unterschicht und deren Übergang zur turbulenten Hauptschicht bedingt. Die Zwischen-, d. h. Übergangszone laminar/turbulent ist mathematisch kaum zu fassen. Als Anhaltspunkt kann gelten: Der Umschlagspunkt liegt annähernd an der Stelle des Druckminimums der Außenströmung, die oft, wie erwähnt, genügend genau als Potenzialströmung aufgefasst werden kann.

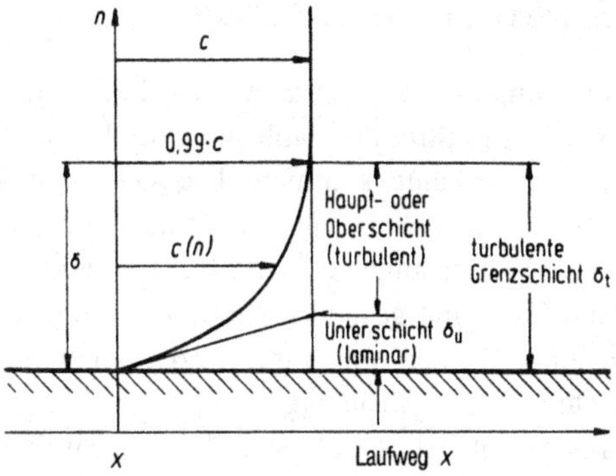

Abb. 3.19 Turbulente Grenzschicht

Bei laminarer Grenzschicht wird von unterkritischer Strömung gesprochen. Überkritischer Zustand besteht, wenn sich außer der laminaren Grenzschicht infolge Umschlag auch noch turbulente anschließt (Abb. 3.20). Der Übergang vom unter- zum überkritischen Zustand erfolgt bei umso kleinerer REYNOLDS-Zahl (3.52a)–(5.52c), je schlanker der umströmte Körper oder/und je turbulenter die Zuströmung ist. Bei scharfkantigen Körpern dagegen erfolgt der Umschlag sofort an dessen Spitze, welche immer als Turbulenzkante wirkt (Abschn. 3.3.4). An dieser **Stolperkante** wird die Grenzschicht schlagartig turbulent. Eine Schneide kann im Vergleich zur Größe der Moleküle bzw. Molekülgruppen nicht so scharf sein, dass Fluidteilchen nicht dagegenstoßen und dadurch zu seitlicher Bewegung sowie Drehung veranlasst werden, also Turbulenz verursachen.

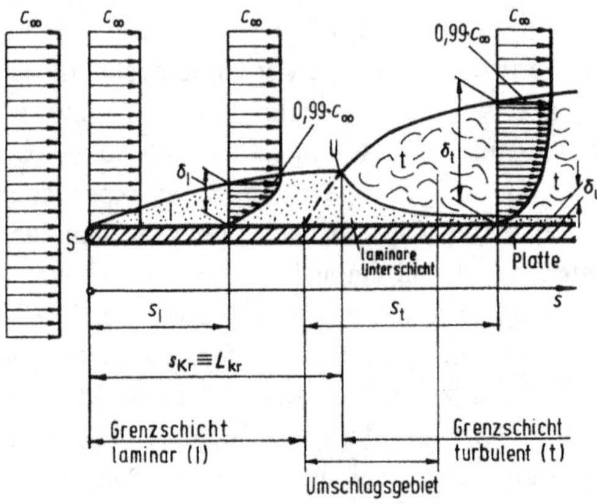

Abb. 3.20 Grenzschichtausbildung an ebener Platte. S Staupunkt, auch als Anlegestelle(-kante) bezeichnet. U Umschlagpunkt.
Index: l laminar, t turbulent, kr kritisch

Bei ungünstiger, d. h. schräger Anströmung kann es sogar zur Strömungsablösung direkt ab der Körpervorderkante kommen. Die Grenzschicht entfernt sich dabei von der Wand, und ein Wirbel-Rückströmgebiet entsteht, das sich zwischen Wand und gesunder Außenströmung legt. Die spitze Körpervorderkante wird dann zur Abreißstelle für die Strömung.

Insgesamt ist somit zwischen **Turbulenz-** und **Abreißkanten**(-stellen) zu unterscheiden. An Turbulenz- oder Stolperkanten(-stellen) wird die Grenzschicht turbulent (Umschlag laminar in turbulent), an Abreißkanten(-stellen) löst sie sich vom Körper ab.

Das Entstehen und der Umschlag von laminarer zu turbulenter Grenzschicht lassen sich am besten an der Plattenströmung verdeutlichen. Eine angerundete (Nase), theoretisch unendlich große Platte soll so in ein Strömungsfeld eingebracht werden, dass sie in Längsrichtung angeströmt wird. Von der angeströmten Plattennase (Staupunkt S) ausgehend bildet sich beiderseits der Platte eine Grenzschicht aus. In Abb. 3.20 ist nur auf einer Plattenseite die Grenzschicht in maßstäblich vergrößerter Dicke gezeichnet. Die sich entwickelnde Grenzschicht ist auch bei turbulenter Außenströmung anfänglich laminar, da durch den Viskositätseinfluss in Wandnähe die Schwankungskomponenten unterdrückt werden. Die Grenzschicht wächst in Strömungsrichtung entlang der Wand ständig. Nach einer gewissen Lauflänge wird die Grenzschichtströmung instabil, da die in der Strömung wirkenden Reibungskräfte nicht mehr zur Dämpfung der immer vorhandenen und größer werdenden Störungen, der sog. TOLLMIN-SCHLICHTING-Instabilität, ausreichen. Es kommt zum Umschlag laminar in turbulent. Hinter dem Umschlagspunkt U ist die Grenzschicht turbulent. Sie besteht aus der turbulenten Oberschicht mit laminarer Unterschicht, die auch als viskose (Unter-)Schicht bezeichnet wird. Hier überwiegen die viskosen Kräfte, ja sogar ausschließlich vorhanden.

Genähert

$$\delta_u/\delta = 77 \cdot Re_x^{-0,7} \tag{3.55a}$$

mit $Re_x = c_\infty \cdot x/\nu$ der sog. Lauflängen REYNOLDS-Zahl Re_L, wobei x Laufweg der Strömung, zugehörig zu δ_u, Abb. 3.19.

Bei der ausgebildeten Turbulenz lösen sich laufend Fluidteile mit Drehbewegung ab, die von der Hauptströmung beschleunigt werden, während gleichzeitig andere Teilchenballen von der Grenzschicht zwischen Grenzschicht und Hauptströmung erfasst und abgebremst werden. Dieser fortlaufende Mediumsaustausch bildet dann die eigentliche Ursache des Strömungswiderstandes – Scheinreibung durch turbulente Vermischung, sog. Impulsaustausch oder besser Impulsübertragung, bei Abschn. 4.1.6.2, turbulente Rohrströmung. Er erstreckt sich über die gesamte Strömung, sodass sich über die geordnete Parallelbewegung eine unregelmäßig wirbelnde Nebenbewegung lagert. Die Loslösung des Hauptstromes von der Grenzschicht bewirkt einerseits, dass die Wandschubspannung sich vergrößert, also auch der Widerstand höher ist als bei laminarer Strömung. Sie hat aber auch die Folge, dass die Geschwindigkeit, d. h. der an einer bestimmten Stelle vorhandene zeitliche Mittelwert sich viel gleichmäßiger über den Querschnitt verteilt als bei laminarer Bewegung, z. B. bei der Rohrströmung.

Winzige zufällige Störungen, z. B. Oberflächenrauigkeiten und sonstige Unregelmäßigkeiten, die immer vorhanden sind, versetzen die Strömung in kleine Schwingungen, die sich allmählich aufschaukeln. Je weiter stromabwärts diese sind, desto stärker werden die Verwirbelungen, bis sie plötzlich sprunghaft ihre Intensität vervielfachen und ein völlig unregelmäßiges Strömungfeld verursachen: Der Umschlag laminarer in turbulente Strömung hat stattgefunden. Die turbulente Grenzschicht ist dicker als die laminare, weist jedoch ein Geschwindigkeitsprofil mit steilerem Randanstieg (Wand) auf, was auch zur höheren Reibung beiträgt (1.14).

Die Lage des Umschlagpunktes ist durch die kritische REYNOLDS-Zahl für die Außenströmung, (3.52a)–(5.52c), gekennzeichnet. Die Grenzschichtdicken ergeben sich aus folgenden Näherungsformeln nach SCHLICHTING [40], die teilweise von der PRANDTLschen Grenzschichtgleichung abgeleitet sind mit $Re_s = Re_L \cdot (s/L)$:

- *Laminare Grenzschichtdicke*

$$\delta_l \approx 5 \cdot \sqrt{\frac{\nu \cdot s_l}{c_\infty}} = 5 \cdot \frac{s_l}{\sqrt{Re_{s,l}}} = 5 \cdot \sqrt{\frac{s_l \cdot L_{kr}}{Re_{kr}}} \sim s_l^{0,5} \tag{3.56}$$

- *Turbulente Grenzschichtdicke*

$$\delta_t \approx 0{,}37 \cdot \sqrt[5]{\frac{\nu \cdot s_t^4}{c_\infty}} = 0{,}37 \cdot \frac{s_t}{\sqrt[5]{Re_{s,t}}} = 0{,}37 \cdot \sqrt[5]{\frac{s_t^4 \cdot L_{kr}}{Re_{kr}}} \sim s_t^{0,8} \tag{3.57}$$

Die Dicke der turbulenten Grenzschicht wächst mit dem Strömungsweg s, also wesentlich schneller ($\delta_t \sim s^{0,8}$, d. h. fast linear) als die der laminaren ($\delta_l \sim s^{0,5}$) Grenzschicht.

Die Näherungsbeziehungen ergeben sich über die Annahme, dass innerhalb der Grenzschicht Viskositäts- und Trägheitskraft von gleicher Größenordnung sind (Abschn. 3.3.3.1). Infinitesimale Trägheitskraft $\mathrm{d}F_T = \varrho \cdot c_x \cdot (\partial c_x/\partial x) \cdot \mathrm{d}V$ und die differenzielle Viskositätskraft (Widerstand) $\mathrm{d}F_W = (\partial\tau/\partial y) \cdot \mathrm{d}y \cdot \mathrm{d}x \cdot \mathrm{d}z = \mu \cdot (\partial^2 c_x/\partial y^2) \cdot \mathrm{d}V$ werden somit gleichgesetzt ($\mathrm{d}F_T = \mathrm{d}F_W$) und mit den Strömungshauptgrößen, Außenströmungsgeschwindigkeit c_∞ und Strömungsweg L (Körperlänge), in Verbindung gebracht $\rightarrow \partial c_x/\partial x \sim c_\infty/L$ und $\partial^2 c_x/\partial y^2 \sim c_\infty^2/L$. Zudem sind die Besonderheiten von laminarer und turbulenter Grenzschicht zu berücksichtigen.

Beispiel

Luftströmung: $c_\infty = 20\,\mathrm{m/s}$; $Re_L = Re_{kr}$; $\nu = 15 \cdot 10^{-6}\,\mathrm{m^2/s}$; $Re_{kr} = 4 \cdot 10^5$; $s_l = 0{,}3\,\mathrm{m}$; $s_t = 0{,}3\,\mathrm{m}$.

Dazu sind nach (3.56), (3.57) und (3.52a):

$$\delta_l \approx 2{,}4\,\mathrm{mm};\ \delta_t \approx 8{,}4\,\mathrm{mm};\ L_{kr} = 300\,\mathrm{mm}$$

bei $\delta_l/s_l = 0{,}008 \mathrel{\hat=} 0{,}8\,\%$; $\delta_t/s_t \approx 0{,}03 \mathrel{\hat=} 3\,\%$.

Bei 10 m Lauflänge, falls möglich, d. h. wenn Umschlag vermeidbar wäre, würde $\delta_l \approx 14\,\mathrm{mm}$ und $\delta_t \sim 140\,\mathrm{mm}$ betragen.

In der laminaren Grenzschicht wird durch Fluidreibung und in der turbulenten hauptsächlich beim Impulsaustausch (teilelastische Stöße) kinetische Energie der Strömung in Wärme umgesetzt. Dadurch entstehen Verluste, die sich als Strömungswiderstände darstellen. Da die Verluste beim Impulsaustausch (scheinbare Viskosität), wie erwähnt, wesentlich höher sind als die Reibungsverluste und die turbulente Grenzschicht beachtlich dicker ist als die laminare, ist der Strömungswiderstand bei turbulenter Grenzschicht bedeutend größer als bei laminarer Grenzschicht (ca. 5-fach).

Für die Dicke δ_u der laminaren Unterschicht gilt nach SCHLICHTING:

$$\delta_u = 100 \cdot \nu/c_\infty \quad ◄ \tag{3.57a}$$

3.3.3.5 Kompressible Grenzschichten

Die Behandlung der Grenzschichten kompressibler Strömungen (kompressible Grenzschichten) verursachen wesentlich größere Schwierigkeiten, die noch nicht hinreichend überwunden sind. Der Grund liegt hauptsächlich in der Temperaturabhängigkeit der Stoffwerte ($\varrho, \nu, \lambda, c_p, c_v$) des strömenden Mediums. Die Temperatur ihrerseits ändert sich bei kompressiblen Fluiden mit dem Druck.

Außer der Strömungsgrenzschicht bildet sich zudem eine *Temperaturgrenzschicht*, die sich gegenseitig beeinflussen. Neben REYNOLDS- und MACH-Zahl ist daher jetzt auch noch die PRANDTL-Zahl [62] zu beachten (Abschn. 4.3.1.7).

Sollen die PRANDTLschen Vorstellungen der Grenzschicht auch bei kompressiblen Strömungen beibehalten werden, sind die Grenzschichtgleichungen von PRANDTL entsprechend zu erweitern (Abschn. 4.3.1.4 und [40]).

Die Theorie ergibt – was die Praxis bestätigt –, dass durch die kompressible Grenzschicht ein Aufheizen der angrenzenden Wand stattfindet, verbunden mit weiter erhöhter Reibungswirkung. Bei großen Anströmgeschwindigkeiten kann es dadurch zu erheblichen Temperaturerhöhungen an der Oberfläche derart umströmter Körper kommen, z. B. bei $Ma \approx 3$ um ca. 400 °C (Abschn. 5.5.3.2). Das erfordert bei Überschallflugkörpern hinsichtlich der Materialbeanspruchung entsprechende Gegenmaßnahmen (Kühlung). Alle Überlegungen gelten jedoch nur, wenn das Medium, meist die Luft, als Kontinuum betrachtet werden kann (KNUDSEN-Zahl, Abschn. 1.2), was in Erdnähe auch bei hohen Geschwindigkeiten zutrifft. Bei Fluggeschwindigkeiten in großen Höhen (ab ca. 50 km) jedoch ist die Luft so stark verdünnt, dass die mittlere freie Weglänge ihrer Moleküle von der Größenordnung der Körperabmessungen (etwa Grenzschichtdicke) wird. In derartigen Fällen ist die Haftbedingung (Abschn. 1.3.5) nicht mehr erfüllt. An Stelle des Haftens tritt an den Wänden entsprechendes Gleiten auf. Grenzschichtüberlegungen sind dann nicht mehr zulässig.

3.3.4 Strömungs-Ablösungen

Grenzschichten lösen sich unter bestimmten Bedingungen von den Begrenzungswänden ab. Die „gesamte" Strömung wird dadurch von der Oberfläche des umströmten Körpers oder der Wand des durchströmten Rohres, bzw. Kanals, abgedrängt. Die verzögerte Grenzschicht wandert in das Innere der Strömung, verstärkt die Turbulenz und erhöht dadurch die Verluste. Zwischen Wand und der abgelösten gesunden Strömung bildet sich ein mit Wirbel durchsetzter Bereich, ein sog. **Wirbel-** oder **Totraum**, d. h. ein mit Großwirbeln durchsetztes Gebiet, deshalb auch als **Ablösegebiet** oder **Großturbulenz** bezeichnet.

Toträume sind die Ursache der größten Strömungsverluste. Zu verhindern, dass sich Strömungen ablösen, ist deshalb praktisch sehr bedeutungsvoll und stellt daher eine wichtige Aufgabe für den Ingenieur dar. Oftmals lassen sich Ablösungen durch konstruktive Maßnahmen wenigstens teilweise oder sogar vollständig vermeiden.

Wenn in Strömungsrichtung längs der Körperkontur ein Gebiet mit Druckanstieg vorhanden ist, kann meist das in der Grenzschicht abgebremst strömende Fluid infolge seiner geringeren kinetischen Energie nicht allzuweit in den Bereich des höheren Druckes eindringen. Die Grenzschicht weicht deshalb diesem Gebiet seitlich aus, löst sich dazu von der Wand ab und wird in das Innere der Strömung gedrängt. Nach der Grenzschichtablösung strömen im Wandbereich die Fluidteilchen, dem Druckgradienten folgend, der Hauptströmung entgegen. Als *Ablösungspunkt* ist die Grenze zwischen Vor- und Rückströmung der wandnächsten Schicht definiert. Dies ist die Wandstelle, bei der die Tangente an das Geschwindigkeitsprofil normal auf der Körper-Oberfläche steht (Abb. 3.21, Stelle A). Die mathematisch-analytische Darstellung ist mit der **PRANDTLschen Grenzgleichung** möglich, die sich aus den NAVIER-STOKES-Gleichungen durch entsprechende Vereinfachungen ergibt. Weitere Hinweise auf diese Zusammenhänge befinden sich in Abschn. 4.3.1. Nähere Ausführungen finden sich besonders in den grundlegenden Werken von SCHLICHTING [40] und TRUCKENBRODT [37].

In Abb. 3.21 ist der Vorgang dargestellt. Im Bereich B wird das Fluid infolge Druckabfall beschleunigt (Begründung Abschn. 3.3.6.3.3 und 4.3.3). Die Beschleunigung wirkt der Verzögerung entgegen, welche die Fluidteilchen in der Grenzschicht infolge Wandreibung erfahren. „Beschleunigte" Grenzschichten lösen sich deshalb nicht ab, und die Verluste sind gering (ca. 2 bis 10 %). In Punkt G ist der niedrigste Druck und zugehörig die höchste Geschwindigkeit im Strömungsfeld erreicht. Im Bereich V wird die

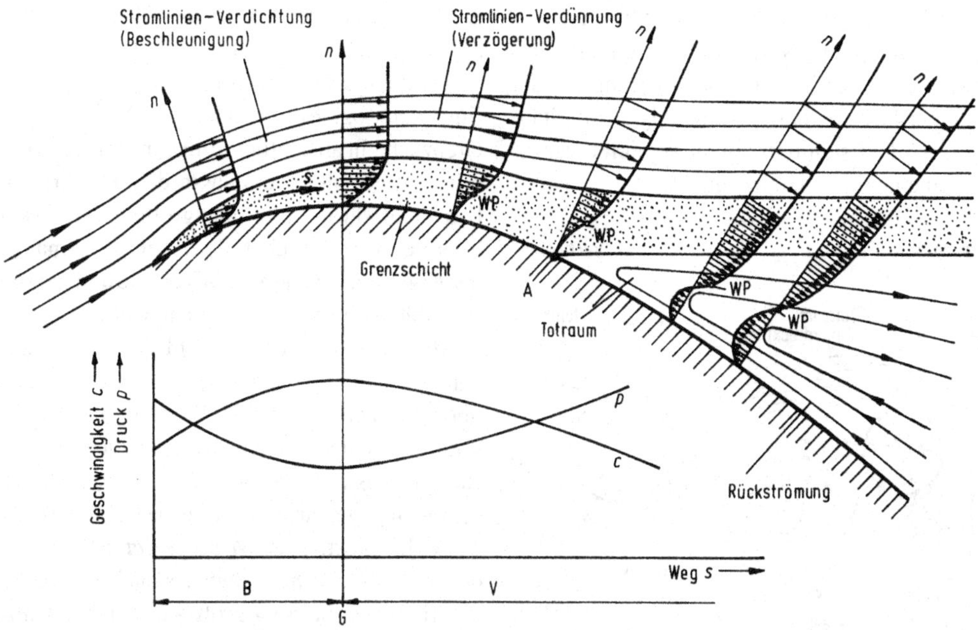

Abb. 3.21 Geschwindigkeitsprofile bei Druckabfall (Bereich B) und Druckanstieg (V). Ablösungspunkt der Grenzschicht (A). Grenzschicht: Mit Kleinwirbeln durchsetztes Gebiet (Mikroturbulenz). Totraum: Mit Großwirbeln durchsetztes Gebiet (Makroturbulenz). Je steiler der Druckanstieg, desto größer die Ablösegefahr

Strömung verzögert und der Druck steigt daher wieder an. Die infolge der Wandreibung stärker abgebremste *Grenzschicht* wird von der äußeren Strömung anfänglich noch mitgeschleppt. Sie büßt jedoch ständig an kinetischer Energie ein. Die *Grenzschichtdicke* nimmt deshalb ständig zu. Bei dem weiter steigenden Druck kommen die Fluidteilchen in Wandnähe schließlich völlig zur Ruhe und werden sogar zur Umkehr gezwungen. Diese rückläufige Strömung schiebt sich zwischen Körperoberfläche und Grenzschicht, wodurch die Außenströmung, wie geschildert, vom Körper abgedrängt wird. Die *Ablösung* beginnt in Punkt A. Die Außenströmung prägt der Grenzschicht ihren Druckverlauf auf. Dieser Druckentwicklung muss sich die langsamer strömende Grenzschicht anpassen. Zwischen beiden Strömungen entsteht eine **Unstetigkeitsfläche** (Abb. 3.23), die sich jedoch wegen ihrer Labilität spiralförmig in Einzelwirbel auflöst, die von der äußeren Strömung mit fortgeführt werden. Die zur Erzeugung der Wirbel verbrauchte Energie ist im Wesentlichen mechanisch verloren. Sie findet ihr Äquivalent in einem entsprechenden Strömungswiderstand und einer meist vernachlässigbaren Temperaturerhöhung des strömenden Fluides. Da das Geschwindigkeitsprofil der turbulenten Grenzschicht völliger ist, Abb. 3.18, als das der laminaren, d. h. die Geschwindigkeit bis dicht an die Wand größer bleibt, kann sie infolge dieser höheren kinetischen Energie länger gegen den steigenden Druck anlaufen. *Turbulente Grenzschichten* lösen sich deshalb erst wesentlich später von den Wänden ab, weshalb das Wirbelgebiet kleiner bleibt. Der Reibungswiderstand durch Fluidviskosität und Impulsaustausch ist zwar höher, der Gesamtwiderstand infolge wesentlich kleinerem Wirbelgebiet (Totraum) jedoch geringer als bei laminarer Grenzschicht. Deshalb wird bei Strömungsproblemen mit *Ablösungsgefahr* turbulente Grenzschicht angestrebt, die oftmals durch besondere Vorkehrungen, also **Stolperstellen**, künstlich erzeugt wird.

Dieses Weiter-nach-hinten-Verlagern des *Ablösungspunktes* bei turbulenter Grenzschicht und der damit verbundene starke Widerstandsabfall wurde erstmals von PRANDTL an einer umströmten Kugel demonstriert. Bei beiden, in Abb. 3.22

dargestellten Kugeln, kommt die Strömung im vorderen Staupunkt S zur Ruhe. Von hier aus teilt sich die Strömung und wird anfänglich der Kugeloberfläche entlang beschleunigt. Vom Staupunkt ab bildet sich deshalb anfänglich zwangsläufig eine laminare Grenzschicht.

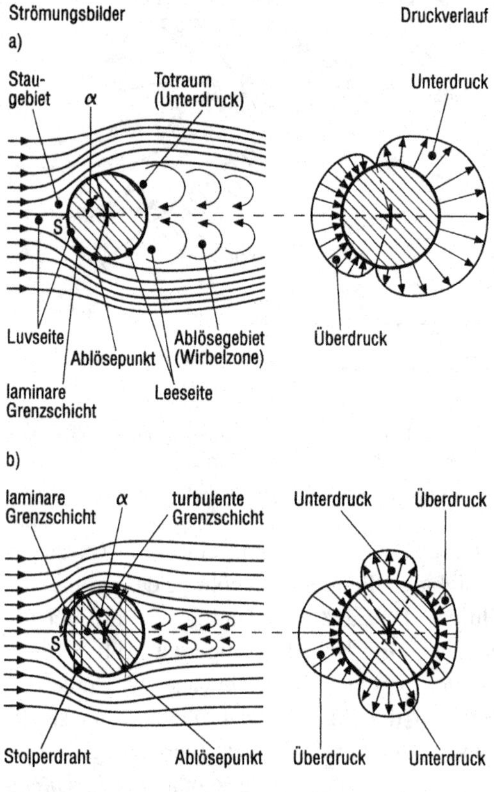

Abb. 3.22 Kugel- oder Zylinderumströmungen mit prinzipiellem Stromlinien- und Druckverlauf. Druckauftragung mit Pfeilen normal zur Oberfläche.
a) Laminare Grenzschicht (unterkritisch), Ablösewinkel $\alpha \approx 70$ bis $80°$.
b) Turbulente Grenzschicht nach Stolperdraht (überkritisch), $\alpha \approx 110$ bis $120°$

Bleibt die Grenzschicht laminar (sog. unterkritischer Fall), löst sie sich etwa an der Stelle kleinsten Druckes, also beim Kugeläquator, ab, meist sogar etwas davor, Abb. 3.22a. Die laminare Grenzschicht kann infolge ihrer geringen kinetischen Energie nicht gegen den steigenden Druck hinter dem Kugeläquator anströmen. Es bildet sich ein sehr großer *Totraum*, der erhebliche Verluste verursacht. Der *Strömungswiderstand* ist entsprechend groß, was auch der in Abb. 3.22a auf der Körperoberfläche eingetragene Druckverlauf verdeutlicht.

Wird dagegen durch einen aufgelegten Drahtring, den sog. **Stolperdraht**, (Abb. 3.22b), die Grenzschicht absichtlich zum Umschlagen von laminar in turbulent veranlasst, d. h. überkritischer Fall, liegt sie infolge ihrer größeren kinetischen Energie bis weit über den Äquator hinaus an der Kugeloberfläche an. Aufgeraute und genoppte Oberflächen wirken in gleicher Weise. Bei genügend großer REYNOLDS-Zahl erfolgt der Übergang vom unter- zum überkritischen Zustand auch ohne Stolperstellen. Die *Re*-Zahl für den Umschlag wird jedoch umso kleiner, je größer die Rauigkeit ist. Die turbulente Grenzschicht kann sehr weit gegen ansteigenden Druck anlaufen, bis sie sich ablöst. Das *Wirbelgebiet* ist klein und der *gesamte Strömungswiderstand* entsprechend niedrig, etwa halb so groß wie der bei laminarer Grenzschicht. Grundsätzlich ähnliche Verhältnisse ergeben sich bei anderen Körperformen mit stumpfer, abgerundeter Vorder- und Rückseite.

Infolge ihrer kleineren Geschwindigkeit unterliegen die Grenzschichtteilchen in der Strömung längs konvex gekrümmter Wand geringeren Zentrifugalkräften als die Außenteilchen. Diese Stabilisierungswirkung der Grenzschicht ergibt ein Abschwächen der turbulenten Vermischung. Bei konkav gekrümmten Wänden tritt das Umgekehrte auf. Infolge ihrer größeren Fliehkraft, bedingt durch die höhere Geschwindigkeit, drängen die Teilchen der Außenströmung in die langsamer fließende Grenzschicht ein und verdrängen dort Teilchen nach außen. Dadurch kommt es zu verstärktem Durchmischen.

Turbulenzstellen(-kanten), auch als Stolperkanten bezeichnet: Bei turbulenzfreier Hauptströmung, d. h. Anströmung, lässt sich der überkritische Zustand somit insgesamt durch folgende Möglichkeiten erreichen:

- Anbringen von Turbulenzkanten, wie Zuspitzen der Körpervorderkante oder Stolperstellen
- Raue Körperoberfläche
- Schwingungsanregung des Fluides durch Schall (lauter Pfeifton)
- Aufheizen der Körperoberfläche (thermische Auftriebswirkung)

Bei Stromlinienkörpern, z. B. Tragflächenprofilen, bei denen keine wesentliche *Grenzschichtablösung* und *Totraumbildung* (Wirbelschleppe) auftritt, ist der Strömungswiderstand entsprechend niedrig. Der sanfte Druckanstieg auf der Rückseite des Körpers, Abb. 3.23, nach dessen Höchstpunkt, wird von der Grenzschicht normalerweise ohne Ablösung überwunden. Im Druckabfallgebiet von der Profilnase bis zum Druckminimum am Profilhochpunkt ist die Grenzschicht laminar, im nachfolgenden Druckanstiegsgebiet meist nach Umschlag turbulent. Da die laminare Grenzschicht, wie erwähnt, nur einen außerordentlich kleinen Druckanstieg erträgt, löst sie sich selbst bei schlanken Körperformen ab. Dies muss besonders bei der Tragflügelumströmung beachtet werden. Hier ist die Ablösungsgefahr an der sog. Saugseite (Oberseite) am größten. Die glatte, ablösungsfreie, auftriebserzeugende Strömung ist daher meist nur bei turbulenter Grenzschicht sicher gewährleistet. Ausnahmen sind Sonderausführungen, sog. Laminarprofile (Abschn. 4.3.3.8.8).

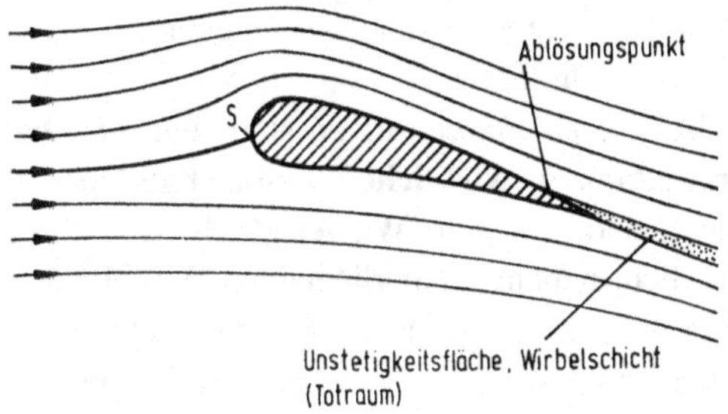

Abb. 3.23 Profilumströmung. S Stau- und Anlegepunkt(-stelle)

Zusammenfassend kann festgestellt werden:

1. Ablösungsgefahr besteht überall, wo ein Fluid gegen steigenden Druck strömt.
2. Bei Tragflügelprofilen sind sowohl Widerstand (meist gering) als auch Auftrieb (Querkraft) letztlich der Grenzschicht und damit dem realen Verhalten der Fluide zu verdanken.
3. Bei Beschleunigung wird die Turbulenz kleiner, bei Verzögerung größer.

Außer den erwähnten *Stolpermöglichkeiten* ist besonders die **Grenzschicht-Absaugung** ein sehr wirksames Mittel, die Ablösung zu verhindern. Hierbei wird durch schmale Schlitze in der Körperwand das verzögerte Grenzschichtfluid in das Körperinnere abgesaugt. Dadurch kann der Strömungswiderstand halbiert werden. Die Grenzschichtabsaugung wurde bereits 1904 von PRANDTL bei Versuchen, z. B. der Kugelumströmung, eingesetzt.

Auch Zu- und Vorleitflächen, wie z. B. Vorflügel, Hilfsflügel, Spoiler, Umlenkschaufeln und Leitbleche, die vor dem Körper oder an entsprechenden Stellen angebracht werden, verringern bei richtiger Gestaltung die Gefahr von Wirbelbildung und Strömungsablösung. Falls jedoch keine Ablösungsgefahr besteht, sind solche Maßnahmen nicht von Vorteil, sondern infolge ihrer unvermeidlichen Reibungsverluste sogar nachteilig (aufwendig und Verluste).

Die Umströmung von scharfen konkaven und konvexen Ecken ist ebenfalls nicht ohne Ablösen möglich, Abb. 3.24, auch nicht bei idealem Fluid, falls es solches gäbe.

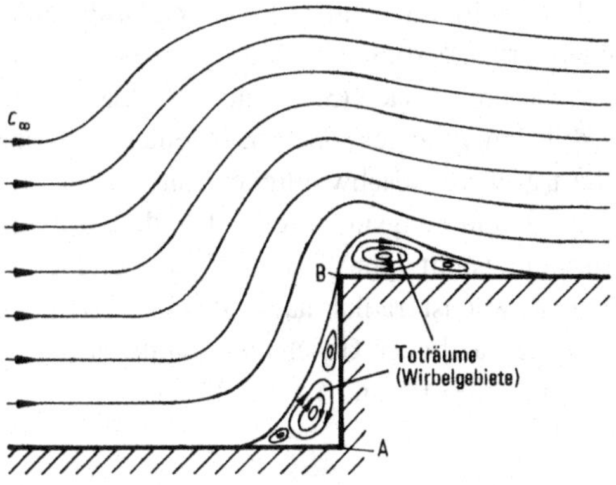

Abb. 3.24 Ablösung bei Eckenumströmung. Toträume werden auch als Ablöseblasen oder Großturbulenzgebiete bezeichnet

Begründung: Das waagrecht zuströmende Medium müsste in der Ecke A in der Zeit null von der endlichen Geschwindigkeit c_∞ (ungestörte An- oder Zuströmgeschwindigkeit) auf null verzögert und in senkrechter Richtung plötzlich von null wieder auf die endliche Geschwindigkeit c_∞ beschleunigt werden. Dasselbe gilt für die Kante B. Um diese dann unendlichen Beschleunigungen zu verwirklichen, wären nach dem NEWTONschen Grundgesetz ebenfalls unendlich große Kräfte notwendig, da alle Fluide massebehaftet sind.

Ist entlang eines Fluidstrahles eine abgeknickte Wand so angeordnet, dass zur Strahlrichtung ein sich öffnender Keil entsteht, tritt folgende Erscheinung auf: Durch „mitreißen" des zwischenliegenden Totraumgebietes (zwischen Strahl und Wand) wird der Fluid(frei-)strahl zur angrenzenden Wand hin abgelenkt und bleibt bei günstigen Verhältnissen (Abstand, Winkel, Strömungsgeschwindigkeit) stromabwärts an ihr anliegen, strömt somit ihr entlang. Die Literatur bezeichnet diese Strahlablenkungs-Erscheinung als **COANDA[24]-Effekt**. Durch entsprechend angebrachte Wände lassen sich also Fluidstrahlen beeinflussen, d. h. ihre Strömungsrichtung „berührungslos" ändern.

Bemerkung: Praktisch jede Strömungsablenkung führt zu einer Kurvenbahn mit entsprechendem Krümmungsradius, der sich zudem meist entlang des Strömungsweges ändert. Das hat wegen Fliehkraftwirkung gemäß (3.65) eine Druckänderung quer zur Strömungsrichtung zur Folge. Diese wiederum ist nach (3.83) mit einer Geschwindigkeitsänderung gekoppelt. Zu kleinerem Druck gehört größere Geschwindigkeit und umgekehrt. An der Krümmungsinnenseite, d. h. dichter beim Krümmungsmittelpunkt ist der Druck am kleinsten und wächst radial nach außen, verbunden mit gegensätzlicher Geschwindigkeitsverteilung (Abschn. 3.3.6.1.2 und 4.1.1.5.2).

3.3.5 Unstetigkeitsflächen

Trennflächen Werden in Strömungsrichtung unsymmetrische, jedoch in dazu senkrechter Richtung zylindrische Körper mit scharfer Hinterkante umströmt, können die von der Ober- und Unterseite ankommenden Fluidströme, wenn sie sich wieder vereinigen, mit verschieden großen Geschwindigkeiten aufeinandertreffen. Eine solche **Diskontinuitäts-** oder **Unstetigkeitsfläche** zwischen zwei sich berührenden Parallelströmungen verschiedener Geschwindigkeiten wird auch als **Trennfläche** bezeichnet, Abb. 3.25. Die Vorgänge bei der diskontinuierlichen Flüssigkeitsbewegung wurden zuerst von HELMHOLTZ untersucht. Deshalb werden solche Trennflächen auch als HELMHOLTZsche Unstetigkeitsflächen bezeichnet.

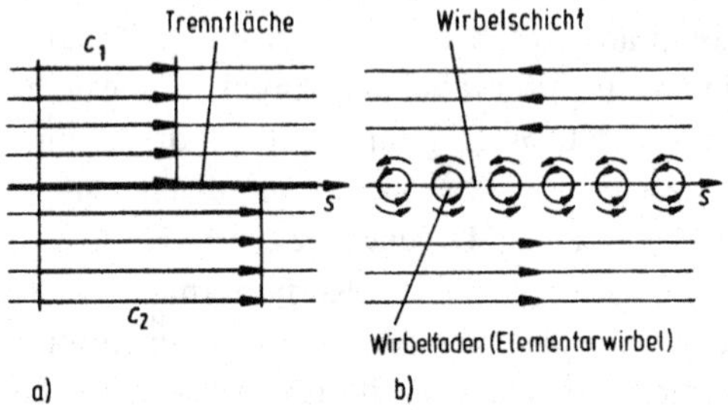

Abb. 3.25 Unstetigkeitsflächen: a) Trennfläche, b) Wirbelschicht

Beim *idealen Fluid* wäre wegen der fehlenden Reibung die *Trennfläche* stabil. Die sich berührenden Schichten unterschiedlicher Geschwindigkeit strömten parallel nebeneinander, ohne sich zu beeinflussen.

Bei *realen Fluiden* treten statt **theoretischen Trennflächen wirkliche Trennschichten** auf. Diese sind, wie alle **Wirbelschichten** (Schicht aus dicht nebeneinanderliegenden Wirbelfäden), instabil. Sie rollen sich schon bei sehr geringen Störungen (Erschütterungen, Ausbuchtungen u. dgl.) in immer enger werdende spiralförmige Windungen auf und zerfallen schließlich vollständig in einzelne Wirbel. Solch kleine Störungen, d. h. Unregelmäßigkeiten in der Geschwindigkeit sind praktisch immer vorhanden. Da diese Unregelmäßigkeiten reibungsbedingt auch seitwärts (senkrecht zu Hauptstromrichtung) erfolgen, kommt es zu kleinen Aus- und Einbuchtungen der Trennfläche in der Art von Transversalwellen (Sinuskurven). Mit den Geschwindigkeitsschwankungen sind gemäß Energiesatz (Abschn. 3.3.6.3.2) Druckschwankungen gekoppelt. Auf den zuerst kleinen Wellenbergen ist daher der Druck kleiner als in den Wellentälern. Hierbei sind Wellenberge der auf der einen Seite der Trennfläche verlaufenden Strömung zugleich

[24] COANDA, Henri-Maria, 1885 bis 1972, rum. Ingenieur und Naturwissenschaftler.

Wellentälern für die auf der anderen Trennflächenseite vorhandenen Strömung und umgekehrt. Dadurch entsteht an der Trennfläche eine ungleiche Druckverteilung. Unter- und Überdrücke stehen sich gegenüber, sodass der Zustand und damit die Strömung instabil ist. Die Wellung der Trennfläche wird fortlaufend stärker, bis sie sich letztlich in einzelne Wirbel auflöst. Dieser Vorgang tritt auch im Kleinen auf, was dann zur Turbulenz führt und diese aufrecht erhält. Dagegen werden die Ungleichmäßigkeiten bei laminarer Strömung durch die hier überwiegenden Viskositätskräfte gedämpft und zum Abklingen gebracht.

Freistrahl Strömt ein Fluid aus einer Öffnung in eine meist ruhende Umgebung, bildet sich ein sog. Freistrahl (Abb. 3.26). Am Strahlrand kommt es infolge des Geschwindigkeitssprunges (Unstetigkeitsstelle) zu starker Wechselwirkung mit der Umgebung. Durch die wegen der Unstetigkeit große Reibung reißt der Freistrahl Umgebungsluft mit und gibt dadurch Energie an diese ab. Daher kommt es zu immer stärkerem Vermischen zwischen Strahl- und Umgebungsmedium. Der Strahl wird ständig breiter, seine Geschwindigkeit nimmt ab, weshalb er zunehmend an Energie verliert und sich letztlich ganz auflöst. Das Geschwindigkeitsprofil im Strahl wird daher mit wachsendem Strömungsweg ständig flacher. Der Strahl breitet sich etwa in Form eines Kegels aus. Zudem besitzt er einen sich kegelförmig verengenden Kern- oder Primärbereich von etwa gleichbleibender Geschwindigkeit, die der entspricht mit welcher der Strahl aus der Öffnung tritt. Gemäß Abb. 3.26 wird der Strahl in verschiedene Zonen unterteilt, deren Längen wesentlich von der Ausströmungsgeschwindigkeit und der Art des Mediums abhängen, weshalb nur grobe Richtwert-Angaben möglich sind:

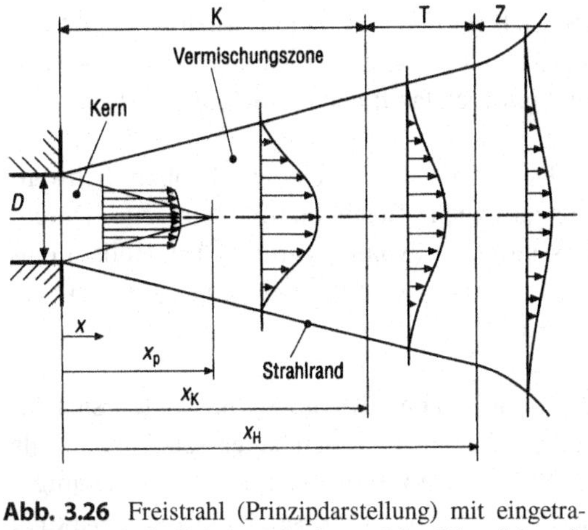

Abb. 3.26 Freistrahl (Prinzipdarstellung) mit eingetragenen Geschwindigkeitsverläufen und Strahlbereichen. K kontinuierlicher Bereich, T Tropfenbereich, Z Zerstäubungsbereich

Kern- oder Primärbereich	$x_p/D \approx 10$ bis 100	
Kontinuierlicher Bereich	$x_K/D \approx$ bis 500	
Hauptbereich	$x_H/D \approx$ bis 1000	

Der Hauptbereich wird auch in einen kontinuierlichen und einen Tropfenbereich aufgeteilt mit in Strömungsrichtung nachfolgendem Zerstäubungsbereich, einem etwa homogenen Zweiphasengemisch aus Strahl- und Umgebungsmedium.

Haftbedingungs-Modell Strömungen idealer Fluide gleiten an Wänden. Reale Fluid-Strömungen müssen die Haftbedingung erfüllen. Der dabei notwendige Geschwindigkeitsübergang zur Außenströmung erfolgt in der Grenzschicht. Da Wirbel (Abb. 3.25) Geschwindigkeitssprünge (Unstetigkeiten) induzieren[25], kann die Haftbedingung auch erfüllt werden, wenn entlang der Wand Wirbelschichten angeordnet wären, deren Drehung (Zirkulation) je Längeneinheit an jeder Stelle gerade gleich der Geschwindigkeit bzw. dem Geschwindigkeitsanstieg der vorhandenen Außenströmung entspräche. Diese Modellvorstellung versucht Abb. 3.27 darzustellen.

Parallelströmung plus Wirbelschicht erfüllen somit zusammen die Haftbedingung. Dabei löst sich ständig Wirbelschicht von der Wand ab und neue wird gebildet, besonders an den praktisch immer vorhandenen Rauigkeitsspitzen, was den Reibungswiderstand wesentlich bedingt. Die abgelösten Wirbel werden von der Strömung weggetragen, wobei sie sich allmählich auflösen. Bei dem Gesamtvorgang diffundiert also einerseits ständig Wirbelstärke von der berührten Wandfläche in die Strömung und andererseits wird

[25] induzieren (lat.) ... verursachen, bewirken, erzeugen. indizieren (lat.) ... anzeigen.

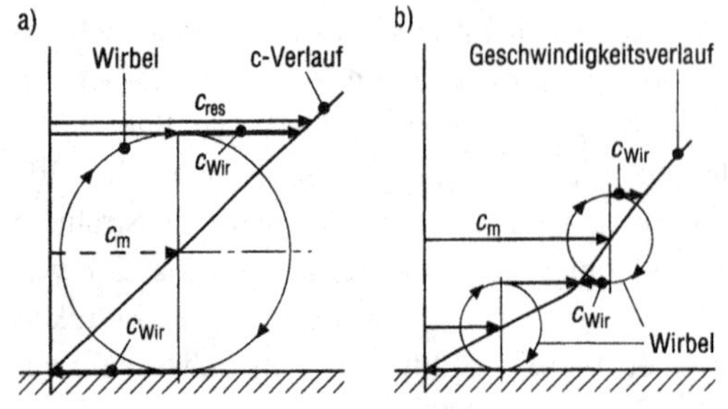

Abb. 3.27 Wirbelschicht-Modell zum Erfüllen der Wand-Haftbedingung realer Strömung.
a) eine Wirbelschicht, b) mehrere Wirbelschichten. c_m mittlere Geschwindigkeit. c_{Wir} Wirbeldrehgeschwindigkeit. $\vec{c}_{res} = \vec{c}_m + \vec{c}_{Wir}$ resultierende Geschwindigkeit

ständig Wirbelstärke mit der Strömung weggeschwemmt. Zum Aufrechterhalten der Haftbedingung bei reibungsbehafteter Strömung muss somit an der Wand ständig verlustverursachende Wirbelstärke erzeugt werden. Deshalb kann auch die Strömung entlang von Wänden aufgeteilt werden in die näherungsweise reibungsfreie Außenströmung, wenn von dem Turbulenzeffekt abgesehen wird, und die stark reibungsbehaftete Grenzschicht.

Wirbelstraße An der Hinterkante umströmter zylindrischer Körper kommt unter bestimmten Bedingungen von Querschnittsabmessungen, Fluid und Geschwindigkeit eine regelmäßig pendelnde Bewegung zustande, bei der abwechselnd links- und rechtsdrehende, kräftige Wirbel erzeugt werden. Von der einen Körperrückseite bzw. -kante, gehen linksdrehende, von der anderen rechtsdrehende Wirbel ab, die sich in einer mehr oder weniger regelmäßigen Reihe anordnen, Abb. 3.28. Ausgelöst wird diese Erscheinung durch praktisch immer vorhandene geringe Unregelmäßigkeiten (kleine Störungen) in der Strömung.

KÁRMÁN[26] untersuchte erstmals dieses Phänomen. Deshalb wird diese Erscheinung als **KÁRMÁNsche Wirbel**, oder auch als **Wirbelstraße** bezeichnet.

Das Verhältnis vom Wirbelabstand h senkrecht zur Strömungsrichtung und Wirbelteilung L in Strömungsrichtung hängt auch bei großen Re-Zahlen von Anströmgeschwindigkeit und Körperform ab. Berechnungen und Versuche, die KÁRMÁN durchführte, ergaben, dass das Strömungsbild einer Wirbelstraße nur dann stabil bleibt, wenn das Verhältnis h/L den Wert 0,28 annimmt. Wie das Wirbelsystem mit den Abmessungen des Körpers zusammenhängt, ließ sich bisher allerdings noch nicht theoretisch fassen. Unter gegebenen Bedingungen bleibt die Wirbelteilung stromabwärts nahezu gleich, während die Breite der Wirbelstraße wächst. Dabei nimmt die Zirkulation der Wirbelkerne infolge Reibung allmählich ab. Wirbelstraßen – bei $Re \approx (0{,}05 \dots 1) \cdot 10^4$ – können als Endprodukt zweier zerfallender HELMHOLTZ-Unstetigkeitsflächen aufgefasst werden, die sich hinter dem Körper in seiner Relativbewegung zum umgebenden Fluid ausbilden und wegen ihrer Instabilität nicht erhalten bleiben können.

Wenn bei in Querrichtung luftangeströmten Zylindern die Frequenz der Wirbelablösungen, welche die KÁRMÁN-Wirbelstraße bilden, im Hörbereich (ca. 18 Hz bis 18 kHz, Tab. 6.13) liegt, kommt es zu einem wahrnehmbaren Pfeifton. Das ist die Ursache des Pfeifens von querangeströmten Drähten im Wind, z. B. Telefon- und Elektrizitätsleitungen.

Wirbelstraßen können hinter allen Widerstandskörpern entstehen. Der Geschwindigkeitsverlust in der **(Nachlauf-)Delle** (Abb. 3.28) gilt als Maß für den durch die Kármán-*Wirbelstraße* verursachten Energieverlust und damit dem Strömungswiderstand; auch Auslösung von Schwingungen.

Der KÁRMÁN-Effekt wird über Schwankungsfrequenz-Bestimmung auch zur Durchflussmessung (Volumenstrom $\dot{V}$) in Rohren eingesetzt. Diese Geräte sind genau, einfach und robust.

Turbulenzsiebe Kleine Wirbel laufen sich infolge geringen Energieinhaltes schneller tot als große, d. h. sie werden letztlich in Wärme umgesetzt. Hierauf beruht beispielsweise die Wirkung der beim Düseneinlauf von Windkanälen eingesetzten engmaschigen sog. Turbulenzsiebe, die große Wirbel in kleine auflösen.

[26] KÁRMÁN, Todor (1881 bis 1963), ungar. Aerodynamiker.

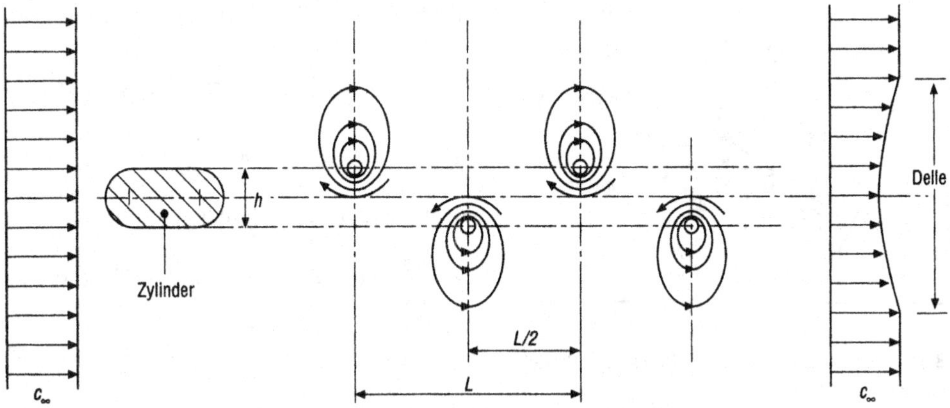

Abb. 3.28 KÁRMÁNsche Wirbelstraße (Prinzipdarstellung). Voraussetzung ist die entsprechende Relativbewegung zwischen Körper und Fluid. Somit ist gleichgültig, ob sich der Körper oder das Fluid translatorisch bewegt, oder sogar beide in entgegengesetzter Richtung. Auch als Laminarfall bezeichnet, da regelmäßige Großwirbel-Anordnung. Verhältnis $h/L \approx 0{,}28$ notwendig. Geschwindigkeitsverlauf im Abströmfeld ungleich, sog. Delle

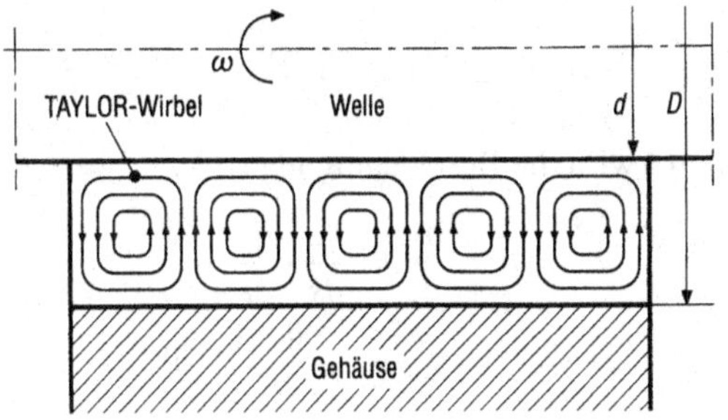

Abb. 3.29 TAYLOR-Wirbel im Zylinderspalt Welle–Gehäuse (Lagerschale oder Dichtring)

TAYLOR-Wirbel im Zylinderspalt Eine dreidimensionale Störung oder Instabilität sind die sog. TAYLOR[27]-Wirbel (engl. Vortex), die sich unter entsprechenden Voraussetzungen im fluidgefüllten Kreisringspalt zwischen einem rotierenden Zylinder und einer umschließenden ruhenden Hülse ausbilden können, z. B. drehende Welle in Gehäuse (Abb. 3.29). Infolge Haftbedingung nimmt der rotierende Zylinder die angrenzende Fluidschicht mit. Innerhalb des Zylinderspaltes bildet sich etwa eine COUETTE-Strömung aus. Warum diese Strömung unter entsprechenden Umständen instabil wird, lässt sich qualitativ einfach verdeutlichen. Infolge der schnelleren Rotation wirkt auf die Fluidteilchen in der Nähe des inneren Zylinders eine größere Fliehkraft als auf die langsameren im äußeren Teil des Spaltes, d. h. in Gehäusenähe. Das entspricht der instabilen Schichtung eines leichteren Mediums unter einem schwereren (Inversion). TAYLOR beobachtete, dass ab einer bestimmten REYNOLDS-Zahl regelmäßige Ringwirbel der Grundströmung überlagert sind. Längs der Achse treten diese Wirbel in gleichem Abstand, aber mit wechselndem Drehsinn auf (Abb. 3.29).

[27] TAYLOR, Brook (1685 bis 1731), engl. Mathematiker.

3.3.6 Eindimensionale Strömung idealer Fluide

Vorbemerkung: Um die prinzipiellen Zusammenhänge aufzuzeigen, ist es gemäß der **Stromfadentheorie** vorteilhaft, zuerst das Strömungsverhalten idealer Fluide zu untersuchen und mathematisch zu beschreiben.

3.3.6.1 Eulersche Bewegungsgleichung der Absolutströmung

Mit Absolutströmung wird die Bewegung eines Fluides gegenüber einem ruhenden Koordinatensystem bezeichnet. Ruhebezugspunkt ist die Erde (Umgebung).

3.3.6.1.1 Kraftwirkung in Bewegungsrichtung *s*

In Abb. 3.30 sind alle Kräfte eingetragen, die auf das dargestellte Fluidteilchen (massefestes Volumenelement) in Bewegungsrichtung *s* wirken.

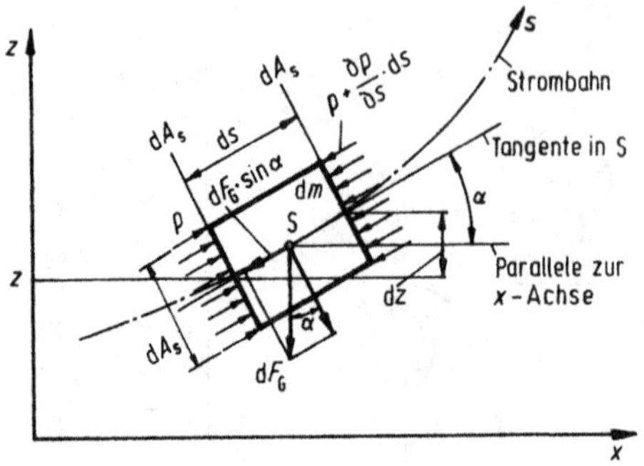

Abb. 3.30 Kräfte auf massebehaftetes Fluidteilchen (Feldelement) in Bewegungsrichtung s

Das NEWTONsche Grundgesetz auf dieses infinitesimale Fluidelement angewendet, ergibt:

$$\sum \mathrm{d}F_s = \mathrm{d}m \cdot \dot{c} = \mathrm{d}m \cdot \frac{\mathrm{d}c}{\mathrm{d}t}$$
$$= \varrho \cdot \mathrm{d}A_s \cdot \mathrm{d}s \cdot \frac{\mathrm{d}c}{\mathrm{d}t} \qquad (3.58)$$

Bemerkung: Infolge Normalkraft (senkrecht zur Strömungs-Tangente, Abb. 3.31) ist der Druck über den Stirnflächen des Fluidelementes in Abb. 3.30 jeweils nicht konstant, sondern verläuft in Normalenrichtung abfallend. Dies ist berücksichtigt durch Auftragen der Mittelwerte (Flächenschwerpunktsdrücke) über den Flächen $\mathrm{d}A_s$. Der Druck ist zudem wegabhängig, also $p = p(s)$ und $p(s + \mathrm{d}s) = p(s) + (\partial p/\partial s) \cdot \mathrm{d}s$.

Die Kraftresultierende zu (3.58) in s-Richtung setzt sich dabei gemäß Abb. 3.30 wie folgt zusammen mit $F_G = \varrho \cdot g \cdot \mathrm{d}A_s \cdot \mathrm{d}s$:

$$\sum \mathrm{d}F_s = p \cdot \mathrm{d}A_s - \left(p + \frac{\partial p}{\partial s} \cdot \mathrm{d}s\right)\mathrm{d}A_s$$
$$- \mathrm{d}F_G \cdot \sin\alpha$$
$$\sum \mathrm{d}F_s = -\frac{\partial p}{\partial s} \cdot \mathrm{d}s \cdot \mathrm{d}A_s - \varrho \cdot g \cdot \mathrm{d}A_s \cdot \mathrm{d}s \cdot \sin\alpha$$
$$\sum \mathrm{d}F_s = -\mathrm{d}A_s \cdot \left(\frac{\partial p}{\partial s} \cdot \mathrm{d}s + \varrho \cdot g \cdot \mathrm{d}s \cdot \sin\alpha\right) \qquad (3.59)$$

Wiedergegeben sei nachfolgend eine vereinfachte mathematische Umformung, die jedoch zum richtigen Ergebnis führt:

Gleichungen (3.58) und (3.59) gleichgesetzt ergibt mit $\sin\alpha = \mathrm{d}z/\mathrm{d}s \equiv \partial z/\partial s$, gemäß Geometrie (d und ∂ Kennzeichen für Differenzial):

$$-\mathrm{d}A_s \cdot \left(\frac{\partial p}{\partial s} \cdot \mathrm{d}s + \varrho \cdot g \cdot \mathrm{d}s \cdot \frac{\partial z}{\partial s}\right)$$
$$= \varrho \cdot \mathrm{d}A_s \cdot \mathrm{d}s \cdot \frac{\mathrm{d}c}{\mathrm{d}t}$$

Beziehung umgestellt und vereinfacht:

$$g \cdot \frac{\partial z}{\partial s} \cdot \mathrm{d}s + \frac{1}{\varrho} \cdot \frac{\partial p}{\partial s} \cdot \mathrm{d}s + \mathrm{d}s \cdot \frac{\mathrm{d}c}{\mathrm{d}t} = 0 \quad \Big| \cdot \frac{\partial s}{\mathrm{d}s}$$
$$g \cdot \partial z + \frac{1}{\varrho} \cdot \partial p + \partial s \cdot \frac{\mathrm{d}c}{\mathrm{d}t} = 0 \qquad (3.60)$$

Die Geschwindigkeit c ist allgemein (instationäre Strömung) eine Funktion des Ortes s und der Zeit t, wenn s die Lage des Fluidteilchens auf der Stromlinie zur Zeit t angibt, also $c = f(s, t)$. Deshalb gilt für das totale Differenzial von c:

$$\mathrm{d}c = \frac{\partial c}{\partial s} \cdot \mathrm{d}s + \frac{\partial c}{\partial t} \cdot \mathrm{d}t$$

Damit wird die Beschleunigung $\dot{c}$ (3.2):

$$a_s = \dot{c} = \frac{\mathrm{d}c}{\mathrm{d}t} = \frac{\partial c}{\partial s} \cdot \frac{\mathrm{d}s}{\mathrm{d}t} + \frac{\partial c}{\partial t}$$
$$= c \cdot \frac{\partial c}{\partial s} + \frac{\partial c}{\partial t} \quad \Big| \cdot \partial s$$

Hieraus

$$\partial s \cdot \frac{\mathrm{d}c}{\mathrm{d}t} = c \cdot \partial c + \partial s \cdot \frac{\partial c}{\partial t}$$
$$= \partial\left(\frac{c^2}{2}\right) + \frac{\partial c}{\partial t} \cdot \partial s$$

Eingesetzt in (3.60) ergibt die **EULERsche Strömungsgleichung in Stromlinienrichtung von instationärer eindimensionaler Strömung** $c = c(s,t)$ mit $p = p(s)$:

$$\boldsymbol{g \cdot \partial z + \frac{1}{\varrho} \cdot \partial p + \partial\left(\frac{c^2}{2}\right) + \frac{\partial c}{\partial t} \cdot \partial s = 0} \qquad (3.61)$$

Für **stationäre eindimensionale Strömung** $c = f(s)$ hat, da $\partial c/\partial t = 0$, die Euler*sche Strömungsgleichung* die Form:

$$\boldsymbol{g \cdot \mathrm{d}z + \frac{1}{\varrho} \cdot \mathrm{d}p + \mathrm{d}\left(\frac{c^2}{2}\right) = 0} \quad \text{oder} \quad (3.62)$$
$$g \cdot \mathrm{d}z + \frac{1}{\varrho} \cdot \mathrm{d}p + c \cdot \mathrm{d}c = 0 \qquad (3.63)$$

Partielle Differenziale sind nicht mehr notwendig, da nur noch die eine unabhängige Variable s vorhanden ist. Der transiente Anteil $\partial c/\partial t$ entfällt deshalb.

Ergänzungen: Mathematische Umformung der Beziehung (3.59) mit (3.58) nach TRUCKENBRODT:

$$g \cdot \frac{\partial z}{\partial s} \cdot \mathrm{d}s + \frac{1}{\varrho} \cdot \frac{\partial p}{\partial s} \cdot \mathrm{d}s + \frac{\mathrm{d}c}{\mathrm{d}t} \cdot \mathrm{d}s = 0$$

Mit Beschleunigung $\frac{\mathrm{d}c}{\mathrm{d}t} = c \cdot \frac{\partial c}{\partial s} + \frac{\partial c}{\partial t}$

$$g \cdot \frac{\partial z}{\partial s} \cdot \mathrm{d}s + \frac{1}{\varrho} \cdot \frac{\partial p}{\partial s} \cdot \mathrm{d}s + c \cdot \frac{\partial c}{\partial s} \cdot \mathrm{d}s + \frac{\partial c}{\partial t} \cdot \mathrm{d}s = 0 \tag{3.63a}$$

Ausgangspunkt für die Umformung:

$$c = c(s,t); \quad p = p(s,t); \quad z = z(s,t)$$

Betrachtung längs Stromlinie s (Abb. 3.30):

Vollständige Differenziale:

$$\mathrm{d}c = \frac{\partial c}{\partial s} \cdot \mathrm{d}s + \frac{\partial c}{\partial t} \cdot \mathrm{d}t$$
$$\mathrm{d}p = \frac{\partial p}{\partial s} \cdot \mathrm{d}s + \frac{\partial p}{\partial t} \cdot \mathrm{d}t$$
$$\mathrm{d}z = \frac{\partial z}{\partial s} \cdot \mathrm{d}s + \frac{\partial z}{\partial t} \cdot \mathrm{d}t$$

Bei festgehaltener Zeit t, also $\mathrm{d}t = 0$, werden:

$$\mathrm{d}c = \frac{\partial c}{\partial s} \cdot \mathrm{d}s; \quad \mathrm{d}p = \frac{\partial p}{\partial s} \cdot \mathrm{d}s; \quad \mathrm{d}z = \frac{\partial z}{\partial s} \cdot \mathrm{d}s$$

Damit geht Beziehung (3.63a) über in

$$g \cdot \mathrm{d}z + \frac{1}{\varrho} \cdot \mathrm{d}p + c \cdot \mathrm{d}c + \frac{\partial c}{\partial t} \cdot \mathrm{d}s = 0$$

Hierbei noch $c \cdot \mathrm{d}c = d(c^2/2)$ eingeführt, liefert:

$$g \cdot \mathrm{d}z + \frac{1}{\varrho} \cdot \mathrm{d}p + d\left(\frac{c^2}{2}\right) + \frac{\mathrm{d}c}{\mathrm{d}t} \cdot \mathrm{d}s = 0$$

Prinzipiell ergibt sich derselbe Aufbau wie (3.61). Der Unterschied in den Differenzialsymbolen ist in diesem Zusammenhang ohne Bedeutung.

Wird die zeitliche Druckänderung $\partial p/\partial t$ (lokaler Anteil) berücksichtigt und zudem die Stromlinien-Neigung (Winkel α in Abb. 3.30) ebenfalls als transient betrachtet (allgemeinster Fall), erweitert sich (3.61) wie folgt:

$p = p(s,t)$ differenziert und umgestellt:

$$\frac{\partial p}{\partial s} \cdot \mathrm{d}s = \mathrm{d}p - \frac{\partial p}{\partial t} \cdot \mathrm{d}t$$

mit $c = \frac{\mathrm{d}s}{\mathrm{d}t} \to \mathrm{d}t = \frac{1}{c} \cdot \mathrm{d}s$ folgt

$$\frac{\partial p}{\partial s} \cdot \mathrm{d}s = \mathrm{d}p - \frac{1}{c} \cdot \frac{\partial p}{\partial t} \cdot \mathrm{d}s$$

$\alpha = \alpha(s,t)$. Hierzu gemäß Abb. 3.30, wobei jetzt partielle Differenziale notwendig:

$$\sin\alpha = \partial z/\partial s$$

$z = z(s,t)$ differenziert:

$$\mathrm{d}z = \frac{\partial z}{\partial s} \cdot \mathrm{d}s + \frac{\partial z}{\partial t} \cdot \mathrm{d}t$$

hieraus wieder mit $\mathrm{d}t = (1/c) \cdot \mathrm{d}s$

$$\frac{\partial z}{\partial s} \cdot \mathrm{d}s = \mathrm{d}z - \frac{1}{c} \cdot \frac{\partial z}{\partial t} \cdot \mathrm{d}s$$

Alle Terme eingesetzt in (3.60) ergibt letztlich die EULER-Strömungsgleichung idealer transienter Strömung allgemeinster Form:

$$g \cdot \left(\mathrm{d}z - \frac{1}{c} \cdot \frac{\partial z}{\partial t} \cdot \mathrm{d}s\right) + \frac{1}{\varrho} \cdot \left(\mathrm{d}p - \frac{1}{c} \cdot \frac{\partial p}{\partial t} \cdot \mathrm{d}s\right) + \partial\left(\frac{c^2}{2}\right) + \frac{\partial c}{\partial t} \cdot \mathrm{d}s = 0 \tag{3.63b}$$

Diese Gleichung ist nur bei außergewöhnlichen Sonderfällen notwendig.

3.3.6.1.2 Kraftwirkung in Normalenrichtung *n*

In Abb. 3.31 sind alle auf das infinitesimale Fluidteilchen in Normalenrichtung n wirkenden Kräfte eingetragen.

Das NEWTONsche Grundgesetz

$$\sum \mathrm{d}F_\mathrm{n} = \mathrm{d}m \cdot a_\mathrm{n}$$

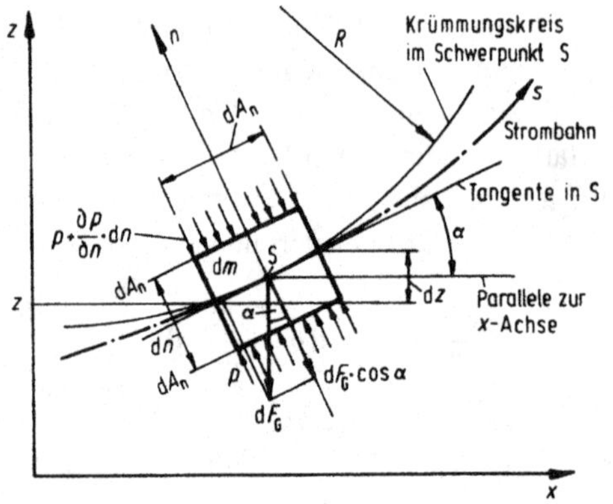

Abb. 3.31 Kräfte auf massefestes Fluidteilchen in Normalenrichtung n

angewendet, liefert mit $a_n = \omega^2 \cdot R = c^2/R$, $\mathrm{d}m = \varrho \cdot \mathrm{d}A_n \cdot \mathrm{d}n$ und

$$\begin{aligned}\sum \mathrm{d}F_n &= p \cdot \mathrm{d}A_n - \left(p + \frac{\partial p}{\partial n} \cdot \mathrm{d}n\right) \cdot \mathrm{d}A_n \\ &\quad - \mathrm{d}F_G \cdot \cos\alpha \\ &= -\frac{\partial p}{\partial n} \cdot \mathrm{d}n \cdot \mathrm{d}A_n \\ &\quad - \varrho \cdot g \cdot \mathrm{d}A_n \cdot \mathrm{d}n \cdot \cos\alpha \\ &= -\mathrm{d}A_n\left(\frac{\partial p}{\partial n} + \varrho \cdot g \cdot \cos\alpha\right)\mathrm{d}n\end{aligned}$$

wenn eingesetzt, die Beziehung:

$$-\mathrm{d}A_n\left(\frac{\partial p}{\partial n} + \varrho \cdot g \cdot \cos\alpha\right)\mathrm{d}n = \varrho \cdot \mathrm{d}A_n \cdot \mathrm{d}n \cdot \frac{c^2}{R}$$

$$\frac{\partial p}{\partial n} + \varrho \cdot g \cdot \cos\alpha + \varrho \cdot \frac{c^2}{R} = 0$$

Mit $\cos\alpha = \mathrm{d}z/\mathrm{d}n \equiv \partial z/\partial n$ ergibt sich letztlich:

$$\boldsymbol{g \cdot \partial z + \frac{1}{\varrho}\partial p + \frac{c^2}{R} \cdot \partial n = 0} \qquad (3.64)$$

Gleichung (3.64) ist die **EULERsche Strömungsgleichung der eindimensionalen Strömung in Normalrichtung.**

Bei manchen Strömungsvorgängen ist der Einfluss der Schwere $g \cdot \partial z$ ohne praktische Bedeutung. Bei Strömungen in horizontaler Ebene verschwindet der Schwereeinfluss ohnehin: $z =$ konst $\rightarrow \partial z = 0$. Gleichung (3.64) vereinfacht sich in diesen Fällen zu:

$$\frac{1}{\varrho} \cdot \partial p + \frac{c^2}{R} \cdot \partial n = 0 \qquad (3.65)$$

Gleichung (3.64) und besonders (3.65) zeigen, dass in jeder gekrümmten Strombahn immer ein Druckabfall quer zur Stromlinienrichtung nach dem Krümmungsmittelpunkt hin stattfindet. Bei geradliniger Strömung ist in Querrichtung kein Druckabfall vorhanden, da Strombahn-Krümmungsradius $R \rightarrow \infty$.

Der Druck ändert sich bei stationärer Strömung linear mit dem Krümmungsradius R der Strombahn, da nach (3.65) $\partial p/\partial n = \varrho \cdot c^2/R = \varrho \cdot \omega^2 \cdot R$. Dieses Ergebnis vorwegnehmend wurde, wie dort erwähnt, in Abb. 3.30 ersatzweise der mittlere Druck, der an der Mitten-Strombahnlinie herrscht, über die gesamte Fläche $\mathrm{d}A_s$ wirkend eingetragen.

Beispiel

Die Querumströmung eines sehr langen vertikal angeordneten Zylinders – Index Z für Zylinderoberfläche – erfolgt quer senkrecht zu seiner Achse. Die Druckänderung in radialer Richtung ist zu bestimmen.

Bekannt: Strömungsgeschwindigkeit 12 m/s
Zylinderdurchmesser 500 mm
Medium Luft 80 °C; 1,8 bar

Gesucht: Druckdifferenz in der Strömung zwischen Zylinderoberfläche und radialem Abstand von 20 mm.

Ansatz: Ausgangspunkt ist (3.64), also Differenzialgleichung (abgekürzt D'Gl.):

$$g \cdot \partial z + \frac{1}{\varrho} \cdot \partial p + \frac{c^2}{R} \cdot \partial n = 0$$

Ansatz-Auswertung: Anpassung gemäß Problembedingungen

a) $z =$ konst $\rightarrow \partial z = 0$, da waagrechte ebene Strömung.
b) Geringe Druckdifferenz erwartet. Daher $\varrho \approx$ konst gesetzt.

c) Kleine Weg-Erstreckung, weshalb Krümmung der Strömung näherungsweise konstant und gleich dem Zylinderradius R_z gesetzt. Bei größerer radialer Erstreckung Δn wird sinnvollerweise der mittlere Radius verwendet, also $R = \bar{R}$ gesetzt.

Dann geht die Differenzialgleichung (D'Gl.) über in die Differenzengleichung. Dabei ist zu beachten, dass Normalenrichtung n zum Krümmungsmittelpunkt führt (Abb. 3.31), d. h. zum Zylindermittelpunkt. Das gilt daher auch für die Integrationsrichtung n (Grenzenfestlegung), und zwar von $p_{\Delta n} = p(\Delta n)$ bis $p_z = p(0)$:

$$\frac{1}{\varrho} \cdot \int_{p_z}^{p_{\Delta n}} \partial p \approx -\frac{c^2}{R_z} \cdot \int_{\Delta n}^{0} \partial n$$

$$= -\left(-\frac{c^2}{R_z} \cdot \int_{0}^{\Delta n} \partial n\right)$$

$$\frac{1}{\varrho} \cdot p \Big|_{p_z}^{p_{\Delta n}} \approx \frac{c^2}{R_z} \cdot n \Big|_{0}^{\Delta n}$$

$$\frac{1}{\varrho} \cdot (p_{\Delta n} - p_z) \approx \frac{c^2}{R_z} \cdot \Delta n$$

$$\Delta p \approx \varrho \cdot \frac{c^2}{R_z} \cdot \Delta n$$

Zahlen-Auswertung: Wertberechnung gemäß Vorgaben, notwendigen Festlegungen oder Annahmen und zugehörigen Stoffwerten, die aus Tafeln (Tabellen, Diagrammen) zu entnehmen sind.

Für Luft nach

Tab. 6.8: Bei 0 °C; 1,0133 bar $\rightarrow \varrho = 1{,}293\,\text{kg/m}^3$
Tab. 6.22: $R = 287\,\text{J/(kg} \cdot \text{K)}$; $\varkappa = 1{,}4$

Da Luft in weitem Bereich thermodynamisch ideales Gasverhalten (R = konst; $\varkappa$ = konst) zeigt, gelten die Werte für Gaskonstante R und Isentropenexponent $\varkappa$ auch außerhalb der Bezugswerte von Tab. 6.22 (1 bar; 20 °C) in guter Genauigkeit.

Umrechnung der Luftdichte mit der Gasgleichung $p \cdot v = R \cdot T$:

$$\frac{p_0 \cdot v_0}{T_0} = \frac{p \cdot v}{T}$$

Hieraus mit $v = \frac{1}{\varrho}$:

$$\varrho = \varrho_0 \cdot \frac{p}{p_0} \cdot \frac{T_0}{T}$$

$$= 1{,}293 \cdot \frac{1{,}8}{1{,}0133} \cdot \frac{273}{353} \left[\frac{\text{kg}}{\text{m}^3}\right]$$

$$\varrho = 1{,}776\,\text{kg/m}^3$$

Damit wird die Druckdifferenz $\Delta p = p_{\Delta n} - p_z$ für $\Delta n = (\Delta n + R_z) - R_z = 0{,}02\,\text{m}$; $c = 12\,\text{m/s}$ und $R_z = 0{,}25\,\text{m}$:

$$\Delta p = 1{,}776 \cdot \frac{12^2}{0{,}25} \cdot 0{,}02 \left[\frac{\text{kg}}{\text{m}^3} \cdot \frac{(\text{m/s})^2}{\text{m}} \cdot \text{m}\right]$$

$$\Delta p \approx 20{,}46\,\text{Pa}$$

Das bedeutet: Druckanstieg radial nach außen, bzw. Druckabnahme nach innen. Die Rückwirkung der Druckänderung auf die Geschwindigkeit wurde bei diesem Beispiel nicht untersucht. ◄

3.3.6.2 Eulersche Bewegungsgleichung der Relativströmung in waagrechter Ebene

Mit **Relativströmung** wird die Bewegung eines Fluides gegenüber einem Koordinatenkreuz bezeichnet, das mit dem sich drehenden System mitrotiert.

In Abb. 3.32 sind die Zusammenhänge in einem waagrechten Strömungsfeld dargestellt. Das gezeichnete Fluidteilchen der Masse dm bewegt sich der (Relativ-)Bahnlinie s entlang und rotiert mit ihr zusammen zudem um den Drehpunkt M_0 (Winkelgeschwindigkeit ω) gegenüber der ruhenden Umgebung.

w Relativgeschwindigkeit des Fluidteilchens in Bezug auf die mitrotierenden Bezugskoordinaten. Deshalb Bezeichnung w statt c.

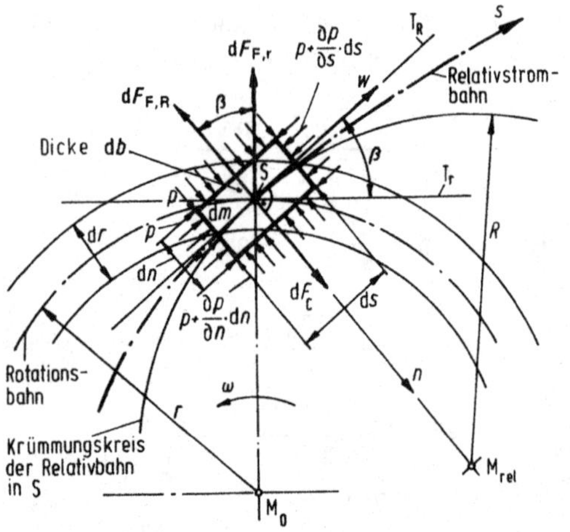

Abb. 3.32 Kräfte an Fluidteilchen (Masse dm) mit Relativbewegung entlang der Bahnlinie s in rotierendem System um senkrechte Achse durch Drehpunkt M_0 (Draufsicht)

R	Krümmungsradius der Relativ-Bahnlinie s im Schwerpunkt S des materiellen Fluidteilchens.
r	Radius der Kreisbahn der Grund- oder Hauptbewegung.
T_R	Tangente im Schwerpunkt S des Fluidteilchens an den Kreis mit Radius R.
T_r	Tangente im Schwerpunkt S an den Kreis mit Radius r.
dF_C	CORIOLIS-Kraft.
$dF_{F,r}$	Fliehkraft infolge Rotation auf Kreisbahn mit Radius r.
$dF_{F,R}$	Fliehkraft infolge Relativ-Kreisbogen-Bahn mit Krümmungsradius R.
$p \cdot dA$	Druckkräfte.
$\partial p/\partial s$	Druckänderung (Druckgradient) in relativer Strömungsrichtung s.
$\partial p/\partial n$	Druckänderung in Normalrichtung n.
β	Neigungswinkel der relativen Strombahn.

3.3.6.2.1 Dynamisches Kräftegleichgewicht in der relativen Strömungsrichtung *s*

Nach NEWTON gilt:

$$\sum dF_s = dm \cdot \dot{w} = dm \cdot \frac{dw}{dt}.$$

Mit

$$dm = \varrho \cdot dV = \varrho \cdot ds \cdot dn \cdot db \quad \text{und}$$

$$\sum dF_s = dF_{F,r} \cdot \sin\beta + p \cdot dn \cdot db - \left(p + \frac{\partial p}{\partial s} \cdot ds\right) dn \cdot db$$

$$\sum dF_s = dm \cdot \omega^2 \cdot r \cdot \sin\beta - \frac{\partial p}{\partial s} \cdot ds \cdot dn \cdot db$$

folgt

$$dm \cdot \omega^2 \cdot r \cdot \sin\beta - \frac{\partial p}{\partial s} \cdot ds \cdot dn \cdot db = dm \cdot \frac{dw}{dt}$$

$$\omega^2 \cdot r \cdot \sin\beta - \frac{1}{\varrho} \cdot \frac{\partial p}{\partial s} = \frac{dw}{dt} \tag{3.66}$$

Für *instationäre Relativströmung* $w = f(s,t)$ gilt:

$$dw = \frac{\partial w}{\partial s} \cdot ds + \frac{\partial w}{\partial t} \cdot dt$$

$$\frac{dw}{dt} = \frac{\partial w}{\partial s} \cdot \frac{ds}{dt} + \frac{\partial w}{\partial t} = w \cdot \frac{\partial w}{\partial t} + \frac{\partial w}{\partial t}$$

und mit $\sin\beta = \partial r/\partial s \equiv dr/ds$ ergibt (3.66)

$$\omega^2 \cdot r \cdot \frac{\partial r}{\partial s} - \frac{1}{\varrho} \cdot \frac{\partial p}{\partial s} = w \cdot \frac{\partial w}{\partial s} + \frac{\partial w}{\partial t}$$

$$\frac{1}{\varrho} \cdot \partial p - \omega^2 \cdot r \cdot \partial r + w \cdot \partial w + \frac{\partial w}{\partial t} \cdot \partial s = 0 \tag{3.67}$$

$$\frac{1}{\varrho} \cdot \partial p - \omega^2 \cdot \partial\left(\frac{r^2}{2}\right) + \partial\left(\frac{w^2}{2}\right) + \frac{\partial w}{\partial t} \cdot \partial s = 0 \tag{3.68}$$

Oder mit $u = \omega \cdot r$

$$\boldsymbol{\frac{1}{\varrho} \cdot \partial p - \partial\left(\frac{u^2}{2}\right) + \partial\left(\frac{w^2}{2}\right) + \frac{\partial w}{\partial t} \cdot \partial s = 0} \tag{3.69}$$

Beziehung (3.68) bzw. (3.69) ist die **EULERsche Gleichung der Relativbewegung in Strömungsrichtung bei instationärer Relativströmung.**

Für *stationäre Relativströmung* $w = f(s)$ erhält die Bewegungsgleichung, da dann $\partial w/\partial t = 0$, die Form:

$$\frac{1}{\varrho} \cdot \partial p + \partial\left(\frac{w^2}{2}\right) - \omega^2 \cdot \partial\left(\frac{r^2}{2}\right) = 0 \quad (3.70)$$

Wie bei (3.63) sind auch hier keine partiellen Differenzialsymbole notwendig, sodass gilt:

$$\frac{1}{\varrho} \cdot \mathrm{d}p + \mathrm{d}\left(\frac{w^2}{2}\right) - \omega^2 \cdot \mathrm{d}\left(\frac{r^2}{2}\right) = 0 \quad (3.71)$$

$$\boldsymbol{\frac{1}{\varrho} \cdot \mathrm{d}\,p + \mathrm{d}\left(\frac{w^2}{2}\right) - \mathrm{d}\left(\frac{u^2}{2}\right) = 0} \quad (3.72)$$

3.3.6.2.2 Dynamisches Kräftegleichgewicht in der relativen Normalenrichtung *n*

Gleichgewichtsbedingung $\sum \mathrm{d}F_{\mathrm{n}} = 0$ mit

$$\sum \mathrm{d}F_{\mathrm{n}} = \mathrm{d}F_{\mathrm{C}} - \mathrm{d}F_{\mathrm{F,R}} - \mathrm{d}F_{\mathrm{F,r}} \cdot \cos\beta + p \cdot \mathrm{d}s \cdot \mathrm{d}b - \left(p + \frac{\partial p}{\partial n} \cdot \mathrm{d}n\right) \cdot \mathrm{d}s \cdot \mathrm{d}b$$

Hierbei ist $\mathrm{d}F_{\mathrm{C}}$ die **CORIOLIS[28]-Kraft**, die auf jeden Körper wirkt, der in einem rotierenden System in irgend einer Richtung mit der Geschwindigkeit w Relativbewegungen ausführt. Die CORIOLISkraft wirkt senkrecht zur Relativbewegung sowie entgegen der Rotationsrichtung, d. h. in Richtung zum Mittelpunkt $\mathrm{M_{rel}}$ der Relativbahnkrümmung, und hat die Größe $2 \cdot \omega \cdot w \cdot \mathrm{d}m$. Diese Kraft rührt daher, dass bei einer Relativbewegung zum einen die Umfangsgeschwindigkeit u des Fluidteilchens $\mathrm{d}m$ dauernd einer Änderung unterliegt und zum anderen die Relativgeschwindigkeit w ständig ihre Richtung ändert, was Beschleunigungen der Masse $\mathrm{d}m$ bedeutet. Beide Einflüsse bewirken Kräfte jeweils von der gleichen Größe $\omega \cdot w \cdot \mathrm{d}m$. Ihre Summe ist deshalb doppelt so groß.

Die Zentrifugalkräfte sind:

- Relativbewegung mit w und Krümmung R:

$$\mathrm{d}F_{\mathrm{F,R}} = \mathrm{d}m \cdot w^2/R$$

- Grundrotation mit ω um Radius r:

$$\mathrm{d}F_{\mathrm{F,r}} = \mathrm{d}m \cdot u^2/r = \mathrm{d}m \cdot \omega^2 \cdot r$$

Die analytischen Ausdrücke für die Kraft in die Gleichgewichtsbedingung eingesetzt, ergibt:

$$2\,\omega\, w \mathrm{d}m - \frac{w^2}{R}\mathrm{d}m - \omega^2\, r \mathrm{d}m \cos\beta - \frac{\partial p}{\partial n}\mathrm{d}n\mathrm{d}s\mathrm{d}b = 0$$

$$\boldsymbol{2\,\omega\, w - \frac{w^2}{R} - \omega^2 r\, \cos\beta - \frac{1}{\varrho}\frac{\partial p}{\partial n} = 0} \quad (3.73)$$

Hieraus

$$\frac{\partial p}{\partial n} = -\varrho\left[\frac{w^2}{R} + \omega^2 r \cos\beta - 2\,\omega\, w\right] \quad \text{oder} \quad (3.74)$$

$$\frac{\partial p}{\partial n} = -\varrho\left[\omega^2 r \cos\beta - w\left(2\,\omega - \frac{w}{R}\right)\right] \quad (3.75)$$

Beziehung (3.73) ist die Euler*sche Gleichung der Relativbewegung quer zur Strömungsrichtung*.

Entsprechend (3.65) zeigen die Beziehungen (3.74) bzw (3.75), dass ein Druckanstieg (Druckgradient) quer zur Relativströmungsrichtung vom Krümmungsmittelpunkt weggerichtet, d. h. in negativer n-Richtung, auftritt.

Gleichungen (3.73) bis (3.75) gelten für die sog. **rückwärts gekrümmte Relativstrombahn** entsprechend Abb. 3.32, also Krümmung entgegen der Drehrichtung.

Bei **vorwärts gekrümmter Relativstrombahn** (Krümmung umgekehrt zu der in Abb. 3.32) wirkt $\mathrm{d}F_{\mathrm{F,R}}$ in entgegengesetzter Richtung. Ebenfalls kehrt sich die Normalenrichtung n um.

Für die Vorwärtskrümmung liefert die analoge Ableitung:

$$\frac{\partial p}{\partial n} = \varrho\left[\frac{w^2}{R} - \omega^2 \cdot r \cdot \cos\beta + 2\,\omega \cdot w\right] \quad (3.76)$$

$$\frac{\partial p}{\partial n} = -\varrho\left[\omega^2 \cdot r \cdot \cos\beta - w\left(2\,\omega + \frac{w}{R}\right)\right] \quad (3.77)$$

Wird zum Vergleich Beziehung (3.70) nach der Normalrichtung n partiell differenziert, ergibt

[28] CORIOLIS (1792 bis 1843), frz. Physiker.

sich:

$$\frac{1}{\varrho}\cdot\frac{\partial p}{\partial n}+\frac{\partial(w^2/2)}{\partial n}-\omega^2\cdot\frac{\partial(r^2/2)}{\partial n}=0$$

$$\frac{1}{\varrho}\cdot\frac{\partial p}{\partial n}+w\cdot\frac{\partial w}{\partial n}-\omega^2\cdot r\cdot\frac{\partial r}{\partial n}=0$$

Mit $\partial r/\partial n = -\cos/\beta$ folgt $(\partial r+; \partial n-)$:

$$\frac{\partial p}{\partial n}=-\varrho\left[\omega^2\cdot r\cdot\cos\beta-w\cdot\frac{\partial w}{\partial n}\right] \tag{3.78}$$

Für die verschiedenen Bahnkrümmungen gilt also:

- *Rückwärts* gekrümmte Bahn, (3.78) mit (3.75)

$$\frac{\partial w}{\partial n}=\left(2\omega-\frac{w}{R}\right) \tag{3.79}$$

- *Vorwärts* gekrümmte Bahn, (3.78) mit (3.77)

$$\frac{\partial w}{\partial n}=\left(2\omega+\frac{w}{R}\right) \tag{3.80}$$

Dies sind die **Differenzialgleichungen der rotierenden Relativströmung**. Mit ihrer Hilfe kann die Strömung idealer Fluide in den bewegten Schaufelkanälen der Strömungsmaschinen behandelt werden. Zu beachten ist dabei, dass der Geschwindigkeitsabfall immer in Richtung der CORIOLISkraft erfolgt.

3.3.6.3 Energiegleichungen der Absolutströmung

Die Energiegleichungen ergeben sich durch Integrieren der aus den Kräftegleichgewichten hergeleiteten Bewegungsgleichungen von EULER.

3.3.6.3.1 Instationäre Strömung

Die Integration der Differenzialgleichung (3.61) führt zur Energiegleichung der instationären Absolutströmung idealer Fluide:

$$\mathbf{g\cdot z+\int_0^p\frac{1}{\varrho}\cdot\partial p+\frac{c^2}{2}+\int_0^s\frac{\partial c}{\partial t}\cdot\partial s=\text{konst}} \tag{3.81}$$

Das Integral $\int_0^s(\partial c/\partial t)\cdot\partial s$ beschreibt den Einfluss der lokalen Beschleunigung $\partial c/\partial t$ und damit den instationären, also transienten Anteil. Es ist nur exakt lösbar, wenn $\partial c/\partial t = f(s)$ bekannt, was oft nicht der Fall.

Gleichung (3.81) zwischen den Bezugsstellen ① und ② bei ϱ = konst angewendet, ergibt die Beziehung:

$$g\cdot z_1+\frac{p_1}{\varrho}+\frac{c_1^2}{2}+\int_0^{s_1}\frac{\partial c}{\partial t}\partial s$$

$$=g\cdot z_2+\frac{p_2}{\varrho}+\frac{c_2^2}{2}+\int_0^{s_2}\frac{\partial c}{\partial t}\partial s \tag{3.81a}$$

Ergänzung: Eine wichtige instationäre Strömung ist neben Fluidschwingungen u. a. der sog. Druck- oder Stromstoß (JOUKOWSKY-Stoß), der beim schnellen Abstellen von Flüssigkeitsströmungen in Rohren auftritt, z. B. bei Wasserturbinen-Druckleitungen [78] und Wasserrohrnetzen. Bei Gasen ist er trotz hoher Strömungsgeschwindigkeit infolge der geringen Dichte meist ohne Bedeutung.

JOUKOWSKY-Stoß Drucksprung Δp bei plötzlicher Änderung der Strömungsgeschwindigkeit um Δc gemäß Rampen-, d. h. Sprungfunktion beträgt nach JOUKOWSKY [78]:

$$\Delta p\approx\varrho\cdot a_c\cdot\Delta c \tag{3.82}$$

mit

a_c ... charakteristische Schall- d. h. Druckwellengeschwindigkeit. Ist meist etwa so groß wie die Schallgeschwindigkeit a des Fluides, also: $a_c \approx a$ ((1.22) und Tab. 1.16).

$\Delta c = c_0 - c$ ... plötzliche Geschwindigkeitsänderung von c_0 auf c

Plötzlich bedeutet hierbei, wenn Schließzeit

$$t\le 2\cdot L/a_c \tag{3.82a}$$

mit

L ... Rohrlänge des am Absperrorgan entgegen der Strömungsrichtung anschließenden geraden Rohrstückes.

Druckstoßgefahr besteht somit, wenn Zeit T für die Änderung der Strömungsgeschwindigkeit um Δc kleiner ist als $t = 2 \cdot L/a_c$ nach (3.82a). Somit notwendig $T > t$. Erforderliche Gegenmaßnahmen sind z. B. Ausgleichbehälter (Windkessel) oder gesteuerte Umgehungsleitungen.

Druckstoßgefahr besteht, wie (3.82) bestätigt, in der Regel nur bei Flüssigkeiten, da ihre Dichte etwa das 1000-fache der von Gasen und Dämpfen beträgt.

3.3.6.3.2 Stationäre Strömung (Bernoulli-Gleichung)

Die Energiegleichung der stationären Absolutströmung idealer volumenbeständiger Fluide (ϱ = konst) ergibt sich durch Integration der EULERschen Strömungsgleichung, (3.62), also ohne Transientanteil.

$$\boldsymbol{g \cdot z + p/\varrho + c^2/2 = \textbf{konst}} \tag{3.83}$$

Oder zwischen den Bezugsstellen ① und ②; gekennzeichnet durch E ①–②:

$$g \cdot z_1 + \frac{p_1}{\varrho} + \frac{c_1^2}{2} = g \cdot z_2 + \frac{p_2}{\varrho} + \frac{c_2^2}{2} \tag{3.84}$$

Diese Gleichung wurde erstmals von DANIEL BERNOULLI[29] in der Form

$$z + \frac{p}{\varrho \cdot g} + \frac{c^2}{2 \cdot g} = \text{konst} \tag{3.85}$$

aufgestellt und wird deshalb als **BERNOULLI-Gleichung** oder Druckhöhen- bzw. Energiehöhen-Gleichung der stationären Strömung bezeichnet. Exakt ausgedrückt wäre daher wegen $\varrho \approx$ konst der Zusatz „für Flüssigkeiten" notwendig, der einfachheitshalber jedoch meist weggelassen wird. Dies wegen der Annahme, dass auch so Klarheit besteht.

Die Energiegleichung der reibungsfreien Strömung ergibt sich in erweiterter Form auch aus dem **Energieerhaltungs-Satz**, einem weiteren Axiom (Erfahrungsgesetz) der Physik. Da die Energiegleichung neben Durchfluss- und Kontinuitätsbeziehung sowie dem hydrostatischen Grundgesetz die wichtigste Grundgleichung der Fluidmechanik ist, soll auch diese Herleitung durchgeführt werden, und zwar mit Druck- oder Verschiebeenergie nach (2.22):

[29] BERNOULLI, Daniel (1700 bis 1782), schweizer Physiker. Hinweis auf den Anhang von Kap. 5.

Bei einem strömenden Fluid treten folgende Energieformen auf:

- Mechanische Energie:
  - potenzielle Energie:

    Lageenergie: $F_G \cdot z = m \cdot g \cdot z$

    Druckenergie: $p \cdot V = \frac{m}{\varrho} \cdot p$
  - kinetische Energie: $m \cdot c^2/2$
- Thermische oder innere Energie: $m \cdot u$

Die sonst noch möglichen Energiearten, wie elektrische, magnetische, chemische und Kernenergie sind bei strömenden Fluiden in der Regel nicht vorhanden bzw. müssen gegebenenfalls entsprechend berücksichtigt werden.

Der Energieerhaltungssatz $\sum E$ = konst angewendet ergibt:

$$m \cdot g \cdot z + (m/\varrho) \cdot p + m \cdot (c^2/2) + m \cdot u = \text{konst}$$

Diese Gleichung, bezogen auf die Masseneinheit (dividiert durch m), führt für die spez. **Gesamt** oder **Totalenergie** einer Strömung zu:

$$\boldsymbol{g \cdot z + p/\varrho + c^2/2 + u = \textbf{konst}} \tag{3.86}$$

Oder zwischen den Bezugsstellen ① und ②:

$$g \cdot z_1 + \frac{p_1}{\varrho_1} + \frac{c_1^2}{2} + u_1 = g \cdot z_2 + \frac{p_2}{\varrho_2} + \frac{c_2^2}{2} + u_2 \tag{3.87}$$

Dies, (3.86) bzw. (3.87), ist die Energiegleichung strömender Fluide in allgemeiner umfassender Form; erster **Strömungs-Hauptsatz** aller Systeme ohne äußere Energiezu- oder -abfuhr z. B. durch Wärme. Gilt bei entsprechender Anwendung sowohl für alle idealen als auch realen Fluide ohne äußeren Wärmeaustausch, d. h.

- Strömung ohne oder mit Reibung
- Strömung inkompressibler und kompressibler Fluide

in adiabatem, also wärmedichtem Gebiet (System).

Nach dem 1. Hauptsatz der Thermodynamik

$$\mathrm{d}q = \mathrm{d}u + p \cdot \mathrm{d}v = \mathrm{d}h - v \cdot \mathrm{d}p$$

gilt ohne Wärmetausch (adiabates System), d. h. $\mathrm{d}q = 0$:

$$\mathrm{d}u + p \cdot \mathrm{d}v = 0$$

Nun sind zu trennen:

Flüssigkeiten Quasi inkompressibel, d. h. $\varrho \approx$ konst, also $v = 1/\varrho \approx$ konst. Damit $\mathrm{d}v \approx 0$, also vernachlässigbar, weshalb auch

$$\mathrm{d}u = c_{\mathrm{v}} \cdot \mathrm{d}T \approx 0$$

Hieraus folgt: $u \approx$ konst und damit $T \approx$ konst

Aus (3.86) ergibt sich damit wieder die Energiegleichung idealer inkompressibler Fluide, (3.83).

Gase und Dämpfe Kompressibel, weshalb Dichte $\varrho \neq$ konst, also auch $v = 1/\varrho \neq$ konst und damit $\mathrm{d}v \neq 0$ sowie $\mathrm{d}u \neq 0$. Die Konsequenzen sind Inhalt von Kap. 5.

Die BERNOULLI-*Gleichung*, (3.85), ermöglicht analog zur Punktmechanik eine weitere Deutung: Alle drei Glieder haben die Dimension einer Länge. Deshalb bezeichnen:

z **Ortshöhe** (Einheit m) des Fluides über einer beliebig, aber zweckmäßig gewählten horizontalen Bezugsebene.

$\dfrac{c^2}{2 \cdot g}$ **Geschwindigkeitshöhe (Dim. m)** Entspricht der Höhe, die das Fluid im reibungslosen, freien Fall herabstürzen müsste, um die Geschwindigkeit c zu erreichen.

$\dfrac{p}{\varrho \cdot g}$ **Druckhöhe (Dimension m)** Entspricht nach dem hydrostatischen Grundgesetz der Höhe, die eine Fluidsäule der Dichte ϱ haben muss, damit sie auf ihre Unterlage den Druck p ausübt.

Bei stationärer Bewegung eines idealen Fluids ist für alle Punkte einer Stromlinie die Summe aus *Orts-*, *Druck-* und *Geschwindigkeitshöhe* eine konstante Größe, die sog. **hydraulische Höhe** oder **ideelle** bzw. **ideale Gesamthöhe**, Abb. 3.33. Der Wert ändert sich bei allgemeiner Strömung in der Regel beim Übergang von einer Stromlinie zur anderen. Bei stationären Potenzialströmungen dagegen hat die ideelle Gesamthöhe im ganzen Strömungsgebiet die gleiche Größe.

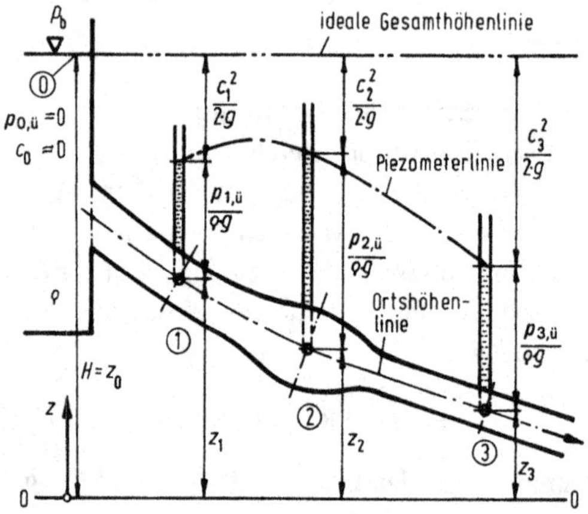

Abb. 3.33 Bildliche Darstellung der BERNOULLI-Gleichung

3.3.6.3.3 Anwendungen der Energiegleichungen

Stau(punkt)strömung, statischer und dynamischer Druck In eine Parallelströmung mit der Geschwindigkeit c wird ein stirnseitig abgerundeter Körper eingebracht, Abb. 3.34. Beim Umströmen dieses Hindernisses staut sich das Fluid teilweise auf. Die in der Mitte des Staugebietes verlaufende Stromlinie, die **Staustromlinie**,

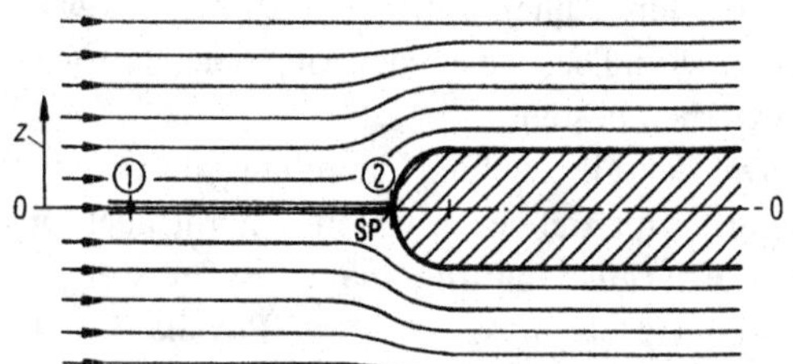

Abb. 3.34 Staupunktströmung. Staukörper in waagerechtem Strömungsfeld. ①–② Stromfaden (Staulinie), SP Staupunkt. Bezugssystem: Nulllinie (Abszisse) für z-Achse (Ordinate) entlang Stromfaden ①–② festgelegt

trifft senkrecht auf den Staukörper. Das Medium kommt in diesem ausgezeichneten Punkt, dem Staupunkt SP, völlig zur Ruhe.

Bemerkung: Staüströmungen sind immer laminar – zumindest kurz vor dem Körper bis zum Staupunkt – und deshalb auch bei reibungsbehafteter Strömung sicher berechenbar und für Messverfahren geeignet. Am Staupunkt herrscht Ruhe, weshalb da keine Fluidreibung mehr vorhanden (Beziehung (1.14)).

Die Energiegleichung E, auf den eingezeichneten Staupunkt-Stromfaden ①–② angewendet:

$$\text{E ①–②:}\quad z_1 \cdot g + \frac{p_1}{\varrho} + \frac{c_1^2}{2} = z_2 \cdot g + \frac{p_2}{\varrho} + \frac{c_2^2}{2}$$

Mit $z_1 = 0$; $z_2 = 0$ und $c_1 = c$; $c_2 = 0$ wird

$$\boldsymbol{p_2 = p_1 + \varrho \cdot \frac{c^2}{2}} \qquad (3.88)$$

Bezeichnungen der Glieder dieser Gleichung:

$p_1 \ldots$ **Statischer Druck** p_{stat}

$\varrho \cdot \frac{c^2}{2} \ldots$ **Dynamischer Druck** oder **Staudruck** p_{dyn} bzw. q

$p_2 \ldots$ **Gesamtdruck** p_{ges} oder Totaldruck p_{tot}

Demnach gilt:

$$\boldsymbol{p_{\text{ges}} = p_{\text{stat}} + p_{\text{dyn}} = p_{\text{stat}} + q} \qquad (3.89)$$

Wenn es gelingt, den *Gesamtdruck* und den *statischen Druck* zu messen, ermöglicht (3.88), die messtechnisch nur schwer fassbare Strömungsgeschwindigkeit zu berechnen:

$$c = \sqrt{2\,\frac{p_{\text{ges}} - p_{\text{stat}}}{\varrho}} = \sqrt{2\,\frac{q}{\varrho}} = \sqrt{2 \cdot g \cdot H_{\text{dyn}}} \qquad (3.90)$$

Der statische Druck kann mit dem **Piezo[30]-Rohr**, der Gesamtdruck mit dem **PITOT[31]-Rohr** gemessen werden. Die Messanordnung zeigt Abb. 3.35.

[30] Piezo (gr.) ... Druck.

[31] PITOT, Henry (1695 bis 1771), frz. Physiker u. Ing.

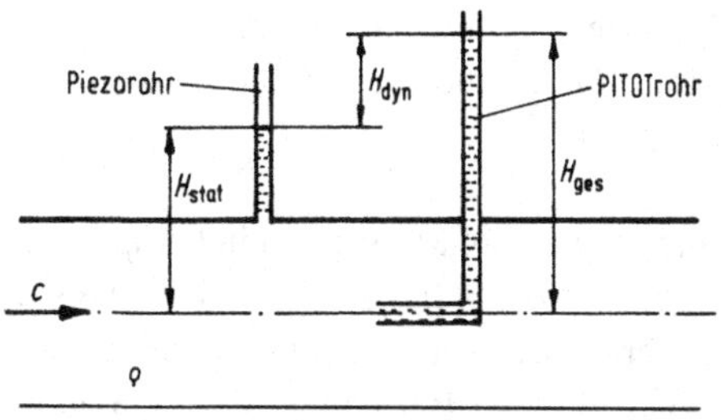

Abb. 3.35 Messen von statischem Druck und Gesamtdruck

Das Messen mit getrennt anzubringenden Piezo- und PITOT-Rohr ist sehr umständlich. Bei einem in die Strömung geschobenen Piezorohr muss eine quergestellte, d. h. in Strömungsrichtung verlaufend, Scheibe angebracht werden, auch als SERsche Scheibe bezeichnet, an der sich die Grenzschicht ausbilden kann, da der statische Druck nur exakt in ruhendem Fluid messbar ist. Die Bohrung – Durchmesser $D \leq 1$ mm, meist 0,2 bis 0,8 mm – muss gratfrei sein, damit die Strömung nicht beeinflusst wird (Wirbelbildung → Falschmessung).

PRANDTL vereinte beide Rohre in einem Gerät. In Abb. 3.36 ist der prinzipielle Aufbau eines solchen Staugerätes dargestellt, das sog. **PRANDTL-Rohr**, auch kurz nur als **Staurohr** bezeichnet.

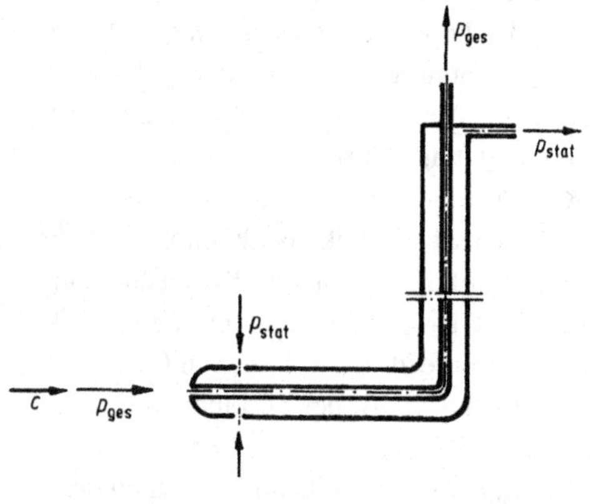

Abb. 3.36 PRANDTL-Rohr (prinzipieller Aufbau)

Der Nachteil dieses Messverfahrens ist der meist kleine Messeffekt (q klein). Deshalb günstig anwendbar für Strömungsgeschwindigkeit größer etwa 5 m/s. Das ergibt z. B. bei Luftströmung (20 °C) einen Staudruck von ca. 15 Pa. Kleinere Strömungsgeschwindigkeiten erfordern noch empfindlichere Druckmessgeräte entsprechender Genauigkeit.

Besonderheiten bei Messungen in kompressiblen Medien: Bei $Ma > 0{,}3$ an Stelle 1 in Abb. 3.34 (ungestörte Strömung) ist eine Dichtekorrektur gemäß (1.9) in der Beziehung für den Staudruck notwendig. Es gilt dann:

$$q = \frac{c_1^2}{2} \cdot (\varrho_1 + \Delta\varrho) = \frac{c_1^2}{2} \cdot \varrho_1 \cdot \left(1 + \frac{Ma^2}{2}\right) \tag{3.90a}$$

Im Überschallbereich ($Ma > 1$) kann das PITOT-Rohr unter Beachten entsprechender Bedingungen (5.231) angewendet werden, nicht jedoch das PRANDTL-Rohr. Die Messung des statischen Druckes ist dabei wegen der Kopfwelle Abb. 5.58 auf diese Weise nicht mehr möglich.

Düse, Diffusor Kontinuitätsbedingung, (3.9) und Energiesatz, (3.83), bei $\varrho =$ konst:

K ①–② $\quad A_1 \cdot c_1 = A_2 \cdot c_2$

E ①–② $\quad p_1/\varrho + c_1^2/2 = p_2/\varrho + c_2^2/2$

begründen Konsequenzen-Eintragungen in Abb. 3.37. Druck und Geschwindigkeit sind somit bei Strömungen gekoppelt wie siamesische Zwillinge. Was der eine verliert, gewinnt der andere und umgekehrt.

Kanalverengung (Düse) in Strömungsrichtung bewirkt Geschwindigkeitserhöhung, verbunden mit Druckabfall. Bei solchen **Düsen**-Strömungen wird somit Druckenergie in Geschwindigkeitsenergie umgesetzt. Kurz: Druck in Geschwindigkeit. Verwendet z. B. bei Turbinen und Strahldüsen.

Kanalerweiterung (Diffusor) entlang der Strömung führt entsprechend zum Umwandeln von kinetischer Energie der Strömung in Druckenergie → Geschwindigkeit in Druck. Eingesetzt z. B. bei Strömungspumpen (Kreiselpumpen und -verdichter).

Geschwindigkeit und Druck sind gekoppelt wegen Energieerhaltung.

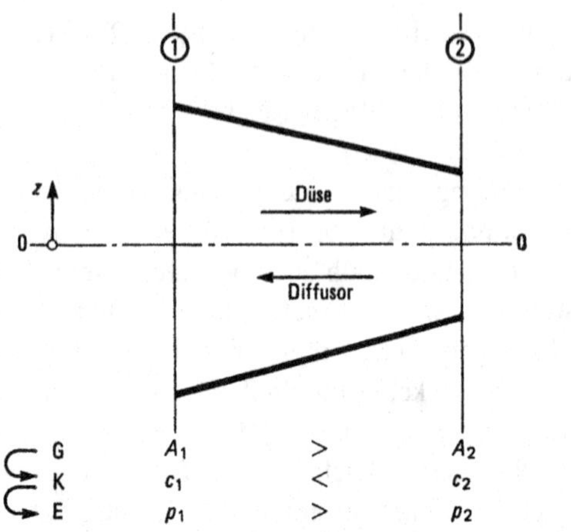

Abb. 3.37 Strömungs-Verengung (Düse) bzw. -Erweiterung (Diffusor).
G Geometrie, K Kontinuität, E Energie.
Die gebogenene Pfeile bedeuten Konsequenz, also für K wegen G und für E wegen K

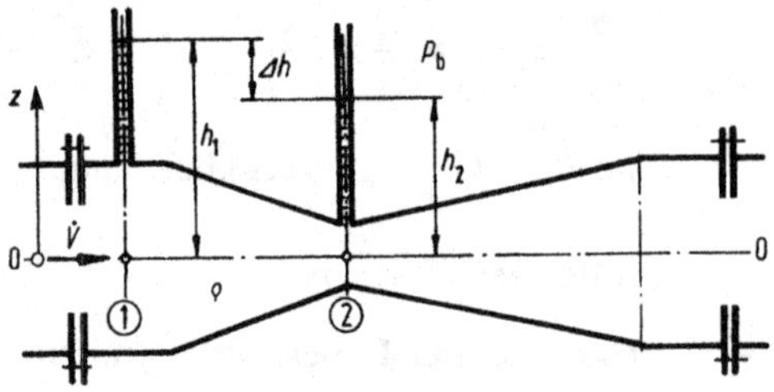

Abb. 3.38 VENTURI-Rohr (Prinzip). Wirkdruckhöhe $\Delta h = h_1 - h_2$. Druckmessstellen ① und ② mit „Manometerrohren" ausgerüstet. Öffnungsverhältnis $m = A_2/A_1 = (D_2/D_1)^2$ bei üblicherweise Kreisquerschnitten

VENTURI-Prinzip(-Rohr) Um den Fluiddurchsatz in Rohrleitungen zu messen, wird vielfach das sog. VENTURI[32]-Rohr (*Drosselgerät*) entsprechend Abb. 3.38 verwendet. Hierbei handelt es sich um eine vorteilhafterweise waagrecht angeordnete kegelige Rohrverengung (Düse) mit anschließender, ebenfalls konischer Erweiterung (Diffusor) auf den ursprünglichen Rohrdurchmesser. An der Zuströmseite (Stelle ①) und am engsten Querschnitt (Stelle ②) sind Druckmessbohrungen für Manometeranschluss angebracht.

Die folgende Ableitung zeigt, dass mit dieser Einrichtung bei idealem, inkompressiblem Fluid

[32] VENTURI, Giovanni-Batista (1746 bis 1822), ital. Physiker und Ingenieur.

der Volumenstrom im Rohr über zwei Druckmessungen und der Kenntnis der geometrischen Abmessungen (Durchmesser D_1, D_2) exakt ermittelt werden könnte. Oftmals sind die zwei getrennten Druckmessungen zu einer Differenzdruckmessung zusammengefasst, da nur dieser **Differenzdruck** $\Delta p = \varrho \cdot g \cdot \Delta h$, der sog. **Wirkdruck** bzw. die zugehörige (Wirk)druckhöhe Δh, bekannt sein muss. Bei horizontaler Anordnung entfällt die geodätische Wirkung $z \cdot g$.

Bei realen Fluiden ist das Messergebnis durch Einführen von Korrekturfaktoren den tatsächlichen Bedingungen anzupassen. Die Geräte sind hierfür entsprechend zu kalibrieren. Bei Flüssigkeiten wird dazu die sog. **Durchflusszahl** $\boldsymbol{\alpha}$ und bei Gasen sowie Dämpfen zudem noch die sog. **Expansionszahl** $\boldsymbol{\varepsilon}$ eingeführt, die durch Versuche zu bestimmen sind (Abschn. 4.1.1.5.6).

Dieses Verfahren der Volumen- oder Massenstrombestimmung wird auch als **Durchflussmessung nach dem VENTURI-Prinzip** bezeichnet.

Mit den Grundgleichungen – Kennzeichnung gemäß Benutzerhinweise – und Flächenverhältnis $m = A_2/A_1$ ergibt sich gemäß Abb. 3.38:

D: $$\dot{V} = A \cdot c$$

E ①–②: $$z_1 \cdot g + \frac{p_1}{\varrho} + \frac{c_1^2}{2} = z_2 \cdot g + \frac{p_2}{\varrho} + \frac{c_2^2}{2}$$

K ①–②: $$A_1 \cdot c_1 = A_2 \cdot c_2$$

Mit

$$\begin{aligned} z_1 &= 0; \quad p_1 = \varrho \cdot g \cdot h_1 + p_b \\ z_2 &= 0; \quad p_2 = \varrho \cdot g \cdot h_2 + p_b \end{aligned}; \quad m = \frac{A_2}{A_1}$$

wird

$$c_1 = c_2 \cdot A_2/A_1 = c_2 \cdot m \quad \text{und}$$

$$\frac{p_1}{\varrho} + m^2 \cdot \frac{c_2^2}{2} = \frac{p_2}{\varrho} + \frac{c_2^2}{2}$$

Umgestellt führt zu:

$$\begin{aligned} c_2 &= \sqrt{\frac{2}{1-m^2} \cdot \frac{p_1 - p_2}{\varrho}} \\ &= \sqrt{\frac{2}{1-m^2} \cdot g \cdot \underbrace{(h_1 - h_2)}_{\Delta h}} \\ &= \sqrt{\frac{1}{1-m^2}} \cdot \sqrt{2 \cdot g \cdot \Delta h} \end{aligned}$$

Mit dieser Strömungsgeschwindigkeit folgt für den Durchfluss:

$$\begin{aligned} \dot{V} &= A_2 \cdot c_2 = A_2 \cdot \sqrt{\frac{1}{1-m^2}} \cdot \sqrt{2 \cdot g \cdot \Delta h} \\ &= m \cdot A_1 \cdot \sqrt{\frac{1}{1-m^2}} \cdot \sqrt{2 \cdot g \cdot \Delta h} \end{aligned}$$

$$\boldsymbol{\dot{V} = A_1 \cdot \sqrt{\frac{1}{(1/m^2) - 1}} \cdot \sqrt{2 \cdot g \cdot \Delta h}} \qquad (3.91)$$

Das Ermitteln des Volumenstromes lässt sich also wieder auf zwei Druckmessungen, das Messen des Wirkdruckes $\Delta p = \varrho g \Delta h$ bzw. der Wirkdruckhöhe Δh, zurückführen. Zur eindeutigen Klarstellung ist oft der Index Wi angefügt, also Δp_{Wi} und $\Delta h_{\mathrm{Wi}} = \Delta p_{\mathrm{Wi}}/(\varrho \cdot g)$ gemäß (2.47) und (4.69).

Das Öffnungsverhältnis $m = A_2/A_1$, bei Kreisen $m = (D_2/D_1)^2$, ist hier eigentlich ein Verengungsverhältnis, eine Bezeichnung, die allerdings nicht mehr verwendet werden soll.

D'ALEMBERTsches[33] Paradoxon Ein zylindrischer, schwebefähiger Körper, sowie vorne und hinten gleichmäßig abgerundet, wird in eine translatorische Potenzialströmung gemäß, Abb. 3.39 gebracht.

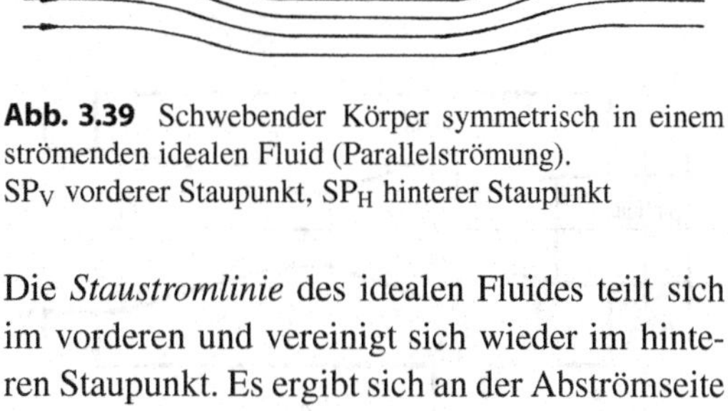

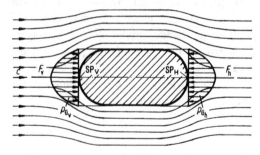

Abb. 3.39 Schwebender Körper symmetrisch in einem strömenden idealen Fluid (Parallelströmung). SP_V vorderer Staupunkt, SP_H hinterer Staupunkt

Die *Staustromlinie* des idealen Fluides teilt sich im vorderen und vereinigt sich wieder im hinteren Staupunkt. Es ergibt sich an der Abströmseite das gleiche symmetrische Stromlinienbild wie an der Anströmseite. Die sich durch die Umströmung einstellenden Druckprofile an Vorder- und

[33] D'ALEMBERT, Jean (1717 bis 1783), frz. Mathematiker und Schriftsteller.

Hinterseite des umströmten Körpers sind daher gleich. Die Strömung kann deshalb keine resultierende Kraft auf den Körper ausüben. Dies führt zu dem Ergebnis:

Ein schwimmender oder schwebender Körper in der Strömung eines idealen Fluides bleibt in Ruhe. Er wird durch die Strömung nicht beeinflusst.

Die Umströmung von Körpern durch ideale Fluide führt zu einem Ergebnis, das in der Natur nicht zu beobachten ist. Diese paradoxe, von D'ALEMBERT begründete Erscheinung wird als **D'ALEMBERTsches Paradoxon** bezeichnet. In der Natur gibt es allerdings auch keine idealen Fluide. Die Reibung verändert das Bild und damit die Wirkung entscheidend (Abb. 3.22 und Abschn. 4.3.2).

Wasserstrahlpumpe (Ejektor oder Injektor)
Das Düsen-Prinzip, also die Druckabsenkungen durch Rohreinschnürung, wird in der Technik auch eingesetzt, um *Unterdruck* zu erzeugen. Die erzielbare *Saugwirkung* kann zur Flüssigkeitsförderung oder Evakuierung dienen.

Geräte, die diese Erscheinung nutzen, werden als **Wasserstrahlpumpe** oder **Injektor**, bzw **Ejektor** bezeichnet. Nachteilig ist der hohe *Trägerfluid*-Verbrauch. In Abb. 3.40 ist der prinzipielle Aufbau eines Injektors dargestellt. Durch entsprechende Gestaltung (Abmessungen) und Zuströmbedingungen (p_1, c_1, ϱ_1) wird der Druck am Düsenaustritt (Stelle 2) kleiner als der Umgebungsdruck p_b, was die Saugwirkung (Abschn. 2.4) verursacht.

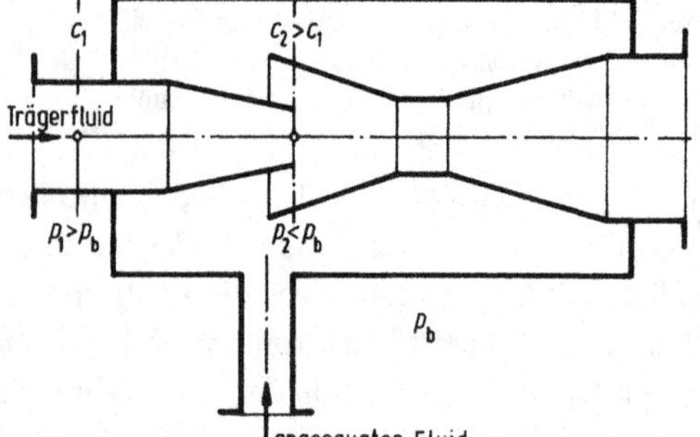

Abb. 3.40 Wasserstrahlpumpe (Ejektor oder Injektor), Prinzipaufbau

Beispiele
Grundsätzliches: Um Strömungsprobleme zu lösen, ist es normalerweise sinnvoll, eine möglichst wirklichkeitsgetreue Systemskizze anzufertigen und alle wichtigen Größen einzutragen. Notwendig ist dabei insbesondere die Festlegung des Bezugssystems. Von diesem sind dann die Randbedingungen (Höhenquoten usw.) abhängig. Prinzipiell ist die Lage des Koordinatensystems frei wählbar. Vorteilhafterweise wird die Bezugsebene bzw. -linie jedoch in die tiefste Stelle des Strömungsproblems gelegt. Dadurch ergeben sich keine negativen Höhenwerte. Auch Bezugsstellen festlegen.

Vorgehensweise: Allgemein ist beim Lösen von Problemen insgesamt folgende Vorgehensweise angezeigt:

1. Anfertigen einer möglichst wirklichkeitsgetreuen Problemskizze mit Bezugssystem.
2. Erstellen des Berechnungsansatzes gemäß den physikalischen Bedingungen und Problemforderungen für die Bezugsstellen; in Anlehnung an die Systemskizze.
3. Mathematisches Auswerten des Lösungsansatzes unter Verwenden der zum Problem gehörenden Zusammenhänge – exakte und/oder experimentell abgesicherte; nötigenfalls Annahmen.
4. Größen[34]-Auswertung des Ergebnisses der mathematischen Auswertung – wenn sinnvoll, mit Computer – unter Verwenden gegebenenfalls notwendiger Stoff- und Erfahrungswerte. Nötigenfalls sind vorab anschließend zu überprüfende Schätzwerte einzuführen (Iterationsverfahren).
5. Überprüfen der Größen-Ergebnisse durch Plausibilitätsbetrachtungen, Erfahrung, Vergleich mit den Ergebnissen ähnlich gelagerter Probleme oder Versuche.

Beispiel 1: Ausfluss aus Gefäß

In einem zylindrischen Behälter, Abb. 3.41, mit Bodenöffnung von konstantem Quer-

[34] Größen sind Zahlenwerte mit, bzw. ohne Einheiten (Benutzerhinweise und Abschn. 1.1), auch Dimensionen genannt.

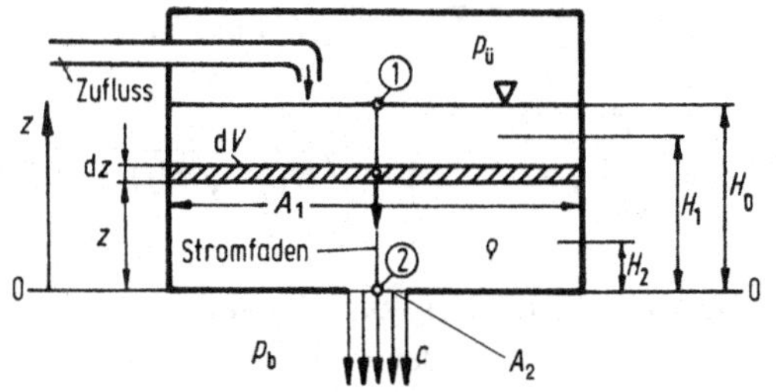

Abb. 3.41 Ausfluss aus einem Gefäß

schnitt (Durchmesser D) reicht die unter gleichbleibendem Überdruck stehende Flüssigkeit bis zur Höhe H_0.
Gesucht sind:

a) Ausströmgeschwindigkeit, wenn der Flüssigkeitsspiegel durch Zufluss in gleichbleibender Höhe gehalten wird ($H_0 = \text{konst}$) und Überdruck $p_ü > 0$ ist.
b) Zeit für Spiegelabsenkung um ΔH von H_1 auf H_2, wenn der Zufluss unterbrochen wird und Überdruck $p_ü = 0$ ist (Behälterdeckel geöffnet).

Lösung:

a) *Stationäres Problem* (da H_0 und $p_ü$ je konst):

$$\text{E ①–②:}\quad z_1 \cdot g + \frac{p_1}{\varrho} + \frac{c_1^2}{2} = z_2 \cdot g + \frac{p_2}{\varrho} + \frac{c_2^2}{2}$$

$$\text{K ①–②:}\quad c_1 \cdot A_1 = c_2 \cdot A_2$$

Mit

$$z_1 = H_0;\quad p_1 = p_b + p_ü;\qquad c_2 = c$$
$$z_2 = 0;\quad p_2 = p_b;$$

und $c_1 = c_2 \cdot A_2/A_1 = c \cdot m$ wird

$$H_0 \cdot g + \frac{p_b + p_ü}{\varrho} + \frac{c^2}{2} \cdot m^2 = p_b/\varrho + c^2/2$$

$$\boldsymbol{c = \frac{1}{\sqrt{1-m^2}} \cdot \sqrt{2\left(g \cdot H_0 + \frac{p_ü}{\varrho}\right)}} \qquad (3.92)$$

Bei Kreisquerschnitten ist das *Öffnungsverhältnis* $m = A_2/A_1 = (D_2/D_1)^2$.

Sonderfälle:

1. $p_ü = 0$ (freie Oberfläche)

$$c = \frac{1}{\sqrt{1-m^2}} \cdot \sqrt{2 \cdot g \cdot H_0} \qquad (3.93)$$

2. $p_ü = 0$ und $A_1 \gg A_2$, also $m^2 \ll 1$

$$\boldsymbol{c \approx \sqrt{2 \cdot g \cdot H_0}} \quad \text{(freier Fall!)} \qquad (3.94)$$

Bemerkung: $A_1 \gg A_2$ ist bereits gegeben ab etwa $A_1 \geq 4 \cdot A_2$. Für $A_1 = 4 \cdot A_2$, also $m = 0{,}25$ ist $1/\sqrt{1-m^2} = 1{,}03$. Die Geschwindigkeit nach (3.94) weicht dann, d. h. schon bei $D_1 = 2 \cdot D_2$ (Kreisquerschnitte), nur um 3 % vom theoretischen Wert nach (3.93) ab. Dieses Abweichen ist bei technischen Problemen mit ihren vielen sonstigen, nur unvollkommen zu berücksichtigenden Einflüssen meist vertretbar.

Das bedeutet: Der Einfluss der Anfangs-, bzw. Zuströmgeschwindigkeit ist in der Regel vergleichsweise gering, weshalb diese bei solchen Berechnungen meist vernachlässigt werden kann, also $c_1^2/2 \approx 0$ gesetzt.

Gleichung (3.94) wird auch als **TORRICELLIsche**[35] **(Ausfluss-)Formel** der reibungsfreien Strömung bezeichnet und mit (2.47) – Indizes i … innen, a … außen – als **BUNSEN-Beziehung**:

$$c = \sqrt{2(p_i - p_a)/g} = \sqrt{2\Delta p/g} \qquad (3\text{-}94a)$$

b) *Instationäre Strömung* (da $H_0 \to H$ bzw. $z \neq$ konst):

Bei diesen Strömungsproblemen ist die Fluidaustrittsgeschwindigkeit aus der Bodenöffnung nicht konstant, sondern ändert sich funktionell mit der durch den Ausfluss ständig absinkenden Spiegelhöhe z. Entsprechend (3.93) gilt:

$$c(z) = \frac{1}{\sqrt{1-m^2}}\sqrt{2\,g\,z} = \sqrt{\frac{2\,g}{1-m^2}}\sqrt{z} = K\sqrt{z}$$

mit Abkürzung Faktor $K = \sqrt{2\,g/(1-m^2)}$.

[35] TORRICELLI (1608 bis 1647), ital. Forscher.

Zur Aufstellung einer Beziehung der Ausflusszeit T für die Spiegelabsenkung um ΔH von H_1 auf H_2 gibt es zwei Möglichkeiten:

- Möglichkeit 1

$$\dot{V} = \frac{\mathrm{d}V}{\mathrm{d}t} = A_2 \cdot c_2 = A_2 \cdot c$$
$$\mathrm{d}V = A_2 \cdot c \cdot \mathrm{d}t$$

Andererseits nach Abb. 3.37:

$$\mathrm{d}V = A_1 \cdot \mathrm{d}z$$

Gleichgesetzt:

$$A_2 \cdot c \cdot \mathrm{d}t = A_1 \cdot \mathrm{d}z$$
$$A_2 \cdot K \cdot \sqrt{z} \cdot \mathrm{d}t = A_1 \cdot \mathrm{d}z$$

- Möglichkeit 2

$$\dot{V} = A_1 \cdot c_1 = A_2 \cdot c_2$$

Mit $c_1 = \frac{\mathrm{d}z}{\mathrm{d}t}$ nach Abb. 3.37 und $c_2 = c = K \cdot \sqrt{z}$

$$A_1 \cdot \frac{\mathrm{d}z}{\mathrm{d}t} = A_2 \cdot K \cdot \sqrt{z}$$
$$A_1 \cdot \mathrm{d}z = A_2 \cdot K \cdot \sqrt{z} \cdot \mathrm{d}t$$

Die einfache Differenzialgleichung der Spiegelabsenkung als Funktion der Zeit $z = f(t)$ somit:

$$A_2 \cdot K \cdot \sqrt{z} \cdot \mathrm{d}t = A_1 \cdot \mathrm{d}z$$

Mit $m = A_2/A_1$ ergibt sich

$$m \cdot K \cdot \mathrm{d}t = z^{-1/2} \cdot \mathrm{d}z$$

Integriert:

$$m \cdot K \int_0^T \mathrm{d}t = \int_{H_2}^{H_1} z^{-1/2} \mathrm{d}z$$

$$m \cdot K \cdot T = \left.\frac{z^{1/2}}{1/2}\right|_{H_2}^{H_1} = 2\left(H_1^{1/2} - H_2^{1/2}\right)$$

Mit $K = \sqrt{2g/(1-m^2)}$ folgt letztlich:

$$\boldsymbol{T = \sqrt{\frac{2}{g}\left(\frac{1}{m^2} - 1\right)} \cdot \left(\sqrt{H_1} - \sqrt{H_2}\right)} \quad (3.95)$$

Hinweise: Zugehörig zum Zeitablauf $t = 0$ bis $t = T$ senkt sich der Fluidspiegel durch die Ausströmung von H_1 auf H_2. Da das Wegintegral dadurch entgegen der z-Richtung erfolgt, wird es negativ. Um dies zu umgehen, da nur der Betrag des Ergebnisses wichtig ist (Zeit T positiv), wurden die Integrationsgrenzen vertauscht.

Bei Behältern mit $A \neq$ konst, also $A = f(z)$, ist die Querschnittsänderung vor dem Auswerten des zugehörigen Integrales in die Berechnung einzuführen, z. B. über Strahlensatz oder Winkelfunktionen. ◄

Beispiel 2: Ausfluss aus Hochbehälter

Ein längeres Abflussrohr ist mit einem Hochbehälter verbunden. Abb. 3.42a zeigt den vereinfachten Aufbau.

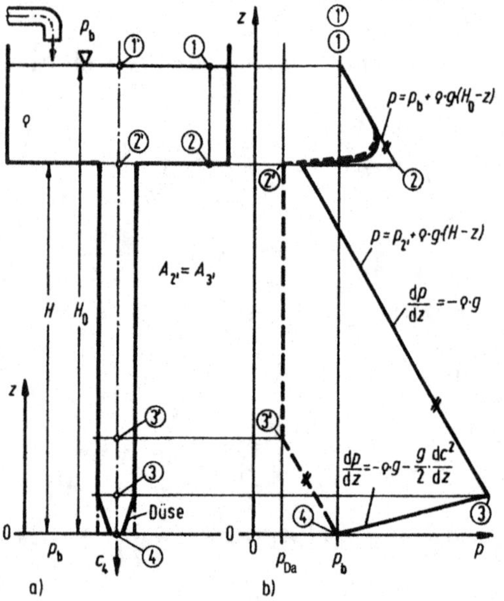

Abb. 3.42 Ausfluss aus einem Hochbehälter:
a) Aufbau
b) Druckverlauf (Lösungs-Ergebnis)
—— wenn Ausströmdüse vorhanden ($A_4 < A_3$)
– – – wenn keine Ausströmdüse vorhanden ($A_4 = A_3 = A_{3'}$) mit Strömungsabriss ab ②'

Gesucht: Ausströmungsgeschwindigkeit und Grenzen für Gefälle (Höhe) H.

Die Strömung reißt dort ab, d. h. wird unstetig, wo in ihr der Fluid-Dampfdruck p_{Da} erreicht wird oder unterschritten würde, es kommt zur Dampfbildung. An der Stelle ②' herrscht, wie sich noch zeigt, der niedrigste Druck. Hier besteht deshalb Strömungs-Abreißgefahr. Der Druck an dieser Stelle ist wegen der Fluidschwerewirkung vom Höhenunterschied H zwischen dem Behälter-Ansatz des senkrechten Abflussrohrs und dessen Austritt-, d. h. Mündungsquerschnitt abhängig.

Der Druckverlauf (Abb. 3.42) bei Ausström-Düse (dick gezeichnet) folgt aus der EULERschen Strömungsgleichung stationärer Strömung, (3.62). Die Gleichung umgestellt ergibt entsprechend den Druckgradienten in z-Richtung:

$$\frac{\mathrm{d}p}{\mathrm{d}z} = -\varrho \cdot g - \frac{\varrho}{2} \cdot \frac{\mathrm{d}c^2}{\mathrm{d}z}$$

Hieraus folgt:

- Höhenbereich ①–②:
  Seitlich, damit Einfluss der Einströmöffnung des Abflussrohrs gering ist und deshalb näherungsweise außer Betracht bleiben kann. Dann gilt:
  $c =$ konst und vernachlässigbar klein, da Querschnitt A_1 sehr groß, also $\mathrm{d}c = 0 \rightarrow \mathrm{d}c^2 = 0$. Dafür wird $\mathrm{d}p/\mathrm{d}z = -\varrho \cdot g$
  Der Druckgradient hat im (p, z)-Bezugssystem eine negative Steigung, d. h. der Druck steigt mit der Tiefe an, und zwar linear (Fluidstatisches Grundgesetz).
- Höhenbereich ①'–②':
  $c =$ konst, also ebenfalls $\mathrm{d}c^2 = 0$, und deshalb $\mathrm{d}p/\mathrm{d}z = -\varrho \cdot g$ bis kurz vor Stelle ②', dann starker Druckabfall infolge Fluidbeschleunigung bis auf die Geschwindigkeit im Abflussrohr, also hier $\mathrm{d}c^2 > 0$, wobei der genaue Bereich unbekannt und theoretisch-analytisch kaum zu fassen ist, sondern nur experimentell.
- Höhenbereich ②'–③:
  $c =$ konst, also wieder $\mathrm{d}c^2 = 0$ und deshalb $\mathrm{d}p/\mathrm{d}z = -\varrho \cdot g$. Gefahr, dass Strömung abreißt.
- Höhenbereich ③–④:
  Der Querschnitt nimmt mit kleiner werdendem z ab. Infolge der Kontinuitätsbedingung wächst c wegen der mit fallendem z sich verengenden Ausströmdüse. Deshalb ist $\mathrm{d}c/\mathrm{d}z$ und damit auch $\mathrm{d}c^2/\mathrm{d}z$ negativ und $-\mathrm{d}c^2/\mathrm{d}z$ positiv. $-\mathrm{d}c^2/\mathrm{d}z$ ist größer als $\varrho \cdot g$ und daher der Druckgradient $\mathrm{d}p/\mathrm{d}z > 0$. Die Steigung ist im (p, z)-Koordinatensystem positiv.

Wie bereits erwähnt, tritt an der Stelle ②' der niedrigste Druck im System auf (vgl. auch Abb. 3.42b). Dieser Druck muss, wenn die Strömung nicht *abreißen*, also Dampfbildung vermieden werden soll, größer als der *Fluid-Dampfdruck* p_{DA} sein. Der Druck an der Stelle ②' und damit die maximal zulässige senkrechte Rohrlänge H ergibt sich zusammen aus Energie- und Kontinuitätsgleichung, wobei Werte von ① ≡ ①':

$$\text{E ①–④:} \quad g z_1 + \frac{p_1}{\varrho} + \frac{c_1^2}{2} = g z_4 + \frac{p_4}{\varrho} + \frac{c_4^2}{2}$$

Mit

$$z_1 = H_0; \quad p_1 = p_\mathrm{b}; \quad c_1 \approx 0, \text{ da } A_1 \gg A_4$$
$$z_4 = 0; \quad p_4 = p_\mathrm{b}$$

wird

$$c_4 = \sqrt{2gH_0} \quad \text{(TORRICELLI-Formel!)}$$

$$\text{E ②'–④:} \quad g z_{2'} + \frac{p_{2'}}{\varrho} + \frac{c_{2'}^2}{2} = g z_4 + \frac{p_4}{\varrho} + \frac{c_4^2}{2}$$

$$\text{K ②'–④:} \quad c_{2'} A_{2'} = c_4 A_4$$

Mit

$$z_{2'} = H; \quad p_{2'} = ?; \quad A_{2'} = A_3$$
$$z_4 = 0; \quad p_4 = p_\mathrm{b}$$

wird

$$c_{2'} = \frac{A_4}{A_3} c_4 = \frac{A_4}{A_3} \sqrt{2gH_0}$$

und

$$gH + \frac{p_{2'}}{\varrho} + \frac{1}{2} \cdot \left(\frac{A_4}{A_3}\right)^2 \cdot 2gH_0 = \frac{p_b}{\varrho} + gH_0$$

Hieraus

$$p_{2'} = p_b + \varrho g H_0 \left[1 - \left(\frac{A_4}{A_3}\right)^2\right] - \varrho g H$$

Die Strömung reißt nicht ab, d. h., es findet keine Dampfbildung statt, wenn $p_{2'} \geq p_{Da}$, also

$$p_{Da} \leq p_b + \varrho\, g \left[H_0 \left(1 - \left(\frac{A_4}{A_3}\right)^2\right) - H\right]$$

Hieraus

$$H \leq \frac{p_b - p_{Da}}{\varrho\, g} + H_0 \left[1 - \left(\frac{A_4}{A_3}\right)^2\right]$$

Sonderfall: Abflussrohr mit konstantem Querschnitt auf gesamter Länge, d. h. ohne Ausström-Düse. Dafür wird mit $A_4 = A_3$:

$$\boldsymbol{H \leq (p_b - p_{Da})/(\varrho \cdot g)} \qquad (3.96)$$

Bei Wasser bis 20 °C ($p_{Da} \approx 0$, Tab. 2.1) muss bei Atmosphärendruck ($p_b \approx 1$ bar) demnach $\boldsymbol{H \leq 10}$ m sein, andernfalls reißt die Strömung an Stelle ②' ab. ◄

Beispiel 3: Fluidschwingung im U-Rohr

Ein oben offenes U-Rohr, Abb. 3.43, von konstantem Querschnitt ist bis zur Höhe H mit idealem Fluid gefüllt (Mittellage). Das Fluid wird aus der Ruhelage gebracht. Die Bewegungsgleichung des Fluides ist aufzustellen.

Es gilt: $p_1 = p_2 = p_b$ (freie Oberfläche)

$$\text{K ①–②:} \quad c_1 \cdot A_1 = c_2 \cdot A_2 = c \cdot A;$$

da $A_1 = A_2 = A$ wird

$$c_1 = c_2 = c.$$

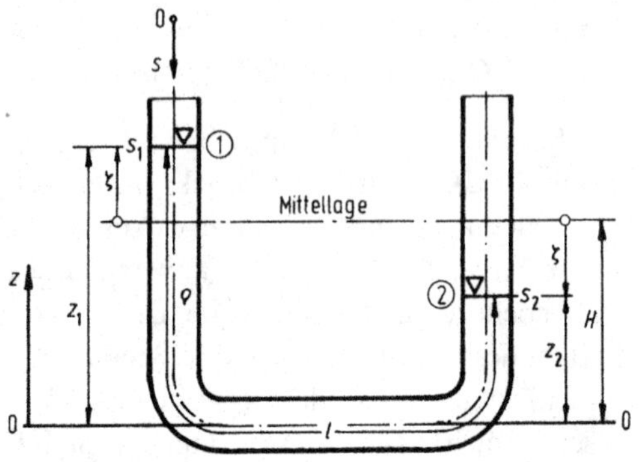

Abb. 3.43 Fluidschwingung in U-Rohr. Entlang der Fluid-Mittellinie s-Koordinate. Mittellage kennzeichnet stationäre Gleichgewichtsposition. ζ-Augenblicks- oder Transientenkoordinate entlang der Bewegungsrichtung, je von Mittellage bis Spiegel

Damit folgt aus (3.81a) für die Stellen K ①–②:

$$g(z_1 - z_2) = \int_0^{s_2} \frac{\partial c}{\partial t} \cdot \partial s - \int_0^{s_1} \frac{\partial c}{\partial t} \cdot \partial s$$

Mit $z_1 - z_2 = 2 \cdot \zeta$ nach Abb. 3.43 ergibt sich:

$$2 \cdot g \cdot \zeta = \int_{s_1}^{s_2} \frac{\partial c}{\partial t} \cdot \partial s$$

Da $A =$ konst zwischen s_1 und s_2, ist c und damit auch $\partial c / \partial t$ unabhängig von s, weshalb aus dem Integral nehmbar.

Dann wird

$$2 \cdot g \cdot \zeta = \frac{\partial c}{\partial t} \cdot \int_{s_1}^{s_2} \partial s$$

Integriert:

$$2 \cdot g \cdot \zeta = \frac{\partial c}{\partial t} \cdot s \bigg|_{s_1}^{s_2} = \frac{\partial c}{\partial t} \overbrace{(s_2 - s_1)}^{l}$$

l ... Länge der gesamten Flüssigkeitssäule im U-Rohr.

Da die Geschwindigkeit unabhängig vom Weg s und damit nur eine Funktion der Zeit ($c = f(t)$) ist, sind keine partiellen Differenziale mehr notwendig, also

$$2 \cdot g \cdot \zeta = l \cdot \frac{dc}{dt} \tag{3.97}$$

Nach Abb. 3.43: $c = ds/dt = -d\zeta/dt$, da s- und ζ-Richtung gegensätzlich.

Deshalb

$$\frac{dc}{dt} = \frac{d^2 s}{dt^2} = -\frac{d^2\zeta}{dt^2}$$

Damit in (3.97), ergibt:

$$\frac{d^2\zeta}{dt^2} + \frac{2 \cdot g}{l} \cdot \zeta = 0 \tag{3.98}$$

Gleichung (3.98) ist die Differenzialgleichung der instationären reibungsfreien Fluidbewegung im U-Rohr mit konstantem Querschnitt. Es handelt sich um die Differenzialgleichung einer einfachen, ungedämpften, harmonischen Schwingung. Das Integral (Lösung) dieser Gleichung ist bekanntlich [107]:

$$\boldsymbol{\zeta = \hat{A} \cdot \sin \omega t} \tag{3.99}$$

mit

ζ ... Schwingungsweg von Ruhelage (Mittellage)

$\hat{A}$ ... Amplitude, also größter Schwingungsausschlag ζ_{max} um die Gleichgewichtslage $z = H$

ω ... Kreisfrequenz der harmonischen Schwingung $\omega = \sqrt{2g/l}$

Für die Schwingungsdauer gilt:

$$\boldsymbol{T = 2\pi/\omega = 2\pi\sqrt{l/(2g)}} \tag{3.99a}$$

Beim idealen Fluid, wie hier zugrundegelegt, dauert die Schwingung unendlich lange, kommt somit nicht zur Ruhe. Der Schwingungsausschlag (Amplitude $\hat{A}$) bleibt unverändert, also konstant. Bei realen Fluiden ergibt sich infolge Reibung eine gedämpfte Schwingung, deren Amplitude nach einer Exponentialfunktion (e-Funktion) abklingt.

Bemerkungen:

a) U-Rohr-Schenkel nicht lotrecht: Verlaufen die beiden Schenkel des U-Rohres schräg, ergibt sich in der Herleitung und damit im Ergebnis folgende Änderung:
Festlegung: Neigungswinkel – Schrägstellungswinkel gegenüber der Waagrechten – des linken U-Rohrschenkels α und des rechten β. Dabei kann es sich durchaus um Raumwinkel handeln. Beide U-Rohrschenkel müssen also nicht in einer gemeinsamen Ebene liegen.
Konsequenz: ζ-Koordinate gemäß Abb. 3.43 verläuft schräg unter Winkel α im linken und Winkel β im rechten Schenkel in Rohrachse von Mittellage zur Zeit t nach oben bzw. unten. Damit ist der Höhenunterschied der Fluidspiegel:

$$\begin{aligned} z_1 - z_2 &= \zeta \cdot \sin\alpha + \zeta \cdot \sin\beta \\ &= \zeta \cdot (\sin\alpha + \sin\beta) \end{aligned}$$

Dieser Ausdruck tritt dann in der gesamten zuvor durchgeführten Herleitung an die Stelle von $2 \cdot \zeta$.
Ergebnis: Die Kreisfrequenz ω der reibungsfreien Schwingung verändert sich zu:

$$\omega = \sqrt{(g/l) \cdot (\sin\alpha + \sin\beta)}$$

Diese Beziehung geht bei $\alpha = 90°$ und auch $\beta = 90°$ in den Wert von vorher über, der sich somit hieraus als Sonderfall ergibt.

b) U-Rohr-Querschnitt nicht konstant: Verändert sich der Strömungsquerschnitt entlang des Rohres, muss das über die Kontinuitätsgleichung in die Betrachtung eingeführt werden. Die Fließgeschwindigkeit c ist dann sowohl von der Zeit, als auch vom Weg s abhängig. Die Herleitung wird daher zwangsläufig entsprechend komplizierter und oft nur bei einfachen Querschnittsverläufen des U-Rohres mathematisch noch lösbar. ◄

Beispiel 4

In einem Rohr von gleichbleibendem Durchmesser D und Länge L strömt ein Medium der Dichte ϱ mit der Geschwindigkeit c_0.

Gesucht: Welche Druckerhöhung tritt im Rohr auf, wenn es mit der an seinem Ende vorhandenen Absperrvorrichtung langsam und gleichmäßig in der Zeit Δt vollständig geschlossen wird.

Aus (3.81a) mit entfallenden z-Anteilen, da $z_1 = z_2$ (waagrechte Anordnung) und $c_1 = c_2$, wegen $D = $ konst, folgt:

$$\begin{aligned} p_1 - p_2 &= \varrho \cdot \left[\int_0^{s_2} (\partial c/\partial t) \cdot \partial s - \int_0^{s_1} (\partial c/\partial t) \cdot \partial s \right] \\ &= \varrho \cdot \int_{s_1}^{s_2} (\partial c/\partial t) \cdot \partial s \end{aligned}$$

Da $D = $ konst, ist $\partial c/\partial t$ nicht vom Strömungsweg s abhängig, weshalb sich mit Weggrenzen $s_1 = 0$ bis $s_2 = L$ ergibt:

$$\begin{aligned} \Delta p = p_1 - p_2 &= \varrho \cdot (\partial c/\partial t) \cdot \int_0^L \partial s \\ &= \varrho \cdot (\partial c/\partial t) \cdot s\big|_0^L = \varrho \cdot (\partial c/\partial t) \cdot L \end{aligned}$$

Die partiellen Differenzialsymbole sind jetzt überflüssig, da nur noch eine Variable, die Zeit t vorhanden, also:

$$\Delta p = \varrho \cdot L \cdot \mathrm{d}c/\mathrm{d}t$$

Infolge gleichmäßigem Schließen, also linearem Verhalten, gilt mit den Differenzen Δt und $\Delta c = c_0 - c = c_0$, da hier $c = 0$:

$$\Delta p = \varrho \cdot L \cdot \Delta c/\Delta t$$

Andere Überlegung, ohne (3.81a) zu verwenden:

Nach dem NEWTON-Grundgesetz:

$$F = m \cdot a$$

Mit

- $F = \Delta p \cdot A$ der Verzögerungskraft, die durch Druckerhöhung Δp aufgebracht werden muss, bzw. diese im Rohr bewirkt
- $m = \varrho \cdot A \cdot L$ der zu verzögernden Fluidmasse im Rohr
- $a = \Delta c/\Delta t$ der konstanten Beschleunigung (Verzögerung) bei gleichmäßiger, d. h. zeitlinearer Strömungsgeschwindigkeitsabnahme

wird:

$$\Delta p \cdot A = \varrho \cdot A \cdot L \cdot \Delta c/\Delta t$$

hieraus:

$$\Delta p = \varrho \cdot L \cdot \Delta c/\Delta t$$

Es ergibt sich dasselbe Ergebnis, das gemäß den Voraussetzungen nur für eine kleinere gleichbleibende Verzögerung, d. h. langsames gleichmäßiges Schließen gilt, ein Vorgang, bei dem Fluidkompressibilität und Rohrmaterial-Elastizität nicht berücksichtigt werden müssen. Bei schnellem Schließen (3.82a) dagegen ist dies nicht mehr zulässig. Es entstehen Druckstöße, weshalb dann (3.82) verwendet werden muss. Hingewiesen wird auch auf [78]. ◄

3.3.6.3.4 Übungsbeispiele

Übung 13

Ein senkrechtes Rohr mit NW 100 (Nennweite NW $= D$ [mm], lichter oder Innen-Durchmesser) biegt unten in die Waagrechte ab und erweitert sich dabei auf NW 200. Der Wasser-Volumenstrom in der Leitung beträgt $170\,\mathrm{m^3/h}$. In einer Höhe von 50 cm über der Mittellinie des waagrechten Abflussrohrs ist am senkrechten Rohrteil eine Druckmessbohrung angebracht. Das waagrechte Rohr enthält ebenfalls eine Messbohrung. Gesucht ist der Druckunterschied zwischen den zwei Messbohrungen. ◄

Übung 14

In einem Rohr von NW 100 strömen 150 m^3/h Wasser unter einem Absolutdruck von 5 bar. An das Rohr soll ein Mundstück (Düse) angebaut werden.

Gesucht:

a) Ausströmungsgeschwindigkeit
b) Austrittsdurchmesser ◄

Übung 15

Ein Behälter mit großem Querschnitt und konstanter Spiegelhöhe hat ein von seinem Boden senkrecht nach unten abgehendes Abflussrohr. Dieses Abflussrohr endet in einem 90°-Krümmer, 2 m unter dem Wasserspiegel des Sees, über dem der Behälter angebracht ist. Die freie Behälteroberfläche (Oberwasserspiegel OW) liegt 4 m über der Seeoberfläche (Unterwasserspiegel UW). Welcher Wasserstrom fließt bei einem Abflussrohrdurchmesser von 80 mm? ◄

Übung 16

Im Druckwindkessel (Abschn. 2.2.5) einer Pumpe steht das Wasser unter dem konstanten Überdruck von 4 bar. Von diesem Windkessel geht eine Leitung von 150 mm Durchmesser 2 m unter dem Wasserspiegel ab und führt zum Boden eines höher liegenden, oben offenen Behälters mit 3 m Wassertiefe. Die freie Oberfläche des Hochbehälters liegt 28 m über dem Wasserspiegel des Windkessels.

Gesucht:

a) Wasserstrom
b) Wasserdruck im Rohr, am Abgang vom Windkessel ◄

Übung 17

Von einem Behälter mit großem Querschnitt, in dem die Flüssigkeit die Höhe H_0 erreicht, geht am Boden ein Rohr senkrecht nach unten ab. In diesem Abflussrohr, das am Eintritt einen Durchmesser von 80 mm hat und sich zum Austritt hin konisch verengt, strömen 200 m^3/h Wasser. Die Austrittsgeschwindigkeit aus dem Rohr beträgt 25 m/s. Unter der Forderung, dass am Rohreintritt gerade der gleiche Druck wie auf der freien Oberfläche herrscht, sind zu berechnen:

a) Rohraustritts-Durchmesser
b) Flüssigkeitshöhe H_0 im Behälter
c) Gesamtgefälle ◄

Übung 18

Von einem oben offenen Behälter, der bis zur konstanten Höhe $H_0 = 4$ m mit Wasser von 50 °C gefüllt ist, geht waagrecht in Bodenhöhe eine Überleitung – üblicherweise mit **Heberleitung** bezeichnet – ab, die zu einem zweiten, ebenfalls großen Behälter führt, dessen freie Oberfläche 1,5 m unter dem Spiegel des anderen Behälters liegt, Abb. 3.44.

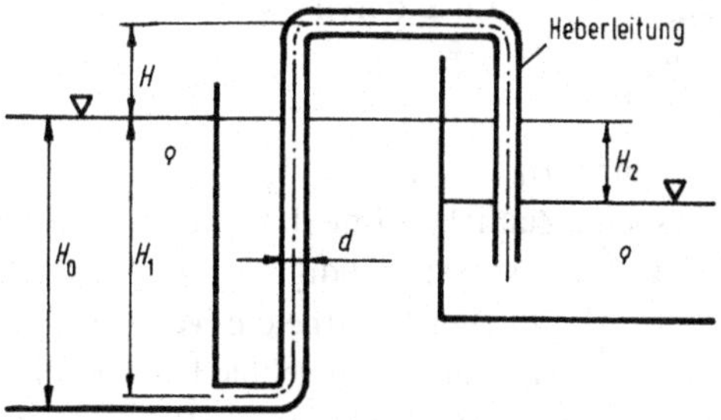

Abb. 3.44 Behälter-Verbindung durch Heberleitung

Gesucht:

a) Wasserstrom in der Heberleitung von 50 mm Durchmesser.
b) Maximal zulässige Höhe H der Heberleitung über dem höchsten Wasserspiegel ◄

Übung 19

Eine Rohrleitung von 2,5 km Länge und NW 250 führt Wasser mit 1,5 m/s mittlerer Geschwindigkeit, bei einem mittleren Überdruck von 4,2 bar.

Um wie viel bar steigt der Druck, wenn das Absperrventil am Ende der Leitung innerhalb von 10 s gleichmäßig geschlossen wird? ◄

Übung 20

Eine Wasserturbinen-Anlage muss wegen plötzlichem Netzausfall schnell entlastet werden. Die Strömungsgeschwindigkeit beträgt 8 m/s in der etwa 1,85 km langen Zuleitung. Abzuschätzen sind:

a) Möglicher Druckanstieg bei schnellem Schließen
b) Zulässige Schließzeit, damit Druckstoß unterbleibt ◄

Übung 21

An einem bis zur Höhe H_0 gefüllten Behälter (Wasser 20 °C) mit freier Oberfläche geht am Rand im Bodenbereich ein waagrechtes Abflussrohr (Durchmesser D, Länge L) ab, dessen freies Ende durch ein Ventil geschlossen ist.

Bekannt: H_0, ϱ, D, L
Gesucht: Zeitliche Entwicklung der Ausflussgeschwindigkeit $c = f(t)$ nach plötzlich geöffnetem Ventil bei angenommen gleichbleibender Flüssigkeitsspiegel-Höhe ($H_0 = \text{konst}$). ◄

3.3.6.4 Energiegleichung der Relativströmung

3.3.6.4.1 Herleitung

Die Integration der aus der Stromfadentheorie folgenden Differenzialgleichung (3.69) führt bei $\varrho = \text{konst}$ und $\omega = \text{konst}$ (Winkelgeschwindigkeit) zur **Energiegleichung der Relativbewegung eindimensionaler instationärer inkompressibler Strömung in waagrechter Ebene** ($z = \text{konst}$):

$$\frac{p}{\varrho} - \frac{u^2}{2} + \frac{w^2}{2} + \int_0^s \frac{\partial w}{\partial t} \cdot \partial s = \textbf{konst} \quad (3.100)$$

Die Energiegleichung der Relativbewegung **eindimensionaler stationärer inkompressibler** Strömung in waagrechter Ebene ($\varrho = \text{konst}$; $\omega = \text{konst}$; $z = \text{konst}$) ergibt sich entsprechend durch Integration der EULERschen Bewegungsgleichung der Relativbewegung, (3.72):

$$\frac{p}{\varrho} - \frac{u^2}{2} + \frac{w^2}{2} = \text{konst} \quad (3.101)$$

Dabei sind $u = \omega \cdot r = f(r)$ die Umfangsgeschwindigkeit, mit der sich das Fluid zusammen am Radius r mit dem System bei Winkelgeschwindigkeit $\omega = \text{konst}$ dreht, und w die relative Strömungsgeschwindigkeit des Fluids in Bezug auf das rotierende System.

Gleichung (3.101) folgt auch aus Superposition:

Mit dem ersten Druckanteil p' ergibt sich gemäß Energiegleichung (3.83) bei Relativ-Strömungsgeschwindigkeit w in einer waagrechten Ebene ($z = \text{konst}$):

$$p'/\varrho + w^2/2 = \text{konst} \quad (3.102)$$

Für den zweiten Druckanteil p'' gilt nach (2.3) bei einem um eine senkrechte Achse rotierendes, nicht strömendes Fluid:

$$p''/\varrho - u^2/2 = \text{konst} \quad (3.103)$$

Hierbei ist in (2.3) nach dem hydrostatischen Grundgesetz zu setzen:

$$z \cdot g = p''/\varrho$$

Dazu hier z Steighöhe, Abb. 2.4, und nicht Ortshöhe.

Gleichung (2.3) gilt, da ohne Einschränkung abgeleitet, allgemein für jedes um eine Achse rotierende, jedoch nicht strömende Fluid (Statik) und damit auch für den Druckverlauf in zur Rotationsachse senkrechten Ebenen. Insbesondere auch exakt dann, wenn die Drehachse vertikal verläuft.

Die Überlagerung (Superposition), d. h. Addition von (3.102) und (3.103), führt mit $p = p' + p''$ wiederum zu (3.101). Arithmetische Addition ist zulässig, da Druck und Energie Skalare sind.

Ist die Ortshöhe z zu berücksichtigen, nicht verwechseln mit Steighöhe z nach (2.3), muss (3.101) entsprechend der Energiegleichung der Relativströmung, (3.83), um die spezifische Lageenergie $g \cdot z$ ergänzt werden. Die allgemeine Energiegleichung der Relativströmung, Abkürzung ER, hat dann für den stationären Fall bei inkompressiblem Fluid die Form:

$$\boldsymbol{g \cdot z + \frac{p}{\varrho} + \frac{w^2}{2} - \frac{u^2}{2} = \text{konst}} \tag{3.104}$$

3.3.6.4.2 Beispiel

In einem mit Wasser gefüllten Behälter gleichbleibender Spiegelhöhe befindet sich ein um die Hochachse mit konstanter Winkelgeschwindigkeit ω drehendes, gebogenes Rohr, Abb. 3.45.

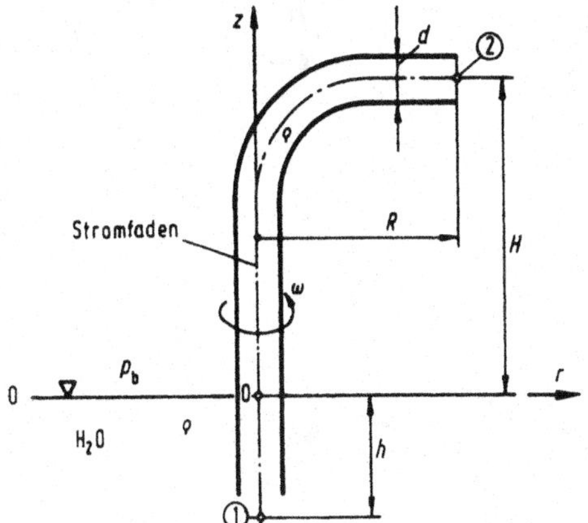

Abb. 3.45 Gebogenes Rohr, das rotiert (Winkelgeschwindigkeit ω), gefüllt und in Wasser eintaucht

Das Rohr ist bereits zu Anfang mit Wasser gefüllt und wird reibungsfrei durchströmt.

Gesucht:

a) Volumenstrom im Rohr
b) Zur Drehung des Rohres erforderliche Leistung
c) Wirkungsgrad der Fördereinrichtung

Lösung:

a) Nach der allgemeinen Energiegleichung der Relativströmung ER, (3.104), gilt:

$$\text{ER:} \quad g \cdot z + \frac{p}{\varrho} + \frac{w^2}{2} - \frac{u^2}{2} = \text{konst}$$

Angewendet auf den Stromfaden ①–② in dem mit ω mitrotierenden Relativsystem (Abb. 3.45), d. h. Stelle ② dreht sich mit:

$$\text{ER ①–②:} \quad g \cdot z_1 + \frac{p_1}{\varrho} + \frac{w_1^2}{2} - \frac{u_1^2}{2} = g \cdot z_2 + \frac{p_2}{\varrho} + \frac{w_2^2}{2} - \frac{u_2^2}{2}$$

Mit

$z_1 = -h; \quad p_1 = p_b + \varrho \cdot g \cdot h; \quad u_1 = 0;$

① so unterhalb Rohr, dass $w_1 \approx 0$

$z_2 = H; \quad p_2 = p_b; \quad w_2 = ?; \quad u_2 = R \cdot \omega$

wird

$$-gh + \frac{p_b + \varrho \cdot g \cdot h}{\varrho} = g \cdot H + \frac{p_b}{\varrho} + \frac{w_2^2}{2} - \frac{R^2 \cdot \omega^2}{2}$$

Hieraus:

$$\boldsymbol{w_2 = \sqrt{R^2 \cdot \omega^2 - 2 \cdot g \cdot H}} \tag{3.105}$$

Damit ergibt sich:

$$\boldsymbol{\dot{V} = A_2 \cdot w_2 = \frac{d^2 \cdot \pi}{4} \cdot \sqrt{R^2 \cdot \omega^2 - 2 \cdot g \cdot H}} \tag{3.106}$$

b) Die durch die Rotation des Rohres dem Fluid zugeführte spezifische Energie ist im Absolutsystem dem Stromfaden ①–② entlang, wobei jetzt Punkt ② kurz außerhalb der Ausströmöffnung liegt und deshalb ruht:

$$\begin{aligned} e_{12} &= e_2 - e_1 \\ &= z_2 \cdot g \cdot + \frac{p_2}{\varrho} + \frac{c_2^2}{2} \\ &\quad - \left(z_1 \cdot g + \frac{p_1}{\varrho} + \frac{c_1^2}{2} \right) \end{aligned}$$

Mit

$$\begin{aligned} z_2 &= H; \quad p_2 = p_b; \quad c_2^2 = w_2^2 + u_2^2 \\ z_1 &= -h; \quad p_1 = p_b + \varrho \cdot g \cdot h; \quad c_1^2 \approx 0 \end{aligned}$$

wird:

$$\begin{aligned} e_{12} &= g \cdot H + \frac{p_b}{\varrho} + \frac{w_2^2 + u_2^2}{2} \\ &\quad - \left(-g \cdot h + \frac{p_b + \varrho \cdot g \cdot h}{\varrho} \right) \\ e_{12} &= g \cdot H + \frac{w_2^2 + u_2^2}{2} \\ &= g \cdot H + \frac{w_2^2 + \omega^2 \cdot R^2}{2} \end{aligned}$$

Gleichung (3.105) eingesetzt, führt letztlich zu:

$$\boldsymbol{e_{12} = R^2 \cdot \omega^2} \tag{3.107}$$

Damit ergibt sich für die Gesamtenergie und die Leistung:

Energie:

$$E_{12} = m \cdot e_{12} = m \cdot R^2 \cdot \omega^2$$

Leistung:

$$\begin{aligned} P &= \frac{\mathrm{d}E_{12}}{\mathrm{d}t} = \frac{\mathrm{d}}{\mathrm{d}t}(m \cdot e_{12}) = \dot{m} \cdot e_{12} \\ P &= \dot{m} \cdot R^2 \cdot \omega^2 = \varrho \cdot \dot{V} \cdot R^2 \cdot \omega^2 \end{aligned}$$

Mit $\dot{V} = A_2 \cdot w_2$ und (3.105) wird:

$$\boldsymbol{P = \varrho \cdot R^2 \cdot \omega^2 \cdot A_2 \cdot \sqrt{R^2 \cdot \omega^2 - 2 \cdot g \cdot H}} \tag{3.108}$$

c)

$$\eta = P_{\text{nutz}} / P_{\text{zu}} \tag{3.109}$$

Die Nutzleistung P_{nutz} ist durch Abheben des Wasserstroms $\dot{V}$ um die Höhe H bedingt:

$$P_{\text{nutz}} = g \cdot \dot{m} \cdot H = g \cdot \varrho \cdot \dot{V} \cdot H \tag{3.110}$$

Die zugeführte Leistung ist die in Frage b) berechnete:

$$P_{\text{zu}} = \varrho \cdot \dot{V} \cdot R^2 \cdot \omega^2$$

Damit wird der Förder-Wirkungsgrad:

$$\boldsymbol{\eta = \frac{H \cdot g}{R^2 \cdot \omega^2}} \tag{3.111}$$

Strömungen ohne Dichteänderung

4

Quasi-inkompressible Strömungen

4.1 Eindimensionale Strömungen realer inkompressibler Fluide (Flüssigkeiten)

4.1.1 Innenströmungen (Rohrströmungen)

4.1.1.1 Erweiterte Energiegleichung

Bei der Strömung realer Fluide, mit oder ohne Energieumsetzung, treten Verluste durch Reibung und Turbulenz (Wirbel) auf. Die dabei verloren gehende Strömungsenergie (Verlustenergie) wird in Wärme- und meist unbedeutende Schallenergie umgesetzt. Während die Geräuschenergie stört, beeinflusst die Erwärmung, insbesondere bei inkompressiblen Fluiden, den Strömungsverlauf meistens nicht. Diese durch innere Reibung und Impulsaustausch (Turbulenz) letztlich in Wärme umgesetzte mechanische Energie, die **Dissipation** (dissipieren), wird als **Verlustenergie** Y_V bezeichnet. Y_V ist dabei ebenfalls auf die Masseneinheit bezogen, also die spezifische Verlustenergie. Mechanische Energie wird auch als geordnete Energie (hochwertig) und Wärme als ungeordnete Energie (geringerwertig) bezeichnet. Dissipation ist daher, molekular betrachtet, die Umsetzung von kinetischer Energie der geordneten Teilchenbewegung der Strömung in die ungeordnete der Thermik (molekülbedingter Impulsübertrag, Abschn. 1.3.3.1 und 3.3.2). Dissipation ist somit – thermodynamisch ausgedrückt – die Umwandlung von entropiefreier Energie (mechanischer) in entropiebehaftete (Wärme).

Analog zum idealen Fluid ergibt sich die Energiegleichung realer Fluide, die sog. **Erweiterte Energiegleichung**, abgekürzt EE, ebenfalls aus der Energiebilanz. Strömt ein Medium in einen abgegrenzten Raum (Kontrollraum), z. B. in einem Rohr, von der Stelle ① nach Stelle ②, ist die gesamte Strömungsenergie (mechanische Energie) nach (3.83) an ② um die Verlustenergie $Y_{V,12}$, die unterwegs durch Dissipation verloren geht, kleiner als an Stelle ①, gemäß Abb. 4.1.

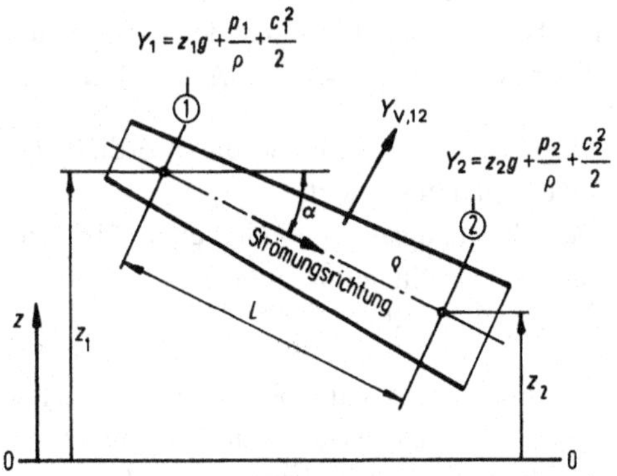

Abb. 4.1 Innenströmung eines realen inkompressiblen Fluides von ① nach ②.
Y spezifische mechanische Gesamtenergie der Strömung

Die Energiebilanz der mechanischen Energie zwischen Stelle ① und ② ist erfüllt, wenn zur verbleibenden Strömungsenergie an Stelle ② die Verlustenergie hinzugerechnet wird. Gemäß den Bilanzbedingungen bedeutet dies, das Energiegleichgewicht ist dann erfüllt, wenn die Summe der Abgänge so groß ist wie die der Zugänge. Was hinausgeht, muss also gleich dem

H. Sigloch, *Technische Fluidmechanik*, https://doi.org/10.1007/978-3-662-64629-8_4

sein, was hineingeht (Erhaltungssatz). Gleichung (3.83) des idealen Fluides erweitert sich deshalb für die in Abb. 4.1 eingetragene Strömungsrichtung (gekennzeichnet durch einen Pfeil) zu:

$$\text{EE } \underrightarrow{①\text{–}②} \quad Y_1 = Y_2 + Y_{V,12}$$

$$z_1 \cdot g + \frac{p_1}{\varrho} + \frac{c_1^2}{2} = z_2 \cdot g + \frac{p_2}{\varrho} + \frac{c_2^2}{2} + Y_{V,12} \tag{4.1}$$

Gleichung (4.1) ist die **Erweiterte Energiegleichung realer inkompressibler Fluide** (Flüssigkeiten).

Bei entgegengesetzter Strömungsrichtung, also in Abb. 4.1 von Stelle ② nach Stelle ① ist gemäß Energiebilanz die mechanische Verlustenergie Y_V dann auf der Gleichungsseite von Y_1 hinzuzufügen.

Entsprechend sind auch die anderen Energiegleichungen, (3.81) und (3.104), zu erweitern → EER.

Die gesamte spezifische Strömungsenergie Y auch als **Totalenergie** bezeichnet besteht jeweils wieder aus der Summe von Lagen-, Druck- und kinetischer Energie (spezifische Werte).

Die Diskussion der Summanden der Erweiterten Energiegleichung (4.1) mit Abb. 4.1 ergibt:

- Die Höhen z_1 und z_2 sind durch örtliche Gegebenheiten festgelegt.
- Die Strömungsgeschwindigkeiten sind mit den Querschnitten durch die Kontinuitätsgleichung gekoppelt.

Geschwindigkeiten und Höhen sind hier deshalb durch die Strömungsverluste nicht beeinflussbar. Die *Verlustenergie* geht daher voll zu Lasten der **Druckenergie.** Bei der Innenströmung (Rohrsysteme) realer Fluide ist somit der Druck in Strömungsrichtung, an der Stelle ②, kleiner als bei idealem Fluid. Es gilt also:

Strömungsverlust in Rohrleitungen verursacht Druckverlust.

Bemerkung: Querstriche auf den Geschwindigkeitssymbolen als Kennzeichen für Mittelwerte (energiegemittelt) werden wieder, wie meist üblich, weggelassen, wenn keine Verwechslung möglich (Benutzer-Hinweise).

4.1.1.2 Energieliniengefälle

Das **Energiegefälle** J oder **Energieliniengefälle**, das auch mit **Drucklinien-** oder **Gesamtgefälle** bezeichnet wird, ist die Summe von Ortshöhengefälle und Druckhöhengefälle einer stationären Strömung in einem Rohr konstanten Querschnittes.

Wenn in Abb. 4.1 $A_2 = A_1$ und damit $c_2 = c_1$ wäre, liefert (4.1), da $(z_1 - z_2)/L = \sin\alpha$:

$$z_1 \cdot g + \frac{p_1}{\varrho} = z_2 \cdot g + \frac{p_2}{\varrho} + Y_{V,12}$$

Hieraus

$$Y_{V,12} = g(z_1 - z_2) + \frac{p_1 - p_2}{\varrho} \quad \text{und}$$

$$\frac{Y_{V,12}}{L} = g\left(\frac{z_1 - z_2}{L} + \frac{p_1 - p_2}{\varrho \cdot g \cdot L}\right) = g\left(\sin\alpha + \frac{p_1 - p_2}{\varrho \cdot g \cdot L}\right) \tag{4.2}$$

$$\frac{Y_{V,12}}{L} = g \cdot J_{12} \tag{4.3}$$

Hierbei ist J_{12} das **Energieliniengefälle** zwischen den Stellen ① und ②:

$$J_{12} = \frac{z_1 - z_2}{L} + \frac{p_1 - p_2}{\varrho \cdot g \cdot L} = \sin\alpha + \frac{p_1 - p_2}{\varrho \cdot g \cdot L} \tag{4.4}$$

Sonderfall: Horizontale Rohrleitung ($\alpha = 0$), Druckänderung dann nur infolge Verlust Y_V.

Dafür wird

$$J_{12} = \frac{p_1 - p_2}{\varrho \cdot g \cdot L} = \frac{Y_{V,12}}{L \cdot g} \quad \text{oder}$$

$$Y_{V,12} = \frac{p_1 - p_2}{\varrho} = \frac{\Delta p_{V,12}}{\varrho} \tag{4.5}$$

4.1.1.3 Gerade Rohre mit Kreisquerschnitt

4.1.1.3.1 Grundsätzliches

Für die durch die Strömungsverluste (Reibung, Wirbel) bedingte *Verlustenergie* sind beim einfachsten Fall, der geraden Rohrleitung mit kreisförmigem Querschnitt, entsprechend dem NEWTONschen Reibungsgesetz, (1.13) und (1.14), folgende Einflussgrößen bestimmend:

- Berührungsfläche zwischen Fluid- und Rohrwand (Länge L, Durchmesser D), die sog. Benetzungsfläche
- Strömungsgeschwindigkeit c (mittlere!)
- Fluid-Art (Eigenschaften ϱ, η)
- Strömungsform (laminar, turbulent)
- Wandrauigkeit k

also $Y_V = f(L, \underbrace{D, c, \varrho, \eta, \text{Strömungsform}, k}_{Re})$.

Die Verlustenergie ist demnach u. a. sicher abhängig von der REYNOLDS-Zahl Re, (3.45).

4.1.1.3.2 Laminare Rohrströmungen

Infolge der Haftbedingung (Abschn. 1.3.3.1) hat das Fluid direkt an der Rohrwand keine Strömungsgeschwindigkeit. Zur Rohrmitte muss die Geschwindigkeit ansteigen. Dieses Geschwindigkeitsgefälle verursacht nach NEWTON eine Scherspannung zwischen den sich aneinander, infolge Symmetrie konzentrischen Schichten.

Das Verhalten der laminaren Strömung erlaubt eine rein theoretische Behandlung. Um die Verlustenergie analytisch darzustellen, wird in Strömungsrichtung das Kräftegleichgewicht an einem koaxialen Fluidzylinder, Abb. 4.2, mit Radius r aufgestellt, wobei $0 < r < R$. Dies ist zulässig, da bei laminarer Strömung alle Fluidteilchen, die an der Zuströmfläche, Stelle ①, in den abgrenzenden Zylinder eintreten, diesen nur durch die Abströmfläche ② wieder verlassen. Ein Fluid- und damit energiebehafteter Impulsaustausch durch die Zylindermantelfläche findet wegen fehlender turbulenter Mischbewegung nicht statt. Bedingt durch die laminare Reibung (Scherspannung τ) ändert sich der Druck jedoch in Strömungsrichtung.

Infolge Radialkraft F_r (Komponente der Gewichtskraft F_G) ist der Druck auch über den Rohrquerschnitt nicht konstant. Da in Radialrichtung jedoch keine Strömung besteht, verändert sich hier der Druck in jedem Querschnitt gemäß dem fluidstatischen Grundgesetz (2.47). Über die Querschnitte ① und ② des Bezugszylinders in Abb. 4.2 steigt daher der Druck jeweils linear von oben nach unten. Ersatzweise eingetragen sind deshalb die zugehörigen Mittelwerte (p_1 und p_2) über den Querschnitten, die jeweils an der

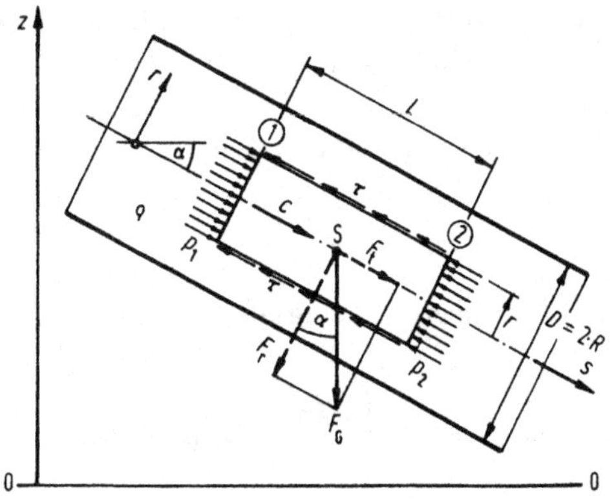

Abb. 4.2 Kräfte auf einen Fluidzylinder, Durchmesser r; Länge L, in stationärer laminarer Rohrströmung mit Komponenten-Zerlegung in die Richtungen des festgelegten (s, r)-Koordinatensystems

Rohrachse auftreten. Wegen des proportionalen Druckverlaufs in Querrichtung ist dies zulässig und führt daher zum richtigen Ergebnis (Hinweis auf Abb. 3.30).

Bei stationärer Strömung ($a_B = 0 \rightarrow$ nach NEWTON $\sum F = m \cdot a_B = 0$) treten in Strömungsrichtung s auf:

Komponente der Gewichtskraft:

$$F_t = F_G \cdot \sin\alpha = \varrho \cdot g \cdot \pi \cdot r^2 \cdot L \cdot \sin\alpha$$

Druckkräfte:

$$\text{Stelle ①} \quad F_{p,1} = p_1 \cdot A_1 = p_1 \cdot \pi \cdot r_1^2$$

$$\text{Stelle ②} \quad F_{p,2} = p_2 \cdot A_2 = p_2 \cdot \pi \cdot r_2^2$$

($r = r_1 = r_2$).

Widerstandskraft infolge Fluidreibung, ebenfalls nach NEWTON → (1.14):

$$F_W = \tau \cdot A_0 = -\eta \cdot \frac{\mathrm{d}c}{\mathrm{d}r} \cdot 2 \cdot r \cdot \pi \cdot L$$

Das Minuszeichen bei der Widerstandskraft ist zur Kompensation des negativen Geschwindigkeitsgefälles notwendig, $\mathrm{d}c/\mathrm{d}r$ ist negativ, da, wie zuvor und in Abschn. 3.3.3 begründet, die Strömungsgeschwindigkeit c im Rohr mit wachsendem Radius r abnimmt.

Kräftegleichgewicht in s-Richtung aufgestellt:

$$\sum F_s = 0 \rightarrow F_t + F_{p,1} - F_{p,2} - F_W = 0$$

Die obigen Beziehungen für die Kräfte eingesetzt und vereinfacht ($r \cdot \pi$ gekürzt), führt zu:

$$\varrho \cdot g \cdot r \cdot L \cdot \sin\alpha + r \cdot (p_1 - p_2) + \eta \cdot \frac{\mathrm{d}c}{\mathrm{d}r} \cdot 2 \cdot L = 0$$

durch L dividiert und umgestellt, ergibt:

$$2 \cdot \eta \cdot \frac{\mathrm{d}c}{\mathrm{d}r} + \varrho \cdot g \cdot r\left(\sin\alpha + \frac{p_1 - p_2}{\varrho \cdot g \cdot L}\right) = 0 \,\Big|\, : \varrho$$

Mit Beziehung (4.2) und der kinematischen Viskosität $v = \eta/\varrho$ ergibt sich die Differenzialgleichung für die Strömungsgeschwindigkeit c als Funktion vom Radius r:

$$2 \cdot \nu \cdot (\mathrm{d}c/\mathrm{d}r) + (Y_\mathrm{V}/L) \cdot r = 0$$

Die Variablen c und r getrennt sowie integriert:

$$\int \mathrm{d}c = -\frac{Y_\mathrm{V}}{2 \cdot \nu \cdot L} \cdot \int r \cdot \mathrm{d}r$$

$$c = -\frac{Y_\mathrm{V}}{2 \cdot \nu \cdot L} \cdot \frac{r^2}{2} + C$$

Die Integrationskonstante C folgt aus der Randbedingung (Haftbedingung):

$$c = 0 \quad \text{für} \quad r = R$$

Damit wird

$$C = \frac{Y_\mathrm{V}}{4 \cdot \nu \cdot L} \cdot R^2$$

Eingesetzt in die Gleichung für c ergibt das **Gesetz von Stokes** für die *Geschwindigkeitsverteilung* $c = f(r)$ der laminaren Rohrströmung:

$$\boldsymbol{c = \frac{Y_\mathrm{V}}{4 \cdot \nu \cdot L} \cdot (R^2 - r^2)} \qquad (4.6)$$

Dies ist die Gleichung einer Parabel. Die Geschwindigkeitsverteilung bei vollausgebildeter laminarer Innenströmung ist also parabolisch. Beim Kreisrohr liegen die Spitzen aller Geschwindigkeitsvektoren also auf einem Rotationsparaboloid, Abb. 4.3, mit dessen Scheitel auf der Rohrachse.

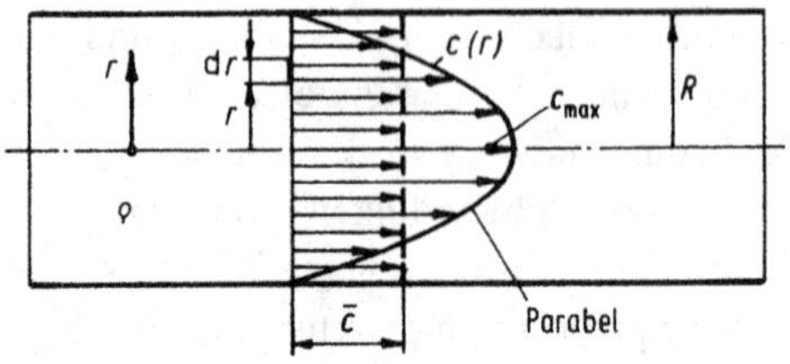

Abb. 4.3 Geschwindigkeitsverlauf $c = c(r)$ bei laminarer Innenströmung (Rohrströmung). Paraboloid-Mantel ... Hüllfläche der rotationssymmetrischen räumlichen Geschwindigkeitsverteilung, mit eingetragenem Zylinder der mittleren Geschwindigkeit $\bar{c}$

Nach der Definition der Grenzschicht (Abschn. 3.3.3.2) ist die laminare Rohrströmung eine reine Grenzschichtströmung mit der Grenzschichtdicke $\delta_\mathrm{L} = R$ und der (ungestörten) Anströmgeschwindigkeit $c_\infty = c_\mathrm{max}$.

Die auf der Rohrachse liegende *maximale Strömungsgeschwindigkeit* c_max ergibt sich aus (4.6) mit $r = 0$ zu:

$$\boldsymbol{c_\mathrm{max} = \frac{Y_\mathrm{V}}{4 \cdot \nu \cdot L} \cdot R^2 = \frac{Y_\mathrm{V}}{16 \cdot \nu \cdot L} \cdot D^2} \qquad (4.7)$$

Der **Volumenstrom** kann durch Integrieren, auch Aufleiten genannt, über den Rohrquerschnitt A ermittelt werden:

$$\dot{V} = \int_{(A)} \mathrm{d}\dot{V}$$

hierbei nach Abb. 4.3

$$\mathrm{d}\dot{V} = \mathrm{d}A \cdot c(r) = 2 \cdot r \cdot \pi \cdot \mathrm{d}r \cdot c(r)$$

Mit (4.6) ergibt sich:

$$\dot{V} = 2 \cdot \pi \cdot \frac{Y_\mathrm{V}}{4 \cdot \nu \cdot L} \cdot \int_0^\mathrm{R} (R^2 \cdot r - r^3) \cdot \mathrm{d}r = \frac{\pi}{2} \cdot \frac{Y_\mathrm{V}}{\nu \cdot L}\left(R^2 \frac{r^2}{2} - \frac{r^4}{4}\right)\Bigg|_0^\mathrm{R}$$

$$\dot{V} = \frac{\pi}{8} \cdot \frac{Y_\mathrm{V}}{\nu \cdot L} \cdot R^4 \qquad (4.8)$$

Wird der Volumenstrom $\dot{V} = \Delta V/\Delta t$ bei stationärer Strömung durch Messung des Ausflussvolumens ΔV während der Zeit Δt bestimmt, kann mit (4.8) die kinematische Viskosität ν ermittelt werden. Die schon in Abschn. 1.3.3 erwähnten **Kapillarviskosimeter** nach UBBELOHDE[1] arbeiten nach diesem Verfahren. Dabei wird die kinematische Viskosität abhängig von der Fluidtemperatur bestimmt und in einem sog. **Viskositäts-Temperatur-Blatt** (VT-Blatt) nach UBBELOHDE aufgetragen. Die Koordinaten des VT-Diagramms sind dabei so geteilt, dass sich der Viskositätsverlauf von NEWTONschen Fluiden als Gerade darstellt (Abschn. 1.3.5.2).

Gleichung (4.8) lässt sich weiter umschreiben:

$$\dot{V} = \frac{Y_V}{8 \cdot \nu \cdot L} \cdot R^2 \cdot \pi \cdot R^2 = \boldsymbol{\frac{Y_V}{8 \cdot \nu \cdot L} \cdot R^2 \cdot A} \tag{4.9}$$

Mit der *mittleren Strömungsgeschwindigkeit* $\bar{c}$ gilt andererseits die Bedingung (3.3):

$$\dot{V} = A \cdot \bar{c} \tag{4.10}$$

Aus Gleichsetzen von (4.9) mit (4.10) folgt:

$$\bar{c} = \frac{Y_V}{8 \cdot \nu \cdot L} \cdot R^2 = \frac{Y_V}{32 \cdot \nu \cdot L} \cdot D^2 \tag{4.11}$$

Der Vergleich mit (4.7) liefert:

$$\boldsymbol{\bar{c} = \frac{1}{2} \cdot c_{max}} \tag{4.12}$$

Die **Verlustenergie** Y_V ergibt sich durch Umstellen von (4.11) und sinnvollerweise anschließendem Erweitern mit $\bar{c}/\bar{c}$:

$$Y_V = 32 \cdot \nu \cdot L \cdot \frac{\bar{c}}{D^2} = 64 \cdot \frac{\nu}{\bar{c} \cdot D} \cdot \frac{L}{D} \cdot \frac{\bar{c}^2}{2} \tag{4.13}$$

Mit der REYNOLDS-Zahl $Re = \bar{c} \cdot D/\nu$ wird:

$$\boldsymbol{Y_V = \frac{64}{Re} \cdot \frac{L}{D} \cdot \frac{\bar{c}^2}{2}} \tag{4.14}$$

Gleichung (4.14) wird nach ihren Entdeckern als **HAGEN[2]-POISEUILLE[3]sches Gesetz** bezeichnet.

Mit der Abkürzung

$$\boldsymbol{\lambda = 64/Re} \tag{4.15}$$

der sog. **Rohrreibungszahl** λ erhält das Gesetz von HAGEN-POISEUILLE die Form:

$$\boldsymbol{Y_V = \lambda \cdot \frac{L}{D} \cdot \frac{\bar{c}^2}{2}} \tag{4.16}$$

Die *Rohrreibungszahl* λ und damit die *Verlustenergie* Y_V ist bei laminarer Strömung eine direkte Funktion der REYNOLDS-Zahl sowie theoretisch völlig unabhängig von der üblichen Rohr-Rauigkeit, was auch Experimente und die Praxis bestätigen. Bei größerer Rauigkeit Umschlag in Turbulenz (Abschn. 4.1.1.3.4).

Bei laminarer Strömung ist die Verlustenergie nach (4.13) proportional der Geschwindigkeit. In (4.14) und (4.16) ist dieser lineare Zusammenhang zwischen Y_V und $\bar{c}$, obwohl vorhanden, infolge obiger Erweiterung ($\bar{c}/\bar{c}$), nicht mehr direkt erkennbar.

Querstrich über c-Symbol wird bequemerweise meist wieder weggelassen.

Infolge des fehlenden makroskopischen Queraustauschs (Abschn. 3.3.2.2.1) hängt die Reibung bei laminarer Strömung theoretisch nicht und praktisch vernachlässigbar von der üblichen Wandrauigkeit ab. Die Schichtenbewegung deckt die Rauigkeiten ab und schafft sich dadurch selbst eine quasi glatte Wand.

4.1.1.3.3 Laminare Strömung zwischen parallelen Platten

Entsprechend der laminaren Rohrströmung lässt sich die stationäre Laminarbewegung eines Fluides zwischen zwei parallelen Platten behandeln (Abb. 4.4 mit $b \to \infty$). Da es sich um eine ebene Strömung in Plattenrichtung (x-Koordinate) handelt, sind $c_y = 0$, $c_z = 0$ sowie $\delta p/\delta y = 0$ und $\delta p/\delta z = 0$, weshalb keine partiellen Differenziale notwendig.

Gleichgewichtsansatz für das in Abb. 4.4 eingetragene Fluidteilchen:

Da stationär, also Beschleunigung $a = 0$, gilt $\sum F = 0$. Deshalb:

$$p \cdot \mathrm{d}A - (p + \mathrm{d}p) \cdot \mathrm{d}A$$
$$- \tau \cdot \mathrm{d}A_0 + (\tau + \mathrm{d}\tau) \cdot \mathrm{d}A_0 = 0$$

[1] UBBELOHDE, Leo (1876 bis 1964), dt. Chemiker.
[2] HAGEN, Gotthilf (1797 bis 1884), dt. Wasserbaumeister.
[3] POISEUILLE, Jean Louis Maria (1799 bis 1869), frz. Mediziner, Untersuchung der Strömung des Blutes in Adern. Beide Forscher entdeckten das o.g. Gesetz unabhängig voneinander.

Ausgewertet mit Stirnfläche $\mathrm{d}A = \mathrm{d}z \cdot b$ (Querschnitt) und Scherfläche $\mathrm{d}A_0 = \mathrm{d}x \cdot b$ (eine seitliche Fläche → Oberfläche):

$$-\mathrm{d}p \cdot \mathrm{d}z \cdot b + \mathrm{d}\tau \cdot \mathrm{d}x \cdot b = 0$$

$$\frac{\mathrm{d}p}{\mathrm{d}x} = \frac{\mathrm{d}\tau}{\mathrm{d}z}$$

Mit (1.15) ergibt sich, wobei $\eta = \text{konst}$ (NEWTONsches Fluid):

$$\frac{\mathrm{d}p}{\mathrm{d}x} = \frac{\mathrm{d}}{\mathrm{d}z}\left(\eta \cdot \frac{\mathrm{d}c_x}{\mathrm{d}z}\right) = \eta \cdot \frac{\mathrm{d}^2 c_x}{\mathrm{d}z^2} \qquad (4.16a)$$

Zwei Fälle sind zu unterscheiden:

a) Beide Wände bewegen sich nicht.
Das Fluid strömt zwischen den Platten infolge linearem Druckabfall in x-Richtung, also $\mathrm{d}p/\mathrm{d}x = \text{konst}$, weshalb ! Zeichen. Dann gilt gemäß (4.4): Das Energiegefälle ist konstant. Angewendet auf das Teilchen in Abb. 4.4, liefert:

$$J = \frac{p - (p + \mathrm{d}p)}{\varrho \cdot g \cdot \mathrm{d}x} = -\frac{1}{\varrho \cdot g} \cdot \frac{\mathrm{d}p}{\mathrm{d}x} \overset{!}{=} \text{konst}$$

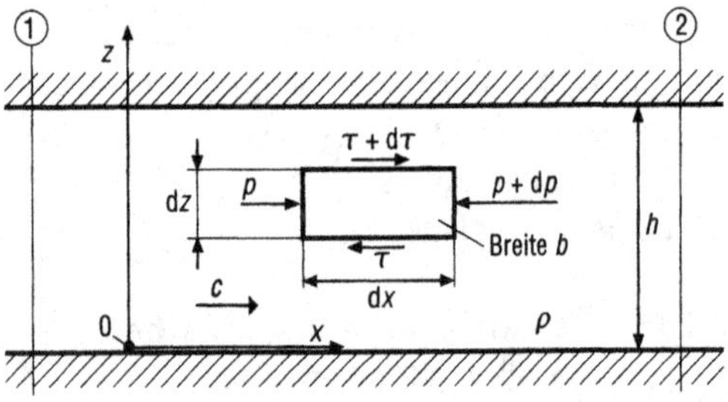

Abb. 4.4 Stationäre Laminarströmung (eindimensional → 1D) zwischen zwei parallelen Platten von Abstand h und Breite b, letztere senkrecht zur Bildebene (y-Richtung)

Umgestellt nach $\mathrm{d}p/\mathrm{d}x$ und eingesetzt in (4.16a), ergibt mit $\nu = \eta/\varrho$:

$$\frac{\mathrm{d}^2 c_x}{\mathrm{d}z^2} = -\varrho \cdot g \cdot J \cdot \frac{1}{\eta} = -\frac{g \cdot J}{\nu}$$

Diese Differenzialgleichung für $c_x = f(z)$, zweimal integriert (aufgeleitet), führt zu:

$$c_x = -\frac{J \cdot g}{\nu} \cdot \frac{z^2}{2} + C_1 \cdot z + C_2$$

Die Integrationskonstanten C_1 und C_2 folgen aus den Randbedingungen:
Bei $z = 0$ ist $c_x = 0$ ergibt:

$$C_2 = 0$$

Bei $z = h$ ist $c_x = 0$ ergibt:

$$C_1 = (J \cdot g/\nu) \cdot (h/2)$$

Eingesetzt liefert:

$$c_x = \frac{J \cdot g}{2 \cdot \nu}(h \cdot z - z^2) \qquad (4.16b)$$

Analog zu (4.6) ergibt sich wieder ein parabolischer Geschwindigkeitsverlauf, also $c_x = c_x(z) = f(z^2)$.
Der **Volumenstrom** $\dot{V}$ zwischen den Platten ist durch Integration (Aufleitung):

$$\dot{V} = \int_{(A)} \mathrm{d}\dot{V} = \int_0^h c_x \cdot b \cdot \mathrm{d}z$$

(4.16b) eingesetzt:

$$\dot{V} = b \cdot \frac{J \cdot g}{2 \cdot \nu} \cdot \int_0^h \left(h \cdot z - z^2\right)\mathrm{d}z$$

$$\dot{V} = b \cdot \frac{J \cdot g}{2 \cdot \nu} \cdot \left(h \cdot \frac{z^2}{2} - \frac{z^3}{3}\right)\Bigg|_0^h$$

$$\dot{V} = b \cdot \frac{J \cdot g}{2 \cdot \nu} \cdot \left(h \cdot \frac{h^2}{2} - \frac{h^3}{3}\right)$$

$$= \frac{J \cdot g}{2 \cdot \nu} \cdot \frac{b \cdot h^3}{6}$$

$$\dot{V} = \frac{J \cdot g \cdot h^2}{12 \cdot \nu} \cdot b \cdot h = \frac{J \cdot g \cdot h^2}{12 \cdot \nu} \cdot A \qquad (4.16c)$$

mit der Querschnittsfläche $A = b \cdot h$, wobei $b \gg h$.
Aus $\dot{V} = \bar{c} \cdot A$ folgt mit (4.16c) für die globale mittlere Geschwindigkeit $\bar{c}$, d. h. der über den Strömungsquerschnitt A gemittelte Wert (Globalmittelwert):

$$\bar{c} = \frac{J \cdot g \cdot h^2}{12 \cdot \nu} \qquad (4.16d)$$

Das Energieliniengefälle J gemäß (4.5) in Beziehung (4.16d) eingeführt, ergibt:

$$\bar{c} = \frac{g \cdot h^2}{12 \cdot \nu} \cdot \frac{Y_V}{L \cdot g}$$

Hieraus spez. Verlustenergie:

$$Y_V = \frac{12 \cdot \nu}{h} \cdot \frac{L}{h} \cdot \bar{c}$$

mit Strömungsweg $L = x_2 - x_1$.
Erweitert mit $\bar{c}/\bar{c}$ und $(\bar{c} \cdot h)/\nu = Re_h$ gesetzt, also die auf den Plattenabstand h bezogene REYNOLDS-Zahl eingeführt, liefert:

$$\begin{aligned} Y_V &= \frac{24}{\bar{c} \cdot h/\nu} \cdot \frac{L}{h} \cdot \frac{\bar{c}^2}{2} \\ &= \frac{24}{Re_h} \cdot \frac{L}{h} \cdot \frac{\bar{c}^2}{2} = \lambda \cdot \frac{L}{h} \cdot \frac{\bar{c}^2}{2} \end{aligned} \qquad (4.16e)$$

Es ergibt sich zwangsläufig der zu (4.16) entsprechende Aufbau. Hierbei beträgt jedoch die laminare Platten-Reibungszahl $\lambda = 24/Re_h$, die von der für Rohre abweicht, gemäß (4.15).

Bemerkung: Bequemerweise wird der Querstrich über dem Geschwindigkeitssymbol c meist wieder weggelassen (Abschn. 3.1.2).

b) Eine Wand steht, die andere bewegt sich.
Festgelegt wird hierzu: Die untere Platte ruht, die obere bewegt sich mit Geschwindigkeit $c_{x,0}$ in Plattenrichtung (x-Koordinate).
Infolge Haftbedingung verursacht die Plattenbewegung im Fluid eine Schleppströmung. Durch das Haften ergeben sich jetzt folgende Randbedingungen: Bei $z = 0$ ist $c_x = 0$ und bei $z = h$ ist $c_x = c_{x,0}$. Des Weiteren sind jetzt, da das Fluid nur durch Mitschleppen bewegt wird, keine Druckgefälle vorhanden. Das gilt sowohl für die Quer- (z-Achse), als auch Längsrichtung (x-Koordinate), weshalb $\mathrm{d}p/\mathrm{d}z = 0$ und $\mathrm{d}p/\mathrm{d}x = 0$. Damit ergibt (4.16a):

$$\frac{\mathrm{d}^2 c_x}{\mathrm{d}z^2} = 0$$

Diese einfache Differenzialgleichung zweimal integriert (aufgeleitet), führt zu:

$$c_x = K_1 \cdot z + K_2$$

Die Randbedingungen ergeben für die Integrationskonstanten:

$$\begin{aligned} z = 0;\quad & c_x = 0 && \rightarrow K_2 = 0 \\ z = h;\quad & c_x = c_{x,0} && \rightarrow K_1 = c_{x,0}/h \end{aligned}$$

Eingesetzt, ergibt:

$$c_x = c_{x,0} \cdot (z/h) \qquad (4.16f)$$

Der Geschwindigkeitsverlauf ist jetzt – gegenläufig zu Fall a – linear. Diese Fluidströmung wird gewöhnlich als COUETTE-Strömung (Abschn. 1.3.5.1) bezeichnet.
Für Scherspannung τ sowie Reibungskraft F_R ergeben sich dann nach (1.15) und (1.14):

$$\tau = \eta \cdot \frac{\mathrm{d}c_x}{\mathrm{d}z} = \eta \cdot \frac{c_{x,0}}{h} = \text{konst} \qquad (4.16g)$$

$$F_R = \tau \cdot A_0 = \eta \cdot \frac{c_{x,0}}{h} \cdot b \cdot L \qquad (4.16h)$$

Ergebnis: Schubspannung τ ist im gesamten Fluid gleich groß (Abschn. 1.3.5.1).

4.1.1.3.4 Turbulente Rohrströmungen

Technische Rohrströmungen sind, bis auf wenige Ausnahmen, turbulent. Turbulente Rohrströmung ist daher nicht nur wesentlich wichtiger, sondern infolge der makroskopischen *Mischbewegung* zudem ungleich komplizierter als die laminare. Bis heute ist eine theoretische Darstellung der Gesetzmäßigkeiten turbulenter Strömung noch nicht gelungen. Ein analytischer Turbulenzansatz fehlt noch (Abschn. 4.3.1.7). Erst umfangreiche experimentelle Untersuchungen und numerische Modellansätze ermöglichten eine brauchbare Klärung der turbulenten Strömung. Die auf der Grundlage von Versuchen erarbeiteten Näherungsformeln, Tabellen und Diagramme liefern für die technische Anwendung meist zufriedenstellende Ergebnisse.

Wie bereits in Abschn. 3.3.2.2 auseinandergesetzt, sind die Mischungsverluste beim Impulsaustausch infolge der Geschwindigkeitsschwankungen fast immer wesentlich größer als die gleichzeitig vorhandenen NEWTONschen Reibungsverluste. Beide Erscheinungen sind zur Gesamtviskosität, der sog. scheinbaren Viskosität (Abschn. 3.3.2.2.3), zusammenfassbar und ergeben die gesamte Schubspannung, (3.50). Außerdem beeinflusst die Wandbeschaffenheit den Strömungswiderstand. Die Geschwindigkeitsverteilung ist infolge des turbulenten Mischungsvorganges zwangsläufig gleichmäßiger und die Verlustenergie wesentlich größer als bei laminarer Strömung.

Geschwindigkeits-Verteilung Nach NIKURADSE, der weitgehende Versuchsreihen auswertete, gilt:

Für den Geschwindigkeitsverlauf:

$$c(r) = (1 - (r/R))^n \cdot c_{max} \tag{4.17}$$

Potenzgesetz des Geschwindigkeitsverlaufes Wird auch als **1/7-Potenzgesetz** der Geschwindigkeits-Verteilung bezeichnet, da $n \approx 1/7$. Nachteil des im Wesentlichen auf Messergebnissen beruhenden empirischen Potenzgesetzes: Der sich ergebende angenäherte Geschwindigkeitsverlauf ist unstetig. In der Rohrmitte, also bei $r = 0$, tritt ein Knick (Unstetigkeit) auf, was mit der Wirklichkeit nicht übereinstimmt.

Für die mittlere Geschwindigkeit gesetzt:

$$\bar{c} = K \cdot c_{max} \tag{4.18}$$

Mit dem Faktor:

$$K = \frac{2}{(n+1)\cdot(n+2)} \tag{4.19}$$

Exponent n und *Faktor K* sind von der REYNOLDS-Zahl und in geringem Maße auch von der Wandrauigkeit abhängig. Tab. 4.1 enthält Werte von n und K für verschiedene *Re*-Zahlen.

Mittelwert von Faktor K:

$$\bar{K} \approx 0{,}83 \pm 4\,\% \tag{4.20}$$

Tab. 4.1 Exponent n und Faktor K zum Potenzgesetz des turbulenten Geschwindigkeitsverlaufs bei Rohrströmungen in Abhängigkeit von der *Re*-Zahl

Re	$4\cdot10^3$	$2{,}3\cdot10^4$	$1{,}1\cdot10^5$	$1{,}1\cdot10^6$	$(2\ldots3{,}2)\cdot10^6$
n	1/6	1/6,6	1/7	1/8,8	1/10
K	0,791	0,807	0,817	0,850	0,865

Die *mittlere Geschwindigkeit* beträgt demnach etwa 83 % *von der maximalen*; bei laminarer sind dies, wie zuvor begründet, nur 50 %. Auch hieraus ergibt sich, dass der Geschwindigkeitsverlauf, Abb. 4.5, bei turbulenter Strömung im mittleren Bereich (Rohrmitte) wesentlich flacher ist als bei laminarer und zwangsläufig einen steileren Randabfall aufweist. Die Geschwindigkeit steigt in der dünnen *laminaren Unterschicht* (Viskosschicht) sehr steil an und bleibt dann im Außenbereich ungefähr konstant. In der laminaren Unterschicht treten nur NEWTONsche Reibungskräfte auf, während im Außenbereich hauptsächlich Mischungsverluste entstehen (Abschn. 3.3.3 und 4.1.6.1.2).

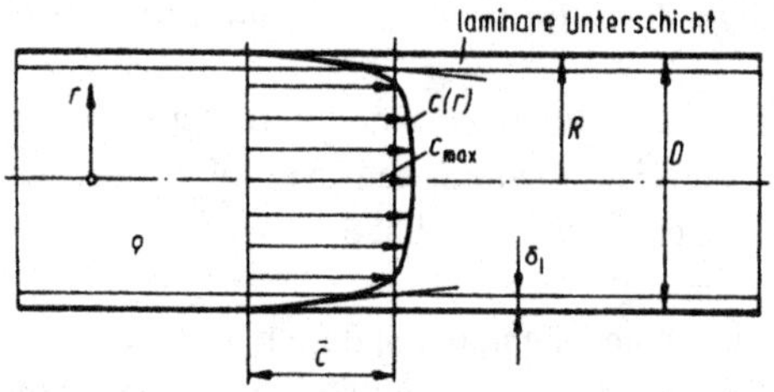

Abb. 4.5 Geschwindigkeitsverlauf $c(r)$ bei turbulenter Innenströmung (Rohrströmung). δ_l Dicke der viskosen Unterschicht

Versuche ergeben, dass die *Geschwindigkeitsprofile* rauer Rohre in Wandnähe meist einen weniger steilen Abfall aufweisen als bei glatter Rohrwand. Mit zunehmender Rauigkeit wächst der Exponent n (wenn auch nur geringfügig) des Potenzgesetzes, (4.17). Die Wandrauigkeiten wirken jedoch turbulenzanregend und -verstärkend.

Ebenso wie die laminare, ist auch die turbulente Rohrströmung gemäß Grenzschichtdefinition (Abschn. 3.3.3.2) eine reine Grenzschichtströmung mit der Grenzschichtdicke $\delta_T = R$ und c_{max} als ungestörter Anström- oder Außenströmung c_∞ (Geschwindigkeit).

Statt des Potenzgesetzes nach (4.17) wird der Geschwindigkeitsverlauf auch vorteilhaft durch ein asymptotisch-**logarithmisches Gesetz** angenähert. Nach SCHLICHTING [40] gilt mit der sog. Schubspannungsgeschwindigkeit c_τ (4.41) als logarithmisches Geschwindigkeitsgesetz:

$$\frac{c_{\max} - c(r)}{c_\tau} = -\frac{1}{\varkappa} \cdot \left[\ln\left(1 - \sqrt{\frac{r}{R}}\right) + \sqrt{\frac{r}{R}}\right] \tag{4.20a}$$

Hierbei handelt es sich um eine semiempirische Beziehung. Dieses halbexperimentelle Gesetz beruht somit auf theoretischen Überlegungen, das durch experimentell ermittelte Größen (Konstante $\varkappa$) den tatsächlichen Verhältnissen angepasst ist. Die empirische Anpassungskonstante $\varkappa$ liegt im Bereich $\varkappa = 0{,}35$ bis $0{,}45$. Es ergibt sich durch das Logarithmusgesetz ein wirklichkeitsgetreuer stetiger Geschwindigkeitsverlauf. Das Geschwindigkeitsprofil weist deshalb keine Unstetigkeit in der Rohrmitte auf. Die Formel gilt jedoch nur bis etwa $r/R \leq 0{,}95$, also nicht in der viskosen Unterschicht. Der große Vorteil des logarithmischen Gesetzes gegenüber dem Potenzgesetz besteht zudem darin, dass es auch für sehr große REYNOLDS-Zahlen asymptotisch verläuft. Deshalb kann es auf beliebig große *Re*-Zahlen, auch über den durch Messungen überspannten Bereich hinaus, extrapoliert werden. Bei dem Potenzgesetz dagegen ändert sich entsprechend Tab. 4.1 der Exponent mit der *Re*-Zahl. Das universelle logarithmische Geschwindigkeitsgesetz ermöglicht als weiteres die Abgrenzung der Strömungsform. Gemäß SCHLICHTING [40] gilt hiernach für sog. technisch (hydraulisch) glatte Strömungen:

Rein laminare Reibung (laminarer Bereich gemäß Abb. 4.6):

$$\left(1 - \frac{r}{R}\right) \cdot Re^{0{,}875} < 50 \tag{4.21}$$

Laminar-turbulente Reibung, d. h. laminare und turbulente Reibung von gleicher Größenordnung (Übergangsbereich, Abb. 4.6):

$$50 < \left(1 - \frac{r}{R}\right) \cdot Re^{0{,}875} < 700 \tag{4.22}$$

Rein turbulente Reibung („rauer“ Bereich nach Abb. 4.6):

$$\left(1 - \frac{r}{R}\right) \cdot Re^{0{,}875} > 700 \tag{4.23}$$

Außerdem ergibt sich nach [53] bei *turbulenter Strömung an glatter Wand* für die Dicke δ_l der laminaren Unterschicht (Abb. 4.5):

$$\delta_l \approx \frac{50}{Re^{0{,}875}} \cdot R = \frac{25}{Re^{0{,}875}} \cdot D \tag{4.24}$$

Verlustenergie Y_V Entgegen der laminaren Strömung kann bei turbulenter infolge der Mischbewegung kein koaxialer Fluidzylinder gemäß Abb. 4.2 herausgegriffen werden, um Kräftebetrachtungen durchzuführen. Durch die überlagerten Querbewegungen würde ein Fluid- und damit Energieaustausch durch den Bezugszylindermantel erfolgen, der analytisch letztlich nicht exakt erfassbar ist. Die Untersuchungen müssen deshalb auf den ganzen Rohrquerschnitt ausgedehnt werden.

Nach Erfahrung bzw. Versuchen gilt für die Widerstandskraft:

$$\begin{aligned} F_W &\sim \text{der benetzten Rohrwand } D \cdot \pi \cdot L \\ &\sim \text{der kinetischen Energie } c^2/2 \\ &\sim \text{der Fluidart, gekennzeichnet} \\ &\quad\ \text{durch deren Dichte } \varrho \end{aligned}$$

Hierbei steht das Zeichen $\sim$ für proportional.

Mit dem Proportionalitätsfaktor Ψ ergibt sich:

$$F_W = \Psi \cdot \pi \cdot D \cdot L \cdot \varrho \cdot (c^2/2)$$

Andererseits kann gesetzt werden mit (4.5):

$$\begin{aligned} F_W &= \Delta p_V \cdot A = \Delta p_V \cdot D^2 \cdot \pi/4 \\ &= \varrho \cdot Y_V \cdot D^2 \cdot \pi/4 \end{aligned}$$

Gleichgesetzt:

$$\varrho \cdot Y_V \cdot D^2 \cdot \pi/4 = \Psi \cdot \pi \cdot D \cdot L \cdot \varrho \cdot c^2/2$$

Hieraus:

$$Y_V = 4 \cdot \Psi \cdot \frac{L}{D} \cdot \frac{c^2}{2}$$

Mit der Zusammenfassung $\lambda = 4 \cdot \Psi$ ergibt sich die **Formel von DARCY**[4], kurz **DARCYformel:**

$$Y_V = \lambda \cdot \frac{L}{D} \cdot \frac{c^2}{2} \tag{4.25}$$

► Zu beachten ist, dass die **Rohrreibungszahl** λ bei dieser Formel von DARCY, entgegen der für laminare Strömung (4.15), nur experimentell bestimmt werden kann.

Im Gegensatz zur laminaren Rohrströmung (4.13) wächst die Verlustenergie gemäß (4.25) bei turbulenter quadratisch mit der Strömungsgeschwindigkeit (Abschn. 4.1.6.1.2). Dabei zeigt sich, wie auch Versuche bestätigen, dass die *Rohrreibungszahl* λ der turbulenten Strömung von der REYNOLDS-Zahl *Re* und infolge des makroskopischen Mischungsvorganges (Abschn. 3.3.2.2.1) zudem von der Rohrrauigkeit k abhängt. Während die normale Rauigkeit – sie wirkt turbulenzerzeugend oder ablösend – bei laminarer Strömung ohne Einfluss ist, wirkt sie sich bei turbulenter Strömung wesentlich aus. Die außerhalb der laminaren Unterschicht liegenden Rauigkeitsspitzen wirken wie Stolperstellen (Abschn. 3.3.4), welche die Turbulenz anfachend erhöhen und damit die Impulsaustauschgröße (Abschn. 3.3.2.2.3) verstärken. Bei laminarer Strömung dagegen wirkt die Viskosität auf die Wanderhebungen glättend. Zweckmäßigerweise wird bei turbulenter Rohrströmung gesetzt:

$$\lambda = f(Re; D/k_s) \tag{4.26}$$

Es wird also nicht die Rauigkeit direkt, sondern die **inverse relative Rauigkeit D/k_s** als zweite Variable verwendet. Grund: Zweckmäßig, da sich für Quotient D/k_s größere Zahlen ergeben.

Wegen der großen Mannigfaltigkeit der geometrischen Formen, Anordnungen und Abmessungen ist die Anzahl der Rauigkeitsparameter sehr groß und daher kaum bestimmbar. Deshalb musste eine Vergleichsgröße gefunden werden. Als Ersatzgröße für die *natürliche Rauigkeit* wurde von NIKURADSE die sog. **äquivalente Sandrauigkeit,** oder kurz **Sandrauigkeit** k_s, geschaffen. Die Sandrauigkeit wird künstlich durch Aufkleben einer geschlossenen Schicht von Sandkörnern gleicher Dicke k_s erzeugt. Dann gilt:

Ein Rohr mit der natürlichen Rauigkeit k hat den gleichen Rauigkeitswert wie ein Rohr mit der künstlichen Sandrauigkeit k_s, wenn es bei gleichen geometrischen Abmessungen, gleichem Volumenstrom und gleichem Medium den gleichen Druckverlust aufweist. Dann sind auch REYNOLDS- und Rohrreibungszahl jeweils gleich.

Bei technisch erzeugten Flächen durch Gießen, Walzen, Ziehen, Pressen, Bearbeiten usw. sind die sich zwangsläufig ergebenden *absoluten Rauheiten* k regelmäßig. Dies gilt ungefähr auch für gleichmäßige Abnutzung oder Verschmutzung (Rost, Ablagerungen). Für derartige Oberflächen beträgt nach Versuchen die äquivalente Sandrauigkeit k_s bis zum 1,6-fachen der vorhandenen absoluten Rauigkeit k. Für technisch erzeugte und gleichmäßig verschmutzte Flächen gilt deshalb: $\boldsymbol{k_s = (1 \ldots 1{,}6) \cdot k}$. Oft kann hier jedoch $k_s \approx k$ gesetzt werden.

Verkleinern der Oberflächenrauigkeit lohnt sich zur Verlustminderung umso mehr, je höher die Strömungsgeschwindigkeit ist, da die turbulente Reibung proportional zu ihr ansteigt.

Tab. 6.15 sowie Abb. 6.44 enthalten die absoluten Rauigkeiten k für technisch wichtige Rohrmaterialien und Flächen unterschiedlicher Herstellung sowie verschiedenen Gebrauchszustandes.

Bemerkung: $k \mathrel{\hat{=}} R_t$ bzw. R_z gemäß DIN 4762. Den durch umfangreiche Versuche ermittelten Verlauf der Rohrreibungszahl λ als Funktion der REYNOLDS-Zahl *Re* mit dem Kehr-, d. h. Inverswert der relativen Rauigkeit D/k_s bzw. D/k als Parameter zeigt Abb. 4.6 in prinzipieller Darstellung. Wegen des großen *Re*-Bereiches wird dieses sog. **Rohrreibungs-, COLEBROOK-** oder **MOODY-Diagramm** vorteilhaft in doppellogarithmischem Maßstab aufgetragen.

Abb. 6.11 enthält ein ausführliches Arbeitsdiagramm, dessen Genauigkeit bei den meisten Anwendungsfällen ausreicht, um die Rohrreibungszahl λ zu bestimmen. „Computer benötigen jedoch Formeln“ → (4.27) bis (4.35).

[4] DARCY, Henry (1803 bis 1855), frz. Ingenieur.

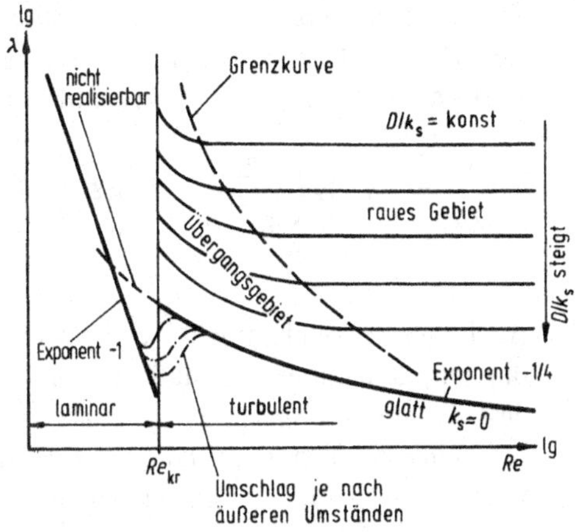

Abb. 4.6 MOODY- oder COLEBROOK-Diagramm der Rohrreibung (prinzipieller Aufbau). Rohrreibungszahl λ abhängig von REYNOLDS-Zahl Re und inverser relativer Rohrrauigkeit D/k_s als Parameter
Laminar: $\lambda = 64\ Re^{-1}$ (Exponent -1)
Turbulent: $\lambda = 0{,}316\ Re^{-1/4}$ (Exponent $-1/4$) für glatt nach BLASIUS

Das Diagrammfeld lässt sich in die folgenden vier Kurven bzw. Bereiche aufteilen:

1. **Laminares Gebiet**, $Re < Re_{kr}$, $\lambda = f(Re)$
2. **Turbulentes Gebiet**, $Re \geq Re_{kr}$
   a) Glattes Verhalten; $k_s \approx 0$: $\lambda = f(Re)$
   b) Übergangsgebiet: $\lambda = f(Re, D/k_s)$
   c) Raues Verhalten: $\lambda = f(D/k_s)$

Die verschiedenen Bereiche sind durch folgende wichtige Merkmale gekennzeichnet:

1. **Laminares Gebiet** ($Re < Re_{kr} = 2320$)
   Die laminare Rohrströmung ist in Abschn. 4.1.1.3.2 dargestellt. Als Ergebnis kann nochmals festgehalten werden:
   Die übliche Rohrrauigkeit beeinflusst den Strömungsverlust nicht. Die Rohrreibungszahl ist durch die Beziehung (4.15) $\lambda = 64/Re$ nur von der REYNOLDS-Zahl abhängig.
2. **Turbulentes Gebiet** ($Re \geq Re_{kr} = 2320$)
   a) *Glattes Verhalten* ($k_s \approx 0$)
   Glattes Verhalten liegt vor, wenn die vorhandenen Rauigkeitserhebungen innerhalb der laminaren Unterschicht liegen, d. h. wenn $k_s \leq \delta_l$ ist. Mit dieser Bedingung liefert Formel (4.24) die Abgrenzung für glattes Verhalten:

$$\frac{k_s}{D} \cdot Re^{0{,}875} < 25 \tag{4.27}$$

Für die Rohrreibungszahl gilt dann:
Nach **BLASIUS**[5] für $Re_{kr} \leq Re \leq 10^5$

$$\lambda = \frac{0{,}316}{\sqrt[4]{Re}} = (100 \cdot Re)^{-1/4} \tag{4.28}$$

Nach HERMANN für $Re \leq 10^6$

$$\lambda = 0{,}0054 + 0{,}396/Re^{0{,}3} \tag{4.28a}$$

Nach RICHTER für $10^5 \leq Re \leq 10^6$

$$\lambda = 0{,}007 + 0{,}596 \cdot Re^{-0{,}35} \tag{4.28b}$$

Nach **NIKURADSE** für $10^5 < Re \leq 10^8$

$$\lambda = 0{,}0032 + \frac{0{,}221}{Re^{0{,}237}} \tag{4.29}$$

Nach PRANDTL gilt für alle $Re \geq Re_{kr}$

$$\frac{1}{\sqrt{\lambda}} = 2 \cdot \lg\left(Re \cdot \sqrt{\lambda}\right) - 0{,}8 = 2 \cdot \lg \frac{Re \cdot \sqrt{\lambda}}{2{,}51} \tag{4.30}$$

Infolge der impliziten Form ist diese Beziehung von PRANDTL nur umständlich durch Iteration lösbar. Stattdessen wird deshalb häufig folgende, durch meist brauchbare Vereinfachungen (Näherungen) entstandene Formel verwendet:

$$\lambda \approx \frac{0{,}309}{(\lg Re - 0{,}845)^2} \tag{4.31}$$

Die **PRANDTLsche universelle Widerstandsbeziehung**, (4.30) bzw. PRANDTL-Formel (4.31), gelten für beliebig große REYNOLDS-Zahlen, wobei in der Nähe von Re_{kr} Vorsicht geboten ist. Die aus Versuchen abgeleiteten Formeln von BLASIUS, (4.28), und NIKURADSE, (4.29), stimmen

[5] BLASIUS, H. (1883 bis 1970).

in den angegebenen Gültigkeitsbereichen mit der Beziehung von PRANDTL gut überein. Ihr Vorteil ist die explizite Darstellung für die Rohrreibungszahl. Sie ermöglichen deshalb, λ direkt zu berechnen. Das Gleiche gilt für die Näherungsbeziehungen (Formeln) von HERMANN und RICHTER.

Bemerkungen:

- Glatte Rohre, wie in der Praxis verschiedentlich verwendet, verhalten sich durchaus nicht immer strömungstechnisch glatt.
- Nach neueren Untersuchungen von ROTTA ist die Dicke der laminaren Unterschicht bei rauer Wand geringer als bei glatter.

b) *Übergangsbereich*

Der Übergangsbereich liegt zwischen glattem und rauem Verhalten. Die Grenzkurve, die den Übergangsbereich nach oben abgrenzt verbindet die Kurvenpunkte, ab denen die (D/k_s)-Kurven etwa waagrecht, d. h. gut angenähert parallel zur Re-Achse (Abszisse) verlaufen.

Die Wandrauigkeit kommt zur Wirkung, wenn die Rauigkeitserhebungen höher sind als die laminare Unterschicht und deshalb in den turbulenten Grenzschichthauptbereich hineinragen. Die aus der viskosen Unterschicht herausragenden Körner-, d. h. Rauigkeitsspitzen bewirken als Stolperstellen das Bilden kleiner örtlicher Wirbel (Vortex) und erhöhen dadurch die Reibung, den sog. Turbulenz- oder Wirbelwiderstand. Da die Dicke der laminaren Unterschicht mit wachsender REYNOLDS-Zahl dünner wird, ragen die Rauigkeitsspitzen immer mehr heraus. Mit steigender Re-Zahl kommt die Rauigkeit daher im Übergangsbereich immer mehr zur Geltung und beeinflusst den Strömungswiderstand entsprechend stärker.

Der Übergangsbereich ist gekennzeichnet durch die Bedingung [40]:

$$25 < \frac{k_s}{D} \cdot Re^{0{,}875} < 350 \qquad (4.32)$$

Für die Rohrreibungszahl gilt in diesem Bereich die **Interpolationsformel nach COLEBROOK** → **COLEBROOK-Formel**:

$$\frac{1}{\sqrt{\lambda}} = -2 \cdot \lg\left(\frac{2{,}51}{Re \cdot \sqrt{\lambda}} + 0{,}27\frac{k_s}{D}\right) \qquad (4.33)$$

Auch diese Formel enthält λ ebenfalls nur implizit, da nicht explizit auflösbar und ist deshalb nur aufwändig zu handhaben → Iterationsvorgehen notwendig, mit Startwert aus Abb. 6.11 oder nach Erfahrung.

c) *Raues Verhalten.*

Ist die laminare Unterschicht so dünn geworden, dass die gesamten Rauigkeitserhebungen strömungstechnisch nahezu gänzlich zur Geltung gekommen sind, verändert ein weiteres Erhöhen der REYNOLDS-Zahl die durch diese Einflüsse gekennzeichnete Rohrreibungszahl λ praktisch nicht mehr, weshalb dann vollständig raues Verhalten vorliegt.

Der Bereich „vollkommen raues Verhalten" ist gemäß Erfahrung und [40] nach unten abgegrenzt durch die Bedingung (entsprechend (4.23)):

$$(k_s/D) \cdot Re^{0{,}875} \geq 350 \qquad (4.34)$$

Für die voll ausgebildete Rauigkeitsströmung ist die **Rohrreibungszahl** bestimmbar nach:

KÁRMÁN-NIKURADSE

$$\lambda = \frac{1}{\left(2 \cdot \lg\dfrac{D}{k_s} + 1{,}14\right)^2} \qquad (4.35)$$

MOODY

$$\lambda = 0{,}005 + 0{,}15 \cdot (D/k_s)^{-1/3} \qquad (4.35a)$$

Für die **Grenzkurve** gilt gemäß:

TRUCKENBRODT [37]

$$1/\sqrt{\lambda} \approx 2 \cdot \lg(Re \cdot \sqrt{\lambda}) - 3{,}5 \qquad (4.35b)$$

BLASIUS

$$\lambda \approx [(200 \cdot D/k_s)/Re]^2 \qquad (4.35c)$$

Mit diesen Beziehungen lässt sich ebenfalls feststellen, ob der Reibungsfall im rauen Gebiet, d. h. rechts von der Grenzkurve liegt und damit $\lambda \approx$ konst ist, oder im Übergangsbereich ($\lambda \neq$ konst).

Wie in Abschn. 4.1.4.4 ausgeführt, kann durch die sog. **Kornkennzahl $k \cdot c/\nu$** gekennzeichnet werden, ob die Rauigkeit von Einfluss auf die Reibung (Friktion) ist. Die Kornkennzahl ist eine besondere Form der REYNOLDS-Zahl. Liegen die Rauigkeiten innerhalb der viskosen, d. h. laminaren Unterschicht ($k_s \leq \delta_1$; Abb. 4.5), haben diese, wie begründet, keinen Reibungseinfluss. Gemäß Experimenten ist diese Bedingung erfüllt, wenn die **äquivalente Kornkennzahl $k_s \cdot c/\nu$** unterhalb folgender Werte bzw. Bereiche bleibt:

- Rohrströmungen

$$k_s \cdot c/\nu \leq 100$$

- Tragflügel und Schaufelgitter

$$k_s \cdot c/\nu \leq (20 \text{ bis } 120)$$

Der große Bereich im zweiten Fall ist, wie auch die zugehörige kritische REYNOLDS-Zahl (3.52a)–(5.52c), durch die unterschiedlichen, oft unbekannten Anströmbedingungen (Vorturbulenz) bestimmt. Die jeweilige Grenze kann hier nur durch spezielle Einzelversuche geklärt werden.

Ergänzung: Mit $c = \dot{V}/A$ (aus (3.9)) und dem Druckverlust $\Delta p_V = \varrho \cdot Y_V$ lassen sich Beziehungen (4.25) und (4.16) wie folgt umschreiben:

$$\Delta p_V = \varrho \cdot Y_V = \varrho \cdot \lambda \cdot \frac{L}{D} \cdot \frac{1}{2 \cdot A^2} \cdot \dot{V}^2$$

$$\Delta p_V = R \cdot \dot{V}^2 \qquad (4.35d)$$

Hierbei ist analog Elektrotechnik (OHMsches Gesetz) ***R*** der **Widerstand** (dimensionsbehaftet):

$$R = \frac{\zeta_R \cdot \varrho}{2 \cdot A^2} \left[\frac{\text{kg}}{\text{m}^7}\right] \qquad (4.35e)$$

mit $\zeta_R = \lambda \cdot (L/D)$ als Widerstandzahl von geraden Rohren, Dichte ϱ in kg/m^3, Querschnitt A in m^2.

Der Druckverlust Δp_V ergibt sich nach (4.35d) in Pa = N/m^2, wobei der Volumenstrom $\dot{V}$ in m^3/s einzusetzen ist.

Auf der Rohrlänge entsprechend D/λ geht laut Widerstandsbeziehungen durch Reibung gerade der Druck in Höhe des zugehörigen Staudruckes $\varrho \cdot c^2/2$ verloren.

Aus dem Druckverlust Δp_V nach (4.5), der DARCY-Formel (4.25) und der EULER-Zahl (Abschn. 3.3.1.3) lässt sich die Rohrreibungszahl λ auch wie folgt darstellen:

$$\Delta p_V = \varrho \cdot Y_V = \varrho \cdot \lambda \cdot \frac{L}{D} \cdot \frac{c^2}{2}$$

Hieraus

$$\lambda = 2 \cdot \frac{D}{L} \cdot \frac{\Delta p_V}{\varrho \cdot c^2}$$

Mit der EULER-Zahl $Eu = \Delta p_V/(\varrho \cdot c^2)$ gemäß (3.36) gilt dann:

$$\lambda = 2 \cdot (D/L) \cdot Eu \quad \text{oder} \qquad (4.35f)$$
$$Eu = (1/2) \cdot \lambda \cdot (L/D)$$

Wird hier gemäß (4.26) $\lambda = f(Re; D/k_s)$ eingeführt, ergibt sich bei Rohren der Funktionszusammenhang:

$$Eu = F(Re; D/k_s; L/D) \quad \text{oder} \qquad (4.35g)$$
$$f(Re; Eu; D/k_s; L/D) = 0 \qquad (4.35h)$$

Zusammenhang zwischen Widerstandsgesetz und Geschwindigkeitsverteilung

Die Verbindung zwischen Schubspannung τ und Verlustenergie Y_V lässt sich mit Hilfe von Abb. 4.7 finden. Es gilt:

$$\Delta p_{V,12} = p_1 - p_2 = \varrho \cdot Y_{V,12} = \varrho \cdot \lambda \cdot \frac{L}{D} \cdot \frac{c^2}{2} \qquad (4.36)$$

Das Gleichgewicht zwischen Widerstands- und Druckkräften der stationären Strömung, bezogen

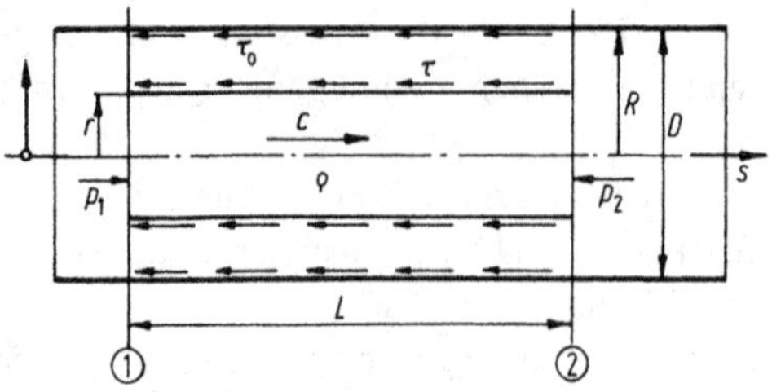

Abb. 4.7 Schubspannung in turbulenter Rohrströmung

auf den Fluid-Zylinder mit Radius r und Länge L, führt zu:

$$\sum F = 0: \quad p_1 \cdot r^2 \cdot \pi - p_2 \cdot r^2 \cdot \pi - \tau \cdot 2 \cdot r \cdot \pi \cdot L = 0$$

$$p_1 - p_2 = 2 \cdot \frac{L}{r} \cdot \tau \tag{4.37}$$

Beziehungen (4.36) und (4.37) gleichgesetzt und mit $2R = D$ nach der Schubspannung τ aufgelöst, ergibt:

$$\tau = \frac{\lambda}{4} \cdot \varrho \cdot \frac{r}{R} \cdot \frac{c^2}{2} \tag{4.38}$$

Für $r = R$ führt (4.38) zur **Wandschubspannung** τ_0:

$$\tau_0 = \frac{\lambda}{4} \cdot \varrho \cdot \frac{c^2}{2} \tag{4.39}$$

Unter Verwenden des Widerstandsgesetzes von BLASIUS, (4.28), lässt sich (4.39) näherungsweise weiter umschreiben:

$$\tau_0 = \frac{1}{4} \cdot \frac{0{,}316}{\sqrt[4]{Re}} \cdot \varrho \cdot \frac{c^2}{2} = \varrho \cdot \frac{0{,}0395}{\sqrt[4]{Re}} \cdot c^2$$
$$= 0{,}0395 \cdot \varrho \cdot \nu^{1/4} \cdot D^{-1/4} \cdot c^{7/4} \tag{4.40}$$

Mit der sog. **Schubspannungsgeschwindigkeit**

$$c_\tau = \sqrt{\frac{0{,}0395}{\sqrt[4]{Re}} \cdot c^2} \approx 0{,}2 \cdot Re^{-0{,}125} \cdot c \tag{4.41}$$

kann gesetzt werden:

$$\tau_0 = \varrho \cdot c_\tau^2 \tag{4.42}$$

Weiter mit $c_\tau^2 = c_\tau^{7/4} \cdot c_\tau^{1/4}$ folgt aus Gleichsetzen von (4.40) und (4.42):

$$0{,}0395 \cdot \varrho \cdot \nu^{1/4} \cdot D^{-1/4} \cdot c^{7/4} = \varrho \cdot c_\tau^{7/4} \cdot c_\tau^{1/4}$$

Hieraus:

$$\left(\frac{c}{c_\tau}\right)^{7/4} = \frac{1}{0{,}0395} \cdot \left(\frac{c_\tau \cdot D}{\nu}\right)^{1/4}$$

$$\frac{\boldsymbol{c}}{\boldsymbol{c_\tau}} = 6{,}33\left(\frac{c_\tau \cdot D}{\nu}\right)^{1/7} = \mathbf{6{,}33 \cdot \boldsymbol{Re}_\tau^{1/7}} \tag{4.43}$$

Die Beziehung nach (4.43) wird verschiedentlich ebenfalls als **1/7-Potenzgesetz** der Geschwindigkeit bezeichnet, mit c als mittlerer Geschwindigkeit.

Zusammenhang zwischen Verlustenergie Y_V und Rohrdurchmesser D

Um die volle Abhängigkeit der Verlustenergie vom Durchmesser klar darzustellen wird in der Formel von DARCY, (4.25), die Rohrreibungszahl einfachheitshalber aus dem Gesetz von BLASIUS (grobe Näherung) und die Strömungsgeschwindigkeit aus der Durchflussgleichung ersetzt. Aus

$$Y_V = \lambda \cdot \frac{L}{D} \cdot \frac{c^2}{2}$$

mit

$$c = \frac{\dot{V}}{A} = \frac{4 \cdot \dot{V}}{D^2 \cdot \pi}$$

$$\lambda = \frac{0{,}316}{Re^{0{,}25}} = 0{,}316 \cdot \frac{\nu^{0{,}25}}{c^{0{,}25} \cdot D^{0{,}25}}$$
$$= 0{,}316 \cdot \frac{\nu^{0{,}25} \cdot \pi^{0{,}25}}{4^{0{,}25} \cdot \dot{V}^{0{,}25}} \cdot D^{0{,}25}$$
$$= 0{,}3 \cdot \left(\frac{\nu}{\dot{V}}\right)^{0{,}25} \cdot D^{0{,}25}$$

wird:

$$Y_V = 0{,}3 \cdot \left(\frac{\nu}{\dot{V}}\right)^{0{,}25} \cdot D^{0{,}25} \cdot \frac{L}{D} \cdot \frac{1}{2} \cdot \left(\frac{4 \cdot \dot{V}}{D^2 \cdot \pi}\right)^2$$

$$Y_V = 0{,}24 \cdot \nu^{0{,}25} \cdot L \cdot \dot{V}^{1{,}75} \cdot \frac{1}{D^{4{,}75}} \tag{4.44}$$

Hieraus grobe Näherungsformel:

$$Y_V \approx 0{,}2 \cdot \nu^{0{,}25} \cdot L \cdot \dot{V}^2/D^5 \sim 1/D^5 \quad (4.45)$$

Damit lässt sich der Einfluss von *Rohrleitungsverkrustungen* erfassen. Wird eine Rohrleitung gemäß Abb. 4.8 mit konstantem Durchsatz betrieben, steigt, wenn das Rohr durch Ablagerungen langsam zuwächst, die Verlustenergie und damit der Druckverlust umgekehrt etwa mit der 5. Potenz des Durchmesserverhältnisses:

$$\Delta p_{V,2}/\Delta p_{V,1} = (D_1/D_2)^5 \quad (4.46)$$

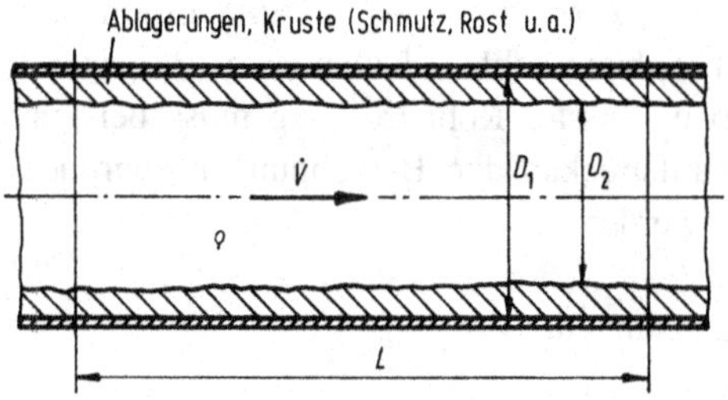

Abb. 4.8 Rohrverkrustung durch Ablagerungen

Strömungsgeräusche

Für den Schallpegel L_{SL} (Tab. 6.13) in geraden Rohren gilt erfahrungsgemäß:

$$L_{SL} = \{10 + 50 \cdot \lg(c/[\mathrm{m/s}]) + 10 \cdot \lg(A/[\mathrm{m}^2])\}\ [\mathrm{dB}] \quad (4.46a)$$

Das bedeutet, der Schallpegel L_{SL} steigt mit der 5. Potenz der Strömungsgeschwindigkeit c[m/s] des Fluides im Rohr vom Querschnitt A[m^2]:

$$L_{SL} = 1 + \lg c^5 + \lg A = \lg(10 \cdot A \cdot c^5)\ [\mathrm{B}] \quad (4.46b)$$

In (4.46b) sind im Gegensatz zu Beziehung (4.46a) die in eckige Klammern gesetzten Dimensionsangaben weggelassen. Trotzdem müssen auch hier die Strömungsgeschwindigkeit c in m/s und die Querschnittsfläche A in m^2 eingesetzt werden.

Bei Außenströmungen wächst der Schallpegel nach LIGHTHILL sogar meist ungefähr mit der 6. bis 7. Potenz der Strömungsgeschwindigkeit (Abschn. 4.3.2.4).

4.1.1.3.5 Anlaufstrecke, Ergänzungen

Anlaufstrecke Die in den vorhergehenden Abschnitten aufgestellten Gleichungen für Geschwindigkeitsprofile und Rohrreibungszahlen gelten nur für die vollständig ausgebildete Rohrströmung. Diese liegt vor, wenn sich bei einem Rohr von konstantem Querschnitt das Geschwindigkeitsprofil der Strömung längs der Achse nicht mehr ändert. Voll ausgebildete Strömung wird nach einer bestimmten Wegstrecke, der **Einlauf-** oder **Anlaufstrecke**, hinter der Rohreintritts- oder Störstelle erreicht. Hinweis auch auf Abschn. 4.1.1.5.7, Beruhigungsstrecke.

Bei gut ausgebildetem Rohreinlauf ist die Strömungsgeschwindigkeit über den ganzen Eintrittsquerschnitt nahezu konstant. Dadurch ist das Geschwindigkeitsgefälle an der Rohrwand wesentlich größer als bei der voll ausgebildeten Strömung. Die Folge ist erhöhte Reibungswirkung, die ihrerseits die Geschwindigkeitsverteilung beeinflusst. Stromabwärts verändert sich das Geschwindigkeitsprofil so lange, bis nach der Anlaufstrecke der Gleichgewichts- oder Beharrungszustand erreicht ist. Die Strömung kann deshalb in zwei aufeinanderfolgende Bereiche, die Einlaufströmung und die ausgebildete Strömung, unterteilt werden, Abb. 4.9. Die Anlaufströmung verursacht erhöhten Energie- und damit Druckverlust, der maßgeblich von der Form des Einlaufs bestimmt wird.

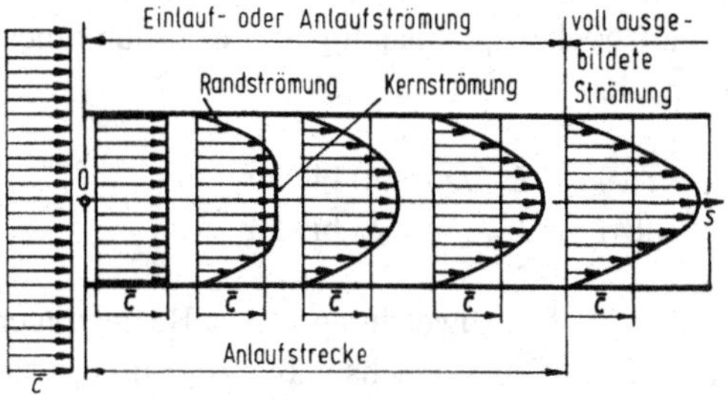

Abb. 4.9 Anlaufströmung (hier laminar)

Als *Anlauf-* oder *Einlaufstrecke* gilt die Strömungslänge, bis zu der das Geschwindigkeitsprofil weniger als etwa 1 % vom endgültigen (stationären) Zustand abweicht.

Laminare Anlaufstrecke Der Einlaufstrecke entlang muss die anfänglich gleichmäßige in parabolische Geschwindigkeitsverteilung umgebildet werden. Die Randströmung wird verzögert und die Kernströmung wegen der Kontinuitätsbedingung beschleunigt.

Nach SCHILLER gilt für die Länge L_1 der laminaren Anlaufstrecke:

$$L_1/D = 0{,}03 \cdot Re \tag{4.47}$$

Übereinstimmend mit anderen Forschern dagegen bestätigt TIETJENS

$$L_1/D = 0{,}06 \cdot Re \tag{4.48}$$

Der große Unterschied (über 100 %) zwischen den beiden Formeln gründet darin, dass die rein theoretische Ableitung von SCHILLER, (4.47), im Kern völlig reibungsfreie Strömung annimmt. Dies trifft auch am Ende der Anlaufstrecke nicht genügend genau zu. Die tatsächliche Größe der laminaren Anlaufstrecke wird deshalb durch (4.48) besser wiedergegeben.

Turbulente Anlaufstrecke Das vollere Geschwindigkeitsprofil der turbulenten Strömung wird auf geringerer Weglänge erreicht als bei laminarer Strömung. Die turbulente Anlaufstrecke ist daher durchweg kürzer.

Bei scharfkantigem Einlauf hängt die Anlaufstrecke kaum von der REYNOLDS-Zahl ab. Aufgrund von Messungen beträgt die turbulente Anlaufstrecke L_t, abhängig vom Rohrdurchmesser, nach:

KIRSTEN $L_t/D = 50$ bis 100
NIKURADSE $L_t/D = 25$ bis 50

Infolge großer Abweichung dieser Beziehungen ist im Einzelfall versuchsmäßig zu prüfen, welche richtige Werte liefert. In praktischen Fällen genügt in der Regel $L_t/D \approx 10$ bis 20. Danach ist der Ausgleich schon großteils erfolgt, weshalb die dann noch bestehende Abweichung meist vernachlässigt werden kann. Das Gleiche gilt für Beruhigungsstrecken (Abschn. 4.1.1.5.7).

Bei abgerundetem Einlauf und hoher REYNOLDS-Zahl sind die Einlaufverhältnisse der Grenzschichtentwicklung an der parallel angeströmten Platte (Abb. 3.20) sehr ähnlich. In diesem Fall kann für die turbulente Anlaufstrecke L_t der Rohrströmung gesetzt werden:

$$\frac{L_t}{D} = \frac{3 \cdot 10^5}{Re} \tag{4.49}$$

Nach Messungen bei einer Anlaufstrecke von etwa $25 \cdot D$ wird die Rohrreibungszahl λ durch die Einlaufströmung um etwa 13 % höher. Bei sehr kurzen Kanälen von etwa $(3 \text{ bis } 6) \cdot D$, wie sie z. B. in Strömungsmaschinen sehr häufig vorkommen, sind erhebliche Widerstandssteigerungen zu berücksichtigen. Eine Erhöhung der Rohrreibungszahl λ bis etwa 50 % gegenüber unbeeinflusster Rohrströmung muss bei kurzen Anlaufstrecken den Berechnungen zugrundegelegt werden.

Ergänzungen:

Trägheitsablösung Bei drallbehafteten Rohrströmungen, d. h. Transportströmungen mit überlagerter Drehbewegung, sog. Korkenzieherströmungen, bildet sich nach Feststellungen von STRSCHLETZKY oft ein Kerntotgebiet, das an der Strömung nicht teilnimmt und unabhängig von Druckverteilung sowie Reibung ist. Diese Kernbildung wird als Trägheitsablösung bezeichnet, die dadurch bedingt ist, dass jede Strömung versucht, sich nach dem **Gesetz der kleinsten Wirkung** einzustellen. Als Wirkung wird das Produkt aus kinetischer Energie und Zeit bezeichnet, in der diese auftritt, oder, was dasselbe ist: Masse mal Geschwindigkeit mal Weg.

Polymerbeimischung Der Widerstand bei turbulenter Rohrströmung kann durch gewisse Zusätze (Additive) in geringer Konzentration im ppm[6]-Bereich oft um die Hälfte reduziert werden. Hierfür sind Polymere geeignet, z. B. Polyethyloxide. Die langen Kettenmoleküle dieser Stoffe (Molekülanzahl in Größenordnung 10^6) richten sich in Strömungsrichtung aus und vermindern dadurch den verlustreichen turbulenten Schwankungsaustausch. Die Viskosität dagegen

[6] ppm … parts per million, d. h. Teile je Million Teilen.

ändert sich praktisch nicht. Auch bei Freistrahlen (Abschn. 3.3.5) wird durch Additive bessere Strahlbündelung erreicht.

Optimaler Rohrdurchmesser Der günstigste, d. h. wirtschaftliche und damit optimale Durchmesser eines Rohrsystems folgt aus einer Wirtschaftlichkeitsbetrachtung. Je größer der Rohrdurchmesser bei vorgegebenem Durchsatz $\dot{V}$, desto geringer ist die Strömungsgeschwindigkeit und damit der Druckverlust, also der Energieaufwand.

Andererseits steigen die Investitionsaufwendungen mit wachsendem Durchmesser der Rohranlage. Der optimale Rohrdurchmesser D_{opt} liegt daher beim Minimum der Summe aus Annuitäts- und Energiekosten (Betriebskosten). Dargestellt wird dieser Zusammenhang durch die sog. ANGLER-Kurve (Abb. 4.10). Dieses Prinzip gilt im Grundsatz für jedes technisch-wirtschaftliche Handeln.

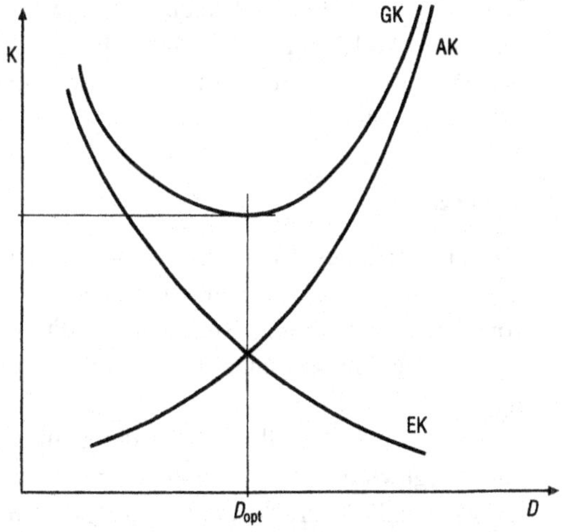

Abb. 4.10 ANGLERsche Kurve. Darstellung eines Wirtschaftlichkeitsuntersuchungs-Ergebnisses. D Rohrdurchmesser, K Kosten, EK Energiekosten, AK Annuitätskosten (Amortisation + Zinsen) wegen Investitionsaufwendungen, GK Gesamtkosten → GK = EK + AK

4.1.1.3.6 Analogie zwischen Rohrströmung und Elektrizitätsleitung

Wie folgende Gegenüberstellung zeigt, sind die Bewegung von Fluid in einem Rohr und die Bewegung von freien Elektronen in einer Elektrizitätsleitung weitgehend analog.

Fluid-Strom	Elektrizitäts-Strom
Druckverlust: $\Delta p_V = \varrho \cdot Y_V$ $\Delta p_V = \varrho \cdot \lambda \cdot \frac{L}{D} \cdot \frac{c^2}{2}$	Spannungsverlust: $\Delta U = R \cdot I$ $\Delta U = \varrho_R \cdot \frac{L}{A} \cdot I$
Verlustenergie: $Y_V = \lambda \cdot \frac{L}{D} \cdot \frac{c^2}{2}$	Stromwärme (oft Verlust!): $P_V = \Delta U \cdot I = \varrho_R \cdot \frac{L}{A} \cdot I^2$

Die durch die Beziehung ausgedrückte enge Verwandtschaft von Fluidströmung und Elektrizitätsleitung kann zur elektrischen Simulation von Fluidströmungsproblemen eingesetzt werden.

4.1.1.3.7 Rohrleitungsberechnungen

Bei der Berechnung geradliniger technischer Rohrleitungsprobleme treten insgesamt sieben Größen auf:

- Mittlere Strömungsgeschwindigkeit c
- Rohrdurchmesser D, bzw. gleichwertiger Durchmesser D_{gl} (Abschn. 4.1.1.4)
- Volumenstrom $\dot{V}$
- Verlustenergie Y_V
- Rauigkeit k, bzw. Sandrauigkeit k_s
- Kinematische Viskosität ν
- Rohrlänge L

Durch die Art des geförderten Fluides und das Rohrmaterial sind die Viskosität ν und die äquivalente Sandrauigkeit k_s von vornherein angebbar. Außerdem ist meist die Rohrlänge L durch örtliche Gegebenheiten festgelegt.

Zwischen den verbleibenden vier Größen bestehen:

- Durchflussgleichung

$$\dot{V} = A \cdot c$$

- Kontinuitätsgleichung

$$A \cdot c = \text{konst}$$

- Erweiterte Energiegleichung

$$z \cdot g + (p/\varrho) + (c^2/2) + Y_V = \text{konst}$$

- Verlustenergie-Formel

$$Y_V = \lambda \cdot (L/D) \cdot (c^2/2)$$

Da die Rohrreibungszahl λ ebenfalls meist unbekannt, ist zur Berechnung der fehlenden Werte noch eine weitere Angabe notwendig. Die Rohrreibungszahl λ ist je nach Strömungsform und -gebiet mit einer der in den vorhergehenden Abschn. 4.1.1.3.2 und 4.1.1.3.4 angegebenen Formeln zu berechnen, oder aus dem Diagramm, Abb. 6.11, abzulesen. Hierzu müssen jedoch die REYNOLDS-Zahl $Re = c \cdot D/\nu$ und die inverse relative Rauigkeit D/k_s bzw. D/k berechenbar sein. Dies ist nur möglich, wenn außer der Viskosität zwei der drei Größen $\dot{V}$, c und D bekannt sind. In jedem anderen Fall wird zum sog. Schließen des Gleichungs-Systems (so viele Gleichungen wie Unbekannte) nach einem der folgenden beiden Wege vorgegangen:

a) D/k_s bzw. D/k ist bekannt:
   Aus dem MOODY-Diagramm Reibungswert $\lambda = f(Re, D/k_s)$, Abb. 6.11, wird der zugehörige Grenzwert, d. h. Minimalwert für λ abgelesen und als 1. Näherung in die Berechnung eingesetzt.
b) D/k_s ist unbekannt:
   Rohrreibungszahl λ wird geschätzt:
   Guter Richtwert: $\lambda = 0{,}02 \ldots 0{,}04 \ldots 0{,}06$
   Mit dem geschätzten Richtwert wird die Rechnung in 1. Näherung durchgeführt.

Mit den in der ersten Näherungsrechnung ermittelten Werten wird dann eine neue (verbesserte) Rohrreibungszahl λ mit Hilfe von Re und D/k_s ermittelt und damit der Rechnungsgang in zweiter Näherung (Iteration) ausgeführt.

Das Rechenverfahren ist in gleicher Weise so lange zu wiederholen, bis die entsprechenden Ergebnisse der aufeinanderfolgenden Näherungsrechnungen nur noch praktisch zulässige Abweichungen aufweisen $\rightarrow$ Iterationsablauf.

4.1.1.3.8 Übungsbeispiele

Übung 22

An ein zylindrisches Gefäß vom Durchmesser $D = 60\,\text{mm}$ ist in einer Tiefe von $H = 50\,\text{mm}$ unter der Spiegelfläche des Fluides ein waagrechtes Haarröhrchen mit $d = 1\,\text{mm}$ Durchmesser und $L = 100\,\text{mm}$ Länge angeschlossen. Die freie Fluid-Oberfläche wird durch einen Zulauf auf konstanter Höhe gehalten. Durch Messen wird festgestellt, dass innerhalb 20 min eine Flüssigkeitsmenge von $150\,\text{cm}^3$ ausfließt. Welche kinematische Viskosität hat das Fluid? ◄

Übung 23

Das horizontal liegende Grundablassrohr einer Staumauer soll so bemessen werden, dass der Wasserstand bei der maximalen Zuflussmenge von $5\,\text{m}^3/\text{s}$ nicht höher als 35 m über die Rohrachse ansteigt. Welche Länge muss das Graugussrohr (mäßig angerostet) bei einem Durchmesser von 600 mm erhalten? ◄

Übung 24

Der waagrechte, in Glattstrich-Beton ausgeführte Druckstollen einer Turbinen-Anlage hat eine Länge von 800 m und einen Durchmesser von 2,4 m. Welcher Druckverlust tritt bei einem Durchsatz von $36.000\,\text{m}^3/\text{h}$ Wasser mit 10 °C auf? ◄

Übung 25

Für ein geplantes Dampfkraftwerk werden vier große geschleuderte Betonleitungen zur Kondensator-Kühlwasser-Versorgung von je 800 mm Durchmesser und 600 m Länge benötigt.

Mit welchem Gefälle müssen die Leitungen verlegt werden, wenn stündlich $15.000\,\text{m}^3$ Wasser von 30 °C druckfrei abgeführt werden sollen? ◄

Übung 26

Der Hochbehälter einer Wasserversorgungsleitung steht auf einer Anhöhe. Die freie Oberfläche des oben offenen Behälters befindet sich 25 m über der Ausflussstelle der von ihm abgehenden Hauptleitung. Das gerade Grauguss-Hauptrohr (gebraucht, mäßig angerostet) ist 240 m lang und hat einen Durchmesser von 300 mm.

Welcher Wasserstrom fließt aus der Hauptleitung ins Freie, wenn die Höhe des Behälterspiegels als konstant gelten kann? ◄

Übung 27

Welcher Zusammenhang für $c = f(t)$ in Übungsbeispiel Ü 21 ergibt sich beim Berücksichtigen der Reibung? ◄

4.1.1.4 Gerade Rohre mit beliebigem Querschnitt

4.1.1.4.1 Gleichwertiger Durchmesser

Die bei Rundrohren gültigen Beziehungen für Verlustenergie, Rohrreibungszahlen und REYNOLDS-Zahl sind nicht ohne weiteres auf nichtkreisförmige Querschnitte anwendbar. Versuche zeigen, dass die Gleichungen umso bessere Ergebnisse bei praktisch vorkommenden, unrunden Querschnitten liefern, je mehr sie sich dem Kreis nähern und je höher die *Re*-Zahl ist.

Um die Kreisrohrformel jedoch möglichst allgemein anwenden zu können, wird für unrunde Querschnitte ein solches **Ersatzrundrohr** gesucht, das strömungsmechanisch gleichwertig ist. Der sog. **gleichwertige Durchmesser** D_{gl} (Vergleichsdurchmesser) des Ersatzrundrohres ergibt sich aus der Bedingung gleichen Druckabfalles. Das äquivalente Ersatzrundrohr ist also so festzulegen, dass es bei gleicher Länge L und gleicher Strömungsverhältnisse den gleichen Druckverlust Δp_V aufweist wie das technisch eingesetzte Rohr beliebigen Querschnitts (sog. Unrundrohr). Demnach gilt die Bedingung:

$$\Delta p_{V,UR} = \Delta p_{V,ER} \quad \text{für} \quad L_{UR} = L_{ER} = L$$

Hierbei gilt für den Druckverlust:

- Unrundrohr (Index UR):

$$\Delta p_{V,UR} = \frac{F_{W,UR}}{A} = \frac{\tau_{UR} \cdot U \cdot L}{A}$$

- Ersatzrundrohr (Index ER) mit $U_R = D_{gl} \cdot \pi$:

$$\Delta p_{V,ER} = \frac{F_{W,ER}}{A_{ER}} = \frac{\tau_{ER} \cdot D_{gl} \cdot \pi \cdot L}{D_{gl}^2 \cdot \pi/4} = \frac{4 \cdot \tau_{ER} \cdot L}{D_{gl}}$$

Gleichgesetzt ergibt sich unter der nicht immer ganz zutreffenden Näherungsannahme etwa gleicher Wandschubspannungen also bei $\tau_{UR} \approx \tau_{ER}$:

$$\boldsymbol{D_{gl} = \frac{4 \cdot A}{U}} \qquad (4.50)$$

Dabei sind entsprechend der Herleitung:

A ... Strömungsquerschnitt des nichtkreisförmigen Rohres (Unrundrohr).
U ... *Benetzter* Umfang des nichtkreisförmigen Rohres, d. h. die Umfangslänge, an der das Fluid die Berandung berührt.

Beispiele für *Vergleichsdurchmesser* D_{gl}

a) Rechteckrohr, Abb. 4.11a:

$$\left.\begin{aligned} A &= a \cdot b \\ U &= 2(a+b) \end{aligned}\right\} \quad D_{gl} = \frac{2 \cdot a \cdot b}{a+b}$$

b) Rechteck-Kanal, Abb. 4.11b:

$$\left.\begin{aligned} A &= a \cdot b \\ U &= a + 2b \end{aligned}\right\} \quad D_{gl} = \frac{4 \cdot a \cdot b}{a+2b}$$

c) Ellipsen-Rohr, Abb. 4.11c:

$$\left.\begin{aligned} A &= \pi \cdot a \cdot b \\ U &= \pi(a+b) \end{aligned}\right\} \quad D_{gl} = \frac{4 \cdot a \cdot b}{a+b}$$

d) Wärmetauscher. Bestehend aus Außenrohr mit Innendurchmesser D und n Innenrohren mit Außendurchmesser d. Das Fluid strömt im

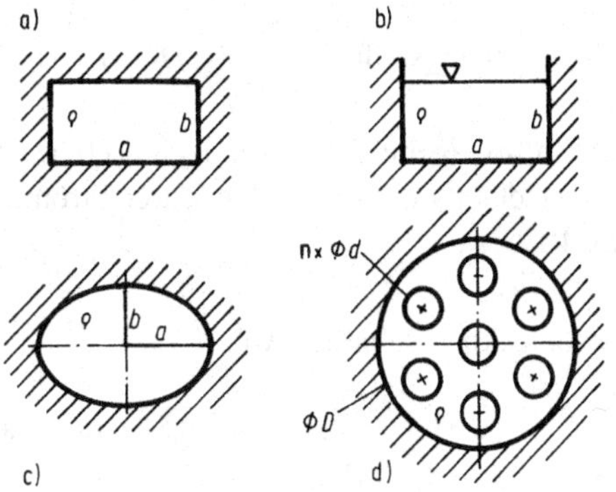

Abb. 4.11 Verschiedene unrunde Querschnitte

freien Querschnitt zwischen Außenrohr und Innenrohren, Abb. 4.11d:

$$\left.\begin{aligned} A &= \frac{D^2 \cdot \pi}{4} - n \cdot \frac{d^2 \cdot \pi}{4} \\ U &= D \cdot \pi + n \cdot d \cdot \pi \end{aligned}\right\} D_{gl} = \frac{D^2 - n \cdot d^2}{D + n \cdot d}$$

Bei der *strömungstechnischen Berechnung* von Rohren und Kanälen *beliebigen Querschnitts* ist zu beachten:

1. In die Gleichungen für REYNOLDS-Zahl, Rohrreibungszahl λ und Verlustenergie Y_V ist der gleichwertige Durchmesser D_{gl} einzusetzen. D_{gl} tritt dabei an die Stelle von D.
2. Bei Durchfluss- und Kontinuitätsgleichung ist mit dem tatsächlichen Strömungsquerschnitt zu rechnen.
3. Der gleichwertige Durchmesser ist, wie Versuche bestätigen, bei kompressiblen Strömungen bis zu Geschwindigkeiten mit MACH-Zahlen $Ma \leq 1$ (Unterschall) entsprechend verwendbar.
4. Experimente zeigen außerdem, dass die Rohrreibungszahl λ, insbesondere bei laminarer Strömung, außer von der REYNOLDS-Zahl Re_{gl} – Index gl hier meist weggelassen – auch von der Form des Strömungsquerschnittes abhängt (wegen verwendeter Näherung $\tau_{UR} \approx \tau_{ER}$). Die für laminare und turbulente Strömungen gültigen Abweichungen enthalten die beiden folgenden Abschnitte.
5. $Re_{kr} = 400 \ldots 1200 \ldots 2320$; Tab. 6.11.

4.1.1.4.2 Laminare Strömung

$$\text{Rohrreibungsziffer} \quad \lambda = (C/Re_{gl}) \qquad (4.51)$$

Die **Einflussgröße** C ist für technisch wichtige Querschnittsformen bei laminarer Strömung; Abb. 4.12:

a) Rechteckquerschnitte (Abb. 4.12a):

b/a	≈ 0	0,1	0,2	0,4	0,6	0,8	1,0
C	96	86	77	65	60	58	56

$b/a \approx 0$ entspricht dem ebenen Spalt

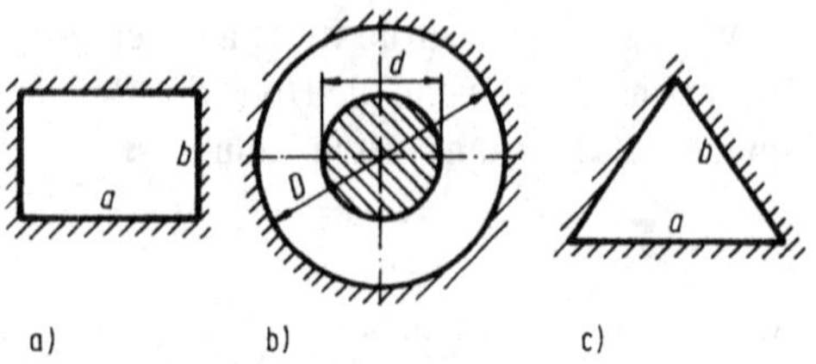

Abb. 4.12 Wichtige unrunde Strömungsquerschnitte

b) Kreisquerschnitte (Abb. 4.12b):

D/d	≈ 1	3	5	10	50	100	$\to \infty$
C	96	95	93	90	82	80	64

$D/d \approx 1$ entspricht dem Kreisringspalt
$D/d \to \infty$ entspricht dem Kreisrohr

c) Dreiecksquerschnitte (Abb. 4.12c):
Gleichschenklig-rechtwinkliges Dreieck: $C = 53$
Gleichseitiges Dreieck: $C = 57$

4.1.1.4.3 Turbulente Strömung

Für die technisch wichtigeren turbulenten Strömungen in Unrundquerschnitten können, wie Messungen bestätigen, die Widerstandsgesetze der Kreisrohre (Abschn. 4.1.1.3) verwendet werden. Dabei ist wieder in den Gleichungen für die Rohrreibungszahl λ und Re der Durchmesser D des Rundrohres durch den gleichwertigen Durchmesser D_{gl} des beliebigen Querschnitts zu ersetzen. Im Einzelnen gilt:

Glatte Rohrwand

Statt der Formel nach BLASIUS, (4.28), gibt NIKURADSE/SCHILLER für unrunde Querschnitte folgende Beziehung:

$$\lambda = 0{,}2236/\sqrt[4]{Re_{gl}} \qquad (4.52)$$

Raue Rohrwand

$$\lambda = f(Re_{gl},\ D_{gl}/k_s) \quad \text{mit}\ Re_{gl} = D_{gl} \cdot c/\nu$$

Hierbei Rohrreibungszahl λ ohne Einschränkung nach Beziehungen von Abschn. 4.1.1.3.3 und/oder MOODY-Diagramm, Abb. 6.11.

4.1.1.5 Rohreinbauten

4.1.1.5.1 Grundsätzliches

Technische Rohrleitungen enthalten neben geraden Leitungsabschnitten Einbauteile verschiedenster Form und Art. Diese **Rohreinbauten** können, ihrer Form und Funktion entsprechend zusammengefasst, unterteilt werden:

- Formteile für Richtungsänderungen
- Formteile für Querschnittsänderungen
- Formteile für Durchflussänderungen
- Armaturen

In den Einbauten treten teilweise erhebliche Strömungsverluste auf. Die Verlustenergie wird durch erhöhte Reibung und Impulsaustausch (Querbewegung) infolge Um- und Ablenkung sowie Verwirbelung (Ablösungen) verursacht. Besonders hohe Energieverluste werden durch Strömungsablösung hervorgerufen. Dabei entstehen meist große, mit Wirbel durchsetzte Toträume. Hieraus folgt, dass die theoretische Ableitung der Strömungsverluste von Rohreinbauten fast immer wesentlich komplizierter ist als bei der turbulenten Rohrströmung (Abschn. 4.1.1.3.3), für welche die allgemeine Lösung ebenfalls noch aussteht. Nur in wenigen Sonderfällen ist es möglich, die Verlustenergie von Rohreinbauteilen analytisch herzuleiten. Fast immer muss auf Versuchswerte zurückgegriffen werden.

In Anlehnung an die Strömungsverluste bei geraden Rohrleitungen lässt sich experimentell bestätigen, dass die Verlustenergie von Einbauten ebenfalls von der REYNOLDS-Zahl, der Strömungsenergie und den geometrischen Abmessungen, einschließlich Rauigkeit, abhängt:

$$Y_V = f\left(Re,\ (c^2/2),\ L,\ k_s\right) \qquad (4.53)$$

Die Länge L steht dabei stellvertretend für geometrische Abmessungen. Für Bezugsabmessung L gilt dabei der Durchmesser (tatsächlicher, bzw. gleichwertiger) am Einbauteilaustritt und REYNOLDS-Zahl ohne Einfluss $Re \gg Re_{kr}$ (raues Verhalten gemäß Abb. 4.6 und 6.11).

Der Widerstandsformel nach DARCY, (4.25), entsprechend wird für die Verlustenergie von Rohreinbauten angesetzt, deshalb als **Ansatz** festgelegt:

Widerstandsformel für Rohreinbauten

$$Y_V = \zeta \cdot (c^2/2) \qquad (4.54)$$

► Für die Strömungsgeschwindigkeit ist dabei immer die mittlere Geschwindigkeit einzusetzen, die am *Austritt* des Einbauteiles herrscht.

Gemäß Aufbau von (4.35d) lässt sich auch Formel (4.54) entsprechend umformen:

$$\Delta p_V = \varrho \cdot Y_V = \varrho \cdot \zeta \cdot \frac{1}{2} \cdot \left(\frac{\dot{V}}{A}\right)^2$$

$$\Delta p_V = R \cdot \dot{V}^2 \quad \text{in [Pa]} \qquad (4.54a)$$

Mit

Widerstand $R = \dfrac{\zeta \cdot \varrho}{2 \cdot A^2}\left[\dfrac{\text{kg/m}^3}{\text{m}^4}\right]$ (4.54b)

Volumenstrom $\dot{V}$ $[\text{m}^3/\text{s}]$

Bei dem Näherungsansatz nach (4.54) sind alle Probleme in der sog. **Widerstandszahl** ζ eingebunden. Die Widerstandszahl ζ ist für jedes Einbauteil, bezogen auf die Austrittsgeschwindigkeit, experimentell zu bestimmen. Entsprechend (4.53) gilt:

$$\zeta = f(Re,\ L,\ k_s) \qquad (4.55)$$

Bei praktischen Rohrleitungs-Problemen sind, wie bereits ausgeführt, die *Re*-Zahlen in der Regel wesentlich größer als die kritische *Re*-Zahl in den Einbauten (Tab. 6.11) und somit turbulente Strömung vorhanden. Meist liegt sogar (hydraulisch) raues Verhalten vor. Die Widerstandszahl ist dann, analog zur Rohrreibungszahl, *nicht* mehr von der REYNOLDS-Zahl abhängig. Im Schrifttum werden deshalb größtenteils von der *Re*-Zahl unabhängige ζ-Werte angegeben.

Die folgenden Unterabschnitte enthalten Widerstandsbeiwerte für die wichtigsten Rohreinbauten bei turbulenter Strömung. Diese Aufstellung muss aus Platzgründen unvollständig sein.

Widerstandszahlen für andere Strömungsbereiche, z. B. Laminar- oder Übergangsgebiete, sind aus einschlägiger Literatur zu entnehmen oder beim Gerätehersteller zu erfragen. Ersatzweise können die Widerstandswerte aufgeführter, etwa vergleichbarer Einbauten verwendet werden. Die sich dabei ergebenden Näherungswerte sind dann umso besser, je geringer die Bauartabweichung ist.

Hinweis: Die Abweichungen der aus Messergebnissen folgender Widerstandswerte verschiedener Forscher an vergleichbaren Objekten begründen sich durch die unterschiedlichen Versuchsbedingungen. Diese sind bedingt durch Aufbau und Anordnung der Experimentierobjekte sowie die Randbedingungen, wie z. B. Vorturbulenz und Anfangswerte. Im Einzelfall sind gegebenenfalls Nachmessungen notwendig, wenn entsprechende Genauigkeit gefordert wird.

Bemerkung: Im Vergleich zwischen den beiden Ansätzen (4.25) und (4.54) könnte, wie erwähnt, für gerade Rohrleitungen die Widerstandszahl $\zeta_R = \lambda \cdot L/D$ definiert werden.

Rohrführungsarten
Die einzelnen Rohrleitungsteile können analog zur Elektrotechnik

- hintereinander

$$U_{ges} = \sum U_l \quad \text{mit } l = 1 \ldots n$$
$$\rightarrow R_{ges} = \sum R_l$$

- oder parallel

$$U_{ges} = U_L \quad \text{mit } L = \text{I, II}, \ldots, N$$
$$\rightarrow I_{ges} = \sum I_L$$

geschaltet werden. Meist liegt jedoch eine Hintereinanderschaltung (H-Sch) von n_λ geraden Rohrabschnitten und n_ζ Einbauteilen, also insgesamt $n = n_\lambda + n_\zeta$ Teilen, vor. Der Gesamtenergieverlust $Y_{V,\,ges}$ ist dabei die algebraische Summe der Einzelverlustenergien $Y_{V,i}$ mit $Y_{V,\lambda,j} = \lambda_j(L_j/D_j) \cdot c_j^2/2$ und $Y_{V,\zeta,k} = \zeta_k \cdot c_k^2/2$. Parallelschaltung (P-Sch) dagegen tritt seltener auf. Innerhalb der Parallelzweige sind dabei Hintereinanderschaltungen möglich und oft vorhanden. Für die beiden Rohranordnungen gilt daher:

- H-Sch:

$$Y_{V,\,ges} = \sum_{i=1}^{n} Y_{V,i} = \sum_{j=1}^{n_\lambda} Y_{V,\lambda,j} + \sum_{k=1}^{n_\zeta} \cdot Y_{V,\zeta,k} \tag{4.56}$$

Oder nach Beziehungen (4.35d) und (4.54a):

$$\Delta p_{V,\,ges} = R_{ges} \cdot \dot{V}^2 \tag{4.56a}$$

mit $R_{ges} = \sum_{i=1}^{n} R_i$

- P-Sch:

$$Y_{V,\,ges} = Y_{V,\,ges,\,I} = Y_{V,\,ges,\,II} = Y_{V,\,ges,\,III} = \ldots \tag{4.57}$$

I; II; III; ... L ... N
parallelgeschaltete Zweige

In den einzelnen Zweigen $Y_{V,\,ges,\,L}$ dabei jeweils entsprechend (4.56).

Oder entsprechend Beziehungen (4.35d), (4.35e) und (4.56a):

$$\Delta p_{V,\,ges} = R_{ges} \cdot \dot{V}^2 = R_i \cdot \dot{V}_i^2 = \Delta p_{V,i} \tag{4.57a}$$

$$\dot{V}_{ges} = \sum_{i=1}^{n} \dot{V}_i = \sum_{i=1}^{n} \sqrt{\Delta p_i / R_i} = \sqrt{\Delta p_{V,\,ges}} \cdot \sum_{i=1}^{n} (1/\sqrt{R_i}) \tag{4.57b}$$

4.1.1.5.2 Formteile für Richtungsänderungen (Krümmer)

Einzelkrümmer Wie verwickelt die Strömungsvorgänge selbst in einem einfachen 90°-Krümmer sind, zeigt Abb. 4.13.

Die durch die Krümmung der Stromlinien auftretenden Fliehkräfte bedingen Druckänderungen im Krümmerquerschnitt (3.64). Wegen Energiekonstanz (Abschn. 3.3.6.3.2) muss dort,

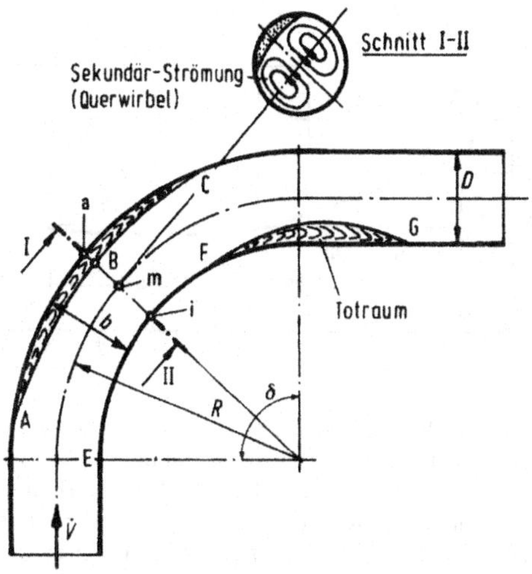

Abb. 4.13 Strömung in einem Rohrkrümmer. Krümmungsradius R, Krümmungs- oder Umlenkwinkel δ (Krümmerwinkel) und Krümmungsverhältnis R/D

wo der Druck ansteigt, die Geschwindigkeit abfallen. Bedingt durch die Richtungsänderung der Strömung treten also zwangsläufig gegensätzliche Druck- und Geschwindigkeits(-betrags)-Änderungen auf:

- Entlang der Krümmeraußenseite steigt der Druck infolge Stromlinienablenkung (Fliehkraft) ab der Einlaufstelle A an und erreicht bei der weiter innen liegenden Stelle B sein Maximum. Das Fluid strömt also im Bereich von A nach B gegen steigenden Druck bei sinkender Strömungsgeschwindigkeit. Die Folge ist das Anwachsen der Grenzschicht mit Ablösungsgefahr (Totraumbildung). Ab etwa Stelle C fällt der Druck zum Austritt hin wieder ab, wo keine Fliehkraft mehr wirkt.
- Entlang der Krümmerinnenseite dagegen fällt der Druck, vom Einlauf E beginnend, zunächst ab und steigt ab Stelle F wieder an auf den Abström- oder Gegendruck. Das Fluid strömt somit vom Punkt F an wieder gegen steigenden Druck. Die Geschwindigkeit verhält sich, wie erwähnt, jeweils umgekehrt. Deshalb besteht im Bereich F–G neben starker Grenzschichtbildung ebenfalls die Gefahr der Strömungsablösung. Infolge größerer Krümmung (Radius kleiner!) ist das Totraumgebiet F–G meist größer als das von A–C.
- Der Hauptströmung in Krümmerrichtung überlagert sich eine Querbewegung in Form eines *Doppelwirbels*. Es ergibt sich dadurch eine Gesamtströmung mit doppelschraubenförmig verlaufenden Stromlinien. Diese *Sekundärströmung* entsteht ebenfalls durch die Fliehkräfte, welche das Druckgefälle von innen nach außen quer zur Strömungsrichtung verursachen. Die Fliehkraft kommt in der radialen Zentrumsebene des Krümmers voll zur Auswirkung, während in den Randzonen des Krümmerquerschnittes die Wandreibungskräfte hemmend wirken (Geschwindigkeit kleiner). Deshalb strömt im *Querwirbel* das Fluid in der Querschnittsmitte nach außen und wegen der Verdrängungswirkung (Volumenerhaltung) und Druckgefälle in den Randbereichen wieder nach innen zurück → verstärkte Vermischung.
  Am Rand ist wegen der geringeren Strömungsgeschwindigkeit (Abb. 4.5) der Druck wegen entsprechend niedrigerer Fliehkraftwirkung kleiner als im Kern des Krümmungsquerschnittes. Das begünstigt die Doppelwirbel-Bildung.

Die *Krümmerverluste* setzen sich deshalb zusammen aus den Verlusten durch Totraumbildung (Wirbel), Sekundär-Strömung und Wandreibung. Rechnerisch-analytische Erfassung daher nicht möglich, sondern nur experimentell.

Allgemein gilt: Jede gekrümmte Strömung ist von einer verlustbringenden Sekundär-Querströmung überlagert, welche durch Fliehkräfte verursacht wird. Bei Versuchen ist die Abnahme der kritischen *Re*-Zahl mit verstärkter Krümmung auffallend (Tab. 6.11). Dies erklärt sich aus dem Energieverzehr der durch die Zentrifugalkräfte verursachten Sekundärströmung (Querwirbel). Diese sind selbst bei Laminarströmung vorhanden. Dadurch wird auch die zur Turbulenzerzeugung verfügbare Energie gemindert.

Bei Krümmern mit großem Querschnitt werden, um die Fliehkraftwirkungen aufzufangen und die Umlenkung zu verbessern, gebogene Leitbleche, sog. **Umlenkschaufeln,** in den Krümmer eingebaut, Abb. 4.14. Durch die verbesserte Führung der Strömung kann die Verlustenergie meist erheblich herabgesetzt werden. Voraussetzung ist allerdings richtige Formgebung der Umlenkschaufeln, die zweckmäßigerweise durch Versuche bestimmt wird.

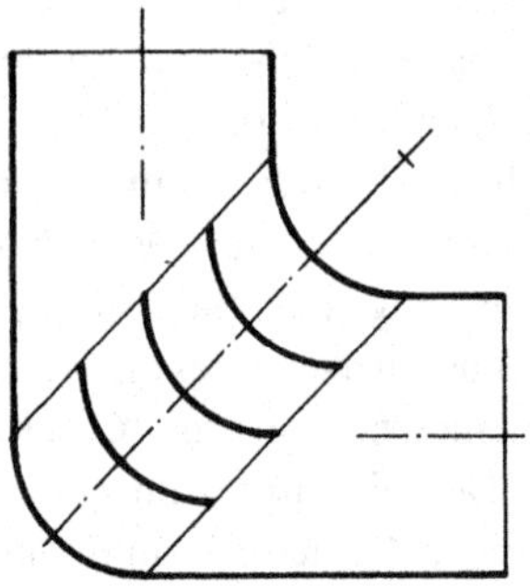

Abb. 4.14 Umlenkbleche in einem großen, engen Krümmer zur Verminderung der Strömungsverluste, und zwar bis um den Faktor 5

Über die Potenzialtheorie ergibt sich näherungsweise:

$$c_i - c_a \approx c_m(b/R); \quad c_i + c_a = 2 \cdot c_m$$
$$p = p_{ges} - \varrho \cdot (c_m^2/2) \cdot (1 \pm b/R)$$

$+$ für Außenrand ($a \to p_a$)
$-$ für Innenrand ($i \to p_i$)

$$p_{ges} = p_{Stat} + \varrho \cdot c^2/2,$$

nach (3.87).

Index a … außen, m … mitten, i … innen im Krümmer.

A. Hofman führte umfangreiche Versuche an glatten und rauen 90°-Krümmern mit Kreisquerschnitt durch. Dabei zeigte sich, dass die Widerstandszahl bei glatter Rohrwand mit wachsender *Re*-Zahl stärker abnimmt, während sie sich bei rauen Rohren sehr schnell einem etwa konstanten Wert nähert. Das Diagramm, Abb. 4.15 gibt Anhaltswerte, die für praktische Rechnungen meist genügend genau sind. Weitere und genauere Werte enthalten Abb. 6.12 bis Abb. 6.27.

Die Kurven der Widerstandsziffern ζ von Krümmern (Abb. 4.15), die alle Reibungseinflüsse enthalten, zeigen ein deutliches Minimum bei Krümmungsverhältnissen von $R/D = 6$ bis 8.

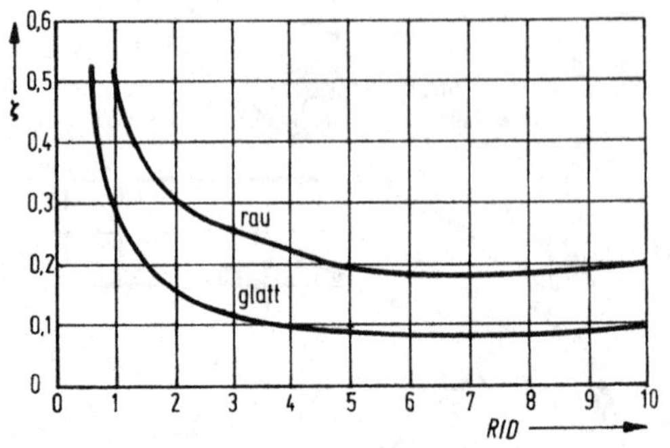

Abb. 4.15 Widerstandsziffern ζ von glatten und technisch rauen 90°-Kreisrohr-Krümmern ($\delta = 90°$; Abb. 4.13) mit konstantem Querschnitt in Abhängigkeit vom mittleren Krümmungsverhältnis R/D. Praktisch übliche Krümmungsverhältnisse sind in der Regel $R/D = 2$ bis 4

Begründung: Bei kleinen R/D-Werten überwiegen infolge der starken Krümmung (Radius R klein) die Sekundäreinflüsse (Querwirbel, Toträume). Bei großen Werten von R/D dagegen überwiegen Fluidreibung und turbulenter Impulsaustausch auf dem für die 90°-Umlenkung dann vorhandenen langen Strömungsweg. Beide sich überlagernden Einflüsse führen bei günstigen Verhältnissen des Krümmers zu dem Minimum der ζ-Widerstandskurve. Da der Energievorteil ab Krümmungsverhältnissen von etwa 2 bis 4 nur noch gering ist, der Bauaufwand und Platzbedarf dagegen stark ansteigt, werden praktisch meist angewendet $R/D \approx 2$ bis 4.

Die ζ-Werte enthalten, wie erwähnt, alle Verlustanteile, also durch Wirbel und auch die Reibung entlang der Krümmerwandung.

Bei Messungen ist zu beachten, wenn die Krümmerströmung in die normale Parallelströmung des geraden Rohres zurückgebildet werden soll, dass eine gerade Rohrlänge von theoretisch etwa 25- bis 50-fachem Durchmesser D hinter dem Krümmer notwendig ist die sog. **Beruhigungsstrecke** (Abschn. 4.1.1.5.7). Praktisch sind als Beruhigungsstrecke meist mindestens $\approx 10 \cdot D$ ausreichend. Erst anschließend darf ein Messgerät eingebaut werden.

Bei Umlenkungen für Krümmer-Winkel zwischen $\delta = 0 \ldots 180°$ kann der Widerstandsbeiwert berechnet werden zu:

$$\zeta = K \cdot \zeta_{90^\circ} \tag{4.58}$$

Dabei gilt für den Faktor K:

$$K \approx (\delta^\circ/90^\circ)^{3/4} \tag{4.59}$$

Für verschiedene Krümmer-Winkel δ° errechnet sich (Hochsymbol ° für Grad):

δ°	30	45	60	75	90	120	135	150	180
K	0,44	0,59	0,74	0,87	1,0	1,24	1,36	1,47	1,68

Für **quadratische Krümmerquerschnitte** können die Widerstandsziffern von Kreisquerschnitten verwendet werden, oder nach Abb. 4.17.

Bei **rechteckigen Krümmerquerschnitten** ist der ζ-Wert von der Form des Querschnittes abhängig, d. h. vom Seitenverhältnis, Abb. 6.27.

Abb. 4.16 und 4.17 zeigen die Verlustkoeffizienten ζ für Krümmer nach NIPPERT[7]. Abb. 4.16 gilt für **düsenförmige Krümmer**, deren Austrittsquerschnitt halb so groß ist wie der Eintrittsquerschnitt. Abb. 4.17 gilt für rechteckige Krümmer mit gleichem Ein- und Austrittsquerschnitt.

Die Diagramme können auch für Krümmer mit nicht zu stark abweichenden Bauverhältnissen näherungsweise entsprechend angewendet werden.

Bei Beschleunigung (Abb. 4.16) ist der kleinste ζ-Wert mit nur $\approx 0{,}03$ kaum größer als bei normalen Düsen. Bei konstanter Geschwindigkeit, d. h. Betrag davon (Abb. 4.17), dagegen wird $\zeta \approx 0{,}1$ nicht unterschritten. Wie die Kurven zeigen, gibt es wieder für jeden Innenradius bzw. das Verhältnis $R_\mathrm{i}/b_\mathrm{E}$ einen günstigsten Außenradius, gekennzeichnet durch Quotient $R_\mathrm{a}/b_\mathrm{E}$. Das Optimum ist umso ausgeprägter, je kleiner der Innenradius. Dieser Zusammenhang ist bei praktischen Problemen zu beachten, wenn große Verluste vermieden werden sollen. Abb. 4.17 enthält zudem die Werte „normaler" Krümmer (strichpunktierte Linie). Die Kurve zeigt, dass diese Krümmer nicht die geringsten Verluste aufweisen.

[7] NIPPERT: VDI-Forschungsheft Nr. 320.

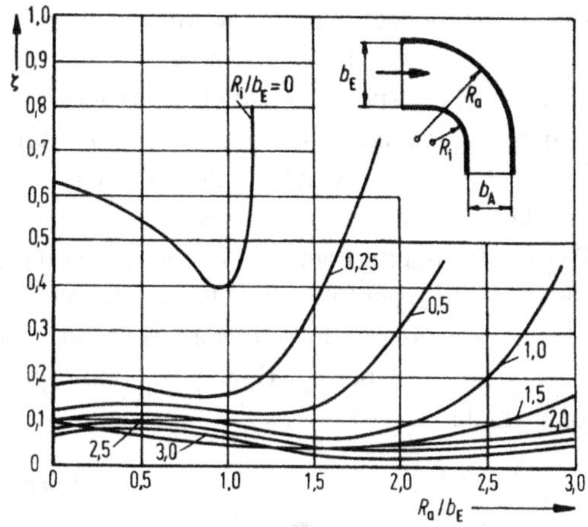

Abb. 4.16 Widerstandsziffer ζ rauer düsenförmiger 90°-Krümmer, deren Austrittsquerschnitt halb so groß ist wie der Eintrittsquerschnitt (nach NIPPERT)

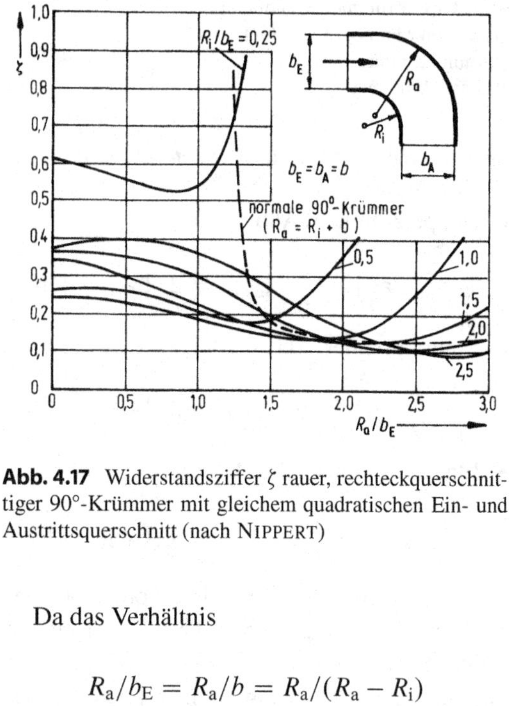

Abb. 4.17 Widerstandsziffer ζ rauer, rechteckquerschnittiger 90°-Krümmer mit gleichem quadratischen Ein- und Austrittsquerschnitt (nach NIPPERT)

Da das Verhältnis

$$\begin{aligned} R_\mathrm{a}/b_\mathrm{E} &= R_\mathrm{a}/b = R_\mathrm{a}/(R_\mathrm{a} - R_\mathrm{i}) \\ &= 1/(1 - R_\mathrm{i}/R_\mathrm{a}) \end{aligned}$$

mit kleiner werdendem R_a größer wird, liegt das Minimum des Verlustbeiwertes ζ bei kleinerem Außenradius. Dies hat jedoch eine Vergrößerung des Krümmer-Scheitelquerschnittes zur Folge.

Hieraus folgt: Bei Krümmern mit gleichem Ein- und Austrittsquerschnitt ist eine gewisse Querschnittserweiterung im Scheitel vorteilhaft.

Hintereinandergeschaltete Krümmer (Abb. 4.18): Einbauteile, die aus mehreren 90°-Krümmern aufgebaut sind, ergeben Gesamtwiderstände, die teilweise beträchtlich höher als die Summe der Einzelwiderstände liegen. Dies ist neben der Störung durch die zweite Nahtstelle (Flanschverbindung) vor allen dadurch bedingt, wie stark die nachfolgende Störung (Querwirbel) im zweiten Krümmer die vorhergehende des ersten Krümmers bei Überlagerung überproportional verstärkt.

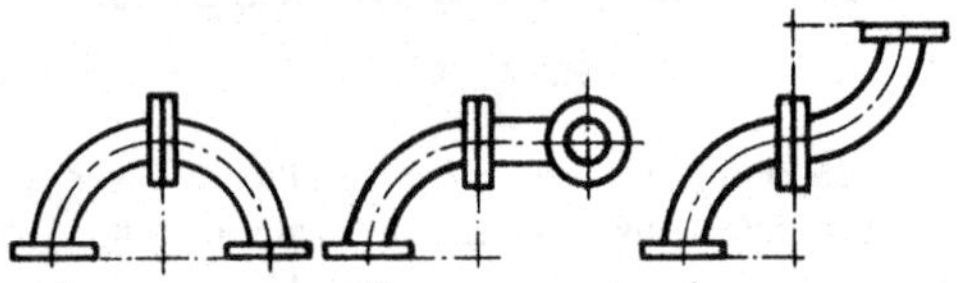

Abb. 4.18 Krümmer-Kombinationen:
a) Doppelkrümmer ($\delta = 180°$)
b) Raumkrümmer
c) Etagenkrümmer

Im Einzelnen gilt für die *Widerstandszahl*:

- Doppelkrümmer, Abb. 4.18a),

$$\zeta_{ges} \approx 1{,}0 \cdot \sum \zeta_{einzel} = 2 \cdot \zeta_{90°} \tag{4.60}$$

- Raumkrümmer, Abb. 4.18b),

$$\zeta_{ges} \approx 1{,}5 \cdot \sum \zeta_{einzel} = 3 \cdot \zeta_{90°} \tag{4.61}$$

- Etagenkrümmer, Abb. 4.18c),

$$\zeta_{ges} \approx 2{,}0 \cdot \sum \zeta_{einzel} = 4 \cdot \zeta_{90°} \tag{4.62}$$

Der Unterschied der Ergebnisse von (4.60) gegenüber Beziehung (4.58) bei $\delta = 180°$ ist wahrscheinlich durch den Einfluss der Flansch-Verbindung mit Dichtung beim Doppelkrümmer (Abb. 4.18a) bedingt. Hier sind oft Absätze oder andere Störstellen, z. B. vorstehende Dichtung, nicht zu vermeiden.

Widerstandszahlen weiterer Richtungsänderungen enthalten Abb. 6.27 und 6.34.

4.1.1.5.3 Rohrein- und Rohrausläufe

Beim Eintritt eines Fluides von einem größeren Raum, z. B. von einem Behälter, in ein angeschlossenes Rohr, treten infolge starker Umlenkung der Fluidteilchen in der Regel Ablösungen an der Eintrittsstelle auf, die zur Wirbelbildung und Einschnürung der Strömung führen. Die Totraumbildung, die abhängig von der Form des Einlaufes ist, verursacht Verluste in zweifacher Hinsicht durch:

- Reibung infolge Sekundärströmung (Wirbel)
- Verstärkte Reibung der Hauptströmung infolge erhöhter Geschwindigkeit an der Einschnürstelle (Kontinuitätsbedingung).

Auch an Rohrausläufen treten durch Einschnüren wegen der laminaren Unterschicht Strömungsverluste auf, die jedoch schwer erfassbar und meist von geringer Bedeutung sind.

Für die verschiedenen Ein- und Ausläufe gilt gemäß Versuchen:

Rohreinläufe (Abb. 4.19):

a) Senkrechter Einlauf und nicht abgerundet, Abb. 4.19a. Verweis hierbei auch auf Abschn. 4.1.6.1.2:
Einlaufstelle A scharfkantig: $\zeta = 0{,}5$
Einlaufstelle A gebrochen: $\zeta = 0{,}25$
b) Senkrechter Einlauf, abgerundet, Abb. 4.19b:
Kleine glatte Abrundung: $\zeta = 0{,}15$ bis $0{,}2$
Große glatte Abrundung: $\zeta = 0{,}005$ bis $0{,}06$

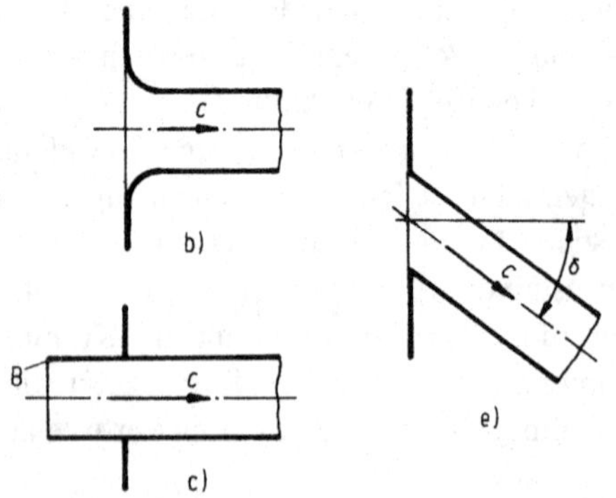

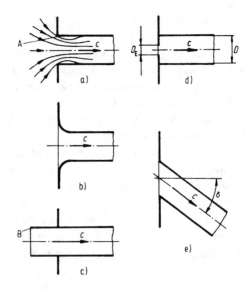

Abb. 4.19 Rohreinläufe

c) Senkrechter Einlauf hineinragend gemäß Abb. 4.19c, einspringende oder **BORDA-Mündung:**
Einlaufstelle B scharfkantig: $\zeta = 3{,}0$
Einlaufstelle B gebrochen: $\zeta = 0{,}6$

d) Senkrechter Einlauf mit Verengung nach Abb. 4.19d:

$(D/D_E)^2$	1	1,25	2	5	100
ζ	0,5	1,2	5,5	55	250

e) Schiefwinkliger Einlauf und scharfkantig, Abb. 4.19e:

$$\zeta = 0{,}5 + 0{,}3 \cdot \sin\delta + 0{,}2 \cdot \sin^2\delta \qquad (4.63)$$

Für verschiedene Neigungswinkel δ errechnet sich nach (4.63):

$\delta°$	0	15	30	45	60
ζ	0,5	0,59	0,7	0,81	0,9

Rohrausläufe (Abb. 4.20):

$$\zeta = (D/D_{Str})^2 - 1 \qquad (4.64)$$

Strahldurchmesser D_{Str} nur experimentell bestimmbar. Meist jedoch $D_{Str} \approx D$, also $\zeta \approx 0$.

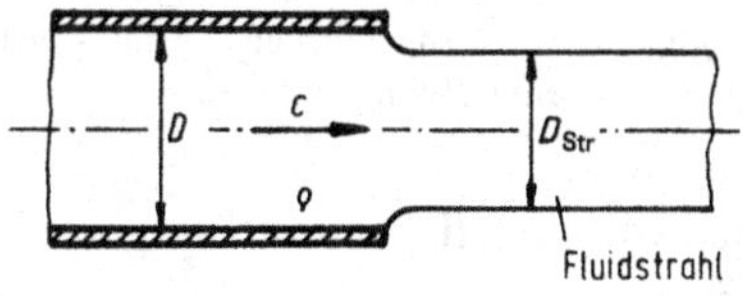

Abb. 4.20 Rohrauslauf

4.1.1.5.4 Formteile für Querschnittsänderungen

Erweiterungen

Erweiterungen sollen entsprechend der Energiegleichung hauptsächlich kinetische Strömungsenergie in Druck-, d.h. in potenzielle Energie umwandeln. Das Medium muss deshalb in Erweiterungen gegen steigenden Druck strömen, was vergrößerte Ablösegefahr bedeutet (Abschn. 3.3.3).

Unstetige Erweiterung (Abb. 4.21) Wollte ein strömendes Fluid einer sprungartigen Querschnittserweiterung folgen, müsste es plötzlich zwei scharfkantige 90°-Ecken umströmen, was unendlich große Beschleunigungen erforderte. Da dies nicht möglich ist (vgl. Abschn. 3.3.4), erweitert sich die Strömung langsam und erreicht erst nach entsprechender Weglänge die Wand des größeren Rohres. Zwischen den Stellen der sprungartigen Erweiterung und dem Wiederanlegen des Strahles entsteht ein Totraum mit intensiver Wirbelbildung. Die Wirbel werden durch Vermischen mit dem sich erweiternden Strahl ständig neu angefacht. Die hierdurch entstehenden Strömungsverluste sind umso höher, je größer die Querschnittserweiterung ist und stellen die Hauptverluste der unstetigen Querschnittserweiterung dar. Die Wandreibungsverluste sind hierzu vergleichsweise gering und deshalb hierbei meist vernachlässigbar.

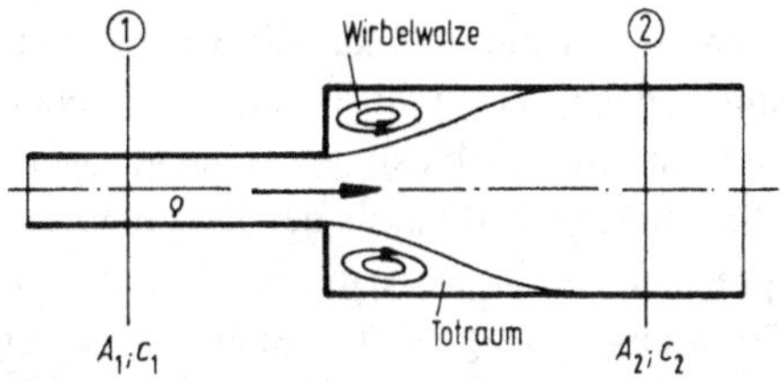

Abb. 4.21 Unstetige Erweiterung (CARNOT-Öffnung)

Die unstetige Erweiterung, auch als **BORDA**[8]- oder **CARNOT**[9]**-Stoß** bezeichnet, stellt eine der Ausnahmen dar, bei der es möglich ist, den Strömungsverlust mit Hilfe von Impuls- und Energiesatz theoretisch herzuleiten. Diese Ableitung, die in Abschn. 4.1.6.1.2 durchgeführt wird, ergibt für die Widerstandsziffer der plötzlichen Erweiterung:

$$\zeta = (m - 1)^2 \qquad (4.65)$$

mit Öffnungsverhältnis $m = A_2/A_1$ (Abb. 4.21).

Diese theoretisch ermittelte Beziehung wird auch als **BORDA-CARNOTsche Gleichung** bezeichnet und wurde experimentell gut bestätigt.

[8] BORDA, J.C. (1733 bis 1799).
[9] CARNOT, S. (1797 bis 1832).

Bemerkung: Als CARNOTscher (Stoß-)Energieverlust wird der beim vollkommen unelastischen Stoß zweier Massen m_1 und m_2 eintretende Verlust an kinetischer Energie $\Delta E = (m/2) \cdot (v_1^2 - v_2^2)$ bezeichnet. Hierbei sind allgemein v_1, v_2 die Bewegungsgeschwindigkeiten der stoßenden Massen m_1, m_2, mit Äquivalenzmasse $m = (1/m_1 + 1/m_2)^{-1}$.

Stetige Erweiterung (Diffusor, Abb. 4.22)

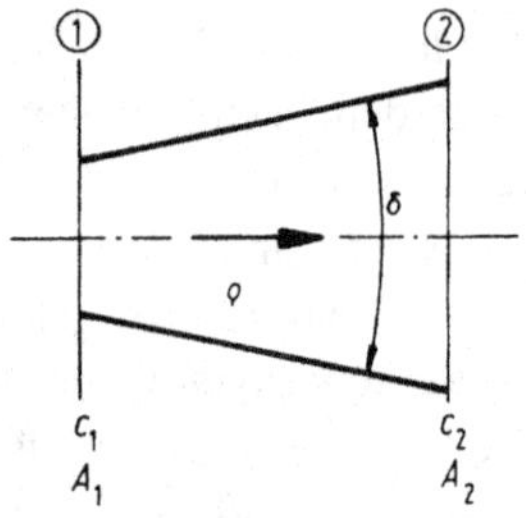

Abb. 4.22 Stetige Erweiterung (Diffusor)

Bei richtiger Ausführung kann in **Diffusoren** die bei unstetiger Querschnittserweiterung stets auftretende Strömungsablösung vermieden werden. Der Strömungs- und damit der Druckverlust ist entsprechend geringer. Wird der Erweiterungswinkel δ jedoch zu groß, löst sich die Strömung auch bei Diffusoren ab. Infolge des Geschwindigkeitsprofils (Abb. 4.3 und Abb. 4.5) reicht die in Wandnähe abfallende kinetische Energie $c^2/2$ des Fluides nicht mehr aus, um gegen den steigenden Druck „anlaufen", d. h. anströmen zu können. Die Strömung wird daher von der Wand abgedrängt (Abb. 3.21), weshalb es zu einem Totraum mit Rückstrom-Wirbeln kommt. Entsprechend große Verluste sind die Folge. Bedingt durch die Schwerkraft liegt das Totraumgebiet bei waagrecht angeordneten Diffusoren meist am oberen Wandbereich. Andererseits wird der Diffusor sehr lang wenn bei kleinem Öffnungswinkel ein bestimmtes Erweiterungsverhältnis verwirklicht werden soll. Wegen des langen Strömungsweges steigen dann die Strömungsverluste infolge Reibung ebenfalls. Es gibt deshalb einen günstigen Öffnungswinkel, der bei $\boldsymbol{\delta = 8 \ldots 12°}$ liegt. Auf jeden Fall sollte $\delta \leq 15°$ sein. In diesem Bereich kann gesetzt werden [97]:

$$\zeta \approx \eta \cdot (m^2 - 1) \tag{4.66}$$

Hierbei:

Öffnungsverhältnis $m = A_2/A_1$

Anpassungs-Faktor $\eta = 0{,}15$ bis $0{,}22$ (4.66a)

Widerstandszahlen ζ für verschiedene Öffnungswinkel δ und Öffnungsverhältnisse m sind aus Abb. 4.23 oder 6.37 zu entnehmen.

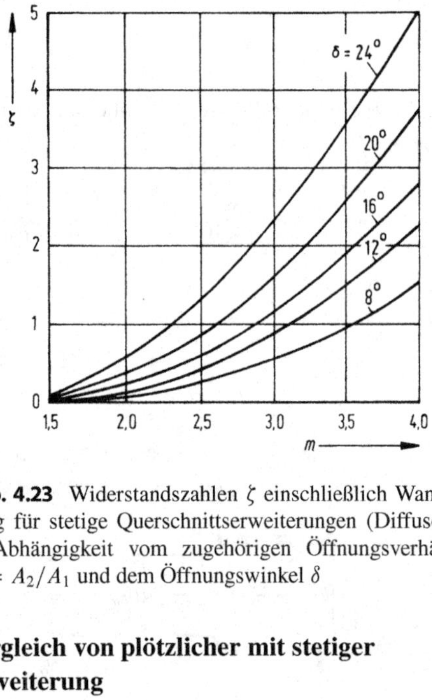

Abb. 4.23 Widerstandszahlen ζ einschließlich Wandreibung für stetige Querschnittserweiterungen (Diffusoren) in Abhängigkeit vom zugehörigen Öffnungsverhältnis $m = A_2/A_1$ und dem Öffnungswinkel δ

Vergleich von plötzlicher mit stetiger Erweiterung

Wird gleicher Druckverlust in sprungartiger Erweiterung (Abb. 4.21) und Diffusor (Abb. 4.22) zugelassen, ergibt das Gleichsetzen der beiden zugehörigen Beziehungen (4.65) und (4.66):

$$(m-1)^2 = \eta \cdot (m^2 - 1)$$
$$(m-1) = \eta \cdot (m+1)$$
$$m(1-\eta) = (1+\eta)$$
$$m = \frac{1+\eta}{1-\eta} \tag{4.66b}$$

Mit $\eta = 0{,}15$ bis $0{,}2$ und $m = A_2/A_1$ wird $A_2/A_1 = 1{,}35$ bis $1{,}5$.

Das bedeutet: Bis Flächenverhältnisse $m = A_2/A_1 \approx 1{,}5$ – Kreisquerschnitt entsprechend dem Durchmesser-Verhältnis ca. 1,2 – weisen plötzliche Erweiterungen geringeren Druckverlust auf, als stetige. Des Weiteren bestätigen Versuche, dass es bei starken Erweiterungen zweckmäßig ist, den Diffusor dort zu beenden, wo die Ablösung der Strömung einsetzt, um dann sprungartig auf den Endquerschnitt überzugehen. Bei einem derartigen Aufbau sind die Strömungsverluste geringer als bei vollständig stetiger Erweiterung. Deshalb werden auch Kurzventuridüsen (Abb. 4.31e) derartig ausgebildet.

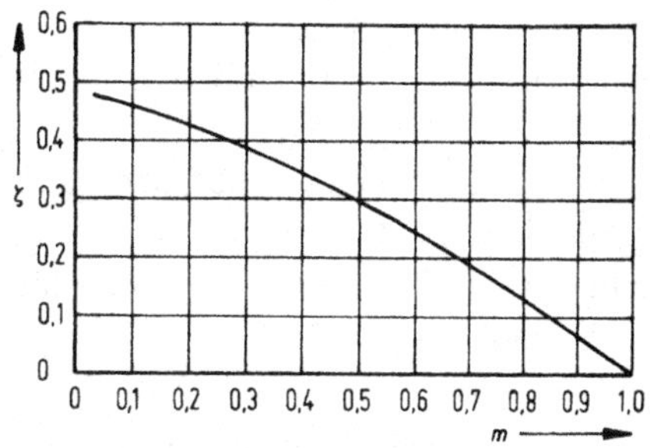

Abb. 4.25 Widerstandszahlen ζ von unstetigen Querschnittsverengungen als Funktion des Öffnungsverhältnisses $m = A_2/A_1$ (Abb. 4.24)

Verengungen

Unstetige Verengungen (Abb. 4.24)

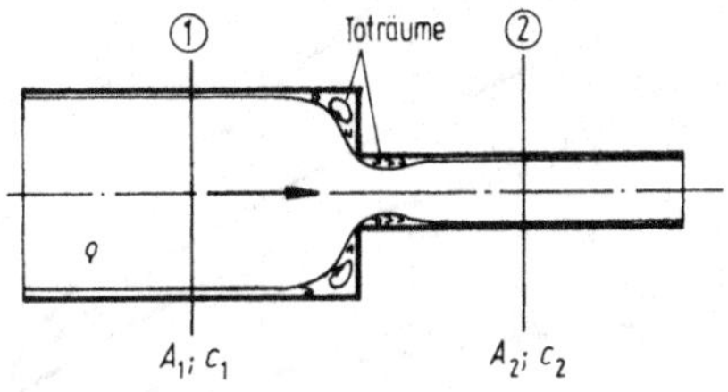

Abb. 4.24 Unstetige Querschnittsverengung. Öffnungs-(Verengungs-)Verhältnis $m = A_2/A_1$

Die plötzliche Querschnittsverengung kann als senkrechter, nicht abgerundeter Rohreinlauf angesehen werden, Abb. 4.19a. Durch die analoge Strahleinschnürung zu Beginn des engeren Abflussrohrs treten entsprechende Strömungsverluste auf.

Da bei Verengungen nach der Kontinuitäts- und Energiegleichung Druckenergie in kinetische umgewandelt, die Strömung also beschleunigt wird, ist das mit Wirbel durchsetzte Totraumgebiet bedeutend kleiner als bei entsprechenden Erweiterungen. Die Verluste bei unstetigen Querschnittsverengungen sind deshalb wesentlich geringer als bei plötzlichen Erweiterungen. Durch gute Abrundungen, die jedoch fertigungstechnisch oft schwer zu verwirklichen sind, kann hierbei der Strömungsverlust weiter stark herabgesetzt werden (Abb. 4.19b).

In Abb. 4.25 sind die Widerstandszahlen unstetiger Querschnittsverengungen ohne Abrundungen, abhängig vom zugehörigen Öffnungsverhältnis $m = A_2/A_1$ (Verengungsverhältnis), aufgetragen.

Stetige Verengung (Abb. 4.26)

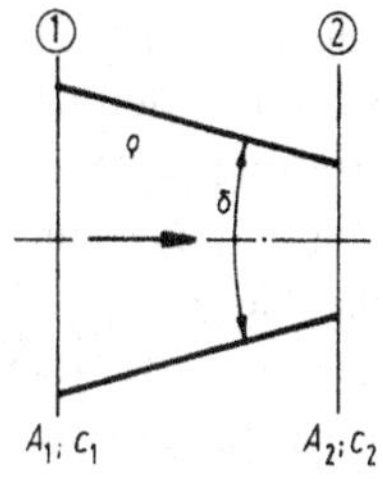

Abb. 4.26 Stetige Querschnittsverminderung (Düse)

Einbauten mit stetiger Querschnittsverminderung werden meist als **Düsen** oder **Konfusoren** bezeichnet. Bis auf eine Austrittseinschnürung entsprechend den Rohrausläufen (Abb. 4.20) tritt bei Düsen keine Strahlablösung auf. Die Strahleinschnürung am Düsenaustritt wächst mit zunehmendem Verengungswinkel δ, ist jedoch meist vernachlässigbar. Die Verlustenergie von Düsen daher insgesamt wesentlich kleiner als bei Diffusoren.

Allgemein gilt (Abschn. 3.3.6.3.3): Der Energieumsatz in *Düsen* (beschleunigte Strömung, „Druck in Geschwindigkeit") erfolgt wesentlich einfacher und verlustärmer als in *Diffusoren* (verzögerte Strömung, „Geschwindigkeit in Druck"). Auch hier gilt wieder: Beschleunigte Strömungen können leichter ohne Ablösung und laminar gehalten werden als verzögerte.

Deshalb erreichen Turbinen, bei denen Düsenströmung vorliegt, bei gleich qualitativer Ausführung *immer* einen höheren Wirkungsgrad als Pumpen, bei denen Diffusorströmung notwendig ist.

Die Energiegleichung auf die Querschnitte ① und ② der idealen Strömung in einer waagrechten stetigen Querschnittsänderung, Abb. 4.26, angewendet, ergibt:

$$\text{E ①–②:} \quad \frac{p_1}{\varrho} + \frac{c_1^2}{2} = \frac{p_2}{\varrho} + \frac{c_2^2}{2}$$

Hieraus

$$2 \cdot ((p_1 - p_2)/\varrho) = c_2^2 - c_1^2$$

Mit dem Druckgefälle $\Delta p = p_1 - p_2$ wird

$$c_2^2 = c_1^2 + 2 \cdot \Delta p/\varrho \qquad \text{(PYTHAGORAS!)}$$

Diese Gleichung ermöglicht die geometrische Konstruktion des Geschwindigkeitsprofils an der einen Bezugsstelle, wenn es am anderen Bezugsquerschnitt bekannt ist. Die Konstruktion in Abb. 4.27 durchgeführt, gilt für beide Strömungsrichtungen. Die Veränderung des Geschwindigkeitsprofils zeigt: Durch Beschleunigung wird das Geschwindigkeitsprofil voller; durch Verzögerung spitzer (bewirkt Ablösungsgefahr!). Diese Erscheinung wurde von NIKURADSE auch für reale Fluide bestätigt.

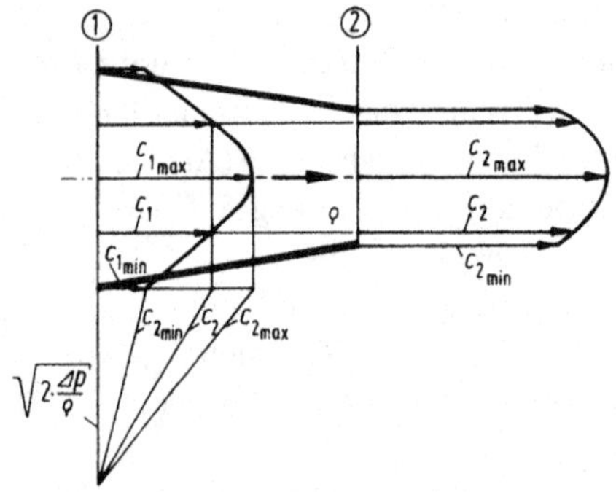

Abb. 4.27 Graphische Ermittlung des Geschwindigkeitsprofils in einem Kanal mit Querschnittsänderung

Für die Widerstandsziffer von Düsen wird gesetzt:

$$\zeta = \alpha \cdot (\lambda_1 + \lambda_2)/2 \qquad (4.67)$$

Hierbei sind:

α … Reibungsfaktor nach Abb. 4.28

λ_1 … Rohrreibungszahl vom Zuflussrohr mit Querschnitt A_1

λ_2 … Rohrreibungszahl vom Abflussrohr mit Fläche A_2 (gedachtes und tatsächlich vorhandenes)

Faktor α (experimentell bestimmt) berücksichtigt die erhöhte Reibung infolge der stetigen Verengung und die Ablösungsgefahr durch Einschnürung am Düsenaustritt.

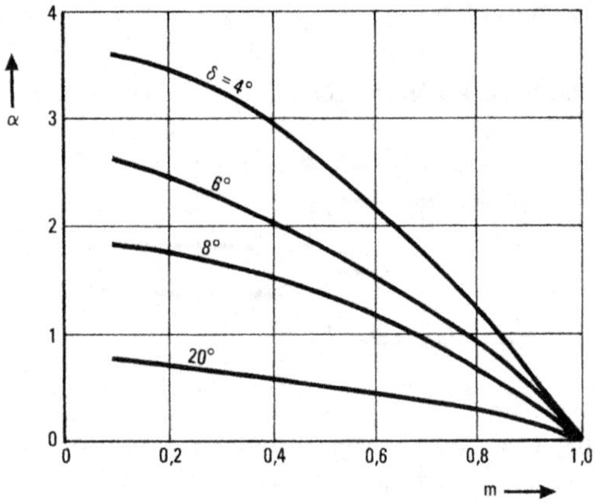

Abb. 4.28 Düsen-Reibungsfaktor α als Funktion von dem Öffnungsverhältnis (Verengungsverhältnis) $m = A_2/A_1$ und vom Öffnungswinkel (Verengungswinkel) δ, Abb. 4.26

Bei Winkel $\delta \approx 20$ bis $30°$ erreichen gute Düsen

$$\zeta = 0{,}01 \text{ bis } 0{,}02$$

Auch Abb. 6.36 enthält ζ-Werte von Düsen.

4.1.1.5.5 Formteile für Durchflussänderungen

Formteile für Durchflussänderungen sind Rohreinbauten, die je nach Strömungsrichtung Volumenströme aufteilen oder zusammenfassen.

Bei Verzweigung einer Strömung oder Vereinigen von Teilströmen treten durch Umlenken und Ablösen an der Verzweigungs- bzw. Vereinigungsstelle meist erhebliche Verluste auf. Der dadurch entstehende Druckabfall hängt weitgehend von der geometrischen Gestaltung und der Rauigkeit der **Rohrverzweigungen** ab sowie (wegen des Vermischungs- bzw. Trennungsvorgangs) von den Mengenstromverhältnissen der Teilströme.

In einem der beiden Abzweigströme kann jedoch unter bestimmten Bedingungen sogar ein Druckgewinn stattfinden. Er tritt auf, wenn der Fluiddruck des anderen Stromes infolge Strömungseinschnürung absinkt und dadurch eine Injektorwirkung hervorruft (Abschn. 3.3.6.3.3) oder Impulswirkungen auftreten. Das drückt sich wegen der Verlustenergie-Definition gemäß (4.54) in einer negativen Widerstandszahl ζ für den Strömungsweg aus, auf den diese Effekte wirken (Abb. 6.31 und 6.32).

Die Verlustenergie wird gemäß Festlegung auf die Geschwindigkeit des Gesamtstromes bezogen (entsprechend ist ζ ermittelt).

Widerstandszahlen von Formteilen für Durchflussänderungen enthalten Abb. 6.30 bis Abb. 6.34.

4.1.1.5.6 Armaturen

Absperr- und Regelorgane: In Rohrleitungen werden Absperr- und Regelorgane, Abb. 4.29, unterschiedlichster Ausführung eingesetzt, um den Volumenstrom zu ändern, und zwar durch Querschnitt und Druckverlust. In solchen Geräten unterliegt die Strömung mehr oder weniger großen Querschnitts- und Richtungsänderungen. Entsprechende Reibungs- und Wirbelverluste sind die Folge.

Die Verlustenergie und damit der Druckverlust werden auch nach (4.54) berechnet. Die zugehörigen Widerstandsbeiwerte sind ebenfalls experimentell ermittelt und daher aus entsprechenden Tabellen bzw. Diagrammen zu entnehmen oder beim Gerätehersteller zu erfragen. Die im Schrifttum (Abschnitt 8) angegebenen Werte, die immer nur für den vollgeöffneten Zustand gelten (im geschlossenen wäre $\zeta \to \infty$), weichen teilweise erheblich voneinander ab. In der Regel sind die Widerstandszahlen ebenfalls auf die mittlere Austrittsgeschwindigkeit c aus der jeweiligen Armatur bezogen. Diese ist deshalb

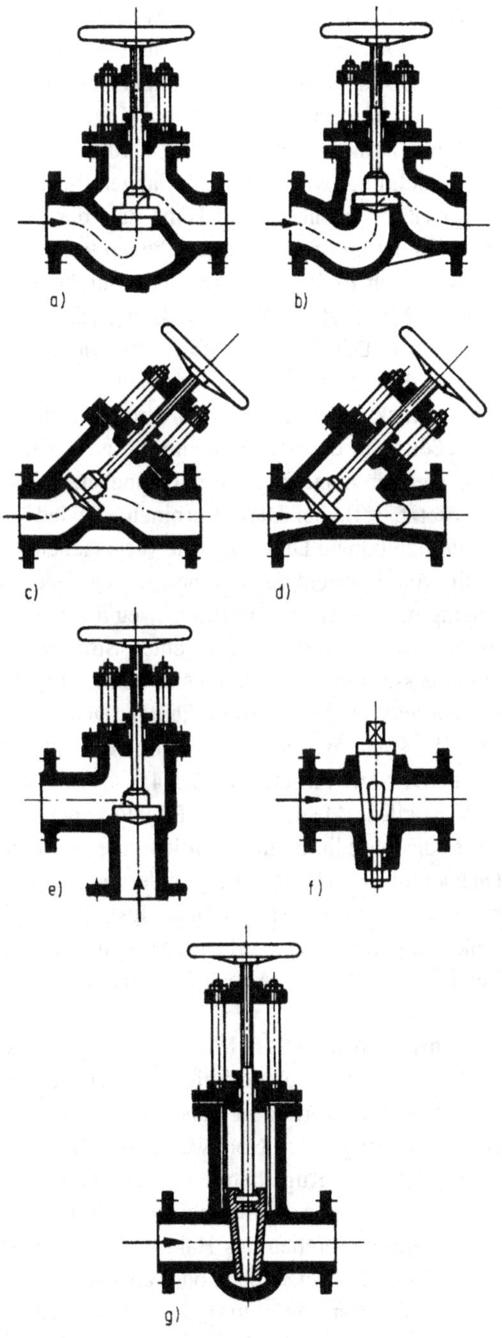

Abb. 4.29 Absperr- und Regelorgane:
a) Durchgangs- oder DIN-Ventil, b) Rhei-Ventil, c) Koswa-Ventil, d) Patent-Ventil, e) Eck-Ventil, f) Hahn mit Kegelküken, g) Schieber mit Keilschließplatte

in die Verlustenergie-Formel, (4.54), einzusetzen. Für die wichtigsten grundsätzlichen Bauformen gilt:

1. Ventile (Abb. 4.29a–e) Verwendet für alle technischen Drücke und Temperaturen bis etwa NW 300. Als Verschlussstück dient eine tellerförmige Platte, ein Kegel oder eine Kugel.

Beim Öffnen wird das Verschlussstück in Achs-Richtung vom Ventilsitz abgehoben. Im Gegensatz zu Schieber und Hahn darf das Ventil nur in der konstruktiv vorgesehenen Richtung, immer durch Pfeil gekennzeichnet, durchströmt werden. Meist ist die Schließrichtung entgegengesetzt zur Durchströmrichtung im Dichtquerschnitt. Bei Ventilen muss deshalb das Verschlussstück gegen den vollen Strömungsdruck schließen. Um die hohen Stellkräfte zu vermeiden, werden manchmal sog. Doppelsitzventile eingesetzt, z. B. bei Dampfturbinen, die jedoch wesentlich höhere Druckverluste verursachen.

Im Ventil besteht dann keine Querschnittsverengung mehr, wenn der Öffnungsweg der Ventilplatte $s = D/4$ mit D dem lichten Strömungsdurchmesser am Ventilplattensitz entspricht. Eine stärkere Öffnung bringt keinen Durchsatz-Vorteil, sondern meist nur höhere Verluste (CARNOT-Stoß, Abschn. 4.1.1.5.4).

Von allen Absperr- und Regelorganen erfährt das Medium in Ventilen die größten Querschnitts- und Richtungsänderungen, also auch den höchsten Strömungsverlust. Zur Verminderung der Druckverluste wurden mehrere Ventil-Sonderformen (Abb. 4.29b–d) entwickelt.

2. Hähne (Abb. 4.29f) Mit Kegelküken meist für kleine Nennweiten und niedrige Drücke eingesetzt. Hähne werden in Sonderausführung jedoch auch bei größten Nennweiten und Drücken verwendet, z. B. Kugelhähne (bis ungefähr NW 10 000). Der volle Strömungsquerschnitt wird durch geringes Drehen des Hahn-Kükens (meist 90°) vollständig freigegeben oder abgesperrt.

Nach Durchströmrichtung sind zu unterscheiden: Durchgangshähne, Winkelhähne und Schalthähne (Dreiwegehähne).

Nach Ausführung des Kükens wird unterschieden: Einfache Hähne mit Kegelküken und Kugelhähne mit Kugelküken.

3. Schieber (Abb. 4.29g) Eingesetzt bei größeren und größten Nennweiten sowie für alle Drücke. Als Verschlussstück dient eine planparallele oder keilförmige Platte, die quer zur Strömungsrichtung in den Leitungsquerschnitt eingeschoben wird. Das strömende Fluid wird in geöffneten Schiebern nicht umgelenkt und nur bei Hochdruckschiebern durch geringe Querschnittsänderung eingeschnürt. Die Widerstandszahlen von *Zylinderschiebern* (Parallelschließplatte) sind deshalb klein, die von *Hochdruckschiebern* (Keilschließplatte) etwas größer. Durch Einbauen eines *Leitrohres* (bei paralleler Schließplatte möglich), das bei geöffnetem Schieber den Schließplattenspalt überbrückt, können die Strömungsverluste weiter herabgesetzt werden. Der Bauaufwand ist jedoch entsprechend größer.

Die Widerstandszahlen für Hähne, verschiedene Ventiltypen und Schieber, die, wenn nicht anders angegeben, immer auf den *voll geöffneten* Zustand und auf die Austrittsgeschwindigkeit bezogen sind, enthält Abb. 4.30. Die ζ-Werte gelten für normale technische Ausführungen gemäß Abb. 4.29.

Strömungsausbildung beim Öffnen eines Absperrorganes Wenn z. B. ein Kessel über eine Rohrleitung entleert werden soll, wobei der Kesseldruck nur allmählich absinkt, stellt sich beim Öffnen des Absperrorganes nicht sofort ein stationärer, genauer quasistationärer, Zustand ein. Hin- und herlaufende Verdichtungs- und Verdünnungswellen schaffen erst den Beharrungszustand. Der Ausgleich, d. h. der Übergang in den stationären Ausflusszustand erfolgt etwa innerhalb der Zeit, in der die Wellen das Ausströmrohr fünf bis sechs Mal durchlaufen haben (Druckstoß). Entsprechende Vorgänge treten in Rohrsystemen beim plötzlichen Schließen eingebauter Absperrorgane auf. Hinweis auf Abschn. 3.3.6.3.1 und [78].

k_V-Wert Bei Stellgliedern (Armaturen) wird nach Richtlinie VDI/VDE 2173 auch der sog. k_V-Wert verwendet. Dieser gibt den Durchfluss in m^3/s bzw. m^3/h von Wasser bei 5 bis 30 °C an, der beim Druckverlust von 1 bar durch das Stellglied beim jeweiligen Stellhub hindurchfließt. Der k_V-Wert ist somit ein auf die genannten Bedingungen bezogener Durchfluss, der nur ex-

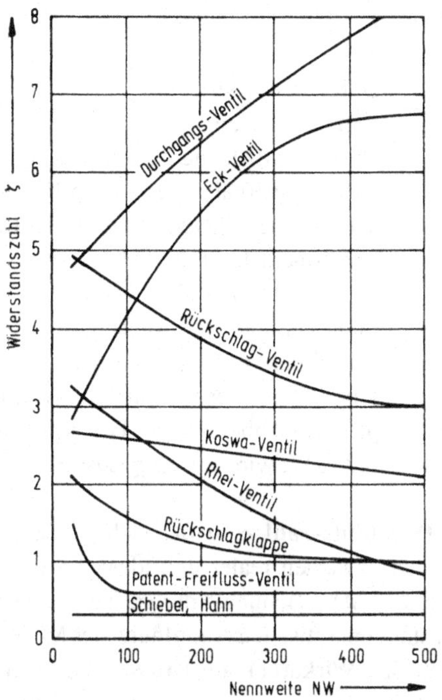

Abb. 4.30 Widerstandszahl ζ üblicher, d. h. rauer Absperr- und Regelorgane in Abhängigkeit von der Nennweite NW in mm bei voll geöffnetem Zustand. Statt der Nennweite am Austritt wird oft auch der Begriff Nenndurchmesser DN verwendet

perimentell bestimmt werden kann, da Widerstandziffer ζ querschnittsabhängig, das bedeutet, hubabhängig.

Aus

$$\Delta p_V = \varrho \cdot Y_V = \varrho \cdot \zeta \cdot c^2/2$$

mit $c = \dot{V}/A$ wird:

$$\Delta p_V = \varrho \cdot \zeta \cdot (1/2) \cdot \dot{V}^2/A^2$$

Hieraus:

$$\begin{aligned}\dot{V} &= \sqrt{2 \cdot A^2 \cdot \Delta p_V/(\varrho \cdot \zeta)} \\ &= A \cdot \sqrt{2/\zeta} \cdot \sqrt{\Delta p_V/\varrho}\end{aligned}$$

Gemäß k_V-Definition: $k_V = \dot{V}$ in m^3/s bei $\Delta p_V = 1\,\text{bar} = 10^5\,\text{Pa}$ und $\varrho \approx 10^3\,\text{kg/m}^3$:

$$k_V = A \cdot \sqrt{2/\zeta} \cdot \sqrt{10^5/10^3}$$
$$\left[\text{m}^2 \cdot \sqrt{(\text{N/m}^2)/(\text{kg/m}^3)}\right]$$
$$k_V = A \cdot \sqrt{200/\zeta}\ [\text{m}^3/\text{s}] \qquad (4.68)$$

bei A [m²] ... Stellglied-Durchtrittsquerschnitt an Drosselstelle.

Saugkörbe Zum Schutz und besseren Ansaugverhalten von Pumpen werden deren Saugleitungen an der Eintrittsstelle meist mit einem Saugkorb einschließlich *Fußventil* ausgerüstet. Übliche technische Ausführungen dieser Geräte aus Sieb plus Ventil haben **Widerstandszahlen ζ zwischen 2 und 4**, Tab. 4.2.

Tab. 4.2 Widerstandsziffern ζ von Saugkörben mit Fußventil

Strömungsgeschw.	NW 50 bis 80	NW 100 bis 500
$c < 2\,\text{m/s}$	$\zeta = 4$	$\zeta = 3$
$c \geq 2\,\text{m/s}$	$\zeta = 3$	$\zeta = 2$

Die Widerstandsbeiwerte sonstiger Siebe, Abb. 6.22, und Filter können aus Platzgründen nicht aufgenommen werden. Es wird auf das einschlägige Schrifttum und Hersteller-Angaben verwiesen.

Drosselgeräte (Messorgane) Wie in Abschn. 3.3.6.3.3 beschrieben, werden zur Messung des Durchsatzes (Mengenstrom) durch Rohrleitungen vielfach sog. Drosselgeräte, Abb. 4.31, eingesetzt. Diese Messorgane sind in DIN 1952 genormt. Neben dem von den Geräten als Messwert erzeugten sog. *Wirkdruck* Δp_{Wi}, verursa-

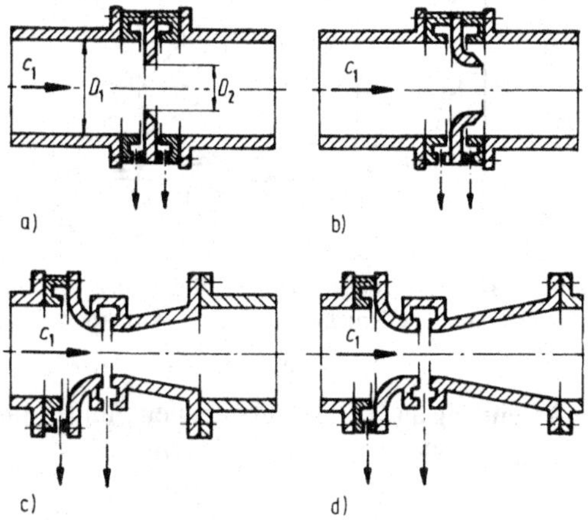

Abb. 4.31 Drosselgeräte nach DIN 1952:
a) Norm-Blende, b) Norm-Düse, c) Norm-*Venturi*-Düse kurz, d) Norm-*Venturi*-Düse lang.
↓ Druckmessstellen. Indexstelle 1 Zuströmung

chen sie einen Energieverlust durch verstärkte Reibung und Ablösungswirbel. Diese Verlustenergie drückt sich wieder in einem bleibenden Druckverlust Δp_V aus. Die zugehörige Widerstandsziffer nach DIN 1952 enthält Abb. 6.21 (Anhang).

Um die Messwerte (Wirkdruck Δp_{Wi}) nicht zu beeinflussen, d. h. zu verfälschen, sind vor und hinter dem Messorgan zur Strömungsberuhigung gerade, möglichst glatte Rohrstücke der Länge entsprechend $L/D \geq$ (10 bis 20) anzuordnen (Abschn. 4.1.1.5.7).

Allgemein gilt Die Blende, das Drosselgerät mit dem größten Messeffekt (Wirkdruck), verursacht auch den größten Druckverlust. Die wesentlich teurere Venturidüse hat eine erheblich geringere Verlustenergie, ergibt dafür aber auch einen niedrigeren Wirkdruck. Aus Abb. 4.32 ergibt sich der auf den Wirkdruck bezogene Druckverlust für die verschiedenen Drosselgeräte, abhängig vom Öffnungsverhältnis $m = A_2/A_1$, nicht verwechseln mit Masse m.

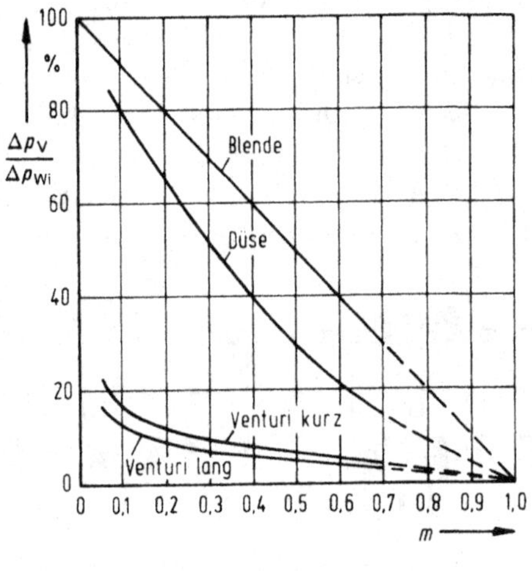

Abb. 4.32 Prozentualer Druckverlust der Norm-Drosselgeräte. Δp_V Druckverlust, Δp_{Wi} Wirkdruck

In Anlehnung an (3.91) gilt bei realen Fluiden für den durchfließenden Massenstrom $\dot{m}$:

$$\dot{m} = \dot{V}_1 \cdot \varrho_1 = \alpha \cdot \varepsilon \cdot A_1 \cdot m \cdot \sqrt{2 \cdot \varrho_1 \cdot \Delta p_{Wi}} \tag{4.69}$$

Dabei sind:

α ... Durchflussziffer
ε ... Expansionszahl
A_1 ... Querschnittsfläche des Zuströmrohres
m ... Öffnungsverhältnis zwischen Drossel-, d. h. engstem Querschnitt A_2 und Zuströmquerschnitt A_1 (Messstellen), also $m = A_2/A_1 = (D_2/D_1)^2$
ϱ_1 ... Fluiddichte im Zuströmrohr
Δp_{Wi} ... Wirkdruck, Differenz der Drücke zwischen den Messbohrungen (Vertikalpfeile in Abb. 4.31) des Drosselgerätes. Index Wi wird oft weggelassen.

Die **Durchflusszahl** $\boldsymbol{\alpha}$ berücksichtigt den Unterschied zwischen realer und idealer Strömung sowie die Abweichung infolge der tatsächlichen statt theoretischen Anordnung der Messstellen für den Wirkdruck am Drosselgerät. Gemäß Abb. 6.39 wird die Durchflusszahl α meist dargestellt als Funktion der REYNOLDS-Zahl $Re \equiv Re_1 = c_1 \cdot D_1/\nu_1$ der Zuströmung (Stelle 1 in Abb. 4.31) als Abszisse und dem Öffnungsverhältnis $m = A_2/A_1$ als Parameter.

Die **Expansionszahl** $\boldsymbol{\varepsilon}$ berücksichtigt den Einfluss der Expansion kompressibler Medien infolge des Druckabfalles im Drosselgerät. Bei inkompressiblen Fluiden (Flüssigkeiten) ist $\varepsilon = 1$. Die Ausdehnungszahl ε wird meist dargestellt in Abhängigkeit vom Öffnungsverhältnis $m = A_2/A_1$, dem Zuströmdruck p_1 und dem Wirkdruck Δp_{Wi}; z. B. Abb. 6.40.

Durchfluss- und *Expansionszahl* werden experimentell ermittelt. Sie sind für die genormten Drosselgeräte ebenfalls in DIN 1952 niedergelegt. Abb. 6.39 bis Abb. 6.41 enthalten die zugehörigen Werte für α und ε.

Bemerkung: Der Wirkdruck ist bei Düsen geringer als bei Blenden. Andererseits sind Düsen weniger korrosions- und verschleißempfindlich als Blenden mit ihrer scharfen Kante. Düsen können daher auch bei „schmutzigen" oder „abrasiven" Strömungsmedien angewendet werden, sind allerdings aufwändiger.

4.1.1.5.7 Beruhigungsstrecke

Vergleiche auch Abschn. 4.1.1.3.5.

Die Strömung wird durch jedes Einbauteil gestört. Erst nach einem gewissen Strömungsweg, der sog. **Beruhigungsstrecke**, hinter dem Einbauteil ist die Störung abgeklungen, d. h. das normale Geschwindigkeitsprofil wieder erreicht. Die Störung beginnt jedoch schon vor dem Einbauteil, gewissermaßen als Vorankündigung. Das Bauteil wirkt durch gewissen Rückstau auch stromabwärts. Dies ist beim Anbringen von Beruhigungsstrecken und Messstellen zu beachten. Entsprechend der Anlaufstrecke (Abschn. 4.1.1.3.5) gilt als Beruhigungsstrecke nach PRANDTL diejenige Rohrlänge, hinter der sich das Geschwindigkeitsprofil um weniger als 1 % vom endgültigen, d. h. des beruhigten Zustandes, unterscheidet. Die Beruhigungsstrecke L_B ist vom Rohrdurchmesser D (bzw. D_{gl}) abhängig und wird deshalb meist im Verhältnis zu diesem angegeben:

Laminare Strömung $\boldsymbol{L_{B,l}/D \approx 0{,}06 \cdot Re}$ (4.70)

Turbulente Strömung $\boldsymbol{L_{B,t}/D \approx 25 \ldots 50}$ (4.71)

Die turbulente *Beruhigungsstrecke* ist somit wesentlich kürzer als die laminare. Praktisch reicht hier oft $L_{B,t}/D \approx 10$ bis 20.

In der *Beruhigungsstrecke* ergeben sich höhere Strömungsverluste. Die Rohrreibungszahl λ bzw. die Widerstandszahl ζ eines Einbauteils, das in die Beruhigungsstrecke eines anderen eingebaut ist, wird deshalb größer, und zwar bei

- *laminarer* Beruhigungsstrecke: λ- sowie ζ-Werte bis 50 % über den Normalwerten.
- *turbulenter* Beruhigungsstrecke: λ- als auch ζ-Werte selten mehr als 10 % über den Normalwerten.

Der Mehrverlust ist also in der turbulenten Beruhigungsstrecke wesentlich kleiner als in der laminaren und deshalb oft vernachlässigbar.

4.1.1.5.8 Verlustleistung

Infolge des Druckverlustes Δp_V entsteht in Rohrleitungen die Verlustleistung P_V. Diese Leistung muss von Pumpen oder einem Gefälle aufgebracht werden, um den fließenden Mediumstrom $\dot{V}$ mit der gewünschten Geschwindigkeit c zu bewegen und wird letztlich in Wärme umgesetzt. Die Temperatur des strömenden Fluides erhöht sich dadurch jedoch nur geringfügig. Mit der Verlustenergie E_V gilt:

$$P_V = \mathrm{d}E_V/\mathrm{d}t$$

Hierbei gemäß (2.23) und Hinweis am Ende von Kap. 7 $E_V = V \cdot \Delta p_V$. Da der Druckverlust Δp_V durch die vorhandenen Verhältnisse (Rohrdurchmesser, Rohrlänge, Volumenstrom) festliegt (Δp_V nicht $f(t)$), wird:

$$\frac{\mathrm{d}E_V}{\mathrm{d}t} = \frac{\mathrm{d}}{\mathrm{d}t}(V \cdot \Delta p_V) = \Delta p_V \cdot \frac{\mathrm{d}V}{\mathrm{d}t} = \Delta p_V \cdot \dot{V}$$

Eingesetzt in die Ausgangsbeziehung ergibt mit $\Delta p_V = \varrho \cdot Y_{V,\,ges}$:

$$P_V = \dot{V} \cdot \Delta p_V = (\dot{m}/\varrho) \cdot \Delta p_V = \dot{m} \cdot Y_{V,\,ges} \tag{4.71a}$$

Oder einfach gemäß Leistung als Produkt von Kraft und Geschwindigkeit, mit Kraft F_V aus Druckverlust Δp_V und Rohrquerschnitt A:

$$P_V = F_V \cdot c = \Delta p_V \cdot A \cdot c = \Delta p_V \cdot \dot{V}$$

(wie zuvor!)

4.1.1.6 Strömungen mit Energiezufuhr und/oder Energieabfuhr

Wird einem strömenden Fluid mechanische Energie zugeführt, z. B. durch eine Pumpe, und/oder an anderer Stelle durch eine Turbine sowie Verluste Strömungsenergie entzogen, Abb. 4.33, ermöglicht die Energiebilanz den Anfangs- mit dem Endenergiezustand zu verknüpfen. Die gesamte Endenergie ist die Summe der Anfangsenergie, zuzüglich der Energiezugänge und abzüglich der Energieabgänge. Oder nach der **Energiebilanz** (EB): Summe der Energiezugänge gleich Summe der Energieabgänge. Dabei ist Anfangsenergie als Zugang und Endenergie als Abgang zu werten.

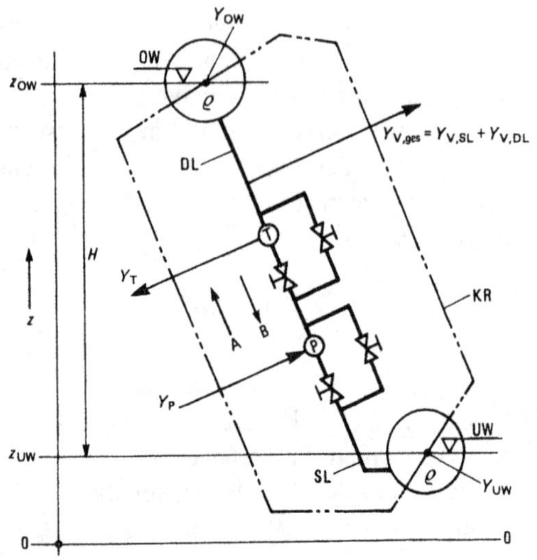

Abb. 4.33 Strömung mit Energiezufuhr Y_P (Pumpe P) und Energieabfuhr Y_T, Y_V (Turbine T sowie Verluste V). KR Kontroll- oder Bezugsraum (Systemgrenze), SL Saugleitung, DL Druckleitung, UW Unterwasser, OW Oberwasser (-Behälter)

- *Strömungsrichtung A*:

$$Y_{OW} = Y_{UW} + Y_P - Y_T - Y_{V,\,ges}$$

oder nach (EB)

$$Y_{UW} + Y_P = Y_{OW} + Y_T + Y_{V,\,ges} \qquad (4.72)$$

- *Strömungsrichtung B*:

$$Y_{UW} = Y_{OW} + Y_P - Y_T - Y_{V,\,ges}$$

oder nach (EB)

$$Y_{OW} + Y_P = Y_{UW} + Y_T + Y_{V,\,ges} \qquad (4.73)$$

Diese Beziehungen werden als **Energiegleichung mit Energiezu- und/oder Energieabfuhr** bezeichnet.

Dabei bedeuten die spezifischen Energiewerte:

Y_T ... Energieabgang (-abfuhr) → Turbine
Y_P ... Energiezugang (-zufuhr) → Pumpe
Y_{UW} ... UW-Energie (Zusammenfassung)

$$Y_{UW} = z_{UW} \cdot g + p_{UW}/\varrho + c_{UW}^2/2$$

Y_{OW} ... OW-Energie (Gesamtwert)

$$Y_{OW} = z_{OW} \cdot g + p_{OW}/\varrho + c_{OW}^2/2$$

In der Regel ist entweder nur die Pumpe ($Y_T = 0$), Strömungsrichtung A, oder die Turbine ($Y_P = 0$), Durchflussrichtung B, vorhanden bzw. in Betrieb (entsprechende Absperrorgane geöffnet bzw. geschlossen). Sowohl bei Pumpen als auch Turbinen sind dabei zudem die Bedingungen für das Saugverhalten (Abschn. 2.4) zu erfüllen.

Bei den in der Regel üblichen Verhältnissen

$$p_{UW} = p_{OW} = p_b \quad \text{(offene Gefäße)},$$
$$c_{UW} \approx c_{OW} \approx 0,$$
$$H = z_{OW} - z_{UW}$$

(Abb. 4.33) folgt bei:

- Strömungsrichtung A wenn $Y_T = 0$ für die spezifische Pumpenenergie

$$Y_P = g \cdot H + Y_{V,\,ges},$$

- Strömungsrichtung B wenn $Y_P = 0$ für die spezifische Turbinenenergie

$$Y_T = g \cdot H - Y_{V,\,ges}.$$

Die theoretische Maschinenleistung, d. h. ohne Maschinenverluste, ergibt sich dann gemäß (4.71a) mit dem durchfließenden Massendurchsatz $\dot{m}$:

$$\text{Pumpe} \quad P_{P,\,th} = \dot{m} \cdot Y_P,$$
$$\text{Turbine} \quad P_{T,\,th} = \dot{m} \cdot Y_T.$$

Die tatsächliche, sog. effektive Leistung ist bei Turbinen um die Maschinenverluste (Wirkungsgrad η_e) geringer und bei Pumpen entsprechend größer:

$$P_{T,e} = P_{T,\,th} \cdot \eta_{T,e} \quad \text{und} \quad P_{P,e} = P_{P,\,th}/\eta_{P,e}.$$

Ergebnis: Turbinen liefern um die Verluste weniger Energie. Pumpen müssen um die Verluste mehr Energie aufwenden.

4.1.1.7 Kennlinie von Rohrsystemen

Eine Rohrleitungskennlinie ist die graphische Darstellung des Druck-Durchsatz-Verhaltens. Sie setzt sich aus zwei Anteilen zusammen, dem statischen und dem dynamischen (Abb. 4.34).

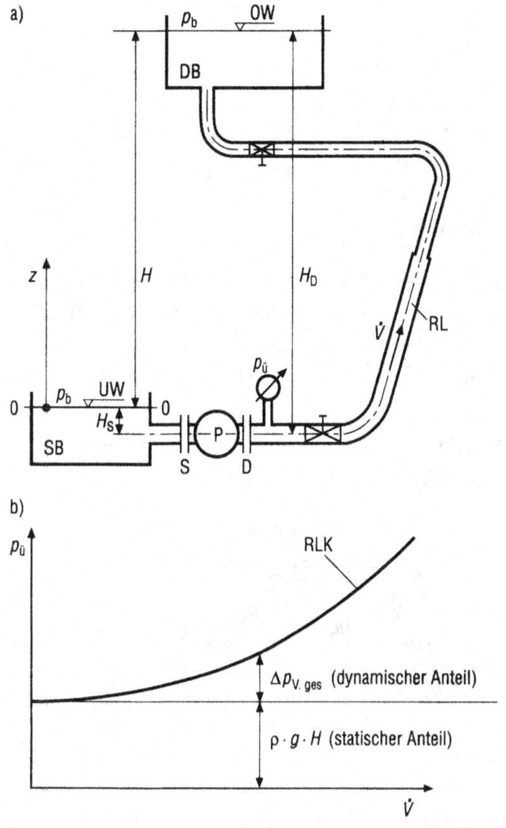

Abb. 4.34 Rohrsystem (Prinzipdarstellung).
a) Anordnung, b) Rohrleitungs-Kennlinie RLK; SB Saugbehälter, DB Druckbehälter, P Pumpe, UW Unterwasser, OW Oberwasser, RL Rohrleitung, S Saugstutzen, D Druckstutzen(-Stelle), H_s Saughöhe (hier negativ, da Zulauf), H_D Druckhöhe, $H = H_D + H_S$ (geodätische) Förderhöhe, hier $H = H_D - |H_S|$

Statischer Anteil

$$p_{ü,\,stat} = \varrho \cdot g \cdot H$$

Dynamischer Anteil

$$p_{ü,\,dyn} = \Delta p_{V,\,ges} = \varrho \cdot Y_{V,\,ges}$$
$$= \varrho \cdot K \cdot c^2/2 = \varrho \cdot K \cdot \dot{V}^2/(A^2 \cdot 2)$$
$$p_{ü,\,dyn} \sim \dot{V}^2 \quad \text{(Parabel!)}$$

Gesamtwert (Überdruck)

$$p_ü = p_{ü,\,stat} + p_{ü,\,dyn} = \varrho \cdot g \cdot H + \varrho \cdot C \cdot \dot{V}^2$$

Hierbei Konstanten K gemäß Rohrsystemaufbau (Abschn. 4.1.1.5.1) $\rightarrow K = R \cdot 2 \cdot A^2/\varrho$ und $C = K/(2 \cdot A^2) = R/\varrho$ sowie R nach (4.35e), bzw. (4.54b).

4.1.1.8 Versuchswesen

Versuchsaufbau

Soll in einem Rohrsystem, das beispielsweise viele Einbauten aufweist und deshalb kompliziert ist, der auftretende Druckverlust experimentell bestimmt werden, müssen gemäß Abschn. 3.3.1 folgende Bedingungen erfüllt sein:

a) Zur Großausführung (Index G) in allen Teilen geometrisch proportionaler Modellaufbau (Index M).
b) Gleiche REYNOLDS-Zahlen, also notwendig $Re_M = Re_G$ und MACH-Zahl $Ma \leq 0{,}3$ (Abschn. 1.3). Die die Re-Zahl bildenden Größen c, D und ν sind daher entsprechend anzupassen. Da der Rohrdurchmesser D_M des Versuchsaufbaues meist von anderer Größe, je nach Erfordernis kleiner oder größer als der von Originalausführung D_G, müssen die beiden anderen Werte, also c_M und/oder ν_M entsprechend verändert werden, was oft nur schwer zu verwirklichen. Gegebenenfalls ist der Übergang auf ein anderes Medium notwendig, z. B. von der Flüssigkeit der Größenausführung auf Gas beim Modell (sog. Luftversuch).

Versuchsauswertung

Das Übertragen der Messergebnisse des Modell-Versuches auf die Wirklichkeit, d. h. die geplante Größenausführung, beruht auf der ähnlichkeitstheoretischen Erkenntnis (Abschn. 3.3.1.2): Bei geometrischer und physikalischer Ähnlichkeit sind alle Kennzahlen konstant, d. h. an Groß- und Modellausführung je gleich groß. Wird demnach erfüllt $Re_M = Re_G$, muss auch $Eu_M = Eu_G$ gelten. Bei $Ma > 0{,}3$ ist jedoch zudem $Ma_M = Ma_G$ notwendig. Hinweis auch auf Kap. 5.

Am Modell mit

- verwendetem Medium, d. h. Dichte ϱ_M, kinetischer Viskosität $\nu_M = \eta_M/\varrho_M$
- verwirklichter Strömungsgeschwindigkeit des fließenden Versuchsmediums

$$c_M = Re_M \cdot \nu_M/D_M = Re_G \cdot \nu_M/D_M$$
$$= (c_G \cdot D_G/\nu_G) \cdot (\nu_M/D_M)$$
$$c_M = c_G \cdot (D_G/D_M) \cdot (\nu_M/\nu_G)$$

folgt über den gemessenen Druckverlust $\Delta p_{V,M}$ die gehörige EULER-Zahl gemäß (3.36):

$$Eu_M = \Delta p_{V,M} / (\varrho_M \cdot c_M^2)$$

Hiermit ergibt sich aus $Eu_G = \Delta p_{V,G} / (\varrho_G \cdot c_G^2)$, da gilt $Eu_G = Eu_M$, der gesuchte Druckverlust $\Delta p_{V,G}$ zu

$$\Delta p_{V,G} = Eu_G \cdot \varrho_G \cdot c_G^2 = Eu_M \cdot \varrho_G \cdot c_G^2$$

bei den Stoffwerten, Dichte ϱ_G und Viskosität $\nu_G = \eta_G / \varrho_G$ des Fluides der Großausführung mit der bei ihm zu verwirklichenden Strömungsgeschwindigkeit c_G dieses fließenden Mediums.

Grenzen
Die Modellgröße, d. h. deren Kleinheit ist begrenzt durch:

- Möglichkeit, die geometrische Nachbildung in allen Einzelheiten zu verwirklichen, auch hinsichtlich Oberflächenausführung, d. h. Rauigkeit,
- Erfüllen der REYNOLDS- und evtl. MACH-Bedingung, d. h. Re = konst sowie Ma = konst
- erreichbare Messgenauigkeit, bestimmt durch Messmittel (Fühler, Geräte).

Es gilt: Je exakter das geforderte Ergebnis und je geringer die erreichte Messgenauigkeit, mit desto größeren Modellen sollte experimentiert werden, damit die Übertragungsmaßstäbe (geometrische und physikalische) möglichst günstig, d. h. klein (dicht bei 1) sind. Auch reicht partielle und/oder ungefähre Ähnlichkeit in der Regel nicht aus.

4.1.1.9 Übungsbeispiele

Übung 28

An einem oben offenen Behälter zweigt 2,5 m unter dessen Wasserspiegel ein gebrauchtes, mäßig angerostetes Gussrohr von 8 m Länge und 160 mm lichtem Durchmesser scharfkantig ab. Es ist gegen die Waagrechte um 30° abwärts geneigt und verjüngt sich 3 m vor dem Ende plötzlich auf halben Durchmesser.

Gesucht:

a) Austretender Volumenstrom bei einer Wassertemperatur von 10 °C.
b) Druck unmittelbar nach der Ansatzstelle des Rohres am Behälter. ◄

Übung 29

Zur Wasserförderung aus einer Grube soll eine Hebeleitung eingesetzt werden. Das Gussrohr ist gebraucht und leicht angerostet. Die Krone, über welche die Heberleitung zu führen ist, liegt 4 m über dem Grubenwasserspiegel (OW). Die Bezeichnungen gehen aus der Systemskizze, Abb. 4.35, hervor.

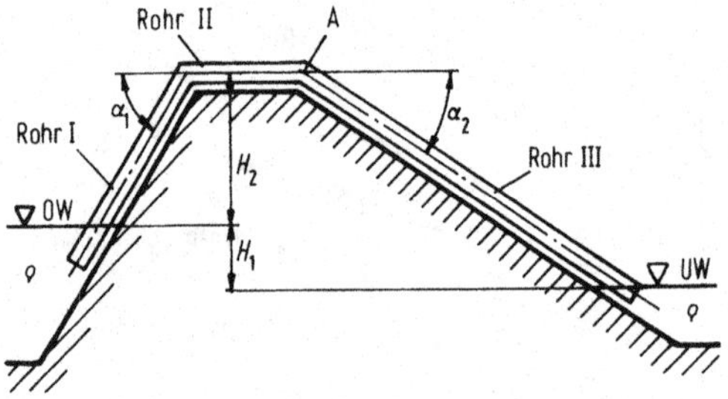

Abb. 4.35 Systemaufbau der Heberanlage

Bekannt:

- Rohr I: Länge $L_I = 8\,\text{m}$
  Durchmesser $D_I = 150\,\text{mm}$
- Rohr II: Länge $L_{II} = 50\,\text{m}$
  Durchmesser $D_{II} = 120\,\text{mm}$
- Rohr III: Länge $L_{III} = 29\,\text{m}$
  Durchmesser $D_{III} = 100\,\text{mm}$
- Neigungswinkel: $\alpha_1 = 45°$
  $\alpha_2 = 15°$
- Höhenunterschiede: $H_1 = 3{,}5\,\text{m}$
  $H_2 = 4\,\text{m}$
- Wasser: Temperatur 20 °C

Gesucht:

a) Wie groß ist der Volumenstrom?
b) Wo tritt der kleinste Druck im System auf und wie groß ist dieser?

c) Welche Verhältnisse ergeben sich, wenn das Rohrsystem durchweg den gleichen Durchmesser von 150 mm hat und die äquivalente Sandrauigkeit des Rohres 0,6 mm beträgt? ◄

Übung 30

Eine Kreiselpumpe fördere von einer Quelle 10 °C warmes Wasser in einen oben offenen Behälter mit einer 12 m höher liegenden Spiegelfläche. Die leicht verkrustete Stahlrohrleitung von 100 m Gesamtlänge hat den Anfangsdurchmesser von 200 mm, verengt sich nach 40 m plötzlich auf 125 mm Durchmesser und setzt waagrecht an der senkrechten Behälterwand an. Die Leitung enthält im 200 mm Durchmesserbereich einen 90°-Krümmer ($R/D = 4$) und ein Rückschlagventil, im 125 mm-Durchmesserbereich zwei 90°-Krümmer ($R/D = 3$).

Die in die Quelle eingetauchte Pumpe (Tauchpumpe) erzeugt einen Überdruck von 5 bar. Welcher Volumenstrom wird in der Rohrleitung gefördert und wie groß ist die notwendige Pumpenleistung? ◄

Übung 31

Die Saugleitung (mäßig angerosteter Stahl) einer Pumpe hat die Nennweite NW 150 und die Länge $L = 25$ m. Aus dem Unterwasser (UW) wird Wasser von 15 °C in den Saugwindkessel durch einen Unterdruck von 0,72 bar auf die Höhe $H = 4{,}2$ m des oberen Wasserspiegels OW „hinaufgesaugt". In die Saugleitung, die rechtwinklig-scharfkantig am Saugwindkessel ansetzt, sind insgesamt fünf 90°-Krümmer ($R/D = 3$), ein Patent-Freiflussventil und ein Saugkorb eingebaut. Welcher Volumenstrom wird angesaugt? ◄

Übung 32

Eine Zentralheizungsanlage soll im Einrohr-System (Stahl, leicht angerostet) ausgeführt werden. Folgende Größen sind für das Anschließen des Heizkörpers, Abb. 4.36, bekannt:

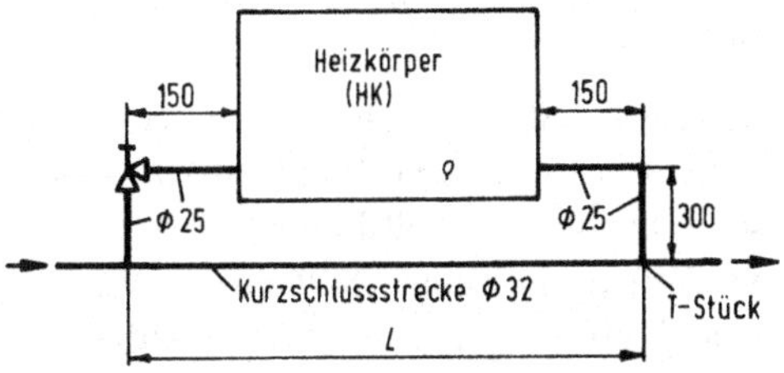

Abb. 4.36 Systemanordnung „Heizkörpereinbau"

- Mittlere Wassertemperatur 70 °C, Wassergeschwindigkeit c im Kurzschlussrohr 1,2 m/s, im Heizkörperzweig, 1,1 m/s.
- Widerstandsziffer des Heizkörpers 2,75, bezogen auf die Rohrgeschwindigkeit.
- In Abb. 4.36 eingetragene Abmessungen.

Gesucht:

a) Widerstand, der in die 1,8 m lange Kurzschlussstrecke einzubauen ist.
b) Durchmesser der Zu- und Ableitung, wenn die Strömungsgeschwindigkeit ebenfalls etwa 1,2 m/s betragen darf.
c) Druckverlust und Leistung, den/die eine Pumpe je Heizkörper überwinden bzw. aufbringen muss. ◄

Übung 33

Aus einem oben offenen Behälter fließt über eine gerade, waagrecht verlaufende Rohrleitung (NW 100, Länge 32 m) Wasser von 20 °C ins Freie. Die Rohrleitung liegt 8 m unter dem konstanten Behälterspiegel. Der Rohreintritt ist rechtwinklig und scharfkantig. Nach 10 m Rohrlänge zweigt unter 45° ein ebenfalls waagrechtes, gerades Rohr gleichen Durchmessers sowie 12 m Länge ab und mündet gleichfalls ins Freie. Beide Rohre haben eine äquivalente Sandrauigkeit von 1 mm.

Gesucht:

a) Strömungsgeschwindigkeit in den einzelnen Rohrsträngen.
b) Volumenströme, die von den beiden Rohr-Mündungen (-Enden) austreten. ◄

Übung 34

Von einem Stausee geht 15 m unter der freien Wasseroberfläche (10 °C) mit 20° Neigung scharfkantig eine Fall-Leitung von NW 500 ab. Welche Leistung stellt ein Wasserstrom von $2000\,\mathrm{m^3/h}$ einer 300 m unterhalb der Wasserspiegelfläche des Stausees installierten Turbine zur Verfügung, wenn die leicht angerostete Stahlleitung 730 m lang ist, einen 70°-Krümmer, zwei 90°-Krümmer ($R/D = 4$) sowie einen Absperrschieber enthält?

Wie groß ist der Rohrleitungswirkungsgrad? ◄

Übung 35

Rohrleitungs-System gemäß Abb. 4.37; Wasser 20 °C.

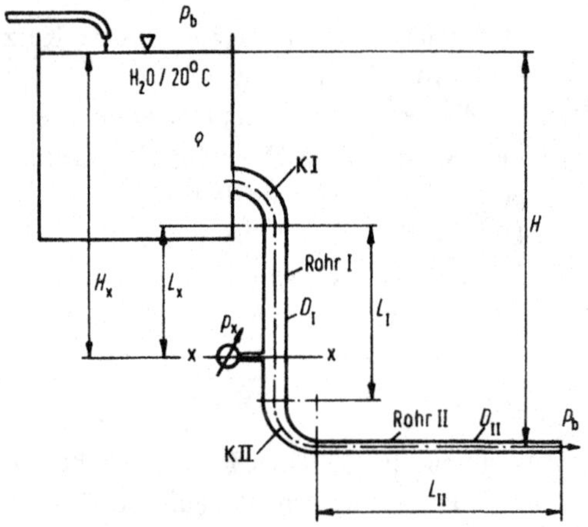

Abb. 4.37 Rohrleitungs-Anordnung

Bekannt:

- Rohr I: Länge $L_I = 3\,\mathrm{m}$
  Durchmesser $D_I = 60\,\mathrm{mm}$
  Sandrauigkeit $k_{s,I} = 0{,}1\,\mathrm{mm}$
- Rohr II: Länge $L_{II} = 2\,\mathrm{m}$
  Durchmesser $D_{II} = 40\,\mathrm{mm}$
  Sandrauigkeit $k_{s,II} = 0{,}1\,\mathrm{mm}$
- Stahlrohrkrümmer: K I $R/D = 3$
  K II $R_i = 0{,}25 \cdot D_I$
  $R_a = 1{,}5 \cdot D_I$
- Höhenunterschiede: $H = 4{,}5\,\mathrm{m}$
  $H_x = 3\,\mathrm{m}$
- Manometer-Abstand: $L_x = 2\,\mathrm{m}$

Gesucht:

a) Volumenstrom im Rohrsystem
b) Druck p_x an Stelle x ◄

Übung 36

Von zwei Hochbehältern A und B gespeister Rohrstrang C-D, Abb. 4.38.

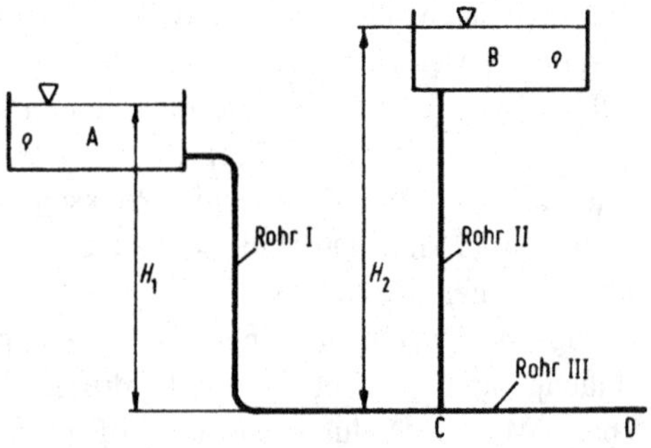

Abb. 4.38 Rohrsystem (Prinzipieller Aufbau)

Bekannt:

- Höhen: $H_1 = 25\,\mathrm{m}$
  $H_2 = 30\,\mathrm{m}$
- Rohr I (von A nach C): $L_I = 500\,\mathrm{m}$
  $D_I = 150\,\mathrm{mm}$
- Rohr II (von B nach C): $L_{II} = 300\,\mathrm{m}$
  $D_{II} = 100\,\mathrm{mm}$
- Rohr III (von C nach D): $L_{III} = 800\,\mathrm{m}$
  $D_{III} = 250\,\mathrm{mm}$
- Sandrauigkeit aller Rohre: $k_s = 0{,}5\,\mathrm{mm}$
- Krümmer (rau): $R/D = 5$

Gesucht: Volumenströme in den Rohren I, II und III bei Wasser von 10 °C. ◄

Übung 37

In einem 120 m langen Rechteckrohr (verzinktes Blech) mit den Seitenkanten 300 mm und

200 mm strömen 10.000 m^3/h Luft von 80 °C und 1,2 bar.

Gesucht:

a) Druckverlust, den der eingebaute Ventilator überwinden muss.
b) Notwendige Ventilatorleistung zur Deckung der Strömungsverluste. ◄

4.1.2 Ausfluss aus Öffnungen

4.1.2.1 Grundsätzliches

Ein Fluid durchströmt eine Öffnung, Abb. 4.39, immer in Richtung des vorhandenen Druckgefälles. Nach der Energiegleichung, kurz E-Satz (Abschn. 3.3.6.3), ist die Ausströmungsgeschwindigkeit eine Funktion des Druckgefälles. Ist das gesamte Druckgefälle konstant, bleibt die Strömungsgeschwindigkeit ebenfalls unverändert.

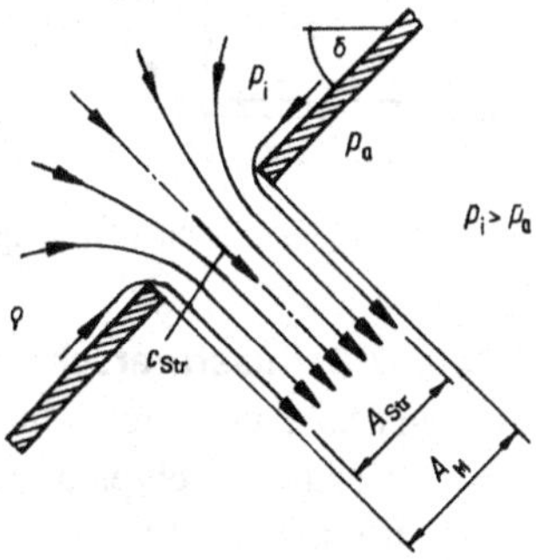

Abb. 4.39 Öffnung (scharfkantig mit Fluiddurchfluss wegen $p_a < p_i$, Index $i \ldots$ innen; $a \ldots$ außen)

Beim Ausfluss aus Öffnungen treten zwei Phänomene auf, die maßgebend von der jeweiligen Ausbildung der Mündung beeinflusst werden:

a) Analog zur plötzlichen Querschnittsverminderung (Abschn. 4.1.1.5.4) und den senkrechten Rohreinläufen (Abschn. 4.1.1.5.3) tritt eine **Strahleinschnürung** infolge starker Umlenkung der Strömung beim Austritt auf. Diese *Strahlkontraktion* ist umso größer, je scharfkantiger die Mündung ausgebildet ist, also $A_{Str} \leq A_M$.

Ansatz:

$$A_{Str} = \alpha \cdot A_M \tag{4.74}$$

Mit
$A_{Str} \ldots$ Strahlquerschnitt
$A_M \ldots$ Mündungs- oder Öffnungsquerschnitt
$\alpha \ldots$ **Kontraktionszahl**
$\alpha = f(\text{Mündungsform}) \rightarrow \alpha \leq 1$ aus Versuchen

Tab. 4.3 enthält Werte für die Kontraktionszahl α, die experimentell zu bestimmen ist.

Tab. 4.3 Beiwerte α, φ und μ verschiedener Öffnungsformen

Öffnungsform	α	φ	μ
Mündung scharfkantig 	0,61 ... 0,64	0,87	0,53 ... 0,56
Mündung gut gerundet 	≈ 1	0,97 ... 0,99	0,97 ... 0,99
Zylindrisches Ansatzrohr mit L/D = 2 ... 3 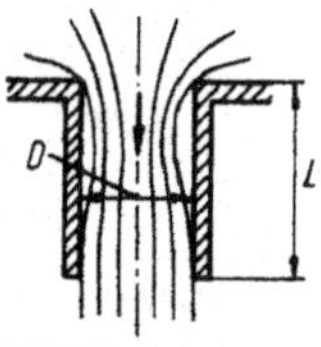	≈ 1	≈ 0,82	≈ 0,82
Konisches Ansatzrohr mit L/D = 3 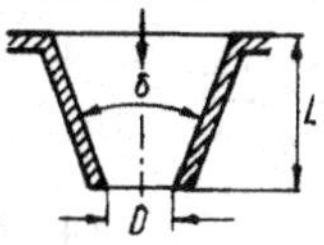			δ / μ: 10° – 0,95 20° – 0,94 45° – 0,88 90° – 0,74
Düse $m = (D_2/D_1)^2$ 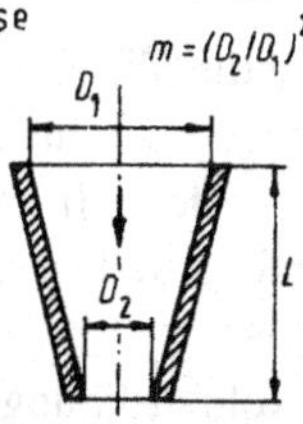	m / α: 0,1 – 0,83 0,2 – 0,84 0,4 – 0,87 0,6 – 0,9 0,8 – 0,94 1,0 – 1,0	kurze Düse φ = 0,97 lange Düse φ = 0,95	

b) Im Einschnürungsbereich tritt verstärkt Fluidreibung auf. Diese Strömungsverluste verringern die Ausflussgeschwindigkeit. Die Verlustenergie beim Öffnungsausfluss geht, da die

Kontinuitätsbedingung hier entfällt und der Druckunterschied nicht beeinflussbar ist, voll zu Lasten der kinetischen Energie. Deshalb ist die tatsächliche Strahlgeschwindigkeit c_{Str} immer kleiner als die theoretische c_{th}, also $c_{Str} < c_{th}$.
Ansatz:

$$c_{Str} = \varphi \cdot c_{th} \tag{4.75}$$

Mit der **Geschwindigkeitszahl** $\varphi < 1$, wobei:

$$\varphi = f(\text{Mündungsqualität, Fluid})$$

ebenfalls experimentell zu ermitteln.
Versuche zeigen jedoch, dass der Einfluss der Fluid-Viskosität auf die Geschwindigkeitszahl meist gering ist gegenüber dem der Mündungsform auf die Kontraktionszahl α, weshalb in der Regel $\varphi > \alpha$.
Tab. 4.3 enthält ebenfalls Werte für die Geschwindigkeitszahl φ

Beide Einflüsse, Kontraktion und Randverzögerung des Strahles, bewirken, dass der ausfließende Volumenstrom $\dot{V}$ kleiner ist, als der theoretisch mögliche, also $\dot{V} < \dot{V}_{th}$ mit:

$$\dot{V}_{th} = A_M \cdot c_{th}$$

und gemäß (3.92)

$$c_{th} = \sqrt{2 \cdot \Delta p/\varrho} = \sqrt{2(p_i - p_a)/\varrho}$$

Es gilt:

$$\dot{V} = A_{Str} \cdot c_{Str} = \underbrace{\alpha \cdot \varphi}_{\mu} \cdot \underbrace{A_M \cdot c_{th}}_{\dot{V}_{th}} \tag{4.76}$$

$$\dot{V} = \mu \cdot \dot{V}_{th} \tag{4.77}$$

Kontraktionszahl α und Geschwindigkeitszahl φ werden, da versuchsmäßig schwer zu trennen, meist zur **Ausflusszahl** $\mu = \alpha \cdot \varphi$ der Öffnung zusammengefasst. Diese ist ebenfalls in Tab. 4.3 aufgeführt.

Gegensätzlich zu Rohrströmungen (Abschn. 4.1.1.1) bewirken die Verluste bei Ausflüssen gemäß (4.77) eine entsprechende Verringerung des austretenden Volumenstromes. Bei Rohrströmungen bewirkt die Reibung somit Druckverlust, bei Ausströmungen dagegen „Mengenverlust".

4.1.2.2 Kleiner Ausflussquerschnitt

Bei kleinen Öffnungen, Abb. 4.40, kann, unabhängig von der Anordnung, die Ausflussgeschwindigkeit über den Querschnitt als quasikonstant betrachtet und dem Zentrumswert – etwa gleich dem Mittelwert – gesetzt werden. Klein bedeutet in diesem Zusammenhang, dass sich der Druck über dem Querschnitt nur wenig ändert. Das ist der Fall bei $\Delta t \ll T$, erfüllt ab etwa $\Delta t < T/4$. Mit der aus der Energiegleichung abgeleiteten TORRICELLI-*Beziehung* gilt dann für den ausfließenden Volumenstrom mit der Tiefe T des Schwerpunktes (Schwerpunktstiefe) der Mündungsfläche:

$$\dot{V} = \mu \cdot \dot{V}_{th} = \mu \cdot A_M \cdot c_{th}$$
$$\approx \mu \cdot A_M \cdot \sqrt{2 \cdot g \cdot T} \tag{4.78}$$

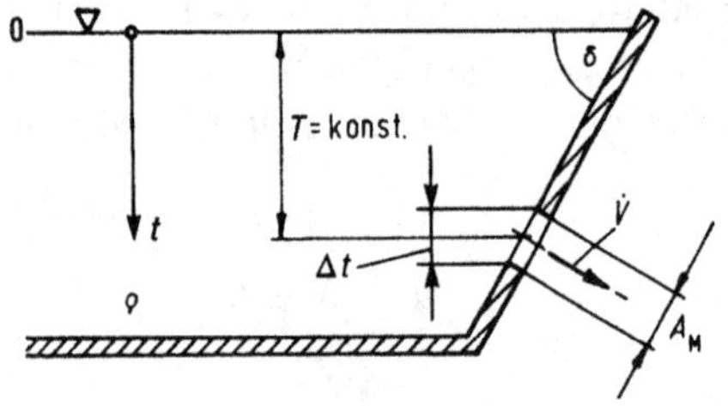

Abb. 4.40 Ausfluss aus einer kleinen Öffnung

4.1.2.3 Großer Ausflussquerschnitt

Große Öffnungen (Abb. 4.41) treten in der Technik vor allem bei Kanälen, Wehren u. dgl. auf.

Bei großen Öffnungen (Δt und t_1 in gleicher Größenordnung, bzw. Δt groß gegenüber t_1) ändert sich, falls diese nicht waagrecht liegen, der Druck über dem Querschnitt so stark, dass das dadurch verursachte Profil der Austrittsgeschwindigkeit nicht mehr vernachlässigt werden darf. Es ist deshalb mit der sich über dem Austrittsquerschnitt verändernden Geschwindigkeit zu rechnen.

Bei horizontal angeordneten, großen Öffnungen (Bodenabfluss) ist die Ausströmungsgeschwindigkeit über dem Querschnitt konstant. Daher gilt, da $t = T =$ konst, hier exakt die Gleichung kleiner Öffnungen, (4.78).

Für große Öffnungen in vertikalen, oder unter dem Neigungswinkel δ schräg verlaufenden Wänden, Abb. 4.41, ergibt sich das Ausfluss-

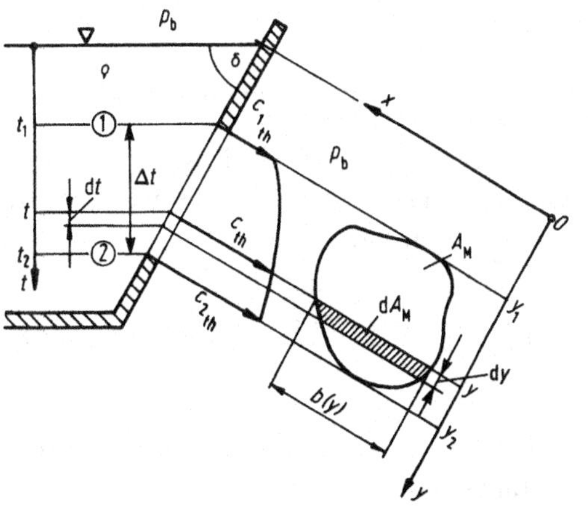

Abb. 4.41 Ausfluss aus einer großen Seitenöffnung unter dem konstanten Neigungswinkel δ

gesetz ohne Rückstau (Abb. 4.43), d. h. ohne Ausflussbehinderung, durch folgende Herleitung mit $\mathrm{d}A_\mathrm{M} = b(y) \cdot \mathrm{d}y$:

Nach TORRICELLI

$$c_\mathrm{th} = \sqrt{2 \cdot g \cdot t} = f(t)$$

Damit wird laut (4.76)

$$\mathrm{d}\dot{V}_\mathrm{th} = \mathrm{d}A_\mathrm{M} \cdot c_\mathrm{th} = b(y) \cdot \mathrm{d}y \cdot \sqrt{2 \cdot g \cdot t}$$

und mit $b(y) = b(t)$ sowie $\mathrm{d}y = \mathrm{d}t \cdot 1/\sin\delta$ ergibt sich

$$\mathrm{d}\dot{V}_\mathrm{th} = \frac{\sqrt{2 \cdot g}}{\sin\delta} \cdot b(t) \cdot t^{1/2} \cdot \mathrm{d}t$$

Hinweis: Tiefen t; T nicht verwechseln mit Temperaturen oder Zeit t; T.

Die Integration des Differenzialansatzes $\mathrm{d}\dot{V}_\mathrm{th}$ über den Öffnungsquerschnitt A_M liefert den theoretischen Austritts-Volumenstrom:

$$\dot{V}_\mathrm{th} = \int\limits_{(A_\mathrm{M})} \mathrm{d}\dot{V}_\mathrm{th} = \frac{\sqrt{2 \cdot g}}{\sin\delta} \cdot \int\limits_{t_1}^{t_2} b(t) \cdot t^{1/2} \cdot \mathrm{d}t \tag{4.79}$$

Unter Berücksichtigung von Reibung und Kontraktion ergibt sich mit der Ausflusszahl μ, der tatsächliche Austritts-Volumenstrom bei unbehindertem Ausfluss mit (4.77):

$$\boldsymbol{\dot{V} = \mu \cdot \dot{V}_\mathrm{th} = \mu \cdot \frac{\sqrt{2 \cdot g}}{\sin\delta} \cdot \int\limits_{t_1}^{t_2} b(t) \cdot t^{1/2} \cdot \mathrm{d}t} \tag{4.80}$$

Gleichung (4.79) bzw. (4.80) werden als **Ausflussgesetz ohne Rückstau** bezeichnet.

Ausflusszahlen μ verschiedener Öffnungen gehen aus Abb. 4.42 hervor.

Öffnung Bezeichnung	Form	μ
Grundablaß	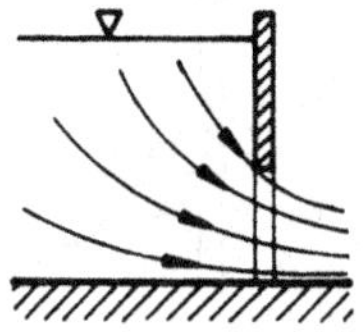	$\mu \approx 0{,}6 \ldots 0{,}62$
Seitenablaß	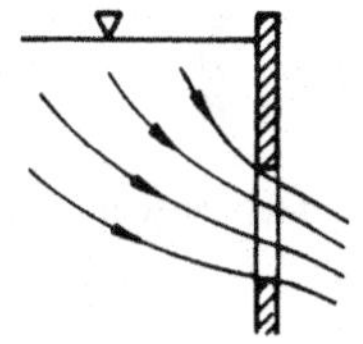	scharfkantig $\mu = 0{,}62 \ldots 0{,}64$ abgerundet $\mu = 0{,}7 \ldots 0{,}8$
Bodenablaß	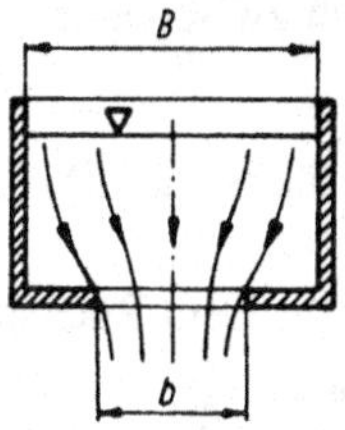	b/B: 0 / 0,1 / 0,2 / 0,3 / 0,4 / 0,5 μ: 0,61 / 0,61 / 0,62 / 0,63 / 0,65 / 0,68

Abb. 4.42 Ausflusszahlen μ großer Öffnungen

Das *Ausflussgesetz* nach (4.80) kann nur ausgewertet werden, wenn die geometrische Form der Öffnung, d. h. $b = f(t)$, bekannt.

Für den sehr häufig vorkommenden Sonderfall der vertikal verlaufenden, **rechteckigen Öffnung** ($\delta = 90°, b =$ konst) nimmt das *Ausflussgesetz* folgende Form an:

$$\dot{V} = \mu \cdot \sqrt{2 \cdot g} \cdot b \cdot \int\limits_{t_1}^{t_2} t^{1/2} \mathrm{d}t$$

$$= \mu \cdot \sqrt{2 \cdot g} \cdot b \cdot \left. \frac{t^{3/2}}{3/2} \right|_{t_1}^{t_2}$$

$$\dot{V} = (2/3) \cdot \mu \cdot \sqrt{2 \cdot g} \cdot b \left(t_2^{3/2} - t_1^{3/2} \right)$$

$$\dot{V} = (2/3) \cdot \mu \cdot \sqrt{2 \cdot g} \cdot b (t_2 \cdot \sqrt{t_2} - t_1 \cdot \sqrt{t_1}) \tag{4.81}$$

Eine Ausströmung, die nicht vollständig ungehindert ins Freie erfolgt, heißt Ausfluss unter

Gegendruck oder **Rückstau**, Abb. 4.43. Rückstau besteht demnach, wenn der Unterwasserspiegel UW höher liegt, als die Unterkante UK der Austrittsöffnung.

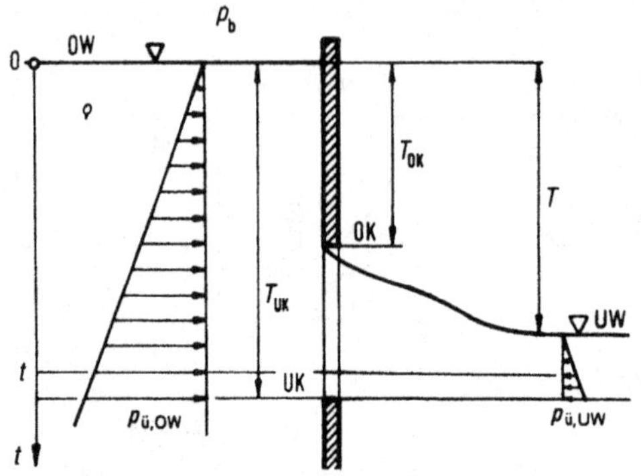

Abb. 4.43 Ausfluss mit teilweisem Rückstau. T Spiegelunterschied OW–UW

Insgesamt lässt sich zwischen drei Ausflussarten unterscheiden:

- Ausfluss ohne Rückstau, (4.80): $T_{UK} \leq T$
- Ausfluss mit teilweisem Rückstau: $T_{UK} > T > T_{OK}$
- Ausfluss mit vollständigem Rückstau: $0 < T < T_{OK}$

Bei Ausfluss mit **teilweisem Rückstau ist** die Berechnung des Volumenstromes relativ schwierig. Eine näherungsweise Lösung ergibt sich, indem der Ausflussstrom aufgeteilt wird:

Von der Oberkante OK der Öffnung bis zum Unterwasserspiegel UW wird mit dem Ausflussgesetz ohne Rückstau, (4.80), der *Teilstrom* $\dot{V}_1$ berechnet:

$$\dot{V}_1 = \mu_1 \cdot \frac{\sqrt{2 \cdot g}}{\sin\delta} \cdot \int_{T_{OK}}^{T} b(t) \cdot t^{1/2} \cdot \mathrm{d}t \qquad (4.82)$$

Vom Unterwasserspiegel UW bis zur Unterkante UK der Ausflussöffnung wird mit vollständigem Rückstau gerechnet. Dabei erhält die TORRICELLI-Beziehung nach der Energiegleichung die Form:

$$\text{E OW–UW} \quad t \cdot g + \frac{p_b}{\varrho} = \frac{p_b + \varrho \cdot g(t - T)}{\varrho} + \frac{c_{th}^2}{2}$$

Hieraus

$$c_{th} = \sqrt{2 \cdot g \cdot T} \quad \text{(TORRICELLI)}$$

Die Ausströmgeschwindigkeit ist im Rückstaubereich konstant. Damit wird der in diesem Bereich überströmende *Teilstrom* $\dot{V}_2$:

$$\dot{V}_2 = \mu_2 \cdot \frac{\sqrt{2 \cdot g \cdot T}}{\sin\delta} \cdot \int_{T}^{T_{UK}} b(t) \cdot \mathrm{d}t \qquad (4.83)$$

Der *gesamte* ausfließende Volumenstrom ist dann näherungsweise:

$$\dot{V} \approx \dot{V}_1 + \dot{V}_2 \qquad (4.84)$$

Für den Sonderfall „rechteckige Öffnung ($b =$ konst) in vertikaler Wand" (4.84) ausgewertet, ergibt mit Beziehung ((4.81) sowie (4.83)) und der Annahme $\mu_1 \approx \mu_2 = \mu$:

$$\dot{V} \approx \mu\sqrt{2g}b\left[\tfrac{2}{3}(T^{3/2} - T_{OK}^{3/2}) + \sqrt{T}(T_{UK} - T)\right]$$
$$\dot{V} \approx \mu\sqrt{2g}b\left[T_{UK}\sqrt{T} - \tfrac{1}{3}T\sqrt{T} - \tfrac{2}{3}T_{OK}\sqrt{T_{OK}}\right]$$
$$\dot{V} \approx \mu\sqrt{2g}b\left[\sqrt{T}\left(T_{UK} - \tfrac{1}{3}T\right) - \tfrac{2}{3}T_{OK}\sqrt{T_{OK}}\right] \qquad (4.85)$$

Bei **vollständigem Rückstau** ist die Geschwindigkeit über dem gesamten Querschnitt konstant und beträgt $c = \varphi \cdot c_{th} = \varphi \cdot \sqrt{2gT}$ mit T dem Spiegelunterschied zwischen OW und UW, da $\Delta p/\varrho = (p_i - p_a)/\varrho = g \cdot T =$ konst, also wie Teilstrom $\dot{V}_2$ vom teilweisen Rückstau.

Für den ausfließenden Volumenstrom gilt dann:

$$\dot{V} = \alpha \cdot A_M \cdot c = \mu \cdot A_M \cdot \sqrt{2gT} \qquad (4.86)$$

4.1.2.4 Übungsbeispiele

Übung 38

Welcher Volumenstrom fließt bei Ü 3 aus, wenn die Klappe entfernt und der Behälterspiegel auf konstanter Höhe gehalten wird? ◀

Übung 39

Überströmung von einem Behälterteil in den anderen durch vorhandene Sohlenöffnung der Trennwand infolge veränderlicher Flüssigkeitsspiegelhöhen bei Anfangshöhenunterschied H. Systemaufbau nach Abb. 4.44.

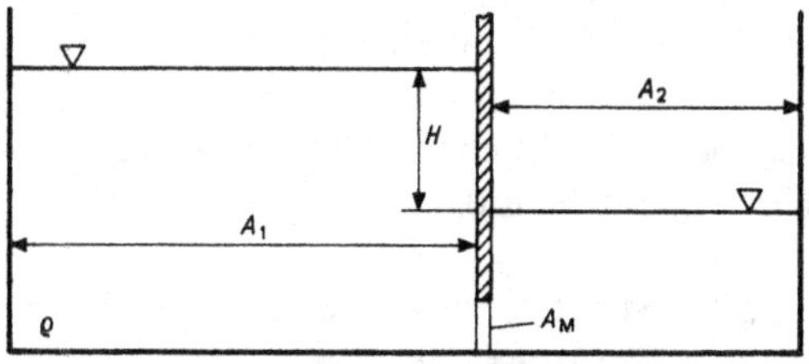

Abb. 4.44 Behälterüberströmung durch Sohlenöffnung. H statt T verwendet (Verwechslungsgefahr)

Bekannt: H, A_1, A_2, A_M, ϱ
Gesucht: Ausgleichszeit T, d. h. Zeit bis zum Angleichen der Spiegel. ◄

4.1.3 Strömungen in Gerinnen

4.1.3.1 Grundsätzliches

Gerinne oder kurz **Rinnen** sind einseitig offene Strömungskanäle.

Die Rinnenströmung gehört zur Gruppe der Innenströmungen. Unterschieden wird zwischen künstlichen und natürlichen Gerinnen.

Künstliche Rinnen sind technisch geschaffene Kanäle und Gräben mit meist regelmäßigem Querschnitt (Rechteck, Trapez, Parabel, Halbkreis u. a.) und starrer (Beton) oder gut befestigter Mantelfläche.

Natürliche Gerinne sind Flüsse und Bäche mit oft stark veränderlichen Querschnitten von wechselnder Wandfläche. Die Rinnenbegrenzungen bestehen dabei ganz oder teilweise aus beweglichen Körpern (Felsbrocken, Geröll, Kies, Sand), wodurch die Wandrauigkeit entscheidend beeinflusst wird. Der Abflussvorgang ist zudem häufig mit einer sog. **Geschiebebewegung** verbunden. Dieses „Geschiebe" der beweglichen Körper beeinflusst die Strömung und erschwert dadurch außerordentlich die rechnerische Behandlung. Daher werden bei der analytischen Darstellung die Gerinnewandungen meist als starr angesehen und die sich demzufolge ergebenden Abweichungen durch experimentell gewonnene Korrekturfaktoren ausgeglichen.

Die Gerinneströmung hat einige gemeinsame Kennzeichen mit der Strömung in geschlossenen Leitungen. Während bei voll ausgefüllten Rohren das Fluid jedoch allseitig von festen Wänden umgeben ist, haben Rinnen eine freie Fluidoberfläche. Der praktisch wichtigste Fall ist die Trennfläche zwischen Wasser und Atmosphäre. Durch den zusätzlichen Freiheitsgrad, die variable Spiegelhöhe, ergeben sich eine Reihe von eigentümlichen Erscheinungen. Infolge dieser zusätzlichen Veränderlichen ist zur exakten analytischen Behandlung neben Energie- und Kontinuitätsgleichung der Impulssatz notwendig (Abschn. 4.1.6).

Einteilung der Gerinneströmungen:

1. Stationäre Strömungen

a) **Gleichförmige Strömungen:** Rinnenprofil sowie Spiegelhöhe gleichbleibend und damit Fließgeschwindigkeit konstant. Die Strömungsgeschwindigkeit c ist deshalb *unabhängig* von Ort und Zeit $\rightarrow c = \text{konst.}$
b) **Ungleichförmige Strömungen:** Rinnenprofil und/oder Spiegelhöhe ändern sich. Fließgeschwindigkeit c daher nicht mehr konstant, sondern eine Funktion des Ortes, d. h. $c = f(s)$. Die Strömung ist konvektiv positiv/-negativ beschleunigt (Abschn. 3.2.2.1), wenn der Querschnitt, meist Spiegelhöhe, in Strömungsrichtung kleiner wird (Abfluss), bzw. verzögert, wenn diese sich vergrößert (Aufstau).

2. Nichtstationäre Strömungen Da die Fließgeschwindigkeit hier von Ort und Zeit abhängig ist, also $c = f(s, t)$, sind diese Strömungen sehr schwierig zu erfassen. Alle dabei an der freien Oberfläche einer Rinnenströmung zu beobachtenden instationären Erscheinungen werden auch als Wellen bezeichnet.

Wasserbewegungen, die sich in Kanälen beim Öffnen oder Schließen von Abschlussorganen (Schieber, Schütze) ausbilden, werden gewöhnlich als **Schwall** bzw. **Sunk**[10], bei Hebung bzw. Senkung des Wasserspiegels, bezeichnet.

[10] Schwall ... schneller örtlicher Pegelanstieg.
Sunk ... schneller lokaler Spiegel-(Pegel-)Abfall.

Bei flachen Gewässern laufen die Wellenberge schneller als die Wellentäler (bedingt durch die Sohlenreibung). Dies hat zur Folge, dass sich die Wellen überstürzen (Brandung).

Geschwindigkeit Analog zur Strömung in geschlossenen Leitungen können auch Gerinneströmungen laminar oder turbulent sein. Die mit dem gleichwertigen Durchmesser gebildete kritische REYNOLDS-Zahl, die den Umschlag kennzeichnet, liegt ebenfalls bei 2320. Praktisch ist jedoch auch bei Rinnenströmungen fast ausschließlich die turbulente Strömungsform bedeutend, da der Umschlagpunkt meist weit überschritten ist.

Die Geschwindigkeitsverteilung bei turbulenter Rinnenströmung verläuft im Gegensatz zur Rohrströmung asymmetrisch. Infolge Fehlen der Symmetrieeigenschaften ist es wesentlich schwieriger, Angaben über den Geschwindigkeitsverlauf zu treffen. An der Sohle und den Wänden des Kanals haftet das Fluid. Der steile Geschwindigkeitsabfall erfolgt wieder in einer schmalen Randzone. Die Maximalgeschwindigkeit liegt nicht im Wasserspiegel, sondern etwas darunter. Bei rechteckigen Kanälen liegt die maximale Fließgeschwindigkeit etwa ein Fünftel der Kanaltiefe T unterhalb der freien Oberfläche, Abb. 4.45. Dies ist bedingt durch die Reibung zwischen dem strömenden Wasser und der an der Spiegelfläche angrenzenden Luft sowie evtl. Bilden von energieverzehrenden Oberflächenwellen. Bei unsymmetrischen Querschnitten tritt das Geschwindigkeitsmaximum nicht in der Gerinnenmitte auf, sondern entsprechend seitlich verschoben. Die mittlere Strömungsgeschwindigkeit ergibt sich aus der Durchflussgleichung $c = \dot{V}/A$. Das Verhältnis von mittlerer Geschwindigkeit c zur Oberflächengeschwindigkeit c_0 beträgt ungefähr $c/c_0 = 0{,}7$ bis $0{,}8$.

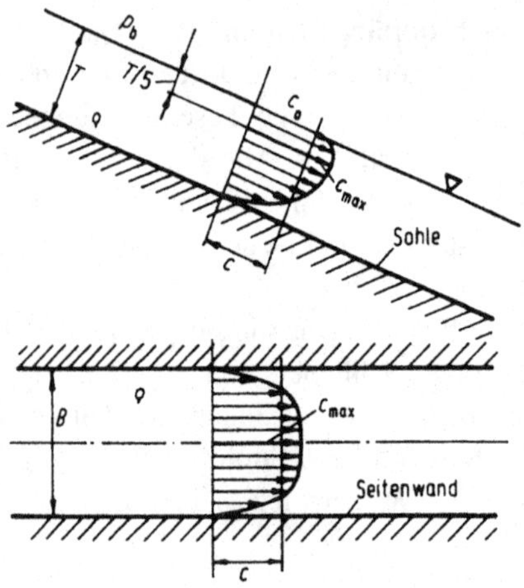

Abb. 4.45 Geschwindigkeitsverteilung in rechteckiger Rinne, c mittlere Fließgeschwindigkeit und T Wassertiefe

4.1.3.2 Gleichförmige stationäre Gerinneströmung

Die gleichförmige stationäre Rinnenströmung tritt bei *kleinen* Gefällen auf, üblicherweise bei etwa 0,1 bis 10 %. Da der Strömungsquerschnitt und damit der Wasserstand erhalten bleibt, sind Spiegel- und Sohlengefälle gleich groß. Das Druckprofil ist in allen Rinnenquerschnitten gleich. Die potenzielle Energie infolge des Gefälles wird ausschließlich zur Überwindung der Strömungswiderstände verbraucht, (4.87).

Die erweiterte Energiegleichung auf eine Rinnenströmung nach Abb. 4.46 angewendet:

EE ①–②:

$$z_1 \cdot g + \frac{p_1}{\varrho} + \frac{c_1^2}{2} = z_2 \cdot g + \frac{p_2}{\varrho} + \frac{c_2^2}{2} + Y_{V,12}$$

Mit $c_1 = c_2 = c$ (da $A_1 = A_2 = A$) und $p_1 = p_2$ wird:

$$g(z_1 - z_2) = Y_{V,12}$$

$$g \cdot \Delta z = \lambda \cdot \frac{\Delta L}{D_{gl}} \cdot \frac{c^2}{2}$$

$$\boldsymbol{\frac{\Delta z}{\Delta L} = \frac{\lambda}{2} \cdot \frac{c^2}{g \cdot D_{gl}}} \qquad (4.87)$$

Diese Beziehung wird als **Fließformel** bezeichnet.

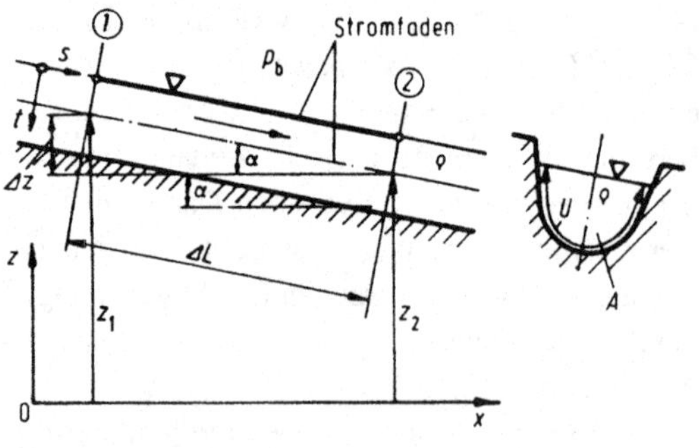

Abb. 4.46 Gleichförmige stationäre Rinnen-Strömung (c = konst.)

Rinnengefälle J (für $\alpha < 8° \rightarrow \gtrapprox 14\,\%$):

$$J = \Delta z/\Delta L = \sin\alpha \approx \tan\alpha$$

Mit (4.87) folgt:

$$\begin{aligned} J &= \frac{\lambda}{2}\cdot\frac{c^2}{g\cdot D_{gl}} \\ &= \frac{\lambda}{2}\cdot\frac{c^2}{g\cdot 4\cdot A/U} + \frac{\lambda}{8}\cdot\frac{U}{A\cdot g}\cdot c^2 \end{aligned} \quad (4.88)$$

Gleichung (4.88) nach der mittleren Fließgeschwindigkeit umgeschrieben, ergibt:

$$c = \sqrt{\frac{8\cdot g}{\lambda}}\cdot\sqrt{\frac{A}{U}\cdot J} \quad (4.89)$$

Diese Beziehung wird als DE **CHÉZYsche**[11] **Fließformel** bezeichnet.

Mit $\zeta = \sqrt{8\cdot g/\lambda}$ **Fließzahl** und $R_{gl} = A/U = D_{gl}/4$ hydraulische Querschnitttiefe, **gleichwertiger Radius** oder Profilradius erhält die Beziehung nach DE CHÉZY, (4.89), die Form:

$$c = \zeta\cdot\sqrt{R_{gl}\cdot J} \quad (4.90)$$

Die **Fließzahl** ζ ist hauptsächlich von Form und Wandbeschaffenheit der Rinne abhängig. Sie kann über die Widerstandszahl λ oder empirische Formeln (BAZIN, KUTTLER) ermittelt werden.

Bei Gerinneströmung gilt für die **Rinnen-Reibungszahl** λ (Anlehnung an die „verwandte" Rohrströmung):

- Laminar:

$$\lambda = 96/Re \quad (4.91)$$

- Turbulent:
  a) Glatt

$$1/\sqrt{\lambda} = 2\cdot\lg(Re\cdot\sqrt{\lambda}) - 1{,}06 \quad (4.92)$$

  b) Rau

$$1/\sqrt{\lambda} = 1 - 2\cdot\lg(k/D_{gl}) \quad (4.93)$$

  c) Übergang

$$1/\sqrt{\lambda} = -2\cdot\lg\left(\frac{3{,}4}{Re\cdot\sqrt{\lambda}} + 0{,}32\cdot\frac{k}{\sqrt{D_{gl}}}\right) \quad (4.94)$$

Die Rauigkeitswerte k der Rinnenwände streuen verständlicherweise sehr stark, Tab. 4.4.

Tab. 4.4 Rauigkeitswerte von Rinnenwänden (Richtwerte)

Wandbeschaffenheit	k in mm
Beton	0,1 bis 30
Mauerwerk	2 bis 30
Erde	10 bis 200
Steine, Kies	100 bis 1000
Fels	200 bis 1000

Empirische Formeln für die Fließzahl nach BAZIN und KUTTLER, falls λ-Wert nicht verfügbar:

$$\zeta = \frac{\beta}{1+\alpha/\sqrt{R_{gl}}} \quad \text{in } \frac{\sqrt{\text{m}}}{\text{s}} \quad (4.95)$$

mit $\beta = 85 \ldots 100\ \sqrt{\text{m}}/\text{s}$ und α nach Tab. 4.5.

Tab. 4.5 Anhaltswerte für Faktor α

Wandaufbau	α in $\sqrt{\text{m}}$
gehobelte Bretter, glatter Beton	0,1
ungehobelte Bretter, Ziegel, Quadermauer	0,2 bis 0,3
rauer Beton, Bruchsteinmauer	0,5 bis 0,8
Pflaster, regelmäßiges Erdbett	0,9 bis 1,0
Erdkanäle in unbefestigtem Erdreich	1,3 bis 1,5
Flussläufe mit Geröll	1,8 bis 2,5

4.1.3.3 Ungleichförmige stationäre Gerinneströmung

Bei konvektiv beschleunigter oder verzögerter Gerinneströmung ändert sich die Fließgeschwindigkeit entlang des Strömungsweges. Da der Volumenstrom jedoch konstant ist (Kontinuitätsbedingung), muss sich der Strömungsquerschnitt und damit die Spiegelhöhe ändern, was infolge der freien Oberfläche möglich. Das Medium ist konvektiv beschleunigt, jedoch nicht transient. Deshalb Bezeichnung ungleichförmig stationär.

Zur analytischen Darstellung des prinzipiellen Verhaltens der ungleichförmigen stationären Rinnenströmung sollen Energie- und Durchflussgleichung auf die reibungsfreie Strömung (ideales

[11] CHÉZY DE, A. (1718 bis 1798).

Fluid) in einem Rechteckkanal angewendet werden, Abb. 4.47. Der Reibungseinfluss schwächt die Erscheinungen, verändert sie jedoch nicht grundsätzlich, weshalb einfachheitshalber weggelassen:

$$\text{E ①–②}\quad z_1 \cdot g + \frac{p_1}{\varrho} + \frac{c_1^2}{2} = z_2 \cdot g + \frac{p_2}{\varrho} + \frac{c_2^2}{2}$$

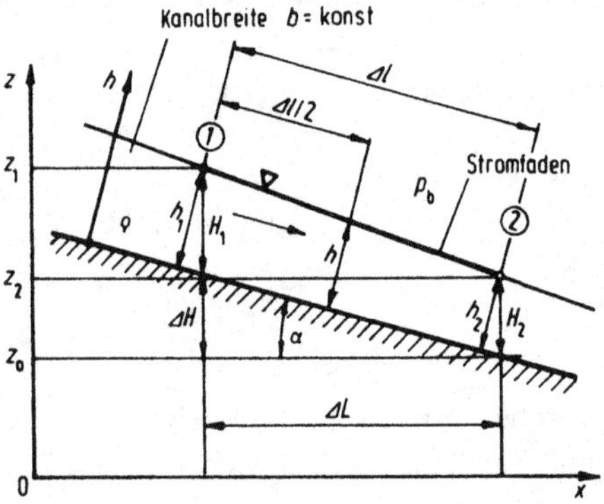

Abb. 4.47 Ungleichförmige Strömung, Geschwindigkeit $c \neq$ konst., in einer Rechteckrinne konstanter Breite ($b_1 = b_2 = b =$ konst.).
Mittenwerte bei $\Delta L/2$; d. h. auf halbem Fließweg

Mit

$$z_1 = z_0 + \Delta H + H_1; \quad p_1 = p_b$$
$$z_2 = z_0 + H_2; \quad p_2 = p_b$$

wird

$$g(\Delta H + H_1) + \frac{c_1^2}{2} = g \cdot H_2 + \frac{c_2^2}{2}$$

$$H_2 - H_1 - \frac{c_1^2 - c_2^2}{2 \cdot g} = \Delta H \tag{4.96}$$

Bei natürlichen Gewässern ist α in der Regel klein ($\alpha < 10°$). Deshalb gilt in guter Näherung:

$$H_1 \approx h_1; \quad \Delta l \approx \Delta L$$
$$H_2 \approx h_2; \quad \tan\alpha = \Delta H/\Delta L$$
$$\approx \sin\alpha = \Delta H/\Delta l$$

Damit ergibt sich aus (4.96) angenähert:

$$h_2 - h_1 - \frac{c_1 + c_2}{2} \cdot \frac{c_1 - c_2}{g} \approx \Delta l \cdot \tan\alpha \tag{4.97}$$

Weiter werden eingeführt:

1. Mittenwerte, d. h. Größen auf halbem Strömungsweg:
   Mitten-Geschwindigkeit

$$c = (c_1 + c_2)/2 \tag{4.98}$$

   Mitten-Fluidhöhe

$$h = (h_l + h_2)/2 \tag{4.99}$$

2. Durchflussgleichung:

$$\dot{V} = c_1 \cdot b \cdot h_1 \rightarrow c_1 = \frac{\dot{V}}{b \cdot h_1}$$

$$\dot{V} = c_2 \cdot b \cdot h_2 \rightarrow c_2 = \frac{\dot{V}}{b \cdot h_2}$$

$$\rightarrow c_1 - c_2 = \frac{\dot{V}}{b}\left(\frac{1}{h_1} - \frac{1}{h_2}\right)$$

$$\dot{V} = c \cdot b \cdot h \rightarrow \frac{\dot{V}}{b} = c \cdot h$$

Daraus

$$c_1 - c_2 = c \cdot h\left(\frac{1}{h_1} - \frac{1}{h_2}\right) = c\frac{h}{h_1 \cdot h_2}(h_2 - h_1)$$

Mit der weiteren meist zulässigen Näherung $h^2 \approx h_1 \cdot h_2$ wird:

$$c_1 - c_2 = \frac{c}{h} \cdot (h_2 - h_1) \tag{4.100}$$

Die Beziehungen (4.98) und (4.100) in (4.97) eingesetzt, führt zu:

$$h_2 - h_1 - \frac{c^2}{g \cdot h} \cdot (h_2 - h_1) \approx \Delta l \cdot \tan\alpha$$

$$(h_2 - h_1) \cdot \left(1 - \frac{c^2}{g \cdot h}\right) \approx \Delta l \cdot \tan\alpha$$

$$\boldsymbol{\frac{h_2 - h_1}{\Delta l} \approx \frac{\tan\alpha}{1 - c^2/(g \cdot h)}} \tag{4.101}$$

Mit der FROUDE-Zahl $Fr = c/\sqrt{g \cdot h}$ gemäß (3.38) (Abschn. 3.3.1.3) und der Fluidtiefen-Differenz $\Delta h = h_2 - h_1$ (Spiegelhöhenunterschied) erhält (4.101) für das Gefälle der freien Oberfläche die Form:

$$\frac{\Delta h}{\Delta l} = \frac{\tan\alpha}{1 - Fr^2} \tag{4.102}$$

Die theoretische Näherungsfunktion, (4.101) bzw. (4.102), für die Ausbildung der Wasseroberfläche besitzt eine Unstetigkeitsstelle:

Es geht $\frac{\Delta h}{\Delta l} \to \infty$ für $1 - Fr^2 \to 0$.

Für diese Sprungstelle, d. h. $\Delta h > 0$ bei $\Delta l \to 0$, wird somit $1 - Fr^2 = 0$, hieraus

$$Fr = \frac{c}{\sqrt{g \cdot h}} = 1 \tag{4.103}$$

Die Herleitung ergibt: Die ideale Flüssigkeit der Gerinneströmung führt an der Stelle, bei der Fr auf den Wert 1 abfällt, einen sog. **Wasser-** oder **Wechselsprung** aus, mit einer theoretisch unendlich großen Steigung gemäß einer Sprungfunktion. Die Fließgeschwindigkeit, bei der dies geschieht, folgt aus (4.103) und wird als **Schwallgeschwindigkeit** bezeichnet:

$$\boldsymbol{c_{gr} = \sqrt{g \cdot h}} \tag{4.104}$$

Diese Grenzgeschwindigkeit ist identisch der Fortpflanzungsgeschwindigkeit flacher Wellen, d. h. der Geschwindigkeit, mit der sich Flachwasser-Schwerewellen in stehenden Gewässern der Höhe bzw. Tiefe h waagrecht ausbreiten, die sog. Grundwellengeschwindigkeit.

Wie die Ableitung zeigt, sind bei der ungleichförmigen stationären Gerinneströmung drei Fließfälle zu unterscheiden:

Fall 1: $c < c_{gr} \to \Delta h > 0$, also $h_2 > h_1$ bei $\Delta l > 0$
Strömender Abfluss, oder kurz **Strömen** (Flüsse).

Fall 2: $c > c_{gr} \to \Delta h < 0$, also $h_2 < h_1$ bei $\Delta l > 0$
Schießender Abfluss, oder kurz **Schießen** (Wildwasser).

Fall 3: $c = c_{gr} \to \Delta h > 0$, also $h_2 > h_1$ bei $\Delta l = 0$
Wassersprung. Unstetigkeitsposition → Instabile Übergangssituation von Fall 2 auf 1.

Der Wassersprung tritt nur beim Wechsel von schießendem zu strömendem Abfluss auf, jedoch nicht umgekehrt.

Reale Fluide können keinen Sprung mit unendlicher Steigung gemäß einer Sprungfunktion ausführen. Der *Wassersprung* bildet sich deshalb wegen Trägheit und Reibung oft mit *Deckwalze* oder gewellter Oberfläche aus, wie in Abb. 4.48 prinzipiell dargestellt. Die Weglänge auf der sich der Wassersprung ausbildet, entspricht etwa dem Maß der Sprunghöhe.

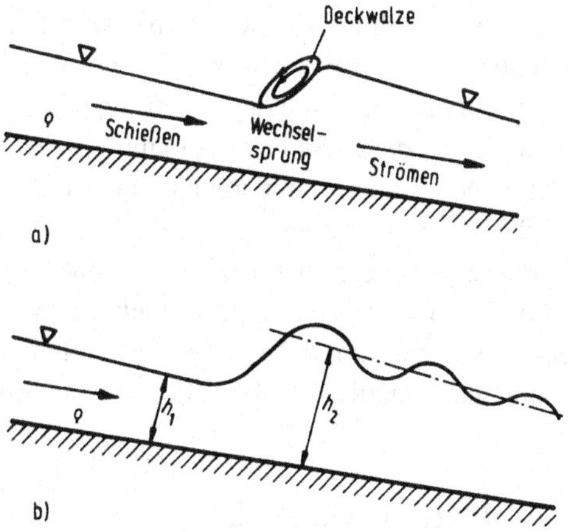

Abb. 4.48 Wechselsprung (Prinzipdarstellung). a) mit Deckwalze, b) ohne Deckwalze

Bei großer Sprunghöhe entsteht eine sehr starke Deckwalze. Die Energieverluste infolge diesem Wirbel sind erheblich.

Gerät eine reale Flüssigkeit wegen zu starkem Gefälle ins Schießen, bildet sich, durch irgendwelche Störung ausgelöst, ein Wassersprung. Die Spiegelhöhe steigt plötzlich an, und die Strömungsgeschwindigkeit fällt infolge der Querschnittszunahme unter die Schwallgeschwindigkeit. Das Strömen hält dann solange an, bis das Fluid bei großem Gefälle infolge Beschleunigung wieder ins Schießen kommt, also die Schwallgeschwindigkeit erneut überschreitet und sich anschließend gegebenenfalls ein neuer Wassersprung ausbildet. Wassersprünge werden durch mehr oder weniger kleine/große Hindernisse ausgelöst, z. B. Sohlenstufen, Gefälleknicke, Pfeilerbauten, Sohlenunebenheiten, Steine u. dgl.

Durch den Wechselsprung ändert sich auch der Druck im Wasser. In gleicher Höhe über der

Sohle ist der hydrostatische Druck infolge der wechselnden Spiegelhöhe nach dem Sprung größer als davor.

Beim Wassersprung handelt es sich um einen unstetigen Vorgang. Solche Unstetigkeiten treten in der Natur vielfach auf. Ein analoger Vorgang ist der Verdichtungsstoß bei Gas- und Dampfströmungen (Abschn. 5.4.2).

Bei Gerinnen mit Querschnittsänderung kann je nach Gegebenheiten eine ungleichförmige Strömung mit oder ohne Wechsel der Fließweise (Strömen ↔ Schießen) auftreten. Die theoretische Behandlung solcher Probleme ist insbesondere beim Pfeilerstau sehr schwierig, da es sich um ein Widerstandsproblem handelt, bei dem nicht nur die Flüssigkeitsreibung eine Rolle spielt, sondern auch die Vorgänge an der freien Oberfläche (Wellenwiderstand).

Instationäre Vorgänge (Schwall, Sunk) sind nochmals um einige Stufen verwickelter und entziehen sich deshalb letztlich der vollständigen exakten mathematisch-analytischen Darstellung.

4.1.4 Plattenströmungen (eindimensionale Außenströmungen)

4.1.4.1 Grundsätzliches

Der Widerstand von Platten in einem Strömungsfeld hängt wesentlich von der Anströmrichtung ab. Hier sollen nur längs angeströmte, plattenförmige Körper, Abb. 4.49, behandelt werden. Die Umströmung solcher dünner Körper ($t \ll L$) gilt als eindimensional. Quer angeströmte Platten und Widerstandskörper sind in Abschn. 4.3.2 beschrieben.

Wie bei der Rohrströmung (Innenströmung) ist auch bei der Plattenlängsströmung die Art der Grenzschicht und die Oberflächenrauigkeit von entscheidender Bedeutung. Die Grenzschichtausbildung umströmter Platten wurde in Abschn. 3.3.3 dargestellt (Abb. 3.20).

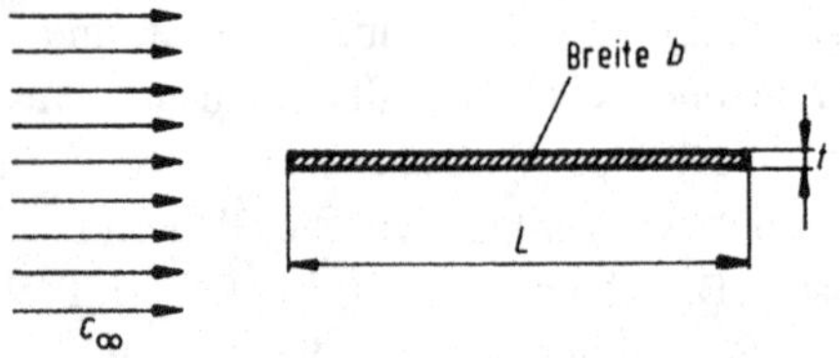

Abb. 4.49 Längs angeströmte Platte (Dicke t klein gegenüber der Länge L). $Re_L = c_\infty \cdot L/\nu$

Unter der zulässigen grundlegenden Annahme, dass in der Grenzschicht der Platte die gleiche Geschwindigkeitsverteilung vorhanden ist wie bei der Rohrströmung, führte PRANDTL umfangreiche Berechnungen durch. Weitere Untersuchungen anderer Forscher sind in SCHLICHTING [40] ausführlich dargestellt. Einige Ergebnisse werden ohne Begründung zusammengefasst wiedergegeben, um den Umfang der Ausführungen zu begrenzen.

4.1.4.2 Glatte Platte (technisch glatt)

Vorbemerkung

Die **Widerstandskraft** $F_{W,R}$ infolge der Fluidreibung ist wieder fast ausschließlich von der Art der Grenzschicht und damit der REYNOLDS-Zahl abhängig.

4.1.4.2.1 Laminare Grenzschicht über die gesamte Plattenlänge

Bedingung für diesen sog. **unterkritischen Fall**:

$$Re_L = c_\infty \cdot L/\nu < Re_{kr} \quad \text{mit } \nu = \eta_\infty/\varrho_\infty,$$

wobei $\eta_\infty \equiv \eta$ (auch ϱ und ν oft ohne Index ∞) sowie $Re_{kr} = (3 \text{ bis } 5) \cdot 10^5$ (bis $3 \cdot 10^6$) laut (3.52a)–(5.52c).

Bezugswerte sind somit stets die der ungestörten Anströmung, d. h. der Bewegung zwischen Medium und Körper. In diesem *Re*-Bereich gelang es BLASIUS bei einigen guten Näherungsfestlegungen die PRANDTLsche Grenzschicht-Gleichung (Abschn. 4.3.1.4) zu lösen [37, 40]. Diese mathematisch anspruchsvolle Herleitung liefert die Widerstandskraft $F_{W,R}$ infolge Reibung (Zweitindex R) für die gesamte Platte, d. h. bei $L \leq L_{kr}$ und vernachlässigbarer Dicke ($t \to 0$) gemäß Abb. 3.20 sowie 4.49:

$$F_{W,R} = 1{,}328 \cdot b \cdot \sqrt{c_\infty^3 \cdot \eta_\infty \cdot \varrho_\infty \cdot L} \quad (4.105)$$

Der Reibungswiderstand ist proportional der Potenz $3/2$ der ungestörten Strömungsgeschwindigkeit c_∞ und der Wurzel aus der Plattenlänge L.

Die hinteren Plattenbereiche tragen weniger zum Gesamtwiderstand bei als die vorderen, da sie im Gebiet dickerer Grenzschicht und damit kleinerem Geschwindigkeitsgradienten liegen.

Hinweis: Index ∞ kennzeichnet die Werte der ungestörten Anströmung. Diese unbeeinflussten Verhältnisse sind theoretisch nur in unendlichem Abstand vor der Störung vorhanden, da der Körper auch voraus (stromaufwärts) auf die Zuströmung wirkt, und zwar theoretisch bis ins Unendliche. Die vom Körper ausgehenden Störungen werden mit Fluidschallgeschwindigkeit in der Strömung weitergeleitet und dadurch die vorhandene Störstelle, z. B. die Platte, der Zuströmung „angekündigt". Tatsächlich sind die Störungen jedoch schon in geringem Abstand stromaufwärts infolge Reibung abgeklungen, d. h. also vor dem Körper vernachlässigbar klein. Trotzdem wurde der Index ∞ als Kennzeichen für die ungestörten Strömungs- und Mediums-Größen eingeführt, allerdings nicht durchgängig.

Wird (4.105) durch Erweitern so umgeschrieben, dass die auf die Plattenlänge L bezogene REYNOLDS-Zahl, Re_L erscheint, ergibt sich:

$$F_{W,R} = 1{,}328 \cdot b \sqrt{c_\infty^4 \cdot L^2 \cdot \varrho_\infty^2 \cdot \frac{\eta_\infty/\varrho_\infty}{c_\infty \cdot L}}$$

$$= \frac{1{,}328}{\sqrt{Re_L}} \cdot b \cdot L \cdot \varrho_\infty \cdot c_\infty^2$$

$$F_{W,R} = \frac{1{,}328}{\sqrt{Re_L}} \cdot 2 \cdot b \cdot L \cdot \varrho_\infty \cdot \frac{c_\infty^2}{2} \qquad (4.106)$$

Gleichung (4.106) ist das sog. **BLASIUSsche Widerstandsgesetz** der Plattenströmung.

Mit dem dimensionslosen Widerstandsbeiwert der Flächenreibung

$$\boldsymbol{\zeta_{W,R} = 1{,}328/\sqrt{Re_L}} \qquad (4.107)$$

und der **benetzten Oberfläche** $\boldsymbol{A_0 = 2 \cdot b \cdot L}$, da gemäß (4.105) beide Plattenseiten beströmt sind, ergibt sich die allgemeine Form der Gleichung für die reibungsbedingte Widerstandskraft der Plattenumströmung aus (4.106):

$$\boldsymbol{F_{W,R} = \zeta_{W,R} \cdot \varrho_\infty \cdot \frac{c_\infty^2}{2} \cdot A_0} \qquad (4.108)$$

Bezeichnung: **Widerstand-Beziehung**(-Formel oder -Gleichung) der Fluidreibung bei Außenströmung (Umströmung).

Die **Strömungs-Reibungskraft** $F_{W,R} = \zeta_{W,R} \cdot q_\infty \cdot A_0$ ist demnach allgemein vom Anströmungs-Staudruck $q_\infty = \varrho_\infty \cdot c_\infty^2/2$ der beströmten (benetzten) Oberfläche A_0 und einem von der REYNOLDS-Zahl abhängigen Widerstandsbeiwert $\zeta_{W,R}$ bestimmt.

Bemerkung: Beziehung (4.108) lässt sich als Ansatz auf alle Arten von Körpern – Widerstand- und Auftriebskörper – verallgemeinern (Abschn. 4.3.2 und 4.3.3) und ist daher generell die **Widerstands-Grundformel der Außenströmung**:

$$F_W = \zeta_W \cdot A_W \cdot \varrho_\infty \cdot w_\infty^2/2 \qquad (4.108a)$$

Der zugehörige experimentell zu ermittelende Widerstandsbeiwert ζ_W, auch als C_W bezeichnet, ist auf die Fläche A_W (Widerstandsbezugsfläche) bezogen und abhängig von REYNOLDSzahl $Re = L \cdot w_\infty/\nu_\infty$ mit $\nu_\infty = \eta_\infty/\varrho_\infty$ sowie Relativgeschwindigkeit w_∞.

Strömungskräfte an Körpern können somit technisch immer dargestellt werden durch Produkt aus Beiwert, Bezugsfläche und Staudruck der zugehörigen ungestörten Relativgeschwindigkeit $\vec{w}_\infty = \vec{c}_\infty - \vec{c}_{\text{Körper}}$ zwischen Umgebung und Körper (Abschn. 4.3.2 und 4.3.3) der Umströmung und deren Stoffwerte ($\varrho_\infty, \eta_\infty$).

4.1.4.2.2 Turbulente Grenzschicht über die gesamte Plattenlänge

Für den Widerstandsbeiwert in (4.108) tritt bei diesem sog. **kritischen Fall** an Stelle von (4.107) die Beziehung die sich aus dem 1/7-Potenzgesetz für die Geschwindigkeitsverteilung in der Grenzschicht ergibt:

$$\boldsymbol{\zeta_{W,R} = 0{,}074 \cdot Re_L^{-1/5}} \qquad (4.109)$$

Gültigkeitsbereich: $Re_{kr} \le Re_L \le 10^7$

Dieser Fall tritt praktisch nicht auf, da am Körper-, d. h. Plattenanfang immer eine laminare Anfangsstrecke vorhanden ist, falls keine besonderen Stolperstellen (Abschn. 3.3.4) angebracht sind. Er ist deshalb in der Regel nur durch entsprechende Versuchsanordnungen zu verwirklichen; in Windkanälen, Abb. 6.49.

4.1.4.2.3 Turbulente Grenzschicht mit laminarer Anlaufstrecke

Wie in Abschn. 3.3.3 (Abb. 3.20) ausgeführt, ist die Grenzschicht anfänglich (vom Plattenbeginn an) laminar und schlägt ab der kritischen Strömungslänge $s_{\text{kr}} = Re_{\text{kr}} \cdot \nu / c_{\infty}$ in turbulente um, sog. **überkritischer Fall**.

Da der Widerstand bei turbulenter Grenzschicht größer ist als bei laminarer, wird durch die laminare Anlaufstrecke der Gesamtwiderstand der beströmten Platte herabgesetzt. Diese Widerstandsverminderung gilt nach PRANDTL.

PRANDTL ging davon aus, dass die turbulente Grenzschicht hinter dem Umschlagspunkt sich so verhält, als wäre sie von der Plattenvorderkante an turbulent gewesen. Dann ist von dem Gesamtwiderstand bei vollständig turbulenter Grenzschicht auf der ganzen Plattenlänge der turbulente Widerstand des Plattenstückes s_{kr}, Anfang bis Umschlagstelle, abzuziehen und dafür der laminare Widerstand des gleichen Plattenlängenstückes hinzuzuzählen bzw. die Differenz abzuziehen. Das ergibt:

a) Unter Zugrundelegen des **1/7-Potenzgesetzes**, (4.17), für die Geschwindigkeitsverteilung in der Grenzschicht, entsprechend (4.109):

$$\zeta_{\text{W,R}} = \frac{0{,}074}{\sqrt[5]{Re_{\text{L}}}} - \frac{B}{Re_{\text{L}}} \tag{4.110}$$

Gültigkeitsbereich: $Re_{\text{kr}} \leq Re_{\text{L}} \leq 10^7$

b) Nach dem **logarithmischen Gesetz** für die Geschwindigkeitsverteilung (gemäß Abschn. 4.1.1.3.3):

$$\zeta_{\text{W,R}} = \frac{0{,}455}{(\lg Re_{\text{L}})^{2{,}58}} - \frac{B}{Re_{\text{L}}} \tag{4.111}$$

Gültigkeitsbereich: $Re_{\text{kr}} \leq Re_{\text{L}} \leq 10^9$

Bis $Re_{\text{L}} = 10^7$ stimmen die Ergebnisse der Gleichungen (4.110) und (4.111) nahezu überein.

Die **Konstante *B*** in den Formeln (4.110) und (4.111) ist von der Lage des Umschlagpunktes,

Tab. 4.6 Konstante B zur Berücksichtigung der laminaren Anlaufstrecke

Re_{kr}	$3 \cdot 10^5$	$5 \cdot 10^5$	$1 \cdot 10^6$	$3 \cdot 10^6$
B	1050	1700	3300	8700

also von der kritischen REYNOLDS-Zahl abhängig und in Tab. 4.6 angegeben.

Gleichung (4.111) ist das **PRANDTL-SCHLICHTINGsche Widerstandsgesetz** der längsangeströmten glatten Platte.

Hinweis: Im Zweifelsfall ist der ungünstigere Wert der beiden Beziehungen (4.110) und (4.111) zu verwenden (sog. sichere Seite).

4.1.4.3 Raue Platte

Bei den meisten technischen Anwendungen der Plattenströmung (Schiffe, Flugzeuge, Strömungsmaschinenschaufeln) ist die Wand nicht fluidtechnisch (kurz technisch) glatt, d. h. nicht hydraulisch glatt. Die Strömung an der rauen Platte ist deshalb praktisch ebenso bedeutungsvoll wie die Strömung im rauen Rohr.

An Stelle der relativen Rauigkeit k_{s}/D des Rohres tritt bei der Platte das Verhältnis k_{s}/δ. Der wesentliche Unterschied zwischen rauem Rohr und rauer Platte besteht dadurch darin, dass bei konstantem k_{s} die relative Rauigkeit k_{s}/D längs des Rohres ebenfalls konstant ist, wogegen die relative Rauigkeit k_{s}/δ längs der Platte abnimmt, da die Grenzschichtdicke δ stromabwärts wächst. Die Folge ist, dass die vorderen und hinteren Platteile sich bezüglich des Rauigkeitswiderstandes verschieden verhalten. Deshalb wird meist an Stelle von k_{s}/δ der konstante Quotient k_{s}/L gesetzt, mit L ... Plattenlänge. Das ergibt den weiteren Vorteil: Es kann mit der bekannten Plattenlänge gerechnet werden, während die Grenzschichtdicke nur schwer und ungenau zu ermitteln ist.

Wird einfachheitshalber wieder davon ausgegangen, dass die turbulente Grenzschicht bereits an der Plattenvorderkante beginnt, ausgelöst durch die Plattenecken als Turbulenzstellen, liegt vorn an der Platte, wo k_{s}/δ groß ist, zunächst über eine gewisse Lauflänge voll ausgebildete **Rauigkeitsströmung** vor. Danach folgt das sog. Übergangsgebiet und, anschließend weiter stromabwärts, falls die Platte lang genug ist, noch ein Bereich hydraulisch glatter, d. h. technisch glatter Strömung ($k_s \leq \delta_u$, Abb. 3.20).

Für diese Strömung entlang gleichmäßig rauer Platte gilt, unter der Annahme turbulenter Grenzschicht ab Vorderkante, für den Widerstandsbeiwert nach SCHLICHTING [40] folgende Interpolationsformel, die jedoch auch bei laminarer Anlaufstrecke, Umschlag und dann turbulentem Teil (üblicher überkritischer Fall) meist näherungsweise verwendet werden kann:

$$\zeta_{W,R} = \left(1{,}89 - 1{,}62 \cdot \lg \frac{k_s}{L}\right)^{-2{,}5} \quad (4.112)$$

Gültigkeitsbereich: $10^{-6} \leq k_s/L \leq 10^{-2}$

In Abb. 6.42 ist $\zeta_{W,R} = f(Re, k_s/L)$ aufgetragen, wobei für den rauen Bereich (4.112) verwendet wurde.

Der Widerstand verringert sich, wenn es gelingt, die Strömung auf großem Stück der beströmten Fläche laminar zu halten. Diesem Bestreben kommt der Umstand entgegen, dass beschleunigte Strömung, z. B. entlang gekrümmter Platten (Abb. 3.21), leichter laminar gehalten werden kann, als verzögerte. Auch liefern Experimente die Erkenntnis, dass die Widerstandszahl mit steigender, auf die Plattenlänge bezogener REYNOLDS-Zahl abnimmt. Dies begründet sich durch die in Strömungsrichtung und damit der Plattenlänge wachsenden Grenzschichtdicke. Je dicker die Grenzschicht ist, desto geringer ist der Geschwindigkeitsgradient (Abschn. 1.3.5) und damit auch die örtliche Reibung (1.15). Die vorderen Plattenteile tragen daher am meisten zum Gesamtwiderstand bei. Aus diesem Grund hat eine rechtwinklige Platte den geringsten Widerstand, wenn sie längs angeströmt wird, d. h. in Richtung ihrer längsten Kante. Des Weiteren bleibt bei turbulenter Strömung ab einer gewissen *Re*-Zahl der Widerstandsbeiwert etwa konstant. Wird die REYNOLDS-Zahl über diese von der relativen Rauigkeit abhängige Grenze hinaus erhöht, ändert sich der Widerstandsbeiwert praktisch nicht mehr (Abb. 6.42). Der Grund liegt wie bei der Rohrströmung darin, dass die viskose Unterschicht (Laminarschicht, Abb. 3.19) äußerst dünn geworden ist und sich nicht weiter verringert. Alle Rauigkeitsspitzen können jetzt ihre Friktionswirkung durch Kleinwirbelbildung voll entfalten, jedoch nicht mehr weiter steigern. Es kommt zur voll ausgebildeten Turbulenz, die ständig durch stochastische lokale „Mikrowirbel"-Bildung und deren Ablösung an den Rauigkeitsspitzen angefacht und dadurch aufrecht erhalten wird (Wirbelwiderstand). Der Widerstandsbeiwert ebener Platten verhält sich bis zu einer bestimmten *Re*-Zahl also so, als ob diese rauigkeitsfrei wäre (glatter Bereich); er nimmt ab wegen Bezug auf c^2. Die Rauigkeiten liegen noch vollständig innerhalb der linearen Unterschicht, deren Dicke etwa 2 bis 8 % der von der gesamten Grenzschicht beträgt. Mit weiter steigender REYNOLDS-Zahl wächst der Widerstandsbeiwert wieder bis zu einem bestimmten Wert an (Übergangsbereich), um anschließend bei höherer *Re*-Zahl konstant zu bleiben (rauer Bereich, Abb. 6.42).

Nach Messungen kann z. B. für werftneue Schiffe (Farbanstrich geringer Rauigkeit) durchschnittlich eine äquivalente Sandrauigkeit von $k_s = 0{,}4$ mm zugrunde gelegt werden. Dem Wert entspricht infolge der großen Länge und damit hohen REYNOLDS-Zahl eine Widerstandserhöhung durch Rauigkeit um etwa 20 bis 50 % gegenüber technisch, d. h. hydraulisch glatter Wand. Die Rauigkeitserhöhung durch Bewuchs der Schiffswände wirkt sich mit bis zu 90 % Widerstandserhöhung besonders nachteilig aus.

Bei Strömungsmaschinen spielt die Wandrauigkeit ebenfalls eine wichtige Rolle. Die üblicherweise bei vertretbarem Aufwand erzielbare Wandglätte reicht meist nicht aus, um hydraulisch, also technisch glatte Strömung zu verwirklichen.

Anstriche bei Fahr- und Flugzeugen führen, wie Messungen zeigen, zu äquivalenten Sandrauigkeiten von $k_s = 0{,}002$ bis 0,2 mm.

Wie bereits erwähnt (Abschn. 4.1.1.3.3), beträgt die Sandrauigkeit k_s bis etwa das 1,6-fache der geometrischen Rauigkeitserhöhungen, also $k_s = (1 \text{ bis } 1{,}6) \cdot k$.

Die Zusatzwiderstände infolge Rauigkeit sind im Unterschallbereich unabhängig von der MACHschen Zahl.

Nach W. PASCHKE gelten die Gesetzmäßigkeiten für die Strömung an rauen Wänden auch für den natürlichen Wind entlang dem Erdboden. Die wirksame Rauigkeitshöhe infolge verschiedenem Pflanzenbewuchs konnte durch Ausmessen der Geschwindigkeitsverteilung in den bodennahen Schichten ermittelt werden. Dabei ergab sich, dass die zugehörige äquivalente Sandrauigkeit hierbei etwa das vierfache der *natürlichen Rauigkeit* beträgt, also $k_s \approx 4 \cdot k$.

Bei *gleichmäßigen Rauigkeiten*, z. B. Oberflächen in technischer Ausführung von Metallen, Kunststoffen, hochwertigem Beton und Asbestzement (Tab. 6.15 und Abb. 6.44), kann dagegen in guter Näherung wieder die technische (natürliche) Rauigkeit k günstigenfalls etwa gleich der Sandrauigkeit k_s gesetzt werden, also $k_s \approx k$ (vgl. Abschn. 4.1.1.3.3).

Bemerkung: Eine geplante Solaranlage für ein Bodenseeschiff benötigte insgesamt 15 t Masse, was 4 cm mehr Tiefgang bewirkte. Die dadurch erhöhte Bewegungsreibung gegenüber dem Wasser erforderte zusätzlich jährlich 20.000 kg Treibstoff. Ergebnis: Negative Energiebilanz, d. h. der „Kraftmehrbedarf" wäre höher als die gewinnbare Sonnenenergie.

4.1.4.4 Zulässige Rauigkeit

Als **zulässige Rauigkeit** k_{zul} wird die Rauigkeitshöhe festgelegt, die gerade noch keine Widerstandserhöhung gegenüber der beströmten glatten Wand ergibt, sich also technisch glattes Verhalten einstellt. Dies ist dann der Fall, wenn, wie erwähnt, die Höhe der Rauigkeiten k geringer ist als die Dicke der laminaren Unterschicht δ_u, also $k \le \delta_u$ (Abschn. 3.3.3.4). Die Kenntnis der zulässigen Rauigkeit ist wichtig als Grenze, bis zu der es aus strömungstechnischen Gründen sinnvoll ist, Wände zu glätten. Nur bei turbulenter Grenzschicht wichtig, da bei laminarer diese üblichen Rauigkeiten bekanntlich ohne Reibungseinfluss, sonst Umschlag (laminar in turbulent).

Bei **turbulenter Grenzschicht** wirken Rauigkeiten als hydraulisch, d. h. technisch glatt, wenn sie ganz in der laminaren Unterschicht liegen. Deren Dicke ist, wie ausgeführt, nur ein sehr geringer Bruchteil der gesamten turbulenten Grenzschichtdicke.

Analog zur Rohrströmung liegt nach SCHLICHTING *technisch (hydraulisch) glattes Verhalten vor*, wenn für den zulässigen Wert der **Kornkennzahl** $c_\infty \cdot k/\nu$ erfüllt ist:

$$c_\infty \cdot k_{\text{zul}}/\nu \le 100 \quad \text{oder} \tag{4.113}$$

$$\boldsymbol{k_{\text{zul}} \le 100 \cdot \nu / c_\infty} \tag{4.114}$$

Die *zulässige Rauigkeit* k_{zul} entspricht der Dicke der laminaren Unterschicht. Sie ist deshalb unabhängig von der Plattenlänge und wird lediglich von der Strömungsgeschwindigkeit und der Art des Mediums (kinematische Viskosität ν) bestimmt. Sie wird gemäß (4.114) umso kleiner, je höher die Strömungsgeschwindigkeit ist (Abschn. 4.1.1.3.4).

Aus dieser Kenngröße, (4.113), ergibt sich mit der auf die Plattenlänge L bezogenen REYNOLDS-Zahl $Re_L = c_\infty \cdot L/\nu$ die *relative zulässige Rauigkeit*

$$k_{\text{zul}}/L \le 100/Re_L \tag{4.115}$$

Die Formel (4.115) gibt nur einen Wert k_{zul} für die gesamte Plattenlänge. Wegen der geringen Grenzschichtdicke vorn an der Platte ist dort jedoch auch die zulässige Rauigkeit geringer als weiter stromabwärts. Versuche zeigen aber, dass dieser Einfluss jedoch oft bedeutungslos bleibt.

Abb. 6.42 enthält ein Diagramm von SCHLICHTING, in dem die zulässigen Rauigkeitserhöhungen für verschiedene Anwendungen (Schiffe, Flugzeuge, Strömungsmaschinenschaufeln) eingetragen sind. Darüber hinaus gibt die ebenfalls auf SCHLICHTING [40] zurückgehende Tab. 6.16 eine Zusammenstellung von einigen Beispielen, die mit Hilfe von Abb. 6.43 berechnet sind.

Für *Schiffe* liegen demnach die zulässigen Rauigkeiten bei einigen hundertstel Millimetern. Diese sind praktisch nicht erreichbar, sodass bei Schiffen immer mit einer beträchtlichen Widerstandserhöhung durch Rauigkeit zu rechnen ist. Durch Bewuchs (Algen, Muscheln) kann sich im Normalbetrieb der Schiffswiderstand, wie erwähnt, schon innerhalb eines Jahres fast verdoppeln, bei länger andauernder Liegezeit sogar noch mehr.

Bei *Flugzeugtragflächen* liegen die zulässigen Rauigkeiten zwischen 1/100 und 1/10 mm, die bei sorgfältiger Oberflächenbehandlung erreichbar sind. Bei *Modelltragflächen und Ge-*

bläseschaufeln, deren zulässige Rauigkeitshöhe ebenfalls zwischen 0,01 und 0,1 mm liegen, sind hydraulisch glatte Oberflächen ohne weiteres verwirklichbar.

Bei *Dampfturbinenschaufeln* liegen die REYNOLDS-Zahlen trotz der kleinen Abmessungen, infolge großer Geschwindigkeiten und Drücke (auch ν klein), verhältnismäßig hoch. Infolgedessen sind die zulässigen Rauigkeiten sehr klein. Die mit 1/5000 bis 1/500 mm notwendigen Rauigkeiten für technisch glattes Strömungsverhalten sind selbst an fabrikneuen Schaufeln kaum erreichbar. Nach einiger Betriebszeit werden diese Werte wegen Korrosion und Salzablagerungen sichtlich überschritten. Der Einfluss der Rauigkeit auf die Strömungsverluste hängt zudem stark von dem in der jeweiligen Dampfturbinen-Stufe verarbeiteten Druckgefälle und dem Reaktionsgrad ab.

Die bisherigen Betrachtungen gelten nur für *dicht stehende* Rauigkeiten, die etwa der Sandrauigkeit entsprechen. Für dünn oder ungleich verteilte Rauigkeitshöhen und bei Wandwelligkeit dürfen die zulässigen Rauigkeiten etwas größer sein.

Kritische Rauigkeit Als *kritische Rauheit* wird diejenige Rauigkeit bezeichnet, die den Umschlag laminar-turbulent bewirkt (Stolperstellen). Die Strömung geht also dadurch von laminarer in turbulente Grenzschicht über.

Der Strömungswiderstand verändert sich deshalb, weil der Umschlagpunkt infolge Rauigkeit weiter nach vorne rückt. Durch dieses Verschieben des Umschlagpunktes steigt der Widerstand bei einem Körper mit überwiegendem Reibungswiderstand, z. B. Profile, Platten. Verkleinert wird dagegen der Widerstand in der Regel bei Körpern mit überwiegendem Druckwiderstand (Abschn. 4.3.2.3), z. B. bei Kreiszylinder.

Untersuchungen zeigen, dass die *kritische Rauigkeit* bis etwa zehn mal größer ist, als die zulässige Rauigkeit in der turbulenten Grenzschicht. Die laminare Reibungsschicht verträgt somit eine wesentlich größere Rauigkeit, bevor sie umschlägt.

Über die Beeinflussung des **Form- oder Druckwiderstandes** (Abschn. 4.3.2.3) durch die Rauigkeit lässt sich abschließend feststellen:

a) Scharfkantige Körper, wie senkrecht angeströmte Platten, sind gegen Oberflächenrauigkeit unempfindlich, weil die Ablösungsstellen der Strömung durch die Kanten festgelegt sind.
b) Der Widerstand gedrungener Körper, wie Kreiszylinder u. a., ist dagegen erheblich von der Rauigkeit abhängig. Durch die Rauigkeit wird die Grenzschicht so stark gestört, dass der Umschlag schon bei wesentlich kleinerer *Re*-Zahl erfolgt als beim glatten Zylinder. Die kritische REYNOLDS-Zahl ist daher von der Rauigkeit abhängig. Die Rauigkeit wirkt hierbei so wie der Prandtl*sche Stolperdraht* und andere Turbulenzkanten (Abschn. 3.3.4, Abb. 3.22), d. h. in einem gewissen *Re*-Bereich widerstandsvermindernd. Der überkritische Widerstand ist dann allerdings vom rauen Kreiszylinder größer als beim glatten.

4.1.4.5 Übungsbeispiele

Übung 40

Eine hydraulisch glatte Platte, Länge 200 mm, Breite 1,5 m, wird von der Luft (1 bar, 20 °C) mit gleichmäßiger Geschwindigkeit von 20 m/s längs angeblasen. Welche Kraft wirkt auf die Platte? ◄

Übung 41

Eine auf Wasser von 10 °C schwimmende, mäßig raue Holzplatte, Länge 8 m und Breite 5 m, bewegt sich mit einer Geschwindigkeit von 10 m/s auf dem Wasser. Gleichzeitig herrscht eine Windgeschwindigkeit von 18 m/s der Bewegungsrichtung der Platte entgegen. Welche Antriebsleistung ist zum Fortbewegen der Platte notwendig, wenn angenommen wird, dass sie nicht eintaucht? ◄

Übung 42

Die betonierte Kaimauer eines Hafens hat eine Länge von 200 m. Die Wassertiefe beträgt 4 m.

Gesucht: Reibungskraft bei 7 m/s Wassergeschwindigkeit und Klärung, ob Plattenströmung technisch glatt oder rau. ◄

4.1.5 Rotierende Scheibe

4.1.5.1 Grundsätzliches

In Fluid rotierende Scheiben erfahren einen Reibungswiderstand. Diese Radseitenreibung ist besonders bei Autorädern und Turbomaschinen sowie anderen schnell laufenden Rotoren oder Scheiben praktisch sehr bedeutungsvoll.

Die Form der Fluidströmung im Scheibenbereich ist, wie bei der Plattenströmung, von der REYNOLDS-Zahl abhängig. Auch hier geht die laminare Strömung bei großen *Re*-Zahlen in turbulente über. Die Ausbildung der Strömung und damit der auftretende Widerstand ist zudem davon abhängig, ob die Scheibe in freier, theoretisch unendlich ausgedehnter Umgebung **(freie Scheibe)** oder in einem Gehäuse **(umschlossene Scheibe)** rotiert.

REYNOLDS-Zahl Als *Re*-Zahl wird hier definiert:

$$Re = \frac{R \cdot u}{\nu} = \frac{R^2 \cdot \omega}{\nu} \tag{4.116}$$

mit

u ... Umfangsgeschwindigkeit am Scheibenmantel, d. h. am Radius R
ω ... Winkelgeschwindigkeit
R ... Scheibenradius

Meist ist $\omega = \text{konst} \rightarrow$ stationärer Fall.

Grenzschichtdicke δ Nach SCHLICHTING gilt übereinstimmend mit Messungen von W. SCHMIDT und G. KEMPF für die Grenzschichtdicke $\delta(r)$ entlang der rotierenden Scheibe vom Radius R:

$$\delta = \frac{0{,}526}{\sqrt[5]{Re}} \cdot r \tag{4.117}$$

mit Bezugsradius $r \leq R$.

Maximalwert $\delta_{\max}$, also am Scheibenrand (Außen-Radius R):

$$\delta_{\max} = \delta(R) = 0{,}526 \cdot Re^{-1/5} \cdot R \tag{4.117a}$$

4.1.5.2 Freie Scheibe, Abb. 4.50

Die rotierende Scheibe nimmt infolge Reibung das sie berührende Fluid mit (Haftbedingung). Wegen der Fliehkraft wird diese kreisende Fluidschicht radial nach außen getrieben. In unmittelbarer Nähe der rotierenden Scheibe (Grenzbereich) hat das Fluid deshalb eine Geschwindigkeit mit einer Radial- und einer Umfangskomponente. Das wegen fehlendem Gehäuse fortgeschleuderte Fluid wird durch axiales Zuströmen von anderem Fluid ersetzt. Die dadurch entstehende Fluidförderung kann technisch genutzt werden, z. B. beim sog. *Scherkraftgebläse* (Wirkungsgrad jedoch prinzipbedingt sehr niedrig).

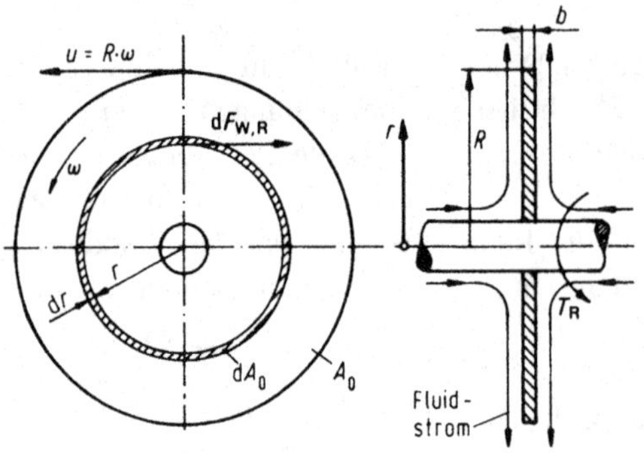

Abb. 4.50 Freie rotierende Scheibe (ω = konst). Fluid-Sekundärstrom infolge Scheibenreibung symbolisch eingetragen

Das Reib-Drehmoment T_R je Scheibenseitenfläche, das notwendig ist, um die Fluidfriktion zu überwinden, ergibt sich mit Hilfe von Abb. 4.50 in Anlehnung an die Plattenströmung, wobei $c = u_r = u(r) = \omega \cdot r = f(r)$, da Winkelgeschwindigkeit ω = konst sowie $\varrho_\infty \equiv \varrho$ und der Reibbeiwert $\zeta_{W,R}$ näherungsweise unveränderlich über die Scheibenfläche, also unabhängig vom Radius r angenommen wird ($\zeta_{W,R} \approx$ konst), was nicht immer zulässig, durch Integration (Aufleitung):

$$T_R = \int_{(A_0)} dT_R = \int_0^R r \cdot dF_{W,R}$$

Mit

$$\begin{aligned} \mathrm{d}F_{\mathrm{W,R}} &= \zeta_{\mathrm{W,R}} \cdot \mathrm{d}A_0 \cdot \varrho \cdot \frac{c^2}{2} \\ &= \zeta_{\mathrm{W,R}} \cdot \mathrm{d}A_0 \cdot \varrho \cdot \frac{u_r^2}{2} \\ &= \zeta_{\mathrm{W,R}} \cdot 2 \cdot r \cdot \pi \cdot \mathrm{d}r \cdot \frac{\varrho}{2} \cdot r^2 \cdot \omega^2 \\ \mathrm{d}F_{\mathrm{W,R}} &= \zeta_{\mathrm{W,R}} \cdot \pi \cdot \varrho \cdot \omega^2 \cdot r^3 \cdot \mathrm{d}r \end{aligned}$$

folgt:

$$T_{\mathrm{R}} = \zeta_{\mathrm{W,R}} \cdot \pi \cdot \varrho \cdot \omega^2 \cdot \int_0^R r^4 \cdot \mathrm{d}r$$

$$T_{\mathrm{R}} = \frac{2}{5} \cdot \zeta_{\mathrm{W,R}} \cdot \pi \cdot \frac{\varrho}{2} \cdot \omega^2 \cdot R^5$$

Wird zur Abkürzung der sog. **Drehmomentbeiwert** ζ_{T} definiert

$$\zeta_{\mathrm{T}} = \frac{2}{5} \cdot \zeta_{\mathrm{W,R}}$$

ergibt sich für das Scheibenreibungsmoment:

$$T_{\mathrm{R}} = \zeta_{\mathrm{T}} \cdot \pi \cdot \frac{\varrho}{2} \cdot \omega^2 \cdot R^5 = \zeta_{\mathrm{T}} \cdot \pi \cdot \varrho \cdot \frac{u^2}{2} \cdot R^3 \tag{4.118}$$

$$\boldsymbol{T_{\mathrm{R}} = \zeta_{\mathrm{T}} \cdot \varrho \cdot \frac{u^2}{2} \cdot A_0 \cdot R} \tag{4.119}$$

Mit

u … Scheiben-Umfangsgeschwindigkeit
A_0 … Reibende Scheibenoberfläche

Gleichung (4.119) lässt sich verallgemeinern: Eine Scheibenfläche (halbe Scheibe) $A_0 = R^2 \cdot \pi$, beide Scheibenflächen (ganze Scheibe), dann $A_0 = 2 \cdot R^2 \cdot \pi$.

Reibleistung P_{R} Notwendige Leistung zur Überwindung der Scheibenreibung.

$$P_{\mathrm{R}} = \omega \cdot T_{\mathrm{R}} \sim \varrho \cdot n^3 \cdot R^5 \tag{4.120}$$

Hierbei ist $\sim$ Proportionalzeichen.

Der *Drehmomentbeiwert* ζ_{T} ist von der Art der Grenzschichtströmung und von der Scheibenrauigkeit (äquivalente Sandrauigkeit k_{s}) abhängig. Er wird über experimentell erarbeitete Formeln ermittelt und korrigiert dadurch die bei der Herleitung des Reibmomentes T_{R} außer Acht gelassene Abhängigkeit des Widerstandsbeiwertes $\zeta_{\mathrm{W,R}}$ vom Radius r bei $(0 \le r \le R)$ über der seitlichen Scheibenoberfläche A_0.

Nach SCHLICHTING liegt dabei die kritische REYNOLDS-Zahl wieder bei:

$$Re_{\mathrm{kr}} = 2 \cdot 10^5 \ldots 3 \cdot 10^5 \tag{4.121}$$

Im Einzelnen gilt dazu für den Drehmomentbeiwert ζ_{T} freier Scheiben nach Schlichting:

Laminare Grenzschicht $(Re < Re_{\mathrm{kr}})$

$$\boldsymbol{\zeta_{\mathrm{T}} = 0{,}64/\sqrt{Re}} \tag{4.122}$$

Die übliche technische Scheibenrauigkeit ist hierbei wieder ohne Einfluss.

Turbulente Grenzschicht $(Re \ge Re_{\mathrm{kr}})$

a) technisch glatt ($k_{\mathrm{s}} \approx 0$)

$$\boldsymbol{\zeta_{\mathrm{T}} = 0{,}023/\sqrt[5]{Re}} \tag{4.123}$$

b) technisch rau ($k_{\mathrm{s}} > 0$)

$$\boldsymbol{\zeta_{\mathrm{T}} = \frac{0{,}11}{(1{,}12 + \lg(R/k_{\mathrm{s}}))^{2{,}5}}} \tag{4.124}$$

Die bisherige Betrachtung berücksichtigt die Reibung am Scheibenumfang nicht. Bei den üblicherweise dünnen Scheiben (b klein) ist die Mantelreibung vergleichsweise gering und deshalb oft vernachlässigbar. Muss sie jedoch berücksichtigt werden, insbesondere bei relativ breiten Scheiben (b groß), bestehen hierfür zwei Möglichkeiten:

Bemerkungen:

1. Für Reibungsfläche A_0 in (4.119) wird die gesamte mit Fluid benetzte Scheibenfläche eingesetzt, also Seitenflächen plus Mantelfläche:

$$A_0 = A_{\mathrm{S}} + A_{\mathrm{M}} = 2 \cdot R^2 \cdot \pi + 2 \cdot R \cdot \pi \cdot b$$

$$A_0 = 2 \cdot R \cdot \pi \cdot (R + b) \tag{4.125}$$

2. Der Drehmomentbeiwert ζ_T wird um den Betrag

$$\Delta\zeta_T = 1{,}15 \cdot \frac{b}{R} \cdot \zeta_T \quad (4.126)$$

erhöht. Statt ζ_T wird in (4.119) dann gesetzt:

$$(\zeta_T + \Delta\zeta_T) = \left(1 + 1{,}15\frac{b}{R}\right) \cdot \zeta_T \quad (4.127)$$

Beide Berechnungswege führen in der Regel zu etwa gleichen Ergebnissen. Bei Abweichungen wird sinnvoller Weise der größere Wert verwendet (sichere Seite).

4.1.5.3 Umschlossene Scheibe, Abb. 4.51

Die sich bei der umschlossenen Scheibe zwischen Gehäuse und rotierender Scheibe ausbildende Strömung wird sehr stark von der Spaltweite s (Abb. 4.51) beeinflusst. Gleichung (4.119) ist für das Scheibenreibungsmoment weiterhin gültig. Es ergeben sich jedoch andere Drehmomentbeiwerte ζ_T.

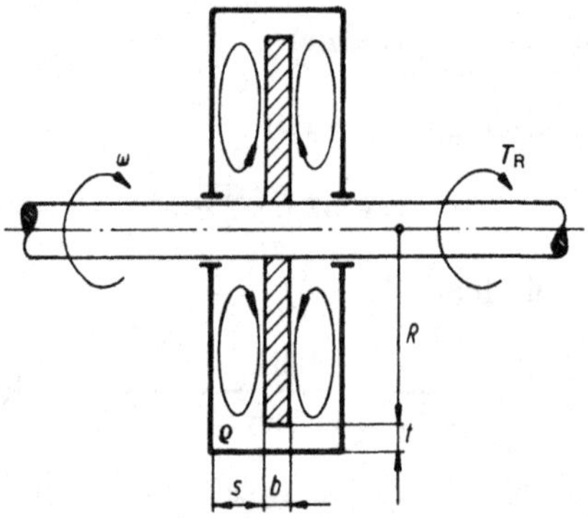

Abb. 4.51 Umschlossene rotierende Scheibe. Sekundärströmung, (Schrauben-)Wirbel infolge Scheibenreibung symbolisch angedeutet.
b Scheibendicke, s Radialspaltbreite, t Axialspaltbreite, jeweils gegenüber dem Gehäuse

Die ζ_T-Werte sind von der Strömungsausbildung, der seitlichen Spaltweite s, Scheibe/Gehäuse, der Strömungsform in der Grenzschicht und der Rauigkeit (äquivalente Sandrauigkeit k_s) abhängig.

a) Sehr kleine Spaltweite s:
Ist die Spaltweite s gleich oder geringer als die Grenzschichtdicke am Scheibenaußenrand (Radius R), (4.117a), herrscht zwischen der umlaufenden Scheibe und dem ruhenden Gehäuse im Fluid eine etwa lineare Verteilung der Geschwindigkeit nach Art der COUETTE-Strömung (laminare Scherströmung, Abschn. 1.3.5.2). In diesem Fall gilt:

$$\zeta_T = \frac{1}{Re} \cdot \frac{R}{s} \quad (4.128)$$

Diese Beziehung stimmt bis etwa $Re = 10^4$ sehr gut mit Messungen von ZUMBUSCH (bei $s/R = 0{,}02$) überein. Bei größeren Re-Zahlen führen die Versuche meist zu etwas höheren ζ_T-Werten als die vorhergehende Formel. Der Einfluss des Axialspaltes (Spaltweite t in Abb. 4.51) ist dabei meist gering und deshalb vernachlässigbar. Nur für sehr kleine t/R-Werte ($t/R < 0{,}1$) ergeben sich fast immer merklich höhere ζ_T-Werte.

b) Größere Spaltweite s:
Ist die Spaltweite s ein Mehrfaches der Grenzschichtdicke am Scheibenrand (nach (4.117a) mit R statt r), bildet sich je eine Grenzschicht an der umlaufenden Scheibe und am Gehäuse. In dem Bereich der Grenzschicht an der umlaufenden Scheibe wird das Fluid nach außen zentrifugiert und fließt in dem Gebiet der Grenzschicht an der ruhenden Gehäuse-Innenfläche von außen nach innen zurück. Dazwischen befindet sich eine dickere Fluid-Schicht ohne wesentliche Radialgeschwindigkeit, die meist mit etwa halber Scheiben-Winkelgeschwindigkeit ω in Drehrichtung mitrotiert, also mit ca. $\omega/2$
Die Strömung zwischen rotierender Scheibe und umschlossenem Gehäuse bei größerer Spaltweite wurde von SCHULZ-GRUNOW sowohl für den laminaren als auch für den turbulenten Fall theoretisch und experimentell untersucht.

Im Einzelnen gelten folgende Erfahrungsbeziehungen (Formeln) für den Drehmomentenbeiwert ζ_T umschlossener Scheiben mit größerer Spaltweite:

Laminare Strömung ($Re < Re_{kr}$ und mit $Re_{kr} \approx 3 \cdot 10^5$; Rauigkeit ohne Einfluss)

$$\boldsymbol{\zeta_T = \frac{0{,}64}{\sqrt{Re}} \cdot \left(1 - 0{,}31 \cdot e^{-12 \cdot s/R}\right)} \quad (4.129)$$

oder angenähert

$$\zeta_T \approx 0{,}4416/\sqrt{Re} \qquad (4.130)$$

Formel (4.130) stimmt erfahrungsgemäß nur bis etwa $Re = 2 \cdot 10^5$ gut mit den Versuchs-Messwerten von SCHULZ-GRUNOW überein.

Turbulente Strömung ($Re \geq Re_{kr}$ wieder mit $Re_{kr} \approx 3 \cdot 10^5$)

a) technisch glatt ($k_s \approx 0$)

$$\zeta_T = \frac{0{,}023}{\sqrt[5]{Re}}\left(1 - 0{,}5\,e^{-12 \cdot s/R}\right) \qquad (4.131)$$

Vereinfacht

$$\zeta_T \approx 0{,}0115/\sqrt[5]{Re} \qquad (4.132)$$

Formeln (4.130) und (4.132) folgen aus (4.129) bzw. (4.131), wenn e-Exponent $(-12 \cdot s/R) = 0$ gesetzt wird (grobe Näherungen, Fehler ca. 10 %).

b) technisch rau ($k_s > 0$)

$$\zeta_T = \frac{1}{\left[1{,}1 \cdot \lg(R/k_s) - 0{,}7 \cdot (s/R)^{0{,}25}\right]^2} \qquad (4.133)$$

Muss wie bei der freien Scheibe der Einfluss des Scheibenmantels berücksichtigt werden, bestehen die gleichen Möglichkeiten wie zuvor:

1. Reibungsfläche insgesamt, d. h. einschließlich Mantel einsetzen, entsprechend (4.125).
2. Drehmomentbeiwert ζ_T bei turbulentem Verhalten nach Formeln (4.131) oder (4.132) bzw (4.133) erhöhen um:

$$\Delta\zeta_T = \frac{b}{R} \cdot \left(\frac{2}{Re} \cdot \frac{R}{t} + \frac{0{,}1}{\sqrt[5]{Re}} \cdot \frac{(R/t)+1}{2(R/t)+1}\right) \qquad (4.134)$$

An Stelle von ζ_T muss bei Berücksichtigung der Scheibenmantelreibung somit wieder $\zeta_T + \Delta\zeta_T$ gesetzt werden in (4.119). Entsprechend ist bei laminarer Strömung zu verfahren, die allerdings selten auftritt. Um jedoch wieder auf der sicheren Seite zu sein, sollte auch hier der größere Wert der beiden Rechenergebnisse verwendet werden.

Bemerkungen:

1. Beachtenswert ist, dass bei den vereinfachten Formeln, (4.130) und (4.132), die ζ_T-Werte unabhängig von der radialen Spaltweite s sind.
2. Die Auswertung der Gleichungen ergibt in Übereinstimmung mit Versuchen, dass das Reibungsmoment bei freier Scheibe größer ist, als bei umschlossener. Das kleinere Reibungsmoment der drehenden Scheibe im Gehäuse ist auf die etwa mit halber Winkelgeschwindigkeit mitrotierende Kernströmung im radialen Spalt Scheibe/Gehäuse zurückzuführen. Infolgedessen wird der Gradient der Umfangsgeschwindigkeit im Radialspalt, also senkrecht zur Scheibenseitenfläche, nur halb so groß wie bei der freien rotierenden Scheibe. Deshalb sind die durch die Fluidviskosität verursachten Scherkräfte bei der umschlossenen rotierenden Scheibe kleiner als bei der freien. Auch geht nicht die von der freien Scheibe ständig zu ersetzende Energie verloren, die hier vom weg geschleuderten Fluidstrom fortgetragen wird.
3. **NEWTON-Zahl *Ne*:** Neuerdings wird zur Kennzeichnung des Leistungsaufwandes infolge Fluidviskosität bei rotierenden Systemen (Scheiben, Rührwerke usw.) die sog. **Leistungszahl**, auch als NEWTON-Zahl *Ne* bezeichnet, verwendet. Definition der dimensionslosen NEWTON-Zahl:

$$Ne = P_R/(\varrho \cdot D^5 \cdot n^3) \qquad (4.134a)$$

Mit P_R [W]; ϱ [kg/m³]; $D = 2 \cdot R$ [m]; n [1/s].

4.1.5.4 Übungsbeispiele

Übung 43

Ein Auto fährt mit 180 km/h Geschwindigkeit. Die Räder (Stahl gebeizt) weisen 60 cm Durchmesser und 20 cm Breite auf.

Gesucht: Abschätzung der durch Radreibung verlorengehenden Leistung (unter ungünstigen Annahmen), wenn der wesentliche Profileinfluss (Ventilationswirkung) der Reifen außer Ansatz bleibt, da dieser getrennt erfasst wird. ◄

Übung 44

Eine Kleindampfturbine (H_2O-Sattdampf 1 bar), Leistung 180 kW bei Drehzahl 4800 min^{-1}, hat ein scheibenartiges Laufrad, Durchmesser 700 mm, Breite 30 mm, Stahl sorgfältig poliert. Gegenüber dem Gehäuse bestehen der Radialspalt 20 mm und ein Axialspalt von 1,5 mm.

Gesucht: Überschlägige Ermittlung von Verlustleistung infolge Laufrad-Scheibenreibung und zugehörigem Wirkungsgrad. ◄

4.1.6 Strömungskräfte

4.1.6.1 Impulssatz

4.1.6.1.1 Herleitung

Nach dem allgemeinen Aktionsprinzip(-gesetz), dem 2. Axiom[12] von NEWTON [27], auch als **dynamisches Grundgesetz** bezeichnet, gilt:

$$\vec{F} = \mathrm{d}(m \cdot \vec{c})/\mathrm{d}t \qquad (4.135)$$

Ergibt bei $m = $ konst (Festkörper):

$$\vec{F} = m \cdot \mathrm{d}\vec{c}/\mathrm{d}t = m \cdot \vec{a}_\mathrm{B}$$

Das Produkt $m \cdot \vec{c}$ wird als **Bewegungsgröße** oder **Impuls $\vec{I}$** bezeichnet

$$\vec{I} = m \cdot \vec{c} \qquad (4.136)$$

Da Kraft und Geschwindigkeit Vektoren sind, ist der Impuls ebenfalls ein Vektor.

Nach NEWTON ist, wie Beziehung (4.135) zeigt, die auf die Zeit bezogene Änderung der Bewegungsgröße der Einwirkung der bewegenden Kraft proportional und erfolgt in der Richtung, in der die Kraft $\vec{F}$ wirkend angreift.

NEWTONsches Axiom, (4.135), umgeschrieben:

$$\vec{F} \cdot \mathrm{d}t = \mathrm{d}(m \cdot \vec{c}) = \mathrm{d}\vec{I} \qquad (4.137)$$

[12] Die drei NEWTON-Axiome (logische Grundsätze, sog. Fundamentalsätze; Benutzer-Hinweise) sind Trägheit, Aktion und Wechselwirkung [27].

Integriert:

$$\int \vec{F} \cdot \mathrm{d}t = \int \mathrm{d}(m \cdot \vec{c}) = \int \mathrm{d}\vec{I}$$

$$\int \vec{F} \cdot \mathrm{d}t = m \cdot \vec{c} = \vec{I} \qquad (4.138)$$

Sonderfall: $F = $ konst. Tritt auf bei gleichbleibender Geschwindigkeitsänderung, also Beschleunigung $a_\mathrm{B} = $ konst. Die Integration in (4.138) ausgeführt, ergibt hierfür:

$$F \cdot \Delta t = m \cdot c$$

Hieraus

$$F = m \cdot c/\Delta t$$

Beispiel

Abschätzung der Kraftwirkung auf Person (Masse 100 kg) in Fahrzeug (Geschwindigkeit 72 km/h), das infolge Aufprall innerhalb von 0,1 s zur Ruhe kommt; bei gleichmäßiger Verzögerung.

$$F = 100 \cdot [(72/3{,}6)/0{,}1][\mathrm{kg} \cdot (\mathrm{m/s})/\mathrm{s}]$$

$$F = 20.000\,\mathrm{N} \qquad \text{(lebensgefährlich!)}$$

Das entspricht einer Verzögerung von 20 g. Bei Unfällen ohne Sicherheitseinrichtungen werden je nach Fahrzeug und Geschwindigkeit Werte partiell bis über 100 g erreicht, die tödlich sind. Durch Airbag ist die Verzögerung auf maximal etwa 50 g begrenzbar (ca. 10 ms lang), die innerhalb der ersten 100 ms auftritt. Ertragbar: Kurzzeitig ($\leq$ 3 ms) bis 70 g, länger andauernd nur etwa $\leq$ 10 g; Raketen meist unter ca. 5 g. ◄

Das Integral $\int \vec{F} \cdot \mathrm{d}t$ wird als **Kraftstoß** und $\vec{F} \cdot \mathrm{d}t$ als infinitesimaler Kraftstoß bezeichnet. *Kraftstoß* und *Bewegungsgröße* bedingen also einander und sind zahlenmäßig gleich groß. Deshalb wird vielfach auch in der Benennung nicht unterschieden und beide Ausdrücke mit *Impuls* bezeichnet.

Nach der Betrachtungsweise von D'ALEMBERT lässt sich das Aktionsprinzip, (4.135) umschreiben:

$$\vec{F} - \frac{\mathrm{d}(m \cdot \vec{c})}{\mathrm{d}t} = 0$$

$$\vec{F} - \frac{\mathrm{d}\vec{I}}{\mathrm{d}t} = 0$$

$$\vec{F} - \vec{\dot{I}} = 0 \qquad (4.139)$$

Verallgemeinert ergibt sich hieraus der **Impulssatz**:

$$\sum \vec{F} - \sum \vec{\dot{I}} = 0 \qquad (4.140)$$

Ergänzung: Folgende ausführliche Herleitung zur Veranschaulichung ebenfalls dargestellt; liefert das gleiche Ergebnis für den Impulssatz.

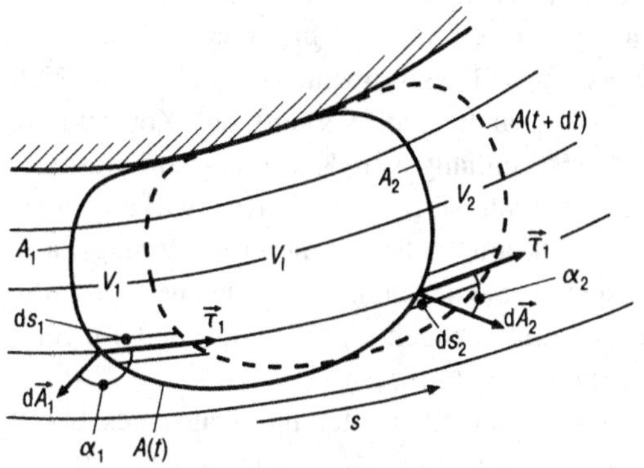

Abb. 4.52 Massefestes Volumen inkompressiblen Fluides zur Zeit t mit Oberfläche $A(t)$ und zur Zeit $(t + \mathrm{d}t)$ mit Umgrenzungsfläche $A(t + \mathrm{d}t)$, bei Strömung in s-Richtung. Teil der Volumenoberfläche durch Wandung, z. B. Kanal, begrenzt

Auf das in Abb. 4.52 dargestellte massefeste Fluidvolumen, sog. flüssiges Volumen, wird wieder das zweite NEWTON-Axiom angewendet. Gemäß (4.135) gilt nach Mikrobetrachtung für die Vektor-Summe aller Kräfte $\mathrm{d}F$ je Teilchen $\mathrm{d}m$:

$$\sum(\mathrm{d}\vec{F}) = \frac{\mathrm{d}}{\mathrm{d}t}(\vec{c} \cdot \mathrm{d}m)$$

Integriert über das flüssige Volumen V mit der Masse m ergibt:

$$\sum\left(\int_{(\vec{F})} \mathrm{d}\vec{F}\right) = \frac{\mathrm{d}}{\mathrm{d}t}\left(\int_{(m)} \vec{c} \cdot \mathrm{d}m\right)$$

$$\sum \vec{F} = \frac{\mathrm{d}}{\mathrm{d}t}\left(\int_{(V)} \vec{c} \cdot \varrho \cdot \mathrm{d}V\right)$$

Durch Vergleich der Lage des massefesten Volumens zur Zeit t mit der im Zeitpunkt $(t + \mathrm{d}t)$ ergibt sich für die rechte Gleichungsseite folgende Umformung. Der innere Anteil des Volumenintegrals $\int_{(V_1)} \vec{c} \cdot \varrho \cdot \mathrm{d}V$ fällt dabei heraus, weshalb gilt:

$$\frac{\mathrm{d} \int_{(V)} \vec{c} \cdot \varrho \cdot \mathrm{d}V}{\mathrm{d}t} = \frac{\int_{(V_2)} \vec{c} \cdot \varrho \cdot \mathrm{d}V - \int_{(V_1)} \vec{c} \cdot \varrho \cdot \mathrm{d}V}{\mathrm{d}t}$$

Mit

$$\mathrm{d}V_1 = |\mathrm{d}\vec{s}_1 \cdot \mathrm{d}\vec{A}_1| = -\mathrm{d}\vec{s}_1 \cdot \mathrm{d}\vec{A}_1 = -\vec{c}_1 \cdot \mathrm{d}t \cdot \mathrm{d}\vec{A}_1$$

für die Eintrittsfläche A_1 und

$$\mathrm{d}V_2 = |\mathrm{d}\vec{s}_2 \cdot \mathrm{d}\vec{A}_2| = \mathrm{d}\vec{s}_2 \cdot \mathrm{d}\vec{A}_2 = \vec{c}_2 \cdot \mathrm{d}t \cdot \mathrm{d}\vec{A}_2$$

für die Austrittsfläche A_2 kann die rechte Seite vorhergehender Gleichung weiter umgewandelt werden:

$$\frac{\mathrm{d} \int_{(V)} \vec{c} \cdot \varrho \cdot \mathrm{d}V}{\mathrm{d}t} = \frac{\int_{(A_2)} \vec{c}_2 \cdot \varrho_2 \cdot (\vec{c}_2 \cdot \mathrm{d}t \cdot \mathrm{d}\vec{A}_2)}{\mathrm{d}t} - \frac{\int_{(A_1)} \vec{c}_1 \cdot \varrho_1 \cdot (-\vec{c}_1 \cdot \mathrm{d}t \cdot \mathrm{d}\vec{A}_1)}{\mathrm{d}t}$$

$$= \int_{(A_2)} \vec{c}_2 \cdot \varrho_2 \cdot (\vec{c}_2 \cdot \mathrm{d}\vec{A}_2) + \int_{(A_1)} \vec{c}_1 \cdot \varrho_1 \cdot (\vec{c}_1 \cdot \mathrm{d}\vec{A}_1)$$

Hinweis: Das Minuszeichen bei Ausdruck $\mathrm{d}\vec{s}_1 \cdot \mathrm{d}\vec{A}_1$ ist notwendig zur Kompensation des sich bei der Skalarproduktbildung ergebenden Minuszeichens, weil das Volumen positiv sein muss. Da $\mathrm{d}\vec{A}_1$ entgegengerichtet zu $\vec{c}_1$ verläuft, wird $\vec{c}_1 \cdot \mathrm{d}\vec{A}_1 = c_1 \cdot \mathrm{d}A_1 \cdot \cos\alpha_1$. Winkel α_1 zwischen Vektoren $\vec{c}_1$ und $\mathrm{d}\vec{A}_1$ ist $> 90°$, somit $\cos\alpha_1$ negativ.

Die beiden Integrale der rechten Seite vorhergehender Gleichung lassen sich zusammenfassen, da Eintrittsfläche A_1 (Geschwindigkeit c_1) und Austrittsfläche A_2 (Geschwindigkeit c_2) zusammen die gesamte Oberfläche A des umgrenzten Volumens V ergeben:

$$\int_{(A_2)} \varrho \cdot \vec{c}_2 \cdot (\vec{c}_2 \cdot \mathrm{d}\vec{A}_2) + \int_{(A_1)} \varrho \cdot \vec{c}_1 \cdot (\vec{c}_1 \cdot \mathrm{d}\vec{A}_1)$$

$$= \int_{(A)} \varrho \cdot \vec{c} \cdot (\vec{c} \cdot \mathrm{d}\vec{A})$$

Diese rechte Gleichungsseite ist jedoch der Gesamtimpulsstrom $\sum \vec{I}$ des Bezugsvolumens V.

Deshalb gilt letztlich:

$$\sum \vec{F} = \frac{\mathrm{d}}{\mathrm{d}t} \int_{(V)} \varrho \cdot \vec{c} \cdot \mathrm{d}V$$
$$= \int_{(A)} \varrho \cdot \vec{c} \cdot (\vec{c} \cdot \mathrm{d}\vec{A}) = \sum \vec{I}$$

Aus dem Volumenintegral (linke Gleichungsseite mit Integral) über ein Volumen wird somit ein Oberflächenintegral über die zugehörige raumfeste Oberfläche, die Kontrollfläche um das Begrenzungsvolumen. Vergleiche mit dem GAUSSschen Integralsatz (Abschn. 3.2.3.3).

Das Herleitungsergebnis zusammengefasst, ergibt dann ebenfalls den Impulssatz gemäß (4.140).

Der Impulssatz ist somit im Sinne von D'ALEMBERT nichts anderes als die mathematische Darstellung des dynamischen Gleichgewichtes aller wirkenden Kräfte, also die D'ALEMBERT-Darstellung des NEWTON-Aktions-Axiom (4.135).

Bei den Fluiden gibt es nach Abschn. 1.4:

- **Äußere Kräfte** (Oberflächenkräfte):
  - Druckkräfte
  - Wandkräfte
  - Widerstandskräfte
- **Innere Kräfte** (Massenkräfte)
  - Gewichtskraft
  - Trägheitskraft[13] (Impulskraft)

Die zeitliche Änderung des Impulses, der **Impulsstrom** $\vec{I}$, ist daher gleich der Resultierenden aller äußeren Kräfte (4.140), die am Stoff angreifen. Greifen an einem System keine äußeren Kräfte an, so ist auch kein Impulsstrom vorhanden, also $\sum \vec{I} = 0$. Der gesamte Impuls $\vec{I}$ des Systems bleibt dann konstant (ohne F_G).

Um den Impulssatz abzuleiten, waren keine Einschränkungen hinsichtlich Qualität, Art und Form des Stoffes notwendig. Der Impulssatz gilt deshalb für alle Arten von Stoffen (fest, flüssig, gasförmig) und alle Qualitäten von Medien, d. h. sowohl für ideale (reibungsfreie) als auch für reale (reibungsbehaftete). Bei idealen Fluiden sind keine Widerstandskräfte vorhanden, während sie bei realen mit in Ansatz zu bringen sind (streng betrachtet).

Um den Impulssatz anzuwenden, ist das Gebiet, über das hinsichtlich der Kraftwirkungen zwischen dem betrachteten Bereich und dessen Umgebung ausgesagt werden soll, durch einen sog. **Kontroll-** oder **Bezugsraum** abzugrenzen → **Makrobetrachtungsweise**. Der Kontrollraum ist so festzulegen, dass auf seiner gesamten Berandung (Oberfläche) Querschnitt, Druck und die vektorielle Geschwindigkeit (Größe u. Richtung) bekannt sind. Verläuft der Kontrollraum teilweise entlang von Körperflächen, was vielfach sinnvoll ist, müssen die Kraftwirkungen (als „Schnittkräfte"), die von dieser Berührungsfläche ausgehen, bei den äußeren Kräften berücksichtigt werden; also zugehörige Normal- und Tangentialkraft (Reibungskraft).

Die Massenelemente sind Träger des Impulses, als Produkt aus Masse und Geschwindigkeit. Wegen seiner Masse besitzt jedes sich bewegende Teilchen einen Impuls, die sog. **Mikrobetrachtungsweise**. Die gesamte zeitliche Impulsänderung eines Mediums im Kontrollraum ergibt sich durch Integration über den gesamten abgegrenzten Bereich. Diese Integration bei Fluiden bestätigt jedoch das physikalische Prinzip von Aktion und Reaktion (NEWTON-Wechselwirkungs-Axiom) dahingehend, dass sich die Kraftwirkungen innerhalb des Kontrollraumes aufheben. Es verbleiben nur die Kraftwirkungen an der Berandung des betrachteten Gebietes. Dabei wirken immer alle Kräfte auf den Kontrollraum: An der Eintrittsstelle des Fluides als *Aktionskräfte* und an der Austrittsstelle als *Reaktionskräfte* da gemäß Schnittmethode nur die Wirkungen auf den Bezugsraum in Ansatz kommen. Um dem Kräftegleichgewicht zu genügen, müssen außerdem *Wandkräfte* (ebenfalls auf den Kontrollraum gerichtet) vorhanden sein. Daraus ergibt sich

[13] Bedingt durch die Trägheitskraft sind dies Impulswirkungen. Wenn die Impulsstromsumme $\sum \vec{I}$ als Kraft in die Kräftesumme $\sum \vec{F}$ unmittelbar einbezogen wird, kann direkt $\sum \vec{F} = 0$ (dynamisches Kräftegleichgewicht) gesetzt werden.

die **Makrobetrachtungsweise,** bei der das Fluid im abgegrenzten Bereich als Massenpunkthaufen gilt und die Bruttokraftwirkungen nach der allgemeinen Mechanik durch den ersten Schwerpunktsatz zu ermitteln sind. Bei Fluiden ist dann statt der Teilchen-Koordinaten der Punktmechanik auf die raumfesten EULER-Koordinaten überzugehen.

Der *erste Schwerpunktsatz* der Mechanik lautet: Der Gesamtimpuls eines Punkthaufens ist gleich dem Impuls des Schwerpunktes, in dem die Gesamtmasse des Punkthaufens als vereinigt gelten kann.

Der Vorteil des Impulssatzes ist somit, dass gemäß der Makrobetrachtung nur die Vorgänge (Drücke, Geschwindigkeiten, Kräfte) an der das Bezugsgebiet umgrenzenden Kontrollraum-Oberfläche direkt in die Berechnung eingehen und deshalb bekannt sein müssen.

Der *Impulsstrom* $\vec{I}$ lässt sich mit Hilfe der Differenzialrechnung (Produktenregel) ausdrücken:

$$\vec{I} = \frac{\mathrm{d}}{\mathrm{d}t}(m \cdot \vec{c})$$
$$= m \cdot \frac{\mathrm{d}\vec{c}}{\mathrm{d}t} + \frac{\mathrm{d}m}{\mathrm{d}t} \cdot \vec{c} = m \cdot \dot{\vec{c}} + \dot{m} \cdot \vec{c} \quad (4.141)$$

Für die verschiedenen Stoffarten ergibt sich:

- *Festkörper* $\rightarrow m = \text{konst}$, also $\dot{m} = 0$

$$\vec{I} = m \cdot \dot{\vec{c}} \quad (4.142)$$

- *Fluide* $\rightarrow \dot{m} \neq 0$
  - Instationäre Strömung: $\rightarrow \vec{c} = f(\vec{s}; t)$

$$\vec{I} = m \cdot \dot{\vec{c}} + \dot{m} \cdot \vec{c}$$

  - Stationäre Strömung: $\rightarrow \vec{c} = f(\vec{s})$
    An der Kontrollraumoberfläche ist abschnittsweise jeweils $\vec{c} = \text{konst}$, also $\dot{\vec{c}} = 0$ und damit:

$$\vec{I} = \dot{m} \cdot \vec{c} = \varrho \cdot \dot{V} \cdot \vec{c}$$
$$= \varrho \cdot A \cdot c \cdot \vec{c} = \varrho \cdot \vec{A} \cdot c^2 \quad (4.143)$$

    Dabei ist für c jeweils auch hier die mittlere Geschwindigkeit – exakt impulsgemittelt; Benutzerhinweise – zu setzen, wobei Querstrich auf c-Symbol meist wieder einfachheitshalber weggelassen wird. Flächenvektor $\vec{A}$ steht senkrecht auf Fläche A, also $\vec{A} = \vec{e}_\mathrm{n} \cdot A$ mit Normaleneinheitsvektor $\vec{e}_\mathrm{n}$; $|\vec{e}_\mathrm{n}| = 1$.

Merkhilfe: Dynamische Wirkung bei

- Festkörpern $m \cdot \dot{c}$
- Fluiden $\dot{m} \cdot c$.

Für die wichtigen stationären Fluidströmungen (inkompressible und kompressible) erhält der Impulssatz, (4.140), dann die Form:

$$\sum \vec{F} - \sum(\dot{m} \cdot \vec{c}) = 0 \quad (4.144)$$

Vorgehensweise bei der Anwendung des Impulssatzes, (4.144), auf stationäre Fluidströmungen: Wie zuvor dargelegt, bedingen Impulsströme und Kräfte sich gegenseitig – die Wirkung des einen ist die Folge des anderen. Impulsströme können deshalb als Kräfte betrachtet und wie diese behandelt werden. Nach D'ALEMBERT wird das dynamische Problem auf ein statisches zurückgeführt, und zwar durch unmittelbares Einbeziehen der Impulsströme $\sum(\dot{m}\vec{c})$ in die vektorielle Kräftesumme $\sum \vec{F}$, sog. **dynamisches Kräftegleichgewicht**. Die Lösung erfolgt dann mit den Gleichgewichtsbedingungen der Statik:

- Summe aller Kräfte gleich null: $\sum \vec{F} = 0$
- Summe aller Momente gleich null: $\sum \vec{M} = 0$

Drei Schritte sind notwendig:

1. Festlegung des Kontrollraumes im sog. Lageplan, Abb. 4.53a. Wie erwähnt, müssen auf dessen gesamter Berandung bekannt sein:
   a) Druck
   b) Strömungsgeschwindigkeit nach Größe und Richtung (Benutzer-Hinweise)
   c) Flächen
   d) Fluidreibung
2. Alle Kräfte in der Wirkungsrichtung in den Lageplan einzeichnen. Dabei wirken alle Kräfte stets auf den Kontrollraum:

a) **Impulskräfte,** d. h. *Impulsströme* $\vec{I}$. Am Fluideintritt als Eintrittsstoß (Aktion) und am Fluidaustritt als Rückstoß (Reaktion), also immer auf den Kontrollraum gerichtet.
b) **Druckkräfte** $F_{p,ü}$: Zur Wirkung kann nur der durch den Atmosphärendruck nicht kompensierte Fluidüberdruck kommen und ebenfalls auf den Kontrollraum gerichtet. Dies ist dadurch begründet, dass das Integral des Umgebungsdruckes über der Oberfläche eines Raumes immer verschwindet, also keine resultierende Kraft ergibt.
c) **Wandkräfte** F_{Wd} (Haltekräfte): Von den Begrenzungswandflächen auf den Kontrollraum gerichtet. Richtung normal, wenn Widerstandskräfte unberücksichtigt bleiben.
d) **Widerstandskräfte** F_W: Schubkräfte, also tangential, bedingt durch die Reibung zwischen Fluid und den an der Kontrollraumberandung anliegenden Körperflächen. Diese Kräfte sind meist schwer erfassbar, können jedoch hier in der Regel gegenüber den anderen Kräften als klein vernachlässigt werden.
e) **Gewichtskraft** F_G: Ohne direkten Einfluss bei waagerechter Anordnung oder sonst meist näherungsweise vernachlässigbar.

3. Kräfte- und Momentengleichgewicht aufstellen.
Entweder
a) zeichnerisch: Kräfteplan, Abb. 4.53b
oder
b) rechnerisch: $\sum \vec{F} = 0$ und $\sum \vec{M} = 0$.

An einigen charakteristischen Anwendungsfällen soll gezeigt werden, was der Impulssatz zu leisten vermag.

4.1.6.1.2 Strömungskräfte an Rohrteilen

Krümmer (Abb. 4.53)

Die durch die Fluidumlenkung (Beschleunigung) auf die Krümmerwandung ausgeübten Strömungskräfte können also entweder aus dem Kräfteplan, Abb. 4.53b, entnommen oder mit der Gleichgewichtsbedingung $\sum \vec{F} = 0$ berechnet werden. Dabei bedeutet IS ①–② Impulssatz

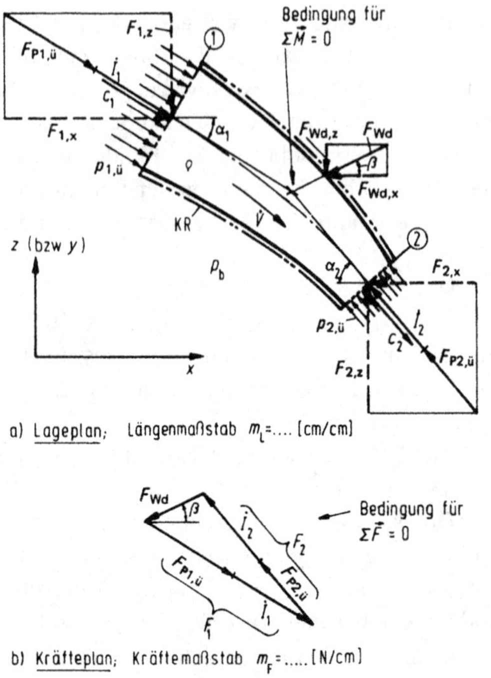

Abb. 4.53 Impulssatz, angewendet auf Krümmer. z-Koordinate bei senkrechter Anordnung, y-Richtung bei waagrechter Lage

zwischen den Stellen ① und ② angesetzt, wobei F_G und F_W vernachlässigt:

$$\text{IS ①–②:} \quad \sum \vec{F} = 0 \rightarrow \sum F_x = 0$$
$$\rightarrow \sum F_z = 0$$

a) $\sum F_x = 0$:

$$F_{1,x} - F_{2,x} - F_{Wd,x} = 0$$
$$\rightarrow \quad F_{Wd,x} = F_{1,x} - F_{2,x}$$

b) $\sum F_z = 0$:

$$-F_{1,z} + F_{2,z} - F_{Wd,z} = 0$$
$$\rightarrow \quad F_{Wd,z} = F_{2,z} - F_{1,z}$$

Hierbei bedeutet → daraus folgt. Damit

$$F_{Wd} = \sqrt{F_{Wd,x}^2 + F_{Wd,z}^2} \quad \text{und}$$
$$\tan\beta = \frac{F_{Wd,z}}{F_{Wd,x}}$$

Hierzu sind notwendig an den Bezugsstellen:

$$
\begin{aligned}
&① \quad F_{1,x} = F_1 \cos\alpha_1\\
& \quad F_{1,z} = F_1 \sin\alpha_1\\
& \quad F_1 = \dot{I}_1 + F_{\mathrm{p}_{1,\ddot{\mathrm{u}}}}\\
&\text{mit} \quad \dot{I}_1 = \dot{m}c_1 = \varrho\dot{V}c_1 = \varrho A_1 c_1^2\\
& \quad F_{\mathrm{p}_{1,\ddot{\mathrm{u}}}} = A_1 p_{1,\ddot{\mathrm{u}}}\\
&② \quad F_{2,x} = F_2 \cos\alpha_2\\
& \quad F_{2,z} = F_2 \sin\alpha_2\\
& \quad F_2 = \dot{I}_2 + F_{\mathrm{p}_{2,\ddot{\mathrm{u}}}}\\
&\text{mit} \quad \dot{I}_2 = \dot{m}c_2 = \varrho\dot{V}c_2 = \varrho A_2 c_2^2\\
& \quad F_{\mathrm{p}_{2,\ddot{\mathrm{u}}}} = A_2 p_{2,\ddot{\mathrm{u}}}
\end{aligned}
$$

Die *Kontinuitätsbedingung* liefert dazu den Zusammenhang zwischen c_1 und c_2:

K ①–②: $A_1 \cdot c_1 = A_2 \cdot c_2 \to c_2 = c_1(A_1/A_2)$

Die *Erweiterte Energiegleichung* ergibt die Verbindung zwischen p_1 und p_2 bzw. $p_{1,\ddot{\mathrm{u}}}$ und $p_{2,\ddot{\mathrm{u}}}$:

EE ①–②:

$$z_1 \cdot g + \frac{p_1}{\varrho} + \frac{c_1^2}{2} = z_2 \cdot g + \frac{p_2}{\varrho} + \frac{c_2^2}{2} + Y_{\mathrm{V},12}$$

mit

$$
\begin{aligned}
p_1 &= p_{1,\ddot{\mathrm{u}}} + p_b; \quad & Y_{\mathrm{V},12} &= \zeta \cdot c_2^2/2\\
p_2 &= p_{2,\ddot{\mathrm{u}}} + p_b; \quad & \Delta z &= z_1 - z_2 \approx 0
\end{aligned}
$$

liefert:

$$p_{2,\ddot{\mathrm{u}}} = p_{1,\ddot{\mathrm{u}}} + \varrho \cdot \frac{c_1^2}{2}\left[1 - \left(\frac{A_1}{A_2}\right)^2 \cdot (1+\zeta)\right]$$

oder mit $c_1 = c_2 \cdot (A_2/A_1)$

$$p_{2,\ddot{\mathrm{u}}} = p_{1,\ddot{\mathrm{u}}} + \varrho \cdot \frac{c_2^2}{2}\left[\left(\frac{A_2}{A_1}\right)^2 - (1+\zeta)\right]$$

Mit diesen Beziehungen kann schließlich die Wandkraft nach Größe (F_{Wd}) und Richtung (β) berechnet werden.

Der Kraftangriffspunkt ergibt sich aus dem Lageplan, Abb. 4.53a oder aus dem Momentengleichgewicht ($\sum \vec{M} = 0$), angewendet beispielsweise auf das eingetragene (x, z)-Bezugssystem, wenn die zugehörigen Ortskoordinaten (x- und z-Werte) der Querschnitte (Mittelpunkte) von Stellen ① sowie ② bekannt sind.

Bemerkung: Der Höhenunterschied (x, z-System) von $\Delta z = z_1 - z_2$ kann meist vernachlässigt werden oder ist bei waagrecht liegendem Krümmer (x, y-System) ohnehin nicht vorhanden.

Unstetige Querschnittserweiterung (Abb. 4.54)

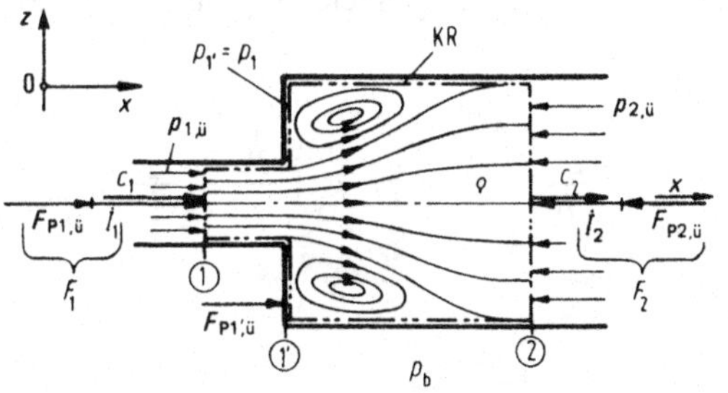

Abb. 4.54 Plötzliche Rohrerweiterung (CARNOT-Stoß). Linearer Fall (1D), also nur x-Richtung. Entgegen Darstellung, Stelle ① sehr dicht bei Stelle ①′

An der Einströmstelle ①′ in den plötzlich erweiterten Querschnitt ist der Druck über der gesamten Fläche konstant und etwa gleich dem Druck im zuströmenden Medium (Stelle ①), da der Strahl noch nicht erweitert; er beginnt erst damit, also $p_{1',\ddot{\mathrm{u}}} \approx p_{1,\ddot{\mathrm{u}}}$. An dieser Stelle erfolgte daher praktisch noch kein Umsatz von Geschwindigkeit in Druck.

Nach Abb. 4.54 ergibt der Impulssatz (IS) für dieses eindimensionale Problem, falls die Wandscherkräfte infolge Fluidreibung wegen geringer Weglänge ①′ bis ② unberücksichtigt bleiben, nicht jedoch die Turbulenz- sowie Totraumkräfte (Großwirbelgebiete), die in den Abström-Druck p_2 eingehen (Abschn. 4.1.1.5.4) und somit automatisch enthalten sind und $F_{p_{1,\ddot{\mathrm{u}}}}$ der Wandkraft F_{Wd} entspricht:

IS ①–②, d. h. $\sum \vec{F} = 0 \to \sum F_x = 0$

$$
\begin{aligned}
F_1 + F_{\mathrm{p}_{1',\ddot{\mathrm{u}}}} - F_2 &= 0\\
\dot{I}_1 + F_{\mathrm{p}_{1,\ddot{\mathrm{u}}}} + F_{\mathrm{p}_{1',\ddot{\mathrm{u}}}} - (\dot{I}_2 + F_{\mathrm{p}_{2,\ddot{\mathrm{u}}}}) &= 0\\
\dot{m}c_1 + A_1 p_{1,\ddot{\mathrm{u}}} + A_1' p_{1',\ddot{\mathrm{u}}} - \dot{m}c_2 - A_2 p_{2,\ddot{\mathrm{u}}} &= 0
\end{aligned}
$$

mit $p_{1',ü} = p_{1,ü}$ und $A_1' = A_2 - A_1$

$$\varrho A_1 c_1^2 + A_1 p_{1,ü} + (A_2 - A_1) p_{1,ü} - \varrho A_2 c_2^2 - A_2 p_{2,ü} = 0$$

$$\varrho A_1 c_1^2 - \varrho A_2 c_2^2 + A_2 (p_{1,ü} - p_{2,ü}) = 0$$

Hieraus

$$p_{2,ü} - p_{1,ü} = \varrho \left(\frac{A_1}{A_2} c_1^2 - c_2^2 \right) \qquad (4.145)$$

Die Erweiterte Energiegleichung dagegen liefert:

EE ①–②:

$$z_1 \cdot g + \frac{p_1}{\varrho} + \frac{c_1^2}{2} = z_2 \cdot g + \frac{p_2}{\varrho} + \frac{c_2^2}{2} + Y_{V,1\,2}$$

Mit

$$z_1 = z_2 \qquad \begin{aligned} p_1 &= p_{1,ü} + p_b \\ p_2 &= p_{2,ü} + p_b \end{aligned} \qquad Y_{V,1\,2} = \zeta \cdot \frac{c_2^2}{2}$$

wird:

$$\frac{p_{1,ü} + p_b}{\varrho} + \frac{c_1^2}{2} = \frac{p_{2,ü} + p_b}{\varrho} + \frac{c_2^2}{2} + \zeta \frac{c_2^2}{2}$$

Hieraus:

$$p_{2,ü} - p_{1,ü} = \varrho \left[\frac{c_1^2}{2} - \frac{c_2^2}{2} (1 + \zeta) \right] \qquad (4.146)$$

Durch Gleichsetzen der Beziehungen (4.145) und (4.146) lässt sich die bereits in Abschn. 4.1.1.5.4 erwähnte Formel der Widerstandszahl ζ unstetiger Querschnittserweiterung ermitteln:

$$\frac{A_1}{A_2} \cdot c_1^2 - c_2^2 = \frac{c_1^2}{2} - \frac{c_2^2}{2} (1 + \zeta)$$

Hieraus

$$\zeta = 1 - \left(\frac{c_1}{c_2} \right)^2 \cdot \left(2 \cdot \frac{A_1}{A_2} - 1 \right)$$

Mit der Kontinuitätsbeziehung

$$\text{K ①–②:} \quad c_1 \cdot A_1 = c_2 \cdot A_2 \rightarrow \frac{c_1}{c_2} = \frac{A_2}{A_1} = m$$

ergibt sich schließlich, wobei m Flächenverhältnis, nicht Masse:

$$\zeta = 1 - m^2 \left(2 \cdot \frac{1}{m} - 1 \right) = m^2 - 2 \cdot m + 1$$

$$\boldsymbol{\zeta = (m - 1)^2} \qquad (4.147)$$

Streng betrachtet, beinhaltet dieser Widerstandsbeiwert nach (4.147) nur die Verluste infolge Wirbelbildung (Totraum) und nicht die wegen Reibung zwischen Fluid und Rohrwand. Dies ist bedingt – gemäß der in der Praxis gängigen Methode – durch das Vernachlässigen der Widerstandskraft F_W – hier wegen Reibung – beim Ansetzen des Impulssatzes. Die Wandreibungsverluste sind jedoch infolge des kurzen „Anlege"-Weges klein im Vergleich zu den Ablösungsverlusten (Abschn. 4.1.1.5.4), weshalb (4.147) brauchbare Werte liefert. Diese Beziehung ist schon in (4.65) enthalten.

Kniestück mit Querschnittserweiterung (Abb. 4.55)

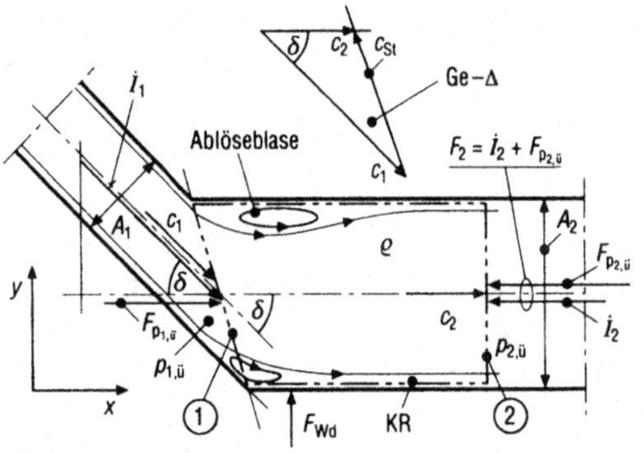

Abb. 4.55 Kniestück mit plötzlicher Querschnittserweiterung in Strömungsrichtung. KR Kontrollraum für Impulssatz-Anwendung. Ge-Δ Geschwindigkeits-Dreieck(-Plan). Wandkraft F_{Wd} senkrecht zur Strömung (Wand), da „Wandreibung" vernachlässigt

Wie bei der plötzlichen Querschnittserweiterung an Stelle ①' gemäß Abb. 4.54, herrscht auch beim Kniestück an Stelle ① noch der Zuströmungsdruck p_1 und damit der Überdruck $p_{1,ü} = p_1 - p_b$. Erst nach der Ablöseblase füllt die gesunde Strömung den gesamten Abströmquerschnitt A_2 wieder vollständig aus, weshalb erst dann der gesamte Geschwindigkeitsabbau von c_1

auf c_2 und zugehörig der Druckumsatz (-aufbau) von p_1 auf p_2 unter Turbulenzverlusten erfolgt ist. Der zugehörige Strömungsweg des Fluides kann, falls benötigt, nur experimentell bestimmt werden.

Ansatz:

$$\text{IS ①–②:}\quad \sum \vec{F} = 0 \rightarrow \sum F_x = 0 \rightarrow \sum F_y = 0$$

Ausgewertet:

$$\sum F_y = 0: \quad F_{\text{Wd}} - \dot{I}_1 \cdot \sin\delta = 0$$

Hieraus die notwendige Halte- oder Wandkraft F_{Wd}:

$$F_{\text{Wd}} = \dot{I}_1 \cdot \sin\delta = \varrho \cdot \dot{V} \cdot c_1 \cdot \sin\delta = \varrho \cdot A_1 \cdot c_1^2 \cdot \sin\delta \tag{4.147a}$$

$$\sum F_x = 0: \; \dot{I}_1 \cdot \cos\delta + F_{\text{p}_{1,\ddot{\text{u}}}} - (\dot{I}_2 + F_{\text{p}_{2,\ddot{\text{u}}}}) = 0$$

Umgestellt und $\dot{I}$- sowie $F_{\text{p}_{\ddot{\text{u}}}}$-Beziehungen eingesetzt:

$$\varrho \cdot \dot{V} \cdot c_1 \cdot \cos\delta + p_{1,\ddot{\text{u}}} \cdot A_2 = \varrho \cdot \dot{V} \cdot c_2 + p_{2,\ddot{\text{u}}} \cdot A_2$$

$$p_{2,\ddot{\text{u}}} - p_{1,\ddot{\text{u}}} = \frac{\dot{V}}{A_2} \cdot \varrho \cdot (c_1 \cdot \cos\delta - c_2)$$

Mit $\dot{V}/A_2 = c_2$ wird

$$p_{2,\ddot{\text{u}}} - p_{1,\ddot{\text{u}}} = \varrho \cdot c_2 \cdot (c_1 \cdot \cos\delta - c_2) \tag{4.147b}$$

Gleichgesetzt mit Beziehung (4.146), die auch hier gilt:

$$\left[\frac{c_1^2}{2} - \frac{c_2^2}{2}(1+\zeta)\right] = c_2 \cdot (c_1 \cdot \cos\delta - c_2)$$

$$\frac{c_2^2}{2} \cdot \left[\left(\frac{c_1}{c_2}\right)^2 - (1+\zeta)\right] = c_2^2 \cdot \left(\frac{c_1}{c_2} \cdot \cos\delta - 1\right)$$

Mit $c_1/c_2 = A_2/A_1 = m$ Querschnittsverhältnis:

$$\left[m^2 - (1+\zeta)\right] = 2 \cdot (m \cdot \cos\delta - 1)$$

Hieraus:

$$\zeta = m^2 - 2 \cdot m \cdot \cos\delta + 1 \tag{4.147c}$$

Bei $\delta = 0°$ geht Beziehung in (4.147) über. Die sprungartige Querschnittserweiterung nach Abb. 4.54 ist somit ein Sonderfall des Kniestückes gemäß Abb. 4.55.

Für die spezifische Verlustenergie Y_V ergibt sich:

$$\begin{aligned} Y_V &= \zeta \cdot \frac{c_2^2}{2} = \left(m^2 - 2 \cdot m \cdot \cos\delta + 1\right) \cdot \frac{c_2^2}{2} \\ &= \left[\left(\frac{c_1}{c_2}\right)^2 - 2 \cdot \frac{c_1}{c_2} \cdot \cos\delta + 1\right] \cdot \frac{c_2^2}{2} \\ &= \frac{1}{2} \cdot \left[c_1^2 + c_2^2 - 2 \cdot c_1 \cdot c_2 \cdot \cos\delta\right] \end{aligned} \tag{4.147d}$$

Gemäß Ge-Δ von Abb. 4.55 und Cosinus-Satz ist die eckige Klammer dieser Beziehung die sog. Stoßkomponente c_{St}, der Geschwindigkeit oder Strömung. Demnach in Vektorform:

$$Y_V = (1/2) \cdot c_{\text{St}}^2 = (1/2) \cdot (\vec{c}_1 - \vec{c}_2)^2 \tag{4.147e}$$

Bemerkung: Die Erfahrung lehrt, dass es günstiger ist (Verluste geringer!), Umlenkung und Erweiterung nacheinander getrennt vorzunehmen durch zwei entsprechende Einrichtungen → Krümmer und Diffusor.

Turbulente Kreisrohr-Strömung (Abb. 4.56)

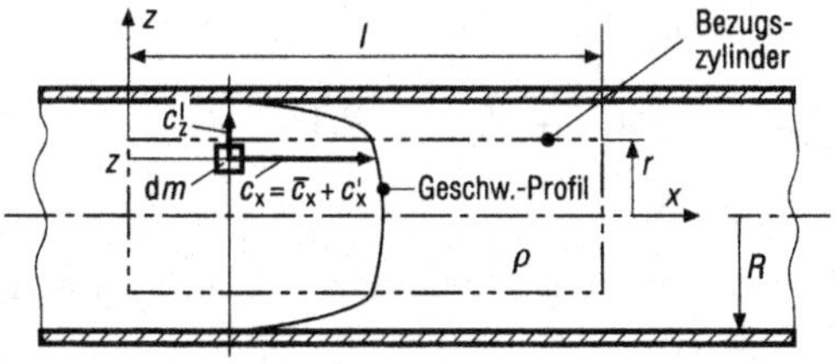

Abb. 4.56 Geschwindigkeitsverteilung in turbulenter Rohrströmung. $\bar{c}_x$ lokaler Mittelwert, c_x', c_z' lokale Schwankungswerte

Gemäß Abschn. 3.3.2.2 besteht die turbulente Strömung aus einer gleichmäßigen Bewegung mit überlagerten stochastischen Schwankungen in Längs- und Querrichtung. Dem zur Rohrachse (x-Richtung) stationären lokalen Mittelwert $\bar{c}_x$ der Strömungs-Geschwindigkeit (Lokalmittelwert) sind gemäß Abb. 4.56 die lokalen Schwankungskomponenten c_x' in der Fließrichtung x und

c'_z in der dazu senkrechten Richtung (Radialkoordinate z) überlagert. Insgesamt herrschen somit die tatsächlichen Geschwindigkeiten in

$$\text{axialer Richtung} \quad c_x = \bar{c}_x + c'_x$$
$$\text{radialer Richtung} \quad c_z = c'_z$$

Mit den Randbedingungen: An Rohrwand ($r = R$) haftet das Fluid, weshalb dort $\bar{c}_x = 0$ und $c'_x = 0$, aber auch $c'_z = 0$ (Rohrwand undurchlässig).

Für den in Abb. 4.56 eingetragenen Bezugszylinder (Radius r, Länge l) wird der Impulsaustausch mit dem Außenbereich ($R > z > r$) berechnet: Durch ein Element $\mathrm{d}A_\mathrm{M}$ der Zylindermantelfläche tritt der infinitesimale Fluidmassenstrom $\mathrm{d}\dot{m} = \varrho \cdot c'_z \cdot \mathrm{d}A_\mathrm{M}$. Da gemäß Abb. 4.56 die Schwankungskomponente c'_z zur festgehaltenen Zeit am Bezugszylinder nach außen angenommen ist, entspricht dem differenziellen Massenstrom $\mathrm{d}\dot{m}$ ein austretender x-Richtungs-Impulsstrom von $\mathrm{d}\dot{I}_x = c_x \cdot \mathrm{d}\dot{m}$ (wegen Geschwindigkeit c_x). Für den gesamten Zylindermantel ergibt sich dann wegen bestehender Symmetrie:

$$\dot{I}_x = \int\limits_{(A_\mathrm{M})} \mathrm{d}\dot{I}_x = \int\limits_{(A_\mathrm{M})} c_x \cdot \mathrm{d}\dot{m}$$
$$= \varrho \cdot \int\limits_{(A_\mathrm{M})} c_x \cdot c'_z \cdot \mathrm{d}A_\mathrm{M}$$
$$= \varrho \cdot \int\limits_{(A_\mathrm{M})} (\bar{c}_x + c'_x) \cdot c'_z \cdot \mathrm{d}A_\mathrm{M}$$
$$\dot{I}_x = \varrho \cdot \int\limits_{(A_\mathrm{M})} \bar{c}_x \cdot c'_z \cdot \mathrm{d}A_\mathrm{M} + \varrho \cdot \int\limits_{(A_\mathrm{M})} c'_x \cdot c'_z \cdot \mathrm{d}A_\mathrm{M}$$

Das erste Integral dieser Beziehung – bezeichnet mit In_1 – lässt sich weiter bearbeiten. Da die mittlere Längsgeschwindigkeit $\bar{c}_x$ im Bezugszylinder bei gleich bleibendem Radius r infolge Kontinuitätsbedingung bei im Mittel stationärer Bewegung konstant und damit unabhängig von Flächenelement $\mathrm{d}A_\mathrm{M}$ ist, kann diese aus dem Integral genommen werden, sodass gilt:

$$\mathrm{In}_1 = \varrho \cdot \int \bar{c}_x \cdot c'_z \cdot \mathrm{d}A_\mathrm{M} = \varrho \cdot \bar{c}_x \cdot \int\limits_{(A_\mathrm{M})} c'_z \cdot \mathrm{d}A_\mathrm{M}$$

Des Weiteren muss, ebenfalls wegen Massenerhaltung, in den Bezugszylinder durch seinen Mantel soviel Medium eintreten, wie andererseits austritt. Das in In_1 verbleibende Integral, das den Durchfluss durch den gesamten Zylindermantel darstellt, muss somit null sein, weshalb also $\mathrm{In}_1 = 0$. Dann wird:

$$\dot{I}_x = \varrho \cdot \int\limits_{(A_\mathrm{M})} c'_x \cdot c'_z \cdot \mathrm{d}A_\mathrm{M} \qquad (4.147\mathrm{f})$$

Dieses Integral hat in der Regel immer einen von null verschiedenen, und zwar positiven Wert.

Das in Abb. 4.56 eingetragene Masseteilchen $\mathrm{d}m$ bewegt sich infolge der eingezeichneten radialen Schwankungskomponenten c'_z auf die Rohrwand zu, unter Beibehalten seiner ursprünglichen axialen Geschwindigkeit c_x. Da das Teilchen dadurch in eine Zone kleinerer Axialgeschwindigkeit kommt, erzeugt es dort durch Stoß ein positives c'_x. Gegensätzlich gelangt ein von der Rohrwandgegend mit der Schwankungskomponenten $-c'_z$ nach innen wanderndes Teilchen in die Zone mit höherem c_x und bewirkt dadurch ein negatives c'_x. Es erfolgt ständig Impulsaustausch, besser ausgedrückt, Impulsübertrag von schnelleren Teilschen auf langsamere (Stöße). Dadurch werden die Schwingungswege der Moleküle immer kleiner, bis letztlich sog. thermische Bewegung erreicht ist, was sich als Wärme ausdrückt (kinetische Gastheorie) mit entsprechendem Verzehr an mechanischer Energie. Insgesamt entstehen dadurch die Turbulenzverluste, weshalb der Mittelwert des Integrals von (4.147f) über die Mantelfläche A_M des Bezugszylinders, $\overline{\dot{I}_x / A_\mathrm{M}}$, entsprechend größer als null ist:

$$\overline{\frac{1}{A_\mathrm{M}} \cdot \int\limits_{(A_\mathrm{M})} c'_x \cdot c'_z \cdot \mathrm{d}A_\mathrm{M}} = \overline{c'_x \cdot c'_z} \cdot \frac{1}{A_\mathrm{M}} \cdot \int\limits_{(A_\mathrm{M})} \mathrm{d}A_\mathrm{M}$$
$$= \overline{c'_x \cdot c'_z}$$

Damit wird, da $\dot{I}_x$ sein eigener Mittelwert, also

$$\dot{I}_x = \bar{\dot{I}}_x:$$
$$\dot{I}_x = \varrho \cdot \overline{c'_x \cdot c'_z} \cdot \int\limits_{(A_\mathrm{M})} \mathrm{d}A_\mathrm{M} = \varrho \cdot \overline{c'_x \cdot c'_z} \cdot A_\mathrm{M}$$

mit Zylindermantelfläche $A_\mathrm{M} = 2 \cdot r \cdot \pi \cdot l$.

Gemäß Impulssatz bewirkt jede zeitliche Impulsänderung (Impulsstrom) eine Kraft. Da der Impulsstrom $\dot{I}_x$ in x-Richtung, also tangential auf die Zylindermantelfläche wirkt, hat er eine gleichwertige Scherkraft mit der zugehörigen Schubspannung τ_t, zur Folge, sodass gilt:

$$\dot{I}_x = \tau_t \cdot A_M$$

Die beiden Ausdrücke für $\dot{I}_x$ gleichgesetzt, ergibt:

$$\tau_t = \varrho \cdot \overline{c'_x \cdot c'_z} \tag{4.147g}$$

Hierbei handelt es sich um die turbulente Scherspannung gemäß (3.49). In Abschn. 4.3.1.6 wird diese, verallgemeinert auch als REYNOLDS-Spannung bzw. turbulente Zusatzspannung bezeichnete Größe, auf andere Weise hergeleitet. Mit der hier durchgeführten Ableitung ist jedoch gezeigt, dass der Turbulenz-Verlust (Reibung) tatsächlich durch Impulsaustausch verursacht wird.

Die stochastische Schwankungsbewegung ist ein äußerst komplex-komplizierter Vorgang und letztlich nicht vollständig geklärt. Wie in Abschn. 3.3.2.2 und 3.3.3.4 ausgeführt, zeigen Versuche, dass nicht einzelne Moleküle die Schwankungsbewegungen ausführen, sondern Molekülgruppen(-haufen), die zu „Fluidballen"(-flecken) verschieden großer Ausdehnung zusammengeschlossen sind und die im Bewegungsablauf ständig zerfallen, wobei sich dann andere neu bilden. In unmittelbarer Kanalwandnähe fällt das Produkt $\overline{c'_x \cdot c'_z}$ und damit die turbulente Schubspannung steil ab, sodass die Scherwirkung hier überwiegend durch die viskositätsbedingte laminare Friktion (viskose Unterschicht ζ_1) verursacht wird. Die REYNOLDS-Spannungen bewirken jedoch hauptsächlich die Dissipation und sind verantwortlich dafür, dass der Druckverlust bei turbulenter Rohrströmung quadratisch mit der Strömungsgeschwindigkeit ansteigt (4.25). Der steile Randabfall von $\overline{c'_x \cdot c'_z}$ ist bedingt durch die Wandundurchlässigkeit und die dort verstärkt wirkende viskose Reibung.

Rohreinlauf gemäß Abb. 4.19

Der hierbei auftretende Strömungsverlust lässt sich ebenfalls mit Impuls- und Energiegleichung berechnen wenn diese auf den in Abb. 4.57 eingetragenen Bezugsraum KR angewendet werden. Der Druck wirkt dabei an Stelle ① zwangsläufig über den gesamten Querschnitt A, während der Strahl nach Abschn. 4.1.2 eingeschnürt ist auf $(\alpha \cdot A)$.

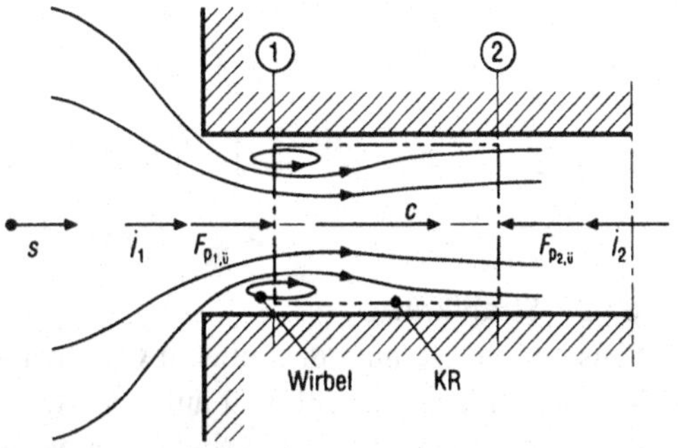

Abb. 4.57 Scharfkantiger Rohreinlauf mit eingetragenem Kontrollraum KR zwischen Bezugsstellen ① und ②, dem Ablösegebiet. Stelle ① engster Strömungsquerschnitt, ② Strömung liegt wieder vollständig an der Rohrwand an

Ansatz: IS ①–② bei Vernachlässigen der Reibungskraft entlang der zugehörigen Rohrwand, da klein, führt zu:

$$\sum F_s = 0: \quad F_{p_{1,ü}} + \dot{I}_1 - F_{p_{2,ü}} - \dot{I}_2 = 0$$

Die zugehörigen Ausdrücke für Überdruckkräfte und Impulsströme eingeführt, ergibt:

$$p_{1,ü} \cdot A + \dot{V} \cdot \varrho \cdot c_1 - p_{2,ü} \cdot A - \dot{V} \cdot \varrho \cdot c_2 = 0$$
$$A \cdot (p_{1,ü} - p_{2,ü}) = \dot{V} \cdot \varrho \cdot (c_2 - c_1)$$

hierzu aus K ①–②

$$c_1 = c_2 \cdot (A_2/A_1) = c_2 \cdot (A/(\alpha \cdot A)) = c_2/\alpha$$
$$\text{und} \quad \dot{V} = A \cdot c_2$$

liefert:

$$p_{1,ü} - p_{2,ü} = c_2^2 \cdot \varrho \cdot (1 - 1/\alpha)$$

Andererseits aus EE ①–② mit $p = p_{ü} + p_b$:

$$p_{1,ü}/\varrho + c_1^2/2 = p_{2,ü}/\varrho + c_2^2/2 + Y_V$$
$$p_{1,ü} - p_{2,ü} = (c_2^2/2 - c_1^2/2 + Y_V) \cdot \varrho$$

Beide Beziehungen für $(p_{1,ü} - p_{2,ü})$ gleichgesetzt, ergibt mit $Y_V = \zeta \cdot c_2^2/2$:

$$c_2^2 \cdot \varrho \cdot (1 - 1/\alpha) = (c_2^2/2 - c_1^2/2 + \zeta \cdot c_2^2/2) \cdot \varrho$$
$$2 \cdot (1 - 1/\alpha) = 1 - (c_1/c_2)^2 + \zeta$$

hieraus

$$\zeta = 1 - 2 \cdot 1/\alpha + (1/\alpha)^2 = (1 - 1/\alpha)^2 \quad \text{oder}$$
$$\zeta = (1/\alpha - 1)^2 \tag{4.147h}$$

4.1.6.1.3 Strahlkräfte

Der aus einer Düse mit der mittleren Geschwindigkeit c austretende Strahl trifft auf eine Wand, von der er abgelenkt, also beschleunigt wird. Die Strömungsgeschwindigkeit ändert dabei ihren Betrag nicht (reibungsfrei), sondern nur ihre Richtung. Der statische Druck im Strahl ist nach Verlassen der Düse konstant und gleich dem der Umgebung, sog. Gleichdruck. Überdruck ist somit nicht mehr vorhanden ($p_{ü} = 0$). Kraftwirkungen daher ausschließlich durch die vorhandenen Impulsströme $\dot{I}$ bedingt. Mit dem Impulssatz kann deshalb die Kraft, die der Strahl auf die Wand ausübt, berechnet werden.

Senkrechter Stoß gegen ebene feststehende Wand (Abb. 4.58)

Beim senkrechten Stoß handelt es sich um ein stationäres symmetrisches Problem. Der Strahl kann nur senkrecht auf die Wand wirken, auch wenn die Reibungskräfte nicht vernachlässigt werden, was im Allgemeinen jedoch zulässig ist. Diese haben ohnehin keine Resultierende, da ihre Wirkung nach allen Wandrichtungen gleich groß. Die Haltekraft F_{Wd} der Wand muss demzufolge ebenfalls normal, d. h. senkrecht zu ihr wirken. Die Gewichtskraft des strömenden Fluids ist zudem als klein gegenüber der Strahlkraft (Wandkraft F_{Wd}) vernachlässigbar und wirkt vertikal ($\perp$ zu F_{Wd}).

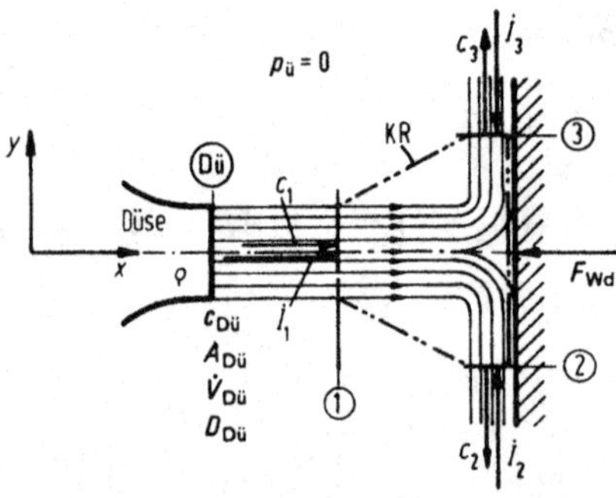

Abb. 4.58 Senkrechter Strahlstoß gegen eine feststehende ebene Wand (stationärer Endzustand)

Impulssatz angewendet auf Bezugsgebiet KR (Kontrollraum) mit Koordinaten-System $(x,\ y)$:

$$\text{IS ①–②–③:} \quad \sum \vec{F} = 0 \rightarrow \sum F_x = 0$$
$$\rightarrow \sum F_y = 0$$

a) $\sum F_x = 0$: $\dot{I}_1 - F_{Wd} = 0 \rightarrow F_{Wd} = \dot{I}_1$
b) $\sum F_y = 0$: $\dot{I}_2 - \dot{I}_3 = 0 \rightarrow \dot{I}_2 = \dot{I}_3$

Mit

$$\dot{I}_1 = \dot{m}_1 \cdot c_1 = \varrho \cdot \dot{V}_1 \cdot c_{Dü}$$
$$\dot{I}_2 = \dot{m}_2 \cdot c_2 = \varrho \cdot \dot{V}_2 \cdot c_{Dü}$$
$$\dot{I}_3 = \dot{m}_3 \cdot c_3 = \varrho \cdot \dot{V}_3 \cdot c_{Dü}$$
$$\rightarrow \quad c_1 = c_2 = c_3 = c_{Dü}$$

da reibungsfrei gesetzt und $\dot{V}_1 = \dot{V}_{Dü}$ folgt aus Bedingung

nach a) $\boldsymbol{F_{Wd} = \varrho \cdot \dot{V}_{Dü} \cdot c_{Dü} = \varrho \cdot A_{Dü} \cdot c_{Dü}^2}$
nach b) $\dot{V}_2 = \dot{V}_3$

Mit K ①–②–③ ist $\dot{V}_{Dü} = \dot{V}_1 = \dot{V}_2 + \dot{V}_3$. Eingesetzt in b) ergibt letztlich:

$$\boldsymbol{\dot{V}_2 = \dot{V}_3 = \dot{V}_{Dü}/2}$$

Der senkrechte Strahlstoß kann auch als Staupunktströmung betrachtet werden. An der Wand wird die Geschwindigkeit in x-Richtung zu null. Im gesamten Umlenkungsbereich, da ebene Platte, entsteht gegensätzlich zu Abb. 3.39 somit der gleichbleibende Staudruck:

$$p_{dyn} = \varrho \cdot c_x^2/2 = \varrho \cdot c_{Dü}^2/2$$

und damit die dynamische Kraft:

$$F_{dyn} = p_{dyn} \cdot A_{dyn} = \varrho \cdot \frac{c_{Dü}^2}{2} \cdot A_{dyn}$$

Diese Kraft muss mit der Wandkraft F_{Wd} identisch sein, da keine weiteren Kräfte wirken. Durch Gleichsetzen beider Beziehungen lässt sich die erforderliche Umlenkfläche A_{dyn} berechnen. Das ist die Fläche, die notwendig ist, um den Strahl vollständig (um 90°) umzulenken:

Aus der Bedingung $F_{\text{Wd}} = F_{\text{dyn}}$ folgt:

$$\varrho \cdot A_{\text{Dü}} \cdot c_{\text{Dü}}^2 = \varrho \cdot (c_{\text{Dü}}^2/2) \cdot A_{\text{dyn}}$$

und hieraus

$$A_{\text{dyn}} = 2 \cdot A_{\text{Dü}}$$

oder Kreise

$$D_{\text{dyn}} = D_{\text{Dü}} \cdot \sqrt{2}$$

Die notwendige Umlenkfläche A_{dyn} ist demnach theoretisch mindestens doppelt so groß wie der Düsenquerschnitt $A_{\text{Dü}}$. Nur dann wird der Fluidstrom um 90° umgelenkt, was zur vollen Kraftwirkung notwendig ist. Bei kleineren Platten sind Ablenkung und Kraftwirkung des Strahles entsprechend geringer. Dabei ist gleichbleibender Staudruck über der gesamten Umlenkfläche A_{dyn} angenommen, was nicht zutrifft. Je mehr der Strahl im Abströmgebiet umgelenkt ist, desto geringer wird seine Kraftwirkung und damit der Staudruck. Das Staudruckprofil auf der Platte entspricht deshalb etwa demjenigen vor dem Körper von Abb. 3.39. Tatsächlich ist daher eine Umlenkfläche A_{dyn} notwendig, die größer als das Zweifache der Düsenaustrittsfläche $A_{\text{Dü}}$ sein muss und letztlich nur experimentell bestimmt werden kann.

Hinweis: Zu Beginn des Geschehens handelt es sich in den ersten Millisekunden bis zum Erreichen des stationären Zustandes um einen instationären Schlagvorgang (nachfolgende Ergänzung!).

Ergänzung

Wasserhammerdruck Die Technik verwendet immer häufiger Hochgeschwindigkeitswasserstrahlen zum Bearbeiten von Werkstoffen. Haardünne Wasserstrahlen mit Durchmessern von etwa 0,1 bis 0,3 mm erreichen Geschwindigkeiten bis ca. der dreifachen Luftschallgeschwindigkeit und dienen hauptsächlich zum Trennen von Materialplatten. Drücke, exakt Überdrücke $p_{\text{ü}}$, bis über 4000 bar sind notwendig um gemäß der TORRICELLI-Beziehung ($c = \varphi_{\text{Dü}} \sqrt{2 \cdot p_{\text{ü}}/\varrho}$) mit Düsen (meist aus künstlichem Saphir) solch hohe Strahl-Geschwindigkeiten c zu erzeugen. Infolge der hohen Drücke ist die Kompressibilität des Wassers (Abschn. 1.3.1) beachtlich und daher zu berücksichtigen. Die Praxis bezeichnet Hochgeschwindigkeitsstrahl-Schneideinrichtungen auch als **Water-Jet-** oder **Hydro-Cutting-Anlagen.** Mit dem Reinwasserstrahl-Verfahren sind Weichstoffe (Gummi, Kunststoffe usw.) trennbar → durchschlagen. Werden dem Wasserstrahl jedoch Feststoffkörner beigemischt, sog. Abrasiv-Verfahren, können auch Hartstoffe, wie z. B. Metalle, Glas und Keramik, getrennt werden → durchschliffen. Hierbei ist der Wasserstrahl und mitgerissener Luft Trägermedium für die Abrasivstoffkörner, die den trennenden Schleifvorgang ausführen.

Trifft ein Fluidvolumen mit (Relativ-)Geschwindigkeit auf eine (Fest-)Körperoberfläche (Abb. 4.58), so wird die zuerst aufschlagende Fluidstrahlfront unter gleichzeitiger punktartiger elastischer Verformung von Fluid und Festkörper stoßartig in Zuströmrichtung auf die Geschwindigkeit nahe Null verzögert. Der auftretende Stoß erzeugt eine **Schockwelle,** die sich in den Festkörper und den Fluidstrahl – hier entgegen der Strömungsrichtung – ausbreitet.

Die Ausbildung des Freistrahles geht aus Abb. 3.26 hervor. Genutzt werden sollte der Primärbereich. Der Abstand zwischen Düse und Materialoberfläche ist entsprechend kurz einzustellen. Dadurch ergibt sich infolge der noch vorhandenen vollen mechanischen Energie die volle Strahlwirkung, und die Geräuschbildung ist vergleichsweise gering. Die Hauptgeräusche bewirkt der Strahlbereich nach der Primärzone infolge der zunehmend stärker werdenden Turbulenz, die von der Wechselwirkung (Vermischung) mit dem Umgebungsmedium verursacht wird.

Der beim Aufschlagen des Fluidstrahles entstehende **Stoßdruck** wird auch als **Wasserhammerdruck** bezeichnet.

Nach ACKERET, sog. **ACKERET-Formel**, beträgt der durch Fluid- und (Fest-)Körperelastizität begrenzte Stoßdruck:

$$p_{St} = \varrho_F \cdot c_F \cdot a_F \cdot \left(1 + \frac{\varrho_F}{\varrho_S} \cdot \frac{a_F}{a_S}\right)^{-1} \quad (4.148)$$

Hierbei bedeuten:

ϱ ... Dichte
c ... Strahl-Auftreffgeschwindigkeit
a ... Schallgeschwindigkeit
Index F ... Fluid
Index S ... (Fest-)Körper (Stoff)

COOK setzt den Klammerausdruck in (4.148) eins, was für den Stoß zwischen Flüssigkeit (meist Wasser) und Metallen zulässig ist.

Dann ergibt sich die Näherungsformel → **COOK-Formel**:

$$p_{St} = \varrho_F \cdot c_F \cdot a_F \quad (4.149)$$

Hierbei wird nur die Kompressibilität der Strahlflüssigkeit berücksichtigt, die Elastizität des Festkörper-Metalles dagegen vernachlässigt. Das bedeutet, es wird vergleichsweise gesetzt: $E_S \to \infty$ und damit geht gemäß (1.22) auch $a_S \to \infty$.

Die Formel nach COOK, (4.149), ist identisch der Beziehung für den JOUKOWSKY-Stoß, (3.82).

Der volle Wasserhammerdruck wird etwa eine Mikrosekunde nach dem Strahlaufschlag erreicht. Danach erfolgt wieder ein fast ebenso schneller Druckabfall, sodass nach etwa zwei weiteren Mikrosekunden der Druck schon in die Nähe des Staudruckes gesunken ist. Der gesamte Stoß-Vorgang dauert somit etwa 3 Mikrosekunden. Nach dem steilen Anstieg des Druckes bis auf den Stoßdruck als Maximum und dem fast ebenso raschen Abfall bleibt der sich dann einstellende, als quasi-stationär geltende Staudruck solange erhalten, wie Fluid kontinuierlich nachströmt. Der Stoßvorgang ist die instationäre Anlaufsituation. Nach der Gesamtzeit von ca. 3 µs ist somit der stationäre Zustand erreicht, gekennzeichnet durch Staudruck und 90°-Ablenkung gemäß Abb. 4.58, falls es zu dieser kommt. Während der Anfangszeit von etwa 1 µs erfolgt Aufschlag – dynamische Wirkung, weshalb Druck anfangs höher als Staudruck – mit nachfolgender seitlicher Ablenkung, die nach weiteren ca. 2 µs vollständig erreicht ist. Danach stationärer Zustand mit Staudruck $q = \varrho \cdot c^2/2$.

Durch den Wasserhammerdruck mit folgender Stoßwelle wird das Gefüge des Feststoffes entlang den Korngrenzen geschädigt (Mikrorisse) und dadurch der Trennvorgang eingeleitet. Diese Wirkung könnte durch pulsierenden, also fortlaufend kurzzeitig unterbrochenem Fluidstrahl wesentlich gesteigert werden, was jedoch bei den notwendigen Drücken wegen Werkstoffproblemen technisch nur schwer zu verwirklichen ist (Standzeitprobleme). Beim mechanischen Strahlzerhacker, der den Strahl in einzelne „Flüssigkeitszylinder“ unterteilt, wird andererseits ein großer Anteil der Strahlenergie durch den Unterbrecher abgelenkt und zerstäubt, also vernichtet → Wärme.

Allgemein wird ein Strahl, der aus einer Mischung von Stoß- und Staudruck besteht, als **gemischter Strahl** bezeichnet. Die Anzahl der Stoßimpulse je Zeiteinheit gilt dabei als Kriterium zur Charakterisierung der Mischung von Stoß- und Staudruck und damit des **Mischstrahles**. Der besonders wirksame sog. **Stoßstrahl** ist eine Sonderform des großen Spektrums der gemischten Strahlen, bei welchem im Druck-Zeit-Verlauf hochfrequente Stoßdruckimpulse mit sehr kurzen nachfolgenden Staudruck-Perioden vorliegen.

Beispiel

Der Stoßdruck eines mit 4000 bar Überdruck erzeugten Wasserstrahles (20 °C) senkrecht gegen eine Stahlfläche ist abzuschätzen. Der Geschwindigkeitsbeiwert der Saphir-Düse betrage 0,9.

Für Wasser, 20 °C, gemäß (1.4) mit Dichte $\varrho_0 \approx 1000\,\mathrm{kg/m^3}$ (Tab. 6.7) und nach Tab. 1.10

bei 1 bar $E_1 = 20.400\,\mathrm{bar}$

bei 4000 bar $E_{4000} = 41.670\,\mathrm{bar}$

Mittelwert $\bar{E} = (E_1 + E_{4000})/2 \approx 31.000\,\mathrm{bar}$

$$\Delta\varrho = \varrho_0 \cdot \Delta p/\bar{E} = \varrho_0 \cdot p_{\ddot{u}}/\bar{E} = 10^3 \cdot 4000/31.000\,[\mathrm{kg/m^3}] = 130\,\mathrm{kg/m^3}$$

$$\varrho = \varrho_0 + \Delta\varrho = 1{,}13 \cdot 10^3\,\mathrm{kg/m^3}$$

Da Entspannung des Wassers in der Düse von $(p_{\ddot{u}} + p_b)$ auf p_b erfolgt und Kompressibilität linear angenommen, mit Mittelwert gerechnet:

$$\bar{\varrho} = (\varrho + \varrho_0)/2 = 1{,}07 \cdot 10^3\,\mathrm{kg/m^3}$$

$$c = \varphi_{\mathrm{D\ddot{u}}} \cdot \sqrt{2 \cdot p_{\ddot{u}}/\bar{\varrho}} \quad \text{(TORRICELLI)}$$

$$= 0{,}9 \cdot \sqrt{2 \cdot \frac{4000 \cdot 10^5}{1{,}07 \cdot 10^3}} \left[\sqrt{\frac{\mathrm{N/m^2}}{\mathrm{kg/m^3}}}\right] \approx 780\,\mathrm{m/s}$$

Nach Tab. 1.16:

Stahl $\varrho_S = 7{,}85 \cdot 10^3\,\mathrm{kg/m^3}$, $a_S = 5170\,\mathrm{m/s}$

Wasser $\varrho_F = 1 \cdot 10^3\,\mathrm{kg/m^3}$, $a_F = 1437\,\mathrm{m/s}$

ACKERET:

$$p_{St} = 10^3 \cdot 780 \cdot 1437 \cdot \left(1 + \frac{1000}{7850} \cdot \frac{1437}{5170}\right)^{-1} \cdot [\mathrm{kg/m^3 \cdot m/s \cdot m/s}]$$

$$p_{St} \approx 10.825 \cdot 10^5\,\mathrm{Pa} = 10.825\,\mathrm{bar}$$

COOK:

$$p_{St} \approx 10^3 \cdot 780 \cdot 1437 \quad [\mathrm{Pa}] = 11.208 \cdot 10^5\,\mathrm{Pa}$$

Ergebnis-Unterschied vertretbar; ca. 3,5 %. ◄

Schiefer Stoß gegen eine ebene feststehende Wand gemäß Abb. 4.59

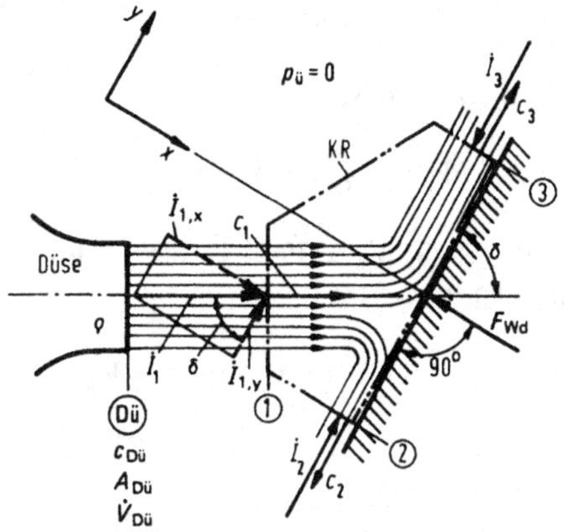

Abb. 4.59 Schiefer Strahlstoß ($\delta \neq 90°$) gegen eine feststehende ebene Wand

IS ①–②–③: $\sum \vec{F} = 0 \rightarrow \sum F_x = 0$
$\rightarrow \sum F_y = 0$

Angewendet auf Kontrollraum KR mit senkrecht/parallel zur Wand angeordnetem Bezugssystem $(x,\ y)$ ergibt:

a) $\sum F_x = 0$:

$$\dot{I}_{1,x} - F_{\mathrm{Wd}} = 0 \rightarrow F_{\mathrm{Wd}} = \dot{I}_{1,x} = \dot{I}_1 \cdot \sin\delta$$

Mit $\dot{I}_1 = \dot{m}_1 \cdot c_1$ und $\dot{m}_1 - \dot{m}_{\mathrm{D\ddot{u}}}$ sowie $c_1 = c_{\mathrm{D\ddot{u}}}$ wird:

$$\boldsymbol{F_{\mathrm{Wd}} = \dot{m}_{\mathrm{D\ddot{u}}} \cdot c_{\mathrm{D\ddot{u}}} \cdot \sin\delta = \varrho \cdot \dot{V}_{\mathrm{D\ddot{u}}} \cdot c_{\mathrm{D\ddot{u}}} \cdot \sin\delta = \varrho \cdot A_{\mathrm{D\ddot{u}}} \cdot c_{\mathrm{D\ddot{u}}}^2 \cdot \sin\delta}$$

b) $\sum F_y = 0$:

$$\dot{I}_{1,y} + \dot{I}_2 - \dot{I}_3 = 0$$

Hieraus

$$\dot{I}_3 = \dot{I}_{1,y} + \dot{I}_2.$$

Mit $\dot{I}_{1,y} = \dot{I}_1 \cdot \cos\delta$ und $\dot{I} = \dot{m} \cdot c$ wird

$$\dot{m}_3 \cdot c_3 = \dot{m}_1 \cdot c_1 \cdot \cos\delta + \dot{m}_2 \cdot c_2$$

Weiter mit $c_3 = c_2 = c_1 = c_{Dü}$ (reibungsfrei) ergibt sich

$$\dot{m}_3 = \dot{m}_1 \cdot \cos\delta + \dot{m}_2$$

und da $\varrho = \text{konst}$:

$$\dot{V}_3 = \dot{V}_1 \cdot \cos\delta + \dot{V}_2 \tag{4.150}$$

K ①-②-③ $\dot{V}_3 = \dot{V}_1 - \dot{V}_2$ eingeführt liefert mit (4.150)

$$\dot{V}_1 - \dot{V}_2 = \dot{V}_1 \cdot \cos\delta + \dot{V}_2$$

Hieraus:

$$\boldsymbol{\dot{V}_2 = \frac{\dot{V}_1}{2}(1 - \cos\delta)} \rightarrow A_2 = \frac{A_1}{2}(1 - \cos\delta)$$

$$\boldsymbol{\dot{V}_3 = \frac{\dot{V}_1}{2}(1 + \cos\delta)} \rightarrow A_3 = \frac{A_1}{2}(1 + \cos\delta)$$

Um Kräftegleichgewicht in y-Richtung, also parallel zur Wand zu erreichen, muss sich der Strahl ungleich aufteilen ($\dot{V}_3 > \dot{V}_2$). Außerdem ist $\dot{V}_1 = \dot{V}_{Dü}$.

Bemerkungen: Der schiefe Stoß lässt sich nur mit dem in Abb. 4.59 eingetragenen Bezugssystem mathematisch günstig lösen. Würde das Koordinatensystem mit Achsen in Strömungsrichtung und senkrecht dazu gewählt, würden sich nicht explizit auflösbare transzendente Gleichungen ergeben.

Ob eine Bezugssystem-Anordnung günstig ist, lässt sich an der Anzahl notwendiger Zerlegungen in Komponenten erkennen, die möglichst gering sein sollte. Das Bezugssystem nach Abb. 4.59 erfordert nur eine Komponentenzerlegung (an Stelle 1), beim Waagrecht-Senkrecht-System dagegen wären drei notwendig.

Der senkrechte Strahlstoß ist ein Sonderfall des schiefen. Bei Winkel $\delta = 90°$ gehen die Beziehungen des schiefen Strahlstoßes in die des senkrechten über.

Strahlstoß gegen symmetrisch gekrümmte Wand (Hohlwölbung) (Abb. 4.60)

Die Hohlschaufel bewege sich mit der Geschwindigkeit u von der Düse weg. Der Strahl

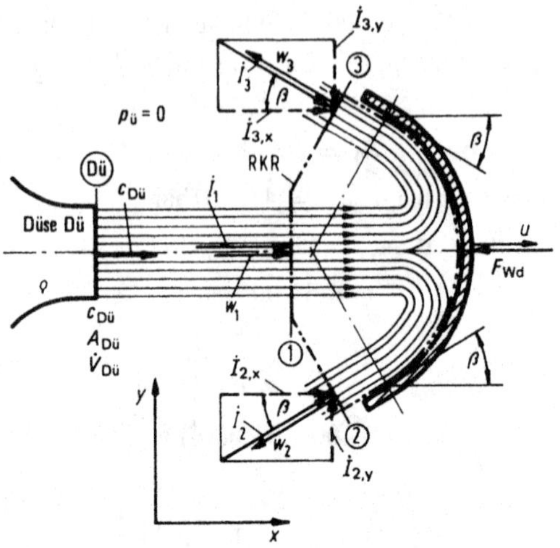

Abb. 4.60 Strahlstoß gegen eine symmetrische Hohlschaufel, die sich mit der Geschwindigkeit u in Strahlrichtung wegbewegt. RKR Relativkontrollraum (plattenfest), c Absolutgeschwindigkeit, u Bezugs- oder Basisgeschwindigkeit, w Relativgeschwindigkeit, F_{Wd} Schaufelwandkraft gleich Strahlkraft

trifft deshalb nur mit der Relativgeschwindigkeit $w = c_{Dü} - u$ auf die Schaufel.

Infolge der sich bewegenden Platte (Schaufel) handelt es sich für den ruhenden Beobachter um eine instationäre Strömungssituation. Oftmals können jedoch solche Probleme durch Wechseln des Bezugssystems in einen stationären Fall überführt werden, was auch hier möglich ist.

Um das instationäre Problem mit dem Impulssatz für stationäre Strömungen behandeln zu können, ist also davon auszugehen, dass der Kontrollraum sich mit der Schaufel mitbewege. Ebenso das Koordinatensystem $(x,\ y)$, das damit zum Relativbezugssystem und der Kontrollraum zum Relativkontrollraum RKR wird. In diesem schaufelfesten Relativsystem ergibt sich wieder ein stationärer Vorgang mit den konstanten Relativgeschwindigkeiten $w = w_1 = w_2 = w_3 = c_{Dü} - u$ bei Reibungsfreiheit.

Bei Berücksichtigung der Reibung wäre gemäß (4.75):

$$w_3 = w_2 = \varphi \cdot w_1 \tag{4.150a}$$

mit $\varphi = f$ (Umlenkwinkel, Rauigkeit); $\varphi < 1$, meist $\varphi = 0{,}95$ bis $0{,}99$.

Es handelt sich ebenfalls um ein symmetrisches Problem, weshalb Wand-, d. h. **Schaufelkraft** F_{Wd} in x-Richtung verläuft. Der Druck im Strahl ist nach dem Verlassen der Düse wieder konstant und gleich dem Umgebungsdruck. Deshalb wird von Gleichdruckwirkung gesprochen. Die Wirkung der Fluidreibung soll hier gegenüber den anderen Kräften vernachlässigbar sein, ebenso die Kontraktion ($A_1 = A_{\mathrm{Dü}}$).

Unter diesen Bedingungen ergibt der Impulssatz, angewendet auf den Relativkontrollraum RKR:

$$\text{IS ①–②–③:} \quad \sum \vec{F} = 0 \rightarrow \sum F_x = 0$$
$$\rightarrow \sum F_y = 0$$

a) $\sum F_y = 0$: $\dot{I}_{2,y} - \dot{I}_{3,y} = 0$
Hieraus

$$\dot{I}_{2,y} = \dot{I}_{3,y}$$

Mit allgemein $\dot{I}_y = \dot{I} \cdot \sin\beta$ folgt

$$\dot{I}_2 \cdot \sin\beta = \dot{I}_3 \cdot \sin\beta$$
$$\dot{I}_2 = \dot{I}_3 \quad \text{(symmetrisches Problem!)}$$
$$\varrho \cdot \dot{V}_2 \cdot w_2 = \varrho \cdot \dot{V}_3 \cdot w_3$$
$$\dot{V}_2 = \dot{V}_3$$

und mit K ①–②–③ wird:

$$\boldsymbol{\dot{V}_2 = \dot{V}_3 = \dot{V}_1/2} \tag{4.150b}$$

b) $\sum F_x = 0$: $\dot{I}_1 + \dot{I}_{2,x} + \dot{I}_{3,x} - F_{\mathrm{Wd}} = 0$
Hieraus

$$\begin{aligned} F_{\mathrm{Wd}} &= \dot{I}_1 + \dot{I}_{2,x} + \dot{I}_{3,x} \\ &= \dot{I}_1 + \dot{I}_2 \cdot \cos\beta + \dot{I}_3 \cdot \cos\beta \\ &= \dot{I}_1 + 2 \cdot \dot{I}_2 \cdot \cos\beta \quad \text{da } \dot{I}_2 = \dot{I}_3 \end{aligned}$$

Mit

$$\dot{I}_1 = \varrho \cdot \dot{V}_1 \cdot w_1 \quad \text{und}$$
$$\dot{I}_2 = \varrho \cdot \dot{V}_2 \cdot w_2 = \varrho \cdot \frac{\dot{V}_1}{2} \cdot w_1 = \frac{1}{2} \cdot \dot{I}_1$$

wird:

$$\begin{aligned} F_{\mathrm{Wd}} &= \dot{I}_1 \cdot (1 + \cos\beta) \\ &= \varrho \cdot \dot{V}_1 \cdot w_1 \cdot (1 + \cos\beta) \\ \boldsymbol{F_{\mathrm{Wd}}} &\boldsymbol{= \varrho \cdot \dot{V}_1 (c_{\mathrm{Dü}} - u) \cdot (1 + \cos\beta)} \\ &\boldsymbol{= f(u, \beta)} \end{aligned} \tag{4.151}$$

Dabei ist

$$\dot{V}_1 = A_1 \cdot w_1 = A_1 \cdot (c_{\mathrm{Dü}} - u)$$
$$\dot{V}_1 = A_{\mathrm{Dü}} \cdot (c_{\mathrm{Dü}} - u) \tag{4.152}$$

und

$$\dot{V}_{\mathrm{Dü}} = A_{\mathrm{Dü}} \cdot c_{\mathrm{Dü}}$$

Deshalb

$$\dot{V}_1 < \dot{V}_{\mathrm{Dü}}$$

Die Differenz $\Delta\dot{V}$ zwischen dem aus der Düse austretenden Volumenstrom $\dot{V}_{\mathrm{Dü}}$ und dem in den relativen Kontrollraum RKR eintretenden Volumenstrom $\dot{V}_1$

$$\Delta\dot{V} = \dot{V}_{\mathrm{Dü}} - \dot{V}_1 = A_{\mathrm{Dü}} \cdot u$$

ist notwendig zum Aufbau des Strahles zwischen Düse und der sich ständig wegbewegenden Schaufel. Dass der Strahl in Wirklichkeit eine Parabelbahn (Wurfparabel) beschreibt, ist in diesem Zusammenhang unwichtig und wird deshalb nicht berücksichtigt.

Wird Volumenstrom $\dot{V}_1$ in (4.151) durch die Beziehung von (4.152) ersetzt, ergibt sich:

$$\begin{aligned} \boldsymbol{F_{\mathrm{Wd}}} &\boldsymbol{= \varrho \cdot A_{\mathrm{Dü}} \cdot (c_{\mathrm{Dü}} - u)^2 \cdot (1 + \cos\beta)} \\ &\boldsymbol{= f(u,\ \beta)} \end{aligned} \tag{4.153}$$

Aus beiden Gleichungen (4.151) und (4.153) folgt für die **Strahlkraft** $\boldsymbol{F_{\mathrm{Wd}}}$ (Wandkraft):

a) F_{Wd} wird maximal bei $u = 0$, also wenn die Hohlschaufel steht.
b) F_{Wd} wird zu null bei $u = c_{\mathrm{Dü}}$, d. h. wenn sich die Schaufel mit gleicher Geschwindigkeit wie der Strahl von der Düse wegbewegt.

c) F_{Wd} erreicht seinen Maximalwert bei $\cos\beta = 1$, also bei $\beta = 0°$; das bedeutet bei beidseitiger Umlenkung des Strahles um jeweils 180°. Bei praktischer Anwendung der Hohlschaufel in der sog. PELTON-Turbine wird dieser Forderung weitgehend entsprochen. Um den Strahl aus dem Laufrad jedoch gut abzuführen, sind Schaufelwinkel von $\beta \approx 4° \ldots 8°$ notwendig. Zur Herabsetzung der Verluste (Wirbel und Reibung) wird außerdem der sich in der Strahlaufteilung bildende Totraum durch entsprechende Schaufelgestaltung (Form wie Totraum) vermieden und zur Reibungsminderung die Schaufelinnenfläche poliert (Geschwindigkeitsbeiwert φ gegen 1,0).

Leistung, welche die Schaufel bei der Umfangsgeschwindigkeit u und der zugehörigen Umfangskraft F_{Wd} abzugeben vermag:

$$\boldsymbol{P = F_{\mathrm{Wd}} \cdot u} = F_{\mathrm{Wd}} \cdot r \cdot \omega = T \cdot \omega$$

Je nachdem, welche Beziehung hierbei für F_{Wd}, d. h. (4.151) oder (4.153), eingesetzt wird, ist zwischen zwei Fällen zu unterscheiden:

Fall 1 F_{Wd} nach (4.153) (allgemeiner Fall):

$$\begin{aligned} P &= \varrho \cdot A_{\mathrm{Dü}} \cdot u \cdot (c_{\mathrm{Dü}} - u)^2 \cdot (1 + \cos\beta) \\ &= f(u, \beta) \end{aligned} \tag{4.154}$$

Aus dieser Beziehung lässt sich das Verhältnis zwischen der meist vorgegebenen Strahlgeschwindigkeit $c_{\mathrm{Dü}}$ und der wählbaren Umfangsgeschwindigkeit u ermitteln, bei der die abgegebene Leistung ein Maximum erreicht: Die Strahlgeschwindigkeit ist durch das vorhandene Gefälle H bestimmt (TORRICELLI) und deshalb nur die Geschwindigkeit u änderbar.

Nach der Extremwertmethode der Differenzialrechnung ergibt sich:

$$\text{Maximum bei} \quad \frac{\mathrm{d}P}{\mathrm{d}u} = 0$$

Angewendet auf (4.154) bei $A_{\mathrm{Dü}} = \text{konst}$ und $\beta = \text{konst}$, liefert:

$$\begin{aligned} \frac{\mathrm{d}P}{\mathrm{d}u} &= \varrho \cdot A_{\mathrm{Dü}}(1 + \cos\beta) \\ &\quad \cdot [(c_{\mathrm{Dü}} - u)^2 + u \cdot 2(c_{\mathrm{Dü}} - u)(-1)] \stackrel{!}{=} 0 \\ \rightarrow &\quad (c_{\mathrm{Dü}} - u)(c_{\mathrm{Dü}} - 3u) = 0 \end{aligned}$$

Hieraus:

1. Lösung: $u = c_{\mathrm{Dü}} \rightarrow$ Minimum, $P = 0$
2. Lösung: $u = c_{\mathrm{Dü}}/3 \rightarrow$ Maximum, $P = P_{\max}$

Maximale Leistungsübertragung somit bei:

$$\boldsymbol{u = c_{\mathrm{Dü}}/3} \tag{4.155}$$

Damit wird, eingesetzt in (4.154)

$$P_{\max} = \frac{4}{27} \cdot \varrho \cdot A_{\mathrm{Dü}} \cdot c_{\mathrm{Dü}}^3 (1 + \cos\beta) \tag{4.156}$$

Da β klein ($\beta = 4° \ldots 8°$), also $\cos\beta \approx 1$ ist, gilt in brauchbarer Näherung:

$$\boldsymbol{P_{\max} \approx \frac{8}{27} \cdot \varrho \cdot A_{\mathrm{Dü}} \cdot c_{\mathrm{Dü}}^3} \tag{4.157}$$

Bemerkung: Die Situation nach Fall 1 ist von theoretischem Interesse und findet in der Praxis keine Anwendung.

Fall 2 F_{Wd} nach (4.151) (spezieller Fall)

Bei den sich drehenden Rädern der Gleichdruckturbinen, d. h. den sog. PELTON- und LAVALturbinen für Wasser bzw. Wasserdampf, kommt der Strahl zwangsläufig nur kurzzeitig mit der jeweils beaufschlagten Schaufel in Kontakt. Die Schaufel taucht in den Strahl ein, wird voll getroffen und taucht wieder aus, wobei gleichzeitig die nächste Schaufel überlappend beginnt einzutauchen (wie bei kämmenden Zahnrädern). Bei diesen praktisch auftretenden und daher wichtigen Fällen kann deshalb der Volumenstrom $\dot{V}_1$, der auf die Laufschaufel trifft, meist genügend genau gleich dem aus der Düse austretenden gesetzt werden:

$$\dot{V}_1 \approx \dot{V}_{\mathrm{Dü}} = \text{konst}$$

Damit wird nach (4.151):

$$F_{\text{Wd}} \approx \varrho \cdot \dot{V}_{\text{Dü}} \cdot (c_{\text{Dü}} - u) \cdot (1 + \cos\beta) \quad \text{und}$$
$$P = F_{\text{Wd}} \cdot u \approx \varrho \cdot \dot{V}_{\text{Dü}}(c_{\text{Dü}} \cdot u - u^2)(1 + \cos\beta) \tag{4.158}$$

Die Extremwertbildung entsprechend Fall 1 ergibt (Umfangsgeschwindigkeit u):

$$\boldsymbol{c_{\text{Dü}} - 2 \cdot u = 0 \quad \text{oder} \quad u = c_{\text{Dü}}/2} \tag{4.159}$$

als Optimalverhältnis $u/c_{\text{Dü}}$ und damit die übertragbare Maximalleistung:

$$P_{\max} = \frac{1}{4} \cdot \varrho \cdot \dot{V}_{\text{Dü}} \cdot c_{\text{Dü}}^2 \cdot (1 + \cos\beta)$$
$$= \frac{1}{4} \cdot \varrho \cdot A_{\text{Dü}} \cdot c_{\text{Dü}}^3 \cdot (1 + \cos\beta) \tag{4.160}$$
$$\boldsymbol{P_{\max} \approx \frac{1}{2} \cdot \varrho \cdot A_{\text{Dü}} \cdot c_{\text{Dü}}^3} \tag{4.161}$$

Oder mit $A_{\text{Dü}} = \dot{V}_{\text{Dü}}/c_{\text{Dü}}$ und nach Energie-Gl. $c_{\text{Dü}}^2/2 = g \cdot H = p_{\text{Dü,ü}}/\varrho$ bei $\varrho \approx$ konst, wird:

$$P_{\max} = \dot{V}_{\text{Dü}} \cdot \varrho \cdot g \cdot H = \dot{V}_{\text{Dü}} \cdot p_{\text{Dü,ü}}$$
$$= \dot{m}_{\text{Dü}} \cdot g \cdot H = \dot{m}_{\text{Dü}} \cdot Y \tag{4.161a}$$

wobei $Y = g \cdot H = p_{\text{Dü,ü}}/\varrho$ die spezifische Arbeit (bei Reibungsfreiheit und $\varrho \approx$ konst).

Gemäß (4.161a) ist, da die Reibung nicht berücksichtigt wurde, in diesem Betriebszustand die Turbinenleistung gleich der Gefälleleistung des Wasserstromes und somit der Wirkungsgrad zwangsläufig 100 % (theoretischer Wert).

Das tatsächliche Maximum liegt in der Regel zwischen den Werten der beiden Fälle und meist sehr dicht bei Fall 2.

Angeschnittener ebener Strahl (Abb. 4.61)

Durch ein planes Messer wird ein Teil des Strahles zwangsweise abgelenkt. Um die waagrechte Kraftkomponente auszugleichen, muss gemäß Kräftegleichgewichtsbedingung auch der durch das Messer theoretisch nicht beeinflusste Fluidteilstrahl seitlich ausweichen. Der Auslenkungswinkel β lässt sich mit Hilfe des Impulssatzes ermitteln.

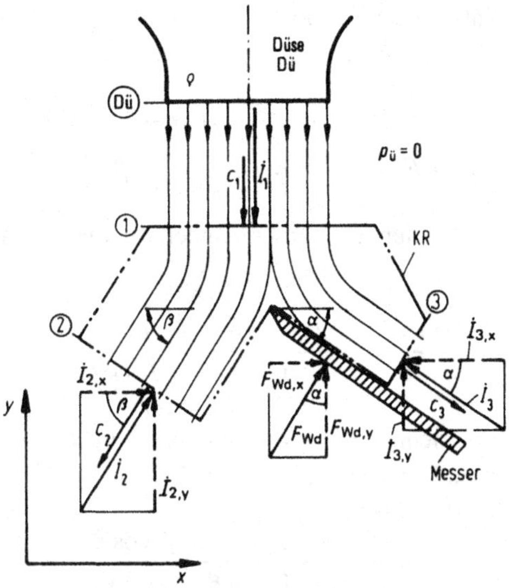

Abb. 4.61 Angeschnittener Strahl durch ebene Platte (Messer) in waagrechter Anordnung (xy-System)

Der Vorgang ist waagrecht angeordnet, deshalb (x, y)-System in Abb. 4.61, damit ist die Gewichtskraft auch theoretisch ohne Einfluss.

Der Impulssatz, auf den abgegrenzten Kontrollraum KR bezogen, ergibt:

$$\text{IS ①–②–③:} \quad \sum \vec{F} = 0 \rightarrow \sum F_x = 0$$
$$\rightarrow \sum F_y = 0$$

a) $\sum F_x = 0$:

$$\dot{I}_{2,x} + F_{\text{Wd},x} - \dot{I}_{3,x} = 0$$
$$\rightarrow F_{\text{Wd},x} = \dot{I}_{3,x} - \dot{I}_{2,x}$$

b) $\sum F_y = 0$:

$$\dot{I}_{2,y} - \dot{I}_1 + F_{\text{Wd},y} + \dot{I}_{3,y} = 0$$
$$\rightarrow F_{\text{Wd},y} = \dot{I}_1 - \dot{I}_{2,y} - \dot{I}_{3,y}$$

Mit

$$F_{\text{Wd},x} = F_{\text{Wd}} \cdot \sin\alpha; \qquad \dot{I}_{2,x} = \dot{I}_2 \cdot \cos\beta;$$
$$\dot{I}_{3,x} = \dot{I}_3 \cdot \cos\alpha$$
$$F_{\text{Wd},y} = F_{\text{Wd}} \cdot \cos\alpha; \qquad \dot{I}_{2,y} = \dot{I}_2 \cdot \sin\beta;$$
$$\dot{I}_{3,y} = \dot{I}_3 \cdot \sin\alpha$$
$$c_1 = c_2 = c_3 = c_{\text{Dü}} \qquad \text{(reibungsfrei!)}$$

und allgemein $\dot{I} = \dot{m} \cdot c = \varrho \cdot \dot{V} \cdot c$ ergeben sich für die Beziehungen von $F_{\text{Wd},x}$ und $F_{\text{Wd},y}$:

$$F_{\text{Wd},x} = F_{\text{Wd}} \cdot \sin\alpha = \dot{I}_3 \cdot \cos\alpha - \dot{I}_2 \cdot \cos\beta$$

$$F_{\text{Wd},y} = F_{\text{Wd}} \cdot \cos\alpha = \dot{I}_1 - \dot{I}_2 \cdot \sin\beta - \dot{I}_3 \cdot \sin\alpha$$

Die Gleichungen durcheinander dividiert, führt zu:

$$\frac{\sin\alpha}{\cos\alpha} = \frac{\dot{I}_3 \cdot \cos\alpha - \dot{I}_2 \cdot \cos\beta}{\dot{I}_1 - \dot{I}_2 \cdot \sin\beta - \dot{I}_3 \cdot \sin\alpha}$$

Die Beziehungen für die Impulsströme $\dot{I}$ eingesetzt und zusammengefasst (gekürzt):

$$\tan\alpha = \frac{\dot{V}_3 \cdot \cos\alpha - \dot{V}_2 \cdot \cos\beta}{\dot{V}_1 - \dot{V}_2 \sin\beta - \dot{V}_3 \cdot \sin\alpha}$$

Diese Gleichung ist noch mehrfach umzuformen:

$$(\dot{V}_1 - \dot{V}_2 \cdot \sin\beta - \dot{V}_3 \cdot \sin\alpha) \cdot \tan\alpha$$
$$= \dot{V}_3 \cos\alpha - \dot{V}_2 \cdot \cos\beta$$

mit $\dot{V}_1 = \dot{V}_2 + \dot{V}_3$ und durch $\dot{V}_2$ dividiert, führt zu:

$$\left(1 + \frac{\dot{V}_3}{\dot{V}_2} - \sin\beta - \frac{\dot{V}_3}{\dot{V}_2} \sin\alpha\right) \cdot \tan\alpha$$
$$= \frac{\dot{V}_3}{\dot{V}_2} \cdot \cos\alpha - \cos\beta$$

$$(\dot{V}_3/\dot{V}_2)(\tan\alpha - \sin\alpha \cdot \tan\alpha - \cos\alpha)$$
$$= -\tan\alpha + \sin\beta \cdot \tan\alpha - \cos\beta$$

$$\sin\beta \cdot \tan\alpha - \cos\beta$$
$$= \tan\alpha + \frac{\dot{V}_3}{\dot{V}_2} \cdot (\tan\alpha - \sin\alpha \cdot \tan\alpha - \cos\alpha)$$

$$\sin\beta \cdot \tan\alpha - \cos\beta$$
$$= \tan\alpha - \frac{\dot{V}_3}{\dot{V}_2} \cdot (\sin\alpha - \sin^2\alpha - \cos^2\alpha)/\cos\alpha$$

$$\sin\beta \cdot \tan\alpha - \cos\beta$$
$$= \tan\alpha + (\dot{V}_3/\dot{V}_2)(\sin\alpha - 1)/\cos\alpha$$

$$\sin\beta \cdot \sin\alpha - \cos\beta \cdot \cos\alpha$$
$$= \sin\alpha + (\dot{V}_3/\dot{V}_2)(\sin\alpha - 1)$$

$$\cos\alpha \cos\beta - \sin\alpha \cdot \sin\beta$$
$$= (\dot{V}_3/\dot{V}_2)(1 - \sin\alpha) - \sin\alpha$$

$$\cos(\alpha + \beta) = (\dot{V}_3/\dot{V}_2)(1 - \sin\alpha) - \sin\alpha$$

Hieraus folgt schließlich für den Ablenkungswinkel β:

$$\boldsymbol{\beta = \arccos[(\dot{V}_3/\dot{V}_2)(1 - \sin\alpha) - \sin\alpha] - \alpha} \tag{4.162}$$

Interessanter Sonderfall: $\alpha = 0°$ (waagrechtes Messer $\rightarrow \perp$ Düse) und $\dot{V}_3/\dot{V}_2 = 1$ (halbe Zwangsablenkung des Strahles). Gleichung (4.162) ergibt hierfür: $\beta = \arccos 1 = 0°$

Die vom Messer theoretisch nicht beeinflusste Strahlhälfte weicht also dennoch ebenfalls waagrecht aus, d. h. in Ebene senkrecht zur Düsenrichtung, und zwar exakt seitlich entgegengesetzt zur zwangsabgelenkten Strahlhälfte. Dieses erstaunliche Ergebnis erklärt sich nach der Ableitung durch das auch in waagrechter Richtung notwendige Kräfte-, d. h. Impulsstromgleichgewicht.

Festzuhalten ist noch: Der Staupunkt befindet sich dabei auf der Fläche des Messers und nicht an dessen Spitze, also weiter innen. Das ist notwendig, damit das Messer auch die Impulswirkungen des freien Teilstrahles $\dot{V}_2$ aufnehmen kann. Das Messer muss daher weiter in den Düsen-Strahl $V_{\text{Dü}}$ eindringen als es dem herausgelenkten Teilstrahl $\dot{V}_3$ unter ausschließlicher Betrachtung der Querschnittsverhältnisse entsprechen würde. Praktisch geht der Fall dadurch letztlich über in den senkrechten Stoß gemäß Abb. 4.58, d. h. das Messer muss den Strahl insgesamt erfassen und deshalb entsprechend weit quer geschoben werden, da anderenfalls immer $\dot{V}_3/\dot{V}_2 < 1$ bleibt.

Bemerkung: Die Betrachtungen ergeben, dass eine unter Stoß angeströmte Platte immer Strahlablenkungen nach entgegengesetzten Richtungen bewirkt, d. h. nach allen Seiten in gleicher oder unterschiedlicher „Stärke“ (Menge).

Kugel oder Walze, schwebend in schrägem Luftstrahl (Abb. 4.62)

Eine Kugel oder Walze entsprechenden Gewichtes kann von einem schrägen Luftstrahl ($\dot{V}_1$, c_1) hängend in der Schwebe gehalten werden. Der den Körper oben streifende Luftstrahl wird infolge seiner notwendigen Ausweichbewegungen gebietsweise konvektiv beschleunigt

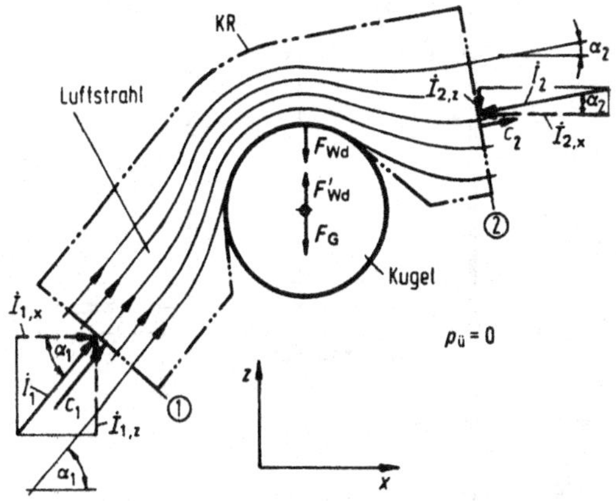

Abb. 4.62 An schrägem Luftstrahl „hängende" Kugel oder Walze (Zylinder)

(umgelenkt), wodurch sein statischer Druck im Berührungsbereich mit der Kugel absinkt. Zwischen der ungestörten Umgebungsluft über dem Luftstrahl und der von ihm berührten Kugeloberfläche entsteht ein Druckgefälle, was eine Ablenkung des Luftstrahls nach unten zur Folge hat. Dadurch stellt sich der kleinere Abströmwinkel α_2 ein. Als weiteres ergibt sich infolge Fliehkraftwirkung ein Druckgefälle zwischen Kugelunter- und Kugeloberseite. Die Integration des Druckes über die Kugeloberfläche führt zu einer Aufkraft, die so groß ist, wie die Gewichtskraft der Kugel. Dies ergibt die experimentell beobachtbare Erscheinung, dass die Kugel oder Walze am schrägen Luftstrahl „hängend" schwebt.

Der Impulssatz ermöglicht, die für das Gleichgewicht notwendige Strahlablenkung zu berechnen, ohne dass Integrieren des unbekannten und nur experimentell ermittelbaren Druckprofiles um die Kugeloberfläche notwendig ist:

$$\text{IS ①–②:}\quad \sum \vec{F} = 0 \rightarrow \sum F_x = 0$$
$$\rightarrow \sum F_z = 0$$

a) $\sum F_x = 0$:

$$\dot{I}_{1,x} - \dot{I}_{2,x} = 0$$
$$\dot{I}_1 \cdot \cos\alpha_1 - \dot{I}_2 \cdot \cos\alpha_2 = 0$$
$$\varrho \cdot \dot{V}_1 \cdot c_1 \cdot \cos\alpha_1 - \varrho \cdot \dot{V}_2 \cdot c_2 \cdot \cos\alpha_2 = 0$$

Hieraus:

$$\cos\alpha_2 = \frac{\dot{V}_1}{\dot{V}_2} \cdot \frac{c_1}{c_2} \cdot \cos\alpha_1 \tag{4.163}$$

b) $\sum F_z = 0$:

$$\dot{I}_{1,z} - F_{\text{Wd}} - \dot{I}_{2,z} = 0 \quad \text{mit } F_{\text{Wd}} = F_{\text{G}}$$
$$\dot{I}_1 \cdot \sin\alpha_1 - F_{\text{G}} - \dot{I}_2 \cdot \sin\alpha_2 = 0$$
$$\varrho \cdot \dot{V}_1 \cdot c_1 \cdot \sin\alpha_1 - F_{\text{G}} - \varrho \cdot \dot{V}_2 \cdot c_2 \cdot \sin\alpha_2 = 0$$

Hieraus:

$$\sin\alpha_2 = \frac{\dot{V}_1}{\dot{V}_2} \cdot \frac{c_1}{c_2} \cdot \sin\alpha_1 - \frac{F_{\text{G}}}{\varrho \cdot \dot{V}_2 \cdot c_2} \tag{4.164}$$

Division der Beziehungen für $\sin\alpha_2$ und $\cos\alpha_2$, also (4.164) durch Beziehung (4.163):

$$\tan\alpha_2 = \frac{\sin\alpha_2}{\cos\alpha_2} = \frac{\frac{\dot{V}_1}{\dot{V}_2} \cdot \frac{c_1}{c_2} \cdot \sin\alpha_1 - \frac{F_{\text{G}}}{\varrho \cdot \dot{V}_2 \cdot c_2}}{\frac{\dot{V}_1}{\dot{V}_2} \cdot \frac{c_1}{c_2} \cdot \cos\alpha_1}$$

$$\boldsymbol{\tan\alpha_2 = \tan\alpha_1 - \frac{F_{\text{G}}}{\varrho \cdot \dot{V}_1 \cdot c_1 \cdot \cos\alpha_1}} \tag{4.165}$$

Hieraus folgt: $\alpha_2 < \alpha_1$, also Strahlablenkung $\Delta\alpha = \alpha_1 - \alpha_2$.

Tatsächlich (reales Fluid), wird die zur Erzeugung der dynamischen Aufkraft notwendige Strahlablenkung nach (4.165) nur erreicht, wenn die Abströmgeschwindigkeit c_2 gemäß (4.163) entsprechend kleiner ist als die Anströmgeschwindigkeit c_1 des Strahls. Andererseits muss jedoch die Energiegleichung ebenfalls erfüllt sein. Wenn die spezifische kinetische Energie $c_2^2/2$ des Strahls nach der Kugel kleiner ist als davor, muss Energiegleichheit erreicht werden, indem zum einen Strömungsenergie durch Reibung in Wärme umgesetzt wird und zum anderen der Strahl ruhende Umgebungsluft durch Reibung (Scherspannung) mitnimmt und auf die Abströmgeschwindigkeit c_2 beschleunigt. Der Volumenstrom $\dot{V}_2$ auf der Abströmseite ist deshalb entsprechend größer als auf der Zuströmseite. Außerdem wird die Kugel durch die Oberflächenreibung des Fluides in Drehung gesetzt. Die hierzu notwendige Rotationsenergie wird dem strömenden Fluid ebenfalls entzogen.

Durch die Umlenkung (Fliehkraft wegen Kreisbahn) steigt der Druck quer zur Strömungsrichtung – vergleiche auch Krümmerströmung, Abb. 4.13. Ausgehend vom Umgebungsdruck am Außenrand des Strahles nimmt daher der Druck radial nach innen bis zur Berührung mit der Körperoberfläche ab (3.65). Durch diesen Unterdruck wird die Kugel gehalten. Gemäß Energiegleichung muss deshalb die Geschwindigkeit quer der Strömung ebenfalls ungleich sein, und zwar umgekehrt zum Druck, d. h. an der Körperoberfläche größer als außen. Zur Abströmseite hin (Stelle 2 in Abb. 4.62) gleichen sich diese Unterschiede wieder aus.

Analog hierzu erzeugen Tragflächen (Abschzn. 4.2.9 und 4.3.3) Auftrieb. Diese werden allerdings auch noch unten umströmt, was die Kraftwirkung entsprechend verstärkt.

4.1.6.1.4 Rückstoßkräfte

Jeder ausströmende Strahl hat einen **Rückstoß** zur Folge, der auf das Gefäß oder die Düse zurückwirkt → reactio = actio, 3. NEWTON-Axiom (Erfahrungssatz). Diese Kraft ist, wie auch die folgenden Beispiele zeigen, ebenfalls mit dem Impulssatz berechenbar.

Behälterausfluss aus seitlicher Öffnung (Abb. 4.63)

$$\text{IS } ①\text{–}②: \quad \sum \vec{F} = 0 \rightarrow \sum F_x = 0$$
$$\rightarrow \sum F_z = 0$$

(bringt nichts!)

$$\sum F_x = 0: \quad F_{\text{Wd}} - \dot{I}_2 = 0,$$

hieraus mit $\dot{V}_2 = \mu \cdot \dot{V}_{\text{th}}$ und $c_2 = \varphi \cdot c_{2,\text{th}}$ (Abschn. 4.1.2.1):

$$F_{\text{Wd}} = \dot{I}_2 = \dot{m} \cdot c_2$$
$$= \varrho \cdot \dot{V}_2 \cdot c_2 = \varrho \cdot \mu \cdot \dot{V}_{2,\text{th}} \cdot \varphi \cdot c_{2,\text{th}}$$
$$F_{\text{Wd}} = \mu \cdot \varphi \cdot \varrho \cdot A_{\text{M}} \cdot c_{2,\text{th}}^2$$

da $\dot{V}_{2,\text{th}} = A_{\text{M}} \cdot c_{2,\text{th}}$.

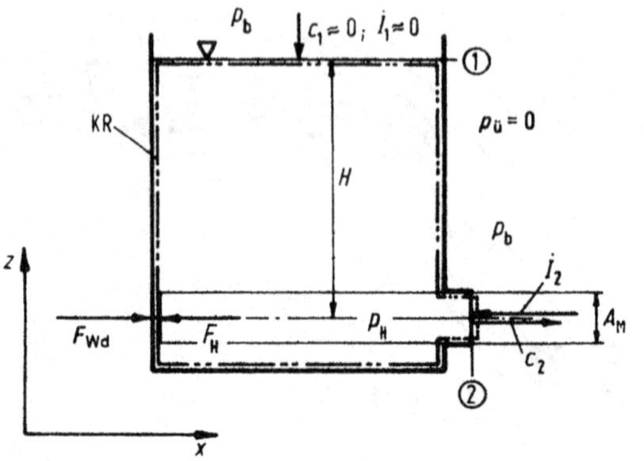

Abb. 4.63 Rückstoßkraft infolge Behälterausfluss

Aus der Energiegleichung bei $A_1 \gg A_2$ und bei $H = \text{konst}$ folgt (TORRICELLI-Beziehung):

$$c_{2,\text{th}} = \sqrt{2 \cdot g \cdot H} = \sqrt{2 \cdot \frac{p_{\text{H}} - p_{\text{b}}}{\varrho}}$$
$$= \sqrt{2 \cdot p_{\text{H,ü}}/\varrho}$$

Damit wird die Wandkraft F_{Wd} (Rückstoß)

$$\boldsymbol{F_{\text{Wd}} = \mu \cdot \varphi \cdot 2 \cdot A_{\text{M}} \cdot p_{\text{H,ü}}} \quad (4.166)$$

und bei $\varphi = 1$ sowie $\alpha = 1 \rightarrow \mu = \varphi \cdot \alpha = 1$ (reibungsfrei und gut ausgerundete Mündung):

$$F_{\text{Wd,th}} = 2 \cdot A_{\text{M}} \cdot p_{\text{H,ü}} \quad (4.167)$$

Andererseits beträgt nach dem fluidstatischen Grundgesetz die Kraft auf den der Ausflussöffnung gegenüberliegenden gleich großen Wandbereich des Behälters, da hier praktisch keine Strömung herrscht:

$$F_{\text{H}} = A_{\text{M}} \cdot p_{\text{H,ü}} \quad (4.168)$$

Die theoretische Rückstoßkraft, (4.167), ist demnach doppelt so groß, wie die fluidstatische Kraft auf die gegenüberliegende, gleich große Wandfläche. Der Unterschied ist durch den Druckverlauf im Mündungsbereich begründet. (4.168) gilt nur, wenn der Druckabbau im Mündungsbereich erfolgt, wie in Abb. 4.64a dargestellt. Dieser idealisierte Druckverlauf ist jedoch selbst theoretisch nicht möglich. Der Druck kann nach dem *Druckfortpflanzungsgesetz* an einer Stelle nicht zugleich zwei Werte annehmen, wie dies

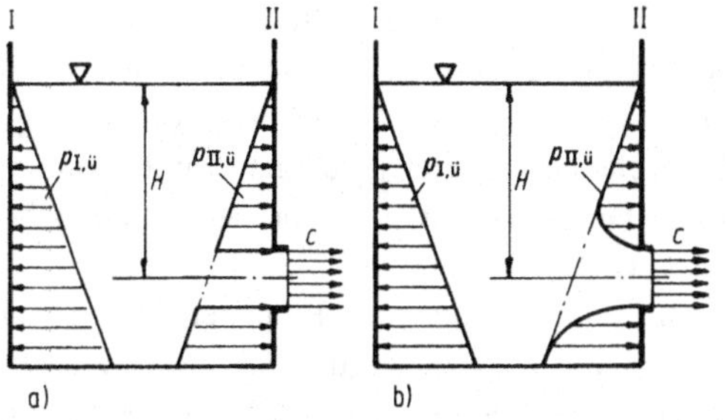

Abb. 4.64 Verlauf des statischen Druckes beim Ausfluss aus einem Gefäß.
a) idealisiert, b) tatsächlich (experimentell ermittelt)

bei dem plötzlichen Druckabfall in Abb. 4.64a am Mündungsrand sein müsste → von $p_{II,ü}$ auf 0. Der Druckverlauf wird deshalb entsprechend Abb. 4.64b erfolgen. Dann gilt:

$$F_H = \int\limits_{(A)} (p_{I,ü} - p_{II,ü}) \cdot dA$$
$$\stackrel{!}{=} \mu \cdot \varphi \cdot 2 \cdot A_M \cdot p_{H,ü} = F_{Wd}$$

Hierbei:

$\stackrel{!}{=}$ ... muss gleich sein
A ... gesamte benetzte Gefäßwandinnenoberfläche. Einklammerung bei Integralzeichen, weil symbolische Grenze.

Oder angebaute Düse mit Verengungsverhältnis $m = 0{,}5$ damit die Zuströmgeschwindigkeit zu ihr vernachlässigbar (Abschn. 3.3.6.3.3) und deshalb Innendruck im Behälter quasi unbeeinflusst vom Ausströmvorgang, also etwa „konstant".

Beziehung (4.166) gilt für jede Art von Ausströmdüsen, z. B. bei Strahltriebwerken (Flugzeuge, Raketen), Feuerwehrschläuchen, Wasserwerfern, Rasensprengern und dgl. Auch als sog. **Waterjet-Vortrieb** verwendet bei schnellen Schiffen ($\gtrsim$ 35 Kn $\approx$ 65 km/h). Die Strahlkraft erreicht ihrerseits, wie beim senkrechten Strahlstoß gezeigt, als Aktionswirkung mindestens (bei 90°-Umlenkung exakt) die gleiche Größe.

Strahldüse (Strahltriebwerk)
Bei den zum Flugzeugantrieb eingesetzten Luftstrahl-*Gasturbinentriebwerken* strömt die Luft (Massenstrom $\dot{m}_{Lu}$) an der Vorderseite mit der Geschwindigkeit w_1 (Relativgeschwindigkeit) zum Triebwerk. Diese Einströmgeschwindigkeit ist etwa gleich (bei Windstille exakt gleich) der Fortbewegungsgeschwindigkeit des Flugzeuges. Im Triebwerk wird der Luft nach Verdichten durch Verbrennung von eingespritztem Brennstoffstrom $\dot{m}_{Br}$ thermische Energie zugeführt. Der Verbrennungsgasstrom $\dot{m}_{Lu} + \dot{m}_{Br}$ verlässt infolge Entspannung mit der höheren Austrittsgeschwindigkeit $c_{Dü}$ (= Relativgeschwindigkeit w_2) durch die Strahldüse das Triebwerk. Dieser Impulsstrom hat den Rückstoß zur Folge. Die zugehörige Schubkraft F_S (= Haltekraft F_{Wd}) lässt sich mittels des Impulssatzes gemäß Abb. 4.57 berechnen.

IS ①–② → $\sum F_x = 0$: Ausgewertet mit $w_1 = c_{Flug}$ und $w_2 = c_{Dü}$ (Düsenaustrittsgeschwindigkeit) am mitbewegten Relativkontrollraum RKR.

$$\dot{I}_1 + F_{Wd} - \dot{I}_2 = 0.$$

Hieraus

$$F_{Wd} = \dot{I}_2 - \dot{I}_1 = \dot{m}_2 \cdot w_2 - \dot{m}_1 \cdot w_1$$
$$= (\dot{m}_{Lu} + \dot{m}_{Br}) \cdot w_2 - \dot{m}_{Lu} \cdot w_1$$
$$F_{Wd} = (\dot{m}_{Lu} + \dot{m}_{Br}) \cdot c_{Dü} - \dot{m}_{Lu} \cdot c_{Flug} \quad (4.169)$$

Nach reactio gleich actio, dem 3. Axiom (Wechselwirkungsregel) von Newton [27], ist die Vortriebs- oder **Strahlkraft** F_S gleich der Halte- oder Wandkraft F_{Wd}, also $F_S = F_{Wd}$. Es sind gleiche Beträge, jedoch entgegengesetzte Wirkrichtung.

Der eingespritzte Kraftstoffstrom ist gegenüber dem Luftstrom klein und deshalb meist vernachlässigbar. Nach der Verbrennungsgleichung ist theoretisch ein spezifischer Luftbedarf von ca. 14,5 kg Luft je kg Brennstoff notwendig. Um vollständige Kraftstoff-Verbrennung zu erreichen und unzulässig hohe Temperaturen ($\lesssim$ 1500 °C) in der Turbine des Triebwerks zu vermeiden, wird mit Luftüberschusszahlen von $\lambda = 2$ bis 4 gefahren, auch als Luftverhältnis bezeichnet. Bei $\lambda \approx 3$ ist der Kraftstoffstrom daher etwa 2,3 %[14] vom Luftstrom (vernachlässigbar!). In erster Näherung gilt deshalb, mit $\dot{m}_{Br} \approx 0$ gesetzt, für die

[14] $1/(3 \cdot 14{,}5) = 0{,}02299 \approx 0{,}023 \mathrel{\hat{=}} 2{,}3\,\%$.

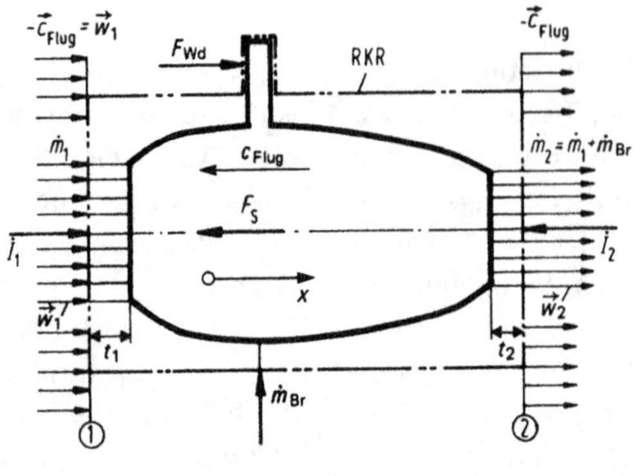

Abb. 4.65 Strahltriebwerk, Prinzipdarstellung. Relativer Kontrollraum RKR mit Triebwerk gekoppelt, d. h. bewegt sich mit. Abstände t_1 und t_2 theoretisch unendlich und praktisch ausreichend groß, damit ungestörte Zu- bzw. Abströmung. Zuströmgeschw. $w_1 = c_{\text{Flug}}$; Abströmgeschw. $w_2 = c_{\text{Dü}}$; Strahlgeschw. nach dem Triebwerk $c_2 = w_2 - c_{\text{Flug}}$ (entgegen Flugrichtung). $\dot{m}_{\text{Lu}} = \dot{m}_1 = \varrho_1 \cdot \dot{V}_1 = \varrho_1 \cdot A_1 \cdot w_1$

Strahlkraft:

$$\boldsymbol{F_S \approx \dot{m}_{\text{Lu}} \cdot (c_{\text{Dü}} - c_{\text{Flug}})} \qquad (4.170)$$

Da *Raketentriebwerke* unabhängig von der Umgebungsluft arbeiten, also auch den zur Verbrennung notwendigen Sauerstoff mitführen, entfällt der Eintrittsimpulsstrom $\dot{I}_1$, da $w_1 = 0$ in Abb. 4.65. Die Strahlkraft ist dann so groß, wie der Austrittsimpulsstrom $\dot{I}_2$. Deshalb ist bei **Raketentriebwerken** die Vortriebskraft für den aus der Düse mit der Geschwindigkeit $c_{\text{Dü}}$ austretenden Verbrennungsgas-Mengenstrom $\dot{m}_{\text{Ga}} = \varrho_{\text{Ga}} \cdot \dot{V}_{\text{Ga}} = \varrho_{\text{Ga}} \cdot A_{\text{Dü}} \cdot c_{\text{Dü}}$:

$$\boldsymbol{F_S = \dot{m}_{\text{Ga}} \cdot c_{\text{Dü}} = \varrho_{\text{Ga}} \cdot A_{\text{Dü}} \cdot c_{\text{Dü}}^2} \qquad (4.171)$$

Bemerkung: Bei Strahltriebwerken und Raketen beträgt die abgestrahlte Schallenergie etwa 0,5 % der umgesetzten Strahlenergie bei richtiger Konstruktion und im optimalen Betriebszustand.

4.1.6.1.5 Propellerschub

Der Impulssatz ermöglicht die Schubwirkung von *Propellern* anzugeben, ohne auf deren Profil-, Flügelform und Flügelzahl einzugehen. Diese Betrachtungsweise wird auch als **vereinfachte Propeller-** oder **Strahltheorie** bezeichnet, da zudem Reibungsfreiheit, drallfreier Abstrom und Umgebungsdruck am Strahlrand zugrunde gelegt werden. Bei dieser von RANKINE[15] begründeten Strahltheorie wird der Propeller als durchlässige Kreisscheibe mit gleichmäßiger Durchströmung sowie Druckverteilung (davor und danach) betrachtet.

Die schuberzeugenden Propeller dienen zum Antrieb von Flugzeugen und Schiffen. Der Propeller „saugt" bei Drehung ständig Medium an, beschleunigt dieses und gibt es nach rückwärts mit höherer Geschwindigkeit ab. Dabei schnürt sich der den Propeller umhüllende Fluidstrom wegen der Kontinuitätsbedingung ein, die bei schwach belasteten Propellern (meist der Fall) jedoch gering ist. Gleichzeitig wird das Medium in Drehung versetzt. Werden Reibung, Dichteänderung und Rückwirkung des Fahrzeuges sowie Strahldrehung (Schraubenbewegung) vernachlässigt, ergibt der Impulssatz mit Hilfe von Abb. 4.66 die Propellerschubkraft F_P. Der Kontrollraum KR bewegt sich dabei mit dem Propeller in Fortbewegungsrichtung mit. Streng betrachtet handelt es sich somit wie in Abb. 4.65 um einen Relativkontrollraum zum Erhalten stationärer Bezugsverhältnisse. Entsprechend handelt es sich bei Zu- und Abströmung um Relativgeschwindigkeiten, da auf den Propeller (Kontrollraum) bezogen, die durch die Abkürzung w zu kennzeichnen wären. Dies ist jedoch, wie die vorgehende Betrachtung des Strahltriebwerkes zeigt, nicht notwendig, da $w_{\text{zu}} = c_{\text{zu}}$ und $w_{\text{ab}} = c_{\text{ab}}$, weshalb sofort das Absolutgeschwindigkeitssymbol c verwendet wird. Die Strahleinschnürung ist gering, weil die Geschwindigkeitssteigerung von c_{zu} auf c_{ab} bei Propellern in der Regel klein ist, bewirkt durch die schwache Druckänderung (Belastung) Δp, Abb. 4.66, sodass auch Fluiddichte $\varrho \approx$ konst:

IS ⓩⓤ–ⓐⓑ $\rightarrow \sum F_s = 0$ ausgewertet ergibt:

$$\dot{I}_{\text{zu}} + F_{\text{Wd}} - \dot{I}_{\text{ab}} = 0$$

hieraus:

$$F_{\text{Wd}} = \dot{I}_{\text{ab}} - \dot{I}_{\text{zu}} = \dot{m}_{\text{ab}} \cdot c_{\text{ab}} - \dot{m}_{\text{zu}} \cdot c_{\text{zu}}$$

[15] RANKINE, William John (1820 bis 1872), engl. Ing. u. Physiker.

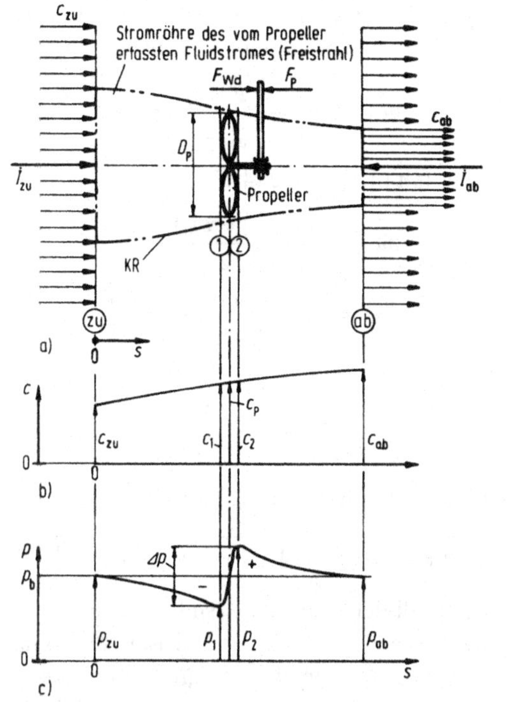

Abb. 4.66 Propeller-Strömung (schematisch):
a) Strombild (Propellerstrahl), b) Geschwindigkeitsverlauf, c) Druckverlauf. Kontrollraum vorne und hinten je so weit vom Propeller entfernt, dass dieser den Fluidstrom direkt noch nicht, bzw. nicht mehr beeinflusst, weshalb auch $\varrho \approx$ konst

Mit

$$\dot{m}_{ab} = \dot{m}_{zu} = \dot{m}_P$$
$$\dot{V}_{ab} = \dot{V}_{zu} = \dot{V}_P \quad \text{da } \varrho \approx \text{konst}$$

und $F_P = F_{Wd}$ (actio gleich reactio!) wird:

$$F_P = \dot{m}_P \cdot (c_{ab} - c_{zu}) = \varrho \cdot \dot{V}_P \cdot (c_{ac} - c_{zu}) \tag{4.172}$$

Mit der Strömungsgeschwindigkeit c_P in der radialen Propellermittenebene ist der Volumenstrom:

$$\dot{V}_P = c_P \cdot D_P^2 \cdot \pi/4$$

Eingesetzt in die Beziehung für den Propellerschub, exakt -schubkraft, (4.172):

$$F_P = \varrho \cdot (D_P^2 \cdot \pi/4) \cdot c_P \cdot (c_{ab} - c_{zu})$$

Mit Geschwindigkeitsdifferenz: $\Delta c = c_{ab} - c_{zu}$:

$$F_P = \varrho \cdot (D_P^2 \cdot \pi/4) \cdot c_P \cdot \Delta c = \dot{m} \cdot \Delta c \tag{4.173}$$

Dabei entspricht wieder die Zuströmgeschwindigkeit c_{zu} des Fluids der Fortbewegungsgeschwindigkeit des Propellers, also der Fahrgeschwindigkeit des Schiffes bzw. der Fluggeschwindigkeit des Flugzeuges, wenn Wasser- bzw. Windgeschwindigkeit vernachlässigt werden.

Wird, wie erwähnt, Reibungsfreiheit vorausgesetzt, ergibt andererseits die Energiegleichung idealer Fluide:

E ⓩⓤ–①, also vor dem Propeller (Zuströmseite):

$$\frac{p_{zu}}{\varrho} + \frac{c_{zu}^2}{2} = \frac{p_1}{\varrho} + \frac{c_1^2}{2} \quad (z_{zu} = z_1 = 0),$$

E ②–ⓐⓑ, d. h. nach dem Propeller (Abströmseite):

$$\frac{p_2}{\varrho} + \frac{c_2^2}{2} = \frac{p_{ab}}{\varrho} + \frac{c_{ab}^2}{2} \quad (z_2 = z_{ab} = 0)$$

Infolge des Propeller-Freistrahles ist $p_{ab} = p_{zu}$.

Beide Energiegleichungen addiert:

$$\frac{p_2}{\varrho} + \frac{c_2^2}{2} + \frac{c_{zu}^2}{2} = \frac{p_1}{\varrho} + \frac{c_1^2}{2} + \frac{c_{ab}^2}{2}$$

Näherungsweise $c_1 \approx c_2 \approx c_P$ gesetzt, ergibt:

$$\frac{p_2}{\varrho} + \frac{c_{zu}^2}{2} \approx \frac{p_1}{\varrho} + \frac{c_{ab}^2}{2}$$
$$\frac{c_{ab}^2}{2} - \frac{c_{zu}^2}{2} \approx \frac{p_2}{\varrho} - \frac{p_1}{\varrho} = \frac{\Delta p}{\varrho}$$

hieraus

$$\Delta p \approx \frac{\varrho}{2} \cdot (c_{ab}^2 - c_{zu}^2) \tag{4.174}$$

Mit diesem Druckunterschied Δp zwischen Vorder- und Rückseite der Propellerrotationsfläche $A_P = D_P^2 \cdot \pi/4$ lässt sich der Propellerschub dann auch wie folgt darstellen:

$$\boldsymbol{F_P = \Delta p \cdot A_P = \frac{\varrho}{2}(c_{ab}^2 - c_{zu}^2) \cdot \frac{D_P^2 \cdot \pi}{4}} \tag{4.175}$$

Durch Gleichsetzen von (4.173) mit (4.175) ergibt sich:

$$\varrho \cdot \frac{D_P^2 \cdot \pi}{4} \cdot c_P \cdot (c_{ab} - c_{zu})$$
$$= \frac{\varrho}{2} \cdot \left(c_{ab}^2 - c_{zu}^2\right) \cdot \frac{D_P^2 \cdot \pi}{4}$$

Hieraus

$$\mathbf{c_P = (c_{ab} + c_{zu})/2} \tag{4.176}$$

Diese Beziehung wurde schon von FROUDE angegeben und wird deshalb auch als **FROUDE-Theorem** bezeichnet. Die Strahlgeschwindigkeit in Propellermitte ergibt sich demnach als arithmetischer (linearer) Mittelwert zwischen Zu- und Abströmgeschwindigkeit des Fluides.

Der Propellerschub F_P, auf das Produkt von Rotorfläche A_P und Staudruck $\varrho \cdot (c_{zu}^2/2)$ der Anströmgeschwindigkeit c_{zu} bezogen, wird als **Belastungsgrad** oder **Schubbelastungsgrad** C_S bezeichnet:

$$C_S = \frac{F_P}{\varrho \cdot \frac{c_{zu}^2}{2} \cdot A_P} = \frac{\frac{\varrho}{2} \cdot \left(c_{ab}^2 - c_{zu}^2\right) \cdot \frac{D_P^2 \cdot \pi}{4}}{\varrho \cdot \frac{c_{zu}^2}{2} \cdot \frac{D_P^2 \cdot \pi}{4}}$$
$$C_S = (c_{ab}/c_{zu})^2 - 1 \tag{4.177}$$

Mit dem Belastungsgrad stellt sich die Propellervortriebskraft laut (4.175) wie folgt dar:

$$F_P = C_S \cdot \varrho \cdot A_P \cdot c_{zu}^2/2 \tag{4.178}$$

Nach FROUDE[16] kann der **theoretische Schub-**, **Strahl-**, **Vortriebs-**, **Propulsions-**[17] oder **Propeller-Wirkungsgrad** definiert werden:

$$\eta_{P,\,th} = P_{nutz}/P_{Strahl}$$

Mit der Propellernutzleistung

$$P_{nutz} = F_P \cdot c_{Fort} = F_P \cdot c_{zu}$$

und der dem Propellerstrahl (Mengenstrom $\dot{m}_P$) vom Antriebsmotor zugeführten Leistung

$$P_{Strahl} = \dot{m}_P \cdot \left(\frac{c_{ab}^2}{2} - \frac{c_{zu}^2}{2}\right)$$

[16] FROUDE, James Anthony (1818 bis 1894), engl. Wissenschaftler.

[17] Propulsion ... Forttreiben.

da $p_{ab} = p_{zu}$ sowie $z_{ab} = z_{zu}$, ergibt sich der theoretische Propellerwirkungsgrad zu:

$$\eta_{P,\,th} = \frac{F_P \cdot c_{zu}}{\dot{m}_P \cdot \left(c_{ab}^2/2 - c_{zu}^2/2\right)}$$

Weiter mit (4.172) und (4.176):

$$\eta_{P,\,th} = \frac{\dot{m}_P (c_{ab} - c_{zu}) \cdot c_{zu}}{\dot{m}_P \left(c_{ab}^2/2 - c_{zu}^2/2\right)}$$
$$= \frac{c_{zu}}{(c_{ab} + c_{zu})/2} = \frac{c_{zu}}{c_P}$$

also

$$\boldsymbol{\eta_{P,\,th} = \frac{c_{zu}}{c_P} = \frac{2}{1 + c_{ab}/c_{zu}}} \tag{4.179}$$

Oder mit dem Belastungsgrad C_S:

$$\eta_{P,\,th} = (2/C_S) \cdot \left(\sqrt{1 + C_S} - 1\right) \tag{4.180}$$

Gemäß dieser Gleichung sinkt der Propellerwirkungsgrad mit wachsendem Belastungsgrad. Hochbelastete Propeller (C_S groß) erreichen somit geringere Wirkungsgrade als schwach belastete, die deshalb meist ausgeführt werden.

Durch die Reibungs- und Drallverluste wird der tatsächliche Propellerwirkungsgrad um den sog. **Gütegrad** $\eta_g \approx 0{,}7$ bis $0{,}9$ kleiner:

$$\eta_P = \eta_{P,\,th} \cdot \eta_g \tag{4.181}$$

Mit der Geschwindigkeitssteigerung des Propeller-Luftstrahles

$$\Delta c = c_{ab} - c_{zu}$$

und daraus

$$c_{ab} = c_{zu} + \Delta c$$

lässt sich der **Vortriebswirkungsgrad** nochmals umschreiben:

$$\eta_{P,\,th} = \frac{2}{1 + \frac{c_{zu} + \Delta c}{c_{zu}}} = \frac{1}{1 + \frac{1}{2} \cdot \frac{\Delta c}{c_{zu}}}$$

Da, wie ausgeführt, die mittlere Zuströmgeschwindigkeit c_{zu} ungefähr der Fortbewegungsgeschwindigkeit c_{Fort} des Flugzeuges oder Schiffes entspricht (Umgebungsbewegung vernachlässigt) ergibt sich letztlich:

$$\boldsymbol{\eta_{P,\,th} = \frac{1}{1 + \frac{1}{2} \cdot \frac{\Delta c}{c_{Fort}}}} \tag{4.182}$$

Je geringer die Geschwindigkeitszunahme Δc des vom Propeller beschleunigten Fluidstromes ist, desto größer wird der theoretische Propulsions-Wirkungsgrad, (4.182). Der Strahlwirkungsgrad $\eta_{\mathrm{P,th}} = 1$ kann jedoch auch theoretisch nicht erreicht werden, da sonst $\Delta c = 0$ sein müsste und damit kein Schub mehr vorhanden wäre, (4.173). Bei Flugzeugen z. B. liegt der Vorteil der Luftschraube darin, dass sie im Gegensatz zum Strahltriebwerk einen großen Luftmassenstrom $\dot{m}_{\mathrm{P}}$ erfasst (D_{P} entsprechend groß) und nur wenig beschleunigt (um Δc). Propellertriebwerke sind deshalb bis Fluggeschwindigkeit von etwa 700 km/h den Strahltriebwerken hinsichtlich Wirkungsgrad überlegen. Darüber jedoch wegen Schallnähe (Verdichtungsstöße, Abschn. 5.4) nicht mehr sinnvoll anwendbar → Wirkungsgrad η gering und starke Geräusche, besonders ab $c_{\mathrm{Dü}} \gtrsim 400\,\mathrm{m/s}$.

Die RANKINEsche Strahltheorie liefert wohl einen oberen Wert für den Propellerwirkungsgrad, gibt jedoch keinen Aufschluss über den Einfluss von Anzahl und Profilform der Flügel (Schraubenblätter). Hinzu kommt, dass die notwendige Annahme eines drehungsfreien zylindrischen Strahles, der sich mit bestimmter Geschwindigkeit unbeeinflusst durch das umgebende Fluid bewegt, nicht befriedigt. Entsprechend erweiterte Propeller-Theorien, die den wirklichen Charakter (Wirbelbildung, Abschn. 4.3.3) sowie Drall des Schraubenstrahles und die Fluidreibung berücksichtigen, enthalten einschlägige Fachbücher, z. B. [37]. Es ergibt sich ein sog. induzierter Widerstand (Abschn. 4.3.3.3), der sein Minimum und damit geringsten Energieverlust bei schwach belasteten Propellern erreicht, d. h. bei kleinem Δp (Abb. 4.66) und daher auch niedrigem C_{S} (4.177), weshalb diese vorteilhaft.

4.1.6.2 Drallsatz

4.1.6.2.1 Herleitung

In der Analogie der Dynamik von Rotations- zur Translationsbewegung, Tab. 4.7, ist der Drall $\vec{L}$ (Impulsmoment) das Äquivalent zum Impuls $\vec{I}$. Bei gekrümmter Strömung ist deshalb der Drall L zu berücksichtigen. Definition:

Vektorform: $$\vec{L} = m \cdot \vec{r} \times \vec{c} \qquad (4.183)$$

Betrag: $$L = |\vec{L}| = R \cdot m \cdot c = R \cdot I \qquad (4.184)$$

Der Drall $\vec{L}$ ist ein Dreh-Vektor und ergibt sich nach (4.183) aus dem Vektorprodukt von Orts-, d. h. Bezugs-Radius $\vec{r}$ und Fluid-Geschwindigkeit $\vec{c}$ mit dem Betrag $L = m \cdot R \cdot c$, (4.184). Hierbei (Abstands-)Radius R senkrecht

Tab. 4.7 Analogie zwischen Translations- und Rotationsbewegung ($R \perp c$, Abb. 4.67)

Translation		Rotation	
Zeit t			
Weg	s	Drehwinkel	φ
Geschwindigkeit	$c = \dot{s}$	Winkelgeschwindigkeit	$\omega = \dot{\varphi}$
Beschleunigung	$a = \dot{c} = \ddot{s}$	Winkelbeschleunigung	$\alpha = \dot{\omega} = \ddot{\varphi}$
Masse	m	Massenträgheitsmoment	$J = \int_{(m)} R^2 \cdot \mathrm{d}m$
Kraft	$F = m \cdot a$	Dreh- oder Torsionsmoment	$T = J \cdot \alpha$
Translations-Energie	$E = m \cdot c^2/2$	Dreh- oder Rotations-Energie	$E = J \cdot \omega^2/2$
Translations-Leistung	$P = \dot{E} = F \cdot c$	Dreh- oder Rotations-Leistung	$P = \dot{E} = T \cdot \omega$
Impuls	$I = m \cdot c$	Drall oder Impulsmoment	$L = m \cdot c \cdot R = I \cdot R$
Impulsstrom	$\dot{I} = \mathrm{d}(m \cdot c)/\mathrm{d}t$	Drallstrom	$\dot{L} = \mathrm{d}(m \cdot c \cdot R)/\mathrm{d}t$
Impulssatz	$\sum \vec{F} - \sum \vec{\dot{I}} = 0$	Drallsatz	$\sum \vec{T} - \sum \vec{\dot{L}} = 0$

auf Geschwindigkeit c zum Bezugspunkt (Drehpunkt DP) gemessen. Mit dem von den Vektoren $\vec{r}$ und $\vec{c}$ eingeschlossenen Winkel α (Abb. 4.67) ist:

$$R = r \cdot \sin\alpha$$

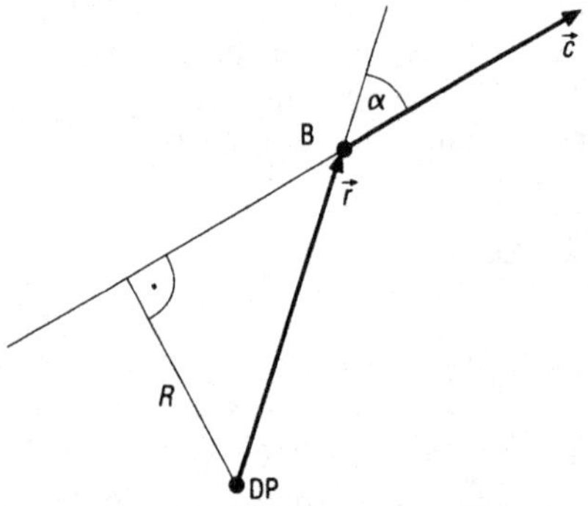

Abb. 4.67 Drall. Prinzipskizze für Bezugswerte. $\vec{c}$ Geschwindigkeitsvektor der Fluidströmung an der Bezugsstelle B, $\vec{r}$ Ortsvektor vom Bezugsdrehpunkt DP, R Wirkabstand(-radius) $\perp c$

Wird der Drall formal mit der Produktregel der Differenzialrechnung nach der Zeit abgeleitet, ergibt sich allgemein für den Betrag von Drallstrom $\dot{L}$:

$$\frac{\mathrm{d}L}{\mathrm{d}t} = \frac{\mathrm{d}(m \cdot R \cdot c)}{\mathrm{d}t}$$
$$= c \cdot R \cdot \frac{\mathrm{d}m}{\mathrm{d}t} + m \cdot c \cdot \frac{\mathrm{d}R}{\mathrm{d}t} + m \cdot R \cdot \frac{\mathrm{d}c}{\mathrm{d}t}$$
$$\dot{L} = c \cdot R \cdot \dot{m} + m \cdot c \cdot \dot{R} + m \cdot R \cdot \dot{c} \quad (4.185)$$

Wie bei der Anwendung des Impulssatzes ist auch beim Drallsatz ein Bezugsgebiet notwendig. Der Kontrollraum ist dabei in der Regel rotationssymmetrisch.

In Bezug auf den Drehpunkt DP (Abb. 4.67) des jeweils durch den angesetzten Kontrollraum abgegrenzten Bereichs ergibt sich bei den verschiedenen Fluidströmungen:

a) Instationäre Kreisströmung (Drehströmung) Mit $R = \text{konst} \rightarrow \dot{R} = 0$ wird

$$\dot{L} = \dot{m} \cdot c \cdot R + m \cdot \dot{c} \cdot R \quad (4.186)$$

b) Stationäre Kreisströmung Mit $R = \text{konst} \rightarrow \dot{R} = 0$ und $c = \text{konst} \rightarrow \dot{c} = 0$ wird

$$\dot{L} = \dot{m} \cdot c \cdot R = \dot{I} \cdot R \quad (4.187)$$

Mit dem Impulssatz, (4.142), folgt schließlich für den wichtigen Fall b aus (4.187):

$$\dot{L} = \dot{I} \cdot R = F \cdot R = T$$

Hieraus in D'ALEMBERT-Schreibweise:

$$\dot{L} - T = 0 \quad (4.188)$$

In *allgemeiner* Vektordarstellung gilt somit nach (4.188) als **Drallsatz** (Impulsmomentensatz) für stationäre, gekrümmte Fluidströmungen und jede beliebige Bezugsachse (Drehachse) des festgelegten Kontrollraumes, wenn alle wirkenden Momente – auch Haltemomente – berücksichtigt werden:

$$\boldsymbol{\sum \vec{T} - \sum \dot{\vec{L}} = 0} \quad (4.189)$$

Dazu **Drallstrom-Betrag**:

$$\boldsymbol{\dot{L} = |\dot{\vec{L}}| = \dot{m} \cdot c \cdot R = \varrho \cdot \dot{V} \cdot c \cdot R}$$
$$\boldsymbol{= \varrho \cdot A \cdot c^2 \cdot R} \quad (4.190)$$

Hierbei ist, wie beim Moment, der Radius R senkrecht zur Geschwindigkeit c oder die Geschwindigkeitskomponente, die senkrecht zur Verbindung zum Drehpunkt (Ortsradius r) verläuft, zu verwenden, Abb. 4.67.

In allgemeiner Vektorform (Determinante):

$$\dot{\vec{L}} = \dot{m} \cdot \vec{r} \times \vec{c} = \dot{m} \cdot \begin{vmatrix} \vec{e}_x & \vec{e}_y & \vec{e}_z \\ \vec{r}_x & \vec{r}_y & \vec{r}_z \\ \vec{c}_x & \vec{c}_y & \vec{c}_z \end{vmatrix}$$
$$= \dot{m} \cdot [\vec{e}_x \cdot (r_y \cdot c_z - r_z \cdot c_y)$$
$$- \vec{e}_y \cdot (r_x \cdot c_z - r_z \cdot c_x)$$
$$+ \vec{e}_z \cdot (r_x \cdot c_y - r_y \cdot c_x)] \quad (4.191)$$

Betrag des Drallstrom-Vektors zu (4.183):

$$\dot{L} = |\dot{L}| = \dot{m} \cdot |\vec{r} \times \vec{c}| = \dot{m} \cdot r \cdot c \cdot \sin\alpha \quad (4.192)$$

Hierbei ist α der Winkel (Raumwinkel) zwischen dem *Ortsvektor* $\vec{r}$ und der Fluidgeschwindigkeit $\vec{c}$. Der *Ortsvektor* ist der Vektor vom Drehpunkt (Bezugspunkt) zum zugehörigen Durchtrittspunkt des Fluides durch den Kontrollraum, dem Mittelpunkt des zugehörigen Strömungsquerschnittes. Mit dem senkrechten Abstand $R = r \cdot \sin\alpha$ zwischen Drehpunkt (Bezugsstelle), Abb. 4.67, und Fluidgeschwindigkeit geht (4.192) in (4.190) über.

Jedes Moment (äußeres oder infolge Reibung) hat nach (4.189) einen Drallstrom bzw. jede Dralländerung ein Moment zur Folge. Vielfach kann wie beim Impulssatz das Scherkraftmoment infolge Reibungswiderstand gegenüber der sonstigen Momentwirkungen als klein vernachlässigt werden. Bei der Anwendung des Drallsatzes ist nach Festlegung des Kontrollraumes analog vorzugehen, wie beim Impulssatz beschrieben. Das Aktions- bzw. Reaktionsmoment ergibt sich über das D'ALEMBERT-Prinzip (dynamisches Gleichgewicht) aus der Bedingung der Statik mit als Moment einbezogenem Drallstrom: „Summe aller Momente gleich null ($\sum \vec{T} = 0$)". Hierbei ist der Drallstrom als Moment wie der Impulsstrom immer auf den Kontrollraum gerichtet. Beim Fluideintritt in den Bezugsraum als Aktionsmoment (*Eintrittstoßmoment*) und beim Fluidaustritt als Reaktionsmoment (*Rückstoßmoment*) entgegen der Strömungsrichtung. Die Wirkungen innerhalb des Kontrollraumes heben sich wieder auf, sodass nur die Kräfte/Momente verbleiben (Drallstrom, Druck und sonstige äußere Kräfte/Momente), die auf dessen Oberfläche wirken.

4.1.6.2.2 Segner-Rad

Eine einfache Anordnung zur Nutzung des Drehimpulses (Drall) ist in Abb. 4.68 dargestellt. Dieses sog. SEGNERsche Fluidrad wird in der Praxis in vielfältigen Varianten angewendet, z. B. bei Rasensprengern, Geschirrspülmaschinen, Bestäub-, Trockeneinrichtungen u. v. a.

Das Fluid strömt durch die im Zentrum angeordnete Zuleitung unter Überdruck in das Gerät. Nach der Umlenkung (meist um 90°) strömt es in den radialen, sich mit der Winkelgeschwindigkeit ω drehenden Arm und von diesem rückwärts, d. h. entgegen der Rotation über eine Düse nach außen, wodurch die Drehung bewirkt wird. Oft sind mehrere Arme angeordnet und gemeinsam im Bereich der Zuleitung gelagert.

Da das Fluid (Wasser, Dampf, Gas) im Zentrum ohne Drehbewegung zuströmt, muss es auf dem radialen Weg zur Ausströmdüse bis auf die

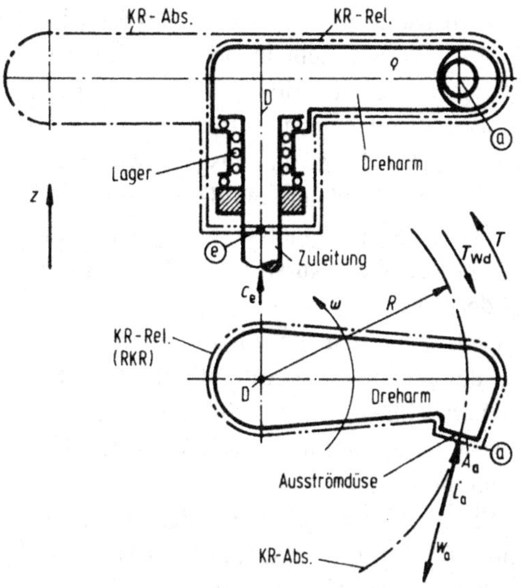

Abb. 4.68 SEGNERsches Wasserrad (Prinzipdarstellung). ⓔ Eintrittstelle, ⓐ Ausströmstelle

Umfangsgeschwindigkeit u_a beschleunigt werden.

Das Fluid verlässt das SEGNER[18]-Rad tangential mit der Relativgeschwindigkeit w_a bezüglich der Ausströmdüse. Es handelt sich dabei um die Ausströmgeschwindigkeit aus der Düse. Gleichzeitig führt die Ausströmdüse eine Kreisbewegung mit der Umfangsgeschwindigkeit $u_a = \omega \cdot R$ entgegen der Fluidausströmrichtung aus. Die Absolutabströmungsgeschwindigkeit c_a des Fluides, d. h. gegenüber der ruhenden Umgebung, ist deshalb $c_a = w_a - u_a$, und zwar bei $w_a > u_a$ entgegen der Drehbewegung der Ausströmdüse gerichtet. Vektoriell betrachtet gilt:

$$\vec{c}_a = \vec{u}_a + \vec{w}_a$$

Die Absolutbewegung des Mediums ist gleich der Vektorsumme seiner Relativbewegungen mit der Umfangsgeschwindigkeit (Tangente) als Richtungsgeber (Plusrichtung). Da jedoch $\vec{w}_a \uparrow\downarrow \vec{u}_a$ und hier Betrag w_a größer als Betrag u_a, ist Betrag:

$$c_a = |\vec{c}_a| = |\vec{u}_a + \vec{w}_a| = |u_a - w_a| = w_a - u_a$$

entgegen der Drehbewegung wenn $w_a > u_a$.

Bei $w_a < u_a$ wird $c_a = u_a - w_a$ in Drehrichtung.

[18] SEGNER, Johann Andreas (1707 bis 1777), dt. Arzt u. Physiker.

Beim Durchströmen des Dreharmes wird der Fluid-Druck von dem in der Zuleitung p_e bis auf den an der Austrittsstelle der Ausströmdüse, also den Umgebungsdruck, abgebaut. Dadurch wächst die Strömungsgeschwindigkeit in dem entsprechend ausgebildeten Dreharm von der Einströmgeschwindigkeit c_e in der Zuleitung bis zur relativen Ausströmgeschwindigkeit w_a aus der Düse.

Es handelt sich um ein rotierendes System. Bei der auch in diesem Fall meist vertretbaren Vernachlässigung der Strömungsverluste ergibt sich der Zusammenhang zwischen Druckabbau und Strömungsgeschwindigkeits-Aufbau durch die Energiegleichung der Relativbewegung, ((3.100)ff., Abschn. 3.3.6.4). Für den Stromfaden ⓔ–ⓐ in Abb. 4.68 liefert die **E**nergiegleichung der **R**elativbewegung idealer Strömung (ER) zwischen Zuströmung (Stelle ⓔ) und Abströmung (Stelle ⓐ), wenn der gegenüber dem Druckgefälle unbedeutende Höhenunterschied vernachlässigt wird, die Relativausströmgeschwindigkeit w_a.

Nach (3.104), Abschn. 3.3.6.4, gilt:

$$\text{ER ⓔ–ⓐ:}\quad z_e \cdot g + \frac{p_e}{\varrho} + \frac{w_e^2}{2} - \frac{u_e^2}{2} = z_a \cdot g + \frac{p_a}{\varrho} + \frac{w_a^2}{2} - \frac{u_a^2}{2}$$

Mit

$$z_e \approx z_a; \quad u_e = 0; \quad p_e = p_{e,ü} + p_b$$
$$w_e = c_e; \quad u_a = \omega \cdot R; \quad p_a = p_b$$

wird

$$\frac{p_{e,ü}}{\varrho} + \frac{c_e^2}{2} = \frac{w_a^2}{2} - \frac{u_a^2}{2}$$

Hieraus ergibt sich die relative Fluidaustrittsgeschwindigkeit aus der Ausströmdüse, die Relativströmungsgeschwindigkeit:

$$w_a = \sqrt{c_e^2 + u_a^2 + 2 \cdot p_{e,ü}/\varrho}$$

Kann außerdem die kinetische Einström-Energie $c_e^2/2$ gegenüber der Druckenergie $p_{e,ü}/\varrho$ vernachlässigt werden, was meist der Fall ist, gilt:

$$w_a = \sqrt{2 \cdot \frac{p_{e,ü}}{\varrho} + u_a^2} = \sqrt{2 \cdot \frac{p_{e,ü}}{\varrho}} \cdot \sqrt{1 + \frac{u_a^2}{2 \cdot p_{e,ü}/\varrho}} \qquad (4.193)$$

Mit der bezogenen, das bedeutet **dimensionslosen Winkelgeschwindigkeit $\boldsymbol{\Omega}$** gemäß Definition

$$\boldsymbol{\Omega} = \sqrt{\frac{u_a^2}{2 \cdot p_{e,ü}/\varrho}} = \frac{u_a}{\sqrt{2 \cdot p_{e,ü}/\varrho}} = \frac{\boldsymbol{\omega}}{\frac{\mathbf{1}}{\boldsymbol{R}}\sqrt{\mathbf{2} \cdot \boldsymbol{p_{e,ü}/\varrho}}} \qquad (4.194)$$

wird

$$w_a = \sqrt{2 \cdot \frac{p_{e,ü}}{\varrho}} \cdot \sqrt{1 + \Omega^2} \qquad (4.195)$$

und

$$u_a = \sqrt{2 \cdot p_{e,ü}/\varrho} \cdot \Omega \qquad (4.196)$$

Das auf den Dreharm infolge des Fluidaustritts aus der Ausströmdüse wirkende Drehmoment T lässt sich nach zwei Möglichkeiten ermitteln:

Möglichkeit 1 Ansatz im Relativsystem

Um den Dreharm wird ein körperfester, also mitrotierender (relativer) Kontrollraum KR-Rel. gelegt und auf ihn der Drallsatz angewandt.

Wie einleitend begründet, muss der Fluidmengenstrom $\dot{m}$ im Dreharm von der Zuströmstelle ⓔ bis zur Ausströmstelle ⓐ in Drehrichtung von der Umfangsgeschwindigkeit $u = u_e = 0$ bis auf $u = u_a$ beschleunigt werden. Das hierfür notwendige Beschleunigungs-Drehmoment ist dem, dem Fluid dadurch aufgeprägten Drallstrom

$$\dot{L}_B = \dot{m} \cdot u_a \cdot R$$

gleichwertig und muss vom relativen Austrittsdrallstrom $\dot{L}_{a,R}$ aufgebracht werden.

Das Fluid wirkt beim Austritt (Stelle ⓐ) bezüglich der Drehachse mit dem relativen

„Rückstoß"-Drallstrom

$$\dot{L}_{a,R} = \dot{m} \cdot w_a \cdot R$$

auf die Ausströmdüse und damit auf den Dreharm.

Als freies Drehmoment T ergibt sich dann nach dem Drallsatz:

DS ⓔ–ⓐ: $\sum T = 0$ auf KR-Rel. mit DP in D und $T = T_{W,d}$ (actio gleich reactio!) ergibt:

$$T_{Wd} - (\dot{L}_{a,R} - \dot{L}_B) = 0$$

hieraus

$$T_{Wd} = \dot{L}_{a,R} - \dot{L}_B = \dot{m} \cdot w_a \cdot R - \dot{m} \cdot u_a \cdot R$$
$$T_{Wd} = \dot{m} \cdot R \cdot (w_a - u_a) \tag{4.197}$$

Hierbei sind: Die absolute Strömungsgeschwindigkeit des Fluides nach Verlassen der Ausströmdüse:

$$c_a = w_a - u_a \tag{4.198}$$

Mit (4.195) und (4.196) wird:

$$c_a = \sqrt{2 \cdot p_{e,ü}/\varrho}\left(\sqrt{1+\Omega^2} - \Omega\right) \tag{4.199}$$

Der austretende Fluidmengenstrom beträgt:

$$\dot{m} = \varrho \cdot \dot{V} = \varrho \cdot w_a \cdot A_a \tag{4.200}$$

Mit (4.195) wird:

$$\dot{m} = \varrho \cdot A_a \cdot \sqrt{2 \cdot p_{e,ü}/\varrho} \cdot \sqrt{1+\Omega^2} = f(\Omega)$$

Bei $\Omega = 0$, d. h. $u_a = 0$ (Festbremsung, Index 0) ist

$$\dot{m}_0 = \varrho \cdot A_a \cdot \sqrt{2 \cdot p_{e,ü}/\varrho}$$

und damit:

$$\dot{m} = \dot{m}_0 \cdot \sqrt{1+\Omega^2} \tag{4.201}$$

Möglichkeit 2 Ansatz im Absolutsystem

Um die Rotationsebene des Dreharms wird der raumfeste, also ruhende (absolute) Kontrollraum KR-Abs. gelegt. Der Fluidmengenstrom strömt im Zentrum (Stelle ⓔ) in axialer Richtung in den ruhenden Kontrollraum ein und verlässt diesen am Außenrand (Stelle ⓐ) tangential mit der Absolutgeschwindigkeit $c_a = w_a - u_a$. Nach dem Drallsatz gilt dann entsprechend:

DS ⓔ–ⓐ: $\sum T = 0$ auf KR-Abs. mit DP in D:

$$\dot{L}_a - \dot{L}_e - T_{Wd} = 0$$

Hieraus

$$T_{Wd} = \dot{L}_a - \dot{L}_e = \dot{m}_a \cdot c_a \cdot R_a - \dot{m} \cdot c_e \cdot R_e$$

Mit $R_a = R$; $R_e = 0$; $T_{Wd} = T$ wird

$$T = \dot{m} \cdot R \cdot c_a = \dot{m} \cdot R \cdot (w_a - u_a)$$

Für das freie Moment T ergibt sich notwendigerweise die gleiche Beziehung wie bei Möglichkeit 1.

Mit der Ausströmgeschwindigkeit nach (4.195) erhält das Antriebsmoment die Form:

$$T = \dot{m} \cdot R \cdot \left(\sqrt{2 \cdot \frac{p_{e,ü}}{\varrho}} \cdot \sqrt{1+\Omega^2} - R \cdot \omega\right)$$

Hierbei

$$\omega = \frac{1}{R} \cdot \sqrt{2 \cdot p_{e,ü}/\varrho} \cdot \Omega \tag{4.202}$$

aus der Definition, (4.194), der dimensionslosen Winkelgeschwindigkeit Ω ersetzt, ergibt:

$$T = \dot{m} \cdot R \cdot \sqrt{2 \cdot p_{e,ü}/\varrho} \cdot \left(\sqrt{1+\Omega^2} - \Omega\right) \tag{4.203}$$

Weiterhin folgt mit dem austretenden Massenstrom $\dot{m} = \varrho \cdot A_a \cdot w_a$ und w_a nach (4.195):

$$\boldsymbol{T = 2 \cdot A_a \cdot R \cdot p_{e,ü} \cdot \sqrt{1+\Omega^2} \cdot \left(\sqrt{1+\Omega^2} - \Omega\right)} \tag{4.204}$$

Das Antriebsmoment T ist nach (4.204) eine Funktion der dimensionslosen Winkelgeschwindigkeit Ω und damit der Winkelgeschwindigkeit ω des Dreharmes.

Mit dem **Festbrems- oder Anfahrmoment T_0** nach (4.197) und (4.194) bei $\omega = \omega_0 = 0 \rightarrow \Omega = 0$ (Anfahrwerte Index 0)

$$T_0 = \dot{m}_0 \cdot R \cdot w_{a,0} = \dot{m}_0 \cdot R \cdot \sqrt{2 \cdot p_{e,ü}/\varrho} \tag{4.205}$$

ergibt sich das Momentenverhältnis oder **dimensionslose Drehmoment Θ** zu:

$$\begin{aligned}\Theta &= \frac{T}{T_0} = \frac{\dot{m}}{\dot{m}_0} \cdot \left(\sqrt{1+\Omega^2} - \Omega\right)\\ &= \frac{\varrho \cdot A_a \cdot w_a}{\varrho \cdot A_a \cdot w_{a,0}} \cdot \left(\sqrt{1+\Omega^2} - \Omega\right)\\ &= \frac{w_a}{w_{a,0}} \cdot \left(\sqrt{1+\Omega^2} - \Omega\right)\end{aligned}$$

Mit (4.195) für w_a sowie auch daraus für $w_{a,0}$ bei $\Omega = 0$, also $w_{a,0} = \sqrt{2 \cdot p_{e,ü}/\varrho}$, wird schließlich:

$$\begin{aligned}\boldsymbol{\Theta} &= \frac{\boldsymbol{T}}{\boldsymbol{T_0}} = \sqrt{1+\boldsymbol{\Omega}^2} \cdot \left(\sqrt{1+\boldsymbol{\Omega}^2} - \boldsymbol{\Omega}\right)\\ &= \boldsymbol{f(\Omega)}\end{aligned} \tag{4.206}$$

Das bezogene Drehmoment Θ, abhängig von der bezogenen Winkelgeschwindigkeit Ω, ist in Abb. 4.69 graphisch dargestellt.

Wie das Diagramm zeigt, strebt das dimensionslose Drehmoment dem endlichen Grenzwert 0,5 zu. Unabhängig von der Drehzahl ist demnach immer ein freies Drehmoment vorhanden. Dieses Moment beschleunigt den Dreharm ständig, sodass seine Drehzahl theoretisch unbegrenzt ansteigen würde. Durch das infolge mechanischer Reibung immer vorhandene Bremsmoment steigt die Drehzahl jedoch nur so lange, bis das freie Moment auf den Wert des Reibungsmomentes abgesunken ist. Die maximale Drehzahl, bei der das nutzbare Restmoment auf null abfällt, wird als *Leerlauf*- oder *Durchgangsdrehzahl* (Punkt D in Abb. 4.69) bezeichnet.

Werden die Reibungsverluste weiterhin vernachlässigt, beträgt die von einer SEGNER-„Turbine" maximal abgegebene Leistung

$$P = T \cdot \omega$$

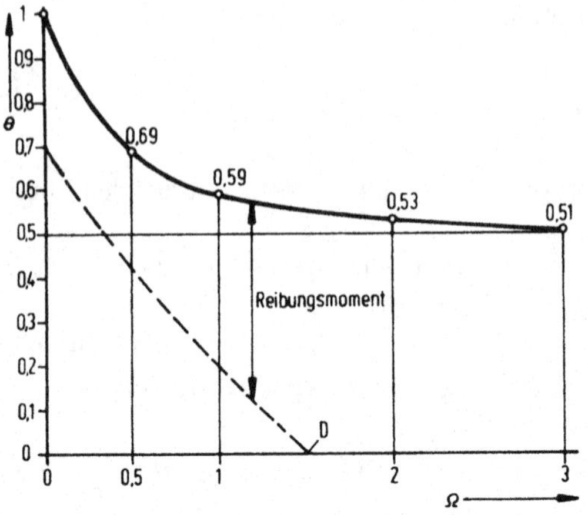

Abb. 4.69 Dimensionsloses Dreh- oder Antriebsdrehmoment Θ als Funktion der dimensionslosen Winkelgeschwindigkeit Ω. Restmoment (gestrichelte Linie), Differenz zwischen Antriebs- und Reibungsmoment. Reibungsverluste angenommen (geschätzt gemäß Apparatur)

Mit (4.202) und (4.203) umgeformt, ergibt sich für diese Nutzleistung:

$$P = \dot{m} \cdot \frac{2 \cdot p_{e,ü}}{\varrho} \cdot \Omega \cdot \left(\sqrt{1+\Omega^2} - \Omega\right) \tag{4.207}$$

Andererseits ist die vom Wasserstrom zugeführte und damit theoretisch gewinnbare Leistung nach der Energiegleichung

$$P_{th} = \dot{m} \cdot \left(\frac{p_{e,ü}}{\varrho} + \frac{c_e^2}{2}\right) \approx \dot{m} \cdot \frac{p_{e,ü}}{\varrho} \tag{4.208}$$

wenn die kinetische Energie $c_e^2/2$ des zufließenden Fluidstromes wieder als vergleichsweise klein vernachlässigbar.

Der **theoretische innere Wirkungsgrad** des SEGNER-Rades ist dann:

$$\boldsymbol{\eta_{th} = P/P_{th} = 2 \cdot \Omega \cdot \left(\sqrt{1+\Omega^2} - \Omega\right)} \tag{4.209}$$

Aus ER ⓔ–ⓐ, Abschn. 3.3.6.4 mit

$$c_e \approx 0; \quad u_{a,0} = 0 \;\rightarrow\; c_{a,0} = w_{a,0} - u_{a,0} = w_{a,0}$$
$$2 \cdot p_{e,ü}/\varrho = w_a^2 - u_a^2 \;\rightarrow\; c_{a,0}^2 = w_{a,0}^2 = 2 \cdot p_{e,ü}/\varrho$$
und $\quad c_{a,0}^2 = w_a^2 - u_a^2$

sowie nach (4.194) wird:

$$\frac{w_a}{c_{a,0}} = \sqrt{1 + \left(\frac{u_a}{c_{a,0}}\right)^2}$$
$$= \sqrt{1 + \left(\frac{u_a}{\sqrt{2 \cdot p_{e,ü}/\varrho}}\right)^2} = \sqrt{1 + \Omega^2}$$

Des Weiteren mit (4.199):

$$c_a/c_{a,0} = w_a/c_{a,0} - u_2/c_{a,0} = \sqrt{1 + \Omega^2} - \Omega \tag{4.210}$$

Wirkungsgradansatz: Vollständiger Energieumsatz wenn $c_a = 0 \rightarrow \eta_{th} = 1$ (nur theoretisch, da Fluid dann nicht mehr abfließt).

Energie-Vergleich $\rightarrow c^2$:

$$\eta_{th} = \left(c_{a,0}^2 - c_a^2\right)/c_{a,0}^2 = 1 - (c_a/c_{a,0})^2$$
$$\eta_{th} = 1 - \left(\sqrt{1+\Omega} - \Omega\right)^2$$
$$= 2\Omega\left[\sqrt{1+\Omega} - \Omega\right]$$

Ergebnis wie (4.209).

Bemerkung: Die Beziehungen, (4.201); (4.209); (4.210), ergeben: Mit zunehmender Winkelgeschwindigkeit ω wachsen Ausflussmenge $\dot{m}$ und Wirkungsgrad η, die absolute Abströmgeschwindigkeit c_a (Restenergie) dagegen nimmt zwangsläufig ab.

Der theoretische Wirkungsgrad nach (4.209) muss notwendigerweise ebenfalls eine Funktion der Drehzahl sein. Der funktionelle Zusammenhang ist in Abb. 4.70 graphisch dargestellt. Hinweis auf Abschn. 4.1.6.1.3, Abb. 4.60.

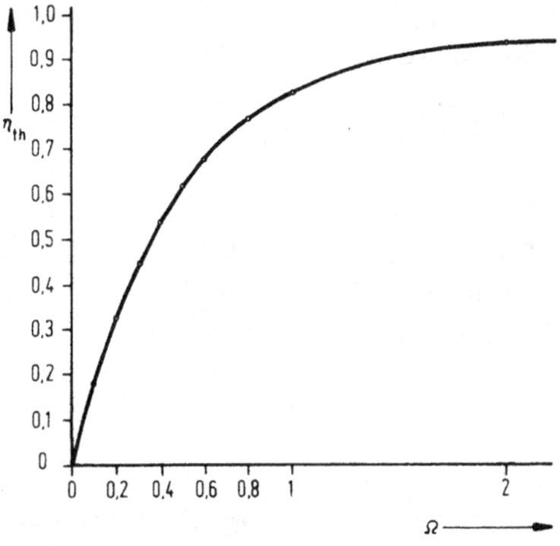

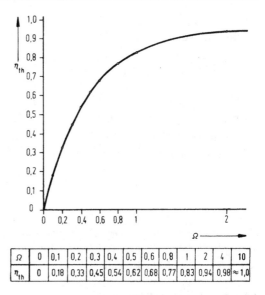

Ω	0	0,1	0,2	0,3	0,4	0,5	0,6	0,8	1	2	4	10
η_{th}	0	0,18	0,33	0,45	0,54	0,62	0,68	0,77	0,83	0,94	0,98	≈1,0

Abb. 4.70 Theoretischer innerer Wirkungsgrad η_{th} des SEGNER-Rades in Abhängigkeit von der dimensionslosen Winkelgeschwindigkeit Ω

4.1.6.2.3 Hubschrauberrotor mit Strahltriebwerken

Werden an den Rotorspitzen eines Hubschraubers *Luftstrahltriebwerke* angebaut, Abb. 4.71, ergeben sich folgende Verhältnisse:

Im Gegensatz zum SEGNER-Rad wird das den Schub erzeugende Fluid nicht von der Drehachse über die radial verlaufenden Rotorblätter den außen liegenden Triebwerken zugeführt, sondern, wie bei Strahltriebwerken üblich, von der Umgebung entnommen. Der geringe, von innen zugeführte Brennstoffstrom ist wieder vernachlässigbar. Deshalb muss auch kein Fluidstrom auf Rotationsgeschwindigkeit beschleunigt berücksichtigt werden, wie dies beim SEGNER-Rad der Fall ist. Das hierzu sonst notwendige geringfügige Drehmoment entfällt.

Der Relativ-Kontrollraum RKR ist wieder „triebwerksfest", d. h. er rotiert mit dem Triebwerk um die Drehachse.

Entsprechend (4.169) gilt mit der Triebwerk-Schubkraft F_S für das Rotordrehmoment:

$$T = F_S \cdot R = \dot{L}_2 - \dot{L}_1$$
$$= (\dot{m}_{Lu} + \dot{m}_{Br}) \cdot w_2 \cdot R - \dot{m}_{Lu} \cdot w_1 \cdot R$$

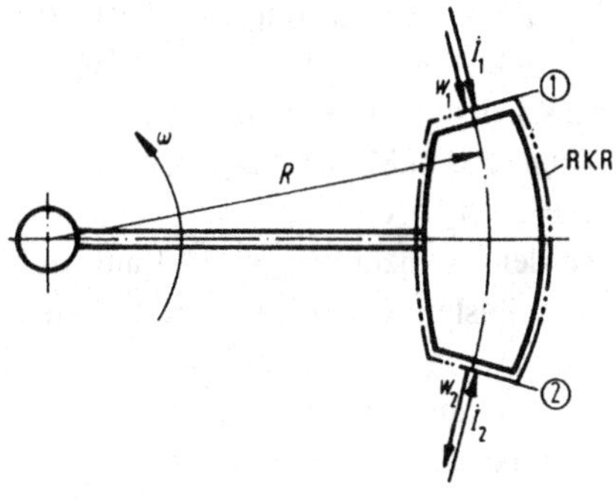

Abb. 4.71 Hubschrauberrotor mit Strahltriebwerk an der Rotorspitze (Prinzipdarstellung)

Mit $\dot{m}_{\mathrm{Br}} \ll \dot{m}_{\mathrm{Lu}}$; $w_2 = w_{\mathrm{Dü}}$ und $w_1 \approx \omega \cdot R$ (Fluggeschwindigkeit vernachlässigt) wird

$$\boldsymbol{T \approx \dot{m}_{\mathrm{Lu}} \cdot R \cdot (w_{\mathrm{Dü}} - \omega \cdot R)} \qquad (4.211)$$

Würden, was praktisch nicht sinnvoll ist, *Raketentriebwerke* an den *Rotorspitzen* angeordnet, wäre kein Zustrom vorhanden ($w_1 = 0$). Dann ginge (4.211) gemäß (4.171) über in:

$$\boldsymbol{T = \dot{m}_{\mathrm{Ga}} \cdot R \cdot w_{\mathrm{Dü}}} \qquad (4.212)$$

Das Rotorantriebsmoment wäre dann nur abhängig vom austretenden *Gasmassenstrom* $\dot{m}_{\mathrm{Ga}}$, nicht jedoch von der Rotorwinkelgeschwindigkeit ω wie bei (4.211) der Fall.

4.1.6.3 Hauptgleichung der Kreiselradtheorie

Die **Haupt- oder Grundgleichung der Kreiselradtheorie** geht auf L. EULER zurück. Sie wird deshalb auch als **EULERsche Turbinen-, EULERsche Kreiselradgleichung** oder kurz **EULER-Gleichung** bezeichnet. Diese Beziehung folgt aus der Anwendung des Impuls- oder Drallsatzes auf Kreiselräder. Solche Laufräder werden in Strömungsmaschinen eingesetzt zur Umwandlung von potenzieller bzw. thermischer in Rotations-Energie (bei Turbinen) oder von Rotations-Energie in potenzielle bzw. Translations-Energie (bei Pumpen bzw. Antriebspropeller).

In Abb. 4.72 sind die Strömungsverhältnisse in einem Schaufelkanal eines radialen Pumpenlaufrades eingetragen. Pumpenlaufräder arbeiten fast ausschließlich mit Überdruckwirkung, d. h., der Fluiddruck der Strömung am Austritt aus dem Laufrad ist größer als an dessen Eintritt. Da der Druck jedoch auf die Umfangsflächen radial wirkt, kann er kein Moment erzeugen. Der Fluidstrom $\dot{m} = z \cdot \dot{m}_z$ strömt mit der Absolutströmung c_1 unter dem Winkel α_1 zur Umfangsrichtung in den raumfesten Kontrollraum KR ein und mit der Absolutgeschwindigkeit c_2, unter dem ebenfalls zur Umfangsrichtung gemessenen Winkel α_2 aus. Zu beachten ist, dass die Strömungswinkel immer zur positiven Umfangsrichtung, d. h.

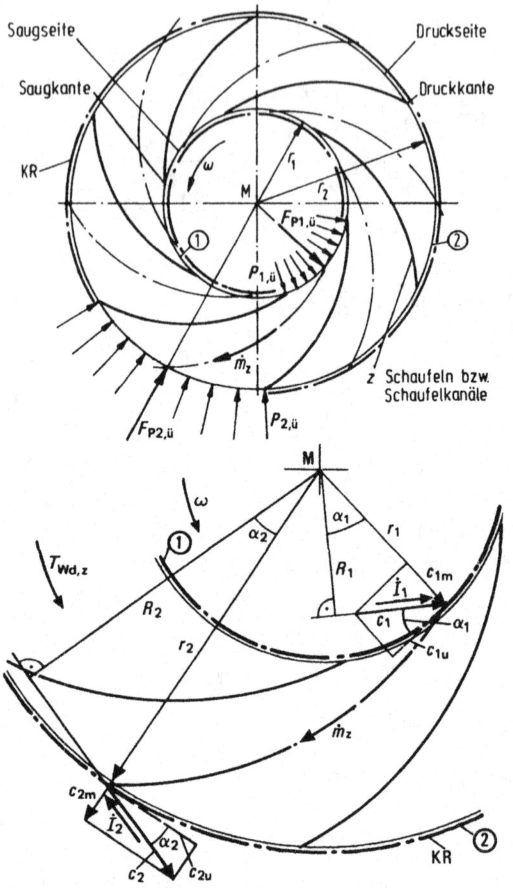

Abb. 4.72 Kreiselrad (Radialpumpe) insgesamt (Radialschnitt) sowie einzelner Schaufelkanal mit Kontrollraum KR und Eintragungen.
Stelle ① Fluideintritt, Stelle ② Fluidaustritt. Radmoment $T = T_{\mathrm{Wd,z}}$ (reactio = actio)

zur Drehrichtung zu messen sind, sowohl an Stelle ① (Winkel α_1), als auch an Stelle ② (Winkel α_2). Der Absolut-Kontrollraum steht fest, rotiert also nicht mit dem Laufrad (Winkelgeschwindigkeit ω) um den Drehpunkt M.

Ableitung der EULER-Gleichung mit dem Impulssatz:

$$\text{IS ①–②} \rightarrow \sum T = 0 \quad \text{mit DP in M}$$

liefert je Kanal (Index z), Abb. 4.72:

$$\dot{I}_2 \cdot R_2 - \dot{I}_1 \cdot R_1 - T_{\mathrm{Wd},z} = 0$$

Hieraus

$$\begin{aligned} T_{\mathrm{Wd},z} &= \dot{I}_2 \cdot R_2 - \dot{I}_1 \cdot R_1 \\ &= \dot{m}_z \cdot c_2 \cdot r_2 \cdot \cos\alpha_2 - \dot{m}_z \cdot c_1 \cdot r_1 \cdot \cos\alpha_1 \\ &= \dot{m}_z \cdot (r_2 \cdot c_2 \cdot \cos\alpha_2 - r_1 \cdot c_1 \cdot \cos\alpha_1) \\ &= \dot{m}_z \cdot (r_2 \cdot c_{2\mathrm{u}} - r_1 \cdot c_{1\mathrm{u}}) \end{aligned}$$

Mit $T = T_{\mathrm{Wd}} = z \cdot T_{\mathrm{Wd},z}$ und $\dot{m} = z \cdot \dot{m}_z$ wird für das gesamte Laufrad (z Schaufel-Kanäle):

$$T = \dot{m} \cdot (r_2 \cdot c_{2\mathrm{u}} - r_1 \cdot c_{1\mathrm{u}}) \tag{4.213}$$

Mit dem Drehmoment T ergibt sich bei Winkelgeschwindigkeit ω die von der Strömung auf das Laufrad (Turbine) bzw. in umgekehrter Richtung (Pumpe) übertragene Leistung:

$$\begin{aligned} P = T \cdot \omega &= \dot{m} \cdot (r_2 \cdot c_{2\mathrm{u}} - r_1 \cdot c_{1\mathrm{u}}) \cdot \omega \\ &= \dot{m} \cdot (u_2 \cdot c_{2\mathrm{u}} - u_1 \cdot c_{1\mathrm{u}}) \end{aligned} \tag{4.214}$$

Oder die *spezifische Leistung* (auf Massendurchsatzstrom $\dot{m}$ bezogen):

$$\frac{P}{\dot{m}} = u_2 \cdot c_{2\mathrm{u}} - u_1 \cdot c_{1\mathrm{u}} \tag{4.215}$$

Hierbei wird $\frac{P}{\dot{m}} = \frac{\mathrm{d}W/\mathrm{t}}{\mathrm{d}m/\mathrm{t}} = \frac{\mathrm{d}W}{\mathrm{d}m} = Y$ gesetzt.

Bei stationärer Strömung ist $\frac{\mathrm{d}W}{\mathrm{d}m} = \frac{\Delta W}{\Delta m}$ die *spezifische Arbeit*.

Es gilt deshalb

$$\boldsymbol{Y = \frac{P}{\dot{m}} = \frac{\Delta W}{\Delta m}} \quad \text{und} \tag{4.216}$$

$$\boldsymbol{Y = u_2 \cdot c_{2\mathrm{u}} - u_1 \cdot c_{1\mathrm{u}}} \tag{4.217}$$

Gleichung (4.217) ist die auf EULER (1754) zurückgehende *Grundgleichung der Kreiselradtheorie*, die auch als **Hauptgleichung der Strömungsmaschinen** bezeichnet wird. Die EULERsche Strömungsmaschinen-Gleichung verknüpft die umgesetzte Energie mit den Geschwindigkeiten in der Maschine.

Nach (4.216) ist Y die **spezifische Leistung**, d. h. die auf den durchströmenden Massenstrom bezogene Leistung, somit die Leistung je Massenstromeinheit $\dot{m} = 1$ kg/s. Andererseits ist Y die **spezifische Energie**, also die je Masseneinheit ($m = 1$ kg) in der Maschine umgesetzte Arbeit. Y wird auch als **spezifische Stufenarbeit** bezeichnet. Das ist der auf die Masseneinheit bezogene Energieumsatz zwischen Druck- und Saugstutzen der Einstufen-Strömungsmaschine, weshalb dann auch spezifische Stutzenarbeit genannt. Bei Turbinen kehren sich Strömungsrichtungen – Zuströmung Stelle ②, Abströmung Stelle ① – und Drehrichtung je um 180° um, verlaufen also entgegen zu den in Abb. 4.72 eingetragenen Richtungen. Auch das Drehmoment wirkt umgekehrt.

Die für alle Strömungsmaschinen-Typen geltende Grundgleichung, (4.217), lässt sich für die Ausführung als Axialmaschine, bei der infolge der axialen Durchströmung $u_1 = u_2 = u$ ist, vereinfachen:

$$Y = u \cdot (c_{2\mathrm{u}} - c_{1\mathrm{u}}) \tag{4.218}$$

Gleichung (4.218) gilt für sog. **axiale Überdruckmaschinen**, bei denen im Laufrad gleichzeitig ein Druckgefälle vorhanden ist. In den als Gleichdruckmaschinen bezeichneten axialen Ausführungen dagegen wird das Fluid bei gleichbleibendem Druck so stark umgelenkt, dass der Impulsstrom an der Stelle ① (Saugkante) in der entgegengesetzten Richtung (zur Drehung) verläuft, was sich durch den Strömungswinkel $\alpha_1 > 90°$ ausdrückt. Die Umfangskomponente der Strömung an Stelle ① $c_{1\mathrm{u}} = c_1 \cdot \cos\alpha_1$ wird dann negativ. In (4.218) ergibt sich dadurch eine Vorzeichenumkehr, sodass für **Gleichdruck-Axialturbinen** gilt, wenn mit dem Betrag der Umfangskomponenten der Strömungsgeschwindigkeit an Stelle ①, also $|c_{1\mathrm{u}}|$ gerechnet wird:

$$Y = u(c_{2\mathrm{u}} - c_{1\mathrm{u}}) = u(c_{2\mathrm{u}} + |c_{1\mathrm{u}}|) \tag{4.219}$$

Herleitung der EULER-Gleichung mit dem Drallsatz:

Der Drallsatz wird ebenfalls auf den absoluten, d. h. raumfesten Kontrollraum KR angewendet (Abb. 4.72) mit $\dot{L} = \dot{m} \cdot c_\mathrm{u} \cdot r$, da $c_\mathrm{u} \perp r$:

$$\text{DS ①–②} \rightarrow \sum T = 0$$

mit DP in M folgt:

$$\dot{L}_2 - \dot{L}_1 - T_{\mathrm{Wd}} = 0$$

Hieraus

$$T_{Wd} = \dot{L}_2 - \dot{L}_1$$
$$= \dot{m} \cdot c_{2u} \cdot r_2 - \dot{m} \cdot c_{1u} \cdot r_1$$

Mit $T = T_{Wd}$ (actio gleich reactio!) ergibt sich notwendigerweise dieselbe Beziehung, (4.213), wie bei der Ableitung mit dem Impulssatz:

$$T = \dot{L}_2 - \dot{L}_1 = \dot{m} \cdot (c_{2u} \cdot r_2 - c_{1u} \cdot r_1) \quad (4.220)$$

Das Drehmoment ist demnach gleich der Differenz der Drallströme von Druck- (Stelle ②) und Saugseite (Stelle ①) des Laufrades, was entsprechende Umlenkung des Fluidstromes erfordert.

Häufig werden Strömungsmaschinen so ausgebildet, dass an der Saugseite (Stelle ①) der Drallstrom zu null wird, also $\dot{L}_1 = 0$. Bei Pumpen wird dann von *drallfreier Zuströmung* und bei Turbinen von *drallfreier Abströmung* gesprochen. Für alle Maschinengruppen (Pumpen, Turbinen, Antriebspropeller), alle Arten von Ausführungen (radial, diagonal, axial) und alle Wirkungsweisen (Gleichdruck, Überdruck) sowie alle Medientypen (Flüssigkeiten, Gase, Dämpfe) gilt dann gemäß der Fluidablenkung:

$$Y = u_2 \cdot c_{2u} = u_2 \cdot c_2 \cdot \cos \alpha_2 \quad (4.221)$$

4.1.6.4 Übungsbeispiele

Übung 45

Ein waagrecht angeordneter Krümmer lenkt das strömende Wasser um 75° ab. Der Volumendurchsatz beträgt 750 m^3/h, der absolute Eintrittsdruck 2,5 bar und die Wassertemperatur 20 °C.

Abmessungen des rauen Krümmers:

Eintritt	300 NW
Austritt	200 NW
Krümmungsinnenradius	600 mm
Krümmungsaußenradius	900 mm

Gesucht: Wandkraft auf den Krümmer nach Größe, Richtung und Angriffspunkt. ◄

Übung 46

Von einer PELTONturbine sind bekannt:

Mittlerer Laufraddurchmesser	1200 mm
Schaufelaustrittswinkel	4°
Druck kurz vor der Düse	10 bar
Wasserdurchsatz	1500 m^3/h
Wassertemperatur	13 °C
Anzahl der Düsen	1

Gesucht:

a) Schaufelkraft bei ruhendem Laufrad.
b) Leistung und Drehzahl bei optimalem Energieumsatz, wenn der Schaufelvolumenstrom gleich dem Düsenvolumenstrom gesetzt wird.
c) Maximal mögliche Drehzahl.
d) Düsendurchmesser. ◄

Übung 47

Ein SEGNERsches Wasserrad nach Abb. 4.73 arbeitet bei einem Überdruck von 3 bar mit einer Drehzahl von 1500 min^{-1}. Bei den Strömungsverlusten sollen nur die Düsenverluste berücksichtigt werden.

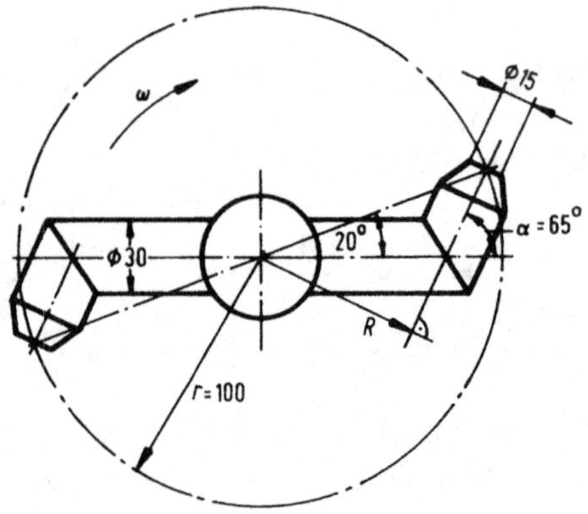

Abb. 4.73 SEGNER-Rad (Drauf- oder Axialsicht)

Gesucht:

a) Festhaltemoment
b) Erforderliches Reibungsmoment
c) Reibleistung
d) Theoretische Leistung

e) Wirkungsgrad, wenn Reibleistung, berechnet in Frage c, genützt würde
f) Austretender Volumenstrom
g) Zuströmgeschwindigkeit
h) Verhältnis der Austrittsgeschwindigkeit bei der angegebenen Drehzahl und bei Stillstand.
i) Quotient von Umfangs- zu absoluter Anström-Geschwindigkeit:
   1. ideal (reibungsfrei);
   2. real, d. h. ohne und bei Berücksichtigung der Strömungsreibung in Zuleitung und Düse. ◄

Übung 48

Ein Sportflugzeug hat bei der Fluggeschwindigkeit 240 km/h eine Widerstandskraft von 3 kN. Die eingesetzte Luftschraube hat einen Durchmesser von 2 m.

Gesucht:

a) Schubbelastungsgrad
b) Notwendige Abströmgeschwindigkeit
c) Strömungsgeschwindigkeit in der Propellermittenebene
d) Theoretischer Propellerwirkungsgrad
e) Theoretisch notwendige Propellerleistung. ◄

Übung 49

a) Welche Ausströmgeschwindigkeit muss ein Flugzeug-Strahltriebwerk verwirklichen, wenn ein Schub von 32 kN bei einer Fluggeschwindigkeit von 1000 km/h notwendig ist und der Luftdurchsatz 55 kg/s beträgt? Der Kraftstoffverbrauch beträgt dabei 1,5 % vom Luftmassenstrom.
b) Welche Ausströmgeschwindigkeit wäre bei einem Raketentriebwerk notwendig? ◄

Übung 50

Zwischen zwei horizontalen Kreisscheiben vom Radius R und dem geringen Abstand H fließt radial nach allen Seiten ideales Fluid gleichmäßig ab. Das Fluid wird durch ein außen in der Mitte der oberen Scheibe angesetztes lotrechtes Rohr mit Halbmesser r_0 zugeführt (Volumenstrom $\dot{V}$). Ideale Strömung soll angenommen und die Höhenunterschiede vernachlässigt werden.

Zahlenwerte:

Volumenstrom	$\dot{V} = 282{,}75\,\mathrm{m^3/h}$
Zuflussrohr-Radius	$r_0 = 50\,\mathrm{mm}$
Kreisscheiben-Radius	$R = 500\,\mathrm{mm}$
Umgebungsdruck	$p_b = 1\,\mathrm{bar}$

Gesucht:

a) Allgemeine Ableitung von
   1. Druckverlauf zwischen den parallelen Kreisscheiben
   2. Notwendige Wandkraft auf die untere Scheibe nach Größe und Richtung, damit der Kreisscheibenabstand H erhalten bleibt.
b) Zahlenrechnungen
   1. Kreisscheibenabstand bei $c =$ konst im Zuström- und Umlenkbereich.
   2. Druckverlauf
   3. Wandkraft
   4. Druck im Zulaufrohr
c) Was geschieht, wenn der Zuströmdruck von dem für geordnete Strömung rechnerisch notwendigen abweicht? ◄

4.2 Mehrdimensionale Strömungen idealer Fluide

4.2.1 Eulersche Bewegungsgleichungen

Die EULERschen Bewegungsgleichungen ergeben sich, wie in Abschn. 1.4 gezeigt, durch Anwenden des NEWTONschen Aktionsgesetzes auf die allgemeine Strömung eines idealen Fluides in Bezug auf ein beliebig festgelegtes Koordinatensystem. Die Gleichungen beinhalten den Zusammenhang zwischen den auf das Fluid einwirkenden Kräften und der durch diese verursachten Beschleunigungen. Im orthogonalen Koordinatensystem ergibt sich für jede Achsrichtung je eine Gleichung; analog zu Abschn. 2.2.7, zusammen mit Abb. 2.13. Diese drei Komponentengleichungen können zu einer Vektorgleichung zusammengefasst werden.

Wie in Abschn. 1.4 auseinandergesetzt, können auf das reibungsfreie Fluid als *Volumenkräfte* die Massenkräfte (Gewichtskraft, Trägheitskräfte) und als *Oberflächenkräfte* nur die Normalkräfte infolge Fluiddruck wirken. Wirbelfreiheit (Abschn. 3.2.3.1.3) ist dabei nicht erforderlich.

Die Aufstellung der Bewegungsgleichungen in der Form nach EULER lässt sich im (x, y, z)-Koordinatensystem an einem quaderförmigen Volumenelement $\mathrm{d}V$ mit den Kantenlängen $\mathrm{d}x$, $\mathrm{d}y$, $\mathrm{d}z$, das sich zum Betrachtungszeitpunkt an der Raumstelle $A(x, y, z)$ befindet, durchführen. Das Volumenelement gehöre zu einem Raumströmungsfeld und bewege sich mit den Geschwindigkeitskomponenten c_x, c_y, c_z in den Koordinatenrichtungen x, y, z (Orthogonalsystem). An dem sog. mediumfesten oder flüssigen Volumenelement wirken die allgemeine Volumenkraft $f \cdot \mathrm{d}V$ sowie die eingetragenen Druckkräfte, Abb. 4.74 und Abschn. 2.2.7, wobei sich Druck p und Geschwindigkeiten c der Raumströmung in Richtung der Bezugsachsen ändern.

Nach dem NEWTONschen Grundgesetz $F = m \cdot \dot{c}$ ergibt sich für die Koordinatenrichtungen:

- x-Richtung:

$$p \cdot \mathrm{d}y \cdot \mathrm{d}z + f_x \cdot \mathrm{d}V - \left(p + \frac{\partial p}{\partial x} \cdot \mathrm{d}x\right) \cdot \mathrm{d}y \cdot \mathrm{d}z = \mathrm{d}m \cdot \dot{c}_x$$

- y-Richtung:

$$p \cdot \mathrm{d}z \cdot \mathrm{d}x + f_y \cdot \mathrm{d}V - \left(p + \frac{\partial p}{\partial y} \cdot \mathrm{d}y\right) \cdot \mathrm{d}z \cdot \mathrm{d}x = \mathrm{d}m \cdot \dot{c}_y$$

z-Richtung:

$$p \cdot \mathrm{d}x \cdot \mathrm{d}y + f_z \cdot \mathrm{d}V - \left(p + \frac{\partial p}{\partial z} \cdot \mathrm{d}z\right) \cdot \mathrm{d}x \cdot \mathrm{d}y = \mathrm{d}m \cdot \dot{c}_z \tag{4.222}$$

Zusammengefasst und jeweils durch das Volumen $\mathrm{d}V = \mathrm{d}x \cdot \mathrm{d}y \cdot \mathrm{d}z$ des Fluidelementes

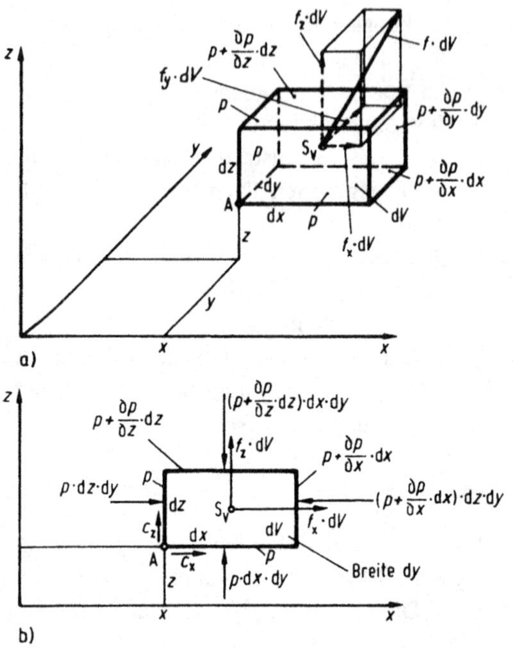

Abb. 4.74 Kräfte an einem masse-, d. h. fluidfesten Volumenelement zur Zeit t in allgemeiner reibungsfreier Raumströmung mit c und p je Funktionen von $(x; y; z; t) \rightarrow f(x; y; z; t)$, also instationär 3D: a) räumliche Darstellung, b) (x, z)-Ebene

dividiert:

- x-Richtung:

$$f_x - \frac{\partial p}{\partial x} = \varrho \cdot \dot{c}_x$$

- y-Richtung:

$$f_y - \frac{\partial p}{\partial y} = \varrho \cdot \dot{c}_y$$

- z-Richtung:

$$f_z - \frac{\partial p}{\partial z} = \varrho \cdot \dot{c}_z \tag{4.223}$$

Mit den Beschleunigungen $\dot{c}_x$, $\dot{c}_y$, $\dot{c}_z$ entsprechend (3.12), Abschn. 3.2.2.1, folgen die

EULERschen Bewegungsgleichungen

- x-Richtung:

$$\frac{\partial c_x}{\partial t} + c_x \cdot \frac{\partial c_x}{\partial x} + c_y \cdot \frac{\partial c_x}{\partial y} + c_z \cdot \frac{\partial c_x}{\partial z} = \frac{1}{\varrho} \cdot f_x - \frac{1}{\varrho} \cdot \frac{\partial p}{\partial x}$$

- y-Richtung:

$$\frac{\partial c_y}{\partial t} + c_x \cdot \frac{\partial c_y}{\partial x} + c_y \cdot \frac{\partial c_y}{\partial y} + c_z \cdot \frac{\partial c_y}{\partial z} = \frac{1}{\varrho} \cdot f_y - \frac{1}{\varrho} \cdot \frac{\partial p}{\partial y}$$

- z-Richtung:

$$\frac{\partial c_z}{\partial t} + c_x \cdot \frac{\partial c_z}{\partial x} + c_y \cdot \frac{\partial c_z}{\partial y} + c_z \cdot \frac{\partial c_z}{\partial z} = \frac{1}{\varrho} \cdot f_z - \frac{1}{\varrho} \cdot \frac{\partial p}{\partial z} \tag{4.224}$$

Die drei Komponenten-Gleichungen zu einer Vektorgleichung (Tab. 6.23) zusammengefasst, ergibt mit $\dot{\vec{c}} = \mathrm{d}\vec{c}/\mathrm{d}t$:

$$\varrho \cdot \dot{\vec{c}} = \vec{f} - \operatorname{grad} p \tag{4.225a}$$

Oder mit Nabla-Operator ∇ (2.35b), da $\nabla \equiv \operatorname{grad}$ (Gradient, Tab. 6.23):

$$\varrho \cdot \dot{\vec{c}} = \vec{f} - \nabla p \tag{4.225b}$$

In Kurzform-Indexschreibweise

$$\varrho \cdot \left(\frac{\partial c_\mathrm{i}}{\partial t} + c_x \cdot \frac{\partial c_\mathrm{i}}{\partial x} + c_y \cdot \frac{\partial c_\mathrm{i}}{\partial y} + c_z \cdot \frac{\partial c_\mathrm{i}}{\partial z} \right) = f_\mathrm{i} - \frac{\partial p}{\partial i} \tag{4.225c}$$

mit Index sowie Größe $i = x; y; z$.

In Matrix-Darstellung:

$$\varrho \cdot \begin{pmatrix} \dot{c}_x \\ \dot{c}_y \\ \dot{c}_z \end{pmatrix} = \begin{pmatrix} f_x \\ f_y \\ f_z \end{pmatrix} - \begin{pmatrix} \partial p/\partial x \\ \partial p/\partial y \\ \partial p/\partial z \end{pmatrix} \tag{4.225d}$$

Hierbei ist die substanzielle Beschleunigung $\vec{a} = \dot{\vec{c}} = \mathrm{d}\vec{c}/\mathrm{d}t$ in Matrizen-Darstellung nach (3.13c):

Mit

$$\vec{c} = \{c_x \;\; c_y \;\; c_z\} = f(x, \, y, \, z, \, t)$$

wird

$$\dot{\vec{c}} = \{\dot{c}_x \;\; \dot{c}_y \;\; \dot{c}_z\} = \frac{\mathrm{d}}{\mathrm{d}t}\{c_x \;\; c_y \;\; c_z\}$$

Wirkt, wie in der Regel der Fall, nur die Schwerkraft der Erde (Gravitationsfeld), so hat die spezifische Feldkraft $\vec{f}$ (Feldstärke) den Aufbau

$$\vec{f} = \{f_x \; f_y \; f_z\} = \{0 \; 0 \; -\varrho \cdot g\}$$

Gleichungen (4.225a)–(4.225d) sind eine andere Darstellung der Beziehungen (1.24a)–(1.24d) von Abschn. 1.4, wobei hier $\vec{f}_\mathrm{V} = 0$ und $\vec{f}_\mathrm{T} = 0$.

Die EULER-Gleichungen ermöglichen, zusammen mit der Kontinuitätsbeziehung, (3.26) oder (3.27), Abschn. 3.2.3.2, und den Randbedingungen des vorliegenden Problems die vier Unbekannten c_x, c_y, c_z sowie p zu bestimmen und beschreiben damit reibungsfreie drehungsbehaftete (Wirbel), als auch drehungsfreie Strömungen.

Die den Strömungsverlauf maßgeblich beeinflussenden *Randbedingungen* sind bei praktischen Problemen meist irgendwelche Wände und/oder freie Fluidoberflächen. Da das strömende Fluid nicht in feste Wände eindringen kann, muss an einer festen Begrenzung die Normalkomponente der Fluid-Geschwindigkeit verschwinden. Bei bewegten Wänden ist die Fluidgeschwindigkeit in Normalrichtung mit der entsprechenden Komponenten der Wandgeschwindigkeit identisch, nicht jedoch in tangentialer. An einer freien Oberfläche wird der Fluiddruck gleich dem der Umgebung.

Ist die auf das Volumen bezogene Massenkraft f *konservativ* und deshalb auf ein Potenzial U zurückführbar, was bei drehungsfreien Strömungen der Fall ist, gilt nach (2.34):

$$f_x = -\varrho \cdot \frac{\partial U}{\partial x}; \quad f_y = -\varrho \cdot \frac{\partial U}{\partial y}; \quad f_z = -\varrho \cdot \frac{\partial U}{\partial z}$$

Damit wird

$$\vec{f} = \vec{e}_x \cdot f_x + \vec{e}_y \cdot f_y + \vec{e}_z \cdot f_z = -\varrho \left(\frac{\partial U}{\partial x} \cdot \vec{e}_x + \frac{\partial U}{\partial y} \cdot \vec{e}_y + \frac{\partial U}{\partial z} \cdot \vec{e}_z \right) \tag{4.226}$$

$$\boldsymbol{\vec{f} = -\varrho \cdot \operatorname{grad} U = -\varrho \cdot (\nabla U) \equiv -\varrho \cdot (\nabla \cdot U)}$$

Die EULERsche Bewegungsvektorgleichung (4.225a)–(4.225d) geht dann über in die Form einer Potenzialgleichung:

$$\boldsymbol{\varrho \cdot \dot{\vec{c}} + \mathbf{grad}\, p + \varrho \cdot \mathbf{grad}\, U = 0} \quad (4.227a)$$

$$\varrho \cdot \dot{\vec{c}} + \nabla(p + \varrho \cdot U) = 0 \quad (4.227b)$$

Oder wieder in Matrizen-Darstellung

$$\varrho \cdot \begin{pmatrix} \dot{c}_x \\ \dot{c}_y \\ \dot{c}_z \end{pmatrix} + \begin{pmatrix} \partial p/\partial x \\ \partial p/\partial y \\ \partial p/\partial z \end{pmatrix} + \varrho \cdot \begin{pmatrix} \partial U/\partial x \\ \partial U/\partial y \\ \partial U/\partial z \end{pmatrix} = \begin{pmatrix} 0 \\ 0 \\ 0 \end{pmatrix} \quad (4.227c)$$

Bei sehr vielen Strömungsproblemen ist nur das **Gravitationspotenzial** (Schwerefeld der Erde) vorhanden und damit, wie erwähnt, als einzige Potenzialkraft nur die in der negativen z-Achse wirkende Gewichtskraft. Bei diesen Fällen ist nach (2.36) und (2.38):

$$f_x = 0; \quad f_y = 0; \quad f_z = -\varrho \cdot g \quad \text{und} \quad U = g \cdot z$$

Dazu wird dann bei der z-Komponente der Differenzialquotient aus der Zusammenfassung von statischem Pressdruck p und fluiddichtestatischem Druck $\varrho \cdot g \cdot z$ gebildet:

$$\frac{\partial p}{\partial z} + \varrho \frac{\partial U}{\partial z} = \frac{\partial}{\partial z}(p + \varrho \cdot U) = \frac{\partial}{\partial z}(p + \varrho \cdot g \cdot z)$$

Für eindimensionale Strömungen ergibt sich des Weiteren aus den EULERschen Bewegungsgleichungen die Energiegleichung der Stromfadentheorie (3.63).

Bemerkung: Die EULER-Bewegungsgleichungen sind auch mit dem Impulssatz, der D'ALEMBERTschen Schreibweise des NEWTON-Aktionsprinzip, herleitbar, weshalb sie verschiedentlich auch als Impulsgleichungen der idealen Strömung bezeichnet werden. Sind gekoppelte partielle Differenzialgleichungen von 1. Ordnung $(\partial/\partial i)$ und 2. Grades $(c \cdot c)$.

4.2.2 Linienintegral und Zirkulation

4.2.2.1 Linienintegral Λ

In einem Strömungsfeld des idealen Fluides sei an jeder Stelle die augenblickliche Geschwindigkeit nach Größe und Richtung bekannt. Entlang einer Kurve, Abb. 4.75, welche die zwei Raumpunkte A und B verbindet, werde das Integral des Skalarproduktes aus den beiden Vektoren Strömungsgeschwindigkeit $\vec{c}$ und Wegelement $d\vec{s}$ gebildet.

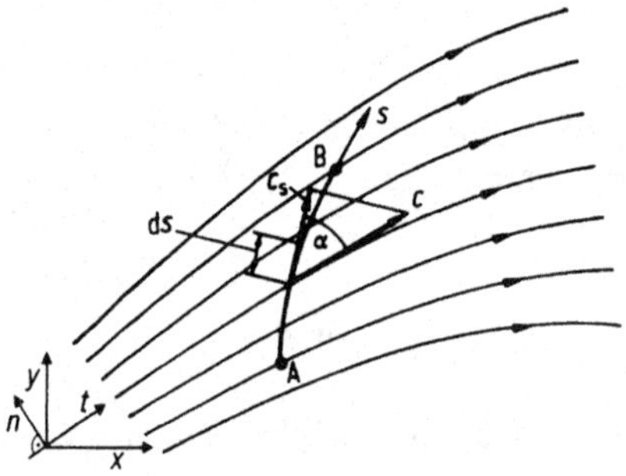

Abb. 4.75 Linienintegral in einem Strömungsfeld. t und n sog. natürliche Koordinaten. t tangential und n normal (senkrecht) zur Strömungsgeschwindigkeit c

Dieses Integral wird als **Kurven-** oder **Linienintegral Λ** (großes Lambda) bezeichnet.

$$\mathrm{d}\Lambda = \vec{c} \cdot \mathrm{d}\vec{s} = c \cdot \cos\alpha \cdot \mathrm{d}s = c_s \cdot \mathrm{d}s$$

$$\boldsymbol{\Lambda_{AB} = \int_{(A)}^{(B)} \vec{c} \cdot \mathrm{d}\vec{s} = \int_{(A)}^{(B)} c \cdot \cos\alpha \cdot \mathrm{d}s = \int_{(A)}^{(B)} c_s \cdot \mathrm{d}s} \quad (4.228)$$

Grenzsymbole A und B wieder eingeklammert (Abschn. 2.5.2), da keine direkten Grenzgrößenwerte, sondern nur Kennangaben. Index AB beim Linienintegralsymbol Λ oft weggelassen.

Das Linienintegral Λ, exakt Λ_{AB}, gemäß (4.228) entspricht, wie sich noch zeigt, der Potenzialdifferenz $(\Delta\Phi)_{AB}$ der Strömung zwischen den Bezugspunkten A und B. Das Geschwindigkeitspotenzial Φ (Abschn. 3.2.3.1.4) ist demgemäß in Punkt B des Strömungsfeldes und den Betrag $(\Delta\Phi)_{AB} = \Lambda_{AB}$ größer, bzw. kleiner als in Punkt A, je nach dem, ob Strömungs- und Integrationsrichtung gleich oder entgegengerichtet sind. Der Index AB wird dabei auch hier einfachheitshalber meist weggelassen.

Zum Vergleich: In einem Kraftfeld führt das Linienintegral zu der längs des Weges A–B verrichteten Arbeit:

$$W = W_{AB} = \int_{(A)}^{(B)} \vec{F} \cdot d\vec{s} = \int_{(A)}^{(B)} F \cdot \cos\alpha \cdot ds$$

$$= \int_{(A)}^{(B)} F_s \cdot ds$$

Das Linienintegral Λ soll nun für eine allgemeine Raumströmung ausgewertet werden:

Mit der Strömungsgeschwindigkeit

$$\vec{c} = \vec{e}_x \cdot c_x + \vec{e}_y \cdot c_y + \vec{e}_z \cdot c_z$$

und dem Wegelement

$$d\vec{s} = \vec{e}_x \cdot dx + \vec{e}_y \cdot dy + \vec{e}_z \cdot dz$$

wird

$$d\Lambda = \vec{c} \cdot d\vec{s} = \{c_x \;\; c_y \;\; c_z\} \cdot \begin{Bmatrix} dx \\ dy \\ dz \end{Bmatrix}$$

Die Multiplikation des Zeilenvektors $\vec{c}$ mit dem Spaltenvektor $d\vec{s}$ nach den Regeln der Matrizenrechnung (Tab. 6.23) ergibt:

$$d\Lambda = \vec{c} \cdot d\vec{s} = c_x \cdot dx + c_y \cdot dy + c_z \cdot dz \tag{4.229}$$

Eingesetzt in (4.228):

$$\Lambda = \int_{(A)}^{(B)} \vec{c} \cdot d\vec{s} = \int_{(A)}^{(B)} (c_x \cdot dx + c_y \cdot dy + c_z \cdot dz) \tag{4.230}$$

Bemerkung: In der Matrizenrechnung werden Spaltenmatrizen (Matrizen mit nur einer Spalte) als Vektoren bezeichnet. Entsprechend sind Zeilenmatrizen (Matrizen mit nur einer Zeile) transponierte Vektoren; verschiedentlich auch Zeilenvektoren genannt (Tab. 6.23, Anhang). Kennzeichen transponierter Vektoren ist hochgestelltes T. Beispiel: aus $d\vec{s}$ wird $d\vec{s}^{T}$.

Ideale Strömungen sind normalerweise drehungsfrei, da Wirbel letztlich nur durch Viskositätskräfte, also Schubkräfte, infolge Reibung erzeugt werden können. Reibungsfreie Strömungen erfüllen deshalb meist die Potenzialbedingungen nach (3.24) von Abschn. 3.2.3.1.4.

Dafür wird das Linienintegral nach (4.230):

$$\Lambda = \int_{(A)}^{(B)} \left(\frac{\partial\Phi}{\partial x} \cdot dx + \frac{\partial\Phi}{\partial y} \cdot dy + \frac{\partial\Phi}{\partial z} \cdot dz \right)$$

$$= \int_{(A)}^{(B)} d\Phi = \Phi \Big|_{(A)}^{(B)}$$

$$\Lambda = \Phi_B - \Phi_A = (\Delta\Phi)_{AB} \tag{4.231}$$

Bei Potenzialströmungen ergibt sich das Linienintegral Λ entlang einer Kurve zwischen den Punkten A und B demnach aus der Differenz der Strömungspotenziale Φ_A und Φ_B der beiden Punkte, die aus der Potenzialfunktion Φ folgen, also gilt hierfür $\Lambda = \Delta\Phi$. Außerdem folgt aus (4.231) die wichtige Erkenntnis, dass das Linienintegral in solchen Strömungsfeldern vom Integrationsweg *unabhängig* ist (Potenzial, Abschn. 2.2.7).

Aus dem Vergleich der beiden Beziehungen (4.229) und (4.231) ergibt sich für das Geschwindigkeitspotenzial Φ in Matrix-Darstellung, da $d\Phi = d\Lambda$:

$$d\Phi = \vec{c} \cdot d\vec{s} = \{c_x \; c_y \; c_z\} \cdot \begin{Bmatrix} dx \\ dy \\ dz \end{Bmatrix} \tag{4.231a}$$

Oder mit Tangentenrichtung t (nicht verwechseln mit der Zeit t, oder Tiefe t!) zur Geschwindigkeit c (Abb. 4.87):

$$d\Phi = c \cdot dt \tag{4.231b}$$

Mit der in Abschn. 4.2.5 bei zweidimensionaler, also ebener Strömung (Flächenströmung) definierten **Stromfunktion Ψ** aus $d\Psi = c \cdot dn$, wobei n die zur Geschwindigkeit c senkrechte Richtung

(Koordinate) ist, kann der Durchfluss berechnet werden. Das Orthogonalsystem aus Tangential- und Normalrichtung (t, n) zur Strömung (Stromlinien) wird, wie erwähnt, auch als natürliches Koordinatensystem bezeichnet.

Der zwischen den Stromlinien durch die Punkte A und B von Abb. 4.75 in der zur Stromebene senkrechten Schichtdicke b fließende Volumenstrom $\Delta\dot{V}_{A-B}$ er-gibt sich mit Querschnittsfläche $\mathrm{d}A = b \cdot \mathrm{d}n$, wobei $b =$ konst, zu:

$$\Delta\dot{V}_{A-B} = \int_{(A)}^{(B)} c \cdot \mathrm{d}A = b \cdot \int_{(A)}^{(B)} c \cdot \mathrm{d}n = b \cdot \int_{(A)}^{(B)} \mathrm{d}\Psi$$

$$= b \cdot \Psi \Big|_{(A)}^{(B)}$$

$$\Delta\dot{V}_{A-B} = b \cdot (\Psi_B - \Psi_A) = b \cdot (\Delta\Psi)_{A-B} \quad (4.231c)$$

Ergebnis: Die Differenz der Stromfunktionswerte an den festgelegten Bezugsstellen ergibt den zugehörigen durchfließenden Volumenstrom in der Schichtdicke eins ($b = 1$). Die Fließrichtung wird dabei durch die Stromlinien gekennzeichnet, auf denen die Bezugspunkte liegen. Die Stromfunktion (Abschn. 4.2.5) ist somit ein Maß für den Volumenstrom. Mit anderen Worten: Die Stromfunktion lässt sich als Maß für den Volumenstrom definieren.

Hinweis: Statt $(\Delta\Psi)_{A-B}$ wird oft auch $(\Delta\Psi)_{AB}$, $\Delta\Psi_{A-B}$ oder $\Delta\Psi_{AB}$ geschrieben. Gleiches gilt für $(\Delta\dot{V})_{A-B}$, also auch $\Delta\dot{V}_{A-B}$ oder $\Delta\dot{V}_{AB}$.

4.2.2.2 Zirkulation Γ

Wird das Linienintegral längs einer geschlossenen Kurve in einem Strömungsfeld gebildet, fallen also Anfangspunkt A und Endpunkt B zusammen, Abb. 4.76, wird das sich ergebende Ringintegral als **Zirkulation Γ** (großes Gamma) bezeichnet. Kennzeichen: Kreis in Integralsymbol (sog. Kreisintegral):

$$\boldsymbol{\Gamma = \oint \vec{c} \cdot \mathrm{d}\vec{s} = \oint c \cdot \cos\alpha \cdot \mathrm{d}s}$$

$$\boldsymbol{= \oint c_s \cdot \mathrm{d}s = \oint \mathrm{d}\Lambda} \quad (4.232)$$

mit $\vec{c} \cdot \mathrm{d}\vec{s} = \mathrm{d}\Lambda$.

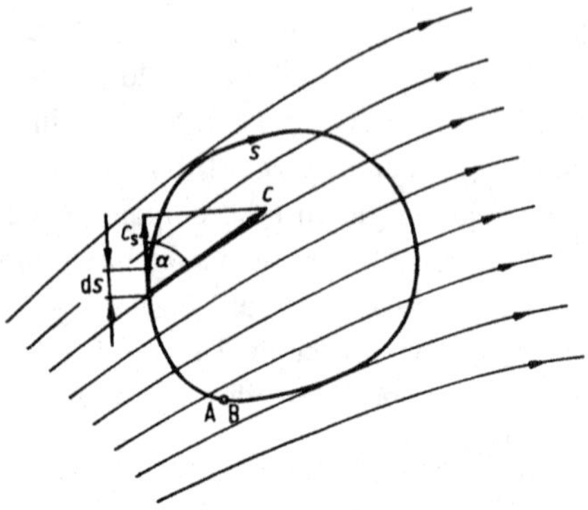

Abb. 4.76 Zirkulation in einem Strömungsfeld

Die geschlossene Kurve, entlang der integriert wird, kann hierbei auch ein eckiger Linienzug sein, z. B. aus geraden Streckenstücken zusammengesetzt. Für die einzelnen Geradenabschnitte i des geschlossenen Linienzuges aus n Teilstücken wird dann jeweils Λ_i mit (4.228) ermittelt. Die Zirkulation ergibt sich hieraus zu:

$$\Gamma = \sum_{i=1}^{n} \Lambda_i \quad (4.232a)$$

Mit (4.229) erhält die Zirkulation für die allgemeine Raumströmung die Form:

$$\Gamma = \oint (c_x \cdot \mathrm{d}x + c_y \cdot \mathrm{d}y + c_z \cdot \mathrm{d}z) \quad (4.233)$$

Wird das Ring- oder Kreisintegral in einer reibungs- und drehungsfreien Strömung (Potenzialströmung) über eine Linie gebildet, die einen **einfach zusammenhängenden** Raum umschließt, d. h. der keine Wirbel enthält, ist nach (4.231):

$$\Gamma = \oint_{(A)}^{(B)} \mathrm{d}\Phi = \oint_{(A)}^{(A)} \mathrm{d}\Phi = \Phi \oint_{(A)}^{(A)} = \Phi_A - \Phi_A = 0 \quad (4.234)$$

Beispiel

Bestimmung der Zirkulation in Parallelströmung mit konstanter Geschwindigkeit c nach Abb. 4.77.

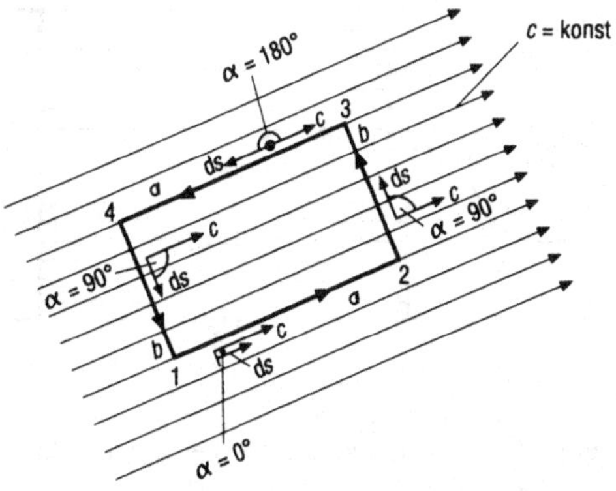

Abb. 4.77 Parallelströmung. Lösungsskizze mit eingetragenem Rechteckzug 1–2–3–4–1, Länge a, Breite b als geschlossene Kurve für Integration

Zirkulation gemäß (4.232) bzw. (4.232a), berechnet für den in Abb. 4.77 eingetragenen Kurvenzug, Rechteck 1–2–3–4–1:

$$\Gamma = \oint c \cdot \cos\alpha \cdot ds = \int_{(1)}^{(2)} + \int_{(2)}^{(3)} + \int_{(3)}^{(4)} + \int_{(4)}^{(1)}$$

$$= \Lambda_{12} + \Lambda_{23} + \Lambda_{34} + \Lambda_{41}$$

$$= \sum \Lambda$$

Mit

$$\Lambda_{12} = \int_{(1)}^{(2)} c \cdot \cos\underset{\substack{\uparrow\\0^\circ}}{\alpha} \cdot ds = c \cdot \int_0^a ds = c \cdot s\Big|_0^a = c \cdot a$$

$$\Lambda_{23} = \int_{(2)}^{(3)} c \cdot \cos\alpha \cdot ds = c \cdot \int_0^b \cos\underset{\substack{\uparrow\\90^\circ}}{\alpha} \cdot ds = 0$$

$$\Lambda_{34} = \int_{(3)}^{(4)} c \cdot \cos\underset{\substack{\uparrow\\180^\circ}}{\alpha} \cdot ds = -c \cdot \int_0^a ds = -c \cdot a$$

$$\Lambda_{41} = \int_{(4)}^{(1)} c \cdot \cos\alpha \cdot ds = c \cdot \int_0^b \cos\underset{\substack{\uparrow\\90^\circ}}{\alpha} \cdot ds = 0$$

Also $\Gamma = \sum \Lambda = 0$.

Damit ist die Drehfreiheit, gekennzeichnet durch die Zirkulation $\Gamma = 0$, bewiesen. ◀

Bemerkung: Weitere Beispiele zeigen die Abb. 4.92 und 4.93 mit zugehörigen Berechnungen.

Eine *wirbelfreie Strömung* zeichnet sich somit dadurch aus, dass die Zirkulation längs jeder geschlossenen Kurve (eckiger oder gebogener Linienzug) um einen einfach zusammenhängenden Raum verschwindet, d. h. null wird.

Ein *einfach zusammenhängender Raum* ist dadurch gekennzeichnet, dass seine Umrandungslinie nur das gleiche Fluid mit definiertem stetigem Geschwindigkeitszustand umschließt, also keine Singularitäten oder Festkörper enthält. Möglich wäre deshalb, entsprechend einer Zugkordel von Beuteln, die Linie auf einen Punkt des von ihr eingeschlossenen Bereiches zusammenzuziehen, ohne das definierte Geschwindigkeitsgebiet zu verlassen.

Gegensätzlich hierzu steht z. B. die Strömung um einen Kreiszylinder (Potenzialwirbel), bei der geschlossene Linien festgelegt werden können, die außer Fluid auch den Zylinder umschließen (Abb. 4.92). Diese sind dann nicht einfach, sondern *mehrfach zusammenhängend*.

Aus (4.234) folgt die wichtige Feststellung:

► In einem einfach zusammenhängenden Raum, in dem überall Potenzialströmung herrscht, ist die Zirkulation längs jeder geschlossenen Linie immer gleich null.

Wie sich bei Betrachtung des Potenzialwirbels (Abschn. 4.2.8.1.4) zeigen wird, ist die Einschränkung, dass die geschlossene Linie einen einfach zusammenhängenden Raum umschließen muss, notwendig, wenn das Geschwindigkeitspotenzial in diesem Bereich eindeutig und endlich sein soll. Bei mehrfach zusammenhängenden Räumen, wie z. B. beim Potenzialwirbel möglich, ist das Potenzial Φ mehrdeutig. Das Ringintegral nach (4.232), also die Zirkulation Γ um den mehrfach zusammenhängenden Raum, führt dann zu einem Wert, der ungleich null ist. Nach dem Umlauf um die betreffende Linie ergibt sich demnach nicht wieder der gleiche Wert für Φ wie zu Anfang. Für solche Bereiche gilt der obige Satz nicht.

Die **Zirkulation** $\boldsymbol{\Gamma}$ ist ein sehr wichtiger Begriff der Fluidmechanik. Sie ermöglicht die Kennzeichnung, ob ein Gebiet Wirbel enthält oder nicht und ist ein Maß für die Wirbelstärke.

Zusammenfassend gilt:

1. Ist die Zirkulation in einem *ein-* oder *mehrfach zusammenhängenden Raum* null, liegt eine *Potenzialströmung* vor.
2. Ist die Zirkulation in einem *ein-* oder *mehrfach zusammenhängenden Raum* ungleich null, handelt es sich um eine *Wirbelbewegung*.
3. Ist die Zirkulation in einem *mehrfach zusammenhängenden Raum* nicht null, handelt es sich entweder um eine *Wirbelströmung* oder um eine *Potenzialströmung* mit *Singularitäten* (eine oder mehrere), d. h. mit Wirbelbereichen von meist kleiner Ausdehnung.

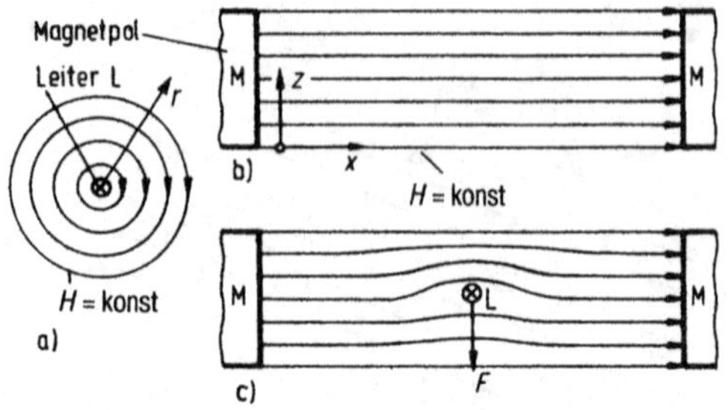

Abb. 4.78 Magnetische Felder, je mit Feldstärke H:
a) Stromdurchflossener elektrischer Leiter. Stromfluss I senkrecht auf die Bildebene zu (⊗-Zeichen)
b) Permanent-Magnetfeld
c) Überlagerung von a) und b)
Stromleiter L von Länge b senkrecht zur Bildebene

4.2.2.3 Vergleich von Strömungsfeld mit elektromagnetischem Feld

Jede bewegte Elektrizitätsmenge (Strom I) hat in ihrer Umgebung (Feld) magnetische Wirkungen zur Folge. Die Kraft (Anziehung oder Abstoßung), die auf einen Magnetpol an einer Stelle dieses Feldes wirkt, ist proportional zur magnetischen Feldstärke H.

Magnetische Feldstärke H und elektrische Stromstärke I sind über das **Durchflutungsgesetz** von MAXWELL verbunden.

$$I = \oint \vec{H} \cdot d\vec{s} = \oint H \cdot \cos\alpha \cdot ds = \oint H_s \cdot ds \tag{4.235}$$

$d\vec{s}$ ist dabei wieder die infinitesimale Bogenlänge auf einer beliebigen Kurve, die den Stromleiter ganz umschließt.

Wie der Vergleich zeigt, hat dieses Gesetz den gleichen Aufbau wie die Beziehung für die Zirkulation Γ, (4.232). Es besteht somit auch hier (vgl. Abschn. 4.1.1.3.5) Verwandtschaft zwischen Fluid- und Stromfluss. Der elektrische Strom I entspricht der Zirkulation Γ, die Feldstärke $\vec{H}$ der Strömungsgeschwindigkeit $\vec{c}$.

Für einen geradlinigen stromdurchflossenen Leiter ergibt (4.235) die Feldstärke zu:

$$H = \frac{I}{2 \cdot r \cdot \pi} \tag{4.236}$$

Die Feldlinien verlaufen als konzentrische Kreise (Radius r) um den Leiter, Abb. 4.78a, wie die Linien gleicher Geschwindigkeit im Feld eines Wirbelfadens (Potenzialwirbel, Abb. 4.89).

Nach (4.266) ist die Strömungsgeschwindigkeit c analog zur magnetischen Feldstärke H gemäß (4.236):

$$c = \frac{\Gamma}{2 \cdot r \cdot \pi} \tag{4.237}$$

Zwischen den Polen des ebenen Permanentenmagneten in Abb. 4.78b ist die magnetische Feldstärke $H = H_x =$ konst und $H_y = H_z = 0$. Die Feldlinien, die den Stromlinien der Fluidströmung entsprechen, sind Parallelen zur x-Achse. Wird ein stromführender Leiter in das Magnetfeld gebracht, werden die Feldlinien, wie in Abb. 4.78c skizziert, abgelenkt. Die Abbildung entspricht dem fluiddynamischen Stromlinienverlauf eines parallel angeblasenen Kreiszylinders mit Zirkulation (Abb. 4.97), der in Abschn. 4.2.8.3.2 behandelt wird.

Der stromdurchflossene Leiter L erfährt im homogenen Magnetfeld eine Kraft F, die senkrecht zur Feldstärke H_x gerichtet ist. Ihre Wirkungsrichtung ist jedoch entgegengesetzt zu der des fluiddynamischen Auftriebes F_A (Querkraft) bei der Umströmung mit Zirkulation nach Abb. 4.98.

Die Kraft F im Magnetfeld von Abb. 4.78c beträgt mit dem Induktionsfaktor μ_0 (magnetische Feldkonstante) und der Leiterlänge b gemäß MAXWELLschem Induktionsgesetz:

$$F = \mu_0 \cdot H_x \cdot I \cdot b$$

Die Beziehung entspricht der Quertriebsgleichung von KUTTA-JOUKOWSKY, (4.278) und Abschn. 4.2.9.2:

$$F_{\mathrm{A}} = \varrho \cdot \Gamma \cdot c_{\infty} \cdot b$$

Wird der in Abb. 4.78 durch einen Metalldraht gebildete, anfänglich stromlose Leiter L entgegengesetzt zur Richtung der Kraft F bewegt, fließt in ihm der Strom I (Induktionsgesetz). Nach diesem Prinzip sind die Elektrogeneratoren gebaut. Der gleiche Effekt tritt auch dann ein, wenn kein metallischer Draht, sondern ein elektrisch leitendes Fluid, z. B. Plasma, der Kraft F entgegengerichtet durch das Magnetfeld fließt. Dann kann an den Wänden des Strömungskanals ein elektrischer Strom I abgeführt werden. Nach diesem Prinzip arbeiten die Magnetohydrogeneratoren.

Das Zusammenwirken von strömendem Medium, elektrischem Strom und magnetischem Feld wird als **Magnetohydrodynamik** (MHD) bezeichnet, die technische Anwendung als **MHD-Technik**.

4.2.3 Satz von Thomson

Nach THOMSON[19] gilt:

► In einem idealen homogenen Medium ist die Zirkulation Γ längs jeder geschlossenen **„flüssigen" Linie** zeitlich konstant, sofern auf das Fluid nur Kräfte wirken, die sich von einem Potenzial ableiten lassen, also konservative Kräfte, was in der Regel Massenkräfte sind (Abschn. 2.2.7).

Hierbei bedeuten:

1. Ein *homogenes Medium* ist ein Fluid, dessen Dichte entweder konstant (inkompressibles, d. h. raumbeständiges Fluid) oder eine Funktion des Druckes und der Temperatur ist (Gas) oder lediglich eine Funktion des Druckes, sog. barotrope[20] Strömung bzw. Schichtung.
2. Eine *flüssige Linie* ist eine Linie, die sich so mit dem homogenen Medium mitbewegt (mitschwimmt), dass sie immer von den gleichen Fluidteilchen gebildet wird.

Nach dem THOMSON-Satz muss beispielsweise in einer Parallelströmung, oder der Strömung einer idealen homogenen Flüssigkeit, die aus der Ruhe heraus entstanden ist, die Zirkulation längs jeder geschlossenen flüssigen Linie null sein (Abb. 4.77), da sie zu Beginn null war. Solche Strömungen sind Potenzialströmungen.

Jede Strömung, die anfangs wirbelfrei war, muss demnach in ihrem weiteren zeitlichen Verlauf wirbelfrei bleiben, da sich nach THOMSON die Gesamtzirkulation nicht ändern kann. Werden in einer solchen Strömung durch besondere Störungen dennoch Wirbel gebildet, entstehen paarweise gegenläufige Wirbel, sog. Gegenwirbel (Wirbelstraße, Anfahrwirbel), z. B. Abb. 3.28, sodass die resultierende Zirkulation, d. h. die Gesamtzirkulation null bleibt.

Beweis des THOMSONschen Satzes
Nach THOMSON gilt:

$$\frac{\mathrm{d}\Gamma}{\mathrm{d}t} = 0, \quad \text{da } \Gamma = \text{konst sein muss!}$$

Die zeitliche Änderung der Zirkulation ergibt sich am einfachsten durch differenzieren von (4.233):

$$\frac{\mathrm{d}\Gamma}{\mathrm{d}t} = \frac{\mathrm{d}}{\mathrm{d}t}\left[\oint (c_x \cdot \mathrm{d}x + c_y \cdot \mathrm{d}y + c_z \cdot \mathrm{d}z)\right]$$

Die Ableitung des Ringintegrales nach der Zeit bedeutet: Das die Zirkulation definierende Integral um die geschlossene flüssige Linie zur Zeit t von der gleichen Integralbildung zur Zeit $t + \mathrm{d}t$ abgezogen und die sich ergebende Differenz durch die infinitesimale Zeit $\mathrm{d}t$ dividiert. Da beide Integrationen bei jeweils festgehaltenen Zeiten (bei t und $t + \mathrm{d}t$) vorgenommen werden, sind Differenziation und Integration in der Reihenfolge vertauschbar (stetige Funktion), weshalb gilt:

$$\begin{aligned}\frac{\mathrm{d}\Gamma}{\mathrm{d}t} &= \oint \left[\frac{\mathrm{d}}{\mathrm{d}t}(c_x \cdot \mathrm{d}x + c_y \cdot \mathrm{d}y + c_z \cdot \mathrm{d}z)\right] \\ &= \oint \left[\frac{\mathrm{d}}{\mathrm{d}t}(c_x \cdot \mathrm{d}x) + \frac{\mathrm{d}}{\mathrm{d}t}(c_y \cdot \mathrm{d}y) + \frac{\mathrm{d}}{\mathrm{d}t}(c_z \cdot \mathrm{d}z)\right]\end{aligned}$$

[19] THOMSON, W. (1824 bis 1907), schottischer Physiker, geadelt zu LORD KELVIN.
[20] barys (gr.) ... schwer.

Hierbei nach Produktregel mit $\mathrm{d}x/\mathrm{d}t = c_x$:

$$\begin{aligned}\frac{\mathrm{d}}{\mathrm{d}t}(c_x \cdot \mathrm{d}x) &= \frac{\mathrm{d}c_x}{\mathrm{d}t} \cdot \mathrm{d}x + c_x \cdot \frac{\mathrm{d}}{\mathrm{d}t}(\mathrm{d}x) \\ &= \dot{c}_x \cdot \mathrm{d}x + c_x \cdot \mathrm{d}\left(\frac{\mathrm{d}x}{\mathrm{d}t}\right)\end{aligned}$$

Nach (4.223)

$$\dot{c}_x = \frac{1}{\varrho} \cdot \left(f_x - \frac{\partial p}{\partial x}\right) \quad \text{und}$$

$$c_x \cdot \mathrm{d}\left(\frac{\mathrm{d}x}{\mathrm{d}t}\right) = c_x \cdot \mathrm{d}c_x = \mathrm{d}\left(\frac{c_x^2}{2}\right)$$

Eingesetzt, liefert:

$$\frac{\mathrm{d}}{\mathrm{d}t}(c_x \cdot \mathrm{d}x) = \frac{1}{\varrho} \cdot \left(f_x - \frac{\partial p}{\partial x}\right) \cdot \mathrm{d}x + \mathrm{d}\left(\frac{c_x^2}{2}\right)$$

Entsprechend ergibt sich:

$$\frac{\mathrm{d}}{\mathrm{d}t}(c_y \cdot \mathrm{d}y) = \frac{1}{\varrho} \cdot \left(f_y - \frac{\partial p}{\partial y}\right) \cdot \mathrm{d}y + \mathrm{d}\left(\frac{c_y^2}{2}\right)$$

$$\frac{\mathrm{d}}{\mathrm{d}t}(c_z \cdot \mathrm{d}z) = \frac{1}{\varrho} \cdot \left(f_z - \frac{\partial p}{\partial z}\right) \cdot \mathrm{d}z + \mathrm{d}\left(\frac{c_z^2}{2}\right)$$

Damit wird:

$$\begin{aligned}\frac{\mathrm{d}\Gamma}{\mathrm{d}t} = \oint \Bigg[&\frac{1}{\varrho}(f_x \cdot \mathrm{d}x + f_y \cdot \mathrm{d}y + f_z \cdot \mathrm{d}z) \\ &- \frac{1}{\varrho}\left(\frac{\partial p}{\partial x} \cdot \mathrm{d}x + \frac{\partial p}{\partial y} \cdot \mathrm{d}y + \frac{\partial p}{\partial z} \cdot \mathrm{d}z\right) \\ &+ \mathrm{d}\left(\frac{c_x^2}{2}\right) + \mathrm{d}\left(\frac{c_y^2}{2}\right) + \mathrm{d}\left(\frac{c_z^2}{2}\right)\Bigg]\end{aligned}$$

In dieser Gleichung sind weiterhin (2.34):

$$\begin{aligned}&\frac{1}{\varrho}(f_x \cdot \mathrm{d}x + f_y \cdot \mathrm{d}y + f_z \cdot \mathrm{d}z) \\ &= -\left(\frac{\partial U}{\partial x}\mathrm{d}x + \frac{\partial U}{\partial y}\mathrm{d}y + \frac{\partial U}{\partial z}\mathrm{d}z\right) = -\mathrm{d}U\end{aligned}$$

$$\frac{1}{\varrho}\left(\frac{\partial p}{\partial x}\mathrm{d}x + \frac{\partial p}{\partial y}\mathrm{d}y + \frac{\partial p}{\partial z}\mathrm{d}z\right) = \frac{1}{\varrho} \cdot \mathrm{d}p$$

$$\begin{aligned}&\mathrm{d}\left(\frac{c_x^2}{2}\right) + \mathrm{d}\left(\frac{c_y^2}{2}\right) + \mathrm{d}\left(\frac{c_z^2}{2}\right) \\ &= \frac{1}{2} \cdot \mathrm{d}\left(c_x^2 + c_y^2 + c_z^2\right) = \frac{1}{2} \cdot \mathrm{d}c^2 = \mathrm{d}\left(\frac{c^2}{2}\right)\end{aligned}$$

Eingesetzt führt zu

$$\frac{\mathrm{d}\Gamma}{\mathrm{d}t} = \oint \left[-\mathrm{d}U - \frac{1}{\varrho} \cdot \mathrm{d}p + \mathrm{d}\left(\frac{c^2}{2}\right)\right]$$

mit Kreisintegraldarstellung: $\oint = \int\limits_{(A)}^{(\mathrm{A})}$

$$\dot{\Gamma} = \int\limits_{(A)}^{(\mathrm{A})} \left[-\mathrm{d}U - \frac{1}{\varrho} \cdot \mathrm{d}p + \mathrm{d}\left(\frac{c^2}{2}\right)\right]$$

$$\dot{\Gamma} = \frac{\mathrm{d}\Gamma}{\mathrm{d}t} = \left[-U - \frac{p}{\varrho} + \frac{c^2}{2}\right] \Bigg|_{(A)}^{(\mathrm{A})}$$

Unter den der Ableitung zugrundegelegten Voraussetzungen (U, ϱ, p, c sind eindeutige Funktionen von x, y, z) ergibt sich für den Zirkulationsstrom $\dot{\Gamma}$ (zeitliche Änderung der Zirkulation) längs einer geschlossenen flüssigen Linie durch Einsetzen der Integrationsgrenzen. Integration bei Stelle A – zugehörige Werte U_{A}, ϱ_{A}, p_{A}, c_{A} – beginnend entlang des geschlossenen Linienzuges als Integrationsweg bis zum Ausgangspunkt A zurück. Die eckige Klammer des vorhergehenden Ausdruckes hat deshalb an oberer und unterer Grenze, welche ja dieselben sind, den gleichen Wert und deren Differenz ist daher zwangsläufig null.

$$\dot{\Gamma} = \frac{\mathrm{d}\Gamma}{\mathrm{d}t} = 0 \quad \text{also } \Gamma = \text{konst}$$

Damit ist der THOMSON-Satz bewiesen.

Ergänzung: Wegen Stetigkeit der Vorgänge gilt:

$$\frac{\mathrm{d}}{\mathrm{d}t}(\mathrm{d}x) = \mathrm{d}\left(\frac{\mathrm{d}x}{\mathrm{d}t}\right) = \mathrm{d}(c_x) = \mathrm{d}c_x$$

Bei den anderen Koordinaten-Richtungen y und z entsprechend.

4.2.4 Integralsatz von Stokes

Der STOKESsche Integralsatz gibt den Zusammenhang zwischen der Zirkulation längs einer

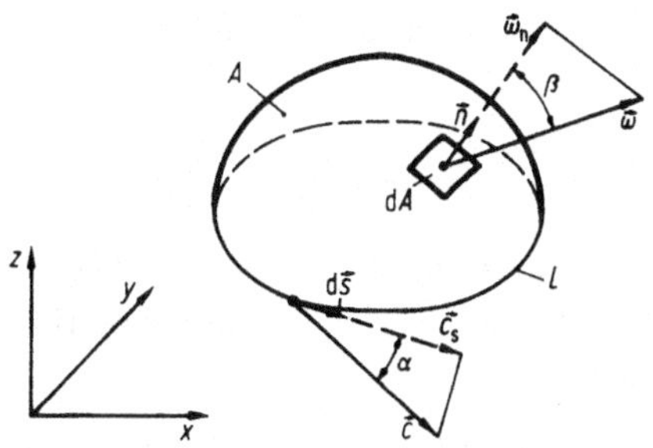

Abb. 4.79 Bildliche Darstellung der Zusammenhänge des Integralsatzes nach STOKES

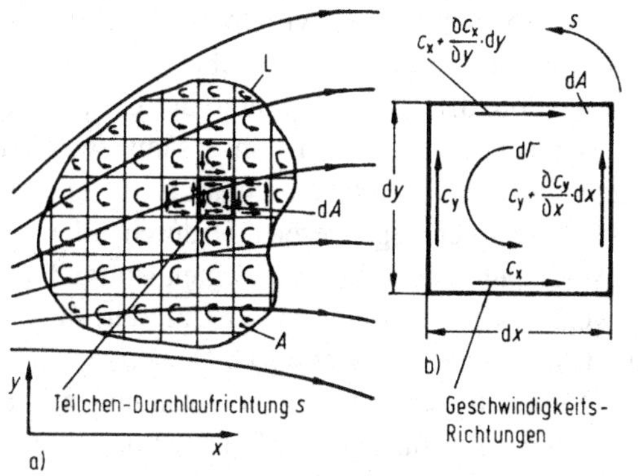

Abb. 4.80 Integralsatz nach STOKES, angewendet auf ein ebenes Strömungsfeld, Fläche A:
a) Strömungsfeld, aufgeteilt in Flächenelemente dA.
b) Rechteck-Fluidteilchen dA = d$x \cdot$ dy mit Inkrementen dx und dy

geschlossenen Linie (Länge L) und der innerhalb des dadurch abgegrenzten Gebietes (Fläche A) vorhandenen Wirbelung (Drehung) der Fluidteilchen. Der STOKESsche Satz wird auch als 2. Integralsatz der Feldtheorie bezeichnet. Dieser wichtige Zirkulationssatz lautet in allgemeiner Form:

$$\boldsymbol{\Gamma = \int_{(A)} \text{rot}\,\vec{c} \cdot \text{d}\vec{A}} \tag{4.238}$$

Die Zirkulation gemäß (4.232) über geschlossener Länge L (Abb. 4.79)

$$\Gamma = \oint_{(L)} \vec{c} \cdot \text{d}\vec{s} = \int_{(A)} \text{rot}\,\vec{c} \cdot \text{d}\vec{A} \tag{4.238a}$$

umgeschrieben mit (3.22) ergibt den Aufbau:

$$\Gamma = \int_{(A)} 2 \cdot \vec{\omega} \cdot \text{d}\vec{A} = \int_{(A)} 2 \cdot \vec{\omega} \cdot \vec{n} \cdot \text{d}A$$
$$= \int_{(A)} 2 \cdot \omega \cdot \cos\beta \cdot \text{d}A$$

Wird die Definition der Zirkulation Γ nach (4.232) eingeführt, folgt für den STOKESschen Satz die Form:

$$\Gamma \equiv \oint_{(L)} c \cdot \cos\alpha \cdot \text{d}s = \int_{(A)} 2 \cdot \omega \cdot \cos\beta \cdot \text{d}A \quad \text{oder}$$

$$\Gamma \equiv \oint_{(L)} c_s \cdot \text{d}s = \int_{(A)} 2 \cdot \omega_n \cdot \text{d}A \tag{4.239}$$

Hierbei bedeuten: A eine beliebige, von der geschlossenen Linie L umrandeten (begrenzte) Fläche; $\vec{n}$ den Einheitsvektor, der zur Infinitesimaloberfläche dA normal nach außen gerichtet ist; β den Raumwinkel zwischen Wirbelvektor $\vec{\omega}$ und Normaleneinheitsvektor $\vec{n}$; Abb. 4.79.

Für das ebene Strömungsfeld lässt sich der allgemein gültige Integralsatz von STOKES sehr einfach verifizieren, Abb. 4.80:

Entlang der Berandung des Flächenelementes dA nach Abb. 4.80b ist die Zirkulation:

$$\text{d}\Gamma = c_x \cdot \text{d}x + \left(c_y + \frac{\partial c_y}{\partial x} \cdot \text{d}x\right) \cdot \text{d}y$$
$$- \left(c_x + \frac{\partial c_x}{\partial y} \cdot \text{d}y\right) \cdot \text{d}x - c_y \cdot \text{d}y$$
$$\text{d}\Gamma = \left(\frac{\partial c_y}{\partial x} - \frac{\partial c_x}{\partial y}\right) \cdot \text{d}x \cdot \text{d}y$$
$$= \left(\frac{\partial c_y}{\partial x} - \frac{\partial c_x}{\partial y}\right) \text{d}A$$

Hierbei Minuszeichen immer dort, wo Wegrichtung beim Teilchen-Durchlauf entgegengesetzt zur Geschwindigkeitsrichtung, also da hier $\alpha = 180°$ beträgt $\cos\alpha = -1$. Hinweis auch auf Abschn. 4.2.2.2.

Der Vergleich mit (3.19) ergibt:

$$\text{d}\Gamma = 2 \cdot \omega_z \cdot \text{d}A$$

Die Integration über die Fläche A mit $\omega_z \equiv \omega_n$

$$\Gamma = \int_{(A)} \text{d}\Gamma = \int_{(A)} 2 \cdot \omega_z \cdot \text{d}A = 2 \cdot \int_{(A)} \omega_n \cdot \text{d}A$$

bestätigt den Zirkulationssatz von STOKES!

Wie Abb. 4.80a zeigt, wird im Inneren des von der Kurve L umschlossenen Gebietes A bei der Summation, d. h. der Integration, die Berandung jedes Flächenelementes $\mathrm{d}A$ insgesamt zweimal durchlaufen. Der zweite Durchlauf ist dabei dem ersten jeweils entgegengesetzt. Dadurch fallen alle Anteile im Innern der festgelegten Umrandung L weg. Übrig bleibt nur die zur Umgrenzungslinie L gehörende Zirkulation Γ. Der *Integralsatz von* Stokes ist damit für ebene Strömungen und verallgemeinert für Raumströmungen bestätigt.

Die Zirkulation ist deshalb, wie bereits erwähnt, ein Maß für die Drehung der Strömung in dem vom Integrationsweg umschlossenen Bereich.

Merkhilfe für den STOKES-Satz:

SKF ... **S**tokes, **K**urve, **F**läche oder
STOKES: Zusammenhang von Kurve mit Fläche.

4.2.5 Potenzial- und Stromfunktion

Für *ebene, quellen-* und *senkenfreie Strömungen* (Abschn. 4.2.8) hat die differenzielle Kontinuitätsgleichung nach Abschn. 3.2.3.2 die Form:

$$\frac{\partial c_x}{\partial x} + \frac{\partial c_y}{\partial y} = 0 \qquad (4.240)$$

Wie in Abschn. 3.2.3 durchgeführt, lässt sich diese Gleichung für ideale Strömungen mit Hilfe des **Strömungs-** oder **Geschwindigkeitspotenzials** $\Phi(x, y)$, kurz auch als Potenzialfunktion bezeichnet, da dann gilt,

$$c_x = \frac{\partial \Phi}{\partial x} \quad \text{und} \quad c_y = \frac{\partial \Phi}{\partial y} \qquad (4.241)$$

umschreiben in die LAPLACE-Form:

$$\frac{\partial^2 \Phi}{\partial x^2} + \frac{\partial^2 \Phi}{\partial y^2} = 0$$

$$\boldsymbol{\Delta \Phi = 0} \qquad (4.242)$$

Die Kontinuitätsgleichung (4.240) wird jedoch andererseits auch durch eine weitere wichtige Funktion $\Psi(x, y)$ erfüllt, für die gilt:

$$c_x = \frac{\partial \Psi}{\partial y} \quad \text{und} \quad c_y = -\frac{\partial \Psi}{\partial x} \qquad (4.243)$$

Nach Einsetzen in die Kontinuitätsbedingung, (4.240), bestätigt sich sofort, dass diese Behauptung richtig ist:

$$\frac{\partial}{\partial x}\left(\frac{\partial \Psi}{\partial y}\right) + \frac{\partial}{\partial y}\left(-\frac{\partial \Psi}{\partial x}\right) \stackrel{!}{=} 0$$

($\stackrel{!}{=}$ bedeutet „notwendig“)

$$\frac{\partial^2 \Psi}{\partial x \partial y} - \frac{\partial^2 \Psi}{\partial y \partial x} = 0$$

(Die Gleichung ist erfüllt.)

Hinweis: Differenziationsfolge wieder vertauschbar, da stetige Funktion: Differenziation nach $\mathrm{d}x \cdot \mathrm{d}y$ führt also zum gleichen Ergebnis wie nach $\mathrm{d}y \cdot \mathrm{d}x$ (umgekehrte Reihenfolge).

Die zunächst noch unbekannte Funktion Ψ der Ortskoordinaten x und y wird als **Stromfunktion** bezeichnet und ist **nur bei ebenen**, d. h. zweidimensionalen Strömungen – entsprechend der Herleitung aus (4.240) – definiert.

Die Ausdrücke von (4.243) in die Bedingung für die Wirbelbewegung (Winkelgeschwindigkeit) nach (3.19)

$$\omega_z = \frac{1}{2}\left(\frac{\partial c_y}{\partial x} - \frac{\partial c_x}{\partial y}\right)$$

eingesetzt, ergibt:

$$2 \cdot \omega_z = \frac{\partial}{\partial x}\left(-\frac{\partial \Psi}{\partial x}\right) - \frac{\partial}{\partial y}\left(\frac{\partial \Psi}{\partial y}\right)$$

$$= -\left(\frac{\partial^2 \Psi}{\partial x^2} + \frac{\partial^2 \Psi}{\partial y^2}\right) = -\Delta \Psi$$

$$-2 \cdot \omega_z = \Delta \Psi \quad \text{oder} \quad \boldsymbol{\omega_z = -\frac{1}{2}\Delta \Psi} \qquad (4.244)$$

Diese Beziehung ist vom Typ der POISSONschen Differenzialgleichung $\Delta \Psi = f(x, y, t)$, die nicht-quellfreie Strömungen beschreibt.

Die POISSON-Gleichung unterscheidet sich von der LAPLACE-Gleichung, (4.242), die für

Quellfreiheit gilt, durch die auf der rechten Gleichungsseite stehende, von null verschiedene Funktion $f(x, y, t)$, dem sog. **Diffusionsterm**, welche(r) die Quell-(Senk-) Dichte beschreibt (Abschn. 3.2.3.2).

Bei *Wirbelfreiheit* (Potenzialströmung) muss dagegen wegen $\omega_z = 0$ erfüllt sein:

$$\boldsymbol{\Delta\Psi = 0} \tag{4.245}$$

Demnach muss auch die Stromfunktion $\Psi(x, y)$ der LAPLACEschen Gleichung genügen.

Außerdem liefert der Vergleich der Beziehungen (4.241) und (4.243) die sog. **CAUCHY-RIEMANNschen Differenzialgleichungen:**

$$\frac{\partial \Phi}{\partial x} = \frac{\partial \Psi}{\partial y} \quad \text{und} \quad \frac{\partial \Phi}{\partial y} = -\frac{\partial \Psi}{\partial x} \tag{4.246}$$

Diese Beziehungen sind für die mathematische Behandlung der *ebenen* Potenzialströmungen grundlegend wichtig.

Um festzustellen, welcher Zusammenhang zwischen **Potenzialfunktion Φ** und **Stromfunktion Ψ** der Geschwindigkeit, d. h. Strömung, besteht, sowie welche physikalische Bedeutung diesen beiden Funktionen zukommt, werden deren totale Differenziale gebildet:

Potenzialfunktion Φ (Strömungspotenzial)

Nach Beziehung (4.231b) mit Abb. 4.75 und 4.87 gilt für das Strömungs- oder Geschwindigkeitspotenzial, wobei Weg t (nicht Zeit) tangential zu c:

$$\mathrm{d}\Phi = c \cdot \mathrm{d}t \tag{4.247}$$

Oder totales Differenzial und mit (4.241):

$$\mathrm{d}\Phi = \frac{\partial \Phi}{\partial x} \cdot \mathrm{d}x + \frac{\partial \Phi}{\partial y} \cdot \mathrm{d}y = c_x \cdot \mathrm{d}x + c_y \cdot \mathrm{d}y \tag{4.247a}$$

Für die Kurven $\Phi =$ konst (also $\mathrm{d}\Phi = 0$), den sog. **Äquipotenziallinien**, gilt dann:

$$0 = c_x \cdot \mathrm{d}x + c_y \cdot \mathrm{d}y$$

Hieraus (Abb. 4.81):

$$\frac{\mathrm{d}y}{\mathrm{d}x} = -\frac{c_x}{c_y} = -\frac{c \cdot \cos\alpha}{c \cdot \sin\alpha} = -\frac{1}{\tan\alpha} \tag{4.247b}$$

Stromfunktion Ψ

Nach (4.231c) mit Abb. 4.75 und 4.87 wobei Weg n normal zur Strömungsgeschwindigkeit c:

$$\mathrm{d}\Psi = c \cdot \mathrm{d}n \tag{4.248}$$

Oder gemäß (4.247a) mit Beziehung (4.241):

$$\mathrm{d}\Psi = \frac{\partial \Psi}{\partial x} \cdot \mathrm{d}x + \frac{\partial \Psi}{\partial y} \cdot \mathrm{d}y = -c_y \cdot \mathrm{d}x + c_x \cdot \mathrm{d}y \tag{4.248a}$$

Für die Kurven $\Psi =$ konst, d. h. $\mathrm{d}\Psi = 0$, wird:

$$0 = -c_y \cdot \mathrm{d}x + x_x \cdot \mathrm{d}y$$

Umgestellt:

$$\frac{\mathrm{d}y}{\mathrm{d}x} = \frac{c_y}{c_x} = \frac{c \cdot \sin\alpha}{c \cdot \cos\alpha} = \tan\alpha \tag{4.248b}$$

Gleichung (4.248b) ergibt, dass die Kurven $\Psi =$ konst jeweils in jedem Punkt mit der Richtung der Geschwindigkeit übereinstimmen. Dies ist jedoch die Bedingung der *Stromlinien*. Hieraus folgt: Die Stromlinien sind die Kurven mit $\Psi =$ konst (Abb. 4.81).

Nach (4.247b) ist zudem die Steigung der *Äquipotenziallinien* (*Kurven*) der negative Kehrwert der Steigung der Stromlinien, (4.248b). Dies ist jedoch die mathematische Bedingung (analytische Geometrie) für senkrechte Schnittwinkel zweier Kurven. Das bedeutet:

► Innerhalb des gesamten ebenen Strömungsfeldes bilden Stromlinien und Äquipotenziallinien zwei Scharen sich rechtwinklig schneidender Kurven (Rechtecknetz).

  Außerdem ist der Volumenstrom zwischen zwei benachbarten Stromlinien für die dazu senkrechte Strömungstiefe eins gleich der Differenz der Stromfunktionswerte dieser beiden Stromlinien (Abschn. 4.2.2.1).

Die Zusammenhänge sind in Abb. 4.81 zusammenfassend dargestellt.

Ergänzung: Der Zusammenhang zwischen Geschwindigkeit c und Stromfunktion Ψ lässt sich mit Hilfe von Abb. 4.82 einfach darstellen.

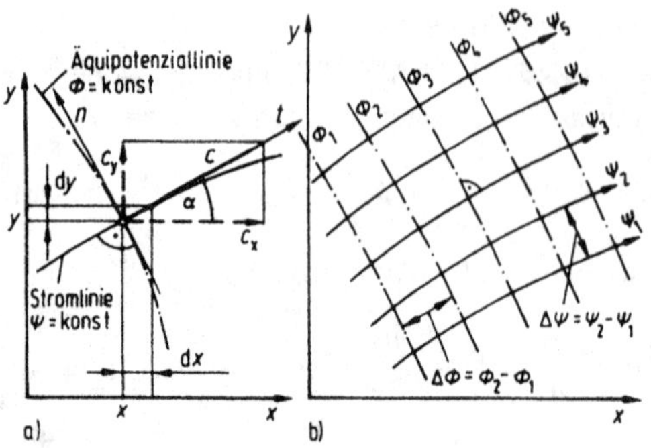

Abb. 4.81 Zusammenhang zwischen Potenzialfunktion Φ und Stromfunktion Ψ. $\mathrm{d}\Phi = c \cdot \mathrm{d}t$; $\mathrm{d}\Psi = c \cdot \mathrm{d}n$. Koordinate t (tangential) in Strömungsrichtung und n normal (senkrecht) dazu. Hinweis auf Abb. 4.87:
a) Äquipotenziallinie (Φ = konst) und Stromlinie (Ψ = konst)
b) Rechtwinkliges Kurvennetz der Funktionen Φ = konst und Ψ = konst

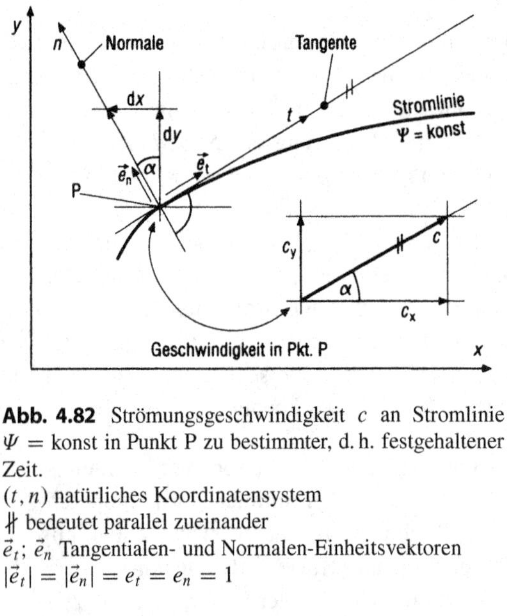

Abb. 4.82 Strömungsgeschwindigkeit c an Stromlinie Ψ = konst in Punkt P zu bestimmter, d. h. festgehaltener Zeit.
(t, n) natürliches Koordinatensystem
$\nparallel$ bedeutet parallel zueinander
$\vec{e}_t$; $\vec{e}_n$ Tangentialen- und Normalen-Einheitsvektoren
$|\vec{e}_t| = |\vec{e}_n| = e_t = e_n = 1$

Die Stromfunktion ändert sich senkrecht (Normalenrichtung n) zur Stromlinie. Dann gilt mit (4.243) für jeden festgehaltenen Zeitpunkt das vollständige partielle Weg-Differenzial:

$$\frac{\partial\Psi}{\partial n} = \frac{\partial\Psi}{\partial x} \cdot \frac{\partial x}{\partial n} + \frac{\partial\Psi}{\partial y} \cdot \frac{\partial y}{\partial n}$$
$$= -c_y \cdot \frac{\partial x}{\partial n} + c_x \cdot \frac{\partial y}{\partial n}$$

Hierbei gemäß Abb. 4.82:

$$\sin\alpha = -\frac{\partial x}{\partial n} = \frac{c_y}{c}; \quad \cos\alpha = \frac{\partial y}{\partial n} = \frac{c_x}{c}$$

Eingesetzt, ergibt mit $c_x^2 + c_y^2 = c^2$:

$$\frac{\partial\Psi}{\partial n} = \frac{c_y^2}{c} + \frac{c_x^2}{c} = \frac{c_y^2 + c_x^2}{c} = c$$
$$\rightarrow \partial\Psi = c \cdot \partial n$$

Bei nichttransienter, also stationärer Strömung (nur Wegabhängigkeit) ist entsprechend:

$$\mathrm{d}\Psi = c \cdot \mathrm{d}n \qquad (4.248)$$

Die „Normalenableitung“ der Stromfunktion ergibt somit, wie zuvor verwendet, den Betrag der Strömungsgeschwindigkeit.

4.2.6 Komplexes Potenzial

In der GAUSSschen Ebene, Abb. 4.83, lassen sich Vektoren als komplexe Größen darstellen.

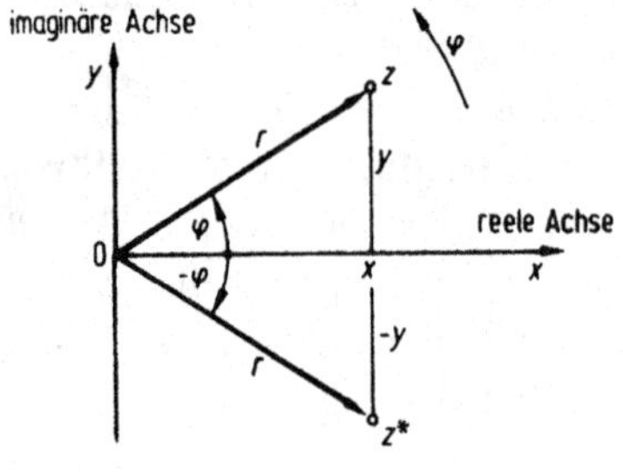

Abb. 4.83 Komplexe (GAUSSsche) Zahlen-Ebene

In der z-Ebene (komplexe Ebene) gilt:

- Komplexe Größe:

$$Z = x + \mathrm{i} \cdot y$$

- Konjugiert komplexe Größe:

$$z^* = x - \mathrm{i} \cdot y$$

- Betrag von z bzw. z^*:

$$r = |z| = |z^*| = \sqrt{x^2 + y^2}$$

- Argument von z ist: φ (Richtungswinkel zur x-Achse)

Mit $x = r \cdot \cos\varphi$; $y = r \cdot \sin\varphi$ und der EULER-Form $\mathrm{e}^{\pm\mathrm{i}\cdot\varphi} = \cos\varphi \pm \mathrm{i} \cdot \sin\varphi$ gelten:

$$z = r \cdot (\cos\varphi + \mathrm{i} \cdot \sin\varphi) = r \cdot \mathrm{e}^{\mathrm{i}\cdot\varphi}$$
$$z^* = r \cdot (\cos\varphi - \mathrm{i} \cdot \sin\varphi) = r \cdot \mathrm{e}^{-\mathrm{i}\cdot\varphi}$$

Eine komplexe Zahl z mit der Imaginärgröße $\mathrm{i} = \sqrt{-1}$ multipliziert und dabei beachtet, dass $\mathrm{i} = 1 \cdot \mathrm{e}^{\mathrm{i}\cdot\pi/2}$ im Sinne der GAUSS-Definition einen „Orts-Vektor" vom Betrage eins in der y-Richtung darstellt (also dem Argument $\pi/2$), liefert:

$$
\begin{aligned}
z \cdot \mathrm{i} &= r \cdot \mathrm{e}^{\mathrm{i}\cdot\varphi} \cdot 1 \cdot \mathrm{e}^{\mathrm{i}\cdot\pi/2} = r \cdot \mathrm{e}^{\mathrm{i}(\varphi+\pi/2)} \\
&= r[\cos(\varphi + \pi/2) + \mathrm{i} \cdot \sin(\varphi + \pi/2)]
\end{aligned}
$$

Die Multiplikation mit i ergibt somit eine Drehung des Vektors z um $\pi/2 \mathrel{\hat{=}} 90°$ in positiver Richtung (Gegenuhrzeiger) auf der komplexen Zahlenebene (z-Ebene).

Die CAUCHY-RIEMANNschen Differenzialgleichungen, (4.246), in Verbindung mit (4.241) und (4.243), welche die ideale, d. h. wirbelfreie ebene Strömung beschreiben, werden in der GAUSS-Ebene durch folgenden Ansatz, das sog. **komplexe Potenzial**, erfüllt:

$$\boldsymbol{X(z) = \Phi + \mathrm{i} \cdot \Psi} \qquad (4.249)$$

Hierbei ist $X(z)$ (großes griech. „Chi") eine analytische Funktion der komplexen Variablen $z = x + \mathrm{i}y$. Außerdem sollen das Strömungspotenzial $\Phi(x, y)$ und die Stromfunktion $\Psi(x, y)$ einschließlich ihrer partiellen Ableitungen nach x sowie y stetige reelle Funktionen von x und y sein. Die besondere Eigenschaft solcher analytischen Funktionen besteht darin, dass sie an jeder Stelle des betrachteten Bereiches differenzierbar sind.

Das bedeutet: Die Ableitung $\mathrm{d}X/\mathrm{d}z$ muss dann an jeder Stelle der z-Ebene (x, y-Ebene) einen von Betrag und Richtung des Elementes $\mathrm{d}z$ unabhängigen Wert haben. Das begründet sich darin, dass die Steigung der X-Kurve an jeder Stelle einen bestimmten Wert hat und deshalb unabhängig von der Größe des Elementes $\mathrm{d}z$ ist.

Entsprechend der komplexen Größe $z = x + \mathrm{i}y$, der in der z-Ebene ein Punkt zugeordnet ist, gehört zu der komplexen Größe X ebenfalls ein Punkt in der GAUSSschen X-Ebene. Die komplexe X-Ebene hat die reelle Φ-Achse und die imaginäre Ψ-Achse, Abb. 4.84.

Wenn $\mathrm{d}X/\mathrm{d}z$ von $\mathrm{d}z$ unabhängig sein soll, muss $\mathrm{d}X$, da $\mathrm{d}z$ von $\mathrm{d}x$ und $\mathrm{d}y$ bestimmt wird, auch unabhängig vom Verhältnis $\mathrm{d}x/\mathrm{d}y$ sein.

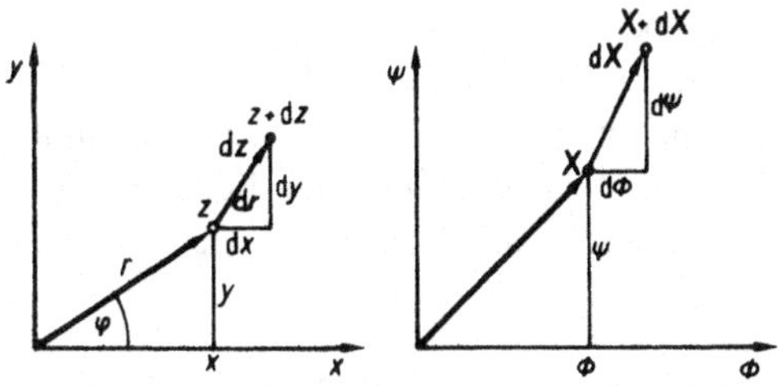

Abb. 4.84 Komplexe z- und X-Ebene

Die Ableitung $\mathrm{d}X/\mathrm{d}z$ ausgewertet, ergibt:

$$
\begin{aligned}
\frac{\mathrm{d}X}{\mathrm{d}z} &= \frac{\mathrm{d}\Phi + \mathrm{i}\cdot\mathrm{d}\Psi}{\mathrm{d}x + \mathrm{i}\cdot\mathrm{d}y} \\
&= \frac{\frac{\partial\Phi}{\partial x}\cdot\mathrm{d}x + \frac{\partial\Phi}{\partial y}\cdot\mathrm{d}y + \mathrm{i}\left(\frac{\partial\Psi}{\partial x}\cdot\mathrm{d}x + \frac{\partial\Psi}{\partial y}\cdot\mathrm{d}y\right)}{\mathrm{d}x + \mathrm{i}\cdot\mathrm{d}y}
\end{aligned}
$$

Umgeschrieben:

$$
\begin{aligned}
\frac{\mathrm{d}X}{\mathrm{d}z} &= \frac{\left(\frac{\partial\Phi}{\partial x} + \mathrm{i}\cdot\frac{\partial\Psi}{\partial x}\right)\cdot\mathrm{d}x}{\mathrm{d}x + \mathrm{i}\cdot\mathrm{d}y} \\
&\quad + \frac{\left(\frac{1}{\mathrm{i}}\cdot\frac{\partial\Phi}{\partial y} + \frac{\partial\Psi}{\partial y}\right)\cdot\mathrm{i}\cdot\mathrm{d}y}{\mathrm{d}x + \mathrm{i}\cdot\mathrm{d}y}
\end{aligned}
$$

Die Abhängigkeit von $\mathrm{d}x/\mathrm{d}y$ entfällt, wenn

$$\frac{\partial\Phi}{\partial x} + \mathrm{i}\cdot\frac{\partial\Psi}{\partial x} = \frac{1}{\mathrm{i}}\cdot\frac{\partial\Phi}{\partial y} + \frac{\partial\Psi}{\partial y} \qquad (4.250)$$

in den Zählern ist, da dann $\mathrm{d}x + \mathrm{i}\cdot\mathrm{d}y = \mathrm{d}z$ beim Zusammenfassen der Brüche herausfällt; es erscheint im gesamten Zähler und im Nenner. In diesem Fall wird somit, da $1/\mathrm{i} = \mathrm{i}/\mathrm{i}^2 = \mathrm{i}/(\sqrt{-1})^2 = -\mathrm{i}$:

$$\frac{\mathrm{d}X}{\mathrm{d}z} = \frac{\partial\Phi}{\partial x} + \mathrm{i}\cdot\frac{\partial\Psi}{\partial x} = \frac{\partial\Psi}{\partial y} - \mathrm{i}\cdot\frac{\partial\Phi}{\partial y} \qquad (4.250\mathrm{a})$$

Daher also (4.250a), wie gefordert, unabhängig vom differenziellen Verhältnis $\mathrm{d}x/\mathrm{d}y$.

Aus (4.250) folgt durch Koeffizientenvergleich (Real- u. Imaginärteile) direkt oder nach Multiplikation der gesamten Beziehung mit der imaginären Einheit i:

$$\frac{\partial\Phi}{\partial x} = \frac{\partial\Psi}{\partial y} \quad \text{und} \quad \frac{\partial\Phi}{\partial y} = -\frac{\partial\Psi}{\partial x}$$

Es ergeben sich wieder die CAUCHY-RIEMANNschen Differenzialgleichungen.

Damit ist bewiesen, dass Übereinstimmung mit der in (4.249), formulierten Behauptung besteht. Dieser Ansatz führt zu der wichtigen Feststellung:

► Bei einer ebenen *wirbelfreien* Strömung kann das Geschwindigkeitspotenzial Φ als Realteil und die Stromfunktion Ψ als Imaginärteil einer analytischen Funktion der kompletten Veränderlichen $z = x + \mathrm{i}\, y$ aufgefasst werden. Diese analytische Funktion nach (4.249) wird als **komplexes Strömungspotenzial** X bezeichnet.

Die Beziehungen nach (4.241) und (4.243) für die Geschwindigkeitskomponenten in die Ableitung des komplexen Strömungspotenzials X (4.250a) eingesetzt, ergibt:

$$\frac{\mathrm{d}X}{\mathrm{d}z} = c_x - \mathrm{i} \cdot c_y = \vec{c}^*$$

Hierbei ist $c^* = c^*(z)$ wieder eine analytische Funktion der komplexen Variablen z. Dabei ist der Vektor $\vec{c}$ die komplexe Geschwindigkeit und der Vektor $\vec{c}^*$ die dazugehörige konjugiert komplexe Geschwindigkeit der Strömung.

$$\vec{c} = c_x + \mathrm{i} \cdot c_y; \quad \vec{c}^* = c_x - \mathrm{i} \cdot c_y$$

Deshalb gilt:

$$|\vec{c}| = |\vec{c}^*| = \left|\frac{\mathrm{d}X}{\mathrm{d}z}\right| = \sqrt{c_x^2 + c_y^2} \qquad (4.250\text{b})$$

An jeder Stelle des betrachteten ebenen Strömungsfeldes kann demnach die Strömungsgeschwindigkeit c berechnet werden, wenn das komplexe Strömungspotenzial $X(z)$ bekannt ist.

Ergänzung: Analytische Funktionen

Gemäß Funktionentheorie, der Theorie der analytischen Funktionen, lautet die Definition der analytischen Funktionen:

Eine analytische Funktion ist eine differenzierbare Funktion einer einzigen komplexen Variablen. Dies ergibt ebene Funktionsklassen, welche die CAUCHY-RIEMANN-Differenzialgleichungen gemäß (4.246) erfüllen.

Zwei Beispiele für analytische Funktionen:

$$X = \mathrm{i} \cdot \ln z \quad \text{und} \quad X = z^2$$

Mit der komplexen Variablen (Abb. 4.83)

$$z = x + \mathrm{i} \cdot y = r \cdot \mathrm{e}^{\mathrm{i} \cdot \varphi} = r \cdot (\cos\varphi + \mathrm{i} \cdot \sin\varphi)$$

lassen sich analytische Funktionen umschreiben.

Für die Beispiele:

$$X = \mathrm{i} \cdot \ln z = \mathrm{i} \cdot \ln(r \cdot \mathrm{e}^{\mathrm{i} \cdot \varphi}) = \mathrm{i} \cdot (\mathrm{i} \cdot \varphi + \ln r)$$
$$= -\varphi + \mathrm{i} \cdot \ln r \quad \text{da } \mathrm{i}^2 = (\sqrt{-1})^2 = -1$$

Nach Vergleich mit (4.249) gilt dann hierzu:

$$\Phi(x,\, y) = -\varphi \quad \text{und} \quad \Psi(x,\, y) = \ln r$$

wobei $\varphi = \arctan(y/x)$ und $r = \sqrt{x^2 + y^2}$.

Entsprechend:

$$X = z^2 = (x + \mathrm{i} \cdot y)^2 = x^2 + 2 \cdot \mathrm{i} \cdot x \cdot y - y^2$$
$$= x^2 - y^2 + \mathrm{i} \cdot 2 \cdot x \cdot y$$

Also $\Phi(x,\, y) = x^2 - y^2$ und $\Psi(x,\, y) = 2 \cdot x \cdot y$.

Ergebnis: Bei analytischen Funktionen sind sowohl Realteil als auch Imaginärteil reelle Funktionen zweier reeller Variabler (4.249).

$$X(z) = \Phi(x,\, y) + \mathrm{i} \cdot \Psi(x,\, y)$$

Mit Hilfe der GAUSS-Ebene (Abb. 4.83) und

$$1/\mathrm{i} = \mathrm{i}/\mathrm{i}^2 = \mathrm{i}/(-1) = -\mathrm{i}$$

lassen sich ausdrücken: durch $z = x + \mathrm{i} \cdot y$ und $z^* = x - \mathrm{i} \cdot y$

- addiert:

$$(z + z^*) = 2 \cdot x \;\rightarrow\; x = (z + z^*)/2$$

- subtrahiert:

$$(z - z^*) = 2 \cdot \mathrm{i} \cdot y \;\rightarrow\; y = -\mathrm{i} \cdot (z - z^*)/2$$

Damit lässt sich jede analytische Funktion formal auch durch die beiden komplexen Variablen z und z^* – komplexe und konjugiert komplexe – darstellen, also allgemein $X = X(z, z^*)$. Nach Definition der analytischen Funktion muss jedoch $X = X(z)$ sein. Diese Bedingung kann nur erfüllt werden, wenn gilt:

$$(\partial X/\partial z^*)_z = 0$$

und zwar für jedes $z \rightarrow$ Index z.

Ausgewertet ergibt: Gemäß $z^* = f(x, y)$ ist das vollständige partielle Weg-Differenzial für $X(z^*)$ unter Verwenden der Kettenregel:

$$\frac{\partial X}{\partial z^*} = \frac{\partial X}{\partial x} \cdot \frac{\partial x}{\partial z^*} + \frac{\partial X}{\partial y} \cdot \frac{\partial y}{\partial z^*}$$

Mit

$$X = \Phi + \mathrm{i} \cdot \Psi \rightarrow \partial X = \partial \Phi + \mathrm{i} \cdot \partial \Psi \quad \text{und}$$
$$x = (z + z^*)/2 \quad \rightarrow \partial x / \partial z^* = 1/2 \quad \text{sowie}$$
$$y = -\mathrm{i} \cdot (z - z^*)/2 \rightarrow \partial y / \partial z^* = \mathrm{i}/2$$

wird:

$$\frac{\partial X}{\partial z^*} = \left(\frac{\partial \Phi}{\partial x} + \mathrm{i} \cdot \frac{\partial \Psi}{\partial x} \right) \cdot \frac{1}{2} + \left(\frac{\partial \Phi}{\partial y} + \mathrm{i} \cdot \frac{\partial \Psi}{\partial y} \right) \cdot \frac{\mathrm{i}}{2}$$

Umgeschrieben durch Trennen in Real- und Imaginärteil führt zu:

$$\frac{\partial X}{\partial z^*} = \frac{1}{2} \cdot \frac{\partial \Phi}{\partial x} + \frac{\mathrm{i}^2}{2} \cdot \frac{\partial \Psi}{\partial y} + \frac{\mathrm{i}}{2} \cdot \frac{\partial \Psi}{\partial x} + \frac{\mathrm{i}}{2} \cdot \frac{\partial \Phi}{\partial y}$$
$$= \frac{1}{2} \cdot \left(\frac{\partial \Phi}{\partial x} - \frac{\partial \Psi}{\partial y} \right) + \mathrm{i} \cdot \frac{1}{2} \cdot \left(\frac{\partial \Psi}{\partial x} + \frac{\partial \Phi}{\partial y} \right)$$

Damit die Bedingung $\partial X/\partial z^* = 0$ erfüllt ist, müssen in dieser Beziehung somit sowohl Realteil als auch Imaginärteil null sein:

$$\frac{\partial \Phi}{\partial x} - \frac{\partial \Psi}{\partial y} = 0 \quad \rightarrow \quad \frac{\partial \Phi}{\partial x} = \frac{\partial \Psi}{\partial y}$$
$$\frac{\partial \Psi}{\partial x} + \frac{\partial \Phi}{\partial y} = 0 \quad \rightarrow \quad \frac{\partial \Phi}{\partial y} = -\frac{\partial \Psi}{\partial x}$$

Das sind jedoch die CAUCHY-RIEMANN-Differenzialgleichungen, wodurch sich die Forderung bestätigt:

Zwei reelle Funktionen $\Phi(x, y)$ und $\Psi(x, y)$ ergeben kombiniert nur dann eine analytische Funktion $X(z)$, wenn sie die CAUCHY-RIEMANN-Differenzialgleichungen (4.246) erfüllen. Jede differenzierbare komplexe Funktion $X(z)$ ist somit eine Lösung der Potenzialgleichung.

4.2.7 Konforme Abbildung

Mit der Methode der konformen Abbildung gelingt es, aus bekannten, einfachen Fluidströmungsbildern, z. B. Kreis- und Plattenumströmung, kompliziertere zu entwickeln, wie die Umströmung von Profilen.

Bei der konformen Abbildung, auch als konforme Transformation bezeichnet, werden die Werte einer komplexen Funktion in einer GAUSSschen Ebene durch eine Verknüpfungsfunktion auf eine zweite GAUSSsche Ebene konform, d. h. winkeltreu, abgebildet, Abb. 4.85. Bei dieser geometrischen Transformation bleiben somit sowohl Drehsinn als auch Winkel zwischen zwei beliebigen, jedoch zusammengehörenden Kurven von Ausgangs- zu Abbild-Figur erhalten.

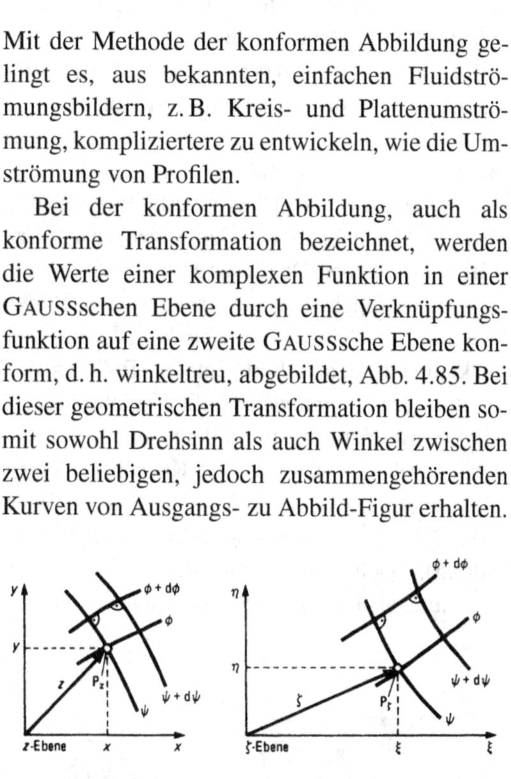

Abb. 4.85 Konforme Abbildung des Punktes P_z in der z-Ebene auf Punkt P_ζ in der X-Ebene (P_ζ konformer Bildpunkt von Punkt P_z). Abbildungsmäßig zusammengehörende Schnittwinkel, hier 90°, sind gleich. Die z- und ζ-Ebene sind dabei komplexe, also GAUSSsche Ebenen

Beim komplexen Strömungspotenzial X wird jedem Wertepaar (x, y) ein anderes, nämlich (ξ, η), gemäß festgelegter Transformationsfunktion z zugeordnet. Das bedeutet:

Jeder Punkt in der z-Ebene (x, y) wird auf einen Punkt in der ζ-Ebene (ξ, η) abgebildet und umgekehrt. Die zugehörigen Φ- und Ψ-Werte werden dabei in unveränderter Größe mit übertragen (abgebildet). Die eine Darstellung ist somit das Abbild der anderen; das gilt zudem immer wechselseitig.

Da das Netz aus Stromlinien (Ψ = konst) und Äquipotenziallinien (Φ = konst) in der z-Ebene, besonders in genügend kleiner Größenordnung, quadratisch ist, muss dies ebenso für das konform abgebildete Netz in der ζ-Ebene zutreffen. Einem kleinen Quadrat in der z-Ebene mit den Seiten $dx = dy$ entspricht in der ζ-Ebene wieder ein kleines Quadrat, wenn auch in anderer Lage, Form sowie Position zu den Achsen und in anderer Größe, Abb. 4.86. Diese Abbildung hat einen speziellen Charakter, da durch das analytische Verhalten (CAUCHY-RIEMANNsche Differenzialgleichung erfüllt) das Verhältnis $d\zeta/dz$ an jeder Stelle des betrachteten Bereiches einen bestimmten Wert hat, der unabhängig von der Richtung des Elementes dz ist. Dieses Verhältnis $|d\zeta/dz|$ wird als Maßstabsfaktor oder **Verzerrungsverhältnis** bezeichnet. Da dieser Maßstabsfaktor im Allgemeinen nicht konstant, sondern von Punkt zu Punkt des Gebietes verschieden ist, sind nur die kleinsten, d. h. infinitesimalen Teilchen der Abbildungen zueinander ähnlich, nicht jedoch endliche Bereiche. Insbesondere bilden, wie erwähnt, zwei sich schneidende Kurven in der z-Ebene deshalb denselben Winkel wie ihre Bilder in der ζ-Ebene (winkeltreue oder isogonale Abbildung). Nach GAUSS wird daher eine solche Abbildung als konforme Abbildung bezeichnet.

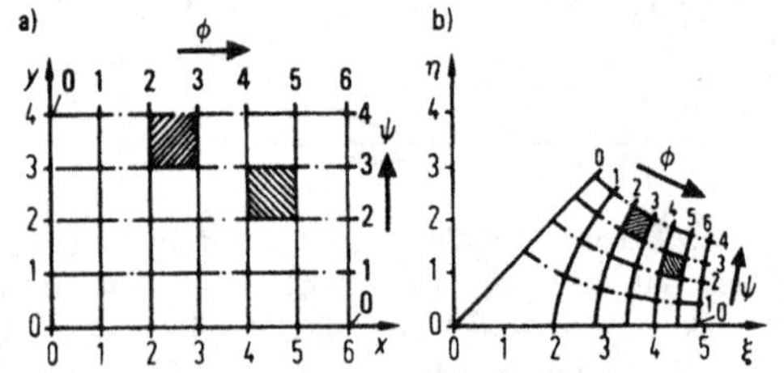

Abb. 4.86 Beispiel einer konformen Abbildung:
a) z-Ebene, $z = x + iy$ (physikalische Ebene)
b) ζ-Ebene, $\zeta = \xi + i\eta$ (Abbildungsebene) bei Übertragungsfunktion $\zeta = 2 \cdot \sqrt{z}$

Nach dem **RIEMANNschen Abbildungssatz der Funktionstheorie** gilt:

► Jeder von einer mindestens stückweise stetigen, geschlossenen Kurve umgrenzter, einfach zusammenhängender Bereich einer Ebene lässt sich auf das *Innere* eines Kreises konform abbilden.

Dieser Fundamentalsatz der konformen Abbildung ermöglicht, entsprechend gestaltete Körper-Konturen, z. B. Tragflügelprofile (JOUKOWSKY-Profile), auf Kreise abzubilden, an diesen die Umströmung zu studieren und dann rückwärts zu übertragen (abbilden). Durch diesen wichtigen Vorteil können verwickelte Strömungsprobleme an vereinfachten Abbildungen untersucht werden. Für das praktische, teilweise jedoch aufwendige Anwenden der konformen Darstellung, muss auf die einschlägige Spezialliteratur, z. B. [74] verwiesen werden.

Zu bemerken ist noch, dass endlich kleine Bereiche der z- und ζ-Ebene an denjenigen Punkten nicht mehr ähnlich sind, für welche die Ableitung $d\zeta/dz = \zeta'(z)$ null oder unendlich ($\zeta'(z) \to \infty$) groß wird. Solche Stellen heißen *singuläre Punkte*. In der Fluidmechanik ist an diesen Stellen die Strömungsgeschwindigkeit null (Staupunkt) oder (theoretisch) unendlich groß, also in diesem zweiten Fall praktisch nicht möglich.

Zusammenfassung: Jeder Punkt einer in der z-Ebene (Ausgangsebene) dargestellten Potenzialströmung wird mit Hilfe einer passenden Übertragungsfunktion $\zeta = f(z)$ in die Abbildungsebene ζ übertragen. Die dadurch entstandene Bildströmung ist eine neue Potenzialströmung, wenn auch anders geartet. Entsprechend ergibt die inverse Funktion (Umkehrfunktion) $z = f_u(\zeta)$ ebenfalls wieder eine konforme Abbildung mit dem komplexen Strömungspotenzial $X(f_u(\zeta))$.

Die Differenzen von Stromfunktion und Geschwindigkeitspotenzial zwischen zwei beliebigen Punkten des Strömungsfeldes bleiben bei der Transformation unverändert.

Die Strömungsgeschwindigkeit von Bildströmung $c_\zeta(\zeta)$ und Ausgangsströmung $c_z(z)$ sind durch $c_\zeta = c_z/|d\zeta/dz|$ miteinander verbunden.

Schwierig ist das Auffinden einer passenden Abbildungsfunktion $\zeta(z)$. Beispiele:

- Umwandlung von Parallel- in Staupunktströmung (Ausschnitt in Abb. 4.86 dargestellt) $\zeta = b \cdot \sqrt{z}$ mit Konstante b (meist $b = 1$ oder 2).
- Umwandlung von Kreizylinderumströmung in Tragflügel-Umströmung nach JOUKOWSKY, $\zeta = (1/b) \cdot (z + a^2/z)$. Kreismittelpunkt (Ra-

dius r) um den Betrag l seitlich der Ordinate im zweiten Quadranten des (x, y)-Systems und a Abszissenabschnitt der Kreislinie auf der negativen x-Achse Konstante b wie zuvor. Mittelpunkt M des Ausgangs-Kreises (Radius r) im (x, y)-System, somit bei Abszissen-Wert $x = -l$ und Ordinate $y_M = d$, also $M(-l;\ d)$. Die sich durch diese konforme Abbildung im (ζ, η)-System ergebenden sog. JOUKOWSKY-Profile verlaufen an der Hinterkante messerscharf und sind daher technisch letztlich nicht verwirklichbar.

4.2.8 Strömungsklassen

4.2.8.1 Potenzialströmungen

4.2.8.1.1 Grundsätzliches

Die wichtigsten einfachen Potenzialströmungen, die sog. **Elementarströmungen**, sind:

- *Translationsströmungen* (Parallelströmungen)
- *Quellen- und Senkenströmungen*
- *Kreisströmungen* (Potenzialwirbel)

Potenzialströmungen sind, wie bereits erwähnt, nur exakt möglich, wenn ausschließlich konservative Kräfte wirken, nämlich bei wirbel- und reibungsfreien (idealen) Fluiden. Alle Stromfäden weisen die gleiche Gesamtenergie auf. Die Energiegleichung ist daher überall im Stromfeld erfüllt, da bei der Fortbewegung die Fluidteilchen sich zwar verformen können, jedoch nicht drehen, also keine Wirbel auftreten (dazu wäre letztlich Reibung → Scherkräfte notwendig). Bei diesen Strömungen bestehen somit Potenziale für die äußeren Kräfte (U gemäß (2.34) sowie (4.226)) und für die Geschwindigkeit ((4.241) mit Φ nach (4.242)). Die zugehörige mathematische Behandlung wird als **Potenzialtheorie** bezeichnet.

Strömungen realer, insbesondere NEWTONscher Fluide können außerhalb von Grenzschicht und sog. Singularitäten (Abschn. 4.2.8.1.4), wenn keine Wirbel vorhanden sind, oftmals angenähert als Potenzialströmungen betrachtet und wie diese behandelt werden, da hier Reibung (Viskosität, Turbulenzeinfluss) verschiedentlich vernachlässigbar klein ($\mathrm{d}c/\mathrm{d}n \to 0$ und $c' \to 0$).

4.2.8.1.2 Translationsströmung

Die Translations- oder Parallelströmung ist die einfachste Potenzialströmung, Abb. 4.87. Die Fluidteilchen bewegen sich auf geradlinigen Bahnen mit konstanter Geschwindigkeit neben- und hintereinander her.

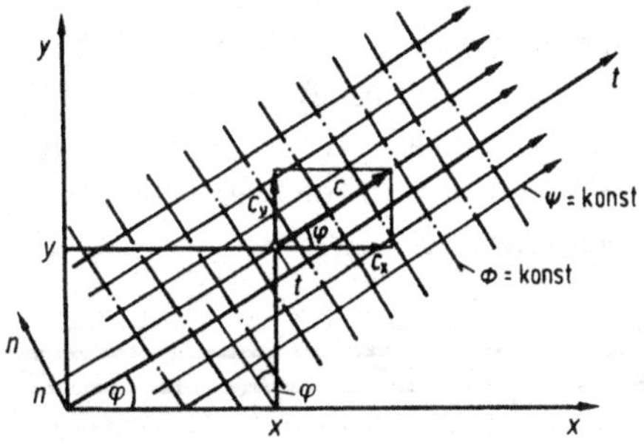

Abb. 4.87 Ebene Translationsströmung mit eingetragenen Koordinatensystemen. Zusammenhänge zwischen den Systemen (t, n) und (x, y) enthält Tab. 6.24: $t = x \cdot \cos\varphi + y \cdot \sin\varphi$; $n = y \cdot \cos\varphi - x \cdot \sin\varphi$

Bezüglich Abb. 4.87 und Beziehung (4.247a) sowie (4.248a) gelten bzw. ergeben sich aus Integration bei Anfangswerten null → $\Phi(0;\,0) = 0$; $\Psi(0;\,0) = 0$:

Geschwindigkeiten:

$$c_x = c_x(x, y) = c \cdot \cos\varphi = \text{konst} \qquad (4.251)$$

$$c_y = c_y(x, y) = c \cdot \sin\varphi = \text{konst} \qquad (4.252)$$

$$c = c(x, y) = \sqrt{c_x^2 + c_y^2} = \text{konst} \qquad (4.253)$$

Potenzialfunktion:

$$\Phi = c_x \cdot x + c_y \cdot y \qquad (4.254)$$

$$\Phi = c \cdot (x \cdot \cos\varphi + y \cdot \sin\varphi) = c \cdot t \qquad (4.254a)$$

Stromfunktion:

$$\Psi = c_x \cdot y - c_y \cdot x \qquad (4.255)$$

$$\Psi = c \cdot (y \cdot \cos\varphi - x \sin\varphi) = c \cdot n \qquad (4.255a)$$

Hierbei im

$(x,\ y)$-System: (4.254) und (4.255)
$(t,\ n)$-System: (4.254a) und (4.255a)

4.2.8.1.3 Quellen- und Senkenströmung

Bei einer Quelle strömt das Fluid in konstanter Schichtdicke, z. B. zwischen zwei Platten, von einem Punkt (Zentrum) strahlenförmig nach allen Seiten weg. Bei der Senke ist die Strömungsrichtung umgekehrt, also strahlenförmig radial nach innen auf einen Punkt (eine Linie) zu, Abb. 4.88.

Bei der *Quellenströmung* ist im Zentrum ein ständiger Zufluss – z. B. von unten, bei der *Senkenströmung* entsprechend ein ständiger Abfluss erforderlich. Es handelt sich somit um Flächenströmungen (x, y-Ebene). Bei Ausdehnung in z-Richtung (vertikal), also größere Erstreckung b in Abb. 4.88 wird auch von Stabquelle bzw. Stabsenke gesprochen.

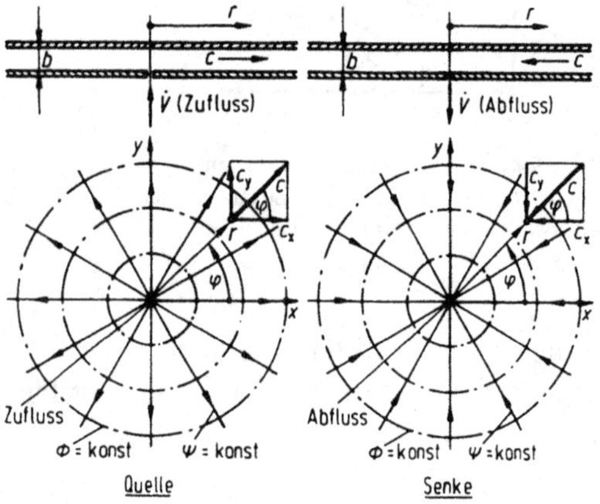

Abb. 4.88 Quellen- und Senkenströmung
$d\phi = c \cdot dt = c \cdot dr$; $d\psi = c \cdot dn = c \cdot r \cdot d\varphi$

Senken sind als negative Quellen auffassbar. Deshalb werden Quellen und Senken meist zusammengefasst als Quellen bezeichnet, die zugehörigen Strömungen als Quellströmungen (positive und negative).

Der Kontinuitätsgleichung entsprechend muss der Volumenstrom durch alle Kreisringflächen konstant sein: $\dot{V} = 2 \cdot r \cdot \pi \cdot b \cdot c = \text{konst.}$

Der auf den Plattenabstand b bezogene Volumenstrom wird als *Ergiebigkeit* E bezeichnet. Die Ergiebigkeit ist demnach der Volumenstrom beim Plattenabstand eins ($b = 1$, z. B. 1 cm):

$$E = \frac{\dot{V}}{b} = 2 \cdot r \cdot \pi \cdot c = \text{konst}$$

Hieraus und mit (4.247) sowie (4.248), wobei $dt = dr$ sowie $dn = r \cdot d\varphi$ da t tangential und n normal zur Strömung (Geschwindigkeit c), ergeben sich direkt, bzw. über Integration bei null gesetzten Anfangswerten $\rightarrow \Phi(t = 0) = 0$; $\Psi(n = 0) = 0$:

Geschwindigkeiten:

$$c = \frac{E}{2 \cdot \pi} \cdot \frac{1}{r} \tag{4.256}$$

$$c_x = c \cdot \cos\varphi = c \cdot \frac{x}{r} = \frac{E}{2\pi} \cdot \frac{x}{r^2} \tag{4.257}$$

$$c_y = c \cdot \sin\varphi = c \cdot \frac{y}{r} = \frac{E}{2\pi} \cdot \frac{y}{r^2} \tag{4.258}$$

Potenzialfunktion:

$$\Phi = \frac{E}{2\pi} \cdot \ln r \tag{4.259}$$

Stromfunktion:

$$\Psi = \frac{E}{2\pi} \cdot \varphi \tag{4.260}$$

mit normierten, d. h. dimensionslosen Größen r und φ, wobei:

r Bezugsradius (Ortsradius)
φ Drehwinkel von positiver x-Achse aus

Komplexes Potenzial:

$$\begin{aligned} X &= \Phi + \mathrm{i} \cdot \Psi = (E/(2 \cdot \pi)) \cdot (\ln r + \mathrm{i} \cdot \varphi) \\ &= (E/(2 \cdot \pi)) \cdot \ln\left(r \cdot \mathrm{e}^{\mathrm{i} \cdot \varphi}\right) = (E/(2 \cdot \pi)) \cdot \ln z \end{aligned} \tag{4.261}$$

Bei $r \rightarrow 0$ müsste wegen $E = \text{konst}$ die Geschwindigkeit $c \rightarrow \infty$ gehen. Dies ist physikalisch selbst bei reibungsfreier Strömung nicht möglich. Die z-Achse ($r = 0$) ist daher eine singuläre Linie, der Koordinatenursprung ein singulärer Punkt. Quelle und Senke gelten deshalb letztlich auch als Singularitäten der Strömungsmechanik.

4.2.8.1.4 Kreisströmung

Bei zirkulierenden Strömungen ist zwischen zwei Bewegungsformen zu unterscheiden, den drehungsbehafteten und den drehungsfreien. Beide Strömungen kreisen um eine Drehachse (Zentrum). Die Bewegung ist bei freier Oberfläche

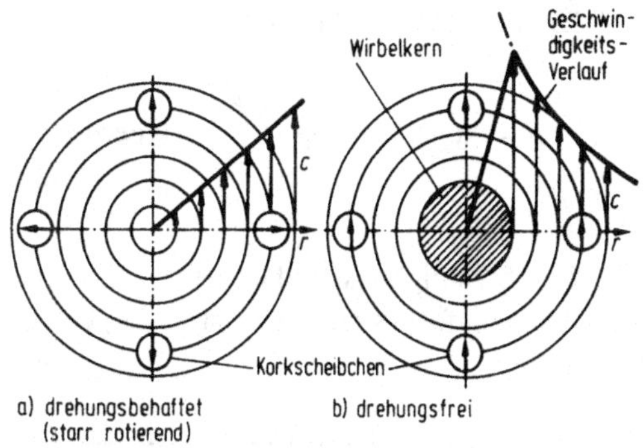

Abb. 4.89 Zirkulierende Strömungen:
a) mit Drehung (starre Rotation), also Wirbelströmung; Geschwindigkeitsverteilung linear (stetig)
b) ohne Drehung (Potenzialströmung); Geschwindigkeitsverlauf mit Knickstelle (unstetig)

durch Einbringen von Festteilchen, z. B. Korkstücke, verfolgbar (Abb. 4.89).

Bei starrer Rotation, d. h. **drehungsbehafteter Strömung**, Abb. 4.89a, drehen sich die Teilchen wie bei einem Festkörper (Starrkörperrotation) um ihre eigene Achse und mit der Strömung um deren Zentrum. Eine solche Bewegung ist in der Regel nur bei reibungsbehafteten Fluiden möglich, da Tangentialkräfte notwendig sind.

Bei der **drehungsfreien Strömung** erfolgt die Kreisströmung so, dass die Teilchen dabei nicht um ihre eigene Achse rotieren, Abb. 4.89b. Der unvermeidliche Wirbelkern (folgende Herleitung) bildet dabei eine Ausnahme. Der Pfeil auf den Teilchen, z. B. den mitschwimmenden Korkstückchen, ist deshalb außerhalb des Wirbelkernes raumstabil, d. h. er hat bei allen Positionen der Teilchen die gleiche Richtung. Die drehungsfreie Kreisströmung ist exakt nur beim idealen Fluid möglich und deshalb eine Potenzialströmung. Sie wird meist als **Potenzialwirbel** bezeichnet. Diese Wortprägung ist jedoch unvorteilhaft, da Wirbel nur bei wirklichen Fluiden auftreten können und Eigendrehung bedeuten. Die durch die Fluidreibung bei entsprechendem Strömungsverlauf verursachten Wirbel sind meist unerwünscht und mit Verlust an Strömungsenergie verbunden.

Näherungsweise können oft auch reibungsbehaftete Drehstömungen als Potenzialwirbel betrachtet werden. Dies gilt umso mehr, je weiter der Abstand vom Zentrum der Gesamtbewegung ist.

Bei der reibungsfreien Kreisströmung kann wegen fehlender Schubspannung kein Moment wirken. Nach dem Drallsatz, (4.189), ist deshalb kein Drallstrom vorhanden ($\dot{L} = 0$). Das bedeutet, der Drall des Potenzialwirbels bleibt konstant:

$$L = m \cdot c \cdot r = \text{konst}$$

oder, da ebenfalls $m = \text{konst}$, gilt (Konstante K):

$$c \cdot r = \text{konst} = K \tag{4.262}$$

Gleichung (4.262) wird auch als **Satz vom konstanten Drall** oder als **Flächensatz** bezeichnet, da in der graphischen Darstellung im (r, c)-System die auftretende Fläche $c \cdot r$ unter der $c(r)$-Kurve (Hyperbel) immer gleich groß ist. Die Strömungsgeschwindigkeit der drehungsfreien Kreisströmung wächst nach (4.262) mit abnehmendem Radius hyperbolisch. Theoretisch müsste deshalb in der Mitte des Drehfeldes (für $r \to 0$) dann $c \to \infty$ gehen[21].

Gemäß der Energiegleichung müsste dabei dann außerdem $p \to -\infty$ streben.

Negative Drücke, d. h. Zugspannungen in Fluiden sind jedoch praktisch nicht möglich. Beim Erreichen des zugehörigen Dampfdruckes bei Flüssigkeiten zerreißt das Flüssigkeitsgefüge, d. h. es verdampft und bildet einen Dampfkern.

Um den auch theoretisch nicht verwirklichbaren negativen Druck und damit auch die unendliche Drehgeschwindigkeit zu vermeiden, sind zwei Erscheinungen zu beobachten:

a) **Wirbel mit starrem, d. h. rotierendem Kern:**
Bis zu einem gewissen Radius r_0 rotiert das Fluidvolumen wie ein fester Körper mit konstanter Winkelgeschwindigkeit ($\omega = \text{konst}$).

[21] Auf diese Besonderheit des Fluidwirbels machte schon LEONARDO DA VINCI (1452 bis 1519) aufmerksam. Er schrieb in seinem Tagebuch: „Die schraubenförmige oder wirbelnde Bewegung jeder Flüssigkeit ist umso schneller, je näher sie dem Mittelpunkt der Bewegung ist. Dies steht ganz im Gegensatz zum kreisförmigen Rad, bei dem es sich umgekehrt verhält."

Dies tritt vor allem bei *kompressiblen* Fluiden auf.

Dieser Wirbel mit starr rotierendem Kern wird bezeichnet

- bei dem idealen scharfen unstetigen Übergang gemäß Abb. 4.89b als **RANKINE-Wirbel**. Theoretischer Fall, da praktisch unrealistisch;
- bei dem praktisch vorhandenen stetigen Übergang als **HAMEL-OSEEN-Wirbel**; tatsächlicher Fall. HAMEL und OSEEN erstellten die exakte Lösung der NAVIER-STOKES-Gleichungen (Abschn. 4.3.1.2) für diesen Fall.

b) **Hohlwirbel:**

Im Zentrum bildet sich ein Kern aus einem leichteren Fluid als im übrigen Strömungsfeld.

Dies tritt vor allem bei *inkompressiblen* Fluiden auf. Der Kern besteht dann meist aus Luft oder Fluiddampf, wenn der Dampfdruck im Kernbereich erreicht oder unterschritten wird. Das leichtere Fluid des sog. Hohlkerns nimmt dann an der Rotation praktisch keinen Anteil.

Die Energiegleichung muss auch beim Potenzialwirbel erfüllt sein. Bei der reibungsfreien Kreisströmung ist im ganzen Strömungsfeld, mit Ausnahme der Singularität des Wirbelkernes, die spezifische Gesamtenergie Y für jeden Stromfaden konstant und gleich groß (Kernrand-Werte Index 0), also:

$$z \cdot g + \frac{p}{\varrho} + \frac{c^2}{2} = Y = \text{konst}$$

$$= z_0 \cdot g + \frac{p_0}{\varrho} + \frac{c_0^2}{2}$$

Mit $c \cdot r = r_0 \cdot c_0 = K = \text{konst}$, also $c = K/r$, wird:

$$z \cdot g + \frac{p}{\varrho} + \frac{K^2}{2 \cdot r^2} = Y = \text{konst} \qquad (4.263)$$

Für die beiden Wirbelformen ergibt (4.263):

zu a) **Wirbel mit starrem Kern:**

Mit $K = r_0 \cdot c_0$ und damit $c = c_0 \cdot r_0 / r$ sowie $z = \text{konst} = z_0$ (waagrecht) folgt für den Druckverlauf aus (4.263)

$$p = \text{konst} - \varrho \cdot \frac{c_0^2}{2} \cdot \frac{r_0^2}{r^2} \quad \text{(Hyperbel!)} \qquad (4.264)$$

Geschwindigkeits- und Druckverlauf dieser Potenzialform sind in Abb. 4.90 dargestellt.

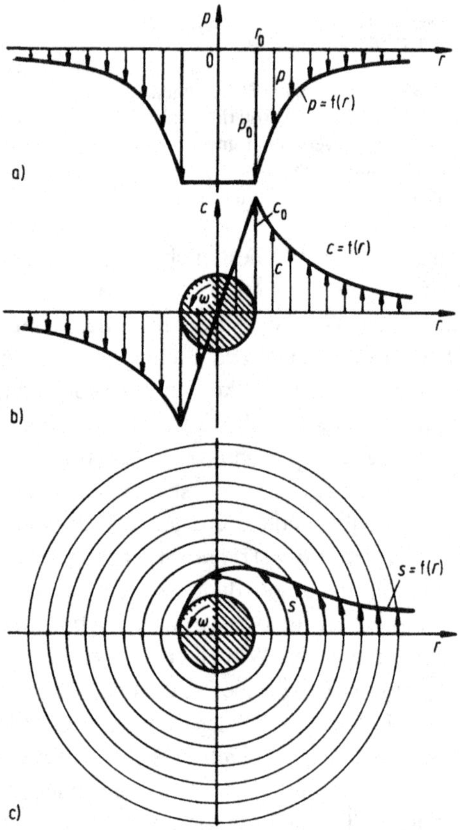

Abb. 4.90 Potenzialwirbel mit starrem Wirbelkern.
a) Druckverlauf $p = f(r)$ mit $p(r \le r_0) = p_0 = \text{konst}$ im Kern
b) Geschwindigkeitsverlauf $c = f(r)$ (theoretisch)
c) Teilchenweg-Verlauf $s = f(r)$

zu b) **Hohlwirbel:**

Im Wirbelkern: $p = p_0 = \text{konst}$ (Dampf- oder Umgebungsdruck)

Damit erhält (4.263) die Form, da $K = \text{konst}$:

$$z = \text{konst} - \frac{\text{konst}}{r^2} \quad \text{(Hyperbel!)} \qquad (4.265)$$

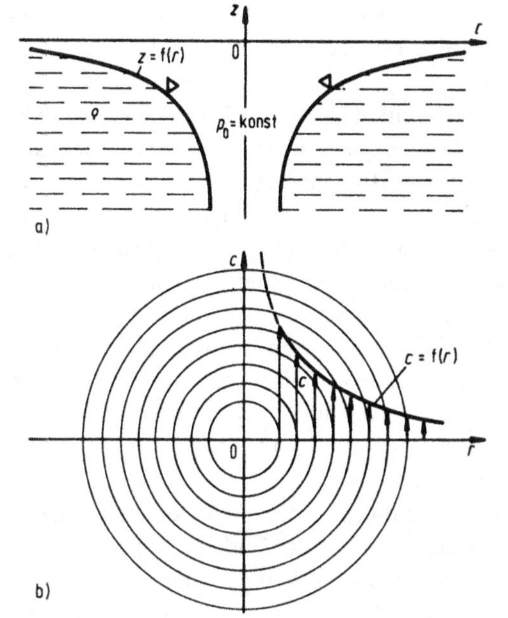

Abb. 4.91 Hohlwirbel:
a) Verlauf der freien Oberfläche $z = f(r)$ im Querschnitt. Je nach Situation p_0, Dampfdruck p_{Da} oder Barometerdruck p_b
b) Geschwindigkeitsverlauf $c = f(r)$

Gleichung (4.265) ist die Funktion für den Verlauf der freien Oberfläche des Hohlwirbels im Querschnitt, Abb. 4.91.

Bemerkung: Der Übergang des Geschwindigkeitsverlaufes vom Kern zur Kreisströmung erfolgt beim tatsächlichen Potenzialwirbel nicht unstetig wie beim theoretischen Verlauf nach Abb. 4.89a oder Abb. 4.90b, sondern gerundet. Dieser wirkliche Geschwindigkeitsverlauf wird, wie erwähnt, durch den sog. HAMEL-OSEEN-Wirbel besser angenähert [25].

Wirbelstärke

Die Größe der Zirkulation Γ ist das Maß für vorhandene Wirbelstärke von Wirbelströmungen. Um den Potenzialwirbel zu kennzeichnen, soll deshalb dessen Zirkulation berechnet werden. Es bestehen zwei Möglichkeiten (Ring-Integrationswege):

1. Mehrfach zusammenhängender Bereich Als Integrationsweg wird eine geschlossene Kreislinie mit dem Radius r gewählt, welche die Singularstelle (Zentrum) einschließt, Abb. 4.92.

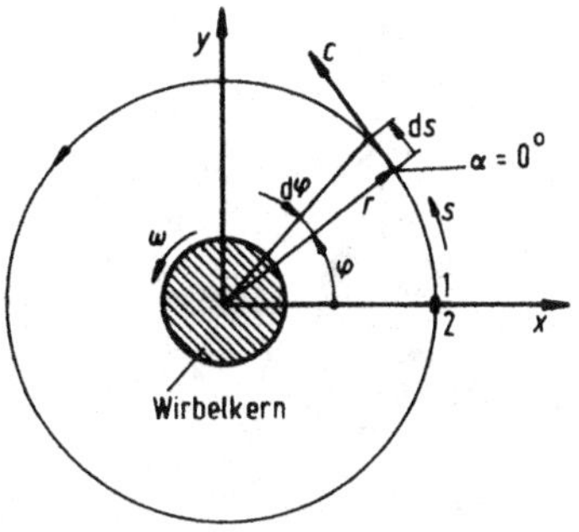

Abb. 4.92 Geschlossene Kreislinie als Integrationsweg s (beinhaltet den Wirbelkern); umschließt gesamte Kreis-Fläche $r^2 \cdot \pi$

Für diesen Weg 1–2 ergibt sich:

$$\Gamma = \oint \vec{c} \cdot d\vec{s} = \oint c \cdot \cos\alpha \cdot ds$$

Mit $\alpha = 0°$, da c in s-Richtung sowie $c =$ konst längs der Kreislinie und $ds = r \cdot d\varphi$ wird:

$$\Gamma = c \cdot r \cdot \int_0^{2\pi} d\varphi = 2 \cdot \pi \cdot r \cdot c$$

Da nach dem Flächensatz $r \cdot c =$ konst ist, gilt unabhängig vom Radius r für das gesamte Kreisströmungsfeld:

$$\Gamma = 2 \cdot \pi \cdot r \cdot c = \text{konst} > 0 \qquad (4.266)$$

mit $\pi \cdot r \cdot c = \pi \cdot r^2 \cdot \omega = A \cdot \omega \rightarrow \Gamma = 2 \cdot A \cdot \omega$, wobei

A umschlossene Fläche
ω Winkelgeschwindigkeit
$\omega = c/r = (c \cdot r)/r^2 = \text{konst}/r^2$

2. Einfach zusammenhängendes Gebiet Für die geschlossene Kurve, über die zu integrieren ist, wird der Weg 1–2–3–4–1 entsprechend Abb. 4.93 gewählt, der die Singularität, also den Wirbelkern, nicht einschließt, sondern nur den zugehörigen, außerhalb liegenden Kreisring.

Dieser Integrationsweg liefert für die Zirkulation:

$$\Gamma = \oint \vec{c} \cdot d\vec{s} = \Lambda_{12} + \Lambda_{23} + \Lambda_{34} + \Lambda_{41}$$

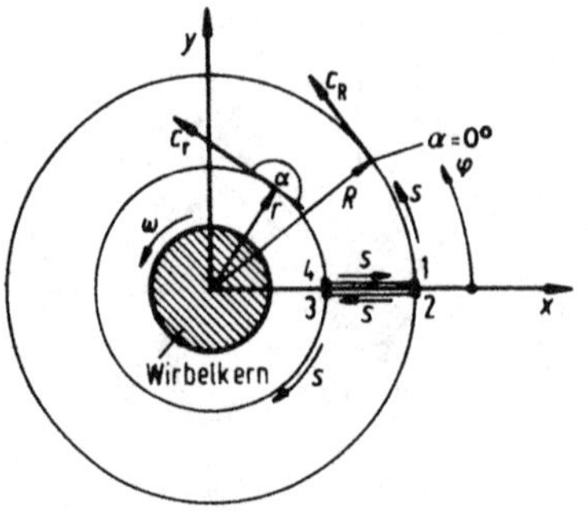

Abb. 4.93 Zusammengesetzter geschlossener Integrationsweg 1–2–3–4–1 (spart Wirbelkern aus); umschließt Fläche $(R^2 - r^2) \cdot \pi$ (Kreisring)

mit

$$\Lambda_{12} = \int_{(1)}^{(2)} c \cdot \cos\alpha \cdot \mathrm{d}s = c_R R \int_0^{2\pi} \mathrm{d}\varphi = 2\pi c_R R$$

da auf Weg 1–2 $\alpha = 0°$ (wie zuvor),

$$\Lambda_{23} = \int_{(2)}^{(3)} c \cdot \cos\alpha \cdot \mathrm{d}s = 0$$

da auf Weg 2–3 $\alpha = 90°$,

$$\Lambda_{34} = \int_{(3)}^{(4)} c \cdot \cos\alpha \cdot \mathrm{d}s$$

$$= -c_r \cdot r \cdot \int_0^{2\pi} \mathrm{d}\varphi = -2\pi c_r \cdot r$$

da auf Weg 3–4 $\alpha = 180° \rightarrow c \downarrow\uparrow \mathrm{d}s$

$$\Lambda_{41} = \int_{(4)}^{(1)} c \cdot \cos\alpha \cdot \mathrm{d}s = 0$$

da auf Weg 4–1 $\alpha = 90°$.

Damit folgt:

$$\Gamma = 2 \cdot \pi \cdot (c_r \cdot R - c_r \cdot r)$$

Da nach Flächensatz $c_R \cdot R = c_r \cdot r$, wird:

$$\Gamma = 0$$

Für jeden geschlossenen Integrationsweg, der die Singularität ausspart, ergibt sich eine zirkulationsfreie Kreisströmung ($\Gamma = 0$), d. h. eine Potenzialströmung. Die Zirkulation nach (4.266) geht demnach ausschließlich auf den Wirbelkern als Unstetigkeitsstelle zurück. Das Medium im Wirbelkern rotiert, wie bereits erwähnt, wie ein fester Körper mit der Winkelgeschwindigkeit ω_K (Index K für den Kern). Die auf den Wirbelkern beschränkte Zirkulation ergibt sich gemäß (4.266) zu $\Gamma = 2 \cdot \omega_K \cdot A_K$ aus dem Produkt von dessen Querschnitt A_K und Winkelgeschwindigkeit ω_K. Bei reibungsfreier Drehströmung sind die einzelnen Teilchen bzw. Teilchengruppen drehungsfrei, große Bereiche jedoch nicht, wenn ein mehrfach zusammenhängender Bereich (Abb. 4.92) betrachtet wird.

Für den Potenzialwirbel gilt des Weiteren, und zwar nur außerhalb des Wirbelkerns:

Geschwindigkeitskomponenten:

$$c_x = c_x(x, y) = -\frac{\Gamma}{2 \cdot \pi} \cdot \frac{y}{r^2} \tag{4.267}$$

$$c_y = c_y(x, y) = \frac{\Gamma}{2 \cdot \pi} \cdot \frac{x}{r^2} \tag{4.268}$$

Potenzialfunktion:

$$\Phi = \frac{\Gamma}{2 \cdot \pi} \cdot \varphi \tag{4.269}$$

Stromfunktion:

$$\Psi = -\frac{\Gamma}{2 \cdot \pi} \cdot \ln r \tag{4.270}$$

Bemerkung: In drallbehafteten Rohrströmungen, das sind Längsströmungen mit in Umfangsrichtung überlagerter Drehbewegung (Korkenzieherbewegung), kann sich, unabhängig von Druckverteilung und Reibung, ebenfalls ein Kerntotraum gemäß Wirbelkern nach Abb. 4.89b ausbilden. Bezeichnet wird diese Erscheinung als Trägheitsablösung (Abschn. 4.1.1.3.5).

4.2.8.1.5 Weitere wichtige Potenzialströmungen

Weitere Elementarströmungen von größerer Bedeutung sind:

Quell-Senken-Strömung

Resultierende Strömung aus Überlagerung von Quelle und Senke gleicher Ergiebigkeit, die im

Abstand L (endlich groß) zueinander angeordnet sind. Diese Anordnung wird auch als Quell-Senken-Paar bezeichnet, oder kurz als Quell-Senke.

Dipolströmung
Quell-Senken-Strömung mit Abstand L gegen null gehend. Das sog. *Dipolmoment* M als Produkt aus Ergiebigkeit E und dem infinitesimal kleinen Quell-Senken-Abstand L, also $M = E \cdot L$, ist dabei jedoch nicht null, sondern erreicht einen Grenzwert, bleibt somit endlich.

Auf die nähere Behandlung dieser Strömungen wird verzichtet und auf die einschlägige Literatur verwiesen (Schrifttumsverzeichnis).

4.2.8.2 Wirbelströmungen

Neben den Potenzialströmungen als 1. Gruppe sind die Wirbelbewegungen die 2. Gruppe der Gesamtheit aller Fluid-Bewegungen. Im Gegensatz zu den wirbelfreien Strömungen existiert bei Wirbelbewegungen kein Potenzial. Es sind deshalb keine Potenzialströmungen (Abschn. 4.2.2).

Zur Kennzeichnung der Elementrotation von Drehbewegungen dient die Wirbelstärke nach (3.22), ausgedrückt durch den **Wirbelvektor** $\vec{\omega}$, Vektor der Wirbelstärke, (3.20), Abschn. 3.2.3.1.

In wirbelbehafteten Strömungen bildet neben der Geschwindigkeit auch die Wirbelstärke ein Vektorfeld. Entsprechend zu Stromlinie, Stromröhre und Stromfaden im Geschwindigkeitsfeld werden Wirbellinie, Wirbelröhre und Wirbelfaden im Feld der Wirbelstärke (Wirbelfeld) definiert.

Die Tangentenkurve an die Wirbelvektoren wird, in Anlehnung an die Stromlinie, als **Wirbellinie** bezeichnet. Wirbellinien sind somit Vektorlinien des Wirbelfeldes, also Integralkurven des Richtungsfeldes. Sie verlaufen daher in jedem Punkt des Feldes in Richtung des zugehörigen Wirbelvektors, also tangential zu ihm.

Analog zur Stromröhre bilden die durch eine kleine geschlossene Kurve gehenden Wirbellinien eine Wirbelröhre. **Wirbelröhren** mit infinitesimalem Querschnitt wurden als **Wirbelfaden** bezeichnet, entsprechend zum Stromfaden bei Potenzialströmungen. Kennzeichen des Wirbelfadens ist, dass sich über seinem Querschnitt der Wirbelvektor *nicht* verändert.

Die grundlegenden Gesetze der Wirbelbewegung idealer Fluide, die sog. **Wirbelsätze**, wurden von **HELMHOLTZ** abgeleitet und wie folgt formuliert:

1. Kein Fluidteilchen kommt in Rotation, welches nicht von Anfang an rotiert. In idealen Fluiden können somit weder Wirbel entstehen noch verschwinden. Falls also Wirbel vorhanden sind, müssen diese von Anfang an unverändert bestehen und können nicht vergehen.
2. Alle Fluidteilchen, die zu irgend einer Zeit einer Wirbellinie angehörten, gehören, auch wenn sie sich fortbewegen, immer zu derselben Wirbellinie.
3. Das Produkt aus dem Querschnitt und der Rotationsgeschwindigkeit eines Wirbelfadens, die Zirkulation nach (4.238), ist längs der gesamten Länge des Fadens konstant und behält auch bei der Fortbewegung des Fadens denselben Wert. Wirbelfäden müssen deshalb innerhalb der Flüssigkeit in sich zurücklaufen, oder sie können nur an Fluidgrenzen (Begrenzungswände) enden. Die Zirkulation im Wirbelfeld (Wirbelröhre) entspricht dem Volumenstrom im Geschwindigkeitsfeld (Stromröhre).
4. Wirbelröhren sind zugleich Stromröhren.
5. Wirbel haften immer an Materie.

Des Weiteren gilt nach dem Satz von STOKES, (4.238) und (4.238a), Abschn. 4.2.4:

$$\Gamma = \oint \vec{c} \cdot \mathrm{d}\vec{s} = 2 \cdot \int\limits_{(A)} \vec{\omega} \cdot \mathrm{d}\vec{A} = 2 \cdot \int\limits_{(A)} \vec{\omega} \cdot \vec{n} \cdot \mathrm{d}A$$
$$= 2 \cdot \int\limits_{(A)} \omega_n \cdot \mathrm{d}A$$

Dabei wird das Integral $\int_{(A)} \vec{\omega} \cdot \mathrm{d}\vec{A}$ als **Wirbelfluss** durch Fläche A bezeichnet.

Nach STOKES ist demnach die Zirkulation um die Randkurve L einer beliebigen Fläche A gleich dem doppelten Wirbelfluss durch diese Fläche. Zudem hat die Zirkulation für jede Linie, die eine Wirbelröhre umschlingt, den gleichen Wert. Auch ist das als **Wirbelmoment** bezeichnete skalare Produkt aus Wirbelvektor $\vec{\omega}$ und

Querschnittsvektor $\vec{A} = \vec{n} \cdot A$ für jeden Wirbelfaden zeitlich und räumlich unveränderlich, also $\vec{\omega} \cdot \vec{A} = \text{konst.}$

Auf die Herleitung der **HELMHOLTZschen Wirbelsätze** und die mathematische Behandlung der komplizierten Wirbelbewegungen muss aus Platzgründen verzichtet werden.

Bei der Strömung realer Fluide, die fast immer mit wechselnden und deshalb unerfassbaren Wirbeln behaftet sind (Turbulenz, Ablösungen, Toträume), ergeben sich erhebliche Abweichungen von den Wirbelgesetzen. Vielfach ermöglichen nur Experimente zufriedenstellende Ergebnisse.

Wichtige Wirbelbewegungen sind:

- Wirbelschichten (Trennflächen)
- Wirbelstraßen (KÁRMANNsche Wirbel)

Es besteht die **Modellvorstellung**: Turbulenz als Gewirr von Wirbelfäden aufzufassen, verbunden mit einer Energiekaskade, d. h. Energietransfer von großen zu immer kleiner werdenden Wirbelelementen. Die Wirbelfäden verformen und strecken sich unter dem Einfluss des Geschwindigkeitsgradienten der Hauptströmung. Durch diese Streckung und Verformung der Wirbelfäden entstehen immer kleinere Wirbelbereiche mit unterschiedlicher Orientierung und Drehrichtung, wodurch die anfänglich anisotrope Verteilung immer mehr in isotrope übergeht. Der Gradient der Hauptströmung induziert große Wirbelfäden. Dadurch wird ihr Energie entzogen und der Turbulenz zugeführt. Durch die damit verbundenen Druckschwankungen wird die Anisotropie langsam aufgehoben, indem immer kleinere unterschiedlich orientierte Wirbelfäden aus den großen entstehen. Die Turbulenzenergie ist daher auf ein Spektrum von Wirbelgrößen verteilt.

4.2.8.3 Zusammengesetzte Strömungen

4.2.8.3.1 Grundsätzliches

Strömungsüberlagerung Komplizierte Strömungen können, wie erstmals von RANKINE durchgeführt, durch Überlagerung (Superposition) zweier oder mehrerer einfacher Strömungsbilder dargestellt werden; sog. **Singularitätenmethode.** Umgekehrt ist das Verhalten und die Wirkung verwickelter Strömungen einfacher zu erkennen, falls es mittels Analyse gelingt, diese auf Einfachströmungen (Potenzialströmungen) aufzuteilen.

Potenzialströmungen, die durch Wirbel modellierbar sind, also von ihnen entstanden sein könnten, werden als von Wirbeln induzierte (verursachte) Potenzialströmungen bezeichnet.

Grundlage für die Superposition ist, dass bei Zusammenfassung der Bewegungen von Fluidmasseteilchen zwangsläufig entsprechend die Gesetze der Festkörpermechanik gelten müssen. Hieraus folgt das **Überlagerungsgesetz** (Superpositionsgesetz):

► Hat ein Fluidteilchen an einer Stelle infolge verschiedener Ursachen mehrere Geschwindigkeitskomponenten nach Größe und/oder Richtung, ergibt sich der resultierende Bewegungszustand durch vektorielle Addition (geometrische Zusammenfassung). Umgekehrt kann die Geschwindigkeit von Fluidteilchen in Komponenten aufgeteilt werden.

Das Gesamtströmungsfeld der zu überlagernden Einzelströmungsfelder ergibt sich demnach durch vektorielles Zusammenfassen der Einzelgeschwindigkeiten für alle Feldpunkte. Dieses Verfahren wird auch mit Superposition bezeichnet. Voraussetzung ist, dass an jedem Feldpunkt die Geschwindigkeiten (nach Größe und Richtung) der zu superponierenden Strömungen bekannt sind.

Die graphische Superposition kann jedoch auch nach der **MAXWELLschen Diagonalmethode** erfolgen. Die Konstruktion *ebener* Strömungsbilder geschieht hierbei mit Hilfe der Stromfunktion.

Wie in Abschn. 4.2.5 ausgeführt, gilt:

a) Die Stromlinien sind Kurven, an denen entlang der Wert der Stromfunktion jeweils unverändert bleibt ($\Psi = \text{konst}$).
b) Die Differenz der Stromfunktionswerte zweier benachbarter Stromlinien ist ein Maß für den zwischen ihnen fließenden Volumenstrom

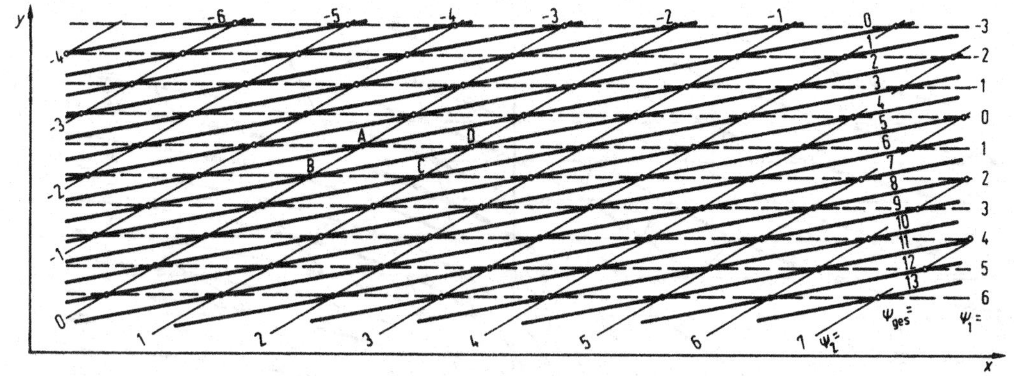

Abb. 4.94 Superposition von zwei Parallelströmungen. --- und —— Einzelströmungen, —— Summenströmung. Die Stromlinien-Abstände der Einzelströmungen sind so ausgeführt, dass beide Einzelströmungsfelder die gleiche Stromfunktions-Differenz $\Delta\Psi = 1$ aufweisen. Konsequenz: Bei der Summenströmung ergibt sich ebenfalls die gleiche Abstandsfolge mit $\Delta\Psi = 1$ der Gesamtstromlinien

(Abschn. 4.2.2.1). Der Durchflussstrom $\Delta\dot{V}_1$ durch eine Stromröhre mit Rechteckquerschnitt, seitlich gebildet aus zwei Stromlinien mit Ψ_n sowie Ψ_{n+1} und der Strömungstiefe eins (Index 1 bei $\Delta\dot{V}_1$), ergibt sich zu:

$$\Delta\dot{V}_1 = \Psi_{n+1} - \Psi_n = \Delta\Psi \tag{4.271}$$

Werden die Stromlinien eines Strömungsfeldes mit den Zahlenwerten der Stromfunktion Ψ versehen, ist sofort ablesbar, welcher Volumenstrom zwischen benachbarten Stromlinien jeweils fließt. Da nur die Differenzen der Stromfunktionswerte maßgebend sind, ist es gleichgültig, an welcher Stelle mit null begonnen, d. h. welcher Stromlinie der Wert $\Psi = 0$ (Bezugslinie) zugeordnet wird.

Sind die Stromlinien so angeordnet, dass im gesamten Strömungsfeld zwischen je zwei benachbarten Stromlinien $\Delta\Psi$ gleich groß, also jeweils der gleiche Volumenstrom fließt, ist der senkrechte Abstand Δn der Stromlinien ebenfalls gleich und ein Maß für die Strömungsgeschwindigkeit c, da gilt:

$$\Delta\Psi = \Delta n \cdot c \tag{4.272}$$

Die Superposition zweier Translationsströmungsfelder beispielsweise ist in Abb. 4.94 dargestellt. Die horizontale Parallelströmung (gestrichelte Stromlinien) wird mit der schräg nach rechts oben gerichteten Bewegung (dünne Voll-Linien) überlagert. Die Summenströmung ist dick ausgezogen. Die Stromlinien der beiden zu überlagernden Felder sind mit dem Wert ihrer Stromfunktion bezeichnet, deren Abstand von jeweils gleicher Größe ($\Delta\Psi = 1$) ist. An den Schnittpunkten addieren sich die Stromfunktionswerte. Die dadurch gebildeten Punkte gleicher Summen-Stromfunktionswerte miteinander verbunden, ergeben die Stromlinien des Gesamtströmungsfeldes (dicke Voll-Linien).

Begründung für dieses Verfahren: Durch Abstand A–B strömt die Menge der Horizontalströmung $\Delta\Psi_1 = 2 - 1 = 1$. Im schrägen Parallelströmungsfeld strömt durch B–C ebenfalls der Volumenstrom $\Delta\Psi_2 = 1 - 0 = 1$. Durch A–C fließen beide Volumenströme, also der Summen-Mengenstrom $\Delta\Psi_{ges} = \Delta\Psi_1 + \Delta\Psi_2 = 2$. Die Differenz der Stromfunktionswerte (Skalare) der resultierenden Strömung zwischen den durch die Punkte A und C gehenden Summen-Stromlinien muss deshalb ebenfalls $\Delta\Psi_{ges} = 2$ betragen. Die dick ausgezogenen Linien erfüllen diese Bedingung ($\Delta\Psi_{ges} = 3 - 1 = 2$).

Dieses Verfahren gilt allgemein für *ebene*, d. h. zweidimensionale Strömungen. Auch dann, wenn die Strömungen gekrümmte Stromlinien aufweisen, da bei jeder Strömung ein kleiner Ausschnitt, d. h. der Stromlinienabstand, so gewählt werden kann, dass sich näherungsweise gerade Stromlinienstücke ergeben.

Somit gilt folgende Vorgehensweise: Sollen Strömungen superponiert werden, wird für je-

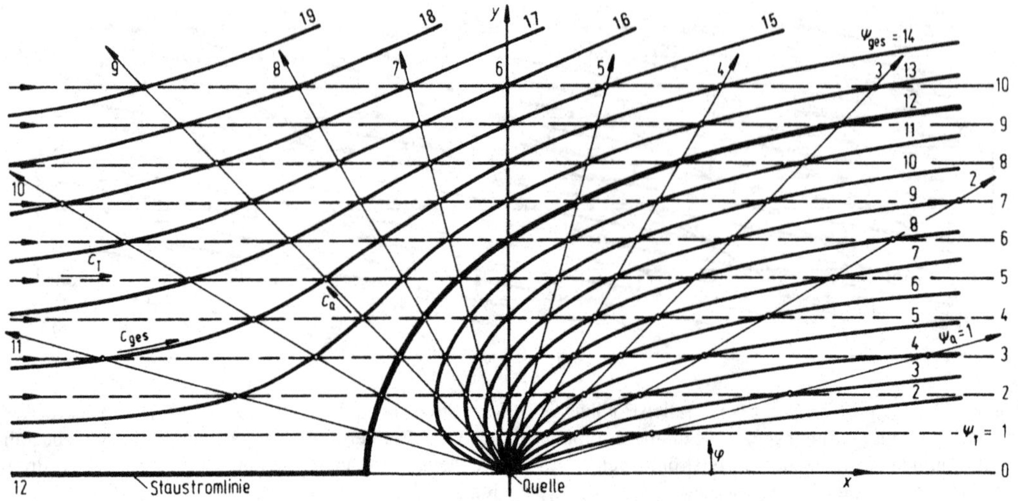

Abb. 4.95 Superposition von Translationsströmung (Ψ_T, c_T) und Quelle (Ψ_Q, c_Q) ergibt Halbkörper-Umströmung. Der Halbkörper ist identisch der Staustromlinie ($\Psi_\mathrm{ges} = 12$). Nur obere Halbkörperseite gezeichnet. Der Gesamtkörper mit Umströmung ergibt sich durch Spiegelung um die Symmetrielinie (x-Achse)

de das Stromlinienbild aus Transparentpapier gezeichnet, oder auf Computer-Bildschirm graphisch dargestellt. Dabei wird bei den zu überlagernden Strömungsfeldern das Aufeinanderfolgen der Stromlinien so festgelegt, dass dem gleichen Zahlenwertunterschied jeweils der gleiche durchfließende Volumenstrom entspricht. Wie erwähnt, ist es gleichgültig, mit welcher Zahl irgendwo begonnen, d. h. welchen Stromlinien jeweils der Stromfunktionswert $\Psi = 0$ zugeordnet wird, da nur die Differenzen wichtig sind. Dann werden jeweils zwei Strömungsfelder übereinander gelegt und die Schnittpunkte der Stromlinien mit der Summe der Ordnungszahlen der beiden Schnittlinien gekennzeichnet. Das ergibt den Wert der resultierenden Stromfunktion (Skalar → arithmetische Addition) gemäß Abschn. 3.2.3.2, $\Psi_\mathrm{ges} = \sum \Psi_i$. Die Verbindungslinien der Punkte mit gleichen Zahlen ergeben letztlich das Stromlinienbild der kombinierten Strömung.

Bemerkungen:

a) Da das Fluid ausschließlich in Stromlinienrichtung und nicht quer dazu strömt, kann jede Stromlinie als feste Wand betrachtet werden, ohne dass sich das Strömungsbild ändert.
b) In diesen theoretischen Strömungsbildern, die besonders ausgezeichnete Symmetriestromlinie nach dem senkrechten Knick jeweils erstarrt angenommen, ergibt dann eine Körperumströmung, z. B. Abb. 4.95.
c) Es bleibt jeweils außer Betracht, wie die zu überlagernden Einzelströmungen entstanden sind.

4.2.8.3.2 Wichtige Strömungsüberlagerungen

Translationsströmung + Quelle Die Überlagerung der beiden Potenzialströmungen, Parallelbewegung in x-Richtung (strichliert) und Quelle (dünne Voll-Linien), ist in Abb. 4.95 dargestellt. Einfachheitshalber ist nur die obere Halbseite gezeichnet. Da es sich um ein liniensymmetrisches Problem handelt, führt die Spiegelung um die x-Achse zum vollständigen Strömungsbild.

Als Summenströmung (dick ausgezogen) ergibt sich die Umströmung eines Halbkörpers mit der Kontur der Stromlinie $\Psi_\mathrm{ges} = 12$, die im Anströmbereich Staustromlinie ist. Die Stromlinie mit $\Psi_\mathrm{ges} = 12$ kann, wie zuvor unter Bemerkungen ausgeführt, als erstarrt, d. h. als feste Wand gedacht werden. Auch ändert sich das äußere Strömungsbild nicht, wenn angenommen wird, dass der Innenbereich dieses Halbkörpers mit Material ausgefüllt ist.

Nach Abschn. 4.2.8.1 gilt:

- Translationsströmung, Index T, (4.255):

$$\Psi_T = c_T \cdot y \quad \text{da } c_x = c_T \text{ und } c_y = 0$$

- Quelle, Index Q, (4.260):

$$\Psi_Q = \frac{E}{2 \cdot \pi} \cdot \varphi$$

Damit ergibt sich für die Überlagerung, d. h. für die Summenströmung (Halbkörperumströmung), Index ges:

$$\Psi_{ges} = \Psi_T + \Psi_Q = c_T \cdot y + \frac{E}{2 \cdot \pi} \cdot \varphi \quad (4.273)$$

Kreisströmung + Quelle Die Gesamtströmung aus der Superposition von Kreisströmung (Wirbel) und Quelle wird als **Wirbelquelle** bezeichnet. Das Stromlinienbild ist in Abb. 4.96 dargestellt. Diese Strömung tritt in radialen Strömungsarbeitsmaschinen (Kreiselpumpen und -verdichtern) bei den sog. *wirkungsfreien Schaufeln* auf, die ohne Kraftwirkung zur Strömung und daher nur von theoretischem Interesse sind. Tatsächliche Ausführungen müssen notwendigerweise hiervon abweichen, um Energie auf die Strömung übertragen zu können (Abschn. 4.1.6.3). Die wirkungslosen Schaufeln hätten dann in beiden Fällen die Kontur der Summenstromlinien Ψ_{ges} = konst.

Nach Abschn. 4.2.8.1 gilt wieder mit Index Q für Quelle und K bei Kreisströmung:

- Quelle, (4.260):

$$\Psi_Q = \frac{E}{2 \cdot \pi} \cdot \varphi$$

- Kreisströmung, (4.270):

$$\Psi_K = -\frac{\Gamma}{2 \cdot \pi} \cdot \ln r$$

Hiermit Summenströmung (Wirbelquelle):

$$\Psi_{ges} = \Psi_Q + \Psi_K = \frac{E}{2 \cdot \pi} \cdot \varphi - \frac{\Gamma}{2 \cdot \pi} \cdot \ln r \quad (4.274)$$

Aus (4.274) ergibt sich die Funktion für die Stromlinien Ψ_{ges} = konst der Gesamtströmung.

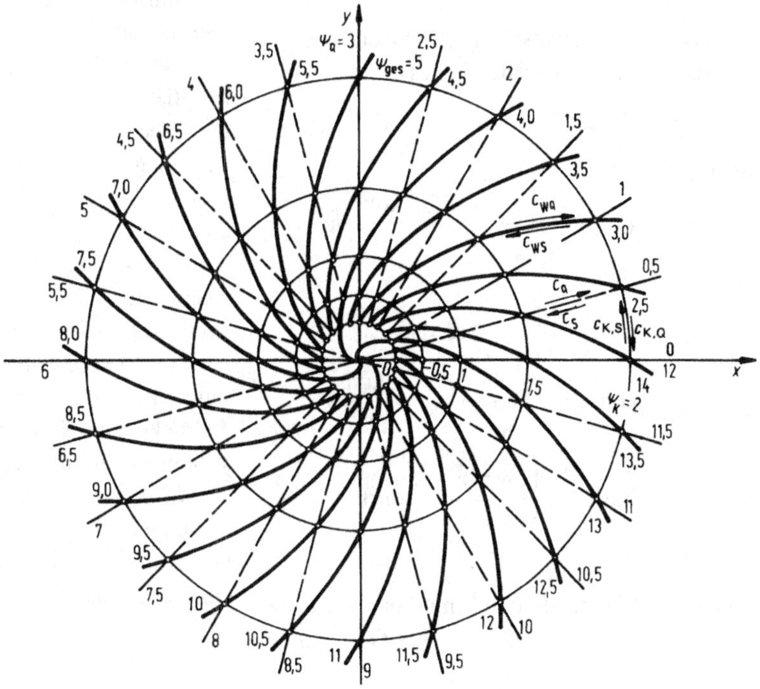

Abb. 4.96 Überlagerung von Quelle (Ψ_Q, c_Q) und Kreisströmung (Ψ_K, $c_{K,Q}$) ergibt Wirbelquelle (Ψ_{ges}, c_{WQ}) bzw. Superposition von Senke ($\Psi_S = \Psi_Q$, c_S) und Kreisströmung (Ψ_K, $c_{K,S}$) ergibt Wirbelsenke (Ψ_{ges}, c_{WS})

Diese lassen sich jedoch auch im einzelnen als Tangenten-Kurvenfunktion an die Gesamtgeschwindigkeit bestimmen. In Abb. 4.97 ist für einen Stromlinienpunkt die resultierende Geschwindigkeit c_{WQ} als Vektorsumme aus Kreisgeschwindigkeit $c_{K,Q}$ und Quellengeschwindigkeit c_Q eingetragen.

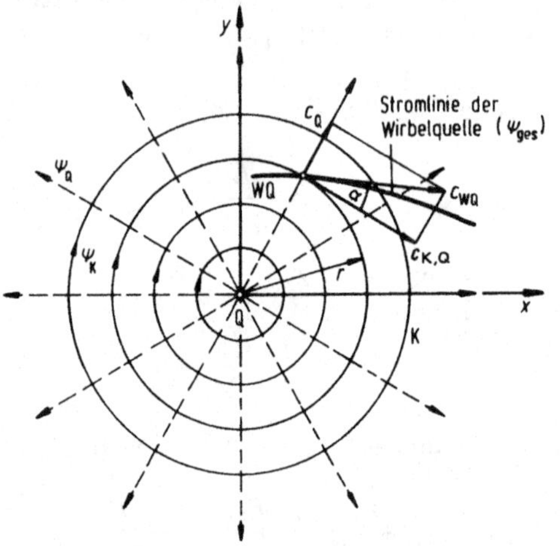

Abb. 4.97 Geschwindigkeiten bei Superposition von Quelle Q und Kreisströmung K (Wirbel) zur Wirbelquelle WQ. Tangentenwinkel α der Gesamtstromlinie gegenüber der Umfangsrichtung. $c_Q(r)$ Quellgeschwindigkeit; $c_{K,Q}(r)$ Wirbel-Kreisgeschwindigkeit; $c_{WQ}(r)$ Wirbelquellen-Geschwindigkeit

Für den Umfangswinkel α der Stromlinie der Wirbelquelle (Summenstromlinie) ergibt sich:

$$\tan\alpha = c_Q / c_{K,Q}$$

Mit Flächensatz

$$r \cdot c_{K,Q} = \text{konst} \rightarrow c_{K,Q} = \frac{\text{konst}}{r} w$$

und Kontinuität

$$E = \text{konst} = \frac{\dot{V}}{b} = 2 \cdot r \cdot \pi \cdot c_Q$$

$$\text{konst} = r \cdot c_Q \rightarrow c_Q = \frac{\text{konst}}{r}$$

folgt

$$\tan\alpha = \frac{\text{konst}/r}{\text{konst}/r} = \text{konst}$$

$$\text{also} \quad \alpha = \text{konst}$$

Bemerkung: Es handelt sich hierbei jeweils um eine andere Konstante, d. h. je eine Größe anderen festen Wertes.

Die Gesamtstromlinien folgen also der Funktion: Umfangswinkel $\boldsymbol{\alpha}$ **= konst**. Solche Kurven werden in der Mathematik als **logarithmische Spiralen** bezeichnet.

Kreisströmung + Senke Analog zur Wirbelquelle wird die Summenströmung aus der Überlagerung von Potenzialwirbel und Senke als **Wirbelsenke** bezeichnet. Abb. 4.96 und 4.97 gelten dann auch für die Wirbelsenke, wenn alle Bewegungsrichtungen umgekehrt werden, also bei der Senke c_S, dem Potenzialwirbel $c_{K,S}$ und der Wirbelsenke c_{WS} (Abb. 4.96). Die Stromlinien der Wirbelsenke sind ebenfalls logarithmische Spiralen. Im Gegensatz zur Wirbelquelle allerdings nach innen gerichtet.

Diese Strömung würde, wie zuvor erwähnt, in wirkungslosen radialen Strömungskraftmaschinen, den Turbinen, auftreten und ist daher ebenfalls nur theoretisch interessant. Auch hier haben wirkungsfreie Schaufeln demnach die Form logarithmischer Spiralen. Praktisch verwirklichte Ausführungen müssen somit hiervon ebenfalls abweichen, um Energie von der Strömung übernehmen zu können.

Translationsströmung + Kreisströmung Das Strömungsbild, das durch Überlagerung von Parallelströmung und Potenzialwirbel entsteht, ist in Abb. 4.98 dargestellt. Die Stromlinien der resultierenden Strömung sind dick, die der Translationsbewegung gestrichelt und die der Kreisströmung dünn ausgezogen (dünne Vollinien) gezeichnet. Als Gesamtströmung (dicke Vollinien) ergibt sich die zirkulationsbehaftete Zylinderumströmung. Die Staustromlinie (sehr dick ausgezogen) und damit die Staupunkte sind je nach Zirkulationsstärke mehr oder weniger weit nach unten verschoben. Oben werden die Stromlinien zusammengedrängt und unten auseinander gedrückt. Die Konsequenzen aus dem Gesamtströmungsverlauf enthält Abschn. 4.2.9.1.

Mit den schon wiederholt verwendeten Beziehungen der Stromfunktionen für die Einzelbewegungen ergibt sich die Stromfunktion der Gesamtströmung zu:

$$\Psi_{ges} = \Psi_T + \Psi_K = c_T \cdot y - \frac{\Gamma}{2 \cdot \pi} \cdot \ln r$$

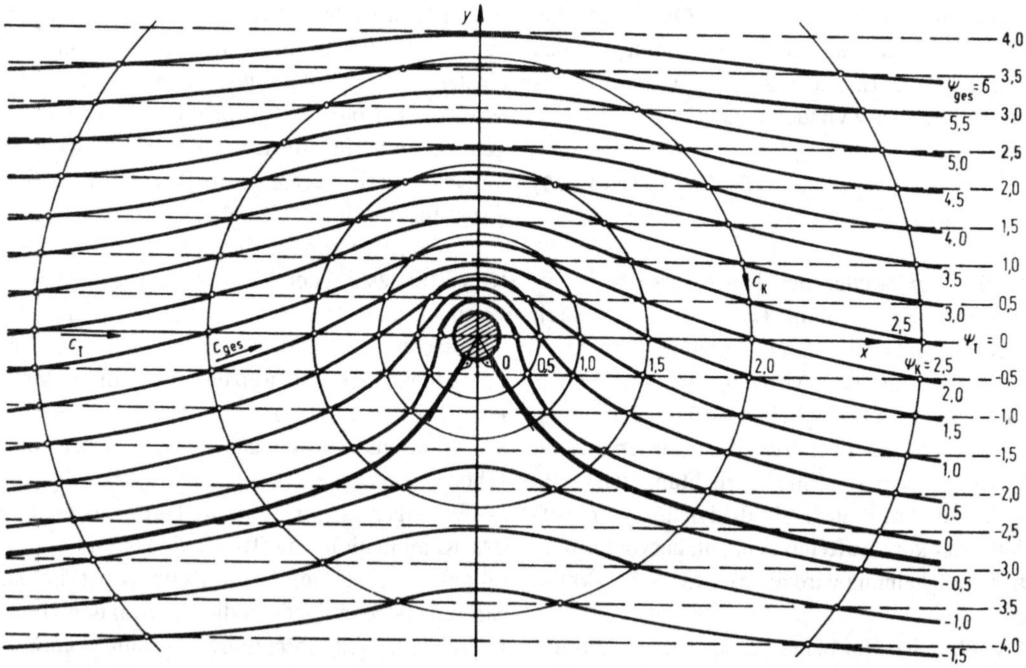

Abb. 4.98 Superposition von Translationsströmung (Ψ_T, c_T) in x-Richtung und Kreisströmung (Ψ_K, c_K) ergibt zirkulationsbehaftete Zylinderströmung (Ψ_{ges}, c_{ges}) mit dick eingetragener Staustromlinie

Die Gleichung $\Psi_{ges} =$ konst beschreibt wieder die Stromlinien der Summenströmung.

Die Kreiszylinderumströmung selbst, d. h. ohne Drehung, ergibt sich durch Superposition von Dipol- und Translationsströmung. Aus Platzgründen wird auf die Behandlung dieser dadurch entstehenden **zirkulationsfreien Kreiszylinderumströmung**, die deshalb zur Strömungsrichtung symmetrisch ist, verzichtet.

Quell-Senken-Paar, kurz Quell-Senke, mit Parallelströmung kombiniert führt zu drehungsfreier Umströmung von Ellipsoidkörper, d. h., es ergibt sich ein ellipsenförmiger Innenbereich im Längsschnitt.

4.2.9 Umströmung von Schaufeln und Profilen

4.2.9.1 MAGNUS-Effekt

Um einen z. B. in Luft *rotierenden* Kreiszylinder bildet sich nach einiger Zeit in guter Näherung eine stationäre Kreisströmung aus. Wird dieser Potenzialwirbel von einem Luftstrom quer angeblasen, überlagern sich die beiden Strömungen. Als Kombination stellt sich das bereits zuvor in Abschn. 4.2.8.3.2 beschriebene und in Abb. 4.98 dargestellte, zur Anströmung unsymmetrische Strömungsbild ein. An der Oberseite bewegen sich Kreisströmung und Anströmung in gleicher Richtung. Die Geschwindigkeiten addieren sich (vektoriell). Die erhöhte Geschwindigkeit drückt sich in einer Verdichtung der Stromlinien aus, d. h. ihr Abstand wird kleiner. An der Unterseite des Zylinders laufen die Strömungen einander entgegen. Verringerung der Geschwindigkeit ist die Folge. Durch diese Subtraktion verdünnen sich hier die Stromlinien; ihr Abstand wird größer. Die Geschwindigkeitsänderungen haben nach der Energiegleichung zwangsläufig eine gegensätzliche Druckänderung zur Folge. An der Oberseite entsteht Unterdruck, an der Zylinderunterseite Überdruck. Die Drücke wirken dabei quer zur Anströmung in entgegengesetzter Richtung auf den Zylinder. Der Druckunterschied zwischen Ober-und Unterseite des Körpers bewirkt eine Querkraft (dynamischer Auftrieb).

Die Größe der entstehenden **Querkraft F_Q** ergibt sich dann aus dem Vektor-Integral des Druckverlaufes (meist jedoch analytisch nicht bekannt!) über den Zylinderumfang U:

$$\vec{F}_Q = \int_{(U)} p \cdot \vec{n} \cdot dA \qquad (4.275)$$

Dabei ist $\vec{n}$ wieder der Normaleneinheitsvektor zur Anströmrichtung ($|\vec{n}| = n = 1$). Durch Überlagerung einer Parallelströmung mit einer Zirkulationsströmung wird demnach eine Ablenkung aus der ursprünglichen Strömungsrichtung und damit eine quer zur Anströmrichtung in Richtung zur Stromlinienverdichtung wirkende Kraft, Querkraft, auch (fluid-)dynamischer Auftrieb, oder kurz **Auftrieb** genannt, hervorgerufen. Diese Erscheinung wird als **MAGNUS-Effekt** bezeichnet.

Wichtig ist: Nur beide Teilströmungen zusammen haben diesen Effekt, jede für sich alleine nicht!

Der Berliner Physiker GUSTAV MAGNUS (1802 bis 1870) hatte 1852 die ablenkende Kraft rotierender, geradlinig bewegter Zylinder experimentell nachgewiesen und damit die Ursache der Bahnabweichung rotierender kugelförmiger Geschosse aus ihrer ungestörten Parabelflugkurve erkannt. Die theoretisch begründete Erklärung gelang erst 1877 LORD RAYLEIGH (1842 bis 1919). Angeregt wurde er zu dieser Arbeit durch die Flugbahnabweichung von Tennisbällen, infolge Überlagerung von Fortbewegung mit aufgeprägter Rotation des Balles. Das ist die Ursache beim sog. Bananenschuss (Kurvenflug des Balles) der Fußball- und Tennisspieler.

FLETTNER (1885 bis 1961) nützte den MAGNUS-Effekt zum Antrieb von Schiffen. Das FLETTNER-Rotorschiff wies an Stelle von Segeln zwei große, um vertikale Achsen rotierende Zylinder auf und ermöglichte so die Windenergie zum Vortrieb auszunützen. Die Manövrierfähigkeit des FLETTNER-Rotorschiffes war gut. Die Energie zum Drehen der Rotoren muss nur die theoretisch geringe Reibungsarbeit überwinden. Die Rotoren waren gedacht als Ersatz für großflächige Segel. Das Rotorschiff schneidet jedoch ungünstiger ab, da mit dem hohen Vortrieb der Rotoren (Auftriebswerte bis $\zeta_A = 9$ wurden erreicht) bei realen Fluiden auch ein großer Widerstand entsteht (Abschn. 4.3.2 und 4.3.3). Auch ist der FLETTNER-Rotor dem Propellerantrieb unterlegen wegen geringerer Effizienz (Wirkungsgrad), Verschlechtern der Schiff-Schwimmstabilität (Abschn. 2.6.2) und Windabhängigkeit.

Als weitere direkte Anwendung des MAGNUS-Effektes in der Technik wurde bisweilen versucht, z. B. rotierende Walzen entlang der Tragflächen zur Auftriebserhöhung bei landenden Flugzeugen einzusetzen. Auch diese Maßnahme bewährte sich nicht, und zwar infolge konstruktions-, fertigungs- sowie betriebstechnischer Schwierigkeiten.

Wichtiger als die unmittelbare Anwendung der Kombination von Translations- und Zirkulationsströmung um einen Zylinder ist in der Strömungstechnik jedoch die Übertragung dieses relativ einfachen Strömungsbildes mittels konformer Abbildung auf Schaufel- sowie Flügelprofile von Strömungsmaschinen und Flugzeugen.

4.2.9.2 Tragflügeltheorie

Tragflügelprofile sind im Unterschallbereich Profilleisten mit stumpf gerundeter Vorder-(Nase) und möglichst spitz auslaufender Hinterkante (Abströmseite). Es handelt sich somit um profilierte plattenförmige Körper.

Mit Hilfe der konformen Abbildung ist, wie bereits ausgeführt, die zirkulationsbehaftete Kreiszylinderumströmung auf Flügelprofile, Abb. 4.99, übertragbar. Der MAGNUS-Effekt (vorhergehender Abschnitt), d. h. Entstehen von Querkraft durch Kombination von Parallel- und Zirkulationsströmung, ist deshalb auch Grundlage der **dynamischen Auftriebserzeugung** bei Flugzeugtragflächen und Propellern sowie Laufradschaufeln. Diese Erkenntnis geht, wie vieles andere in der Strömungsmechanik, auf PRANDTL zurück.

Die dynamische Auftriebskraft (Querkraft) hat somit eine völlig andere Ursache als der *fluidstatische Auftrieb* nach ARCHIMEDES (Abschn. 2.6.1) und darf deshalb nicht mit diesem verwechselt werden.

In diesem Abschnitt der reibungsfreien Strömung soll nicht untersucht werden, wie die

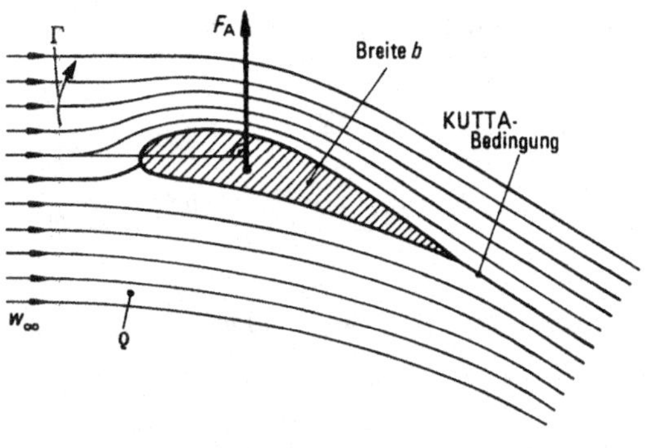

Abb. 4.99 Ideale Profilumströmung mit Eintragungen

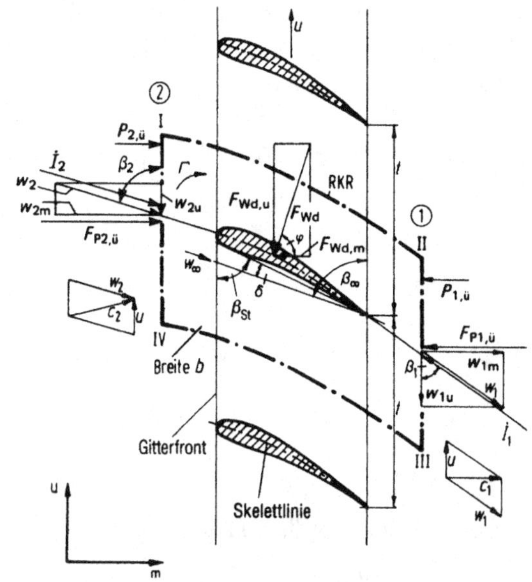

Abb. 4.100 Strömung durch Profilgitter.
m Meridianrichtung (Achsrichtung)
u Umfangsrichtung
β_{St} Staffelungswinkel des Gitters, Winkel zwischen Gitterfront und Profilbezugslinie; $\beta_{St} = \beta_\infty - \delta$. Breite *b* der Flügel senkrecht zur Zeichenebene

Zirkulationsströmung angefacht und aufrecht erhalten werden kann. Dies wird bei der Profilumströmung durch reale Fluide behandelt (Abschn. 4.3.3). Die folgende Betrachtung geht von der Tatsache des Vorhandenseins der Strömungskombination aus Translation und Zirkulation um das Profil aus. Die beiden Anteile sind dabei so aufeinander abgestimmt, dass der Tragflügel bzw. die Schaufel konturgetreu umströmt wird und das Medium tangential abfließt, die sog. **KUTTA-Abflussbedingung**.

Mittels des Impulssatzes ist die wichtige Feststellung möglich: Die Querkraft muss die Folge eines gleich großen, gleichgerichteten Impulsstromes sein. Um diese Impulsänderung zu erreichen, muss das Flügelprofil die Luft nach unten ablenken. Eine Flugzeugtragfläche beispielsweise ist gezwungen, um ihr eigenes Fallen zu verhindern, Luft entsprechend nach unten abzulenken. LORD RAYLEIGH nannte dies einst das *Prinzip des Opfers*.

Die Herleitung der mathematischen Beziehung für den dynamischen Auftrieb ist deshalb außer über (4.275) auch mit dem Impulssatz möglich. Dies soll, da einfacher, jetzt durchgeführt werden:

Ausgegangen wird von einem **Flügelgitter,** d. h. einer Anordnung mehrerer, gleicher Profile auf einer Nabe in einheitlicher Teilung *t*. Die Abwicklung des Profilgitter-Mittelschnittes zeigt Abb. 4.100. Solche Profilgitter, die eine Drehbewegung ausführen, werden bei Strömungsmaschinen und Antriebs-Propellern eingesetzt.

Auf den in Abb. 4.100 eingetragenen relativen Kontrollraum RKR, der profilfest ist und sich daher mit dem Flügel mit der Umfangsgeschwindigkeit *u* mitbewegt, wird der Impulssatz angewendet. Um die dazu notwendige ebene Strömung zu erhalten, werden die Flügel als unendlich breit, d. h. lang betrachtet ($b \to \infty$), oder, um Randumströmung zu verhindern, endliche Flügel mit Seitenscheiben (Stirnseiten) versehen, Abb. 4.131. Die relative, d. h. auf den bewegten Kontrollraum bezogene Fluid-Anströmrichtung ist gegenüber der Umfangsgeschwindigkeit *u* um den mittleren Winkel β_∞ verdreht. Außerdem ist das Profil zur mittleren relativen Ausströmgeschwindigkeit w_∞ um den Winkel δ angestellt. Winkel $(\beta_\infty - \delta)$ zwischen Profilbezugslinie (Abschn. 4.3.3.2) und Umfangsrichtung *u* wird auch als Staffelungswinkel β_{St} des Profilgitters bezeichnet. Die Profilwinkel β_2 und β_1 sind die (Tangenten-)Winkel der Profil-Skelettlinie an der Nase (Stelle 2) und am Schwanz (Stelle 1) der Flügel.

Gemäß der Anwendung des Impulssatzes sind auf den Relativkontrollraum RKR und damit auf den Flügel wirkend eingetragen, die *Impulsströme* $\dot{I}$ (Stellen 2; 1), die *Überdruckkräfte* $F_{p,ü}$

(Stellen 2; 1) und die für das Kräftegleichgewicht notwendige *Wandkraft* F_{Wd} (Haltekraft).

Für die Profilbreite b ergibt sich:

a) IS ②–①: $\sum \vec{F} = 0 \rightarrow \sum F_u = 0$
$\rightarrow \sum F_m = 0$

$\sum F_u = 0$:

$$-\dot{I}_{2\,u} + \dot{I}_{1\,u} - F_{\mathrm{Wd,u}} = 0,$$

hieraus

$$\begin{aligned}
F_{\mathrm{Wd,u}} &= \dot{I}_{1\,u} - \dot{I}_{2\,u} = \dot{I}_1 \cos\beta_1 - \dot{I}_2 \cos\beta_2 \\
&= \dot{m}\, w_1 \cos\beta_1 - \dot{m}\, w_2 \cos\beta_2 \\
&= \dot{m}(w_{1\,u} - w_{2\,u}) = \varrho \cdot \dot{V}(w_{1\,u} - w_{2\,u}) \\
&= \varrho \cdot t \cdot b \cdot w_{2\,m} \cdot (w_{1\,u} - w_{2\,u})
\end{aligned}$$

$\sum F_m = 0$:

$$\dot{I}_{2\,m} + F_{p_{2,ü}} - F_{\mathrm{Wd,m}} - F_{p_{1,ü}} - \dot{I}_{1\,m} = 0,$$

hieraus

$$\begin{aligned}
F_{\mathrm{Wd,m}} &= -\dot{I}_{1\,m} + \dot{I}_{2\,m} - F_{p_{1,ü}} + F_{p_{2,ü}} \\
&= -\dot{I}_1 \sin\beta_1 + \dot{I}_2 \sin\beta_2 \\
&\quad - F_{p_{1,ü}} + F_{p_{2,ü}} \\
&= -\dot{m}\, w_1 \sin\beta_1 + \dot{m}\, w_2 \sin\beta_2 \\
&\quad - p_{1,ü}\, b\, t + p_{2,ü}\, b\, t \\
&= \dot{m}(w_{2\,m} - w_{1\,m}) + b\, t\, (p_{2,ü} - p_{1,ü})
\end{aligned}$$

b) K ②–①:

$$A_{2\,m}\, w_{2\,m} = A_{1\,m}\, w_{1\,m},$$

hieraus

$$\begin{aligned}
b\, t\, w_{2\,m} &= b\, t\, w_{1\,m} \\
w_{2\,m} &= w_{1\,m} = w_m
\end{aligned}$$

c) E ②–①:

$$g z_2 + \frac{p_2}{\varrho} + \frac{w_2^2}{2} = g z_1 + \frac{p_1}{\varrho} + \frac{w_1^2}{2},$$

hieraus mit $z_2 = z_1 = 0$ und $\varrho \equiv \varrho_\infty$

$$\begin{aligned}
\frac{p_2 - p_1}{\varrho} &= \frac{w_1^2 - w_2^2}{2} \\
&= \frac{(w_{1\,u}^2 + w_{1\,m}^2) - (w_{2\,u}^2 + w_{2\,m}^2)}{2}
\end{aligned}$$

Da $p_2 - p_1 = p_{2,ü} - p_{1,ü}$ und $w_{1\,m} = w_{2\,m}$ folgt:

$$p_{2,ü} - p_{1,ü} = \frac{\varrho}{2}(w_{1\,u}^2 + w_{2\,u}^2)$$

Eingesetzt in die Gleichung für $F_{\mathrm{Wd,m}}$ ergibt:

$$\begin{aligned}
F_{\mathrm{Wd,m}} &= (\varrho/2) \cdot b \cdot t \cdot (w_{1\,u}^2 - w_{2\,u}^2) \\
&= (\varrho/2) \cdot b \cdot t \\
&\quad \cdot (w_{1\,u} - w_{2\,u})(w_{1\,u} + w_{2\,u})
\end{aligned}$$

d) Des Weiteren wird die Zirkulation um den Kontrollraum I–II–III–IV–I bestimmt und eingeführt (gemäß Abschn. 4.2.2.2):

$$\begin{aligned}
\Gamma &= \oint \vec{w} \cdot d\vec{s} = \oint w \cdot \cos\alpha \cdot ds \\
\Gamma &= \Lambda_{\text{I–II}} + \Lambda_{\text{II–III}} + \Lambda_{\text{III–IV}} + \Lambda_{\text{IV–I}}
\end{aligned}$$

Mit $\Lambda_{\text{III–IV}} = -\Lambda_{\text{I–II}}$, $\Lambda_{\text{II–III}} = w_{1\,u} \cdot t$ und $\Lambda_{\text{IV–I}} = -w_{2\,u} \cdot t$ wird:

$$\Gamma = t \cdot (w_{1\,u} - w_{2\,u})$$

Nach den Ergebnissen von a); b); c) sowie d) erhalten die Beziehungen für $F_{\mathrm{Wd,u}}$ und $F_{\mathrm{Wd,m}}$ die Form:

$$\begin{aligned}
F_{\mathrm{Wd,m}} &= \varrho \cdot b \cdot \Gamma \cdot (w_{2\,u} + w_{1\,u})/2 \\
F_{\mathrm{Wd,u}} &= \varrho \cdot b \cdot \Gamma \cdot w_m
\end{aligned}$$

Mit den mittleren Geschwindigkeitskomponenten (identisch den ungestörten Anströmwerten) $w_{\infty\,u} = \dfrac{w_{1\,u} + w_{2\,u}}{2}$ und $w_{\infty\,m} = w_m$ werden:

$$\begin{aligned}
F_{\mathrm{Wd,m}} &= \varrho \cdot b \cdot \Gamma \cdot w_{\infty\,u} \\
F_{\mathrm{Wd,u}} &= \varrho \cdot b \cdot \Gamma \cdot w_{\infty\,m} \\
w_\infty &= \sqrt{w_{\infty\,m}^2 + w_{\infty\,u}^2}
\end{aligned}$$

Damit ist die resultierende Wandkraft:

$$F_{\mathrm{Wd}} = \sqrt{F_{\mathrm{Wd,m}}^2 + F_{\mathrm{Wd,u}}^2}$$
$$= \varrho \cdot b \cdot \Gamma \cdot \sqrt{w_{\infty\mathrm{m}}^2 + w_{\infty\mathrm{u}}^2}$$
$$F_{\mathrm{Wd}} = \varrho \cdot b \cdot \Gamma \cdot w_\infty \quad \text{mit } \varrho \equiv \varrho_\infty \qquad (4.276)$$

Für den Richtungswinkel φ von F_{Wd} ergibt sich:

$$\tan\varphi = F_{\mathrm{Wd,u}}/F_{\mathrm{Wd,m}} = w_{\infty\mathrm{m}}/w_{\infty u} = \tan\beta_\infty$$
$$\text{also:} \quad \varphi = \beta_\infty \qquad (4.277)$$

Der Wandkraft F_{Wd} als Reaktion steht als Aktion die durch den Impulsstrom bedingte dynamische Auftriebskraft F_{A} entgegen. Daher $F_{\mathrm{A}} = F_{\mathrm{Wd}}$, also

$$\boldsymbol{F_{\mathrm{A}} = \varrho \cdot b \cdot \Gamma \cdot w_\infty} \qquad (4.278)$$

mit der Umfangskomponente

$$F_{\mathrm{u}} = F_{\mathrm{Wd,u}} = \varrho \cdot b \cdot \Gamma \cdot w_{\infty\mathrm{m}} \qquad (4.279)$$

und der Meridiankomponente

$$F_{\mathrm{m}} = F_{\mathrm{Wd,m}} = \varrho \cdot b \cdot \Gamma \cdot w_{\infty\mathrm{u}} \qquad (4.280)$$

sowie dem mittleren (ungestörten relativen) Anströmwinkel $\beta_\infty = \varphi$ gilt:

$$\tan\beta_\infty = \frac{F_{\mathrm{u}}}{F_{\mathrm{m}}} = \frac{w_{\infty\mathrm{u}}}{w_{\infty\mathrm{m}}} = \frac{w_{\mathrm{m}}}{(w_{2\mathrm{u}} + w_{1\mathrm{u}})/2} \qquad (4.281)$$

Beziehung (4.278) ist das **Gesetz von KUTTA-JOUKOWSKY**, Grundgleichung der **Tragflügeltheorie**.

Den Zusammenhang entdeckten die beiden Forscher unabhängig voneinander, KUTTA[22] 1902 und JOUKOWSKY[23] 1904.

Das tangentiale Abströmen des Fluides an der Profil-Hinterkante (Abb. 4.99) wird, wie erwähnt, als KUTTA-Abflussbedingung, oder kurz **KUTTA-Bedingung**, bezeichnet.

Der *Satz von* Kutta-Joukowsky bestätigt, dass Auftrieb nur dann auftritt, wenn sowohl Anströmgeschwindigkeit als auch Zirkulation vorhanden sind. Die Profilumströmung besteht somit aus überlagerter Verdrängungs- und Kreisströmung.

Aus (4.278) geht weiterhin hervor, dass die Querkraft $F_{\mathrm{A}} = F_{\mathrm{Wd}}$ senkrecht zur mittleren Anströmgeschwindigkeit w_∞ wirkt ($\varphi = \beta_\infty$).

Das Gesetz von KUTTA-JOUKOWSKY gilt allgemein für ebene Strömungen idealer Fluide. Die Ableitung kann ebenso am angeströmten ruhenden oder translar bewegten Einzelflügel durchgeführt werden. In genügendem Abstand (theoretisch ∞ großem) nach oben und unten ist die Strömung vom Flügelprofil unbeeinflusst. Die Kreisgeschwindigkeit der Zirkulation ist bei entsprechendem Abstand so weit zurückgegangen, dass sie vernachlässigt werden kann. Entlang den angesetzten Kontrollraumgrenzen I–II und III–IV, die jetzt weit vom Einzel-Profil weggerückt sind, findet dann ebenfalls kein Fluidaustausch mehr statt. An die Stelle der mittleren Relativgeschwindigkeit w_∞ tritt beim Flugzeug-Tragflächenprofil die ungestörte Anströmgeschwindigkeit c_∞ und Winkel β_∞ entfällt, d. h. wird 90°, nicht jedoch der Anstellwinkel δ. In der Regel ist die sog. Anstellung $\delta < 15°$.

Die Tragflügelumströmung kann in großem Bereich als inkompressibel behandelt werden. Dies ist auch bei Luft- und Gasströmung bis zu relativ hohen Geschwindigkeiten (bis $Ma \approx 1/3$, Abschn. 1.3.1) mit genügender Genauigkeit zulässig. Für größere Geschwindigkeiten müssen die Gesetzmäßigkeiten der kompressiblen Strömung mit beachtet werden (Abschn. 5.5).

Bemerkenswert ist noch, dass sowohl das Gesetz von KUTTA-JOUKOWSKY, (4.278), der Tragflügeltheorie als auch die EULER-Gleichung der Kreiselradtheorie (Abschn. 4.1.6.3) auf den Impulssatz zurückgehen und daher aufs engste miteinander verwandt sind. Es sind nur unterschiedliche Ausdrucksformen des gleichen Phänomens der dynamischen Krafterzeugung durch Strömungsvorgänge.

Die Umströmung jeder Art Schaufel, profiliert oder nicht profiliert (angestellte Platte),

[22] KUTTA, W. (1867 bis 1944), dt. Physiker.
[23] JOUKOWSKY, N.J. (1847 bis 1921), russ. Wissenschaftler.

Einzelflügel (Tragflächen), weit stehend (Propeller) oder eng stehend (Schaufelgitter von Strömungsmaschinen) ist immer die Kombination von Translations-(Durchfluss) und Zirkulationsströmung (Drehung).

Meist wird die Tragflügeltheorie für Einzelprofile und weit stehende Schaufeln (Propeller), die Kreiselradtheorie dagegen bei Schaufelgitter (Kanalräder) angewendet. Überschneidungen sind möglich, wie auch Kombination beider Verfahren (besonders bei Propellern).

4.3 Mehrdimensionale Strömungen realer Fluide

4.3.1 Bewegungsgleichungen

4.3.1.1 Grundsätzliches

Wie bereits in Abschn. 1.4 dargestellt, sind bei der Bewegung realer, d. h. reibungsbehafteter Fluide neben den Volumen- (Schwere, Trägheit) und Druckkräften außerdem durch die Viskosität verursachten Widerstandskräfte (Reibung und Turbulenz) zu berücksichtigen. Die grundlegenden Arbeiten hierfür gehen auf M. NAVIER[24] und G. STOKES[25] zurück.

Die sog. **NAVIER-STOKES-Gleichungen** beschreiben mathematisch die durch alle wirkenden Kräfte (Vektorsumme) verursachte allgemeine Bewegung realer Fluide. Sie sind somit Erweiterungen der EULERschen Gleichungen, welche die Bewegung des idealen Fluides analytisch darstellen. Die notwendigen Erweiterungen müssen den Einfluss der Fluidviskosität wiedergeben. Hierzu dient der STOKESsche **Reibungsansatz**, der das NEWTONsche Reibungsgesetz auf allgemeine Strömungen erweitert. Die durch Fluidreibung verursachte Scherspannung ist demnach proportional der **Verformungsgeschwindigkeit**. Gegensätzlich hierzu ist bei Festkörpern die Scherspannung nach dem HOOKEschen Gesetz der Elastizitätstheorie nur proportional der Verformung. Der STOKESsche Reibungsansatz ist jedoch, angelehnt an das Festkörper-Gesetz, eine empirische Festlegung. Deshalb ist nicht von vornherein gewährleistet, dass die NAVIER-STOKESschen Gleichungen die allgemeine Bewegung realer Fluide richtig beschreiben, meist ist dies jedoch der Fall. Sie sollten daher nötigenfalls nachgeprüft werden, was jeweils letztlich nur experimentell möglich und meist mit erheblichen Schwierigkeiten verbunden ist. Die NAVIER-STOKES-Gleichungen stellen auch den Impulssatz in differenzieller Form für NEWTONsche Fluide dar und werden deshalb verschiedentlich als Impulsgleichungen realer Strömungen bezeichnet. Sie gelten in ihrer einfacheren Form nur für inkompressible Fluide räumlich konstanter Viskosität und dabei sowohl für stationäre als auch instationäre Strömungen.

Um den Rahmen dieses Buches nicht zu überschreiten, soll auf die Darstellung der aufwendigen Herleitung der NAVIER-STOKES-Gleichungen (abgekürzt mit NS), Abschn. 4.3.1.2, verzichtet werden. Derjenige Leser, den diese Ableitung interessiert, sei auf die Schrifttumangaben verwiesen, z. B. SCHLICHTING [40] oder TRUCKENBRODT [37].

Da die NAVIER-STOKES-Gleichungen der kompressiblen und damit allgemeinsten Strömung äußerst kompliziert sind, werden nur die Gleichungen für die *inkompressible* Strömung, die schon kompliziert genug sind, angegeben und außerdem nur im orthogonalen Bezugssystem (x, y, z-Koordinaten).

Lange Zeit wurde angenommen, dass die NAVIER-STOKES-Gleichungen nur die laminare Bewegung darstellen könnten. Inzwischen wurde jedoch erkannt, dass die Gleichungen viel aussagekräftiger sind, indem sie auch den Elementarvorgang der Turbulenz beschreiben, wenn sie entsprechend verändert werden. Diese dann sog. erweiterten NAVIER-STOKES-Gleichungen werden auch als REYNOLDS-Gleichungen oder Bewegungsgleichungen der turbulenten Strömung bezeichnet. Durch die Ansätze für die Momentanwerte $c = \bar{c} + c'$ der Geschwindigkeit und $p = \bar{p} + p'$ des Druckes der Strömung, wobei $\bar{c}$; $\bar{p}$ die Mittelwerte und c'; p' die turbulenten Schwankungswerte bezeichnen (Abschn. 3.3.2.2), gehen die NAVIER-STOKES-Gleichungen in die REY-

[24] NAVIER, Claude, Louis, Maria, Henry (1785 bis 1836) frz. Ingenieur.

[25] STOKES; George (1819 bis 1903), engl. Mathematiker und Physiker.

NOLDS-Gleichungen über. Die sich dabei über Mittelwertbildung ergebenden additiven Zusatzterme $\tau_{ij} = -\varrho \cdot \overline{c_i \cdot c_j}$, wobei $i = 1, 2, 3$ und $j = 1, 2, 3$ (Achsrichtungen), werden als (zeitlich gemittelte) REYNOLDSsche Schubspannungen bezeichnet. NAVIER-STOKES-Gleichungen und REYNOLDS-Gleichungen unterscheiden sich daher nur durch Ergänzungen (Additionen) der Reibungsglieder um die zeitlich gemittelten REYNOLDSschen Schubspannungen. Die REYNOLDSschen Gleichungen stellen somit die Bewegungsgleichungen für die Mittelwerte der turbulenten Strömung dar, so wie die NAVIER-STOKES-Gleichungen die Bewegungsgleichungen der Momentanwerte der reibungsbehafteten Strömung darstellen. Die REYNOLDS-Gleichungen entsprechen daher praktisch für turbulente Strömung den exakt für laminare Strömung geltenden NAVIER-STOKES-Gleichungen. Hierzu wird z. B. ebenfalls auf TRUCKENBRODT [37] verwiesen. Ersatzweise kann auch mit der Gesamtviskosität (Abschn. 3.3.2.2.3) oder anderen Näherungsmodellen gerechnet werden. Jeweiliges Überprüfen der Ergebnisse durch Vergleichsrechnungen und/oder Experimente ist notwendig. Insgesamt sind daher die NAVIER-STOKES-Beziehungen die *Grundgleichungen der gesamten Strömungsmechanik.*

Obwohl heute mit Hilfe von Computern auf numerischem Wege schon recht komplexe und gute Näherungslösungen dieser Gleichungen mit der sog. **Numerischen Fluidmechanik** (CFD ... Computational Fluid Dynamics, berechenbare Fluid-Dynamik) möglich sind, liegt ihre allgemeine Behandlung noch weit entfernt. Analytische *Näherungslösungen* sind bei entsprechendem Vereinfachen der Gleichungen möglich (Abschn. 4.3.1.8). Zur Herleitung, d. h. Begründung dieser Näherungslösungen und zur Beurteilung des dadurch auftretenden Fehlers, ist es immer notwendig, auf die Ausgangsgleichungen zurückzugreifen. Der Hauptgrund für die bis heute noch nicht gelungene allgemeine Lösung der NAVIER-STOKES-Gleichungen liegt in dem nichtlinearen Charakter und hauptsächlich an der zweiten Ordnung ihrer Differenzialquotienten. Die Nichtlinearität, der sog. Grad, wird, wie bei den EULERschen Bewegungsgleichungen, durch die Trägheitsglieder $\varrho \cdot \dot{\vec{c}}$ verursacht. Die Ordnung bestimmen die höchsten Differenzialquotienten, hier die zweiten Ableitungen der Reibungsterme $\eta \cdot \Delta\vec{c}$ (LAPLACE), also gerade die Glieder, welche die NAVIER-STOKES-Gleichungen von den EULER-Gleichungen unterscheidet. Sie sind deshalb auch für den Charakter der Gleichungen und deren Lösungen von entscheidender Bedeutung. Denn nur die vollständige Differenzialgleichung zweiter Ordnung (2. Ableitungen) kann außer der trivialen Randbedingung – keine Normalkomponente der Geschwindigkeit längs fester Wände – auch die Haftbedingung (keine Tangentialkomponente der Geschwindigkeit längs fester Wände) als weitere Randforderung erfüllen.

Mathematisch exakt ausgedrückt sind die NAVIER-STOKES-Gleichungen somit ein gekoppeltes System von partiellen Differenzialgleichungen zweiter Ordnung und zweiten Grades, weshalb analytisch nicht allgemein lösbar.

Die *praktisch besonders wichtigen Spezialfälle*, für welche das Integrieren der NAVIER-STOKES-Gleichungen infolge Vereinfachungen gelingt, sind:

a) Die Reibung ist vernachlässigbar ($\eta \approx 0$). Die NAVIER-STOKES-Gleichungen gehen in die EULER-Gleichungen über (Abschn. 4.2.1).
b) Stationäre, voll ausgebildete laminare Strömung z. B. in Rohren. Die linke Seite der NAVIER-STOKES-Gleichungen kann hier als klein vernachlässigt werden, auch wenn die *Re*-Zahl nicht sehr klein.
c) Für einige Spezialströmungen, z. B. ebene Staupunkt- und ebene Wirbelströmungen, lassen sich die NAVIER-STOKES-Gleichungen ohne Vereinfachungen lösen. Für ebene Strömungen $c = f(x, y, t)$ verändert sich die NAVIER-STOKES-Gleichungen zur sog. **Wirbeltransportgleichung**. Diese drückt aus, dass die substantielle Änderung der Wirbelstärke, die sich aus konvektiven und lokalen Anteilen zusammensetzt, gleich ist der Dissipation der Wirbelstärke (Abschn. 4.3.1.3).
d) Strömungen mit sehr großen *Re*-Zahlen. Die Reibungskräfte sind dann, außer in den Grenzschichten, klein im Vergleich zu den Trägheitskräften. In der Außen-,

d. h. Hauptströmung kann der Viskositätseinfluss (Reibung) vernachlässigt, also $\eta \cdot \Delta\vec{c} = 0$ gesetzt werden. Hierfür gehen dann die NAVIER-STOKES-Gleichungen wieder in die EULER-Bewegungsgleichungen über. In den Grenzschichten dagegen sind Trägheits- und Reibungskräfte von gleicher Größenordnung. Hier lassen sich die NAVIER-STOKES-Gleichungen jedoch ebenfalls vereinfachen und gehen dadurch in die sog. PRANDTLschen Grenzschichtgleichungen über (Abschn. 4.3.1.4). Deshalb ist die von PRANDTL hierfür vorgeschlagene Trennung der Gesamtströmung in Außen- und Randbereich äußerst vorteilhaft.

e) Die Viskositätskräfte sind sehr groß im Vergleich zu den Trägheitskräften. Die REYNOLDS-Zahlen sind deshalb sehr klein ($Re \leq 1$). Ergibt die sog. **schleichende Strömung**, z. B. hydrodynamische Schmierschichttheorie (Abschn. 4.3.1.5). Die linke Seite der NAVIER-STOKES-Gleichungen kann in diesem Fall vernachlässigt werden, also $\mathrm{d}\vec{c}/\mathrm{d}t \approx 0$. Solche Strömungen werden auch als voll ausgebildete **Viskositätsströmungen** bezeichnet.

Zusammenfassung: Die insgesamt zum Behandeln von Strömungsproblemen verfügbaren Verfahren sind:

- Analytische Strömungsmechanik
- Experimentelle Strömungsmechanik
- Numerische Strömungsmechanik

Wie zuvor begründet, stößt das analytische Verfahren infolge mathematischer Schwierigkeiten schnell an bisher noch nicht überwindbare Grenzen. Die zugehörigen Differenzialgleichungen (NS und Konti) sind daher nur für Sonderfälle zu lösen, wobei zudem meist starke Vereinfachungen notwendig.

Beim experimentell unterlegten Verfahren, die Technische Fluidmechanik, werden mathematische Probleme durch Versuchswerte und darauf aufbauende Näherungsbeziehungen (Formeln) überbrückt.

Die numerischen Verfahren überwinden die mathematischen Schwierigkeiten durch sog. numerische Modellierungen (Modellansätze), angewendet auf finite, d. h. kleine endliche Bereiche mit teilweise experimentell unterlegten Faktoren. Die finiten Bereiche werden rechnerisch zum Gesamtgebiet des jeweiligen Strömungsfalles zusammengesetzt, was infolge der vielen Gleichungen und Größen (Bezugsstellen, Unbekannte) sowie Zahlenwerte oft Großrechner erfordert.

Die folgenden Abschnitte stellen die zuvor erwähnten Gleichungen und numerischen Berechnungsverfahren in Kurzform als Einführung dar, wobei der nichtlineare Term der ortsabhängigen Beschleunigung $\varrho \cdot (\vec{c} \cdot \nabla)\vec{c}$ unterdrückt ist.

4.3.1.2 Navier-Stokes-Gleichungen

Im *rechtwinkligen* Koordinatensystem lauten die NAVIER-STOCKES-Gleichungen (NS) der *realen inkompressiblen Strömung*:

- x-Koordinate:

$$\varrho\left(\frac{\partial c_x}{\partial t} + c_x \cdot \frac{\partial c_x}{\partial x} + c_y \cdot \frac{\partial c_x}{\partial y} + c_z \cdot \frac{\partial c_x}{\partial z}\right) = f_x - \frac{\partial p}{\partial x} + \eta\left(\frac{\partial^2 c_x}{\partial x^2} + \frac{\partial^2 c_x}{\partial y^2} + \frac{\partial^2 c_x}{\partial z^2}\right)$$

- y-Koordinate:

$$\varrho\left(\frac{\partial c_y}{\partial t} + c_x \cdot \frac{\partial c_y}{\partial x} + c_y \cdot \frac{\partial c_y}{\partial y} + c_z \cdot \frac{\partial c_y}{\partial z}\right) = f_y - \frac{\partial p}{\partial y} + \eta\left(\frac{\partial^2 c_y}{\partial x^2} + \frac{\partial^2 c_y}{\partial y^2} + \frac{\partial^2 c_y}{\partial z^2}\right)$$

- z-Koordinate:

$$\varrho\left(\frac{\partial c_z}{\partial t} + c_x \cdot \frac{\partial c_z}{\partial x} + c_y \cdot \frac{\partial c_z}{\partial y} + c_z \cdot \frac{\partial c_z}{\partial z}\right) = f_z - \frac{\partial p}{\partial z} + \eta\left(\frac{\partial^2 c_z}{\partial x^2} + \frac{\partial^2 c_z}{\partial y^2} + \frac{\partial^2 c_z}{\partial z^2}\right) \tag{4.282}$$

Kurzform-Indexschreibweise:

$$\varrho\left(\frac{\partial c_i}{\partial t} + c_x \cdot \frac{\partial c_i}{\partial x} + c_y \cdot \frac{\partial c_i}{\partial y} + c_z \cdot \frac{\partial c_i}{\partial z}\right) = f_i - \frac{\partial p}{\partial i} + \eta\left(\frac{\partial^2 c_i}{\partial x^2} + \frac{\partial^2 c_i}{\partial y^2} + \frac{\partial^2 c_i}{\partial z^2}\right)$$

mit Abkürzung $i = x;\ y;\ z$.

Darstellung in Vektorform (Tab. 6.23):

$$\varrho \cdot \frac{\mathbf{d}\vec{c}}{\mathbf{d}t} = \vec{f} - \mathbf{grad}\, p + \eta \cdot \Delta\vec{c} \quad (4.283)$$

Oder:

$$\varrho \cdot \dot{\vec{c}} = \vec{f} - \nabla p + \eta \cdot \Delta\vec{c} \quad (4.283/1)$$

Darstellung in Matrixform:

$$\varrho \begin{pmatrix} \dot{c}_x \\ \dot{c}_y \\ \dot{c}_z \end{pmatrix} = \begin{pmatrix} f_x \\ f_y \\ f_z \end{pmatrix} - \begin{pmatrix} \partial p/\partial x \\ \partial p/\partial y \\ \partial p/\partial z \end{pmatrix} + \eta \begin{pmatrix} \Delta c_x \\ \Delta c_y \\ \Delta c_z \end{pmatrix} \quad (4.283/2)$$

Hierbei:

$$\dot{\vec{c}} = \{\dot{c}_x\ \dot{c}_y\ \dot{c}_z\} = \frac{\mathrm{d}}{\mathrm{d}t}\{c_x\ c_y\ c_z\}$$
$$\vec{c} = \{c_x\ c_y\ c_z\} = f(t,\ x,\ y,\ z)$$

LAPLACE-Operator Δ nach (3.28a) und Gradient grad sowie Nablaoperator ∇ (Tab. 6.23) mit grad $\equiv \nabla$ gemäß Beziehungen (2.35a)–(2.35c) und (3.25a), (3.25b).

Größe $\vec{f}$ ist wieder die spezifische Volumenkraft (Massenkraft). $\vec{f}$ ist im Schwerefeld der Erde (Abschn. 2.2.7 und 4.2.1) identisch der vom Gravitationspotenzial ableitbaren spezifischen Gewichtskraft (in Abschn. 1.4 mit f_G bezeichnet). Wirkt also, wie in der Regel der Fall, nur das Gravitationsfeld, so hat die spezifische **Feldkraft**, die sog. **Feldstärke**, den Aufbau:

$$\vec{f} = \{f_x\ f_y\ f_z\} = \{0\ 0\ -\varrho \cdot g\}$$

$\vec{f}/\varrho$ wird auch als **Felddichte** bezeichnet.

Zusammen mit der Kontinuitätsbeziehung (Kontigleichung), (3.26),

$$\frac{\partial c_x}{\partial x} + \frac{\partial c_y}{\partial y} + \frac{\partial c_z}{\partial z} = 0$$

oder in Vektorform (Tab. 6.23):

$$\operatorname{div}\vec{c} = 0 \quad \text{bzw.} \quad \nabla \cdot \vec{c} = 0$$

oder in Indexdarstellung

$$\partial c_j / \partial x_j = 0$$

mit gebundenem Index j (Abschn. 3.2.3.1.1), über den zu addieren ist, der Bedeutung

$$c_j = c_x;\ c_y;\ c_z \quad \text{und} \quad x_j = x;\ y;\ z$$

bilden die NAVIER-STOKES-Gleichungen ein System von vier gekoppelten nichtlinearen partiellen Differenzialgleichungen für die vier Funktionen $c_x(x,\ y,\ z,\ t)$; $c_y(x,\ y,\ z,\ t)$; $c_z(x,\ y,\ z,\ t)$; $p(x,\ y,\ z,\ t)$ bei instationären und $c_x(x,\ y,\ z)$; $c_y(x,\ y,\ z)$; $c_z(x,\ y,\ z)$; $p(x,\ y,\ z)$ bei stationären Strömungen realer raumbeständiger Fluide. Der Druck hat dabei keine eigene Gleichung und die Kontinuitätsgleichung keine eigene Variable. Hinzu kommen noch die Randbedingungen, insbesondere die erfahrungsgemäß gesicherte Haftbedingung. Diese verlangt, wie schon ausgeführt, dass die Geschwindigkeitskomponente tangential zu einer festen Wand direkt an deren Oberfläche verschwindet. Die Geschwindigkeitskomponente normal zur Wand kann nur dann ungleich null sein, wenn die Wand durchlässig und dadurch Fluid abgesaugt oder eingeblasen wird.

Die NAVIER-STOKES-Gleichungen in Zylinderkoordinaten (r, φ, z), die bei Drehströmungsproblemen sinnvoll sind, enthält [40].

Insgesamt gibt es etwa 70 verschiedene Versionen der NAVIER-STOKES-Gleichungen, je nach Koordinatensystem und abhängigen Variablen sowie Ausformungen.

Bemerkung: Die NAVIER-STOKES-Gleichungen sind gemäß den EULER-Gleichungen (Abschn. 4.2.1) auch mit dem Impulssatz (Abschn. 4.1.6.1) herleitbar, weshalb sie auch als Impulsgleichungen der realen Strömung bezeichnet werden.

Erklärung für das Reibungsglied $\eta \cdot \Delta\vec{c}$ der NS: Die exakte Herleitung des Reibungsgliedes über den STOKESschen Friktionsansatz in Anlehnung an die Zusammenhänge bei den Festkörperschubspannungen ist, wie erwähnt, kompliziert und umfangreich. Um dieses Thema nicht auszuweiten, muss deshalb hierauf verzichtet und auf das einschlägige Spezialschrifttum verwiesen werden [50; 53]. Folgende, für das z-Glied mit Hilfe von Abb. 4.101 durchgeführte, vereinfachte Herleitung, die dennoch zum richtigen Ergebnis führt, soll das wichtige Reibungsglied verdeutlichen, durch welches sich die NAVIER-STOKES-Gleichungen von den EULERschen Bewegungsgleichungen unterscheiden.

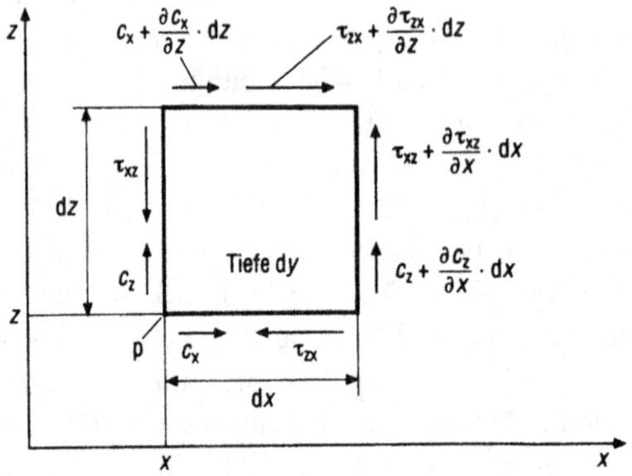

Abb. 4.101 Scherspannungen zum z-Glied der NS an massefestem Fluidelement, bedingt durch umgebende friktionsbehaftete Fluidströmung mit Geschwindigkeitskomponenten c_x; c_z. Bei den Schubspannungen bedeuten: erster Index Normalenrichtung, zweiter Index Wirkrichtung

Am massefesten Fluidvolumenteilchen $\mathrm{d}V = \mathrm{d}x \cdot \mathrm{d}y \cdot \mathrm{d}z$ (Abb. 4.101) beträgt infolge Änderung der Strömungsgeschwindigkeit c_x, in z-Richtung, also $c_x = f(z)$, die durch die reibungsbedingte Scherspannung verursachte Schubkraft für das z-Glied in x-Richtung:

$$\begin{aligned}\mathrm{d}F_{zx} &= \left(\tau_{zx} + \frac{\partial \tau_{zx}}{\partial z} \cdot \mathrm{d}z\right) \cdot \mathrm{d}x \cdot \mathrm{d}y \\ &\quad - \tau_{zx} \cdot \mathrm{d}x \cdot \mathrm{d}y \\ &= \frac{\partial \tau_{zx}}{\partial z} \cdot \mathrm{d}x \cdot \mathrm{d}y \cdot \mathrm{d}z = \frac{\partial \tau_{zx}}{\partial z} \cdot \mathrm{d}V\end{aligned}$$

hieraus

$$\mathrm{d}f_{zx} = \frac{\mathrm{d}F_{zx}}{\mathrm{d}V} = \frac{\partial \tau_{zx}}{\partial z}$$

Mit dem NEWTONschen Fluidreibungsgesetz gemäß (1.14) für z-Glied $\tau_{zx} = \eta \cdot \partial c_x / \partial z$ wird

$$\mathrm{d}f_{zx} = \eta \cdot \partial(\partial c_x/\partial z)/\partial z = \eta \cdot \partial^2 c_x/\partial z^2$$

Entsprechend ergeben sich für:

$$x\text{-Glied} \quad \eta \cdot \partial^2 c_x/\partial x^2$$
$$y\text{-Glied} \quad \eta \cdot \partial^2 c_x/\partial y^2$$

Zusammengesetzt ergibt sich das Friktionsglied (2. Ordnung) der NS-Gleichung in x-Richtung:

$$\eta \cdot \left(\frac{\partial^2 c_x}{\partial x^2} + \frac{\partial^2 c_x}{\partial y^2} + \frac{\partial^2 c_x}{\partial z^2}\right) = \eta \cdot \Delta c_x$$

Die y- und z-Komponenten der beiden weiteren Komponentengleichungen der NS ergeben sich auf dieselbe Weise:

$$\eta \cdot \Delta c_y \quad \text{sowie} \quad \eta \cdot \Delta c_z$$

und damit insgesamt der Reibungsglied-Vektor in LAPLACE-Darstellung:

$$\eta \cdot \{\Delta c_x \quad \Delta c_y \quad \Delta c_z\}$$

Entdimensionierung der NS

In vielen Fällen erweist es sich als vorteilhaft, die NAVIER-STOKES-Gleichungen in dimensionsloser Form zu verwenden, d. h. mit dimensionsfreien Größen. Die Entdimensionierung wird auch als **Skalierung** bezeichnet. Durch entsprechende Bezugswerte können die NS in eine dimensionslose Form überführt, also entdimensioniert werden.

Bezugsgrößen und dimensionslose Variable (Großbuchstaben):

- Längen:

$$l_0 \to X = x/l_0;\ Y = y/l_0;\ Z = z/l_0$$

- Geschwindigkeiten:

$$c_0 \to C_x = c_x/c_0;\ C_y = c_y/c_0;\ C_z = c_y/c_0$$

- Zeit:

$$\begin{aligned}t_0 = l_0/c_0 \to T &= t/t_0 = t/(l_0/c_0) \\ &= t \cdot c_0/l_0\end{aligned}$$

- Feldkraft:

$$f_0 = \varrho \cdot g \to F = f/f_0 = f/(\varrho \cdot g)$$

- Druck:

$$p_0 = \varrho \cdot c_0^2 \;\rightarrow\; P = p/p_0 = p/(\varrho \cdot c_0^2)$$

eingeführt in die NS:

- x-Komponente

$$\varrho \cdot \dot{c}_x = f_x - \partial p/\partial x + \eta \cdot \Delta c_x (\text{dazu } \eta/\varrho = \nu)$$

$$\frac{\partial c_x}{\partial t} + c_x \cdot \frac{\partial c_x}{\partial x} + c_y \cdot \frac{\partial c_x}{\partial y} + c_z \cdot \frac{\partial c_x}{\partial z}$$

$$= \frac{1}{\varrho} \cdot f_x - \frac{1}{\varrho} \cdot \frac{\partial p}{\partial x} + \nu \cdot \left(\frac{\partial^2 c_x}{\partial x^2} + \frac{\partial^2 c_x}{\partial y^2} + \frac{\partial^2 c_x}{\partial z^2} \right)$$

mit

$$\frac{\partial c_x}{\partial t} = \frac{c_0 \cdot \partial C_x}{(l_0/c_0) \cdot \partial T} = \frac{c_0^2}{l_0} \cdot \frac{\partial C_x}{\partial T}$$

werden

$$c_x \cdot \frac{\partial c_x}{\partial x} = c_0 \cdot C_x \cdot \frac{c_0 \cdot \partial C_x}{l_0 \cdot \partial X} = \frac{c_0^2}{l_0} \cdot C_x \cdot \frac{\partial C_x}{\partial X}$$

$$\frac{\partial^2 c_x}{\partial x^2} = \frac{\partial}{\partial x}\left(\frac{\partial c_x}{\partial x}\right) = \frac{1}{l_0} \cdot \frac{\partial}{\partial X}\left(\frac{c_0 \cdot \partial C_x}{l_0 \cdot \partial X}\right)$$

$$= \frac{c_0}{l_0^2} \cdot \frac{\partial^2 C_x}{\partial X^2}$$

Die anderen Glieder entsprechend umgeschrieben und eingesetzt:

$$\frac{c_0^2}{l_0} \cdot \frac{\partial c_x}{\partial T} + \frac{c_0^2}{l_0} \cdot \left(C_x \cdot \frac{\partial C_x}{\partial X} + C_y \cdot \frac{\partial C_x}{\partial Y} + C_z \cdot \frac{\partial C_x}{\partial Z} \right)$$

$$= g \cdot F_x - \frac{p_0}{\varrho \cdot l_0} \cdot \frac{\partial P}{\partial X}$$

$$+ \nu \cdot \frac{c_0}{l_0^2} \cdot \left(\frac{\partial^2 C_x}{\partial X^2} + \frac{\partial^2 C_x}{\partial Y^2} + \frac{\partial^2 C_x}{\partial Z^2} \right)$$

Umgestellt ergibt letztlich:

$$\frac{\partial C_x}{\partial T} + C_x \cdot \frac{\partial C_x}{\partial X} + C_y \cdot \frac{\partial C_x}{\partial Y} + C_z \cdot \frac{\partial C_x}{\partial Z}$$

$$= \frac{l_0 \cdot g}{c_0^2} \cdot F_x - \frac{p_0}{\varrho \cdot c_0^2} \cdot \frac{\partial P}{\partial X}$$

$$+ \frac{\nu}{c_0 \cdot l_0} \cdot \left(\frac{\partial^2 C_x}{\partial X^2} + \frac{\partial^2 C_x}{\partial Y^2} + \frac{\partial^2 C_x}{\partial Z^2} \right)$$

Mit $p_0 = \varrho \cdot c_0^2$ doppeltem Staudruck, $Fr^2 = c_0^2/(l_0 \cdot g)$ nach (3.38), $Re = (c_0 \cdot l_0)/\nu$ gemäß (3.37) wird:

$$\dot{C}_x = \frac{1}{Fr^2} \cdot F_x - \frac{\partial P}{\partial X} + \frac{1}{Re} \cdot \Delta C_x$$

Entsprechend ergeben sich die beiden anderen Komponenten-Gleichungen (y- und z-Richtung), sodass die entdimensionierte NS in Vektoranalysis-Form lautet:

$$\dot{\vec{C}} = \frac{1}{Fr^2} \cdot \vec{F} - \nabla P + \frac{1}{Re} \cdot \Delta \vec{C} \qquad (4.283/3)$$

Ergebnis: Zwei Strömungsfelder stimmen nur dann exakt überein, wenn insgesamt erfüllt sind:

- *Re*-Zahlen gleich
- *Fr*-Zahlen gleich
- Ränder ähnlich

(Hinweis auf Abschn. 3.3.1).

Die zugehörige Kontinuitätsgleichung (3.26), entsprechend dimensionslos gemacht, ergibt die entdimensionierte Form:

$$\nabla \cdot \vec{C} \equiv \operatorname{div} \vec{C} = 0 \qquad (4.283/3a)$$

4.3.1.3 Wirbeltransportgleichung

Für ebene Strömungen lässt sich die NS – hierbei entfällt die z-Richtung $\rightarrow c_z = 0$ – mit der Potenzialfunktion U (2.34) umschreiben.

Matrix-Form:

$$\varrho \cdot \frac{\mathrm{d}}{\mathrm{d}t}\begin{pmatrix} c_x \\ c_y \end{pmatrix} = -\varrho \cdot \begin{pmatrix} \partial U/\partial x \\ \partial U/\partial y \end{pmatrix} - \begin{pmatrix} \partial p/\partial x \\ \partial p/\partial y \end{pmatrix} + \eta \cdot \begin{pmatrix} \Delta c_x \\ \Delta c_y \end{pmatrix}$$

Komponenten-Form:

$$\frac{\partial c_x}{\partial t} + c_x \cdot \frac{\partial c_x}{\partial x} + c_y \cdot \frac{\partial c_x}{\partial y}$$

$$= -\frac{\partial}{\partial x}\left(U + \frac{p}{\varrho}\right) + \nu \cdot \left(\frac{\partial^2 c_x}{\partial x^2} + \frac{\partial^2 c_x}{\partial y^2} \right)$$

$$\frac{\partial c_y}{\partial t} + c_x \cdot \frac{\partial c_y}{\partial x} + c_y \cdot \frac{\partial c_y}{\partial y}$$

$$= -\frac{\partial}{\partial y}\left(U + \frac{p}{\varrho}\right) + \nu \cdot \left(\frac{\partial^2 c_y}{\partial x^2} + \frac{\partial^2 c_y}{\partial y^2} \right)$$

Mit Rotation um die z-Richtung (3.19)

$$\omega_z = \frac{1}{2} \cdot \left(\frac{\partial c_y}{\partial x} - \frac{\partial c_x}{\partial y} \right)$$

$$\rightarrow \; -2 \cdot \omega_z = \frac{\partial c_x}{\partial y} - \frac{\partial c_y}{\partial x}$$

sowie Wirbelvektor, (3.22)

$$\vec{\omega} = \{0 \quad 0 \quad \omega_z\} = \frac{1}{2} \cdot \text{rot } \vec{c} = \frac{1}{2} \cdot \nabla \times \vec{c}$$

und Stromfunktion (4.244)

$$\omega_z = \frac{1}{2} \cdot \Delta \Psi$$

bzw. (4.243)

$$c_x = \partial \Psi / \partial y; \quad c_y = -\partial \Psi / \partial x$$

ergeben sich nach weiteren Umformungen aus der zweidimensionalen NS:

x-Komponente nach y differenziert:

$$\begin{aligned}
&\frac{\partial^2 c_x}{\partial t \partial y} + c_x \cdot \frac{\partial^2 c_x}{\partial x \partial y} + \frac{\partial c_x}{\partial y} \cdot \frac{\partial c_x}{\partial x} \\
&+ c_y \cdot \frac{\partial^2 c_x}{\partial y^2} + \frac{\partial c_y}{\partial y} \cdot \frac{\partial c_x}{\partial y} \\
&= -\frac{\partial^2}{\partial x \partial y}\left(U + \frac{p}{\varrho} \right) + \nu \cdot \left(\frac{\partial^3 c_x}{\partial x^2 \partial y} + \frac{\partial^3 c_x}{\partial y^3} \right)
\end{aligned}$$

y-Komponente nach x differenziert:

$$\begin{aligned}
&\frac{\partial^2 c_y}{\partial t \partial x} + c_x \cdot \frac{\partial^2 c_y}{\partial x^2} + \frac{\partial c_x}{\partial x} \cdot \frac{\partial c_y}{\partial x} \\
&+ c_y \cdot \frac{\partial^2 c_y}{\partial y \partial x} + \frac{\partial c_x}{\partial x} \cdot \frac{\partial c_y}{\partial y} \\
&= -\frac{\partial^2}{\partial y \partial x}\left(U + \frac{p}{\varrho} \right) + \nu \cdot \left(\frac{\partial^3 c_y}{\partial x^3} + \frac{\partial^3 c_y}{\partial y^2 \partial x} \right)
\end{aligned}$$

Da es sich um stetige Funktionen handelt, sind die Reihenfolgen der Differenziationen vertauschbar, also

$$\frac{\partial^2}{\partial x \partial y} = \frac{\partial^2}{\partial y \partial x}$$

Die beiden differenzierten NS-Komponenten-Gleichung subtrahiert (y-Komponente von x-Komponente) und zusammengefasst:

$$\begin{aligned}
&\frac{\partial}{\partial t}\left(\frac{\partial c_x}{\partial y} - \frac{\partial c_y}{\partial x} \right) + c_x \cdot \frac{\partial}{\partial x}\left(\frac{\partial c_x}{\partial y} - \frac{\partial c_y}{\partial x} \right) \\
&+ \frac{\partial c_x}{\partial x} \cdot \left(\frac{\partial c_x}{\partial y} - \frac{\partial c_y}{\partial x} \right) + c_y \cdot \frac{\partial}{\partial y}\left(\frac{\partial c_x}{\partial y} - \frac{\partial c_y}{\partial x} \right) \\
&+ \frac{\partial c_y}{\partial y}\left(\frac{\partial c_x}{\partial y} - \frac{\partial c_y}{\partial x} \right) \\
&= \nu \cdot \left[\frac{\partial^2}{\partial x^2}\left(\frac{\partial c_x}{\partial y} - \frac{\partial c_y}{\partial x} \right) + \frac{\partial^2}{\partial y^2}\left(\frac{\partial c_x}{\partial y} - \frac{\partial c_y}{\partial x} \right) \right] \\
&- 2 \cdot \frac{\partial \omega_z}{\partial t} - 2 \cdot c_x \cdot \frac{\partial \omega_z}{\partial x} - 2 \cdot c_y \cdot \frac{\partial \omega_z}{\partial y} \\
&- 2 \cdot \omega_z \cdot \left(\frac{\partial c_x}{\partial x} + \frac{\partial c_y}{\partial y} \right) \\
&= -2 \cdot \nu \cdot \left[\frac{\partial^2 \omega_z}{\partial x^2} + \frac{\partial^2 \omega_z}{\partial y^2} \right]
\end{aligned}$$

Mit

$$\frac{\partial c_x}{\partial x} = \frac{\partial^2 \Psi}{\partial y \partial x} \quad \text{sowie} \quad \frac{\partial c_y}{\partial y} = -\frac{\partial^2 \Psi}{\partial x \partial y}$$

ergibt addiert:

$$\frac{\partial c_x}{\partial x} + \frac{\partial c_y}{\partial y} = 0$$

Die vorhergehende Gleichung geht dann über in:

$$\begin{aligned}
&\frac{\partial \omega_z}{\partial t} + c_z \cdot \frac{\partial \omega_z}{\partial x} + c_y \cdot \frac{\partial \omega_z}{\partial y} \\
&= \nu \cdot \left(\frac{\partial^2 \omega_z}{\partial x^2} + \frac{\partial^2 \omega_z}{\partial y^2} \right) \\
&\frac{\mathrm{d}\omega_z}{\mathrm{d}t} = \nu \cdot \Delta \omega_z \\
&\boldsymbol{\dot{\omega}_z = \nu \cdot \Delta \omega_z} \qquad (4.283/4)
\end{aligned}$$

Das ist die **Wirbeltransportgleichung**.

Die beiden Komponentengleichungen der NS gehen in eine gemeinsame Beziehung der Wirbelstärke ω_z über.

Die linke Seite der Wirbeltransportgleichung ist die zeitliche Änderung des Betrages der Wirbelstärke eines Teilchens, bzw. Bereiches. Die rechte Gleichungsseite lässt sich wegen des LAPLACE-Operators als Diffusionsterm interpretieren (Abschn. 3.2.3.2). In einer ebenen Strömung ändert sich die Wirbelstärke eines Teilchens (Bereiches) demgemäß nur durch Wirbeldiffusion.

Das bedeutet: In einer stationären Strömung muss, da sich hier die Wirbelstärke nicht ändert, die Diffusion (Ausbreitung) der Wirbelstärke gleich der Konvektion (Zufuhr) von Wirbelstärke, und falls solche nicht vorhanden, null sein.

4.3.1.4 Grenzschicht-Gleichung nach Prandtl

Die Überlegungen sollen sich auf die Strömung geringer Viskosität (übliche Fluide) im (x, y)-System beschränken. Die Ergebnisse sind jedoch ohne Einschränkung auf Körperumströmungen anwendbar, wenn statt des orthogonalen (x, y)-Bezugssystems natürliche Koordinaten verwendet werden. Das bedeutet: x ist durch die Wegkoordinate s – Bogenweg, auch als Tangentenstrecke t bezeichnet – entlang der Strömung um die Körperoberfläche und y durch die zur jeweiligen s-Stelle gehörenden Normalenrichtung n der Körperoberfläche zu ersetzen (krummlinige Koordinaten). Der Wandkrümmungsradius muss dabei jedoch groß gegenüber der Grenzschichtdicke δ sein, damit die Fliehkraftwirkung vernachlässigbar.

Ausgegangen wird wieder von der NS, wobei die Feldwirkung (Kraft f) entfallen kann, da ohne Einfluss auf das Grenzschichtverhalten (Höhen-, d. h. Queränderung sehr klein $\to\ \leq \delta$):

$$\overset{1}{\frac{\partial c_x}{\partial t}} + \overset{1}{c_x} \cdot \overset{1}{\frac{\partial c_x}{\partial x}} + \overset{\varepsilon}{c_y} \cdot \overset{1/\varepsilon}{\frac{\partial c_x}{\partial y}} = -\frac{1}{\varrho} \cdot \frac{\partial p}{\partial x} + \nu \cdot \left(\overset{1}{\frac{\partial^2 c_x}{\partial x^2}} + \overset{1/\varepsilon^2}{\frac{\partial^2 c_x}{\partial y^2}} \right) \qquad (4.283/5a)$$

$$\underset{\varepsilon}{\frac{\partial c_y}{\partial t}} + \underset{1}{c_x} \cdot \underset{\varepsilon}{\frac{\partial c_y}{\partial x}} + \underset{\varepsilon}{c_y} \cdot \underset{1}{\frac{\partial c_y}{\partial y}} = -\frac{1}{\varrho} \cdot \frac{\partial p}{\partial y} + \nu \cdot \left(\underset{\varepsilon}{\frac{\partial^2 c_y}{\partial x^2}} + \underset{\varepsilon/\varepsilon^2}{\frac{\partial^2 c_y}{\partial y^2}} \right) \qquad (4.283/5b)$$

und Kontinuität:

$$\frac{\partial c_x}{\partial x} + \frac{\partial c_y}{\partial y} = 0 \qquad (4.283/6)$$

Das Koordinatensystem wird dabei jetzt so festgelegt, dass die x-Koordinate in die Wandrichtung fällt und die y-Richtung darauf senkrecht steht.

Die beiden Beziehungen (4.283/5a) und (4.283/5b) erfahren für die Grenzschichtströmung gemäß folgender, auf PRANDTL zurückgehender Betrachtung eine wesentliche Vereinfachung: Nach Voraussetzung (Abschn. 3.3.3) ist die Grenzschichtdicke δ an jeder Wandstelle vergleichsweise gering, also $\delta(x) \ll x$ und damit auch $\mathrm{d}y \ll \mathrm{d}x$. Bezeichnet Symbol $\varepsilon \ll 1$ die Größenordnung der Grenzschichtdicke δ, dann ist in der Grenzschicht auch $y \sim \varepsilon$. Das Zeichen $\sim$ (Tilde) bedeutet hierbei „von Größenordnung". Des Weiteren soll die Größenordnung der Werte x und c_x je gleich 1 gesetzt werden. Für die Differenzialquotienten $\partial c_x/\partial x$ und $\partial^2 c_x/\partial x^2$ ergibt sich damit ebenfalls die Größenordnung 1, während $\partial c_x/\partial y \sim 1/\varepsilon$ und $\partial^2 c_x/\partial y^2 \sim 1/\varepsilon^2$ sind. Aus der Kontinuitätsbedingung (4.283/6) folgt $\partial c_x/\partial c_y = -\,\partial x/\partial y$ und hiernach $c_x/c_y \sim x/y \sim 1/\varepsilon$, weshalb $c_y \sim \varepsilon$ sowie $\partial c_y/\partial x \sim \varepsilon$; $\partial c_y/\partial y \sim 1$; $\partial^2 c_y/\partial x^2 \sim \varepsilon$; und $\partial^2 c_y/\partial y^2 \sim 1/\varepsilon$. In den Gleichungen (4.283/5a) und (4.283/5b) sind danach zu den entsprechenden Gliedern die zugehörigen Größenordnungen vermerkt. Die lokale Beschleunigung $\partial c_x/\partial t$ kann ebenso wie die konvektive Beschleunigung $c_x \cdot \partial c_x/\partial x$ je von Größenordnung 1 angenommen werden, was näherungsweise zulässig ist, wenn plötzliche Beschleunigungen, z. B. Druckwellen, ausgenommen bleiben. Zudem ist $c_y \sim \varepsilon$ und deshalb auch $\partial c_y/\partial t \sim \varepsilon$.

Wie eingangs vermerkt, werden nur übliche Fluide betrachtet, d. h. solche mit relativ geringer Viskosität $\nu = \eta/\varrho$. Damit die Reibungsglieder $\eta \cdot \Delta c$ von gleicher Größenordnung wie die Trägheitsglieder $\varrho \cdot \dot{c}$ sind, muss nach (4.283/5a) $\nu \sim \varepsilon^2$ sein. Nur dann wird nämlich das wichtige Glied $\nu \cdot \partial^2 c_x/\partial y^2 \sim \nu/\varepsilon^2 \sim 1$, wogegen das unwichtige Glied $\nu \cdot \partial^2 c_x/\partial x^2 \sim \nu \cdot 1 \sim \varepsilon^2$ als klein von höherer Ordnung verschwindet. Das Glied $\partial^2 c_x/\partial y^2$ ist wichtig, weil es den Geschwindigkeitsverlauf quer der Grenzschicht, d. h. in Dickenrichtung kennzeichnet und damit hauptverantwortlich für die Fluidreibung ist. Der Quotient $\partial^2 c_x/\partial x^2$ dagegen kennzeichnet die sich – vor allem bei stationärer Strömung – nur wenig ändernde Geschwindigkeit in der Hauptströmungsrichtung und ist deshalb von vernachlässigbarem Einfluss.

Des Weiteren folgt jetzt aus (4.283/5b), dass Glied $(1/\varrho) \cdot \partial p/\partial y \sim \varepsilon$, also klein gegenüber 1 ist. In (4.283/5a) besitzt das Druckglied $(1/\varrho) \cdot \partial p/\partial x$ dagegen meist endliche Werte, also $(1/\varrho) \cdot \partial p/\partial x \sim 1$. Hieraus folgt: Innerhalb der Grenzschicht ist der Druck näherungweise unabhängig von Querkoordinate y und gleich dem der Außenströmung. Der Druck ändert sich somit nur als Funktion der Längskoordinate x und bei instationärer Strömung auch zeitabhängig; nicht jedoch in der y-Richtung.

Als Merksätze können somit festgehalten werden:

- In der Grenzschicht ändert sich der Druck quer zur Strömungsrichtung nicht.
- Der Druck wird der Grenzschicht durch die Außenströmung aufgeprägt.
- Die Variation (Änderung) der Geschwindigkeit quer zur Strömungsrichtung ist deutlich größer als entlang den Stromlinien.

Nach den bisherigen Überlegungen geht die noch verbleibende Beziehung (4.283/5a) – dort eingetragen – in folgende Näherungsgleichung, die sog. **PRANDTL-Grenzschichtgleichung** über: Bei instationärer Strömung $c = f(x, y, t)$

$$\frac{\partial c_x}{\partial t} + c_x \cdot \frac{\partial c_x}{\partial x} + c_y \cdot \frac{\partial c_x}{\partial y} = -\frac{1}{\varrho} \cdot \frac{\partial p}{\partial x} + \nu \cdot \frac{\partial^2 c_x}{\partial y^2} \qquad (4.283/7)$$

in Verbindung mit der Kontinuitätsgleichung (4.283/6) und den Randbedingungen

- Haftbedingung: Bei $y = 0$ sind $c_x = c_y = 0$
- Außenströmung: Bei $y \geq \delta$ ist $c_x = c_{x,\infty}(x, t)$
- Druck in Grenzschicht gleich dem der angrenzenden Außenströmung.

Bei stationärer Strömung $c = f(x, y)$ ist der transiente Term nicht vorhanden, also $\partial c_x/\partial t = 0$. Die übrigen Glieder bleiben bestehen.

Zwar ist auch die PRANDTLsche Grenzschichtgleichung wie die NS noch von nichtlinearem Charakter (2. Grad) und von 2. Ordnung. Dennoch ist die mathematische Vereinfachung beträchtlich. Die Anzahl der Gleichungen und der Unbekannten vermindern sich je um eine. Unbekannt sind die Geschwindigkeitskomponenten c_x und c_y. Der Druck ist keine Unbekannte mehr, sondern durch die Energiegleichung (BERNOULLI) der Außenströmung bestimmt, die als Potenzialströmung gilt. Hinzu kommt als weitere Beziehung wieder die Kontinuitätsgleichung (4.283/6). Damit bestehen somit drei Gleichungen für die drei Unbekannten c_x, c_y und p, System also „geschlossen“ d. h. lösbar.

Mit der Grenzschichtgleichung lässt sich Grenzschichtverlauf und z. B. Ablösungspunkt A von Abb. 3.21 berechnen.

Durch das Aufteilen von Strömungen in Außenbereich (Potenzialströmung) und Grenzschicht (Reibungsbereich) – Abschn. 3.3.3 – vereinfacht sich die Berechnung vieler Strömungsprobleme. Für die Außenströmung gilt die LAPLACE-Gleichung (3.27a) in Verbindung mit der BERNOULLI-Gleichung (3.83) und für die Randschicht die PRANDTLsche Grenzschichtgleichung.

4.3.1.5 Schmierschichttheorie

Die **hydro-** oder besser **fluiddynamische Schmierschichttheorie** ist ein Beispiel für die Anwendung der PRANDTLschen Grenzschichtgleichung. Zusammen mit der Kontinuitätsbeziehung wird sie auf die vorhandene, bzw. festgelegte Spaltgeometrie angewendet. Voraussetzung für die Wirkungsweise, d. h. den Druckaufbau ist das Vorhandensein eines konischen Spaltes, bei dem sich die eine Wandseite in Richtung der Spaltverengung bewegt (Abb. 4.102). Durch Haftbedingung und Friktion wird das Medium mitgenommen und in die Spaltverengung „getrieben“, bzw. „gezerrt“, wodurch sich ein Druck aufbaut. Gemäß BARTZ[26]

[26] BARTZ; W., J.: Gleitlager als moderne Maschinenelemente. Expert-Verlag.

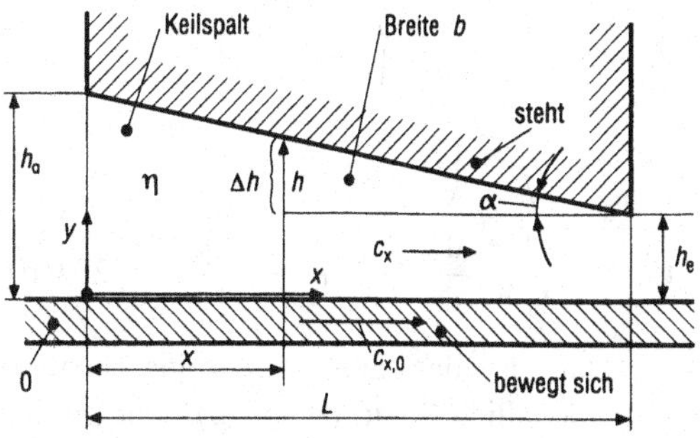

Abb. 4.102 Schmierspalt-Strömung
Spalthöhe $h = h(x)$ vergrößert dargestellt.
Indizes *a* Anfang; *e* Ende. Breite *b* senkrecht zur Bildebene, wobei $b =$ konst. Koordinatensystem (x, y) ruht; untere Platte bewegt sich in x-Richtung

sind Drücke bis ca. 1000 bar erreichbar. Bei entsprechender Konstellation (Drehzahl, Lagergeometrie, Ölsorte) reicht die durch diesen fluiddynamischen Schmierschichtdruck entstehende Querkraft aus, die Lagerteile vollständig voneinander zu trennen. Es besteht dann nur noch Fluidreibung, sog. Schmierschichtreibung.

Infolge der vergleichsweise geringen Spalthöhe ist die Schmierspaltströmung eine stationäre schleichende Grenzschichtbewegung (*Re* gering), weshalb die Trägheitsglieder (linke Gleichungsseite) in der PRANDTL-Beziehung als klein gegenüber dem Reibungsglied vernachlässigt werden können. (4.283/7) vereinfacht sich deshalb zu:

$$0 = -\frac{1}{\varrho} \cdot \frac{\partial p}{\partial x} + \nu \cdot \frac{\partial^2 c_x}{\partial y^2}$$

Umgestellt mit $\nu \cdot \varrho = \eta$ ergibt:

$$\frac{\partial^2 c_x}{\partial y^2} = \frac{1}{\eta} \cdot \frac{\partial p}{\partial x} \qquad (4.283/8)$$

Die x-Komponente der NAVIER-STOKES-Gleichungen liefert für eindimensionale Strömung ($c_y = 0$ und $c_z = 0$ bei $b \to \infty$ in Abb. 4.102) zwangsläufig dieselbe Differenzialgleichung bei Weglassen der hier praktisch unwirksamen Feldkraft f.

D'Gl. (4.283/8) zweimal über y integriert (aufgeleitet), liefert:

$$c_x = \frac{1}{\eta} \cdot \frac{\partial p}{\partial x} \cdot \frac{y^2}{2} + K_1 \cdot y + K_2$$

Hierbei folgen die Integrations-Konstanten K_1 und K_2 aus den Randbedingungen (Abb. 4.102):

$$y = 0 \to c_x = c_{x,0} \to K_2 = c_{x,0}$$

$$y = h \to c_x = 0 \to K_1 = -\frac{c_{x,0}}{h} - \frac{1}{\eta} \cdot \frac{\partial p}{\partial x} \cdot \frac{h}{2}$$

Partielle Differenziale sind jetzt nicht mehr notwendig, da der Druck nur von der Spaltrichtung x abhängt, also nur noch eine unabhängige Variable vorliegt. Senkrecht im Spalt (y-Richtung) ändert sich der Druck nicht, da Grenzschichtströmung (Abschn. 4.3.1.4).

Die Randbedingungen eingesetzt, ergibt:

$$c_x = \frac{1}{\eta} \cdot \frac{\mathrm{d}p}{\mathrm{d}x} \cdot \frac{y^2}{2} + \left(-\frac{c_{x,0}}{h} - \frac{1}{\eta} \cdot \frac{\mathrm{d}p}{\mathrm{d}x} \cdot \frac{h}{2}\right) \cdot y - c_{x,0}$$

Umgestellt:

$$c_x = -\frac{1}{2 \cdot \eta} \cdot \frac{\mathrm{d}p}{\mathrm{d}x} \cdot (h \cdot y - y^2) + \frac{c_{x,0}}{h} \cdot (h - y) \qquad (4.283/9)$$

mit Höhe h als Funktion von x, also exakt $h(x)$.

Dies ist die Gleichung für die Geschwindigkeitsverteilung im engen Spalt – Höhe h klein, Abb. 4.102. Der erste Term auf der rechten Gleichungsseite wird als **Druckströmungs-Anteil** bezeichnet und ist parabolisch. Der zweite Ausdruck, die sog. **Schleppströmung** dagegen ist linear.

Zur Diskussion von Beziehung (4.283/9) ist der zugehörige Druck- und Geschwindigkeitsverlauf über dem Spaltweg x in Abb. 4.103 prinzipiell dargestellt.

Zum Bestimmen der Fluidkraft ist der Druckverlauf (Druckfunktion) notwendig. Dabei wird zum Ermitteln des Druckgradienten $\mathrm{d}p/\mathrm{d}x$ die Durchflussbeziehung verwendet ($b =$ konst);

$$\dot{V} = \int_{(A)} c_x \cdot \mathrm{d}A = \int_0^{h(x)} c_x \cdot b \cdot \mathrm{d}y = b \cdot \int_0^{h(x)} c_x \cdot \mathrm{d}y$$

Angewendet auf die Breiteneinheit, d. h. Spaltbreite $b = 1$, Kennzeichnung durch Index 1, ergibt

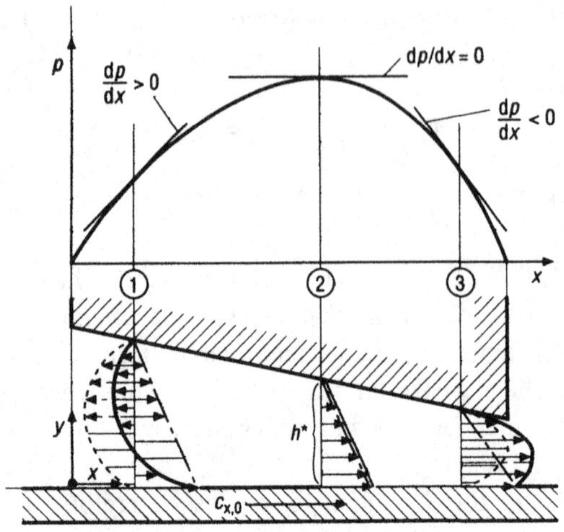

Abb. 4.103 Druck und Geschwindigkeitsverteilung im Keil-Spalt. Geschwindigkeitspfeile wegen zeichnerischer Übersichtlichkeit teilweise weggelassen.
① Geschwindigkeitsverteilung $c_x(y)$ vor dem höchsten Druck ($\mathrm{d}p/\mathrm{d}x > 0$).
② Geschwindigkeitsverteilung $c_x(y)$ an der Stelle des höchsten Druckes $p_{\max}$, also $\mathrm{d}p/\mathrm{d}x = 0$.
③ Geschwindigkeitsverlauf $c_x(y)$ nach dem maximalen Druck ($\mathrm{d}p/\mathrm{d}x < 0$).
Geschwindigkeitsverteilung: - - - - Druckströmung; – · – · – · Schleppströmung; ——— Gesamtströmung, Addition der Anteile Druck- und Schleppströmung

mit Geschwindigkeitsfunktion nach (4.283/9) den Einheitsvolumenstrom(-durchsatz):

$$\dot{V}_1 = \frac{\dot{V}}{b} = \int_0^{h(x)} c_x \cdot \mathrm{d}y$$

$$\dot{V}_1 = -\frac{1}{2\cdot\eta}\cdot\frac{\mathrm{d}p}{\mathrm{d}x}\cdot\int_0^h (h\cdot y - y^2)\cdot\mathrm{d}y + \frac{c_{x,0}}{h}\cdot\int_0^h (h-y)\cdot\mathrm{d}y$$

Hierbei sind η, $\mathrm{d}p/\mathrm{d}x$ und $h = h(x)$ unabhängig von der Integrationsvariablen y.

Diese Durchflussgleichung integriert und die Grenzen eingesetzt, ergibt:

$$\dot{V}_1 = -\frac{1}{2\cdot\eta}\cdot\frac{\mathrm{d}p}{\mathrm{d}x}\cdot\left(h\cdot\frac{y^2}{2} - \frac{y^3}{3}\right)\Bigg|_0^h + \frac{c_{x,0}}{h}\cdot\left(h\cdot y - \frac{y^2}{2}\right)\Bigg|_0^h$$

$$\dot{V}_1 = -\frac{1}{2\cdot\eta}\cdot\frac{\mathrm{d}p}{\mathrm{d}x}\cdot\left(\frac{h^3}{2} - \frac{h^3}{3}\right) + \frac{c_{x,0}}{h}\cdot\left(h^2 - \frac{h^2}{2}\right)$$

$$\dot{V}_1 = -\frac{1}{2\cdot\eta}\cdot\frac{\mathrm{d}p}{\mathrm{d}x}\cdot\frac{h^3}{6} + \frac{c_{x,0}\cdot h}{2} \qquad (4.283/10)$$

Zu beachten ist, dass diese Beziehung ebenfalls nur für unendlich breite ($b \to \infty$) oder seitlich begrenzte Spalte von $b =$ konst gilt.

Gleichung (4.283/10) nach dem Druckgradienten aufgelöst;

$$\frac{\mathrm{d}p}{\mathrm{d}x} = \left(\frac{c_{x,0}\cdot h}{2} - \dot{V}_1\right)\cdot\left(\frac{12\cdot\eta}{h^3}\right) \qquad (4.283/11)$$

Wird der Einheitsvolumenstrom (bei $b = 1$) an der Stelle des maximalen Druckes $p_{\max}$ (Abb. 4.103) mit der Spalthöhe h^* eingeführt, ist gemäß hier vorhandenem linearem c_x-Verlauf, weshalb Mittelwert $\bar{c}_x = c_{x,0}/2$, und der Kontinuität:

$$\dot{V}_1 = \dot{V}_1^* = \bar{c}_x\cdot h^* = (c_{x,0}/2)\cdot h^*$$

Damit wird:

$$\frac{\mathrm{d}p}{\mathrm{d}x} = \left(\frac{c_{x,0}\cdot h}{2} - \frac{c_{x,0}\cdot h^*}{2}\right)\cdot\left(\frac{12\cdot\eta}{h^3}\right)$$

$$\frac{\mathrm{d}p}{\mathrm{d}x} = \frac{6\cdot\eta\cdot c_{x,0}}{h^3}\cdot(h - h^*) \qquad (4.283/11a)$$

Bemerkung: Gemäß dieser Beziehung wird der Druck nur aufgebaut, wenn $h \neq h^*$ und damit $h(x) \neq$ konst. Der Spalt muss somit konisch sein, und zwar verengend in Bewegungsrichtung.

Die Integration von (4.283/11a) kann erfolgen, wenn die **Spaltfunktion** $h(x)$ aus der Spaltgeometrie aufstellbar ist. Die von der Art des Lagers (radial, axial) bestimmte Spaltgeometrie muss daher bekannt sein. Aus Platzgründen kann hier nur der einfache Keilspalt gemäß Abb. 4.102, der z. B. beim sog. Klotzlager nach MITCHELL auftritt, weiter untersucht werden. Bezüglich des Ringkeilspaltes der Radiallager wird auf das einschlägige Spezialschrifttum verwiesen.

Nach Abb. 4.102:

$$h_{\mathrm{a}} = h_{\mathrm{e}} + L\cdot\tan\alpha \quad \text{und}$$

$$h = h_{\mathrm{e}} + \Delta h = h_{\mathrm{e}} + (L - x)\cdot\tan\alpha$$

$$h = h_{\mathrm{e}} + L\cdot\tan\alpha - x\cdot\tan\alpha = h_{\mathrm{a}} - x\cdot\tan\alpha$$

Da der Keilwinkel in der Regel relativ klein ist ($\alpha < 10°$), kann der Tangens näherungsweise durch den Radiant (Bogenmaß) ersetzt werden, also $\tan\alpha \approx \hat{\alpha}$.

Gleichung (4.283/11) mit $h = h_a - \hat{\alpha} \cdot x$ ausgewertet:

$$\frac{dp}{dx} = 12 \cdot \eta \cdot \left[\frac{c_{x,0}}{2} \cdot (h_a - \hat{\alpha} \cdot x)^{-2} - \dot{V}_1 \cdot (h - \hat{\alpha} \cdot x)^{-3}\right]$$

Integriert zwischen den Grenzen p_a bis p für $x = 0$ bis $x = x$, also Spaltanfang bis variabel $0 \leq x \leq L$:

$$\int_{p_a}^{p} dp = 6 \cdot \eta \cdot c_{x,0} \cdot \int_0^x (h_a - \hat{\alpha} \cdot x)^{-2} \cdot dx - 12 \cdot \eta \cdot \dot{V}_1 \cdot \int_0^x (h - \hat{\alpha} \cdot x)^{-3} \cdot dx$$

Mit Substitution

$$w = (h_a - \hat{\alpha} \cdot x) \rightarrow dx = -(1/\hat{\alpha}) \cdot dw$$

folgt:

$$p - p_a = -\frac{1}{\hat{\alpha}} \cdot 6 \cdot \eta \cdot c_{x,0} \cdot \int w^{-2} \cdot dw + \frac{1}{\hat{\alpha}} \cdot 12 \cdot \eta \cdot \dot{V}_1 \cdot \int w^{-3} \cdot dw$$

$$p - p_a = -\frac{1}{\hat{\alpha}} \cdot 6 \cdot \eta \cdot c_{x,0} \cdot \frac{w^{-1}}{-1} + \frac{1}{\hat{\alpha}} \cdot 12 \cdot \eta \cdot \dot{V}_1 \cdot \frac{w^{-2}}{-2}$$

Resubstitution sowie Grenzen angefügt und weiter ausgewertet:

$$p - p_a = \frac{1}{\hat{\alpha}} \cdot 6 \cdot \eta \cdot c_{x,0} \cdot (h_a - \hat{\alpha} \cdot x)^{-1}\Big|_0^x - \frac{1}{\hat{\alpha}} \cdot 6 \cdot \eta \cdot \dot{V}_1 \cdot (h_a - \hat{\alpha} \cdot x)^{-2}\Big|_0^x$$

Hieraus $p \equiv p(x)$:

$$p(x) = p_a + \frac{6 \cdot \eta \cdot c_{x,0}}{\hat{\alpha}} \cdot \left(\frac{1}{h_a - \hat{\alpha} \cdot x} - \frac{1}{h_a}\right) - \frac{6 \cdot \eta \cdot \dot{V}_1}{\hat{\alpha}} \cdot \left(\frac{1}{(h_a - \hat{\alpha} \cdot x)^2} - \frac{1}{h_a^2}\right) \quad (4.283/12)$$

Da durch den Außenraum bestimmt, ist der Druck am Ende des Spaltes, d. h. bei $x = L$ so groß wie an dessen Anfang ($x = 0$), also $p(L) = p_e = p_a$.

Damit lässt sich aus (4.283/12) der Einheitsdurchsatz $\dot{V}_1$ berechnen:

$$0 = \frac{6 \cdot \eta \cdot c_{x,0}}{\hat{\alpha}} \cdot \left(\frac{1}{h_a - \hat{\alpha} \cdot L} - \frac{1}{h_a}\right) - \frac{6 \cdot \eta \cdot \dot{V}_1}{\hat{\alpha}} \cdot \left(\frac{1}{(h_a - \hat{\alpha} \cdot L)^2} - \frac{1}{h_a^2}\right)$$

Ausgewertet durch Umstellen nach dem Einheitsvolumenstrom $\dot{V}_1$ mit $h_a - \hat{\alpha} \cdot L - h_e$ gemäß Abb. 4.102:

$$\dot{V}_1 = c_{x,0} \cdot \left(\frac{1}{h_e} - \frac{1}{h_a}\right) \cdot \left(\frac{1}{h_e^2} - \frac{1}{h_a^2}\right)^{-1}$$

$$\dot{V}_1 = c_{x,0} \cdot \frac{h_a - h_e}{h_a \cdot h_e} \cdot \left(\frac{h_a^2 - h_e^2}{h_a^2 \cdot h_e^2}\right)^{-1}$$

$$\dot{V}_1 = \frac{h_a \cdot h_e}{h_a + h_e} \cdot c_{x,0} \quad (4.283/13)$$

4.3.1.6 Reynolds-Gleichungen

Zum Anpassen der NS (NAVIER-STOKES-Gleichungen) und K (Kontinuitätsgleichung) auf turbulente Strömungen werden, wie schon ausgeführt, die Augenblickswerte c; p durch ihre Mittelwerte $\bar{c}$; $\bar{p}$ mit überlagerten stochastischen Schwankungsgrößen c'; p' ersetzt, also $c = \bar{c} + c'$ sowie $p = \bar{p} + p'$ (Abschn. 3.3.2.2 und 4.3.1.1). Anschließend erfolgt an den so geänderten Gleichungen die Mittelwertbildung. Dadurch ergeben sich die sog. REYNOLDS-Gleichungen. Diese können daher auch als ermittelte NAVIER-STOKES- oder Impuls-Gleichungen und gemittelte Kontigleichung bezeichnet werden.

Beim Rechnen mit Mittelwerten gelten die folgenden Regeln [107]: z. B. für die beiden Größen $a = \bar{a} + a'$ und $b = \bar{b} + b'$

$$\overline{a + b} = \bar{a} + \bar{b}$$

$$\overline{\bar{a} \cdot b} = \bar{a} \cdot \bar{b}; \quad \overline{\bar{a} \cdot \bar{b}} = \bar{a} \cdot \bar{b}$$

$$\bar{\bar{a}} = \bar{a}; \quad \bar{a'} = 0 \quad \text{dagegen meist } \overline{a' \cdot b'} \neq 0$$

$$\overline{\frac{\partial a}{\partial t}} = \frac{\partial \bar{a}}{\partial t}; \quad \overline{\frac{\partial a}{\partial x_i}} = \frac{\partial \bar{a}}{\partial x_i} \quad \text{mit} \quad x_i = x;\ y;\ z$$

$$\overline{a\cdot b} = \overline{(\bar a + a')\cdot(\bar b + b')}$$
$$= \overline{\bar a\cdot\bar b + \bar a\cdot b' + a'\cdot\bar b + a'\cdot b'}$$
$$= \overline{\bar a\cdot\bar b} + \overline{\bar a\cdot b'} + \overline{a'\cdot\bar b} + \overline{a'\cdot b'}$$
$$= \bar a\cdot\bar b + \bar a\cdot\bar{b'} + \bar{a'}\cdot\bar b + \overline{a'\cdot b'}$$
$$= \bar a\cdot\bar b + \overline{a'\cdot b'} \quad \text{da } \bar{a'} = 0 \text{ und } \bar{b'} = 0$$

Diese Regeln werden auf die NAVIER-STOKES NS und Kontinuität K angewendet, jeweils in Index-Darstellung (Abschn. 4.3.1.2):

$$\text{NS:}\quad \frac{\partial c_i}{\partial t} + c_j\cdot\frac{\partial c_i}{\partial x_j} = f_i - \frac{1}{\varrho}\cdot\frac{\partial p}{\partial x_i} + \nu\cdot\frac{\partial^2 c_i}{\partial x_j^2} \tag{4.283/14}$$

$$\text{K:}\quad \frac{\partial c_j}{\partial x_j} = 0 \tag{4.283/15}$$

Zuerst K ausgewertet über Einsetzen $c_j = \bar c_j + c_j'$ und Mittelwertbildung:

$$\overline{\frac{\partial}{\partial x_j}(\bar c_j + c_j')} = 0$$

Linke Gleichungsseite bearbeitet:

$$\overline{\frac{\partial}{\partial x_j}(\bar c_j + c_j')} = \overline{\frac{\partial \bar c_j}{\partial x_j} + \frac{\partial c_j'}{\partial x_j}} = \overline{\frac{\partial \bar c_j}{\partial x_j}} + \overline{\frac{\partial c_j'}{\partial x_j}}$$
$$= \frac{\partial \bar c_j}{\partial x_j} + \frac{\partial \bar{c'}_j}{\partial x_j} = \frac{\partial \bar c_j}{\partial x_j} \quad \text{da } \bar{c_j'} = 0$$

Eingesetzt ergibt die Kontinuitätsgleichung der Mittelwerte:

$$\frac{\partial \bar c_j}{\partial x_j} = 0 \tag{4.283/16}$$

Die Kontigleichung ist eine lineare Gleichung. Deshalb ist die gemittelte Form mit der ursprünglichen, d. h. der für die Momentanwerte formal identisch.

Durch Vergleich mit unbemittelter Kontinuitätsbeziehung, (4.283/15), folgt wegen $c_j = \bar c_j + c_j'$:

$$\frac{\partial}{\partial x_j}(\bar c_j + c_j') = 0 \quad \rightarrow \quad \frac{\partial \bar c_j}{\partial x_j} + \frac{\partial c_j'}{\partial x_j} = 0$$

Da $\partial \bar c_j/\partial x_j = 0$, muss auch sein:

$$\frac{\partial c_j'}{\partial x_j} = 0 \tag{4.283/17}$$

NS ausgewertet durch Einsetzen der zusammengesetzten Werte für c sowie p und Mittelwertbildung:

$$\frac{\partial}{\partial t}(\bar c_i + c_i') + (\bar c_j + c_j')\cdot\frac{\partial}{\partial x_j}(\bar c_i + c_i')$$
$$= f_i - \frac{1}{\varrho}\cdot\frac{\partial}{\partial x_i}(\bar p + p') + \nu\cdot\frac{\partial^2}{\partial x_j^2}(\bar c_i + c_i')$$

Mittelung und Bearbeiten der linken Gleichungsseite:

$$\overline{\frac{\partial}{\partial t}(\bar c_i + c_i') + (\bar c_j + c_j')\cdot\frac{\partial}{\partial x_j}(\bar c_i + c_i')}$$
$$= \overline{\frac{\partial \bar c_i}{\partial t}} + \overline{\frac{\partial c_i'}{\partial t}} + \overline{\bar c_j\cdot\frac{\partial \bar c_i}{\partial x_j}} + \overline{\bar c_j\cdot\frac{\partial c_i'}{\partial x_j}}$$
$$+ \overline{c_j'\cdot\frac{\partial \bar c_i}{\partial x_j}} + \overline{c_j\cdot\frac{\partial c_i'}{\partial x_j}}$$

$$= \frac{\partial \overline{c_i}}{\partial t} + \frac{\overset{\overset{0}{\downarrow}}{\partial \overline{c_i'}}}{\partial t} + \bar c_j\cdot\frac{\partial \overline{c_i}}{\partial x_j} + \overline{c_j}\cdot\frac{\overset{\overset{0}{\downarrow}}{\partial \overline{c_i'}}}{\partial x_j} + \overset{\overset{0}{\downarrow}}{\overline{c'}}_j\cdot\frac{\partial \overline{c_i}}{\partial x_j}$$
$$+ \overline{c_j'\cdot\frac{\partial c_i'}{\partial x_j}} = \frac{\partial \overline{c_i}}{\partial t} + \bar c_j\cdot\frac{\partial \overline{c_i}}{\partial x_j} + \overline{c_j'\cdot\frac{\partial c_i'}{\partial x_j}}$$

Mittelung und Bearbeitung der rechten Gleichungsseite:

$$\overline{f_i - \frac{1}{\varrho}\cdot\frac{\partial}{\partial x_i}(\bar p + p') + \nu\cdot\frac{\partial^2}{\partial x_j^2}(\bar c_i + c_i')}$$
$$= \bar f_i - \overline{\frac{1}{\varrho}\cdot\frac{\partial \bar p}{\partial x_i}} - \overline{\frac{1}{\varrho}\cdot\frac{\partial p'}{\partial x_i}} + \overline{\nu\cdot\frac{\partial^2 \bar c_i}{\partial x_j^2}} + \overline{\nu\cdot\frac{\partial^2 c_i'}{\partial x_j^2}}$$

$$= \bar f_i - \frac{1}{\bar\varrho}\cdot\frac{\partial \bar p}{\partial x_i} - \frac{1}{\bar\varrho}\cdot\frac{\overset{\overset{0}{\downarrow}}{\partial \overline{p'}}}{\partial x_i} + \bar\nu\cdot\frac{\partial^2 \bar c_i}{\partial x_j^2} + \bar\nu\cdot\frac{\partial^2 \overset{\overset{0}{\downarrow}}{\overline{c'}}_i}{\partial x_j^2}$$
$$= \bar f_i - \frac{1}{\bar\varrho}\cdot\frac{\partial \bar p}{\partial x_i} + \bar\nu\cdot\frac{\partial^2 \bar c_i}{\partial x_j^2}$$

Gleichungsseiten wieder zusammengestellt mit $\bar f_i \equiv f_i$ und $\bar\nu \equiv \nu$ sowie $\bar\varrho \equiv \varrho$, ergibt:

$$\frac{\partial \bar c_i}{\partial t} + \bar c_j\cdot\frac{\partial \bar c_i}{\partial x_j} + \overline{c_j'\cdot\frac{\partial c_i'}{\partial x_j}}$$
$$= f_i - \frac{1}{\varrho}\cdot\frac{\partial p}{\partial x_i} + \nu\cdot\frac{\partial^2 \bar c_i}{\partial x_j^2}$$

Der dritte Term der linken Gleichungsseite wird weiter umgeformt durch Addieren des Ausdrucks $\overline{(c_i' \cdot \partial c_j')/\partial x_j}$, der nach (4.283/17) null ist:

$$\overline{c_j' \cdot \frac{\partial c_i'}{\partial x_j}} = \overline{c_j' \cdot \frac{\partial c_i'}{\partial x_j}} + \overline{c_i' \cdot \frac{\partial c_j'}{\partial x_j}} = \frac{\overline{\partial (c_i' \cdot c_j')}}{\partial x_j}$$

Gemäß Kettenregel der Differenzialrechnung ergibt sich die zuvor aufgeführte, rechts außen stehende Zusammenfassung dieses Ausdruckes.

Die insgesamt durchgeführten Umwandlungen ergeben letztlich die **REYNOLDS-Gleichungen** (Re-Gl.) in Indexschreibweise:

$$\frac{\partial \bar{c}_i}{\partial t} + \bar{c}_j \cdot \frac{\partial \bar{c}_i}{\partial x_j} = f_i - \frac{1}{\varrho} \cdot \frac{\partial \bar{p}}{\partial x_i} + \nu \cdot \frac{\partial^2 \bar{c}_i}{\partial x_j^2} - \frac{\partial}{\partial x_j}(\overline{c_i' \cdot c_j'}) \qquad (4.283/18a)$$

oder

$$\frac{\partial \bar{c}_i}{\partial t} + \bar{c}_j \cdot \frac{\partial \bar{c}_i}{\partial x_j} = f_i - \frac{1}{\varrho} \cdot \frac{\partial \bar{p}}{\partial x_i} + \frac{\partial}{\partial x_j}\left(\nu \cdot \frac{\partial \bar{c}_i}{\partial x_j} - (\overline{c_i' \cdot c_j'})\right) \qquad (4.283/18b)$$

Bemerkung: Wie bei Dichte ϱ und Viskosität ν wird auch beim Druck p meist der Querstrich weggelassen, der auf den Mittelwert verweist. Die Druckschwankungen p' sind gering und deshalb hier vernachlässigbar. Daher auch ohne Einfluss auf ϱ und ν. Somit geschrieben ϱ statt $\bar{\varrho}$ und ν statt $\bar{\nu}$ sowie p statt $\bar{p}$, was nur bei diesen beiden Größen zulässig ist. Es treten somit nur die Mittelwerte von ϱ, ν und p in den Gleichungen auf, weshalb besonderer Hinweis überflüssig.

Die durchgeführte Herleitung der REYNOLDS-Gleichungen beweist folgende früheren Ausführungen (Abschn. 4.3.1.1):

- Die Re-Gl. stellen die Bewegungsgleichungen der Mittelwerte der Strömungsgrößen turbulenter Strömungen dar.
- Die NS-Gl stellen die Bewegungsgleichungen der Momentanwerte der Größen von Strömungen dar.

In den Beziehungen (4.283/18a) und (4.283/18b), den Re-Gl., repräsentieren die beiden letzten Terme der rechten Gleichungsseiten folgende Effekte:

- $\nu \cdot \partial^2 \bar{c}_i / \partial \bar{x}_j^2$
  Viskositäts-Spannungen oder Laminar-Schubspannungen
- $\partial(\overline{c_i' \cdot c_j'})/\partial x_j$
  Turbulenz-Spannungen, turbulente Zusatzspannungen oder REYNOLDS-Spannungen (Abschn. 4.1.6.1.2). Sie werden formal den Reibungstermen zugeordnet.

Bei den Indizes in den Re-Gl. gilt wieder: i freier Index und j gebundener Index

$$i;\ j = 1;\ 2;\ 3 \rightarrow x_1 = x;\quad x_2 = y;\quad x_3 = z$$
$$c_1 = c_x;\quad c_2 = c_y;\quad c_3 = c_z$$

Zu beachten (Abschn. 3.3.2):

- Die Größen $\overline{c_i' \cdot c_j'}$ hängen gemäß Erfahrung nur schwach von der *Re*-Zahl ab.
- Mit steigender REYNOLDS-Zahl verliert der molekular bedingte Impulstransport (molare Viskosität) gegenüber dem turbulenten Austausch stark an Bedeutung.
- Im wandnahen Bereich (Grenzschicht) erreicht einerseits der Geschwindigkeitsgradient seinen größten Wert, und andererseits werden die turbulenten Schwankungen durch den Wandeinfluss stark gedämpft.
- In unmittelbarer Wandnähe (laminare Unterschicht) überwiegen auch bei turbulenten Strömungen die viskosen Kräfte.

In Kurzform-Indexschreibweise lauten die REYNOLDS-Beziehungen (4.283/18a) und (4.283/18b):

$$\varrho \cdot \left(\frac{\partial \bar{c}_i}{\partial t} + \bar{c}_x \cdot \frac{\partial \bar{c}_i}{\partial x} + \bar{c}_y \cdot \frac{\partial \bar{c}_i}{\partial y} + \bar{c}_z \cdot \frac{\partial \bar{c}_i}{\partial z}\right) = f_i - \frac{\partial p}{\partial i} + \eta \cdot \left(\frac{\partial^2 \bar{c}_i}{\partial x^2} + \frac{\partial^2 \bar{c}_i}{\partial y^2} + \frac{\partial^2 \bar{c}_i}{\partial z^2}\right) - \varrho \cdot \left(\overline{c_x' \cdot \frac{\partial c_i'}{\partial x}} + \overline{c_y' \cdot \frac{\partial c_i'}{\partial y}} + \overline{c_z' \cdot \frac{\partial c_i'}{\partial z}}\right) \qquad (4.283/18c)$$

Vorteil dieser Darstellung: Nur ein „Index", und zwar $i = x;\ y;\ z$ für die drei Komponenten-Gleichungen (x-, y- und z-Richtung).

Die REYNOLDS-Spannungen – vergleiche Abschn. 4.1.6.1.2 – berücksichtigen den Einfluss der turbulenten Schwankungsbewegungen. Bei turbulenten Strömungen übersteigen die REYNOLDS-Spannungen meist um mehrere Größenordnungen (bis über Faktor 1000) die Viskositätsspannungen. Deshalb sind in solchen Fällen letztere oft vernachlässigbar (Abschn. 3.3.2.2.3). Da die REYNOLDS-Spannungen praktisch noch nicht exakt fassbar und damit mathematisch lösbar – sie stellen das Hauptproblem dar – sind ersatzweise experimentell unterlegte Turbulenz-Modell-Ansätze notwendig.

4.3.1.7 Turbulenz-Modelle

4.3.1.7.1 Vorbemerkungen

Zum Berechnen turbulenter Strömungen müssen die REYNOLDS-Spannungen (Abschn. 4.1.6.1.2) oder ersatzweise die Scheinviskosität (Abschn. 3.3.2.2.3) bekannt, bzw. ermittelbar sein, um dadurch das gesamte Gleichungssystem zu schließen, d. h. lösbar zu machen; sog. **Schließungsproblem** der Turbulenz. Schließen drückt die mathematische Bedingung aus, dass zum Lösen so viele Gleichungen notwendig wie Unbekannte vorhanden sind. Wie in den genannten Abschnitten ausgeführt, sind die Zusammenhänge jedoch äußerst komplex und daher kompliziert, somit bisher noch nicht exakt analytisch darstellbar. Die mathematische Beschreibung der Auswirkungen (Reibung, Impulsverlust) des stochastischen Turbulenzgeschehens erfolgt daher näherungsweise durch sog. Turbulenzmodelle, die über Analogien aufgestellt sind und zudem meist experimentell abgestützt werden müssen. Je aufwendiger diese hypothetischen, auf statistischen Betrachtungen beruhenden Modellansätze sind, desto besser treffen ihre Ergebnisse in der Regel die Wirklichkeit, je höher ist jedoch auch der notwendige Rechenaufwand. Die zwei derzeit häufig angewendeten statistischen Turbulenzmodelle zur mathematischen Annäherung (Simulation) der REYNOLDS-Spannungen, der Mischungswegansatz und die (k, ε)-Modelle, sollen kurz dargestellt werden. Beide Verfahren beruhen auf dem Konzept des Wirbelviskositätsprinzips von BOUSSINESQ (Abschn. 3.3.2.2.3) und ermöglichen das näherungsweise numerisch lösbare Beschreiben der Turbulenzspannungen gemäß (4.147g) sowie (4.283/18a)–(4.283/18c), die sog. BOUSSINESQ-Approximation.

Ein universelles statistisches Turbulenzmodell gibt es bisher noch nicht, sodass auch nach anderen Methoden gesucht wird. Ein vielversprechender Weg ist die sog. **Grobstruktursimulation,** auch als LES[27] bezeichnet, welche vom Grundgedanken ausgeht, dass das Turbulenzgeschehen im Wesentlichen von den langwelligeren niederfrequenteren Anteilen beherrscht wird und die hochfrequenteren Anteile durch räumlich-zeitliche Tiefpassfilter eliminiert werden dürfen. Diese Aufteilung in Grob- und Feinstruktur ist dann mathematisch in geeignete Filterfunktionen zu fassen, um diese in den Zusammenhang des Diskretisierungsverfahrens des gesamten Gleichungssystems einbauen zu können und dies dadurch lösbar zu machen. Dabei wird die Reichweite des Filters so gewählt, dass es mit der Maschenweite des Gitters korreliert. Als Transportgleichungen für die Grobstrukturvariablen dienen dann die entsprechend gefilterten NAVIER-STOKES-Gleichungen, die jedoch auch noch Terme enthalten, welche die Feinstrukturvariablen berücksichtigen.

Da die Verfahren der Grobstruktursimulationstechnik, die den konventionellen, d. h. statistischen Turbulenzmodellen prinzipiell überlegen scheinen, sich jedoch teilweise noch in der Entwicklungsphase befinden, wird nicht weiter darauf eingegangen, sondern auf das zugehörige Spezialschrifttum verwiesen. Wie DNS (direkte numerische Simulation, Abschn. 4.3.1.8.2) wird auch die LES bisher nur bei Grundlagenforschung der Turbulenz eingesetzt. LES kann als Erweiterung, bzw. Ergänzung von DNS und $(k,\ \varepsilon)$ aufgefasst werden.

[27] LES = Large-Eddy-Simulation (Groß-Wirbel-Simulation).

Forderungen an Turbulenzmodelle

Turbulenzmodelle sollen zusammengefasst folgende Eigenschaften besitzen:

- Die Funktionen und die dazu notwendigen halbempirischen Konstanten sollen für möglichst viele verschiedene Strömungsfälle gelten. Nur dann ist gute Vorhersagekraft gegeben.
- Die Zahl der grundlegenden Modellansätze und der empirischen Konstanten soll möglichst gering sein. Je größer die Anzahl, desto schwieriger und aufwändiger wird ihr Bestimmen.
- Die Anwendung der Modelle soll einfach und numerisch stabil sowie wirtschaftlich in der Anwendung sein.

Diese Forderungen sind zum Teil unvereinbar. Deshalb ist in der Praxis stets ein Kompromiss aus Allgemeingültigkeit und Genauigkeit sowie Wirtschaftlichkeit notwendig.

Klassifizierung der Turbulenzmodelle

Diese erfolgt nach der Anzahl der notwendigen Differenzialgleichungen für die Turbulenzgrößen:

- *Nullgleichungsmodelle*: Enthalten keine zusätzlichen Differenzialgleichungen für die Turbulenzgrößen, sondern ausschließlich algebraische Beziehungen.
- *Eingleichungsmodelle*: Enthalten eine zusätzliche Differenzialgleichung (Transportgleichung) für eine Turbulenzgröße.
- *Zweigleichungsmodelle*: Enthalten zwei zusätzliche Differenzialgleichungen für zwei Turbulenzgrößen.

Turbulenzgrößen sind Größen wie $\overline{c_i' \cdot c_j'}$, k, ε und l_t, nicht jedoch gemittelte Größen wie $\bar{c}$, $\bar{p}$.

Komplexität und numerischer Aufwand steigen mit der Anzahl der Differenzialgleichungen. In den meisten Fällen verbessert sich dabei jedoch deren Allgemeingültigkeit.

Turbulenzmodelle liefern zusammen mit den REYNOLDS-Gleichungen nur die Mittelwerte von Druck und Geschwindigkeit der Strömung, also die für den Ingenieur wichtigen Größen.

4.3.1.7.2 Prandtlscher Mischungsweg-Ansatz

Wie in Abschn. 4.3.1.1 ausgeführt, findet bei turbulenten Strömungen ein dauerndes unregelmäßiges Vermischen der Strombahnen statt. Makroskopische Teile, sog. Turbulenzballen des strömenden Fluides führen außer der Hauptbewegung in Strömungsrichtung ungeordnete, statistisch zufällige (stochastische) Nebenbewegungen nach allen Richtungen aus. Durch die Turbulenzballen wird der Hauptströmung mechanische Energie entzogen, die bei deren Zerfall in einer Energiekaskade in immer kleinere Einheiten transferiert wird, bis sie schließlich in Wärme dissipiert.

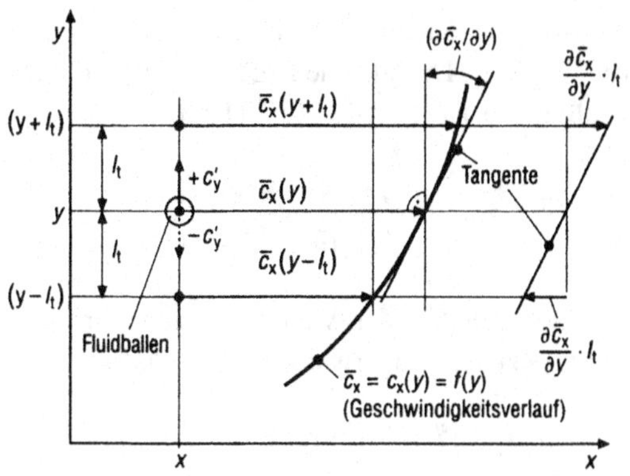

Abb. 4.104 Mischungsweg l_t turbulenter Strömung. Vorgang verzerrt dargestellt, da $\bar{c}_x \ll c_y'$ und l_t klein. Deshalb Querbewegung mit Schwankungsgeschwindigkeit c_y' praktisch senkrecht, d. h. in y-Richtung

Insgesamt kann die Turbulenz als vergrößertes und vergröbertes Bild der thermischen Molekularbewegung von Gasen betrachtet werden. Analog zur kinetischen Gastheorie kann deshalb auch eine **turbulente freie Weglänge l_t** definiert werden (Abb. 4.104). Diese Größe wurde von PRANDTL als **Mischungsweg** der ausgebildeten Turbulenz bezeichnet. Darauf aufbauend entwickelte PRANDTL 1925 sein **Mischungsweg-Modell,** ein Nullgleichungsmodell. Als Mischungsweg gilt dabei die Strecke, über die sich einzelne Turbulenzballen als mehr oder weniger einheitliche Gebilde bewegen, bis sie durch Zusammenstoß und Vermischen mit anderen Turbulenzballen ihre Individualität verlieren, d. h. sich auflösen und andere sich bilden. Es findet also ein ständiges Zerfallen und dadurch induziertes Neubilden von Turbulenzballen makroskopischer Größe statt. Gemäß Abb. 4.104 soll der sich an Stelle $(x,\ y)$ zum betrachteten Zeitpunkt befindende Fluidballen infolge der turbulenten Schwankung die Querbewegungsstrecke l_t in positiver y-Richtung durchlaufen, bis er sich später an der Stelle $(y + l_t)$ mit der dortigen Schicht vermischt und dadurch seine Identität verliert. Unter der sinnvollen Annahme, dass der Fluidballen bei dieser Querbewegung seinen x-Impuls beibehält, besitzt er an Stelle $(y + l_t)$ eine kleinere Geschwindigkeit in x-Richtung, als dort gerade herrscht, gemäß vorliegender Hauptströmung. Der Differenzbetrag $\Delta \bar{c}_x = \bar{c}_x(y + l_t) - \bar{c}_x(y)$ beträgt infolge des Geschwindigkeitsgradienten $\partial \bar{c}_x / \partial y$ in y-Richtung nach Abb. 4.104 $\Delta \bar{c}_x = (\partial \bar{c}_x / \partial y) \cdot l_t$. Das gleiche Ergebnis liefert die abgebrochene TAYLOR-Reihe[28] [107]:

$$\bar{c}_x(y \pm l_t) = \bar{c}_x(y) \pm (\partial \bar{c}_x / \partial y) \cdot l_t + (1/2) \cdot (\partial^2 \bar{c}_x / \partial y^2) \cdot l_t^2 \pm \ldots + \ldots$$

Die höheren Glieder werden wegen geringem Einfluss zuverlässigerweise vernachlässigt, also:

$$\bar{c}_x(y \pm l_t) = \bar{c}_x(y) \pm (\partial \bar{c}_x / \partial y) \cdot l_t$$

Die Geschwindigkeitsdifferenz $\Delta \bar{c}_x$ des Turbulenzballens an Stelle $(y + l_t)$ gegenüber der dort in der Hauptströmung herrschenden Bewegung kann als Schwankungsbewegung (-komponente) in x-Richtung aufgefasst und deshalb gesetzt werden $c'_x = \Delta \bar{c}_x = (\partial \bar{c}_x / \partial y) \cdot l_t$.

Wenn ein Turbulenzballen in eine Fluidschicht eindringt, stößt er zwangsläufig gegen den gerade dort vorhandenen Fluidballen und verdrängt diesen seitlich. Aus Kontinuitätsgründen sind Verdrängungs- und damit Querbewegung von gleicher Größenordnung wie die Längsschwankungen. Als sinnvolle Annahme gilt daher isotrope Turbulenz bei gleichen Mischungswegen. Die stochastischen Schwankungsbewegungen in den verschiedenen Richtungen können daher meist betragsmäßig gleich groß gesetzt werden: $|c'_x| = |c'_y| = |c'_z|$. Im Vorzeichen sind die Schwankungsgeschwindigkeiten jedoch zwangsläufig jeweils gegensätzlich.

Mit dem Mischwegansatz kann dann für die REYNOLDS-Spannungen τ_t gemäß (4.147g) gesetzt werden:

$$\tau_t = \varrho \cdot \overline{c'_x \cdot c'_y} = \varrho \cdot l_t^2 \cdot (\partial \bar{c}_x / \partial y)^2$$

Um das richtige Vorzeichen für τ_t, zu erhalten, wird jedoch meist der Gradient $\partial \bar{c}_x / \partial y$ einmal mit und einmal ohne Betragsstriche geschrieben. Dadurch wird zum Ausdruck gebracht, dass einem positiven Wert $\partial \bar{c}_x / \partial y$ eine positive Schubspannung τ_t, entspricht und umgekehrt:

$$\tau_t = \varrho \cdot \overline{c'_x \cdot c'_y} = \varrho \cdot l_t^2 \cdot \left| \frac{\partial \bar{c}_x}{\partial y} \right| \cdot \frac{\partial \bar{c}_x}{\partial y} \qquad (4.283/19)$$

Durch Vergleich mit Beziehung (3.49) ergibt sich für die Scheinviskosität (turbulente Impulsaustauschgröße)

$$\eta_t = \varrho \cdot l_t^2 \cdot |\partial \bar{c}_x / \partial y| \qquad (4.283/20)$$

und für die Wirbelviskosität:

$$\nu_t = \eta_t / \varrho = l_t^2 \cdot |\partial \bar{c}_x / \partial y| \qquad (4.283/21)$$

Gemäß kinetischer Gastheorie ist die molekulare Viskosität $\nu \sim l_{\text{TI}} \cdot c_{\text{TI}}$ (1.20a). Analog hierzu setzte PRANDTL für die Wirbelviskosität $\nu_t = l_t \cdot c_t$. Dabei sind die charakteristischen Größen von Länge und Geschwindigkeit der turbulente Mischungsweg l_t und die Schwankungsgeschwindigkeit $c' = c_t = l_t \cdot |\partial c_x / \partial y|$ gemäß Vergleich mit Beziehung (4.283/21).

Trotz formaler Übereinstimmung von molekularer Viskosität und Wirbelviskosität bestehen jedoch wesentliche Unterschiede. Die molekulare Viskosität ist eine Stoffgröße und deshalb nur abhängig von den **primären Zustandsgrößen,** also Temperatur sowie Druck des betreffenden Fluides. Die Wirbelviskosität dagegen ist als Analogiegröße ein Ersatz für nicht genau bekannte phänomologische Zusammenhänge und daher abhängig von den örtlichen Gegebenheiten. Der

---

[28] $f(a \pm h) = f(a) \pm \frac{h}{1!} \cdot f'(a) + \frac{h^2}{2!} \cdot f''(a) \pm \frac{h^3}{3!} \cdot f'''(a) + \ldots \pm \ldots$

für die Berechnung notwendige Mischungsweg muss deshalb experimentell ermittelt werden – eine gravierende Einschränkung dieser halbempirischen Turbulenztheorie. Dabei besteht ein wesentlicher Unterschied, ob die Strömung entlang fester Wände (Rohre, Gerinne, Körper) erfolgt oder zwischen verschiedenen Fluidgebieten, die mit unterschiedlicher Geschwindigkeit aneinander vorbeistreichen (freie Turbulenz) und sich letztlich meist vermischen, wie dies z. B. bei Freistrahlen der Fall ist.

Das Experiment ergibt für Mischungsweg l_t: Bei Strömungen in der Nähe fester Wände ist l_t abhängig vom Wandabstand y:

$$l_t \approx 0{,}4 \cdot y \qquad (4.283/22)$$

Für voll entwickelte turbulente Rohrströmung – Rohrradius R, Wandabstand y – gilt nach NIKURADSE:

$$l_t/R = 0{,}14 - 0{,}08 \cdot (1 - y/R)^2 - 0{,}06 \cdot (1 - y/R)^4 \qquad (4.283/23a)$$

Oder mit $y = R - r$, wobei r der Schichtradius zum Zentrum ist:

$$l_t/R = 0{,}14 - 0{,}08 \cdot (r/R)^2 - 0{,}06 \cdot (r/R)^4 \qquad (4.283/23b)$$

Verwiesen wird auf TRUCKENBRODT [37].

Gemäß Herleitung und Erfahrung ist der PRANDTLsche Mischungsweganansatz mit gutem Erfolg nur bei hohen *Re*-Zahlen und außerhalb viskoser Unterschichten anwendbar auf:

- Wandgrenzschichten
- Rohr- und Kanalströmungen
- freie Scherströmungen (Freistrahl).

Vorteil: Einfach und wirtschaftlich, da keine zusätzlichen Differenzialgleichungen zu lösen sind.

Nachteil: Das Modell besitzt keine ausreichende Allgemeingültigkeit.

4.3.1.7.3 (k, ε)-Modelle

Das Mischungswegmodell von PRANDTL, das Nullgleichungsmodell, ist für einfache Scherströmungen sehr gut geeignet und aufgrund der bequemen Handhabung ein gern benutzter Ansatz. Das Modell stößt jedoch an seine Grenzen, sobald starke Turbulenz-Konvektion und -Diffusion auftreten. Deshalb wurden weitere Turbulenzmodelle zum ersatzweisen mathematischen Darstellen der REYNOLDS-Tensoren entwickelt. Ausgangspunkt ist wieder die Impulsaustauschgröße (Scheinviskosität).

Ein-Gleichungs-Modelle beschreiben dabei die Wirbelviskosität mit nur einer, die Turbulenz charakterisierenden Größe, für welche dann nur eine Transportgleichung notwendig ist. Als Bezugsgröße (Parameter) wird fast immer die sog. spezifische **Turbulenzenergie *k*** (Dimension $\mathrm{N\,m/kg} = \mathrm{m^2/s^2}$) verwendet ($k$-Modelle).

Zwei-Gleichungs-Modelle verwenden als zweite Größe zum Beschreiben der turbulenten Scheinviskosität die Turbulenzenergie-**Dissipationsrate $\boldsymbol{\varepsilon}$** (Dimension $(\mathrm{m^2/s^2})/\mathrm{s}$), also zwei Parameter. Die Größe ε kennzeichnet den Anteil (Menge) der spez. Turbulenzenergie k, der dissipiert, also durch Turbulenzerscheinungen pro Zeiteinheit in Wärme (innere Energie) umgewandelt wird und damit für die Strömung verloren geht. Außer der Transportgleichung für die turbulente kinetische Energie k ist dann eine weitere für die turbulente Dissipationsrate ε notwendig (k, ε-Modelle). Entsprechend umfangreicher ist der erforderliche numerische Auswertungsaufwand. Des Weiteren sind mehrere Konstanten notwendig, die aus analytischen Überlegungen und Experimenten folgen, also semiempirisch. Dem steht vorteilhaft entgegen, dass die Brauchbarkeit des Ergebnisses dieser Modelle mit ihrer Komplexität steigt.

Durch die Größen k und ε wird die Turbulenz parameterisiert. Das Ausgangsproblem der Bestimmung der REYNOLDS-Spannungen reduziert sich dadurch auf das Berechnen von k und ε im gesamten Strömungsgebiet.

Auf das theoretische Begründen der (k, ε)-Modellansätze sei hier verzichtet.

Die derzeit am häufigsten eingesetzte Standardversion der $(k; \varepsilon)$-Modelle, die besonders auch für Strömungen mit isotroper (richtungsunabhängiger) Turbulenz bei hohen REYNOLDS-Zahlen gilt, umfasst die folgenden Gleichungen zum Bestimmen der Größen k und ε und damit η_t. Aus Verständnisgründen werden jedoch nur die Differenzialgleichungen (D'Gl) des (k, ε)-Modells für zweidimensionale $(x, y$-Feld), inkompressible (ϱ = konst) Strömungen unveränderlicher Viskosität (η = konst) aufgeführt. Wegen des sehr komplexen Modells für Raumströmungen, (x, y, z)-Feld, ohne die anderen Einschränkungen wird auf das einschlägige Spezialschrifttum [85] verwiesen.

Scheinviskosität (Impuls-Austauschgröße), die letztlich aus Dimensionsüberlegungen folgt; auch als **PRANDTL-KOLMOGOROW-Formel** bezeichnet:

$$\eta_t = C_\eta \cdot \varrho \cdot k^2/\varepsilon \tag{4.283/24}$$

oder **Wirbelviskosität**:

$$\nu_t = \eta_t/\varrho = C_\eta \cdot k^2/\varepsilon \tag{4.283/25}$$

Die Wirbelviskosität ist ein Skalar. Die Berechnung der vier Komponenten des REYNOLDS-Tensors $\overline{c'_i \cdot c'_j}$ der Flächenströmungen (i; j = 1; 2 bzw. i; $j = x$; y) reduziert sich damit auf das Bestimmen eines Skalars.

D'Gl für die spez. **Turbulenzenergie** $\boldsymbol{k}$:

$$\overset{①}{\varrho \cdot \frac{\partial k}{\partial t}} + \overset{②}{\varrho \cdot \left[\frac{\partial}{\partial x}(c_x \cdot k) + \frac{\partial}{\partial y}(c_y \cdot k)\right]}$$
$$= \overset{③}{\frac{\eta_t}{\sigma_k} \cdot \left(\frac{\partial^2 k}{\partial x^2} + \frac{\partial^2 k}{\partial y^2}\right)} + P_k - \overset{④}{\varrho \cdot \varepsilon} \tag{4.283/26}$$

D'Gl für die **Dissipationsrate** $\boldsymbol{\varepsilon}$ der Turbulenzenergie k:

$$\overset{①}{\varrho \cdot \frac{\partial \varepsilon}{\partial t}} + \overset{②}{\varrho \cdot \left[\frac{\partial}{\partial x}(c_x \cdot \varepsilon) + \frac{\partial}{\partial y}(c_y \cdot \varepsilon)\right]}$$
$$= \overset{③}{\frac{\eta_t}{\sigma_\varepsilon} \cdot \left(\frac{\partial^2 \varepsilon}{\partial x^2} + \frac{\partial^2 \varepsilon}{\partial y^2}\right)}$$
$$+ \overset{④}{C_{\varepsilon 1} \cdot P_k \cdot \frac{\varepsilon}{k}} - \overset{⑤}{C_{\varepsilon 2} \cdot \varrho \cdot \frac{\varepsilon^2}{k}} \tag{4.283/27}$$

mit sog. Produktions-(Vernichtungs-)Rate:

$$P_k = \eta_t \cdot \left[2 \cdot \left(\frac{\partial c_x}{\partial x}\right)^2 + 2 \cdot \left(\frac{\partial c_y}{\partial y}\right)^2 + \left(\frac{\partial c_y}{\partial x} + \frac{\partial c_x}{\partial y}\right)^2\right]$$

Meist brauchbarer **Standardsatz** für die aus analytischen Überlegungen sowie Computer-Optimierungen folgenden und durch Versuche bestätigten semiempirischen **Modell-Konstanten** (dimensionslos) für wandbegrenzte und freie Strömungen:

C_η	$C_{\varepsilon 1}$	$C_{\varepsilon 2}$	σ_k	σ_ε
0,09	1,44	1,92	1,00	1,30

Benennungen:

C_η; $C_{\varepsilon 1}$; $C_{\varepsilon 2}$	Turbulenzmodell-Konstanten
σ_k; σ_ε	Diffusionskonstanten für k und ε

Die Turbulenzenergie k, spezifischer Wert mit Dimension [m^2/s^2], kennzeichnet die kinetische Energie der Schwankungsgeschwindigkeiten turbulenter Strömung. Bei Raumströmungen (allgemeiner Fall), gilt:

$$k = (1/2) \cdot (\overline{c'_j \cdot c'_j})$$
$$= \frac{1}{2} \sum (\overline{c'^2_j}) = \frac{1}{2}(\overline{c'^2_x} + \overline{c'^2_y} + \overline{c'^2_z}) = \frac{\overline{c'^2}}{2}$$

mit $\vec{c'} = \vec{c'_x} + \vec{c'_y} + \vec{c'_z}$ und $c' = |\vec{c'}|$.

Bei isotroper Turbulenz $|\vec{c'_x}| = |\vec{c'_y}| = |\vec{c'_z}|$ ist

$$c' = c'_x \cdot \sqrt{3}.$$

Die Dissipationsrate ε (zeitliche Größe) hat die Dimension [(m^2/s^2)/s] = [m^2/s^3] und kennzeichnet, wie erwähnt, den infolge Impulsaustausch (Reibung) bei den Schwankungsbewegungen ständig in Wärme umgewandelten und damit mechanisch verlorengehenden Anteil von der Turbulenzenergie k. Durch fortlaufende Neuanfachung (Energieaufwand) von Turbulenz muss die Dissipationsrate ε aufgebracht werden, was sich als Widerstand äußert. Die Produktion von k ist in Wandnähe (Grenzschicht) am größten, da dort der stärkste Geschwindigkeitsgradient auftritt, und sinkt mit wachsendem Wandabstand. Zudem wird Turbulenzenergie aus Bereichen hoher Turbulenzenergie in solche niedriger transportiert, also vom Wandbereich in das Außengebiet. Im Außenbereich fluktuierender turbulenter

Strömungen, d. h. außerhalb der Grenzschicht, halten sich dann Produktion und Dissipation von Turbulenzenergie die Waage. Dieser Zustand wird als lokales Gleichgewicht bezeichnet.

Die beiden Differenzialgleichungen des (k, ε)-Modells sind von gleichem Aufbau und wie der Vergleich zeigt, in ihrer Konzeption von den NAVIER-STOKES-Beziehungen abgeleitet, d. h. an diese angepasst. Die Lösung kann daher nach dem gleichen Verfahren (Algorithmus) erfolgen.

Die einzelnen Glieder (durch umkreiste Zahlen gekennzeichnet) der Gleichungen bedeuten:

① Transiens-Term (zeitliche Änderungsrate).
② Konvektions-Term (Mitführung). Transport durch die Strömung (makroskopisch).
③ Diffusions-Term (Vermischung). Transport durch die Molekülbewegung (mikroskopisch).
④ Produktions-Term (Quelle)
⑤ Dissipations-Term (Senke)

Allgemein werden bezeichnet mit sog. Statthaltergröße φ:

$\dfrac{\partial \varphi}{\partial t}$ Transienten- oder Transiens-Term

$c_i \cdot \dfrac{\partial \varphi}{\partial x_i}$ Konvektions- oder Konvektiv-Term

$\dfrac{\partial^2 \varphi}{\partial x_i^2}$ Diffusions- oder Diffus-Term

$\left(\dfrac{\partial \varphi}{\partial x_i}\right)^2$ Produktions-/Vernichtungs-Term

Bemerkungen: Da isotrope Turbulenz zugrundegelegt, sind die Diffusionsterme der drei Komponentengleichungen (Raumströmungen) von k- und ε-Ansatz jeweils gleich.

Die Produktionsterme sind stark nichtlinear und erfordern deshalb sorgfältige Behandlung.

In wandnahen Bereichen werden die Schwankungsbewegungen stark behindert, besonders in Normalenrichtung, und die Viskositätskräfte sind meist nicht vernachlässigbar. Für diese Gebiete sind daher die (k, ε)-Modelle nur bedingt geeignet und direkt an Wänden (laminare Unterschicht) überhaupt nicht mehr. Im Wandbereich wird deshalb außerhalb von Ablösungsgebieten ersatzweise das exponentielle oder logarithmische Geschwindigkeitsgesetz (Abschn. 4.1.1.3.4) verwendet, seltener der PRANDTLsche Mischwegansatz. In diesem Zusammenhang werden solche Ansätze auch als **Wandmodelle** oder **Wandfunktionen** bezeichnet.

(k, ε)-Modelle gelten für vollturbulente Strömungen, d. h. bei vollständig ausgebildeter Turbulenz, also hohe *Re*-Zahlen. Sie sind universeller anwendbar als Null- oder Eingleichungsmodelle.

In den NAVIER-STOKES-Beziehungen für die Geschwindigkeiten die zugehörigen Mittel eingesetzt und die molekulare Viskosität η durch die Gesamtviskosität $\eta_{\text{ges}} = \eta + \eta_{\text{t}}$ ersetzt, ergibt, wie in Abschn. 4.3.1.6 begründet, die REYNOLDS-gleichungen. Dabei ist vergleichsweise η meist vernachlässigbar (Abschn. 3.3.2.2.3). Zusammen mit der Kontinuitäts-Beziehung und den Ansätzen für Scheinviskosität, Turbulenzenergie und Dissipationsrate ergibt sich bei Raumströmungen ein geschlossenes System von sieben Differenzialgleichungen für die sieben Unbekannten η_{t}, k, ε, c_x, c_y, c_z und p, abhängig von Ort (x, y, z) sowie Zeit t. Dieses mathematisch bestimmte Gleichungssystem – gleiche Anzahl von Bedingungen und Unbekannten – ist unter Verwenden der experimentell ermittelten Faktoren des (k, ε)-Modells, der Stoffgrößen (Dichte, Viskosität) sowie den Anfangs und Randbedingungen mit Hilfe numerischer Methoden für die verschiedensten technischen Strömungsfälle in meist praktisch ausreichender Genauigkeit lösbar (folgender Abschn. 4.3.1.8).

Hinweis: Um die Schwächen – Nutzungsgrenzen, Genauigkeit – der (k, ε)-Modelle zu überwinden, sind sog. REYNOLDS-Spannungsmodelle (RS-Modelle) in der Entwicklung und schon in Anwendung. Diese sollen von umfassender Allgemeingültigkeit und großer Genauigkeit bei vertretbarem Rechenaufwand sein. Hierzu wird auf das einschlägige Spezialschrifttum verwiesen.

Kompressibilitätseinfluss

Bei kleinen MACH-Zahlen treten nur geringe Dichteänderungen in Strömungen kompressibler Medien auf (Abschn. 1.3.1). Es handelt sich dann um sog. schwach kompressible Strömungen. Ist bei solchen Bewegungsberechnungen wegen numerischer Rundungsfehler der Dichteeinfluss dennoch zu berücksichtigen, kann dieser in das Gleichungssystem eingebaut werden mit Hilfe entsprechend umgeformter LAPLACE-Beziehung für die Schallgeschwindigkeit (1.23):

$$a = \sqrt{\varkappa \cdot p \cdot v} = \sqrt{\varkappa \cdot p/\varrho}$$

Hieraus

$$p = (a^2/\varkappa) \cdot \varrho \quad \text{bei } a \approx \text{konst}$$

differenziert

$$\mathrm{d}p = (a^2/\varkappa) \cdot \mathrm{d}\varrho$$

Übergang auf Differenzengleichung (linear!).

$$\Delta p = (a^2/\varkappa) \cdot \Delta\varrho \qquad | : (\varrho_0 \cdot c_0^2)$$

$$\frac{\Delta p}{\varrho_0 \cdot c_0^2} = \frac{a^2}{\varkappa \cdot \varrho_0 \cdot c_0^2} \cdot \Delta\varrho$$

Mit $Ma_0 = a/c_0$ und $(\Delta\varrho)/\varrho_0 = \Delta(\varrho/\varrho_0)$ wird:

$$\frac{1}{\varrho_0 \cdot c_0^2} \cdot \Delta p = \frac{1}{\varkappa \cdot Ma_0^2} \cdot \Delta\left(\frac{\varrho}{\varrho_0}\right) \qquad (4.283/28)$$

Diese Beziehung ist jedoch nicht bei $Ma \to 0$ anwendbar (Unstetigkeitsstelle). Die Grenze liegt bei etwa $Ma \leq 0{,}1$. Auch zeigt sich, dass infolge des starken *Ma*-Einflusses (quadratisch) geringe Störungen im Dichtefeld zu relativ großen Störungen bei der Berechnung des Druckfeldes führen können (numerische Instabilität), und zwar vor allem bei sehr kleinen MACH-Zahlen (Verhalten nicht mehr linear).

Berechnungen, welche Beziehung (4.283/28) verwenden, werden auch als kompressible Verfahren bezeichnet.

4.3.1.8 Numerische Strömungsmechanik

4.3.1.8.1 Allgemeines

Die numerische Strömungsmechanik, auch als numerische Fluiddynamik, **C**omputational **F**luid **D**ynamics (CFD) oder Relaxations[29]-Methode bezeichnet, ist ein ständig wachsendes Spezialgebiet, das umfangreiche Kenntnisse und Erfahrungen erfordert. Im Rahmen dieses Buches können nur die Grundüberlegungen zur Vorgehensweise dargestellt werden.

Viele Ingenieuraufgaben führen zu Randwertproblemen, d. h., es sind gekoppelte Differenzialgleichungs-Systeme zu lösen unter Beachtung von Rand- und Anfangsbedingungen, was oft analytisch nicht möglich ist, weshalb immer mehr numerische Methoden eingesetzt bzw. notwendig werden. Die Verfahren zur numerischen Lösung solcher gekoppelter strömungsmechanischer Gleichungen werden immer umfang- und zahlreicher. Auch das zugehörige Schrifttum nimmt ständig zu. Durch die laufend steigende Leistung der elektronischen Rechenanlagen – auch von Supercomputern – hinsichtlich Speicherkapazität und Rechengeschwindigkeit ist es möglich, zunehmend komplexere Strömungsprobleme unter vertretbarem Aufwand in akzeptabler Zeit bei ausreichender Genaüigkeit und Sicherheit zu lösen. Die Computational Fluid Dynamics (rechenbare Fluiddynamik) wird dadurch zur immer wichtigeren Ergänzung der experimentellen Strömungsmechanik.

Numerische Verfahren sind somit Methoden und Algorithmen zum näherungsweisen Lösen von Modellgleichungen mittels einfacher arithmetischer Operationen an diskreten Stellen des Lösungsgebietes, das hierzu durch Gitter-Strukturen in kleine, sog. finite (endliche) Einzelteile (Elemente) aufgeteilt wird. Modellgleichungen andererseits sind mathematische Näherungen der analytischen durch Erhaltungsbedingungen geprägten physikalischen Zusammenhänge und dienen zur Simulation.

Ausgangspunkt sind auch bei der CFD die in den vorhergehenden Abschnitten dargestellten Grundgleichungen, also die Erhaltungsprinzipien, welche zu Bilanzgleichungen führen:

Massenbilanz	→ Kontinuitätsgleichung
Impulsbilanz	→ Impulsgleichung (NAVIER-STOKES)
Temperaturbilanz	→ Temperatur- oder Energiegleichung

[29] Relaxation ... Erschlaffung, Nachhinkung, Entspannung, Minderung, Abnahme. Hier Abnahme der Abweichungen (Fehler).

Diskretisierungsverfahren, die diese Bilanzgleichungen sicherstellen, werden als konservativ (erhaltend) bezeichnet.

Die notwendigen wichtigsten Eigenschaften numerischer Verfahren sind:

- *Konsistenz*: (Widerspruchsfreiheit): Die Approximation soll exakt werden, wenn die Gitter gegen unendlich klein gehen.
- *Stabilität*: Die während des iterativen Lösungsablaufs eingebrachten oder auftretenden Störungen sollten nicht angefacht werden.
- *Konvergenz*: Die Lösung der diskreten Gleichungen soll zu einer exakten Lösung der Ausgangsgleichungen führen, wenn die Gitterabstände unendlich klein werden.
- *Konservativität*: Die Erhaltungssätze sollten in einer numerischen Lösung sowohl lokal als auch global nicht verletzt werden.
- *Beschränktheit*: Die numerische Lösung soll innerhalb der physikalischen Grenzen liegen, d. h., es dürfen z. B. keine negativen Dichten o. ä. auftreten.

Allgemeine Form der Erhaltungssätze

Die verschiedenen Erhaltungssätze lassen sich zusammengefasst in allgemeiner Form als sog. **Transportgleichung** ausdrücken:

$$\overset{①}{\frac{\partial(\varrho\cdot\Theta)}{\partial t}} + \overset{②}{\operatorname{div}(\varrho\cdot\Theta\cdot\vec{c})} = \overset{③}{\operatorname{div}\left(\frac{\eta}{Q_\Theta}\cdot\operatorname{grad}\Theta\right)} + \overset{④}{S_\Theta} \qquad (4.283/29)$$

Hierbei in Orthogonalkoordinaten (orthonormiert):

$$\vec{c} = \{c_x\ c_y\ c_z\} = f(t,\ x,\ y,\ z)$$

Bedeutung der einzelnen Ausdrücke (Abschn. 4.3.1.7.3):

① transienter, instabiler oder lokaler Term (Transientterm), gekennzeichnet durch Zeitableitung.

② konvektiver Term → Konvektion- oder Konvektivterm. $\varrho\cdot\Theta\cdot\vec{c}$ konvektiver[30] Wert (Vektor) der abhängigen Variablen Θ. Beschreibt den Transport der betrachteten Größe Θ durch die Strömung. Fehlt dieses Glied, wird von **Diffusionsgleichung** gesprochen.

③ Diffusionsterm, gekennzeichnet durch die zweite Ableitung. $\eta\cdot(1/Q_\Theta)\cdot\operatorname{grad}\Theta$ diffusiver[31] Wert (Vektor) der abhängigen Variablen Θ mit Diffusionsfaktor $1/Q_\Theta$. Beschreibt den Transport der betreffenden Größe durch die Molekularbewegung. Fehlt dieses Glied, wird von **Konvektionsgleichung** gesprochen.

④ Quellen (Senken)-Term oder kurz Quellterm (Produktionsterm), bedingt durch Kraftwirkungen. Dabei sind Senken negative Quellen.

Die aus Bilanzbetrachtungen folgende Transportgleichung beschreibt mathematisch den Transport einer Strömungsgröße durch Konvektion und Diffusion – hier der Größe Θ – in differenzialer oder integraler Form. Dabei sind bedingt:

- Konvektionsterm durch die Strömungsbewegung (makroskopisch)
- Diffusionsterm durch die Molekülbewegung (mikroskopisch), oder durch Austausch von sog. „Turbulenzballen" (makroskopisch).

Alle Bilanz-, d. h. Erhaltungsgleichungen weisen somit die gleiche Struktur auf, und zwar:

$$\begin{aligned}&\text{Zeitliche Variation}^{32} + \text{Konvektion}\\ &= \text{Diffusionsterm} + \text{Quellterm}\end{aligned}$$

Die bei den verschiedenen Bilanzgleichungen für die enthaltenen Statt- oder **Platzhalter-Symbole**(-Variablen) Θ, Q_Θ und S_Θ einzusetzenden Größen gehen aus Tab. 4.8 hervor.

Für die PRANDTL-Zahl *Pr* in Tab. 4.8 gilt gemäß Definition:

$$Pr = \frac{\text{dissipierte Wärme (Energie)}}{\text{geleitete Wärme}} = \frac{\nu}{a}$$

mit Temperaturleitfähigkeit $a = \lambda/(c_p\cdot\varrho)$ wobei

λ	$[\mathrm{W}/(\mathrm{m}\cdot\mathrm{grd})]$	Wärmeleitfähigkeit
c_p	$[\mathrm{J}/(\mathrm{kg}\cdot\mathrm{grd})]$	spez. Wärmekapazität
ν	$[\mathrm{m}^2/\mathrm{s}]$	kin. Viskosität

[30] konvektiv … weiterleiten.

[31] diffus … ausbreiten.

[32] Variation … Änderung, Abwandlung.

Tab. 4.8 Bedeutung der Größen des allgemeinen Erhaltungssatzes (Transportgleichung)

Gleichung	Größe		
	Θ	Q_Θ	S_Θ
Kontinuität	1	∞	0
NAVIER-STOKES			
x-Koordinate	c_x	1	$f_x - \partial p/\partial x$
y-Koordinate	c_y	1	$f_y - \partial p/\partial y$
z-Koordinate	c_z	1	$f_z - \partial p/\partial z$
Temperatur (Energie)	T	Pr	0
REYNOLDS	Wie NAVIER-STOKES, jedoch statt η mit $\eta_{\text{ges}} = \eta + \eta_t$, wobei meist $\eta_{\text{ges}} \approx \eta_t$, da $\eta \ll \eta_t$		

Bei **$\varrho \approx$ konst**, also auch $T \approx$ konst sowie zudem $\eta \approx$ konst, entfällt die Temperaturgleichung und der **allgemeine Erhaltungssatz** (4.283/29) vereinfacht sich entsprechend zu:

$$\varrho \frac{\partial \Theta}{\partial t} + \varrho \cdot \operatorname{div}(\Theta \cdot \vec{c}) = \eta \cdot \operatorname{div}\left(\frac{1}{Q_\Theta} \cdot \operatorname{grad} \Theta\right) + S_\Theta \qquad (4.283/30)$$

Umschreibung der Transportgleichung:

Mit

$$\vec{c} = c_x \cdot \vec{e}_x + c_y \cdot \vec{e}_y + c_z \cdot \vec{e}_z$$

$$\operatorname{grad} \Theta = \frac{\partial \Theta}{\partial x} \cdot \vec{e}_x + \frac{\partial \theta}{\partial y} \cdot \vec{e}_y + \frac{\partial \Theta}{\partial z} \cdot \vec{e}_z$$

$$\operatorname{div} \vec{c} = \frac{\partial c_x}{\partial x} + \frac{\partial c_y}{\partial y} + \frac{\partial c_z}{\partial z}$$

$$\operatorname{div}(\operatorname{grad} \Theta) = \frac{\partial}{\partial x}\left(\frac{\partial \Theta}{\partial x}\right) + \frac{\partial}{\partial y}\left(\frac{\partial \Theta}{\partial y}\right) + \frac{\partial}{\partial z}\left(\frac{\partial \Theta}{\partial z}\right)$$

liefert die allgemeine Transportbeziehung nach (4.283/29):

$$\frac{\partial(\varrho \cdot \Theta)}{\partial t} + \frac{\partial(\varrho \cdot \Theta \cdot c_x)}{\partial x} + \frac{\partial(\varrho \cdot \Theta \cdot c_y)}{\partial y} + \frac{\partial(\varrho \cdot \Theta \cdot c_z)}{\partial z} = \frac{\partial}{\partial x}\left(\frac{\eta}{Q_\Theta} \cdot \frac{\partial \Theta}{\partial x}\right) + \frac{\partial}{\partial y}\left(\frac{\eta}{Q_\Theta} \cdot \frac{\partial \Theta}{\partial y}\right) + \frac{\partial}{\partial z}\left(\frac{\eta}{Q_\Theta} \cdot \frac{\partial \Theta}{\partial z}\right) + S_\Theta$$

Ausgewertet z. B. für die x-Komponente der NAVIER-STOKES-Gleichung:

Hierzu nach Tab. 4.8:

$$\Theta = c_x; \quad Q_\Theta = 1; \quad S_\Theta = f_x - \partial p/\partial x$$

Damit ergibt vorhergehende Gleichung:

$$\frac{\partial(\varrho \cdot c_x)}{\partial t} + \frac{\partial[(\varrho \cdot c_x) \cdot c_x]}{\partial x} + \frac{\partial[(\varrho \cdot c_x) \cdot c_y]}{\partial y} + \frac{\partial[(\varrho \cdot c_x) \cdot c_z]}{\partial z} = \frac{\partial}{\partial x}\left(\eta \cdot \frac{\partial c_x}{\partial x}\right) + \frac{\partial}{\partial y}\left(\eta \cdot \frac{\partial c_x}{\partial y}\right) + \frac{\partial}{\partial z}\left(\eta \cdot \frac{\partial c_x}{\partial z}\right) + f_x - \frac{\partial p}{\partial x}$$

Hierbei nach Kettenregel der Differenzialrechnung:

$$\frac{\partial[(\varrho \cdot c_x) \cdot c_x]}{\partial x} = \frac{\partial[(\varrho \cdot c_x) \cdot c_x]}{\partial(\varrho \cdot c_x)} \cdot \frac{\partial(\varrho \cdot c_x)}{\partial x} + c_x \cdot \frac{\partial(\varrho \cdot c_x)}{\partial x}$$

$$\frac{\partial[(\varrho \cdot c_x) \cdot c_y]}{\partial y} = \frac{\partial[(\varrho \cdot c_x) \cdot c_y]}{\partial(\varrho \cdot c_x)} \cdot \frac{\partial(\varrho \cdot c_x)}{\partial y} + c_y \cdot \frac{\partial(\varrho \cdot c_x)}{\partial y}$$

$$\frac{\partial[(\varrho \cdot c_x) \cdot c_z]}{\partial z} = \frac{\partial[(\varrho \cdot c_x) \cdot c_z]}{\partial(\varrho \cdot c_x)} \cdot \frac{\partial(\varrho \cdot c_x)}{\partial z} + c_z \cdot \frac{\partial(\varrho \cdot c_x)}{\partial z}$$

Bei **$\varrho \approx$ konst und $\eta \approx$ konst** (inkompressibles isentropes Fluid $\rightarrow$ Flüssigkeit) vereinfacht sich der Gesamtaufbau, da $\partial/\partial_\varrho = 0$; zu:

$$\varrho \cdot \left(\frac{\partial c_x}{\partial t} + c_x \cdot \frac{\partial c_x}{\partial x} + c_y \cdot \frac{\partial c_x}{\partial y} + c_z \cdot \frac{\partial c_x}{\partial z}\right) = f_x - \frac{\partial p}{\partial x} + \eta \cdot \left(\frac{\partial^2 c_x}{\partial x^2} + \frac{\partial^2 c_x}{\partial y^2} + \frac{\partial^2 c_x}{\partial z^2}\right)$$

Es ergibt sich also die x-Komponente der NS.

Entsprechend erfolgt die Auswertung für die anderen Koordinatenrichtungen y und z der NS (NAVIER-STOKES-Gleichungen), wie auch bei den übrigen differentiellen Grundgleichungen (Bilanzen) mit Hilfe von Tab. 4.8.

Klassifizierung der partiellen Differenzialgleichungen

In Analogie zur analytischen Geometrie wird auch bei Differenzialgleichungen 2. Ordnung zwischen parabolischem, elliptischem und hyperbolischem Typ unterschieden. Die mathematische Behandlung und die Form der Lösung von Differenzialgleichungen (D'Gl) sind abhängig von dieser Charakteristik. Der Lösungsaufwand steigt vom parabolischen zum hyperbolischen Aufbau.

Allgemeine partielle D'Gl 2. Ordnung für die unbekannte Funktion $\varphi(x, y)$:

$$A(x, y) \cdot \frac{\partial^2 \varphi}{\partial x^2} + B(x, y) \cdot \frac{\partial^2 \varphi}{\partial x \cdot \partial y} + C(x, y) \cdot \frac{\partial^2 \varphi}{\partial y^2} + D(x, y) \cdot \frac{\partial \varphi}{\partial x} + E(x, y) \cdot \frac{\partial \varphi}{\partial y} + F(x, y) = 0 \quad (4.283/31)$$

Kenngröße für die Klassifizierung ist die sich bei der Umwandlung dieser allgemeinen Form der zweidimensionalen partiellen D'Gl in die zugehörige Normalform [107] ergebende Diskriminante:

$$\delta = B^2 - 4 \cdot A \cdot C \quad (4.283/32)$$

Der Charakter oder Typ der zugehörigen D'Gl ist bei:

$\delta = 0$ parabolisch
$\delta > 0$ elliptisch
$\delta < 0$ hyperbolisch

Finite Methoden

Die finiten Methoden der numerischen Fluidmechanik lassen sich wie folgt aufteilen:

- Direkte Methoden (DM)
  - DNS direkte numerische Simulation
  - FD finite Differenzen
  - FV finite Volumen
- Modell-Ansätze (MA)
  - PV Panel-Verfahren
  - FE Finite Elemente Methode

Die direkten Methoden verwenden die Erhaltungsgleichungen unmittelbar in differenzieller Form (DNS, FD) oder integriert als Integralgleichungen (FV). Hierbei werden die Differenziale durch entsprechende Differenzen ersetzt und nichtlineare Ausdrücke möglichst linearisiert.

Die Modell-Verfahren drücken die Differenziale über Ansatzfunktionen, auch als Formfunktionen oder Interpolationsansätze bezeichnet, näherungsweise aus.

Die direkten Methoden (DM) führen somit zur näherungsweisen Lösung der exakten Problem-Gleichungen. Die Modell-Verfahren (MV) dagegen liefern exakte Lösungen des jeweiligen Näherungsansatzes (Modells).

Wie erwähnt, wird bei allen Verfahren das zu untersuchende Gebiet des Kontinuums in eine endliche Anzahl möglichst einfacher Teilbereiche geeigneter Form, in die finiten (endlichen) Elemente, unterteilt und damit diskretisiert, d. h. geometrisch beschrieben (Abb. 4.105). Auf dieses numerische Gitter werden dann die entsprechend abgewandelten Erhaltungsgleichungen direkt oder über Formfunktionen angewendet durch Ansetzen auf die einzelnen Elemente, d. h. deren Knotenpunkte, mit anschließendem Zusammenfassen zum Gesamtsystem. Die gesuchten Größen werden nur an den Knotenpunkten ermittelt. Je nach zu lösendem Problem wird die hierzu notwendige Physik ausgewählt, die sich in den zugehörigen Erhaltungsgleichungen ausdrückt. Die Nummerierung der Knotenpunkte hat so zu erfolgen, dass der numerische Abstand der Knoten-Nummern möglichst klein ist. Dann ergibt sich die geringste Bandbreite der Bandma-

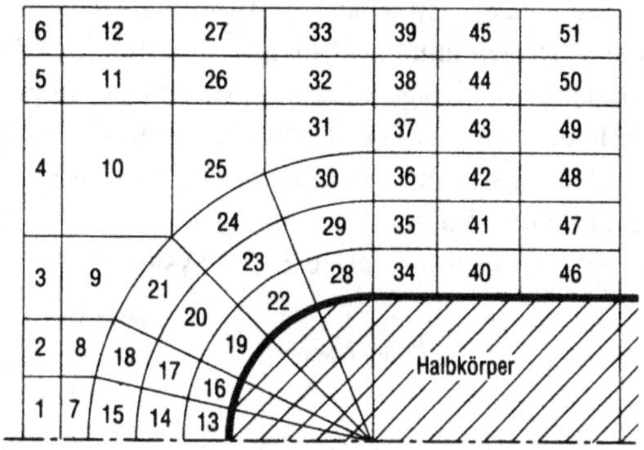

Abb. 4.105 Elemente-Netz aus vierseitigen Vierknoten-Elementen um einen ebenen Halbkörper. Nur obere Hälfte dargestellt, da symmetrisches Problem

trizen (Tab. 6.23) und damit der kleinste Rechenaufwand.

Das Gesamtverfahren lässt sich in sechs zu lösende Problemfelder aufteilen:

1. Geometrisches Beschreiben und Unterteilen (Diskretisieren) des zu untersuchenden Strömungsgebietes.
2. Diskretisieren (DM), bzw. Modellieren (MV) der zugehörigen strömungsmechanischen Grundgleichungen.
3. Erstellen der numerischen Lösungsalgorithmen bzw. deren Auswahl und Anpassen auf zugehörige vorhandene Computer-Programme (Software).
4. Festlegen der Rand- und Startbedingungen.
5. „Computer-Berechnung", d. h. Durchführen der eigentlichen Berechnung mittels elektronischer Rechenanlage (Hardware).
6. Auswerten, Beurteilen und Darstellen der Berechnungsergebnisse.

Energieminimum-Prinzip

Grundlage für das Anwenden der Modell-Verfahren, besonders der Finite-Methoden, ist meist das in der Physik gültige Minimum-Prinzip der Energie, also die Minimierung der Energie. Weitere wichtige erfüllte Voraussetzung für die deshalb zulässige Aufteilung eines Kontinuums in eine endliche Anzahl endlich großer Teile, den finiten Elementen, ist: Dort wo das Gesamtsystem sein Energieminimum hat, ist dies auch bei den einzelnen Elementen der Fall. Das begründet sich durch den Skalar-Charakter der Energie.

Folgendes einfaches Feststoff-Beispiel soll das Energieminimum-Prinzip verdeutlichen: Die Gleichgewichtslage einer durch die Masse m belasteten Feder (Abb. 4.106) der Steifigkeit D stellt sich so ein, dass die vorhandene Gesamtenergie ihr Minimum annimmt.

Für die Gesamtenergie E des Systems gilt:

$$E = E_{Ma} + E_{Fe}$$

mit

E_{Ma} Lage-Energie der Masse m, die proportional mit der Ortshöhe zunimmt und daher mit

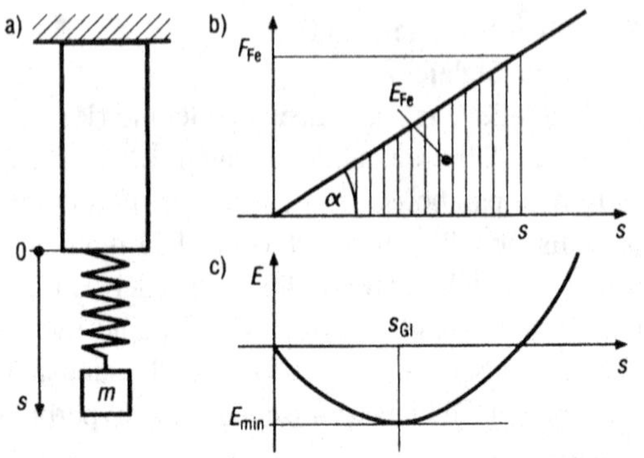

Abb. 4.106 Massebelastete Feder (Prinzipdarstellung):
a) Systemaufbau
b) Kraft-Weg-Diagramm der Feder
Federsteifigkeit(-rate) $D[\mathrm{N/m}] \triangleq \tan \alpha = $ konst (Metall).
Federkraft $F_{Fe} = D \cdot s$. Elastische Formänderungsenergie der Feder F_{Fe} mit Federungsweg s.
c) Energie-Weg-Diagramm
Verlauf der Gesamtenergie E. Gleichgewichtslage s_{Gl} an der Stelle des Energieminimums E_{min}

dem hierzu entgegengesetzt erfolgenden Federweg s abnimmt, weshalb

$$E_{Ma} = -m \cdot g \cdot s$$

E_{Fe} Feder-Formänderungsenergie. Das ist die von der Feder infolge elastischer Verformung gespeicherte Energie

$$E_{Fe} = \int_0^s F_{Fe} \cdot \mathrm{d}s = \int_0^s D \cdot s \cdot \mathrm{d}s = D \cdot \frac{s^2}{2}$$

da Steifigkeit $D = $ konst (Metallfeder) wird:

$$E = -m \cdot g \cdot s + (1/2) \cdot D \cdot s^2$$

Bedingung für Energie-Minimum:

$$\mathrm{d}E/\mathrm{d}s \overset{!}{=} 0$$

Ausgewertet:

$$\frac{\mathrm{d}E}{\mathrm{d}s} = -m \cdot g + D \cdot s \overset{!}{=} 0$$

Hieraus
Gleichgewichtslage (Index Gl):

$$s_{Gl} = (m \cdot g)/D$$

4.3.1.8.2 Direkte numerische Simulation (DNS)

Bei der technisch fast ausschließlich auftretenden turbulenten Strömung sind den mittleren Strömungsgrößen Druck und Geschwindigkeit infolge Mischungsbewegungen stochastisch-periodische Schwankungen im Kilo-Hertz-Bereich überlagert (Abschn. 3.3.2.2.2). Zudem sind diese turbulenten Störbewegungen (Mikrowirbel) in ihrer Ausdehnung um Größenordnungen (meist Faktor 0,01 bis 0,001) kleiner als die Hauptströmungswerte (Mittelwertgrößen). Um die in den NAVIER-STOKES-Gleichungen enthaltenen Schwankungsgrößen direkt zu erfassen, wäre deshalb der Turbulenzstruktur angepasste räumliche und zeitliche Auflösung des Strömungsproblems notwendig. Das erforderte äußerst engmaschige Gitterstrukturen des Strömungsfeldes mit vielen Knotenpunkten (meist über 10^6) und einen äußerst kleinen Zeitschritt (im Bereich Mikrosekunden) sowie zudem einen hohen Iterationsaufwand, um brauchbare numerische Ergebnisse zu erzielen. Selbst die derzeit schon verfügbaren Superrechner haben deshalb für das Lösen technischer Strömungsprobleme mittels DNS meist noch eine zu geringe Kapazität hinsichtlich Datenmenge und Rechengeschwindigkeit, weshalb meist zu lange Rechenzeit.

Das größte, ein Strömungsgebiet charakterisierende Längenmaß l und das kleinste Längenmaß nach KOLMOGOROW[33] der Turbulenz l_K unterscheiden sich umso mehr, je höher die REYNOLDS-Zahl ist. Das Verhältnis dieser beiden Längenwerte ist von der Größen-**O**rdnung $l/l_K = \mathrm{O}(Re^{3/4})$. Um in einem räumlichen Strömungsfeld der Länge l und damit dem Volumen l^3 auch die kleinskaligen Turbulenzerscheinungen numerisch auflösen zu können, sind somit $N = \mathrm{O}((l/l_K)^3) = \mathrm{O}(Re^{9/4})$ Gitterpunkte erforderlich. Bei einer Strömung von z. B. $Re = 10^6$ wären das dann $N \approx \mathrm{O}(10^{13})$ Gitterpunkte, was Tera- oder gar Peta-Rechner[34] erforderte, die kaum verfügbar. Gelöst wurden bisher Strömungsfälle bis $Re \approx 10^4$. Ordnung: Kennzeichen O.

Der Vorteil der DNS ist, dass ein geschlossenes System vorliegt. Es besteht also die gleiche Anzahl von Unbekannten und Gleichungen, weshalb keine Turbulenzmodelle notwendig sind. Es werden direkt die NS (Abschn. 4.3.1.2) verwendet und nicht die davon abgeleiteten Re-Gl. (Abschn. 4.3.1.6).

4.3.1.8.3 PANEL-Verfahren (PV)

Die PANEL-Methode wird bei Außenströmungen angewendet, z. B. Flugzeugen, Zügen u. ä. Die panelisierte, d. h. in einzelne Felder unterteilte Oberfläche des umströmten Körpers wird bei diesem Verfahren mit diskreten Quellen und Senken belegt, sog. **Panelisation**. Dies sind analytisch exakte elementare Lösungen der Potenzialgleichung, ebenso wie Dipole, welche den Nachlauf hinter dem Körper abbilden. Die Ergiebigkeit bzw. Schluckfähigkeit der Quellen und Senken sowie die Momente der Dipole werden dann bestimmt, indem für jedes Flächenelement (Panel) gefordert wird, dass die Geschwindigkeit tangential zur Körperoberfläche verläuft. Es darf logischerweise kein Fluss durch die undurchlässige Oberfläche des Körpers erfolgen. Aus dieser kinematischen Strömungsbedingung entsteht letztlich ein lineares Gleichungssystem zum Berechnen der Geschwindigkeit im Schwerpunkt eines jeden Panels. Mit Hilfe der eindimensionalen Energiegleichung nach EULER, der sog. BERNOULLI-Gleichung, kann daraus dann das Druckfeld berechnet werden. Problematisch ist jedoch das Berücksichtigen der Reibung, was meist nicht gelingt.

Die notwendigen Ausgangsbeziehungen werden aus der Potenzialgleichung mit Hilfe des GREEN-Theorems hergeleitet entsprechend (4.283/39a). Dadurch wird ein Volumenintegral in ein Oberflächenintegral umgewandelt, mit dem Vorteil, dass sich der Aufwand für dessen Berechnung entsprechend verringert. Die Genauigkeit des Panelverfahrens kann beeinflusst werden durch die gewählte Anzahl der Panele und die Ordnung der Funktion, welche die Quellen-Senken-Anordnung – kurz Quellverteilung – je Panel beschreibt.

---

[33] KOLMOGOROW, A. N. (1903–1987), russ. Mathematiker. l_K … KOLMOGOROWsches Längenmaß.

[34] Superrechner mit Leistung TFlops und PFlops. Tera T = 10^{12}; Peta P = 10^{15}. FLOPS … **F**loating **P**oint **O**perations (Gleitkommarechenvorgänge) **p**er **S**econd. IPS … **I**nstruktionen **pro** **S**ekunde (ja-nein-Vorgänge).

4.3.1.8.4 Finite-Differenzen-Verfahren (FD)

Bei der Finite Differenzen-Methode, abgekürzt FD oder FDM, werden die für ein Problem zu lösenden Differenzialgleichungen mit Hilfe der TAYLOR-Reihe diskretisiert und dann direkt zur Problemlösung verwendet. Die sich bei der Diskretisierung ergebenden Differenzengleichungen führen wie bei der DNS zu einem umso genaueren Ergebnis, je kleiner die festgelegten Zeit- und Wegschritte beim Berechnungsvorgang gewählt und je mehr Glieder der TAYLOR-Reihe bei der Diskretisierung verwendet werden, je geringer also der sog. Abbruchfehler ist. Je nach Anwendungsfall werden entweder sog. primitive Variable oder Stromfunktion-Wirbelstärken-Formulierungen (Abschn. 4.3.1.3) verwendet. Primitive Variable sind bei translatorischen Strömungen das Orthogonalsystem (x, y, z) und bei drehbehafteten Strömungen die Zylinderkoordinaten (r, φ, z).

Nachteilig beim Verfahren der FD ist seine geringe numerische Stabilität, d. h. es konvergiert selten. Meist liefert es brauchbare Ergebnisse nur bei sehr kleinen REYNOLDS-Zahlen, also schleichenden Bewegungen wie Spalt- und Sickerströmungen.

Ausgangspunkt sind wieder die NAVIER-STOKES-Gleichungen zusammen mit der Kontinuitätsbeziehung, im Orthogonalsystem für die vier Unbekannten c_x, c_y, c_z und p (abhängige Variable) bei den vier „primitiven" Bezugsgrößen x, y, z, t (unabhängige Variable), angewendet auf inkompressible reale Raumströmungen (reibungsbehaftet) oder die Wirbeltransportgleichung bei realen ebenen Strömungen.

Die Differenzenapproximation der räumlichen Ableitungen der Differenzialgleichungen erfolgt, wie erwähnt, mit der TAYLOR-Reihen-Entwicklung [107]:

$$\begin{aligned} &f(x \pm \Delta x) \\ &= f(x) \pm \frac{\Delta x}{1!} \cdot f'(x) + \frac{(\Delta x)^2}{2!} \cdot f''(x) \\ &\pm \frac{(\Delta x)^3}{3!} \cdot f'''(x) + \ldots \pm \ldots \end{aligned}$$

Hieraus Vorwärtsentwicklung (positives Rechenzeichen):

$$\begin{aligned} &f(x + \Delta x) - f(x) \\ &= \frac{\Delta x}{1} \cdot \frac{\partial f}{\partial x} + \frac{(\Delta x)^2}{1 \cdot 2} \cdot \frac{\partial^2 f}{\partial x^2} \\ &+ \frac{(\Delta x)^3}{1 \cdot 2 \cdot 3} \cdot \frac{\partial^3 f}{\partial x^3} + \ldots \end{aligned}$$

Diesen Ansatz durch Δx dividiert und nach $\partial f / \partial x$ umgestellt:

$$\begin{aligned} \frac{\partial f}{\partial x} &= \frac{f(x + \Delta x) - f(x)}{\Delta x} \\ &+ \left[-\frac{1}{2} \cdot \frac{\partial^2 f}{\partial x^2} \cdot \Delta x - \frac{1}{6} \cdot \frac{\partial^3 f}{\partial x^3} (\Delta x)^2 - \ldots \right] \end{aligned} \quad (4.283/33)$$

Es handelt sich um die sog. **Vorwärtsdifferenz** mit der Schrittweite Δx von Stelle m auf Stelle $(m + 1)$ nach Abb. 4.107, weshalb abkürzend auch geschrieben wird:

$$f(x + \Delta x) - f(x) = f_{m+1} - f_m$$

Da die Reihenentwicklung in x-Richtung erfolgte, jedoch für die Umgebung des Punktes $(x_m; y_n)$ – kurz (m, n) – gilt, wird bei ebenen Systemen statt $f_{m+1} - f_m$ oft auch exakter $f_{m+1,n} - f_{m,n}$ geschrieben; hier einfachheitshalber vorerst nicht durchgeführt.

Die eckige Klammer in Beziehung (4.283/33) wird als **Abbruchfehler** F_{Ab} bezeichnet, welcher

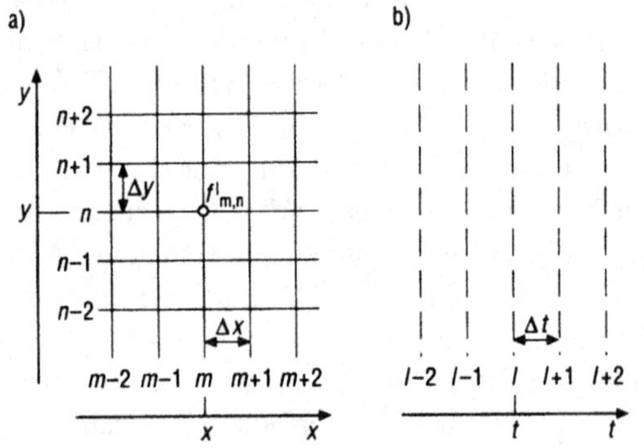

Abb. 4.107 Gitteranordnungen (Netze, Maschen):
a) Geometrieebene x, y (zweidimensional)
b) Zeitebene t

von der **O**rdnung Δx ist, also $F_{\text{Ab}} = \text{O}(\Delta x)$. Insgesamt gilt daher für die Vorwärtsapproximation – Abbruchfehler weggelassen – des Differenzialquotienten 1. Ordnung $\partial f/\partial x$ (1. Ableitung) an Stelle m zur Zeit l – hier Bezeichnung l nicht t – bei Wegstrecke Δx (Schrittweite, Inkrement):

$$\left.\frac{\partial f}{\partial x}\right|_m^l = \frac{f_{m+1}^l - f_m^l}{\Delta x}$$

$$\text{exakter:} \quad \left.\frac{\partial f}{\partial x}\right|_{m,n}^l = \frac{f_{m+1,n}^l - f_{m,n}^l}{\Delta x}$$

Entsprechend ergibt die Rückwärtsentwicklung (negatives Vorzeichen) aus der TAYLOR-Reihe:

$$\begin{aligned} &f(x - \Delta x) - f(x) \\ &= -\frac{\Delta x}{1} \cdot \frac{\partial f}{\partial x} + \frac{(\Delta x)^2}{1 \cdot 2} \cdot \frac{\partial^2 f}{\partial x^2} \\ &\quad - \frac{(\Delta x)^3}{1 \cdot 2 \cdot 3} \cdot \frac{\partial^3 f}{\partial x^3} + \ldots - \ldots \end{aligned}$$

Reihe umgestellt nach $\partial f/\partial x$ und dividiert durch Δx:

$$\begin{aligned} \frac{\partial f}{\partial x} &= \frac{f(x) - f(x - \Delta x)}{\Delta x} \\ &\quad + \left[+\frac{1}{2} \cdot \frac{\partial^2 f}{\partial x^2} \cdot \Delta x - \frac{1}{6} \cdot \frac{\partial^3 f}{\partial x^3} \cdot (\Delta x)^2 \right. \\ &\quad \left. + \ldots - \ldots \right] \end{aligned} \tag{4.283/34}$$

Der Abbruchfehler F_{Ab} (eckige Klammer) ist wieder von der Ordnung Δx, also $F_{\text{Ab}} = \text{O}(\Delta x)$.

Jetzt handelt es sich um die sog. **Rückwärtsdifferenz** mit der Schrittweite Δx von Stelle $m - 1$ auf Stelle m, weshalb hier meist geschrieben:

$$f(x) - f(x - \Delta x) = f_m - f_{m-1}$$

Für die Rückwärtsapproximation des Differenzialquotienten $\partial f/\partial x$ an Stelle m zur Zeit l bei Wegschrittweite Δx gilt somit:

$$\left.\frac{\partial f}{\partial x}\right|_m^l = \frac{f_m^l - f_{m-1}^l}{\Delta x}$$

$$\text{exakter:} \quad \left.\frac{\partial f}{\partial x}\right|_{m,n}^l = \frac{f_{m,n}^l - f_{m-1,n}^l}{\Delta x}$$

Wichtig: Beim Hochzeichen l handelt es sich um keinen Exponenten, sondern um das zugehörige Zeit-Kennzeichen (Zeitzuordnungspunkt) und bei den Tiefzeichen m sowie n um Orts-Zuweisungen.

Aus Addition der Beziehungen (4.283/33) und (4.283/34) ergibt sich nach anschließender Division durch 2 die sog. zentrale Differenzen-Approximation – kurz **Zentraldifferenz** – für die erste Ableitung:

$$\begin{aligned} \frac{\partial f}{\partial x} &= \frac{f(x + \Delta x) - f(x - \Delta x)}{2 \cdot \Delta x} \\ &\quad + \left[-\frac{1}{6} \cdot \frac{\partial^3 f}{\partial x^3} \cdot (\Delta x)^2 + \ldots - \ldots \right] \end{aligned}$$

Der Abbruchfehler ist jetzt von der Ordnung $(\Delta x)^2 \to \text{O}((\Delta x)^2)$ und damit wesentlich kleiner als bei den vorhergehenden Differenzen-Approximationen des Differenzialquotienten erster Ordnung. Andererseits sind nun die Funktionswerte vor und nach dem Entwicklungspunkt (m, n) notwendig. Gemäß der vorhergehenden Schreibweise ist die Zentraldifferenz des partiellen Differenzialquotienten $\partial f/\partial x$ an Stelle m zur Zeit l bei Wegschrittweite, d. h. Inkrement[35] Δx:

$$\left.\frac{\partial f}{\partial x}\right|_m^l = \frac{f_{m+1}^l - f_{m-1}^l}{2 \cdot \Delta x}$$

$$\text{exakter:} \quad \left.\frac{\partial f}{\partial x}\right|_{m,n}^l = \frac{f_{m+1,n}^l - f_{m-1,n}^l}{2 \cdot \Delta x}$$

Die Approximation für die zweite Ableitung $\partial^2 f/\partial x^2$ folgt aus Subtraktion der (4.283/34) von Beziehung (4.283/33):

$$\begin{aligned} 0 &= \frac{f(x + \Delta x) - 2 \cdot f(x) + f(x - \Delta x)}{\Delta x} \\ &\quad - \frac{\partial^2 f(x)}{\partial x^2} \cdot \Delta x - \frac{1}{12} \cdot \frac{\partial^4 f(x)}{\partial x^4} \cdot (\Delta x)^3 - \ldots \end{aligned}$$

Hieraus:

$$\begin{aligned} \frac{\partial^2 f(x)}{\partial x^2} &= \frac{f(x + \Delta x) - 2 \cdot f(x) + f(x - \Delta x)}{(\Delta x)^2} \\ &\quad + \left[-\frac{1}{12} \cdot \frac{\partial^4 f(x)}{\partial x^4} \cdot (\Delta x)^2 - \ldots \right] \end{aligned} \tag{4.283/35}$$

[35] Inkrement ... Betrag, um den eine Größe zunimmt. Dekrement ... Betrag, um den eine Größe abnimmt.

Es handelt sich ebenfalls um eine Zentraldifferenz, wobei der Abbruchfehler wieder von zweiter Ordnung ist, also $F_{\text{Ab}} = \mathrm{O}\big((\Delta\, x)^2\big)$.

Gemäß vorhergehender Schreibweise ergibt sich somit für den Weg-Approximationsansatz der partiellen Differenzialquotienten zweiter Ordnung (zweite Ableitung) wieder an Stelle m zur Zeit l bei Wegschrittweite $\Delta\, x$ (Abb. 4.107):

$$\left.\frac{\partial^2 f}{\partial x^2}\right|_m^l = \frac{f_{m+1}^l - 2 \cdot f_m^l + f_{m-1}^l}{(\Delta\, x)^2}$$

$$\text{exakter:}\quad \left.\frac{\partial^2 f}{\partial x^2}\right|_{m,n}^l = \frac{f_{m+1,n}^l - 2 \cdot f_{m,n}^l + f_{m-1,n}^l}{(\Delta\, x)^2}$$

Analog erfolgt die Diskretisierung der partiellen Differenzialquotienten für die anderen Koordinatenrichtungen y und z bzw. bei Zylinderkoordinaten für $(r,\, \varphi,\, z)$.

Die **Zeitapproximation** von Differenzialquotienten (zeitliche Ableitungen) mit der Zeitschrittweite Δt (hier t) zur Zeitstelle l ergibt sich entsprechend, z. B. für ebene instationäre Strömung an Ortsstelle $(m,\, n)$:

Erste Ableitung:

$$\text{Vorwärtsdifferenz}\quad \left.\frac{\partial f}{\partial t}\right|_{m,n}^l = \frac{f_{\text{m, n}}^{l+1} - f_{\text{m, n}}^l}{\Delta t}$$

$$\text{Rückwartsdifferenz}\quad \left.\frac{\partial f}{\partial t}\right|_{m,n}^l = \frac{f_{\text{m, n}}^{l} - f_{\text{m, n}}^{l-1}}{\Delta t}$$

$$\text{Zentraldifferenz}\quad \left.\frac{\partial f}{\partial t}\right|_{m,n}^l = \frac{f_{\text{m, n}}^{l+1} - f_{\text{m, n}}^{l-1}}{2 \cdot \Delta t}$$

Zweite Ableitung (Zentraldifferenz):

$$\left.\frac{\partial^2 f}{\partial x^2}\right|_{m,n}^l = \frac{f_{\text{m, n}}^{l+1} - 2 \cdot f_{\text{m, n}}^l + f_{\text{m, n}}^{l-1}}{(\Delta t)^2}$$

Neben diesen räumlichen und zeitlichen Differenzenapproximationen verschiedener Ordnung (Stufe) sowie Abhängigkeit gibt es noch weitere, z. B. die sog. Zweifach- und Dreipunkt-Rückwärtsdifferenzen oder die nach CRANK-NICHOLSON, bei denen die Konvergenzwahrscheinlichkeit höher, aber dafür der Rechenaufwand größer ist. Um Konvergenz zu erreichen, sind meist sehr kleine Weg- und Zeitschrittweiten sowie viele Iterationen erforderlich, was viele Berechnungsschritte mit oft kaum noch zu bewältigendem Rechenaufwand bedeutet. Das Verfahren geht dadurch letztlich in die DNS über (Abschn. 4.3.1.8.2). Weitere Ausführungen enthält das zugehörige Spezialschrifttum, z. B. [87].

Durch die Differenzen-Ansätze werden die in den Differenzialgleichungen auftretenden Ableitungsterme approximiert. Die sich ergebenden Differenzengleichungen sind daher zwangsläufig ebenfalls meist gegenseitig voneinander abhängig und deshalb simultan für das über den Betrachtungsraum gespannte Gitter mit günstig festgelegten Inkrementen für Ort und Zeit zu lösen. Dazu sind zudem Rand- und Anfangsbedingungen notwendig. Damit sich lineare Gleichungssysteme ergeben, die mit Hilfe der Matrix-Methoden lösbar sind, müssen vorhandene Terme höheren Grades durch entsprechende Näherungsansätze linearisiert werden, z. B. $(f_m^l)^2$ durch $(f_{m-1}^l \cdot f_m^l)$, wenn die x-Abhängigkeit überwiegt, oder durch $(f_m^{l-1} \cdot f_m^l)$ bei starkem Zeiteinfluss. Je kleiner die Schrittweite und je höher die Iterationszahl desto mehr geht dabei – stabiles Verhalten vorausgesetzt – der durch die Näherungslinearisierung verursachte Fehler gegen null. Zu unterscheiden sind:

Explizite Verfahren Bei der Approximation mit Vorwärtsdifferenzen lassen sich die Gleichungen explizit nach den gesuchten Größen auflösen.

Vorteile: Einfache Implementierung
Geringerer Rechenaufwand

Nachteil: Physikalischer Ablauf wird nicht richtig wiedergegeben. Die numerische Ausbreitung der Störung erfolgt nur schrittweise gemäß der Differenzenweite.

Implizite Verfahren Die Approximation mit Rückwärts- oder Zentraldifferenzen und Mischformen ermöglicht nicht, die Gleichungen explizit nach den gesuchten Größen aufzulösen. Es ergibt sich ein gekoppeltes implizites Gleichungssystem, das iterativ zu lösen ist.

Vorteil: Physikalischer Ablauf wird richtig wiedergegeben. Die räumliche Ausbreitung der Einflüsse erfolgt unabhängig von der Schrittweite.
Nachteil: Größerer numerischer Aufwand.

Trotz des größeren Programmier- und Rechenaufwandes sind implizite Verfahren meist sinnvoller als explizite, da realitätsnäher.

4.3.1.8.5 Finite-Volumen-Methode (FV)

Grundsätzliches

Analog zum Finite-Differenzen-Verfahren (FD) wird auch bei der Finite-Volumen-Methode (FV) über das zu untersuchende Berechnungsgebiet ein numerisches Netz gelegt. Dabei sind hier jedoch hauptsächlich sog. **strukturierte Gitter** zulässig, d. h. solche mit lauter gleichen Element-Formen. Verwendet werden meist Viereck-Volumenelemente. Numerisch bedeutet in diesem Zusammenhang, dass die tatsächlich vorhandene Kontur des Betrachtungsgebietes durch Gitterelemente von einfachen Geometrien – meist aus Geraden bestehend – angenähert wird.

Die Integration der Differenzialgleichungen erfolgt über die um die Knotenpunkte des Netzes angeordneten finiten Bezugsvolumen. Die finiten Kontrollvolumen füllen dabei zusammen das gesamte Bezugsgebiet aus. Dadurch entstehen Bilanzgleichungen, welche automatisch sog. konservative Diskretisierung gewährleisten. Das bedeutet: Was an einer finiten Kontrollvolumen-Oberfläche austritt, strömt in die angrenzende, also benachbarte ein.

Bemerkung: Das grundlegende Prinzip der FV-Methode kann als Sonderform der gewichteten Residuen-Verfahren (Abschn. 4.3.1.8.6) angesehen werden.

Notation

Bei den FV-Verfahren hat sich die Indexierung gemäß der sog. **Kompass-Notation** (Bezifferung) für die Bezeichnung der Knoten sowie Bezugsstellen von Gitter und Zellen eingebürgert. Die Nachbarpunkte des Zentralknotens werden demnach entsprechend der zugehörigen Himmelsrichtung bezeichnet.

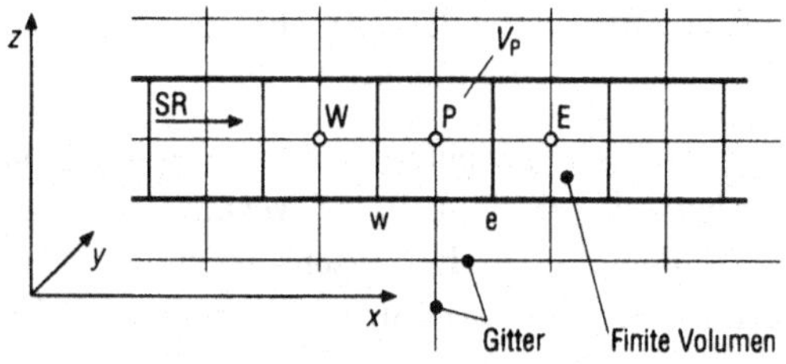

Abb. 4.108 1D-Gitter. Finite-Volumen-Anordnung bei 1D-Strömung (eindimensional).
Knotenpunkte W, P, E in Gitterschnittstellen, d. h. in Finite-Volumen-Schwerpunkten
Bezugsstelle(-zeile) P mit finitem Volumen V_P. W (West) und E (East) Nachbarzellen.
w (West) und e (East) Begrenzungsflächen der Bezugsstelle. SR Strömungsrichtung

Die Kompass-Benennung gliedert sich somit gemäß Abb. 4.108:

- P Pol, Bezugspunkt, d. h. Volumenmittelpunkt der betrachteten Zelle
- E East (Ost), rechts von P (in Richtung $+x$)
- W West (West), links von P (in Richtung $-x$)
- N North (Nord), oben von P (in Richtung $+y$)
- S South (Süd), unten von P (in Richtung $-y$)
- H High (Hoch), vorne von P (in Richtung $+z$). Auch mit T für Top (oberes Ende, Kopf, Spitze, Gipfel) bezeichnet.
- L Low (niedrig, tief), hinten von P (in Richtung $-z$). Auch mit B für Bottom (unteres Ende, Fuß, Boden, Grund) bezeichnet.

Hinweise: Die Zellen werden jeweils durch ihren Zentralknoten, der im Schwerpunkt des betreffenden finiten Volumens liegt, gekennzeichnet. Bei den Volumenelementen erhalten Zentralpunkte Großbuchstaben und Rand-/Flächen-Linien Kleinbuchstaben.

Diskretisierungsschema

Zur Integration über ein finites Volumen müssen die Werte der unbekannten Funktion Θ durch ihre Gradienten bzw. Werte an den Zellwänden approximiert werden. Dazu gibt es eine Reihe von Diskretisierungs-Approximations-Schemata, die wie bei den Finiten Differenzen (Abschn. 4.3.1.8.5) aus der TAYLOR-Reihenentwicklung folgen:

1. Aufwärts gerichtete Differenzen, sog. Upwind- oder **Aufwind-Verfahren** erster Ordnung. Je nach Fortschrittsrichtung (FR) im Vergleich zur Strömungsrichtung (SR) wird dabei gesetzt:
   $\Theta_e = \Theta_P$ bei FR $\uparrow\uparrow$ SR
   (FR gleichgerichtet SR)
   $\Theta_e = \Theta_E$ bei FR $\downarrow\uparrow$ SR
   (FR entgegengerichtet SR)
   Bei Upwind wird also der Funktions-Randwert in Bezug auf die Fortschrittsrichtung durch den entgegen dieser liegenden Elementzentrumswert ersetzt, d. h. durch den Zentrumswert stromaufwärts. Die exakte Verteilung der Größe Θ wird durch eine stückweise konstante Verteilung aus den Θ-Werten angenähert, die innerhalb des jeweiligen Kontrollgebietes (Zelle) bestehen, also in Form einer Treppenfunktion.
   - *Vorteil*: Sehr robust, d. h. Verfahren – physikalisch sinnvoll – ist stabil und konvergiert.
   - *Nachteil*: Infolge inhärenter Ungenauigkeiten und Abbruchfehler kann es rechnerisch zu fiktiven (visuellen) Querströmungs-Erscheinungen kommen, sog. numerische Diffusion. Daher für mehrdimensionale Anwendungen nur bedingt geeignet.
   - *Besonderheit*: Θ-Wert innerhalb der Zelle konstant (Polynom nullten Grades).
2. Zentraldifferenzen. Gemäß dem **Zwischenwertsatz** der Integralrechnung, nach dem sich im zugehörigen Bereich immer ein Wert finden lässt, der die betreffende Beziehung exakt erfüllt, wird hier ersatzweise der Mittelwert verwendet:

$$\Theta_e = (\Theta_E + \Theta_P)/2$$

   - *Vorteil*: Bequem handhabbar
   - *Nachteil*: Meist sehr instabil
   - *Besonderheit*: Θ-Wert ändert sich innerhalb der Zelle und zwar linear (Polynom ersten Grades)

Wegen weiterer Approximierungs-Verfahren wird auf das Spezialschrifttum verwiesen. Hybrid-Verfahren ergeben sich z. B. durch Kombination von Upwind- und Zentraldifferenzen.

Bei der FV-Methode wird jedoch meist das Aufwind-Verfahren angewendet.

Aufstellen der FV-Gleichungen

Die Herleitung erfolgt zuerst für den 1D-Fall, d. h. eindimensionale einphasige instationäre Strömung. Die zugehörige Anordnung der Finite-Volumen-Elementgruppe enthält Abb. 4.108.

Ausgangspunkt für die FV-Gleichungen ist der allgemeine Erhaltungssatz gemäß Beziehung (4.283/29). Diese Grundgleichung über das finite Kontrollvolumen V_P (Volumen der betrachteten Zelle) integriert ergibt die Integralgleichung:

$$J_I + J_K = J_D + J_Q \qquad (4.283/36)$$

Auswertung der einzelnen Integrale J dieser Gleichung:

Instationärer Term $\partial(\varrho \cdot \Theta)/\partial t$: Das transiente Differenzial $\partial(\varrho \cdot \Theta)/\partial t$ wird über das finite Bezugsvolumen V_P integriert, was zu dem Integralansatz führt:

$$J_I = \int\limits_{(z)}\int\limits_{(y)}\int\limits_{(x)} \frac{\partial}{\partial t}(\varrho \cdot \Theta) \cdot dx\, dy\, dz = \int\limits_{(V_P)} \frac{\partial}{\partial t}(\varrho \cdot \Theta) \cdot dV$$

Nun erfolgt der Übergang auf einen für das finite Volumen $V_P = dx \cdot dy \cdot dz$ der betrachteten Zelle (Zentralknoten P) gültigen algebraischen Ansatz. Hierzu wird der Differenzialquotient $\partial/\partial t$ näherungsweise durch den Differenzenquotienten $\Delta(\ )/\Delta t$ (Fußnote [36]) ersetzt und gemäß Aufwindmethode als konstant über das betrachtete finite Volumen angesehen, weshalb aus dem Integral nehmbar:

$$J_I = \int\limits_{(V_P)} \frac{\partial(\varrho \cdot \Theta)}{\partial t} \cdot dV = \frac{\Delta(\varrho \cdot \Theta)}{\Delta t} \cdot \int\limits_{(V_P)} dV = \frac{\Delta(\varrho \cdot \Theta)}{\Delta t} \cdot V_P$$

[36] Leerer Klammerraum für jeweils zugehörigen Ausdruck freigehalten.

Die zeitliche, also zeitbezogene Differenz von $\Delta(\varrho \cdot \Theta)$ wird jetzt gebildet durch die Werte an der Bezugsstelle (Zellenmittelpunkt) $(\varrho_{P,0} \cdot \Theta_{P,0})$ und $(\varrho_P \cdot \Theta_P)$, d. h. vor und nach dem Zeitschritt Δt, also zur Zeit t_0 sowie $t = t_0 + \Delta t$. Insgesamt wird somit approximativ gesetzt:

$$J_I = \int\limits_{(V_P)} \frac{\partial(\varrho \cdot \Theta)}{\partial t} \cdot dV = \frac{\varrho_P \cdot \Theta_P - \varrho_{P,0} \cdot \Theta_{P,0}}{\Delta t} \cdot V_P$$

Konvektiver Term $\operatorname{div}(\varrho \cdot \vec{c} \cdot \Theta)$: Mit Aufwindmethode bei $c_x > 0$, wobei $c_x = c$, da eindimensional in x-Richtung, sowie ϱ und Θ an der Zellfläche e (Abb. 4.108): $\partial(\varrho \cdot c_x \cdot \Theta)/\partial x$, der x-Anteil von $\operatorname{div}(\varrho \cdot \vec{c} \cdot \Theta)$ – die anderen Anteile entfallen, da 1D-Strömung – wieder über das Volumen $dV_P = dx \cdot dy \cdot dz$ der Bezugszelle integriert:

$$J_K = \int\limits_{(z)} \int\limits_{(y)} \int\limits_{(x)} \frac{\partial}{\partial x}(\varrho \cdot c_x \cdot \Theta) \cdot dx\, dy\, dz$$

Das innere Integral über x wird nun zuerst umgewandelt, wobei wieder Aufwind-Verfahren verwendet. Da nur Veränderung in x-Richtung berücksichtigt, also nur eine unabhängige Variable, darf dabei partielles Differenzial durch normales ersetzt werden:

$$\begin{aligned} 2\int\limits_{(w)}^{(e)} \frac{\partial}{\partial x}(\varrho \cdot c_x \cdot \Theta) \cdot dx &= \int\limits_{(w)}^{(e)} \frac{d}{dx}(\varrho \cdot c_x \cdot \Theta) \cdot dx \\ &= \int\limits_{(w)}^{(e)} d(\varrho \cdot c_x \cdot \Theta) = (\varrho \cdot c_x \cdot \Theta)\Big|_{(w)}^{(e)} \\ &= (\varrho \cdot c_x \cdot \Theta)_e - (\varrho \cdot c_x \cdot \Theta)_w \\ &= (\varrho_P \cdot c_{x,e} \cdot \Theta_P) - (\varrho_W \cdot c_{x,w} \cdot \Theta_w) \end{aligned}$$

Hierbei wird wegen Upwind-Verfahren $\varrho_e = \varrho_P$ und $\Theta_e = \Theta_P$ von Bezugszelle sowie $\varrho_w = \varrho_W$ und $\Theta_w = \Theta_W$ von Stromaufwärtszelle gesetzt. Damit geht das anfängliche Dreifach- oder Volumenintegral in ein Zweifach-, d. h. Flächen-Integral über. Mit $dA = dy \cdot dz$, der Zellen-Wandfläche (Stirnfläche) ergibt sich:

$$\begin{aligned} J_K &= \int\limits_{(z)} \int\limits_{(y)} \left[(\varrho \cdot c_x \cdot \Theta)\big|_{(w)}^{(e)}\right] \cdot dy\, z \\ &= \int\limits_{(A)} \left[(\varrho \cdot c_x \cdot \Theta)\big|_{(w)}^{(e)}\right] \cdot dA \\ &= \left[(\varrho \cdot c_x \cdot \Theta)\big|_{(w)}^{(e)}\right] \cdot A\big|_{(w)}^{(e)} \\ &= \left[(\varrho \cdot c_x \cdot \Theta \cdot A)\big|_{(w)}^{(e)}\right] \\ &= (\varrho \cdot c_x \cdot \Theta \cdot A)_e - (\varrho \cdot c_x \cdot \Theta \cdot A)_w \\ &= \varrho_P \cdot c_{x,e} \cdot \Theta_P \cdot A_e - \varrho_W \cdot c_{x,w} \cdot \Theta_W \cdot A_w \end{aligned}$$

Festlegungen entsprechend wie zuvor:

Diffusionsterm $\partial\big(\eta \cdot Q_\Theta^{-1} \cdot \partial\Theta/\partial x\big)/\partial x$, da $\partial\Theta/\partial x$ die x-Komponente von $\operatorname{grad}\Theta$. Ebenfalls über das finite Volumen V_P integriert, liefert:

$$J_D = \int\limits_{(z)} \int\limits_{(y)} \int\limits_{(x)} \left[\frac{\partial}{\partial x}\left(\eta \cdot Q_\Theta^{-1} \cdot \frac{\partial\Theta}{\partial x}\right)\right] \cdot dx\, dy\, dz$$

Das innere Integral über x wie beim Konvektionsterm ausgewertet ergibt mit Abkürzung $\Gamma = \eta \cdot Q_\Theta^{-1}$ (Stoffwert) und Fläche $dA = dy \cdot dz$:

$$J_D = \int\limits_{(z)} \int\limits_{(y)} \left[\left(\Gamma \cdot \frac{\partial\Theta}{\partial x}\right)\Bigg|_{(w)}^{(e)}\right] dy\, dz$$

$$\begin{aligned} J_D &= \int\limits_{(z)} \int\limits_{(y)} \left[\left(\Gamma \cdot \frac{\partial\Theta}{\partial x}\right)_e - \left(\Gamma \cdot \frac{\partial\Theta}{\partial x}\right)_w\right] \cdot dy\, dz \\ &= \int\limits_{(A)} \left[\left(\Gamma \cdot \frac{\partial\Theta}{\partial x}\right)_e - \left(\Gamma \cdot \frac{\partial\Theta}{\partial x}\right)_w\right] \cdot dA \end{aligned}$$

Um dieses Integral über die Zellenflächen auswerten zu können, wird für die Stoffgröße Γ der jeweilige Mittelwert und für den Differenzialquotienten $\partial\Theta/\partial x$ der zugehörige Differenzenquotient $\Delta\Theta/\Delta x$ unter Verwenden des Aufwindverfahrens gesetzt, also:

Zellenwand e:

$$\Gamma_e = (\Gamma_E + \Gamma_P)/2$$

$$\left(\frac{\partial\Theta}{\partial x}\right)_e \approx \left(\frac{\Delta\Theta}{\Delta x}\right)_e = \frac{\Theta_E - \Theta_P}{x_E - x_P}$$

Zellenwand w:

$$\Gamma_w = (\Gamma_P + \Gamma_W)/2$$
$$\left(\frac{\partial\Theta}{\partial x}\right)_w \approx \left(\frac{\Delta\Theta}{\Delta x}\right)_w = \frac{\Theta_P - \Theta_W}{x_P - x_W}$$

Damit wird, da Ausdruck $(\Gamma \cdot \Delta\Theta/\Delta x)$ an den Zellwänden w und e jeweils konstant:

$$\begin{aligned}
J_D &= \int_{(Ae)} \left[\left(\Gamma \cdot \frac{\partial\Theta}{\partial x}\right)_e\right] \cdot dA \\
&\quad - \int_{(Aw)} \left[\left(\Gamma \cdot \frac{\partial\Theta}{\partial x}\right)_w\right] dA \\
&= \left(\Gamma \cdot \frac{\partial\Theta}{\partial x}\right)_e \cdot A_e - \left(\Gamma \cdot \frac{\partial\Theta}{\partial x}\right)_w \cdot A_w \\
&= \frac{\Gamma_E + \Gamma_P}{2} \cdot \frac{\Theta_E - \Theta_P}{x_E - x_P} \cdot A_e \\
&\quad - \frac{\Gamma_P + \Gamma_W}{2} \cdot \frac{\Theta_P - \Theta_W}{x_P - x_W} \cdot A_w
\end{aligned}$$

Quell/Senken-Term S_Θ: Ebenfalls über das Zellenvolumen V_P integriert:

$$J_Q = \int_{(z)} \int_{(y)} \int_{(x)} S_\Theta \cdot dx \cdot dy \cdot dz = \int_{(V_P)} S_\Theta \cdot dV$$

Bei $S_\Theta =$ konst innerhalb der Bezugszelle P, was näherungsweise angenommen werden darf, die Integration ausgeführt ergibt:

$$J_Q = S_\Theta \cdot V_P$$

Komplette Gleichung: Folgt durch Einsetzen der ausgewerteten Terme in die Ausgangsbeziehung (4.283/36):

$$\begin{aligned}
&\frac{\varrho_P \cdot \Theta_P - \varrho_{P,0} \cdot \Theta_{P,0}}{\Delta t} \cdot V_P + \varrho_P \cdot c_{x,e} \cdot \Theta_P \cdot A_e \\
&\quad - \varrho_W \cdot c_{x,w} \cdot \Theta_W \cdot A_w \\
&= \frac{\Gamma_E + \Gamma_P}{2} \cdot \frac{\Theta_E - \Theta_P}{x_E - x_P} \cdot A_e \\
&\quad - \frac{\Gamma_P + \Gamma_W}{2} \cdot \frac{\Theta_P - \Theta_W}{x_P - x_W} \cdot A_w + S_\Theta \cdot V_P
\end{aligned}$$

Gleichung umgestellt:

$$\begin{aligned}
&\Bigg[\underbrace{\frac{\varrho_P \cdot V_P}{\Delta t}}_{a_t} + \underbrace{\varrho_P \cdot c_{x,e} \cdot A_e}_{a_P} + \underbrace{\frac{\Gamma_E + \Gamma_P}{2 \cdot (x_E - x_P)} \cdot A_e}_{a_E} \\
&\quad + \underbrace{\frac{\Gamma_P + \Gamma_W}{2 \cdot (x_P - x_W)} \cdot A_w}_{a_W}\Bigg] \cdot \Theta_P \\
&= \underbrace{\left[\frac{\varrho_{P,0} \cdot V_P}{\Delta t}\right]}_{a_t\ (*)} \cdot \Theta_{P,0} \\
&\quad + \Bigg[\varrho_W \cdot c_{x,w} \cdot A_w + \underbrace{\frac{\Gamma_P - \Gamma_W}{2 \cdot (x_P - x_W)} \cdot A_w}_{a_W}\Bigg] \cdot \Theta_W \\
&\quad + \underbrace{\left[\frac{\Gamma_E + \Gamma_P}{2 \cdot (x_E - x_P)} \cdot A_e\right]}_{a_E} \cdot \Theta_E + \underbrace{S_\Theta \cdot V_P}_{S - a_P \cdot \Theta_P}
\end{aligned}$$

$(*)$: bei $\varrho_{P,0} \approx \varrho_P$ gesetzt, zulässige Näherung; exakt wenn Flüssigkeit.

Mit näherungsweise

$$\begin{aligned}
\varrho_W \cdot c_{x,w} \cdot A_w \cdot \Theta_W &\approx \varrho_P \cdot c_{x,e} \cdot A_e \cdot \Theta_P \\
&= a_P \cdot \Theta_P
\end{aligned}$$

gesetzt, folgt hieraus mit den angefügten Abkürzungen die Finite-Volumen-Gleichung:

$$\Theta_P = \frac{a_E \cdot \Theta_E + a_W \cdot \Theta_W + a_t \cdot \Theta_{P,0} + S}{a_E + a_W + a_t + a_P} \tag{4.283/37}$$

Diese Beziehung lässt sich entsprechend, d. h. durch rollierendes Hinzufügen der Werte für die anderen „Kompass-Richtungen (N; S; H; L)“, auf den 3D-Fall (Raumströmungen) erweitern:

$$\begin{aligned}
\Theta_P = {}&[a_E \cdot \Theta_E + a_W \cdot \Theta_W + a_N \cdot \Theta_N + a_S \cdot \Theta_S \\
&+ a_H \cdot \Theta_H + a_L \cdot \Theta_L + a_t \cdot \Theta_{P,0} + S] \\
&\cdot [a_E + a_W + a_N + a_S \\
&+ a_H + a_L + a_t + a_P]^{-1}
\end{aligned} \tag{4.283/38}$$

Bemerkung: Aus Platzgründen Darstellung auf diese Weise. Übersichtlicher wäre Bruchschreibweise mit erster Klammer als Zähler und zweiter als Nenner.

Es handelt sich bei der Finite-Volumen-Gleichung (4.283/37), bzw. (4.283/38) um eine lineare algebraische Beziehung, die mit Hilfe der Matrizenrechnung für alle Zellen des Betrachtungsgebietes auswertbar ist. Für die Funktionsgrößen Θ, Q_Θ und S_Θ sind dabei je nach Fall die zugehörigen gemäß Tab. 4.8 zu setzen.

Zu dem Verfahren der Finiten Volumen, das hauptsächlich in der Strömungstechnik entwickelt und deshalb vielfach dafür eingesetzt wird, bestehen ausgetestete Computer-Programme, die ständig weiterentwickelt werden. Mit diesen Programmen wurden schon viele Strömungsprobleme erfolgreich bearbeitet, sodass große Erfahrung vorliegt. Verwiesen wird auf das einschlägige Spezialschrifttum, z. B. [85].

4.3.1.8.6 Finite-Elemente-Methode (FEM)

Vorbemerkungen

CHUNG [80] formuliert prägnant: Die Methode der finiten Elemente (FEM) ist ebenfalls ein Näherungsverfahren zur Lösung von Differenzialgleichungen für Rand- und Anfangswertprobleme in den Ingenieurwissenschaften. Bei dieser Methode wird das Kontinuum in viele kleine Teile (finite Elemente) mit geeigneten Formen unterteilt, z. B. in Dreiecke, Vierecke usw. An und auch in den Elementen werden dann ausgezeichnete Punkte, die sog. Knotenpunkte, festgelegt. Die gesuchte Funktion in der zugehörigen Differenzialgleichung wird durch eine Linearkombination von entsprechend ausgewählten Interpolationsfunktionen (linear oder von höherem Grad) sowie den an den Knoten spezifizierten Werten der Funktion und/oder ihrer Ableitungen ausgedrückt, die allerdings noch unbekannt sind. Unter Verwenden von Variationsprinzipien oder der Methode der gewichteten Residuen (Fehler, Abweichung) werden die das Problem beschreibenden mathematischen Beziehungen in Finite-Elemente-Gleichungen transformiert, die für jedes einzelne, isoliert betrachtete Element gelten. Diese Einzelelement-Gleichungen werden schließlich entsprechend zusammengefügt und ergeben dann ein globales System von algebraischen Gleichungen für das Gesamt-Finite-Elemente-Modell, in das noch die zugehörigen Rand- sowie Anfangsbedingungen einzuarbeiten sind. Durch Lösen des Gesamt-Gleichungssystems ergeben sich die gesuchten Werte der Variablen an den Knotenpunkten.

Anfangs- und Randbedingungen

Die Start- oder Anfangsbedingungen sind die Werte, mit denen der Berechnungsvorgang begonnen wird. Diese Vorgaben entscheiden oft darüber, ob sich die Berechnung – meist Iterationsverfahren – in der richtigen Richtung entwickelt, d. h. stabil ist und konvergiert. Kontrolliert wird dies durch **Konvergenzbedingungen**, die im Computerprogramm als sog. Konvergenzabfragen nach jedem Berechnungsdurchlauf erfolgen.

Die Randbedingungen sind abhängig von dem zu lösenden Problem. Unterschieden wird zwischen DIRICHLET- und NEUMANN-Bedingungen.

Die wichtigen oder sog. **DIRICHLET- Randbedingungen** sind die Vorgabe der Funktionswerte-Verteilung entlang dem Rand des Bereiches für den die Gleichungen gelöst werden sollen. Die **NEUMANN-Randbedingungen** sind die Vorgabe der Gradienten-Ableitungen senkrecht zu den Randgrenzen der gesuchten Größen entlang der Berandung des Betrachtungsgebietes. Sie werden auch als natürliche Randbedingungen bezeichnet, da die Gradienten direkt in den Randintegralen der Gleichungen auftreten und somit unmittelbar eingesetzt werden können.

Die Begrenzung ist immer um einen Grad niedriger als das betrachtete Gebiet und besteht deshalb bei

- Raumströmungen (3. Grad) aus Randfläche (2. Grad)
- Flächenströmungen (2. Grad) aus Randlinie (1. Grad)
- Linearströmungen (1. Grad) aus zwei Randpunkten (0. Grad)

GREEN-GAUSS-Integral

Gemäß der partiellen Integration gilt für die beiden Funktionen $u(x)$ und $v(x)$:

$$\int u \cdot v' \cdot \mathrm{d}x = u \cdot v - \int u' \cdot v \cdot \mathrm{d}x \quad (4.283/39)$$

Diese Beziehung ergibt sich auch indirekt über den GAUSSschen Integralsatz (3.28) für den mit dem Skalar $a(x, y, z)$ multiplizierten Feldvektor $\vec{c}$:

$$\int\limits_{(V)} \nabla(a \cdot \vec{c}) \cdot \mathrm{d}V = \int\limits_{(A_0)} a \cdot \vec{c} \cdot \mathrm{d}\vec{A}_0 = \int\limits_{(A_0)} a \cdot \vec{c} \cdot \vec{n} \cdot \mathrm{d}A_0 = \int\limits_{(A_0)} a \cdot c \cdot \cos\alpha \cdot \mathrm{d}A_0 \quad (4.283/39a)$$

Hierbei

$\vec{n}$ Normaleneinheitsvektor, senkrecht auf Fläche $\mathrm{d}A_0$ (Abb. 4.109a)
α Winkel zwischen Vektoren $\vec{c}$ und $\vec{n}$

Den Integranden des Integrals auf der linken Seite von (4.283/39a) gemäß der Produktenregel der Differenziation umgeschrieben

$$\nabla(a \cdot \vec{c}) = a \cdot \nabla\vec{c} + \vec{c} \cdot \nabla a$$

und eingesetzt ergibt:

$$\int\limits_{(V)} (a \cdot \nabla\vec{c} + \vec{c} \cdot \nabla a) \cdot \mathrm{d}V = \int\limits_{(A_0)} a \cdot \vec{c} \cdot \mathrm{d}\vec{A}_0 \quad (4.283/39b)$$

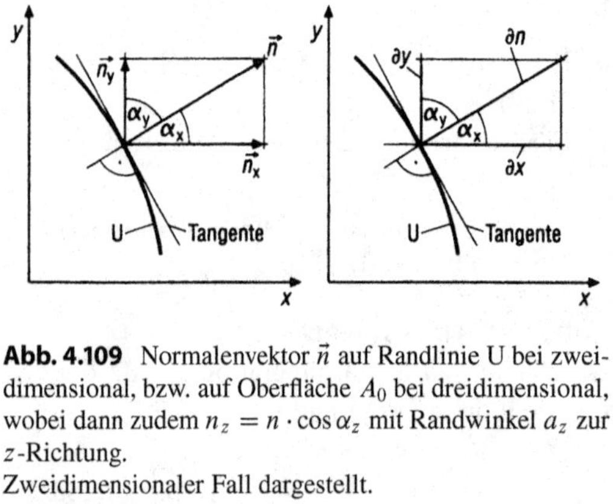

Abb. 4.109 Normalenvektor $\vec{n}$ auf Randlinie U bei zweidimensional, bzw. auf Oberfläche A_0 bei dreidimensional, wobei dann zudem $n_z = n \cdot \cos\alpha_z$ mit Randwinkel a_z zur z-Richtung.
Zweidimensionaler Fall dargestellt.
a) Normalenvektoren, b) Differenziale

Mit exakt (Tab. 6.23):

$$\nabla\vec{c} \equiv \nabla \cdot \vec{c} = \operatorname{div}\vec{c} = \frac{\partial c_x}{\partial x} + \frac{\partial c_y}{\partial y} + \frac{\partial c_z}{\partial z}$$

$$\nabla a \equiv \nabla \cdot a = \left(\vec{e}_x \cdot \frac{\partial}{\partial x} + \vec{e}_y \cdot \frac{\partial}{\partial y} + \vec{e}_z \cdot \frac{\partial}{\partial z}\right) a = \vec{e}_x \cdot \frac{\partial a}{\partial x} + \vec{e}_y \cdot \frac{\partial a}{\partial y} + \vec{e}_z \cdot \frac{\partial a}{\partial z}$$

Hieraus folgt durch Umstellen von (4.283/39b) mit differenziellem Flächenvektor $\mathrm{d}\vec{A}_0 = \vec{n} \cdot \mathrm{d}A_0$, wobei wieder $\vec{n}$ Normalenvektor der Oberfläche A_0, die das Bezugsgebiet umgrenzt, $\vec{n}$ ist dabei immer senkrecht nach außen gerichtet, wenn das Volumenintegral in zwei Teilintegrale aufgeteilt wird:

$$\int\limits_{(V)} a \cdot \nabla\vec{c} \cdot \mathrm{d}V = \int\limits_{(A_0)} a \cdot \vec{c} \cdot \vec{n} \cdot \mathrm{d}A_0 - \int\limits_{(V)} \vec{c} \cdot \nabla a \cdot \mathrm{d}V \quad (4.283/40)$$

In ausführlicher Schreibweise (Nabla-Operator ∇ eingesetzt) sowie mit den Koordinatenrichtungs-Komponenten n_x, n_y und n_z des Bezugsraumoberflächen-Einheitsvektors $\vec{n}$:

$$\int\limits_{(V)} a \cdot \left(\frac{\partial c_x}{\partial x} + \frac{\partial c_y}{\partial y} + \frac{\partial c_z}{\partial z}\right) \cdot \mathrm{d}V = \int\limits_{(A_0)} a \cdot (c_x \cdot n_x + c_y \cdot n_y + c_z + n_z) \cdot \mathrm{d}A_0 - \int\limits_{(V)} \left(c_x \cdot \frac{\partial a}{\partial x} + c_y \cdot \frac{\partial a}{\partial y} + c_z \cdot \frac{\partial a}{\partial z}\right) \cdot \mathrm{d}V \quad (4.283/41)$$

Hierbei gemäß Abb. 4.109:

$$n = |\vec{n}| = 1$$
$$n_x = n \cdot \cos\alpha_x = \cos\alpha_x \qquad \vec{n}_x = \vec{e}_x \cdot n_x$$
$$n_y = n \cdot \cos\alpha_y = \cos\alpha_y \qquad \vec{n}_y = \vec{e}_y \cdot n_y$$
$$n_z = n \cdot \cos\alpha_z = \cos\alpha_z \qquad \vec{n}_z = \vec{e}_z \cdot n_z$$

Einheitsvektoren:

$$|\vec{e}_x| = |\vec{e}_y| = |\vec{e}_z| = 1$$
$$\text{allgemein } |\vec{e}_i| = 1 \quad \text{mit } i = x; y; z$$

Bemerkung: Konsequent wäre, wie früher verwendet, für den Normaleneinheitsvektor das Symbol $\vec{e}_n$ mit $e_n = |\vec{e}_n| = 1$ zu schreiben; entsprechend Tangenteneinheitsvektor $e_t = |\vec{e}_t| = 1$. Damit sich die Komponenten n_x, n_y, n_z, die sog. Richtungscosinusse jedoch einfacher schreiben lassen, wird hier $\vec{n}$ für den Normaleneinheitsvektor verwendet.

Beziehung (4.283/40) bzw. (4.283/41) wird auch als **Green-Gauss-Integralsatz** oder als Green-Theorem (Lehrsatz) bezeichnet. Es handelt sich um eine partielle Integration gemäß (4.283/39). Hierdurch wird das Ausgangs-Volumenintegral auf ein anderes Volumenintegral und ein Oberflächenintegral überführt. Der Integrand des neuen Volumenintegrals ist dann meist von wesentlich geringerem Schwierigkeitsgrad als der des Ausgangsintegrals. Dieser Vorteil erleichtert, bzw. ermöglicht oft erst den weiteren Lösungsweg.

Lösungsalgorithmen

Die partiellen Differenzialgleichungen zweiter Ordnung und zweiten Grades (Navier-Stokes u. a.), welche die Fluidströmungen beschreiben, werden in ihrer Integralform mit Hilfe des Green-Gaussschen-Integralsatzes in Differenzialgleichungen erster Ordnung überführt. Wie in Abschn. 3.2.3.2 und zuvor ausgeführt, verknüpft der Gausssche Integralsatz das Volumenintegral über die Divergenz eines Vektorfeldes mit dem Fluss dieses Vektorfeldes durch die Fläche, welche das Volumen umschließt.

Aus diesen Differenzialgleichungen sind dann über verschiedene Verfahren (Algorithmen) die Finite-Elemente-Gleichungen herleitbar. Hierzu werden, wie schon erwähnt, entweder die Variationsmethoden, z. B. das **Rayleigh-Ritz-Verfahren**, oder die Methode der gewichteten Residuen – Kleinste-Quadrate-Verfahren, **Galerkin-Methode** – benutzt [80]. Die Variationsrechnung ist ein Verfahren zum Ermitteln einer Funktion durch Bestimmen der Extrema eines von dieser Funktion abhängigen Integrals, das sog. **Funktional**. Grund: Physikalische Gesetze lassen sich mathematisch oft so formulieren, dass bestimmte Funktionale Extremwerte (meist Minimale) annehmen (Abschn. 4.3.1.8.1).

Die Lösung der mit einer diesen Methoden erhaltenden algebraischen Gleichungssysteme für eine Strömung kann unter bestimmten Voraussetzungen ebenfalls als Extremwertbestimmung im Sinne der Minimierung der Dissipationsenergie (Weg der geringsten Verluste) im Strömungsfeld, unter Beachten der Kontinuitätsgleichung und den vorgegebenen Randbedingungen, angesehen werden. Diese Extremwertbestimmung erfolgt durch Näherungsverfahren der numerischen Mathematik, ausgehend von einer Startvorgabe (vorheriger Abschnitt). Die daraus erhaltene Lösung ist anhand der Kontinuitätsgleichung für jedes Element zu überprüfen. Diese Überprüfung gibt auch die Richtung an, in der die exakte Lösung liegt und in die dann der zweite sowie jeder weitere Rechnungsgang laufen soll.

Der geschilderte Ablauf erklärt zudem, warum der Grad der Nichtlinearität des Gleichungssystems und möglicherweise der Randbedingungen zu einem großen Anteil die Anzahl der notwendigen Iterationen bis zu einer Lösung mit der gewünschten Genauigkeit bestimmt. Des Weiteren erklärt sich dadurch, dass oft nur die richtige Vorgabe der Startbedingungen zu brauchbarer Lösung führt.

Die Qualität der berechneten Lösung wird durch die Ungenauigkeit aus der unvollständigen Modellierung des Strömungsgeschehens (Netz, Gleichungen) und durch Fehlerquellen aus dem numerischen Verfahren beeinflusst. Auch die Anfangs- und Randbedingungen, vorgegeben an den Randknoten, können oftmals nicht exakt gesetzt oder nachgebildet werden; sei es, weil sie in vorhergehenden Versuchen nicht genau genug gemessen werden konnten, oder einfach nicht bekannt sind. Aufgrund dieser Tatsachen sind geeignete Methoden zur Fehlerabschätzung eine notwendige Voraussetzung, um zu verlässlich arbeitenden Rechenverfahren zu gelangen.

Gitterstrukturen, Koordinatensysteme, Elemente, Ansatzfunktionen A

Das zu berechnende Strömungsgebiet wird mit einem als sinnvoll angesehenen finiten Gitter überspannt (Abb. 4.105). Das erfordert meist viel Erfahrung und oft mehrmaliges Ändern, bis eine brauchbare Anordnung gefunden ist. Bei den Finite-Elemente-Verfahren können dabei **unstrukturierte Netze** angewendet werden, d. h. Gitter mit unterschiedlichen Elementformen (Dreiecke, Vierecke u. a.). Dadurch sind ohne größere Schwierigkeiten lokale Netzverfeinerung möglich, die auch nachgefügt werden können. Solche Gitterverfeinerungen sind oft an kritischen Stellen bzw. Bereichen des zu lösenden Problemes notwendig, die verschiedentlich erst während des Berechnungsablaufes erkannt werden.

Je nach Problemstellung werden Gleichungsansätze in primitiven oder abgeleiteten Variablen verwendet. Primitive Variablen sind Geschwindigkeit und Druck. Als abgeleitete Variablen werden Potenzial, Stromfunktion und Wirbelvektor bezeichnet.

Meist werden primitive Variablen verwendet, da letztlich immer diese Größen gesucht und die zugehörigen partiellen Differenzialgleichungen von niedrigerer Ordnung sind, was auch geringere Stetigkeitsanforderungen für die Interpolationsfunktionen bedeutet.

Die Koordinaten werden auf das zu lösende Problem angepasst. Bei ebenen Berechnungsgebieten sind orthogonale, bei zylinderartigen Zylinder-Koordinaten sinnvoll. Zu unterscheiden ist jeweils zwischen globalem und lokalem Bezugssystem. Das globale Koordinatensystem gilt für das gesamte zu untersuchende Gebiet. Jedes finite Element erhält zudem sein eigenes Bezugssystem. Diese lokalen Systeme benutzen dabei meist **natürliche** Koordinaten, d. h. dimensionslose, mit den Elementabmessungen entdimensionierte Koordinaten.

Mit Hilfe der **JACOBI-Matrix** [80] lassen sich Funktionen von globalen in lokale Koordinaten umschreiben und umgekehrt.

Das Zusammenfassen der vielen finiten Elementen mit ihren lokalen Koordinaten zum Gesamtmodell mit globalem Bezugssystem erfolgt unter Nutzung der **BOOLEschen Matrix** [80].

Die angeordneten vielen endlich kleinen Teilbereiche, also die finiten Elemente, können nach verschiedenen Kriterien klassifiziert werden, und zwar nach Form sowie Ordnung:

Die verwendeten Elementformen sind bestimmt durch die Geometrie des zu approximierenden Berechnungsgebietes. Verwendet werden eindimensionale, (Strecken), zweidimensionale (Dreiecke, Vierecke) und dreidimensionale (Quader, Tetraeder, Zylinder) finite Elemente.

Die Ordnung der finiten Elemente ist festgelegt durch den Funktionstyp, welcher die Elementberandungen beschreibt. Bei linearen Funktionen für geradlinige Begrenzung reichen die Knoten an Anfang und Ende der Randstücke, also zwei Knoten je Element. Bei quadratischer Funktion ist je ein Zwischenknoten auf jeweils halber Länge der Elementrandstücke notwendig. Kubische Funktion erfordert sogar zwei Zwischenknoten, je ein Drittel von den Endknoten entfernt. Je höher der Funktionstyp, desto kompliziertere Ränder lassen sich approximieren, umso größer ist jedoch auch der Berechnungsaufwand.

Als Funktion für die Elementränder wird meist der gleiche Typ verwendet wie für die Diskretisierung der gesuchten Strömungsfunktion, die sog. Interpolationsfunktion (nächster Abschnitt). Dabei können die Approximationsfunktionen der Elementränder und die der gesuchten Funktionen von gleichem oder unterschiedlichem Grad sein.

Mit

G_1 Grad des geometrischen Aufbaues, d. h. der Element-Berandungsfunktion,

G_2 Grad der Interpolationsfunktion zur Approximation der Strömungsgleichungen

werden klassifiziert:

$G_1 < G_2$ subparametrische Elemente
$G_1 = G_2$ isoparametrische Elemente
$G_1 > G_2$ superparametrische Elemente

Isoparametrische Elemente erweisen sich als besonders vorteilhaft, weil Programm- und Berechnungsaufwand vergleichsweise geringer sind. Auch werden hauptsächlich Viereckelemente von erstem Grad verwendet. Bei diesen isoparametrischen Viereckelementen erster Ordnung, also mit geraden Außenkanten, reichen somit die Knotenpunkte an den vier Ecken für das mathematische Beschreiben der Elemente (Geometrie) und der gesuchten Strömungsgrößen (-funktionen) aus. Bei den linearen Interpolationsfunktionen ist jedoch der Funktionswert der gesuchten Größen, z. B. Geschwindigkeit oder Druck, innerhalb jeden Elementes jeweils konstant. Von Element zu Element treten deshalb entsprechende Sprünge der Werte auf, was verschiedentlich ungünstig ist. Dieser Nachteil lässt sich nur durch Ansatzfunktionen von höherem Grad vermeiden, weshalb diese immer mehr verwendet werden.

Bei den Ansatzfunktionen höherer Ordnung treten Koeffizienten-Matrizen auf, deren für die weitere Berechnung notwendige Inversion schwierig ist. Diese Matrix-Invertierung kann durch Benützen der LAGRANGEschen Interpolationsfunktionen vermieden werden. Hierbei gibt es wieder solche von erstem und höherem Grad, die an den Elementknoten die Werte erfüllen, jedoch nicht die Stetigkeit der Ableitung gewährleisten. Elemente, welche die LAGRANGEschen Funktionen verwenden, werden deshalb auch als **LAGRANGE-Elemente** bezeichnet.

Wird dagegen auch die Stetigkeit der Ableitung einer Funktion an den Knoten gewünscht, ist es angebracht, HERMITEsche Polynome zu verwenden, die diese Bedingung gewährleisten. Auch hier gibt es solche verschiedenen Grades. Die zugehörigen Elemente werden **HERMITE-Elemente** genannt.

Ausführliches über LAGRANGEsche und HERMITEsche Elemente enthält [80].

Wie zuvor erwähnt, wurden für alle Elementformen **Ansatzfunktionen** verschiedenen Grades erarbeitet; auch als **Interpolations-** oder **Formfunktionen** bezeichnet. Es sei hier nur die Herleitung der Ansatzfunktionen ersten Grades für das Linearelement (Strecke) dargestellt und die des Viereckelementes aufgeführt. Wegen der übrigen Elemente und Interpolationsfunktionen höheren Grades wird auf das einschlägige Spezialschrifttum verwiesen. Für die Interpolationsfunktionen, auch als **Hut-** oder **Hütchenfunktionen** bezeichnet, wird das lokale elementbezogene Koordinatensystem verwendet. Die dadurch entstehenden lokalen Ansatzfunktionen müssen dann zu der globalen Interpolationsfunktion für das Gesamt-Finite-Elemente-Modell des zu untersuchenden Gebietes entsprechend zusammengesetzt werden.

Eindimensionales Element

Polygonansatz für die gesuchte Funktion innerhalb des Elementes für das x-System gemäß Abb. 4.110a, d.h. Nullpunkt im Element-

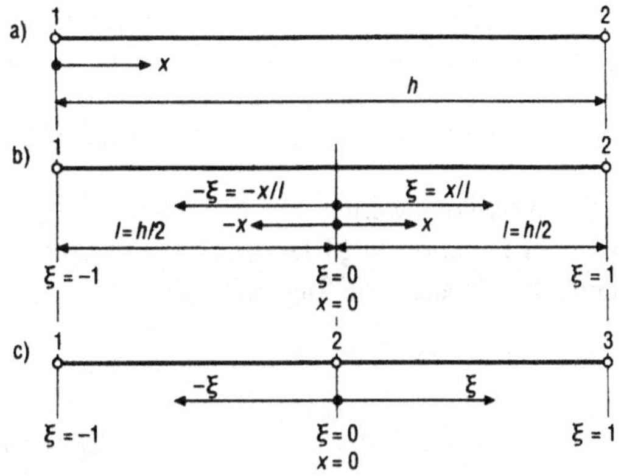

Abb. 4.110 Streckenelement, auch als Linien- oder eindimensionales Element bezeichnet, mit lokalem Koordinatensystem.
a) Koordinatenursprung am ersten Knoten (x-System).
b) und c) Koordinatennullpunkt in Elementmitte (ξ-System); $\xi = x/l$ bezogene oder entdimensionierte Lokalkoordinate (lokale Ortskoordinate).
a) und b) lineare, c) quadratische Variante

Anfangsknoten:

$$\Theta = a_0 + a_1 \cdot x + a_2 \cdot x^2 + a_3 \cdot x^3 \tag{4.283/42}$$

Allgemein in Kurzform:

$$\Theta = a_0 + a_i \cdot x^i \tag{4.283/43}$$

Bei

$i = 1$ linearer Ansatz bzw. proportionale Veränderlichkeit
$i = 2$ quadratischer Ansatz
$i = 3$ kubischer Ansatz
usw.

Für die lineare Interpolationsfunktion sind, wie erwähnt, zwei Knoten notwendig, einer an jedem Ende des Elementes. Der quadratische Ansatz erfordert einen dritten Knoten in der Elementmitte (Abb. 4.110c), noch höhere Ansätze entsprechend mehr.

Im bezogenen lokalen ξ-Koordinatensystem (Nullpunkt in Elementmitte) gilt entsprechend (4.283/42) für den Polynomansatz:

$$\Theta = b_0 + b_1 \cdot \xi + b_2 \cdot \xi^2 + b_3 \cdot \xi^3 + \ldots \tag{4.283/44}$$

Beziehungsweise wieder allgemein in Kurzform gemäß (4.283/43):

$$\Theta = b_0 + b_i \cdot \xi^i \qquad (4.283/45)$$

Mit den Knotenwerten Θ_1, Θ_2, $\Theta_3 \ldots$ der gesuchten Funktion $\Theta(\xi)$ lässt sich der Interpolations-Ansatz auch wie folgt formulieren:

$$\begin{aligned}\Theta &= A_1 \cdot \Theta_1 + A_2 \cdot \Theta_2 + A_3 \cdot \Theta_3 + \ldots \\ &= \sum_{j=1}^{n} (A_j \cdot \Theta_j) \qquad (4.283/46)\end{aligned}$$

Vielfach wird zusammenfassend kurz gesetzt:

$$\Theta = A_\mathrm{N} \cdot \Theta_\mathrm{N} \qquad (4.283/47)$$

Hierbei ist über N Gleichungs-Glieder zu addieren, wobei wieder gilt:

$N = 1;\ 2$ linearer Ansatz
$N = 1;\ 2;\ 3$ quadratischer Ansatz

Die Interpolations-, Form- oder Ansatzfunktionen A_N ergeben sich aus dem Umwandeln von Beziehung (4.283/44) in Ansatz (4.283/46) und Koeffizientenvergleich.

Lineares Element (Abb. 4.110b), d. h. *Linearansatz*:

Aus (4.283/44)

$$\Theta = b_0 + b_1 \cdot \xi \qquad (4.283/48)$$

Aus (4.283/46)

$$\Theta = A_1 \cdot \Theta_1 + A_2 \cdot \Theta_2 \qquad (4.283/49)$$

Beziehung (4.283/48) liefert bei:

- Knoten 1:
  $\xi = -1$ und $\Theta = \Theta_1 \rightarrow \Theta_1 = b_0 - b_1$
- Knoten 2:
  $\xi = 1$ und $\Theta = \Theta_2 \rightarrow \Theta_2 = b_0 + b_1$

Aus diesen beiden linearen Gleichungen für die zwei Unbekannten b_0 und b_1 folgt durch Auflösen:

$$b_0 = \frac{1}{2} \cdot (\Theta_1 + \Theta_2) \quad \text{und} \quad b_1 = \frac{1}{2} \cdot (\Theta_2 - \Theta_1)$$

Damit in (4.283/48):

$$\begin{aligned}\Theta &= \frac{1}{2} \cdot (\Theta_1 + \Theta_2) + \frac{1}{2} \cdot (\Theta_2 - \Theta_1) \cdot \xi \\ &= \frac{1}{2} \cdot \Theta_1 - \frac{1}{2} \cdot \Theta_1 \cdot \xi + \frac{1}{2} \cdot \Theta_2 + \frac{1}{2} \cdot \Theta_2 \cdot \xi \\ &= \frac{1}{2} \cdot (1 - \xi) \cdot \Theta_1 + \frac{1}{2} \cdot (1 + \xi) \cdot \Theta_2\end{aligned}$$

Der Vergleich mit Beziehung (4.283/49) ergibt für die Formfunktionen des Linearelementes mit Linearansatz:

$$A_1 = \frac{1}{2} \cdot (1 - \xi) \quad \text{und} \quad A_2 = \frac{1}{2} \cdot (1 + \xi) \qquad (4.283/50)$$

Quadratisches Element (Variation), Abb. 4.110c, d. h. *Quadratansatz*:

Nach (4.283/44) und (4.283/46):

$$\Theta = b_0 + b_1 \cdot \xi + b_2 \cdot \xi^2 \qquad (4.283/51)$$

$$\Theta = A_1 \cdot \Theta_1 + A_2 \cdot \Theta_2 + A_3 \cdot \Theta_3 \qquad (4.283/52)$$

Beziehung (4.283/51) liefert dann bei:

- Knoten 1:
  $\xi = -1$ mit $\Theta = \Theta_1 \rightarrow \Theta_1 = b_0 - b_1 + b_2$
- Knoten 2:
  $\xi = 0$ wo $\Theta = \Theta_2 \rightarrow \Theta_2 = b_0$
- Knoten 3:
  $\xi = 1$ und $\Theta = \Theta_3 \rightarrow \Theta_3 = b_0 + b_1 + b_2$

Dieses lineare Gleichungssystem nach den drei Unbekannten b_0, b_1 und b_2 aufgelöst, ergibt:

$$b_0 = \Theta_2\,; \quad b_1 = \frac{1}{2} \cdot (\Theta_3 - \Theta_1)\,;$$

$$b_2 = -\Theta_2 + \frac{1}{2} \cdot (\Theta_1 + \Theta_3)$$

Damit in (4.283/51):

$$\begin{aligned}\Theta &= \Theta_2 + \frac{1}{2} \cdot (\Theta_3 - \Theta_1) \cdot \xi \\ &\quad + \left(-\Theta_2 + \frac{1}{2} \cdot (\Theta_1 + \Theta_3)\right) \cdot \xi^2 \\ \Theta &= \Theta_2 + \frac{1}{2} \cdot \Theta_3 \cdot \xi - \frac{1}{2} \cdot \Theta_1 \cdot \xi - \Theta_2 \cdot \xi^2 \\ &\quad + \frac{1}{2} \cdot \Theta_1 \cdot \xi^2 + \frac{1}{2} \cdot \Theta_3 \cdot \xi^2\end{aligned}$$

$$\Theta = \frac{1}{2} \cdot (-\xi + \xi^2) \cdot \Theta_1 + (1 - \xi^2) \cdot \Theta_2 + \frac{1}{2} \cdot (\xi + \xi^2) \cdot \Theta_3$$

Aus Koeffizienten-Vergleich mit Beziehung (4.283/52) folgt jetzt für die Ansatzfunktionen des Linearelementes bei Quadratansatz:

$$A_1 = \frac{1}{2} \cdot \xi \cdot (\xi - 1); \quad A_2 = (1 - \xi^2)$$
$$A_3 = \frac{1}{2} \cdot \xi \cdot (\xi + 1) \tag{4.283/53}$$

Entsprechend ergeben sich die Zusammenhänge bei Elementen-Ansätzen noch höheren Grades, wobei weitere zusätzliche Zwischenpunkte in den Elementen notwendig sind, um alle erforderlichen Interpolationsfunktionen A_N bestimmen zu können. Die Herleitung wird dabei jedoch zwangsläufig immer aufwendiger. Deshalb werden hierbei vielfach die schon erwähnten LAGRANGE- oder HERMTE-Elemente verwendet, bei denen es einfacher zu handhabende Beziehungen für die Interpolationsfunktionen gibt [80].

Viereck-Element (zweidimensional)

Auch hier sind problemabhängig die Ansatzfunktionen für das elementbezogene lokale (ξ; η)-Koordinatensystem, Abb. 4.111, formulierbar.

Entsprechend dem Streckenelement (Abb. 4.110) lässt sich beim Rechteckelement für die gesuchte Funktion Θ die lineare Verteilungs-Approximation (Ansatzfunktion) herleiten:

$$\Theta = \alpha_1 + \alpha_2 \cdot \xi + \alpha_3 \cdot \eta + \alpha_4 \cdot \xi \cdot \eta \tag{4.283/54a}$$

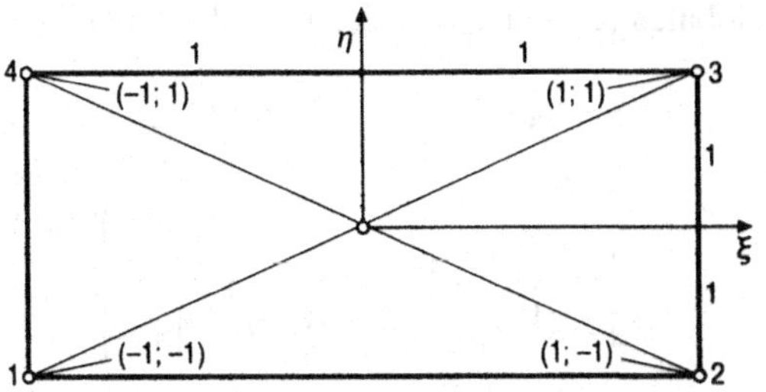

Abb. 4.111 Rechteckelement mit lokalem (ξ, η)-Bezugssystem in Elementmitte und Knoten-Koordinaten (ξ_i; η_i) für Linearansatz, wobei $i = 1$; 2; 3; 4. ξ und η bezogene Koordinaten

Matrix-Schreibweise:

$$\Theta = \begin{bmatrix} 1 & \xi & \eta & \xi\eta \end{bmatrix} \cdot \begin{Bmatrix} \alpha_1 \\ \alpha_2 \\ \alpha_3 \\ \alpha_4 \end{Bmatrix} \tag{4.283/54b}$$

Hinweis: Matrizen – dazu zählen auch Zeilenvektoren – werden durch eckige Klammern eingegrenzt. Spaltenvektoren, kurz Vektoren (Einspaltenmatrizen), dagegen sind durch geschweifte Klammern gekennzeichnet (Tab. 6.23).

Die Werte (ξ_i; η_i) der vier Knotenpunkte ($i =$ 1; 2; 3; 4) des Viereckelementes jeweils in Beziehung (4.283/54a) und (4.283/54b) eingesetzt, ergibt folgendes Gleichungssystem in Matrixform für die zugehörigen Funktionswerte Θ_i:

$$\begin{Bmatrix} \Theta_1 \\ \Theta_2 \\ \Theta_3 \\ \Theta_4 \end{Bmatrix} = \begin{vmatrix} 1 & \xi_1 & \eta_1 & \xi_1\eta_1 \\ 1 & \xi_2 & \eta_2 & \xi_2\eta_2 \\ 1 & \xi_3 & \eta_3 & \xi_3\eta_3 \\ 1 & \xi_4 & \eta_4 & \xi_4\eta_4 \end{vmatrix} \cdot \begin{Bmatrix} \alpha_1 \\ \alpha_2 \\ \alpha_3 \\ \alpha_4 \end{Bmatrix} \tag{4.283/55}$$

Oder in Tensor-/Vektor-Schreibweise:

$$\vec{\Theta} = \vec{\vec{T}} \cdot \vec{\alpha} \quad \text{bzw.} \quad \underline{\Theta} = \underline{\underline{T}} \cdot \underline{\alpha}$$

Durch Invertierung folgt hieraus die Beziehung für den Koeffizientenvektor:

$$\vec{\alpha} = \vec{\vec{T}}^{-1} \cdot \vec{\Theta} \tag{4.283/56}$$

mit dem inversen Tensor $\vec{\vec{T}}^{-1} \equiv \underline{\underline{T}}^{-1}$

Bemerkung: Als Vektor- und Tensorschreibweise werden statt Kopfpfeile auch Unterstriche verwendet:

Vektor a: $\underline{a}$ Tensor B: $\underline{\underline{B}}$

Die Interpolationsfunktionen A_i entsprechend (4.283/46) werden über die allgemeine Beziehung

$$\Theta = \sum_{i=1}^{4} (A_i \cdot \Theta_i) = \begin{bmatrix} A_1 & A_2 & A_3 & A_4 \end{bmatrix} \cdot \begin{Bmatrix} \Theta_1 \\ \Theta_2 \\ \Theta_3 \\ \Theta_4 \end{Bmatrix} \tag{4.283/57}$$

ermittelt, und zwar durch Gleichsetzen von (4.283/54b) mit Beziehung (4.283/57) sowie Verwenden von (4.283/56). Ausgewertet wie bei Streckenelement ergibt für die linearen Ansatzfunktionen des Rechteck-Flächenelementes:

Allgemein:

$$A_i = \frac{1}{4} \cdot (1 + \xi_i \cdot \xi) \cdot (1 + \eta_i \cdot \eta) \quad (4.283/57a)$$

Hierbei nach Abb. 4.111 für $A_i(\xi_i;\ \eta_i)$:

$$A_1(\xi_1 = -1;\ \eta_1 = -1); \quad A_2(\xi_2 = 1;\ \eta_2 = -1)$$
$$A_3(\xi_3 = 1;\ \eta_3 = 1); \quad A_4(\xi_4 = -1;\ \eta_4 = 1)$$

Eingesetzt führt zu:

$$A_1 = \frac{1}{4} \cdot (1 - \xi) \cdot (1 - \eta);$$
$$A_2 = \frac{1}{4} \cdot (1 + \xi) \cdot (1 - \eta);$$
$$A_3 = \frac{1}{4} \cdot (1 + \xi) \cdot (1 + \eta);$$
$$A_4 = \frac{1}{4} \cdot (1 - \xi) \cdot (1 + \eta)$$

Die lokalen Formfunktionen A_i der Einzelelemente werden dann über Koordinatentransformation (JACOBI-Matrix) entsprechend zur globalen Interpolationsfunktion der Gesamtstruktur zusammengefasst. Hierbei leistet die BOOLE[37]sche Matrix [80] gute Dienste.

BOOLEsche Matrix

Ein Finite-Elemente-Modell ist die Vereinigung des betrachteten Gebietes und seiner Ränder. Gleichzeitig ist das Finite-Elemente-Modell die Vereinigung aller Elemente des Gitternetzes, welche das Bezugsgebiet überspannen. Jedes finite Element seinerseits besteht aus seinem Innern mit den Rändern und Knoten, die jeweils gemeinsam mit den Nachbarelementen sind.

Zu unterscheiden ist bei der Benummerung zwischen den globalen Knoten des zusammenhängenden Modells und den lokalen Knotenpunkten der einzelnen isolierten Elemente. Die

[37] BOOLE, Georg (1815 bis 1865), engl. Mathematiker und Philosoph.

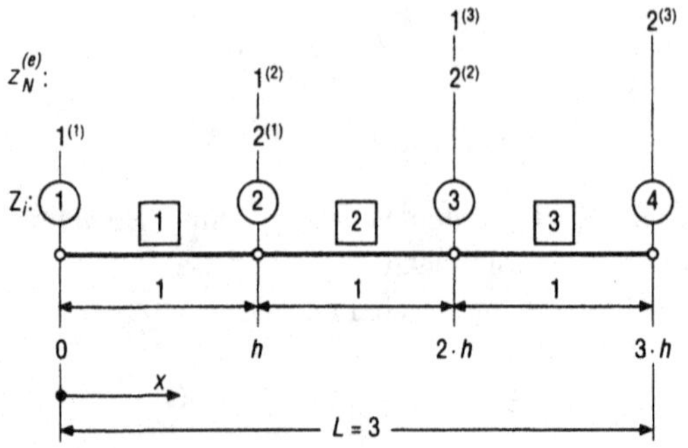

Abb. 4.112 Eindimensionaler Fall. Finite-Elemente-Aufteilung. □ Elemente; ○ Knoten. Z_i, global mit $i = 1;\ 2;\ 3;\ 4$ globalen Knoten. $z_N^{(e)}$ lokal mit $e = 1;\ 2;\ 3$ Elementen von je $N = 1;\ 2$ lokalen Knoten

globalen Knotenpunkte werden mit Z_i bezeichnet, die lokalen Knoten mit $z_N^{(e)}$ (Abb. 4.112). Hierbei bedeuten:

- Index $i = 1;\ 2 \ldots n$ die n globalen Knoten
- Index $N = 1;\ 2;\ 3 \ldots$ die lokalen Elementknoten
- Hochzeichen $e = 1;\ 2 \ldots E$ Elemente (Anzahl)

Beispielsweise bestehen zwischen den globalen und lokalen Knoten von Abb. 4.112, also dem linearen Fall (Streckenelemente), bei den Bezeichnungen folgende Zusammenhänge:

$$z_1^{(1)} = Z_1; \quad z_1^{(2)} = Z_2; \quad z_1^{(3)} = Z_3$$
$$z_2^{(1)} = Z_2; \quad z_2^{(2)} = Z_3; \quad z_2^{(3)} = Z_4$$

Diese Zusammenhänge zwischen lokalen und globalen Knoten lassen sich auch darstellen

- in Matrix-Form:

$$\begin{Bmatrix} z_1^{(1)} \\ z_2^{(2)} \end{Bmatrix} = \begin{bmatrix} 1 & 0 & 0 & 0 \\ 0 & 1 & 0 & 0 \end{bmatrix} \cdot \begin{Bmatrix} Z_1 \\ Z_2 \\ Z_3 \\ Z_4 \end{Bmatrix}$$

$$\begin{Bmatrix} z_1^{(2)} \\ z_2^{(2)} \end{Bmatrix} = \begin{bmatrix} 0 & 1 & 0 & 0 \\ 0 & 0 & 1 & 0 \end{bmatrix} \cdot \begin{Bmatrix} Z_1 \\ Z_2 \\ Z_3 \\ Z_4 \end{Bmatrix}$$

$$\begin{Bmatrix} z_1^{(3)} \\ z_2^{(3)} \end{Bmatrix} = \begin{bmatrix} 0 & 0 & 1 & 0 \\ 0 & 0 & 0 & 1 \end{bmatrix} \cdot \begin{Bmatrix} Z_1 \\ Z_2 \\ Z_3 \\ Z_4 \end{Bmatrix}$$

- in Indexschreibweise, d. h. Kurzform-Darstellung:

$$z_N^{(e)} = \Delta_{Ni}^{(e)} \cdot Z_i$$

Die hierin enthaltene sog. **BOOLEsche Matrix** $\Delta_{Ni}^{(e)}$ ist wie folgt definiert:

$$\Delta_{Ni}^{(e)} = \begin{cases} 1 & \text{wenn lokaler Knoten } N \text{ des Elementes } e \text{ mit globalem Knoten } i \text{ des Gesamtsystems übereinstimmt.} \\ 0 & \text{in allen anderen Fällen.} \end{cases}$$

Mit Hilfe der BOOLEschen Matrix, kurz **BOOLE-Matrix**, kann auch festgelegt werden, dass nur die jeweils zum Element gehörenden Knoten und damit deren Größen von Einfluss auf die Vorgänge und deshalb auf die Funktionswerte innerhalb des zugehörigen Elementes sind.

Methode der gewichteten Residuen

Wie schon erwähnt, werden zum näherungsweisen numerischen Lösen von Differenzialgleichungen bei den Finite-Elemente-Methoden hauptsächlich verwendet:

- Extremal-Verfahren
  - Variationsprinzip (RAYLEIGH-RITZ)
- Gewichtungs-Verfahren
  - Kleinste Quadrate
  - GALERKIN-Methode

Da diese Methoden die Differenzialgleichungen nicht direkt, sondern über Näherungsansätze lösen, werden sie auch als **schwache Verfahren** bezeichnet und ihre Ergebnisse als schwache Lösungen.

Bei dem Extremal- oder Minimalprinzip, der weitverbreiteten Methode, wird das Minimum eines von der gesuchten Funktion abhängigen Funktionals gesucht. Dies geschieht mit Hilfe der EULER-LAGRANGE-Gleichung [82, 107].

Gewichtungsverfahren, auch als Residuen[38]-Methoden bezeichnet, werden angewendet, wenn kein **Funktional**[39] existiert, oder noch nicht gefunden wurde. Die Suche nach einem der Differenzialgleichung äquivalenten Funktional erübrigt sich bei diesem Näherungsansatz.

Hier soll nur das allgemein einsetzbare und daher vielfach angewendete Verfahren der gewichteten Residuen nach GALERKIN dargestellt werden.

Grundidee der Methode der gewichteten Residuen ist, für eine Differenzialgleichung

$$a \cdot \Theta(x, y, z) + f(x, y, z) = 0 \qquad (4.283/58)$$

im Betrachtungsgebiet Ω eine Näherungslösung zu erhalten durch den Reihenansatz

$$\hat{\Theta} = \sum_{i=1}^{n} (C_i \cdot A_i) \qquad (4.283/59)$$

mit der Näherungslösung $\hat{\Theta}$ für die gesuchte Größe Θ.

Dabei sind A_i linear unabhängige Ansatzfunktionen – die Interpolations- oder Formfunktionen – und C_i Konstanten notwendig. Diese Größen sind dabei so festzulegen, dass alle globalen Randbedingungen des Systems, bzw. Gebiets erfüllt werden, welches die Bestimmungsgleichung (4.283/58) beschreibt, die meist eine Differenzialgleichung ist.

Da der Reihenansatz nach Beziehung (4.283/59) eine Näherungslösung ist, wird die Ausgangsgleichung (4.283/58) nicht exakt erfüllt. Es ergibt sich somit ein Rest, das Residuum R, wenn der Ansatz (4.283/59) in die Anfangsgleichung (4.283/58) eingesetzt wird:

$$a \cdot \hat{\Theta} + f = R \qquad (4.283/60)$$

Mit eingeführten Wichtungs- oder Gewichtungsfunktionen W_j, wobei Index $j = 1; 2 \ldots n$, also

[38] Residuum … Fehler, Abweichung, Rest.

[39] Funktional … Integral dessen Integrand eine unbekannte Funktion enthält.

$W_1 \ldots W_n$, wird das über das Bezugsgebiet Ω integrierte Produkt $(W_j \cdot R)$ gleich null gesetzt:

$$\int\limits_{(\Omega)} (W_j \cdot R) \cdot \mathrm{d}\Omega = 0 \qquad (4.283/61)$$

Dadurch wird erreicht, dass der Fehler der Näherungslösung über das betrachtete Bezugsgebiet im Mittel gegen null geht, also insgesamt etwa verschwindet. Die Multiplikation mit den Gewichtungsfunktionen W_j ist andererseits auch notwendig, um eine ausreichende Anzahl von Gleichungen zum Bestimmen der auftretenden Unbekannten zu erhalten.

Auf GALERKIN geht zurück, die Gewichtungsfunktionen gleich den Ansatzfunktionen (Basisfunktionen) zu setzen. Dies ist der günstigste Weg, und die Erfahrung bestätigt, dass er für die Finite-Elemente-Methode wegen des geringen Aufwands sowie guter Ergebnisse sehr geeignet ist. Beim GALERKIN-Verfahren stimmen somit beide Funktionsgruppen für Wichtung und Ansatz überein ($W_j = A_i$). Dann ergibt sich das Gleichungssystem:

$$\int\limits_{(\Omega)} (A_i \cdot R) \cdot \mathrm{d}\Omega = 0 \qquad (4.283/62)$$

Oder (4.283/60) und (4.283/59) eingesetzt:

$$\int\limits_{(A)} A_i \left[a \cdot \sum_{i=1}^{n} (C_i \cdot A_i) + f \right] \cdot \mathrm{d}\Omega = 0 \qquad (4.283/63)$$

Dieser Ansatz ist für finite Elemente und deren Netz-System zu verwenden.

Zum Veranschaulichen der Vorgehensweise soll exemplarisch die zweidimensionale Potenzial-Gleichung gemäß Beziehung (4.242) betrachtet werden:

$$\frac{\partial^2 \Theta}{\partial x^2} + \frac{\partial^2 \Theta}{\partial y^2} = 0$$

Mit der Näherungslösung, dem Approximationsansatz $\hat{\Theta}$ – gesprochen Theta Dach – nach (4.283/59), ergibt sich das Residuum:

$$R = \frac{\partial^2 \hat{\Theta}}{\partial x^2} + \frac{\partial^2 \hat{\Theta}}{\partial y^2}$$

Das GALERKIN-Integral gemäß Beziehung (4.283/62) erhält hierzu die Form:

$$\int\limits_{(\Omega)} (A_i \cdot R) \cdot \mathrm{d}\Omega = \int\limits_{(y)} \int\limits_{(x)} (A_i \cdot R) \cdot \mathrm{d}x \; \mathrm{d}y = 0$$

$$\iint\limits_{(\Omega)} A_i \cdot \left(\frac{\partial^2 \hat{\Theta}}{\partial x^2} + \frac{\partial^2 \hat{\Theta}}{\partial y^2} \right) \cdot \mathrm{d}x \; \mathrm{d}y = 0$$

Das Anwenden des GREEN-Theorems (4.283/40) führt dann zu:

$$\iint\limits_{(\Omega)} \left(\frac{\partial A_i}{\partial x} \cdot \frac{\partial \hat{\Theta}}{\partial x} + \frac{\partial A_i}{\partial y} \cdot \frac{\partial \hat{\Theta}}{\partial y} \right) \cdot \mathrm{d}x \; \mathrm{d}y - \left[\int_{(\Gamma)} A_i \cdot \frac{\partial \hat{\Theta}}{\partial x} \cdot \mathrm{d}y + \int_{(\Gamma)} A_i \cdot \frac{\partial \hat{\Theta}}{\partial y} \cdot \mathrm{d}x \right] = 0 \qquad (4.283/64)$$

Es verbleibt zwar ein Flächenintegral über Bezugsgebiet Ω, allerdings nur noch mit ersten Ableitungen im Integrand, was eine wichtige Vereinfachung ist. Da die Ansatzfunktionen auch differenziert auftreten, müssen sie mindestens in der ersten Ableitung stetig sein, **Glattheitsbedingung**. Zusätzlich ergeben sich Einfachintegrale über den Rand Γ der Fläche Ω des Betrachtungsbereiches, allerdings auch nur mit ersten Ableitungen in den Integranden. Diese Randintegrale liefern Beträge nur für Punkte, die auf der Randlinie Γ liegen, nicht jedoch bei Stellen im Innern der Bezugsfläche(-gebietes). Durch die Erniedrigung der Integranden um eine Stufe – vom zweiten auf erste Ableitungen – vereinfacht sich ihre numerische Lösung wesentlich. Zudem sind die Forderungen an die Formfunktionen in den Näherungslösungen hinsichtlich Stetigkeit (Glattheit) geringer. Diese müssen jetzt, wie erwähnt, nur noch in der ersten Ableitung stetig sein, was ihre Auswahl weniger einengt.

Wird im Element der Näherungsansatz mit den Interpolationsfunktionen und den Knotenwerten gebildet, gilt beim Elementkoordinatensystem (ξ, η) gemäß (4.283/46):

$$\hat{\Theta} = \sum_{i=1}^{n} (A_i \cdot \Theta_i) = [A] \cdot \{\Theta\}$$

Für das Viereckelement nach Abb. 4.111 ergibt sich, da $n = 4$, laut (4.283/57):

$$\hat{\Theta} = \sum_{i=1}^{4}(A_i \cdot \Theta_i)$$

Damit erhält (4.283/64) den Aufbau:

$$\sum_{\substack{i=1\\j=1}}^{4}\left[\left(\iint_{(\Omega)}\left(\frac{\partial A_i}{\partial \xi}\cdot\frac{\partial A_j}{\partial \xi}+\frac{\partial A_i}{\partial \eta}\cdot\frac{\partial A_j}{\partial \eta}\right)\cdot \mathrm{d}\xi\,\mathrm{d}\eta\right)\cdot\Theta_i\right]$$

$$-\sum_{\substack{i=1\\j=1}}^{4}\left[\left(\int_{(\Gamma)} A_i\cdot\frac{\partial A_j}{\partial \xi}\cdot \mathrm{d}\eta + \int_{(\Gamma)} A_i\cdot\frac{\partial A_j}{\partial \eta}\cdot \mathrm{d}\xi\right)\cdot\Theta_i\right]=0$$

Bemerkung: Oft wird das Summenzeichen $\sum$ weggelassen und gemäß gebundenen Indizes geschrieben:

$$\hat{\Theta} = A_i\cdot\Theta_i \quad \text{mit } i = 1\ldots n, \text{ wobei hier } n = 4$$

Vorhergehender Aufbau dargestellt in Matrix-Form für das Innere des Bezugsgebietes Ω, d. h. wenn die Randintegrale Γ entfallen; diese treten ja nur am Rand auf:

$$\begin{bmatrix} K_{11} & K_{12} & K_{13} & K_{14}\\ K_{21} & K_{22} & K_{23} & K_{24}\\ K_{31} & K_{32} & K_{33} & K_{34}\\ K_{41} & K_{42} & K_{43} & K_{44}\end{bmatrix}\cdot\begin{Bmatrix}\Theta_1\\ \Theta_2\\ \Theta_3\\ \Theta_4\end{Bmatrix}=0$$

mit

$$K_{ij} = \iint_{(\Omega)}\left(\frac{\partial A_i}{\partial \xi}\cdot\frac{\partial A_j}{\partial \xi}+\frac{\partial A_i}{\partial \eta}\cdot\frac{\partial A_j}{\partial \eta}\right)\cdot \mathrm{d}\xi\,\mathrm{d}\eta$$

wobei $i,\ j = 1;\ 2;\ 3;\ 4$.

Zum Veranschaulichen der Methode sollen drei einfache Beispiele ausführlich dargestellt werden. Die Computer-Programme, welche auch die sich hier ergebenden Lösungsalgorithmen bearbeiten können, sind bei einschlägigen Software-Herstellern verfügbar und daher hier nicht aufgeführt.

Beispiel 1

Lineare Differenzialgleichung einer Variablen zweiter Ordnung für gesuchte Größe $\Theta = f(x)$

$$\frac{\mathrm{d}^2\Theta}{\mathrm{d}x^2} - a^2\cdot\Theta = 0$$

im Bereich von $x = 0$ bis $x = 3$ mit $a = -1$ und Randbedingungen $\Theta(0) = 1$; $\Theta(3) = 20$.

Damit der Lösungsaufwand nicht zu sehr ansteigt, werden nur drei Elemente gewählt (Abb. 4.112), was zwangsläufig zu Lasten der Genauigkeit geht.

Residuen-GALERKIN-Ansatz

$$\int_{(V)} A_i\cdot\left(\frac{\partial^2\hat{\Theta}}{\partial x^2} - a^2\cdot\hat{\Theta}\right)\cdot \mathrm{d}V = 0$$

Da es sich um ein lineares Problem handelt, tritt an Stelle des Dreifach-, also Volumenintegral (V) ein einfaches, d. h. Linien-Integral (L) mit der globalen Finite-Elemente-Interpolationsfunktion A_i:

$$\int_{(L)} A_i\cdot\left(\frac{\partial^2\hat{\Theta}}{\partial x^2} - a^2\cdot\hat{\Theta}\right)\cdot \mathrm{d}x = 0$$

mit $\mathrm{d}x \equiv \mathrm{d}L$.

Partielle Integration des ersten Terms vom Integranden nach GREEN-GAUSS:

$$A_i\cdot\frac{\mathrm{d}\hat{\Theta}}{\mathrm{d}x}\bigg|_0^L - \int_{(L)}\left(\frac{\mathrm{d}\hat{\Theta}}{\mathrm{d}x}\cdot\frac{\mathrm{d}A_i}{\mathrm{d}x} + a^2\cdot\hat{\Theta}\cdot A_i\right)\cdot \mathrm{d}x$$

$$= 0$$

Approximationsansatz

$$\hat{\Theta} = [A]\cdot\{\Theta\} = \begin{bmatrix}A_1 & A_2\end{bmatrix}\cdot\begin{Bmatrix}\Theta_1\\ \Theta_2\end{Bmatrix} = A_j\cdot\Theta_j$$

für die finiten Elemente eingeführt, ergibt, wenn gleichzeitig die Terme in ihrer Reihenfolge umgruppiert:

$$\int_{(L)}\left(\frac{\mathrm{d}A_j}{\mathrm{d}x}\cdot\Theta_j\cdot\frac{\mathrm{d}A_i}{\mathrm{d}x} + a^2\cdot A_j\cdot\Theta_j\cdot A_i\right)\cdot \mathrm{d}x$$

$$-\left(A_i\cdot\frac{\mathrm{d}A_j}{\mathrm{d}x}\cdot\Theta_j\right)\bigg|_0^L = 0$$

Umgestellt, da Knotenwerte Θ_j unabhängig von x:

$$\left[\int_{(L)}\left(\frac{\mathrm{d}A_i}{\mathrm{d}x}\cdot\frac{\mathrm{d}A_j}{\mathrm{d}x}+a^2\cdot A_i\cdot A_j\right)\cdot\mathrm{d}x\right]\cdot\Theta_j$$
$$-\left(A_i\cdot\frac{\mathrm{d}A_j}{\mathrm{d}x}\right)\Bigg|_0^L\cdot\Theta_j=0$$

Da die Randwerte und nicht die Randgradienten vorgegeben sind, ist das Problem vom DIRICHLETschen Typ. Es bestehen keine NEUMANN-Bedingungen (Randableitungen). Die Randgradienten $(\mathrm{d}A_j/\mathrm{d}x)|_0^L$ sind somit ohne Einfluss und können daher entfallen, d. h. sind nicht vorhanden.

In Indexschreibweise hat die Approximationsgleichung dann folgenden Aufbau

$$K_{ij}\cdot\Theta_j=0 \qquad (4.283/65)$$

mit der globalen Koeffizienten-Matrix

$$K_{ij}=\sum_{e=1}^{E}\left(K_{NM}^{(e)}\cdot\Delta_{Ni}^{(e)}\cdot\Delta_{Mj}^{(e)}\right) \qquad (4.283/66)$$

wobei

- $E=3$ Elemente e, also $e=1;\ 2;\ 3$
- $N=1;\ 2;\ M=1;\ 2$ lokale Elementknoten
- $i=1$ bis 4; $j=1$ bis 4 globale Elementknoten

und der Element-, d. h. lokalen Koeffizienten-Matrix in Indexschreibweise:

$$K_{NM}^{(e)}=\int_0^h\left(\frac{\mathrm{d}A_N^{(e)}}{\mathrm{d}x}\cdot\frac{\mathrm{d}A_M^{(e)}}{\mathrm{d}x}+a^2\cdot A_N^{(e)}\cdot A_M^{(e)}\right)\cdot\mathrm{d}x \qquad (4.283/67)$$

Oder dargestellt in Matrix-Form:

$$K_{NM}^{(e)}=\begin{vmatrix}K_{11}^{(e)} & K_{12}^{(e)}\\ K_{21}^{(e)} & K_{22}^{(e)}\end{vmatrix} \qquad (4.283/68)$$

Hierbei gilt für die lineare Funktion $\Theta^{(e)}$ als Approximationsansatz innerhalb der Elemente gemäß (4.283/43):

$$\Theta^{(e)}=b_0+b_1\cdot x$$

Angesetzt auf die Elementränder $x=0$ und $x=h$ mit $\Theta^{(e)}(x=0)=\Theta_1$ und $\Theta^{(e)}(x=h)=\Theta_2$ ergibt:

$$\Theta_{x=0}^{(e)}=\Theta_1=b_0$$
$$\Theta_{x=h}^{(e)}=\Theta_2=b_0+b_1\cdot h$$

Hieraus:

$$b_0=\Theta_1\,;\quad b_1=\frac{1}{h}\cdot(\Theta_2-\Theta_1)$$

Damit wird:

$$\Theta^{(e)}=\Theta_1+\frac{1}{h}\cdot(\Theta_2-\Theta_1)\cdot x$$
$$=\left(1-\frac{x}{h}\right)\cdot\Theta_1+\frac{x}{h}\cdot\Theta_2$$

Durch Vergleich mit dem Knotenwerte-Interpolationsansatz gemäß (4.283/46)

$$\Theta^{(e)}=A_1\cdot\Theta_1+A_2\cdot\Theta_2$$

ergibt sich für die Ansatzfunktionen analog zu (4.283/50):

$$A_1=\left(1-\frac{x}{h}\right)\quad\text{und}\quad A_2=\frac{x}{h}$$

Damit (4.283/67) ausgewertet; bei den $E=3$ Elementen ($e=1$ bis 3) nach Abb. 4.112, weshalb $h=4$ und gemäß Vorgabe $a=-1$ (werden beide jeweils am Berechnungsende eingesetzt):

Mit den Ableitungen der Ansatzfunktionen A_1 und A_2

$$\frac{\mathrm{d}A_1}{\mathrm{d}x}=-\frac{1}{h}\quad\frac{\mathrm{d}A_2}{\mathrm{d}x}=\frac{1}{h}$$

ergeben sich für die Koeffizienten $K_{NM}^{(e)}$ der lokalen Elementmatrix, da $N=1;\ 2$ und $M=1;\ 2$ sowie $e=1;\ 2;\ 3$:

$$K_{11}^{(e)}=\int_0^h\left(\frac{\mathrm{d}A_1}{\mathrm{d}x}\cdot\frac{\mathrm{d}A_1}{\mathrm{d}x}+a^2\cdot A_1\cdot A_1\right)\cdot\mathrm{d}x$$
$$=\int_0^h\left[\frac{1}{h^2}+a^2\cdot\left(1-\frac{x}{h}\right)^2\right]\cdot\mathrm{d}x$$
$$=\int_0^h\left[\frac{1}{h^2}+a^2\cdot\left(1-2\cdot\frac{x}{h}+\frac{x^2}{h^2}\right)\right]\cdot\mathrm{d}x$$

$$K_{11}^{(e)} = \left[\frac{1}{h^2}\cdot x + a^2\cdot\left(x - \frac{2}{h}\cdot\frac{x^2}{2} + \frac{1}{h^2}\cdot\frac{x^3}{3}\right)\right]\Bigg|_0^h$$

$$= \frac{1}{h} + a^2\cdot\left(h - h + \frac{h}{3}\right) = \frac{1}{h} + a^2\cdot\frac{h}{3}$$

$$K_{11}^{(e)} = (4/3) \quad \text{da } h = 1 \text{ und } a = -1$$

$$K_{12}^{(e)} = \int_0^h \left(\frac{\mathrm{d}A_1}{\mathrm{d}x}\cdot\frac{\mathrm{d}A_2}{\mathrm{d}x} + a^2\cdot A_1\cdot A_2\right)\cdot\mathrm{d}x$$

$$= \int_0^h \left[-\frac{1}{h^2} + a^2\cdot\left(1 - \frac{x}{h}\right)\cdot\frac{x}{h}\right]\cdot\mathrm{d}x$$

$$= \left[-\frac{1}{h^2}\cdot x + a^2\cdot\left(\frac{1}{h}\cdot\frac{x^2}{2} - \frac{1}{h^2}\cdot\frac{x^3}{3}\right)\right]\Bigg|_0^h$$

$$= -\frac{1}{h} + a^2\cdot\left(\frac{h}{2} - \frac{h}{3}\right) = -\frac{1}{h} + a^2\cdot\frac{h}{6}$$

$$K_{12}^{(e)} = -(5/6)$$

$K_{21}^{(e)} = K_{12}^{(e)}$ wegen des in Bezug auf A_1 und A_2 symmetrischen Aufbaus des Integranden.

$$K_{22}^{(e)} = \int_0^h \left[\left(\frac{\mathrm{d}A_2}{\mathrm{d}x}\right)^2 + a^2\cdot(A_2)^2\right]$$

$$= \int_0^h \left[\frac{1}{h^2} + a^2\cdot\left(\frac{x}{h}\right)^2\right]\mathrm{d}x$$

$$= \left[\frac{1}{h^2}\cdot x + a^2\cdot\frac{1}{h^2}\cdot\frac{x^3}{3}\right]\Bigg|_0^h$$

$$= \frac{1}{h} + a^2\cdot\frac{h}{3}$$

$$K_{22}^{(e)} = (4/3)$$

Zusammengestellt ergibt sich somit

- für die lokale Koeffizientenmatrix der Elemente:

$$K_{NM}^{(e)} = \begin{bmatrix} K_{11}^{(e)} & K_{12}^{(e)} \\ K_{21}^{(e)} & K_{22}^{(e)} \end{bmatrix} = \begin{bmatrix} 4/3 & -5/6 \\ -5/6 & 4/3 \end{bmatrix}$$

- für die zugehörige lokale Finite-Elemente-Gleichung der einzelnen Elemente in Kurzformdarstellung:

$$K_{NM}^{(e)}\cdot\Theta_M^{(e)} = 0$$

in Matrix-Darstellung:

$$\begin{bmatrix} 4/3 & -5/6 \\ -5/6 & 4/3 \end{bmatrix}\cdot\begin{Bmatrix}\Theta_1\\ \Theta_2\end{Bmatrix}^{(e)} = \begin{Bmatrix}0\\0\end{Bmatrix}$$

Die globale Koeffizienten-Matrix K_{ij} zu (4.283/66) hat folgenden Aufbau, da $i = 1$ bis 4 und $j = 1$ bis 4:

$$K_{ij} = \begin{bmatrix} K_{11} & K_{12} & K_{13} & K_{14} \\ K_{21} & K_{22} & K_{23} & K_{24} \\ K_{31} & K_{32} & K_{33} & K_{34} \\ K_{41} & K_{42} & K_{43} & K_{44} \end{bmatrix}$$

Hierbei ergeben sich die einzelnen Koeffizienten nach (4.283/66):

$$K_{11} = \sum_{e=1}^{3} K_{NM}^{(e)}\cdot\Delta_{N1}^{(e)}\cdot\Delta_{M1}^{(e)}$$

$$= K_{NM}^{(1)}\cdot\Delta_{N1}^{(1)}\cdot\Delta_{M1}^{(1)} + K_{NM}^{(2)}\cdot\Delta_{N1}^{(2)}\cdot\Delta_{M1}^{(2)} + K_{NM}^{(3)}\cdot\Delta_{N1}^{(3)}\cdot\Delta_{M1}^{(3)}$$

$$= K_{11}^{(1)}\cdot\Delta_{11}^{(1)}\cdot\Delta_{11}^{(1)} + K_{12}^{(2)}\cdot\Delta_{11}^{(2)}\cdot\Delta_{11}^{(2)} + K_{11}^{(3)}\cdot\Delta_{11}^{(3)}\cdot\Delta_{11}^{(3)} + K_{12}^{(1)}\cdot\Delta_{11}^{(1)}\cdot\Delta_{21}^{(1)} + K_{12}^{(2)}\cdot\Delta_{11}^{(2)}\cdot\Delta_{21}^{(2)} + K_{12}^{(3)}\cdot\Delta_{11}^{(3)}\cdot\Delta_{21}^{(3)} + K_{21}^{(1)}\cdot\Delta_{21}^{(1)}\cdot\Delta_{11}^{(1)} + K_{21}^{(2)}\cdot\Delta_{21}^{(2)}\cdot\Delta_{11}^{(2)} + K_{21}^{(3)}\cdot\Delta_{21}^{(3)}\cdot\Delta_{11}^{(3)} + K_{22}^{(1)}\cdot\Delta_{21}^{(1)}\cdot\Delta_{21}^{(1)} + K_{22}^{(2)}\cdot\Delta_{21}^{(2)}\cdot\Delta_{21}^{(2)} + K_{22}^{(3)}\cdot\Delta_{21}^{(3)}\cdot\Delta_{21}^{(3)}$$

$= K_{11}^{(1)} = 4/3$ da nur $\Delta_{11}^{(1)} = 1$ und bei allen anderen Gliedern mindestens ein $\Delta = 0$

$$K_{12} = \sum_{e=1}^{3} K_{NM}^{(e)}\cdot\Delta_{N1}^{(e)}\cdot\Delta_{M2}^{(e)}$$

$$= K_{NM}^{(1)}\cdot\Delta_{N1}^{(1)}\cdot\Delta_{M2}^{(1)} + K_{NM}^{(2)}\cdot\Delta_{N1}^{(2)}\cdot\Delta_{M2}^{(2)} + K_{NM}^{(3)}\cdot\Delta_{N1}^{(3)}\cdot\Delta_{M2}^{(3)}$$

$$K_{12} = K_{11}^{(1)}\cdot\Delta_{11}^{(1)}\cdot\Delta_{12}^{(1)} + K_{11}^{(2)}\cdot\Delta_{11}^{(2)}\cdot\Delta_{12}^{(2)} + K_{11}^{(3)}\cdot\Delta_{11}^{(3)}\cdot\Delta_{12}^{(3)} + K_{12}^{(1)}\cdot\Delta_{11}^{(1)}\cdot\Delta_{22}^{(1)} + K_{12}^{(2)}\cdot\Delta_{11}^{(2)}\cdot\Delta_{22}^{(2)} + K_{12}^{(3)}\cdot\Delta_{11}^{(3)}\cdot\Delta_{22}^{(3)} + K_{21}^{(1)}\cdot\Delta_{21}^{(1)}\cdot\Delta_{12}^{(1)} + K_{21}^{(2)}\cdot\Delta_{21}^{(2)}\cdot\Delta_{12}^{(2)} + K_{21}^{(3)}\cdot\Delta_{21}^{(3)}\cdot\Delta_{12}^{(3)} + K_{22}^{(1)}\cdot\Delta_{21}^{(1)}\cdot\Delta_{22}^{(1)} + K_{22}^{(2)}\cdot\Delta_{21}^{(2)}\cdot\Delta_{22}^{(2)} + K_{22}^{(3)}\cdot\Delta_{21}^{(3)}\cdot\Delta_{22}^{(3)}$$

$$K_{12} = K_{12}^{(1)} = -\frac{5}{6}$$ da nur zugleich $\Delta_{11}^{(1)} = 1$ und $\Delta_{22}^{(1)} = 1$ sonst überall mindestens ein $\Delta = 0$

$$\begin{aligned}
K_{13} &= \sum_{e=1}^{3} K_{NM}^{(e)} \cdot \Delta_{N1}^{(e)} \cdot \Delta_{M3}^{(e)} \\
&= K_{NM}^{(1)} \cdot \Delta_{N1}^{(1)} \cdot \Delta_{M3}^{(1)} + K_{NM}^{(2)} \cdot \Delta_{N1}^{(2)} \cdot \Delta_{M3}^{(2)} \\
&\quad + K_{NM}^{(3)} \cdot \Delta_{N1}^{(3)} \cdot \Delta_{M3}^{(3)} \\
&= K_{11}^{(1)} \cdot \Delta_{11}^{(1)} \cdot \Delta_{13}^{(1)} + K_{11}^{(2)} \cdot \Delta_{11}^{(2)} \cdot \Delta_{13}^{(2)} \\
&\quad + K_{11}^{(3)} \cdot \Delta_{11}^{(3)} \cdot \Delta_{13}^{(3)} + K_{12}^{(1)} \cdot \Delta_{11}^{(1)} \cdot \Delta_{23}^{(1)} \\
&\quad + K_{12}^{(2)} \cdot \Delta_{11}^{(2)} \cdot \Delta_{23}^{(2)} + K_{12}^{(3)} \cdot \Delta_{11}^{(3)} \cdot \Delta_{23}^{(3)} \\
&\quad + K_{21}^{(1)} \cdot \Delta_{21}^{(1)} \cdot \Delta_{13}^{(1)} + K_{21}^{(2)} \cdot \Delta_{21}^{(2)} \cdot \Delta_{13}^{(2)} \\
&\quad + K_{21}^{(3)} \cdot \Delta_{21}^{(3)} \cdot \Delta_{13}^{(3)} + K_{22}^{(1)} \cdot \Delta_{21}^{(1)} \cdot \Delta_{23}^{(1)} \\
&\quad + K_{22}^{(2)} \cdot \Delta_{21}^{(2)} \cdot \Delta_{23}^{(2)} + K_{22}^{(3)} \cdot \Delta_{21}^{(3)} \cdot \Delta_{23}^{(3)}
\end{aligned}$$

$K_{13} = 0$ da in jedem Glied mindestens ein $\Delta = 0$

$$\begin{aligned}
K_{14} &= \sum_{e=1}^{3} K_{NM}^{(e)} \cdot \Delta_{N1}^{(e)} \cdot \Delta_{M4}^{(e)} \\
&= K_{NM}^{(1)} \cdot \Delta_{N1}^{(1)} \cdot \Delta_{M4}^{(1)} + K_{NM}^{(2)} \cdot \Delta_{N1}^{(2)} \cdot \Delta_{M4}^{(2)} \\
&\quad + K_{NM}^{(3)} \cdot \Delta_{N1}^{(3)} \cdot \Delta_{M4}^{(3)} \\
&= K_{11}^{(1)} \cdot \Delta_{11}^{(1)} \cdot \Delta_{14}^{(1)} + K_{11}^{(2)} \cdot \Delta_{11}^{(2)} \cdot \Delta_{14}^{(2)} \\
&\quad + K_{11}^{(3)} \cdot \Delta_{11}^{(3)} \cdot \Delta_{14}^{(3)} + K_{12}^{(1)} \cdot \Delta_{11}^{(1)} \cdot \Delta_{24}^{(1)} \\
&\quad + K_{12}^{(2)} \cdot \Delta_{11}^{(2)} \cdot \Delta_{24}^{(2)} + K_{12}^{(3)} \cdot \Delta_{11}^{(3)} \cdot \Delta_{24}^{(3)} \\
&\quad + K_{21}^{(1)} \cdot \Delta_{21}^{(1)} \cdot \Delta_{14}^{(1)} + K_{21}^{(2)} \cdot \Delta_{21}^{(2)} \cdot \Delta_{14}^{(2)} \\
&\quad + K_{21}^{(3)} \cdot \Delta_{21}^{(3)} \cdot \Delta_{14}^{(3)} + K_{22}^{(1)} \cdot \Delta_{21}^{(1)} \cdot \Delta_{24}^{(1)} \\
&\quad + K_{22}^{(2)} \cdot \Delta_{21}^{(2)} \cdot \Delta_{24}^{(2)} + K_{22}^{(3)} \cdot \Delta_{21}^{(3)} \cdot \Delta_{24}^{(3)}
\end{aligned}$$

$K_{14} = 0$ da wieder in jedem Glied mindestens ein $\Delta = 0$

Entsprechend ausgewertet ergeben sich für die restlichen Koeffizienten:

$$K_{21} = K_{21}^{(1)} = -\frac{5}{6};$$

$$K_{22} = K_{11}^{(2)} + K_{22}^{(1)} = \frac{4}{3} + \frac{4}{3} = \frac{8}{3}$$

$$K_{23} = K_{12}^{(2)} = -\frac{5}{6}; \quad K_{24} = 0$$

$$K_{31} = K_{22}^{(2)} + K_{11}^{(3)} = \frac{4}{3} + \frac{4}{3} = \frac{8}{3}$$

$$K_{32} = K_{21}^{(2)} = -\frac{5}{6};$$

$$K_{33} = K_{22}^{(2)} + K_{11}^{(3)} = \frac{4}{3} + \frac{4}{3} = \frac{8}{3}$$

$$K_{34} = K_{12}^{(3)} = -\frac{5}{6}; \quad K_{41} = 0; \quad K_{42} = 0$$

$$K_{43} = K_{21}^{(3)} = -\frac{5}{6}; \quad K_{44} = K_{22}^{(3)} = \frac{4}{3}$$

Die Matrix wird symmetrisch (Tab. 6.23), da laut Berechnungsergebnis:

$$K_{21} = K_{12}; \quad K_{31} = K_{13}; \quad K_{32} = K_{23}$$
$$K_{41} = K_{14}; \quad K_{42} = K_{24}; \quad K_{43} = K_{34}$$

Damit ergibt sich für die globale Finite-Elemente-Beziehung $A_{ij} \cdot \Theta_{ij} = 0$ nach (4.283/65):

$$\begin{bmatrix} 4/3 & -5/6 & 0 & 0 \\ -5/6 & 8/3 & -5/6 & 0 \\ 0 & -5/6 & 8/3 & -5/6 \\ 0 & 0 & -5/6 & 4/3 \end{bmatrix} \cdot \begin{Bmatrix} \Theta_1 \\ \Theta_2 \\ \Theta_3 \\ \Theta_4 \end{Bmatrix} = \begin{Bmatrix} 0 \\ 0 \\ 0 \\ 0 \end{Bmatrix}$$

Nun sind noch die vorgegebenen Randbedingungen

$$\Theta_1 = 1 \quad \text{und} \quad \Theta_{20} = 20$$

einzubauen durch Auswerten und Umarbeiten der vorhergehenden Matrix-Gleichung:

$$\Theta_1 = 1$$

Gl. 2: $-\frac{5}{6} \cdot 1 + \frac{8}{3} \cdot \Theta_2 - \frac{5}{6} \cdot \Theta_3 = 0 \quad | \cdot 6$

Gl. 3: $-\frac{5}{6} \cdot \Theta_2 + \frac{8}{3} \cdot \Theta_3 - \frac{5}{6} \cdot 20 = 0 \quad | \cdot 6$

$$\Theta_4 = 20$$

$$\Theta_1 = 1$$

Gl. II: $16 \cdot \Theta_2 - 5 \cdot \Theta_3 = 5$

Gl. III: $-5 \cdot \Theta_2 + 16 \cdot \Theta_3 = 100$

$$\Theta_4 = 20$$

Oder in Matrizen-Darstellung:

$$\begin{bmatrix} 1 & 0 & 0 & 0 \\ 0 & 16 & -5 & 0 \\ 0 & -5 & 16 & 0 \\ 0 & 0 & 0 & 1 \end{bmatrix} \cdot \begin{Bmatrix} \Theta_1 \\ \Theta_2 \\ \Theta_3 \\ \Theta_4 \end{Bmatrix} = \begin{Bmatrix} 1 \\ 5 \\ 100 \\ 20 \end{Bmatrix}$$

Das Gleichungssystem aufgelöst:

Gl. II:	$16 \cdot \Theta_2 - 5 \cdot \Theta_3 = 5$	$\mid \cdot 16/5$
Gl. III:	$-5 \cdot \Theta_2 + 16 \cdot \Theta_3 = 100$	
	$51{,}2 \cdot \Theta_2 - 16 \cdot \Theta_3 = 16$	
	$-5 \cdot \Theta_2 + 16 \cdot \Theta_3 = 100$	
Addition:	$46{,}2 \cdot \Theta_2 = 116$	
Hieraus:	$\Theta_2 = 2{,}51$	
In Gl. III:	$-5 \cdot 2{,}51 + 16 \cdot \Theta_3 = 100$	
Hieraus:	$\Theta_3 = 7{,}03$	

Damit das gesamte Ergebnis:

$$\Theta_1 = 1\,; \qquad \Theta_2 = 2{,}51\,;$$
$$\Theta_3 = 7{,}03\,; \quad \Theta_4 = 20$$

Vergleich der Finite-Elemente-Ergebnisse mit der exakten, d. h. analytischen Lösung der Ausgangsgleichung, welche beim vorliegenden Fall möglich:

D'GL: $\Theta'' = a^2 \cdot \Theta$
Integration: $\Theta = a^2 \cdot \mathrm{e}^{-a \cdot x}$

Hierbei ist die Integration, welche die analytische Lösung ergibt, zweimal notwendig. Die auftretenden Integrationskonstanten entfallen, da geforderter Anfangswert von $\Theta(x)$ eins, also $\Theta(0) = 1$.

Auswertung für $x = 0;\ 1;\ 2;\ 3$ bei $a = -1$:

Bezugsgröße	x	0	1	2	3
exakte Lösung	Θ	1	2,72	7,39	20,09
FEM-Lösung	Θ	1	2,31	7,03	20

Die Abweichung von FEM-Lösung zur analytischen nimmt mit zunehmender Anzahl verwendeter finiter Elemente ab. Der Berechnungsaufwand steigt dabei jedoch entsprechend. Umfangreichere Probleme erfordern deshalb elektronische Rechenanlagen mit zugehöriger FE-Software. Nur diese Voraussetzungen ermöglichen das numerische Bearbeiten solcher Probleme. Ausschließlich zur Demonstration wurde hier ohne Computer ein einfacher linearer Fall mit wenigen Elementen vollständig gelöst. ◄

Beispiel 2

POISSON-Gleichung der stationären ebenen Strömung (Abschn. 3.2.3.2)

$$\Delta \Phi - q(x,\, y) = 0 \quad \text{mit} \quad \Phi(x,\, y)$$
$$\frac{\partial^2 \Phi}{\partial x^2} + \frac{\partial^2 \Phi}{\partial y^2} - q = 0$$

Ansatz hierzu gemäß gewichteter Residuen und GALERKIN:

$$\int_{(V)} \left[W_i \cdot \left(\frac{\partial^2 \Phi}{\partial x^2} + \frac{\partial^2 \Phi}{\partial y^2} - q \right) \right] \cdot \mathrm{d}V = 0$$

Mit $\mathrm{d}V = \mathrm{d}x \cdot \mathrm{d}y \cdot \mathrm{d}z$ und da Funktion $F(x, y)$ unabhängig von z:

$$\int_{(V)} F(x,\, y) \cdot \mathrm{d}V$$
$$= \int_{(z)} \int_{(y)} \int_{(x)} F(x,\, y) \cdot \mathrm{d}x\mathrm{d}y\mathrm{d}z$$
$$= \left[\int_{(y)} \int_{(x)} F(x,\, y) \cdot \mathrm{d}x\mathrm{d}y \right] \cdot \Delta z$$

Hinweis: Nicht verwechseln

- Δ bei Fkt. Φ, also $\Delta\Phi$, LAPLACE-Operator Fkt. ist Abkürzung für Funktion
- Δ bei Koordinate z, also Δz, Differenz $\Delta z = z_2 - z_1$
- $\Delta^{(e)}$ bei vorherigem Beispiel BOOLE-Matrix

Da ebene Strömung, ist die Integranden-Funktion

$$F(x,\, y) = W_i \cdot \left[\frac{\partial^2 \Phi}{\partial x^2} + \frac{\partial^2 \Phi}{\partial y^2} - q \right]$$

nur von x und y abhängig, weshalb Integration über z sofort ausführbar war. Ergebnisgleichung dieser Teilintegration durch Δz dividiert, was der Schichtdicke eins ($\Delta z = 1$) entspricht, ergibt:

$$\int_{(y)} \int_{(x)} W_i \cdot \left[\frac{\partial^2 \Phi}{\partial x^2} + \frac{\partial^2 \Phi}{\partial y^2} - q \right] \cdot \mathrm{d}x\mathrm{d}y = 0$$

(4.283/69)

Jetzt wird die partielle Integration angewendet, was dem GREEN-Theorem entspricht. Zum Veranschaulichen nochmals ausführlich für den ersten Term des Integranden dargestellt:

$$J = \int\limits_{(y)} \int\limits_{(x)} \left(W_i \cdot \frac{\partial^2 \Phi}{\partial x^2} \right) \cdot \mathrm{d}x\mathrm{d}y$$

Wird hierbei gemäß (4.283/39) gesetzt (Substitution)

$$u = W_i \;\rightarrow\; \mathrm{d}u = \frac{\partial W_i}{\partial x} \cdot \mathrm{d}x \;\rightarrow\; u' = \frac{\partial W_i}{\partial x}$$

$$\mathrm{d}v = \frac{\partial^2 \Phi}{\partial x^2} \cdot \mathrm{d}x = \frac{\partial}{\partial x}\left(\frac{\partial \Phi}{\partial x}\right) = \partial\left(\frac{\partial \Phi}{\partial x}\right)$$

$$\rightarrow\; v = \frac{\partial \Phi}{\partial x}$$

ergibt sich:

$$J = \int\limits_{(U)} W_i \cdot \frac{\partial \Phi}{\partial x} \cdot \mathrm{d}y - \int\limits_{(y)} \int\limits_{(x)} \frac{\partial \Phi}{\partial x} \frac{\partial W_i}{\partial x} \cdot \mathrm{d}x\mathrm{d}y$$

mit $\mathrm{d}y = \cos\alpha_x \cdot \mathrm{d}U$ entlang des Randes beim (U)-Integral, wobei α_x Winkel zwischen x-Richtung und nach außen gerichteter Rand-Normalen des betrachteten Teilgebietes vom Umfang U. Dieses Ergebnis folgt auch direkt aus dem GREEN-GAUSS-Satz (4.283/40).

Die vollständige Umwandlung von (4.283/69) nach dem GREEN-GAUSS-Theorem führt somit zu:

$$\int\limits_{(y)} \int\limits_{(x)} \left[\frac{\partial W_j}{\partial x} \cdot \frac{\partial \Phi}{\partial x} + \frac{\partial W_j}{\partial y} \cdot \frac{\partial \Phi}{\partial y} - W_j \cdot q \right] \cdot \mathrm{d}x\mathrm{d}y$$

$$- \int\limits_{(U)} W_j \left(\frac{\partial \Phi}{\partial x} \cdot \cos\alpha_x + \frac{\partial \Phi}{\partial y} \cdot \cos\alpha_y \right) \cdot \mathrm{d}U = 0$$

Die partielle Integration ergibt die zwei schon erwähnten Vorteile:

a) Die partiellen Ableitungen zweiter Ordnung verschwinden.
b) Die Einschränkung, dass die ursprünglich vorhandenen zweiten Ableitungen nicht nach unendlich streben dürfen und deshalb die ersten Ableitungen überall stetig sein müssen, entfällt.

Jetzt wird der Näherungsansatz gemäß Residuum-Methode eingeführt, wobei Kennzeichen „Dach" bei $\Theta^{(e)}$ bequemerweise weggelassen:

$$\Phi^{(e)} = [A]^{(e)} \cdot \{\Phi\}^{(e)}$$

$$= \begin{bmatrix} A_1 & \dots & A_j & \dots & A_n \end{bmatrix}^{(e)} \cdot \begin{Bmatrix} \Phi_1 \\ \vdots \\ \Phi_j \\ \vdots \\ \Phi_n \end{Bmatrix}^{(e)}$$

oder entsprechend in Kurzform mit gebundenem Index $i = 1 \dots n$:

$$\Phi^{(e)} = A_i^{(e)} \cdot \Phi_i^{(e)} = [A]^{(e)} \cdot \{\Phi\}^{(e)}$$

Hierin bezeichnen:

$[A]^{(e)}$ die Formfunktions-Matrix des Elementes

$\{\Phi\}^{(e)}$ Parameter-Vektor des Elementes. Dabei werden für die Parameter Φ die Werte an den Knotenpunkten gesetzt. Das Hochzeichen (e) (Kopfindex) steht wieder für Elemente $e = 1;\ 2;\ 3 \dots$

Hinweis: Die Quelldichte $q(x, y)$ muss bekannt sein, um die Berechnung durchführen zu können.

GALERKIN-Festlegung $W_j = A_j$ verwendet: Die beiden Festlegungen, Residuum-Ansatz und GALERKIN, eingesetzt, ergibt für das Element, wenn Kopfsymbol (e) einfachheitshalber weggelassen:

$$\left\{ \int_{(y)} \int_{(x)} \left[\frac{\partial A_i}{\partial x} \cdot \frac{\partial A_j}{\partial x} + \frac{\partial A_i}{\partial y} \cdot \frac{\partial A_j}{\partial y} \right] \cdot \mathrm{d}x\mathrm{d}y \right\} \cdot \Phi_i$$

$$- \int\limits_{(y)} \int\limits_{(x)} A_j \cdot q \cdot \mathrm{d}x \cdot \mathrm{d}y$$

$$- \left[\int_{(U)} \left(A_j \cdot \frac{\partial A_i}{\partial x} \cdot \cos\alpha_x + A_j \cdot \frac{\partial A_i}{\partial y} \cdot \cos\alpha_y \right) \cdot \mathrm{d}U \right] \cdot \Phi_i^* = 0$$

Diese Gleichung hat den Aufbau:

$$K_{ij} \cdot \Phi_i - Q_j - U_{ij} \cdot \Phi_i^* = 0$$

Bemerkung: Beim (U)-Integral ist Φ_i^* gesetzt, also mit Stern gekennzeichnet, da nur Randknotenpunkte eingehen, d. h. die Φ-Werte an dem das Bezugsgebiet eingrenzenden Rand U.

Die Gleichung angewendet z. B. auf das Rechteckelement mit dem lokalen (ξ, η)-Bezugssystem gemäß Abb. 4.111:

Es wird wieder ein Element betrachtet, das im Innern des Bezugsgebietes liegen soll, weshalb hier Randterm $(U_{ij} \cdot \Phi_i^*)$ nicht vorhanden. Dafür gilt, wenn Hochindex (e) abermals weggelassen:

$$\begin{bmatrix} K_{11} & K_{12} & K_{13} & K_{14} \\ K_{21} & K_{22} & K_{23} & K_{24} \\ K_{31} & K_{32} & K_{33} & K_{34} \\ K_{41} & K_{42} & K_{43} & K_{44} \end{bmatrix} \cdot \begin{Bmatrix} \Phi_1 \\ \Phi_2 \\ \Phi_3 \\ \Phi_4 \end{Bmatrix} = \begin{Bmatrix} Q_1 \\ Q_2 \\ Q_3 \\ Q_4 \end{Bmatrix}$$

mit den Matrix-Koeffizienten:

$$K_{ij} = \int\limits_{(y)} \int\limits_{(x)} \left[\frac{\partial A_i}{\partial \xi} \cdot \frac{\partial A_j}{\partial \xi} + \frac{\partial A_i}{\partial \eta} \cdot \frac{\partial A_j}{\partial \eta} \right] \cdot \mathrm{d}\xi \mathrm{d}\eta$$

Dabei gemäß (4.283/57a):

$$A_i = \frac{1}{4} \cdot (1 + \xi_i \cdot \xi) \cdot (1 + \eta_i \cdot \eta)$$
$$A_j = \frac{1}{4} \cdot (1 + \xi_j \cdot \xi) \cdot (1 + \eta_j \cdot \eta)$$
$$\text{für} \quad i;\ j = 1;\ 2;\ 3;\ 4$$

Formfunktionen A_i; A_j differenziert nach ξ; η:

$$\frac{\partial A_i}{\partial \xi} = \frac{1}{4} \cdot \xi_i \cdot (1 + \eta_i \cdot \eta)$$
$$\frac{\partial A_j}{\partial \xi} = \frac{1}{4} \cdot \xi_j \cdot (1 + \eta_j \cdot \eta)$$
$$\frac{\partial A_i}{\partial \eta} = \frac{1}{4} \cdot (1 + \xi_i \cdot \xi) \cdot \eta_i$$
$$\frac{\partial A_j}{\partial \eta} = \frac{1}{4} \cdot (1 + \xi_j \cdot \xi) \cdot \eta_j$$

Ausgewertet beispielsweise für Matrix-Koeffizienten K_{23}, d. h. $i = 2$ und $j = 3$, wobei gemäß Abb. 4.111:

$$\xi_2 = 1; \quad \eta_2 = -1; \quad \xi_3 = 1; \quad \eta_3 = 1$$

Dazu ergeben sich:

$$\frac{\partial A_2}{\partial \xi} = \frac{1}{4} \cdot \xi_2 \cdot (1 + \eta_2 \cdot \eta) = \frac{1}{4} \cdot (1 - \eta)$$
$$\frac{\partial A_2}{\partial \eta} = \frac{1}{4} \cdot (1 + \xi_2 \cdot \xi) \cdot \eta_2 = -\frac{1}{4} \cdot (1 + \xi)$$
$$\frac{\partial A_3}{\partial \xi} = \frac{1}{4} \cdot \xi_3 \cdot (1 + \eta_3 \cdot \eta) = \frac{1}{4} \cdot (1 + \eta)$$
$$\frac{\partial A_3}{\partial \xi} = \frac{1}{4} \cdot (1 + \xi_3 \cdot \xi) \cdot \eta_3 = \frac{1}{4} \cdot (1 + \xi)$$

und damit:

$$K_{23} = \int\limits_{-1}^{+1} \int\limits_{-1}^{+1} \left[\frac{\partial A_2}{\partial \xi} \cdot \frac{\partial A_3}{\partial \xi} + \frac{\partial A_2}{\partial \eta} \cdot \frac{\partial A_3}{\partial \eta} \right] \cdot \mathrm{d}\xi \mathrm{d}\eta$$

$$K_{23} = \int\limits_{-1}^{+1} \int\limits_{-1}^{+1} \left[\frac{1}{4} \cdot (1 - \eta) \cdot \frac{1}{4}(1 + \eta) + \left(-\frac{1}{4}(1 + \xi) \cdot \frac{1}{4}(1 + \xi) \right) \right] \cdot \mathrm{d}\xi \mathrm{d}\eta$$

$$= \frac{1}{16} \cdot \int\limits_{-1}^{+1} \int\limits_{-1}^{+1} \left[(1 - \eta^2) - (1 + \xi)^2 \right] \cdot \mathrm{d}\xi \mathrm{d}\eta$$

$$= \frac{1}{16} \cdot \int\limits_{-1}^{+1} \left[\left(\eta - \frac{\eta^3}{3} \right) - \eta \cdot (1 + \xi)^2 \right] \Bigg|_{-1}^{+1} \cdot \mathrm{d}\xi$$

$$= \frac{1}{16} \cdot \int\limits_{-1}^{+1} \left[\left(\left(1 - \frac{1}{3} \right) - (1 + \xi)^2 \right) - \left(\left(-1 + \frac{1}{3} \right) - (-1)(1 + \xi)^2 \right) \right] \cdot \mathrm{d}\xi$$

$$= \frac{1}{16} \cdot \int\limits_{-1}^{+1} \left[\frac{4}{3} - 2 \cdot (1 + \xi)^2 \right] \cdot \mathrm{d}\xi$$

$$= \frac{1}{8} \cdot \int\limits_{-1}^{+1} \left[\frac{2}{3} - 1 - 2 \cdot \xi - \xi^2 \right] \cdot \mathrm{d}\xi$$

$$= \frac{1}{8} \cdot \left[-\frac{1}{3} \cdot \xi - 2 \cdot \frac{\xi^2}{2} - \frac{\xi^3}{3} \right] \Bigg|_{-1}^{+1}$$

$$= \frac{1}{8} \cdot \left[\left(-\frac{1}{3} - 1 - \frac{1}{3} \right) - \left(\frac{1}{3} - 1 + \frac{1}{3} \right) \right]$$

$$= -\frac{1}{6}$$

Entsprechend sind die anderen Koeffizienten der Matrix A_{ij} sowie des Vektors Q_j zu bestimmen.

Die Elemente-Matrix-Modell-Ansätze werden dann gemäß der Netzstruktur mit Hilfe von Koordinaten-Transformationen (JACOBI-Matrix) und BOOLEscher Regel zum Gesamt-Matrix-Modell-System zusammengefasst (analog zu Beispiel 1). Dabei sind bei den Randelementen die Randterme zu berücksichtigen und die zugehörigen Integrale nach Einbau der festgelegten Randbedingungen (DIRICHLET und/oder NEUMANN) zu lösen. Die Kenntnis der Quelldichte $q(x, y)$ ist ebenfalls notwendig, um letztlich die gesuchten Knotenwerte Φ_i der unbekannten Potenzialfunktion (gesuchte Größe) ermitteln zu können.

Bei dreidimensionalen Strömungen ergeben sich noch komplexere Matrix-Systeme, die allerdings auch hier von linearem algebraischen Aufbau und deshalb relativ einfach über den Matrizenalgorithmus zu lösen sind. ◄

Beispiel 3

Dreidimensionale Viskositätsströmung (schleichende Bewegung) im Erde-Schwerefeld.

Hierbei sind in den NAVIER-STOKES-Gleichungen (NS) die Trägheitsglieder $\varrho \cdot \mathrm{d}\vec{c}/\mathrm{d}t$ vernachlässigbar und als spezifische Feldkraft verbleibt nur die Gravitationswirkung $f_z = -\varrho \cdot g$. Die NS (4.282) vereinfachen sich somit entsprechend:

$$0 = -\frac{\partial p}{\partial x} + \eta \cdot \left(\frac{\partial^2 c_x}{\partial x^2} + \frac{\partial^2 c_x}{\partial y^2} + \frac{\partial^2 c_x}{\partial z^2}\right)$$

$$0 = -\frac{\partial p}{\partial y} + \eta \cdot \left(\frac{\partial^2 c_y}{\partial x^2} + \frac{\partial^2 c_y}{\partial y^2} + \frac{\partial^2 c_y}{\partial z^2}\right)$$

$$0 = f_z - \frac{\partial p}{\partial z} + \eta \cdot \left(\frac{\partial^2 c_z}{\partial x^2} + \frac{\partial^2 c_z}{\partial y^2} + \frac{\partial^2 c_z}{\partial z^2}\right)$$

Zum Bestimmen der vier Unbekannten c_x, c_y, c_z und p ist als weitere Beziehung die Kontinuitätsgleichung (3.26) notwendig:

$$\frac{\partial c_x}{\partial x} + \frac{\partial c_y}{\partial y} + \frac{\partial c_z}{\partial z} = 0$$

Residuen-Ansätze für das finite Element e mit den Formfunktionen A, welche die Stetigkeit der jeweiligen Variablen gewährleisten und deren Verlauf mit festlegen:

Matrix-Darstellung:

$$c_x^{(e)} = [A]^{(e)} \cdot \{c_x\}^{(e)}; \quad c_y^{(e)} = [A]^{(e)} \cdot \{c_y\}^{(e)}$$

$$c_z^{(e)} = [A]^{(e)} \cdot \{c_z\}^{(e)}; \quad p^{(e)} = [A]^{(e)} \cdot \{p\}^{(e)}$$

Index-Schreibweise:

$$c_x^{(e)} = A_i^{(e)} \cdot c_{x,i}^{(e)} \qquad c_y^{(e)} = A_i^{(e)} \cdot c_{y,i}^{(e)}$$

$$c_z^{(e)} = A_i^{(e)} \cdot c_{z,i}^{(e)} \qquad p^{(e)} = A_i^{(e)} \cdot p_i^{(e)}$$

Hinweis: Der Kopfzeiger (e) für Element wird nun teilweise der einfachen Schreibweise wegen wieder weggelassen, da keine Verwechslungsgefahr besteht.

GALERKIN-Verfahren mit Wichtungsfunktionen $W_j = A_j$. Durchgeführt für die dritte Gleichung (z-Komponente):

$$\int_{(V)} A_j \cdot \left(f_z - \frac{\partial p}{\partial z} + \eta \cdot \left(\frac{\partial^2 c_z}{\partial x^2} + \frac{\partial^2 c_z}{\partial y^2} + \frac{\partial^2 c_z}{\partial z^2}\right)\right) \cdot \mathrm{d}V = 0$$

Partielle Integration der letzten drei Terme (innere runde Klammer) nach GREEN-GAUSS (4.283/41):

$$\begin{aligned} J &= \int_{(V)} A_j \cdot \left(\frac{\partial^2 c_z}{\partial x^2} + \frac{\partial^2 c_z}{\partial y^2} + \frac{\partial^2 c_z}{\partial z^2}\right) \cdot \mathrm{d}V \\ &= \int_{(V)} A_j \cdot \left(\frac{\partial}{\partial x}\left(\frac{\partial c_z}{\partial x}\right) + \frac{\partial}{\partial y}\left(\frac{\partial c_z}{\partial y}\right) + \frac{\partial}{\partial z}\left(\frac{\partial c_z}{\partial z}\right)\right) \cdot \mathrm{d}V \\ &= \int_{(A_0)} A_j \cdot \left(\frac{\partial c_z}{\partial x} \cdot n_x + \frac{\partial c_z}{\partial y} \cdot n_y + \frac{\partial c_z}{\partial z} \cdot n_z\right) \cdot \mathrm{d}A_0 \\ &\quad - \int_{(V)} \left(\frac{\partial A_j}{\partial x} \cdot \frac{\partial c_z}{\partial x} + \frac{\partial A_j}{\partial y} \cdot \frac{\partial c_z}{\partial y} + \frac{\partial A_j}{\partial z} \cdot \frac{\partial c_z}{\partial z}\right) \cdot \mathrm{d}V \end{aligned}$$

Gemäß Abb. 4.109b

$$\partial x = \cos\alpha_x \cdot \partial n = n_x \cdot \partial n$$
$$\partial y = \cos\alpha_y \cdot \partial n = n_y \cdot \partial n$$
$$\partial z = \cos\alpha_z \cdot \partial n = n_z \cdot \partial n$$

eingeführt, ergibt für das Oberflächenintegral (A_0):

$$\int\limits_{(A_0)} A_j \cdot \left(\frac{\partial c_z}{\partial n} + \frac{\partial c_z}{\partial n} + \frac{\partial c_z}{\partial n}\right) \cdot \mathrm{d}A_0 = 3 \cdot \int\limits_{(A_0)} A_j \cdot \frac{\partial c_z}{\partial n} \cdot \mathrm{d}A_0$$

Damit wird das Integral J:

$$J = 3 \cdot \int\limits_{(A_0)} A_j \cdot \frac{\partial c_z}{\partial n} \cdot \mathrm{d}A_0 - \int\limits_{(V)} \left(\frac{\partial A_j}{\partial x} \cdot \frac{\partial c_z}{\partial x} + \frac{\partial A_j}{\partial y} \cdot \frac{\partial c_z}{\partial y} + \frac{\partial A_j}{\partial z} \cdot \frac{\partial c_z}{\partial z}\right) \cdot \mathrm{d}V$$

Beachten: Bezugsgebietumrandungsfläche A_0 (Oberfläche) nicht mit Ansatzfunktionen A_i und A_j verwechseln.

Index 0 für Oberfläche. Indizes $i;\ j = 1 \ldots n$ gemäß Nummerierung der n Elementknoten.

Integral J in den GALERKIN-Ansatz eingesetzt, ergibt:

$$\int\limits_{(V)} A_j \cdot \left(f_z - \frac{\partial p}{\partial z}\right) \cdot \mathrm{d}V + 3 \cdot \int\limits_{(A_0)} \eta \cdot A_j \cdot \frac{\partial c_z}{\partial z} \cdot \mathrm{d}A_0 - \int\limits_{(V)} \eta \cdot \left(\frac{\partial A_j}{\partial x} \cdot \frac{\partial c_z}{\partial x} + \frac{\partial A_j}{\partial y} \cdot \frac{\partial c_z}{\partial y} + \frac{\partial A_j}{\partial z} \cdot \frac{\partial c_z}{\partial z}\right) \cdot \mathrm{d}V = 0$$

Einführen der Residuum-Ansätze in den Volumenintegralen:

$$\int\limits_{(V)} \left(A_j \cdot f_z - A_j \cdot \frac{\partial A_i}{\partial z} \cdot p_i\right) \cdot \mathrm{d}V + 3 \cdot \int\limits_{(A_0)} \left(\eta \cdot A_j \cdot \frac{\partial c_z}{\partial n}\right) \cdot \mathrm{d}A_0 - \int\limits_{(V)} \eta \cdot \left(\frac{\partial A_j}{\partial x} \cdot \frac{\partial A_i}{\partial x} + \frac{\partial A_j}{\partial y} \cdot \frac{\partial A_i}{\partial y} + \frac{\partial A_j}{\partial z} \cdot \frac{\partial A_i}{\partial z}\right) \cdot c_{z,i} \cdot \mathrm{d}V = 0$$

Die erste und zweite Gleichung (x- und y-Komponente) sind analog aufgebaut. Sie ergeben sich durch Austauschen von c_z durch c_x bzw. c_y und zugehörig z durch x bzw. y bei Weglassen von f_x sowie f_y, da diese jeweils null.

Die aus der Kontinuitätsbedingung folgende Gleichung geht nach entsprechender GALERKIN-Umwandlung und Residuen-Ansätzen über in die Form:

$$\int\limits_{(V)} A_j \cdot \left(\frac{\partial c_x}{\partial x} + \frac{\partial c_y}{\partial y} + \frac{\partial c_z}{\partial z}\right) \cdot \mathrm{d}V = \int\limits_{(V)} A_j \cdot \left(\frac{\partial A_i}{\partial x} \cdot c_{x,i} + \frac{\partial A_i}{\partial y} \cdot c_{y,i} + \frac{\partial A_i}{\partial z} \cdot c_{z,i}\right) \cdot \mathrm{d}V = 0$$

Die jetzt insgesamt vier Gleichungen lassen sich für das Element in Matrix-Form wie folgt darstellen, wobei Kopfzeiger (e) wieder angefügt:

$$[K_{i\,j}]^{(e)} \cdot \{\Omega_i\}^{(e)} + \{F_i\}^{(e)} = 0$$

mit $i;\ j = 1 \ldots n$.

Mit Element-Matrix, die symmetrisch ist:

$$[K_{i\,j}]^{(e)} = -\int\limits_{(V^{(e)})} \begin{bmatrix} C & 0 & 0 & A_j \cdot \frac{\partial A_i}{\partial x} \\ 0 & C & 0 & A_j \cdot \frac{\partial A_i}{\partial y} \\ 0 & 0 & C & A_j \cdot \frac{\partial A_i}{\partial z} \\ A_j \cdot \frac{\partial A_i}{\partial x} & A_j \cdot \frac{\partial A_i}{\partial y} & A_j \cdot \frac{\partial A_i}{\partial z} & 0 \end{bmatrix}^{(e)} \cdot \mathrm{d}V^{(e)}$$

Hierbei Größe:

$$C = \eta \cdot \left(\frac{\partial A_i}{\partial x} \cdot \frac{\partial A_j}{\partial x} + \frac{\partial A_i}{\partial y} \cdot \frac{\partial A_j}{\partial y} + \frac{\partial A_i}{\partial z} \cdot \frac{\partial A_j}{\partial z} \right)$$

Des Weiteren sind die Element-Vektoren:

$$\{\Omega_i\}^{(e)} = \begin{Bmatrix} c_{x,i} \\ c_{y,i} \\ c_{z,i} \\ p_i \end{Bmatrix}^{(e)}$$

$$\{F_i\}^{(e)} = \int\limits_{(V^{(e)})} A_j \cdot \begin{Bmatrix} 0 \\ 0 \\ f_z \\ 0 \end{Bmatrix}^{(e)} \cdot \mathrm{d}V^{(e)} + 3 \cdot \int\limits_{(A_0^{(e)})} \eta \cdot A_j \cdot \begin{Bmatrix} \partial c_x/\partial n \\ \partial c_y/\partial n \\ \partial c_z/\partial n \\ 0 \end{Bmatrix}^{(e)} \cdot \mathrm{d}A_0^{(e)}$$

Dabei tritt das Rand- oder Oberflächenintegral ($A_0^{(e)}$) wieder nur bei den Elementflächen auf, die an der Bezugsgebietsoberfläche liegen, falls $\partial c_k/\partial n$ mit $k = x, y, z$ vorgegeben (NEUMANN). Diese verschwinden dagegen, wenn am Bezugsrand c_K festgelegt (DIRICHLET), da dann $\partial c_x/\partial n = 0$. Die weitere Auswertung der Element-Ansätze sowie deren Zusammensetzen zum Finite-Element-Gesamtmodell des zu untersuchenden Gebietes erfolgt wieder abhängig von der Art des festgelegten Netzes (Element-Formen und -Anordnung) unter Berücksichtigung der vorgegebenen Randbedingungen entsprechend der im Beispiel Potenzialgleichung dargestellten Vorgehensweise. Dabei werden, wie erwähnt, die Oberflächenintegrale nur an denjenigen Rändern gebildet, für welche die Gradienten $\partial c_x/\partial n$; $\partial c_y/\partial n$ und/oder $\partial c_z/\partial n$ als Randbedingungen (NEUMANN) vorgegeben sind. Falls dagegen direkt die Werte von c_x; c_y; c_z am Rand festliegen (DIRICHLET-Bedingungen), entfallen, gemäß zuvor, diese Oberflächen-Beziehungen. ◄

Zeitdiskretisierung
Die bei transienten Problemen (instationäre NS bzw. Re-Gl.) vorhandenen Zeitdifferenziale sind ebenfalls zu diskretisieren. Zur Approximation dieser Terme werden meist finite Zeitdifferenzen verwendet. Näherungsweise treten somit zeitliche Differenzen-Quotienten an die Stelle von Zeitableitungen (Differenzialquotienten), auch als *Zeitschrittverfahren* bezeichnet.

Wie bei den Finiten-Differenzen-Verfahren (Abschn. 4.3.1.8.5) nutzen auch die Finite-Element-Methoden je nach Anwendungsfall als Zeitschrittoperatoren Vorwärts-, Rückwärts- oder Zentraldifferenzen.

Die Berechnung erfolgt von der alten Zeitebene t^{o} (o für old) zur neuen Zeitebene t^{n} (n für new). Ausgehend von Anfangs- oder Startgrößen werden die Rechenergebnisse dabei für den jeweils nächsten Berechnungsschritt zu den alten Werten.

4.3.1.8.7 Vergleich der Finite-Verfahren
Alle dargestellten finiten Verfahren sind Bestandteil der Computational-Fluid-Dynamics (CFD). Die hierzu von Spezialisten mit Hilfe von Algorithmen entwickelten Computer-Programme stehen käuflich zur Verfügung und werden in der Praxis von Firmen bei Strömungsproblemen eingesetzt. Falls die entsprechende Rechnerleistung zur Verfügung steht, werden meist die Finite-Elemente- und die Finite-Volumen-Verfahren angewendet. Die Finite-Element-Methode wurde ursprünglich für die Feststoffmechanik entwickelt und erst später auf fluidmechanische Probleme übertragen. Das Finite-Volumen-Verfahren dagegen ist eine spezielle Entwicklung aus dem Gebiet der Strömungsmechanik. Da es deshalb bisher schon häufiger für fluidmechanische Fragen angewendet wurde, besteht ein größerer Erfahrungsfundus.

Folgende kurze Aufstellung der Vor- und Nachteile soll die hauptsächlichen Anwendungsunterschiede der verschiedenen Finite-Methoden verdeutlichen.

- *Finite-Differenzen-Methode* (FDM):
  Vorteil: Direkte Lösung der Ausgangsgleichungen, also keine Approximationsansätze

notwendig, da infinite direkt durch finite Differenzen angenähert.
Nachteile: Schlechtes Konvergenzverhalten, da oft nichtkonservativ (Abschn. 4.3.1.8.1).
Hoher Rechenaufwand, da feine Strukturierung, kleine Zeitschritte und viele Iterationen notwendig.

- *Finite-Volumen-Methode* (FVM):
Vorteile: Meist keine Konvergenzprobleme, da grundsätzlich konservativ; deshalb auch als inhärent konservatives Verhalten bezeichnet.
Rechenaufwand meist begrenzt, da vergleichsweise wenig Iterationen notwendig (Upwind-Verfahren).
Bis große Extension geeignet, d. h. auch für Strömungen großer Ausdehnung. Für 3D-Probleme (dreidimensionale Strömungen) gut geeignet.
Nachteile: Auf einfache Geometrien beschränkt, da nur strukturierte Netze möglich. Ansatzfunktionen notwendig.
- *Finite-Element-Methode* (FEM)
Vorteile: Unstrukturierte Gitter zulässig; dadurch hohe Flexibilität auch hinsichtlich Diskretisierungsansätzen.
Nachteile: Verschiedentlich Konvergenzprobleme, vor allem bei 3D-Elementen, bzw. -Fällen (numerische Stabilität).
Oft größerer Rechenaufwand (Zeit- und Speicherbedarf) als bei FVM. Für kleinere Extension.
Ansatzfunktionen notwendig.

Bemerkung: Bei nichtkonservativem Verhalten treten während des Computerrechenlaufes verschiedentlich diskretisierungsbedingte sog. numerische Quellen/Senken auf, welche die numerische Instabilität (Konvergenzprobleme) bedingen.

4.3.2 Körper-Umströmung

4.3.2.1 Grundsätzliches

Bei *Innenströmungen* (Rohren, Kanälen) ist die Kenntnis des auftretenden *Druckverlustes*, bei *Außenströmungen* die des *Widerstandes* wichtig, d. h. der Kraft, die das Fluid auf den relativ zu ihm bewegten Körper ausübt. Beide Widerstände erfordern entsprechende Energiezufuhr (Verlust oder Vortriebsleistung).

Bei der Außenströmung kann sowohl der ruhende Körper vom bewegten Fluid umströmt werden (z. B. Brückenpfeiler, Gebäude) oder der Körper sich im Fluid bewegen (z. B. Schiffe, Fahr- und Flugzeuge). Die Kraftwirkungen sind nur von der *Relativgeschwindigkeit* zwischen Körper und Fluid abhängig. Dagegen ist die Geschwindigkeitsausbildung an der Körperoberfläche davon bestimmt, ob sich der Körper oder das Fluid oder beide, Abb. 4.113, bewegen.

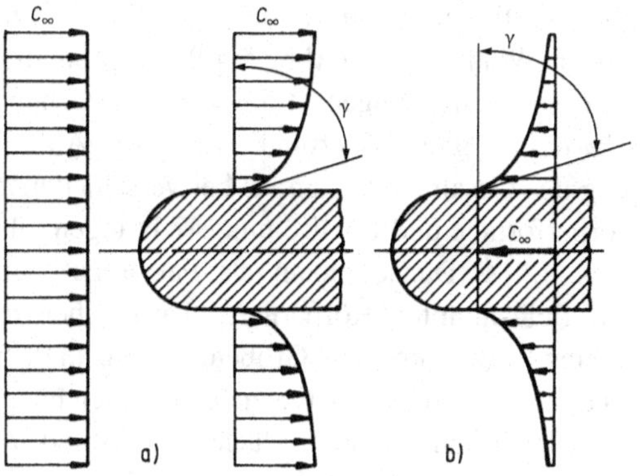

Abb. 4.113 Geschwindigkeitsgefälle (Geschwindigkeitsgradient) bei der Körperumströmung:
1. Körper in Ruhe und Fluid strömt
2. Körper bewegt sich und Fluid in Ruhe.
Bedeutung von Winkel γ: Abschn. 1.3.5.2

Nach dem D'ALEMBERTschen Paradoxon (Abschn. 3.3.6.3.3) übt das ideale Fluid auf den umströmten Körper keine resultierende Kraft aus. Ein Körper wird deshalb von einem strömenden reibungsfreien Fluid nicht mitgenommen. Diese Erscheinung ist in der Natur nicht zu beobachten, weil bei realen Fluiden immer Reibung auftritt und rückwärtige wirbelfreie Körperumströmung praktisch kaum zu verwirklichen ist.

Reale Fluide verursachen bei der Körperumströmung immer einen *Widerstand*. Erfahrungsgemäß ist dessen Größe von der Art des Fluides, der Relativgeschwindigkeit, der Oberflächenbeschaffenheit und der Form des Körpers abhängig. Die entscheidenden Einflussgrößen auf die Widerstandskraft sind jedoch Körperoberfläche und -form, die das Umströmungsgeschehen hauptsächlich bestimmen. Die (Gesamt-) **Widerstandskraft** F_W wird daher zweckmäßigerweise in die zwei Teile **Flächenwiderstand** $F_{W,R}$ und **Formwiderstand** $F_{W,D}$ (Kräfte) zerlegt:

$$\boldsymbol{F_W = F_{W,R} + F_{W,D}} \tag{4.284}$$

Der Flächenwiderstand ist durch Zweitindex R (Reibung) und der Formwiderstand durch Zweitindex D (Druck) gekennzeichnet, die jeweils weggelassen werden können, wenn auch ohne diese Hinweise Klarheit besteht.

Die beiden Anteile sind jedoch meist schwer voneinander zu trennen. Die versuchsmäßige Einzelbestimmung mit Hilfe von Wasser- und/oder Windkanälen (Abb. 6.49) an Modellen oder Großausführungen ist deshalb entsprechend schwierig. Einen Überblick über die Aufteilung des Gesamtwiderstandes bei verschiedenen Körperformen und Umströmungsrichtungen gibt Abb. 4.114. Danach kann als Faustregel gelten: Bei stumpfen Körpern ist der Flächenwiderstand etwa um eine Größenordnung kleiner als der Formwiderstand. Genau genommen hängt auch der Reibungs-, d. h. Flächenwiderstand infolge Grenzschichtausbildung auch etwas von der Formgebung ab, sodass sich zudem diese Art Trennung oftmals nicht streng aufrecht erhalten lässt.

Bei Körpern, die nicht vollständig vom gleichen Fluid umströmt werden, sondern sich teils an der freien Oberfläche einer Flüssigkeit bewegen (Schiffe), kommt als besondere Widerstandsart noch der **Wellenwiderstand** hinzu. Dieser

Körperform	Anströmrichtung	$F_{W,R}$	$F_{W,D}$
längs angeströmte Platte	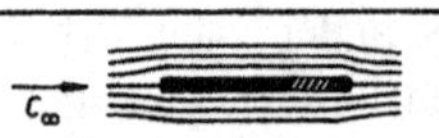	≈ 100 %	≈ 0 %
Stromlinienkörper		≈ 90 %	≈ 10 %
Kugel, Zylinder		≈ 10 %	≈ 90 %
quer angeströmte Platte		≈ 0 %	≈100 %

Abb. 4.114 Aufteilung des Gesamtwiderstandes $F_W = F_{W,R} + F_{W,D}$ bei Körperumströmung

ist bedingt durch das vom Körper bei Bewegung oder Umströmung durch Aufstauen beim Verdrängen verursachte Wellensystem. Die Bugwelle und damit der Wellenwiderstand wird umso größer, je stumpfer die Anströmfront des Körpers ausgebildet ist. Schiffskörper müssen deshalb auch vorne (Bug) schneidenartig ausgebildet werden, um die anströmende Flüssigkeit möglichst ohne Aufstauen (Wellenberg) aufzuteilen. Zu unterscheiden ist zwischen Widerstands- und Auftriebskörpern. Widerstandskörper verursachen ausschließlich Widerstand. Auftriebskörper dagegen bewirken dynamischen Auftrieb (Querkraft) und – leider nicht vermeidbaren – Widerstand.

Ergänzung: Bei Unterschall wird der Widerstand eines Körpers auch stark vom Geschehen bei der Umströmung seiner Hinterkante beeinflusst und damit auch von seiner Oberfläche (Größe, Rauigkeit), welche das Grenzschichtverhalten mit bedingt. Die exakte Berechnung müsste daher mit den NAVIER-STOKES-Gleichungen erfolgen, was meist nur schwer und unzureichend gelingt. Bei Überschall wird der Widerstand dagegen hauptsächlich von der Körpervorderseite verursacht. Er kann deshalb hier bei aerodynamischen Untersuchungen ($Ma < 1$) oft vernachlässigt und daher mit den EULERschen Bewegungsgleichungen gerechnet werden.

4.3.2.2 Flächenwiderstand

Der **Flächen-, Oberflächen-, Schub- oder Reibungswiderstand** wird durch die Reibung zwischen Fluid und Körperaußenfläche verursacht. Die Flächenwiderstandskraft ist somit das Integral der Fluidschubspannung über die beströmte Körperoberfläche:

$$\vec{F}_{W,R} = \int_{(A_0)} \vec{\tau} \cdot \mathrm{d}A_0 \tag{4.285}$$

Wie aus Abb. 4.114 zu erkennen, ist der Reibungswiderstand besonders bei schlanken, längs angeströmten Körpern wichtig, z. B. bei Platten, Strömungsmaschinenschaufeln, Flugzeugflächen, Schiffen u. a. Nach Abschn. 3.3.3 (Grenzschichttheorie), Abschn. 3.3.4 (Strömungsablösung) und insbesondere Abschn. 4.1.4 (Plattenströmung) ist der Reibungswiderstand von der Art der Grenzschichtströmung sowie der Oberflächenrauigkeit abhängig. Bei turbulenter Strömung ist er wesentlich größer als bei laminarer. Um die Wandschubspannung klein zu halten, ist es deshalb notwendig, die laminare Grenzschicht möglichst lange am Körper zu erhalten, also den Umschlagpunkt möglichst weit stromabwärts zu schieben. Dies ist besonders für die Flugtechnik eine wichtige Frage. Hier wurden eigens sog. **Laminarprofile** entwickelt. Diese schlanken Profile werden nur wenig angestellt (Schrägstellung!) und sind durch besonders lange laminare Lauflängen (40 bis 60 % der Körpertiefe) gekennzeichnet. Nachteilig ist, dass sie auch nur einen geringen Auftrieb erzeugen und deshalb bisher nur in Sonderfällen Verwendung finden können, z. B. bei Segelflugzeugen. Da der Umschlag laminar-turbulent in der Nähe des Druckminimums und damit Geschwindigkeitsmaximums der Strömung liegt, ist es bei Laminarprofilen notwendig, die Stelle der größten Dicke möglichst weit nach hinten zu verlegen. Diese Profile werden deshalb mit großer sog. *Dickenrücklage* ausgeführt. Der Reibungswiderstand ist in der Regel nicht direkt messbar. Bei Versuchen, meist im Windkanal (Abb. 6.49) ausgeführt, werden der Gesamtwiderstand über Kraftmessung und der Formwiderstand über Druckverlaufsmessung bestimmt, Abb. 4.115 und 4.125. Der Flächenwiderstand ergibt sich dann als Differenz von Gesamt- und Formwiderstand.

Die schon in Abschn. 4.1.4 (Plattenströmung) definierte Beziehung, (4.108), für die Flächenwiderstandskraft kann, wie dort erwähnt, auch allgemein angewendet werden:

$$F_{W,R} = \zeta_{W,R} \cdot \varrho_\infty \cdot \frac{c_\infty^2}{2} \cdot A_0 \qquad (4.286)$$

Für A_0 ist wieder die **benetzte Körperoberfläche**, d. h. die vom Fluid beströmte Gesamtfläche, einzusetzen und für ϱ_∞ sowie c_∞ die Werte der ungestörten Anströmung; Index ∞ wird dabei einfachheitshalber oft weggelassen, besonders bei Dichte ϱ.

Die **Flächen-**, **Schub-** oder **Reibungswiderstandszahl** $\zeta_{W,R}$ ist experimentell zu bestimmen. Dieser Beiwert ist von der Oberflächenbeschaffenheit (Rauigkeit k) und der REYNOLDS-Zahl des Umströmungsproblems abhängig:

$$\zeta_{W,R} = f(Re, k)$$

Die Flächenwiderstandszahlen für Plattenströmungen (Abschn. 4.1.4) sind sowohl für die Umströmung von ebenen und gekrümmten Platten als auch schlanken Körpern, gekennzeichnet durch großes Längen/Dicken-Verhältnis, wie Profilen, Schiffen u. dgl. anwendbar.

4.3.2.3 Formwiderstand

Der **Form-**, **Wirbel-** oder **Druckwiderstand** wird in erster Linie von der Form des umströmten Körpers bestimmt. Die *Formwiderstandskraft* gemäß Abb. 4.115 ist das Integral des Fluiddruckes über die benetzte Körperoberfläche:

$$\vec{F}_{W,D} = -\int_{(A_0)} p \cdot d\vec{A}_0 \qquad (4.287)$$

Der „Flächenvektor" $d\vec{A}_0 = dA_0 \cdot \vec{n}$ ist das Produkt von Flächengröße A und senkrecht von der Fläche weggerichtetem Normaleneinheitsvektor $\vec{n}$. Der Vektor $-d\vec{A}_0 = dA_0 \cdot (-\vec{n})$ hat somit die gleiche Richtung auf den Körper wie die Wirkung des Druckes p und daraus vektoriell folgend die Form Widerstandskraft $\vec{F}_{W,D}$.

Wird ein Körper in einem Fluid bewegt oder von diesem angeströmt, teilt sich die Strömung

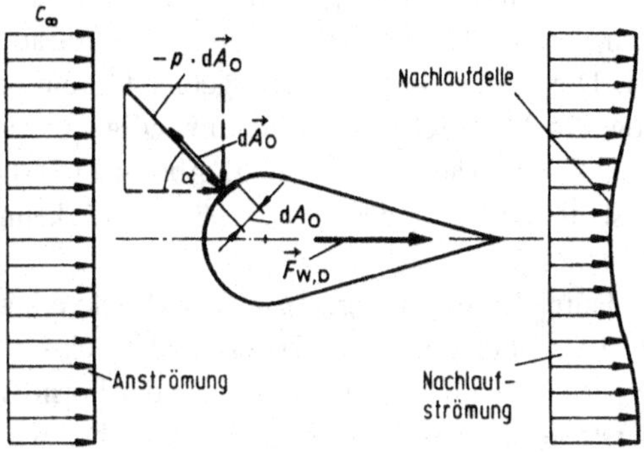

Abb. 4.115 Formwiderstand bei Körperumströmung. Geschwindigkeitsdelle in Nachlaufströmung kennzeichnet Widerstand

im vorderen *Staupunkt*. Gleichzeitig wird das Medium im Staubereich verzögert und kommt im Staupunkt selbst zur Ruhe. Das hat zur Folge, dass auch bei turbulenter Anströmung des Körpers die Turbulenz im Staupunkt aufhört und der Druck sein Maximum erreicht. Vom Staupunkt aus wird das Fluid entlang der Körperoberfläche unter gleichzeitigem Druckabbau zunächst wieder beschleunigt. An dem am weitesten außen liegenden Körperbereich wird die maximale Geschwindigkeit und der minimale Druck erreicht. Je nachdem, wie kräftig sich der Körper danach stromabwärts verjüngt, muss die Strömung unter Verzögerung gegen mehr oder weniger stark steigenden Druck strömen. Meist reicht die Strömungsenergie im Grenzschichtgebiet nicht aus, um gegen den wachsenden Druck anlaufen zu können. Die Folge ist, wie schon in Abschn. 3.3.4 beschrieben, die Strömung wird von der Körperoberfläche abgedrängt. Es bildet sich ein mit Wirbel durchsetztes *Totraumgebiet* hinter dem Körper. Der Ablösungspunkt ist, wie mehrfach begründet, von der Art der Grenzschichtströmung abhängig. Da der Ablösungspunkt bei turbulenter Grenzschicht weiter stromabwärts liegt, ist das Totraumgebiet wesentlich kleiner als bei laminarer Grenzschicht (Abb. 3.22). Im Totraumgebiet herrscht zudem ein geringerer Druck als auf der Körpervorderseite. Der *Formwiderstand* hängt von der Größe des Druckunterschiedes und dessen flächenmäßiger Ausdehnung ab. Die Größe des Totraumgebietes kennzeichnet andererseits die Stärke der energieverzehrenden makroskopischen Wirbelbildung. Der *Druckwiderstand* ist deshalb umso höher, je größer der hauptsächlich von der Körperkontur beeinflusste Totraum ist. Die Wirbel im Ablösungsgebiet führen zur sog. **Nachlaufdelle** in der Geschwindigkeitsverteilung der Nachlaufströmung, Abb. 4.115, die deshalb die Größe des Druckwiderstandes kennzeichnet.

Durch Messbohrungen kann der Druckverlauf an Luv- und Leeseite (Vorder- und Rückseite) experimentell bestimmt und daraus der Formwiderstand ermittelt werden, (4.287). Dabei wird das Integral gemäß der SIMPSON-Regel meist durch Summation von Differenzen $p \cdot \Delta\vec{A}$ ersetzt.

Während die Staupunktströmung auf der Körpervorderseite nahezu verlustfrei erfolgt, ist die Strömung auf der Rückseite infolge der starken Wirbelbildung mit hohen Verlusten verbunden.

Erwähnenswert ist, dass außer Staupunktströmungen vor Körpern in der Praxis kaum verlustlose verzögerte Strömungen auftreten. Dies ist auch besonders in der Messtechnik zu beachten.

Durch Aufstauen vor dem fast immer (außer bei theoretisch scharf zulaufenden Schneiden) vorhandenen vorderen Staupunkt beginnt die Aufteilung des Fluidstromes meist weit vor der Körpervorderseite. Dadurch und den Rückstau wird das herannahende Hindernis gewissermaßen angekündigt – es wirft seine Schatten voraus! Die Aufgabe der Voranmeldung übernehmen die vom Körper nach vorne ausgegehenden Druckstörungen, die sich mit Schallgeschwindigkeit im Fluid nach allen Seiten ausbreiten und die Strömungsteilchen rechtzeitig zum Ausweichen veranlassen. Als einzige Stromlinie macht die sog. Stau- oder Verzweigungsstromlinie diese Ausweichung nicht mit. Diese mittlere Stromlinie teilt das ebene Strömungsfeld gewissermaßen in zwei Hälften und läuft senkrecht auf den Körper zu. Ihr Auftreffpunkt wird, wie bereits ausgeführt, mit Staupunkt bezeichnet.

Zusammenfassend lässt sich also festhalten:

1. Wirbelbildung vergrößert den Widerstand und damit gekoppelt verstärkt Geräusche.
2. An vorspringenden Ecken und Kanten besteht verstärkt Ablösungsgefahr → Wirbelbildung.
3. Die Ablösungsgefahr ist umso größer, je höher die ablenkungsbedingte Übergeschwindigkeit und der dadurch nachfolgend unter Verzögerung zu überwindende Druckanstieg.
4. Das Zustandekommen von *Strömungsablösung* ist von zwei *Bedingungen* abhängig.
   a) Verzögerung mit dynamischem Druckzuwachs, d. h. Umwandlung von Strömungs- in Druckenergie. Je stärker der Druckanstieg, desto größer die Ablösegefahr.
   b) Wandreibung.

   Fehlt eine dieser beiden Voraussetzungen, entsteht keine Ablösung.

   Bedingung b) fehlt z. B. bei der schon beschriebenen Staupunktströmung. An jeder Verzweigungsstromlinie findet deshalb bis zum Staupunkt Verzögerung, jedoch keine Ablösung statt.

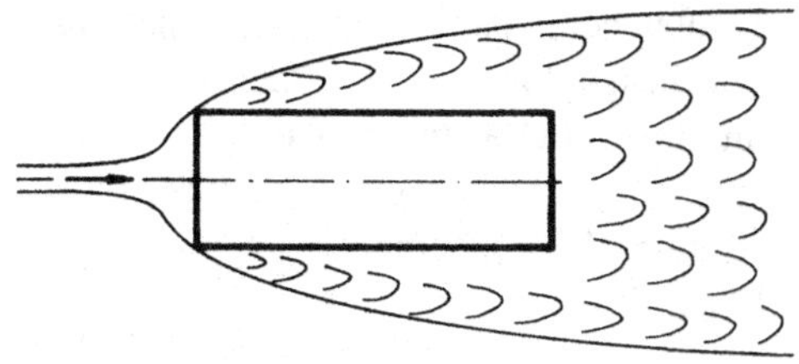

Abb. 4.116 Widerstandskörper. Das große Ablösungsgebiet verursacht einen hohen Widerstand

5. Je größer das Totraumgebiet, desto höher der *Formwiderstand*, Abb. 4.116. Durch Maßnahmen, die zunächst widerstandsvermehrend erscheinen, kann das Ablösungsgebiet insgesamt jedoch oftmals verkleinert und damit der Gesamtwiderstand herabgesetzt werden. Die den *Reibungswiderstand* erhöhende dünne Platte entlang der Verzweigungsstromlinie in Abb. 4.117 verursacht kleinere Toträume vor dem umströmten Körper. Die gesunde Strömung wird dadurch so vorabgelenkt und damit deren Vektorwirkung abgeschwächt, dass sie der Körperkontur besser folgt als ohne Teilungsmesser. Der Totraum und damit die Wirbelbildung werden insgesamt kleiner. Trotz höherem Reibungswiderstand wird infolge stark verringertem Formwiderstand der Gesamtwiderstand niedriger. Dieselbe Wirkung ergibt das günstige Anbringen entsprechender Umlenkflächen (Abb. 4.118). Diese übernehmen den Krümmungsdruck (3.55) der Strömung, meist bedingt durch die ablenkungsbedingte Geschwindigkeitsänderung (Fliehkraftwirkung).
Folgt die Strömung jedoch auch ohne diese Maßnahmen der Körperkontur, sind diese überflüssig und sogar nachteilig, da sie dann

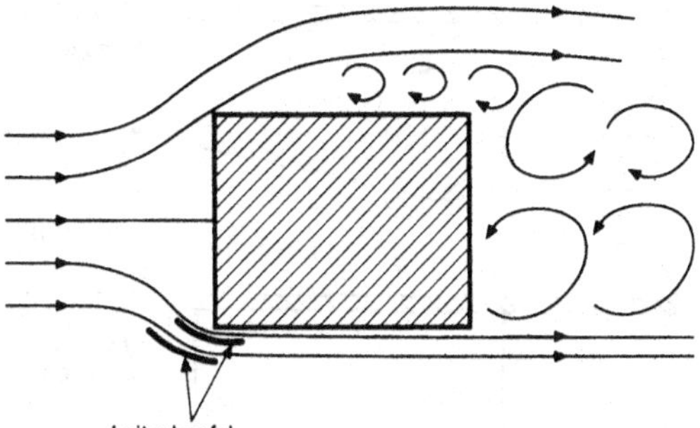

Abb. 4.118 Verhinderung der Strömungs-Ablösung mittels besonderer Umlenkfläche (Leitschaufel)

den Widerstand infolge ihrer unvermeidlichen Strömungsreibung erhöhen. Das gilt auch für die sog. Vorflügel nach FOWLER bei Tragflächen bei Flugzeugen, die deshalb meist einklappbar angeordnet sind.
6. Turbulente Grenzschicht (große *Re*-Zahl) ergibt höheren Reibungswiderstand. Infolge längerem Anliegen der energiereicheren turbulenten Grenzschicht an der Körperkontur ist der entstehende Totraum wesentlich kleiner als bei laminarer. Der Gesamtwiderstand ist deshalb bei großem turbulenten Grenzschicht-Anteil sog. **überkritische Umströmung**, insgesamt meist kleiner. Dies zeigt sich z. B. am Verlauf der Widerstandsziffer der Kreiszylinder-Umströmung, Abb. 4.119, durch den Steilabfall von $\zeta_{W,D}$ bei $Re \approx 5 \cdot 10^5 = Re_{kr}$ und danach nur geringem reibungsbedingtem Anstieg. Auf diese Er-

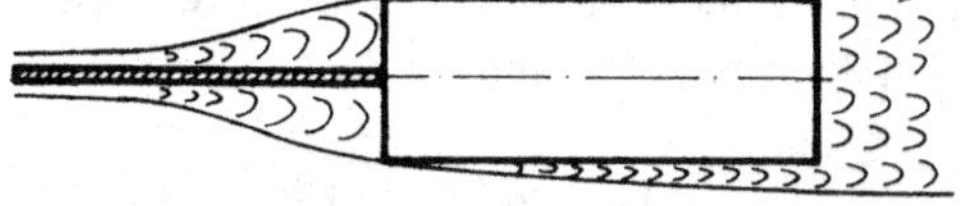

Abb. 4.117 Widerstandskörper mit Platte in Verzweigungsstromlinie. Trotz Totraum vor dem Staupunkt insgesamt kleineres Ablösungsgebiet und damit geringerer Gesamtwiderstand. Sogenannte gebremste Staupunktströmung nach FÖTTINGER

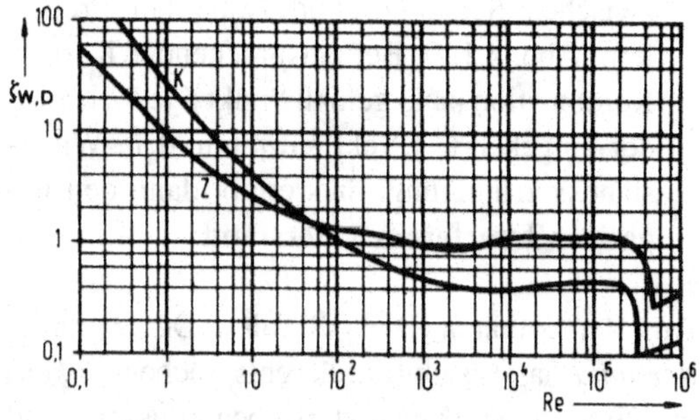

Abb. 4.119 Widerstandsziffern $\zeta_{W,D} = f(Re)$ nach WIESELBERGER, also abhängig von *Re*-Zahl.
Kurve K: Kugeln; Kurve Z: quer angeströmte, unendlich lange Kreiszylinder, d. h. ebene Umströmung (zweidimensional)

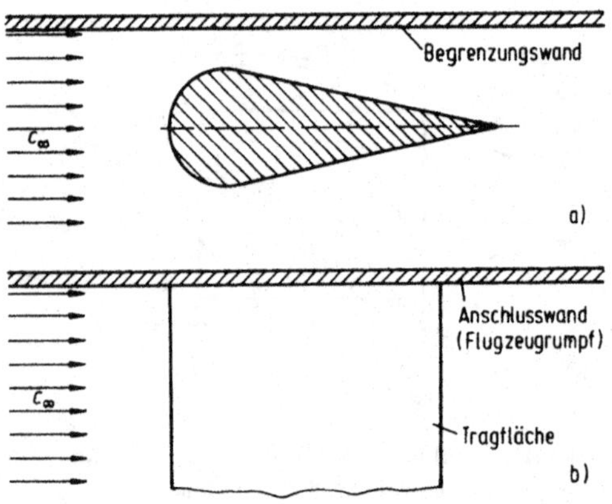

Abb. 4.120 Diffusoreffekt (Interferenz): a) Begrenzungswand, b) Anschlusswand

scheinung wurde in Abschn. 3.3.4 hingewiesen; Umschlag von unter- zu überkritisch (Abb. 3.22).

7. Die Ablösungsgefahr lässt sich verringern, wenn die Verzögerung im Bereich des vorderen Staupunktes gemildert wird, die Körper also schlank und mit guten Abrundungen ausgebildet werden, jedoch nicht spitz zulaufend (Abschn. 3.3.3.4).
8. Durch den sog. **Diffusoreffekt** (Interferenz-Widerstand) wird meist die Ablösungsgefahr und damit der Widerstand erhöht → **positiver Interferenzwiderstand**. Dieser tritt auf, wenn Strömungskörper einander ungünstig beeinflussen, z. B. Begrenzungswände (Tunnel), Übergangsbereiche zwischen Rumpf und Tragflächen bei Flugzeugen oder zwischen Schaufeln und Nabe bei Propellern, Abb. 4.120. Bei entsprechender Körper-Kombination kann gemäß Punkt 5 jedoch auch der umgekehrte Effekt auftreten, d. h. Widerstandsverringerung; dies ergibt dann den **negativen Interferenzwiderstand**.

Aus den Punkten 1 bis 8 folgt: Der *Formwiderstand* lässt sich durch entsprechende *konstruktive Maßnahmen* stark beeinflussen, und zwar *verringern* oder *erhöhen*, je nach Anforderung, z. B. auch bei der Körperhaltung und Kleidung von Hochleistungssportlern sowie Gestaltung von Fahrzeugen (Aerodynamik). Wird eben so genutzt beim Fahren im sog. Windschatten (Unterdrucksog) gemäß Abb. 3.22a und 4.122a.

Für die **Druckwiderstandskraft** $F_{\text{W,D}}$ wird in Anlehnung an die Formel der Flächenwiderstandskraft, (4.286), definiert:

$$\boldsymbol{F_{\text{W,D}} = \zeta_{\text{W,D}} \cdot \varrho_\infty \cdot \frac{c_\infty^2}{2} \cdot A_{\text{St}}} \qquad (4.288)$$

Hierbei sind:

$\zeta_{\text{W,D}}$ ... Druck- oder Formwiderstandszahl
$\zeta_{\text{W,D}} = f(Re, \text{Körperform})$
Bestimmung experimentell mit Hilfe von Windkanälen (Abb. 6.49)
$Re = c_\infty \cdot L/\nu$
mit L ... Körperlänge in Strömungsrichtung

A_{St} ... Bezugsfläche, Abb. 4.121

Bei allen Strömungskörpern, den **Widerstandskörpern**, mit Ausnahme der Tragflügelprofile, da Auftriebskörper, ist für A_{St} die **Stirnfläche**, d. h. der größte zur Strömungsrichtung senkrechte Körperquerschnitt zu setzen, der auch mit **Spant-**, **Schatten-** oder **Projektionsquerschnitt (-fläche)** bezeichnet wird, Abb. 4.121.

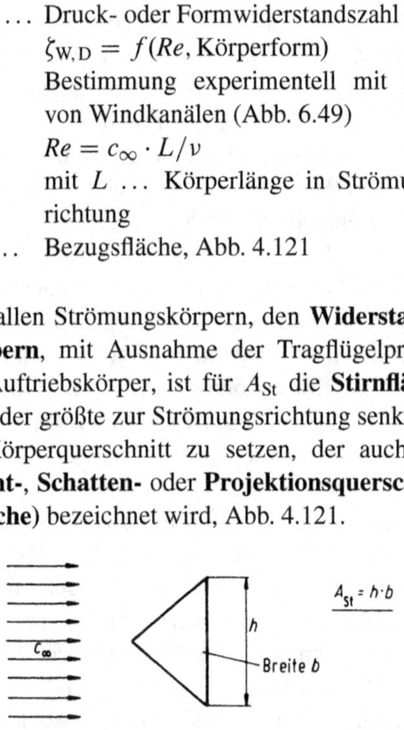

Abb. 4.121 Spantfläche A_{St} als Bezugsfläche der Widerstandskörper

Bei **Auftriebskörpern**, den Profilen von Tragflächen und Propellern ist Bezugsfläche A_{St} die **Flügelfläche** A_{Fl} des einzelnen Flügels. Bei Flügeln mit konstanter Profiltiefe L und der Spannweite b gilt demnach (Abschn. 4.3.3.2):

$$A_{\text{St}} = b \cdot L = A_{\text{Fl}}$$

In Abb. 4.122 sind die prinzipiellen Strömungsbilder verschiedener Widerstandskörper prinzipiell dargestellt. Die aufgeführten Widerstands-

a) Ebene senkrechte, quadratische Platte ($\zeta_w = 1{,}11$)

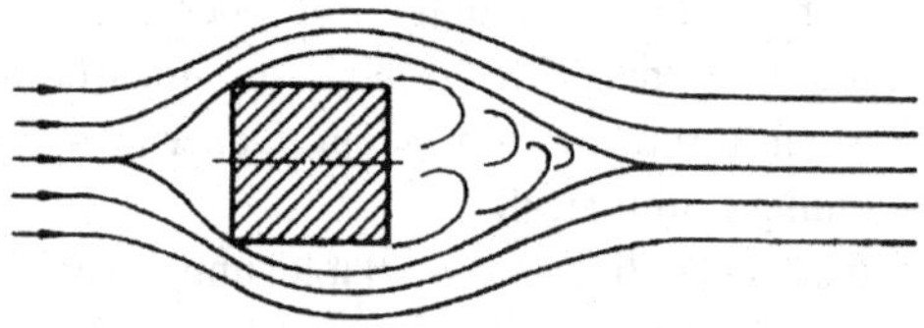

b) Würfel ($\zeta_w = 0{,}91$)

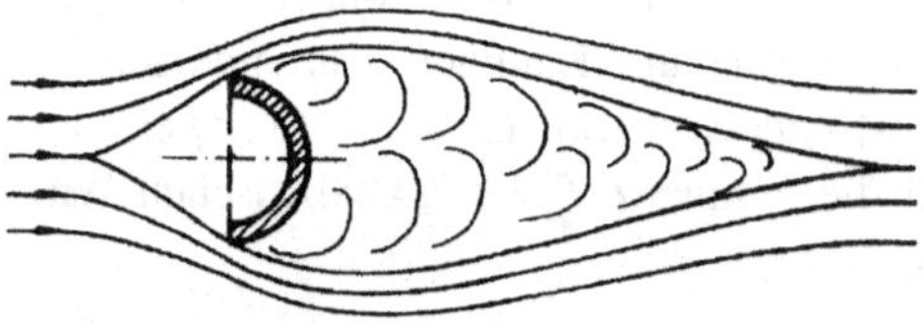

c) Hohle Halbkugel; Hohlseite angeströmt ($\zeta_w = 1{,}34$)

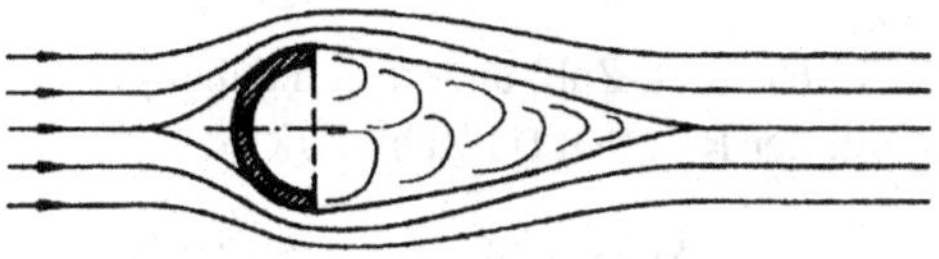

d) Hohle Halbkugel; Kugelseite angeströmt ($\zeta_w = 0{,}34$)

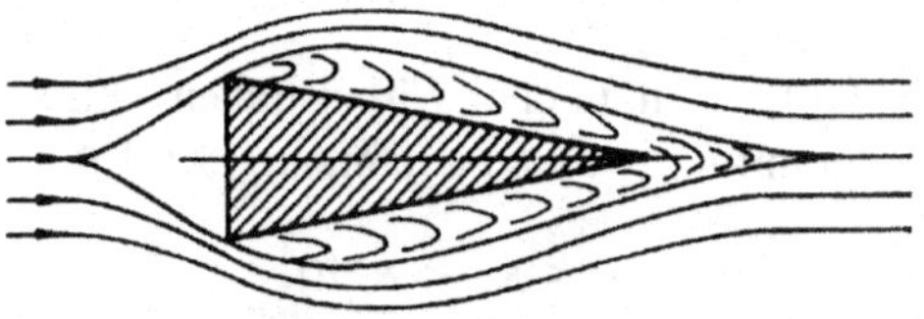

e) Heckstück eines Strömungsprofils ($\zeta_w = 0{,}58$)

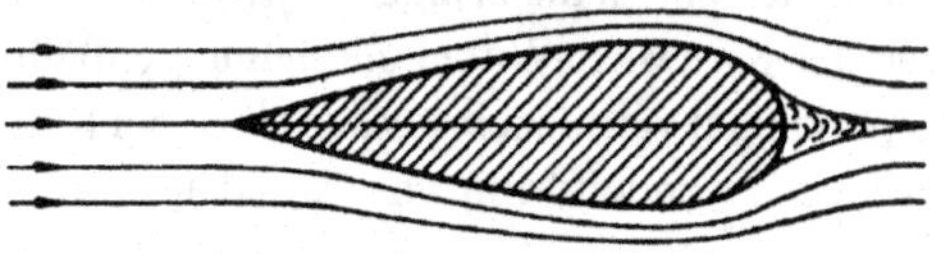

f) Strömungsprofil von hinten angeströmt ($\zeta_w = 0{,}17$)

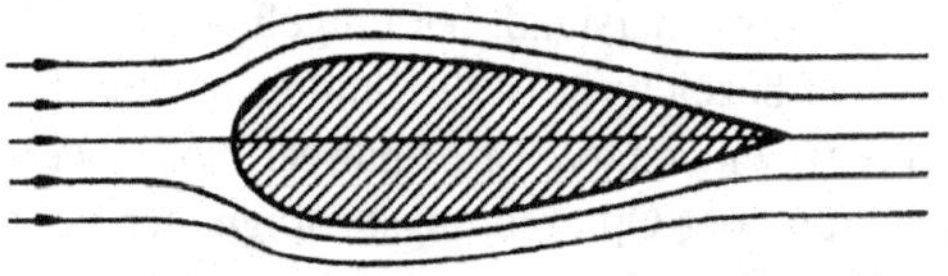

g) Strömungsprofil von vorne angeströmt ($\zeta_w = 0{,}06$)

Abb. 4.122 Strömungsbilder verschiedener Widerstandskörper (Prinzipdarstellung) mit $\zeta_W \approx \zeta_{W,D}$ bei den Fällen a bis e sowie $\zeta_W \approx \zeta_{W,R}$ bei den Fällen f und g

beiwerte ζ_W gelten dabei für den turbulenten (überkritischen) Bereich, in welchem die *Re*-Zahl keinen Einfluss mehr ausübt, was praktisch meist der Fall ist.

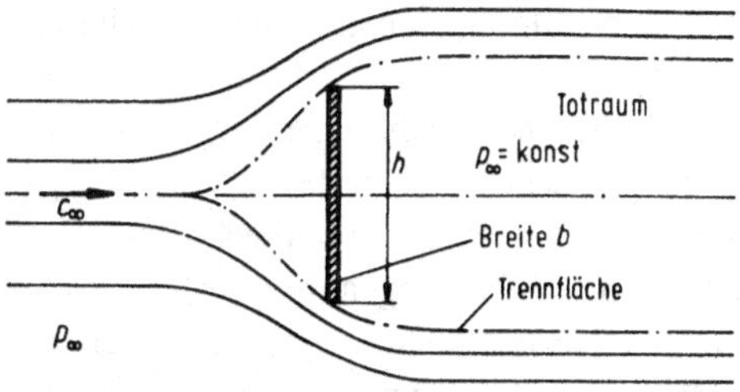

Abb. 4.123 KIRCHHOFFsche Plattenumströmung

Verschiedene Forscher versuchten, das Widerstandsproblem im Rahmen der Theorie idealer Fluide mathematisch darzustellen, was infolge hierbei notwendigen idealisierender Annahmen meist nur unzureichend gelang.

KIRCHHOFF behandelte die Umströmung der quergestellten unendlich langen Platte unter Anwendung der **HELMHOLTZschen Diskontinuitätsflächen**. Die Strömung teilt sich, wie ausgeführt, vor der Platte und fließt von den Kanten seitlich nach hinten ab, während der Raum hinter der Platte von ruhender Flüssigkeit, dem Totwasser, eingenommen wird, Abb. 4.123. In diesem Raum ist, wenn von der Fluidschwere abgesehen wird, der Druck konstant. Deshalb ist an der Trennfläche (Diskontinuitätsfläche) zwischen Totraum und gesunder Strömung der Druck konstant. Nach der Energiegleichung ist daher die Geschwindigkeit ebenfalls konstant. Die Theorie liefert bei Einhalten dieser Bedingungen nur solche Lösungen, bei denen die Trennflächen und damit der Totraum nach hinten ins Unendliche reichen sowie die Geschwindigkeit entlang dieser gleich der ungestörten Anströmung ist. Vor der Platte (Luvseite) herrscht in der Mitte Staudruck, der nach den Rändern bis auf den Druck der ungestörten Strömung abfällt. Auf der Plattenrückseite (Leeseite) ist gemäß voraussetzenden Annahmen der Druck konstant und gleich dem der ungestörten Strömung. Dies führt nach KIRCHHOFF[40] zu der *theoretischen Formwiderstandszahl*:

$$\zeta_{W,D} = \frac{2 \cdot \pi}{4 + \pi} = 0{,}880$$

Tatsächlich sind die *Diskontinuitätsflächen* jedoch nicht stabil, sondern stark labil. Sie zerfallen

[40] KIRCHHOFF, G. (1824 bis 1887) dt. Physiker.

daher unter Bildung von großen und kleinen Wirbeln. Das Totwasser reicht deshalb nicht bis ins Unendliche. Die Strömung schließt sich hinter der Platte bald wieder (Abb. 4.122a). Die gebildeten Wirbel werden stromabwärts mitgezogen und durch die Reibung aufgezehrt. Im Zusammenhang hiermit steht, dass der Druck hinter der Platte erheblich unter dem der ungestörten Strömung liegt. Infolge der Strömungsablenkung kommt es zur Geschwindigkeitserhöhung (Übergeschwindigkeit) im Bereich der Platte und damit gemäß Energiegleichung zur örtlichen Druckabsenkung, wie auch durch Mitreißen der entstehenden Wirbel. Hinter der Platte entsteht somit ein teilweise wirbeldurchsetztes Unterdruckgebiet (Saugraum). Die Wirbel verbrauchen Strömungsenergie, die zum Druckrückgewinn fehlt. Infolge der sich dadurch ergebenden Saugwirkung ist der Widerstand wesentlich größer als nach der Berechnung von KIRCHHOFF. Für die *unendlich* breite Platte ($b \to \infty$), also 2D-Fall, gilt deshalb praktisch gemäß Versuchen:

$$\zeta_{\mathrm{W,D}} \approx 2{,}0$$

Bei *endlichem Seitenverhältnis*, d. h. 3D-Fall, strömt auch über die Schmalseiten von der Vorderseite Fluid in den Saugraum. Dadurch wird der Unterdruck herabgesetzt. Die Formwiderstandszahl (Tab. 4.9) vermindert sich entsprechend dem Seitenverhältnis von Plattenhöhe h zur Plattenbreite b, Abb. 4.123.

Tab. 4.9 Abhängigkeit der Formwiderstandszahl vom Seitenverhältnis h/b senkrecht angeströmter Platten, experimentell im Bereich, wo *Re*-Zahl ohne Einfluss (stark überkritisch)

Seitenverhältnis h/b	1 : 20	1 : 10	1 : 4	1 : 1
Formwiderstandszahl $\zeta_{\mathrm{W,D}}$	1,45	1,29	1,19	1,11

Als weiteren Fall behandelte V. KÁRMÁN die nach ihm benannte Wirbelstraße theoretisch. Wie schon in Abschn. 3.3.5 dargestellt, bildet sich unter bestimmten Bedingungen hinter einem zylindrischen Körper ein System entgegengesetzt drehender Wirbel (Abb. 3.28). Kurz nach Strömungsbeginn löst sich, verursacht durch kleine, immer vorhandene Störungen, ein erster Wirbel, der sog. Anfahrwirbel, an einer Körperhinterkante ab. Darauf lösen sich in ununterbrochener Folge weitere Wirbel ab, die abwechselnd entgegengesetzt drehen und nach hinten wegschwimmen. Der Vorgang schaukelt sich also bis zum stationären Zustand auf. Die geordnete Wirbelform-Anordnung hört allerdings auf, wenn die laminare Grenzschicht am umströmten Körper in turbulente umschlägt. Daher auch Bezeichnung Laminarfall.

Diese periodische Wirbelablösung kann Widerstandskörper zu Schwingungen anregen, die gefährliche Folgen haben können, z. B. bei Leitungsdrähten und Kaminen (Durchmesser D).

Mit der STROUHAL-Zahl Sr (3.35) ergibt sich für die Frequenz f der KÁRMÁNschen Wirbelstraße:

$$f = Sr \cdot c/D \quad \text{wenn hierbei } Sr = D/(c \cdot t)\ .$$

Die STROUHAL-Zahl ändert sich dabei geringfügig mit der REYNOLDS-Zahl. Es gilt:

$$\begin{aligned} &Sr = 0{,}14 \quad \text{bei } Re = 60 \\ \text{bis}\quad &Sr = 0{,}15 \quad \text{bei } Re \geq 1000 \end{aligned}$$

Der *Re*-Bereich, in dem Wirbelstraßen auftreten, beträgt mit $Re = c \cdot D/\nu$ (laminar, (5.52b)):

$$60 \leq Re < 2 \cdot 10^4$$

Nach ECK können die lästigen Schwingungen infolge der KÁRMÁN-Wirbel durch unregelmäßige Stolperkanten vermieden werden, z. B. bei Kaminen Bleche wendelförmig ansteigend angeordnet.

4.3.2.4 Gesamtwiderstand

Der Gesamtwiderstand, bei Flügeln als *Profilwiderstand* bezeichnet, ist die Summe aus Flächen- und Formwiderstand. Er ist nur verminderbar bei Beachtung der Optimierungsbedingungen beider Anteile und deren Zusammenwirken, d. h. gegenseitige Beeinflussung:

$$\begin{aligned} F_{\mathrm{W}} &= F_{\mathrm{W,R}} + F_{\mathrm{W,D}} \\ &= \zeta_{\mathrm{W,R}} \cdot A_0 \cdot \varrho_\infty \frac{c_\infty^2}{2} + \zeta_{\mathrm{W,D}} \cdot A_{\mathrm{St}} \cdot \varrho_\infty \frac{c_\infty^2}{2} \\ &= \left(\zeta_{\mathrm{W,R}} \frac{A_0}{A_{\mathrm{St}}} + \zeta_{\mathrm{W,D}}\right) \cdot A_{\mathrm{St}} \cdot \varrho_\infty \frac{c_\infty^2}{2} \end{aligned}$$

Mit $\zeta_W = \zeta_{W,R} \cdot A_0/A_{St} + \zeta_{W,D}$, bei allgemein A_W statt A_{St} als Bezugsfläche gesetzt, ergibt sich die **allgemeine Widerstands-Formel** (-Ansatz, -Beziehung) der **Außenströmung**:

$$\boldsymbol{F_W = \zeta_W \cdot \varrho_\infty \frac{c_\infty^2}{2} \cdot A_W} \qquad (4.289)$$

Die Bezugsfläche A_W wird auch als **Widerstandsfläche** (Index W) bezeichnet. Exakter müsste es Widerstandsbezugsfläche heißen.

In Anlehnung an Abb. 4.114 kann gesetzt werden:

a) Längs angeströmte Platten und Stromlinienkörper:

$$\zeta_W \approx \zeta_{W,R} \quad \text{und} \quad A_W = A_0$$

b) Widerstandskörper wie Kugeln, Zylinder, Prismen, quer angeströmte Platten, Fahrzeuge u. a.:

$$\zeta_W \approx \zeta_{W,D} \quad \text{und} \quad A_W = A_{St}$$

c) Auftriebskörper, wie Tragflächen u. dgl.:

$$\zeta_W \approx \zeta_{W,R} \quad \text{und} \quad A_W = A_{Fl}$$

mit A_{Fl} Grundfläche (senkrechte Projektion) nach (4.298). Hier oft jedoch $\zeta_W > \zeta_{W,R}$.

Bemerkung: Der Körperwiderstand ergibt sich somit gemäß Formel (4.289) aus dem Produkt von Beiwert, Anström-Staudruck und Bezugsfläche. Der Widerstandsbeiwert, welcher die analytisch nicht fassbaren Einflüsse enthält, ist dabei wieder für die jeweilige Körperform abhängig von Rauigkeit und REYNOLDS-Zahl experimentell zu bestimmen, z. B. im Windkanal (Abb. 6.49). Da jedoch meist ausgeprägte überkritische Situation (turbulente Grenzschicht, (3.52a)–(5.52c)) vorliegt, ist der *Re*-Einfluss gering und deshalb oft vernachlässigbar.

Druckbeiwert Zum Kennzeichnen des Druckverlaufes an umströmten Körpern und damit des Widerstandes wird auch der sog. **Druckbeiwert**

$$\boldsymbol{C_p = \Delta p/q_\infty} \qquad (4.289a)$$

verwendet, wobei bedeuten:

$\Delta p = p - p_\infty$ örtliche Druckänderung, Differenz zwischen örtlichem statischen Druck und statischem Anströmdruck.

$q_\infty = \varrho_\infty \cdot c_\infty^2/2$ Anströmungs-Staudruck

Werte für die Gesamtwiderstandsziffer ζ_W sind in Tab. 6.17, Abb. 4.45 und Abb. 4.46 aufgeführt, wobei auch hierbei in (4.289) A_W durch A_{St} zu ersetzen ist. Die Gesamtwiderstandsziffer ζ_W beinhaltet gemäß Herleitung entsprechend auf die Spantfläche umgerechnet beide Widerstandsanteile (Flächen und Form).

Bemerkung: Fallgeschwindigkeit von Regentropfen wegen Luftreibung ca. 4 bis 10 m/s. Theoretisch, also ohne Luftreibung, je nach Fallhöhe bis mehrere 100 m/s mit je nach Werkstoff zerstörerischen Wirkung beim Auftreffen auf das Material (Abschn. 4.1.6.1.3).

Bei üblichen Widerstandskörpern – außer quergestellten Platten – kann der Druckwiderstand je nach Durchmesser/Längen-Verhältnis gemäß Abb. 4.114 günstigenfalls bis auf etwa 10 % des Gesamtkörperwiderstandes abfallen. Meist liegt er bei ca. 20 bis 40 %. Körper geringsten Widerstandes sind solche nach Abb. 4.122g.

Widerstandsmindernde Längsrillen An der Körperoberfläche in Strömungsrichtung angebrachte kleine gleichmäßige wellenartige Längsrillen bestimmter, experimentell zu ermittelnder Abmessungen wirken widerstandsvermindernd, und zwar zu einem Wert bis ca. 10 % gegenüber technisch glatter Oberfläche, z. B. bei Flugzeugtragflächen. Der Effekt wurde zuerst bei Haien beobachtet, deren Hautoberfläche kleine (mikroskopische) Längsrillenstrukturen aufweisen. Als günstig erweisen sich Rillenabmessungen mit dem Breiten/Tiefen-Verhältnis von etwa 2,0 der etwa kreisbogenförmigen Längsrillen bei einer Tiefe im Bereich von 0,03 bis 0,3 mm. Das ist etwa die zwei- bis dreifache Dicke[41]

[41] BARTENERFER, M. und BEIHERT, D.W.: Die viskose Strömung über behaarte Oberflächen. ZFW 15 (1991).

der laminaren Unterschicht (Abschn. 4.1.4.4). Die theoretische Begründung der widerstandsmindernden Wirkung solcher Rillenmuster, der sog. **Haifisch**- oder **Rilleneffekt**, steht letztlich noch aus. Angenommen wird, dass die Längsrillen den turbulenten Queraustausch vermindern und damit den zugehörigen Verlust an mechanischer Energie. Eine andere, durch numerische Strömungsberechnungen (DNS, Abschn. 4.3.1.8) untermauerte Erkenntnis geht davon aus, dass die Strömungsreibung dann abnimmt, wenn die immer vorhandenen, in Strömungsrichtung gestreckten turbulenten Wirbel, die Längswirbel, im Durchmesser größer sind als der Rillenabstand. Dadurch stützen sich dann diese Wirbel nur an den Rippenspitzen und reiben so an einer kleineren Fläche, als dies bei einer ebenen Platte der Fall wäre. Daraus resultiert die Widerstandsverminderung. Sind die Rillen-Abstände dagegen breiter als der Durchmesser der Längswirbel, sinken diese in die Rillen-Vertiefungen und reiben dann an einer entsprechend vergrößerten Fläche, was eine Erhöhung des Widerstandes zur Folge hat.

Mit feinen Härchen besetzte Oberflächen wirken durch selbsttätiges Ausrichten in Strömungsrichtung ähnlich widerstandsvermindernd wie der Rilleneffekt, wenn auch aus anderer, ebenfalls nicht genau bekannter Ursache.

Fahrzeugwiderstand

Der *Luftwiderstand* von **Fahrzeugen** ist hauptsächlich Formwiderstand, der Flächenwiderstand also vergleichsweise gering (Tab. 4.10). Außerdem ist bei den heutigen hohen Geschwindigkeiten der gesamte Fahrzeugwiderstand überwiegend Luftwiderstand. Bis zu Fahrgeschwindigkeiten von etwa 60 bis 80 km/h überwiegt der Rollwiderstand, der bei richtigem Reifendruck 1 bis 2 % des Fahrzeuggewichtes beträgt. Roll- und Luftwiderstand liegen somit bei ca. 70 km/h Fahrgeschwindigkeit (Mittelwert) etwa gleich hoch. Bei noch höheren Geschwindigkeiten ist dann der Luftwiderstand von größerer Bedeutung. Er wird zudem etwa zur Hälfte von der Fahrzeugheck-Gestaltung verursacht. Bei 120 km/h Fahrgeschwindigkeit beträgt der Luftwiderstand schon ca. 80 % des Gesamtwiderstandes. Die aerodynamische (windschnittige) Formgebung des gesamten Aufbaues wird deshalb immer wichtiger, um den Fahrwiderstand und damit den Kraftstoffverbrauch herabzusetzen. Eine Widerstandssenkung von 10 % ergibt z. B. eine Kraftstoffeinsparung von etwa 3 bis 4 %. Bei Lastkraftfahrzeugen sind Roll- und Luftwiderstand bei allen üblichen Geschwindigkeiten etwa gleich groß.

Tab. 4.10 Gesamtluftwiderstandswert; Anteile

Widerstands-Anteile	Einzelwiderstandsbeiwerte $\zeta_{W,k}$
Formwiderstand	0,262
Flächenwiderstand	0,04
Interferenz-Widerstand	0,031
Einfluss von zerklüfteter Unterseite, Leisten, Fenster usw.	0,064
Innerer Widerstand	0,053
Gesamtwiderstand, $\sum \zeta_{W,k}$	0,45 (Luftwiderstandsbeiwert ζ_W)

Bei Zügen und Schiffen überwiegt der Reibungswiderstands-Anteil (ca. 85 %) mehrfach den des Formwiderstandes (ca. 15 %). → Plattenströmung. Bei Straßenfahrzeugen bestehen umgekehrte Verhältnisse (Abb. 4.114). Bei Fahrzeugen liegt zudem die vorhandene REYNOLDS-Zahl meist wesentlich über $3 \cdot 10^6$, also weit im turbulenten Bereich; (3.52a). Deshalb ist *Re* praktisch ohne Einfluss mehr auf den Widerstandsbeiwert ζ_W (technisch rauer überkritischer Fall).

Unter Berücksichtigung von Luft-, d. h. Windgeschwindigkeit c_{Lu} ergibt sich für Fahrzeuge nach Abb. 4.124 mit Stirnfläche $A_{St} \approx B \cdot H$ und Relativgeschwindigkeit w sowie Luftdichte ϱ für den (die) **Luftwiderstand**(skraft) F_W gemäß (4.108a), bzw. (4.289):

$$\boldsymbol{F_W = \zeta_W \cdot \varrho \cdot (w^2/2) \cdot A_{St}} \qquad (4.290)$$

Hierbei ist Relativgeschwindigkeit in Fahrtrichtung in Vektorform:

$$\vec{w} = \vec{c}_F - \vec{c}_{Lu,F} \quad \text{und} \quad w = |\vec{w}| \qquad (4.291)$$

Für die verschiedenen Windrichtungen gilt somit bei:

- Gegenwind, Abb. 4.124

$$w = c_F - (-c_{Lu,F}) = c_F + c_{Lu} \cdot \cos\alpha$$

- Rückenwind

$$w = c_F - c_{Lu,F} = c_F - c_{Lu} \cdot \cos\alpha$$

- Windstille ($c_{Lu} = 0$)

$$w = c_F$$

Bei der Stirnfläche A_{St} als größtem Spantquerschnitt in Fahrtrichtung ist die wirksame Reifenstirnfläche oft vernachlässigbar. Falls kein genauer Wert für A_{St} bekannt, kann gemäß zuvor, ersatzweise in meist brauchbarer Näherung nach Abb. 4.124 gesetzt werden: $A_{St} \approx B \cdot H$

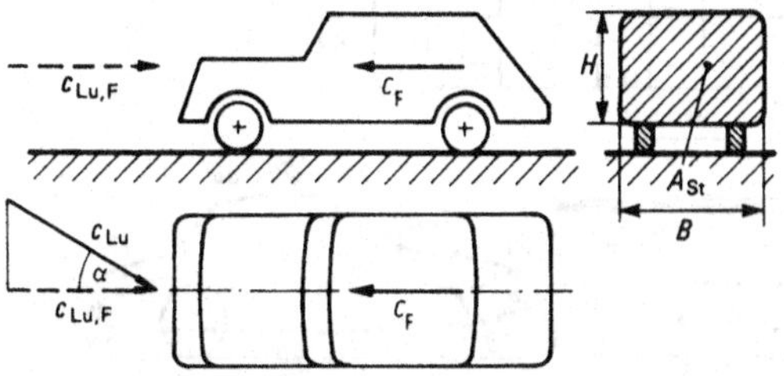

Abb. 4.124 Bewegtes Fahrzeug (Fahrgeschwindigkeit c_F) unter Windeinfluss. Luftgeschwindigkeit c_{Lu} unter Winkel α zur Längsachse

Bemerkungen: In der Fahrzeug- und Flugzeugtechnik wird der Luftwiderstandsbeiwert ζ_W meist mit C_W bezeichnet, was nach DIN 5492 ebenfalls zulässig ist. Der Einheitlichkeit wegen (Platten, sonstige Körper) wurde hier jedoch auch bei Fahrzeugen Buchstabe ζ_W beibehalten.

Wichtig für den Luftwiderstand ist gemäß (4.290) das beeinflussbare Produkt von Beiwert und Stirnfläche (Bezugsfläche), das ein Minimum werden sollte.

Vortriebsleistung zur Überwindung des Luftwiderstandes bei Fahrzeuggeschwindigkeit c_F:

$$P_W = F_W \cdot c_F \tag{4.292}$$

Bei *Windstille* ($c_{Lu} = 0$, deshalb Zweitindex 0) ist $w = c_F$ gemäß (4.291) und damit:

$$\boldsymbol{P_{W,0} = \zeta_W \cdot (\varrho/2) \cdot A_{St} \cdot c_F^3} \tag{4.293}$$

Die zu überwindende Widerstandsleistung ist nach (4.293) proportional der dritten Potenz der Fahrgeschwindigkeit. Hiermit begründet sich, weshalb Leistungsbedarf und damit Kraftstoffverbrauch mit wachsender Fahrgeschwindigkeit erheblich ansteigen.

Widerstandsbeiwerte ζ_W von Fahrzeugen, die, wie erwähnt, meist nicht mehr von der REYNOLDS-Zahl abhängen, da oberhalb des Übergangsbereichs ($Re \gg Re_{kr}$), enthält ebenfalls Tab. 6.18; experimentell ermittelt in Windkanälen (Abb. 6.49).

Der *Luftwiderstand von Fahrzeugen*, etwa zur Hälfte vom Heckbereich verursacht, hängt entsprechend von den Einflüssen ab, die in den vorhergehenden Abschnitten geschildert wurden:

a) Formgebung → Schlankheit, abgerundete Übergänge, längerer Auslauf, Leitflächen, Strömungsteiler, sog. Spoiler, Abreißkanten zur günstigen Festlegung der Strömungsablösung.
b) Kühler- und Belüftungssystem
c) Oberflächenrauigkeit (Lackflächen, meist technisch glatt, Abschn. 4.1.1.3.4)
d) Fahrbahnzustand (oft nicht exakt oder nur aufwändig erfassbar)

Der gesamte Luftwiderstand besteht insgesamt aus den Anteilen:

- Formwiderstand
- Flächenwiderstand
- Interferenz-Widerstand (gemäß Abb. 4.120)
- Innenwiderstand wegen Kühlung und Lüftung.

Nach ECK ergibt sich für die klassische PKW-Form eine Aufteilung des Gesamtluftwiderstandes in die Einzelwiderstände [12] beispielhaft gemäß Tab. 4.10.

Des Weiteren treten bei Fahrzeugen die **Querkraft** (Auftrieb) und bei Seitenwind die

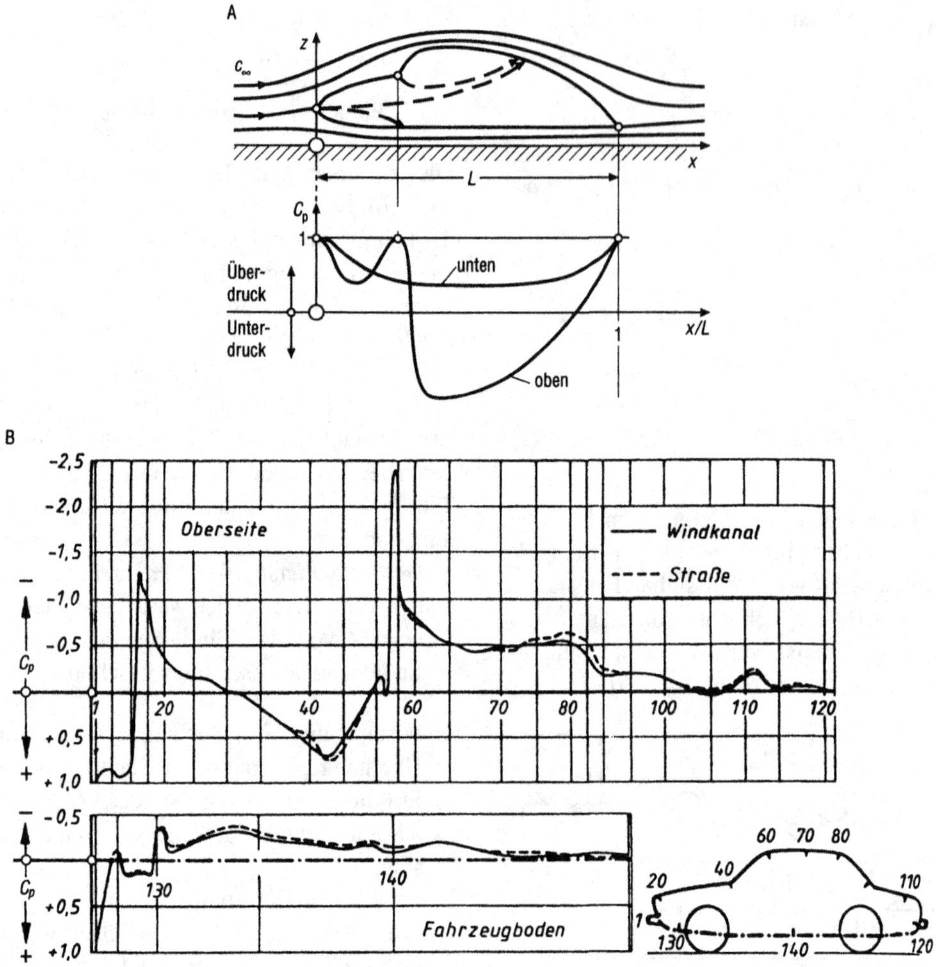

Abb. 4.125 Druckverlauf über Fahrzeug-Längsschnitt infolge Umströmung. Aufgetragen Druckbeiwert C_p nach (4.289a).
A) Prinzipdarstellung, B) gemessen in Fahrzeugmittelschnitt (HUCHO, W.-H.)

gefährliche **Seitenkraft** auf. Der *Auftrieb* (Tragflächeneffekt), der die Bodenhaftung verringert, kann bei großen Geschwindigkeiten bis 10 % des Fahrzeuggewichtes betragen (Abb. 4.125). Die Auftriebswirkung wird dabei umso größer, je stärker die Fahrzeugoberseite gekrümmt ist (Abschn. 4.3.3.8.6) und die Strömung anliegen bleibt. Die Seitenkraft erreicht bei ungünstigen Windverhältnissen (Richtung, Stärke) durchaus Werte, die größer sind als die übliche Widerstandskraft.

Spoiler Durch günstig angeordnete Leit- oder Ablenkbleche, sog. Spoiler (engl.: to spoil... verderben, vernichten), sind widerstands- oder auftriebsvermindernde Wirkungen erzielbar, jedoch meist beides nicht zugleich, sondern sogar oft gegensätzlich.

Frontspoiler, auch als Bugspoiler bezeichnet, angeordnet an der Karosserieunterkante im Bereich des vorderen Stoßfängers, leiten die anströmende Luft verstärkt seitlich ab. Durch die entsprechend verringerte Unterströmung entsteht neben geringer Widerstandsverminderung Unterdruck an der Fahrzeugunterseite, der durch „Sogwirkung“ die Bodenhaftung erhöht (Abb. 4.126) als Haupteffekt.

Heckspoiler im Bereich des Strömungsablösungsgebietes (Abb. 3.21) angeordnet, verringern die Rückströmung und verkleinern dadurch das

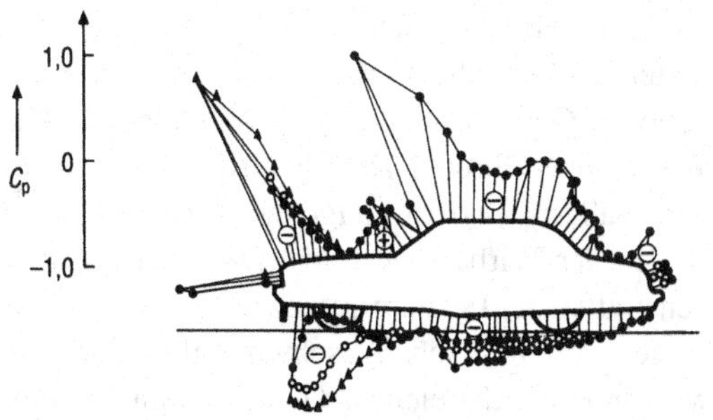

Abb. 4.126 Bugspoiler ■. Einfluss auf die Druckverteilung über dem Fahrzeug-Längsschnitt bei verschiedenen Spoilerhöhen (HUCHO, W.-H.)
• ohne Spoiler; ○ 100 mm Spoilerhöhe; △ 150 mm Spoilerhöhe

Totraumgebiet (weniger energieverzehrende Wirbel), Abb. 4.127. Sie bewirken verringerten Widerstand (Vorteil), jedoch infolge verbesserter Fahrzeugströmung erhöhten Auftrieb (Nachteil). Bei entsprechender Anordnung (Abb. 4.128) kann andererseits Abtrieb (umgekehrte Tragflächenwirkung) erzielt werden, was die Bodenhaftung erhöht, jedoch dann mit größerem Vortriebswiderstand F_W „erkauft" werden muss.

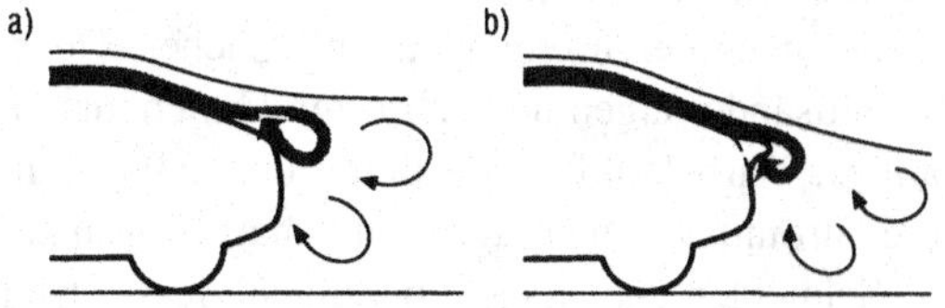

Abb. 4.127 Widerstandsmindernder Heckspoiler (Prinzipdarstellung)
a) Ohne Spoiler, größeres Totraumgebiet;
b) mit Spoiler, kleineres Totraumgebiet

Geräuscherzeugung Wie am Ende von Abschn. 4.1.1.3.4 erwähnt, steigt der Schallpegel L_{SG} – Maß für die **Windgeräusche** – von Fahrzeugen nach LIGHTHILL mit der 6. bis 7. Potenz der Umströmungsgeschwindigkeit (Relativgeschwindigkeit w, (4.291)), also:

$$L_{St} \sim (60 \text{ bis } 70) \cdot \lg\left(\frac{w}{\text{m/s}}\right) \text{ [dB]}$$

Strömungsgünstige Fahrzeuge sind nicht zugleich schallgünstig. Dagegen gilt oft das Umgekehrte. Fahrzeuge mit niedrigem Windgeräuschpegel müssen extrem glatt sein, auch an der

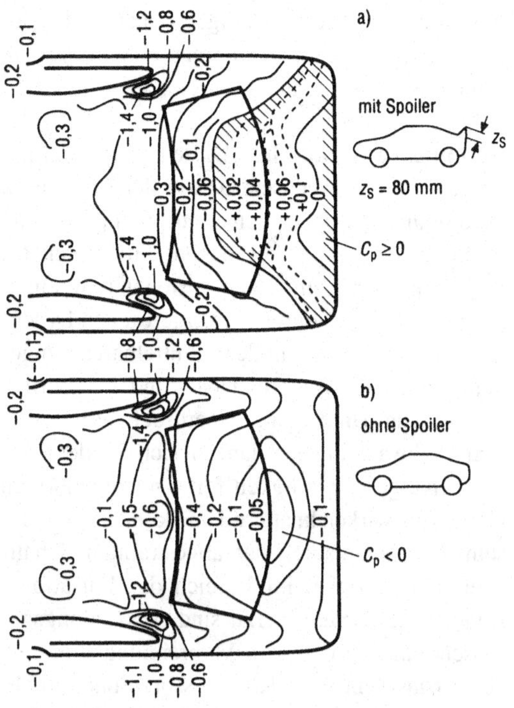

Abb. 4.128 Auftriebsmindernder Heckspoiler. Isobaren eingetragen, gekennzeichnet mit Druckbeiwert C_p nach (4.289a)
a) mit Spoiler: Kleineres Unterdruckgebiet → C_p teilweise positiv (Abtrieb)
b) ohne Spoiler: Größeres Unterdruckgebiet → C_p negativ im gesamten Bereich (Auftrieb)

Unterseite. Schon kleine lokale Ablösungen, die sich einzeln im Luftwiderstand kaum bemerkbar machen, bringen sich jedoch sehr wohl deutlich zu Gehör. Die **Aero-Akustik** stellt daher an die Fahrzeug-Linienführung noch wesentlich höhere Anforderungen als ein niedrigerer Luftwiderstandsbeiwert. Deshalb gilt für beide, **Aerodynamik** und **Aero-Akustik**, als Ziel die Erfüllung der Forderung „so glatt und windgünstig wie möglich".

Strömungsgeräusche (Fluidschall) stellen eine große Gruppe der technischen Geräusche dar. Bei Beschränkung auf das Fluid Luft handelt es sich in den meisten Fällen um unmittelbar wirkenden Luftschall. Die Luft wird dabei durch Turbulenzanregung selbst zu oszillatorischen Bewegungen veranlasst, die entsprechende Druckschwankungen zur Folge haben. Letztere breiten sich mit Schallgeschwindigkeit aus und können direkt als Luftschall wahrgenommen werden, wenn die Frequenz im Hörbereich liegt.

Aeropulsive Geräusche Diese beruhen auf der Erzeugung von Wechseldruck in der Luft durch Verdrängung. Zum einen sind es pulsierende Strömungsvorgänge, bei denen ein begrenztes Luftvolumen rhythmisch ausgestoßen bzw. angesaugt wird. Die dadurch hervorgerufenen Druckausgleichsvorgänge mit der unmittelbaren Umgebung bauen im Wechsel Über- und Unterdruck sowie dann Unter- und Überdruck auf. Diese Druckschwankungen pflanzen sich in der Luft mit Schallgeschwindigkeit fort. Die zugehörigen Geräusche wirken knatternd und können sehr laut sein. Der Hauptanteil der abgestrahlten Schallenergie liegt dabei im Bereich der Pulsationsfrequenz. Beispiele hierzu sind Ausstoßungsgeräusche am Auspuff von Verbrennungsmotoren, am Auslassventil von Kompressoren und Druckluftgeräten. Sie können auch Verdrängungs- und Ansaugvorgänge sein, wie beispielsweise an den Profilrillen rollender Autoreifen beim Zusammenpressen im Straßenberührungsbereich, oder dem gemeinsamen Zwischenraum von zwei periodisch ineinander greifenden Maschinenteilen (z. B. Zahnräder). Zum anderen handelt es sich um Luftverdrängung durch bewegte, speziell durch rotierende Körperelemente. Letztere schieben beim Drehen ein Überdruckfeld vor sich her und ziehen hinter sich ein Unterdruckfeld nach. Für einen gegenüber dem bewegten Element ruhenden Beobachter bedeutet dies aber ein Druckwechselspiel innerhalb einer Umdrehung des Körpers. Demzufolge entsteht im Fall rotierender Räder, besonders bei solchen mit Speichen, Schaufeln und Blättern, oder die profiliert sind, in der umgebenden Luft ein periodischer Wechseldruck. Das zugehörige Geräusch wird Drehklang genannt. Ein solcher Drehklang kann z. B. an rotierenden Propellern, Ventilatoren und Turbinenrädern wahrgenommen werden. Frequenz $f = z \cdot n$ mit z Speichenzahl; n Drehzahl.

Geräuschentstehung infolge Wirbelbildung Wirbelbildungen verursachen bei der Umströmung von Hindernissen Geräusche mit Dipolcharakter, die bei höheren REYNOLDS-Zahlen zu regellosen Geschwindigkeitsschwankungen in der Wirbelzone führen. Dadurch wird nicht nur Körperschall im Hindernis angeregt, sondern es werden in der Wirbelzone selbst Druckschwankungen induziert. Letztere pflanzen sich wiederum in der Luft mit Schallgeschwindigkeit fort und werden im Hörbereich als Geräusch wahrgenommen. Beispiele hierfür sind Windgeräusche an Fahrzeugen und die Geräusche von Strömungsmaschinen.

Unterhalb von $Re \approx 10^6$ sind die turbulenzbedingten Strömungsgeräusche an Körpern weniger stark und zwar umso weniger, je kleiner Re wird. Bei relativ kleinen REYNOLDS-Zahlen stellt sich die KÁRMÁNsche Wirbelstraße (Abschn. 3.3.5) mit periodischer Wirbelbildung ein. Die zugehörigen Geräusche, die **Hiebtöne**, nehmen mit kleiner werdender Re-Zahl immer mehr schmalbandigen Charakter an. Schließlich können Wirbel und damit Geräusche mit Hiebcharakter bis zu breitbandigem Rauschen entstehen, auch in Rohrleitungen und Strömungskanälen sowie in durchströmten Einbauten (Abschn. 4.1.1.5), oder wenn sich die Strömung an plötzlichen Querschnittsänderungen und schroffen Umlenkungen ablöst. Wirbelablösungen treten ebenfalls an in die Strömung hineinragenden scharfen Kanten, an Schneiden und an nicht bündigen Messstutzen auf. Hierbei wird von Schneiden- oder Kantentönen gesprochen mit den gleichen Eigenschaften wie die Hiebtöne.

4.3.2.5 Stokessches Widerstandsgesetz

Die älteste bekannte Lösung der NAVIER-STOKES-Gleichungen (Abschn. 4.3.1) für schleichende Bewegung ($Re \leq 1$; Abschn. 3.3.2.2.4), d. h. unter Vernachlässigen der dabei vergleichsweisen kleinen, bzw. nicht vorhandenen Trägheitsglieder $\varrho \cdot \dot{\vec{c}}$ (bei Stationarität), wurde von STOKES für die Translationsströmung um eine Kugel (Durchmesser D) angegeben. Unter Verzicht auf die Darstellung der Herleitung gilt nach Stokes für die Widerstandskraft bei stationärer schleichender Kugelumströmung:

$$\boldsymbol{F_{\mathrm{W}} = 3 \cdot \pi \cdot \eta \cdot D \cdot c_{\infty}} \qquad (4.294)$$

Diese **STOKESsche Formel**, verglichen mit der allgemeinen Widerstandsbeziehung

$$\begin{aligned} F_W &= \zeta_W \cdot \varrho_\infty \cdot \frac{c_\infty^2}{2} \cdot A_{St} \\ &= \zeta_W \cdot \varrho_\infty \cdot \frac{c_\infty^2}{2} \cdot \frac{D^2 \cdot \pi}{4} \end{aligned}$$

ergibt mit $Re = c_\infty \cdot D/\nu$ und $\nu = \eta/\varrho$ (exakt $\eta_\infty/\varrho_\infty$) für die zugehörige Widerstandszahl:

$$\zeta_W = 24/Re \qquad (4.295)$$

Der Vergleich der STOKESschen Widerstandsformel, (4.294), bzw. der daraus abgeleiteten Widerstandszahl, (4.295), mit Versuchsergebnissen zeigt, dass diese Formel tatsächlich nur im Bereich $Re \leq 1$ mit guter Genauigkeit gilt.

Das in der Messtechnik zur Viskositätsbestimmung eingesetzte *Kugelfall-Viskosimeter* nach HÖPPLER beruht auf der STOKESschen Formel. Über das Messen der Zeit einer mit konstanter Geschwindigkeit sinkenden Kugel in einer festgelegten Fallstrecke kann die bei der Prüftemperatur vorhandene Viskosität des untersuchten Fluides bestimmt werden. Die auf die Kugel wirkende *Archimedische* Auftriebskraft F_a ist dabei zu berücksichtigen.

Wenn alle Werte bekannt sind, ist aus der STOKESschen Formel über die Gleichgewichtsbedingung bei stationärer Bewegung ($a_B = 0$) $\rightarrow$ $\sum F = 0$

$$F_G - F_W - F_a = 0 \rightarrow F_W = F_G - F_a \qquad (4.296)$$

die maximale Fallgeschwindigkeit der Kugel in einem Fluid aus F_W nach (4.294) bestimmbar, oder umgekehrt die Viskosität, wenn die Geschwindigkeit messtechnisch festgestellt wird $\rightarrow$ $c_\infty = \Delta s/\Delta t$ mit Fallstrecke Δs in der Zeit Δt.

Entsprechendes gilt bei Verwenden von (4.289) für andere Widerstandskörper und -Verhältnisse, z. B. Fallschirme, wobei hierbei statischer Auftrieb F_a, (2.76), meist vernachlässigbar. Aus medizinischen Gründen (Knochenbruchgefahr) darf beim Fallschirmspringen die Auftreffgeschwindigkeit auf dem Boden nicht höher als 7 bis 8 m/s sein, was deshalb einen entsprechend großen Fallschirm erfordert.

Ergänzung: Wassertropfen von 1 mm Durchmesser, Widerstandsziffer $\zeta_W \approx 0{,}5$, erreichen eine Fallgeschwindigkeit von etwa 4,7 m/s. Die REYNOLDS-Zahl beträgt dabei ungefähr 300. Dies berechnet sich aus Beziehung (4.296) bei $F_a \approx 0$, zusammen mit (4.289) und (3.45).

4.3.2.6 Übungsbeispiele

Übung 51

Welche Kraft wirkt auf einen 100 m hohen, leicht kegelförmigen Kamin bei Sturm mit Luftgeschwindigkeit $c_{Lu} = 25$ m/s (Tab. 6.12)? Fußdurchmesser des Kamins 4 m, Kronendurchmesser 2 m, Luft von 20 °C; 1 bar. ◄

Übung 52

Welche Höchstgeschwindigkeit auf waagrechter Straße erreicht ein windschnittiger Mittelklassewagen mit den mittleren Karosseriequerschnitts-Maßen: Höhe $H = 1{,}2$ m; Breite $B = 1{,}6$ m; Motorleistung 110 kW; Getriebe-Differenzial-Wirkungsgrad 80 %? Der Rollwiderstand soll in diesem Zusammenhang außer Betracht bleiben, und es soll Windstille angenommen werden. ◄

Übung 53

PKW, Marke VW-Golf, Karosseriehöhe 1,41 m, Karosseriebreite 1,61 m (Sondermaße), Gesamtmasse 1200 kg, soll eine Steigung von 5 % mit einer Geschwindigkeit von 100 km/h überwinden. Welche Leistung muss der Motor abgeben, wenn der Antriebswirkungsgrad 85 % beträgt, Gegenwind von 10 m/s unter 30° zur Fahrzeuglängsachse herrscht und der Rollwiderstand außer Ansatz bleibt? ◄

Übung 54

Glaskugel ($\varrho_K = 2{,}5\,\text{kg/dm}^3$) von 10 mm Durchmesser sinkt in dem zu prüfendem Fluid ($\varrho_F = 0{,}85\,\text{kg/dm}^3$; 20 °C) innerhalb einer Fallzeit von 3,8 s mit konstanter Geschwindigkeit um 600 mm ab. Welche kinematische Viskosität hat das Fluid? ◄

Übung 55

Welchen Durchmesser muss ein Fallschirm aufweisen, wenn die zu tragende Masse von insgesamt 120 kg nicht schneller als mit 8 m/s auf der Erde auftreffen darf. Angenommene Fallschirmform: Nach unten geöffnete Halbkugelschale. ◀

4.3.3 Kräfte an umströmten Tragflächen

4.3.3.1 Grundsätzliches

Nach dem Auftriebssatz von KUTTA-JOUKOWSKY (Abschn. 4.2.9.2) wirkt auf einen Körper in idealer Parallelströmung mit überlagerter Zirkulation eine Kraft, die senkrecht zur Anströmrichtung gerichtet ist. In Strömungsrichtung dagegen wird keine Kraft auf den Körper ausgeübt. Die Quer- oder Auftriebskraft wirkt dabei in die Richtung, in der die beiden Strömungskomponenten Translation und Zirkulation gleichgerichtet verlaufen. Ein ideales Fluid kann somit auf einen Körper keinen Widerstand, wohl aber eine Querkraft (dynamischer Auftrieb) ausüben, sog. EULERsches Paradoxon. Voraussetzung hierfür ist offenbar das Vorhandensein einer Zirkulation Γ. Fehlt diese ($\Gamma = 0$), d. h. es besteht Symmetrieströmung, übt ein ideales Fluid überhaupt keine Kraft auf den umströmten Körper aus (D'ALEMBERTsches Paradoxon).

Diese Ergebnisse stehen jedoch im Widerspruch zu den Erfahrungen aus der Körperumströmung durch reale Fluide. Wie schon bei der Plattenströmung (Abschn. 4.1.4) erkannt, üben reale Fluide einen Bewegungs- bzw. Strömungswiderstand auf den Körper aus, der durch die infolge Viskosität vorhandene Fluidreibung verursacht wird.

Durch entsprechende Formgebung des umströmten Körpers kann erreicht werden, dass der energieverzehrende Strömungs- bzw. Fortbewegungswiderstand möglichst klein gegenüber dem Quertrieb gehalten wird. Die resultierende Kraft auf den Körper besteht dann im wesentlichen aus dem dynamischen Auftrieb. Solche strömungsgünstig ausgebildeten Auftriebskörper werden als **Tragflügel** oder kurz als **Flügel** bezeichnet.

Tragflügel sind nicht nur für Flugzeuge, sondern auch für Strömungsmaschinen (Pumpen, Turbinen) und Antriebspropeller von großer praktischer Bedeutung. Sie können profiliert (Profile) oder nicht profiliert (einfache Schaufeln, also als ebene oder gekrümmte Platten) ausgebildet werden.

Der *Tragflügel* muss, durch unsymmetrische Umströmung die zur Entstehung der Auftriebskraft notwendige Zirkulation selbst erzeugen. Hierzu muss der Querschnitt des Flügels eine entsprechende Form erhalten und/oder entsprechend angeordnet sein. Im Allgemeinen werden die Profile mit verschiedener Krümmung an der Ober- und Unterseite ausgeführt. Verwendbar sind jedoch auch symmetrische Profile oder Platten, wenn sie um einen entsprechenden, meist kleinen Winkel gegen die Strömung schräg angestellt werden. Profile sind im Unterschallbereich vorne (Flügelnase) gut abgerundet und laufen nach hinten (Hinterkante) möglichst spitz zu. Diese werden in den folgenden Abschnitten betrachtet. Im Überschallgebiet gelten andere Verhältnisse (Abschn. 5.5.3).

Analog zur Kugelumströmung gemäß Abb. 4.62 und Abschn. 4.2.9 entsteht auch bei Flügeln Auftrieb (dynamischer) nur dann, wenn eine gleich große vertikale Impulsänderung erfolgt. Dies wird erreicht, indem die Tragfläche Luft nach unten ablenkt. Um sein Fallen zu verhindern, muss der Flügel demnach Luft nach unten drängen. LORD RAYLEIGH bezeichnete dies als Prinzip des Opfers. Gemäß Impulssatz ergibt sich mit dem durch den Flügel erfassten und mit der Geschwindigkeit $c_\perp$ (senkrechte Komponente) nach unten abgedrängten Volumenstrom $\dot{V}$:

$$F_{\mathrm{A}} = \varrho_\infty \cdot \dot{V} \cdot c_\perp \tag{4.297a}$$

Beim Flugzeug dient die Tragfläche zur Überwindung der Schwere, während der Widerstand durch die Antriebsorgane (Propeller oder Strahltriebwerk) kompensiert wird. Bei gleichförmiger geradliniger Bewegung stehen demnach zum einen Auftrieb mit Schwere und zum anderen Vortrieb mit Widerstand gerade im Gleichgewicht.

Bei Strömungsmaschinen sowie Propellern dienen die Schaufeln zur Umsetzung von mechanischer Energie über Schuberzeugung (Quertrieb) in Strömungsenergie und diese in „Druck" (exakt Druckenergie) oder umgekehrt.

Ein Tragflügel (Auftriebskörper oder -fläche) ist für die ihm zugeordnete Aufgabe der Quertriebserzeugung umso besser geeignet, je größer die *dynamische Auftriebskraft* F_A im Vergleich zur nicht vermeidbaren *Widerstandskraft* F_W ist. Das Verhältnis von beiden Kräften wird als **Gleitzahl** ε und der zugehörige Winkel γ als **Gleitwinkel** bezeichnet:

$$\boldsymbol{\varepsilon = \tan\gamma = F_W/F_A} \tag{4.297}$$

Ein Profil ist demnach umso besser, je kleiner ε (bei möglichst großem F_A). Die Gleitzahl ε ist also eine Güteziffer.

Die Gleitzahl hängt außer von Flügelform und -dicke wesentlich von dessen Stellung gegen die Anströmrichtung (Anstellwinkel δ) ab. Außerdem beeinflussen REYNOLDS-Zahl, MACH-Zahl, Oberflächenrauigkeit und Dicke sowie Krümmung des Flügels seine *Gleitzahl*. Bei guten Flügelprofilen ist die Gleitzahl bei geringer Anstellung ($\delta < 8°$) sehr klein. Derzeitiger Kleinstwert: $\varepsilon \approx 0{,}015$. In diesen Fällen ist der Quertrieb ein Vielfaches des Widerstandes, Tab. 6.19. Hubschrauber erreichen bei „mitgeschlepptem", d. h. motorlos drehendem Rotor Gleitzahlen bis 0,2, also $\varepsilon \geq 0{,}2$.

4.3.3.2 Bezeichnungen

Die für die Flügelströmungen wichtigen Größen sind in Abb. 4.129 eingetragen. Dabei bedeuten:

δ ... Anstellwinkel (Anstellung), Winkel zwischen Anströmrichtung und Bezugslinie (Profilsehne bzw. -tangente)

δ_0 ... Nullauftriebswinkel ($F_A = 0$)

c_∞ ... Ungestörte Anströmgeschwindigkeit

N ... Nasenfußpunkt

L ... Profillänge oder -tiefe

b ... Tragflügelbreite oder Einzel(-Flügel)-Spannweite. Profilbreite senkrecht zur Profiltiefe L

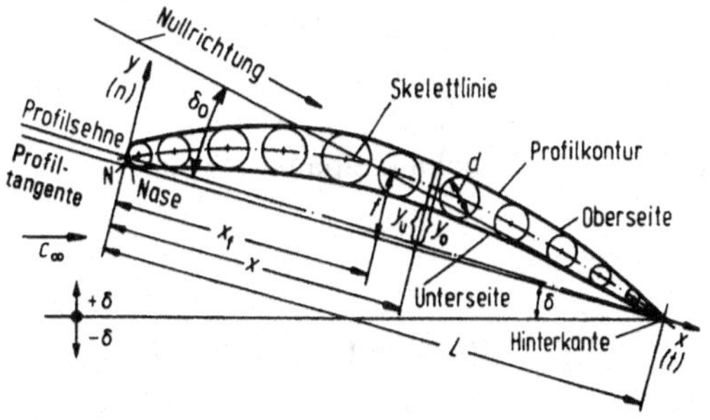

Abb. 4.129 Profil-Bezeichnungen.
Die Profilskelettlinie wird auch als Wölbungs- oder Profilmittellinie bezeichnet. Koordinaten-Bezeichnung (x; y) oder (t; n). Winkel δ nach oben plus, nach unten minus gegenüber der ungestörten Anströmrichtung gemäß Geschwindigkeit c_∞

A_{Fl} ... Tragflügelfläche (Einzelflügel)

$$A_{Fl} = \int_{(A_{Fl})} L \cdot db \tag{4.298}$$

bei $L =$ konst (Rechteckflügel) ist

$$A_{Fl} = L \cdot b$$

λ ... Seitenverhältnis

$$\boldsymbol{\lambda = A_{Fl}/b^2} \tag{4.299}$$

bei $L =$ konst ist $\lambda = L/b$

Λ ... Flügelstreckung oder Schlankheit $\boldsymbol{\Lambda = 1/\lambda}$ meist $\Lambda = 4\ldots6(\ldots8)$

x, t ... Längs- oder Tangentialrichtung

y, n ... Senkrecht-, Quer- oder Normalenrichtung

f ... Pfeilhöhe (maximale Wölbung der Skelettlinie)

f/L ... Wölbungsverhältnis (0 bis 0,05)

x_f ... Wölbungs- oder Pfeilhöhenabstand

x_f/L ... Wölbungs- oder Pfeilhöhenrücklage
Richtwerte: $x_f/L = 0{,}3$ bis $0{,}5$

d ... Profildicke $d \approx y_0 - y_u$

d_{max} ... Maximale Profildicke

d/L ... Dickenverhältnis (relative Dicke); maximales: d_{max}/L. Richtwerte: $d_{max}/L = 0{,}05$ bis $0{,}15$ $(0{,}20)$

x_d ... Dickenabstand

$x_{d,max}/L$ ... Dickenrücklage (0,3 bis 0,5)
r ... Nasenradius
s ... Druckmittelpunktabstand
s/L ... Druckmittelpunkt-Rücklage

Profilmessung

$$y = f(x) \quad \text{mit } x \text{ in \% von } L$$

wobei

Profiloberseite $y_0 = f_0(x)$
Profilunterseite $y_u = f_u(x)$

Die Funktionen $f_0(x)$ und $f_u(x)$ sind meist für punktweises Festlegen des Profiles tabelliert, z. B. Abb. 6.47, bzw. als Rechner-Software.

Profilsystematik
Systematische Zusammenstellung einer Profilreihe für die verschiedensten Anwendungszwecke.

Zwei Profilsystematiken sind geläufig:

- *Göttinger Profilsystematik*: Entwickelt von der **G**öttinger Versuchsanstalt (G-Profile).
- *NACA-Profilsystematik*: NACA ... **N**ational **A**dvisory **C**ommitee for **A**eronautics, Washington (NACA-Profile). Nachfolgeorganisation ist die NASA (**N**ational **A**eronautics and **S**pace **A**dministration).

Profilsehne und Profiltangente liegen meist so dicht beisammen, dass oft nicht zwischen ihnen unterschieden wird. Zudem ist nicht einheitlich, auf welche der beiden Linien bezogen die Profilkontur in den Profiltabellen (z. B. Abb. 6.47) dargestellt wird. So sind die NACA-Profilabmessungswerte x, y auf die Profilsehne bezogen, während die Göttinger Profiltabellen von der Profiltangente als **Bezugslinie** ausgehen. In beiden Fällen y-Achse des (x, y)-Systems tangential an Profilnase (Abb. 4.129).

Tragprofile (mit Nummern bezeichnet) werden in Familien geordnet und diese in Serien unterteilt. Eine **Tragflügelfamilie** besteht aus einem Grundprofil und einer Reihe von Profilen, die durch Änderung von einem oder mehreren Parametern des Grundprofiles entstanden sind.

Eine **Tragflügelserie** bildet eine Reihe von Profilen mit derselben Gestalt, die sich voneinander nur in der Größe des Dickenverhältnisses d/L unterscheiden.

Bei Strömungsmaschinen werden, besonders bei hohen Zuström-MACH-Zahlen, auch sog. **Doppelkeilbogenprofile** verwendet. Bei diesen besteht sowohl Profiloberseite als auch Profilunterseite je aus einem Kreisbogen. Beide Kreisbögen tangieren den Nasen- und Hinterkantenradius.

Nullrichtung oder Nullauftriebsrichtung ist die Anströmrichtung, bei der sich kein Auftrieb ergibt ($F_A = 0$). Zugehörig ist der Nullauftriebswinkel δ_0, die sog. Nullanstellung. Die Nullrichtung geht meist durch den Skelettlinienpunkt deren größten Wölbung, also bei Stelle (x_f; $y_f = f$).

REYNOLDS-Zahl

$$Re = c_\infty \cdot L/\nu_\infty \tag{4.300}$$

Die *Re*-Zahl wird also auf die Profiltiefe L (Bezugslänge) bezogen.

Die auf Tragflügel wirkenden Kräfte, Auftrieb F_A und Widerstand F_W sind in Abb. 4.130 eingetragen, zur Resultierenden F_{Res} zusammengefasst und diese wieder in die Tangentialkomponente F_t sowie die Normalkomponente F_n zerlegt.

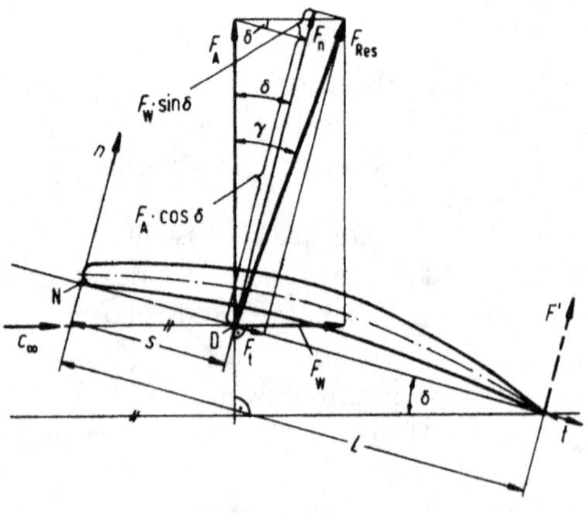

Abb. 4.130 Kräfte am Tragflügel.
Resultierende Kraft F_{Res} am Druckmittelpunkt D mit Komponentenzerlegungen einerseits in Auftrieb und Widerstand (F_A, F_W) sowie andererseits in Normal- und Tangentialkraft (F_n, F_t)

In Abb. 4.130 bedeuten:

D ... Druckmittelpunkt oder kurz Druckpunkt; resultierender Kraftangriffspunkt auf der Bezugslinie, abhängig von der Druckverteilung auf der Profiloberfläche.

s ... Abstand des Druckmittelpunktes vom Nasenfußpunkt N (Druckpunkt-Abstand oder -Rücklage). Meist $s \approx L/4$ (Richtwert).

Kräfte:

F_A ... Auftrieb, senkrecht zur Anströmrichtung

F_W ... Widerstand in Anströmrichtung. Profilwiderstand als Summe von Flächen- und Formwiderstand

F_{Res} ... Resultierende von F_A und F_W, sog. Profilgesamtkraft, oder kurz *Profilkraft*

F_t ... Tangentialkomponente von F_{Res}

F_n ... Normalkomponente von F_{Res}

F' ... Scheinkraft, die an der Flügelhinterkante normal wirkend gedacht wird und so groß ist, dass sich das auf das Profil in Bezug auf den Nasenfußpunkt N wirkende Moment $F_n \cdot s$ ergibt, also $F_n \cdot s = F' \cdot L = M$.

Bemerkung: Die regulär nicht vorhandene Kraft F', weshalb als Scheinkraft bezeichnet, könnte, wenn der Flügel am Nasenpunkt N drehbar gelagert wäre, mit einer an seiner Hinterkante angebrachten Messeinrichtung festgestellt werden.

4.3.3.3 Kräfte am unendlich breiten Tragflügel

Um den Einfluss der Randumströmung (Abschn. 4.3.3.9) auf die Kräfte auszuschließen, wird der Tragflügel als unendlich breit (Spannweite) angenommen. Dadurch ergibt sich ein ebenes Strömungsproblem.

Diese Verhältnisse, d. h. gleichmäßig über die Spannweite verteilter Auftrieb, können auch angenähert erreicht werden, wenn der Tragflügel

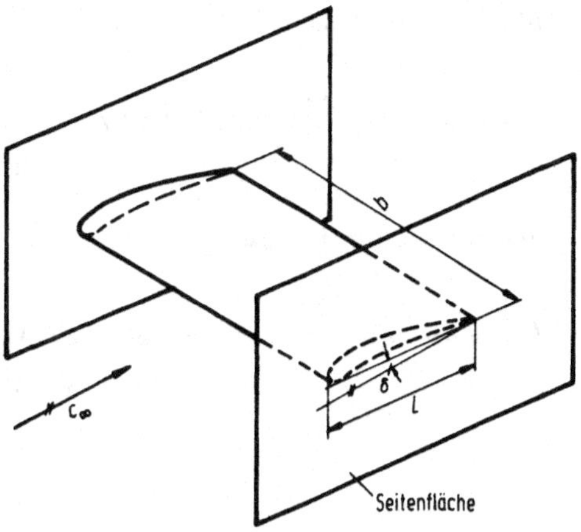

Abb. 4.131 Tragflügel mit Seitenflächen

seitlich durch senkrechte Wände, Abb. 4.131, begrenzt wird. Dann ergeben sich auf allen zu den seitlichen Begrenzungswänden parallelen Schnittflächen gleiche ebene Strömungsbilder. Die zu den Einzelkräften F_A und F_W zusammengefassten Wirkungen folgen aus Druckverteilung (Auftrieb) sowie Reibung – einschließlich Wirbel – der Strömung an der gesamten Profiloberfläche. Die Widerstandskraft von Tragflügelprofilen besteht dabei gemäß Abschn. 4.3.2 aus Druck- und Reibungswiderstand, deren Quotient etwa so groß ist wie das maximale Profil-Dickenverhältnis, also:

$$F_{W,D}/F_{W,R} \approx d_{max}/L$$

Hinweis: Die Reibungskräfte der Seitenplatten müssen dabei außer Ansatz bleiben und sind deshalb über separates Feststellen (berechnen und/oder messen) rechnerisch zu eliminieren.

Wie schon früher ausgeführt, sind die Kräfte bei realen Strömungen letztlich versuchsmäßig zu bestimmen. Hierzu dienen Windkanäle, die vielfach sehr aufwändig sind. Zur einfachen experimentellen Gestaltung und leichten Übertragbarkeit der Modellmessungen auf verschiedene Profilgrößen werden die Kräfte auf dimensionslose Beiwerte zurückgeführt. Analog zur Platten- und Körperströmung (Abschn. 4.1.4 und 4.3.2) werden mit Anströmungsstaudruck, $q_\infty = \varrho_\infty \cdot c_\infty^2/2$ als Ansätze festgelegt (Abb. 6.49):

- *Auftriebskraft* (dynamischer Auftrieb):

$$F_A = \zeta_A \cdot \varrho_\infty \cdot \frac{c_\infty^2}{2} \cdot A_{Fl} = \zeta_A \cdot q_\infty \cdot A_{Fl} \tag{4.301}$$

- *Widerstandskraft* (Profilwiderstand):

$$F_W = \zeta_W \cdot \varrho_\infty \cdot \frac{c_\infty^2}{2} \cdot A_{Fl} = \zeta_W \cdot q_\infty \cdot A_{Fl} \tag{4.302}$$

- *Scheinkraft*:

$$F' = \zeta_M \cdot \varrho_\infty \cdot \frac{c_\infty^2}{2} \cdot A_{Fl} = \zeta_M \cdot q_\infty \cdot A_{Fl} \tag{4.303}$$

- *Moment* auf den Flügel bezüglich des Nasenfußpunktes:

$$M = F' \cdot L = \zeta_M \cdot \varrho_\infty \cdot \frac{c_\infty^2}{2} \cdot A_{Fl} \cdot L \tag{4.304}$$

Hierbei sind die dimensionslosen Koeffizienten:

$\zeta_A \dots$ Auftriebsbeiwert
$\zeta_W \dots$ Widerstandsbeiwert
$\zeta_M \dots$ Momentenbeiwert

mit A_{Fl} als Bezugsfläche und zugehörigen Staudruck $q_\infty = \varrho_\infty \cdot (c_\infty^2/2)$ der ungestörten Anströmung als Bezugsdruck. Die Kräfte sind also wieder zusammengesetzt aus Beiwert, Staudruck und Bezugsfläche (Abschn. 4.1.4).

Die Beiwerte sind von der Form (Ausbildung) und Qualität (Rauigkeit) des Profiles abhängig; vor allem jedoch vom Anstellwinkel δ und den Kenngrößen *Re*-Zahl (laminare oder turbulente Grenzschicht) sowie *Ma*-Zahl (Unterschall, Überschall). Die in Windkanälen (Abb. 6.49) experimentell ermittelten **Profilbeiwerte** werden graphisch im sog. **Polarendiagramm**, oder kurz **Polardiagramm**, dargestellt. Wichtig ist, darauf hinzuweisen, dass bei Profilen alle Beiwerte (ζ_A, ζ_W, ζ_M) auf die Tragflügelfläche A_{Fl} bezogen sind. Beim Widerstandsbeiwert ζ_W besteht somit ein Unterschied gegenüber den Widerstandskörpern, bei denen ζ_W auf die Stirnfläche A_{St} bzw. bei schlanken Körpern (Platten) auf die beströmte Oberfläche A_0 bezogen wird (Abschn. 4.3.2.3). Da bei Tragflügeln die Schattenfläche A_{St}, d. h. die Projektionsfläche in Strömungsrichtung vom Anstellwinkel δ abhängig und damit nicht konstant bleibt, wird als Bezugsfläche A_{Fl} verwendet, die für jedes Profil jeweils unveränderlich ist. A_{Fl} bedeutet die Projektionsfläche des Profiles senkrecht zu seiner Bezugslinie, also auf die Bezugsebene. Hochzeichen ° bedeutet wieder Grad.

Richtwerteformeln für übliche Profile:

$$\delta_0^\circ = -\left[82 + \left(1 + 5 \cdot \frac{d_{max}}{L}\right)^{-1} \cdot \left(10 \cdot \frac{x_f}{L}\right)^2\right] \cdot \frac{f}{L} \tag{4.303a}$$

Oder hieraus angenähert mit vorhergehenden Grenzwerten (Abschn. 4.3.3.2):

$$\delta_0^\circ \approx -(90 \dots 100) \cdot (f/L) \tag{4.303b}$$

$$\zeta_A \approx (0{,}09 \dots 0{,}10\,(\dots 0{,}11)) \cdot |\delta_0^\circ| \tag{4.303c}$$

$$\varepsilon = 0{,}012 + 0{,}02 \cdot \frac{d_{max}}{L} + 0{,}08 \cdot \frac{f}{L} \tag{4.303d}$$

Beziehung (4.303d) bestätigt, dass Verdicken des Profils ebenso wie Verstärken von dessen Krümmung den Widerstand erhöht (ε steigt). Der Widerstandsbeiwert ζ_W wächst durch diese Maßnahmen jedoch leider rascher als die Auftriebszahl ζ_A ansteigt.

Minuszeichen bei (4.303a) und (4.303b) bedeuten: Winkel δ_0 nach unten gemessen, d. h. Profil gegenüber dem Horizont so weit abgeschwenkt, dass δ_0 zwischen Waagrechter und der dann schräg nach unten verlaufenden Bezugslinie, Abb. 4.129.

Gemäß Potenzialtheorie gilt bei geringer Anstellung ($\delta \lesssim 8°$) mit Anstellwinkel δ im Bogenmaß, also $\widehat{\delta}$, für:

- ebene Platte

$$\zeta_A \approx 2 \cdot \pi \cdot \widehat{\delta}$$

- Kreisbogenplatte

$$\zeta_A \approx 2 \cdot \pi \cdot (\widehat{\delta} + 2 \cdot f/L)$$

- symmetrisches Profil

$$\zeta_A \approx 2 \cdot \pi \cdot \widehat{\delta}$$

Bemerkung: Vielfach werden die Beiwerte gemäß Luftfahrt-Norm 9300 auch mit Großbuchstaben C bezeichnet, also C_A, C_W, C_M (Vergleich mit Fahrzeugtechnik, Abschn. 4.3.2.4).

Die Gleitzahl ε nach (4.297) geht mit den Beziehungen (4.301) und (4.302) über in die Form:

$$\varepsilon = \zeta_W / \zeta_A \qquad (4.305)$$

Aus den Beziehungen (4.301) und (4.302) folgt:

$$F_A / \zeta_A = F_W / \zeta_W$$

Hieraus

$$F_W = (\zeta_W / \zeta_A) \cdot F_A = \varepsilon \cdot F_A \qquad (4.305a)$$

Mit Hilfe von Abb. 4.130 ergeben sich zwischen den einzelnen Kräften folgende Zusammenhänge:

$$F_{Res} = \sqrt{F_A^2 + F_W^2} \qquad (4.306)$$

$$\begin{aligned} F_n &= F_{Res} \cdot \cos(\gamma - \delta) \\ &= F_A \cdot \cos\delta + F_W \cdot \sin\delta \qquad (4.307) \\ F_t &= F_{Res} \cdot \sin(\gamma - \delta) \\ &= F_W \cdot \cos\delta - F_A \cdot \sin\delta \qquad (4.308) \end{aligned}$$

Für das Moment kann in Bezug auf den Nasenfußpunkt N auch gesetzt werden:

$$M = F_n \cdot s$$

Da der Anstellwinkel im Allgemeinen klein ist (meist $\delta < 12°$), gilt in guter Näherung:

$$F_n \approx F_A \approx F_{Res}$$

gemäß (4.307). Damit wird das Moment:

$$M \approx F_A \cdot s \qquad (4.309)$$

Die Beziehungen nach (4.301) und (4.304) in (4.309) eingesetzt, ergibt für den Druckpunktabstand:

$$s \approx \frac{\zeta_M}{\zeta_A} \cdot L \qquad (4.310)$$

4.3.3.4 Erzeugung der Zirkulation

Wie erwähnt, muss der Tragflügel so ausgebildet und angestellt sein, dass er die für die Auftriebserzeugung notwendige unsymmetrische Umströmung und damit Zirkulation selbst erzeugt. Wird ein angestellter Tragflügel von einer Parallelströmung angeströmt, bildet sich im ersten Moment der Stromlinienverlauf einer Potenzialströmung aus, gemäß Abb. 4.132.

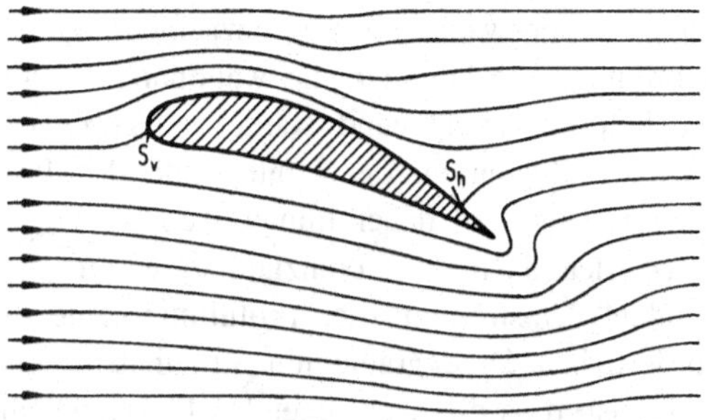

Abb. 4.132 Stromlinienbild bei Beginn der Tragflügelumströmung (Potenzialströmung). S_v vorderer Staupunkt oder Anlegekante(-Stelle)

Kennzeichnend ist dabei, dass die scharfe Profilhinterkante nach der Potenzialtheorie von unten herkommend nach oben bis zum hinteren, auf der Flügeloberseite liegenden Staupunkt S_h umströmt werden muss. Die Umströmung der scharfen Hinterkante würde theoretisch plötzliche Richtungsänderung der Geschwindigkeit, also unendlich große Beschleunigung erfordern. Diese Schwierigkeit ist jedoch nicht wesentlich. Ein Ersatz der scharfen Hinterkante des Profiles durch einen kleinen Radius behebt dieses Problem. Die Gradienten von Beschleunigung und Druck werden dann endlich. Das Strömungsbild in seiner Gesamtheit wird dadurch nur unwesentlich beeinflusst. Dennoch sind für scharfe Umlenkungen (kleiner Radius) gemäß (3.65) große Druckgradienten $\partial p / \partial n$ erforderlich und damit laut Energiegleichung hohe Geschwindigkeitsänderungen, was nach (1.15) erhebliche Reibungswirkungen verursacht. Die Strömung muss dann zudem von der Hinterkante bis zum Staupunkt S_h von der hohen Geschwindigkeit auf null verzögert werden, was Grenzschichtanhäufung zur Folge hat.

Der anfängliche Strömungsverlauf gemäß Potenzialtheorie bleibt nur solange bestehen, bis die zunehmenden Reibungserscheinungen, die Zeit zu ihrer Entwicklung benötigen, sich voll auf die Strömung auswirken und diese umgestalten. Ausgehend von einer dünnen, auf der gesamten Profiloberfläche immer vorhandenen Wandgrenzschicht, welche die Potenzialströmung kaum beeinflusst, muss sich erst der Endzustand der Grenzschicht ausbilden. Durch die Reibungswirkung in der wachsenden Grenzschicht an der Profilunterseite kommen die wandnahen Fluidteilchen mit zunehmend stärker abgebremster Geschwindigkeit an der Hinterkante des Profiles an. Sie sind daher immer weniger in der Lage, den nach der Potenzialtheorie zur „gesunden" Umströmung der Profilhinterkante erforderlichen Druckgradienten aufzubauen. Die Folge ist, dass die nachfolgenden Fluidteilchen, auch außerhalb der Grenzschicht, die Hinterkante nicht mehr direkt, sondern in großem Radius umströmen, wodurch sich ein Wirbel bildet und kein Druckaufbau erfolgt. Mit weiter zunehmender Strömungszeit wird der Krümmungsradius dieser Umströmung immer größer, bis die Fluidteilchen letztlich etwa tangential von der Profilhinterkante abströmen. In diesem abfließenden Fluidstrom schwimmt dann der gebildete Wirbel mit weg. Da die Hinterkantenumströmung von unten her nicht mehr gelingt, hat die an der Profiloberseite hinten ankommende Strömung dort einen höheren Druck als die untere. Sie schiebt deshalb den Wirbel mit weg und dringt in den dadurch freiwerdenden Raum. Das hat auch eine Sogwirkung nach rückwärts auf die Strömung der Profiloberseite zur Folge, mit der Konsequenz, dass der vordere Staupunkt an der Profilnase sich etwas nach unten verlagert und dann mehr Medium mit höherer Geschwindigkeit bei kleinerem Druck oberhalb des Profiles strömt. Dadurch bildet sich letztlich vollständig die ungleiche Profilumströmung aus.

Zusammengefasst mit anderen Worten: Die anfängliche hintere Umströmung ist nicht stabil und kann daher nicht bestehen. Als Folge löst sich die Strömung an der Hinterkante sehr rasch ab (kurz nach Strömungsbeginn), bei gleichzeitiger Bildung eines Wirbels durch Aufrollen der

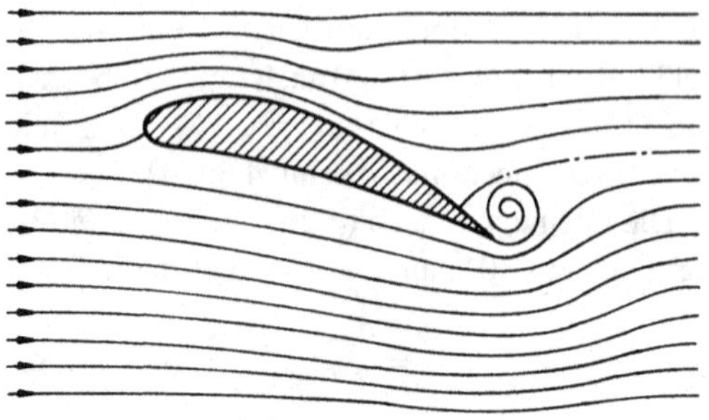

Abb. 4.133 Wirbelbildung an der Profil-Hinterkante nach kurzer Umströmungsdauer

sich ablösenden Grenzschicht, Abb. 4.133. Dieser sog. *Anfahrwirbel* schwimmt mit der Strömung nach hinten weg. Da nach dem *Satz von* Thomson (Abschn. 4.2.3) die *Gesamtzirkulation* jedoch konstant, in diesem Fall also null bleiben muss, bildet sich ein zweiter, entgegengesetzt drehender Wirbel um das Profil. Dieser sog. *gebundene Wirbel* bringt die zur Auftriebserzeugung notwendige Zirkulation um den Tragflügel. Das gesamte Strömungsbild ist in Abb. 4.134 prinzipiell dargestellt. Es kommt zur tangentialen Abströmung (KUTTA-Bedingung). Der gebundene Wirbel entsteht somit durch die vom Profil verursachte unsymmetrische Umströmung; unten Aufstauung (Verzögerung), oben Beschleunigung des Fluides.

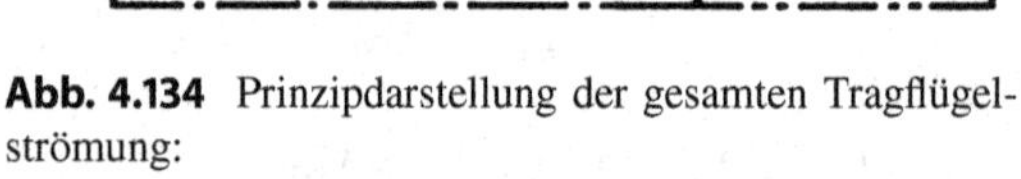

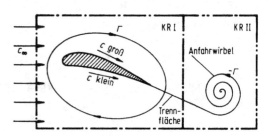

Abb. 4.134 Prinzipdarstellung der gesamten Tragflügelströmung:
KR I: Kontrollraum I, Zirkulation positiv; gebundener Wirbel.
KR II: Kontrollraum II, Zirkulation negativ; Anfahrwirbel (abgelöster oder freier Wirbel)

Während der Anfahrwirbel wegschwimmt, bleibt die Zirkulation um den Flügel bestehen. Infolge Fluidreibung wird diese jedoch laufend abgeschwächt. Dadurch erfolgte erneut eine Annäherung an die ursprüngliche Potenzialströmung.

Die Hinterkante müsste wieder in beschriebener Weise umströmt werden. Da die Grenzschicht diesem mit Druckzuwachs behafteten Strömungsverlauf nicht folgen kann, lösen sich laufend kleine Wirbel ab. Dadurch wird die Zirkulation ständig neu angefacht und damit aufrecht erhalten.

Ab der Profilhinterkante bilden die ständig abgehenden kleinen Wirbel eine Trennfläche (Abschn. 3.3.5) zwischen den Strömungen, die von der Ober- und Unterseite des Profils kommen. Diese Wirbelschleppe löst sich mit zunehmendem Abstand von der Tragfläche immer mehr auf und verschwindet in entsprechend großem Abstand schließlich ganz (Reibung).

Die sich letztlich einstellende stationäre Tragflügelumströmung ist in Abb. 4.135 prinzipiell dargestellt.

Stromlinienbilder von Tragflügelumströmungen mit unterschiedlicher Zirkulation zeigt Abb. 4.136.

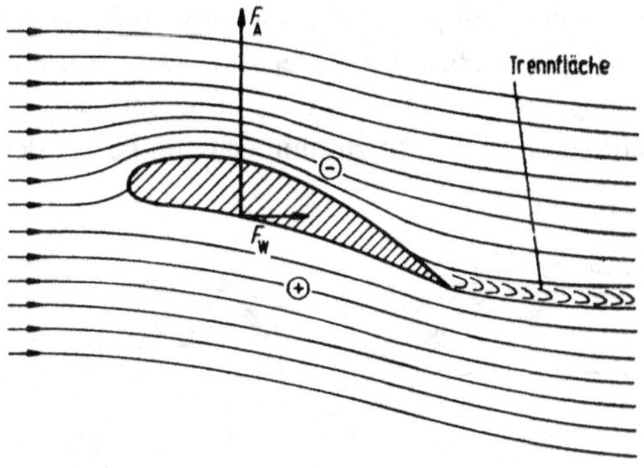

Abb. 4.135 Voll ausgebildete Tragflügelumströmung mit Kräfte- und Druckeintragungen. ⊖ Unterdruck, ⊕ Überdruck

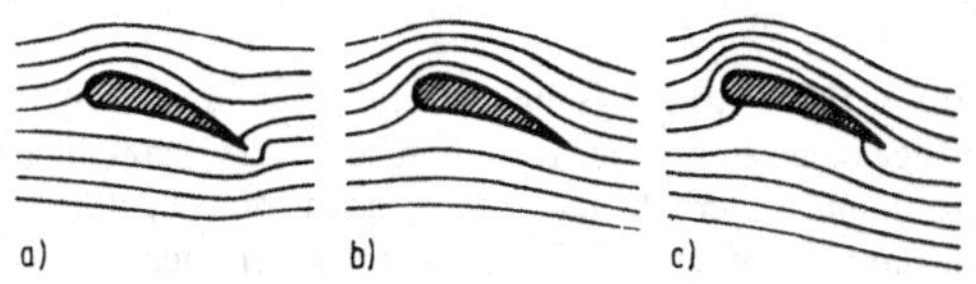

Abb. 4.136 Stromlinienverlauf verschiedener Profilumströmungen (prinzipieller Verlauf):
a) zu geringe Zirkulation
b) „richtige“ Zirkulation. Erfüllt die KUTTA-Abflussbedingung an der Profil-Hinterkante, d. h. tangential
c) zu große Zirkulation; tritt praktisch nicht selbsttätig auf sondern nur bei künstlicher Anfachung

Die abgehenden Wirbel der Trennfläche verursachen den *Formwiderstand* und ergeben zusammen mit der *Oberflächenreibung* (Flächenwiderstand) den *Profilwiderstand*.

Aus den Überlegungen folgt: Die Fluidreibung ist letzten Endes die Ursache, dass sich nach kurzer Anlaufdauer eine Strömung mit überlagerter Zirkulation (gebundener Wirbel) um den Flügel ausbildet, welche den dynamischen Auftrieb zur Folge hat. Wie die Fahrzeugfortbewegung ist also auch das Fliegen nur infolge Mediumsreiben möglich; bei Fahrzeugen Festkörperreibung (Rad/Untergrund), bei Flugzeugen Fluidreibung.

4.3.3.5 Druckverteilung am Tragflügel

Messergebnisse bestätigen die schon beim MAGNUS-Effekt (Abschn. 4.2.9.1) dargestellte Druckverteilung. Aus dem Druckverlauf, Abb. 4.137, ist zu ersehen, dass der Unterdruck (Sog) auf der Profiloberseite (Leeseite) bedeutend mehr zum Auftrieb beiträgt, als der Überdruck auf der Unterseite (Luvseite) der Tragfläche. Approximativ kann angenommen werden, dass der *Überdruck an der Unterseite* nur ungefähr 1/3 bis 1/4 zum Gesamtauftrieb beiträgt. Bei Unterschall kommt der Auftrieb somit überwiegend durch den Sog an der Profiloberseite zustande. Der Flügel hängt also gewissermaßen an einem luftverdünnten Raum (Sogwirkung!) und gleitet nicht etwa auf einem Luftpolster. Die Unterdruckspitze in der Nähe der Profilnase liegt umso

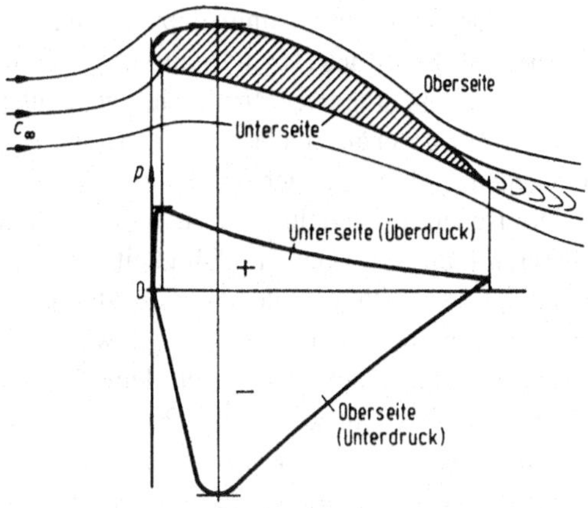

Abb. 4.137 Druckverlauf am umströmten Tragflügel (Prinzipdarstellung)

weiter vorne und ist umso schärfer ausgebildet, je spitzer die Nase ist.

Nach der Energiegleichung deutet diese Unterdruckspitze auf große örtliche Strömungsgeschwindigkeit hin. Dies rührt daher, dass die Fluidteilchen von dem auf der Unterseite gelegenen vorderen Staupunkt um die Nase herum auf die Oberseite des Profils gelangen müssen. Die dabei auftretenden Geschwindigkeiten sind offenbar umso größer, je schärfer die Profilnase ist, was mitunter zu nachfolgender örtlicher Ablösung führt und zwar wegen notwendigem Druckanstieg auf den Abströmwert (Abschn. 3.3.4). Die Unterdrücke an der Saugseite können bei größeren Anstellwinkeln ($\delta > 10°$) in der Spitze Werte annehmen, die etwa das 2- bis 3-fache des Staudruckes der ungestörten Anströmung betragen.

4.3.3.6 Tragflügeleigenschaften

Jedes Profil besitzt besondere Eigenschaften. Form sowie Rauigkeit eines Profils sind von großem Einfluss auf die Strömung am Flügel und damit den Druckverlauf an dessen Oberfläche, der die angreifenden Kräfte bewirkt.

Höchstauftrieb und *Kleinstwiderstand* sind von der Wölbung und Dicke des Profils abhängig. Unterschieden wird zwischen Profilen von *geringer, mäßiger* und *großer Dicke*. Der Flügel mit dickem Profil zeigt eine recht günstige sog. aerodynamische Wirkung. Mit der Wölbung nimmt im allgemeinen der *Auftrieb* zu (infolge der Geschwindigkeitssteigerung an der Oberseite des Profils). Der Widerstand nimmt dabei zwangsläufig ebenfalls zu, oftmals sogar in stärkerem Maße. Profile mit abgerundeter Nase sind gegenüber solchen mit geschärfter Nase weniger empfindlich gegen Änderungen der Anblasrichtung.

Die frühere Entwicklung führte anfänglich zu Flügelprofilen mit hoher Tragfähigkeit, während heute auf Schnellflugprofile, die widerstandsarm sein müssen, besonders Wert gelegt wird. Die Profilform richtet sich somit nach dem Verwendungszweck des Flugzeuges, des Propellers oder der Strömungsmaschine. *Ein Universalprofil gibt es nicht.* Oft ist es schwer, die richtige Auswahl zu treffen.

Weiter wird unterschieden zwischen *druckpunktfesten* und *nicht druckpunktfesten* Profilen. Im Allgemeinen beeinflussen Form und Anstellung des Profils die Lage des Druckmittelpunktes. Bei den meisten Profilen verändert sich der *Druckpunkt* D (Abb. 4.130) mit der Anstellung δ, weshalb sie druckpunktvariabel sind. Er liegt in normaler Profilstellung auf etwa $1/4$ bis $1/3$ der Flügellänge hinter der Vorderkante (Nase N).

Druckpunktfeste Profile sind geringfügig S-förmig geformt (sog. S-Schlag) oder symmetrisch. Der *Druckpunkt* liegt hier etwa bei $1/4$ der Flügeltiefe, gemessen ab der Profilnase und wandert nicht bei sich ändernder Anstellung.

Bei kleinen Anstellwinkeln (bis etwa 10°) verläuft die Strömung auf beiden Seiten ohne Ablösung.

Mit wachsender Anstellung entsteht auf der Saugseite des Profils Ablösungsgefahr, da dort der dem Druckminimum folgende Druckanstieg (Abb. 4.137) steiler wird. Bei einem gewissen Anstellwinkel, der etwa bei $\delta \approx 15°$ liegt, tritt meist vollständiges *Abreißen* auf, Abb. 4.138. Der Ablösungspunkt liegt dann ziemlich dicht hinter der Profilnase. Die abgerissene Strömung weist ein großes Totwasser auf. Die auftriebserzeugende Strömung ist zerstört, der Auftrieb fällt stark ab (bricht zusammen) und der Wider-

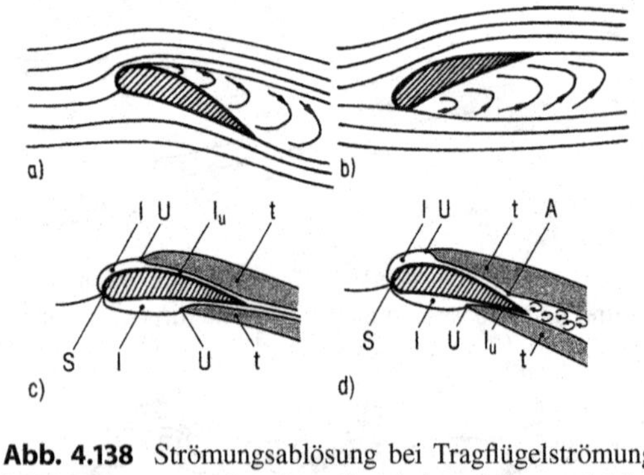

Abb. 4.138 Strömungsablösung bei Tragflügelströmung infolge eines zu großen Anstellwinkels und Grenzschichtausbildung (überhöht dargestellt) am Profil bei üblicher Anstellung gemäß Abb. 3.20, sog. überkritischer Zustand.
a) Ablösung auf der Saugseite infolge zu großer positiver Anstellung
b) Ablösung auf der Druckseite infolge zu großer negativer Anstellung
c) Umströmung ohne Ablösung
d) Umströmung mit Ablösung ab Punkt A
Dabei: l laminare Grenzschicht, t turbulente Grenzschicht, l_u laminare Unterschicht, U Umschlagspunkt laminar/ turbulent, S Staupunkt

stand steigt wesentlich an. Beim Abreißen der Strömung ändern sich deshalb die Flügeleigenschaften erheblich. Die Zirkulationstheorie wird ungültig. Der Beginn der Ablösung fällt etwa mit dem maximalen Auftrieb des Flügels zusammen, d. h. kurz danach. Bei geringer Anstellung kann es jedoch geschehen, dass sich laminare Anfangsgrenzschicht ablöst und erst weiter hinten wieder turbulent anlegt. Solche ungünstigen Flugzustände sollten durch entsprechende Maßnahmen, wie z. B. Stolperstellen (Abschn. 3.3.4), nicht auftreten können.

Für das *Abreißen der Strömung* kann der zugehörige *kritische Anstellwinkel* nicht genau angegeben werden. Bei langsamer Vergrößerung des Anstellwinkels bleibt die Strömung länger anliegen, als wenn bei abgerissener Strömung die Anstellung vorsichtig verkleinert wird. Diese Hysterese-Erscheinung ist der Grund für die sog. Flügelschwingungen, die u. U. sehr gefährlich sein können. Ein sehr wirksames Mittel, um das Ablösen der Grenzschicht zu verhindern, ist deren *Absaugung* nach PRANDTL. Diese Methode wurde in neuerer Zeit auch bei Tragflügeln zum Zwecke der Auftriebsvergrößerung erfolgreich angewendet. Durch Absaugen am hinteren Teil der Flügel-Oberseite wird erreicht, dass die Strömung noch bis zu wesentlich größerem Anstellwinkel anliegt. Dadurch kann eine beachtliche Steigerung des Maximalauftriebes verwirklicht werden. Bei Flugzeugen ist dies z. B. beim Sturzflug und Landemanöver, den besonders gefährdeten Flugzuständen, vorteilhaft (Abschn. 3.3.4).

In die Tragflügel an günstigen Oberflächenstellen eingebaute, verformbare Kunststoffbereiche können durch deren gezielte Erwärmung (Memoryeffekt oder Formgedächtnis) Strömungs-Stolperstellen erzeugt werden. Dadurch kann der Grenzschichtumschlag laminar/turbulent gezielt ausgelöst werden. Bei kritischen Flugzuständen wäre dadurch Strömungsablösung an der Tragflächenoberseite vermeidbar.

Bei hohen Geschwindigkeiten können in den turbulenten Strömungsschichten entlang der Flugzeugaußenflächen (Flügel, Rumpf) bedeutende Druckschwankungen auftreten, die Lärm bis ins Flugzeuginnere bewirken und mechanische Wechselbelastungen des Aufbaues verursachen.

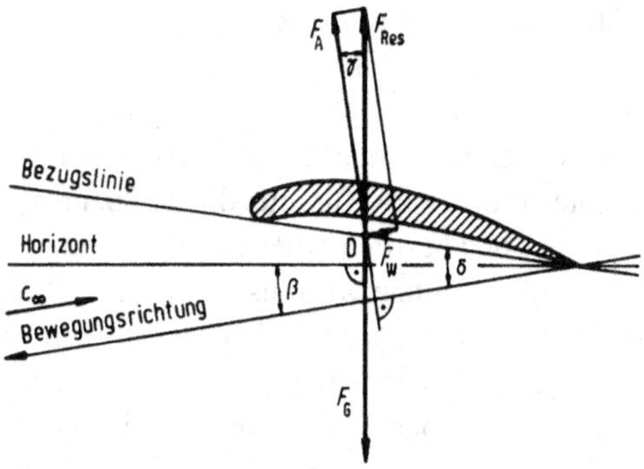

Abb. 4.139 Kräftegleichgewicht beim Gleitflug. Profilkraft gleich Schwerkraft (Beträge)

4.3.3.7 Gleitflug

Im **Gleitflug**, Abb. 4.139, d. h. Flug ohne Antrieb durch das Triebwerk, besteht Gleichgewicht, wenn die resultierende Profilkraft F_{Res} entgegengesetzt gleich der Flugzeug-Schwere (Gewichtskraft F_G) ist:

$$F_{Res} = F_G$$

Infolge der geometrischen Zusammenhänge (zwei Winkel sind gleich, wenn ihre Schenkel paarweise aufeinander senkrecht stehen) nach Abb. 4.139 ist der Winkel zwischen Bewegungsrichtung und Horizont so groß wie der Winkel zwischen resultierender Kraft F_{Res} (Flügelkraft) und Auftriebskraft F_A:

$$\beta = \gamma = \arctan \frac{F_W}{F_A} = \arctan \frac{\zeta_W}{\zeta_A} = \arctan \varepsilon$$

$$\text{oder} \quad \tan \beta = \varepsilon$$

Die *Gleitzahl* ε ist der Tangens des Winkels β zum Horizont, dem *Gleitwinkel*, unter dem das Flugzeug bei abgestelltem Antrieb und ohne Thermik oder Aufwind zu Boden gleitet. Die Gleitzahl $\varepsilon = 1/20$ beispielsweise bedeutet deshalb auch, das betreffende Flugzeug kann bei gleichbleibender Anstellung δ, da $\varepsilon = f(\delta)$ Abb. 4.142, in ruhiger Luft aus 1 km Höhe 20 km weit gleiten bis es den Erdboden erreicht.

4.3.3.8 Polarendiagramm

4.3.3.8.1 Grundsätzliches

Das Polarendiagramm dient zur graphischen Darstellung der in Windkanälen (Abb. 6.49) experimentell ermittelten Beiwerte ζ_a, ζ_W, ζ_M für verschiedene Anstellwinkel δ und damit der Kraftverhältnisse am zugehörigen Tragflügel. Das Polarendiagramm kennzeichnet jeweils ein bestimmtes Profil, meist für unendliche Spannweite ($\Lambda \to \infty$) und bestimmte REYNOLDS-Zahl.

Im engeren Sinne wird als eigentliche *Polare* die Kurve $\zeta_A = f(\zeta_W)$ bezeichnet, mit dem Anstellwinkel δ als Parameter.

Der Name Polare rührt daher, weil der Polstrahl (Ortsgerade) vom Koordinatenursprung zum Kurvenpunkt des zugehörigen Anstellwinkels δ die Resultante von ζ_W und ζ_A kennzeichnet sowie der Tangens des Winkels γ zur Ordinate die Gleitzahl ε darstellt, also $\tan\gamma = \varepsilon$ (Abb. 4.140).

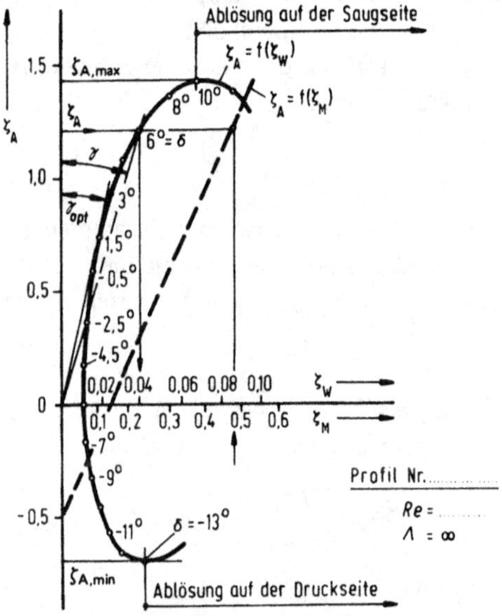

Abb. 4.140 Polarendiagramm eines Profiles nach LILIENTHAL. Schnittpunkt von ζ_A-Polare mit ζ_W-Achse ($\zeta_A = 0$) ergibt Nullauftriebswinkel δ_0. Da $\Lambda = \infty$, ist bei Profilwerten oft auch Zweitindex ∞ angefügt, besonders dann, wenn Verwechslungsgefahr besteht, also $\zeta_{A,\infty}$; $\zeta_{W,\infty}$; $\zeta_{M,\infty}$; δ_∞; $\delta_{0,\infty}$.
Eingetragenes Ablesebeispiel: Bei $\delta = 6°$ sind $\zeta_W \approx 0{,}04$, $\zeta_A \approx 1{,}2$; $\zeta_M \approx 0{,}48$. Außerdem $\delta_0 \approx -5{,}5°$

Die Form der Polaren eines Tragflügels ist, da sie sein Verhalten kennzeichnet, abhängig von der REYNOLDS-Zahl, der MACH-Zahl sowie der Ausbildung und Qualität des Profils. Im allgemeinen wird nur der Teil der Polaren dargestellt, der für den praktischen Einsatz des Profils, z. B. den Flugbetrieb, bedeutungsvoll ist.

Zwei verschiedene Darstellungsformen von Polarendiagrammen sind gebräuchlich, das nach LILIENTHAL[42] und das sog. aufgelöste.

4.3.3.8.2 Polarendiagramm nach Lilienthal

Bei der auf LILIENTHAL zurückgehenden Darstellungsweise wird der Auftriebswert ζ_A in einem Diagramm, einmal über dem Widerstandsbeiwert $\zeta_W \to \zeta_A = f(\zeta_W)$ und einmal über dem Momentenbeiwert $\zeta_M \to \zeta_A = f(\zeta_M)$ aufgetragen. Dabei ist der zu den Beiwerten gehörende Anstellwinkel δ punktweise als Parameter angegeben, Abb. 4.140 und 4.141. Die ζ_M-Kurve verläuft innerhalb des technisch wichtigen Anstellwinkel-Bereiches meist nahezu linear. Der Druckpunktabstand (4.310) ist in der Regel mit dem Anstellwinkel δ veränderlich, sodass in derartigen Fällen eine Druckpunktswanderung auftritt (Abschn. 4.3.3.6).

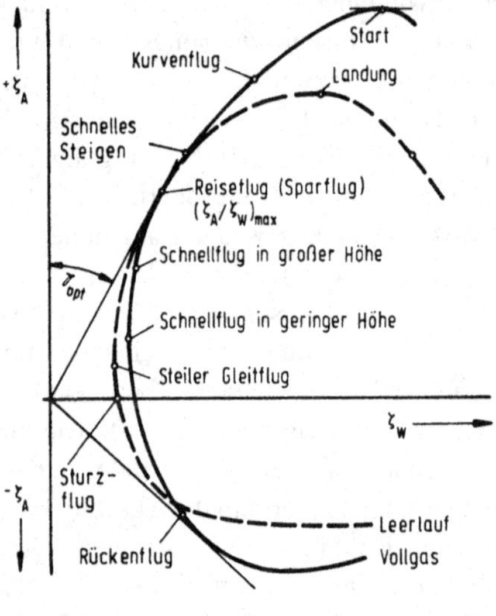

Abb. 4.141 Gesamtpolare eines Flugzeuges mit Luftschraubenantrieb bei Vollgas- und Leerlauf-Betrieb. Eingetragen sind verschiedene Flugzustände. Der Propellerschub unterstützt den Auftrieb durch verstärkte Profilumströmung und bewirkt eine Vertikalkraftkomponente, die in die Polare einbezogen ist

Der Gleitwinkel γ liegt, wie erwähnt, zwischen der ζ_A-Achse (Ordinate) und der Verbindungslinie vom Koordinaten-Nullpunkt zum betreffenden Polarenpunkt. Der Gleitwinkel ist dabei nicht direkt aus dem Diagramm abmessbar, weil

[42] LILIENTHAL, Otto (1848 bis 1896), dt. Ingenieur und Flugpionier (1896 bei Flugversuchen tödlich abgestürzt).

meist die Maßstäbe der ζ_W- und ζ_A-Achse verschieden sind. Deshalb ist (4.305) zu verwenden. Wird die Tangente vom Koordinaten-Nullpunkt an die Polare gelegt, ergibt sich der kleinstmögliche und damit optimale Gleitwinkel γ_{opt}. Die zum Tangenten-Berührungspunkt gehörenden Polarenwerte bestimmen somit die günstigste Profilstellung (Beiwerte und Anstellwinkel) $\rightarrow$ Reiseflugzustand. Die Diagramm-Ordinate wäre die Polare des idealen Profiles ($\varepsilon = 0$), d. h. nur Auftrieb ($\zeta_A > 0$), jedoch kein Widerstand ($\zeta_W = 0$).

4.3.3.8.3 Aufgelöstes Polarendiagramm

Die Darstellung, in der die Beiwerte $\zeta_A, \zeta_W, \zeta_M$ und die Gleitzahl ε über dem Anstellwinkel δ (Abszisse) aufgetragen sind, wird als **aufgelöstes Polarendiagramm** bezeichnet, Abb. 4.142. Der optimale Betriebspunkt (Reiseflugzustand) ist hier durch das Minimum der ε-Kurve gekennzeichnet.

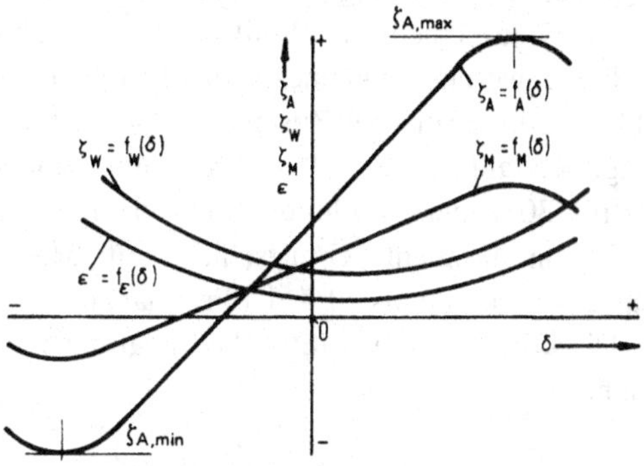

Abb. 4.142 Aufgelöstes Polarendiagramm (Prinzipdarstellung). ζ_A- und ζ_M-Polaren im Anwendungsgebiet etwa geradlinig.
Bei $\zeta_{A,\min}$ Strömungsablösung auf Druckseite des Profils, bei $\zeta_{A,\max}$ auf Saugseite. $\varepsilon_{\min}$ (Tiefpunkt $\rightarrow$ waagrechte Tangente) günstigster Flugbetrieb (Reiseflug-Zustand). Abszissenschnittpunkt von ζ_A-Kurve ergibt δ_0

Das *aufgelöste Polarendiagramm* bietet den Vorteil, dass die Beiwerte für jeden Anstellwinkel δ direkt ablesbar sind. Beim Lilienthal*schen Polarendiagramm*, kurz auch **LILIENTHAL-Diagramm**, dagegen muss meist interpoliert werden.

Zwischen Auftriebs- sowie Momentenbeiwert und dem Anstellwinkel besteht in großem Bereich meist lineare Abhängigkeit. Dieses wichtige Gebiet liegt in der Regel im Anstellungsbereich zwischen $\delta \approx -4° \ldots 10°$. Bei symmetrischen Profilen gehen die ζ_A- und ζ_M-Kurven durch den Diagramm-Nullpunkt.

Das *aufgelöste Polarendiagramm* wird vor allem im Strömungsmaschinenbau zur Flügelauslegung bei Axialmaschinen angewendet.

4.3.3.8.4 Einfluss der Oberflächenrauigkeit auf die Polare

Der Einfluss der Rauigkeit auf den Verlauf der Polaren und damit das Profilverhalten ist aus Abb. 4.143 entnehmbar.

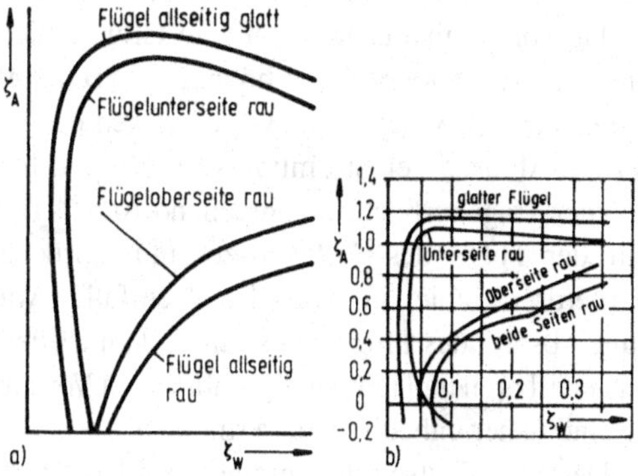

Abb. 4.143 Einfluss der Tragflügelrauigkeit auf die Polare:
a) Prinzipieller Verlauf
b) Profil G449 bei Flügelbreite (Spannweite) $b \rightarrow \infty$

Wie aus dem Diagramm Abb. 4.143 hervorgeht, ist der ungünstige Einfluss einer rauen Profiloberseite (Saugseite) wesentlich größer, als der einer rauen Unterseite (Druckseite). Die Oberflächenrauigkeit wirkt sich an der Profilsaugseite deshalb stärker aus, weil diese, wie in Abschn. 4.3.3.5 geschildert, den überwiegenden Anteil zum Auftrieb beiträgt. Es ist daher von entscheidender Bedeutung für die Ausbildung der Grenzschicht und damit des Druckverlaufes, der den Auftrieb bestimmt, dass der Profil-Nasenbereich sorgfältig ausgebildet (Form) sowie ausgeführt (Oberfläche) wird. Zudem muss durch geeignete Einrichtungen dafür gesorgt werden, dass besonders die Tragflächennasenzonen während des Flugbetriebes möglichst sauber bleiben. Entsprechende Reinhaltungs- und Enteisungssysteme sind hierzu vorteilhaft. Öfteres vollständiges Reinigen der Tragflächen mit Antihaftmittel gegen Eiskristalle und Insekten ist ebenfalls vorteilhaft. Dies führt zur Widerstandsverminderung von ca. 1 % (lohnende Treibstoffeinsparung) und sicheren Flugbetrieb in kritischen Situationen (Start, Landung). Besonders bei feuchter Atmosphäre (Nebel) kommt es durch den Druckabfall an der Nasenoberkante (Abb. 4.137) infolge starker Verdunstungskühlung zur Eiskristall-Bildung. Anhaftende Eiskristalle und Fliegenkörper im Profilnasen-Bereich können als ungewollte, unbeherrschbare Turbulenzstellen und im schlimmsten Fall als Abreißkanten wirken. *Turbulenzstellen*(-kanten) bewirken, wie in Abschn. 3.3.4 ausgeführt, den Umschlag von laminarer in turbulente Grenzschicht und dadurch widerstandserhöhend. **Abreißstellen** (-kanten), Abschn. 3.3.3.4, bewirken das sofortige Ablösen der Strömung vom Körper, hier von der Tragoberfläche entsprechend Abb. 4.138, mit der Folge des Auftriebszusammenbruches (Unterdruckgebiet in Abb. 4.137 entfällt), was zum Absturz des Flugzeuges führen kann. Diese unsteuerbaren und teilweise gefährlichen Vorgänge sind daher unbedingt zu vermeiden.

Den Rauigkeitseinfluss einiger Profilzonen auf den Polarenverlauf zeigt Abb. 4.144. Hieraus geht hervor, dass die Aufrauung in der Nähe der Hinterkante nahezu wirkungslos ist. Deutlich macht sich hingegen der Einfluss einer Aufrauung in der Flügelmitte und drastisch an der für alle Störungen besonders empfindlichen Profilnase bemerkbar. Merkliche Zunahme des Widerstandes, verbunden mit einer erheblichen Abnahme des Auftriebs, sind die Folgen. Außerdem reißt die Strömung auf der Saugseite, wie erwähnt oft schon bei verhältnismäßig kleinem Anstellwinkel ab.

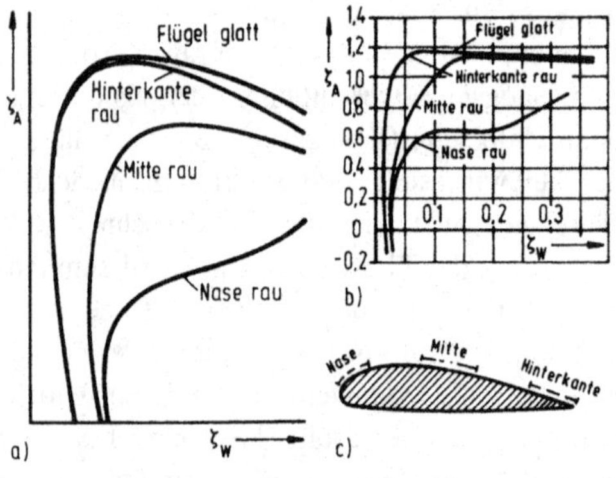

Abb. 4.144 Einfluss der Oberflächenrauigkeit verschiedener Profilzonen auf die Polare:
a) Prinzip-Darstellung
b) Profil G449 (unendlich lang)
c) Rauigkeitsstellen am Profil gekennzeichnet

4.3.3.8.5 Einfluss der Reynolds-Zahl auf die Polare

Im Unterschallbereich beeinflusst, wie bei allen wichtigen Strömungsproblemen, die REYNOLDS-Zahl auch den Verlauf der Polaren stark.

Beim Übergang vom *unterkritischen* (laminare Grenzschicht) zum *überkritischen* Zustand – Kombination laminarer mit turbulenter Grenzschicht nach dem Umschlag – steigt der Höchstauftrieb sprunghaft an, wobei zudem der Profilwiderstand insgesamt meist zurückgeht und größere Anstellwinkel möglich sind. Dies ist begründet, wie schon in Abschn. 3.3.4 und 4.3.2 ausgeführt, durch längeres Anliegen der turbulenten Grenzschicht am Profil und das dadurch bedingte, wesentlich kleinere Wirbelgebiet. Beim üblichen überkritischen Zustand beträgt die Lauflänge der anfänglichen laminaren Grenzschicht 20 bis 30 % der Profiltiefe. Dann erfolgt Umschlag in turbulente Grenzschicht mit „Rest"-Lauflänge von 80 bis 70 % der Profillänge.

Die kritische REYNOLDS-Zahl liegt meist etwa bei

$$Re_k \approx ((0{,}5 \text{ bis})\ 1{,}5 \text{ bis } 5) \cdot 10^5$$

nach (5.52c) und ist abhängig von der Vorturbulenz der Zuströmung sowie von Stolperkanten. Richtwerte in Tab. 4.11.

Der Einfluss der *Re*-Zahl auf die Polare, z. B. des Profils G625 (Profil aus Göttinger Profilsystematik), geht aus Abb. 4.145 hervor. Bei steigender REYNOLDS-Zahl nimmt die Schleppwir-

Tab. 4.11 Abhängigkeit der kritischen REYNOLDS-Zahl Re_{kr} vom Vorturbulenzgrad T_u der Anströmung gemäß (3.48)

Vorturbulenzgrad	0,1	0,5	2	> 2
Re_{kr}	$3 \cdot 10^6$	$1 \cdot 10^6$	$1{,}5 \cdot 10^5$	$0{,}5 \cdot 10^5$

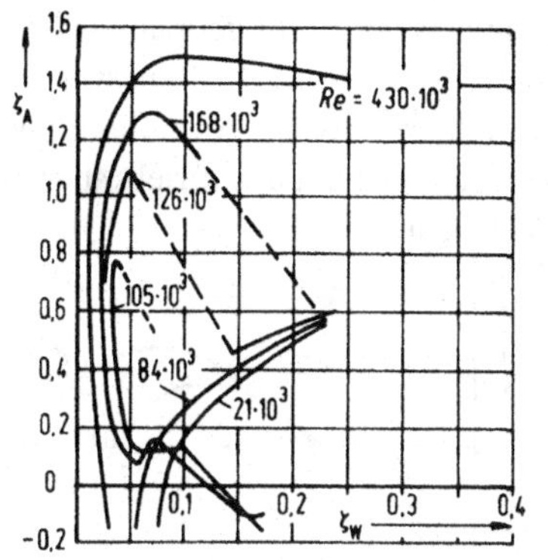

Abb. 4.145 Einfluss der REYNOLDS-Zahl auf die Polare (Profil G625, $\Lambda = \infty$) nach F.W. SCHMITZ

kung der Außenströmung auf die Grenzschicht zu, weshalb sich das bei dieser Konstellation praktisch immer vorhandene Totraumgebiet, die sog. Ablöseblase, verkleinert und dadurch der Auftrieb wächst. Bei sehr großer *Re*-Zahl wird bei üblichen Profilen ein Grenzwert für den maximalen Auftriebsbeiwert erreicht, der bei etwa $\zeta_{A,\,max} = 1{,}2$ bis $1{,}5$ liegt. Nur durch entsprechende Zusatzmaßnahmen, das sind verstellbare Klappensysteme (z. B. Vorflügel, Hinterkantenruder) und/oder Grenzschichtabsaugung sind noch höhere Auftriebsbeiwerte bis etwa zu einer Verdoppelung des normalen Profil-Spitzenwertes erreichbar, also bis ca. $\zeta_{A,\,max} = 3{,}0$. Bemerkenswert ist auch die Erscheinung, dass das Abreißen der Strömung zwischen $Re = 105 \cdot 10^3$ bis etwa $Re = 126 \cdot 10^3$, also im unterkritischen Zustand, fast plötzlich auf der gesamten Tragfläche erfolgt, erkennbar durch die übergangslose Maximumsspitze der Polare. Dies ist bedingt durch das Ablösen der laminaren Grenzschicht und das nicht Wiederanlegen, auch nicht mehr nach dem Turbulentwerden. Die Strömung reißt also plötzlich vollständig ab (Abb. 4.138a).

Die Polare von $Re = 430 \cdot 10^3$ dagegen verläuft gerundet, d. h. mit sanftem Übergang; typisches Kennzeichen für den überkritischen Zustand. Durch künstliche Turbulenz (Stolperstellen) der Hauptströmung oder durch Oberflächenrauigkeit lässt sich der überkritische Zustand bei kleinerer REYNOLDS-Zahl erzwingen und damit ein höherer Auftriebsbeiwert, da Strömung dann besser am Profil anliegt.

Des Weiteren ist bei Profilen mit glatter Oberfläche der Einfluss der *Re*-Zahl auf deren Polare, insbesondere jedoch auf den Höchstauftriebs-Wert $\zeta_{A,\,max}$ im Allgemeinen größer als bei rauer Oberfläche, Abb. 4.146. Bei glatten Profilen wächst der Auftriebsbeiwert ζ_A mit größer werdender *Re*-Zahl, während er bei rauen nur unwesentlich steigt. Die Rauigkeit ist deshalb nur bei kleinen REYNOLDS-Zahlen unschädlich. Bei hohen *Re*-Werten beträgt die maximale ζ_A-Zahl vom rauen Profil nur noch wenig über 50 % der des glatten.

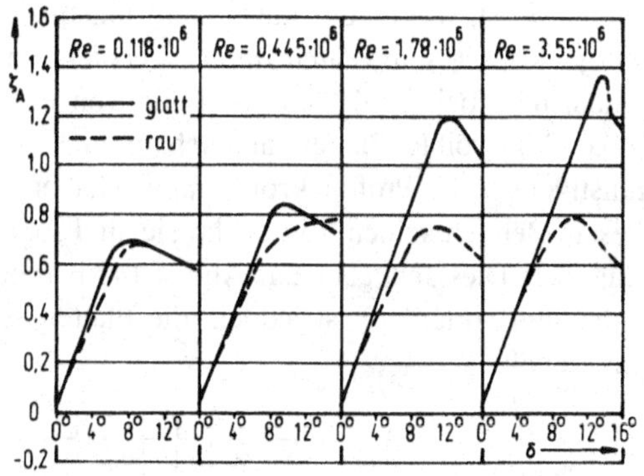

Abb. 4.146 Einfluss der REYNOLDS-Zahl auf die Polare glatter und rauer Flügel (symmetrisches NACA-Profil; $d_{max}/L = 0{,}1264$; $\Lambda = \infty$)

Nur bei sehr kleinen *Re*-Zahlen liefern also raue Oberflächen ähnlich große $\zeta_{A,\,max}$-Werte wie glatte. Im Bereich unterhalb des aufgeführten Wertes von $Re = 0{,}118 \cdot 10^6$ übersteigt die „raue" Polare sogar die „glatte", d. h. liegt oberhalb. Das raue Profil liefert dann höhere Auftriebswerte als das glatte. Dadurch wird verständlich, warum Vögel, die bei sehr kleinen REYNOLDS-Zahlen fliegen, eine äußerst raue Flügeloberfläche aufweisen dürfen, ja sollen. Wie Abb. 4.146 bestätigt, sind jedoch bei den üblicherweise praktisch vorhandenen hohen *Re*-Zahlen glatte Flügeloberflächen immer günstiger als raue. Durch entsprechende Maßnahmen wird versucht, die Flügeloberflächen möglichst glatt zu erreichen und zu erhalten (Tab. 6.16). Solche Maßnahmen sind: Sorgfältige Materialoberflächenausführung, keine vor- oder rückstehenden Teile – wie z. B. Nietköpfe –, Schleifen, Polieren und Lackieren der Oberfläche sowie Reinigen in sinnvollen Zeitabständen.

In welchem Bereich die *Re*-Zahlen und ε-Werte bei den heute gebräuchlichen Flugzeugarten liegen, geht aus Tab. 4.12 hervor.

Tab. 4.12 REYNOLDS-Bereiche und Gleitzahlen heutiger Flugzeugarten

Flugzeugart	*Re*	ε
Segelflugzeuge	$(0{,}1 \text{ bis } 1) \cdot 10^6$	$\geq 1/70$
Sportflugzeuge	$(1 \text{ bis } 10) \cdot 10^6$	$\geq 1/40$
Verkehrsflugzeuge	$(10 \text{ bis } 100) \cdot 10^6$	$\geq 1/30$

4.3.3.8.6 Einfluss der Profilform auf die Polare

Ein *Profil* ist, wie bereits ausgeführt, umso *besser*, je kleiner seine *Gleitzahl* ε. Versuche ergeben, dass bei *Re*-Zahlen unterhalb von etwa 100.000 gewölbte Platten als Schaufeln sogar günstiger sind als Profile. Profilierungen haben in diesem Bereich keinen Sinn mehr, sie sind sogar schädlich. Dies geht auch aus Abb. 4.147 hervor. Unbedingt vorteilhaft ist jedoch, die Platten etwas zu wölben.

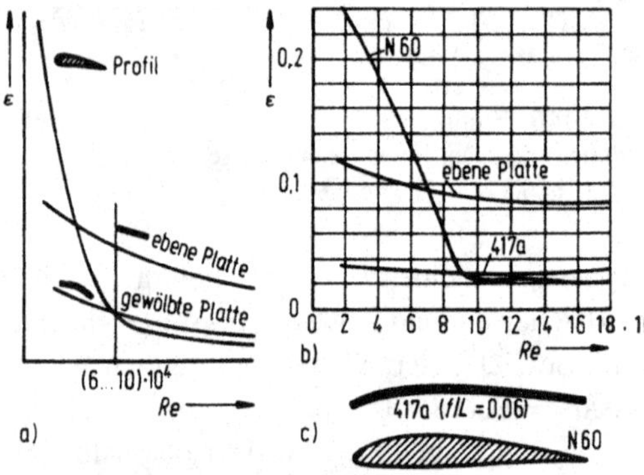

Abb. 4.147 Einfluss der REYNOLDS-Zahl *Re* auf die Gleitzahl ε verschiedener Flügelformen:
a) Prinzipdarstellung
b) Flügel Nr. 417a, Nr. 60 und ebene Platte
c) Profilformen

Strömungen bei *Re*-Zahlen unter etwa 100.000 kommen gelegentlich in Turbomaschinen vor. Da bei diesen Maschinen das Erzielen *guter Wirkungsgrade* sehr wichtig ist, müssen Schaufeln mit kleinster Gleitzahl ausgewählt werden. Manchmal sind dies deshalb gewölbte, nicht profilierte Platten. Solche Platten sind, wie gezeigt, bei kleinen *Re*-Zahlen nicht nur besser, sondern zudem billiger.

Der Einfluss der *Profildicke* auf das Auftriebsmaximum geht aus Abb. 4.148 hervor. Wachsende Dicke erlaubt größere Anstellung (Winkel δ) und ergibt dabei höheren Auftrieb, aber auch größeren Widerstand.

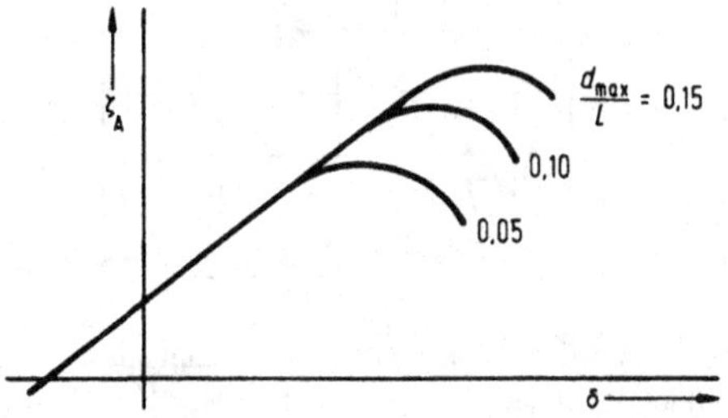

Abb. 4.148 Einfluss des maximalen Profildicken-Verhältnisses auf die Polare

Größere *Wölbung* erhöht, wie Abb. 4.149 zeigt, nicht nur das Auftriebsmaximum, sondern den Auftrieb über den ganzen Anstellbereich – ergibt jedoch auch höheren Widerstand. Dabei bestätigen Versuche die Erkenntnis: Bei Profilen wächst durch Wölben der Auftrieb stärker als durch Verdicken, bei gleichzeitig geringerer Zunahme des Widerstandes. Erhöhen des Höchstauftriebes ist somit durch Wölben des Profiles wirtschaftlicher zu erreichen, als durch Vergrößern des Dickenverhältnisses. Je stärker die Profiloberseite gekrümmt ist, desto mehr wächst dadurch dort die Fluidgeschwindigkeit, was die Auftriebssteigerung bewirkt. Die Grenze setzt die Strömungsablösung (Abb. 4.138a). Bei den sog. schnellen Profilen wird deshalb auf stark gewölbte und besonders dicke Ausführung verzichtet. Beim Start- und Landevorgang wird durch an der Flügelhinterkante angebrachte, ausfahrbare Profilteile (Klappen) die Fläche A_{Fl} sowie die Wölbung f

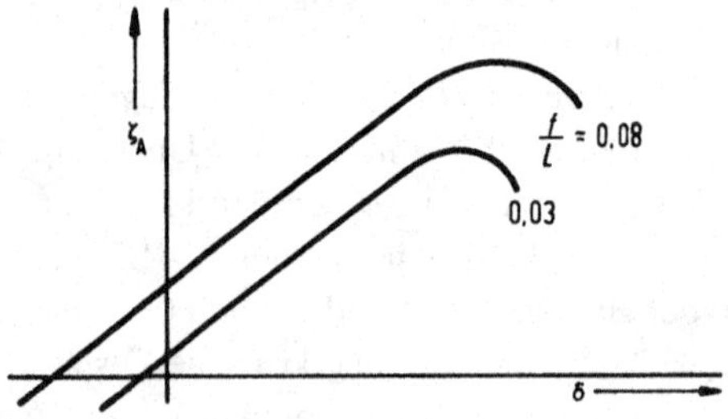

Abb. 4.149 Einfluss des Profilwölbungs-Verhältnisses auf die Polare

des Profils vergrößert. Diese Klappen werden als **Start-** oder **Landeklappen** bezeichnet.

Der Höchstauftrieb kann durch Wölben jedoch nur beschränkt erhöht werden und ist begrenzt durch Strömungablösung. Ab einer bestimmten, experimentell zu ermittelnden Wölbung nimmt der Höchstauftrieb sogar wieder ab, weshalb solche Wölbungsverhältnisse nicht mehr sinnvoll sind. Meist ausgeführt:

$$f/L = 0{,}3 \text{ bis } 0{,}5 \quad \text{und}$$
$$d_{\max}/L = 0{,}05 \text{ bis } 0{,}15$$

Dickere Profile sind allerdings anstellungsunempfindlicher, da geringer ablösungsgefährdet, als stärker gewölbte. Oft werden beide Maßnahmen – Dicke und Wölbung – kombiniert.

Übliche Bezeichnungen und Dicken von Profilen sind:

Profil	dünnes	mittleres	dickes
$d_{\max}/L \approx$	0,05	0,10	0,15

Bemerkung: Kontinuierlich verstellbare Tragflächen, sog. **adaptive Flügel**, würden bei jeweiliger Anpassung an den Flugzustand bis ca. 1/3 geringeren Widerstand (ζ_W-Beiwert) und damit eine gleichgroße Treibstoff-Einsparung ermöglichen (Verweis auf Laminarprofile).

4.3.3.8.7 Einfluss der Fluid-Kompressibilität

Entsprechend Abschn. 1.3.1 ist bei der Tragflügelumströmung die Kompressibilität der Luft unterhalb MACH-Zahlen $Ma \approx 0{,}3$ vernachlässigbar. In diesem Bereich kann die MACH-Zahl also Unbeachtet bleiben. Der Einfluss höherer MACH-Zahlen wird später behandelt (Abschn. 5.5).

4.3.3.8.8 Zusammenfassung

B. ECK [12] fasst die Haupteinflüsse bei Profilen wie folgt zusammen:

1. **Überkritisch** ($Re \gtrsim 2 \cdot 10^5$), d. h. überwiegend turbulente Grenzschicht:
   a) Die aerodynamisch günstigste Profildicke liegt zwischen 7 und 14 % der Profillänge.
   b) Bei allen dünnen und mitteldicken schwach gewölbten Profilen steigt $\zeta_{A,\max}$ mit der Re-Zahl merklich an, und zwar von durchschnittlich 1,2 bei $Re \approx 10^5$ auf etwa 1,5 bei $Re \approx 10^7$. Bei stark gewölbten Profilen dagegen sinkt $\zeta_{A,\max}$ ab.
   c) Der Auftriebsanstieg $\partial\zeta_A/\partial\delta$ ändert sich zwischen $Re \approx 10^5$ und 10^6 merklich, dagegen zwischen 10^6 und 10^7 praktisch nicht mehr. Das gleiche gilt für den Nullauftriebswinkel.
   d) Der Profilwiderstand liegt durchschnittlich etwa 10...20 % oberhalb des reinen Oberflächenwiderstandes.
   e) Durch Ausfahren einer Landeklappe tritt im (ζ_A, R_e)-Diagramm ungefähr eine Parallelverschiebung zu größeren ζ_A-Werten ein. Dabei verschiebt sich $\zeta_{A,\max}$ zu größeren Re-Zahlen. Bei $Re \approx 10^7$ können Werte von $\zeta_{A,\max} \approx 3{,}0$ erreicht werden.
2. **Unterkritisch** ($Re \lesssim 1{,}5 \cdot 10^5$), d. h. überwiegend laminare Grenzschicht:
   a) $\zeta_{A,\max}$ sinkt bis auf 0,3 bis 0,4, je nach der Vorturbulenz des Strahles, also der Anströmung.
   b) Der untere kritische Re-Wert für Tragflügelprofile liegt bei etwa 50.000 bis 80.000 (große Strahlturbulenz), während der obere kritische Wert, der bei vollkommen laminarem Strahl erreicht wird, etwa bei 120.000 bis 160.000 liegt. Im Übergangsbereich kann durch eine scharfe Vorderkante oder einen Turbulenzdraht, der vor den Flügel gespannt wird, der Umschlag laminar-turbulent vorzeitig erzwungen werden.
   c) Der Profilwiderstand steigt an.
   d) Die Gleitzahl steigt bis auf den mehrfachen Wert an.
3. **Laminarprofile**

   Bei großen Re-Werten ist, wie aus Abb. 4.150 durch Vergleich der ζ_W-Werte (für jeweils gleiche ζ_A) z. B. mit Abb. 4.145 hervorgeht, der laminare Reibungsaufwand nur ein Bruchteil des turbulenten. Es lohnt sich also, wenn es gelingt, die Grenzschicht möglichst lange laminar zu halten und sich diese nicht ablöst. Die bei den kleineren Re-Zahlen in den unteren Kurvenbereichen (kleine ζ_A-Werte) noch vergleichsweise schlechten Widerstandbeiwerte (ζ_W groß) von Abb. 4.150 rühren

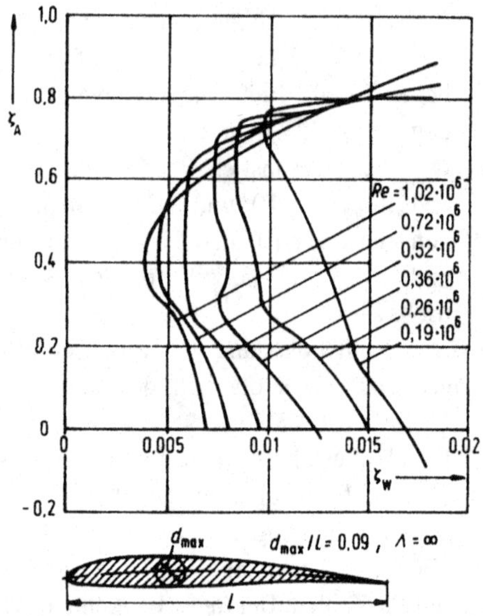

Abb. 4.150 Polaren eines Laminarprofils (13 IfA Zürich) bei verschiedenen REYNOLDS-Zahlen *Re*

daher, dass sich die laminare Grenzschicht auf der Flügeloberseite ablöst und nicht mehr turbulent wieder anlegt. Mit wachsender Anstellung rückt dann der Staupunkt an der Profilnase jedoch weiter nach unten mit dem Erfolg, dass die laminare Grenzschicht an der Flügeloberseite sich nicht mehr ablöst, da stärker beschleunigt. Die Grenzschicht wird dann nach entsprechender Lauflänge turbulent und bleibt anliegen → überkritisch, Abb. 3.20.

Durch geeignete Profilformgebung ist erreichbar, dass die laminare Saugseiten-Grenzschicht lange anliegen bleibt (ca. halbe Profiltiefe), bis sie sich ablöst oder turbulent wird. Verlegt werden muss z. B. die dickste Profildicke weiter nach hinten, sodass der Umschlagspunkt, der letztlich nicht vermeidbar, möglichst weit nach hinten rückt. Bei den so entstehenden, meist symmetrischen Laminarprofilen ist die Grenzschicht auf großem Flügelbereich laminar und deshalb ζ_W sehr niedrig. Neben höchster Glätte und Störungsfreiheit der Flügeloberfläche ist Bedingung für das Zustandekommen von laminarer Grenzschicht ein dauernder Druckabfall, also zunehmende Geschwindigkeit entlang des Profiles, das be deutet beschleunigte Strömung. Auf keinen Fall darf Geschwindigkeitsabnahme und damit Druckanstieg auftreten. Gemäß Abschn. 3.3.4 liegt der Umschlagpunkt laminar/turbulent in der Nähe des Druckminimums, also in der Gegend der größten Profildicke, meist sogar etwas davor. Hieraus folgt notwendigerweise die Forderung nach weitmöglichstem Zurückverlegen der größten Profildicke. Um anschließend noch störungslosen, d. h. anliegenden, wirbelfreien Strömungabfluss zu erreichen, sind jedoch auch dem Zurückverlegen der maximalen Profildicke (etwa $x_{d,\max}/L \leq 0{,}5$) und besonders der Anstellung Grenzen gesetzt. Deshalb verursachen derartige Profile zwar vergleichsweise niedrigen Widerstand, bewirken aber auch nur geringen Auftrieb.

Allgemein werden als Laminarprofile solche bezeichnet, die lange laminare Anlaufstrecke aufweisen, nicht jedoch über das gesamte Profil Laminargrenzschichten erreichen, was praktisch nicht zu verwirklichen ist. Bei Laminarprofilen beträgt die Länge der laminaren Grenzschicht etwa 40 bis 60 % der Profiltiefe gegenüber ca. 20 bis 30 % bei orthodoxen, d. h. üblichen Profilen. Die laminare Grenzschicht von Laminarprofilen ist somit etwa doppelt so lang wie bei normalen Profilen.

Die Polaren von Laminarprofilen weisen als Besonderheit einen, wenn auch meist verhältnismäßig kleinen ζ_A-Bereich sehr günstigen Widerstandsverhaltens auf. Die Polare verläuft in diesem Gebiet etwa vertikal, weshalb hier der Widerstandsbeiwert bei sich änderndem Auftriebsbeiwert gleich niedrig bleibt, in Abb. 4.150 sehr deutlich ausgeprägt bei den Polaren von $Re = (0{,}36 \text{ bis } 0{,}72) \cdot 10^6$. Dieser Kurvenbereich wird als **Laminardelle** (Abb. 4.151) bezeichnet, weil hier der Laminareinfluss der Grenzschicht besonders gravierend ist (große laminare Anlaufstrecke). Wie Versuche bestätigen, ließe sich die Laminardelle durch variable Profilwölbung verbreitern. Dies erforderte Tragflügel mit kontinuierlicher Profiländerung, die jedoch konstruktiv und materialtechnisch nur äußerst schwer zu verwirklichen wären. In engem Bereich ist hierfür das verstellbare Hinterkantenruder von PFENNINGER ein Ersatz.

Wie Abb. 4.150 bestätigt, schrumpft die Laminardelle mit wachsender *Re*-Zahl zusammen, da die laminare Anlaufstrecke immer kürzer

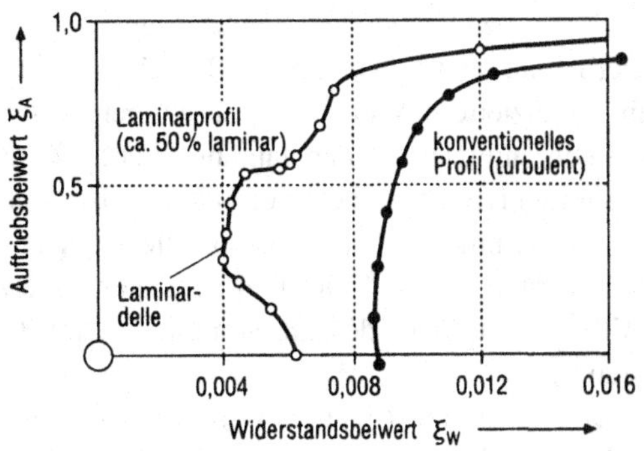

Abb. 4.151 Vergleich der Polaren von üblichem, d. h. konventionellem Profil mit Laminarprofil (VDI)

wird. Günstige Gleitzahlen ergeben sich somit bei größeren REYNOLDS-Zahlen und mäßigen Auftriebsbeiwerten. Der bei kleineren REYNOLDS-Zahlen, besonders der Polaren von $Re = 1{,}02 \cdot 10^6$ und $Re = 0{,}72 \cdot 10^6$ im unteren Dellenbereich auftretende vergleichsweise große, d. h., schlechte Widerstandsbeiwert rührt daher, dass sich auf der Flügeloberseite die laminare Grenzschicht ablöst und sich turbulent nicht wieder anlegt. Die Strömung reißt also ab. Wie erwähnt, rückt mit wachsender Anstellung der Staupunkt an der Profilnase etwas nach unten, wodurch mehr gesunde, d. h. energiereiche Strömung auf die Profiloberseite gelangt. Die Strömung reißt dann nicht mehr ab, was das Sinken des Widerstandsbeiwertes mit wachsender Auftriebszahl bewirkt.

Der Vorteil, der sich durch das sog. LAMINARISIEREN, also das Erreichen möglichst langer laminarer Anlauf-Grenzschicht ergibt, geht deutlich auch aus Abb. 4.151 hervor. Die Widerstandsverminderung durch weitgehende Laminarisierung, d. h. ca. 50 % der Profillänge anliegende laminare Grenzschicht, beträgt:

- theoretisch möglich 50 bis 80 %
- praktisch erreichbar 10 bis 40 %

Das hätte gemäß Abschn. 4.3.3.10, Beziehung (4.318) zusammen mit (4.302), eine gleich hohe Verminderung der Widerstandsleistung und damit des aufzuwendenden Kraftstoffes zur Folge. Das ist von großer Bedeutung, beträgt doch der Aufwand für Treibstoff ca. 10 bis 20 % an den gesamten Betriebskosten von Verkehrsflugzeugen.

Hinsichtlich Gleitzahl ε und Minimalwiderstand (Beiwert ζ_W) sind Laminarprofile also den konventionellen überlegen, beim Auftriebsbeiwert $\zeta_A = \varepsilon \cdot \zeta_W$ jedoch zwangsläufig unterlegen. Die Vorteile der Laminarprofile erfordern zudem verschiedene konstruktive und fertigungstechnische Maßnahmen. Wichtig sind insbesondere genaue Profileinhaltung und hohe Oberflächengüte. Soll zu früher Grenzschichtumschlag laminar in turbulent vermieden werden, sind, wie erwähnt, Oberflächenwelligkeit, Stoßkanten und Spalte, besonders quer zur Strömungsrichtung, sowie z. B. vorstehende Nietköpfe unbedingt zu vermeiden. Beispielsweise verursacht schon ein quer verlaufender, nicht angedichteter Ruderspalt das Erhöhen des Profilwiderstandes um bis etwa 10 %. Grenzschichtabsaugung ermöglicht dagegen eine Veringerung bis ca. 15 %.

4.3.3.9 Kräfte an endlich breiten Tragflügeln

Bei Flügeln endlicher Spannweite und ohne Seitenflächen werden die seitlichen Enden von unten nach oben umströmt, wobei sich Randwirbel bilden. Normale Tragflügel sind deshalb räumlich umströmt. Der Randeinfluss der endlichen Spannweite auf Auftrieb sowie Widerstand ist erheblich und zwar in verschlechternder Richtung.

Hervorgerufen wird die *Randumströmung* und damit die räumliche Strömung durch die unterschiedlichen Drücke zwischen Profilunter- und -oberseite. Der dadurch bewirkte Druckausgleich an den seitlichen Flügelenden pflanzt sich abgeschwächt entlang der Spannweite nach innen fort, wodurch die Stromlinien an der Oberseite nach der Spannweiten-Mitte hin abgelenkt werden und an der Unterseite von der Mitte weg, Abb. 4.152. Die Stromlinienablenkung nimmt dabei von den seitlichen Rändern nach der Flügelmitte hin beidseitig auf null ab. Die abgehenden seitlichen Randwirbel (Wirbelzöpfe) und der Anfahrwirbel bilden einen *Hufeisenwirbel*, der die *Wirbelfläche* (Trennfläche, Abb. 4.135) umschließt. Die Trennfläche wird, wie ausgeführt, von den nach hinten abgehenden Wirbeln

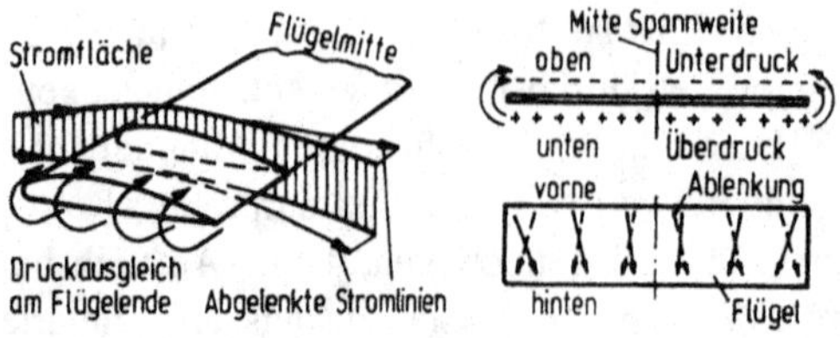

Abb. 4.152 Ablenkung der Stromlinien infolge Umströmung der Flügelenden

erzeugt, die zum Aufrechterhalten der Flügelzirkulation (gebundener Wirbel) notwendig sind, Abb. 4.153. Die Wirbelfläche ist jedoch kein stabil bleibendes System. Ausgelöst durch die seitlichen Wirbelzöpfe (Randwirbel) beginnt sich die Wirbelfläche in einiger Entfernung hinter den Flügeln um Längsachsen kegelartig aufzurollen und langsam aufzulösen in Einzelwirbel, die schließlich durch Reibung aufgezehrt werden. Die nach hinten verlaufenden Achsen dieser instabilen Wirbelkegel beginnen an den seitlichen Flügelenden.

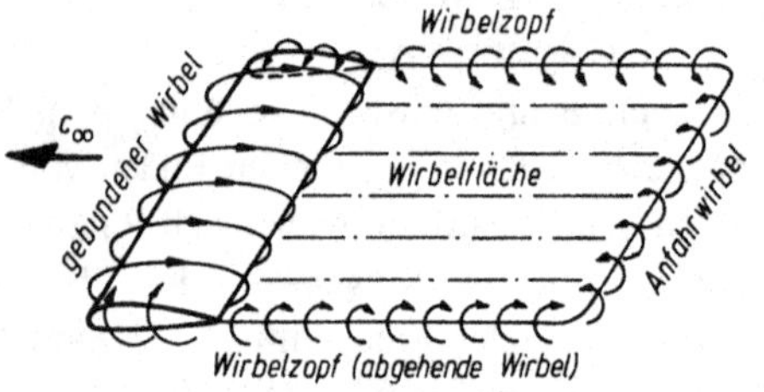

Abb. 4.153 Wirbelsystem am Tragflügel

Durch die bei modernen Verkehrsflugzeugen meist angewendeten seitlichen Flügelendscheiben – Shark- oder Winglets genannt – kann die auftriebsvermindemde Randumströmung behindert und damit verkleinert werden.

Die Randumströmung an den seitlichen Flügelenden verursacht in der Wirbelfläche eine zusätzliche Abwärtsgeschwindigkeit (Abwind), d. h. Ablenkung der Strömung. Zudem ist zum fortgesetzten neuen Bilden von Randwirbeln, für die bei der Flügelfortbewegung sich ständig verlängernden und letztlich auflösenden Wirbelzöpfe, dauernd Arbeit notwendig. Diese und die kinetische Energie des Abwindes äußern sich in einem zusätzlich zu überwindenden Widerstand, der als **induzierter Widerstand** bezeichnet wird.

Der *Gesamtwiderstand* eines Flügels endlicher Breite setzt sich damit aus Reibungs-, Form- und induziertem Widerstand zusammen. Dabei kann der induzierte Widerstand bis über 50 % des Gesamtwiderstandes betragen, also größer sein, als die Summe der anderen, vor allem bei großem Anstellwinkel δ und kleiner Spannweite b (Abb. 4.155). Er ist deshalb von erheblicher Bedeutung.

Des Weiteren hat der seitliche Druckausgleich an den Flügelenden trotz Abwindwirkung (Abschn. 4.3.3.1) einen Auftriebsverlust zur Folge. Für rechteckige Flügel (L = konst) ergibt sich, wenn gemäß PRANDTL idealisierend angenommen wird, dass der beeinflusste Luftbereich scharf begrenzt ist, etwa eine **elliptische Auftriebsverteilung** über der Spannweite b, Abb. 4.154. Dies gilt angenähert jedoch ebenfalls für andere Flügelformen, z. B. konisch verlaufende.

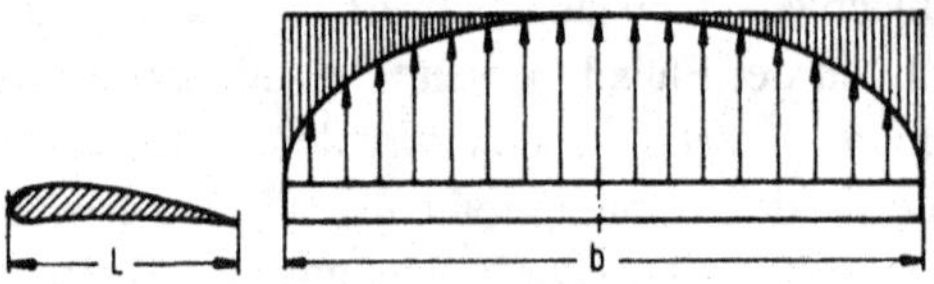

Abb. 4.154 Elliptische Auftriebsverteilung über der Flügelbreite b. Senkrecht schraffierte Fläche entspricht dem Auftriebsverlust

Aus Untersuchungen von PRANDTL geht auch hervor, dass der induzierte Widerstand bei *elliptischer Auftriebsverteilung* ein Minimum erreicht.

Die Auftriebsverminderung durch den Einfluss des induzierten Widerstandes ist zwangsläufig umso größer, je kürzer die Flügel, Spannweite b, im Vergleich zur Profiltiefe L (Abb. 4.154), also je größer das Seitenverhältnis $\lambda = A_{\text{Fl}}/b^2$ und damit je kleiner die Flügelstreckung (Schlankheit) $\Lambda = 1/\lambda$.

Große Spannweite ergibt geringeren Randeinfluss, jedoch ungünstigere Manöverierfähigkeit. Deshalb verwenden Segelflugzeuge lange und Kunst-sowie Jagdflugzeuge kurze Tragflächen.

Der Auftriebsverlust kann durch Vergrößern der Anstellung δ und damit des zugehörigen theoretischen Auftriebsbeiwertes $\zeta_{\text{A},\infty}(\delta)$ gegenüber den Ausgangswerten δ_∞; $\zeta_{\text{A},\infty}(\delta_\infty)$ für den

Flügel mit unendlicher Spannweite ausgeglichen werden. Dies hat allerdings einen ebenfalls erhöhten Profilwiderstand zur Folge, also:

$$\zeta_{W,\infty}(\delta) \text{ größer als } \zeta_{W,\infty}(\delta_\infty), \text{ da } \delta > \delta_\infty .$$

Das erforderliche Vergrößern des Anstellwinkels δ bei endlichem Seitenverhältnis λ um den Betrag $\Delta\delta$ gegenüber dem Anstellwinkel δ_∞ bei unendlicher Spannweite beträgt nach PRANDTL für Flügel mit elliptischer Auftriebsverteilung:

$$\Delta\widehat{\delta} = \lambda \cdot \zeta_{A,\infty}/\pi \quad \text{in rad} \tag{4.311}$$

Nach Umrechnen von $\Delta\widehat{\delta}$ aus dem Bogenmaß ins Gradmaß $\Delta\delta = (180/\pi) \cdot \Delta\widehat{\delta}$, ergibt sich der notwendige vergrößerte Anstellwinkel bei endlicher Spannweite:

$$\delta = \delta_\infty + \Delta\delta \tag{4.312}$$

Der zugehörige $\zeta_{W,\infty}$-Wert, also $\zeta_{W,\infty}(\delta)$, ergibt sich aus der Polaren für $\Lambda = \infty$, wenn δ statt δ_∞ verwendet wird. Entsprechendes gilt für den Auftriebsbeiwert $\zeta_{A,\infty}$.

Hinweis: Index ∞ hat hier zwei verschiedene Bedeutungen. Zum einen steht er bei Geschwindigkeit und Dichte sowie Viskosität des Fluides für die Werte der ungestörten Anströmung (Abschn. 4.1.4). Zum anderen steht er bei Tragflächen als Kennzeichen bei den betreffenden Größen und ζ-Werten, die für unendliche Spannweite gelten. Wenn hier keine Verwechslungsgefahr bei den Werten ohne oder mit Randeinfluss-Berücksichtigung besteht, wird der kennzeichnende Index ∞ einfachheitshalber oft auch weggelassen. Genaues Prüfen ist daher gegebenenfalls notwendig.

Die **induzierte Widerstandskraft** $\boldsymbol{F_{W,i}}$ lässt sich entsprechend der Profilwiderstands-Formel unendlicher Flügelbreite ausdrücken (Ansatz):

$$\boldsymbol{F_{W,i} = \zeta_{W,i} \cdot \varrho_\infty \cdot \frac{c_\infty^2}{2} \cdot A_{Fl}} \tag{4.313}$$

Hierbei ist $\zeta_{W,i}$ der **induzierte Widerstandsbeiwert**.

Der Beiwert für den gesamten Tragflügel-Profilwiderstand $\zeta_{W,ges}$ (Gesamtwiderstandsbeiwert) bei endlicher Spannweite ist demnach:

$$\boldsymbol{\zeta_{W,ges} = \zeta_{W,\infty} + \zeta_{W,i}} \tag{4.314}$$

Mit

$\zeta_{W,\infty}$ ... Profilwiderstandsbeiwert bei unendlicher Flügelbreite, was bedeutet $\zeta_{W,\infty} \equiv \zeta_{W,\infty}(\delta)$, also zugehörig zu δ und nicht zu δ_∞.

Tragflächen-Gesamtwiderstandskraft $\boldsymbol{F_{W,ges}}$

$$F_{W,ges} = F_{W,\infty} + F_{W,i} = \zeta_{W,ges} \cdot \varrho_\infty \cdot (c_\infty^2/2) \tag{4.314a}$$

Für das Profil G535 beispielsweise sind die Zusammenhänge der Beiwerte in Abb. 4.155 dargestellt. Das Diagramm bestätigt: Bei starker Anstellung δ, also großen ζ_A-Werten, z. B. im Langsamflug notwendig, dominiert sogar der induzierte Widerstand ($\zeta_{W,i} > \zeta_{W,\infty}$). Dies ist bedingt durch den dazu erforderlichen, vergleichsweise hohen Druckunterschied zwischen Flügelunter- und -oberseite, der kräftige, widerstandsverursachende Randwirbel bewirkt.

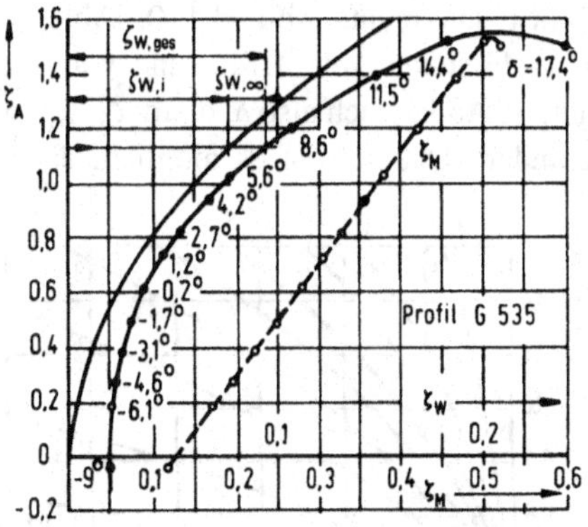

Abb. 4.155 Polare des Profils G535 mit dem Seitenverhältnis $\lambda = 1/5$ ($\rightarrow \Lambda = 5$) mit $\zeta_A = \zeta_{A,\infty}(\delta)$

Der induzierte Widerstandsbeiwert ist auch von der Auftriebsverteilung abhängig:

a) Rechteckiger Flügel ($L =$ konst) mit elliptischer Auftriebsverteilung. Hierfür gilt nach

PRANDTL:

$$\zeta_{W,i} = \zeta_{A,\infty}^2 \cdot \lambda/\pi \qquad (4.315)$$

mit $\zeta_{A,\infty}$ ebenfalls gemäß Anstellung δ nach (4.312) statt δ_∞ aus zugehöriger Profil-Polaren für $\Lambda = \infty$ also $\zeta_{A,\infty}(\delta)$ statt $\zeta_{A,\infty}(\delta_\infty)$.

b) Andere Flügelformen ($L \neq$ konst) mit nicht-elliptischer Auftriebsverteilung:
$\zeta_{W,i}$ ist außer von ζ_A sowie λ und der Auftriebsverteilung noch von der Form, Pfeilung als auch eventueller Verwindung (bei Propellern) des Flügels abhängig, wobei die beiden letzten Größen meist von geringerem Einfluss sind. Näherungsweise hier ebenfalls mit (4.315) rechenbar.

In einem speziellen Polarendiagramm wird $\zeta_{W,i}$ als Funktion von $\zeta_{A,\infty} \equiv \zeta_{A,\infty}(\delta)$ mit der Flügelstreckung $\Lambda = 1/\lambda$ als Parameter dargestellt, Abb. 4.156. Es ergibt sich eine Schar von Parabeln, die mit zunehmender Flügelstreckung Λ immer steiler, d. h. günstiger verlaufen. Während der induzierte Widerstandsbeiwert $\zeta_{W,i}$ sehr stark vom Auftriebsbeiwert $\zeta_{A,\infty}$ abhängt, (4.315), ist der Profilwiderstandsbeiwert $\zeta_{W,\infty}$ in weitem Bereich nahezu unabhängig von $\zeta_{A,\infty}$ (Polare verläuft fast senkrecht, Abb. 4.140, Abb. 4.143, Abb. 4.144 sowie Abb. 4.145) und von der Anstellung δ. Ändert sich also δ, bleibt $\zeta_{W,\infty}$ nahezu unverändert. Dadurch ist es möglich, ein neues

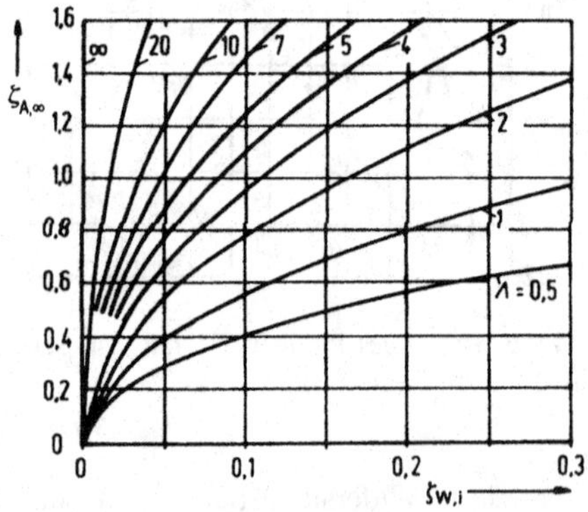

Abb. 4.156 Parabeln des induzierten Widerstandes, abhängig vom Auftriebswert $\zeta_{A,\infty}$ unendlicher Spannweite und der Flügelschlankheit Λ als Parameter (übliche Darstellung). $\zeta_{A,\infty} = f(\zeta_{W,i})$ bzw. $\zeta_{W,i} = F(\zeta_{A,\infty})$

Polardiagramm für ein anderes Seitenverhältnis $\lambda = 1/\Lambda$ zu zeichnen, indem nach (4.315) die Parabel für $\zeta_{W,i} = f(\zeta_{A,\infty})$ über $\zeta_{A,\infty}$ aufgetragen und der zugehörige, im wichtigen Bereich fast konstante $\zeta_{W,\infty}$-Wert vom bisherigen Polaren Diagramm $\zeta_{W,\infty} = f(\zeta_{A,\infty})$ übernommen, oder aus der zugehörigen Polaren für $\Lambda = \infty$ abgegriffen wird.

Ergänzung

Eine vereinfachte Herleitung soll die PRANDTL-Formeln, (4.311) und (4.315) veranschaulichen.

Mit den Beziehungen (4.301) und (4.299) wird:

$$F_A = \zeta_A \cdot b^2 \cdot \lambda \cdot q_\infty = \zeta_A \cdot b^2 \cdot \lambda \cdot \varrho_\infty \cdot c_\infty^2/2$$

Andererseits gilt gemäß Impulssatz, (4.297a):

$$F_A = \varrho_\infty \cdot \dot{V} \cdot c_\perp$$

Hierbei kann gemäß Versuchen der von der Tragfläche erfasste Volumenstrom näherungsweise als scharf abgegrenzter Zylinder vom Durchmesser der Flügelbreite b (Spannweite) betrachtet werden, was auch zur elliptischen Auftriebsverteilung (Abb. 4.154) nach PRANDTL führt. Obwohl die Wirklichkeit anders ist – es erfolgt allmählicher Übergang –, wird sie durch dieses Modell brauchbar wiedergegeben, in dem es gute Ergebnisse liefert. Daher gilt für den vom Flügel erfassten Luftstrom

$$\dot{V} = (\pi/4) \cdot b^2 \cdot c_\infty$$

und damit:

$$F_A = \varrho_\infty \cdot (\pi/4) \cdot b^2 \cdot c_\infty \cdot c_\perp$$

Die beiden Auftriebsbezeichnungen gleichgesetzt ergibt:

$$\zeta_A \cdot b^2 \cdot \lambda \cdot \varrho_\infty \cdot c_\infty^2/2 = \varrho_\infty \cdot (\pi/4) \cdot b^2 \cdot c_\infty \cdot c_\perp$$
$$c_\perp/c_\infty = (2/\pi) \cdot \lambda \cdot \zeta_A$$

Das ist der Tangens des Ablenkungswinkels α der Strömung nach unten, d. h. gegenüber der ungestörten Zuströmung, also $c_\perp/c_\infty = \tan\alpha \approx \widehat{\alpha}$, da

Ablenkung gering ($\alpha \lesssim 5°$). Bei elliptischer Auftriebsverteilung ist gemäß PRANDTL die durch die Randumströmung notwendige Zusatzanstellung $\Delta\delta$ etwa halb so groß wie der Strömungsablenkungswinkel α, weil das Profil, wie jeder umströmte Körper, auf die Strömung voraus- und nachwirkt. Somit gilt:

$$\Delta\widehat{\delta} = \zeta_{\text{A}} \cdot \lambda/\pi$$

(ist (4.311)).

Des Weiteren ist nach PRANDTL gemäß Abb. 4.130 der Tangens des notwendigen Zusatzanstellwinkels $\Delta\delta$ dem Verhältnis zwischen induzierter Widerstandskraft und Auftriebskraft gleichsetzbar:

$$\tan \Delta\delta \approx F_{\text{W,i}}/F_{\text{A},\infty}$$

wobei $F_{\text{A},\infty} \approx F_{\text{A}}$ gesetzt.

Da $\Delta\delta$ ebenfalls klein, gilt auch hier wieder $\tan \Delta\delta \approx \Delta\widehat{\delta}$, weshalb:

$$\Delta\widehat{\delta} \approx F_{\text{W,i}}/F_{\text{A},\infty}$$

Die zugehörigen Ausdrücke eingesetzt führt zu:

$$\zeta_{\text{A},\infty} \cdot \frac{\lambda}{\pi} = \frac{\zeta_{\text{W,i}} \cdot A_{\text{Fl}} \cdot q_{\infty}}{\zeta_{\text{A},\infty} \cdot A_{\text{Fl}} \cdot q_{\infty}} = \frac{\zeta_{\text{W,i}}}{\zeta_{\text{A},\infty}}$$

hieraus

$$\zeta_{\text{W,i}} = \zeta_{\text{A},\infty}^2 \cdot \lambda/\pi$$

(ist (4.315)).

Bemerkungen: Schaufeln in Strömungsmaschinen der Axialbauweise lassen sich infolge des meist mit engem Spalt angrenzenden Gehäuses in der Regel als Flügel von unendlicher Spannweite auffassen.

An den Tragflügelenden bei Flugzeugen manchmal angebrachte Gondeln, sog. Bremszäune, Treibstofftanks, Wirbelkeulen, entsprechend verkleidete Antriebsaggregate oder senkrechte Flächenstücke sind in Richtung der Verringerung des induzierten Widerstandes wirksam. Verschiedentlich werden spezielle „Bremswälle" auf den Profilen angeordnet. Das sind in Flugrichtung verlaufende strömungsgünstig geformte Erhebungen. Wirbelkeulen sind zylinderförmige, meist rotationssymmetrische, windschnittige Körper, die mit ihrer Längsachse in Flugrichtung liegen und vorne sowie hinten über die Flügelprofile hinausragen. Angebracht werden sie an den seitlichen Flügelenden. Brems- oder Grenzschichtzäune sind auf den Tragflächenoberseiten aufgesetzte senkrechte Blechwände, deren mittlere Höhe ungefähr der halben Profildicke entspricht und die von der Profilnase bis etwa halbe Flügeltiefe reichen.

Auch sogenannte **Winglets**, bzw. als Sharklets bezeichnet, das sind an den Tragflächenenden schräg nach oben angeordnete Flügelchen, vermindern erheblich die Randumströmung und deshalb entsprechend den induzierten Widerstand → wichtige Maßnahme.

Der Randeinfluss der Tragflächen bewirkt einen Widerstand, der, wie erwähnt, bei Flugzeugen, besonders von kleiner Spannweite (Λ klein), bis ca. 50 % des Gesamtwiderstandes beträgt und erreicht damit fast den gleichen Wert, wie die übrigen Widerstände zusammen. Er beeinflusst daher maßgeblich die erforderliche Antriebsleistung und somit den Energieverbrauch entscheidend.

Restwiderstand Dies ist der Widerstand aller nicht auftrieberzeugenden Teile des Flugzeuges. Da auch diese Verluste von der Anströmrichtung abhängen, ist der Restwiderstand ebenfalls eine Funktion der Anstellung. Dabei steigt der Restwiderstand meist überproportional, d. h. stärker als linear mit der Anstellung. Die Gesamtpolare eines Flugzeuges verschiebt sich dadurch gegenüber der Flügelpolaren gemäß Abb. 4.155 noch weiter nach rechts in Richtung entsprechend vergrößerter Widerstandsbeiwerte.

Interferenzwiderstand Die Erfahrung bestätigt, dass es nicht genügt, die Luftwiderstände der einzelnen Bestandteile eines Flugzeuges zu addieren, um auf den Gesamtwiderstand zu kommen. Wie schon in Abschn. 4.3.2.3 dargestellt, beeinflussen die widerstandverursachenden Flugzeugteile sich gegenseitig → interferieren (überlagern). Daher wird die Differenz zwischen algebraischer Summe der Einzelwiderstände und dem Gesamtwiderstand als Interferenzwiderstand bezeichnet. Der Interferenzwiderstand kann positiv oder negativ sein. Im ersten Fall ist der Gesamtwiderstand größer als die Summe der Einzelwiderstände und im zweiten Fall kleiner, Abschn. 4.3.2.3, Punkt 8.

Widerstandsaufteilung Beim gesamten Flugzeug teilt sich der Gesamtwiderstand etwa je zur Hälfte in Flächen- und Formwiderstand (Abschn. 4.3.2) auf.

4.3.3.10 Flugbedingungen

Im waagrechten Flug bei gleichbleibender Geschwindigkeit ($a_B \to F_B = m \cdot a_B = 0$) muss gemäß Kräfte-Gleichgewichtsbedingung erfüllt sein (Abschn. 4.3.3.1):

$$\sum \vec{F} = 0 \to \sum F_v = 0 \quad \text{(vertikal)}$$
$$\to \sum F_h = 0 \quad \text{(horizontal)}$$

Ausgewertet für diesen Reiseflugzustand:

$$\sum F_v = 0: \quad F_A + F_a - F_G = 0$$

Wird hierbei der fluidstatische Auftrieb F_a (ARCHIMEDES, (Abschn. 2.6)) vernachlässigt, was vergleichsweise fast immer zulässig ist, muss erfüllt sein:

$$F_A = F_G \quad \text{mit} \quad F_G = m \cdot g \tag{4.316}$$

Hierzu folgt aus (4.301) der notwendige Auftriebsbeiwert ζ_A bzw. die erforderliche Tragflächengröße A_{Fl}, wenn ζ_A gemäß vorweg festgelegtem Profil im günstigsten Betriebspunkt, d. h. bei ε_{min} aus zugehörigem Polarendiagramm bestimmt wird. Da dieser ζ_A-Wert sicher erreicht werden muss, ist er bei ausreichender Näherung in die Beziehungen (4.311) und (4.315) sowie auch beim Abb. 4.156 an Stelle von $\zeta_{A,\infty}$ zu setzen und damit die für die endliche Spannweite b notwendige Mehranstellung $\Delta\delta$ sowie der induzierte Widerstandsbeiwert $\zeta_{W,i}$ zu bestimmen.

$$\sum F_h = 0: \quad F_{Schub} - F_{W,ges} = 0$$
$$\to F_{Schub} = F_{W,ges} \tag{4.317}$$

Mit der erforderlichen Schubkraft $F_{Schub} = F_{W,ges}$, wenn nur Tragflächen berücksichtigt, ergibt sich die hierfür notwendige Schubleistung P_{Schub}, auch als Vortriebs- oder Widerstandsleistung P_W bezeichnet, zu:

$$P_{Schub} = P_W = F_{Schub} \cdot c_\infty = F_{W,ges} \cdot c_\infty \tag{4.318}$$

Für c_∞ ist hierbei wie in (4.316) für F_A nach (4.301) und in $F_{W,ges}$ nach (4.314a) die „ungestörte“ Geschwindigkeit zwischen Tragfläche und Umgebung einzusetzen. Das ist die Relativgeschwindigkeit zwischen Flugzeugfortbewegung und Wind, d. h. zwischen Fluggeschwindigkeit c_{Flug} und Komponente der Windgeschwindigkeit in Flugzeuglängsachse $c_{Wind,\,längs}$; jeweils gemessen über Grund (Erde). Entsprechend (4.291) und Abb. 4.124 gilt mit $c_{Wind,\,längs} = c_{Wind} \cdot \cos\alpha$:

$$c_\infty = c_{Flug} \pm c_{Wind,\,längs}$$

Hierbei

Gegenwind	+-Zeichen
Rückenwind	−-Zeichen
Windstille	$c_{Wind} = 0$
α ...	Winkel zwischen Windrichtung und Flugzeug-Längsachse

Gemäß (4.318) ergibt sich die notwendige Gesamtvortriebsleistung $P_{W,ges,F} = F_{W,ges,F} \cdot c_\infty$ des Flugzeuges (Index F), wenn bei der Gesamtwiderstandskraft $F_{W,ges,F} = \Sigma(\zeta_{W,ges,F} \cdot A_{Fl})$ alle Widerstände, Tragflächen, Triebwerksgondeln, Rumpf, Leitwerk usw., entsprechend zusammengefasst, berücksichtigt werden.

Vergleich

- *Unterschall-Flugzeug* Boeing 747 ($Ma \equiv Ma_\infty = 0{,}9$): Treibstoffverbrauch für Atlantikflug, vollbeladen, ca. 200 bis 300 l Kerosin, umgerechnet auf jeden Passagierplatz. Maximale Startmasse ca. 350 t, davon Treibstoff etwa 170 t. Geschwindigkeiten: Start knapp 300 km/h, Landung ca. 250 km/h.
  Wartungszeit ca. 3 Stunden, bezogen auf eine Stunde Flugzeit. Triebwerkeleistung ca. 120 MW.

- *Überschall-Flugzeug* Concorde ($Ma \equiv Ma_{\infty} \approx 2{,}1$): Kerosin-Verbrauch für Atlantikflug, voll beladen, ca. 800 bis 900 l (Liter) je Passagierplatz; 1800 l auf 100 km. Maximale Startmasse ca. 165 t, davon Treibstoff etwa 80 t.
  Wartungszeit etwa 25 Stunden je Stunde Flugzeit. Trotz Außentemperatur unter −70 °C in ca. 18 km Flughöhe und Luftdichte ungefähr 1/10 von der am Erdboden, wird die Flugzeug-Außenhaut durch die Luftreibung auf etwa 150 °C aufgeheizt, weshalb Kühlung notwendig (Abschn. 5.5.3.2).
  Treibstoffverbrauch trotz etwa halber Passsagierzahl ca. doppelt so hoch wie bei Boeing 747. Höhe 11,4 m; Spannweite 25,6 m; Länge 62,1 m. Dehnt sich während des Oberschallfluges um bis 40 cm aus. Geschwindigkeiten: Start ca. 400 km/h, Landung etwa 300 km/h. Triebwerkeleistung ca. 200 MW.

Bemerkung: Obwohl das Flugzeug *Concorde* nicht mehr im praktischen Einsatz, aber Werte bekannt, Vergleich aufgeführt. Grund: Die Werte zeigen, dass der Überschallflug sowohl hinsichtlich Materialbelastung als auch Energieverbrauch um ein Vielfaches anspruchsvoller und aufwändiger ist als Unterschallflug, hauptsächlich bedingt durch Strömungswirkungen, d. h. verursacht durch die Kräfte der Umströmung.

4.3.3.11 Übungsbeispiele

Übung 56

Vom Flugzeug Boeing 747 (Jumbo-Jet) sind folgende Daten bekannt:

Flügelfläche	$A_{Fl} = 511\,\text{m}^2$
Startmasse	$m = 320.000\,\text{kg}$
Reiseflug-MACH-Zahl	$Ma = 0{,}9$

Abhebegeschwindigkeit beim Start beträgt ca. $c = 234\,\text{km/h}$.

Gesucht:

a) Auftriebsbeiwert beim Reiseflug in 11 km Höhe.
b) Auftriebsbeiwert beim Abheben (Klappen ausgefahren).

Bemerkung: Ab $Ma > 0{,}3$ ist die Kompressibilität der Luft zu berücksichtigen. Da dieser Einfluss erst später dargestellt wird (Abschn. 5.5.2), soll er hier vereinfachungshalber unberücksichtigt bleiben. ◄

Übung 57

Ein Kleinflugzeug soll Rechteck-Tragflächen erhalten.

Bekannt: Vorgesehen: Profil G387 (Göttinger Profil)

Flugzeugmasse (vollbeladen)	4200 kg
Fluggeschwindigkeit	350 km/h
Startgeschwindigkeit	240 km/h
Landegeschwindigkeit	190 km/h
Profil-Seitenverhältnis λ	1 : 6
Flügellänge (etwa halbe Spannweite)	6,4 m

Luftzustand (Reiseflughöhe):

Temperatur	12 °C
Druck	880 mbar

Gesucht bei Windstille:

a) Anstellwinkel und Beiwerte für Reiseflug.
b) Vortriebsleistung im Reiseflug.
c) REYNOLDS-Zahl beim Reiseflug.
d) Tragflächen-Moment im Reiseflug.
e) Lage des Druckmittelpunktes im Reiseflug.
f) MACH-Zahl im Reiseflug.
g) Verhältnisse beim Start, also Anstellwinkel, Leistung, Moment, Druckmittelpunkt, *Re*-Zahl, *Ma*-Zahl.
h) Minimal mögliche Fluggeschwindigkeit und dabei erforderliche Antriebsleistung.
i) Fallbeschleunigung bei der Landung.

Bemerkung: Der induzierte Widerstand soll, damit die Rechnung nicht zu kompliziert wird, zuerst vernachlässigt werden. Dies ist in der Praxis jedoch nicht zulässig, da die Abweichungen, insbesondere bei großen Seitenverhältnissen λ (wie im Beispiel der Fall!) unvertretbar groß werden. Die Rechenergebnisse wären nicht mehr brauchbar. In einer Zweitrechnung ist der Randeinfluss daher zu berücksichtigen. ◄

5 Strömungen mit Dichteänderung

Gasdynamik

5.1 Grundsätzliches

Während, wie ausgeführt, die Volumenänderung, verursacht durch Ändern des Druckes und der Temperatur, bei strömenden Flüssigkeiten fast immer vernachlässigt werden kann, ist dies bei Gasen und Dämpfen nur bei kleinen Geschwindigkeiten zulässig. Nach Abschn. 1.3.1 ist die Kompressibilität bei Gasen und Dämpfen in Strömungen bis zu MACH-Zahlen von etwa 0,3 vernachlässigbar. Bei höheren *Ma*-Zahlen ist die oft erhebliche Volumenänderung kompressibler Fluide in Abhängigkeit von Druck und Temperatur zu berücksichtigen. Dabei können sich Druck und Temperatur verändern infolge Wärmezufuhr/ abfuhr von/nach außen durch Wärmeübertragung oder von innen durch Verbrennung sowie Dissipation (Umsetzung von Strömungsenergie in Reibungswärme) als auch durch Umwandlung von thermischer Energie in Strömungsenergie bzw. umgekehrt.

Gemäß der PRANDTLschen Regel (Abschn. 5.5.2) sind unterhalb der Schallgeschwindigkeit ($Ma < 1$) Strömungen kompressibler Medien näherungsweise mit denen inkompressibler vergleichbar.

Für das Auftreten größerer und deshalb nicht mehr vernachlässigbarer Volumenänderungen sowie der damit verbundenen Druck- und/oder Temperaturänderungen kommen im wesentlichen folgende Fälle in Betracht:

a) Große Höhenerstreckung von Gasmassen unter Schwerewirkung
Das hauptsächlichste Anwendungsgebiet ist hier die freie Atmosphäre. In der *Meteorologie* ist diese Problematik bedeutungsvoll.

b) Große Geschwindigkeiten bei Gas- und Dampfströmungen
   α) Wenn zwei Räume verschiedenen Fluid-Druckes und/oder -Geschwindigkeit durch eine Öffnung, z. B. eine Bohrung, miteinander verbunden werden. Hierzu gehören auch Aus- und Einströmvorgänge (Düsen, Diffusoren). Der Druckunterschied muss dabei entsprechend groß sein (meist größer etwa 20 %).
   β) Wenn sich Körper mit großen Geschwindigkeiten in kompressiblen Fluiden bewegen oder Körper von Gasen mit hoher Geschwindigkeit umströmt werden.

Diese beiden Fälle von Innen- und Außenströmungen sind theoretisch eng miteinander verwandt.

c) Große Beschleunigungen
Derartige instationäre Vorgänge können in ruhenden oder strömenden kompressiblen Fluiden auftreten. Sie sind möglich, wenn Wandteile oder sich in Gasen befindliche Körper stark beschleunigte Bewegungen ausführen oder sonst irgendwelche Veränderungen auftreten. Dazu gehören die Ausbreitungsvorgänge rascher Schwingungen und Explosionen sowie Detonationen (Tab. 1.17, Abschn. 1.3.6), die Folgeerscheinungen raschen Öffnens oder Schließens von Absperr- und Regelorganen, z. B. Drosselklappen, Ventilen, Schiebern.

H. Sigloch, *Technische Fluidmechanik*, https://doi.org/10.1007/978-3-662-64629-8_5

d) Große Temperaturunterschiede
Treten auf bei Strömungen mit großen Geschwindigkeitsänderungen und bei allen Strömungsvorgängen mit Wärmeübertragung zum oder vom Fluid sowie Wärmeumsetzung durch Verbrennung.

Die Betrachtungen im Rahmen dieses Buches beschränken sich auf Fall b), große Geschwindigkeiten bei Gas- und Dampfströmungen. Die hydrodynamischen Grundgleichungen, d. h. die Beziehungen der Strömungen inkompressibler Fluide, reichen nicht mehr aus, um diese Bewegungsvorgänge zu beschreiben. Neben die Gleichungen der Hydro-, d. h. Flüssigkeitsmechanik treten die der Thermodynamik.

Mit wachsender Annäherung der Strömungsgeschwindigkeit an die Schallgeschwindigkeit ändert sich – wegen des Zusammenhanges zwischen Druck und Geschwindigkeit – der Stromlinienverlauf immer stärker. Nach Überschreiten der Schallgeschwindigkeit verändert sich der Strömungscharakter sogar wesentlich. Physikalisch ist dieses Verhalten, wie noch zu erläutern sein wird, dadurch begründet, dass sich in Überschallströmungen Änderungen (meist Störungen) in der Druckverteilung nicht mehr nach allen Seiten fortpflanzen können, sondern nur noch in ein bestimmtes, stromabwärts liegendes Gebiet.

Die MACH-Zahl ist, wie in Abschn. 3.3.1.3 auseinandergesetzt, die Größe für den Abstand zur Schallgeschwindigkeit (3.39). Die *Ma*-Zahl dient daher auch zur Unterscheidung der Strömungsbereiche:

$Ma < 1$ **Unterschall**
$Ma \leq 0{,}3$ inkompressibles Verhalten
$Ma \approx 0{,}3$ bis $0{,}75$ Subsonic, subsonischer Bereich

$Ma \approx 1$ **Transschall**
$Ma \approx 0{,}75$ bis $1{,}25$ (bis um $1{,}5$) Transsonic, transsonischer Bereich, Schallnähe. Transsonische Strömungen sind auch solche, bei denen Unter- und Überschallgebiete nebeneinander vorkommen.

$Ma > 1$ **Überschall**$Ma \approx 1{,}25$ $(1{,}5)$ bis 5 Supersonic, supersonischer Bereich, **Superschall.**

$Ma > 5$ Hypersonic, hypersonischer Bereich, **Hyperschall.**
Gasmoleküle dissoziieren und ionisieren, so dass die Behandlung der Luft bzw. des Gases als thermodynamisch ideal nicht mehr zulässig ist.

Bei Strömungen mit $Ma > 0{,}3$ muss bei Vergleichen neben der *Re*-Zahl auch die *Ma*-Zahl übereinstimmen.

5.2 Kleine Druckstörungen (Schall)

Vorbemerkungen

Die Fortpflanzungsgeschwindigkeit kleiner, d. h. akustischer Druckstörungen, **Schallwellen**, kurz **Schall**, wird mit Schallgeschwindigkeit bezeichnet (Abschn. 1.3.4). Bei großen Druckamplituden, **Stoßwellen**, wird die Ausbreitungsgeschwindigkeit oft bedeutend höher als die des Schalls. Solche Überschallgeschwindigkeiten entstehen z. B. bei Detonationen (Tab. 1.17, Abschn. 1.3.6). Mit wachsendem Abstand vom Detonationsherd werden Amplitude und Fortpflanzungsgeschwindigkeit jedoch laufend kleiner. Schließlich sinken die Werte auf die normalen Schallwellen, so dass die weitere Ausbreitung mit Schallgeschwindigkeit erfolgt. Die Geschwindigkeit sinkt dann nicht mehr weiter ab, wohl aber die Amplitude, d. h. die Lautstärke. Bei der Detonation (überschallschnelle Verbrennung) von Nitroglyzerin beispielsweise entstehen Ausbreitungsgeschwindigkeiten bis ca. 7500 m/s und Drücke von etwa 100.000 bar (Abschn. 1.3.6).

5.2.1 Schallgeschwindigkeit

Gegensätzlich zu Abschn. 1.3.4 soll jetzt die Laplace-*Beziehung* für die Schallgeschwindigkeit mit Hilfe der differenziellen Kontinuitätsbeziehung und der EULERschen Bewegungsgleichung eindimensionaler Strömungen (Stromfadentheorie) abgeleitet werden (exakter Weg).

Die *Wellenfront* in Abb. 5.1 bewege sich mit der Schallgeschwindigkeit a in ruhendem Fluid (Geschwindigkeit $c = 0$, Druck p und Dichte ϱ)

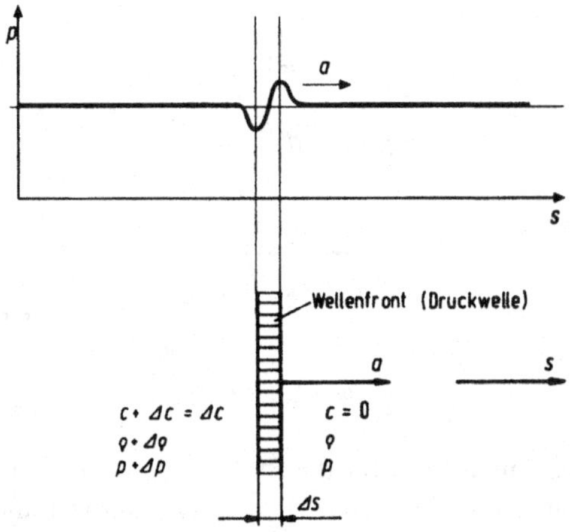

Abb. 5.1 Ausbreitung von Schallwellen (kleinen Druckstörungen mit prinzipiellem Druckverlauf)

von links nach rechts. Hinter der Druckwelle haben sich Geschwindigkeit, Druck und Dichte jeweils um kleine Werte geändert. Änderungen dabei teilweise positiv und teilweise negativ. Die Werte betragen dann: $c + \Delta c$, $p + \Delta p$ und $\varrho + \Delta\varrho$.

In Bezug auf ein *festes* Koordinatensystem (*ruhender* Beobachter) handelt es sich bei der Wellenbewegung um einen *instationären* Vorgang. Der Strömungsvorgang wird dagegen wieder *stationär*, wenn sich das Koordinatensystem mit der Welle mitbewegt (vergleiche Abschn. 4.1.6). Bei dieser *relativen* Betrachtungsweise strömt dann das Fluid von rechts kommend mit den Größen $c = a$, p, ϱ in die Wellenfront als Kontrollfläche ein und verlässt diese nach links mit den veränderten Werten $c + \Delta c$, $p + \Delta p$, $\varrho + \Delta\varrho$. Die Druckwelle ist bei Schall so schwach, dass die Dicke der Wellenfront als sehr gering ($\Delta s = \mathrm{d}s$) gelten kann. Deshalb ist die Querschnittsänderung $\Delta A \approx \mathrm{d}A$ sowie der Höhenunterschied $\Delta z = \mathrm{d}z$ vernachlässigbar, also:

$$\mathrm{d}A \approx 0 \quad \text{und} \quad \mathrm{d}z \approx 0$$

Damit ergeben sich aus:

- K (3.10):

$$\frac{\mathrm{d}\varrho}{\varrho} + \frac{\mathrm{d}c}{c} = 0 \rightarrow \varrho = -\frac{\mathrm{d}\varrho \cdot c}{\mathrm{d}c} \qquad (5.1)$$

- E (3.63):

$$\frac{\mathrm{d}p}{\varrho} + c \cdot \mathrm{d}c = 0 \rightarrow \varrho = -\frac{\mathrm{d}p}{c \cdot \mathrm{d}c} \qquad (5.2)$$

Beziehungen (5.1) und (5.2) gleichgesetzt:

$$-\frac{\mathrm{d}\varrho \cdot c}{\mathrm{d}c} = -\frac{\mathrm{d}p}{c \cdot \mathrm{d}c}$$

Mit $c = a$ wird:

$$a^2 = \mathrm{d}p/\mathrm{d}\varrho \qquad (5.2a)$$

Dies ist die **Gleichung von Laplace**, (1.21) in Abschn. 1.3.4.

Die Druckänderungen bei der Schallausbreitung erfolgen sehr schnell. Zeit für Wärmeaustausch mit der Umgebung besteht deshalb kaum (adiabates Verhalten). Zudem sind die Druckstörungen so klein, dass die Reibung vernachlässigbar ist (ideales Verhalten). Somit kann isentrope Zustandsänderung zugrundegelegt werden mit $v = \varrho^{-1}$ (Abschn. 1.3.6):

$$p \cdot v^{\varkappa} = \text{konst} \qquad (5.3)$$

oder mit $v = \varrho^{-1}$

$$p \cdot \varrho^{-\varkappa} = \text{konst}$$

Die Isentropenbeziehung, (5.3), nach der Produktregel differenziert, führt zu:

$$\mathrm{d}p \cdot \varrho^{-\varkappa} + p \cdot (-\varkappa) \cdot \varrho^{-\varkappa-1} \cdot \mathrm{d}\varrho = 0$$

Hieraus:

$$\frac{\mathrm{d}p}{\mathrm{d}\varrho} = \varkappa \cdot \frac{p}{\varrho} = \varkappa \cdot p \cdot v$$

Eingesetzt in die Laplace-*Gleichung* ergibt für die Schallgeschwindigkeit:

$$\boldsymbol{a = \sqrt{\varkappa \cdot p/\varrho} = \sqrt{\varkappa \cdot p \cdot v}} \qquad (5.4)$$

oder mit der Gasgleichung $p \cdot v = R \cdot T$:

$$\boldsymbol{a = \sqrt{\varkappa \cdot R \cdot T}} \qquad (5.5)$$

Die Schallgeschwindigkeit ist somit die Fortpflanzungsgeschwindigkeit kleiner (positiver oder negativer) Druckänderungen (Störungen) relativ zur ungestörten Strömung.

Gleichung (5.5) ergibt, dass die Schallgeschwindigkeit von der Temperatur des Gases oder Dampfes abhängt. Sie wird mit sinkender Temperatur kleiner.

Werden die thermischen Zustandsgrößen p, v, T auf den **Ruhezustand** des Fluides (Index R), d. h. bei der Strömungsgeschwindigkeit $c_R = 0$, bezogen, ergibt sich mit der Isentropenbeziehung:

$$p \cdot v^{\varkappa} = p_R \cdot v_R^{\varkappa} \rightarrow v = v_R \cdot (p_R/p)^{1/\varkappa} \tag{5.6}$$

Damit folgt aus (5.4), da $p = p_R \cdot (p/p_R)$:

$$a^2 = \varkappa p v_R \left(\frac{p_R}{p}\right)^{1/\varkappa} = \varkappa p_R v_R \left(\frac{p}{p_R}\right)^{\frac{\varkappa-1}{\varkappa}} = a_R^2 \left(\frac{p}{p_R}\right)^{\frac{\varkappa-1}{\varkappa}}$$

Hieraus:

$$a = a_R \left(\frac{p}{p_R}\right)^{\frac{\varkappa-1}{2\cdot\varkappa}} \tag{5.7}$$

Hierbei ist $a_R = \sqrt{\varkappa \cdot p_R \cdot v_R} = \sqrt{\varkappa \cdot R \cdot T_R}$ die Schallgeschwindigkeit des Ruhezustandes mit den thermischen Ruhewerten: Ruhedruck p_R, spezifisches Ruhevolumen v_R und Ruhetemperatur T_R. Dagegen ist a die Schallgeschwindigkeit des Fluides beim Zustand Druck p, Temperatur T und Strömungsgeschwindigkeit c.

In (5.2) für $1/\varrho = v$ die rechte Seite von umgewandelter Isentropenbeziehung (5.6) eingesetzt sowie zwischen Randbedingungen Ruhezustand ($p_R, c_R = 0$) und einem isentropen Entspannungspunkt (p, c) integriert, führt zu:

$$c \cdot \mathrm{d}c = -v_R \cdot p_R^{1/\varkappa} \cdot p^{-1/\varkappa} \cdot \mathrm{d}p$$

$$\int_0^c c \cdot \mathrm{d}c = -v_R \cdot p_R^{1/\varkappa} \cdot \int_{p_R}^{p} p^{-1/\varkappa} \mathrm{d}p$$

$$\left.\frac{c^2}{2}\right|_0^c = -v_R \cdot p_R^{1/\varkappa} \cdot \left.\frac{p^{-1/\varkappa+1}}{-1/\varkappa+1}\right|_{p_R}^{p}$$

$$\frac{c^2}{2} = \frac{\varkappa}{\varkappa-1} \cdot v_R \cdot p_R^{1/\varkappa} \cdot \left[p_R^{\frac{\varkappa-1}{\varkappa}} - p^{\frac{\varkappa-1}{\varkappa}}\right]$$

$$c^2 = \frac{2}{\varkappa-1} \cdot \underbrace{\varkappa \cdot p_R \cdot v_R}_{a_R^2}\left[1 - (p/p_R)^{\frac{\varkappa-1}{\varkappa}}\right] \tag{5.8}$$

$$\boldsymbol{c^2 = \frac{2}{\varkappa-1} \cdot a_R^2\left[1 - (p/p_R)^{\frac{\varkappa-1}{\varkappa}}\right]} \tag{5.9}$$

Gleichung (5.8) für die Strömungsgeschwindigkeit wurde 1839 von DE SAINT VENANT und WANTZEL bekannt. Sie geriet jedoch wegen Einspruch von PONCELET, der eine Bemerkung von BERNOULLI missdeutete, wieder in Vergessenheit. WEISSBACH erkannte die Vorgänge 1855 wieder. Ebenfalls unabhängig legten THOMSON und JOULE[1] von der Thermodynamik herkommend ein gleichwertiges Ergebnis vor. E. ZEUNER, der die Lösung gasdynamischer Fragen durch Theorie und Experiment wesentlich förderte, deckte 1871 die Priorität von DE VENANT und WANTZEL wieder auf.

Die größte Geschwindigkeit wird nach (5.9) erreicht, wenn das Gas ins Vakuum abströmte, also $p = 0$ würde (nur theoretisch denkbar). Dann stellte sich die endliche Maximal- oder Grenzgeschwindigkeit c_{gr} ein:

$$c_{gr}^2 = \frac{2}{\varkappa-1} \cdot \varkappa \cdot p_R \cdot v_R = \frac{2}{\varkappa-1} a_R^2 \tag{5.10}$$

Diese Gleichungen werden in Abschn. 5.3.3, Ausströmungen, wieder benötigt.

Die Beziehung (5.7) für die Schallgeschwindigkeit in (5.9) eingesetzt, ergibt:

$$c^2 = \frac{2}{\varkappa-1} \cdot a_R^2 \cdot \left[1 - \left(\frac{a}{a_R}\right)^2\right].$$

Hieraus:

$$\boldsymbol{a^2 = a_R^2 - \frac{\varkappa-1}{2} \cdot c^2} \tag{5.11}$$

Die Schallgeschwindigkeit nimmt, wie (5.11) zeigt, ausgehend vom Größtwert a_R bei Ruhe

[1] JOULE, James, Prescott (1818 bis 1889), engl. Physiker.

($c = c_R = 0$) mit wachsender Strömungsgeschwindigkeit c ab. Bei der Grenzgeschwindigkeit c_{gr}, die beim Gegendruck $p = 0$ (Vakuum) erreicht würde, ginge nach (5.11) mit (5.10) die Schallgeschwindigkeit auf null zurück:

$$a_{c,\,gr} = 0$$

Bei Strömen mit Grenzgeschwindigkeit c_{gr} (nur theoretisch denkbar, da Vakuum) wäre also keine Schallgeschwindigkeit mehr vorhanden.

Die Geschwindigkeitssteigerung ist nach (5.8) mit einer Drucksenkung und damit gemäß dem sich aus Gasgleichung, kombiniert mit Isentropenbeziehung, ergebendem Zusammenhang

$$T = T_R \cdot \left(\frac{p}{p_R}\right)^{\frac{\varkappa-1}{\varkappa}} \tag{5.12}$$

mit einer Temperaturabnahme verbunden. Nach (5.5) nimmt jedoch, wie schon erwähnt, auch die Schallgeschwindigkeit mit sinkender Temperatur ab. Deshalb müsste bei Schallgeschwindigkeit null, d. h. beim Strömen mit der Grenzgeschwindigkeit c_{gr} auch die absolute Temperatur $T = 0$ sein, was ebenfalls nur theoretisch denkbar; weil letztlich nicht verwirklichbar.

Eine weitere wichtige Beziehung lässt sich zudem aus (5.11) für ein kompressibles Fluid ableiten, das gerade mit Schallgeschwindigkeit strömt, also bei:

$$c = a$$

Die sich dann einstellende Schallgeschwindigkeit a wird als **kritische Schallgeschwindigkeit** a_{kr}($a \equiv a_{kr}$) bezeichnet. Immer mehr wird **LAVAL[2]-Geschwindigkeit** c_L ($c_L \equiv a_{kr}$) als Bezeichnung verwendet. Aus (5.11) ergibt sich mit $a_{kr} \equiv c_L = a = c$:

$$c_L^2 = a_R^2 - \frac{\varkappa - 1}{2} \cdot c_L^2$$

Hieraus:

$$\begin{aligned} c_L^2 &= \frac{2}{\varkappa+1} \cdot a_R^2 = \frac{2 \cdot \varkappa}{\varkappa+1} \cdot p_R \cdot v_R \\ &= \frac{2 \cdot \varkappa}{\varkappa+1} \cdot T_R \cdot R \end{aligned} \tag{5.13}$$

[2] DE LAVAL, G. (1845 bis 1913), schwedischer Ingenieur.

Die Grenzgeschwindigkeit c_{gr} nach (5.10) eingesetzt, führt für die **LAVAL-Geschwindigkeit** $\boldsymbol{c_L}$ zu:

$$c_L^2 = \frac{\varkappa - 1}{\varkappa + 1} \cdot c_{gr}^2 \tag{5.14}$$

Über die **MACH-Zahl** ist es, wie schon ausgeführt, in der Gasdynamik üblich, Strömungsgeschwindigkeiten dimensionslos darzustellen. Dabei können gebildet werden:

a) $Ma = c/a$
örtliche MACH-Zahl, Strömungsgeschwindigkeit bezogen auf die lokale Schallgeschwindigkeit.

b) $Ma_{kr} = c/a_{kr} \equiv La = c/c_L$
kritische MACH-Zahl, besser mit **LAVAL-Zahl** ***La*** bezeichnet. Strömungsgeschwindigkeit bezogen auf die kritische Schallgeschwindigkeit, also die LAVAL-Geschwindigkeit.

c) $Ma_R = c/a_R$
Ruhe-MACH-Zahl oder MACH-Zahl der Ruhe. Strömungsgeschwindigkeit auf die Schallgeschwindigkeit des Ruhezustandes bezogen.

Da bei Rohrströmung oft näherungsweise die Laval-*Geschwindigkeit* etwa eine Konstante ist, verändert sich die Laval-*Zahl* proportional zur Geschwindigkeit c. Die lokale MACH-Zahl Ma dagegen ist in einem Rohr nicht proportional zu c, da sich mit der Geschwindigkeit c auch die Temperatur T und damit die örtliche Schallgeschwindigkeit a des Fluides ändert. Deshalb, d. h. um Proportionalität zu erhalten, wird im Maschinenbau zur Kennzeichnung vorzugsweise die LAVAL-Zahl La, also die kritische MACH-Zahl Ma_{kr} oder die Ruhe-MACH-Zahl Ma_R, verwendet.

Beim Flug eines Körpers in der freien Atmosphäre wird die Temperatur der umgebenden Luft, d. h. die Temperatur T_∞ der Grundströmung, als Bezugsgröße verwendet:

$$a_\infty = \sqrt{\varkappa \cdot R \cdot T_\infty} = \text{konst} \tag{5.15}$$

In diesem Fall ist die Fortbewegungsgeschwindigkeit c proportional zur sog. Anström-MACH-

Zahl:

$$Ma_\infty = c/a_\infty \tag{5.16}$$

In der Flugmechanik wird daher meist mit Ma_∞ gerechnet. Nur bei Windstille ist die Fluggeschwindigkeit c_{Flug} exakt gleich der Anströmgeschwindigkeit c_∞ der Grundströmung. In der Regel kann jedoch meist angenähert gesetzt werden:

$$c_\infty \approx c_{\text{Flug}}$$

Interessant ist die Erkenntnis nach (5.14), dass die Grenz-LAVAL-Zahl (kritische Grenz-MACH-Zahl)

$$La_{\text{gr}} = \frac{c_{\text{gr}}}{c_{\text{L}}} = \sqrt{\frac{\varkappa + 1}{\varkappa - 1}} \equiv Ma_{\text{kr, gr}} \tag{5.17}$$

einen endlichen Wert hat, bei Luft ($\varkappa = 1{,}4$) ist $La_{\text{gr}} = 2{,}45$, während die Grenz-MACH-Zahl

$$Ma_{\text{gr}} = c_{\text{gr}}/a_{\text{c, gr}} \to \infty \tag{5.18}$$

strebt, da zugehörig bei $p \to 0$ und laut (5.4) auch $a_{\text{c, gr}} \to 0$.

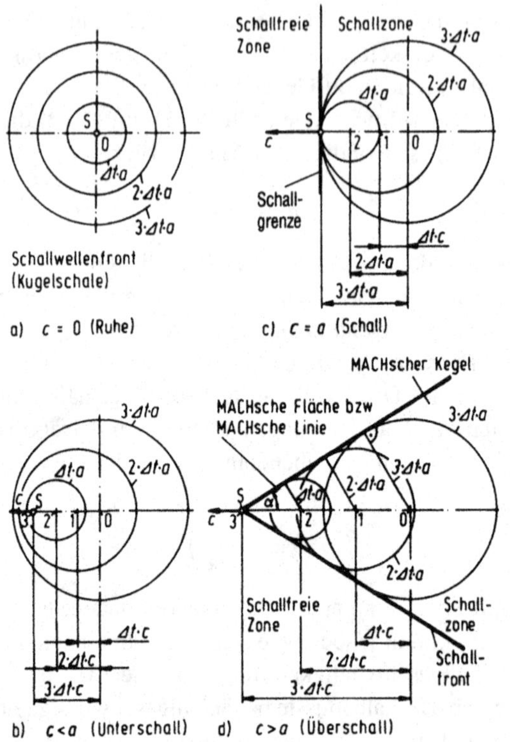

Abb. 5.2 Schallausbreitung bei verschiedenen Translationsgeschwindigkeiten c der Schallquelle S

Bemerkung: Das Vernachlässigen der Kompressibilität wirkt sich derart aus, dass die Schallgeschwindigkeit in streng raumbeständigen, d. h. exakt inkompressiblen Fluiden theoretisch als unendlich groß erscheint. Kleine Strömungen pflanzen sich dann augenblicklich nach allen Seiten unendlich schnell fort. Hieraus folgt, dass bei allen Stoffen (fest, flüssig, gasförmig) die Kompressibilität (sprich auch Elastizität) grundlegende Voraussetzung für das Entstehen und Ausbreiten des Schalls ist (Abschn. 1.3.6).

5.2.2 Schallausbreitung

Ruhezustand In einem ruhenden, homogenen Gas oder Dampf breitet sich eine schwache punktförmige Druckstörung (Schall) allseitig gleichmäßig mit Schallgeschwindigkeit aus. Die Störfront bildet in aufeinanderfolgenden Zeitpunkten (Δt, $2\Delta t$, $3\Delta t$, usw.) konzentrische Kugelschalen um die Störstelle, Abb. 5.2a. Die Schallintensität nimmt nach außen hin ab, da sich die Schallenergie auf immer größere Kugelschalen verteilt. Das Fortschreiten der Störung erfolgt ganz ähnlich wie das Ausbreiten von Ringwellen auf einer anfänglich ruhenden Wasseroberfläche. Dabei handelt es sich nicht um einen Fließvorgang, denn die einzelnen Teilchen bleiben im Mittel am gleichen Ort und nur die Energie pflanzt sich fort. Die von der Schallwelle erfassten Teilchen werden zu Schwingungen um ihre Ruhelage angeregt. Gleichzeitig schwanken Druck und Dichte, bedingt durch die Kopplung der Fluidgrößen (Energiesatz), um ihre Mittelwerte. Flächen gleicher momentaner Abweichung von der Ruhelage bzw. deren Mittelwert werden als Wellenfronten bezeichnet. Die Wellenfronten pflanzen sich im Schallfeld mit Schallgeschwindigkeit fort und übertragen die von der Schallquelle an das Medium abgegebene Energie. Je nach Art (Form) der Schallquelle wird von Kugel-, Linien- oder Stabwelle (Zylinderwelle → koaxiale Zylinderfronten) gesprochen.

Bewegungszustand Besteht zwischen Schallquelle und Fluid eine Relativbewegung, indem die

- Störstelle sich mit Geschwindigkeit c in ruhendem Fluid bewegt,
- Störstelle vom Fluid translatorisch mit Geschwindigkeit c angeströmt wird,
- sich beide gegeneinander bewegen,

überlagern sich Bewegungsgeschwindigkeit c und Schallgeschwindigkeit a (ist jetzt relative Schallgeschwindigkeit!) zur resultierenden, d. h. absoluten Ausbreitungsgeschwindigkeit a_c der Druckstörungen, also des Schalls. Diese absolute Schallgeschwindigkeit $\vec{a}_c$, exakt Druckstörungs-Fortpflanzungsgeschwindigkeit, ergibt sich somit aus vektorieller Addition von $\vec{c}$ und $\vec{a}$ zu $\vec{a}_c = \vec{a} + \vec{c}$. Diese beträgt, mit Index c wegen Geschwindigkeit c:

$$\begin{array}{lll} \text{stromabwärts} & a_c = c + a & \text{(positiv)} \\ \text{stromaufwärts} & a_c = c - a & \text{(negativ)} \end{array}$$

Dabei bedeutet relativ betrachtet, d. h. von der bewegten Schallquelle aus gesehen:

- Positives Vorzeichen von a_c:
  Schallfortpflanzung in Bewegungsrichtung (stromabwärts).
- Negatives Vorzeichen a_c:
  Schallfortpflanzung entgegen der Bewegungsrichtung (stromaufwärts)

Aus den Beziehungen folgt, dass sich kleine Druckstörungen, sowohl Druckerhöhungen als auch -erniedrigungen gegen die Bewegungs- bzw. Strömungsrichtung nur fortpflanzen können, solange die Bewegungs- bzw. Strömungsgeschwindigkeit c kleiner als die Schallgeschwindigkeit a ist (a_c negativ, d. h. entgegen c). Bei Überschallgeschwindigkeit ($c > a$) ist a_c immer positiv. Schallausbreitung ist dann nur noch stromabwärts möglich. Eine Schalldruckwelle kann demzufolge in Überschallströmung nicht nach rückwärts eindringen, d. h. entgegen der Strömung bzw. Bewegung.

Insgesamt wird zwischen drei Fällen unterschieden (wieder in Relativbetrachtung):

1. Störstelle bewegt sich mit Unterschallgeschwindigkeit ($c < a$), Abb. 5.2b.
   Die Druckstörungen können sich auch stromaufwärts ausbreiten; Schallverdichtung stromaufwärts und Schallverdünnung stromabwärts. Vor dem Körper entstehen demnach intensivere Druckstörungen als dahinter.
2. Störstelle bewegt sich gerade mit Schallgeschwindigkeit ($c = a$), Abb. 5.2c.
   Grenzfall: Die Druckstörungen können sich nur noch stromabwärts ausbreiten. Die Schallwellen drängen sich stromaufwärts im Zentrum einer ebenen, theoretisch senkrechten, durch die Störquelle gehenden Front der sog. **Schallmauer** zusammen. Dies hat eine entsprechende Schallverdichtung und damit Verstärkung zur Folge. Stromaufwärts, vor der Schallgrenze, ist die Zone der Ruhe und dahinter, stromabwärts, die Geräuschzone.
3. Störstelle bewegt sich mit Überschallgeschwindigkeit ($c > a$), Abb. 5.2d.
   Die sich mit Schallgeschwindigkeit fortpflanzenden Druckstörungen können sich jetzt nur noch entgegen der Bewegungsrichtung (Geschwindigkeit c) in einem eng begrenzten Raum (Kegel) hinter der Störstelle ausbreiten.

Die Mittelpunkte der Störfronten verschieben sich im Fall 3 so gegeneinander, dass deren Kugelschalen einen gemeinsamen Kegel tangieren, dessen Spitze die Störquelle bildet. Die gesamte Schallfront bewegt sich somit als Kegel, dem sog. **MACHschen Kegel**, mit der Schallquelle mit. Außerhalb des von der Störquelle nach hinten ausgehenden, nachgeschleppten MACHschen Kegels ist die Zone der Ruhe und innerhalb die Zone des Geräusches. Auf dem Mantel des MACHschen Kegels, der Schallfront, ergibt sich verstärkte Schallintensität infolge der sich konzentrierenden Kugelwellenfronten. Die Kegel-Begrenzungslinien (Meridiane) werden auch als MACHsche Linien, MACHsche Wellen oder Charakteristiken bezeichnet. Hier ändern sich Geschwindigkeit, Druck, Temperatur und Dichte infolge der Energiekonzentration nahezu unstetig; dies verursacht einen entsprechenden Geräuschpegel.

Jeder sich mit Überschall bewegende Körper „schleppt" einen MACHschen Geräuschkegel hinter sich her, auf dessen Mantel die Schallintensität um so größer wird, je kleiner der Abstand vom Körper, der die Schallquelle bildet, ist (Tiefflug). Der sog. Überschallknall, auch als Schallmauer bezeichnet, wird (meist unangenehm) wahrgenommen, wenn die Schallfront der „Druckwelle", die MACHsche Kegeloberfläche, das Gehör des Betroffenen erreicht. Die von einem mit Überschallgeschwindigkeit bewegten Körper ausgehenden Kopfwellen gemäß Abb. 5.2d, die sich in der Richtung senkrecht zur Kegeloberfläche wie normale Schallwellen fortpflanzen, werden als scharfer Knall wahrgenommen. Dies ist z. B. auch die Ursache des Peitschenknalles. Dieser entsteht dann, wenn sich das äußere Ende der Peitschenschnur mit Überschallgeschwindigkeit durch die Luft bewegt. Erfolgen solche Knalle aufeinander in schneller regelmäßiger Folge, wie beispielsweise bei einem Propeller, dessen Spitzen mit Überschallgeschwindigkeit umlaufen, entsteht ein scharfer Ton, vergleichbar mit dem einer Posaune.

Der halbe Öffnungswinkel α des Kegels, der Winkel zwischen Bewegungsrichtung und Schallfront, wird als **MACHscher Winkel** bezeichnet. Für den MACHschen Winkel ergibt sich aus Abb. 5.2d:

$$\sin\alpha = a/c = 1/Ma \qquad (5.19)$$

Lediglich bei relativ schwachen Störungen ist die Stoßfront durch einen MACHschen Kegel begrenzt und die Druckstörung pflanzt sich mit Schallgeschwindigkeit fort. Dagegen breiten sich starke Störungen (Explosionen, Detonationen) mit solch großer Überschallgeschwindigkeit aus, dass die Richtung der Stoßfront von den MACHschen Linien abweicht (Abschn. 5.5.3.2).

Bemerkungen: Im Verdichtungsbereich der Schallwellen, d. h. vor dem sich bewegenden Körper, steigen Frequenz (Blauverschiebung) und Energiedichte. Im Bereich der Schallwellen-Verdünnung (hinter dem Körper) dagegen sinken die Werte (Rotverschiebung). Diese Frequenzverschiebung wird nach ihrem Entdecker als **DOPPLER-Effekt** bezeichnet. Vor einer sich bewegenden Schallquelle erreichen einen Beobachter in der gleichen Zeit mehr Schwingungen als bei ruhender Schallquelle. Hinter der sich fortbewegenden Schallquelle ergeben sich umgekehrte Verhältnisse. Erhöhte Schallwellenanzahl pro Zeiteinheit bedeutet jedoch höhere Frequenz und umgekehrt. Daher vor der sich bewegenden Schallquelle Verschiebung zu höherer und dahinter zu geringerer Frequenz. Diese Erscheinung tritt, wenn auch stark abgeschwächt, ebenfalls bei Flüssigkeitsströmungen auf. Trotzdem reicht der Effekt der Frequenzänderung auch hier noch aus, um zur Geschwindigkeitsmessung eingesetzt zu werden (Laser-Anemometer).

Die Schallgeschwindigkeit bewirkt Signal-, d. h. Informationsausbreitung. Die Strömungsgeschwindigkeit dagegen bewirkt Masse- und damit Materietransport.

5.3 Eindimensionale kompressible Strömungen (Stromfadentheorie)

5.3.1 Grundgleichungen

5.3.1.1 Durchfluss und Kontinuität

Auch für nichtvolumenkonstante, d. h. kompressible Fluide gilt die allgemeine Durchflussbeziehung, (3.5), die Kontinuitätsbedingung, (3.7), sowie die differenzielle Kontinuitätsgleichung, (3.10), alle nach Abschn. 3.2.2.2. Grund: Die Herleitung erfolgt ohne Einschränkung hinsichtlich Dichteverhaltens des Fluides.

5.3.1.2 Energiesatz

5.3.1.2.1 Reibungsfreie kompressible Strömungen

Die Energiegleichung für ideale stationäre Absolutströmung, (3.86), lässt sich für reibungsfreie, kompressible Fluide mit den spezifischen thermischen und JOULEschen (kalorischen) Zustandsgleichungen, die exakt nur für thermisch ideales Gasverhalten gelten, umschreiben, wobei $p; T$ die unabhängigen und $v; u; h; s$ die abhängigen thermischen (jouleschen) **Zustandsgrößen**[3] sowie $\varkappa$; R Stoffwerten. Folgende Zusammenhänge beruhen teilweise auf Axiomen (Grundsätze) und Festlegungen (durch Experimente und Erfahrungen bestätigt).

Gasgleichung	$p \cdot v = R \cdot T$	(5.20)
Gaskonstante	$R = c_p - c_v$	(5.21)
Isentropenexponent	$\varkappa = c_p / c_v$	(5.22)
Innere Energie	$\mathrm{d}u = c_v \cdot \mathrm{d}T$	(5.23)
Enthalpie	$\mathrm{d}h = c_p \cdot \mathrm{d}T$	(5.24)
	$\mathrm{d}h = \mathrm{d}u + \mathrm{d}(p \cdot v)$	
	$= \mathrm{d}q + v\,\mathrm{d}p$	(5.24a)
Entropie	$\mathrm{d}s = \mathrm{d}q / T$	(5.25)
1. Hauptsatz	$\mathrm{d}q = \mathrm{d}u + p \cdot \mathrm{d}v$	(5.25a)

Hierbei in der Technik meist **Bezugsbasis 0 °C**. Das bedeutet, die JOULEschen (kalorischen) Größen h, u, q werden null gesetzt bei Temperatur $t_0 = 0\,°\mathrm{C}$. TRAUPEL [84] führte hierzu für $h(t)$ die Bezeichnung **Normalenthalpie** ein. In den thermodynamischen Beziehungen sind Temperatur T und Druck p die statischen Werte, d. h. Geschwindigkeitseinfluss nicht berücksichtigt, weshalb auch statische Temperatur und statischer Druck bezeichnet. **Druck p** und **Temperatur T**, bzw. t sind die **primären Zustandsgrößen**, da direkt mess- und beeinflußbar.

Entropie ist ein Qualitätsmaß: Wärme ist technisch um so wertvoller, je höher ihre Temperatur, also je geringer die Entropie.

Der **erste Hauptsatz der Thermodynamik**, (5.25a), wird auch GIBBSscher Fundamentalsatz, oder kurz **GIBBSsche Gleichung** genannt.

Aus den Beziehungen (5.21) und (5.22) folgt für die Wärmekapazität (spezifische Wärme) bei konstantem Druck (Isobare):

$$c_p = R \cdot \varkappa / (\varkappa - 1) \qquad (5.25b)$$

[3] Hinweis auf den Kapitelanhang und bezeichnet werden auch:

- unabhängige Zustandsgrößen (p, t) als **primäre Zustandsgrößen**, oder kurz Zustandsgrößen, da auch direkt messbar.
- abhängige Zustandsgrößen (v, u, h, s) als **sekundäre Zustandsgrößen** oder Zustandsfunktionen.

Dimensionen:

Mit

$$\frac{\mathrm{J}}{\mathrm{kg}} = \frac{\mathrm{N \cdot m}}{\mathrm{kg}} = \frac{\mathrm{kg \cdot (m/s^2) \cdot m}}{\mathrm{kg}} = \frac{\mathrm{m^2}}{\mathrm{s^2}}$$

$u; h$ in $\mathrm{J/kg = m^2/s^2}$, $c_v; c_p; R; s$ in $\mathrm{J/(kg \cdot grd) = m^2/(s^2 \cdot grd)}$; grd – Abkürzung für Grad, sog. Statthalter – steht hierbei stellvertretend für K und °C. Bei Temperatur-Differenzen stimmen die Zahlenwerte von T in K und t in °C überein, also $\Delta T = \Delta t$, da Bezugs-Basis herausfällt.

Im **Energiesatz**, (3.86)

$$g \cdot z + (p/\varrho) + (c^2/2) + u = \text{konst}$$

die Dichte ϱ durch das spezifische Volumen $v = 1/\varrho$ ersetzt und anschließend differenziert (abgeleitet), führt zu:

$$g \cdot z + p \cdot v + (c^2/2) + u = \text{konst}$$
$$g \cdot \mathrm{d}z + p \cdot \mathrm{d}v + v \cdot \mathrm{d}p + c \cdot \mathrm{d}c + \mathrm{d}u = 0 \qquad (5.26)$$

Das Gasgesetz, (5.20), ebenfalls abgeleitet und in die differenzielle Energiegleichung idealer Fluide, (5.26), eingesetzt, ergibt bei Verwenden der Beziehungen für innere Energie, (5.23), Enthalpie, (5.24), und Gaskonstante, (5.21):

$$p \cdot v = R \cdot T$$

abgeleitet:

$$\mathrm{d}(p \cdot v) = \mathrm{d}(R \cdot T)$$
$$p \cdot \mathrm{d}v + v \cdot \mathrm{d}p = R \cdot \mathrm{d}T = (c_p - c_v) \cdot \mathrm{d}T$$
$$= \mathrm{d}h - \mathrm{d}u \qquad (5.27)$$

In (5.26) eingesetzt:

$$g \cdot \mathrm{d}z + \mathrm{d}h - \mathrm{d}u + c \cdot \mathrm{d}c + \mathrm{d}u = 0$$
$$g \cdot \mathrm{d}z + \mathrm{d}h + c \cdot \mathrm{d}c = 0$$

Oder mit $c \cdot \mathrm{d}c = \mathrm{d}(c^2/2)$:

$$g \cdot \mathrm{d}z + \mathrm{d}(c^2/2) + \mathrm{d}h = 0 \qquad (5.28)$$

Diese differenzielle Energiegleichung, (5.28), für stationäre lineare Strömung idealer kompressibler Fluide integriert (aufgeleitet), ergibt:

$$\boldsymbol{g \cdot z + (c^2/2) + h = \text{konst}} \qquad (5.29)$$

Oder für die Bezugsstellen ① und ②, z. B. gemäß Abb. 5.4 → E ①–②:

$$g \cdot z_1 + c_1^2/2 + h_1 = g \cdot z_2 + c_2^2/2 + h_2 \quad (5.30)$$

Wegen der geringen Gasdichte ist die potenzielle Energie $g \cdot z$ fast immer vernachlässigbar (insbesondere bei Höhendifferenzen bis ca. 100 m; Ausnahme: Meteorologie) gegenüber Strömungsenergie und Enthalpie. Dann erhält die **Energiegleichung idealer kompressibler Strömung** die meist verwendete Form:

$$\boldsymbol{(c^2/2) + h = \text{konst}} \qquad (5.31)$$

Oder wieder zwischen den Stellen ① und ②, also z. B. abermals gemäß Abb. 5.4 → E ①–②:

$$c_1^2/2 + h_1 = c_2^2/2 + h_2 \quad \text{bzw.} \qquad (5.32)$$

$$c_2^2/2 - c_1^2/2 = h_1 - h_2 \qquad (5.33)$$

Die Summe von Enthalpie und kinetischer Energie, also der Wert der Konstanten in (5.31), wird auch als **Gesamt-**, **Ruhe-**, **Kessel-** oder **Totalenthalpie** bzw. Totalenergie bezeichnet.

Bemerkung: Der Enthalpie h bei Gasen und Dämpfen entspricht bei Flüssigkeiten die spezifische Energie Y gemäß (4.1), also $h \equiv Y$ mit Grund-Dimension $[\text{m}^2/\text{s}^2]$ (Basiseinheit).

Die Energiegleichung, (5.32), strömender idealer kompressibler Fluide (Gase und Dämpfe) gibt den Zusammenhang zwischen der Strömungsenergie und der Enthalpie als Summe von innerer Energie u und Verschiebearbeit $p \cdot v$ (gesamter Wärme- oder Energieinhalt), also Gesamtenergie. Dabei ist ein **adiabates System** (wärmedicht) vorausgesetzt, d. h., es erfolgt kein Wärmeaustausch des Fluides mit der Umgebung. Wärmeabfuhr nach außen oder Wärmezufuhr von außen finden daher nicht statt.

Die Zustandsänderung, die ein thermodynamisch ideales (R = konst, $\varkappa$ = konst) und fluidmechanisch ideales (reibungsfrei → $\eta = 0$) Gas in einem adiabaten System ($q = 0$) ausführt, ist die **Isentrope** (s = konst), Abb. 5.3. Zur Kennzeichnung der idealen, d. h. isentropen kompressiblen Strömung wird deshalb an Stelle ② der Zweitindex s, für s = konst, angefügt, also 2, s; zugehörig $h_{2,\text{s}}$; $c_{2,\text{s}}$; $T_{2,\text{s}}$ und $v_{2,\text{s}}$. Beim Druck p_2 dagegen ist kein Zweitindex notwendig, da der Entspannungsdruck durch äußere Bedingungen festgelegt und daher unabhängig von der Qualität der Zustandsänderung (ideal oder real → $p_{2,\text{s}} \equiv p_2$) ist, weshalb auch unabhängige oder primäre Variable.

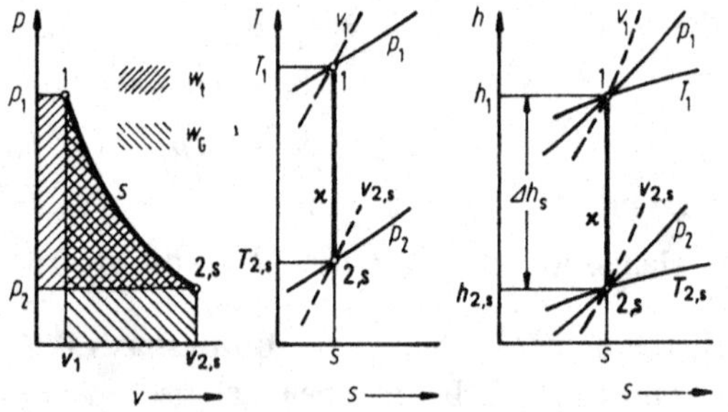

Abb. 5.3 Isentrope Zustandsänderung im (p, v)-, (T, s)- und (h, s)-Diagramm nach MOLLIER.
w_G Gasarbeit, w_t technische Arbeit Zustandsänderung von 1 nach 2, s, Entspannung (Expansion), von 2, s nach 1 Verdichtung (Kompression). Reversibel, da s = konst, d. h. ideal. Δh_s isentropes Wärmegefälle (Enthalpiedifferenz)

Die **Isentrope** ist die wichtigste der idealen Zustandsänderungen, da in guter Näherung als **Polytrope** ($n > \varkappa$, Überisentrope wegen Reibung) technisch zur Energieumsetzung – Wärme in mechanische – verwirklichbar. Bei $1 < n < \varkappa$ Unterisentrope (seltener). Immer jedoch gelten folgende thermodynamischen Beziehungen mit Exponenten $\varkappa$ (ideal) bzw. n (real).

Wärmeaustausch

$$\mathrm{d}q = 0$$

Entropie (Güte- oder Qualitätsgröße)

$$\mathrm{d}s = \mathrm{d}q/T = 0 \rightarrow s = \text{konst}$$

Entropie (Verwandlungseinheit), Wortprägung von CLAUSIUS[4] aus tropie (griech. Verwandlung) und Voranstellung der Silbe En in Anlehnung an Energie. „Je größer der Wert, desto technisch ungünstiger."

[4] CLAUSIUS, R. (1822 bis 1885), dt. Physiker.

Isentropen-Beziehung

$$p \cdot v^{\varkappa} = \text{konst} \quad \rightarrow p_1 \cdot v_1^{\varkappa} = p_2 \cdot v_{2,s}^{\varkappa}$$

Gasarbeit (Volumenänderungsarbeit)

$$w_{G,s} = \int_{v_1}^{v_{2,s}} p \cdot dv$$

Mit $p = p_1 \cdot v_1^{\varkappa} \cdot v^{-\varkappa}$ (aus $p \cdot v^{\varkappa} = p_1 \cdot v_1^{\varkappa}$) wird

$$\begin{aligned} w_{G,s} &= p_1 \cdot v_1^{\varkappa} \int_{v_1}^{v_{2,s}} v^{-\varkappa} \cdot dv \\ &= p_1 \cdot v_1^{\varkappa} \cdot \left. \frac{v^{-\varkappa+1}}{-\varkappa+1} \right|_{v_1}^{v_{2,s}} \\ &= -\frac{1}{\varkappa-1} \cdot p_1 \cdot v_1^{\varkappa} \cdot \left[v_{2,s}^{1-\varkappa} - v_1^{1-\varkappa} \right] \\ &= \frac{1}{\varkappa-1} \cdot p_1 \cdot v_1 \cdot \left[1 - \left(\frac{v_1}{v_{2,s}} \right)^{\varkappa-1} \right] \end{aligned}$$

und mit $v_1/v_{2,s} = (p_2/p_1)^{1/\varkappa}$ ergibt sich:

$$w_{G,s} = \frac{1}{\varkappa-1} \cdot \underbrace{p_1 \cdot v_1}_{=R \cdot T_1} \cdot \left[1 - \left(\frac{p_2}{p_1} \right)^{\frac{\varkappa-1}{\varkappa}} \right] \tag{5.34}$$

Technische Arbeit (Druckänderungsarbeit)

$$w_{t,s} = \int_{p_2}^{p_1} v \cdot dp = -\int_{p_1}^{p_2} v \cdot dp$$

Mit $v = v_1 \cdot p_1^{1/\varkappa} \cdot p^{-1/\varkappa}$ wird

$$\begin{aligned} 2w_{t,s} &= -v_1 p_1^{1/\varkappa} \int_{p_1}^{p_2} p^{-1/\varkappa} dp \\ &= -v_1 p_1^{1/\varkappa} \left. \frac{p^{(-1/\varkappa)+1}}{(-1/\varkappa)+1} \right|_{p_1}^{p_2} \\ w_{t,s} &= -\frac{\varkappa}{\varkappa-1} \cdot v_1 \cdot p_1^{1/\varkappa} \cdot \left[p_2^{\frac{\varkappa-1}{\varkappa}} - p_1^{\frac{\varkappa-1}{\varkappa}} \right] \\ \boldsymbol{w_{t,s}} &= \boldsymbol{\frac{\varkappa}{\varkappa-1} \cdot \underbrace{p_1 \cdot v_1}_{=R \cdot T_1} \cdot \left[1 - \left(\frac{p_2}{p_1} \right)^{\frac{\varkappa-1}{\varkappa}} \right]} \end{aligned} \tag{5.35}$$

Aus Vergleich der Beziehungen (5.34) und (5.35) folgt:

$$w_{t,s} = w_{G,s} \cdot \varkappa$$

Enthalpie Aus dem 1. Hauptsatz der Thermodynamik (GIBBsche Gleichung) ergibt sich:

$$dq = du + p \cdot dv = 0,$$

oder mit (5.27)

$$dq = dh - v \cdot dp = 0.$$

Hieraus, da ja $dq = 0$:

$$dh = v \cdot dp \quad \text{(da Isentrope!)}$$

Integriert (aufgeleitet) zwischen den Zustandsgrenzen 1 und 2, s, das bedeutet entgegen der h-Achse, also negativ:

$$\left| \int_{h_1}^{h_{2,s}} dh \right| = \left| \int_{p_1}^{p_2} v \cdot dp \right| = \int_0^{w_{t,s}} dw_{t,s}$$

$$|(h_{2,s} - h_1)| = w_{t,s}$$

also

$$\boldsymbol{\Delta h_s = h_1 - h_{2,s} = w_{t,s}} \tag{5.36a}$$

und mit (5.35):

$$\boldsymbol{\Delta h_s = w_{t,s} = \frac{\varkappa}{\varkappa-1} p_1 v_1 \left[1 - \left(\frac{p_2}{p_1} \right)^{\frac{\varkappa-1}{\varkappa}} \right]} \tag{5.36b}$$

Hierbei wieder nach Gasgleichung, (5.20), $p_1 \cdot v_1 = R \cdot T_1$.

Die technische Arbeit der Isentropen ist gleich der Differenz der Enthalpie-Werte von Zustandsanfangs- und Zustandsendpunkt. (5.36a), (5.36b) ermöglicht die Enthalpiedifferenz Δh_s entweder zu berechnen oder aus einem (h, s)-Diagramm (MOLLIER-Diagramm) des betreffenden Fluids abzugreifen. Die Differenz aus dem (h, s)-Diagramm nach MOLLIER[5] zu entnehmen ist dem Berechnen vorzuziehen,

[5] MOLLIER, Richard (1863 bis 1935), deutscher Thermodynamiker.

da in den (h, s)-Diagrammen realer Gase die Abweichungen vom thermodynamisch idealen Verhalten eingearbeitet sind, nicht jedoch vom fluidmechanisch idealen (Reibungseinfluss). Allerdings sind (h, s)-Diagramme nur für wenige Gase und Dämpfe verfügbar. Das wichtigste MOLLIER (h, s)-Diagramm in der Technik ist das von Wasserdampf [76, 77], Abb. 6.48. Enthalpie- und Entropie-Zahlenwerte für die wichtigsten Gase und Dämpfe enthält der VDI-Wärmeatlas [98].

Beziehungen (5.36a), (5.36b) in die umgestellte Energiegleichung idealer Gase, (5.33), entsprechend eingesetzt, d. h. E ①–②:

$$\frac{c_{2,s}^2}{2} - \frac{c_1^2}{2} = h_1 - h_{2,s} = \Delta h_s = w_{t,s}$$

$$= \frac{\varkappa}{\varkappa - 1} p_1 v_1 \left[1 - \left(\frac{p_2}{p_1}\right)^{\frac{\varkappa-1}{\varkappa}}\right]$$

$$= \frac{a_1^2}{\varkappa - 1} \cdot \left[1 - \left(\frac{p_2}{p_1}\right)^{\frac{\varkappa-1}{\varkappa}}\right] \quad (5.37)$$

Diese Gleichung[6] ermöglicht das Berechnen der jeweiligen Strömungsgeschwindigkeit eines – einer isentropen Zustandsänderung unterworfenen – strömenden thermodynamisch idealen kompressiblen Fluides (Gas oder Dampf). Bei Dampf muss jedoch zumindest immer dann das (h, s)-Diagramm angewendet werden, wenn die Zustandsänderung ins Nassdampfgebiet führt, da sich hierbei auch der Isentropenexponent $\varkappa$ sehr stark ändert.

Werte für den Isentropenexponent $\varkappa$ und die Gaskonstante R wichtiger gasförmiger Fluide sind in Tab. 6.6 aufgeführt, die exakt nur für die aufgeführten Bezugswerte (Druck, Temperatur) gelten. Angenähert sind die Werte jedoch meist in genügender Genauigkeit allgemeiner verwendbar, d. h. für größere Temperatur- und Druckbereiche, und zwar wegen weitgehendem thermodynamisch idealen Verhalten dieser Stoffe.

Die Definitionsgleichung der Enthalpie lässt sich auch wie folgt auswerten

$$\mathrm{d}h = c_p \cdot \mathrm{d}T$$

für ideales Gas (c_p = konst) integriert:

$$\int_{h_0}^{h} \mathrm{d}h = c_p \cdot \int_{T_0}^{T} \mathrm{d}T$$

$$h - h_0 = c_p \cdot (T - T_0) \quad (5.38)$$

$$\Delta h = c_p \cdot \Delta T \quad (5.39)$$

Mit dem absoluten Nullpunkt $T_0 = 0, h_0 = 0$ als Bezugspunkt wird:

$$h = c_p \cdot T \quad (5.40)$$

Mit dem Gasgesetz $T = (p \cdot v)/R$ gilt dann:

$$h = \frac{c_p}{R} \cdot p \cdot v = \frac{c_p}{c_p - c_v} \cdot p \cdot v$$

$$= \frac{1}{1 - (c_v/c_p)} \cdot p \cdot v = \frac{1}{1 - (1/\varkappa)} \cdot p \cdot v$$

$$h = \frac{\varkappa}{\varkappa - 1} \cdot p \cdot v = \frac{\varkappa}{\varkappa - 1} \cdot R \cdot T = \frac{a^2}{\varkappa - 1} \quad (5.41)$$

Damit kann die Gleichung der technischen Arbeit der Isentropen auch wie folgt dargestellt werden:

$$w_{t,s} = \Delta h_s = h_1 - h_{2,s}$$

$$= \frac{\varkappa}{\varkappa - 1} \cdot (p_1 \cdot v_1 - p_2 \cdot v_{2,s}) \quad (5.42)$$

oder nach (5.39):

$$\boldsymbol{w_{t,s} = \Delta h_s = c_p \cdot (T_1 - T_{2,s}) = c_p \cdot \Delta T_s} \quad (5.43)$$

Damit in (5.37):

$$\frac{c_{2,s}^2}{2} - \frac{c_1^2}{2} = c_p \cdot (T_1 - T_{2,s})$$

$$\frac{c_{2,s}^2}{2} + c_p \cdot T_{2,s} = \frac{c_1^2}{2} + c_p \cdot T_1$$

$$\frac{c_{2,s}^2}{2 \cdot c_p} + T_{2,s} = \frac{c_1^2}{2 \cdot c_p} + T_1$$

Die Ausdrücke beider Gleichungsseiten werden in Anlehnung an Beziehung (5.31) auch als **R**uhe-, Kessel- oder Totaltemperatur $\boldsymbol{T_R}$ (Index t) bezeichnet. Also $T_R = T + c^2/(2 \cdot c_p)$, da Geschwindigkeitseinfluss berücksichtigt.

---

[6] VON DE SAINT-VERNANT (1797 bis 1886) und WANTZEL (1814 bis 1848) schon 1839 erarbeitet.

Wichtig ist, nochmals festzuhalten, dass diese Beziehungen exakt nur für thermodynamisch ideales Gasverhalten gelten. Bei realen Gasen, insbesondere bei Dämpfen, ist die Abweichung durch den sog. **Realgasfaktor Z** in den Gleichungen zu berücksichtigen, z. B. Tab. 6.6 für Luft, oder [98]. An Stelle der Gaskonstanten R tritt hierbei das Produkt $R \cdot Z$ und statt c_p ist die mittlere spez. Wärme $c_{p,m}$ oder $\bar{c}_p$ zu setzen. Bei Gasen ist dies jedoch meist erst bei höheren Drücken (ab etwa 200 bar notwendig, bei Dämpfen dagegen fast immer, deshalb besser Verwenden des (h, s)-Diagramms, Abb. 6.48 oder [99].

Beispiel

Dichte- und Volumenstromänderung bei geringer Druckänderung in näherungsweiser isentroper Strömung.

Situation: Es soll ein Gas von etwa Ruhe $(p_R; \varrho_R; c_R \approx 0)$ durch Druckabbau bis p_0, zugehörig $\varrho_0; T_0$, auf Geschwindigkeit c_0 gebracht werden, z. B. der Fall bei Verdichter-Einlaufströmung (Ansaugbereich).

Gesucht: Änderung von Dichte und Volumen in der Strömung.

Dichteänderung: Gemäß (1.9)

$\Delta\varrho/\varrho_0 = Ma^2/2$ bei $\varrho \equiv \varrho_0$ und $Ma \equiv Ma_0$

Mit $\Delta\varrho = \varrho_R - \varrho_0 \rightarrow \Delta\varrho/\varrho_0 = \varrho_R/\varrho_0 - 1$ wird:

$$\frac{\varrho_R}{\varrho_0} = 1 + \frac{Ma^2}{2} \quad \text{oder}$$

$$\frac{\varrho_0}{\varrho_R} = \left(1 + \frac{Ma^2}{2}\right)^{-1} \tag{5.43a}$$

Volumenstromänderung: Nach Durchflussbedingung, (3.5)

$$\dot{m} = \varrho \cdot \dot{V} = \text{konst}$$

gilt:

$$\varrho_0 \cdot \dot{V}_0 = \varrho_R \cdot \dot{V}_R \quad \text{(Kontinuität).}$$

Hieraus:

$$\dot{V}_0/\dot{V}_R = \varrho_R/\varrho_0 = 1 + Ma^2/2 \tag{5.43b}$$

Ergänzungen: Herleitung der Isentropenbeziehung nach POISSON.

$$\text{Isentrope:} \quad dq = 0$$

$$\text{1. Hauptsatz:} \quad dq = du + p \cdot dv = dh - v \cdot dp$$

Hieraus:

a) $dq = du + p \cdot dv \stackrel{!}{=} 0$ mit $du = c_v \cdot dT$
$\rightarrow dT = -\frac{1}{c_v} \cdot p \cdot dv$

b) $dq = dh - v \cdot dp \stackrel{!}{=} 0$ mit $dh = c_p \cdot dT$
$\rightarrow dT = \frac{1}{c_p} \cdot v \cdot dp$

Ausdrücke für dT von a) und b) gleichgesetzt:

$$-\frac{1}{c_v} \cdot p \cdot dv = \frac{1}{c_p} \cdot v \cdot dp$$

Umgestellt und unbestimmt integriert, wobei $c_p/c_v = \varkappa$ sowie Integrationskonstante K:

$$\int \frac{dp}{p} = -\varkappa \cdot \int \frac{dv}{v}$$

$$\ln p = -\varkappa \cdot \ln v + \ln K$$

$$\ln p + \ln v^{\varkappa} = \ln K$$

$$\ln(p \cdot v^{\varkappa}) = \ln K$$

$$p \cdot v^{\varkappa} = K \rightarrow p \cdot v^{\varkappa} = \text{konst}$$

Bezeichnungen:

- isoenergetisch ... gleichbleibende Energie
- Strömungen stationär, isoenergetisch und
  - wirbelfrei → homotrop (s = konst und reibungsfrei, also $\eta = 0$)
  - wirbelbehaftet → nicht- oder inhomotrop ($s \neq$ konst und reibungsbehaftet, also $\eta > 0$)

Begründung des Zusammenhangs zwischen der Gaskonstanten R sowie den beiden Wärmekapazitäten c_p für p = konst und c_v bei v = konst:

(5.24a):

$$dh = du + d(p \cdot v) = du + p \cdot dv + v \cdot dp$$

(5.20):

$$p \cdot v = R \cdot T \quad \text{differenziert}$$
$$d(p \cdot v) = R \cdot dT \quad \text{da } R = \text{konst gesetzt (ideales Gasverhalten)}$$

Eingesetzt in (5.24a) führt zu:

$$dh = du + R \cdot dT$$

Mit Beziehungen (5.23) und (5.24) ergibt sich:

$$c_p \cdot dT = c_v \cdot dT + R \cdot dT$$

Hieraus folgt: $R = c_p - c_v$ ◄

Hinweise (siehe auch Ergänzung am Ende dieses Kapitels): In der Thermodynamik gilt für Energiegrößen als Vorzeichenregel: Der Stoff ist Bezugsstelle. Alle Energiewerte, die dem Stoff zugeführt werden, sind positiv, alle, die er abgibt negativ, also sowohl für Wärme als auch bei Arbeit:

- dem Fluid zugeführt > 0, d. h. positiv
- vom Fluid abgeführt < 0, d. h. negativ

In der Gasdynamik sind bei der Arbeit jedoch meist nur die Beträge von Wärme und Arbeit wichtig. Mit diesen wird deshalb ohne Kennzeichnungs-Vorzeichen gerechnet. Die zugehörigen Gleichungen sind daher so aufgebaut, dass sich für Wärme und Arbeit in der Regel keine negativen Vorzeichen ergeben.

Bei Strömungsmaschinen ist bekannt, dass Turbinen mechanische Arbeit abgeben und Verdichtern solche zugeführt werden muss. Diese wird dabei dem Stoff (Arbeitsmedium) entzogen (Turbinen), bzw. aufgeprägt (Verdichter). Auch hierbei reicht deshalb die Angabe der Beträge und eine besondere Vorzeichenregel erübrigt sich. Die Gleichungen sind daher auch hier entsprechend aufgebaut.

5.3.1.2.2 Reibungsbehaftete kompressible Strömungen

Bei der Strömung realer gasförmiger Fluide wird infolge Reibung (äußerer und innerer) ein Teil der Strömungsenergie als Reibungsarbeit verbraucht und dadurch in Wärme umgesetzt (dissipiert). Unterliegt das strömende Medium einer Zustandsänderung, entsteht dabei erst ein entsprechender Anteil – meist der Hauptanteil – der gesamten kinetischen Energie aus dem bei der Expansion abgebauten Wärmegefälle. Durch die Reibungsvorgänge findet somit eine unerwünschte, jedoch nicht vermeidbare Rückwandlung eines Teiles der zuvor freigesetzten Strömungsenergie in Wärme statt.

Im *adiabaten*, d. h. wärmedichten System wird dem Fluid die freigesetzte Reibungswärme wieder vollständig aufgeprägt und ist gleich dem dadurch entstandenen Verlust an Strömungsenergie, Abb. 5.4. Das reale gasförmige Fluid ist daher am Ende um den Reibungsverlust wärmer und langsamer als ideales Gas, das die gleiche Expansion erfährt. Energie geht somit nicht verloren; der Vorgang ist **isoenergetisch**. Da dem Fluid die Reibungswärme jedoch bei niedrigerer Temperatur wieder aufgeprägt wird, steigt die Entropie des Systems, was „Energieentwertung" bedeutet. Das Gas durchläuft eine irreversible Zustandsänderung.

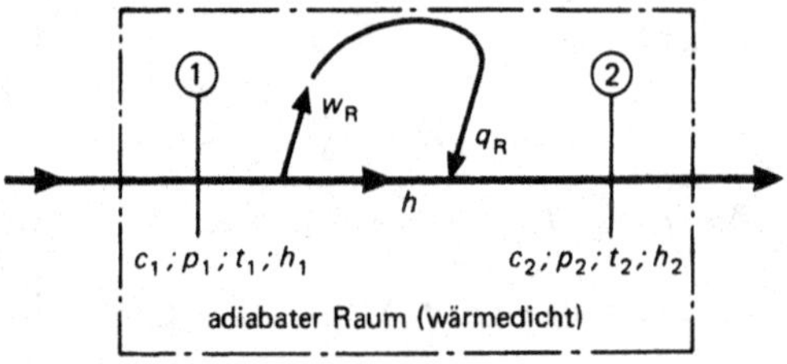

Abb. 5.4 Prinzipieller Strömungsverlauf mit Energieumsatz von realem kompressiblem Fluid in adiabatem Raum, ↷ symbolisiert den „gasinternen Energieaustausch" (Umwandlung)

Ein Teil der **Exergie** wird in **Anergie** überführt und somit entwertet. Je höher die Temperatur, desto technisch wertvoller ist die Wärme (Entropie s klein). *Exergie* ist der Anteil der Energie, der vollständig in mechanische Arbeit umgewandelt werden kann. *Anergie* ist, als zweiter Anteil der Energie, der meist wesentlich größere Restbetrag (abhängig von Anfangstemperatur und -druck sowie Druckgefälle), der nicht in mechanische Energie umsetzbar ist. Die *Anergie* tritt meist als Ab- oder Schadwärme in Erscheinung, z. B. bei Gasturbinen, Brennstoffmotoren und Dampfkraftwerken.

Es werden bezeichnet, Abb. 5.4:

w_R ... spezifischer Arbeitsverlust durch Reibung. Bei der Strömung inkompressibler Fluide (Abschn. 4) wird die dissipative Verlustenergie mit Y_V bezeichnet, also $w_R \equiv Y_V$. Außerdem gilt gemäß (5.36a), (5.36b) $w_R \equiv \Delta h_V$ (Abb. 5.5). Y_v; h; w spezifische Werte mit Dimension $\text{J/kg} = \text{m}^2/\text{s}^2$.

q_R ... spezifischer Wärmezuwachs infolge Reibung.

Wie zuvor begründet, gilt:

$$q_R = w_R \tag{5.44}$$

Der Energiesatz ergibt dann für die Bezugsstellen ① und ② der Strömung realer gasförmiger Fluide:

$$\text{E ①–②:} \quad \frac{c_1^2}{2} + h_1 = \frac{c_2^2}{2} + h_2 + w_R - q_R \tag{5.45}$$

Wie schon bei der Rohrströmung realer inkompressibler Fluide ausgeführt (Abschn. 4.1.1.1), müssen – um Energiegleichheit zwischen den Bezugspunkten zu erhalten – unterwegs aufgetretene Verluste hinzugezählt und Zuwächse abgezogen werden (Energiebilanz, bzw. -erhaltung). Der zugehörige Energieumsatz wird als polytrop oder anisentrop bezeichnet.

Bemerkung: In der Thermodynamik ist es üblich, spezifische Größen mit kleinen und absolute mit großen Buchstaben zu bezeichnen. Zudem steht w für Arbeit. Dieser Regelung wird in der Gasdynamik entsprochen. Gegensätzlich hierzu sind bei der Flüssigkeitsmechanik Großbuchstaben auch für spezifische Größen üblich, z. B. Y für die spezifische Energie E/m; sowie w für die Relativgeschwindigkeit.

Mit Beziehung (5.44) erhält die Energiegleichung realer kompressibler Fluide dann die Form:

$$\text{E ①–②:} \quad \frac{c_1^2}{2} + h_1 = \frac{c_2^2}{2} + h_2 \quad \text{oder} \tag{5.46}$$

$$\frac{c_2^2}{2} - \frac{c_1^2}{2} = h_1 - h_2 = \Delta h \tag{5.47}$$

$$\text{allgemein} \quad \boldsymbol{\frac{c^2}{2} + h = \textbf{konst}} \tag{5.48}$$

Aus (5.46) folgt mit $h = c_p T$; $T = (pv)/R$; $c_p/R = \varkappa/(\varkappa - 1)$ und $a^2 = \varkappa p v$ des weiteren:

$$\frac{c_1^2}{2} + \frac{a_1^2}{\varkappa - 1} = \frac{c_2^2}{2} + \frac{a_2^2}{\varkappa - 1} \tag{5.48a}$$

Oder allgemein:

$$\frac{c^2}{2} + \frac{a^2}{\varkappa - 1} = \text{konst} \tag{5.48b}$$

Mit Ruhewerten (a_R bei $c_R = 0$); konst $= a_R^2/(\varkappa - 1)$:

$$\frac{c^2}{2} + \frac{a^2}{\varkappa - 1} = \frac{a_R^2}{\varkappa - 1}$$

$$\frac{a^2}{\varkappa - 1}\left[1 + \frac{\varkappa - 1}{2}\left(\frac{c}{a}\right)^2\right] = \frac{a_R^2}{\varkappa - 1}$$

$$\left(\frac{a_R}{a}\right)^2 = 1 + \frac{\varkappa - 1}{2} Ma^2 \tag{5.48c}$$

Verweis auf Vergleich mit Beziehung (5.11).

Gleichung (5.48) ergibt denselben Zusammenhang wie (5.31). Der Unterschied beider Beziehungen besteht nicht im Aufbau, sondern in den zugehörigen Beträgen. Die Gesamt- oder Totalenergie $h + c^2/2$ ist – unabhängig ob mit oder ohne Reibung – gemäß Energieerhaltung zwangsläufig immer gleich groß. Bei Dissipation ist nach dem Strömungsvorgang h entsprechend größer und c kleiner als ohne Reibung (Entropiezunahme).

Die durch die Dissipation bei realen Gasen und Dämpfen bedingte irreversible Zustandsänderung ist im (h, s)-Diagramm nach Mollier, Abb. 5.5, dargestellt. Beziehung (5.48) gilt jedoch nur für adiabate Systeme, nicht dagegen für diadiabate, d. h. wärmeundichte (Abschn. 5.3.1.2.3).

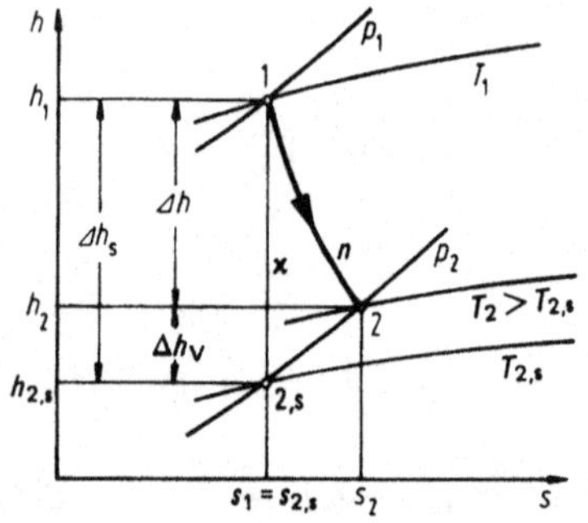

Abb. 5.5 Zustandsänderung eines realen kompressiblen Fluides im (h, s)-Diagramm bei vorgegebenem Druckgefälle von p_1 nach p_2 im adiabaten System. Enthält nur die thermische Energie und keine mechanische (kinetische)

Bemerkung: Im (h, s)-Diagramm sind zwangsläufig nur die thermischen Werte des strömenden Mediums dargestellt, nicht jedoch die zugehörigen kinetischen. Das bedeutet: Für die Energiegleichung (5.31) sind am betreffenden Zustandspunkt aus dem MOLLIER-Diagramm nur Enthalpie h und Entropie s entnehmbar, nicht jedoch die Geschwindigkeitsenergie $c^2/2$.

Bei den meisten technischen Anwendungsfällen wird die Strömungsgeschwindigkeit im Zustandspunkt 2, dem Endpunkt der Zustandsänderung, gesucht, also nach Entspannung gemäß Druckgefälle $\Delta p = p_1 - p_2$.

Für reibungsfreie Strömung ergibt (5.37):

$$c_{2,\mathrm{s}} = \sqrt{c_1^2 + 2 \cdot \Delta h_\mathrm{s}}$$
$$= \sqrt{c_1^2 + 2 \cdot \frac{\varkappa}{\varkappa - 1} \cdot p_1 \cdot v_1 \cdot \left[1 - \left(\frac{p_2}{p_1}\right)^{\frac{\varkappa-1}{\varkappa}}\right]} \tag{5.49}$$

Für reibungsbehaftete Strömung folgt entsprechend aus (5.47) mit $\Delta h = h_1 - h_2$:

$$c_2 = \sqrt{c_1^2 + 2 \cdot \Delta h} \tag{5.50}$$

Da bei realen Fluiden das Enthalpiegefälle Δh kleiner ist als das isentrope Wärmegefälle Δh_s fluidmechanisch idealer Gase bei gleicher Entspannung ($\Delta h < \Delta h_\mathrm{s}$), ist auch $c_2 < c_{2,\mathrm{s}}$.

Mit der schon bei der Flüssigkeitsströmung eingeführten **Geschwindigkeitszahl** φ (Abschn. 4.1.2.1, $\varphi < 1$, wobei $\varphi = 0$, wenn Drosselvorgang) kann gesetzt werden:

$$c_2 = \varphi \cdot c_{2,\mathrm{s}} = \varphi \cdot \sqrt{c_1^2 + 2 \cdot \Delta h_\mathrm{s}} \tag{5.51}$$

Richtwerte: $\varphi \approx 0{,}9$ bis 0,99(Düse poliert).

Meist kann die Zuströmgeschwindigkeit c_1 und damit die zugehörige Strömungsenergie $c_1^2/2$ gegenüber der Abströmgeschwindigkeit c_2 bzw. der zugehörigen Energie $c_2^2/2$ als klein vernachlässigt werden. Dann ist mit $c_1 \approx 0$:

$$c_2 = \varphi \cdot \sqrt{2 \cdot \Delta h_\mathrm{s}} = \varphi \cdot \sqrt{2 \cdot w_{\mathrm{t,s}}}$$
$$c_2 = \varphi \cdot \sqrt{2 \frac{\varkappa}{\varkappa - 1} p_1 \cdot v_1 \left[1 - \left(\frac{p_2}{p_1}\right)^{\frac{\varkappa-1}{\varkappa}}\right]} \tag{5.52}$$

Bemerkung: Die reale Entspannung erfolgt polytrop, und zwar überisentrop ($n > \varkappa$), weshalb entsprechend (5.36b) auch gilt:

$$\Delta h = w_\mathrm{t} = \frac{n}{n-1} p_1 v_1 \left[1 - (p_2/p_1)^{(n-1)/n}\right] \tag{5.52a}$$

Polytropenexponent $n > \varkappa$ weil keine Wärmeabfuhr, sondern Strömungsverlust w_R wird dem Medium als (Reibungs-)Wärme $q_\mathrm{R} = w_\mathrm{R} = \Delta h_\mathrm{V}$ aufgeprägt (adiabates Verhalten). Da n schwer fassbar (Richtwerte: $n = 1{,}5$ bis 1,9 bei $\varkappa = 1{,}4$) und da im Exponent empfindlicher Einfluss, ist es besser, die Berechnung mit φ durchzuführen.

Für den **Gefälleverlust** $\boldsymbol{\Delta h_\mathrm{V}}$ (Abb. 5.5) ergibt sich:

$$\Delta h_\mathrm{V} = \Delta h_\mathrm{s} - \Delta h \tag{5.53}$$

Mit (5.37) und (5.47) wird bei $c_1 \approx 0$:

$$\Delta h_\mathrm{V} = \frac{c_{2,\mathrm{s}}^2}{2} - \frac{c_2^2}{2} = \frac{c_{2,\mathrm{s}}^2 - c_{2,\mathrm{s}}^2 \cdot \varphi^2}{2}$$
$$\boldsymbol{\Delta h_\mathrm{V} = \frac{c_{2,\mathrm{s}}^2}{2} \cdot (1 - \varphi^2) = \Delta h_\mathrm{s} \cdot (1 - \varphi^2)} \tag{5.54}$$

$$\Delta h = \Delta h_\mathrm{s} - \Delta h_\mathrm{v} = \varphi^2 \cdot \Delta h_\mathrm{s} = \varphi^2 \cdot c_{2,\mathrm{s}}^2/2 \tag{5.55}$$

Mit der bei Rohreinbauten, Abschn. 4.1.1.5, definierten Beziehung für die Verlustenergie Y_V nach (4.54):

$Y_V = \zeta \cdot c_2^2/2$ wird, da $Y_V \equiv \Delta h_V$ und hier $c_2 \mathrel{\hat{=}} c_{2,s}$ gilt:

$$\zeta \cdot c_{2,s}^2/2 = \left(c_{2,s}^2/2\right) \cdot (1 - \varphi^2)$$

Zwischen der **Widerstandszahl** $\boldsymbol{\zeta}$ und der **Geschwindigkeitszahl** $\boldsymbol{\varphi}$ besteht deshalb der Zusammenhang:

$$\zeta = 1 - \varphi^2 \quad \text{oder} \quad \varphi = \sqrt{1 - \zeta} \tag{5.56}$$

Vergleichs-Wirkungsgrad $\boldsymbol{\eta_V}$**:** Der Strömungsreibungs-Verlust (Exergie-Verlust) bei der Gas/Dampf-Entspannung kann durch den Strömungs-Vergleichswirkungsgrad η_V gekennzeichnet werden, kurz auch als **Strömungswirkungsgrad** bezeichnet:

$$\boldsymbol{\eta_V = w_t / w_{t,s} = \Delta h / \Delta h_s = \varphi^2} \tag{5.57}$$

Abströmtemperatur $\boldsymbol{T_2}$**:** Entsprechend (5.43) ergibt sich für die reale End- oder Entspannungstemperatur (bei thermodynamisch idealem Gasverhalten $\rightarrow c_p \approx$ konst):

$$\Delta h = c_p \cdot \Delta T = c_p \cdot (T_1 - T_2) \tag{5.58}$$

Mit (5.55) und (5.43)

$$\Delta h = \varphi^2 \cdot \Delta h_s = \varphi^2 \cdot c_p (T_1 - T_{2,s})$$

eingesetzt:

$$\varphi^2 \cdot c_p (T_1 - T_{2,s}) = c_p (T_1 - T_2)$$

Hieraus:

$$\begin{aligned} \boldsymbol{T_2} &= \boldsymbol{T_1 - \varphi^2 \cdot (T_1 - T_{2,s})} \\ &= \boldsymbol{T_1 \cdot (1 - \varphi^2) + \varphi^2 \cdot T_{2,s}} \end{aligned} \tag{5.58a}$$

Hierbei auch entsprechend (5.12):

$$T_{2,s} = T_1 \cdot (p_2/p_1)^{(\varkappa-1)/\varkappa} \tag{5.58b}$$

Oder weniger vorteilhaft aus der Polytropenbeziehung $p \cdot v^n =$ konst zusammen mit der Gasgleichung, wenn Polytropen-Exponent n bekannt ist bzw. näherungsweise festgelegt wird entsprechend (5.58b):

$$T_2 = T_1 \cdot (p_2/p_1)^{(n-1)/n} \tag{5.58c}$$

Bemerkungen: Wärme q ist technisch umso wertvoller, je höher seine Temperatur T, also je geringer die zugehörige Entropie $s = q/T$.

Bei allen Gasströmungs-Geschwindigkeiten c handelt es sich ebenfalls jeweils um die mittlere Geschwindigkeit, die jedoch von der zugehörigen maximalen nur wenig verschieden ist (turbulente Strömung). Einfachheitshalber sind die Querstriche über den c-Symbolen wieder weggelassen.

Bei der realen, d. h. verlustbehafteten Entspannung im adiabaten System handelt es sich, wie erwähnt, infolge der inneren Wärmezufuhr durch Reibung um eine **polytrope Zustandsänderung** mit $n > \varkappa$, sog. **Überisentrope**. Es könnte daher auch entsprechend mit (5.49) für c_2 gerechnet werden, wenn $\varkappa$ überall durch n ersetzt würde. Dabei jedoch, wie ausgeführt, schwierig: Befriedigende Abschätzung von n ist wegen starkem Exponenteneinfluss problematischer als die von φ. Wenn $\varkappa = 1{,}4$, liegt n meist bei etwa 1,5 bis 1,9.

Das gilt auch bei äußerer Wärmezufuhr (nächster Abschnitt), wobei n dann entsprechend größer. Bei Wärmeabfuhr dagegen wäre $n < \varkappa$, also Unterisentrope. Richtwerte $n \approx 1{,}3 \ldots 1{,}1$ für $\varkappa = 1{,}4$ (Tab. 6.24 und 6.22).

5.3.1.2.3 Kompressible Strömungen mit Wärmeübertragung

Adiabate Systeme sind nur theoretisch denkbar, praktisch jedoch nicht zu verwirklichen. Das strömende Fluid tritt immer mehr oder weniger stark in Wärmeaustausch mit seiner Umgebung (di- oder anadiabat) $\rightarrow$ äußere Wärmezu- bzw. -abfuhr. Dies ist beim Energiesatz gegebenenfalls zu berücksichtigen.

Entsprechend den Überlegungen zu (5.45) ist die Energiegleichheit erfüllt, wenn die dem Fluid auf dem Strömungsweg zugeführte Wärme subtrahiert und abgeführte addiert wird.

Abweichend von der Thermodynamik, gemäß der Wärme auch durch Temperaturunterschiede über Systemgrenzen transportierte Energie ist, werden hier festgelegt:

q positiv: Wärme wird dem Fluid zugeführt
q negativ: Wärme wird vom Fluid abgeführt

Die Beziehung (5.30) kann dann zur Energiegleichung für kompressible Strömungen mit Wärmeübertragung erweitert werden.

Zwischen den Bezugsstellen ① und ②:

$$g \cdot z_1 + \frac{c_1^2}{2} + h_1 = g \cdot z_2 + \frac{c_2^2}{2} + h_2 - q_{12} \tag{5.59}$$

oder

$$g \cdot z_1 + \frac{c_1^2}{2} + h_1 - q_1 = g \cdot z_2 + \frac{c_2^2}{2} + h_2 - q_2 \tag{5.60}$$

Allgemein:

$$g \cdot z + \frac{c^2}{2} + h - q = \text{konst} \tag{5.61}$$

Differenziell:

$$g\mathrm{d}z + \mathrm{d}\left(\frac{c^2}{2}\right) + \mathrm{d}h - \mathrm{d}q = 0 \tag{5.62}$$

Zu beachten ist: Das Minuszeichen vor den q-Werten ist kein Vorzeichen sondern ein Rechenzeichen, d. h. legt eine *Bezugsrichtung* fest. Dies bedeutet, bei abgeführter Wärme muss, wie zuvor festgelegt, der Wert für q sowie dq selbst negativ eingesetzt werden, so dass sich das Vorzeichen der Wärme q bzw. dq insgesamt umkehrt, also plus wird.

In den Gleichungen bedeuten:

q_{12} ... die dem strömenden Fluid auf dem Weg von Bezugsstelle ① nach ② übertragene Wärme
q_1 ... die dem strömenden Fluid auf dem Weg bis zur Bezugsstelle ① übertragene Wärme
q_2 ... die dem strömenden Fluid auf dem Weg bis zur Bezugsstelle ② übertragene Wärme

Meist können die Glieder der potenziellen Energie $g \cdot z$ gegenüber den übrigen wieder als klein vernachlässigt werden.

5.3.1.3 Impuls und Drall

Die in Abschn. 4.1.6 „Strömungskräfte" abgeleiteten und angewendeten Beziehungen für den Impuls und Drall sind auch für kompressible Strömung voll gültig. Dies ist dadurch begründet, dass bei der Herleitung des Impuls- und Drallsatzes keine Einschränkungen hinsichtlich der Art des Fluides notwendig waren.

Empfehlenswert ist bei Anwendung des Impuls- und Drallsatzes, wie allgemein bei kompressiblen Medien vorteilhaft, immer mit dem Massenstrom zu rechnen.

5.3.2 Unterschall-Rohrströmungen

5.3.2.1 Grundsätzliches

Infolge Reibung nimmt der Druck auch bei Innenströmungen kompressibler Fluide in Strömungsrichtung ab (Abschn. 4.1.1.1). Dies hat eine Expansion des Mediums zur Folge. Beim Fortleiten von Gasen und Dämpfen in Rohrleitungen ergeben sich daher Expansionsströmungen. Dabei ändern sich (gemäß Gasgesetz) im Allgemeinen auch die Temperatur und das spezifische Volumen des Fluides.

Selbst in einem Rohr mit konstantem Querschnitt ergibt sich somit infolge des durch die Fluidreibung bedingten Druckabfalls eine Expansionsströmung. Die Strömungsgeschwindigkeit steigt deshalb längs der Rohrleitung entsprechend dem wachsenden spezifischen Fluidvolumen. Dies geht aus der umgestellten Kontinuität, (3.7), klar hervor: $c = c_1 \cdot v/v_1$.

Steigende Geschwindigkeit bedingt nach dem Ansatz von Darcy (Abschn. 4.1.1.3.3) jedoch verstärkten Druckverlust. Der Druck fällt deshalb in Strömungsrichtung (Weg) nicht linear, sondern überproportional.

Diese beiden, sich gegenseitig beeinflussenden Erscheinungen (etwa parabolisch fallender Druck und Geschwindigkeitszunahme in Strömungsrichtung) unterscheiden die kompressible von der inkompressiblen Rohrströmung. Bei

Flüssigkeitsfortleitungen in Rohren konstanten Querschnitts dagegen bleibt die Strömungsgeschwindigkeit konstant und der Druck fällt linear mit dem Strömungsweg (Abschn. 4).

Der bei Gas- und Dampfbewegungen in Rohrleitungsrichtung tatsächlich auftretende Druckverlust und damit die Expansion hängen von der Strömungsreibung sowie dem Wärmeaustausch des Fluides mit seiner Umgebung ab. Die beiden typischen Rohrleitungsarten der Praxis sind **blanke** (nicht isolierte) und **wärmeisolierte Rohre**.

Bei *blanken Rohrleitungen* findet zwischen strömendem Fluid und Umgebung ein intensiver Wärmeaustausch statt. Die Temperatur des Fluides gleicht sich dabei der des Rohraußenraumes etwa an. Die Strömung kann deshalb in guter Näherung als **isotherm** betrachtet werden. Ein wichtiges Anwendungsbeispiel sind Gasleitungen.

Bei *isolierten Rohren* wird der Wärmetausch des strömenden Fluides mit der Umgebung mehr oder weniger stark unterbunden. **Adiabates** Verhalten wird angestrebt, jedoch auch bei guter Wärmedämmung nicht ganz erreicht, kann aber oft näherungsweise angenommen werden. Wichtige Anwendungsfälle für wärmegedämmte Rohre sind Dampf-, Heiz- und Kältemittelleitungen.

Wie ausgeführt, sind in der Praxis die beiden Grenzfälle, isotherme und adiabate Rohrströmung, nicht exakt verwirklichbar. Trotzdem werden sie einfachheitshalber vielfach den Berechnungen zugrundegelegt.

Bei nur unzulänglich isolierten Rohrleitungen tritt neben Reibung teilweiser, d. h. unvollständiger Wärmeaustausch zwischen dem Fluid und seiner Umgebung auf; polytrope Rohrströmung → an- oder nichtadiabates System. Da hier die Grenzfälle nicht anwendbar sind, wird näherungsweise mit der mittleren Temperatur gerechnet.

5.3.2.2 Polytrope Rohrströmung

Zur Herleitung des Druckverlustes der reibungsbehafteten polytropen oder anisentropen kompressiblen Rohrströmung wird analog zur turbulenten inkompressiblen Innenströmung ein Fluidelement herausgegriffen. An diesem, über den gesamten Rohrquerschnitt sich erstreckenden

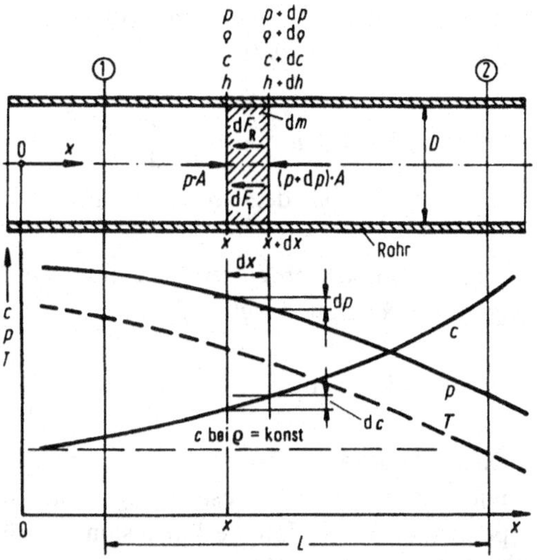

Abb. 5.6 Kompressible Rohrströmung mit qualitativem Druck-, Geschwindigkeits- und Temperaturverlauf längs der Rohrachse. Zum Vergleich auch Geschwindigkeit c bei Dichte $\rho = $ konst

Fluidelement, Abb. 5.6, mit der Länge $\mathrm{d}x$ wird das dynamische Gleichgewicht nach D'ALEMBERT angesetzt, wobei die Schwerkraft in der Regel wieder vernachlässigt werden kann bzw. bei waagrechter Anordnung ohne Einfluss ist:

$$\sum F_x = 0\colon\ p \cdot A - \mathrm{d}F_R - \mathrm{d}F_T - (p + \mathrm{d}p) \cdot A = 0$$

Hieraus:

$$\mathrm{d}p = -\left(\frac{\mathrm{d}F_R}{A} + \frac{\mathrm{d}F_T}{A}\right) \tag{5.63}$$

Der Zusammenhang gilt sowohl für **adiabate** als auch **anadiabate** reale kompressible Rohrströmungen. Im Unterschied zu adiabaten (wärmedichten) Rohrströmungen besteht, wie erwähnt, bei anadiabaten Wärmekontakt mit der Umgebung und dadurch teilweiser Wärmeübertrag vom oder zum strömenden Medium.

In (5.63) sind:

- *Reibungskraft*:

$$\mathrm{d}F_R = A \cdot \mathrm{d}p_R$$

Mit dem Ansatz von DARCY, (4.25), ist dabei der *Reibungsdruck*:

$$\mathrm{d}p_R = \varrho \cdot \mathrm{d}Y_V = \varrho \cdot \lambda \cdot \frac{\mathrm{d}x}{D} \cdot \frac{c^2}{2}$$

- D'Alembertsche *Trägheitskraft* (Beschleunigungskraft nach NEWTON):

$$\begin{aligned} \mathrm{d}F_\mathrm{T} &= \mathrm{d}m \cdot \dot{c} = \mathrm{d}m \cdot \frac{\mathrm{d}c}{\mathrm{d}t} \\ &= \dot{m} \cdot \mathrm{d}c = \varrho \cdot A \cdot c \cdot \mathrm{d}c \end{aligned}$$

Danach kann der *Trägheits-* oder *Beschleunigungsdruck* definiert werden:

$$\mathrm{d}p_\mathrm{T} = \mathrm{d}F_\mathrm{T}/A = \varrho \cdot c \cdot \mathrm{d}c$$

Dieser Druckabfall ist notwendig, um dem Fluid die erforderliche Beschleunigung aufzuprägen, damit der infolge Expansion vergrößerte Volumenstrom Platz findet.

Die Beziehungen für den Reibungs- und Trägheitsdruck in (5.63) für den gesamten Druckverlust eingesetzt, führt zu:

$$\begin{aligned} \mathrm{d}p &= -(\mathrm{d}p_\mathrm{R} + \mathrm{d}p_\mathrm{T}) \\ \mathrm{d}p &= -\left(\varrho \cdot \lambda \cdot \frac{\mathrm{d}x}{D} \cdot \frac{c^2}{2} + \varrho \cdot c \cdot \mathrm{d}c\right) \end{aligned} \tag{5.64}$$

oder umgestellt mit $\varrho = 1/v$ führt zur D'Gl:

$$v \cdot \mathrm{d}p + c \cdot \mathrm{d}c + \lambda \cdot \frac{\mathrm{d}x}{D} \cdot \frac{c^2}{2} = 0 \tag{5.65}$$

In dieser Differenzialgleichung (D'GL) für Druck $p = f(x, v, c, \lambda)$ soll, bevor sie diskutiert wird, die Anzahl der Variablen reduziert werden. Dies ermöglichen folgende Zusammenhänge zwischen den Variablen:

Mit der *Kontinuität*: $\varrho \cdot A \cdot c = \text{konst}$
Bei $A = \text{konst}$ wird $\varrho \cdot c = \text{konst} = \varrho_1 \cdot c_1$
Hieraus

$$\varrho = \varrho_1 \cdot \frac{c_1}{c} \rightarrow v = \frac{1}{\varrho} = \frac{1}{\varrho_1} \cdot \frac{c}{c_1} = v_1 \cdot \frac{c}{c_1}$$

also:

$$v = \frac{v_1}{c_1} \cdot c \tag{5.66}$$

Und dem *Gasgesetz*: $p \cdot v = R \cdot T$

Aus $p_1 \cdot v_1 = R \cdot T_1$ folgt $R = \dfrac{p_1 \cdot v_1}{T_1}$, damit

$$v = R \cdot \frac{T}{p} = \frac{p_1 \cdot v_1}{T_1} \cdot \frac{T}{p} \tag{5.67}$$

Durch Gleichsetzen von (5.66) mit (5.67) folgt:

$$\frac{v_1}{c_1} \cdot c = \frac{p_1 \cdot v_1}{T_1} \cdot \frac{T}{p}$$

Hieraus:

$$c = c_1 \cdot \frac{p_1}{T_1} \cdot \frac{T}{p} \tag{5.68}$$

Beziehung (5.66) eingesetzt in die D'GL (5.65):

$$\begin{aligned} \frac{v_1}{c_1} \cdot c \cdot \mathrm{d}p + c \cdot \mathrm{d}c + \lambda \cdot \frac{\mathrm{d}x}{D} \cdot \frac{c^2}{2} &= 0 \quad \Big| \cdot 1/c \\ \frac{v_1}{c_1} \cdot \mathrm{d}p + \mathrm{d}c + \lambda \cdot \frac{\mathrm{d}x}{D} \cdot \frac{c}{2} &= 0 \end{aligned}$$

Mit (5.68) ergibt sich weiter:

$$\frac{v_1}{c_1} \cdot \mathrm{d}p + \mathrm{d}c + \frac{\lambda}{2} \cdot \frac{\mathrm{d}x}{D} \cdot c_1 \cdot \frac{p_1}{T_1} \cdot \frac{T}{p} = 0 \quad \Big| \cdot \frac{c_1}{v_1} \cdot p$$

$$p \cdot \mathrm{d}p + \frac{c_1}{v_1} \cdot p \cdot \mathrm{d}c + \frac{c_1^2 \cdot p_1}{2 \cdot v_1 \cdot T_1 \cdot D} \cdot \lambda \cdot T \cdot \mathrm{d}x = 0$$

Mit $p = c_1 \cdot \dfrac{p_1}{T_1} \cdot \dfrac{T}{c}$ aus (5.68), eingesetzt in das zweite Glied, ergibt sich schließlich:

$$\begin{aligned} &p \cdot \mathrm{d}p + \frac{p_1}{T_1} \cdot c_1^2 \cdot T \cdot \frac{\mathrm{d}c}{c} \\ &+ \frac{c_1^2 \cdot p_1}{2 \cdot v_1 \cdot T_1 \cdot D} \cdot \lambda \cdot T \cdot \mathrm{d}x = 0 \end{aligned} \tag{5.69}$$

Diese Form der Differenzialgleichung stellt den Druckverlauf p in Funktion von Rohrweg x, Strömungsgeschwindigkeit c und Fluidtemperatur T dar. Dabei ist die Rohrreibungszahl λ jedoch nicht konstant, sondern hängt über die REYNOLDS-Zahl von der Strömungsgeschwindigkeit c sowie den Stoffwerten Viskosität η und spezifischem Volumen v ab. Daher ist das Integrieren der D'Gl. (5.69) analytisch nicht exakt durchführbar.

Das näherungsweise Lösen der D'Gl. ist unter folgenden Voraussetzungen möglich, was nur bei etwa $Ma \le 0{,}6$ (bis 0,7) zulässig:

a) Das Trägheitsglied $c \cdot \mathrm{d}c$ bzw. $(c_1^2/c) \cdot \mathrm{d}c$ und damit der Beschleunigungsdruck $\mathrm{d}p_\mathrm{T}$ wird vernachlässigt. Nur zulässig bei geringer Reibung, also nicht zu hoher Geschwindigkeit und guter Rohrleitung (Rauigkeit klein), damit Druckabfall niedrig bleibt, weshalb $Ma \leq$ 0,6 bis 0,7 notwendig.
b) Die veränderliche Temperatur T wird durch die mittlere Temperatur $\overline{T}$ ersetzt:

$$\overline{T} = \frac{1}{2}(T_1 + T_2) = \frac{1}{2}[2T_1 - (T_1 - T_2)]$$

$$\overline{T} = \frac{1}{2}(2T_1 - \Delta T) = T_1 - \frac{\Delta T}{2} \quad (5.69\text{a})$$

Hierzu muss jedoch die Endtemperatur T_2 bekannt sein, z. B. über Iterationsrechnung oder experimentell durch messen.
c) Die Rohrreibungszahl λ wird als konstant angenommen: $\lambda = \lambda_1 = f(Re_1, D/k)$ mit $Re_1 = c_1 \cdot D/\nu_1$.

Mit diesen Vereinfachungen folgt aus der D'Gl.:

$$\frac{1}{p_1} \cdot p \cdot \mathrm{d}p \approx -\frac{\lambda_1 \cdot c_1^2}{2 \cdot v_1 \cdot D} \cdot \frac{\overline{T}}{T_1} \cdot \mathrm{d}x$$

Integriert zwischen den Grenzstellen ① und ②:

$$\frac{1}{p_1} \cdot \int_{p_1}^{p_2} p \cdot \mathrm{d}p \approx -\frac{\lambda_1 \cdot c_1^2}{2 \cdot v_1 \cdot D} \cdot \frac{\overline{T}}{T_1} \cdot \int_{x_1}^{x_2} \mathrm{d}x$$

$$\frac{1}{p_1} \cdot \frac{p^2}{2}\bigg|_{p_1}^{p_2} \approx -\frac{\lambda_1 \cdot c_1^2}{2 \cdot v_1 \cdot D} \cdot \frac{\overline{T}}{T_1} \cdot x\bigg|_{x_1}^{x_2}$$

$$\frac{p_2^2 - p_1^2}{p_1} \approx -\frac{\lambda_1 \cdot c_1^2}{v_1 \cdot D} \cdot \frac{\overline{T}}{T_1} \cdot (x_2 - x_1)$$

Mit $x_2 - x_1 = L$

$$\frac{p_1^2 - p_2^2}{p_1} \approx \frac{\lambda_1 \cdot c_1^2}{v_1 \cdot D} \cdot \frac{\overline{T}}{T_1} \cdot L$$

oder umgestellt:

$$\frac{p_1^2 - p_2^2}{2 \cdot p_1} \approx \varrho_1 \cdot \lambda_1 \cdot \frac{L}{D} \cdot \frac{c_1^2}{2} \cdot \frac{\overline{T}}{T_1} \quad (5.70)$$

Weiter umgeformt:

$$\frac{(p_1 - p_2) \cdot (p_1 + p_2)}{2 \cdot p_1} \approx \varrho_1 \cdot \lambda_1 \cdot \frac{L}{D} \cdot \frac{c_1^2}{2} \cdot \frac{\overline{T}}{T_1}$$

Mit dem Druckverlust $\Delta p_\mathrm{V} = p_1 - p_2$ und daraus dem Enddruck $p_2 = p_1 - \Delta p_\mathrm{V}$ ergibt sich:

$$\frac{\Delta p_\mathrm{V} \cdot (2p_1 - \Delta p_\mathrm{V})}{2 \cdot p_1} - \varrho_1 \cdot \lambda_1 \cdot \frac{L}{D} \cdot \frac{c_1^2}{2} \cdot \frac{\overline{T}}{T_1} \approx 0$$

Gesamte Gleichung mit $(2 \cdot p)$ durch multipliziert, führt zu:

$$(\Delta p_\mathrm{V})^2 - 2p_1 \cdot \Delta p_\mathrm{V} + p_1 \cdot \varrho_1 \cdot \lambda_1 \cdot \frac{L}{D} \cdot c_1^2 \cdot \frac{\overline{T}}{T_1} \approx 0$$

Diese quadratische Gleichung für den Druckabfall Δp_V (Verlust) mit Hilfe der zugehörigen mathematischen Regel aufgelöst, liefert:

$$\Delta p_\mathrm{V} \approx p_1 \pm \sqrt{p_1^2 - p_1 \cdot \varrho_1 \cdot \lambda_1 \cdot \frac{L}{D} \cdot c_1^2 \cdot \frac{\overline{T}}{T_1}}$$

Da der Druckabfall $\Delta p_\mathrm{V} = p_1 - p_2$ immer positiv und p_1 Anfangsdruck, ist nur das Minuszeichen vor der Wurzel physikalisch sinnvoll:

$$\Delta p_\mathrm{V} \approx p_1 - \sqrt{p_1^2 - p_1 \cdot \varrho_1 \cdot \lambda_1 \cdot \frac{L}{D} \cdot c_1^2 \cdot \frac{\overline{T}}{T_1}}$$

oder

$$\Delta p_\mathrm{V} \approx p_1 \left[1 - \sqrt{1 - \frac{1}{p_1 \cdot v_1} \cdot \lambda_1 \cdot \frac{L}{D} \cdot c_1^2 \cdot \frac{\overline{T}}{T_1}}\right]$$

bzw.:

$$\Delta p_\mathrm{V} \approx p_1 \left[1 - \sqrt{1 - \frac{1}{RT_1} \cdot \lambda_1 \cdot \frac{L}{D} \cdot c_1^2 \cdot \frac{\overline{T}}{T_1}}\right]$$

Mit der weiteren Näherung aus abgebrochener Reihenentwicklung gemäß der Potenz- oder Binomreihe für Exponent $m > 0$:

$$(1 \pm x)^m = +\binom{m}{0} \cdot x^0 \pm \binom{m}{1} \cdot x^1 + \binom{m}{2} \cdot x^2 \pm \binom{m}{3} \cdot x^3 \ldots$$

wobei:

$$\binom{m}{0} = \binom{m}{m} = 1 \quad \text{und}$$

$$\binom{m}{1} = \binom{m}{m-1} = m$$

Angewendet bei $m = 1/2$:

$$\sqrt{1-x} = (1-x)^{1/2} = 1 - \frac{x}{2} + \frac{x^2}{8} - \frac{x^3}{16}$$

Für $x \ll 1$ wird bei abgebrochen nach $x/2$:

$$\Delta p_{\mathrm{V}} \approx p_1 \left[1 - \left(1 - \frac{1}{2} \cdot \frac{\varrho_1}{p_1} \cdot \lambda_1 \cdot \frac{L}{D} \cdot c_1^2 \cdot \frac{\overline{T}}{T_1} \right) \right]$$

Letztlich ergibt sich somit in oft ausreichender Näherung für den *Druckverlust* (Druckabfall):

$$\boldsymbol{\Delta p_{\mathrm{V}} \approx \varrho_1 \cdot \lambda_1 \cdot \frac{L}{D} \cdot \frac{c_1^2}{2} \cdot \frac{\overline{T}}{T_1}} \tag{5.71}$$

oder für die spezifische *Verlustenergie*:

$$\boldsymbol{w_{\mathrm{R}} \equiv Y_{\mathrm{V}} = \frac{\Delta p_{\mathrm{V}}}{\varrho_1} \approx \lambda_1 \cdot \frac{L}{D} \cdot \frac{c_1^2}{2} \cdot \frac{\overline{T}}{T_1}} \tag{5.72}$$

Gleichung (5.72) gilt für gerade Rohrleitungen mit gleichbleibendem Kreisquerschnitt.

Bei nichtkreisförmigen Rohren tritt an Stelle von D wieder der gleichwertige Durchmesser D_{gl}.

Die gesamte Verlustenergie bei Rohren bzw. Rohrabschnitten mit konstantem und gleichem Durchmesser D, einschließlich Einbauten (Krümmer, Armaturen usw.), wird entsprechend bei der meist vorhandenen Hintereinander-Anordnung (Abschn. 4.1.1.5.1):

$$Y_{\mathrm{V,\,ges}} \approx \left(\lambda_1 \cdot \frac{L}{D} + \sum_{i=1}^{n} \zeta_{\mathrm{i}} \right) \cdot \frac{c_1^2}{2} \cdot \frac{\overline{T}}{T_1} \tag{5.73}$$

Es ergibt sich: Die Formel für den Druckabfall bei polytroper kompressibler Rohrströmung nach (5.72) ist ähnlich aufgebaut wie der Ansatz von DARCY für turbulente inkompressible Rohrströmung, (4.25), Abschn. 4.1.1.3.3.

5.3.2.3 Isotherme Rohrströmung

Bleibt die Temperatur des strömenden, infolge Druckverlust expandierenden Fluides durch intensiven Wärmetausch mit der Umgebung konstant, liegt *isotherme Rohrströmung* vor.

Damit die Temperatur des Mediums, trotz entstehender Reibungswärme, bei der Expansion nicht absinkt, muss meist von außen durch die Rohrwand Wärme zugeführt werden.

Mit Temperatur $T_1 = T_2 = \overline{T} = T =$ konst vereinfacht sich (5.72) zu:

$$Y_{\mathrm{V}} = \frac{\Delta p_{\mathrm{V}}}{\varrho_1} = \lambda_1 \cdot \frac{L}{D} \cdot \frac{c_1^2}{2} \tag{5.74}$$

Und aus (5.73) für Einbauten von gleichem D:

$$Y_{\mathrm{V,\,ges}} = \left(\lambda_1 \cdot \frac{L}{D} + \sum_{i=1}^{n} \zeta_{\mathrm{i}} \right) \cdot \frac{c_1^2}{2} \tag{5.75}$$

Es ergibt sich die Formel nach DARCY, (4.25).

Die isotherme Rohrströmung ist jedoch ein Idealfall und deshalb praktisch nicht zu verwirklichen. Nur mehr oder weniger gutes Annähern möglich, z. B. bei langen unisolierten Rohrleitungen.

Oder aus (5.70) mit $\overline{T} = T_1$:

$$\frac{p_1^2 - p_2^2}{2 \cdot p_1} \approx \varrho_1 \cdot \lambda_1 \cdot \frac{L}{D} \cdot \frac{c_1^2}{2}$$

$$\frac{p_1 - p_2}{p_1} \cdot \frac{p_1 + p_2}{2} \approx \varrho_1 \cdot \lambda_1 \cdot \frac{L}{D} \cdot \frac{c_1^2}{2}$$

Mit:

Mittlerem Druck $\bar{p} = (p_1 + p_2)/2$
Druckdifferenz $\Delta p_{\mathrm{V}} = p_1 - p_2$ (Verlust)
Druckverlust nach DARCY $\Delta p'_{\mathrm{V}} = \varrho_1 \cdot \lambda_1 \cdot \frac{L}{D} \cdot \frac{c_1^2}{2}$

wird

$$(\Delta p_{\mathrm{V}}/p_1) \cdot \bar{p} \approx \Delta p'_{\mathrm{V}}$$

Hieraus

$$\Delta p_{\mathrm{V}} \approx \Delta p'_{\mathrm{V}} \cdot p_1/\bar{p} \tag{5.76}$$

In (5.76) wird durch den Faktor $p_1/\bar{p}$ die Vergrößerung des Druckabfalls infolge Expansion des Gases ausgedrückt. Der Druckverlust Δp_V vergrößert sich also gegenüber dem sog. DARCY-Wert $\Delta p'_V$ entsprechend dem Quotienten aus Anfangsdruck p_1 und mittlerem Druck $\bar{p}$.

5.3.2.4 Adiabate Rohrströmung

Wie bereits ausgeführt, findet bei adiabater Rohrströmung kein Wärmeaustausch zwischen Fluid und Umgebung statt, jedoch infolge Reibung interne Wärmezufuhr (Polytrope). Die dabei auftretende Zustandsänderung ist deshalb überisentrop mit $n > \varkappa$ entsprechend Abschn. 5.3.1.2.2. Meist ist dies bei kurzen unisolierten Rohrleitungen – Wärmeübertragung benötigt Zeit – der Fall, oder in langen mit guter Isolierung (etwa wärmedicht). Durch folgendes, meist genügend genaues Näherungsverfahren kann der Rechenaufwand gering gehalten werden (nötigenfalls Iteration):

1. Gleichung (5.74) bzw. (5.75) liefert die Verlustenergie Y_V bzw. $Y_{V,\,ges}$ und damit den zugehörigen Druckverlust Δp_V für isotherme Rohrströmung.
2. Mit dem Druckverlust Δp_V wird der isotherme Enddruck $p_2 = p_1 - \Delta p_V$ bestimmt.
3. Mit den beiden Drücken p_1 und p_2 sowie der Anfangstemperatur T_1 wird entsprechend (5.12) näherungsweise die Temperatur T_2 am Rohrende berechnet:

$$T_2 \approx T_1 \cdot (p_2/p_1)^{(\varkappa-1)/\varkappa} \qquad (5.76a)$$

   Die Endtemperatur T_2 ergibt sich nur angenähert, da zwar adiabate, jedoch wegen Reibung keine isentrope, sondern überisentrope Rohrströmung vorliegt.
   Oder Berechnung mit n statt $\varkappa$, wobei Polytropenexponent $n > \varkappa$ geschätzt werden müsste. Richtwerte: $n \approx 1{,}5 \ldots 1{,}9$ für $\varkappa = 1{,}4$.
   Bei unterisentroper, also unvollständiger, d. h. teilgekühlter Rohrströmung wäre $n < \varkappa$; meist $n \approx 1{,}3 \ldots 1{,}1$ wenn $\varkappa = 1{,}4$ (Abschn. 5.3.1.2.2).
4. Mit den beiden Temperaturen T_1 und T_2 wird die mittlere Temperatur $\overline{T}$ ermittelt:

$$\overline{T} = (T_1 + T_2)/2 \qquad (5.76b)$$

5. Mit der Anfangstemperatur T_1 und der mittleren Temperatur $\overline{T}$ wird jetzt über (5.72) bzw. (5.73) die Verlustenergie und damit der Druckverlust für polytrope Rohrströmung berechnet.

Das entsprechend auch bei anadiabater Rohrströmung anwendbare Rechenverfahren wird so lange wiederholt (Iteration), bis das Ergebnis genügend genau, d. h. technisch brauchbar ist.

Bei größerem Druckabfall infolge hoher Strömungsgeschwindigkeit und verhältnismäßig großer Rohrlänge liefert das Rechenverfahren verschiedentlich zu ungenaue Werte.

Der Zusammenhang zwischen Temperatur und Geschwindigkeit folgt aus dem Energiesatz, (5.48), auch als **Temperaturgleichung** bezeichnet:

$$h + c^2/2 = \text{konst}$$

differenziert

$$\mathrm{d}h + c \cdot \mathrm{d}c = 0$$

Mit $\mathrm{d}h = c_p \cdot \mathrm{d}T$ und dabei $c_p \approx$ konst gesetzt (ideales thermodynamisches Gasverhalten) Beziehung wieder integriert:

$$c_p \cdot \mathrm{d}T + c \cdot \mathrm{d}c = 0$$
$$c_p \cdot T + c^2/2 = \text{konst} \quad \text{oder}$$
$$c_p \cdot \Delta T = -\Delta(c^2/2) \qquad (5.76c)$$

Des Weiteren mit den Grenzen 1 (Anfangsstelle) und variabel (ohne Index) folgt bei $\Delta T = T - T_1$ sowie $\Delta(c^2/2) = c^2/2 - c_1^2/2$:

$$c_p \cdot T + c^2/2 = c_p \cdot T_1 + c_1^2/2$$
$$c_p \cdot (T - T_1) = -(c^2/2 - c_1^2/2) \qquad (5.76d)$$

Hieraus Temperatur in jedem Rohrabschnitt (ohne Index), wenn Anfangswerte (Stelle 1) und Geschwindigkeitsverlauf bekannt:

$$T = T_1 + (c_1^2/2 - c^2/2)/c_p = f(c) \qquad (5.76e)$$

5.3.2.5 Rohrreibungszahl λ

Nach Untersuchungen von FRÖSSEL ändern sich die λ-Werte auch bei größerem Druckabfall und der damit verbundenen erheblichen Volumenänderung *nicht* merklich. Danach stimmen zudem die Widerstandszahlen λ und ζ von kompressiblen Strömungen (Gase, Dämpfe) im Unterschallbereich bei sonst gleichen Verhältnissen (Re, k_s, Bauteil) mit den von inkompressiblen (Flüssigkeiten) „gut" überein (Abschn. 4.1.1). Nur in Schallnähe treten Abweichungen auf.

Wird durch Vorschalten einer LAVAL-Düse (Abschn. 5.3.3.3) in einem Rohr Überschallströmung verwirklicht, springt die Strömung jedoch meist schon nach kurzer Weglänge infolge Verdichtungsstoß (Abschn. 5.4.2) in Unterschallströmung zurück. Die Untersuchungen von FRÖSSEL zeigen zudem, dass der Endzustand Schallgeschwindigkeit, falls erreicht, meist auch nur auf kurzer Wegstrecke aufrecht erhalten werden kann.

Nach Messungen von KEEMAN und NEUMANN ist im Überschallgebiet die Rohrreibungszahl:

$$\lambda_{\text{üb}} \approx (1/2) \cdot \lambda_{\text{un}} \quad \text{mit} \quad \lambda_{\text{un}} \equiv \lambda_1$$

Die Indizes bedeuten:

üb ... Überschall
un ... Unterschall

Bei größeren Geschwindigkeiten wird die Vernachlässigung des Beschleunigungsgliedes $c \cdot \mathrm{d}c$ (Pkt. a in Abschn. 5.3.2.2) merklich. Der Einfluss dieser Trägheitswirkung kann jedoch durch eine additive Ergänzung λ_T zur Rohrreibungszahl λ_1 an der Bezugsstelle ① berücksichtigt werden.

Für genauere Berechnungen wird daher λ_1 durch $\lambda_1 + \lambda_T = \lambda_1 \cdot (1 + \lambda_T/\lambda_1)$ ersetzt.

Bei *Luft* gelten für das Korrekturglied λ_T/λ_1 folgende Zahlenwerte in Abhängigkeit von der mittleren Anfangsgeschwindigkeit c_1:

a) Isotherme Rohrströmung

c_1 in m/s	50	100	150	200
λ_T/λ_1	0,04	0,14	0,38	0,96

b) Adiabate Rohrströmung

c_1 in m/s	50	100	200	300
λ_T/λ_1	0,01	0,04	0,16	0,43

5.3.2.6 Drosselung

Drosselung ist die im Mittel stationär ablaufende Expansion einer kompressiblen Strömung an einem in ein Rohr eingebauten Widerstandsteil, z. B. einem Ventil, ohne dass Arbeits- oder Wärmeübertrag mit der Umgebung stattfindet.

An der Drosselstelle, Abb. 5.7, wird infolge verstärkter Reibung und Wirbelbildung in erhöhtem Maß Strömungsenergie in Wärme umgewandelt. An der Verengungsstelle wird durch Expansion Druck in Geschwindigkeit umgesetzt und diese in der anschließenden Erweiterung durch Wirbelbildung wieder großteils vernichtet, d. h. in Wärme zurückverwandelt, allerdings bei geringerem Druck. Dies ergibt einen Exergieverlust, d. h. einen Verlust an technischem Arbeitsvermögen, nicht jedoch an Energie. Es erfolgt somit Energie-Entwertung → Entropie s steigt. Die Drosselverlustarbeit drückt sich in einem erhöhten Druckabfall aus. Dieser Druckverlust Δp_V errechnet sich analog zu Abschn. 4.1.1.5:

$$\Delta p_V = \varrho_1 \cdot Y_V = \varrho_1 \cdot \zeta \cdot \frac{c_1^2}{2} \qquad (5.77)$$

Abweichend von der Regel (Abschn. 4.1.1.5.1) ist hier für c die mittlere Eintrittsgeschwindigkeit c_1 in das Einbauteil einzusetzen, welches die Drosselung bewirkt. Die Widerstandszahl ζ der jeweiligen Drosselstelle (Einbauteil) ergibt sich entsprechend aus Abschn. 4.1.1.5.

Der Drosselvorgang ist in Abb. 5.8 im (p, v)- und (h, s)-Diagramm dargestellt. Die Fläche A

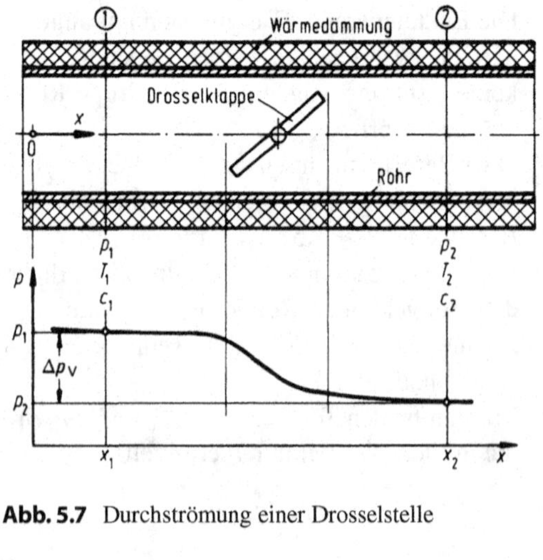

Abb. 5.7 Durchströmung einer Drosselstelle

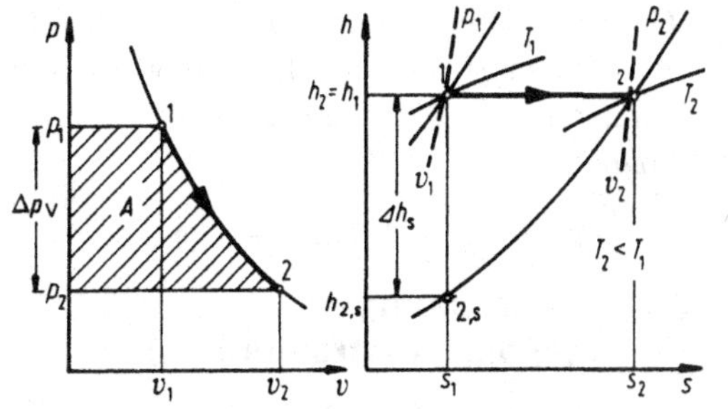

Abb. 5.8 Drosselvorgang eines realen Gases im (p, v)- und (h, s)-Diagramm, $p_2 < p_1$. Druckverlust $\Delta p_V = p_1 - p_2$

im (p, v)-Diagramm bzw. das Enthalpiegefälle Δh_s im (h, s)-Diagramm entsprechen dem Verlust an technischem Arbeitsvermögen infolge Drosselung.

Da auch der Drosselvorgang im allgemeinen adiabat verläuft, gilt die Energiegleichung, (5.32). Sind die Geschwindigkeiten vor und nach der Drosselstelle nur wenig verschieden, ist die kinetische Energiedifferenz $c_2^2/2 - c_1^2/2$ vernachlässigbar, was nur bei kleinerem Druckgefälle $(p_1 - p_2)$ erfüllt. Unter dieser *Näherung* ergibt die Energiegleichung (5.32):

$$h_1 = h_2 \quad \text{oder} \quad h = \text{konst}, \quad \text{also} \quad \mathrm{d}h = 0.$$

Auch wenn $c_2 > c_1$, was wegen $v_2 > v_1$ (Expansion) der Fall, bleibt bei Drosselung die Enthalpie h meist etwa unverändert, also $h \approx$ konst. Die Zustandsänderung der Drosselung wird deshalb als **Isenthalpe** bezeichnet. Die Zustandslinie verläuft somit im (h, s)-Diagramm gut angenähert waagrecht.

Aus der Definition der Enthalpie für *ideale* Gase $\mathrm{d}h = c_p \cdot \mathrm{d}T$ folgt für die Drosselung:

$$\mathrm{d}T = 0 \quad \text{und damit} \quad T = \text{konst}$$

Bei der Drosselung thermodynamisch *idealer Gase* bleibt demnach die *Temperatur* ebenfalls *konstant*. Bei der Drosselung *realer Gase* und Dämpfe dagegen bleibt die *Temperatur nicht konstant*. Hier ist zwischen zwei Fällen zu unterscheiden:

Bei relativ niedrigen Drücken und Temperaturen kühlt sich das Fluid bei Drosselung ab. Diese Erscheinung wird als **positiver JOULE-THOMSON-Effekt** bezeichnet (Abb. 5.8). Die meist nicht vernachlässigbare Geschwindigkeitszunahme von c_1 auf c_2 verstärkt die Temperaturabnahme. Die Geschwindigkeit $c_2 = c_1 \cdot v_2/v_1$ bei Querschnitt $A_2 = A_1$ (Abb. 5.7) ist infolge Expansion $(v_2 > v_1)$ größer als c_1.

Bei hohen Drücken und Temperaturen heizt sich das gasförmige Medium bei der Drosselung dagegen auf (negativer JOULE-THOMSON-Effekt).

Diese Phänomene werden in der Technik ausgenutzt. Der positive JOULE-THOMSON-Effekt wird z. B. bei der Luftverflüssigung und anderen Kühlvorgängen (Kaltgasmaschine) verwendet. Die Vorgänge lassen sich dabei am besten im (h, s)-Diagramm von MOLLIER, oder auch im $(h, \lg p)$-Diagramm verfolgen.

5.3.2.7 Übungsbeispiele

Übung 58

In einer sehr gut wärmeisolierten Rohrleitung von 300 mm Nennweite, 700 m Länge und 0,6 mm äquivalenter Wandrauigkeit strömen pro Stunde 150 t Wasserdampf. Der Dampf hat am Rohreintritt eine Temperatur von 520 °C bei einem Druck von 75 bar.

Gesucht: Druckabfall, wenn infolge der guten Isolierung adiabate Rohrströmung angenommen werden kann. ◄

Übung 59

Eine Stahlrohrleitung führt 72 t/h Wasserdampf mit einem Eintrittszustand von 420 °C und 25 bar. Wegen geringer Isolierung tritt der Dampf in Wärmetausch mit der Umgebung und erreicht am Austritt eine Temperatur von 350 °C. Das Rohr hat 250 mm Innendurchmesser, 0,05 mm äquivalente Sandrauigkeit und 400 m Länge.

Gesucht: Dampfdruck am Rohrende. ◄

Übung 60

Durch eine im Erdreich, Temperatur 10 °C, verlegte unisolierte Gasleitung strömen stündlich 1200 kg Wasserstoff mit einem Anfangsdruck von 60 bar. Die Rohrleitung mit NW 100 ist 250 m lang und hat eine äquivalente Rauigkeit von 0,05 mm.

Gesucht:

a) Druckabfall, wenn infolge des intensiven Wärmekontaktes mit dem Erdreich isotherme Rohrströmung angenommen werden kann.
b) Druckverlust, wenn die Rohrleitung bei den Verhältnissen nach a) noch zwei Schieber und vier 90°-Krümmer vom Krümmungsverhältnis $R/D = 4$ enthält. ◄

Übung 61

Zum Vergleich soll in Übung 59 der Dampfdruck am Rohrende für isotherme Strömung bei einer Temperatur von 420 °C berechnet werden. ◄

Übung 62

Eine wärmeisolierte Fernheizleitung für 8,2 kg/s Niederdruckdampf mit 500 mm lichten Durchmesser und 0,6 mm äquivalenter Sandrauigkeit ist 2,45 km lang. Am Rohranfang hat der Dampf eine Temperatur von 160 °C bei 2,2 bar Druck. Der Außendurchmesser des Isoliermantels beträgt 700 mm. Der auf den Außenmantel der Wärmedämmschicht bezogene spezifische zeitliche Wärmeverlust beträgt $72\,\mathrm{J/(s \cdot m^2)}$.

Gesucht: Dampfdruck am Leitungsende. ◄

Übung 63

Die Sole der Schachtanlage einer Kohlengrube liegt in 900 m Tiefe. Zur Bewetterung sind stündlich 3200 kg Frischluft notwendig, die durch ein senkrechtes Rohr von 400 mm Nennweite und 0,4 mm äquivalenter Wandrauigkeit nach unten geführt werden. Die Luft hat einen Außenzustand von 22 °C und 1020 mbar. Der durch das Bewetterungsgebläse am Rohreintritt erzeugte Überdruck beträgt 1,2 bar.

Gesucht: Druck der Luft am Ende des Bewetterungsrohres in Solentiefe, wenn Temperaturänderungen vernachlässigt werden können. ◄

5.3.3 Ausströmungen (Expansionsströmungen)

5.3.3.1 Grundsätzliches

Ausströmvorgänge, hauptsächlich aus Druckbehältern oder Brennkammern, sind Expansionsströmungen. Ausströmungen idealer kompressibler Fluide verlaufen isentrop, die realer Fluide polytrop. Sie werden eingesetzt, um thermische Energie in Strömungsenergie umzuwandeln, z. B. bei Dampf- und Gasturbinen sowie Raketen, Strahltriebwerken und Strahlapparaten, wobei verschiedene Düsenarten notwendig; je nach Fall.

5.3.3.2 Mündung (einfache Düse)

Eine Mündung, Abb. 5.9, auch als **Zoelly-Düse**[7] bezeichnet, ist eine Öffnung, die zwei Räume unterschiedlichen Druckes miteinander verbindet und deren engster Querschnitt ihr Austrittsquerschnitt ist. Das Druckgefälle $\Delta p = p_1 - p_2$ bewirkt eine Strömung von dem Raum höheren Druckes (p_1) in den des niedrigeren (p_2).

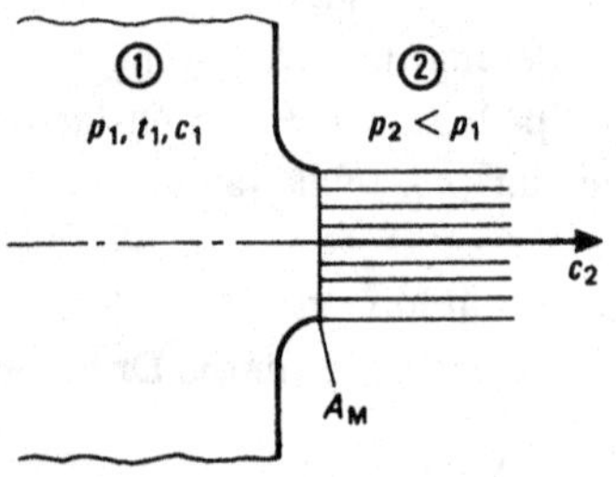

Abb. 5.9 Mündung (Zoelly-Düse): Zustand 1 innerhalb, Zustand 2 außerhalb des Behälters

5.3.3.2.1 Ausströmgeschwindigkeit

Entsprechend Abschn. 5.3.1.2 (Energiesatz) gilt für die Ausströmgeschwindigkeit c_2:

[7] Zoelly, Heinrich (1862 bis 1937), Schweizer Ing. und Industrieller.

Isentrope Ausströmung (Zweitindex s) bei fluidmechanisch idealen, d. h. reibungsfreiem, kompressiblem Fluid (theoretischer Fall):

Nach (5.49)

$$c_{2,s} = \sqrt{c_1^2 + 2 \cdot \Delta h_s} = \sqrt{c_1^2 + 2 \cdot w_{t,s}} \quad (5.78)$$

$$c_{2,s} = \sqrt{c_1^2 + 2\frac{\varkappa}{\varkappa - 1} \cdot \underbrace{p_1 \cdot v_1}_{=R \cdot T_1} \cdot \left[1 - \left(\frac{p_2}{p_1}\right)^{\frac{\varkappa-1}{\varkappa}}\right]} \quad (5.79)$$

Wenn ein (h, s)-Diagramm für das strömende Fluid zur Verfügung steht, ist nachdrücklich zu empfehlen, dieses zu verwenden und mit (5.78) zu rechnen. Im (h, s)-Diagramm sind nämlich die van der WAALSschen Abweichungen vom thermodynamisch idealen Gas bereits eingearbeitet. Dies ist besonders bei Dämpfen wichtig. Außerdem wird der Übergang vom Heißdampfgebiet ins Nassdampfgebiet, falls er bei der Expansion auftritt, was nur im (h, s)-Diagramm erkennbar und beim Abgreifen des isentropen Wärmegefälles Δh_s berücksichtigt, Abb. 5.10.

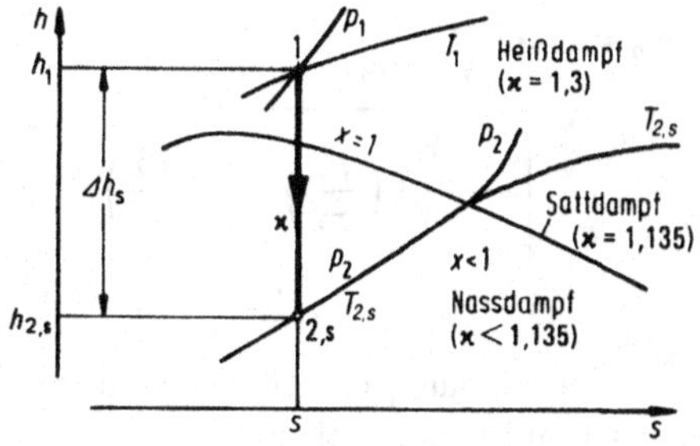

Abb. 5.10 Isentrope Dampf-Entspannung im MOLLIER (h, s)-Diagramm und $\varkappa$-Werte von Wasserdampf. Im Nassdampfgebiet fallen jeweils Isobare und Isotherme zusammen, d. h. liegen beieinander

Bei diesem Übergang ändert sich der $\varkappa$-Wert meist kräftig, z. B. bei Wasserdampf von $\varkappa = 1{,}3$ für Heißdampf auf $\varkappa < 1{,}1$ für Nassdampf. Wird dennoch bei Dampf mit (5.79) gerechnet, muss für den Isentropenexponent ein brauchbarer Näherungswert zwischen den Grenzwerten von Heißdampf und Nass- bzw. Sattdampf geschätzt werden. Je nachdem, ob die Sättigungslinie (Taulinie), d. h. Wasserdampfgehalt $x = 1$, mehr beim Ausgangspunkt 1 oder beim Endpunkt 2,s der Entspannung bzw. dazwischen liegt (Abb. 5.10), ist dieser Näherungswert dichter beim $\varkappa$-Wert des Heiß- bzw. bei dem des Nassdampfes festzulegen, Tab. 6.21.

Polytrope Ausströmung bei wirklichen, kompressiblen Fluiden (realer Fall):

Nach (5.50)

$$c_2 = \sqrt{c_1^2 + 2 \cdot \Delta h} \quad (5.80)$$

Oder wenn Δh unbekannt, was meist der Fall, gemäß (5.51):

$$c_2 = \varphi_M \cdot c_{2,s} \quad (5.81)$$

Mündungen werden, um bei den meist hohen Geschwindigkeiten die Verluste klein zu halten, sorgfältig in Form und Oberfläche ausgeführt. Deshalb sind Geschwindigkeitsbeiwerte φ_M zwischen 0,95 und 0,99 erreichbar. Im Mittel wird mit $\boldsymbol{\varphi_M = 0{,}97}$ gerechnet. Ersatzweise könnte bei Schätzen des Exponenten n die Polytropenbeziehung verwendet werden (5.52a).

Im Allgemeinen ist die kinetische Anfangsenergie $c_1^2/2$ und damit die Zuströmgeschwindigkeit c_1 vernachlässigbar gegenüber der Ausströmgeschwindigkeit c_2. Bei Einfluss von c_1 vernachlässigt, also $c_1 = 0$ gesetzt, (Einfluss meist bedeutungslos) folgt aus (5.79):

$$c_{2,s} = \sqrt{2 \cdot \frac{\varkappa}{\varkappa - 1} \cdot p_1 \cdot v_1 \cdot \left[1 - \left(\frac{p_2}{p_1}\right)^{\frac{\varkappa-1}{\varkappa}}\right]}$$

$$c_{2,s} = \sqrt{2 \cdot p_1 \cdot v_1} \cdot \sqrt{\frac{\varkappa}{\varkappa - 1} \cdot \left[1 - \left(\frac{p_2}{p_1}\right)^{\frac{\varkappa-1}{\varkappa}}\right]} \quad (5.82)$$

Hierbei wird die große dimensionslose Wurzel von (5.82) oft auch als die auf den Gegendruck p_2 bzw. auf das Druckverhältnis p_2/p_1 bezogene **Geschwindigkeitsfunktion** $\boldsymbol{\Psi_{G,2}}$ bezeichnet, weshalb Zweitindex 2, also:

$$\boldsymbol{\Psi_{G,2} = \sqrt{\frac{\varkappa}{\varkappa - 1}\left[1 - \left(\frac{p_2}{p_1}\right)^{\frac{\varkappa-1}{\varkappa}}\right]}} \quad (5.83)$$

Damit wird aus (5.82) und mit $p_1 \cdot v_1 = R \cdot T_1$

$$\boldsymbol{c_{2,s} = \Psi_{G,2} \cdot \sqrt{2 \cdot p_1 \cdot v_1}} \tag{5.84}$$

$$c_{2,s} = \Psi_{G,2} \cdot \sqrt{2 \cdot R \cdot T_1} = \Psi_{G,2} \cdot a_1 \cdot \sqrt{2/\varkappa} \tag{5.84a}$$

und aus (5.81):

$$c_2 = \varphi_M \cdot c_{2,s} = \varphi_M \cdot \Psi_{G,2} \cdot \sqrt{2 \cdot p_1 \cdot v_1} \tag{5.85}$$

Hierbei wieder gemäß (5.5):

$$\sqrt{p_1 \cdot v_1} = \sqrt{R \cdot T_1} = a_1/\sqrt{\varkappa}$$

Gefälleverlust $\boldsymbol{\Delta h_V}$ Nach (5.53) und (5.54) sowie Abb. 5.5 gilt:

$$\Delta h_V = \Delta h_s - \Delta h = h_2 - h_{2,s}$$

$$\boldsymbol{\Delta h_V = (c_{2,s}^2/2) \cdot (1 - \varphi_M^2) = \Delta h_s \cdot (1 - \varphi_M^2)} \tag{5.86}$$

Mündungs(-Vergleichs)-Wirkungsgrad $\boldsymbol{\eta_{V,M}}$ Entsprechend (5.57) beträgt der Mündungs- oder ZOELLY-Düsen-Wirkungsgrad:

$$\boldsymbol{\eta_{V,M} = \varphi_M^2} \tag{5.86a}$$

Ausströmungstemperatur Gemäß (5.43)

$$w_1 = \Delta h = c_p \cdot (T_1 - T_2) = c_p \cdot \Delta T$$

Hieraus

$$T_2 = T_1 - \Delta h/c_p = T_1 - w_1/c_p \tag{5.87}$$

mit $\Delta h = \varphi_M^2 \cdot \Delta h_s = \varphi_M^2 \cdot w_{t,s}$ gemäß (5.55) und Δh_s nach (5.36a), (5.36b) bzw. besser aus zugehörigem (h, s)-Diagramm. Hierbei im Nassdampfgebiet $T_2 = T_{2,s}$, jedoch Dampfgehalt $x_2 > x_{2,s}$ (Abb. 5.10).

5.3.3.2.2 Massenstrom

Nach der Durchflussgleichung, (3.5), ergibt sich für den durch einfache Düsen fließenden Massenstrom $\dot{m}$:

Ideale Strömung ohne Kontraktion ($\varphi_M = 1$; $\alpha_M = 1$):

$$\dot{m}_{th} = \varrho_{2,s} \cdot c_{2,s} \cdot A_2 = \frac{1}{v_{2,s}} \cdot c_{2,s} \cdot A_2 \tag{5.88a}$$

Aus der Isentropenbeziehung $p \cdot v^\varkappa = \text{konst}$ folgt

$$v_{2,s} = v_1 \cdot (p_1/p_2)^{1/\varkappa}$$

und mit (5.79) wird unter der Voraussetzung c_1 vernachlässigbar gegenüber $c_{2,s}$ (wichtige, jedoch nicht gravierende Einschränkung!) der **theoretische Mengenstrom $\boldsymbol{m_{th}}$**:

$$\dot{m}_{th} = A_2 \frac{1}{v_1} \left(\frac{p_2}{p_1}\right)^{\frac{1}{\varkappa}} \cdot \sqrt{2 \frac{\varkappa}{\varkappa - 1} p_1 v_1 \left[1 - \left(\frac{p_2}{p_1}\right)^{\frac{\varkappa-1}{\varkappa}}\right]} \tag{5.88b}$$

Umgeformt ergibt mit $A_2 = \alpha_M \cdot A_M \approx A_M$, da bei guten Mündungen meist $\alpha_M \approx 1$:

$$\dot{m}_{th} = A_M \cdot \sqrt{2 \cdot \frac{p_1}{v_1}} \cdot \sqrt{\frac{\varkappa}{\varkappa - 1}\left[\left(\frac{p_2}{p_1}\right)^{\frac{2}{\varkappa}} - \left(\frac{p_2}{p_1}\right)^{\frac{\varkappa+1}{\varkappa}}\right]} \tag{5.89}$$

Der theoretisch aus der Mündung austretende Mengenstrom ist somit abhängig:

- vom Mündungsquerschnitt A_M
- von der Art des strömenden Mediums → $\varkappa$
- vom Anfangszustand des Fluids p_1, v_1
- vom Gegendruck p_2 bzw. dem zugehörigen Druck-Verhältnis p_2/p_1.

Der große Wurzelausdruck in (5.89) ist dimensionslos und wird NUSSELT-**Ausflussfunktion $\boldsymbol{\Psi_{A,2}}$** genannt:

$$\boldsymbol{\Psi_{A,2} = \sqrt{\frac{\varkappa}{\varkappa - 1} \cdot \left[\left(\frac{p_2}{p_1}\right)^{\frac{2}{\varkappa}} - \left(\frac{p_2}{p_1}\right)^{\frac{\varkappa+1}{\varkappa}}\right]}} \tag{5.90}$$

Wie die Geschwindigkeitsfunktion $\Psi_{G,2}$ ist auch die Ausflussfunktion $\Psi_{A,2}$ auf den Gegendruck p_2 bzw. das Druckverhältnis p_2/p_1 bezogen, deshalb Zweitindex 2 gesetzt, der vielfach auch weggelassen wird; sowie auch bei $\Psi_{G,2}$, (5.83).

Mit $\Psi_{A,2}$ wird der theoretische Massenstrom nach (5.89):

$$\dot{m}_{th} = A_M \cdot \Psi_{A,2} \cdot \sqrt{2 \cdot \frac{p_1}{v_1}} \qquad (5.91)$$

Diese Beziehung wird auch als **BENDEMANNsche Gleichung** bezeichnet.

Reale Strömung $(\varphi_M < 1; \alpha_M \leq 1)$:

Bei der Strömung realer kompressibler Fluide müssen wieder berücksichtigt werden:

- Reibung, durch Geschwindigkeitsziffer φ_M
- Strahleinschnürung, durch Kontraktionsziffer α_M

Mit diesen Beiwerten ergibt sich entsprechend von (4.76) für den **tatsächlichen Mengenstrom $\dot{m}$**:

$$\dot{m} = \dot{V}_2 \cdot \varrho_2 = (A_2 \cdot c_2)/v_2 \quad \text{mit } A_2 = \alpha_M \cdot A_M$$
$$c_2 = \varphi_M \cdot c_{2,s}$$
$$v_2 \approx v_{2,s} \quad \text{(meist gute Näherung)}$$
$$\mu_M = \alpha_M \cdot \varphi_M$$

und den vorhergehenden Beziehungen wird:

$$\dot{m} = \alpha_M \cdot \varphi_M \cdot A_M \cdot c_{2,s}/v_{2,s}$$
$$= \mu_M \cdot A_M \cdot c_{2,s}/v_{2,s}$$
$$\dot{m} = \alpha_M \cdot \varphi_M \cdot \dot{m}_{th} = \mu_M \cdot A_M \cdot \Psi_{A,2} \cdot \sqrt{2 \cdot \frac{p_1}{v_1}} \qquad (5.92)$$

$$\dot{m} = \alpha_M \varphi_M A_M \sqrt{2 \frac{p_1}{v_1}} \cdot \sqrt{\frac{\varkappa}{\varkappa - 1}\left[\left(\frac{p_2}{p_1}\right)^{\frac{2}{\varkappa}} - \left(\frac{p_2}{p_1}\right)^{\frac{\varkappa+1}{\varkappa}}\right]} \qquad (5.93)$$

Bei den in der Technik eingesetzten, üblicherweise sorgfältig ausgebildeten und ausgeführten Mündungen ist nahezu keine Kontraktion vorhanden, also $\boldsymbol{\alpha_M \approx 1}$. Dann wird gemäß Abschn. 4.1.2.1 $\boldsymbol{\mu_M} = \alpha_M \cdot \varphi_M \approx \boldsymbol{\varphi_M}$ und deshalb:

$$\dot{m} = \mu_M \cdot \dot{m}_{th} \approx \varphi_M \cdot \dot{m}_{th} \qquad (5.93a)$$

Bei sonstigen Öffnungen, z. B. Bohrungen, Leckstellen, berührungslosen Dichtungen u. dgl., ist die Strahleneinschnürung nicht vernachlässigbar. Vielfach ist sie zur Verbesserung der Dichtwirkung oder zur Verstärkung von Messeffekten sogar gewollt. Bei den scharfkantigen Messblenden beispielsweise, kann die Kontraktionszahl α_M bis auf 0,65 absinken.

Die **Ausflussfunktion $\Psi_{A,2}$** eines bestimmen Fluids, gekennzeichnet durch den Isentropenexponent $\varkappa$, ist ausschließlich vom Druckverhältnis p_2/p_1 abhängig und bei festliegendem Anfangszustand (Anfangsdruck p_1) nur vom Gegendruck p_2. Die Ausflussfunktion hat, wie auch die graphische Auftragung in Abb. 5.11 zeigt, einen parabelähnlichen Verlauf mit Maximum. Das Druckverhältnis p_2/p_1, bei dem die NUSSELT-Funktion $\Psi_{A,2}$ ihren Maximalwert $\Psi_{A,2,max}$ erreicht, wird als **kritisches Druckverhältnis** $(p_2/p_1)_{kr}$ oder als **LAVAL-Druckverhältnis** $(p_2/p_1)_L$ bezeichnet, der zugehörige Gegendruck p_2 als **kritischer Druck p_{kr}** oder **LAVAL-Druck p_L**. Des Weiteren ist für $\Psi_{A,2,max}$ die Bezeichnung **LAVAL-Wert der Ausflussfunktion $\Psi_{A,L}$** sinnvoll.

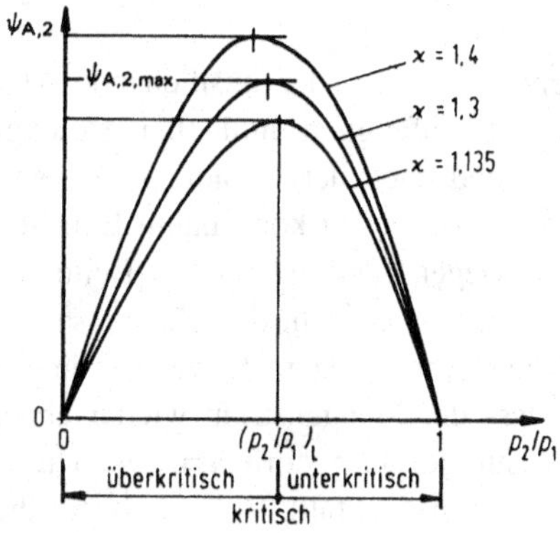

Abb. 5.11 Ausflussfunktion $\Psi_{A,2}$, und zwar für Luft ($\varkappa = 1{,}4$), Heißdampf ($\varkappa = 1{,}3$) sowie Sattdampf ($\varkappa = 1{,}135$). $(p_2/p_1)_L \equiv p_L/p_1 \equiv p_{kr}/p_1$.
Andere Bezeichnungen für $\Psi_{A,2,max}$ sind auch $\Psi_{A,kr}$ oder meist $\Psi_{A,L}$ (Prinzipdarstellung)

Je nach Größe des Druckverhältnisses p_2/p_1 wird zwischen folgenden Fällen unterschieden:

$1 > \left(\frac{p_2}{p_1}\right) > \left(\frac{p_2}{p_1}\right)_L$ unterkritische Ausströmung $(0 < \Psi_{A,2} < \Psi_{A,L})$

$\left(\frac{p_2}{p_1}\right) = \left(\frac{p_2}{p_1}\right)_L$ kritische Ausströmung $(\Psi_{A,2} = \Psi_{A,2,max} \equiv \Psi_{A,L})$

$0 \leq \left(\frac{p_2}{p_1}\right) < \left(\frac{p_2}{p_1}\right)_L$ überkritische Ausströmung $(\Psi_{A,L} > \Psi_{A,2} \geq 0)$

Bemerkung: Meist wird (p_L/p_1) statt $(p_2/p_1)_L$ geschrieben, also $p_L \equiv p_{2,L}$.

Da die Ausflussfunktion $\Psi_{A,2}$ den ausfließenden Mengenstrom voll mitbestimmt, zeigt auch dieser theoretisch das gleiche parabolische Verhalten mit Maximum. In Abb. 5.12 ist der prinzipielle Verlauf dargestellt.

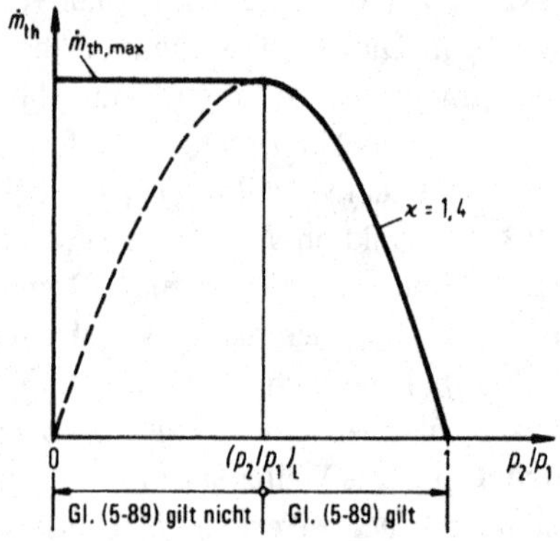

Abb. 5.12 Theoretischer Mengenstrom m_{th}, abhängig vom Druckverhältnis p_2/p_1 (prinzipiell)

Einsichtig ist, dass der ausfließende Mengenstrom von anfänglich null (bei Druckgleichheit vor und nach der Mündung) um so mehr wächst, je stärker bei konstantem Eintrittsdruck p_1 der Gegendruck p_2 sinkt. Beim Laval[8]-*Druckverhältnis* erreicht der Mengenstrom dann sein Maximum. Nicht mehr verständlich ist jedoch, dass der Mengenstrom wieder abnehmen soll, wenn der Gegendruck unter den Laval-*Druck* $p_L \equiv p_{2,L}$ abfällt. Völlig unbegreiflich ist, dass der Massenstrom auf null zurückgehen soll, wenn der Gegendruck ebenfalls auf null sinkt, und dies unabhängig von der Höhe des Eintrittsdruckes p_1. Gemäß dem gestrichelten Kurvenast $\dot{m}_{th} = f(p_2/p_1)$ in Abb. 5.12 könnte somit keine Ausströmung ins Vakuum erfolgen, gleichgültig wie hoch der Anfangsdruck ist. Dies ist physikalisch unmöglich. Hieraus folgt: Das abgeleitete Gesetz für den ausfließenden Massenstrom, (5.89), gilt nicht uneingeschränkt.

Tatsächlich kann experimentell nachgewiesen werden, dass der ausströmende Mengenstrom eines kompressiblen Fluides der theoretischen Kurve nach Abb. 5.12 nur auf dem Kurvenstück von $p_2/p_1 = 1$ bis zum Maximum $\dot{m}_{th,max}$ beim kritischen Druckverhältnis $(p_2/p_1)_{kr} \equiv (p_2/p_1)_L$ folgt. Sobald das Maximum erreicht ist, ändert sich der Massenstrom trotz weiterem Verkleinern des Druckverhältnisses p_2/p_1 jedoch nicht mehr. Daher gilt nur der dick ausgeführte Kurvenzug in Abb. 5.12 und die Mengenstromgleichung (5.89) bzw. (5.93) nur für den rechten Kurventeil ab dem LAVAL-Druckverhältnis $(p_2/p_1)_L \equiv p_L/p_1$ bis $(p_2/p_1) = 1$. Im Umkehrschluss folgt aus diesem physikalischen Phänomen im Zusammenhang mit der Mengenstromgleichung:

Ändert sich beim Ausströmen eines kompressiblen Fluides der Massenstrom nicht mehr, bleibt das Druckverhältnis und damit der Ausströmdruck konstant. Hieraus ergibt sich die weitere Folgerung:

► In einer Mündung können Gase und Dämpfe nur bis zum kritischen Druck, dem sog. LAVAL-Druck, entspannt werden, gleichgültig, wie tief der Gegendruck hinter der Mündung darunter abgesenkt wird.

Die zugehörigen Strömungs- und Entspannungsvorgänge sind in Abb. 5.13 prinzipiell dargestellt. Solange der Gegendruck nach der Mündung größer oder gleich dem kritischen Druck (LAVAL-Druck $p_L \equiv p_{kr}$) ist $(p_2 \geq p_{kr})$, erfolgt völlige Entspannung des Fluides in der Mündung auf den Gegendruck. Der austretende Strahl ist eindeutig in Mündungsachse gerichtet und seine Strömungsenergie technisch verwertbar, Abb. 5.13a (unterkritischer Fall).

Bei $p_2 = p_{kr} \equiv p_L$ wird die maximale Ausströmgeschwindigkeit erreicht. Diese ist, wie

[8] DE LAVAL, Gustav (1845 bis 1913), schwedischer Ingenieur.

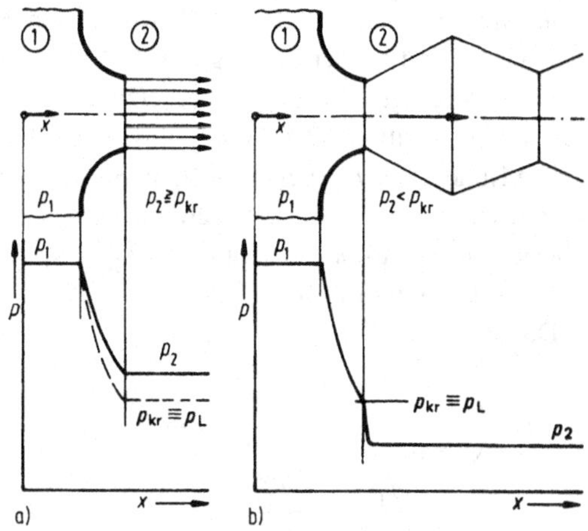

Abb. 5.13 Ausströmungen aus Mündungen:
a) unterkritisch $p_2 \geq p_{kr}$ (Strahl gerichtet)
b) überkritisch $p_2 < p_{kr}$ (Strahl zerplatzt)

später noch gezeigt, gleich der Schallgeschwindigkeit des Fluides vom Mündungszustand, Abb. 5.13a, d. h. dem Zustand, den das Fluid beim Austritt aus der Mündung annimmt (kritischer Fall).

Sinkt der Gegendruck unter den LAVAL-Wert ($p_2 < p_L \equiv p_{kr}$), kann bis zum Mündungsquerschnitt nur auf p_{kr} entspannt werden. Die weitere Entspannung von p_{kr} auf den Außendruck p_2 erfolgt, da die Strahlführung fehlt, verpuffungsartig direkt hinter dem Mündungsaustritt. Der Strahl zerplatzt, Abb. 5.13b. Die dabei freigesetzte kinetische Energie wird zu einem sehr kleinen Teil in Schallenergie umgesetzt. Überwiegend verbraucht sie sich jedoch durch Bilden von Wirbeln und ist deshalb technisch nicht nutzbar. Die Strömungsgeschwindigkeit im Austrittsquerschnitt bleibt unverändert, ebenso der austretende Mengenstrom entsprechend des kritischen Druckverhältnisses.

Der Vorgang ist wie folgt interpretierbar:

Da sich eine Druckstörung im Außenraum nur mit Schallgeschwindigkeit ausbreitet, kann diese gegen das ebenfalls mit Schallgeschwindigkeit austretende Medium nicht entgegen der Strömung in die Mündung eindringen, also keine Rückwirkung mehr möglich. Der Strömungsverlauf in der Mündung bleibt deshalb von äußeren Druckabsenkungen unter den LAVAL-Wert unberührt (überkritischer Fall).

Zusammenfassend gilt: Bei einfachen Düsen wird der Strahl, sofern der Gegendruck p_2 größer oder gleich dem LAVALdruck p_L (kritischer Druck p_{kr}) ist, achsparallel gerichtet ausströmen und sich allmählich mit dem Umgebungsmedium vermischen; Freistrahl (Abschn. 3.3.5). Ist der Gegendruck kleiner, weitet sich der Strahl kurz nach Verlassen der Düse verpuffungsartig nach allen freien Seiten aus. Er nimmt dabei Seitengeschwindigkeiten an, die in seinem Inneren zu Unterdruck führen. Bei dieser schnellen Nachexpansion schießt die seitliche Strahlenausweitung anfänglich infolge Massenträgheit über die Gleichgewichtslage hinaus. Anschließend macht der nun höhere Außendruck die entstandene Strahles ebenso schnell durch Zusammendrücken wieder rückgängig. Dadurch tritt im verengten Strahl wieder Überdruck auf. Dieses Spiel wiederholt sich periodisch so lange, bis die Überdruckenergie durch Reibung und Wirbel aufgezehrt ist. Die sich auf diese Weise bildenden Ausweitungen und Einschränkungen des Strahles sind bei Schlierenaufnahmen gut zu erkennen. Die starke Geräuschbildung, etwa beim Öffnen von Druckgasflaschen, ist die Folge dieser Schwingungen, da sie sich auf das Umgebungsmedium (meist Luft) übertragen.

5.3.3.2.3 Laval-Druckverhältnis

Das kritische Druckverhältnis $(p_2/p_1)_{kr}$ oder LAVAL-Druckverhältnis $(p_2/p_1)_L$ bzw. kurz p_L/p_1 lässt sich nach dem Extremwertverfahren der Differenzialrechnung aus der Ausflussfunktion bestimmen. Index 2 wird hier oft weggelassen, da Gegendruck jetzt variabel; auch bei Ausflussfunktion. Mit dem bezogenen oder **dimensionslosen Druck** $\boldsymbol{P_2 = p_2/p_1}$ bzw. besser $\boldsymbol{P = p/p_1}$ (Druckverhältnis) mit $p_1 \geq p \geq 0$ ist die notwendige Bedingung für das Maximum der Ausflussfunktion $\Psi_{A,2}$:

$$\frac{\mathrm{d}\Psi_{A,2}}{\mathrm{d}P} \stackrel{!}{=} 0$$

Hierbei nach (5.90):

$$\Psi_{A,2} = \sqrt{\frac{\varkappa}{\varkappa - 1}} \cdot \sqrt{P^{\frac{2}{\varkappa}} - P^{\frac{\varkappa+1}{\varkappa}}}$$

Da der Ausdruck $\varkappa/(\varkappa-1)$ konstant ist und wegen dem im ersten Quadrant liegenden Graph der Ausflussfunktion seinen prinzipiellen Verlauf durch Quadrieren nicht ändert, genügt es für die Maximumbildung, die erste Ableitung des Radikanden der zweiten Wurzel gleich null zu setzen:

$$\frac{\mathrm{d}}{\mathrm{d}P}\left(P^{\frac{2}{\varkappa}} - P^{\frac{\varkappa+1}{\varkappa}}\right) \stackrel{!}{=} 0$$

Ausgewertet:

$$\frac{2}{\varkappa}\cdot P^{\frac{2}{\varkappa}-1} - \frac{\varkappa+1}{\varkappa}\cdot P^{\frac{\varkappa+1}{\varkappa}-1} = 0 \quad \Big| \cdot \frac{\varkappa}{2}$$

$$P^{\frac{2-\varkappa}{\varkappa}} - \frac{\varkappa+1}{2}\cdot P^{\frac{1}{\varkappa}} = 0$$

$$P^{\frac{1}{\varkappa}}\left(P^{\frac{1-\varkappa}{\varkappa}} - \frac{\varkappa+1}{2}\right) = 0$$

Da beim Maximum nach Abb. 5.11 $P \neq 0$ ist, muss gelten:

$$P^{\frac{1-\varkappa}{\varkappa}} - \frac{\varkappa+1}{2} = 0$$

Hieraus:

$$P = \left(\frac{\varkappa+1}{2}\right)^{\frac{\varkappa}{1-\varkappa}} = \left(\frac{2}{\varkappa+1}\right)^{\frac{\varkappa}{\varkappa-1}}$$

Das **kritische Druckverhältnis P_{kr}** oder das **LAVAL-Druckverhältnis P_L** ist demnach:

$$\boldsymbol{P_{kr} \equiv P_L = \left(\frac{2}{\varkappa+1}\right)^{\frac{\varkappa}{\varkappa-1}}} \tag{5.94}$$

Mit

$$P_{kr} = \left(\frac{p_2}{p_1}\right)_{kr} = \frac{p_{kr}}{p_1} \quad \text{bzw.}$$

$$P_L = \left(\frac{p_2}{p_1}\right)_L = \frac{p_L}{p_1}$$

Des Weiteren übliche Benennungen sind:

P_L ... bezogener oder dimensionsloser LAVAL-Druck, LAVAL-Druckgefälle
p_L ... LAVALdruck (dimensionsbehaftet)
P_{kr} ... bezogener kritischer Druck (dimensionslos)
p_{kr} ... kritischer Druck (dimensionsbehaftet)

Ergänzung: Beim Ermitteln von P_L wurde gemäß (5.90) der Einfluss der Anfangsgeschwindigkeit c_1 vernachlässigt, also $c_1 \approx 0$ gesetzt. Ist dies, was selten auftritt, nicht zulässig, muss der zugehörige Ruhedruck p_R (bei $c_R = 0$) an Stelle vom Anfangsdruck p_1 verwendet werden. Dieser ergibt sich aus Isentropenbeziehung $p_R \cdot v_R^{\varkappa} = p_1 \cdot v_1^{\varkappa}$ und Gasgleichung $v = R \cdot T/p$.

Damit:

$$p_R \cdot \left(\frac{R \cdot T_R}{p_R}\right)^{\varkappa} = p_1 \cdot \left(\frac{R \cdot T_1}{p_1}\right)^{\varkappa}$$

$$\frac{T_R^{\varkappa}}{p_R^{\varkappa-1}} = \frac{T_1^{\varkappa}}{p_1^{\varkappa-1}}$$

$$\frac{T_R}{T_1} = \left(\frac{p_R}{p_1}\right)^{(\varkappa-1)/\varkappa}$$

$$p_R = p_1 \cdot \left(\frac{T_R}{T_1}\right)^{\frac{\varkappa}{\varkappa-1}} \tag{5.94a}$$

Die zugehörige Ruhetemperatur T_R folgt hierzu gemäß Energiegleichung (5.33) mit Beziehung (5.58), wenn $c_p \approx$ konst gesetzt werden darf bei $\Delta h = h_R - h_1$ und $\Delta T = T_R - T_1$:

$$c_1^2/2 - c_R^2/2 = h_R - h_1 = c_p \cdot (T_R - T_1)$$

Hieraus, da $c_R = 0$:

$$T_R = T_1 + \frac{1}{c_p}\cdot\frac{c_1^2}{2} \quad \text{und} \quad \Delta T = \frac{1}{c_p}\cdot\frac{c_1^2}{2}$$

Damit wird dann das LAVAL-Druckverhältnis:

$$P_L = \frac{p_L}{p_R} \quad \text{bzw.} \quad P_{kr} = \frac{p_{kr}}{p_R} \tag{5.94b}$$

Diese Umrechnung auf den Ruhedruck gilt in solchen Fällen, d. h. wenn c_1 nicht vernachlässigbar, für alle Strömungsgleichungen. Dann ist in allen entsprechenden Gleichungen statt des Anfangsdrucks p_1 der zugehörige Ruhedruck p_R zu setzen, sowie die anderen Ruhewerte (T_R; v_R) an die Stelle der Anfangswerte (T_1; v_1).

Das LAVAL-Druckverhältnis eingesetzt:

a) in die Ausflussfunktion $\Psi_{A,2}$, (5.90), ergibt den Maximalwert (LAVAL-Wert) $\Psi_{A,2,\max} \equiv$

$\Psi_{A,L}$:

$$\Psi_{A,L} = \sqrt{\frac{\varkappa}{\varkappa-1}} \cdot \sqrt{\left\{\left(\frac{2}{\varkappa+1}\right)^{\frac{\varkappa}{\varkappa-1}}\right\}^{\frac{2}{\varkappa}} - \left\{\left(\frac{2}{\varkappa+1}\right)^{\frac{\varkappa}{\varkappa-1}}\right\}^{\frac{\varkappa+1}{\varkappa}}}$$

Umgeformt und vereinfacht:

$$\begin{aligned} \Psi_{A,L} &= \sqrt{\frac{\varkappa}{\varkappa-1}} \cdot \sqrt{\left(\frac{2}{\varkappa+1}\right)^{\frac{2}{\varkappa-1}} - \left(\frac{2}{\varkappa+1}\right)^{\frac{\varkappa+1}{\varkappa-1}}} \\ &= \sqrt{\frac{\varkappa}{\varkappa-1} \cdot \left(\frac{2}{\varkappa+1}\right)^{\frac{2}{\varkappa-1}}} \cdot \sqrt{1-\left(\frac{2}{\varkappa+1}\right)^{\frac{\varkappa+1}{\varkappa-1}-\frac{2}{\varkappa-1}}} \\ &= \left(\frac{2}{\varkappa+1}\right)^{\frac{1}{\varkappa-1}} \cdot \sqrt{\frac{\varkappa}{\varkappa-1} \cdot \left[1-\left(\frac{2}{\varkappa+1}\right)\right]} \end{aligned}$$

$$\boldsymbol{\Psi_{A,2,\max} \equiv \Psi_{A,L} = \left(\frac{2}{\varkappa+1}\right)^{\frac{1}{\varkappa-1}} \cdot \sqrt{\frac{\varkappa}{\varkappa+1}}} \tag{5.95}$$

b) in die Geschwindigkeitsfunktion $\Psi_{G,2}$ nach (5.83); ergibt den zugehörigen kritischen Wert $\Psi_{G,2,kr} \equiv \Psi_{G,kr}$ oder LAVAL-Wert $\Psi_{G,L} \equiv \Psi_{G,kr}$:

$$\begin{aligned} \Psi_{G,kr} &\equiv \Psi_{G,L} \\ &= \sqrt{\frac{\varkappa}{\varkappa-1} \cdot \left[1-\left\{\left(\frac{2}{\varkappa+1}\right)^{\frac{\varkappa}{\varkappa-1}}\right\}^{\frac{\varkappa-1}{\varkappa}}\right]} \end{aligned}$$

Umgeformt:

$$\boldsymbol{\Psi_{G,kr} \equiv \Psi_{G,L} = \sqrt{\varkappa/(\varkappa+1)}} \tag{5.96}$$

Hinweis: Meist wird einfachheitshalber

- für $\Psi_{A,2,\max}$ nur $\Psi_{A,\max} = \Psi_{A,L}$
- für $\Psi_{G,2,kr}$ nur $\Psi_{G,kr} \equiv \Psi_{G,L}$

geschrieben, sog. **LAVAL-Werte**.

Tab. 5.1 LAVAL-Werte (kritische Werte) von Gasen und H_2O-Dämpfen

Fluid	$\varkappa$	$P_L = \left(\frac{p_2}{p_1}\right)_L$	$\Psi_{G,L}$	$\Psi_{A,L}$
Einatomige Gase	1,67	0,487	0,791	0,514
Zweiatomige Gase (Luft, H_2, N_2, CO usw.)	1,40	0,528	0,764	0,484
Mehratomige Gase	1,33	0,540	0,756	0,476
(Wasser-) Heißdampf	1,30	0,546	0,752	0,472
(Wasser-) Sattdampf	1,135	0,577	0,729	0,449

Wie die Gleichungen zeigen, sind alle drei Größen, LAVAL-Druckverhältnis P_L, LAVAL-Ausflussfunktionswert $\Psi_{A,L}$, LAVAL-Geschwindigkeitsfunktionswert $\Psi_{G,L}$, ausschließlich von der Art des strömenden Fluids (Stoffgröße $\varkappa$) abhängig. Sie lassen sich deshalb einfach angeben und tabellieren, Tab. 5.1. Danach allgemeine Richtwerte für Überschlagsrechnungen:

$$\boldsymbol{P_L \approx 0{,}5; \quad \Psi_{G,L} \approx 0{,}75; \quad \Psi_{A,L} \approx 0{,}5}$$

Allgemein bedeutet hierbei für die technisch wichtigen Gase und Dämpfe sowie großzügig gerundet.

Bemerkungen: Nachdrücklich muss darauf hingewiesen werden, dass die aufgeführten Beziehungen aller LAVAL-Werte ($P_L, \Psi_{G,L}, \Psi_{A,L}$) exakt nur gelten, wenn die Zuströmgeschwindigkeit c_1 vernachlässigbar ist. Meist sind die Werte jedoch genügend genau. Begründung: Die Gleichung für das kritische Druckverhältnis $P_{kr} \equiv P_L$, das die anderen LAVAL-Größen bestimmt, wurde unter der Voraussetzung $c_1 \approx 0$ abgeleitet. Anderenfalls sind, wie ausgeführt (Ergänzung), die Ruhewerte (p_R; T_R) statt der Anfangswerte (p_1; T_1) zu verwenden.

Der Begriff kritisch hat bei kompressiblen Strömungen eine andere Bedeutung als bei inkompressiblen. Hier (bei $\varrho \neq$ konst) Übergang von Unter- in Überschall. Dort (bei $\varrho \approx$ konst) Umschlag laminar auf turbulent.

5.3.3.2.4 Maximalgeschwindigkeit

Da bei einfachen Düsen und Öffnungen, wie in Abschn. 5.3.3.2 begründet, gerichtete Entspannung höchstens bis zum LAVAL-Druck (kritischer Druck) möglich ist, kann auch die Ausströmgeschwindigkeit nicht beliebig gesteigert werden. Die maximale Austrittsgeschwindigkeit wird erreicht bei Entspannung gerade bis zum LAVAL-Druck. Diese **theoretisch maximale Ausströmgeschwindigkeit** $\boldsymbol{c_{2,\mathrm{s,max}}}$ bei idealer Mündungsentspannung wird auch als **kritische Geschwindigkeit** $\boldsymbol{c_{\mathrm{kr,s}}}$ oder **LAVAL-Geschwindigkeit** c_{L} bezeichnet. Die Gleichung für die LAVAL-Geschwindigkeit c_{L} ergibt sich deshalb durch Einsetzen des LAVAL-Druckverhältnisses P_{L} nach (5.94) in die Beziehung für die Ausströmgeschwindigkeit c_2 bei Vernachlässigen von c_1; (5.82):

$$c_{\mathrm{L}} \equiv c_{\mathrm{kr,s}} = c_{2,\mathrm{s,max}}$$

$$c_{\mathrm{L}} = \sqrt{2 \cdot \frac{\varkappa}{\varkappa - 1} \cdot p_1 \cdot v_1} \cdot \sqrt{1 - \left\{\left(\frac{2}{\varkappa + 1}\right)^{\frac{\varkappa}{\varkappa-1}}\right\}^{\frac{\varkappa-1}{\varkappa}}}$$

Vereinfacht:

$$\boldsymbol{c_{\mathrm{L}} \equiv c_{\mathrm{kr,s}} = c_{2,\mathrm{s,max}} = \sqrt{2 \cdot \frac{\varkappa}{\varkappa + 1} \cdot p_1 \cdot v_1}} \tag{5.97}$$

Hierbei ist die Zuströmgeschwindigkeit c_1, wie erwähnt, wieder meist zuverlässigerweise vernachlässigt ($c_1 \approx 0$).

Mit $p \cdot v = R \cdot T = h \cdot (\varkappa - 1)/\varkappa$ nach (5.41) kann bei idealem Gas gesetzt werden:

$$\boldsymbol{c_{\mathrm{L}} \equiv c_{\mathrm{kr,s}} = c_{2,\mathrm{s,max}} = \sqrt{2 \frac{\varkappa - 1}{\varkappa + 1} \cdot h_1}} \tag{5.98}$$

Wird der LAVAL-Wert $\Psi_{\mathrm{G,L}}$ der Geschwindigkeitsfunktion nach (5.96) eingeführt, folgt aus den Beziehungen (5.84) und (5.97):

$$\boldsymbol{c_{\mathrm{L}} \equiv c_{\mathrm{kr,s}} = c_{2,\mathrm{s,max}} = \Psi_{\mathrm{G,L}} \cdot \sqrt{2 \cdot p_1 \cdot v_1}} \tag{5.99}$$

$$c_{\mathrm{L}} = \Psi_{\mathrm{G,L}} \cdot \sqrt{2 \cdot R \cdot T_1} = \Psi_{\mathrm{G,L}} \cdot a_1 \cdot \sqrt{2/\varkappa} \tag{5.99a}$$

Die **tatsächliche kritische** also **maximale Ausströmgeschwindigkeit** ($c_{\mathrm{kr}} = c_{2,\mathrm{max}}$) realer Fluide ist dann gemäß (5.81):

$$c_{\mathrm{kr}} = c_{2,\mathrm{max}} = \varphi_{\mathrm{M}} \cdot c_{\mathrm{L}} = \varphi_{\mathrm{M}} \cdot \Psi_{\mathrm{G,L}} \cdot \sqrt{2 \cdot p_1 \cdot v_1} \tag{5.100}$$

Oder wieder für thermisch ideales Gasverhalten mit (5.41):

$$\boldsymbol{c_{\mathrm{kr}} = c_{2,\mathrm{max}} = \varphi_{\mathrm{M}} \cdot \Psi_{\mathrm{G,L}} \cdot \sqrt{2 \cdot \frac{\varkappa - 1}{\varkappa} \cdot h_1}} \tag{5.101}$$

Bemerkung: Um bei Dämpfen die Abweichung vom thermodynamisch idealen Gasverhalten sowie den Einfluss der relativ hohen Verdampfungswärme wenigstens einigermaßen zu kompensieren und damit brauchbare Rechenergebnisse zu erhalten, sollte in (5.98) sowie (5.101) statt der Enthalpie h_1, die Differenz $(h_1 - l_{\mathrm{d,1}})$ gesetzt werden, falls kein (h, s)-Diagramm zur Verfügung steht. Dabei ist $l_{\mathrm{d,1}}$ die zum Druck p_1 gehörende Verdampfungswärme des Fluides.

Werden die thermischen Zustandswerte p_1 und v_1 des Fluides vor der Mündung durch die kritischen Zustandsgrößen, d. h. die LAVAL-Werte, $p_{\mathrm{L}} \equiv p_{\mathrm{kr}}$ und $v_{\mathrm{L}} \equiv v_{\mathrm{kr,s}}$ mit Hilfe der Isentropengleichung ersetzt, ergibt sich – unter Vernachlässigung von c_1 – für die LAVAL-Geschwindigkeit c_{L}.

Mit $v_1 = v_{\mathrm{L}} \cdot (p_{\mathrm{L}}/p_1)^{1/\varkappa}$ aus Isentrope $p_1 \cdot v_1^{\varkappa} = p_{\mathrm{L}} \cdot v_{\mathrm{L}}^{\varkappa}$ und $p_1 = p_{\mathrm{L}} \cdot (p_1/p_{\mathrm{L}})$ erhält (5.97) die Form:

$$c_{\mathrm{L}} = \sqrt{2 \cdot p_{\mathrm{L}} \cdot \left(\frac{p_1}{p_{\mathrm{L}}}\right) \cdot v_{\mathrm{L}} \cdot \left(\frac{p_{\mathrm{L}}}{p_1}\right)^{1/\varkappa} \cdot \frac{\varkappa}{\varkappa + 1}}$$

$$c_{\mathrm{L}} = \sqrt{2 \cdot p_{\mathrm{L}} \cdot v_{\mathrm{L}} \cdot \left(\frac{p_1}{p_{\mathrm{L}}}\right)^{1-1/\varkappa} \cdot \frac{\varkappa}{\varkappa + 1}}$$

Wird zudem das LAVAL-Druckverhältnis gemäß (5.94) eingesetzt, ergibt sich mit der Umformung $1 - 1/\varkappa = (\varkappa - 1)/\varkappa$:

$$c_{\mathrm{L}} = \sqrt{2 \cdot p_{\mathrm{L}} \cdot v_{\mathrm{L}} \cdot \left[\left(\frac{\varkappa + 1}{2}\right)^{\frac{\varkappa}{\varkappa-1}}\right]^{\frac{\varkappa-1}{\varkappa}} \cdot \frac{\varkappa}{\varkappa + 1}}$$

$$\boldsymbol{c_{\mathrm{L}} = \sqrt{\varkappa \cdot p_{\mathrm{L}} \cdot v_{\mathrm{L}}} = \sqrt{\varkappa \cdot R \cdot T_{\mathrm{L}}}} \tag{5.102}$$

Der Vergleich mit (5.4) bzw (5.5) ergibt, dass die LAVAL-Geschwindigkeit c_L identisch ist mit der Schallgeschwindigkeit a_L des strömenden kompressiblen Fluidcs vom Mündungs-, d. h. LAVAL-Zustand. Hieraus folgt die Erkenntnis:

- Bei Ausströmungsvorgängen aus Mündungen (einfache Düsen und Öffnungen) kann als theoretische Maximalgeschwindigkeit höchstens die Schallgeschwindigkeit vom LAVAL-Zustand a_L (Mündungszustand), die sog. **isentrope kritische Schallgeschwindigkeit $a_{kr,s}$**, erreicht werden. Die LAVAL-Geschwindigkeit c_L ist also gleich der kritischen Schallgeschwindigkeit $a_{kr,s}$:

$$c_L = a_{kr,s} \equiv a_L \qquad (5.103)$$

Dies ist ein wichtiges physikalisches Phänomen.

Mit der LAVAL-Geschwindigkeit c_L lässt sich auch die LAVAL-Zahl La definieren (Abschn. 5.2.1):

$$La = c/c_L \qquad (5.103a)$$

Infolge Strömungsverlusten durch Reibung ist die tatsächliche maximale Ausströmungsgeschwindigkeit ebenfalls entsprechend dem Geschwindigkeitsbeiwert φ_M kleiner, (5.81).

In diesem Zusammenhang wird auch auf Abschn. 5.2.1 verwiesen.

ZOELLY-Düsen sind somit nur im Unterschallgebiet – unterkritischen bis Grenze kritisch – anwendbar. Für Überschallgeschwindigkeit (überkritischer Bereich) sind andere Einrichtungen notwendig (Abschn. 5.3.3.3).

5.3.3.2.5 Maximaler Massenstrom

Der **theoretisch maximale Massenstrom $\dot{m}_{th,max}$**, der aus einer Mündung austreten kann und sinnvollerweise mit **LAVAL-Massenstrom $\dot{m}_L$** zu bezeichnen ist, wird beim kritischen Druckverhältnis und isentroper Expansion erreicht. Wieder unter der Voraussetzung vernachlässigbarer Anfangs- oder Zuströmgeschwindigkeit c_1 ist in (5.91) für die Ausflussfunktion $\Psi_{A,2}$ der Maximal-, d. h. LAVAL-Wert $\Psi_{A,L}$ nach (5.95) oder der Zahlenwert von Tab. 5.1 einzusetzen. Dann:

$$\dot{m}_L = \dot{m}_{th,max} = A_M \cdot \Psi_{A,L} \cdot \sqrt{2 \cdot p_1/v_1}$$

$$\dot{m}_L = A_M \sqrt{2\frac{p_1}{v_1}} \cdot \left(\frac{2}{\varkappa+1}\right)^{\frac{1}{\varkappa-1}} \cdot \sqrt{\frac{\varkappa}{\varkappa+1}} \qquad (5.104)$$

Diese Beziehung ist ebenfalls eine Form der BENDEMANNschen Gleichung (5.91).

Oder mit Hilfe der Durchflussbedingung:

$$\dot{m}_L = A_M \cdot c_L/v_L \qquad (5.105)$$

Hierbei gilt für das **spezifische LAVAL-Volumen** $v_L \equiv v_{kr,s}$ nach der Isentropenbeziehung:

$$v_L = v_1 \cdot (p_1/p_L)^{1/\varkappa} = v_1 \cdot P_L^{-1/\varkappa}$$
da $p_L = p_1 \cdot P_L$

und die LAVALgeschwindigkeit nach (5.99).

Der **wirkliche maximale Massenstrom** $\dot{m}_{max}$ ist wieder infolge Strömungsverlusten (Geschwindigkeitsbeiwert φ_M) und Strahleinschnürung (Kontraktionsziffer α_M) geringer. Er ergibt sich ebenfalls aus der Durchflussgleichung beim realen kritischen Ausströmfall:

$$\dot{m}_{max} = \alpha_M \cdot A_M \cdot c_{kr}/v_{kr} \qquad (5.106)$$

Bemerkung:

$v_{kr} > v_L$, da infolge Reibung
$T_{kr} > T_L$, wobei $T_L = T_{kr,s}$

Mit $c_{kr} \equiv c_{2,max} = \varphi_M \cdot c_{kr,s} \equiv \varphi_M \cdot c_L$ nach (5.99) und $v_{kr} = v_L \cdot (v_{kr}/v_L)$ wird:

$$\dot{m}_{max} = \alpha_M \cdot \varphi_M \cdot \frac{v_L}{v_{kr}} \cdot \frac{A_M \cdot c_L}{v_L}$$

Hierin (5.105) eingesetzt, führt schließlich zu:

$$\dot{m}_{max} = \alpha_M \cdot \varphi_M \cdot (v_L/v_{kr}) \cdot \dot{m}_L \qquad (5.107)$$

Wie bereits erwähnt, werden technisch eingesetzte Mündungen so gut ausgebildet und ausgeführt, dass Strahlkontraktion kaum auftritt, also meist $\alpha_M \approx 1$. Des Weiteren ist das wirkliche kritische spezifische Volumen v_{kr} nur aufwendig ermittelbar, und zwar $v_{kr} = R \cdot T_{kr}/p_{kr}$:

- durch Messen von T_{kr} z. B. bei Versuchen,
- mit angenähert T_{kr} aus $\Delta h_{kr} = c_p \cdot (T_1 - T_{kr})$ wobei $\Delta h_{kr} = \varphi_M^2 \cdot \Delta h_L$ und $\Delta h_L \equiv \Delta h_s = w_{t,s}$ gemäß (5.36b) mit p_L/p_1 statt p_2/p_1.

Ersatzweise kann jedoch oft gesetzt werden:

$$v_L/v_{kr} \approx 1$$

Damit wird in meist **guter Näherung**:

$$\dot{m}_{max} \approx \varphi_M \cdot \dot{m}_L \tag{5.108}$$

5.3.3.3 Laval-Düse (erweiterte Düse)

5.3.3.3.1 Grundsätzliches

Wie in den vorhergehenden Abschnitten auseinandergesetzt, ist in Mündungen die gerichtete Entspannung durch den LAVAL-Druck begrenzt. Die Ausströmgeschwindigkeit kann dadurch höchstens bis zur kritischen Schallgeschwindigkeit gesteigert werden.

Hieraus folgt die Frage: Wie muss eine Düse, die geordnetes Umsetzen von Wärmeenergie in Strömungsenergie über den LAVAL-Zustand hinaus ermöglicht, ausgebildet sein, um höhere Strömungsgeschwindigkeiten als die LAVAL-Geschwindigkeit zu verwirklichen. Solche Düsen bestehen, um das Ergebnis vorwegzunehmen, aus einem in Strömungsrichtung konvergierendem mit anschließendem divergierendem Teil, nämlich aus einer Mündung (Unterschallbereich) mit angesetzter Erweiterung (Überschallteil). Diese sog. **erweiterte Düse** wurde zum ersten Mal 1878 von KÖRTING in einer Dampfstrahlpumpe und 1883 von DE LAVAL in einer Dampfturbine (LAVAL-Turbine) eingesetzt. Diese erweiterten Düsen, die also aus Mündung (ZOELLY-Teil) mit unmittelbar anschließender Erweiterung (LAVAL-Teil) bestehen, werden als **LAVAL-Düsen** bezeichnet.

5.3.3.3.2 Querschnittsverlauf

Der für die vollständig gerichtete Entspannung notwendige Querschnittsverlauf lässt sich unter Verwendung der Beziehung für den theoretischen Massenstrom nach (5.89) aufzeigen, wobei die Zuströmgeschwindigkeit in erster Näherung wieder im Vergleich als klein vernachlässigt wird.

Diese Gleichung kann mit dem Kontinuitätsgesetz $\dot{m}_{th} = \text{konst}$ dahingehend verallgemeinert werden, dass sie für jeden Querschnitt entlang der Düsenachse gelten muss. An die Stelle der Mündungsaustrittswerte A_M, p_2, $\Psi_{A,2}$ treten die zum jeweiligen Querschnitt gehörenden Werte A_{th}, p_2, Ψ_A. Dann gilt für jeden Querschnitt, der zwischen Einström- und Ausströmstelle der Düse liegt, also für Druckbereich $p_1 \leq p \leq p_2$:

$$\dot{m}_{th} = A_{th}\sqrt{2\frac{p_1}{v_1}} \cdot \sqrt{\frac{\varkappa}{\varkappa - 1}\left[\left(\frac{p}{p_1}\right)^{\frac{2}{\varkappa}} - \left(\frac{p}{p_1}\right)^{\frac{\varkappa+1}{\varkappa}}\right]} = \text{konst} \tag{5.109}$$

Mit der Ausflussfunktion

$$\Psi_A = \sqrt{\frac{\varkappa}{\varkappa - 1} \cdot \left[\left(\frac{p}{p_1}\right)^{\frac{2}{\varkappa}} - \left(\frac{p}{p_1}\right)^{\frac{\varkappa+1}{\varkappa}}\right]}$$

oder dem dimensionslosen Druck $P = p/p_1$

$$\Psi_A = \sqrt{\frac{\varkappa}{\varkappa - 1} \cdot \left[P^{\frac{2}{\varkappa}} - P^{\frac{\varkappa+1}{\varkappa}}\right]} \tag{5.110}$$

ergibt sich für den theoretischen Mengenstrom:

$$\dot{m}_{th} = A_{th} \cdot \Psi_A \cdot \sqrt{2 \cdot p_1/v_1} = \text{konst} \tag{5.111}$$

Wenn (5.111) über den LAVAL-Punkt hinaus gelten soll, muss die Düse entsprechend ausgebildet werden. Die Beziehung für den notwendigen theoretischen Querschnittsverlauf A_{th} der Düse folgt dann durch Umstellen von (5.111):

$$A_{th} = \frac{\dot{m}_{th}}{\sqrt{2 \cdot p_1/v_1}} \cdot \frac{1}{\Psi_A} = \text{konst} \cdot \frac{1}{\Psi_A} \tag{5.112}$$

Beim wirklichen Querschnittsverlauf (Fläche A) muss noch der jeweils zugehörige Geschwindigkeitsbeiwert φ, der mit zunehmendem Strömungsweg schlechter, d. h. kleiner wird, berücksichtigt werden:

$$A = (1/\varphi) \cdot A_{th} \quad \text{mit} \quad \varphi < 1 \tag{5.113}$$

Außerdem ist zu beachten, dass der Anfangsquerschnitt $A_1 = \dot{m} \cdot v_1/c_1$ (5.126) endlich bleibt, wenn Zuströmgeschwindigkeit c_1 berücksichtigt wird, was hier notwendig.

Wie (5.112) zeigt, muss der Querschnittsverlauf der Düse umgekehrt proportional zur Ausflussfunktion Ψ_A sein. Der Kehrwert der Ausflussfunktion für zweiatomige Gase (Luft usw.) ist prinzipiell in Abb. 5.14, abhängig vom Druckverhältnis $P = p/p_1$, aufgetragen, und zwar im theoretischen Bereich $p_1 \geq p \geq 0$ bei Zuströmgeschwindigkeit c_1 vernachlässigt.

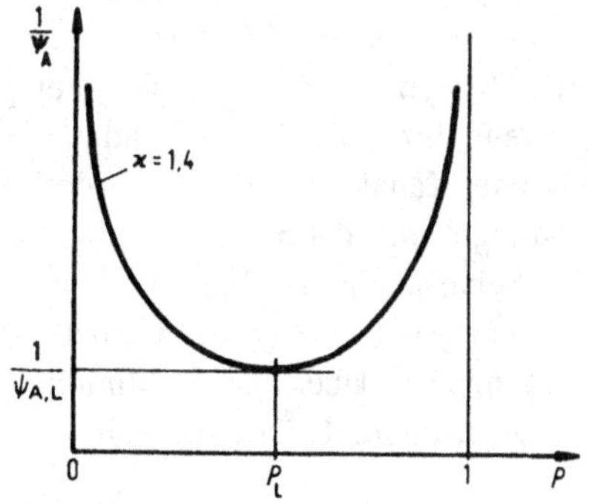

Abb. 5.14 Inverse Ausflussfunktion $1/\Psi_A$ in Abhängigkeit vom bezogenen Druck $P = p/p_1$

Als Ergebnis kann festgehalten werden:

Um gerichtete vollständige Fluidentspannung zu verwirklichen, muss der Strömungsquerschnitt wie bei Mündungen zunächst abnehmen. Beim kritischen Druckverhältnis erreicht er sein Minimum und steigt anschließend wieder an. Diese notwendige Kombination von Verengung und Erweiterung wird, wie schon erwähnt, als Laval-*Düse* bezeichnet. Die Düsenerweiterung, die sog. LAVAL-Erweiterung, ist zwingend notwendig, weil gegensätzlich von davor im Anschluss an den ersten Querschnitt, dem sog. **LAVAL-Querschnitt**, das Volumen bei der weiteren Expansion stärker wächst, als die Strömungsgeschwindigkeit zunimmt. Dieses physikalische Phänomen lässt sich experimentell belegen. Die Strömungsgeschwindigkeit kann deshalb das immer stärker wachsende Fluidvolumen nicht rasch genug wegtransportieren. Dem durch die Expansion bedingten Volumenzuwachs muss daher durch fortschreitende Vergrößerung des Strömungsquerschnittes Platz geschaffen werden, da gilt $c \cdot A = \dot{V} = \dot{m} \cdot v$, also $A = \dot{m} \cdot v/c$.

Im Unterschallbereich wächst bei der Fluid-Expansion die Strömungsgeschwindigkeit somit schneller als das spezifische Volumen. Im Überschallgebiet gilt das Umgekehrte. Infolge der Strömungsreibung erreicht das Medium die Schallgeschwindigkeit tatsächlich jedoch erst in geringem Abstand hinter dem engsten Querschnitt.

Der Querschnitts-, Druck-, Geschwindigkeits- und Entspannungsverlauf bei einer Laval-*Düse* ist in Abb. 5.15 prinzipiell dargestellt.

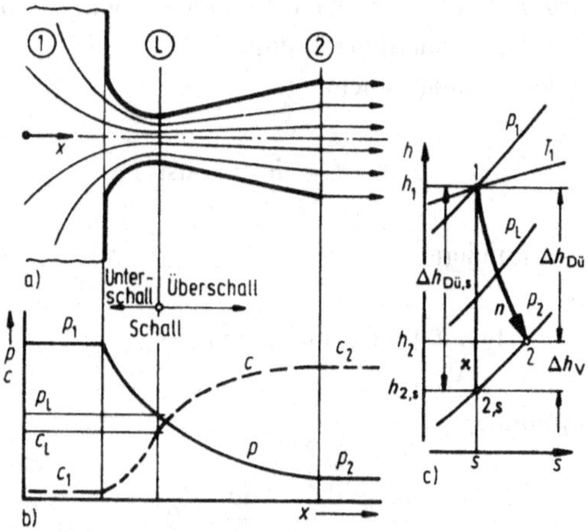

Abb. 5.15 LAVAL-Düse (Prinzipdarstellung):
a) Querschnittsverlauf
b) Druck- und Geschwindigkeitsverlauf mit LAVAL-Werten $p_L = P_L \cdot p_1$ sowie c_L
c) Expansionsverlauf bei idealer $(1-2, s)$ und realer $(1-2)$ Strömung (überkritische Entspannung) im MOLLIER (h, s)-Diagramm

Die prinzipielle Gegenüberstellung der Erscheinungen bei Unter- und Überschallströmungen geht aus Abb. 5.16 hervor. Demnach kann folgende Feststellung formuliert werden:

- Allgemein gilt: Das Strömungsverhalten kompressibler Fluide im *Überschallbereich* ist umgekehrt zu dem im Unterschallgebiet. *Querschnittserweitung* bewirkt bei Überschallgeschwindigkeit Beschleunigung des strömenden Fluides, *Querschnittsverengung* dagegen Verzögerung.

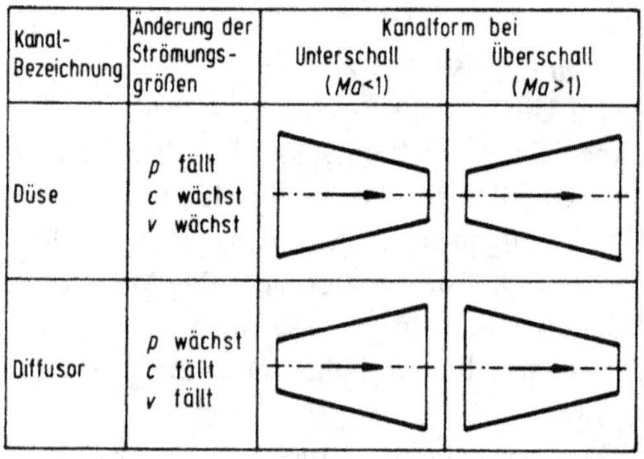
Kanal-Bezeichnung
Änderung der Strömungs-größen
Kanalform bei
Unterschall (Ma<1)
Überschall (Ma>1)
Düse
p fällt
c wächst
v wächst
Diffusor
p wächst
c fällt
v fällt

Abb. 5.16 Vergleich der Kanalform bei Unter- und Überschallströmung

Ergänzung Dieselben Ergebnisse wie zuvor liefert folgende Betrachtung.

Kontinuitätsgleichung:

$$\varrho \cdot A \cdot c = \dot{m} = \text{konst}$$

logarithmiert:

$$\lg \varrho + \lg A + \lg c = \lg \dot{m} = \text{const}$$

differenziert:

$$\frac{\mathrm{d}\varrho}{\varrho} + \frac{\mathrm{d}A}{A} + \frac{\mathrm{d}c}{c} = 0$$

(ist (3.10)).

Aus EULER-Strömungsgleichung (3.62) bei Vernachlässigen der Feldwirkung (Schwere $g \cdot \mathrm{d}z \approx 0$):

$$\frac{1}{\varrho} \cdot \mathrm{d}p + \mathrm{d}\left(\frac{c^2}{2}\right) = 0$$

Erstes Glied erweitert mit $\mathrm{d}\varrho/\mathrm{d}\varrho$, zweites umgeformt zu $\mathrm{d}(c^2/2) = c \cdot \mathrm{d}c$, liefert:

$$\frac{1}{\varrho} \cdot \frac{\mathrm{d}p}{\mathrm{d}\varrho} \cdot \mathrm{d}\varrho + c \cdot \mathrm{d}c = 0$$

Mit (1.21) bzw. (5.2a) $a^2 = \mathrm{d}p/\mathrm{d}\varrho$ ergibt sich:

$$a^2 \cdot \frac{\mathrm{d}\varrho}{\varrho} + c \cdot \mathrm{d}c = 0 \rightarrow \frac{\mathrm{d}\varrho}{\varrho} = -\frac{c}{a^2} \cdot \mathrm{d}c$$

Eingeführt in (3.10) führt zu:

$$-\frac{c}{a^2} \cdot \mathrm{d}c + \frac{\mathrm{d}A}{A} + \frac{\mathrm{d}c}{c} = 0$$

$$\frac{\mathrm{d}A}{A} + \frac{\mathrm{d}c}{c} \cdot \left(1 - \frac{c^2}{a^2}\right) = 0$$

$$\frac{\mathrm{d}A}{A} = (Ma^2 - 1) \cdot \frac{\mathrm{d}c}{c}$$

Hieraus folgt:

$Ma < 1$ (Unterschall): $\mathrm{d}A/A$ negativ bei positivem $\mathrm{d}c/c$. Zur Geschwindigkeitssteigerung somit Kanalverengung notwendig und umgekehrt ($\mathrm{d}A < 0$).

$Ma > 1$ (Überschall): $\mathrm{d}A/A$ positiv bei positivem $\mathrm{d}c/c$. Zur Geschwindigkeitserhöhung Kanalerweiterung erforderlich und umgekehrt ($\mathrm{d}A > 0$).

$Ma = 1$ (Schall): Grenzfall, $\mathrm{d}A/A = 0$. Extremalwert ($\mathrm{d}A = 0$). Gemäß vorhergehender Überlegung Minimum von Querschnitts-Fläche A (Kleinstwert).

5.3.3.3.3 Ausströmgeschwindigkeit

Auch bei überkritischer Entspannung in LAVAL-Düsen gelten entsprechend die Gleichungen (5.78) bis (5.85) für die Ausströmgeschwindigkeit. Infolge des LAVAL-Querschnittsverlaufes entfällt die Grenze durch den kritischen Druck. An die Stelle des Geschwindigkeitsfaktors φ_{M} für Mündungen tritt jedoch der für erweiterte Düsen $\varphi_{\mathrm{Dü}}$ gemäß Abb. 5.17, der, wie später begründet, bei gleicher qualitativer technischer Ausführung (Form, Oberfläche) kleiner ist als φ_{M}, da ja die Strömungsreibung in der LAVAL-Erweiterung hinzukommt.

Ideale Strömung Hierfür gilt (5.78) bzw. (5.79)

$$c_{2,\mathrm{s}} = \sqrt{c_1^2 + 2 \cdot \Delta h_{\mathrm{Dü,s}}} \tag{5.114}$$

oder, falls kein (h, s)-Diagramm gemäß Abb. 5.15c bzw. Abb. 6.48, verfügbar:

$$c_{2,\mathrm{s}} = \sqrt{c_1^2 + 2 \cdot \frac{\varkappa}{\varkappa - 1} \cdot p_1 \cdot v_1 \cdot \left[1 - \left(\frac{p_2}{p_1}\right)^{\frac{\varkappa-1}{\varkappa}}\right]} \tag{5.114a}$$

Reale Strömung Entsprechend (5.80) und (5.81) folgt mit Düsenbeiwert $\varphi_{\text{Dü}}$:

$$c_2 = \sqrt{c_1^2 + 2 \cdot \Delta h_{\text{Dü}}}$$

$$c_2 = \varphi_{\text{Dü}} \cdot c_{2,\text{s}} = \varphi_{\text{Dü}} \cdot \sqrt{c_1^2 + 2 \cdot \Delta h_{\text{Dü,s}}}$$

$$\boldsymbol{c_2 = \varphi_{\text{Dü}}} \cdot \sqrt{c_1^2 + 2 \cdot \frac{\varkappa}{\varkappa - 1} \cdot p_1 \cdot v_1 \cdot \left[1 - \left(\frac{p_2}{p_1}\right)^{\frac{\varkappa-1}{\varkappa}}\right]} \tag{5.115}$$

Nach der Gasgleichung $p_1 \cdot v_1 = R \cdot T_1$ ist wieder $p_1 \cdot v_1$ durch $R \cdot T_1$ ersetzbar.

In der Regel kann weiterhin die Zuströmgeschwindigkeit c_1 wieder gegenüber der Ausströmgeschwindigkeit c_2 vernachlässigt und dann auch mit der Geschwindigkeitsfunktion $\Psi_{\text{G},2}$ gerechnet werden:

$$c_{2,\text{s}} = \Psi_{\text{G},2} \cdot \sqrt{2 \cdot p_1 \cdot v_1} = \Psi_{\text{G},2} \cdot \sqrt{2 \cdot R \cdot T_1} \tag{5.115a}$$

Anhaltswerte des **Düsengeschwindigkeitsbeiwertes $\boldsymbol{\varphi_{\text{Dü}}}$** liefert das Diagramm in Abb. 5.17 als Funktion von **Düsenfaktor $\boldsymbol{f_{\text{Dü}}}$** für begrenzte Druckverhältnisse ($p_2/p_1 > 0{,}1$) mit näherungsweise $p_\text{L} \approx p_1/2$ (Tab. 5.1) für einfache LAVALdüsen:

$$f_{\text{Dü}} = (p_2/p_\text{L})^{\frac{1}{\varkappa}} \cdot \sqrt{\Delta h_{\text{Dü,s}}/\Delta h_\text{L}}$$

$$= \left(\frac{p_2}{p_\text{L}}\right)^{\frac{1}{\varkappa}} \cdot \sqrt{\frac{1 - \left(\frac{p_2}{p_1}\right)^{\frac{\varkappa-1}{\varkappa}}}{1 - \left(\frac{p_\text{L}}{p_1}\right)^{\frac{\varkappa-1}{\varkappa}}}} \tag{5.116}$$

Bei (h, s)-Diagramm (Abb. 5.18) wird der erste Teil von Beziehung (5.116) verwendet. Ohne dieses der zweite Ausdruck nach dem Gleichheitszeichen. Oder dafür mit $p_\text{L}/p_1 = P_\text{L}$, dem LAVAL-Druckverhältnis nach (5.94):

$$f_{\text{Dü}} = \left(\frac{p_2}{p_\text{L}}\right)^{\frac{1}{\varkappa}} \cdot \sqrt{\frac{\varkappa + 1}{\varkappa - 1} \cdot \left[1 - \left(\frac{p_2}{p_1}\right)^{\frac{\varkappa-1}{\varkappa}}\right]} \tag{5.117}$$

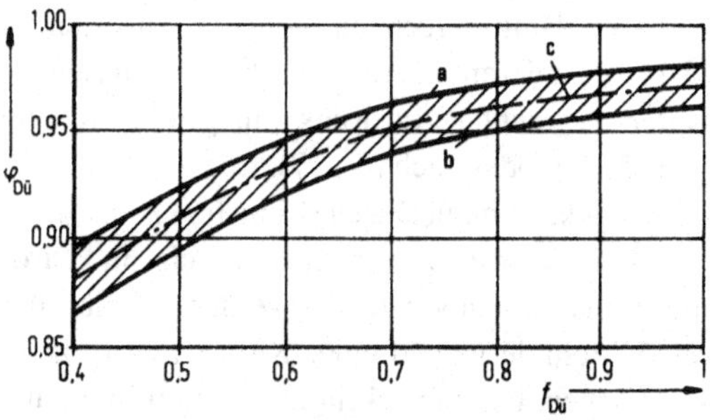

Abb. 5.17 Geschwindigkeitsziffer $\varphi_{\text{Dü}}$ von LAVAL-Düsen abhängig von Düsenfaktor $f_{\text{Dü}}$ aus Versuchen.
Kurve a: Düse mit gerader Mittellinie (gerade Düse)
Kurve b: Düse mit gekrümmter Mittellinie (gekrümmte Düse)
Kurve c: Mittelwert zwischen Kurven a und b

Die isentropen Wärmegefälle $\Delta h_{\text{Dü,s}}$ (gesamtes ideales **Düsengefälle**) und $\Delta h_\text{L} \equiv \Delta h_{\text{M,s}}$ (**LAVAL-Gefälle**) in (5.116) gehen aus Abb. 5.18 hervor. Dabei werden auch bezeichnet:

$\Delta h_\text{L} = \Delta h_{\text{kr,s}}$ ideales kritisches Wärmegefälle
$\Delta h_\text{M} = \Delta h_{\text{kr}}$ reales kritisches Wärmegefälle

Ersatzweise könnte auch hier statt $\varphi_{\text{Dü}}$ die Polytropenbezeichnung (n statt $\varkappa$) bei c_2 verwendet werden, entsprechend (5.52a).

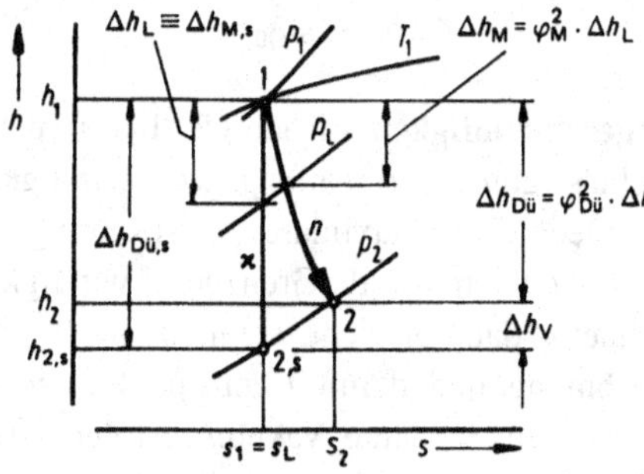

Abb. 5.18 Zustandsänderung bei überkritischem Druckverhältnis ($p_2 < p_\text{L}$) im (h, s)-Diagramm

Hinweise: $\varphi_{\text{Dü}} < \varphi_\text{M}$, da, wie erwähnt, Strömungsweg und damit Reibung in LAVAL-Düsen infolge Erweiterungsteil größer als in Mündungen.

Wenn Isentropengefälle (Wärmegefälle) bekannt, d. h. aus vorhandenem (h, s)-Diagramm (Abb. 5.18) entnehmbar, Düsenfaktor $f_{\text{Dü}}$, wie bemerkt, damit berechnen → erster Ausdruck in (5.116). Anderenfalls mit Druckverhältnissen arbeiten → rechter Ausdruck mit großer Wurzel von (5.116) oder nach (5.117).

Bei gekrümmten Düsen (Linie b in Abb. 5.17), die beispielsweise verschiedentlich in Strömungsmaschinen verwendet werden, verläuft deren Mittellinie gemäß einer Kurve, meist einem Kreisbogen. Um die gekrümmte Mittellinie müssen dann Verengung und Erweiterung der LAVAL-Düse angeordnet werden. Es ergeben sich somit komplizierte und deshalb oft nur aufwendig herstellbare Gebilde.

Gefälleverlust Δh_V (Abb. 5.15 und 5.18)
Nach (5.86) und (5.87) gilt:

$$\begin{aligned}\Delta h_V &= h_2 - h_{2,s} = \Delta h_{Dü,s} - \Delta h_{Dü}\\ &= \Delta h_{Dü,s} \cdot (1 - \varphi_{Dü}^2)\\ &= (c_{2,s}^2/2) \cdot (1 - \varphi_{Dü}^2)\end{aligned} \tag{5.118}$$

Düsen(-Vergleichs)-Wirkungsgrad $\eta_{V,Dü}$
Entsprechend (5.57) beträgt der die Strömungsverluste berücksichtigende Düsenwirkungsgrad $\eta_{V,Dü}$ (auch als LAVAL-Düsen-Vergleichswirkungsgrad bezeichnet):

$$\eta_{V,Dü} = \varphi_{Dü}^2 \tag{5.119}$$

Grenzgeschwindigkeit Nach (5.114) wird bei Vernachlässigung der Anfangsgeschwindigkeit c_1 die theoretisch maximale Ausströmungsgeschwindigkeit – meist als Grenzgeschwindigkeit bezeichnet – dann erreicht, wenn $p_2 \to 0$ geht. Die Strömung und damit isentrope Expansion müsste also ins absolute Vakuum erfolgen. Dabei würde die gesamte, durch die Fluidtemperatur bestimmte Wärmekapazität in Strömungsenergie umgesetzt. Die Temperatur des Fluides müsste, wie auch aus der Gasgleichung $p \cdot v = R \cdot T$ folgt, dann auf den absoluten Nullpunkt absinken ($T \to 0$). Auch könnte das Vakuum wegen des zuströmenden Mediums nicht aufrechterhalten werden, deshalb theoretisch.

Daher ist die Grenzgeschwindigkeit nur von Interesse hinsichtlich der Kenntnis des theoretisch möglichen Maximalwertes.

Für die isentrope **Grenzgeschwindigkeit** $c_{2,s,gr}$ gilt nach (5.114) $p_2 = 0$ und $c_1 \approx 0$:

$$\begin{aligned}c_{2,s,gr} &= \sqrt{2 \cdot \frac{\varkappa}{\varkappa - 1} \cdot p_1 \cdot v_1}\\ &= \sqrt{2 \cdot \frac{\varkappa}{\varkappa - 1} \cdot R \cdot T_1}\end{aligned} \tag{5.120}$$

Die Grenzgeschwindigkeit hängt nach (5.120) nur von der Art des Mediums ($\varkappa, R$) und seinem Anfangszustand (Temperatur T_1) ab. Die zugehörige Wärme kann allerdings nur bei Vorhandensein entsprechenden Anfangsdruckes p_1 technisch genutzt, d. h. gemäß Δh_s in Strömungsenergie umgesetzt werden.

Mit der auf die Anfangstemperatur T_1 bezogenen Schallgeschwindigkeit

$$a_1 = \sqrt{\varkappa \cdot R \cdot T_1}$$

folgt für die Grenzgeschwindigkeit:

$$c_{2,s,gr} = a_1 \cdot \sqrt{\frac{2}{\varkappa - 1}} \tag{5.121}$$

Die Ausströmgeschwindigkeit aus Düsen kann also nicht beliebig gesteigert werden (Hinweis auch auf Abschn. 5.2.1), sondern theoretisch nur bis zur Grenzgeschwindigkeit $c_{2,s,gr}$, z. B. bei $\varkappa = 1{,}4$ (Luft etc.) ist $c_{2,s,gr} = \sqrt{5} \cdot a_1$.

Wichtig ist zu beachten, dass Überschalldiffussoren, die nach dem Prinzip der umgekehrten LAVAL-Düse (Abb. 5.15) arbeiten müssen, praktisch nicht stetig bis zur Schallgeschwindigkeit und dann weiter herunter in Unterschall verdichten können. Eine solche Strömung ist, besonders infolge der Reibungswirkung, bei Gasen und auch Dämpfen instabil. Es bildet sich, ausgelöst durch stets vorhandene kleine Störungen, praktisch immer Verdichtungsstöße (Abb. 5.25), die große Verluste und Geräusche verursachen (Abschn. 5.4).

5.3.3.3.4 Massenstrom

Der durch die erweiterte Düse strömende und deshalb *ausfließende Massenstrom* wird wie bei der Mündung durch den *engsten Querschnitt* bestimmt. Die Düsenerweiterung bewirkt kein Erhöhen des Mengenstromes, sondern nur ein Vergrößern der Strömungsgeschwindigkeit. Dies ist einerseits durch die Kontinuitätsbedingung bestimmt und andererseits infolge der nicht möglichen Rückwirkung (Abschn. 5.3.3.2.2).

Nach (5.108) gilt demnach auch für den Massenstrom in LAVAL-Düsen:

$$\dot{m} \approx \varphi_M \cdot \dot{m}_L \tag{5.122}$$

Mit dem LAVAL-Massenstrom nach (5.104):

$$\dot{m} = \varphi_M \cdot A_M \cdot \Psi_{A,L} \cdot \sqrt{2 \cdot p_1 / v_1} \tag{5.123}$$

Hierbei ist wieder der LAVAL-Wert der Ausflussfunktion $\Psi_{A,L}$ nach (5.95) zu berechnen oder aus Tab. 5.1 zu entnehmen.

Auf den Austrittsquerschnitt A_2 bezogen, ergibt sich auch mit der Kontinuitätsbezeichnung entsprechend (5.93) für den Massenstrom $\dot{m}$ bei $\alpha_{Dü} = 1$ (keine Kontraktion; praktisch meist der Fall):

$$\dot{m} = \varphi_{Dü} \cdot A_2 \cdot \sqrt{2 \cdot \frac{p_1}{v_1}} \cdot \sqrt{\frac{\varkappa}{\varkappa - 1} \cdot \left[\left(\frac{p_2}{p_1} \right)^{\frac{2}{\varkappa}} - \left(\frac{p_2}{p_1} \right)^{\frac{\varkappa+1}{\varkappa}} \right]} \tag{5.124}$$

Oder mit der Ausflussfunktion nach (5.90), entsprechend Beziehung (5.91):

$$\boldsymbol{\dot{m} = \varphi_{Dü} \cdot A_2 \cdot \Psi_{A,2} \cdot \sqrt{2 \cdot p_1 / v_1}} \tag{5.125}$$

Wie der Vergleich dieser Beziehung mit (5.123) zeigt, ist bei näherungsweise $\varphi_{Dü} \approx \varphi_M$ gesetzt:

$$A_2 \cdot \Psi_{A,2} = A_M \cdot \Psi_{A,L}$$

Auch hieraus folgt $A_2 > A_M$, da gemäß Abb. 5.11 $\Psi_{A,2} < \Psi_{A,L}$.

5.3.3.3.5 Abmessungen

Der konvergente Düsenteil kann vergleichsweise kurz (L_V klein), der Verengungswinkel δ_V entsprechend groß (δ_V bis 30° und mehr) ausgeführt werden, oder sogar nur aus einer Ausrundung bestehen. Diese Ausrundung, Radius R in

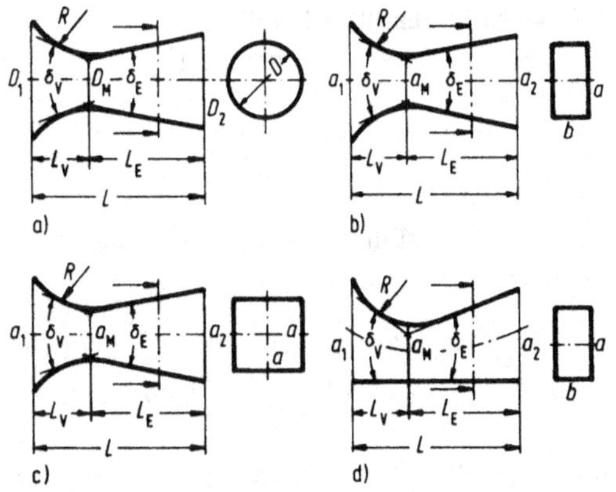

Abb. 5.19 Technische Ausführungen von LAVAL-Düsen

Abb. 5.19, muss dann allerdings genügend groß sein, um Strömungsablösung infolge Fliehkraft zu verhindern (Abschn. 3.3.6.1.2).

Der divergente Düsenteil ist dagegen schlanker auszuführen (L_E groß), obwohl, trotz Erweiterung, die Gefahr von Strömungsablösung gering ist (beschleunigte Strömung!). Der Erweiterungswinkel sollte in der Regel unter 20° liegen, also $\delta_E \leq 20°$. In manchen Fällen kann jedoch über diesen Wert hinausgegangen werden.

Die in der Technik meist eingesetzten Düsenausführungen sind in Abb. 5.19 dargestellt.

Für die einzelnen Düsenabmessungen gilt:

1. Einströmquerschnitt A_1
Aus Durchflussgleichung

$$A_1 = \dot{m} \cdot v_1 / c_1 \tag{5.126}$$

2. Engster Querschnitt A_M
Ebenfalls aus Durchflussbeziehung

$$A_M = \dot{m} \cdot v_{kr} / c_{kr} \tag{5.127}$$

mit c_{kr} nach (5.100) und $v_{kr} \approx v_L$. Oder direkt aus (5.123):

$$A_M = \frac{\dot{m}}{\varphi_M \cdot \Psi_{A,L}} \cdot \sqrt{\frac{1}{2} \cdot \frac{v_1}{p_1}} \tag{5.128}$$

Hierbei $\Psi_{A,L}$ aus (5.95) oder Tab. 5.1.

3. Ausströmquerschnitt A_2
Wieder nach Durchflussbedingung

$$A_2 = \dot{m} \cdot v_2 / c_2$$

Oder, da v_2 meist unbekannt, aus (5.125):

$$A_2 = \frac{\dot{m}}{\varphi_{\text{Dü}} \cdot \Psi_{A,2}} \cdot \sqrt{\frac{1}{2} \cdot \frac{v_1}{p_1}} \tag{5.129}$$

mit $\Psi_{A,2}$ nach (5.90).

Wird (5.128) nach $\dot{m}$ umgestellt, d. h. (5.123) verwendet, und in Beziehung (5.129) eingesetzt, ergibt für den Austrittsquerschnitt:

$$A_2 = A_M \cdot \frac{\varphi_M}{\varphi_{\text{Dü}}} \cdot \frac{\Psi_{A,L}}{\Psi_{A,2}} \tag{5.130}$$

Zu beachten ist wieder, dass (5.128) bis Beziehung (5.130) nur bei thermodynamisch idealem Gasverhalten exakte Werte liefern. Begründet ist dies in der Herleitung (Abschn. 5.3.3.2.2) oder der Ausflussfunktion Ψ_A ($\Psi_{A,2}$ und $\Psi_{A,L}$), die für ideale Gase durchgeführt wurden und deshalb streng genommen nur für solche gelten. Je nachdem, wie stark reale Gase vom thermisch idealen Verhalten abweichen, was vom Stoff sowie den vorliegenden Druck- und Temperaturverhältnissen abhängt, sind die Rechenergebnisse mehr oder weniger genau und damit technisch brauchbar. Gegebenenfalls ist der Realgasfaktor Z zu verwenden (Abschn. 5.3.1.2.1) oder besser, das (h, s)-Diagramm.

Auch wurde der Einfluss der Zuströmungsgeschwindigkeit c_1 wieder vernachlässigt, also $(c_1^2/2) = 0$ gesetzt. Nötigenfalls sind entsprechend die Ruhewerte zu verwenden (Ergänzung von Abschn. 5.3.3.2.3).

4. Ausrundung
Radius R (Abb. 5.19) möglichst groß.

5. Längen
Konvergenter Teil: L_V konstruktiv oder aus den geometrischen Beziehungen.

Beispielsweise Düse mit Kreisquerschnitt, Fall a von Abb. 5.19:

$$L_V = \frac{\Delta D_V/2}{\tan(\delta_V/2)} = \frac{D_1 - D_M}{2 \cdot \tan(\delta_V/2)} \tag{5.131}$$

Divergenter Teil: Ebenfalls mit der Trigonometrie. Beispielsweise wieder für kreisförmige Düsen:

$$L_E = \frac{\Delta D_E/2}{\tan(\delta_E/2)} = \frac{D_2 - D_M}{2 \cdot \tan(\delta_E/2)} \tag{5.132}$$

Gesamte Düsenlänge L:

$$L = L_V + L_E \tag{5.133}$$

5.3.3.3.6 Thermische Zustandsgrößen im engsten und im Austrittsquerschnitt

Die thermischen Zustandsgrößen im engsten und im Endquerschnitt der LAVAL-Düsen-Strömung ergeben sich bei

a) idealem Fluid aus Isentropen- und Gasgleichung
b) realem Fluid wie folgt:

Kritischer Zustand (engster Querschnitt): Kritisches spezifisches Volumen v_{kr} aus Durchflussgleichung:

$$v_{kr} = A_M \cdot c_{kr}/\dot{m} \quad \text{mit } c_{kr} = \varphi_M \cdot c_L \tag{5.134}$$

Kritische Temperatur T_{kr} aus der Gasgleichung:

$$T_{kr} = p_{kr} \cdot v_{kr}/R \quad \text{mit } p_{kr} = p_L$$

Endzustand (Austrittsquerschnitt) entsprechend:

Spezifisches Volumen $v_2 = A_2 \cdot c_2/\dot{m}$
Temperatur $T_2 = p_2 \cdot v_2/R$

Oder bei Gasen T_2 näherungsweise aus

$$\Delta h_{\text{Dü}} = c_p(T_1 - T_2) \quad \text{mit } \Delta h_{\text{Dü}} = \varphi_{\text{Dü}}^2 \cdot \Delta h_{\text{Dü},s}$$

und $\Delta h_{\text{Dü},s} = w_{t,s}$ entsprechend (5.36a), (5.36b) sowie $\Delta h_{\text{Dü}}$ nach (5.55) wenn $\varphi_{\text{Dü}}$ statt φ gesetzt.

Bei Dämpfen wird vorteilhafterweise wieder mit dem zugehörigen (h, s)-Diagramm gearbeitet.

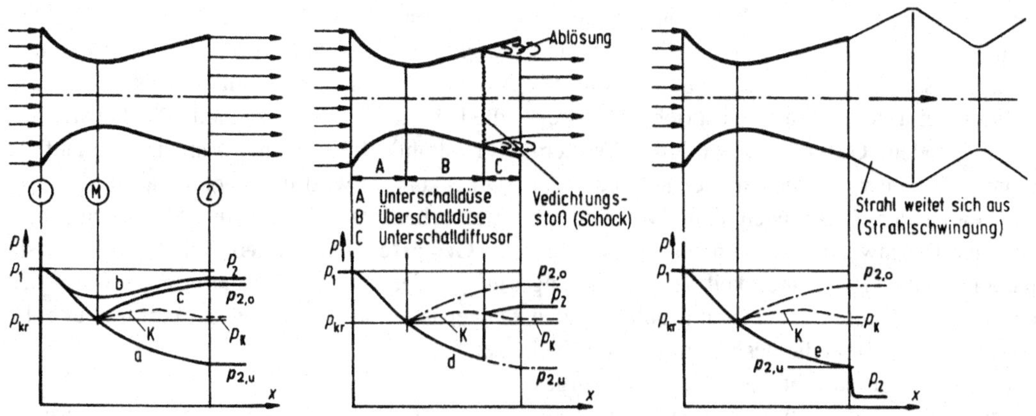

Abb. 5.20 Strömungsfälle a bis c bei LAVAL-Düsen entsprechend den Druckverlaufs-Kurven a bis e, mit $p_{kr} = p_L$ K ... Grenzkurve (empirisch). Bei $p_{2,o} > p_2 \geq p_K$ senkrechter Verdichtungsstoß in der Düse (Stoßfront senkrecht zur Strömung). Bei $p_K > p_2 > p_{2,u}$ schwache schräge Verdichtungsstöße außerhalb, d. h. nach der Düse (Stoßfronten schräg zur Strömungsrichtung gemäß Abb. 5.48). Bei $p_2 \geq p_{2,o}$ VENTURI-Strömung (Unterschall) gemäß Abb. 3.34

5.3.3.3.7 Veränderlicher Gegendruck

Eine LAVAL-Düse arbeitet nur richtig, wenn Gegendruck und Austrittsquerschnitt entsprechend aufeinander abgestimmt sind; sog. **gesunde Strömung**. Zu einem bestimmten Erweiterungsverhältnis gehört ein ganz bestimmter Gegendruck bzw. umgekehrt. Weicht der Gegendruck vom Auslegungswert, dem sog. „richtigen Wert" ab, ändert sich die Strömung, sie ist gestört oder ungesund, Abb. 5.20.

Bei *Senken des Gegendrucks unter den richtigen Wert* bleiben die Verhältnisse in der LAVAL-Düse selbst unverändert, da das Signal der Drucksenkung sich nicht entgegen dem mit Überschallgeschwindigkeit austretenden Fluidstrom ausbreiten kann. Wie bei der Mündung expandiert der Strahl jedoch nach dem Austreten aus der Düse je nach Größe des noch vorhandenen Restdruckgefälles mehr oder weniger deflagratorisch[9]. Infolge der dadurch verursachten Beschleunigung (Fluidmassenträgheit) weitet sich der Strahl dabei so stark aus, dass in ihm gegenüber der Umgebung Unterdruck entsteht. Deshalb wird er kurz darauf wieder zusammengedrückt. Diese Folge von Strahlausweitung und Strahlverengung pflanzt sich unter erheblicher Geräuscherzeugung wellenförmig fort. Dieser Vorgang entspricht dem bei falsch ausgelegter Mündung (Abb. 5.13b von Abschn. 5.3.3.2.1).

Steigt dagegen der Außendruck über den richtigen Wert, kann diese Drucksteigerung nur mit Schallgeschwindigkeit vom Rand (Grenzschicht) des Strahles her in das mit Überschallgeschwindigkeit strömende Gas eindringen, da dort Geschwindigkeit von Unterschall herrscht. Das Überlagern beider Geschwindigkeiten führt zu Druckwellen, die mit schrägen Fronten vom Düsenaustrittsrand beginnend in den Strahl eindringen, sich aufsteilen und sich letztlich vom Rand her zu einer gemeinsamen senkrechten Unstetigkeitsfläche (Verdichtungsstoß) vereinen, die etwa stationär an der betreffenden Stelle in der LAVAL-Erweiterung bestehen bleibt. Ganz ähnliche Erscheinungen treten auf, wenn ein Körper, z. B. ein Geschoss, mit Überschallgeschwindigkeit durch die (ruhende) Luft fliegt (Abschn. 5.5.3).

Bei der Strömung in einer Düse hat die Austrittskante, an welcher der gegenüber dem Ausströmdruck höhere Umgebungsdruck zu wirken beginnt, relativ zum Strahl gesehen, Überschallgeschwindigkeit. Daher geht von ihr unter dem MACHschen Winkel die beschriebene Druckwelle aus, ebenso wie von der Spitze eines Geschosses (Abb. 5.57 und Abb. 5.58). Diese Welle, in welcher der Fluiddruck fast plötzlich von dem Wert des Austrittsdruckes der Düse auf den Gegendruck springt, wird als Verdichtungsstoß oder

[9] bedeutet verpuffungsartig. Deflagration (lat.) ... Verpuffung (langsam erfolgende Explosion).

Schockwelle (Abschn. 5.4) bezeichnet. Dahinter zieht sich der Strahl auf einen kleineren Querschnitt zusammen, der dem Volumenstrom des Fluides beim Außendruck entspricht. Bei weiter steigendem Gegendruck wird der Verdichtungsstoß immer stärker. In vielen Fällen löst sich dabei der Strahl nach dem Drucksprung von der Düsenwand ab. Denn wegen der Reibung muss die Geschwindigkeit bei Annäherung an die Wand der Düse bis auf null abfallen (Haftbedingung!). In die deshalb mit Unterschall strömende Grenzschicht kann der Außendruck vordringen und den Strahl von der Wand abdrängen. Auch muss die Kontinuitätsbedingung erfüllt bleiben, weshalb der „gesunde" Strahl-Strömungsquerschnitt $A = \dot{m} \cdot v/c$ sich gemäß den durch die Stoß-Verdichtung verkleinerten v- und c-Werten anpasst. Hinzu kommt, dass die Vorgänge nicht oder nur im Mittel stationär sind. Infolge geringer, immer vorhandener Störungen, z. B. Turbulenzschwankungen, wandert die Stoßfront innerhalb des Düsenbereiches geringfügig hin und her. Diese Erscheinungen wurden von STODOLA experimentell bestätigt.

Fünf typische Fälle von Strömungen in LAVAL-Düsen sind unterscheidbar. Zusammenfassend sollen diese mit Hilfe von Abb. 5.20 geschildert werden. Davon sind eine ungestörte (gesunde) und infolge falschen Gegendruckes (passt nicht zur LAVAL-Düse) vier sog. gestörte Strömungen.

Ungestörte Strömung (richtige Düsen-Auslegung). Subsonische Zuströmung und supersonische Abströmung (gesunde Strömung).

Fall a: $p_{2,\mathrm{u}} = p_2 < p_{\mathrm{kr}}$ (Kurve a)

Der Gegendruck $p_{2,\mathrm{u}}$ ist genau so groß wie der Austrittsdruck p_2 (Auslegungsdruck), für den die LAVAL-Düse berechnet wurde. Er liegt daher auch unterhalb des kritischen Druckes p_{kr}. Bei idealer Strömung wird im engsten Düsenquerschnitt die LAVAL-, d. h. die Schallgeschwindigkeit erreicht. Infolge Reibung bei der Strömung realer kompressibler Fluide stellt sich die Schallgeschwindigkeit jedoch erst in geringem Abstand hinter dem engsten Querschnitt ein. Die Austrittsgeschwindigkeit, die im Überschallbereich liegt, ist entsprechend der weiteren Entspannung im divergenten Düsenteil bestimmt. Die Düse wird als *angepasst* bezeichnet, arbeitet also einwandfrei; ergibt sog. gesunde Strömung. Das Gas verlässt die Düse als überschallschnelle Parallelströmung (Freistrahl). In Anlehnung an den Verlauf der Druckkurve a wird der Vorgang auch als asymmetrischer LAVAL-Grenzzustand bezeichnet.

Gestörte Strömungen (falsche Düsenauslegung, oder falscher Gegendruck) → Düse nicht angepasst. Auch als ungestörte Strömung bezeichnet.

Fall b: $p_1 \geq p_2 > p_{\mathrm{kr}}$ und $p_2 > p_{2,\mathrm{o}}$ (Kurve b).

Die LAVAL-Düse verhält sich wie ein VENTURI-Rohr (Abschn. 3.3.6.3.3). Die gesamte Düsenströmung vollzieht sich im Unterschallbereich (subsonische Strömung). Der Gegendruck p_2 ist so groß, dass im engsten Querschnitt der Düse LAVAL-Zustand und damit Schallgeschwindigkeit nicht erreicht werden. Der konvergente Teil wirkt deshalb als Unterschalldüse, die Strömung wird beschleunigt. Der anschließende divergente Teil wirkt als Unterschalldiffusor, der die Strömung wieder verzögert. Bei idealer Strömung und entsprechenden Querschnittsverhältnissen würde am Austritt wieder der Zuströmdruck erreicht, also $p_2 = p_1$. Dabei wird davon ausgegangen, dass Zuströmung vorhanden ist, also Strömung infolge der vorhergehenden Ursachen (Druckabfall) besteht. Bei realer Strömung liegt p_2 infolge Fluidreibung dann jedoch immer unter p_1. Der Druckverlust infolge Reibung beträgt dabei $\Delta p_{\mathrm{V}} = p_1 - p_2$.

Falls keine Anfangsströmung vorliegt, muss immer ein Druckgefälle $p_1 - p_2 > 0$ bestehen, wenn eine Durchströmung der Düse erfolgen soll.

Fall c: $p_1 > p_2 > p_{\mathrm{kr}}$ und $p_2 = p_{2,\mathrm{o}}$ (Kurve c), Grenzfall von Fällen b und d.

Der Gegendruck p_2 hat eine solche Größe $p_{2,\mathrm{o}}$, dass bei den vorliegenden Düsenabmessungen im engsten Querschnitt gerade Schallgeschwindigkeit erreicht wird. Im nachfolgenden Erweiterungsteil erfolgt jedoch wieder Verdichtung und damit Verzögerung auf Unterschallgeschwindigkeit. Da im engsten Düsenquerschnitt der LAVAL-Zustand erreicht wird, ist der Mengenstrom wie bei Fall a. Der Vorgang wird in

Anlehnung an den Verlauf von Kurve c, d. h. von p_1 über p_{kr} nach $p_{2,o}$, auch als symmetrischer LAVAL-Grenzzustand bezeichnet.

Fall d: $p_{2,o} > p_2 > p_{2,u}$ (Kurve d)

Bei dieser Lage des Gegendruckes ist isentrope Strömung auch bei idealem Gas nicht mehr möglich. Es treten Verdichtungsstöße (Abschn. 5.4.2) auf, die nicht mehr die Gesetze der isentropen Strömung erfüllen. Vor dem **Verdichtungsstoß** (unstetige Verdichtung) herrscht Überschallströmung, danach Unterschallströmung, weshalb Transsonik. Es besteht Analogie zur inkompressiblen Gerinneströmung. Der kompressiblen Unterschallströmung entspricht das inkompressible Strömen, der Überschallströmung das Schießen und der LAVAL-Geschwindigkeit die Schwallgeschwindigkeit sowie der Verdichtungsstoß dem Wechselsprung (Abschn. 4.1.3.3).

Bei $p_2 \geq p_L$ (Abschn. 5.3.3.2.3) ist keine LAVAL-Düse notwendig, ja sogar ungünstig, sondern eine Mündung angebracht (Abschn. 5.3.3.2). Infolge Verdichtungsstoß und größerer Reibung ($\varphi_{Dü} < \varphi_M$) ist die Ausströmgeschwindigkeit der LAVAL-Düse geringer als bei guter Mündung. Je nachdem, ob der Gegendruck p_2 ober- oder unterhalb des Enddruckes p_K der letztlich experimentell ermittelten Grenzkurve K liegt, verändert sich die Art des Strömungsverlaufes. Das Öffnungsverhältnis der Düsenerweiterung ist zu stark, d. h. der Austrittsquerschnitt zu groß (nicht angepasst). Zu unterscheiden sind:

1. $p_2 \geq p_K$

   Wie bei der ungestörten LAVAL-Düsenströmung nach Fall a setzt sich die Expansion im divergenten Düsenbereich anfänglich weiter fort. Es tritt ein zur Düsenachse senkrechter, unstetiger Drucksprung auf, der so weit innen in der Düse liegt, dass bei der weiteren, nun stetig verlaufenden Verdichtung gerade der herrschende Gegendruck erreicht wird. Je größer der Gegendruck p_2, desto weiter nach innen von Stelle ② in Richtung auf Stelle Ⓜ zu (engster Querschnitt) verschiebt sich dabei der senkrechte Verdichtungsstoß, bis sich dann bei $p_2 = p_{2,o}$ Vorgang nach Fall c einstellt. Vor diesem senkrechten Verdichtungsstoß herrscht wieder Überschall- und dahinter Unterschallströmung. Da in der Überschallströmung, wie schon erwähnt, jegliche Störungen wegen kleiner Druckänderungen mit der Strömung fortschwimmen, bleibt die Überschallströmung im vorderen Düsenbereich unbeeinflusst. Aus diesem Grund verändert sich auch der Massenstrom $\dot{m} = \dot{m}_{max}$ nicht, wenn der Gegendruck p_2 sich unterhalb der Obergrenze $p_{2,o}$ ändert, jedoch über p_K bleibt. Wenn der Gegendruck als Grenzfall exakt den Endwert p_K der Bereichsunterteilungskurve K annimmt, kann gerade noch ein senkrechter Verdichtungsstoß am Düsenende auftreten.

2. $p_2 < p_K$

   Hier reicht der Gegendruck p_2 nicht mehr aus, einen senkrechten Verdichtungsstoß aufzubauen. Es bilden sich meist sog. schräge Verdichtungsstöße (Abschn. 5.4.2.2). Die Entspannung in der Düse erfolgt nach Kurve a bis auf $p_{2,u}$. Die Verdichtungsstöße bilden sich daher im Freistrahl, d. h. außerhalb der Düse; meist ausgelöst durch den Düsenrand (entsprechend Abb. 5.43 und Abb. 5.48). Es können auch sog. gegabelte Verdichtungsstöße (Abschn. 5.4.1) im Freistrahl auftreten. Der Gasstrahl ist dann gekennzeichnet durch schwingungsartiges Verhalten. Die Nachverdichtung von $p_{2,u}$ auf den Außendruck p_2 und damit der Gesamtvorgang im Freistrahl hat auch hier keinen Einfluss (Rückwirkung) auf den Strömungsverlauf in der Düse, da Austritt mit Überschall (Abschn. 5.3.3.2.1). Die dabei auftretenden Strömungsverhältnisse sind somit äußerst verwickelt. Abgesehen von Pulsationserscheinungen, die bei Strömungsablösungen auftreten können, bleiben bei konstanten Ruhedruckverhältnissen in der Zuströmung die Verdichtungsstöße ungefähr am Ort stehen. Ändern sich dagegen die Ruhedruckverhältnisse, wie z. B. bei Bläsern zur Gesteinsteilung der Fall, können die Verdichtungsstöße stärker wandern. Diese Erscheinung tritt auch bei Teillastbetrieb in Turbomaschinen und Ventilen auf. Sie äußert sich durch Ändern der akustischen Klangfarbe. Damit verbunden sind intensive Schallerzeugung und hohe Verluste.

Fall e: $p_2 < p_{2,u}$ (Kurve e)

Der Gegendruck p_2 ist kleiner als der Auslegungsdruck $p_{2,u}$ der LAVAL-Düse. Die Strömung in der Düse wird – wie in Fall d,2 – davon nicht beeinflusst, da der Druckabfall wieder nicht entgegen dem mit Überschall ausströmenden Fluidstrahl in die Düse eindringen kann. Die Strömung innerhalb der LAVAL-Düse verläuft deshalb wie in Fall a. Sofort nach dem Düsenaustritt erfolgt jedoch plötzliche, unstetige Nachexpansion mit Strahlausbreitung, d. h. der Strahl platzt verpuffungsartig auf. Es kommt wieder zu der schon beschriebenen periodischen Folge von Strahlausweitungen und Strahleinschnürungen (Druckschwingung) mit starker Geräuschbildung entsprechend dem Vorgang bei überkritischer Mündungsströmung gemäß Abb. 5.13, Teil b. Die Düse ist zu kurz, bzw. das Öffnungsverhältnis der Düsenerweiterung zu gering, d. h. der Austrittsquerschnitt zu klein (nicht angepasst).

Abb. 5.21 LAVAL-Düse (Erweiterungsteil) des Haupttriebwerkes der Weltraumrakete ARIANE 5, betrieben mit Arbeitsgas (Wasserdampf) hoher Temperatur aus der Verbrennung von flüssigem Wasserstoff (Brennstoff) mit ebenfalls flüssigem Sauerstoff (Oxidator) bei entsprechend hohem, für die Düsen-Entspannung notwendigem Druck.
Werte dieser LAVAL-Schubdüse: Anfangsdruck ca. 10 MPa, Verbrennungstemperatur ca. 3650 K, Schub ca. 1 MN, Brenndauer etwa 700 s, Massendurchsatz ca. 250 kg/s; somit Verbrennungsmasse 175 t.
Der Düsen-Verengungsteil ist durch die außen angeordneten Gerätschaften verdeckt bzw. weggelassen. Dieser ist dann oberhalb (Zuströmseite) anzuordnen.
Zum Erreichen des notwendigen Anfangsschubes beim Start der vollbeladenen Rakete, deren Masse überwiegend aus Treibstoff und Oxidator besteht, dienen zudem zwei Feststoff-Triebwerke (Booster)

5.3.3.3.8 Anwendung

Der Anwendungsbereich der LAVAL-Düse ist heute sehr breit. Er reicht von niedrigen Überschallgeschwindigkeiten im Dampfturbinenbau über den Bereich mittlerer und höherer Überschallgeschwindigkeiten bei Raketenschubdüsen und MACH-Zahlen Ma_2 bis etwa 20 in der Überschallwindkanaltechnik. Die dabei auftretenden Querschnitts-, Druck-, Geschwindigkeits- und Temperaturverhältnisse für Luftströmungen unter verschiedenen MACH-Zahlen gehen aus Tab. 5.2 hervor.

Praktische Ausführung von LAVAL-Schubdüsen bei Raketentriebwerken z. B. gemäß Abb. 5.21. Die stark ausgeprägte LAVAL-Erweiterung des abgebildeten Einzel-Triebwerkes ist deutlich sichtbar. Die vergleichsweise geringe Anfangsverengung (ZOELLY-Teil) der Düse liegt innerhalb des von Versorgungsgeräten umgebenen Zuströmbereiches und ist deshalb nicht unmittelbar erkennbar, bzw. ist großteils weggenommen.

Durch entsprechendes verstellbares Gestalten kann die LAVAL-Erweiterung – Winkel δ_E gemäß Abb. 5.19 – bei Triebwerken von

Tab. 5.2 Verhältnisse für Luft in LAVAL-Düsen bei verschiedenen Ma_2-Zahlen (nach Düse)

Ma_2	A_2/A_1	p_2/p_1	c_2/c_1	T_2/T_1
0,5	0,75	0,84	0,54	0,95
1,0	1,0	0,53	1,00	0,83
1,5	1,18	0,272	1,37	0,69
2	1,68	0,128	1,63	0,56
3	4,23	0,027	1,96	0,36
5	25	0,0019	2,24	0,167
10	533	$2{,}4 \cdot 10^{-5}$	2,39	0,048
20	15.300	$2{,}1 \cdot 10^{-7}$	2,44	0,0123

Überschall-Flugzeugen den wechselnden Verhältnissen (Fluggeschwindigkeit, Umgebungsdruck) angepasst werden (Abb. 5.20).

Während sich Druck und Temperatur, also der thermische Zustand des Gases, für niedrige Unterschallgeschwindigkeiten nur wenig ändern, die Geschwindigkeit aber bereits einen erheblichen Teil der LAVAL-Geschwindigkeit erreicht, ist dies bei hohen MACH-Zahlen gerade umgekehrt. Über $Ma_2 \approx 5$ ist die Ausströmungsgeschwindigkeit der Grenzgeschwindigkeit (Abschn. 5.3.3.3.3) schon sehr nahe gekommen, während der Druck p_2 und die Temperatur T_2 am Austrittsquerschnitt noch zu größeren Tiefen absinken können. Dieser Bereich extremer Zustände wird, wie bereits erwähnt, als *Hyperschall* bezeichnet. Das Ändern der MACH-Zahl ist hier kaum mehr durch Erhöhen der Ausströmgeschwindigkeit, sondern fast ausschließlich durch Absinken der Abström-Schallgeschwindigkeit a_2 bedingt.

Bemerkung: Bei starkem thermodynamisch realem Gasverhalten ist, wie erwähnt, der sog. Realgasfaktor Z in die Gleichungen einzuführen, z. B. nach Tab. 6.6 und [98]. Bei realen Dämpfen wird wieder vorteilhafterweise das zugehörige (h, s)- oder $(h, \log p)$-Diagramm verwendet gemäß Abb. 6.48 und [99].

5.3.4 Einströmungen (Verdichtungsströmungen)

5.3.4.1 Grundsätzliches

Auch bei Verdichtungsströmungen ist zu unterscheiden zwischen solchen, die stattfinden

- im Unterschallgebiet. Vor und nach der Verdichtung $Ma < 1$
- im Überschallgebiet. Vor und nach der Verdichtung $Ma > 1$
- im Transschallgebiet. Übergang von vor $Ma > 1$ auf nach $Ma < 1$

Die bereits behandelten Gesetze der Gasdynamik sind entsprechend anzuwenden.

5.3.4.2 Unterschalldiffusor

Nach Abschn. 5.3.3.2 sind zur Unterschallverdichtung (Verdichtung im Unterschallbereich) kompressibler Fluide *divergente* Kanäle notwendig, entsprechend denen für das Umsetzen von Strömungsenergie in Druckenergie bei volumenbeständigen Fluiden (Abschn. 3.3.6.3.3).

Die Vorgänge in einem Unterschalldiffusor stellt Abb. 5.22 in prinzipieller Form dar.

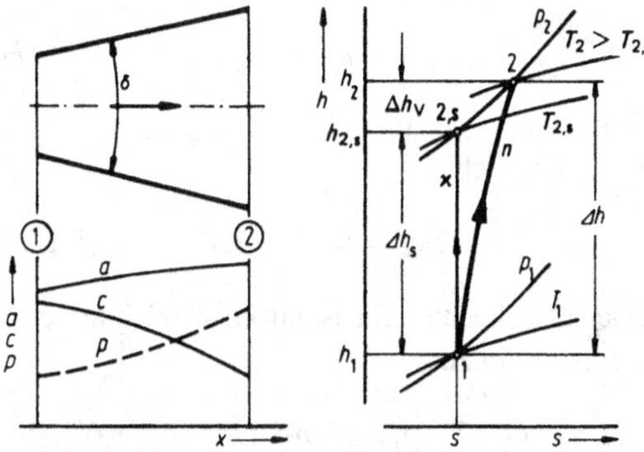

Abb. 5.22 Unterschalldiffusor: Querschnitts-, Geschwindigkeits-, Druck- und thermischer Zustands-Verlauf, wobei 1–2,s isentrope, 1–2 polytrope Verdichtung ($n > \varkappa$)

5.3.4.2.1 Ideale, d. h. isentrope Verdichtung

Ausströmgeschwindigkeit $c_{2,s}$
Nach Energiesatz, (5.32), gilt:

$$h_1 + (c_1^2/2) = h_{2,s} + (c_{2,s}^2/2)$$

Hieraus:

$$c_{2,s} = \sqrt{c_1^2 - 2(h_{2,s} - h_1)} = \sqrt{c_1^2 - 2 \cdot \Delta h_s} \quad (5.135)$$

Δh_s aus (h, s)-Diagramm (Abb. 5.22), oder ersatzweise mit

$$\Delta h_s = -w_{t,s} = -\frac{\varkappa}{\varkappa - 1}\, p_1\, v_1 \left[1 - \left(\frac{p_2}{p_1}\right)^{\frac{\varkappa-1}{\varkappa}}\right]$$

bzw.

$$\Delta h_s = \frac{\varkappa}{\varkappa - 1} \cdot p_1 \cdot v_1 \cdot \left[\left(\frac{p_2}{p_1}\right)^{\frac{\varkappa-1}{\varkappa}} - 1\right]$$

Damit ergibt sich:

$$c_{2,s} = \sqrt{c_1^2 - 2 \cdot \frac{\varkappa}{\varkappa - 1} \cdot p_1 \cdot v_1 \left[\left(\frac{p_2}{p_1} \right)^{\frac{\varkappa-1}{\varkappa}} - 1 \right]} \tag{5.136}$$

Austrittszustand ($v_{2,s}$, $T_{2,s}$)
Spezifisches Volumen $v_{2,s}$: Aus Isentropengleichung $p_1 \cdot v_1^\varkappa = p_{2,s} \cdot v_{2,}^\varkappa$ folgt:

$$v_{2,s} = v_1 \cdot (p_1/p_2)^{\frac{1}{\varkappa}} \tag{5.137}$$

Temperatur $T_{2,s}$: Aus Gasgleichung $p_2 \cdot v_{2,s} = R \cdot T_{2,s}$ ergibt sich:

$$T_{2,s} = v_{2,s} \cdot p_2/R \tag{5.138}$$

Oder Gasgleichung in Isentropenbeziehung eingesetzt, führt zu:

$$p_1 \cdot (R \cdot T_1/p_1)^\varkappa = p_2 \cdot (R \cdot T_{2,s}/p_2)^\varkappa$$

Hieraus:

$$T_{2,s} = T_1 \cdot (p_2/p_1)^{(\varkappa-1)/\varkappa} \tag{5.139}$$

Austrittsquerschnitt $A_{2,s}$
Aus Durchflussbedingung $\dot{m} = A_{2,s} \cdot c_{2,s}/v_{2,s}$ folgt:

$$A_{2,s} = \dot{m} \cdot v_{2,s}/c_{2,s} \tag{5.140}$$

Oder aus Kontinuität:

$$A_{2,s} = A_1 \cdot (c_1/c_{2,s}) \cdot (v_{2,s}/v_1) \tag{5.141}$$

5.3.4.2.2 Reale, d. h. polytrope Verdichtung:

Diffusorwirkungsgrad, berücksichtigt Strömungs-Verluste (DF… **Dif**fusor); auch als Diffusor-Vergleichs-Wirkungsgrad bezeichnet.

$$\eta_{V,DF} = \frac{\Delta h_s}{\Delta h} = \frac{\Delta h_s}{\Delta h_s + \Delta h_V} \tag{5.142}$$

Der Diffusorwirkungsgrad $\eta_{V,DF}$ ist von Ausführung (Form) und Qualität (Rauigkeit) des Diffusors abhängig, vor allem jedoch von der MACH-Zahl. Als Bezugsgröße wird dabei die MACH-Zahl der Zuströmung gewählt:

$$Ma_1 = c_1/a_1 = c_1/\sqrt{\varkappa \cdot R \cdot T_1}.$$

Der Diffusorwirkungsgrad sinkt mit steigender MACH-Zahl, wobei immer $Ma_1 < 1$ bleibt, da Unterschall. Zahlenwerte für $\eta_{V,DF}$ sind entweder aus der einschlägigen Fachliteratur zu entnehmen oder experimentell zu bestimmen.

Ausströmgeschwindigkeit c_2
Entsprechend $c_{2,s}$, (5.135) aus Energiegleichung:

$$c_2 = \sqrt{c_1^2 - 2(h_2 - h_1)} = \sqrt{c_1^2 - 2 \cdot \Delta h} \tag{5.143}$$

Mit $\Delta h = (1/\eta_{V,DF}) \cdot \Delta h_s$ aus (5.142) wird:

$$c_2 = \sqrt{c_1^2 - 2 \cdot \Delta h_s/\eta_{V,DF}} \tag{5.144}$$

$$c_2 = \sqrt{c_1^2 - \frac{2}{\eta_{V,DF}} \cdot \frac{\varkappa}{\varkappa - 1} \cdot p_1 \cdot v_1 \left[\left(\frac{p_2}{p_1} \right)^{\frac{\varkappa-1}{\varkappa}} - 1 \right]} \tag{5.145}$$

Falls Polytropenexponent n bekannt oder zuverlässig schätzbar, kann auch verwendet werden:

$$c_2 = \sqrt{c_1^2 - 2 \cdot \frac{n}{n-1} \cdot p_1 \cdot v_1 \left[\left(\frac{p_2}{p_1} \right)^{\frac{n-1}{n}} - 1 \right]} \tag{5.145a}$$

Meist $n \approx 1{,}5$ bis 1,9 (Überisentrope) bei Stoffwert $\varkappa = 1{,}4$

Austrittszustand (v_2, T_2)
Temperatur T_2: Aus Diffusorwirkungsgrad $\Delta h = \Delta h_s/\eta_{V,DF}$. Mit Enthalpie-Differenz $\Delta h = c_p \cdot \Delta T$ nach (5.39) bei $c_p \approx$ konst, wird:

$$c_p \cdot \Delta T = (1/\eta_{V,DF}) \cdot c_p \cdot \Delta T_s$$
$$T_2 - T_1 = (1/\eta_{V,DF}) \cdot (T_{2,s} - T_1)$$

Hieraus

$$T_2 = T_1 + (1/\eta_{V,DF}) \cdot (T_{2,s} - T_1) \quad \text{oder}$$
$$T_2 = \frac{T_{2,s}}{\eta_{V,DF}} + T_1 \cdot \left(1 - \frac{1}{\eta_{V,DF}}\right) \tag{5.146}$$

Mit $T_{2,s}$ nach (5.139) folgt:

$$T_2 = T_1 + \frac{1}{\eta_{V,DF}} \cdot \left[T_1 \cdot \left(\frac{p_2}{p_1}\right)^{\frac{\varkappa-1}{\varkappa}} - T_1 \right]$$

$$\boldsymbol{T_2 = T_1 \cdot \left[1 + \frac{1}{\eta_{V,DF}} \cdot \left(\left(\frac{p_2}{p_1}\right)^{\frac{\varkappa-1}{\varkappa}} - 1 \right) \right]} \quad (5.147)$$

Oder mit Polytropenexponent n gemäß (1-139) mit Richtwerten wie zuvor, also $n \approx 1{,}5 \ldots 1{,}9$ bei $\varkappa = 1{,}4$:

$$T_2 = T_1 \cdot (p_2/p_1)^{(n-1)/n} \quad (5.147a)$$

Spezifisches Volumen v_2: Aus Gasgleichung

$$v_2 = R \cdot T_2/p_2 \quad (5.148)$$

Austrittsquerschnitt A_2
Aus Durchflussgleichung

$$A_2 = \dot{m} \cdot v_2/c_2 \quad (5.149)$$

Mit Gasgleichung

$$A_2 = \frac{\dot{m} \cdot R \cdot T_2}{p_2 \cdot c_2} \quad (5.150)$$

Da $T_2 > T_{2,s}$ und $c_2 < c_{2,s}$ ist $A_2 > A_{2,s}$.

Wie bei volumenbeständiger, darf auch bei kompressibler Strömung der Diffusoröffnungswinkel δ, abhängig von der REYNOLDS-Zahl, einen kritischen Wert δ_{kr} nicht überschreiten, wenn Ablösungserscheinungen vermieden werden sollen. Strömungsablösung hat geringere Drucksteigerung und damit einen schlechteren Diffusorwirkungsgrad zur Folge. Bei $Re \approx 10^5$ ist $\delta_{kr} \approx 8$ bis $10°$. Mit wachsender REYNOLDS-Zahl sinkt δ_{kr}, mit abnehmender steigt er.

Hinweis: Kritisch bedeutet hier Strömungsablösung gemäß Abschn. 3.3.4 und nicht LAVAL-Zustand.

Diffusor-Erweiterung
Vergleich von Unterschall-Gasströmung mit Flüssigkeitsströmung in Diffusoren:

Gemäß (3.7) $\dot{m} = \varrho \cdot A \cdot c = \text{konst}$ gilt nach Beziehung von (3.10):

$$\frac{d\varrho}{\varrho} + \frac{dA}{A} + \frac{dc}{c} = 0$$

Hieraus:

$$dA = -A \cdot (dc/c + d\varrho/\varrho)$$

Ausgewertet auf:

- Flüssigkeiten (Index F):

$$\varrho \approx \text{konst} \rightarrow d\varrho = 0$$
$$dA_F = -A \cdot dc/c$$

- Gase und Dämpfe (Index G):

$$\varrho \neq \text{konst} \rightarrow d\varrho \neq 0$$
$$dA_G = -A \cdot \left(\frac{dc}{c} + \frac{d\varrho}{\varrho}\right)$$

Division beider Ausdrücke ergibt Flächenvergleichs-Verhältnis f, kurz Flächenverhältnis:

$$f = \frac{dA_G}{dA_F} = \frac{dc/c + d\varrho/\varrho}{dc/c} = 1 + \frac{c}{\varrho} \cdot \frac{d\varrho}{dc} \quad (5.150a)$$

Energiesatz (5.48), d. h. $(c^2/2) + h = \text{konst}$, differenziert:

$$c \cdot dc + dh = 0$$

Hieraus:

$$dh = -c \cdot dc \quad (5.150b)$$

Dazu folgt aus dem GIBBSschen Satz, (5.25a), $dq = du + p \cdot dv$, zusammen mit der differenziellen Gasgleichung, d. h. (5.27):

$$p \cdot dv = R \cdot dT - v \cdot dp$$
$$= (c_p - c_v) \cdot dT - v \cdot dp$$

Eingesetzt in (5.25a) mit $du = c_v \cdot dT$ ergibt:

$$dq = c_v \cdot dT + (c_p - c_v) \cdot dT - v \cdot dp$$
$$dq = c_p \cdot dT - v \cdot dp = dh - v \cdot dp \quad (5.150c)$$

Da die Diffusorströmung ohne Wärmeaustausch mit der Umgebung erfolgen soll (adiabates System), gilt wieder bei idealer Strömung (reibungsfrei) und thermodynamisch idealem Gasverhalten ($R = \text{konst}, \varkappa = \text{konst}$):

$$\mathrm{d}q = 0 \rightarrow \mathrm{d}s = \mathrm{d}q/T = 0 \quad \text{d. h. isentrop}$$

Dafür aus (5.150c):

$$\mathrm{d}h = v \cdot \mathrm{d}p = \mathrm{d}p/\varrho$$

Gleichgesetzt mit Ausdruck von (5.150b):

$$\mathrm{d}p/\varrho = -c \cdot \mathrm{d}c \rightarrow \mathrm{d}p = -\varrho \cdot c \cdot \mathrm{d}c$$

Andererseits gilt nach der LAPLACE-Beziehung für die Schallgeschwindigkeit, (1.21) bzw. (5.2a):

$$\mathrm{d}p = a^2 \cdot \mathrm{d}\varrho$$

Die beiden Ausdrücke für $\mathrm{d}p$ gleichgesetzt:

$$a^2 \cdot \mathrm{d}\varrho = -\varrho \cdot c \cdot \mathrm{d}c \rightarrow \mathrm{d}\varrho/\mathrm{d}c = -\varrho \cdot c/a^2$$

Eingesetzt in die Beziehung für das Flächenverhältnis f nach (5.150a) mit der örtlichen MACH-Zahl $Ma = c/a$:

$$f = \frac{\mathrm{d}A_\mathrm{G}}{\mathrm{d}A_\mathrm{F}} = 1 + \frac{c}{\varrho} \cdot \frac{\mathrm{d}\varrho}{\mathrm{d}c} = 1 + \frac{c}{\varrho} \cdot \left(-\varrho \cdot \frac{c}{a^2}\right)$$

$$f = 1 - \left(\frac{c}{a}\right)^2 = 1 - Ma^2 \qquad (5.150\text{d})$$

Des Weiteren ergibt sich mit Abb. 5.23 für den Diffusor-Erweiterungswinkel δ:

$$\tan(\delta/2) = \mathrm{d}y/\mathrm{d}x \quad \text{und auch} \quad \tan(\delta/2) = y/x$$

Da der Öffnungswinkel δ in der Regel klein ist (meist $\delta \leq 10°$), gilt in ausreichend guter Näherung $\tan(\delta/2) \approx \mathrm{arc}(\delta/2) = \widehat{\delta}/2$. Dann wird:

$$\frac{\widehat{\delta}_\mathrm{G}}{\widehat{\delta}_\mathrm{F}} = \frac{\mathrm{d}y_\mathrm{G}/\mathrm{d}x}{\mathrm{d}y_\mathrm{F}/\mathrm{d}x} = \frac{\mathrm{d}y_\mathrm{G}}{\mathrm{d}y_\mathrm{F}}$$

sowie bei dem üblicherweise etwa geraden Wandverlauf gemäß Abb. 5.23:

$$\widehat{\delta}_\mathrm{G}/\widehat{\delta}_\mathrm{F} = y_\mathrm{G}/y_\mathrm{F}$$

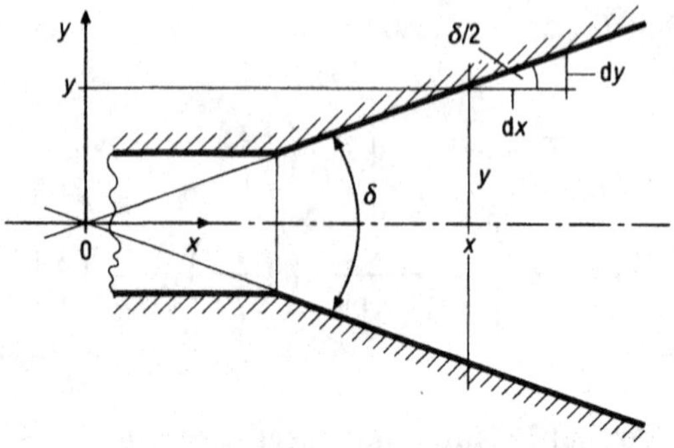

Abb. 5.23 Diffusor-Längsschnitt mit Eintragungen. Bei Kreisquerschnitt $y \equiv r = D/2$

Bei **Kreisquerschnitt** mit (5.150a) und (5.150d):

$$\frac{\widehat{\delta}_\mathrm{G}}{\widehat{\delta}_\mathrm{F}} = \frac{D_\mathrm{G}}{D_\mathrm{F}} = \sqrt{\frac{A_\mathrm{G}}{A_\mathrm{F}}} = \sqrt{\frac{\mathrm{d}A_\mathrm{G}}{\mathrm{d}A_\mathrm{F}}} = \sqrt{f}$$

$$\delta_\mathrm{G}/\delta_\mathrm{F} = \widehat{\delta}_\mathrm{G}/\widehat{\delta}_\mathrm{F} = \sqrt{1 - Ma^2} \qquad (5.150\text{e})$$

Hinweis: Vergleiche mit PRANDTL-Regel nach (5.217).

Infolge der Verdichtung des Gases (Dampfes) im Diffusor nimmt der Volumenstrom $\dot{V} = \dot{m}/\varrho$ wegen Dichtesteigerung ab, so dass der Erweiterungswinkel gegenüber Flüssigkeit bei gleichem Druckverhältnis entsprechend verkleinert werden muss, z. B. gemäß (5.150e) bei Kreisquerschnitt.

Für verschiedene Geschwindigkeiten c, bzw. MACH-Zahl $Ma = c/a$ der Zuströmung zum Diffusor ergibt sich z. B. bei Luft von 20 °C im Vergleich zu Flüssigkeit mit (5.4) und den zugehörigen Werten aus Tab. 6.22, wenn Kreisquerschnitt angewendet, nach (5.150e):

$$a = \sqrt{\varkappa \cdot R \cdot T}$$

$$= \sqrt{1{,}4 \cdot 287 \cdot 293}\left[\sqrt{\mathrm{m}^2/(\mathrm{s}^2 \cdot \mathrm{K}) \cdot \mathrm{K}}\right]$$

$$a = 342\,\mathrm{m/s}$$

c [m/s]	100	150	200	250	300	343
Ma	0,291	0,437	0,583	0,729	0,874	1
$\delta_\mathrm{G}/\delta_\mathrm{F}$	0,956	0,899	0,812	0,684	0,485	0

Ergebnis: Verzögerungen von Gasströmungen erfordern bei nennenswerten MACH-Zahlen, bedingt durch die Dichtezunahme, wesentliche Verkleinerungen der Diffusorwinkel gegenüber denen bei Flüssigkeiten.

5.3.4.3 Überschalldiffusor

Überschalldiffusoren müssen lt. Abschn. 5.3.3.3.2 eine konvergente Kanalform aufweisen. Die MACH-Zahl muss dabei, wenn die meist stark verlustbehafteten Verdichtungsstöße vermieden werden sollen, im ganzen Diffusor größer als eins bleiben. Die Verdichtung darf deshalb höchstens bis zum kritischen Druck erfolgen, bei dem dann am Diffusorende gerade die örtliche Schallgeschwindigkeit erreicht wird. Um Verdichtungsstöße sicher auszuschließen, sollte der Druck jedoch ausreichend weit vom kritischen Wert nach oben entfernt bleiben. Zudem sind Wandrauigkeiten, von denen stoßauslösende Störungen ausgehen könnten, möglichst zu vermeiden.

Die grundsätzlichen Verhältnisse in Überschalldiffusoren sind in Abb. 5.24 dargestellt.

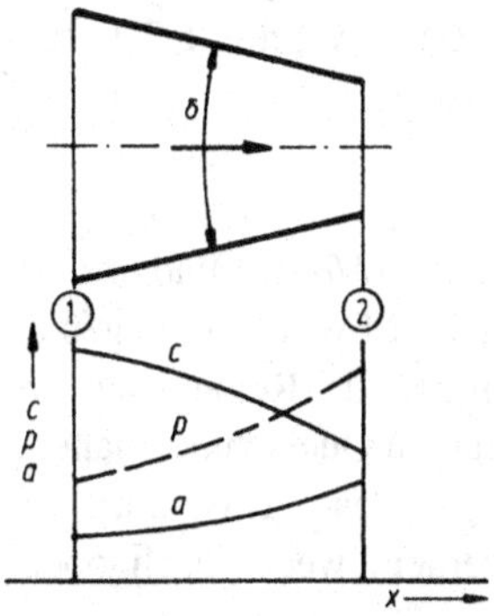

Abb. 5.24 Überschalldiffusor: Querschnitts-, Druck- und Geschwindigkeitsverlauf (überall $c > a \rightarrow Ma > 1$)

Das Auslegen von Überschalldiffusoren erfolgt nach den im vorhergehenden Abschnitt aufgeführten Gleichungen für Unterschalldiffusoren. Problematisch ist dabei wieder, den Diffusorwirkungsgrad $\eta_{V,DF}$ oder Polytropenexponenten n (ersatzweise) zu kennen, bzw. nötigenfalls näherungsweise schätzen.

5.3.4.4 Stoßdiffusor

Der Übergang von Unterschall in Überschall vollzieht sich bei der Expansionsströmung in LAVAL-Düsen stetig. Der umgekehrte Vorgang, die Verdichtungsströmung, verläuft dagegen praktisch immer unstetig. Der in der Nähe des Durchgangs durch die Schallgeschwindigkeit eigentlich immer auftretende Drucksprung (Verdichtungsstoß) ist irreversibel, d. h. mit Exergieverlusten behaftet. Je größer der Drucksprung, desto höher sind die auftretenden Verluste (Abschn. 5.4). Diese steigen erfahrungsgemäß etwa mit der 3. Potenz der Größe des Drucksprunges. Die meist starken senkrechten Verdichtungsstöße sind daher im Gegensatz zu den schwachen schrägen Verdichtungsstößen deshalb wesentlich verlustbehafteter.

Wenn eine Strömung von Überschall in Unterschall verzögert werden soll, ist es daher zur Kleinhaltung der Stoßverluste (Exergieverluste) sinnvoll, mehrere aufeinanderfolgende schwache schräge Verdichtungsstöße evtl. mit abschließendem, möglichst leichtem senkrechten Stoß zu bewirken, statt eines einzigen, starken senkrechten Stoßes (Tab. 5.4). Derartige Diffusoren, die dies verwirklichen, werden als **Stoßdiffusoren** bezeichnet.

Schräge Verdichtungsstöße werden, wie in Abschn. 5.4.2.2 begründet, durch Spitzen, Kanten und konkave Ecken ausgelöst. Auch größere Rauigkeiten können diese Wirkung ausüben.

Der Übergang von Überschall- auf Unterschallströmung ist z. B. bei der Lufteinführung der Triebwerke von Überschallflugzeugen zwangsläufig notwendig.

Prinzipielle Darstellungen von Stoßdiffusoren zeigen Abb. 5.25 und 5.26.

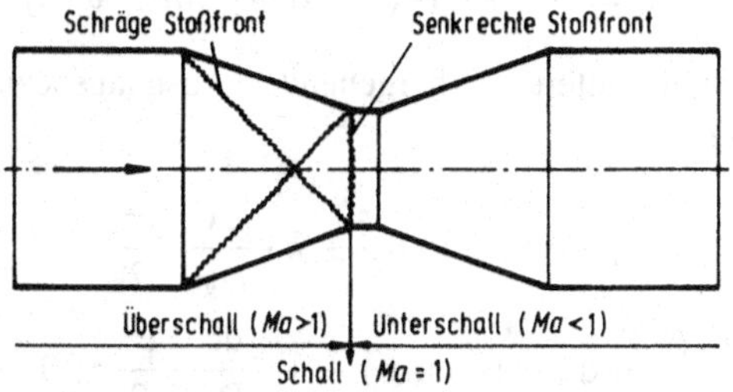

Abb. 5.25 Stoßdiffusor für Innenströmung mit sich kreuzenden, von den Ecken ausgelösten schrägen Stoßfronten, sog. X-Stoß im Überschallteil

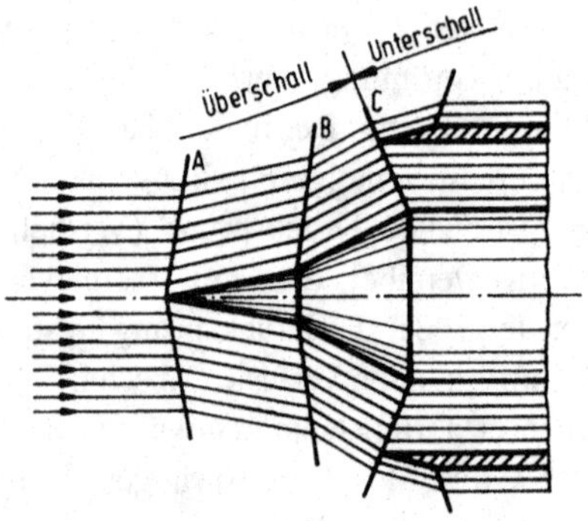

Abb. 5.26 Stoßdiffusor für Außenströmung (Triebwerkseinlauf). A, B und C sind Stoßfronten

5.3.5 Transsonische Rohrströmung

Ausgangspunkt für Herleitung und Darstellung der Zusammenhänge bei transsonischer Strömung in Rohren ist Beziehung (5.65), die alle Einflüsse (Reibung, Trägheit) berücksichtigt:

$$v \cdot \mathrm{d}p + c \cdot \mathrm{d}c + \lambda \cdot \frac{\mathrm{d}x}{D_{\mathrm{gl}}} \cdot \frac{c^2}{2} = 0$$

Aus Schallgeschwindigkeit, (1.21) bzw (5.2a)

$$a^2 = \mathrm{d}p/\mathrm{d}\varrho \quad \rightarrow \quad \mathrm{d}\varrho = \mathrm{d}p/a^2$$

eingesetzt in Kontinuitätsbedingung (3.10) bei $A = \text{konst}$ (Rohr!):

$$\frac{\mathrm{d}\varrho}{\varrho} + \frac{\mathrm{d}c}{c} = 0 \quad \rightarrow \quad \mathrm{d}c = -c \cdot \frac{\mathrm{d}\varrho}{\varrho}$$

ergibt

$$\mathrm{d}c = -(c/a^2) \cdot (\mathrm{d}\varrho/\varrho)$$
$$c \cdot \mathrm{d}c = -(c^2/a^2) \cdot (\mathrm{d}\varrho/\varrho) = -Ma^2 \cdot v \cdot \mathrm{d}p$$

Damit liefert vorhergehende Ausgangsbeziehung:

$$v \cdot \mathrm{d}p - Ma^2 \cdot v \cdot \mathrm{d}p + \lambda \cdot \frac{\mathrm{d}x}{D_{\mathrm{gl}}} \cdot \frac{c^2}{2} = 0$$
$$v \cdot \mathrm{d}p \cdot (1 - Ma^2) + \lambda \cdot \frac{\mathrm{d}c}{D_{\mathrm{gl}}} \cdot \frac{c^2}{2} = 0$$

Gasgleichung $p \cdot v = R \cdot T$ mit Beziehung (5.4) $a^2 = \varkappa \cdot R \cdot T$ zusammengefasst zu

$$p \cdot v = a^2/\varkappa \quad \text{bzw.} \quad \varrho = 1/v = p \cdot \varkappa/a^2$$

und eingesetzt ergibt:

$$(1 - Ma^2) \cdot \mathrm{d}p = -p \cdot \frac{\varkappa}{a^2} \cdot \lambda \cdot \frac{\mathrm{d}x}{D_{\mathrm{gl}}} \cdot \frac{c^2}{2}$$
$$(1 - Ma^2) \cdot \mathrm{d}p = -\frac{1}{2} \cdot \varkappa \cdot \lambda \cdot \frac{\mathrm{d}x}{D_{\mathrm{gl}}} \cdot Ma^2 \tag{5.150f}$$

Diskussion

***Ma* < 1** (Unterschallströmung): dp negativ, d. h. infolge Reibung Druckabnahme in Strömungsrichtung. Als Folge Dichteabnahme (Gasgleichung!) und deshalb wegen Kontinuitätsbedingung Geschwindigkeitszunahme. Die sog. örtliche MACH-Zahl steigt daher und strebt gegen eins.

***Ma* > 1** (Überschallströmung): dp positiv. Das bedeutet, trotz Reibung Druckzunahme in Strömungsrichtung notwendig. Folge: Dichtezunahme und Geschwindigkeitsabfall, weshalb die mit dem Strömungsweg veränderliche, die örtliche MACH-Zahl (Abschn. 5.2.1) fällt und somit gegen eins strebt.

Ergebnis

In beiden Fällen ($Ma < 1$ und $Ma > 1$) strebt somit die örtliche MACH-Zahl gegen den Wert von $Ma = 1{,}0$. Infolge der Reibung kann bei Rohrströmung konstanten Querschnitts daher die kritische Geschwindigkeit nach LAVAL nicht stetig durchschritten werden, weder nach oben noch nach unten.

Konsequenzen

Bei entsprechender Druckdifferenz zwischen Rohranfang und -ende stellt sich bei Unterschallströmung am Rohrende stets gerade $Ma = 1$ ein. Der Druckabfall wird, wie Versuche bestätigen, dabei – gegensätzlich zur inkompressiblen Strömung – nur zu einem geringen Teil zum Überwinden der Verluste benötigt. Der Hauptanteil dagegen ist zum Beschleunigen des Fluides notwendig.

Bei Überschallströmung in kurzem Rohr verlässt das Medium das Rohr noch mit Überschall.

In einem langen Rohr dagegen, bei dem die Schallgeschwindigkeit schon vor dem Rohrende erreicht werden müsste, bildet sich ein solcher

Verdichtungsstoß (senkrechter) soweit stromabwärts im Rohr aus, dass die danach vorhandene Unterschallströmung unter Beschleunigung und Reibung gerade die am Rohrende bestehenden Druckbedingungen verwirklicht. Der Verdichtungsstoß wird dabei wieder ausgelöst durch immer vorhandene Unregelmäßigkeiten und Störungen, wie z. B. Turbulenzen und Wandrauigkeiten, Formabweichungen.

5.3.6 Übungsbeispiele

Übung 64

An einer Druckleitung, durch die Luft von 25 °C mit 2,5 bar Überdruck strömt, entsteht ein 2 cm^2 großes Leck.

Gesucht:

a) Stündlicher Luftverlust
b) Austrittsgeschwindigkeit der Luft
c) Thermischer Zustand der austretenden Luft
d) Leistungsverlust
e) Jährlicher Energieverlust
f) Jährliche Stromkosten bei einem Strompreis von z. B. insgesamt 0,1 Euro/kWh und einem Gesamtwirkungsgrad der Drucklufterzeugungsanlage von 60 %. ◄

Übung 65

In einer gut abgerundeten Mündung von 2,5 cm Austrittsdurchmesser soll

1. Heißluft
2. Heißdampf

von 24 bar Überdruck und 360 °C Temperatur auf den LAVAL-Druck entspannt werden.

Gesucht:

a) Austrittsgeschwindigkeit
b) Ausfließender Mengenstrom
c) Dynamische Schubkraft (Strahlkraft)
d) Gefälleverlust
e) Umgesetztes Wärmegefälle
f) Wirkungsgrad
g) Zustandswerte im Austrittsquerschnitt. ◄

Übung 66

Unter Umgebungsdruck (1 bar) sublimiert Kohlendioxid-Gas (CO_2) bei Temperatur −78,5 °C.

Gesucht:

a) Mindestdruck in einer CO_2-Flasche bei 25 °C, damit das in die Atmosphäre (Umgebungsdruck 1 bar) ausströmende Gas gerade sublimiert, also vom gasförmigen direkt in den festen Zustand übergeht
b) Düsen-Typ
c) Austrittsgeschwindigkeit
d) MACH-Zahl der Austrittsströmung. ◄

Übung 67

Im Zuleitungsrohr, NW 50, zur Düse einer Luftdusche herrscht eine Strömungsgeschwindigkeit von 60 m/s bei 1,5 bar Absolutdruck und 25 °C Temperatur. Der Umgebungsdruck beträgt 1 bar.

Gesucht:

a) Ausströmungs-Typ
b) Ausströmgeschwindigkeit
c) Ausfließender Mengenstrom
d) Austrittszustand der Luft
e) Austrittsdurchmesser
f) Düsenlänge bei Verengungswinkel 20°. ◄

Übung 68

In der Düse mit quadratischem Querschnitt einer kleinen Turbine soll der Massenstrom 360 kg/h von

1. Helium
2. Wasserdampf

vom Überdruck 24 bar und der Temperatur 420 °C auf den absoluten Gegendruck 1 bar expandieren.

Gesucht:

a) Erforderliche Düsenart
b) Düseneinström-Abmessungen bei 20 m/s Zuströmgeschwindigkeit
c) Geschwindigkeit im engsten Düsen-Querschnitt
d) Abmessungen des engsten Querschnittes
e) Austrittsgeschwindigkeit
f) Gefälleverlust
g) Abmessungen des Austrittsquerschnittes
h) Düsenlänge bei 45° Verengungswinkel und 15° Erweiterungswinkel
i) MACH-Zahl am Düsenaustritt. ◄

Übung 69

In einer LAVAL-Düse, deren engster Querschnitt 20 mm hoch und 30 mm breit ist, soll Luft von 20 bar und 25 °C auf 4 bar expandieren.

Gesucht:

a) Mengenstrom
b) Austrittsgeschwindigkeit
c) Gefälleverlust und Düsenwirkungsgrad
d) Austrittsquerschnitt
e) Austrittszustand der Luft. ◄

Übung 70

Eine Stickstoffinnenströmung mit $Ma = 0{,}95$ soll bei einem Druck von 2 bar und einer Temperatur von 30 °C auf die Strömungsgeschwindigkeit 60 m/s verzögert werden. Dabei wird ein Wirkungsgrad von 85 % erreicht.

Gesucht:

a) Flächenverhältnis des erforderlichen Diffusors
b) MACH-Zahl nach der Verzögerung. ◄

Übung 71

In einem Überschalldiffusor, der zwei Rohre miteinander verbindet, soll strömender Wasserstoff bis auf den LAVAL-Punkt verzögert werden. Das Zuströmrohr mit Innendurchmesser 100 mm führt den Wasserstoff bei $Ma = 1{,}8$ und Temperatur 40 °C sowie Absolutdruck 2,4 bar. Der Wirkungsgrad des Diffusors betrage 80 %.

Gesucht:

a) Massenstrom
b) Endzustand des Fluides
c) Endgeschwindigkeit
d) Umgesetzte Energie und Leistung
e) Gefälleverlust, Verlustleistung sowie die dadurch bedingte Temperaturerhöhung
f) Diffusoraustrittsdurchmesser
g) Druckverlust gegenüber idealer Strömung
h) Zustandswerte und Diffusorenquerschnitt bei idealer Strömung
i) Darstellung der prinzipiellen Zustandsverläufe im (h, s)-Diagramm
j) Verhältnis der Energieumsätze nach den Fragen d) und h). ◄

5.4 Große Druckstörungen (Stoß, Welle)

5.4.1 Grundsätzliches

Neben den Schallwellen geringer Amplitude, die durch kleine Druckstörungen ausgelöst werden (Abschn. 5.2), gibt es, wie erwähnt, große Druckstörungen, sog. **Stoßwellen** oder **Verdichtungsstöße** (Unstetigkeiten).

Die *kleinen Druckstörungen* breiten sich, wie auseinandergesetzt, *mit Schallgeschwindigkeit* aus. *Verdichtungsstöße*, die aus einem Drucksprung bestehen, pflanzen sich *mit Überschallgeschwindigkeit* fort. Der Drucksprung ist ein auf einer Strecke von der Größenordnung weniger freier Molekülweglängen – das sind einige tausendstel Millimeter – zusammengedrängter Druckanstieg, dessen Größe nicht mehr klein gegenüber dem absoluten Druck des Gases ist. Eine Druckstörung aus ursprünglich stetigen Wellen großer Amplitude, die sich in ruhendem Gas mit Überschallgeschwindigkeit fortpflanzt, geht schließlich in einen solchen Verdichtungsstoß über. Dieses Phänomen wurde experimentell von E. SCHMIDT und W. LETTAU nachgewiesen. Die theoretische Begründung liegt in der Tatsache, dass sich kleine Drucksteigerungen an Stellen hohen Druckes wegen der durch Kompression gesteigerten Temperatur rascher fortpflanzen als an Stellen niedrigen Druckes. Die Teile der Welle mit höherem Druck holen daher die Teile niedrigeren Druckes ein, so dass schließlich die Vorderseite der Welle in eine steile Druckfront mit unstetigem Drucksprung übergeht, während gleichzeitig die Rückseite abflacht. Nach Herleitung von PRANDTL ist die Änderung der Strömungsgeschwindigkeit in einer Schallwelle gleich dem $[2/(\varkappa - 1)]$-fachen Betrag der Schallgeschwindigkeit. Das ist bei zweiatomigen Gasen, z. B. Luft, fünffach. Die Schallgeschwindigkeit ändert sich dabei infolge der durch die Welle bedingten Zustandsänderung (p, T) des strömenden Gases (Rückkopplungseffekt).

Bei der Kompressionswelle, d. h. **Verdichtungswelle**, Abb. 5.27, liegt demnach die Schallgeschwindigkeit in der Welle über der vor der Welle. Deshalb ist auch die örtliche Strömungsgeschwindigkeit größer, und zwar, wie zuvor begründet, gemäß PRANDTL wesentlich. Die absolute Laufgeschwindigkeit jedes Wellenanteiles ist gleich der Summe aus der lokalen Schallgeschwindigkeit und der örtlichen Bewegungsgeschwindigkeit, wenn die Druckfront in ruhendes Gas hineinläuft. Die Strömung bewegt sich deshalb mit zunehmender Wellentiefe immer schneller. Dies führt dazu, dass sich die Welle aufstellt

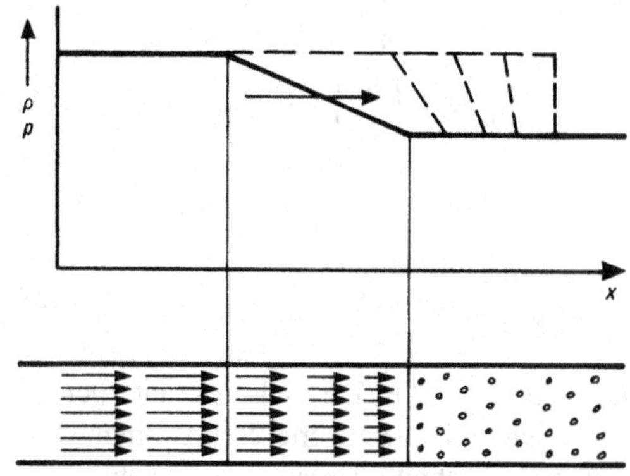

Abb. 5.27 Verdichtungswelle (nach PRANDTL [38])

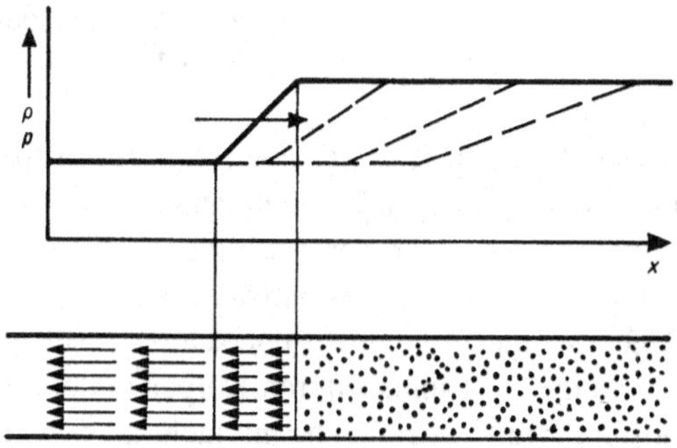

Abb. 5.28 Verdünnungswelle (nach PRANDTL [38])

und schließlich zu dem beschriebenen senkrechten Sprung, dem Verdichtungsstoß, entartet.

Läuft dagegen eine Expansionswelle, d. h. **Verdünnungswelle**, in ruhendes Medium, strömt in der Welle das Gas in Gegenrichtung ab. Das bedeutet, das kompressible Fluid in Abb. 5.28 fließt nach links ab, in der nach rechts laufenden Verdünnungswelle. Weil die Schallgeschwindigkeit infolge der mit der Expansion sinkenden Temperatur abnimmt und die Geschwindigkeit des nach rückwärts in die Verdünnungszone abströmenden Gases infolge Expansion immer größer wird, laufen die Störungsteile hinter der Front um so langsamer, je kleiner der Druck wird. Eine solche Verdünnungswelle verflacht sich daher mit wachsender Laufzeit in zunehmendem Maße. Dies ist beispielsweise in der Versuchstechnik beim Stoßwellenrohr sehr bedeutungsvoll.

Sich mit Überschall ausbreitende Druckwellen können bei Innenströmungen (Rohre, Düsen, Diffusoren), Außenströmungen (Umströmung von Körpern → Geschosse, Flugzeuge) und sehr stark ausgeprägt bei Explosionen sowie Detonationen auftreten. Beim Ausbreiten solcher Überschallschneller Druckwellen entstehen je nach Form des Strömungsraumes und der Druckverhältnisse Verdichtungsstöße oder Verdünnungswellen.

Bei überschallschnellen Innenströmungen kann das Ausbilden eines Verdichtungsstoßes erzwungen werden, wenn die Strömung z. B. durch ein Ventil oder ähnliche Störung beeinflusst wird. Oft reichen aber auch schon geringe Unregelmäßigkeiten hierfür aus, wie z. B. Turbulenzen oder Wandungenauigkeiten (Formstetigkeiten, Rauigkeiten). Bei überschallschnellen Außenströmungen dagegen erzwingt die Wirkung des Staubereiches (Staupunktströmung) den Verdichtungsstoß.

Der *Verdichtungsstoß* bleibt bei Innenströmungen, von geringen Unregelmäßigkeiten abgesehen, meist etwa an der Ausbildungsstelle stehen. Die Strömung ist deshalb quasi-stationär. Im Gegensatz hierzu kommen überschnelle Außenströmungen fast immer durch Körper in der Atmosphärenluft zustande, die mit mehr als Schallgeschwindigkeit fliegen. Der sich dabei ausbildende Verdichtungsstoß bewegt sich mit dem Flugkörper. Ein solcher Verdichtungsstoß, der mit Überschallgeschwindigkeit in das sich vor ihm befindende ruhende Gas eindringt, lässt sich jedoch im Relativsystem im „Ruhezustand" und damit als stationär betrachten. Das Relativsystem ist flugkörperfest (Abschn. 4.1.6), d. h., es bewegt sich mit der Fluggeschwindigkeit mit. Das bedeutet, der Vorgang wird stationär gemacht, indem die gesamte betroffene Luftmenge relativ zum Körper – und damit zum Stoß – mit Körperfortpflanzungsgeschwindigkeit strömend betrachtet wird. Solche stationären Verdichtungsstöße wurden schon von A. STODOLA genauer behandelt, aufbauend auf einer noch älteren Arbeit von B. RIEMANN.

Bevor auf die Huptgleichungen des Verdichtungsstoßes eingegangen wird, sollen noch einige Betrachtungen an **verzögerten** bzw. **beschleunigten Gasströmungen in Rohren konstanten Querschnitts** angestellt werden. Die Reibung kann hierbei näherungsweise vernachlässigt werden. Verweis auf Abschn. 5.3.5.

Verzögerte Strömung in einem solchen Rohr stellt sich ein, wenn dem Gas Wärme entzogen wird. Eine beschleunigte Strömung ergibt sich bei Wärmezufuhr. Diese kann von außen oder durch die Fluidreibung (Abschn. 5.3.2) aufgeprägt werden.

Aus der Kontinuitätsbedingung, (3.7), folgt

$$c/v = \dot{m}/A = \text{konst} \quad \text{oder} \qquad (5.151)$$
$$c = (\dot{m}/A) \cdot v = \text{konst} \cdot v$$

differenziert:

$$\mathrm{d}c = \frac{\dot{m}}{A} \cdot \mathrm{d}v \qquad (5.152)$$

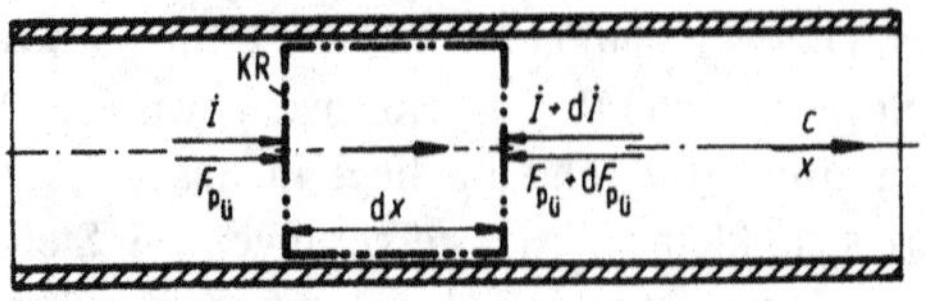

Abb. 5.29 Impulssatz, angewendet auf (beschleunigte) Rohrströmung bei vernachlässigter Reibung

Beim zylindrischen Rohr ist die **Stromdichte** $\dot{m}/A$ bei stationärer Strömung konstant.

Den Impulssatz auf das in Abb. 5.29 dargestellte Rohrelement angewendet ergibt:

$$\sum F_x = 0:$$
$$\dot{I} + F_{p_ü} - (\dot{I} + \mathrm{d}\dot{I}) - (F_{p_ü} + \mathrm{d}F_{p_ü}) = 0$$

Mit $\dot{I} = \dot{m} \cdot c$ und $\dot{I} + \mathrm{d}\dot{I} = \dot{m}(c + \mathrm{d}c)$ sowie $F_{p_ü} = p_ü \cdot \mathrm{d}A$ und $F_{p_ü} + \mathrm{d}F_{p_ü} = (p_ü + \mathrm{d}p_ü) \cdot A$, wobei $\mathrm{d}p_ü = \mathrm{d}p$ da „Differenz", wird:

$$-\dot{m} \cdot \mathrm{d}c - A \cdot \mathrm{d}p = 0$$

Hieraus:

$$\mathrm{d}c = -\frac{A}{\dot{m}} \cdot \mathrm{d}p \qquad (5.153)$$

(5.151) eingesetzt und umgestellt, ergibt

$$c \cdot \mathrm{d}c = -v \cdot \mathrm{d}p \qquad (5.154)$$

(5.152) und (5.153) gleichgesetzt liefert:

$$\frac{\dot{m}}{A} \cdot \mathrm{d}v = -\frac{A}{\dot{m}} \cdot \mathrm{d}p$$
$$\mathrm{d}p = -\left(\frac{\dot{m}}{A}\right)^2 \cdot \mathrm{d}v \qquad (5.155)$$
$$\frac{\mathrm{d}p}{\mathrm{d}v} = -\left(\frac{\dot{m}}{A}\right)^2 = -\text{konst} \qquad (5.156)$$
$$\frac{\mathrm{d}p}{\mathrm{d}v} = -\text{konst} \qquad (5.157)$$

Das bedeutet: Die Zustandsänderung bei beschleunigter oder verzögerter Rohrströmung konstanten Querschnitts verläuft mit gleichbleibender negativer Steigung. Dieser geradlinige Verlauf zeigt sich noch deutlicher, wenn (5.157) integriert wird:

$$\int \mathrm{d}p = -\text{konst} \cdot \int \mathrm{d}v$$

$$p = -\text{konst} \cdot v + \text{const} \qquad (5.158)$$

Eine solche Zustandsgerade ist, beginnend vom Anfangszustand p_1, v_1 als Punkt 1 ins (p, v)-Diagramm, Abb. 5.30, eingetragen, das auch Isothermen $T = \text{konst}$ und damit $p \cdot v = \text{konst}$ sowie Isentropen $s = \text{konst}$, also $p \cdot v^{\varkappa} = \text{konst}$, enthält (jeweils andere Konstante!).

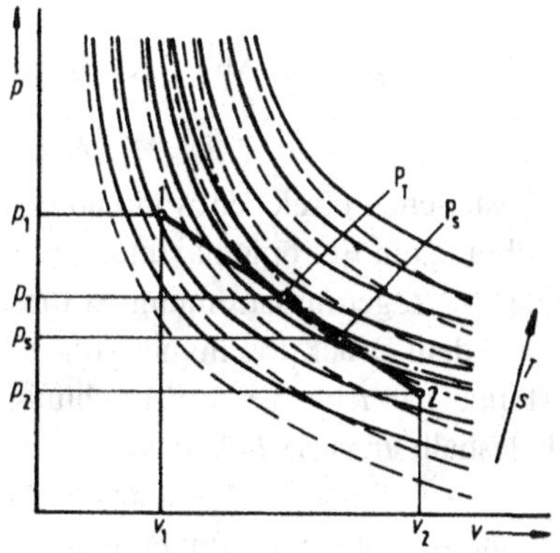

Abb. 5.30 (p, v)-Diagramm mit eingetragener Zustandsgeraden 1–2.
P_T Isothermenpunkt, P_s Isentropenpunkt.
——— Isothermen ($T = \text{konst}$).
– – – – – Isentropen ($s = \text{konst}$).
Zustandsänderung gemäß Verlauf
1–2 beschleunigte Strömung (Wärmezufuhr)
2–1 verzögerte Strömung (Wärmeabfuhr)

Die in das (p, v)-Diagramm eingezeichnete *Zustandsgerade* 1–2 schneidet bei Wärmezufuhr von Punkt 1 aus beginnend bis zum *Isothermen-Tangentenpunkt* P_T Isothermen mit steigender Temperatur. Trotz weiterer Wärmezufuhr müsste, die Gerade über P_T hinaus verlängert, die Temperatur wieder abnehmen, wie dies die weiteren Isothermenschnittstellen forderten. Ähnlich widersprüchlich verhält es sich mit der Entropie. Entsprechend den Isentropenkreuzungspunkten steigt die Entropie bis zum *Isentropen-Tangentenpunkt* P_s an, um anschließend wieder abzufallen, obwohl ständig Wärme zugeführt wird.

Dieser, wie sich noch ergibt, scheinbare physikalische Widerspruch ist noch zu erläutern:

Den im (p, v)-Diagramm geradlinigen Zustandsverlauf 1–2 ins (T, s)-Diagramm eingetragen (hier nicht geradlinig) zeigt Abb. 5.31.

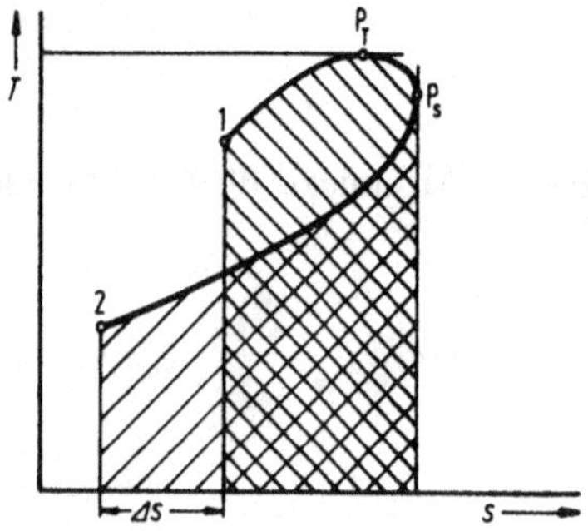

Abb. 5.31 (T, s)-Diagramm mit eingetragener Zustandslinie 1–2 nach Abb. 5.30.
\\\\\\\\ Wärmezufuhr
//////// Wärmeabfuhr
bei Zustandsänderung von 1 nach 2 bzw. 2 nach 1.
Zustandsänderung von 2 nach 1 mit Verdichtungsstoß. Dabei Entropiezunahme um Δs

Eine weitere Erkenntnis liefert die Bestimmung der Strömungsgeschwindigkeit, die das Fluid an der zum Isentropenpunkt P_s gehörenden Strömungsstelle erreicht. Hierfür gilt die Bedingung: Steigung der Zustandslinie = Steigung der Isentropenkurve, da gemeinsame Tangente gemäß gerader Linie 1–2, Abb. 5.30:

$$\left(\frac{\mathrm{d}p}{\mathrm{d}v}\right)_{\mathrm{z}} = \left(\frac{\mathrm{d}p}{\mathrm{d}v}\right)_{\mathrm{s}}$$

Ausgewertet:

- Zustandsgerade (Index z):
  Beziehung (5.156) eingesetzt, ergibt:

$$\left(\frac{\mathrm{d}p}{\mathrm{d}v}\right)_{\mathrm{z}} = -\left(\frac{\dot{m}}{A}\right)^2$$

und mit (5.151) ergibt sich:

$$\left(\frac{\mathrm{d}p}{\mathrm{d}v}\right)_{\mathrm{z}} = -\left(\frac{c}{v}\right)^2$$

- Isentrope (Index s):

$$p = \text{konst} \cdot v^{-\varkappa} \quad \text{aus } p \cdot v^{\varkappa} = \text{konst}$$

Differenziert:

$$\left(\frac{\mathrm{d}p}{\mathrm{d}v}\right)_\mathrm{s} = \text{konst } (-\varkappa)\, v^{-\varkappa-1} = -\varkappa\, p\, v^{-1} = -\varkappa\, \frac{p}{v}$$

Die beiden Ausdrücke für $(\mathrm{d}p/\mathrm{d}v)$ gleichgesetzt:

$$-(c/v)^2 = -\varkappa \cdot (p/v)$$

Hieraus:

$$c = \sqrt{\varkappa \cdot p \cdot v}$$

Es handelt sich um die Gleichung für die Schallgeschwindigkeit. Das bedeutet: Im Isentropenpunkt $\mathrm{P_s}$ wird gerade Schallgeschwindigkeit erreicht.

In einer beschleunigten Rohrströmung müsste also bis Erreichen der Schallgeschwindigkeit Wärme zugeführt und anschließend, um Überschallgeschwindigkeit zu erreichen, wieder Wärme entzogen werden. Dabei sinkt der Druck ständig ab.

Umgekehrt wäre bei verzögerter Strömung im Überschallgebiet die Zufuhr von Wärme notwendig und nach Durchschreiten der Schallgeschwindigkeit zur weiteren Verzögerung im Unterschallbereich wieder Wärmeabfuhr erforderlich.

Wichtig sind bei verzögerten Strömungen die Punkte auf der Zustandsgeraden, für welche die Wärmezufuhr im Überschall gerade so groß ist, wie die Wärmeabfuhr im Unterschall. Eine solche Zustandsänderung, bei der Wärme quasi intern ausgetauscht wird, kann auf sehr kurzem Weg geschehen. Die Zustandsänderung erfolgt, makroskopisch betrachtet, stoßartig. Dies ist eine andere Erklärung für den Verdichtungsstoß.

Beim Verdichtungsstoß bleibt deshalb die Temperatur der Ruhe T_R und damit die Ruheenthalpie h_R konstant. Die zugehörigen Ruhezustandsgrößen T_R, h_R vor dem Stoß sind daher so groß wie die des Fluidzustandes danach. Die *Ruhezustandsgrößen* sind bekanntlich die Werte, die das Gas annimmt, wenn seine Strömungsenergie vollständig in thermische, also Wärmeenergie zurückverwandelt würde.

Der *Verdichtungsstoß* ist somit ein Vorgang, bei dem eine plötzliche Änderung der Strömungsgeschwindigkeit und des thermodynamischen Gaszustandes in einer Zone, der *Stoßzone*, äußerst geringer Tiefe erfolgt (einige freie Molekülweglängen), oder der – reibungs- und wärmeleitfreie Strömung vorausgesetzt – unstetige Änderungen der Strömungs- sowie Zustandsgrößen in einer *Diskontinuitäts-Fläche*, z. B. in der *Kopfwelle* eines überschallschnellen Körpers, beinhaltet.

Das (T, s)-Diagramm, Abb. 5.31, zeigt außerdem:

- Die Gasteilchen erreichen während der Stoßverdichtung ein Entropiemaximum.
- Bei der Verzögerungsströmung ist die Entropie nach dem Druckstoß immer größer als zuvor (Punkt 1 in Abb. 5.31). Verdichtungsstöße sind deshalb *irreversibel*, d. h. mit Exergieverlust des strömenden Mediums verbunden. Verdünnungsstöße als Umkehrung sind somit nicht möglich, da die Entropie abnehmen müsste. Auftretende Expansionen vollziehen sich daher stetig in sog. **Verdünnungswellen**.

Nach OSWATITSCH ist die theoretische Dicke δ der Stoßfront bei idealen Fluiden abhängig vom Drucksprung, dem Verhältnis der Drücke nach und vor dem Stoß:

p_2/p_1	δ in mm
2	$0{,}45 \cdot 10^{-3}$
10	$0{,}066 \cdot 10^{-3}$
100	$0{,}016 \cdot 10^{-3}$
1000	$0{,}005 \cdot 10^{-3}$

Die hohen Drucksprünge sind jedoch, wie noch zu zeigen sein wird, nicht möglich und die bei realen Gasen zu beobachtenden Stoßfronten wesentlich dicker. Sie können als kräftige Linien auf Schatten-, Schlieren- oder Interferenzbildern der Strömung sichtbar gemacht werden. Gemäß PRANDTL sind der strömenden Gasmasse vor der Stoßfront stets kleine Wirbel überlagert. Die Bedingung zum stoßartigen Verdichten wird dadurch für die einzelnen Fluidteilchen nicht in der gleichen Ebene erfüllt. Daher ist die Stoßfläche meist ziemlich stark zerfasert. Dies ist bei genauer Beobachtung an fortwährendem geringem Flattern zu erkennen.

Zwei sich kreuzende Verdichtungsstoßfronten von nicht zu hoher Intensität durchdringen einander ohne wesentliche gegenseitige Störung (X-Stoß). Bei Verdichtungsstößen größerer Intensität (Drucksprünge) kommt es vor, dass sich im Durchdringungsbereich die beiden Stoßfronten in einem gewissen Gebiet zu einer einzigen vereinigen, die sich an beiden Außenseiten wieder gabelt. Es kann sich somit beim Zusammentreffen zweier starker Stöße ein sog. **Gabelungsstoß** ausbilden.

Der Gesamtdruckverlust durch einen Verdichtungsstoß ist, wie die Erfahrung bestätigt, etwa proportional der dritten Potenz des Drucksprunges (Abschn. 5.3.4.3). Hinter einem einzigen Stoß ergibt sich deshalb ein größerer Exergieverlust und damit eine höhere Temperatur als hinter einer Kombination mehrerer Stöße von gleichem gesamten Drucksprung. Das Aufteilen einer notwendigen Druckerhöhung bzw. Geschwindigkeitsreduktion von Über- in Unterschall auf mehrere schwache Stöße ist daher gegenüber einem einzigen starken Stoß immer sinnvoll (Abb. 5.26). Infolge der geringeren Verluste ist deshalb auch das erreichbare Druckverhältnis größer (Tab. 5.4).

Festzuhalten ist noch, dass die Vorgänge beim Verdichtungsstoß dem Wassersprung bei offenen Gerinneströmungen entsprechen. Es besteht weitgehende Analogie zwischen der kompressiblen Rohrströmung und der inkompressiblen Rinnenströmung (Abschn. 4.1.3). In Tab. 5.3 sind die analogen Begriffe einander gegenübergestellt.

Tab. 5.3 Analogie zwischen kompressibler Rohrströmung und (inkompressibler) Rinnenströmung

Kompressible Rohrströmung	Inkompressible Rinnenströmung
Unterschallströmung	Strömen
Überschallströmung	Schießen
Schallgeschwindigkeit	Schwallgeschwindigkeit
Schallwellen	Wellen (Wasserwellen)
Stoßwellen	–
Verdichtungsstoß	Wechselsprung (Wassersprung)
MACH-Zahl	FROUDE-Zahl

Beim theoretischen Vergleich zwischen Flachwasser- und Gasströmung wäre die Wasserströmung durch die Strömung eines hypothetischen Gases mit dem Isentropenexponenten $\varkappa = 1{,}0$ gedanklich zu ersetzen:

- Flüssigkeit (4.104): $c_{\mathrm{gr}} = \sqrt{g \cdot h} = \sqrt{\Delta p / \varrho}$
- Gas (5.5): $a = \sqrt{\varkappa \cdot p / \varrho}$

5.4.2 Verdichtungsstöße

Vorbemerkung

Bei Verdichtungsstößen, auch als **Schockwellen** bezeichnet, ist, wie erwähnt, die Stoßfront von der Dicke einiger freier mittlerer Weglängen der Fluidteilchen, also im Bereich von Mikrometer und kleiner, innerhalb der sich die strömungstechnischen und thermodynamischen Größen ändern. Der Übergang erfolgt somit theoretisch stetig (mikroskopisch), praktisch jedoch unstetig (Diskontinuität), also makroskopisch sprungartig. Verdichtungsstöße sind stets mit Entropiezunahme verbunden, bewirkt durch die infolge Dissipation verlorengehende mechanische Energie (Exergieverlust), ausgedrückt als Druckverlust. Verdichtungsstöße sind somit dissipative Vorgänge. Zu ihrem Auslösen reichen kleinste Störungen im Strömungsverlauf. Solche Störungen sind z. B. geringfügige Druck- und Geschwindigkeitsschwankungen (Turbulenzen) und Wandrauigkeiten, die praktisch immer vorhanden.

Verdichtungsstöße treten bei supersonischen Strömungen sehr häufig auf.

5.4.2.1 Senkrechter Verdichtungsstoß

Die sich beim senkrechten Verdichtungsstoß ausbildende Druckfront verläuft normal zur Strömungsrichtung.

5.4.2.1.1 Hauptgleichungen

Die Hauptgleichungen des senkrechten Verdichtungsstoßes ergeben sich aus den Grundgleichungen der Strömungsmechanik (Kontinuitäts-, Energie- und Impulssatz). Diese Erhaltungssätze werden auf einen schmalen, die Stoßfront (Stoßfläche) umschließenden adiabaten Kontrollraum,

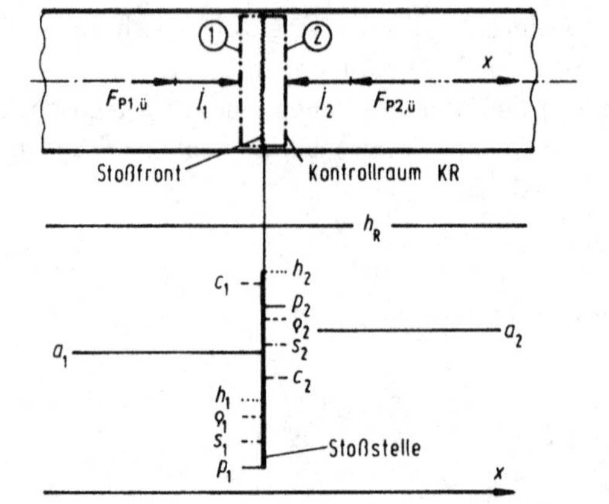

Abb. 5.32 Senkrechter Verdichtungsstoß. Zustandsänderungen qualitativ eingetragen. $Ma_1 > 1$; $Ma_2 < 1$. Gemäß (5.5) $a_2 > a_1$, da auch $T_2 > T_1$

Abb. 5.32, angewendet. Dabei sind die Reibungseinflüsse an der Stromröhrenwand als klein vernachlässigbar.

$$\text{K ①–②:}\quad \frac{A_1 \cdot c_1}{v_1} = \frac{A_2 \cdot c_2}{v_2}$$

mit $A_1 = A_2$ ergibt sich:

$$c_1/v_1 = c_2/v_2 \tag{5.159}$$

Mit $v = 1/\varrho$ folgt:

$$c_1 \cdot \varrho_1 = c_2 \cdot \varrho_2 \tag{5.160}$$

$$\text{EE ①–②:}\quad \frac{c_1^2}{2} + h_1 = \frac{c_2^2}{2} + h_2 = h_R$$

(da $c_R = 0$)

$$\text{IS ①–②:}\quad \dot{I}_1 + F_{p_{1,ü}} - \dot{I}_2 - F_{p_{2,ü}} = 0 \tag{5.161}$$

Mit $\dot{I} = \dot{m} \cdot c = \frac{A \cdot c}{v} \cdot c = A \cdot \frac{c^2}{v} = A \cdot \varrho \cdot c^2$ und $F_{p_ü} = p_ü \cdot A = (p - p_b) \cdot A$ wird:

$$A_1 \frac{c_1^2}{v_1} + (p_1 - p_b)A_1 - A_2 \frac{c_2^2}{v_2} - (p_2 - p_b)A_2 = 0$$

Hieraus:

$$p_1 - p_2 = \frac{c_2^2}{v_2} - \frac{c_1^2}{v_1} \tag{5.162}$$

oder mit $v_2 = v_1 \cdot c_2/c_1$ aus (5.159) wird:

$$p_1 - p_2 = \frac{c_1}{v_1} \cdot (c_2 - c_1) \tag{5.163}$$

In diesen Beziehungen sind die Enthalpien h_1 und h_2 keine unabhängigen Veränderlichen, da sie sich mit Hilfe der JOULEschen Zustandsgleichungen $h = h(p, v)$ oder des MOLLIER-Diagramms (h, s-Diagrammes) auf p und v zurückführen lassen.

Beziehung (5.163) enthält keine Länge für den Strömungsweg, auf welchem der Umsatz von „Geschwindigkeit in Druck" erfolgen muss. Neben dem trivialen Ablauf bei endlich großer Weglänge (normale Strömung) ist somit auch der Fall der Sprungfunktion, also theoretisch unendlich kleiner Weglänge (Verdichtungsstoß) möglich. Tritt wegen praktisch immer vorhandenen Ungleichmäßigkeiten meist auf.

Die *drei Grundgleichungen*, (5.159), (5.161), (5.163), enthalten die sechs Variablen p_1, v_1, c_1 und p_2, v_2, c_2, so dass, falls drei davon bekannt sind, die anderen drei berechnet werden können. In der Regel sind die Zuströmgrößen p_1, v_1, c_1 bekannt und die Abströmgrößen p_2, v_2, c_2 gesucht.

5.4.2.1.2 Zustandsfunktionen

Die Abströmgeschwindigkeit c_2 aus der Kontinuitätsbedingung, (5.159), ausgerechnet und in die Energiegleichung, (5.161), eingesetzt, ergibt:

$$\frac{c_1^2}{2} + h_1 = \frac{1}{2} \cdot \left(\frac{c_1}{v_1}\right)^2 \cdot v_2^2 + h_2 = h_R = \text{konst}$$

Hieraus:

$$\boldsymbol{h_2 = h_R - \frac{1}{2} \cdot \left(\frac{c_1}{v_1}\right)^2 \cdot v_2^2} \tag{5.164}$$

Dies ist eine quadratische Gleichung der Form $h_2 = A - B \cdot v_2^2$ mit Konstanten

$$A = h_R \quad \text{und} \quad B = \frac{1}{2} \cdot \left(\frac{c_1}{v_1}\right)^2$$

die zu jedem v_2 ein h_2 liefert und in einem (h, s)-Diagramm mit eingezeichneten *Isochoren* durch die Verbindung der Schnittpunkte zusammengehörender v_2- und h_2-Linien als Kurve darstellbar ist. Die sich ergebende Kurve wird als **FANNO-Kurve** bezeichnet:

- Die FANNO-Linie beschreibt den Zustandsverlauf einer stationären kompressiblen Strömung ($\dot{m}$ = konst) in einem adiabaten, d. h. wärmedichten, zylindrischen Rohr.

Wird aus (5.159) Geschwindigkeit c_2 eliminiert und in (5.163) eingesetzt, ergibt sich in ähnlicher Weise eine Beziehung zwischen p_2 und v_2:

$$p_1 - p_2 = \left(\frac{c_1}{v_1}\right)^2 \cdot v_2 - \frac{c_1^2}{v_1}$$

Hieraus:

$$\boldsymbol{p_2 = p_1 + \frac{c_1^2}{v_1} - \left(\frac{c_1}{v_1}\right)^2 \cdot v_2} \qquad (5.165)$$

Die Geraden dieser linearen Funktion der Form

$$p_2 = a - b \cdot v_2$$

mit Konstanten

$$a = p_1 + c_1^2/v_1 \quad \text{und} \quad b = (c_1/v_1)^2$$

werden als **RAYLEIGH-Linien** bezeichnet und sind identisch mit den Zustandsgeraden nach (5.158).

Aus den Schnittpunkten der Fanno-*Kurve* mit der entsprechenden Rayleigh-*Geraden* im (h, s)-Diagramm ergibt sich das Endergebnis $p_2; h_2; s_2$ der Zustandsgrößen für den betreffenden Strömungsfall.

5.4.2.1.3 Geschwindigkeiten

Mit dem Druck aus der Gasgleichung

$$p = (1/v) \cdot R \cdot T = \varrho \cdot R \cdot T$$

und der Dichte ϱ_2 aus der Kontinuitätsbedingung, (5.160), erhält der Impulssatz, (5.162), die Form:

$$\varrho_1 \cdot R \cdot T_1 - \varrho_1 \cdot \frac{c_1}{c_2} \cdot R \cdot T_2 = \varrho_1 \cdot \frac{c_1}{c_2} \cdot c_2^2 - \varrho_1 \cdot c_1^2$$

$$R \cdot \left(T_1 - T_2 \cdot \frac{c_1}{c_2}\right) = c_1 \cdot c_2 - c_1^2 \quad (5.166)$$

Die Enthalpie-Definition $\mathrm{d}h = c_\mathrm{p} \cdot \mathrm{d}T$ bzw. bei Integration mit dem Bezugs-, d. h. Nullpunkt $h_0 = 0$ bei $T_0 = 0$ als Randbedingung ergibt $h = c_\mathrm{p} \cdot T$. Damit geht die Energiegleichung, (5.161), über in die Form:

$$\frac{c_1^2}{2} + c_\mathrm{p} \cdot T_1 = \frac{c_2^2}{2} + c_\mathrm{p} \cdot T_2$$

Hieraus folgt:

$$T_2 = T_1 + \frac{c_1^2 - c_2^2}{2 \cdot c_\mathrm{p}} \qquad (5.167)$$

(5.167) in (5.166) eingesetzt, ergibt:

$$R \cdot \left[T_1 - \frac{c_1}{c_2} \cdot \left(T_1 + \frac{c_1^2 - c_2^2}{2 \cdot c_\mathrm{p}}\right)\right] = c_1 \cdot c_2 - c_1^2$$

$$R \cdot \left[T_1 \cdot \left(1 - \frac{c_1}{c_2}\right) - \frac{c_1}{c_2} \cdot \frac{c_1^2 - c_2^2}{2 \cdot c_\mathrm{p}}\right] = c_1 \cdot c_2 - c_1^2$$

Mit T_1 aus der Beziehung der Schallgeschwindigkeit $T_1 = a_1^2/(\varkappa \cdot R)$ kann weiter umgeformt werden:

$$R \cdot \left[\frac{a_1^2}{\varkappa \cdot R} \cdot \left(1 - \frac{c_1}{c_2}\right) - \frac{c_1}{c_2} \cdot \frac{c_1^2 - c_2^2}{2 \cdot c_\mathrm{p}}\right]$$
$$= c_1 \cdot c_2 - c_1^2$$

Gleichung dividiert durch c_1^2:

$$\frac{1}{\varkappa} \cdot \frac{a_1^2}{c_1^2} \cdot \left(1 - \frac{c_1}{c_2}\right) - \frac{R}{c_\mathrm{p}} \cdot \frac{1}{c_1 \cdot c_2} \cdot \frac{c_1^2 - c_2^2}{2}$$
$$= \frac{c_2}{c_1} - 1$$

Mit $Ma_1 = c_1/a_1$ und $R = c_\mathrm{p} - c_\mathrm{v}$ wird:

$$\frac{1}{\varkappa} \cdot \frac{1}{Ma_1^2} \cdot \left(1 - \frac{c_1}{c_2}\right) - \frac{c_\mathrm{p} - c_\mathrm{v}}{c_\mathrm{p}} \cdot \frac{1}{c_1 \cdot c_2} \cdot \frac{c_1^2 - c_2^2}{2}$$
$$= -\frac{c_1 - c_2}{c_1}$$

Wenn $(c_\mathrm{p} - c_\mathrm{v}/c_\mathrm{p} = 1 - 1/\varkappa = (\varkappa - 1)/\varkappa$ verwendet, ergibt sich weiter:

$$\frac{1}{\varkappa} \cdot \frac{1}{Ma_1^2} \cdot \left(1 - \frac{c_1}{c_2}\right) - \frac{\varkappa - 1}{\varkappa} \cdot \frac{c_1 + c_2}{2 \cdot c_2} \cdot \frac{c_1 - c_2}{c_1}$$
$$+ \frac{c_1 - c_2}{c_1} = 0$$

$$\frac{1}{\varkappa}\cdot\frac{1}{Ma_1^2}\cdot\left(1-\frac{c_1}{c_2}\right) - \frac{c_1-c_2}{c_1}\cdot\left[\frac{\varkappa-1}{\varkappa}\cdot\frac{c_1+c_2}{2\cdot c_2}-1\right]=0$$

$$\frac{2}{Ma_1^2}\cdot\frac{c_1}{c_2}\cdot\left(\frac{c_2}{c_1}-1\right) + \left(\frac{c_2}{c_1}-1\right)\cdot\left(\frac{c_1}{c_2}+1\right)\cdot(\varkappa-1) - \left(\frac{c_2}{c_1}-1\right)\cdot 2\cdot\varkappa = 0$$

Mit

$$\left(\frac{c_2}{c_1}-1\right)\cdot\left(\frac{c_1}{c_2}+1\right) = 1+\frac{c_2}{c_1}-\frac{c_1}{c_2}-1 = \frac{c_1}{c_2}\cdot\left[\left(\frac{c_2}{c_1}\right)^2-1\right] = \frac{c_1}{c_2}\cdot\left(\frac{c_2}{c_1}-1\right)\cdot\left(\frac{c_2}{c_1}+1\right)$$

folgt:

$$\left(\frac{c_2}{c_1}-1\right)\cdot\left[\frac{2}{Ma_1^2}\cdot\frac{c_1}{c_2} + (\varkappa-1)\cdot\left(\frac{c_2}{c_1}+1\right)\cdot\frac{c_1}{c_2}-2\cdot\varkappa\right]=0$$

$$\left(\frac{c_2}{c_1}-1\right)\cdot\left\{\left[\frac{2}{Ma_1^2}+(\varkappa-1)\right]\cdot\frac{c_1}{c_2} - (\varkappa+1)\right\}=0$$

Des Weiteren diese Beziehung mit $(-c_1/c_2)$ multipliziert, liefert schließlich:

$$\boldsymbol{\left(\frac{c_1}{c_2}-1\right)\cdot\left\{\left[\frac{2}{Ma_1^2}+(\varkappa-1)\right]\cdot\frac{c_1}{c_2} - (\varkappa+1)\right\}=0} \tag{5.168}$$

Es gibt hierfür zwei grundsätzliche Lösungen:

1. $c_2 = c_1 \rightarrow ((c_1/c_2)-1) = 0$
   Im betrachteten Gebiet tritt also kein Verdichtungsstoß auf.
2. $c_2 \neq c_1 \rightarrow ((c_1/c_2)-1) \neq 0$
   Ein Verdichtungsstoß ist vorhanden. Es gilt dazu:

$$\left[\frac{2}{Ma_1^2}+(\varkappa-1)\right]\cdot\frac{c_1}{c_2}-(\varkappa+1)=0 \tag{5.169}$$

Die Gleichungen geben jedoch keine Auskunft darüber, ob sich ein Verdichtungsstoß tatsächlich ausbildet oder nicht. Dies hängt von den Randbedingungen des jeweiligen Strömungsproblems ab, Abschn. 5.4.1. Verdichtungsstöße treten jedoch praktisch immer auf, da sie, wie erwähnt, schon durch kleinste innere und/oder äußere Störungen/Unregelmäßigkeiten, die stets vorhanden sind, ausgelöst werden. Innere Unregelmäßigkeiten sind Turbulenzen und Wirbel. Äußere Störungen sind Stolperstellen (Rauigkeiten, Spitzen, Unstetigkeiten) und Schwingungen.

Gleichung (5.169) umgeformt ergibt für die Abströmgeschwindigkeit, d. h. die Geschwindigkeit nach dem Verdichtungsstoß, die Beziehung:

$$\boldsymbol{c_2 = \frac{c_1}{\varkappa+1}\cdot\left[\varkappa-1+\frac{2}{Ma_1^2}\right]} \tag{5.170}$$

Folgende andere Umformung der Grundgleichungen führt zu einer weiteren wichtigen Aussage über den Zusammenhang der Geschwindigkeiten vor und nach der Stoßfront:

Mit der Enthalpiebeziehung, (5.41),

$$h = \frac{\varkappa}{\varkappa-1}\cdot R\cdot T = \frac{\varkappa}{\varkappa-1}\cdot p\cdot v \tag{5.170a}$$

erhält die Energiegleichung, (5.161), die Form:

$$\frac{c_1^2}{2}+\frac{\varkappa}{\varkappa-1}\cdot p_1\cdot v_1 = \frac{c_2^2}{2}+\frac{\varkappa}{\varkappa-1}\cdot p_2\cdot v_2 \tag{5.171}$$

Wieder $v_2 = v_1\cdot c_2/c_1$, (5.159), eingesetzt:

$$\frac{c_1^2}{2}+\frac{\varkappa}{\varkappa-1}\cdot p_1\cdot v_1 = \frac{c_2^2}{2}+\frac{\varkappa}{\varkappa-1}\cdot p_2\cdot v_1\cdot\frac{c_2}{c_1}$$

p_2 mit Hilfe (5.163) eliminiert:

$$\frac{c_1^2}{2}+\frac{\varkappa}{\varkappa-1}\cdot p_1\cdot v_1 = \frac{c_2^2}{2}+\frac{\varkappa}{\varkappa-1}\cdot\left(p_1-\frac{c_1}{v_1}\cdot c_2-c_1\right)\cdot v_1\cdot\frac{c_2}{c_1}$$

Diese Gleichung kann weiter umgeformt werden:

$$\frac{c_1^2 - c_2^2}{2} + \frac{\varkappa}{\varkappa - 1} \cdot p_1 \cdot v_1 = \frac{\varkappa}{\varkappa - 1} \cdot p_1 \cdot v_1 \cdot \frac{c_2}{c_1} - \frac{\varkappa}{\varkappa - 1} \cdot c_2 \cdot (c_2 - c_1)$$

$$\frac{c_1^2 - c_2^2}{2} + \frac{\varkappa}{\varkappa - 1} \cdot p_1 \cdot v_1 \cdot \left(1 - \frac{c_2}{c_1}\right) = -\frac{\varkappa}{\varkappa - 1} \cdot c_2 \cdot (c_2 - c_1)$$

$$\frac{c_1^2 - c_2^2}{2} + \frac{\varkappa}{\varkappa - 1} \cdot p_1 \cdot v_1 \cdot \frac{c_1 - c_2}{c_1} = \varkappa/(\varkappa - 1) \cdot c_2 \cdot (c_1 - c_2)$$

$$\frac{c_1 + c_2}{2} + \frac{\varkappa}{\varkappa - 1} \cdot \frac{p_1 \cdot v_1}{c_1} = \frac{\varkappa}{\varkappa - 1} \cdot c_2 \quad | \cdot c_1$$

$$\frac{c_1^2}{2} + \frac{c_1 \cdot c_2}{2} + \frac{\varkappa}{\varkappa - 1} \cdot p_1 \cdot v_1 = \frac{\varkappa}{\varkappa - 1} \cdot c_1 \cdot c_2$$

$$\frac{c_1^2}{2} + \frac{\varkappa}{\varkappa - 1} \cdot p_1 \cdot v_1 = \frac{\varkappa + 1}{\varkappa - 1} \cdot \frac{c_1 \cdot c_2}{2} \tag{5.172}$$

Mit der Enthalpie h_R der Ruhe (bei $c_R = 0$) und $p_1 \cdot v_1 = R \cdot T_1$, nach (5.170a) und (5.161),

$$h_R = \frac{\varkappa}{\varkappa - 1} \cdot p_R \cdot v_R = \frac{c_1^2}{2} + h_1$$

$$h_R = \frac{c_1^2}{2} + \frac{\varkappa}{\varkappa - 1} \cdot p_1 \cdot v_1 \tag{5.173}$$

– auch als **Kesselenthalpie** bezeichnet – folgt aus (5.172):

$$h_R = [(\varkappa + 1)/(\varkappa - 1)] \cdot [(c_1 \cdot c_2)/2] \tag{5.174}$$

Diese Beziehung lässt sich des Weiteren mit der zum Ruhezustand ($p_R, v_R, c_R = 0$) gehörenden LAVAL-Geschwindigkeit c_L entsprechend (5.97)

$$c_L = \sqrt{2 \cdot p_R \cdot v_R \cdot \frac{\varkappa}{\varkappa + 1}} = a_R \cdot \sqrt{\frac{2}{\varkappa + 1}} \tag{5.175}$$

nach den Zwischenumformungen

$$\frac{c_L^2}{2} = p_R \cdot v_R \cdot \frac{\varkappa}{\varkappa + 1} = \frac{\varkappa - 1}{\varkappa + 1} \cdot \underbrace{\frac{\varkappa}{\varkappa - 1} \cdot p_R \cdot v_R}_{h_R}$$

$$\frac{c_L^2}{2} = [(\varkappa - 1)/(\varkappa + 1)] \cdot h_R \tag{5.176}$$

auch wie folgt, ausdrücken:

$$h_R = [(\varkappa + 1)/(\varkappa - 1)] \cdot c_L^2/2 \tag{5.176a}$$

Aus Gleichsetzen der beiden h_R-Beziehungen ((5.173) mit (5.176a)) folgt:

$$\boldsymbol{c_1 \cdot c_2 = c_L^2} \tag{5.177}$$

Das Produkt der Strömungsgeschwindigkeit vor und hinter einem stationären Verdichtungsstoß ist demnach gleich dem Quadrat der LAVAL-Geschwindigkeit, d. h. Schallgeschwindigkeit im engsten Querschnitt einer LAVAL-Düse, mit deren Hilfe vom Ruhezustand ausgehend die zugehörige Überschallgeschwindigkeit c_1 vor dem Verdichtungsstoß erzeugt werden könnte. Die Gleichung bestätigt auch, dass der senkrechte Verdichtungsstoß immer einen Übergang der Strömungsgeschwindigkeiten von Überschall in Unterschall bewirkt:

Da $c_1 > c_L$, muss $c_2 = (c_L^2/c_1) < c_L$ werden.

5.4.2.1.4 Drücke

Aus der Impulsgleichung, (5.163):

$$p_2 = p_1 - \frac{c_1}{v_1} \cdot (c_2 - c_1)$$

$$\frac{p_2}{p_1} = 1 - \frac{c_1}{p_1 \cdot v_1} \cdot (c_2 - c_1) = 1 - \varkappa \cdot \frac{c_1^2}{\varkappa \cdot p_1 \cdot v_1} \cdot \left(\frac{c_2}{c_1} - 1\right)$$

Mit der Schallgeschwindigkeit $a_1 = \sqrt{\varkappa \cdot p_1 \cdot v_1}$ und der MACH-Zahl $Ma_1 = c_1/a_1$ vom Zuströmzustand wird:

$$\frac{p_2}{p_1} = 1 - \varkappa \cdot Ma_1^2 \cdot \left(\frac{c_2}{c_1} - 1\right) \tag{5.178}$$

Gleichung (5.170) eingeführt, liefert:

$$\frac{p_2}{p_1} = 1 - \varkappa \cdot Ma_1^2 \cdot \left[\frac{1}{\varkappa + 1}\left(\varkappa - 1 + \frac{2}{Ma_1^2}\right) - 1\right]$$

$$\frac{p_2}{p_1} = 1 - \frac{\varkappa}{\varkappa + 1} \cdot Ma_1^2 \cdot \left(\frac{2}{Ma_1^2} - 2\right)$$

$$\frac{p_2}{p_1} = 1 + \frac{2 \cdot \varkappa}{\varkappa + 1} \cdot (Ma_1^2 - 1) > 1 \tag{5.179}$$

Oder:

$$\boldsymbol{p_2 = p_1 \cdot \left[1 + \frac{2 \cdot \varkappa}{\varkappa + 1} \cdot (Ma_1^2 - 1)\right]} \quad (5.180)$$

Ergebnis: $p_2 > p_2$ da $Ma_1 > 1$

5.4.2.1.5 Spezifische Volumen

Nach Kontinuität, (5.159), gilt:

$$v_2/v_1 = c_2/c_1$$

Mit (5.171) ergibt sich:

$$\frac{v_2}{v_1} = \frac{1}{\varkappa + 1} \cdot \left[\varkappa - 1 + \frac{2}{Ma_1^2}\right] \quad (5.181)$$

oder

$$\boldsymbol{v_2 = \frac{v_1}{\varkappa + 1} \cdot \left[\varkappa - 1 + \frac{2}{Ma_1^2}\right]} \quad (5.182)$$

Ergebnis: $v_2 < v_1$ (Verdichtung)

5.4.2.1.6 Temperaturen

Nach Gasgleichung gilt:

$$\frac{T_2}{T_1} = \frac{p_2 \cdot v_2}{p_1 \cdot v_1}$$

Mit der Kontinuitätsbedingung, (5.159), wird:

$$\frac{T_2}{T_1} = \frac{p_2}{p_1} \cdot \frac{c_2}{c_1}$$

(5.170) und (5.179) eingesetzt, ergibt:

$$\frac{T_2}{T_1} = \frac{1}{\varkappa + 1}\left[\varkappa - 1 + \frac{2}{Ma_1^2}\right] \cdot \left[1 + \frac{2 \cdot \varkappa}{\varkappa + 1} \cdot (Ma_1^2 - 1)\right] > 1 \quad (5.183)$$

Oder:

$$\boldsymbol{T_2 = \frac{T_1}{\varkappa + 1} \cdot \left[\varkappa - 1 + \frac{2}{Ma_1^2}\right] \cdot \left[1 + \frac{2 \cdot \varkappa}{\varkappa + 1} \cdot (Ma_1^2 - 1)\right]} \quad (5.184)$$

Ergebnis: $T_2 > T_1$ da $Ma_1 > 1$

5.4.2.1.7 Mach-Zahlen

$$Ma_2^2 = \left(\frac{c_2}{a_2}\right)^2 = \frac{c_2^2}{\varkappa \cdot p_2 \cdot v_2}$$

Mit $v_2 = v_1 \cdot c_2/c_1$ nach (5.159) wird:

$$Ma_2^2 = \frac{c_2 \cdot c_1}{\varkappa \cdot p_2 \cdot v_1}$$

Erweitert ergibt:

$$Ma_2^2 = \frac{c_1^2}{\varkappa \cdot p_1 \cdot v_1} \cdot \frac{p_1}{p_2} \cdot \frac{c_2}{c_1} = Ma_1^2 \cdot \frac{p_1}{p_2} \cdot \frac{c_2}{c_1}$$

Wieder mit den (5.170) und (5.179):

$$Ma_2^2 = Ma_1^2 \cdot \frac{\frac{1}{\varkappa+1} \cdot (\varkappa - 1 + 2/Ma_1^2)}{1 + \frac{2 \cdot \varkappa}{\varkappa+1} \cdot (Ma_1^2 - 1)} = \frac{(\varkappa - 1)\, Ma_1^2 + 2}{2 \cdot \varkappa \cdot Ma_1^2 - (\varkappa - 1)}$$

Ergibt letztlich:

$$\boldsymbol{Ma_2^2 = \frac{(\varkappa - 1) \cdot Ma_1^2 + 2}{2 \cdot \varkappa \cdot Ma_1^2 - (\varkappa - 1)} < Ma_1^2} \quad (5.185)$$

Ergebnis: $Ma_2 < Ma_1$ da Nenner > Zähler

5.4.2.1.8 Entropie-Zunahme

$$\Delta s = s_2 - s_1$$

Ausgehend von der Entropie-Definition

$$\mathrm{d}s = \mathrm{d}q/T$$

und dem 1. Hauptsatz der Thermodynamik

$$\mathrm{d}q = \mathrm{d}u + p \cdot \mathrm{d}v = \mathrm{d}h - v \cdot \mathrm{d}p = c_\mathrm{p} \cdot \mathrm{d}T - v \cdot \mathrm{d}p$$

$$\mathrm{d}q = c_\mathrm{p} \cdot \mathrm{d}T - \frac{R \cdot T}{p} \cdot \mathrm{d}p$$

ergibt sich:

$$\mathrm{d}s = c_\mathrm{p} \cdot \frac{\mathrm{d}T}{T} - R \cdot \frac{\mathrm{d}p}{p}$$

Integriert zwischen den Zuständen 1 und 2, d. h. vor und nach dem Verdichtungsstoß:

$$\int_{s_1}^{s_2} \mathrm{d}s = c_\mathrm{p} \cdot \int_{T_1}^{T_2} \frac{\mathrm{d}T}{T} - R \cdot \int_{p_1}^{p_2} \frac{\mathrm{d}p}{p}$$

$$\Delta s = s_2 - s_1 = c_\mathrm{p} \cdot \ln \frac{T_2}{T_1} - R \cdot \ln \frac{p_2}{p_1}$$

Mit

$$\frac{R}{c_\mathrm{p}} = \frac{c_\mathrm{p} - c_\mathrm{v}}{c_\mathrm{p}} = \frac{c_\mathrm{p}/c_\mathrm{v} - 1}{c_\mathrm{p}/c_\mathrm{v}} = \frac{\varkappa - 1}{\varkappa}$$

wird:

$$\Delta s = c_\mathrm{p} \cdot \left(\ln \frac{T_2}{T_1} - \frac{\varkappa - 1}{\varkappa} \cdot \ln \frac{p_2}{p_1} \right)$$

$$\Delta s = c_\mathrm{p} \cdot \ln \left[\frac{T_2}{T_1} \cdot \left(\frac{p_1}{p_2} \right)^{\frac{\varkappa-1}{\varkappa}} \right] \tag{5.186}$$

Mit $\frac{T_2}{T_1} = \frac{p_2 \cdot v_2}{p_1 \cdot v_1}$ und $c_\mathrm{v} = \frac{c_\mathrm{p}}{\varkappa}$ ergibt sich

$$\frac{T_2}{T_1} \cdot \left(\frac{p_1}{p_2} \right)^{\frac{\varkappa-1}{\varkappa}} = \frac{v_2}{v_1} \cdot \frac{p_2}{p_1} \cdot \left(\frac{p_1}{p_2} \right)^{\frac{\varkappa-1}{\varkappa}}$$

$$= \left[\left(\frac{v_2}{v_1} \right)^{\varkappa} \cdot \frac{p_2}{p_1} \right]^{\frac{1}{\varkappa}}$$

und damit:

$$\boldsymbol{\Delta s = c_\mathrm{v} \cdot \ln \left[\left(\frac{v_2}{v_1} \right)^{\varkappa} \cdot \frac{p_2}{p_1} \right]} \tag{5.187}$$

Ergebnis: $\Delta s > 0$ (irreversibel)

5.4.2.1.9 Zusammenhang Druck–Dichte

Aus der Impulsgleichung, (5.162), ergeben sich mit der Kontinuität, (5.160), folgende Zusammenhänge:

$$p_1 - p_2 = c_1^2 \cdot \frac{\varrho_1^2}{\varrho_2} - c_1^2 \cdot \varrho_1 = c_1^2 \cdot \frac{\varrho_1}{\varrho_2} \cdot (\varrho_1 - \varrho_2)$$

Hieraus:

$$c_1^2 = \frac{\varrho_2}{\varrho_1} \cdot \frac{p_2 - p_1}{\varrho_2 - \varrho_1}$$

Entsprechend c_1 nach der Kontinuität ersetzt:

$$c_2^2 = \frac{\varrho_1}{\varrho_2} \cdot \frac{p_2 - p_1}{\varrho_2 - \varrho_1}$$

Diese Beziehungen in die Energiegleichung, (5.171), eingesetzt, führen zum *Zusammenhang der Dichte-Druck-Verhältnisse*:

$$\frac{1}{2} \cdot \frac{\varrho_2}{\varrho_1} \cdot \frac{p_2 - p_1}{\varrho_2 - \varrho_1} + \frac{\varkappa}{\varkappa - 1} \cdot \frac{p_1}{\varrho_1}$$
$$= \frac{1}{2} \cdot \frac{\varrho_1}{\varrho_2} \cdot \frac{p_2 - p_1}{\varrho_2 - \varrho_1} + \frac{\varkappa}{\varkappa - 1} \cdot \frac{p_2}{\varrho_2}$$

Umgeformt:

$$\frac{1}{2} \cdot \frac{p_2 - p_1}{\varrho_2 - \varrho_1} \cdot \left(\frac{\varrho_2}{\varrho_1} - \frac{\varrho_1}{\varrho_2} \right)$$
$$= \frac{\varkappa}{\varkappa - 1} \cdot \left(\frac{p_2}{\varrho_2} - \frac{p_1}{\varrho_1} \right)$$
$$\frac{1}{2} \cdot \frac{(p_2/p_1) - 1}{\varrho_2 - \varrho_1} \cdot \frac{\varrho_2^2 - \varrho_1^2}{\varrho_1 \cdot \varrho_2}$$
$$= \frac{\varkappa}{\varkappa - 1} \cdot \frac{(p_2/p_1) \cdot \varrho_1 - \varrho_2}{\varrho_1 \cdot \varrho_2}$$
$$\frac{p_2}{p_1} \cdot \left[\frac{1}{2}(\varrho_2 + \varrho_1) - \frac{\varkappa}{\varkappa - 1} \cdot \varrho_1 \right]$$
$$= \frac{1}{2}(\varrho_2 + \varrho_1) - \frac{\varkappa}{\varkappa - 1} \cdot \varrho_2$$
$$\frac{p_2}{p_1} = \frac{(\varrho_2 + \varrho_1) \cdot (\varkappa - 1) - 2 \cdot \varkappa \cdot \varrho_2}{(\varrho_2 + \varrho_1) \cdot (\varkappa - 1) - 2 \cdot \varkappa \cdot \varrho_1}$$
$$\frac{p_2}{p_1} = \frac{-\varrho_2 - \varkappa \cdot \varrho_2 + \varkappa \cdot \varrho_1 - \varrho_1}{-\varrho_2 + \varkappa \cdot \varrho_2 - \varkappa \cdot \varrho_1 - \varrho_1}$$
$$\frac{p_2}{p_1} = \frac{-\varrho_2 \cdot (\varkappa + 1) + \varrho_1 \cdot (\varkappa - 1)}{\varrho_2 \cdot (\varkappa - 1) - \varrho_1 \cdot (\varkappa + 1)}$$
$$\boldsymbol{\frac{p_2}{p_1} = \frac{-(\varkappa - 1) + (\varkappa + 1) \cdot \varrho_2/\varrho_1}{(\varkappa + 1) - (\varkappa - 1) \cdot \varrho_2/\varrho_1}} \tag{5.188}$$

Oder explizit nach dem *Dichteverhältnis* aufgelöst:

$$\boldsymbol{\frac{\varrho_2}{\varrho_1} = \frac{(\varkappa - 1) + (\varkappa + 1) \cdot p_2/p_1}{(\varkappa + 1) - (\varkappa - 1) \cdot p_2/p_1}} \tag{5.189}$$

Die Gleichungen zwischen den Zustandsgrößen (p, ϱ) vor und hinter der Stoßfront werden als **RANKINE-HUGONIOT-Beziehungen** bezeichnet. Ihr Graph im $(\varrho_2/\varrho_1;\ p_2/p_1)$-Diagramm, Abb. 5.33, wird als **RANKINE-HUGONIOT-Kurve** oder kurz als **HUGONIOT-Kurve**, jedoch

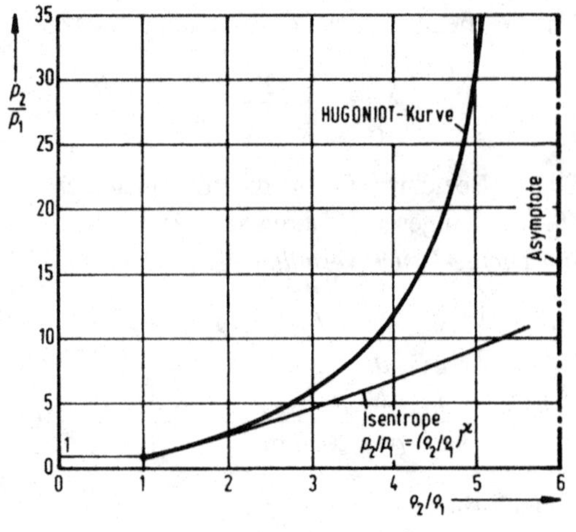

Abb. 5.33 HUGONIOT-Kurve und Isentrope für Luft ($\varkappa = 1{,}4$)

auch als **dynamische Adiabate** bezeichnet, da wärmedicht, jedoch verlustbehaftet.

Wie aus Abb. 5.33 zu entnehmen ist, nähert sich das *Dichteverhältnis* ϱ_2/ϱ_1 mit wachsendem *Druckverhältnis* p_2/p_1 asymptotisch einem Grenzwert. Dieser ergibt sich durch Limes-Bildung (Grenzübergang):

$$\left(\frac{\varrho_2}{\varrho_1}\right)_{\max} = \lim_{\frac{p_2}{p_1}\to\infty} \frac{\varrho_2}{\varrho_1} = \lim_{\frac{p_2}{p_1}\to\infty} \left[\frac{\frac{\varkappa-1}{p_2/p_1} + (\varkappa+1)}{\frac{\varkappa+1}{p_2/p_1} + (\varkappa-1)}\right] = (\varkappa+1)/(\varkappa-1)$$

Also:

$$\left(\frac{\varrho_2}{\varrho_1}\right)_{\max} = \frac{\varkappa+1}{\varkappa-1} \qquad (5.190)$$

Beim senkrechten Verdichtungsstoß kann das Fluid demnach nur bis zu einem begrenzten Dichteverhältnis komprimiert werden. Für Luft beispielsweise beträgt das maximale Verdichtungsverhältnis $(\varrho_2/\varrho_1)_{\max} = 6{,}0$. Das bedeutet: Durch einen Verdichtungsstoß kann, gleichgültig wie groß der Drucksprung auch sein möge, die Dichte des Mediums höchstens bis auf das 6-fache erhöht werden. Der „Rest" geht durch Dissipation verloren; es ergibt sich eine entsprechende Temperaturerhöhung. Abb. 5.33 zeigt außerdem, dass bei schwacher Verdichtung die Ergebnisse der stetig (isentrop) und unstetig (anisentrop, d. h. mit Verdichtungsstoß) verlaufenden Kompressionsströmung weitgehend übereinstimmen. Die Exergie- und damit Druckverluste bei kleinen Verdichtungsstößen sind somit gering. Deshalb können Gasströmungen mit Verdichtungsstößen näherungsweise noch als isentrop angesehen werden, solange die Stöße nicht zu stark sind, und zwar bis etwa $p_2/p_1 \lesssim 3$ (Abb. 5.33). Diese Tatsache wird beim Stoßdiffusor (Abschn. 5.3.4.4) zur Druckumsetzung vorteilhaft genutzt. Dabei ist außerdem zu bedenken, dass auch normale Diffusoren infolge Wandreibung nicht verlustfrei arbeiten. Ihre Verluste können im Bereich geringen Überschalls ($1 < Ma \lesssim 2$) größer sein, als die des Stoßdiffusors. Bei höheren MACH-Zahlen jedoch wird die Verdichtung durch senkrechten Stoß wegen starker Verluste immer ungünstiger. In diesen Fällen sollte wegen geringerer Verluste versucht werden, mehrere schräge Verdichtungsstöße zu bewirken (Abschn. 5.3.4.4 und 5.4.2.2). Die Verluste wachsen etwa mit der 3. Potenz des Drucksprunges p_2/p_1.

5.4.2.1.10 Exergieverlust

Der *Exergieverlust* Δh_V, d. h. der spezifische Verlust an mechanischer Energie (spezifische Verlustenergie) beim Verdichtungsstoß folgt aus dem (h, s)-Diagramm, Abb. 5.34, für die Zustandsänderung gemäß Linie 1–2:

$$\Delta h_V = h_2 - h_{3,s} = c_p \cdot (T_2 - T_{3,s}) = \frac{\varkappa}{\varkappa - 1} \cdot R \cdot (T_2 - T_{3,s})$$

Die *Temperatur* $T_{3,s}$ folgt aus der Isentropengleichung, wobei $p_{3,s} = p_2$:

$$T_{3,s} = T_1 \cdot (p_{3,s}/p_1)^{\frac{\varkappa-1}{\varkappa}} = T_1 \cdot (p_2/p_1)^{\frac{\varkappa-1}{\varkappa}}$$

Damit ergibt sich der Exergieverlust Δh_V zu:

$$\Delta h_V = c_p \cdot \left[T_2 - T_1 \cdot \left(\frac{p_2}{p_1}\right)^{\frac{\varkappa-1}{\varkappa}}\right]$$

$$\boldsymbol{\Delta h_V = \frac{\varkappa}{\varkappa - 1} \cdot R\left[T_2 - T_1 \cdot \left(\frac{p_2}{p_1}\right)^{\frac{\varkappa-1}{\varkappa}}\right]} \qquad (5.191)$$

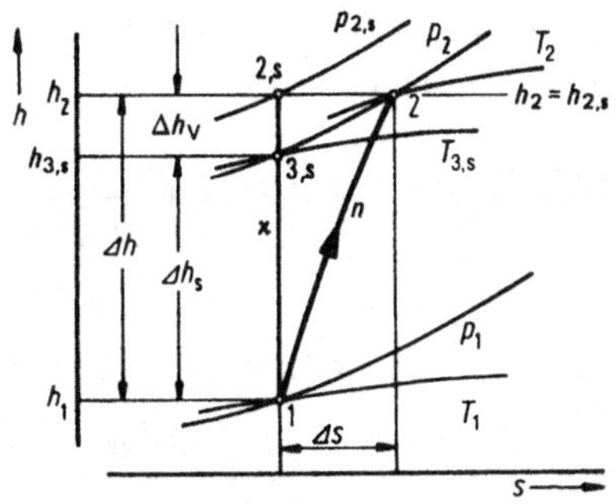

Abb. 5.34 Verdichtungsstoß im MOLLIER-Diagramm. Ergibt Zustandsänderung von $(p_1;\, T_1)$ auf $(p_2;\, T_2)$. Irreversibel, da $\Delta s > 0$

Diese Gleichung wird mit der Temperatur T_2 aus der Beziehung (5.184) und dem Druck p_2 nach (5.180) ausgewertet.

5.4.2.1.11 Vergleichs-Wirkungsgrad

Der *Vergleichs-Wirkungsgrad* η_V der Energieumsetzung kann aus dem Verhältnis der bei isentroper Verdichtung umgesetzten Enthalpie Δh_s zur tatsächlichen Δh, Abb. 5.34, gebildet werden:

$$\eta_V = \frac{\Delta h_s}{\Delta h} = \frac{\Delta h - \Delta h_V}{\Delta h} = 1 - \frac{\Delta h_V}{\Delta h}$$

$$\eta_V = 1 - \frac{\Delta h_V}{h_2 - h_1} = 1 - \frac{\Delta h_V}{c_p(T_2 - T_1)} \quad (5.192)$$

Der Vergleichs-Wirkungsgrad η_V, der die Stoßverluste kennzeichnet, ist mit Δh_V gemäß (5.191) und T_2 aus Beziehung (5.184) berechenbar.

5.4.2.2 Schräger Verdichtungsstoß

Außer den senkrechten bilden sich unter entsprechenden Voraussetzungen sog. *schräge oder schiefe Verdichtungsstöße*.

Beim schrägen Verdichtungsstoß verläuft die Front des Drucksprunges nicht normal, sondern unter einem bestimmten Winkel (< 90°) zur Geschwindigkeit. Je nach den vorliegenden Verhältnissen wird dabei hinter der Stoßfront Unterschallströmung erreicht, oder es verbleibt Überschallströmung, allerdings von geringerer MACH-Zahl als vor dem Stoß.

Insgesamt verändert beim schrägen Verdichtungsstoß die Strömungsgeschwindigkeit theoretisch sprunghaft sowohl ihren Betrag als auch ihre Richtung. Tatsächlich geschieht die Änderung wieder auf kleiner Wegstrecke (einige freie Teilchenweglängen) stetig. Beim senkrechten Stoß dagegen erfolgt nur eine Betrags-, jedoch keine Richtungsänderung der Geschwindigkeit und es wird immer Unterschall erreicht. Diese Unterschiede sind wesentlich. Schräge Verdichtungsstöße entstehen z. B., wenn eine überschallschnelle Relativströmung abgelenkt wird:

- bei der Umströmung mit Überschall fliegender Körper, z. B. Geschosse, Überschallflugzeuge. Ausgangspunkt der Stoßfront ist die Auftreffstelle des Gases auf den Körper,
- wenn Überschall-Parallelströmungen kompressibler Fluide abgelenkt werden, z. B. durch konkav eingeknickte Wände, Abb. 5.35. Dabei geht die Stoßfront von der stumpfen Ecke oder einer Körperhinterkante aus, von der sie infolge Druckstörung verursacht wird.

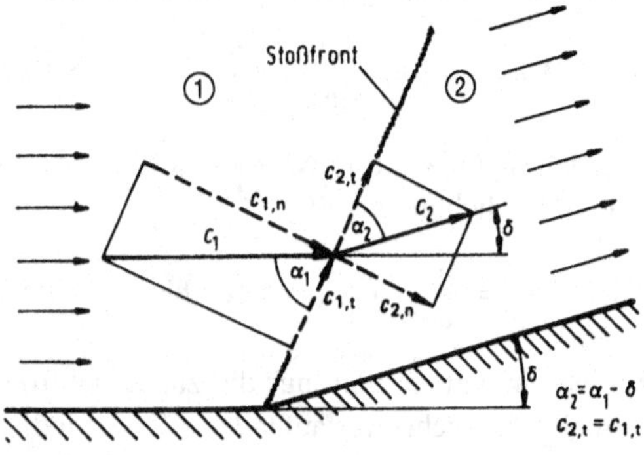

Abb. 5.35 Schräger Verdichtungsstoß in überschallschneller Translationsströmung. $Ma_1 > 1$ auf $Ma_2 \gtrless 1$, aber immer $Ma_2 < Ma_1$. Stromlinienablenkung um Winkel δ gemäß konkavem Wandknick

Auch ist beim schrägen Verdichtungsstoß der Drucksprung kleiner als beim senkrechten Druckstoß. Trotzdem ist die Druckstörung in der Regel wesentlich größer als bei der normalen Schallausbreitung. Deshalb ist die Schräglage der Druckfront zur Anströmrichtung, Winkel α_1 in Abb. 5.35, nicht identisch mit dem MACHschen Winkel gemäß Abb. 5.2, Abschn. 5.2.2.

Vorstellbar ist, dass der schräge Verdichtungsstoß dadurch erzeugt wird, indem einer Strömung mit schwachem senkrechtem Verdichtungsstoß ein zweites Strömungsfeld konstanter Geschwindigkeit parallel zur Stoßfront (c_t = konst $\rightarrow c_{1,t} = c_{2,t}$) überlagert wird (Abb. 5.35). Das entspricht der Betrachtung im relativen Bezugssystem (Abb. 5.36), in dem der schräge Verdichtungsstoß einen stationären Charakter erhält. Diese Strömungsaufteilung in Geschwindigkeiten normal und tangential zur Stoßfront ergibt eine Erweiterung der eindimensionalen Verdichtungsströmung auf stationäre zweidimensionale. Dadurch wird zwar die kinematische Betrachtung der Strömung verändert, die Beziehungen für Vektor Geschwindigkeit, Skalare, Druck, Dichte sowie Temperatur vor und hinter dem Stoß bleiben jedoch unbeeinflusst.

Im Stoß wird nur die zur Front senkrechte Komponente der Strömungsgeschwindigkeit plötzlich verringert, während die tangentiale unbeeinflusst bleibt. Deshalb werden die Stromlinien um den Winkel δ zur Stoßfront hin abgelenkt, Abb. 5.35.

Anström-MACH-Zahl beim schiefen Stoß:

$$Ma_1 = \frac{c_1}{a_1} = \frac{1}{\sin\alpha_1} \cdot \frac{c_{1,n}}{a_1} \tag{5.193}$$

Dagegen ist die Anström-MACH-Zahl beim senkrechten Verdichtungsstoß:

$$Ma_1 = \frac{c_1}{a_1} = \frac{c_{1,n}}{a_1} \quad (c_{1,n} = c_1, \text{ da hier } \alpha_1 = 90°)$$

Wie geschildert, werden nur die zur Druckfront normal (senkrecht) verlaufenden Geschwindigkeits-Komponenten durch den Stoß beeinflusst. Daher lassen sich die Gleichungen des senkrechten Verdichtungsstoßes (Abschn. 5.4.2.1) umschreiben, indem ersetzt werden:

Ma_1 durch $Ma_1 \cdot \sin\alpha_1$
Ma_2 durch $Ma_2 \cdot \sin\alpha_2 = Ma_2 \cdot \sin(\alpha_1 - \delta)$
c_1 durch $c_{1,n} = c_1 \cdot \sin\alpha_1$
c_2 durch $c_{2,n} = c_2 \cdot \sin\alpha_2 = c_2 \cdot \sin(\alpha_1 - \delta)$

Damit verallgemeinern sich:

a) Geschwindigkeitsbeziehung nach (5.170):

$$\frac{c_{2,n}}{c_{1,n}} = \frac{1}{\varkappa + 1} \cdot \left(\varkappa - 1 + \frac{2}{Ma_1^2 \cdot \sin^2\alpha_1}\right) \tag{5.194}$$

Oder mit $c_{1,n} = c_{1,t} \cdot \tan\alpha_1$ und $c_{2,n} = c_{2,t} \cdot \tan\alpha_2 = c_{2,t} \cdot \tan(\alpha_1 - \delta)$:

$$\frac{\tan(\alpha_1 - \delta)}{\tan\alpha_1} = \frac{1}{\varkappa + 1} \cdot \left(\varkappa - 1 + \frac{2}{Ma_1^2 \cdot \sin^2\alpha_1}\right) \tag{5.195}$$

Woraus nach einigen Umformungen folgt:

$$\tan\delta = \frac{2}{\tan\alpha_1} \cdot \frac{Ma_1^2 \cdot \sin^2\alpha_1 - 1}{(\varkappa + \cos 2\alpha_1) \cdot Ma_1^2 + 2} \tag{5.196}$$

Aus dieser Gleichung kann, wenn auch aufwändig, weil Iteration notwendig, der Winkel α_1 zwischen Zuströmrichtung und Stoßfront berechnet werden.

b) Beziehung der MACH-Zahlen nach (5.185):

$$Ma_2^2 \cdot \sin^2\alpha_2 = \frac{(\varkappa - 1) \cdot Ma_1^2 \cdot \sin^2\alpha_1 + 2}{2 \cdot \varkappa \cdot Ma_1^2 \cdot \sin^2\alpha_1 - (\varkappa - 1)} \tag{5.197}$$

Die Zusammenhänge beim schrägen Verdichtungsstoß lassen sich ebenfalls mit Impuls- und Energiesatz herleiten. Das soll – als Beispiel betrachtet – durchgeführt werden.

Der Übersichtlichkeit wegen sind einfachheitshalber in Abb. 5.36 die Normal- und Tangentialkomponenten der Geschwindigkeit (c_n; c_t) an Stellen ① und ② nicht eingetragen. Es gelten:

$$\left.\begin{aligned} c_n &= c \cdot \sin\alpha \\ c_t &= c \cdot \cos\alpha \end{aligned}\right\} \quad \text{jeweils an Stellen ① und ②}$$

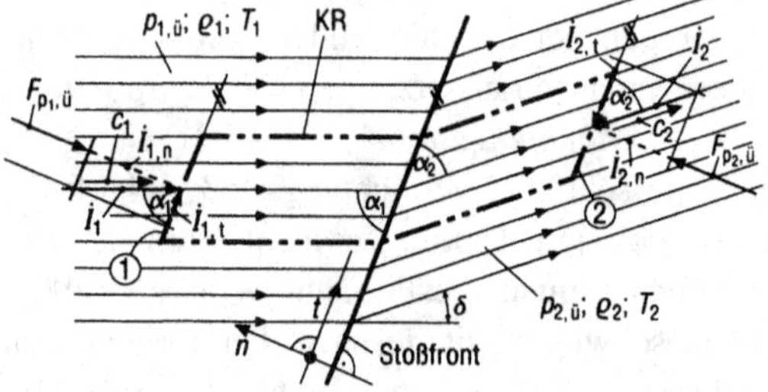

Abb. 5.36 Strömung unter schrägem Verdichtungsstoß mit eingetragenem Kontrollraum KR und Bezugssystem (n, t) sowie Impulssatzgrößen an zur Stoßfront parallelen Bezugsstellen ①; ①.
Symbol ∦ bedeutet parallel. Koordinaten-Richtungen n normal, t tangential von relativem, d. h. verdichtungsstoßfestem Bezugssystem (n, t)

Mit den Größen von Abb. 5.36 ergeben:

$$\text{K ①–②} \quad \dot{m}_1 = \dot{m}_2$$
$$\varrho_1 \cdot A_1 \cdot c_{1,\mathrm{n}} = \varrho_2 \cdot A_2 \cdot c_{2,\mathrm{n}}$$

Hieraus mit $A_1 = A_2$ gemäß KR:

$$\varrho_1 \cdot c_{1,\mathrm{n}} = \varrho_2 \cdot c_{2,\mathrm{n}}$$

$$\text{IS ①–②:} \quad \sum \vec{F} = 0 \rightarrow \sum F_\mathrm{n} = 0$$
$$\rightarrow \sum F_\mathrm{t} = 0$$

Ausgewertet:

$$\sum F_\mathrm{n} = 0\text{:} \; -(\dot{I}_{1,\mathrm{n}} + F_{p_{1,\ddot{\mathrm{u}}}}) + (\dot{I}_{2,\mathrm{n}} + F_{p_{2,\ddot{\mathrm{u}}}}) = 0$$
$$-\dot{m}_1 \cdot c_{1,\mathrm{n}} - p_{1,\ddot{\mathrm{u}}} \cdot A_1 + \dot{m}_2 \cdot c_{2,\mathrm{n}} + p_{2,\ddot{\mathrm{u}}} \cdot A_2 = 0$$
$$-\varrho_1 \cdot A_1 \cdot c_{1,\mathrm{n}}^2 - p_{1,\ddot{\mathrm{u}}} \cdot A_1$$
$$+ \varrho_2 \cdot A_2 \cdot c_{2,\mathrm{n}}^2 + p_{2,\ddot{\mathrm{u}}} \cdot A_2 = 0$$
$$\varrho_1 \cdot c_{1,\mathrm{n}}^2 + p_{1,\ddot{\mathrm{u}}} = \varrho_2 \cdot c_{2,\mathrm{n}}^2 + p_{2,\ddot{\mathrm{u}}} \quad \text{da } A_1 = A_2$$

Mit $p_{\ddot{\mathrm{u}}} = p - p_\mathrm{b}$ und $\varrho = 1/v$ folgt:

$$\varrho_1 \cdot c_{1,\mathrm{n}}^2 + p_1 = \varrho_2 \cdot c_{2,\mathrm{n}}^2 + p_2$$

Hieraus:

$$p_1 - p_2 = c_{2,\mathrm{n}}^2/v_2 - c_{1,\mathrm{n}}^2/v_1 \qquad (5.194\mathrm{a})$$

Der Vergleich mit (5.162) bestätigt die Zulässigkeit des Verwendens der Beziehungen des senkrechten Verdichtungsstoßes bei Ersetzen der Resultierenden der Strömungsgeschwindigkeit c durch deren zugehörige Normalkomponente c_n; je an Stellen 1 und 2, d. h. also Anfügen von Zweitindex $n \rightarrow c_{1,\mathrm{n}}$ statt c_1 sowie $c_{2,\mathrm{n}}$ statt c_2.

$$\sum F_\mathrm{t} = 0\text{:} \quad \dot{I}_{1,\mathrm{t}} - \dot{I}_{2,\mathrm{t}} = 0$$
$$\dot{m}_1 \cdot c_{1,\mathrm{t}} - \dot{m}_2 \cdot c_{2,\mathrm{t}} = 0$$

Hieraus, da $\dot{m}_1 = \dot{m}_2$:

$$c_{1,\mathrm{t}} = c_{2,\mathrm{t}}$$

Des Weiteren mit Energiesatz (5.46) und Beziehung (5.41), wobei hier aus Energiegründen die Gesamtgeschwindigkeiten (Resultierenden c_1 und c_2) zu verwenden sind:

$$\text{EE ①–②:} \quad h_1 + (c_1^2)/2 = h_2 + (c_2^2/2)$$
$$\frac{\varkappa}{\varkappa - 1} \cdot p_1 \cdot v_1 + \frac{c_1^2}{2} = \frac{\varkappa}{\varkappa - 1} \cdot p_2 \cdot v_2 + \frac{c_2^2}{2}$$

Da $c^2 = c_\mathrm{n}^2 + c_\mathrm{t}^2$ sowohl an Bezugsraum-Stelle ① als auch ② und wegen $c_{1,\mathrm{t}} = c_{2,\mathrm{t}}$ ergibt sich:

$$\frac{\varkappa}{\varkappa - 1} \cdot p_1 \cdot v_1 + \frac{c_{1,\mathrm{n}}^2}{2} = \frac{\varkappa}{\varkappa - 1} \cdot p_2 \cdot v_2 + \frac{c_{2,\mathrm{n}}^2}{2}$$

Hieraus ist $c_{2,\mathrm{n}}$ berechenbar, falls $p_1 \cdot v_2 = R \cdot T_2$, d. h. T_2 bekannt bzw. umgekehrt T_2 wenn $c_{2,\mathrm{n}}$ festgelegt. Dazu dann auch notwendig $c_{1,\mathrm{n}} = c_1 \cdot \sin\alpha_1$, also Anfangsgeschwindigkeit c_1 und außerdem Stoßfront-Winkel α_1 nach (5.196) über Iteration.

Stoßpolaren-Methode

Ein halb graphischer, halb rechnerischer Lösungsweg zum Bestimmen der nach dem Stoß auftretenden Abströmgeschwindigkeit c_2 bei bekannten Zuströmverhältnissen $(c_1, \alpha_1, p_1, v_1)$ ist mit Hilfe des Geschwindigkeitsvektor-Diagrammes entsprechend Abb. 5.37 möglich

$$\overline{\mathrm{P_1P_5}} \mathrel{\widehat{=}} \sqrt{2 \cdot h_1} = \sqrt{2 \cdot c_\mathrm{p} \cdot T_1}$$
$$= \sqrt{2 \cdot \frac{\varkappa}{\varkappa - 1} \cdot p_1 \cdot v_1}$$
$$\overline{\mathrm{P_3P_5}} \mathrel{\widehat{=}} \sqrt{c_{1,\mathrm{n}}^2 + \overline{\mathrm{P_1P_5}}} = \sqrt{2\big((c_{1,\mathrm{n}}^2/2) + h_1\big)}$$
$$= \sqrt{2 \cdot h_{\mathrm{R,n}}} = c_{1,\infty}$$

Laval-Geschwindigkeit c_L nach (5.175) mit Beziehung (5.173):

$$c_\mathrm{L} = \sqrt{2 \cdot p_\mathrm{R} \cdot v_\mathrm{R} \cdot \frac{\varkappa}{\varkappa + 1}}$$
$$= \sqrt{2 \cdot h_\mathrm{R} \cdot \frac{\varkappa - 1}{\varkappa + 1}} = c_{1,\infty} \cdot \sqrt{\frac{\varkappa - 1}{\varkappa + 1}} \qquad (5.198)$$

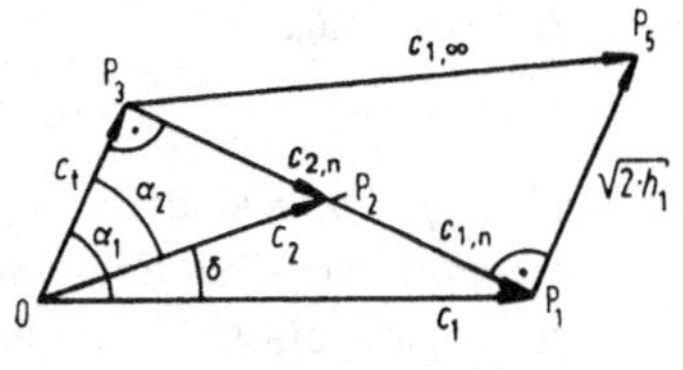

Abb. 5.37 Vektordiagramm der Geschwindigkeiten beim schrägen Verdichtungsstoß, sog. Geschwindigkeitsplan

Entsprechend (5.177) gilt:

$$c_{1,\mathrm{n}} \cdot c_{2,\mathrm{n}} = c_{\mathrm{L}}^2 \tag{5.198a}$$

LAVAL-Geschwindigkeit c_{L} gemäß (5.198a) in Beziehung (5.198) gesetzt, führt zu:

$$c_{1,\mathrm{n}} \cdot c_{2,\mathrm{n}} = c_{1,\infty}^2 \cdot \frac{\varkappa - 1}{\varkappa + 1} \tag{5.199}$$

Hieraus ergibt sich $c_{2,\mathrm{n}}$ und damit aus dem Vektordiagramm c_2 sowie α_2.

Zur übersichtlichen Darstellung dieser Verhältnisse kann vorteilhafterweise das von A. BUSEMANN entwickelte **Stoßpolarendiagramm** verwendet werden.

Dieses *Stoßpolaren-Verfahren* liefert für jeden *bekannten* Geschwindigkeitsvektor $\vec{c}_1$ vor dem Stoß den *zugehörigen* Geschwindigkeitsvektor $\vec{c}_2$ der Strömung nach dem schrägen Verdichtungsstoß. Dies ist durch die sog. **Stoßpolare** als geometrischer Ort der Geschwindigkeits-Endpunkte vor und nach dem Stoß möglich. Die *Stoßpolare* ist vom Medium (Stoffgröße $\varkappa$) abhängig und hat die Form der mathematischen Funktion einer Strophoide. Von der Strophoide ist dabei nur die Schlinge maßgebend, Abb. 5.38.

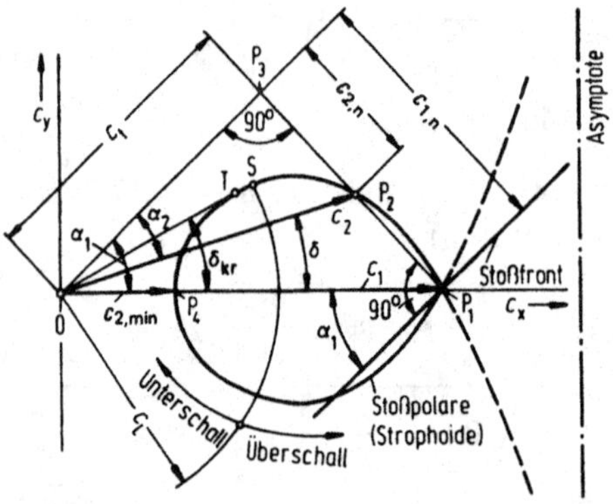

Abb. 5.38 Stoßpolarendiagramm nach BUSEMANN. Darstellung der Zusammenhänge beim Verdichtungsstoß

Die Schar der *Stoßpolaren* sind im sog. *Stoßpolaren-* oder *Charakteristikendiagramm* nach BUSEMANN zusammengefasst. Stoßpolarendiagramme, die jeweils nur für eine bestimmte Stoffgröße $\varkappa$ gelten, enthalten z. B. [14] und [62].

Vom Bezugspunkt 0 des betreffenden Stoßpolarendiagramms wird auf der waagrechten Achse die *vor* dem Stoß herrschende Geschwindigkeit c_1 abgetragen. Die durch den Endpunkt P_1 der Geschwindigkeit c_1 gehende Stoßpolare (Strophoide) ist dann maßgebend. Der Schnittpunkt P_2 der unter dem Ablenkungswinkel δ zur Abszisse von 0 (Koordinatenursprung) aus verlaufenden Linien mit dieser Stoßpolaren ergibt den Endpunkt der Geschwindigkeit c_2 *nach* dem Stoß. Maßgeblich ist dabei immer der Schnittpunkt mit der Polaren, der das *größere* c_2 ergibt (Abb. 5.38).

Die Senkrechte auf der Verbindungslinie $\overline{P_1P_2}$ im Punkt P_1 stellt die Richtung der Stoßfront dar. Die Tangente von Punkt 0 an die zuständige Stoßpolare (Punkt T) gibt den größtmöglichen Ablenkungswinkel δ_{kr}. Wird die Ablenkung (Winkel δ) noch größer, rückt der Verdichtungsstoß vor dem Körper von diesem weg. Sie löst sich also ab und bildet vor dem Körper eine krummlinige Stoßfront (Kopfwelle). Diese Erscheinung wird in Abschn. 5.5.3 behandelt (Abb. 5.57 und 5.58).

Der in Abb. 5.38 mit dem Mittelpunkt in 0 eingezeichnete Kreis hat als Radius die LAVAL-Geschwindigkeit c_{L} (kritische Schallgeschwindigkeit). Dadurch werden die Bereiche Unter- und Überschall deutlich getrennt. Die Senkrechte von Pkt. O auf die Verlängerung von Strecke $\overline{P_1P_2}$ ergibt die Tangentialkomponente der Geschwindigkeiten also Strecke $\overline{0P_3} = c_{1,\mathrm{t}} = c_{2,\mathrm{t}} = c_{\mathrm{t}}$. Weiter stellen die Abschnitte der Verbindungslinie $\overline{P_3P_1}$ die Normalkomponenten der Strömungsgeschwindigkeit vor und nach dem Stoß dar. Dabei entspricht $\overline{P_3P_2} = c_{2,\mathrm{n}}$ und $\overline{P_3P_1} = c_{1,\mathrm{n}}$. Rückt Punkt P_2 auf der Polaren nach P_4, entsteht der senkrechte Verdichtungsstoß. Dabei ist Strecke $\overline{0P_1}$ die Geschwindigkeit c_1 vor und Strecke $\overline{0P_4}$ die Geschwindigkeit $c_{2,\mathrm{min}}$ nach dem Stoß. Auch das Stoßpolardiagramm bestätigt somit, dass in diesem Fall hinter dem Stoß immer Unterschall herrscht. Beim schiefen Verdichtungsstoß herrscht von Stelle P_1 her kommend bis Punkt S vor und nach dem Stoß Überschallgeschwindigkeit. Erst nach Punkt S erfolgt auch durch den schiefen Stoß der Übergang von Überschall zum Unterschall.

Strömt Fluid mit Überschallgeschwindigkeit längs Wänden z. B. durch ein Rohr in einen Raum höheren Druckes, entstehen manchmal schräge Verdichtungsstöße, die sich kreuzen. Solche Fälle liegen vor, wenn der Druck im Einströmraum nur wenig größer, d. h. der Druckunterschied $\Delta p = p_2 - p_1$ nicht hoch ist. Die Stoßfronten gehen von den Kanalendkanten aus und schneiden sich, ohne sich jedoch gegenseitig zu stören, d. h. zu beeinflussen. Der Vorgang ist in Abb. 5.39 dargestellt.

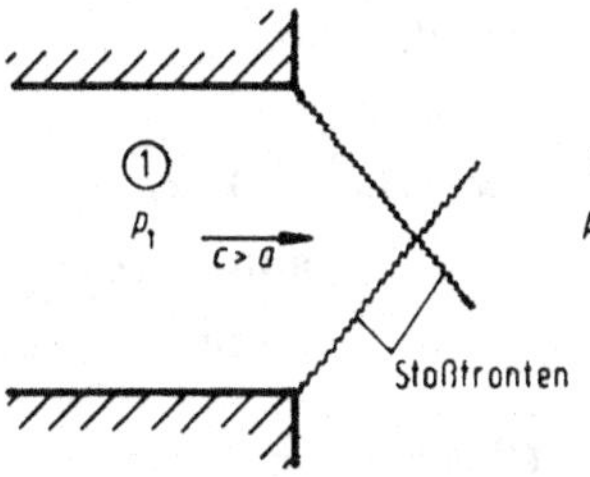

Abb. 5.39 Schräge Verdichtungsstöße an den Einströmkanten in einen Raum höheren Druckes ($p_2 > p_1$), sog. X-Stoß

Abstrahiert betrachtet, tritt eine solche Strömung gemäß Abb. 5.39 auch bei einem überschallschnellen Fluid längs einer Wand auf, an deren Ende ein höherer Druck herrscht. Von der Wandendkante geht dann der schräge Verdichtungsstoß aus, Abb. 5.40.

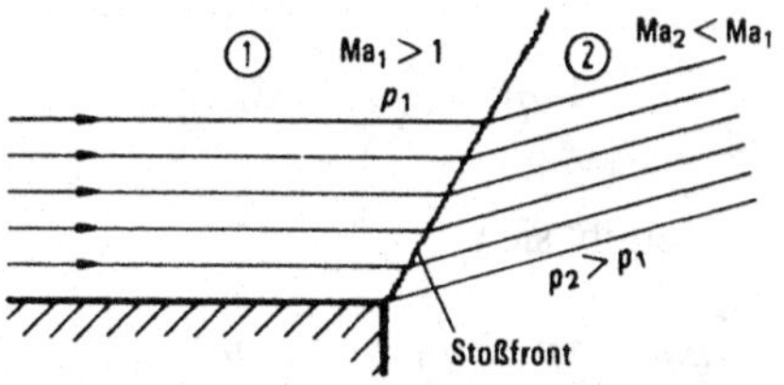

Abb. 5.40 Schräger Verdichtungsstoß ab Wandende beim Übertritt der Strömung in ein Gebiet höheren Druckes

Einfluss des Ablenkungswinkels δ Um die Art der Strömungsablenkung zu charakterisieren, wird der Ablenkungswinkel δ positiv, d. h. $\delta > 0$ gesetzt, wenn sich eine konkave, also einspringende Ecke ergibt (eingeknickte Wand); dagegen negativ festgelegt, d. h. $\delta < 0$ gesetzt, wenn eine konvexe, also vorspringende Ecke (abgeknickte Wand) vorhanden ist.

1. Allgemein

a) *Einfluss auf Strömungsgeschwindigkeiten*: Nach Abb. 5.37 gilt:

$$c_t = c_1 \cdot \cos\alpha_1 = c_2 \cdot \cos\alpha_2$$

Hieraus:

$$\frac{c_2}{c_1} = \frac{\cos\alpha_1}{\cos\alpha_2}$$

Mit $\alpha_2 = \alpha_1 - \delta$ wird:

$$\begin{aligned}\frac{c_2}{c_1} &= \frac{\cos\alpha_1}{\cos(\alpha_1 - \delta)}\\ &= \frac{\cos\alpha_1}{\cos\alpha_1 \cdot \cos\delta + \sin\alpha_1 \cdot \sin\delta}\end{aligned} \quad (5.200)$$

Hieraus ergibt sich mit der Geschwindigkeitsdifferenz

$$\Delta c = c_2 - c_1$$

für das Verhältnis $\Delta c / c_1$:

$$\begin{aligned}\frac{\Delta c}{c_1} &= \frac{c_2 - c_1}{c_1} = \frac{c_2}{c_1} - 1\\ &= \frac{\cos\alpha_1}{\cos\alpha_1 \cos\delta + \sin\alpha_1 \sin\delta} - 1\\ \frac{\Delta c}{c_1} &= \frac{\cos\alpha_1(1 - \cos\delta) - \sin\alpha_1 \sin\delta}{\cos\alpha_1 \cos\delta + \sin\alpha_1 \sin\delta}\end{aligned} \quad (5.201)$$

Gleichung (5.200) zeigt, dass die Fluid-Abströmgeschwindigkeit c_2 um so kleiner und damit der Druckstoß desto stärker wird, je größer der Ablenkungswinkel δ ist.

Das gleiche Ergebnis liefert (5.201):

Das Verhältnis aus Geschwindigkeitsdifferenz Δc und Zuströmgeschwindigkeit c_1 wird umso kleiner, je größer die Ablenkung, Winkel δ, der Strömung ist:

► Die Stärke des schrägen Verdichtungsstoßes ist demnach von der Größe des Ablenkens der Strömung abhängig

Die Strömungsgeschwindigkeit nach dem schiefen Stoß liegt also je nach Größe des

Ablenkungswinkels δ im Über- oder Unterschallgebiet.

Es gibt demnach einen von der Zuströmungs-MACH-Zahl Ma abhängigen Grenzwinkel, auch mit kritischem Winkel δ_{kr} (Abb. 5.38) bezeichnet, für den gilt:

$\delta < \delta_{\text{kr}}$: c_2 verbleibt im Überschallbereich, also $c_2 > a_2$

$\delta > \delta_{\text{kr}}$: c_2 erreicht den Unterschallbereich, also $c_2 < a_2$

$\delta = \delta_{\text{kr}}$: Strömung erreicht gerade Schallgeschwindigkeit, also $c_2 = a_2$

Der Zusammenhang zwischen Grenzwinkel und Zuström-MACH-Zahl ist in Abb. 5.41 dargestellt.

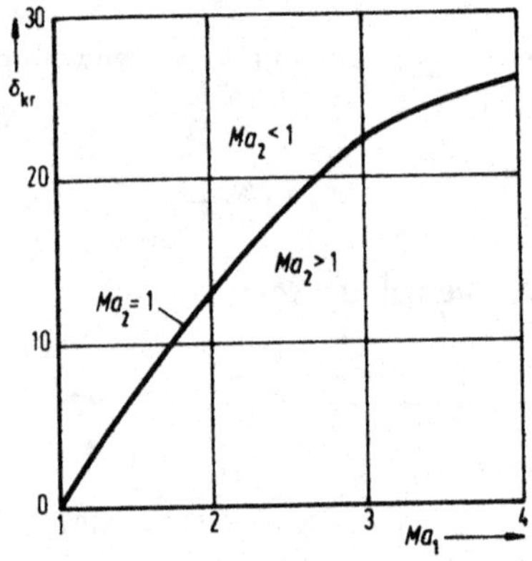

Abb. 5.41 Grenzwinkel δ_{kr} (kritischer Winkel) in Abhängigkeit von Ma_1, MACH-Zahl der Zuströmung

b) *Einfluss auf die Dichten*
Nach der Kontinuität, (5.160), muss erfüllt sein:

$$c_{1,\text{n}} \cdot \varrho_1 = c_{2,\text{n}} \cdot \varrho_2$$

Hieraus mit $c_{\text{n}} = c \cdot \sin\alpha$ (Stelle 1; 2) und $\alpha_2 = \alpha_1 - \delta$:

$$\frac{\varrho_2}{\varrho_1} = \frac{c_{1,\text{n}}}{c_{2,\text{n}}} = \frac{c_1 \cdot \sin\alpha_1}{c_2 \cdot \sin\alpha_2} = \frac{c_1}{c_2} \cdot \frac{\sin\alpha_1}{\sin(\alpha_1 - \delta)}$$

(5.200) eingesetzt, ergibt:

$$\boldsymbol{\frac{\varrho_2}{\varrho_1} = \frac{\cos(\alpha_1 - \delta)}{\cos\alpha_1} \cdot \frac{\sin\alpha_1}{\sin(\alpha_1 - \delta)} = \frac{\tan\alpha_1}{\tan(\alpha_1 - \delta)}} \qquad (5.202)$$

c) *Einfluss auf die Drücke*
Entsprechend (5.178) gilt:

$$\frac{p_2}{p_1} = 1 - \varkappa \cdot (Ma_1 \cdot \sin\alpha_1)^2 \cdot \left(\frac{c_{2,\text{n}}}{c_{1,\text{n}}} - 1\right)$$

$$\frac{p_2}{p_1} = 1 - \varkappa \cdot Ma_1^2 \cdot \sin^2\alpha_1 \cdot \left(\frac{c_2}{c_1} \cdot \frac{\sin(\alpha_1 - \delta)}{\sin\alpha_1} - 1\right)$$

(5.201) eingesetzt, ergibt:

$$\boldsymbol{\frac{p_2}{p_1} = 1 + \varkappa \cdot Ma_1^2 \cdot \sin^2\alpha_1 \cdot \left(1 - \frac{\tan(\alpha_1 - \delta)}{\tan\alpha_1}\right)} \qquad (5.203)$$

Mit dieser Gleichung lässt sich das Verhältnis von Druckdifferenz $\Delta p = p_2 - p_1$ und Staudruck q_1 der Zuströmung, also $\Delta p / q_1$ wie folgt ausdrücken:

$$q_1 = \varrho_1 \cdot \frac{c_1^2}{2} = \frac{\varkappa}{2} \cdot \frac{\varrho_1}{\varkappa \cdot p_1} \cdot p_1 \cdot c_1^2$$

$$q_1 = \frac{\varkappa}{2} \cdot \frac{1}{\varkappa \cdot p_1 \cdot v_1} \cdot p_1 \cdot c_1^2$$

Weiter folgt mit $\varkappa \cdot p_1 \cdot v_1 = a_1^2$ gemäß (5.5) und $Ma_1 = c_1/a_1$:

$$q_1 = \frac{\varkappa}{2} \cdot p_1 \cdot Ma_1^2$$

Damit ergibt sich:

$$\frac{\Delta p}{q_1} = \frac{p_2 - p_1}{q_1} = \frac{p_2 - p_1}{(\varkappa/2) \cdot p_1 \cdot Ma_1^2} = \frac{2}{\varkappa \cdot Ma_1^2}\left(\frac{p_2}{p_1} - 1\right)$$

(5.203) eingesetzt, liefert:

$$\boldsymbol{\frac{\Delta p}{p_1} = 2 \cdot \sin^2\alpha_1 \cdot \left(1 - \frac{\tan(\alpha_1 - \delta)}{\tan\alpha_1}\right)} \qquad (5.204)$$

2. Schwache Ablenkung

Wenn die Ablenkung der Strömung sehr klein ist, d. h. der Ablenkungswinkel δ zu $|\Delta\delta| \ll 1$ wird, lassen sich die vorherigen Gleichungen durch **Linearisierung** wesentlich vereinfachen.

Bei $\delta \equiv |\Delta\delta| \ll 1$ (Bogenmaß!) wird:

$$\cos\delta \equiv \cos\Delta\delta \approx 1 \quad \text{und} \quad \sin\delta \equiv \sin\Delta\delta = \widehat{\Delta\delta}$$

Eingesetzt in die Gleichungen ergibt:

a) *Geschwindigkeiten*, (5.201):

$$\frac{\Delta c}{c_1} = \frac{\cos\alpha_1 \cdot (1-\cos\Delta\delta) - \sin\alpha_1 \cdot \sin\Delta\delta}{\cos\alpha_1 \cdot \cos\Delta\delta + \sin\alpha_1 \cdot \sin\Delta\delta}$$

$$\frac{\Delta c}{c_1} = \frac{-\widehat{\Delta\delta} \cdot \sin\alpha_1}{\cos\alpha_1 + \widehat{\Delta\delta} \cdot \sin\alpha_1}$$

Hierbei näherungsweise im Nenner $\widehat{\Delta\delta} \cdot \sin\alpha_1 \approx 0$ gesetzt (zulässig), und zwar nur dort, führt zu:

$$\boldsymbol{\frac{\Delta c}{c_1} \approx -\widehat{\Delta\delta} \cdot \tan\alpha_1} \tag{5.205}$$

Infolge der sehr schwachen Ablenkung $\Delta\delta$ ergibt sich nur eine kleine Druckstörung, nämlich Schall. Deshalb wird α_1 zum MACHschen Winkel. Für diesen gilt dann nach (5.19):

$$\sin\alpha_1 = 1/Ma_1 \tag{5.206}$$

$$\tan\alpha_1 = \frac{\sin\alpha_1}{\cos\alpha_1} = \frac{\sin\alpha_1}{\sqrt{1-\sin^2\alpha_1}} = \frac{1}{\sqrt{1/\sin^2\alpha_1 - 1}}$$

$$\tan\alpha_1 = \frac{1}{\sqrt{Ma_1^2 - 1}} \tag{5.207}$$

Damit wird:

$$\boldsymbol{\frac{\Delta c}{c_1} \approx -\frac{\widehat{\Delta\delta}}{\sqrt{Ma_1^2 - 1}}} \tag{5.208}$$

b) *Dichten*, (5.202):

$$\frac{\varrho_2}{\varrho_1} = \frac{\cos(\alpha_1 - \Delta\delta)}{\cos\alpha_1} \cdot \frac{\sin\alpha_1}{\sin(\alpha_1 - \Delta\delta)} = \boldsymbol{\frac{\tan\alpha_1}{\tan(\alpha_1 - \Delta\delta)}}$$

Oder mit Additionstheoremen für

$$\cos(\alpha_1 - \Delta\delta) = \cos\alpha_1 \cdot \cos\Delta\delta + \sin\alpha_1 \cdot \sin\Delta\delta$$
$$\sin(\alpha_1 - \Delta\delta) = \sin\alpha_1 \cdot \cos\Delta\delta - \cos\alpha_1 \cdot \sin\Delta\delta$$

folgt:

$$\frac{\varrho_2}{\varrho_1} = \frac{(\cos\alpha_1 \cdot \cos\Delta\delta + \sin\alpha_1 \cdot \sin\Delta\delta) \cdot \sin\alpha_1}{\cos\alpha_1 \cdot (\sin\alpha_1 \cdot \cos\Delta\delta - \cos\alpha_1 \cdot \sin\Delta\delta)}$$

Im Zähler die Näherung $\sin\Delta\delta \approx 0$ eingeführt, jedoch nicht im Nenner, ergibt mit $\tan\Delta\delta \approx \widehat{\Delta\delta}$ (Bogenmaß → rad) und da dicht bei 1, deshalb verbleibt $\cos\Delta\delta$:

$$\frac{\varrho_2}{\varrho_1} \approx \frac{\cos\alpha_1 \cdot \cos\Delta\delta \cdot \sin\alpha_1}{\cos\alpha_1(\sin\alpha_1 \cdot \cos\Delta\delta - \cos\alpha_1 \cdot \sin\Delta\delta)}$$

$$\frac{\varrho_2}{\varrho_1} \approx \frac{\sin\alpha_1}{\sin\alpha_1 - \cos\alpha_1 \cdot (\sin\Delta\delta/\cos\Delta\delta)}$$

$$\boldsymbol{\frac{\varrho_2}{\varrho_1} \approx \frac{\tan\alpha_1}{(\tan\alpha_1) - \widehat{\Delta\delta}} = \frac{1}{1 - \widehat{\Delta\delta} \cdot \cot\alpha_1}} \tag{5.209}$$

c) *Drücke*, (5.203):

$$\frac{p_2}{p_1} = 1 + \varkappa \cdot Ma_1^2 \cdot \sin^2\alpha_1 \cdot \left(1 - \frac{\tan(\alpha_1 - \widehat{\Delta\delta})}{\tan\alpha_1}\right)$$

Mit der Umrechnung bei Pkt. b) ergibt sich:

$$\frac{p_2}{p_1} \approx 1 + \varkappa \cdot Ma_1^2 \cdot \sin^2\alpha_1 \cdot \left(1 - \frac{\tan\alpha_1 - \widehat{\Delta\delta}}{\tan\alpha_1}\right)$$

$$\frac{p_2}{p_1} \approx 1 + \varkappa \cdot Ma_1^2 \cdot \sin^2\alpha_1 \cdot \frac{\widehat{\Delta\delta}}{\tan\alpha_1} \tag{5.210}$$

Mit $\sin 2\alpha_1 = 2 \cdot \sin\alpha_1 \cdot \cos\alpha_1$ und zudem $\tan\alpha_1 = \sin\alpha_1/\cos\alpha_1$ wird:

$$\frac{p_2}{p_1} = 1 + \frac{\varkappa}{2} \cdot Ma_1^2 \cdot \widehat{\Delta\delta} \cdot \sin 2\alpha_1 \tag{5.211}$$

Die Beziehungen (5.206) und (5.207) in (5.210) eingeführt, liefert:

$$\boldsymbol{\frac{p_2}{p_1} \approx 1 + \varkappa \cdot \sqrt{Ma_1^2 - 1} \cdot \widehat{\Delta\delta}} \tag{5.212}$$

Das Verhältnis von Druckdifferenz Δp und Zuström-Staudruck q_1, also $\Delta p/q_1$, auch

Tab. 5.4 Maximal erreichbares Druckverhältnis zum theoretisch möglichem bei verschiedenen Stoßkombinationen. Theoretisch bedeutet hierbei verlustfrei, also isentroper Energieumsatz.
Abkürzungen: StKo … Stoßkombination:
S … Senkrechter Stoß, Sch … Schiefer Stoß, 2 Sch + S beispielsweise bedeutet 2 schiefe Stöße mit einem nachfolgenden senkrechten Stoß (usw.)

StKo	*Ma*								
	1	1,5	2,0	2,5	3,0	3,5	4,0	4,5	5,0
S	1	0,9	0,7	0,5	0,32	0,2	0,14	0,08	0,07
1 Sch + S	1	0,98	0,9	0,75	0,58	0,45	0,3	0,21	0,16
2 Sch + S	1	0,99	0,95	0,85	0,74	0,6	0,5	0,38	0,34
3 Sch + S	1	0,995	0,98	0,92	0,84	0,75	0,6	0,5	0,44

als **Druckbeiwert C_p** bezeichnet, vereinfacht sich ebenfalls. Ausgangspunkt ist entsprechend (5.204):

$$C_p = \frac{\Delta p}{q_1} = 2 \cdot \sin^2 \alpha_1 \cdot \left(1 - \frac{\tan(\alpha_1 - \Delta\widehat{\delta})}{\tan \alpha_1}\right)$$

Auch hier kann die Umformung von Pkt. b) eingesetzt werden:

$$C_p = \frac{\Delta p}{q_1} \approx 2 \cdot \sin^2 \alpha_1 \cdot \frac{\Delta\widehat{\delta}}{\tan \alpha_1} \quad (5.213)$$

$$C_p = \frac{\Delta p}{q_1} \approx \Delta\widehat{\delta} \cdot \sin 2\alpha_1 \quad (5.214)$$

Mit (5.204) und (5.207) folgt aus (5.213):

$$\boldsymbol{C_p = \frac{\Delta p}{q_1} \approx 2 \cdot \frac{\sqrt{Ma_1^2 - 1}}{Ma_1^2} \cdot \Delta\widehat{\delta}} \quad (5.215)$$

Diese Gleichung (5.215) kann vorteilhaft verwendet werden, um die Druckverteilung und die resultierenden Strömungskräfte an Körpern in ebener, mäßiger Überschallströmung zu berechnen.

Bemerkungen: Meist werden die Näherungszeichen $\approx$ in den vorhergehenden Beziehungen durch Gleichheitszeichen ersetzt, da die Fehler in der Regel vernachlässigbar klein.

Zu beachten ist: In den Beziehungen mit Ablenkungswinkel $\Delta\widehat{\delta}$ im Bogenmaß (rad) rechnen (Hochzeichen $\widehat{}$ wird dabei oft weggelassen).

Da bei schrägen Verdichtungsstößen der Druckverlust geringer und damit der Wirkungsgrad höher ist, lassen sie sich, wie schon erwähnt, ab etwa $Ma \geq 1{,}5$ vorteilhaft zur Verzögerung Überschallschneller Strömungen einsetzen, z. B. bei Triebwerkszuführungen von Überschallflugzeugen (Abb. 5.26). Derartige Stoßdiffusoren sind so aufgebaut, dass nach einem oder mehreren an spitzen Ecken oder Kanten ausgelösten schiefen Verdichtungsstößen abschließend noch ein schwacher senkrechter Verdichtungsstoß auftritt. Je höher die Zuström-MACH-Zahl ist, desto größer sollte die Anzahl der hintereinander folgenden schiefen Verdichtungsstöße sein, um die überschallschnelle Zuströmung möglichst verlustarm in Unterschall zu reduzieren und dadurch einen hohen Druckaufbau zu erreichen. Der Druckverlust bleibt dann entsprechend gering. Tab. 5.4 enthält die erreichbaren Werte bei verschiedenen Stoßkombinationen.

5.4.3 Verdünnungswellen

Aus den Gleichungen (5.204) und (5.215) geht hervor: Bei negativem δ bzw. $\Delta\delta$ wird Δp ebenfalls negativ. Der Abströmdruck p_2 ist demnach, wie auch aus den Beziehungen (5.203) und (5.212) folgt, kleiner als der Zuströmdruck p_1. Die konvex abgelenkte Überschallströmung, z. B. die Strömung längs einer abgeknickten Wand, Abb. 5.42, ist daher mit einer Expansion des Fluides gekoppelt. Da der Verdichtungsstoß wegen der dabei erfolgenden Entropiezunahme irreversibel ist, kann es, wie bereits erwähnt, den Verdünnungsstoß, der Entropieabnahme, also Exergieerhöhung bedingen würde, nicht geben. Deshalb erfolgt die Expansion in der Verdünnungswelle stetig (homogen) und damit bei idealem Verhalten isentrop, Abschn. 5.4.1. Diese homogene sowie isentrope Strömung wird auch als **homotrope Strömung** und die reale

Verdünnungsströmung als **Prandtl-Meyer-Expansion** bezeichnet. Sie kann, da näherungsweise ideal, mit der Potenzialtheorie analytisch behandelt werden. Bei diesem Strömungsvorgang wachsen Geschwindigkeit, Mach-Zahl und spezifisches Volumen des Fluides, während außer dem Druck auch die Temperatur sinkt.

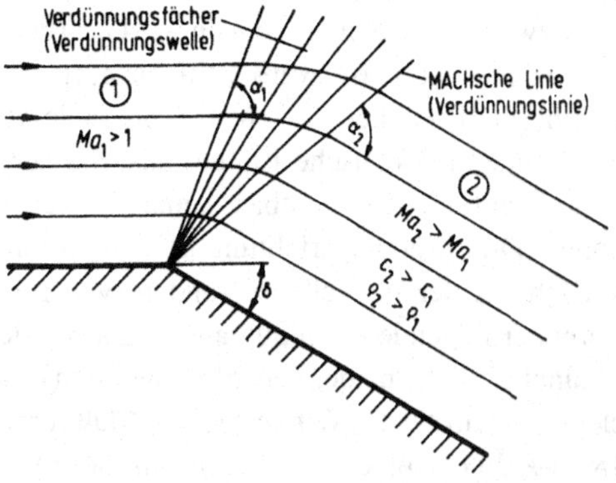

Abb. 5.42 Überschallströmung längs einer abgeknickten Wand unter Winkel δ. Die Verdünnungswelle geht von der vorspringenden Ecke aus

Ausgehend von der vorspringenden Ecke des konvexen Wandknicks (Abb. 5.42), von der eine Druckstörung ausgelöst wird, expandiert die Überschallparallelströmung. Ist der Knickwinkel sehr klein, pflanzt sich die vom Knick verursachte kleine Störung längs einer geraden Mach-Linie von der Ecke aus in die Anströmung mit $Ma_1 > 1$ unter dem Winkel $\alpha_1 = \arcsin(1/Ma_1)$ – dem Mach-Winkel – fort. Dahinter sind Dichte und Druck etwas verringert und folglich ist die Geschwindigkeitskomponente senkrecht zur gebildeten Machschen Linie vergrößert. So ergibt sich, je nach Wandknick, eine kleine Umlenkung der Stromlinien und eine Erhöhung der Mach-Zahl um ΔMa. Folgt ein zweiter kleiner Knick der Wand, geht auch von dieser Ecke wieder eine Verdünnungslinie aus unter dem infolge der höheren Mach-Zahl etwas kleineren Winkel:

$$\alpha = \arcsin[1/(Ma_1 + \Delta Ma)].$$

Der End- oder Abströmwinkel wird demnach:

$$\alpha_2 = \arcsin(1/Ma_2)$$

mit $Ma_2 = Ma_1 + \sum \Delta Ma$.

Ein konvexer Wandknick (abgeknickte Wand) kann in eine Folge sehr vieler kleiner Knicke (z. B. durch Rauigkeit) aufgelöst gedacht werden, von denen je eine Machsche Linie ausgeht, so dass sich ein **Verdünnungsfächer** bildet. Dabei stören sich die einzelnen Verdünnungslinien nicht. Im Gegensatz hierzu würden sich bei einer einspringenden Ecke (eingeknickte Wand) die entsprechenden Mach-Linien überschneiden, was zu physikalisch unmöglichen, teilweise rückläufigen Stromlinien führte (Abb. 5.46). Deshalb entsteht dort ein unstetiger Verdichtungsstoß mit Entropieanstieg.

Die fächerartig verlaufende Expansion wird auch als **Verdünnungswelle** bezeichnet.

Eine durch einen Fächer von Mach-Linien stetig umgelenkte homotrope Expansionsströmung bildet sich auch beim Übertritt von Überschallströmung in einem Raum kleineren Druckes. Diese Strömung ist in Abb. 5.43 qualitativ skizziert.

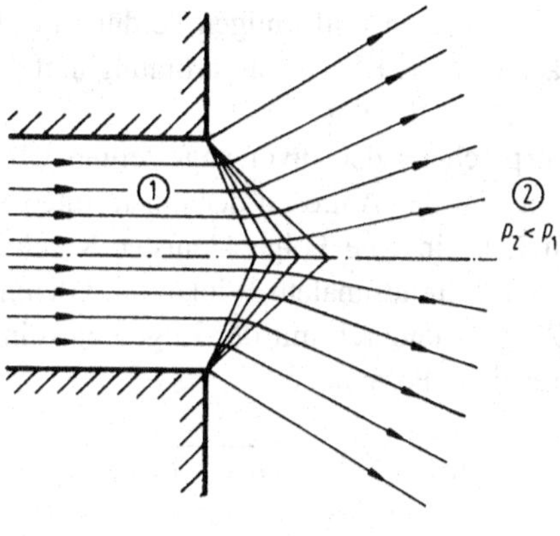

Abb. 5.43 Überströmung einer überschallschnellen Strömung unter Verdünnungswellen in einen Unterdruckraum ($p_2 < p_1$)

An der rückwärtigen Kante einer Platte, an der überschallschnelles kompressibles Fluid entlang strömt, entsteht ebenfalls eine Prandtl-Meyer-Eckenströmung, Abb. 5.44. Die Richtungsänderung der Strömung kann dabei bis ca. 130° betragen.

Unter der Annahme isentroper Zustandsänderung bei idealem Fluid gelingt die theoretische Behandlung der Prandtl-Meyer-Verdünnungswelle. Dabei herrscht längs jeder

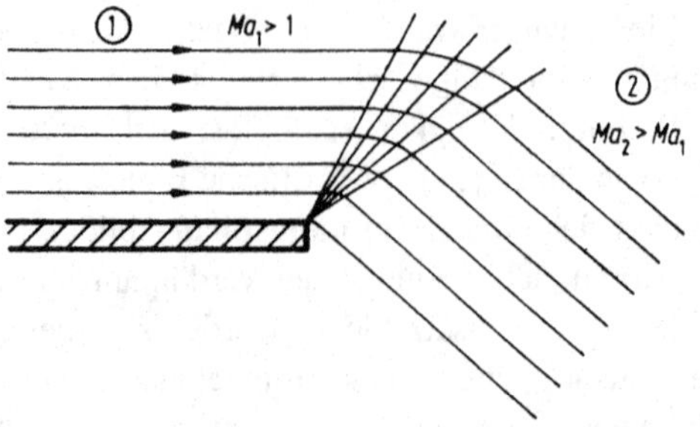

Abb. 5.44 PRANDTL-MEYER-Eckenumströmung an der Hinterkante einer Platte, und zwar ohne oder mit Abrundung als Summe vieler Kanten wegen unvermeidlicher Rauigkeit. $p_2 < p_1$

MACH-Linie jeweils konstanter Druck und konstante Geschwindigkeit. Zudem ist die Geschwindigkeitskomponente der Strömung, die senkrecht zur zugehörigen MACH-Linie verläuft, gleich der betreffenden Schallgeschwindigkeit, was unmittelbar aus der Definition des MACHschen Winkels (5.19) folgt. Die Druckabnahme ist nur an der Knickstelle selbst sprungartig. Im Übrigen keilförmigen Verdünnungslinien-Fächer ist die Expansionsströmung und damit der Druckabfall stetig.

Entsprechend der zuvor angestellten Überlegung erfolgt das Auflösen der umströmten konvexen Ecke in eine Folge kleinster Knicke jeweils mit infinitesimalem Winkel $d\delta$. Gleichung (5.208) geht dadurch mit $d\widehat{\delta}$ (Bogenmaß) in die differenzielle Form über:

$$dc/c = -d\widehat{\delta}/\sqrt{Ma_2 - 1} \tag{5.216}$$

Hierbei ändert sich somit sowohl die Geschwindigkeit c wie auch die MACH-Zahl Ma längs der umzulenkenden Stromlinien. Das Verfahren kann dadurch, wie erwähnt, auf mehrfach geknickte Wände, oder sogar stetige konvexe Krümmungen, z. B. Radien-Konturen, angewendet werden, und zwar durch Aufteilen in entsprechend viele kleine unstetige Krümmungsänderungen (Vieleck-Knicke).

Aus Beziehung (5.216) folgt durch Integrieren bei Verwenden der Energiegleichung für den Zusammenhang von c und Ma der Übergang zur endlichen Ablenkung δ überschallschneller Strömungen. Diese mathematische Auswertung soll hier aus Platzgründen unterbleiben. Es wird auf das einschlägige Fachschrifttum verwiesen, z. B. [36].

Auch bei Innenströmungen können MACHsche Linien entstehen, Abb. 5.45.

Experimentell ist damit die MACH-Zahl in einer Versuchsdüse bestimmbar. Es wird eine Düse aus zwei Blechen gemäß Abb. 5.45 gebildet und durch zwei Glasscheiben abgedeckt. Die Blechseitenwände der Düse werden innen aufgeraut. Von diesen Rauigkeiten gehen dann viele feine Störlinien (MACHsche Linien) aus, die durch Schlierenaufnahmen sichtbar gemacht werden können. Die Strömungsrichtung ist immer durch die Richtung der Winkelhalbierenden zweier von gegenüber liegenden Punkten ausgehenden, sich in Kanalmitte schneidenden MACH-Linien festgelegt. Die Größe des Winkels ist ein Maß für die MACH-Zahl entsprechend (5.19). Auf diese Weise kann das Prüfen von Düsen erfolgen, die für bestimmte Geschwindigkeitsverteilungen gebaut wurden.

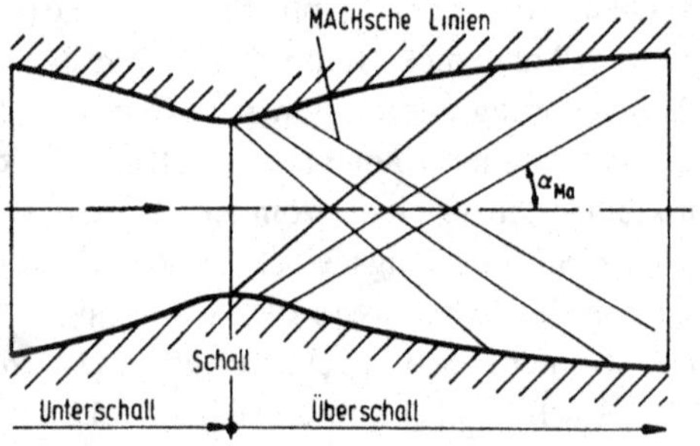

Abb. 5.45 MACHsche Linien im Erweiterungsteil einer LAVAL-Düse (X-Struktur)

5.4.4 Zusammenstellung der Beeinflussungen von Überschallströmungen durch Wellen und Stöße

In diesem Abschnitt werden die verschiedenen Ablenkungen und Beeinflussungen von Überschallströmungen zusammenfassend gegenübergestellt. Einige Ergänzungen zu den vorhergehenden Abschnitten sollen die Darstellung abrunden.

Einfluss des Ablenkungswinkels Wie Abb. 5.46 zeigt, sind die Umlenkungen in den schräg zur Anströmrichtung verlaufenden Wellen- oder Unstetigkeitsfronten mehr oder weniger stark. Die dabei auftretenden stetigen oder unstetigen Änderungen der strömungsmechanischen und thermodynamischen Größen in den Störfronten sind deshalb, wie auch schon gezeigt, ebenfalls unterschiedlich groß. Konkave Ablenkungen werden durch positive und konvexe durch negative Umlenkungswinkel gekennzeichnet.

Bei *Ablenken* um eine *schwach geknickte* Wand (flache Ecke), $|\Delta\delta| \ll 1$, nach Abb. 5.46, Teil A, besteht die Stoßfront aus einer einzigen MACH-Welle, die nur schwache, quasi stetig verlaufende Änderung der Strömungsgrößen bewirkt. Die Neigung der MACH-Linie (MACHsche Welle) gegenüber der Zuströmrichtung ist gleich dem MACHschen Winkel $\alpha_1 = \arcsin(1/Ma_1)$.

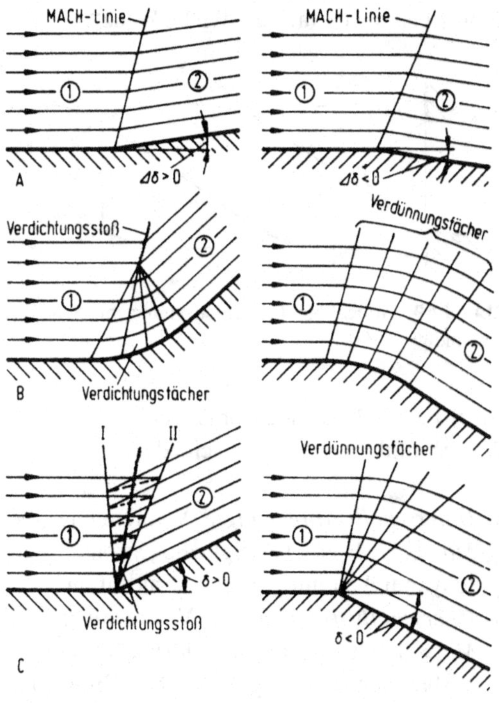

Abb. 5.46 Ablenkungen von Überschallströmungen:
A schwach geknickte Wand
B gekrümmte Wand
C stark geknickte Wand
Linke Bildhälfte: Konkave Ablenkung, ergibt Verdichtung: $c_2 < c_1, Ma_2 < Ma_1 \rightarrow p_2 > p_1, \varrho_2 > \varrho_1, T_2 > T_1$
Rechte Bildhälfte: Konvexe Ablenkung, ergibt Verdünnung: $c_2 > c_1, Ma_2 > Ma_1 \rightarrow p_2 < p_1, \varrho_2 < \varrho_1, T_2 < T_1$

Bei *allmählich* vor sich gehender *Umlenkung* um eine gekrümmte Wand entsprechend Abb. 5.46, Teil B bestehen die Fronten aus mehreren hintereinanderliegenden MACH-Wellen, die zusammengefasst als Verdichtungs- bzw. Verdünnungsfächer bezeichnet werden. Bei *konkaver Umlenkung* kann dabei der Verdünnungsfächer in einiger Entfernung von der Wand in einen (unstetigen) Verdichtungsstoß übergehen. Die einzelnen Wellen des Verdichtungsfächers würden sich kreuzen. Da die einzelnen Wellen jedoch kleine Druckänderungen bedeuten, addieren sich an ihren jeweiligen Wellen-Schnittpunkten die zugehörigen Druckänderungen. Das bewirkt den endlichen Drucksprung, also den Verdichtungsstoß.

Bei *größerer konkaver Umlenkung* um eine stark eingeknickte Wand (Abb. 5.46, Teil C) stellt sich der Verdichtungsstoß schon unmittelbar ab der Wand-Knickstelle in Form einer schiefen Stoßfront ein. Bei diesem schrägen Verdichtungsstoß ändern sich in der Front alle Fluidgrößen unstetig, in der in Abschn. 5.4.2.2 dargelegten Weise. Die notwendige Unstetigkeit erklärt sich auch dadurch, dass die sonst erforderliche rückläufige Strömung zwischen den MACH-Wellen I und II physikalisch unmöglich ist. Dies wird durch den Stoß umgangen. Dagegen besteht bei der größeren konvexen Umlenkung um eine stärker abgeknickte Wand diese Notwendigkeit nicht. Der sich ausbildende Verdünnungsfächer konvexer Ablenkung ergibt auch noch bei größerer Abknickung stetige Änderung aller Strömungsgrößen.

Einfluss der Wandrauigkeiten Strömt Gas an Wänden entlang, die irgendwelche Unebenheiten aufweisen, gleichen sich bei Unterschallströmungen die von den Rauigkeiten verursachten Druckstörungen nach dem Innern des durchströmten Raumes hin rasch aus. Bei Überschallströmungen dagegen geht von jeder Unebenheit eine Welle (MACH-Linie) unter dem zugehörigen MACHschen Winkel aus, die sich durch den ganzen Strömungsraum ausbreitet und an einer gegenüberliegenden Wand reflektiert wird. So bildet sich ein ganzes Netz MACHscher Linien, die sich gegenseitig nicht stören. Der Vorgang kann

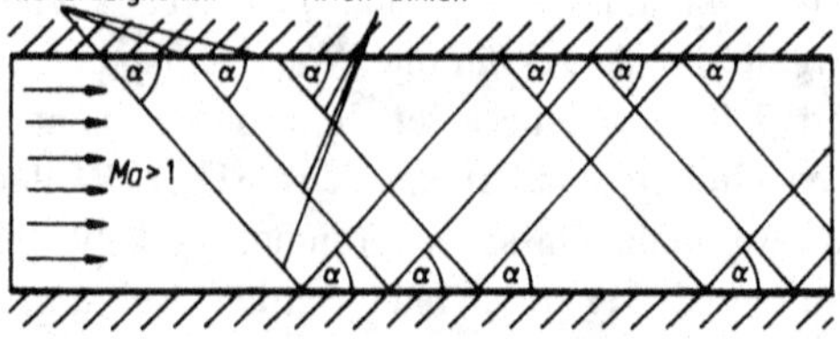

Abb. 5.47 Überschallströmung entlang rauer Wände

wie erwähnt, durch Schlierenaufnahmen sichtbar gemacht werden und ist in Abb. 5.47 prinzipiell dargestellt. Je nach Strömungsbedingungen können solche Wandunebenheiten auch die Ursache für das Ausbilden eines senkrechten oder schrägen Verdichtungsstoßes sein.

Vorgänge in freien Gasstrahlen Bei einem Gasstrahl, der in überschallschneller Parallelströmung aus einer Öffnung ins Freie tritt, lässt sich unter Voraussetzung ebener Bewegung, d. h. länglich rechteckiger Mündung, folgendes feststellen:

Herrscht im Außenraum *geringerer* Druck als im Strahl, gehen von jeder Austrittskante keilförmige Verdünnungswellen aus, die sich durchkreuzen und an der gegenüberliegenden Strahlgrenze als Verdichtungswellen reflektiert werden, Abb. 5.48. Diese pflanzen sich unter keilförmiger Verschmälerung des Strahles fort, um an der anderen, d. h. wieder gegenüberliegenden Strahlgrenze erneut als Verdünnungswelle reflektiert zu werden. Hierauf beginnt das „Spiel" von neuem. Ein gegenseitiges Stören der einzelnen Wellen findet zudem in der Regel nicht statt. Der sich ausbildende Druck p_3 im Mittelfeld des Strahles und damit der Wellen ist dabei im gleichen Maße niedriger als der Anströmdruck p_1 höher als Außendruck p_2 ist. Im Bereich der Verdünnungswellen expandiert der Strahl zudem seitlich, in dem der Verdichtungswellen zieht er sich zusammen.

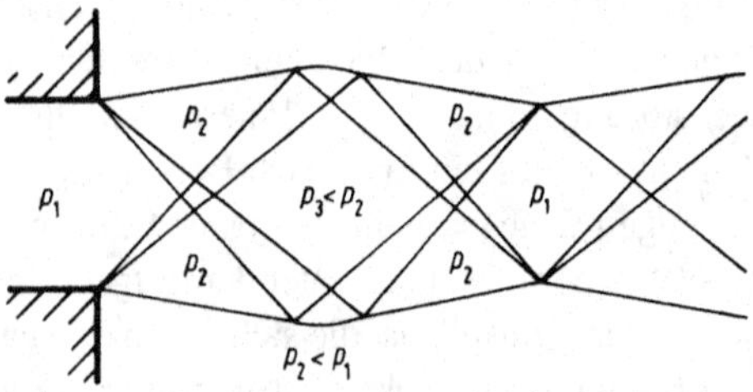

Abb. 5.48 Wellenfigur bei Ausströmung mit Überschallgeschwindigkeit in einen Unterdruckraum

Ist der Außendruck dagegen *höher* als der Druck im Strahl, erfolgen zunächst schiefe Verdichtungsstöße. Diese werden als keilförmige Verdünnungswellen an der gegenüberliegenden Strahlgrenze reflektiert. Der Vorgang verläuft dann genau so weiter wie zuvor geschildert (Abb. 5.48). Auch hier stören sich die kreuzenden Stoßfronten gegenseitig meist nicht.

Wenn die Ausströmgeschwindigkeit gerade *gleich* der Schallgeschwindigkeit ($Ma = 1$), wird der anfängliche MACHsche Winkel zu: $\alpha = \arcsin(1/Ma) = 90°$ gemäß (5.19).

Abb. 5.48 ändert sich hierbei durch Ausbreiten der Keilgebiete über die gesamte Strahlfläche zu Abb. 5.49. Das Doppelkreuz von Abb. 5.48 wird dann zu einem einfachen „Wellenkreuz".

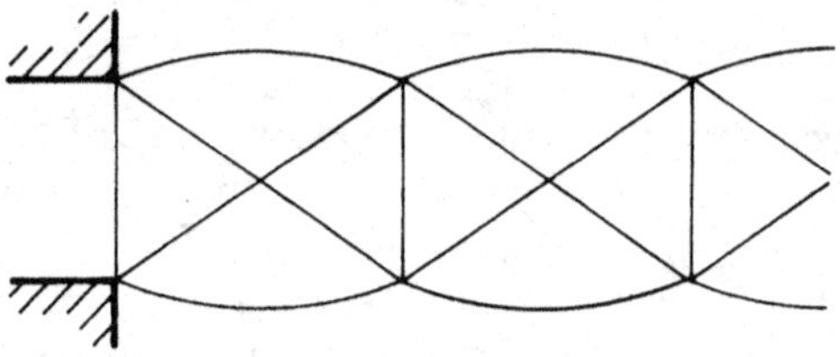

Abb. 5.49 Wellenfigur bei Ausströmung mit Schallgeschwindigkeit

Auch bei Verbrennungsvorgängen bzw. äußerer Wärmezufuhr werden unterschieden:

- *Unterschallverbrennung:* Verbrennung bei $Ma < 1$. Hierbei steigt die Strömungsgeschwindigkeit infolge der Wärmezufuhr.
- *Überschallverbrennung:* Verbrennung bei $Ma > 1$ (Detonation). Der überschallschnelle Verbrennungsvorgang bei hoher Temperatur erfolgt unter starkem Druckanstieg. Dabei werden Detonationsgeschwindigkeiten bis ca. 10.000 m/s und Detonationsdrücke bis etwa 100.000 bar erreicht (Abschn. 1.3.6).

Aber auch die Kondensation bei LAVAL-Düsenströmung wird als Überschallwärmezufuhr bezeichnet. Wegen starker Abkühlung infolge Expansion kondensiert z. B. der Wasserdampfgehalt von strömender feuchter Luft. Da hierbei die Kondensationswärme in der Strömung frei wird, kann der Vorgang als Verbrennung oder Wärmezufuhr gelten, d. h. gleichgesetzt werden. Bei der dabei meist sprunghaft auftretenden Kondensation entstehen fast immer zwei sich X-artig schneidende Verdichtungsstöße. Auf diese Erscheinung wurde zuerst von WIESELSBERGER aufmerksam gemacht. Wegen des äußeren Aussehens wird dieses Phänomen auch als **X-Stoß** bezeichnet. Es handelt sich dabei um einen Verdichtungsstoß mit Drosselverlust wie in einem Stoßdiffusor (Abb. 5.25). Die MACH-Zahl verringert sich entsprechend.

5.4.5 Übungsbeispiele

Übung 72

In einer Rohrleitung, in der Kohlendioxid (CO_2-Gas) strömt, bildet sich ein senkrechter Verdichtungsstoß.

Bekannt: Strömungsgeschwindigkeit vor dem Stoß 600 m/s. Kohlendioxidzustand vor dem Stoß: Temperatur 60 °C; Überdruck 4 bar. Atmosphärendruck 1 bar.

Gesucht:

a) MACH-Zahl vor dem Stoß
b) Geschwindigkeit nach dem Stoß
c) MACH-Zahl nach dem Stoß
d) Gaszustand nach dem Stoß (p, v, T)
e) Enthalpie nach dem Stoß
f) Entropiezunahme
g) Gaszustand, der sich bei isentroper Verdichtung ergäbe
h) Exergieverlust
i) Wirkungsgrad der Energieumsetzung. ◄

Übung 73

In einem Überschall-Windkanal werde eine konkav geknickte Platte längs angeströmt.

Bekannt:

Anströmgeschwindigkeit	540 m/s
Zustand der zuströmenden Luft:	
Temperatur	40 °C
Absolutdruck	1,8 bar
Knickwinkel der Wand zur Anströmgeschwindigkeit	10°

Gesucht:

a) Anström-MACH-Zahl
b) Neigungswinkel der Stoßfront des von der scharfen Knickkanteausgehenden schiefen Verdichtungsstoßes
c) MACH-Zahl nach dem Stoß
d) Strömungsgeschwindigkeit nach dem Stoß
e) Luftzustand nach dem Stoß (p, v, T)
f) Entropiezunahme
g) Exergieverlust
h) Wirkungsgrad. ◄

5.5 Mehrdimensionale kompressible Strömungen

5.5.1 Vorbemerkung

Sehr schwierig – wenn nicht unmöglich – ist, in der Gliederung eine eindeutige Trennung und Zuordnung der einzelnen strömungstechnischen Erscheinungen vorzunehmen. Hängen doch die einzelnen Phänomene vielfach zusammen. So kann der schiefe Verdichtungsstoß sowohl bei größeren Druckstörungen als auch bei mehrdimensionalen Strömungen eingeordnet werden. Die in diesem Buch vorgenommene Aufteilung, also die Zuordnung des schiefen Verdichtungsstoßes zu Abschn. 5.4 (große Druckstörungen) erwies sich als sinnvoller.

5.5.2 Umströmung mit (reinem) Unterschall

In Abschn. 1.3.1 wurde gezeigt, dass Kompressibilität und MACH-Zahl nichtvolumenbeständiger Strömungen zusammenhängen. Auch wurde daraufhingewiesen, dass bis $Ma \approx 0{,}3$ die Verdichtung eines strömenden Gases als klein vernachlässigt, die zugehörige Strömung demnach als quasi-inkompressibel behandelt werden kann. Unter dieser Voraussetzung wurden die Zusammenhänge bei der Tragflügelumströmung in Abschn. 4.3.3 dargestellt.

In diesem Abschnitt wird nun der Einfluss der Kompressibilität des Fluides auf die Tragflügelströmung berücksichtigt, was bei höheren Geschwindigkeiten ($Ma > 0{,}3$) notwendig ist.

Einen einfachen qualitativen Einblick gibt der Vergleich der inkompressiblen und kompressiblen Umströmung des gleichen Profils. Infolge des Überdrucks an der Flügelunterseite (Druckseite) wird das Gas komprimiert. Das zusammengedrückte Fluid benötigt, da der Massenstrom unverändert bleibt, einen kleineren Querschnitt. Die Stromlinien drängen sich deshalb im Gegensatz zum raumbeständigen Fluid entsprechend zusammen. Umgekehrt wird sich auf der Profiloberseite (Saugseite) wegen des Unterdruckes das Fluid ausdehnen. Der dadurch erhöhte Raumbedarf bewirkt einen vergrößerten Abstand der Stromlinien.

Die Gesamtverläufe der Stromlinien inkompressibler Strömung (ausgezogen) und kompressibler (gestrichelt) sind in Abb. 5.50 qualitativ dargestellt. Beim gleichen Profil erfahren demzufolge die Stromlinien bei kompressiblem Fluid insgesamt eine größere Ablenkung als bei inkompressiblem. Der Auftrieb ist deshalb bei nichtraumbeständigem Fluid entsprechend höher. Die Kompressibilität wirkt demnach genau so wie eine stärkere Wölbung oder größere Anstellung des Profils.

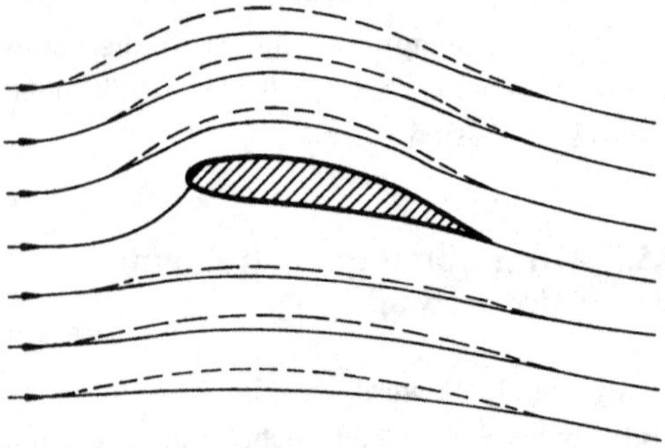

Abb. 5.50 Stromlinienverlauf (prinzipiell) bei der Profilumströmung von inkompressiblem (ausgezogen) und kompressiblem Fluid (gestrichelt gezeichnet)

Nach PRANDTL sind die Auftriebsbeiwerte ζ_A und die Flügeleigenschaften bei Berücksichtigung der Kompressibilität gleich den Werten der volumenbeständigen Strömung, wenn Profildicke oder Anstellwinkel um den Faktor $\sqrt{1 - Ma_\infty^2}$ verkleinert werden gegenüber den Werten bei inkompressiblem Fluid. Oder bei gleichem Profil und gleicher Anstellung gilt:

$$\zeta_{\mathrm{A,\,kompr.}} = \frac{\zeta_{\mathrm{A,\,inkompr.}}}{\sqrt{1 - Ma_\infty^2}} \tag{5.217}$$

Diese auch als **PRANDTLsche Regel** bezeichnete Formel gilt jedoch nur für etwa $\boldsymbol{Ma_\infty \leq 0{,}7}$ **bis** 0,85. Die Gültigkeit ist begrenzt, da PRANDTL die Berechnung unter der Bedingung vornahm, dass die bei der Umströmung auftretenden Übergeschwindigkeiten klein sind gegenüber der Hauptbewegung. Vergleiche Abschn. 5.3.4.2.2, Diffusor-Erweiterung.

Eine Beziehung zwischen den Widerstandsbeiwerten von kompressibler und inkompressibler Tragflügelströmung kann nicht angegeben werden. Versuche bestätigen jedoch die auch als **PRANDTL-GLAUERT-Analogie** bezeichnete Erscheinung, dass die Widerstandsbeiwerte je nach Profilform für etwa $Ma_\infty \leq 0{,}7$ bis 0,85 (kritische MACH-Zahl, Abschn. 5.5.3.1) von der MACH-Zahl nahezu unabhängig sind ($\zeta_W \approx$ konst → Abb. 5.52), also gegensätzlich zu ζ_A gemäß (5.217).

Für beide Größen, also ζ_W und ζ_A, liegt die kritische *Ma*-Grenze somit beim gleichen Wert, exakter Wertebereich (0,7 ... 0,85), so dass es auch hiernach berechtigt ist, von kritischer MACH-Zahl zu sprechen. Bei weiterem Annähern an die Schallgeschwindigkeit wächst dann ζ_W, wie noch zu begründen ist, auf ein Vielfaches, während ζ_A fällt.

5.5.3 Umströmung mit Überschall

Die Schaufeln von Strömungsmaschinen arbeiten seltener im Überschallbereich. Oft dagegen treten Überschallströmungen in der Flugtechnik auf. Im Bereich schallnaher Geschwindigkeiten ändern sich die Voraussetzungen für das Zustandekommen der Luftkräfte (Auftrieb, Widerstand), wodurch einschneidende Änderungen in Aufbau und Steuerung eines Flugkörpers notwendig werden.

5.5.3.1 Örtlicher Überschall

Bei zunehmender Anströmgeschwindigkeit c_∞ wird infolge Fluidbeschleunigung bei der Profilumströmung auf der Saugseite die Schallgeschwindigkeit – Übergeschwindigkeit wegen Druckabfall notwendig – örtlich schon erreicht oder überschritten, obwohl die Zuström-MACH-Zahl $Ma_\infty = c_\infty / a_\infty$ noch unterhalb von eins liegt.

Die MACH-Zahl Ma_∞, bei der die Umströmung örtlich gerade die Schallgeschwindigkeit erreicht, wird als **kritische Anström-MACH-Zahl $Ma_{\infty,\text{kr}}$** bezeichnet. Dabei ist wegen der geschilderten Gründe $Ma_{\infty,\text{kr}} < 1$ meist $Ma_{\infty,\text{kr}} \approx$ 0,75 bis 0,85 (bis 0,90). Der tatsächliche Wert hängt von der Profilform sowie dessen Anstellung δ ab. Es gibt demnach mehr oder weniger *überschallempfindliche Profile*. Liegt die Anström- oder Fluggeschwindigkeit c_∞ unter $c_{\infty,\text{kr}} = Ma_{\infty,\text{kr}} \cdot a_\infty$, erfolgt ungestörte Profilströmung entsprechend des vorhergehenden Abschn. 5.5.2. Übersteigt jedoch die Zuström-MACH-Zahl Ma_∞ den kritischen Wert nur wenig, d. h. liegt die Anströmgeschwindigkeit c_∞ in der Nähe der Schallgeschwindigkeit a_∞, wird die Flügelumströmung durch eine örtliche Überschallzone auf der Saugseite, d. h. Oberseite, im Bereich der maximalen Profildicke wesentlich beeinflusst, Abb. 5.51. Das entstandene Überschallgebiet, die sog. **Überschallblase**, wird nach hinten durch einen Verdichtungsstoß begrenzt, wodurch wieder der Übergang zu der danach herrschenden Unterschallgeschwindigkeit erfolgt.

Bei der kritischen Anström- oder Fluggeschwindigkeit $c_{\infty,\text{kr}}$ tritt somit erstmals ein Verdichtungsstoß am umströmten Profil auf. Verbunden mit dem plötzlichen Druckanstieg des Verdichtungsstoßes sind eine starke Gefährdung der Grenzschicht (Ablösungsgefahr) und ein erheblicher Widerstandsanstieg auf das Mehrfache (bis 10-fach), Abb. 5.52. Der Widerstandsanstieg entspricht der durch den Verdichtungsstoß vernichteten mechanischen Energie. Bei günstiger Profilgestaltung kann die Wirkung des Verdichtungsstoßes und damit der Widerstandsanstieg in diesem transsonischen Bereich jedoch stark minimiert werden.

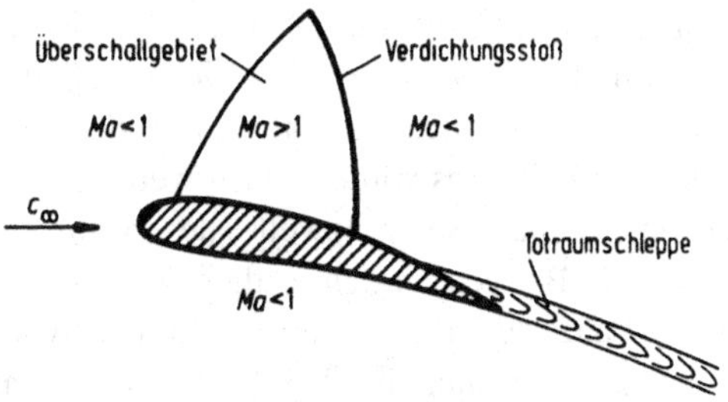

Abb. 5.51 Profil im schallkritischen Flugzustand, sog. transsonisches oder superkritisches Profil

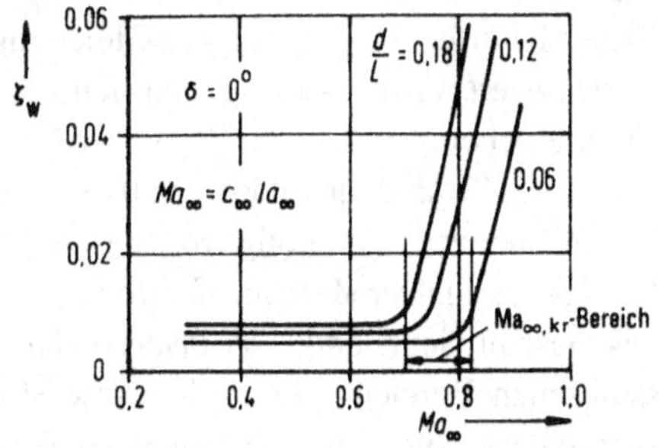

Abb. 5.52 Einfluss der Anström-MACH-Zahl Ma_∞ auf den Widerstandsbeiwert ζ_W bei Nullanstellung ($\delta = 0$) für verschiedene Dickenverhältnisse d/L. Dabei ist d die maximale Profildicke $d \equiv d_{max}$ nach Abb. 4.129

Dieser „Stoßanteil" tritt zum Flächen- und Formwiderstand (Abschn. 4.3.3) hinzu. Er wird als **Wellenwiderstand** bezeichnet (abgeleitet vom Widerstand der Kopfwelle bei Überschall) und besitzt gewisse Ähnlichkeit mit dem Wellenwiderstand der Schiffe. Je ausgeprägter die Stoßfront, desto größer ist auch der Wellenwiderstand. Übersteigt die MACH-Zahl der Anströmung die kritische wesentlich, kann auch auf der Druckseite, also der Profilunterseite, ein mehr oder weniger stark ausgeprägtes Überschallgebiet mit nachfolgender, entsprechend starker Stoßfront auftreten. Der Wellenwiderstand entspricht etwa der erzeugten Schallenergie, die in Richtung der MACH-Linien ausgestrahlt wird.

Steigt die Anströmgeschwindigkeit noch weiter, wird das ganze Profil mit Überschall umströmt (Abschn. 5.5.3.2). Die Stoßfronten verschieben sich an das vordere (Kopfwelle) und an das hintere Ende (Schwanzwelle) des Profils.

Der *Ma*-Bereich, in dem örtliche Überschallgebiete auf der Profilkontur auftreten, wird, wie schon erwähnt, als Transsonic, transsonischer Bereich oder Transschall bezeichnet. Nach PRANDTL wird die Unterschall-MACH-Zahl, bei der das Geschwindigkeitsmaximum am Körper gerade $Ma = 1$ erreicht, untere kritische MACH-Zahl genannt. Diejenige Überschall-MACH-Zahl der Anströmung andererseits, mit der an der Körpernase infolge des dort immer auftretenden Verdichtungsstoßes als kleinste MACH-Zahl gerade $Ma = 1$ erreicht wird, heißt obere kritische MACH-Zahl. Beide kritische MACH-Zahlen schließen das transsonische Gebiet ein. In diesem Bereich dürfen die zugehörigen Gleichungen nicht linearisiert werden – es würden sich zu große Fehler ergeben.

In Abb. 5.53 sind qualitativ Auftriebs- und Widerstandsbeiwert, abhängig von der MACH-Zahl, aufgetragen. Der *Wellenwiderstand* als Anteil des Gesamtwiderstandes ist insbesondere im transsonischen Bereich sehr groß. Diese starke transsonische Ausprägung wird auch als Widerstandsberg oder Schallmauer bezeichnet.

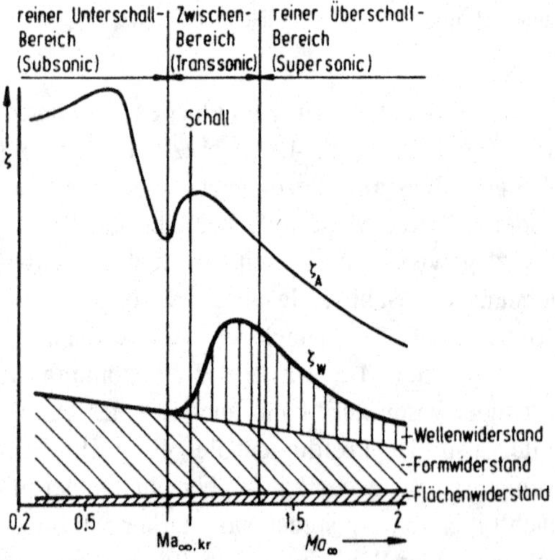

Abb. 5.53 Auftriebsbeiwert ζ_A und Widerstandsbeiwert ζ_W in Abhängigkeit von der Anström-MACH-Zahl Ma_∞

Durch geeignete Formgebung der sog. **transsonischen** oder **superkritischen Profile** ist es möglich, den Widerstandsberg (Abb. 5.53) und damit den Steilanstieg von ζ_W (Abb. 5.52) in den Bereich höherer MACH-Zahlen ($Ma_{\infty,kr}$ wird größer) zu verschieben. Dadurch ist hoher Unterschallbetrieb bei entsprechend verringertem Strömungswiderstand möglich. Bei solchen Profilen ergibt sich zwar eine relativ große Überschallblase, der Druckanstieg beim Übergang von Über- zu Unterschall am Ende der Überschallblase erfolgt wegen der günstigen Profilausführung jedoch nahezu stetig und damit verlustarm. Auch ist eine geringere Tragflächengröße notwendig, da die Auftriebswirkung infolge der höheren Fluggeschwindigkeit ansteigt, oder die Profilanstellung kann entsprechend verkleinert werden: Geringere Tragflächengröße A_{Fl} und/oder kleinerer Anstellwinkel δ führen zu weiterer Verringerung des Strömungswiderstandes, (4.302). Deshalb werden superkritische Profile immer häufiger verwendet.

Die kritische MACH-Zahl lässt sich jedoch auch in das Gebiet höherer Geschwindigkeit verlagern, durch Anwendung schlankerer Profile (geringere örtliche Beschleunigung), größerer Dickenrücklage oder durch sog. **Pfeilflügel** (Δ-Flügel).

Bei **Delta-Flügeln**, Abb. 5.54, nimmt an der Verdrängungsströmung um das Profil nur die Normalkomponente $c_{\infty,n}$ zur Tragflächenvorderkante teil, die deshalb auch die Auftriebskraft F_A und den Profilwiderstand F_W bestimmt. Da Pfeilwinkel α bis 60° ausführbar sind, ist es theoretisch möglich, die wirksame Normalkomponente der Anströmgeschwindigkeit zu halbieren ($c_{\infty,n} = c_\infty \cdot \cos\alpha$).

Der Deltaeffekt ermöglicht somit, die Fluggeschwindigkeit bis auf höhere *Ma*-Zahlen zu steigern, ohne dass sich, wie beschrieben, die Flügeleigenschaften verschlechtern. Durch die Pfeilung wird genau genommen nur die **„Schallmauer“** etwas in den Bereich höherer Geschwindigkeiten verschoben. Einmal erreicht auch die Normalkomponente der Anströmgeschwindigkeit „ihre“ Schallmauer. Diese ist dann jedoch nicht mehr so ausgeprägt. Die Erfahrung zeigt allerdings, dass oberhalb von $Ma_\infty \approx 3$ weniger gepfeil-

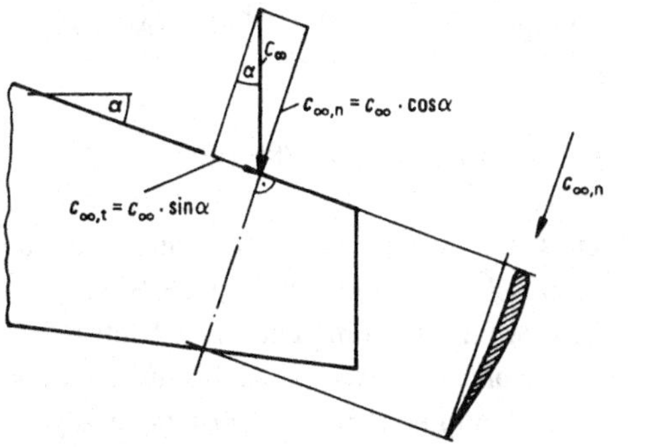

Abb. 5.54 Flügelpfeilung (Δ-Flügel) zur Herabsetzung der kritischen „Normal"-MACH-Zahl $Ma_{\infty,\text{n,kr}}$: $Ma_{\infty,\text{kr}} = c_{\infty,\text{n,kr}}/a_\infty = \cos\alpha \cdot c_\infty/a = \cos\alpha \cdot Ma_\infty$

te Flügel wieder besser sind. Der Deltaeffekt ist bei positiver und negativer Pfeilung gleich. Möglichst sollten dabei Querströme, die infolge der Tangentialkomponenten c_t, der Geschwindigkeit entstehen, durch entsprechende Einrichtungen (*Bremszäune*) vermieden, zumindest jedoch vermindert werden, da diese merklichen Störeinfluss auf die Profilumströmung ausüben. Brems- oder Grenzschichtzäune sind, wie erwähnt, in Flugrichtung verlaufende, auf die Tragflächen aufgesetzte Blechwände oder andere Erhebungen, deren mittlere Höhe etwa der halben Profildicke entspricht.

Zusammenfassend kann somit generell festgehalten werden: Bei transsonischen Strömungen bleibt ein Teil der Störungen (Überschallgebiet), relativ betrachtet, am Ort stehen. Ein Flugzeug, das ungefähr mit Schallgeschwindigkeit fliegt, wird demnach von einem Teil seiner eigenen Störungen begleitet. Dies hat große Auswirkungen auf die Luftkräfte und die Lage ihrer Resultierenden zur Folge. In der Nähe der Schallgeschwindigkeit wächst der Luftwiderstand bis auf ein Vielfaches. Das Flugzeug wird entsprechend gebremst. Hinzu treten starke Änderungen des Auftriebs, was unangenehme Fallbeschleunigungen bewirken kann. Deshalb galt die Schallgeschwindigkeit lange Zeit als obere Grenze für Flugzeuge. Auch die heutigen Überschallflugzeuge versuchen stets, die Schallgeschwindigkeit nur kurzzeitig zu fliegen. Die sog. Schallmauer soll also schnell „durchstoßen" werden, d. h. die Beschleunigung so groß sein, dass der Übergang vom Unterschall in Überschall möglichst rasch erfolgt. Im Überschallgebiet sind dann keine Anhäufungen von Störungen vorhanden. Es herrschen wieder regelmäßige Verhältnisse.

Benennungen bei Pfeilflügeln (Abb. 5.54) im Überschallgebiet mit

$$Ma_\text{n} = c_{\infty,\text{n}}/a_\infty = \cos\alpha \cdot c_\infty/a_\infty = \cos\alpha \cdot Ma_\infty$$

sind, wenn:

- $Ma_\text{n} < 1$ Bezeichnung: *Unterschallkanten*
- $Ma_\text{n} > 1$ Bezeichnung: *Überschallkanten*

Während Flügel mit Überschallkanten die Strömung stromaufwärts vor den Kanten nicht beeinflussen können, ist bei Unterschallkanten ein Einfluss vorhanden. Aerodynamisch günstige Überschallflugkörper, z. B. Überschallflugzeuge, sollten möglichst so ausgebildet werden, dass sie gänzlich innerhalb des MACH-Kegels liegen, der von ihrer vordersten, hierfür eigens angeordneten Spitze ausgelöst wird. Sie sollten also Unterschallkanten aufweisen. Ist dies technisch nicht zu verwirklichen, sollten die schlanken Flügel mit ihren scharfen Vorderkanten so gestaltet werden, dass sich die Strömung im gesamten Flugbereich von der Vorderkante stets in eindeutig kontrollierbarer Weise ablöst und damit beherrschbar ist (stabiler Flugbetrieb).

5.5.3.2 Reiner Überschall

Das Überschallgebiet wird, wie in Abschn. 5.1 erwähnt, in die zwei Bereiche

- Supersonic $Ma > 1$ $(1{,}25(1{,}8) \leq Ma < 5)$
- Hypersonic $Ma \gg 1$ $(Ma \geq 5)$

aufgeteilt.

Der Grund liegt darin, dass hypersonische Strömungen durch besondere physikalische und auch chemische Merkmale gekennzeichnet sind, die bei supersonischen nicht auftreten. Es kommt zu Dissoziations- und Ionisationseffekten des umgebenden Mediums, also der praktisch immer feuchten Luft, die deshalb nicht mehr als thermodynamisch ideales Gas betrachtet werden darf. Hypersonic ist noch ein verhältnismäßig neues Gebiet der Fluidmechanik. Trotzdem sind mehrere Fachbücher verfügbar, z. B. [67] und [70].

Die verschiedenen Voraussetzungen und Kennzeichen **hypersonischer Strömungen** sind der einschlägigen Fachliteratur zu entnehmen. Im hypersonischen Gebiet können ebenfalls sowohl Kompressions- als auch Expansionsströmungen auftreten. Wie bei supersonischen Strömungen ist dabei die Form des umströmten Körpers, insbesondere die Ausbildung der Nase (spitz, stumpf!) bedeutungsvoll. Das Gebiet der Hypersonic sprengt den Rahmen dieses Buches. Es wird deshalb nicht behandelt und auf das aufgeführte Schrifttum verwiesen.

Einen Hinweis über in der Natur auftretende und technisch erreichbare MACH-Zahlen sollen folgende *Beispiele* geben:

a) Ein Meteor dringe mit der Geschwindigkeit von 30 km/s in die Atmosphäre ein. Die Temperatur der Stratosphäre betrage ca. −50 °C (Abb. 2.16). Bei diesen Werten sind:
   - Schallgeschwindigkeit in der Stratosphäre:

$$a = \sqrt{\varkappa \cdot R \cdot T}$$
$$= \sqrt{1{,}4 \cdot 287 \cdot 223} \left[\sqrt{\frac{\mathrm{m}^2}{\mathrm{s}^2 \cdot \mathrm{K}} \cdot \mathrm{K}}\right]$$
$$= 300\,\mathrm{m/s}$$

   - MACH-Zahl

$$Ma = c/a = 30.000/300 = 100$$

b) Eine Rakete benötigt zum Verlassen der Erde die Anfangsgeschwindigkeit von 11,2 km/s (Fluchtgeschwindigkeit). Die Lufttemperatur betrage 20 °C.
   Hierfür ergeben sich:
   - Schallgeschwindigkeit

$$a = \sqrt{\varkappa \cdot R \cdot T}$$
$$= \sqrt{1{,}4 \cdot 287 \cdot 293} = 343\,\mathrm{m/s}$$

   - MACH-Zahl

$$Ma = c/a = 33$$

c) Ein Satellit kreise mit 7,8 km/s Geschwindigkeit um die Erde. Die Stratosphärentemperatur betrage wieder −50 °C. Die MACH-Zahl ist dann:

$$Ma = c/a = 7800/300 = 26$$

   Diesen MACH-Wert erreicht auch der amerikanische Raumgleiter „Space Shuttle“ aus dem Weltraum kommend beim Eintritt in die Atmosphäre und wird dann bis auf die Landegeschwindigkeit von ca. 100 m/s verzögert.

d) Ein Geschoss erreiche die Geschwindigkeit 1200 m/s. Bei einer Lufttemperatur von 20 °C beträgt die MACH-Zahl ($a = 343\,\mathrm{m/s}$; Tab. 1.16):

$$Ma = c/a = 1200/343 = 3{,}5$$

Die bei Naturereignissen erreichten MACH-Zahlen sind somit wesentlich höher als die in der Technik bisher verwirklichten.

In Folgendem sollen **supersonische Strömungen** betrachtet werden. Bereits die Untersuchung der ebenen Unterschallströmung um Tragflügel (Abschn. 4.3.3.8) führte zu dem Ergebnis, dass zwecks Vermeiden schädlicher Wirbelbildung infolge Grenzschichtablösung die Profile um so schlanker ausgeführt werden müssen, je größer die MACH-Zahl ist. Das gleiche gilt auch für Überschallprofile. Zudem kann, wie noch zu zeigen ist, der Wellenwiderstand herabgesetzt werden, wenn die Profilnase nicht abgerundet, sondern spitz ausgeführt wird. Aus diesen Erkenntnissen folgt, dass möglichst dünne, vorne und hinten spitz ausgebildete Profile für Überschallgeschwindigkeiten aerodynamisch am günstigsten sind. Als Idealbild eines Überschallflügels kann demnach die angeschärfte ebene dünne Platte mit geringem Anstellwinkel δ angesehen werden, gemäß Abb. 5.55. Die ebene, d. h. zweidimensionale, Überschallströmung um eine angestellte Rechteckplatte (Spannweite ∞) und die daraus resultierenden Oberflächendrücke bzw. -kräfte, lassen sich mit Hilfe des Charakteristik-Diagrammes von PRANDTL-BUSEMANN (Abschn. 5.4.2.2) verfolgen.

Hier möge nur der grundsätzliche Verlauf der Strömung kurz aufgezeigt werden. Ihre Randbedingungen sind bestimmt durch die ungestörte

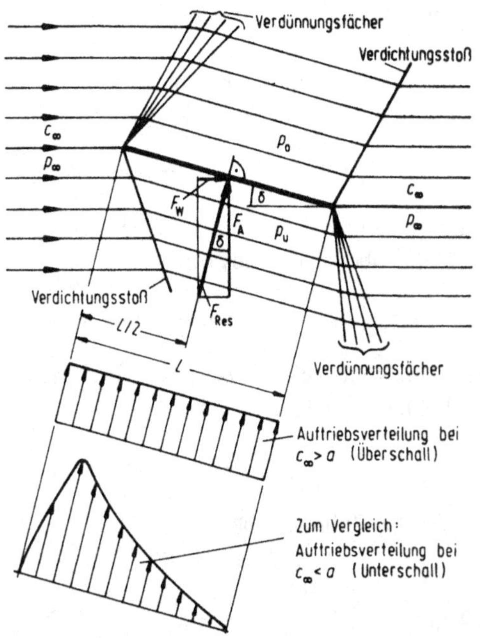

Abb. 5.55 Überschallströmung um eine angestellte ebene Platte. Oberseite, Index o, Verdünnung der Stromlinien (größerer Abstand) und auf Unterseite, Index u, Stromlinien-Verdichtung (kleinerer Abstand)

Anströmgeschwindigkeit c_∞, die Strömungsrichtungen längs von Plattenober- und -unterseite sowie die zur Anströmung parallele Abströmung hinter der Platte, die ebenfalls mit der Geschwindigkeit c_∞ erfolgen muss, da keine globale MACH-Zahl-Änderung vorliegt:

Der Strömungsverlauf ist prinzipiell der gleiche wie der entlang einer schwach geknickten Wand (Abschn. 5.4.2.2 und 5.4.3), und zwar konvex bei der Saugseite sowie konkav für die Druckseite. Auf der Saugseite (Oberseite) stellt sich an der Plattenvorderkante zunächst eine stetige Verdünnungsströmung (Verdünnungswelle) gemäß Abb. 5.42 ein, die so lange anhält, bis die Geschwindigkeitsrichtung mit der Plattenrichtung übereinstimmt. Es findet also eine „Drehung" der Stromlinien um den Anstellwinkel δ statt. Auf der Druckseite (Unterseite) erfolgt – ausgehend von der Plattenvorderkante – ein schräger Verdichtungsstoß, durch den die Strömung unterhalb der Platte unstetig in deren Richtung abgelenkt wird.

An der Plattenhinterkante ergibt sich das umgekehrte Bild insofern, als jetzt der Druckausgleich auf der Oberseite unstetig durch einen schrägen Verdichtungsstoß (Druckerhöhung) und auf der Unterseite durch eine Verdünnungswelle (Druckabsenkung) bewirkt wird.

Auf beiden Seiten der theoretisch unendlich dünnen Platte ist die Strömungsgeschwindigkeit jeweils konstant, oben höher, unten niedriger, jedoch überall größer als die Schallgeschwindigkeit. Der in Abb. 5.55 eingetragene Stromlinienverlauf verdeutlicht diese Feststellung. Die Druckverteilung ist deshalb über die ganze Plattenlänge oben und unten ebenfalls jeweils theoretisch konstant. Dies hat zur Folge, dass die resultierende Flügelkraft F_{Res} senkrecht auf die Plattenebene wirkt und in deren Mitte angreift, sofern alle Reibungseinflüsse unberücksichtigt bleiben.

Die einfache Platte ist aus Materialfestigkeitsgründen jedoch nicht geeignet, die bei der Überschallumströmung auftretende Kraft zu übertragen. Das nächst einfache Gebilde als Profil ist der sog. Doppelkeil. Dieser bietet die Möglichkeit, in seinem Inneren die zur Kraftaufnahme notwendigen Strukturversteifungen vorzunehmen. Durch ein etwas komplizierteres Zusammenwirken der Drücke entsteht beim angestellten **Doppelkeilprofil** der Auftrieb, hier nicht genauer dargestellt. Auch das angestellte **Linsenprofil** (Abb. 5.56) ist möglich.

Praktisch muss das Profil somit, nicht zuletzt aus Festigkeitsgründen, überall eine endliche Dicke erhalten. Hierbei ist also wie erwähnt, im allgemeinen eine leicht konvex gewölbte Saugseite zweckmäßig, während die Vorder- und Hinterkante des Profils möglichst zugespitzt sein sollten. Die bei $Ma < 1$ üblichen, vorn verdickten Flügelprofile sind also bei Überschall ($Ma > 1$) wegen des großen Widerstandes ungeeignet.

Das bisher Betrachtete ergibt, dass bei Überschallströmungen um Profile – auch bei Reibungsfreiheit – stets eine Widerstandskomponente auftritt. Deren Arbeit (Exergieverlust) ist nach Busemann das Äquivalent der Entropievermehrung infolge der schrägen Verdichtungsstöße. Dieser, als Folge der durch die MACH-Wellen gestörten Strömung, verursachte Widerstand wird deshalb, wie schon erwähnt, als Wellenwiderstand $F_{W,We}$ bezeichnet. Daher gilt in Abb. 5.55: $F_W \equiv F_{W,We}$.

Nach Abb. 5.55 folgt für die theoretische Gleitzahl ε_{th} gemäß (4.305) bei reibungsfreier Überschallströmung:

$$\varepsilon_{th} = F_W / F_A = \tan\delta \quad (5.218)$$

Im Überschallbereich tritt somit selbst bei Reibungsfreiheit schon eine Gleitzahl auf ($\varepsilon_{th} > 0$), bedingt durch den Wellenwiderstand ($F_W = F_{W,We}$). Das ist gegensätzlich zur Subsonic-Strömung. Dort ist bei idealem Fluid keine Widerstandskraft vorhanden und damit $\varepsilon_{th} = 0$.

Tatsächlich ist jedoch bei realer Supersonic-Strömung infolge Reibung und Wirbel die Widerstandskraft F_W immer höher als nach Abb. 5.55 ($F_W > F_{W,We}$), so dass gilt:

► Die (tatsächliche) Gleitzahl ε bei realer Überschallströmung ist immer größer als der Tangens des Anstellwinkels ($\varepsilon > \varepsilon_{th}$).

Analytisch lassen sich bei reibungsloser Strömung für den dynamischen Auftrieb und den Wellenwiderstand Näherungsformeln angeben. Diese folgen aus der linearisierten Potenzialgleichung (lineare Theorie bei schwacher Umlenkung).

Wie dargelegt, können die Überlegungen für die Strömung längs einer schwach konvex bzw. konkav geknickten Wand nach Abschn. 5.4.2.2 und 5.4.3 unmittelbar auf die überschallschnelle Umströmung der ebenen, wenig angestellten Platte ($\delta \equiv \Delta\delta$) entsprechend übertragen werden. Als Druckdifferenz gegenüber der ungestörten Anströmung ergibt sich dann nach (5.215) mit dem kleinen Anstellwinkel δ im Bogenmaß $\widehat{\delta}$:

$$\Delta p_{u,o} = \pm 2 \cdot \frac{\sqrt{Ma_\infty^2 - 1}}{Ma_\infty^2} \cdot \widehat{\delta} \cdot q_\infty \quad (5.219)$$

Hierbei ist q_∞ der Staudruck der Anströmung:

$$q_\infty = \varrho_\infty \cdot \frac{c_\infty^2}{2} \quad (5.220)$$

Mit $c_\infty^2 = a_\infty^2 \cdot Ma_\infty^2 = \varkappa \cdot \frac{p_\infty}{\varrho_\infty} \cdot Ma_\infty^2$ wird:

$$q_\infty = \frac{\varkappa}{2} \cdot p_\infty \cdot Ma_\infty^2 \quad (5.221)$$

In (5.219) gilt:

- Das *positive* Vorzeichen für die Druckseite (Plattenunterseite, Index u):

$$\Delta p_u = p_u - p_\infty > 0 \rightarrow \text{Überdruck!}$$

- Das *negative* Vorzeichen für die Saugseite (Plattenoberseite, Index o):

$$\Delta p_o = p_o - p_\infty < 0 \rightarrow \text{Unterdruck!}$$

Der Druckunterschied zwischen Plattenunter- und Plattenoberseite ist dann:

$$\Delta p_{ges} = p_u - p_o = \Delta p_u - \Delta p_o \quad (5.222)$$

(5.219) eingeführt, ergibt:

$$\Delta p_{ges} = 4 \cdot \frac{\sqrt{Ma_\infty^2 - 1}}{Ma_\infty^2} \cdot \varrho_\infty \cdot \frac{c_\infty^2}{2} \cdot \widehat{\delta} \quad (5.223)$$

Mit der **Plattenfläche** $\boldsymbol{A_{Fl} = b \cdot L}$, dem Anstellwinkel $\widehat{\delta}$ (Bogenmaß) und (5.223) ergeben sich:

- *Resultierende Plattenkraft* $F_{Res} = \Delta p_{ges} \cdot A_{Fl}$:

$$\boldsymbol{F_{Res} = 4 \cdot \frac{\sqrt{Ma_\infty^2 - 1}}{Ma_\infty^2} \cdot \varrho_\infty \cdot \frac{c_\infty^2}{2} \cdot \widehat{\delta} \cdot A_{Fl}} \quad (5.224)$$

- *Auftriebskraft* F_A:

$$F_A = F_{Res} \cdot \cos\delta \approx F_{Res} \quad (5.225)$$

- *(Wellen-)Widerstand* $F_{W,We}$:

$$F_{W,We} = F_{Res} \cdot \sin\delta \approx F_{Res} \cdot \widehat{\delta} \quad (5.226)$$

$F_W \equiv F_{W,We}$ da ideale Strömung (Abb. 5.55).

Mit diesen Gleichungen folgen für die dimensionslosen Flügelbeiwerte, wobei Anstellwinkel δ wieder im Bogenmaß, also $\widehat{\delta}$:

- *Auftriebsbeiwert* ζ_A:

$$\zeta_A = \frac{F_A}{q_\infty \cdot A_{Fl}} \approx \frac{F_{Res}}{q_\infty \cdot A_{Fl}} = \boldsymbol{4 \cdot \frac{\sqrt{Ma_\infty^2 - 1}}{Ma_\infty^2} \cdot \widehat{\delta}} \quad (5.227)$$

- *Wellen-Widerstandsbeiwert* $\zeta_{\mathrm{W,We}}$:

$$\zeta_{\mathrm{W,We}} = \frac{F_{\mathrm{W,We}}}{q_\infty \cdot A_{\mathrm{Fl}}} \approx \frac{F_{\mathrm{Res}}}{q_\infty \cdot A_{\mathrm{Fl}}} \cdot \widehat{\delta} \quad (5.228)$$

$$\zeta_{\mathrm{W,We}} = 4 \cdot \frac{\sqrt{Ma_\infty^2 - 1}}{Ma_\infty^2} \cdot \widehat{\delta}^2 = \zeta_{\mathrm{A}} \cdot \widehat{\delta} \quad (5.229)$$

Durch Separieren des Anstellwinkels $\widehat{\delta}$ aus (5.227) und Einsetzen in (5.229) ergibt sich:

$$\boldsymbol{\zeta_{\mathrm{W,We}} = \frac{1}{4} \cdot \frac{Ma_\infty^2}{\sqrt{Ma_\infty^2 - 1}} \cdot \zeta_{\mathrm{A}}^2} \quad (5.230)$$

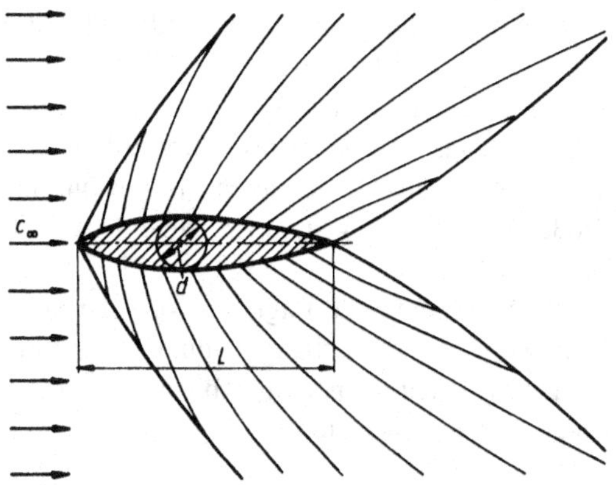

Abb. 5.56 Überschallschnelle Strömung um Linsenprofil ohne Anstellung ($\delta = 0°$). $Ma > 1$ in der gesamten Umströmung, d/l Dickenverhältnis

Der Auftriebswert ζ_{A} ist nach (5.227) direkt proportional dem Anstellwinkel δ. Der Wellenwiderstandsbeiwert $\zeta_{\mathrm{W,We}}$ verhält sich dagegen gemäß Beziehung (5.230) proportional zum Quadrat des Auftriebsbeiwertes ζ_{A} und damit des Anstellungswinkels δ. Die Polare, Abb. 5.61 und 5.62, hat deshalb bei idealer Überschallumströmung einen parabolischen und bei realer einen parabelähnlichen Verlauf. Die parabolische Abhängigkeit zwischen $\zeta_{\mathrm{W,We}}$ und ζ_{A} ist analog der Widerstandsparabel des induzierten Widerstandes bei elliptischer Auftriebsverteilung eines Flügels endlicher Spannweite in realer (inkompressibler) Unterschallströmung (Abschn. 4.3.3.9).

Ein weiteres, im einschlägigen Schrifttum vielfach behandeltes Beispiel einer linearisierten Überschallströmung ist die symmetrische Umströmung ($\delta = 0$) eines endlich dicken, **bikonvexen Parabelprofiles (Linsenprofil)** entsprechend Abb. 5.56. Von der Profilnase ausgehend, entsteht zunächst auf beiden Profilseiten je ein schräger Verdichtungsstoß (Kopfwelle). Die Überschallgeschwindigkeit bleibt dabei erhalten, wenn auch von geringerer MACH-Zahl, jedoch steigt der Druck. Hinter den schrägen Verdichtungsstößen besteht demnach Überdruck, der auf beiden Seiten gleich groß ist. Wie in Abschn. 5.4.3 geschildert, kann die konvex gekrümmte Profilkontur in einzelne, verschieden stark geneigte Flächenelemente aufgelöst gedacht werden.

Von den vielen „Knickstellen" gehen jeweils Verdünnungswellen aus. Durch diese Verdünnungswellen wird der Überdruck allmählich wieder abgebaut und auf den rückwärtigen Profilbereichen sogar beidseitig in Unterdruck verwandelt. Am Hinterende stoßen die Strömungen von beiden Seiten des Profils unter ähnlich großen Winkeln zusammen, was abermals zu zwei schrägen Verdichtungsgrößen (Schwanzwellen) führt. Diese Verdichtungsstöße an der Profilhinterkante verursachen erneut eine Druckerhöhung. Dadurch wird nach dem Profil der Druck sowie die Geschwindigkeit der ungestörten Außenströmung wieder erreicht und die Stromlinien in ihre ursprüngliche horizontale Lage abgelenkt.

Die vom Vorderteil des Profils ausgehenden Wellen treffen die Front des vorderen Verdichtungsstoßes, die vom hinteren Teil ausgehenden Wellen die Schwanzstoßfront. Sie schwächen die Stärke der Verdichtungsstöße um so mehr ab, je größer der seitliche Abstand vom Profil wird. Somit erfolgt seitlich ein allmählicher Übergang in die „ungestörte" Außenströmung, die Störung flacht ab. Das auf diese Weise theoretisch entworfene Bild kann experimentell durch Schlierenaufnahmen gut bestätigt werden.

Infolge der zur waagrechten Staustromlinie symmetrischen Umströmung ist die Wirkungsrichtung der Resultierenden der an der Profiloberfläche wirkenden Kräfte ebenfalls waagrecht. Das Profil erfährt also einen Wellenwiderstand (auch bei idealer Strömung), jedoch keinen Auftrieb. Der Wellenwiderstand ist wieder abhängig von der Anström-MACH-Zahl und dem Quadrat des maximalen Dickenverhältnisses d/L.

Durch Anstellung des Profils ändert sich das Strömungsbild, jedoch nicht grundsätzlich. Außer dem unvermeidlichen Wellenwiderstand und dem Reibungs- sowie Formwiderstand bei den realen Fluiden tritt dann auch als gewünschte Größe die zum Fliegen notwendige Querkraft (Auftrieb F_A) auf.

Die Ausbildung und Lage der vorderen Stoßfront (Kopfwelle) ist abhängig von der Stirnform des angeströmten Körpers. In Abb. 5.57 sind verschiedene Fälle dargestellt.

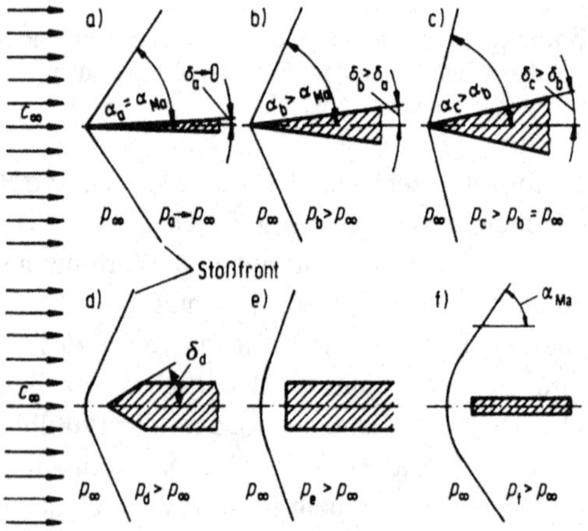

Abb. 5.57 Ausbildung der Stoßfront.
Die Lage der Stoßfront ist abhängig von der Form des angeströmten Körpers. Bei sehr kleinen „Öffnungen" (Teilbild a) geht der Stoßwinkel in den MACHschen Winkel über. Bei sehr großen Winkeln dagegen (Bildteile d bis f) kommt es zur Ablösung des Stoßes

An der Keilspitze geht, entsprechend der Strömung entlang der eingeknickten Wand (Abschn. 5.4.2.2), wieder nach beiden Seiten je ein schräger Verdichtungsstoß aus. Wenn der Keilwinkel $2 \cdot \delta_a$ sehr klein ist, Abb. 5.57a, sind die von der Vorderkante ausgehenden feinen Stoßlinien gegenüber der Richtung der parallelen Anströmung um den MACHschen Winkel α_{Ma} geneigt. Wird der Keilwinkel größer, werden die Stoßlinien dicker und neigen sich unter dem Winkel α_b, der größer ist als der MACH-Winkel α_{Ma}. Die Richtung der Stromlinien verläuft hinter dem Stoß parallel zur Keiloberfläche (Abb. 5.57, Fälle b) und c)). Wie in Abschn. 5.4.2.2 begründet, erfahren die Stromlinien an der Stoßfront einen Knick.

Ab einem bestimmten Keilwinkel δ_d löst sich die Stoßfront von der Keilspitze entgegen der Strömungsrichtung ab. Es bildet sich ein abgehobener gekrümmter Verdichtungsstoß. Der Stoßwinkel ist jetzt entlang der Stoßfront nicht mehr konstant, was bedeutet, dass der Strömungszustand zwischen Stoß und Körper nicht mehr gleichmäßig bleibt. In der Symmetrieebene ist $\alpha = 90°$ (senkrechter Stoß), während der Neigungswinkel α der Stoßfront nach außen monoton abnimmt. In genügend großer seitlicher Entfernung vom Körper strebt der Stoßwinkel wieder dem zur MACH-Zahl der Anströmung gehörenden MACH-Winkel α_{Ma} zu. Dies trifft auch bei den Stoßfronten zu, die an spitzen Körpern anliegen.

Während bei keilförmig zugespitzten Körpern in Überschallströmung je nach MACH-Zahl und Keilwinkel sowohl anliegende als auch abgehobene Verdichtungsstöße auftreten, bilden sich bei vorne stumpfen Körpern nur abgehobene Stöße aus. Bei solchen Körpern herrscht in der Umgebung der Stromlinie, die zum Staupunkt führt, infolge des dort senkrecht verlaufenden Verdichtungsstoßes, hinter der Stoßfront immer Unterschallströmung. Vor dem Körperkopf entsteht deshalb ein Unterschallgebiet, in dem sich daher Störungen in begrenztem Maße, d. h. bis zur Stoßfront, stromaufwärts bemerkbar machen können. Dies ist die einzige Überschallströmung, bei der Unterschallgeschwindigkeit auftritt. Außerhalb des durch die Linie entsprechend der örtlichen MACH-Zahl $Ma = 1$ begrenzten Bereiches herrscht auch zwischen Stoßfront und Körper Überschall.

Liegt die Anströmung knapp im Überschall ($Ma \approx 1{,}2$, also Transsonic), ergibt sich am Körpervorderteil eine von der Zuström-MACH-Zahl nahezu unabhängige Geschwindigkeitsverteilung. Bedingt ist dies durch die Erscheinung, dass sich bei geringem Überschall schon weit von dem Körper ein nahezu senkrechter Verdichtungsstoß ausbildet, der hinter der Stoß-Front Unterschallströmung bewirkt. Der Verdichtungsstoß bewegt sich mit dem Körper fort (Abb. 5.2). Die Kopfwelle (Stoßfront) liegt bei großer Geschwindigkeit dagegen eng am Körper an und rückt nur bei geringerer weiter von ihm ab.

Vor dem abgerundeten, überschallschnell umströmten Körper in Abb. 5.58 bildet sich somit als Stoßfront eine abgelöste Kopfwelle in geringem Abstand vor dessen Nase aus, die nach den Seiten hin allmählich in eine normale Kegelwelle vom MACHschen Winkel übergeht (Abb. 5.57d). Je größer die Zuström-MACH-Zahl Ma, desto geringer ist, wie erwähnt, der Abstand der Kopfwelle vom Körper (Maß t in Abb. 5.58). Der Verzweigungspunkt S der Symmetriestromlinie (Staustromlinie) ist – genau wie bei inkompressibler Strömung – ein Staupunkt, in dem die Geschwindigkeit auf null absinkt. Druck- und Geschwindigkeitsverlauf entlang der Staustromlinie sind in Abb. 5.58 eingetragen. Bis zur Kopfwelle sind Druck und Geschwindigkeit in der ganzen Strömung jeweils konstant. An der Stoßfront steigt der Druck sprunghaft und anschließend bis zum Staupunkt stetig. Für die Geschwindigkeit gilt das umgekehrte Verhalten. Sie fällt an der Kopfwelle plötzlich und sinkt dann stetig bis auf null am Staupunkt S. Dabei ist wieder gleichgültig, ob der Körper sich im Medium bewegt, oder das Medium auf den Körper zuströmt oder sich sogar beide bewegen. Entscheidend ist die Relativbewegung zwischen Körper und Medium. Infolge

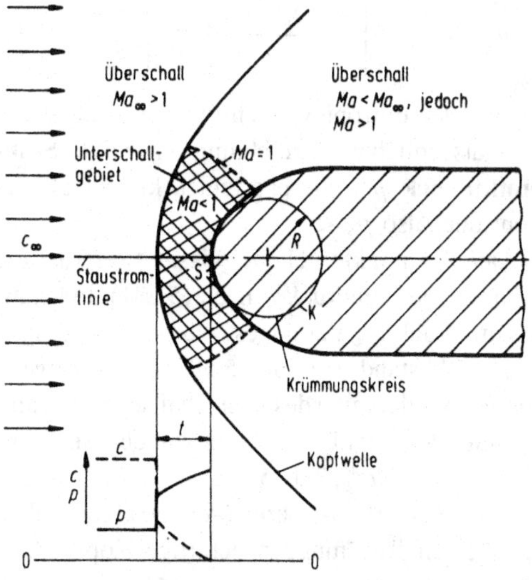

Abb. 5.58 Kopfwelle vor überschallschnell angeströmtem Körper mit eingetragenem Druck- und Geschwindigkeitsverlauf entlang der Staustromlinie bis zum Staupunkt S. Relativvorgang, d. h., es kann sich der Körper und/oder das Fluid zueinander bewegen

des unvermeidlichen Stoßverlustes ist der Staudruck q, d. h. der dynamische Druck am Staupunkt S, geringer als bei stetiger Verdichtung. Entsprechend der Beziehung von inkompressibler Strömung (Abschn. 3.3.6.3.3) wird bei Gasen mit einem Proportionalitätsfaktor β für den **Staudruck q** oft gesetzt:

$$q = p_S - p_\infty = \varrho_\infty \cdot \frac{c_\infty^2}{2} \cdot \beta = q_\infty \cdot \beta \tag{5.231}$$

Dabei ist β, Tab. 5.5, ein von der MACH-Zahl der Anströmung abhängiger Proportionalitätsfaktor, der den Stoßverlust und den Kompressibilitätseinfluss berücksichtigt. Er wird als **Staudruckbeiwert**, oder kurz Staufaktor(-beiwert) bezeichnet.

Tab. 5.5 Proportionalitätsfaktor β, Staudruckbeiwert, für Luft (Richtwerte) als Funktion der Anström-MACH-Zahl Ma_∞ [38]

$Ma_\infty = c_\infty/a_\infty$	$\leq 0{,}3$	0,5	1	1,5	2	3	$\to \infty$
β	1	1,065	1,275	1,53	1,655	1,75	1,85

Zu beachten ist, dass infolge Verdichtung $\varrho_S > \varrho_\infty$ und (5.231) ϱ_∞ verwendet. Daher muss bei $Ma_\infty > 0{,}3$ Faktor $\beta > 1$ sein, und die Formel ergibt richtigerweise $q_{\text{komp}} < q_{\text{inkomp}}$ unter sonst gleichen Verhältnissen.

Die Verdichtung im Staubereich, Abb. 5.59, führt wegen dem **Staupunktdruck p_S** zu einer entsprechend hohen **Staupunkttemperatur T_S**, die meist unerwünscht ist.

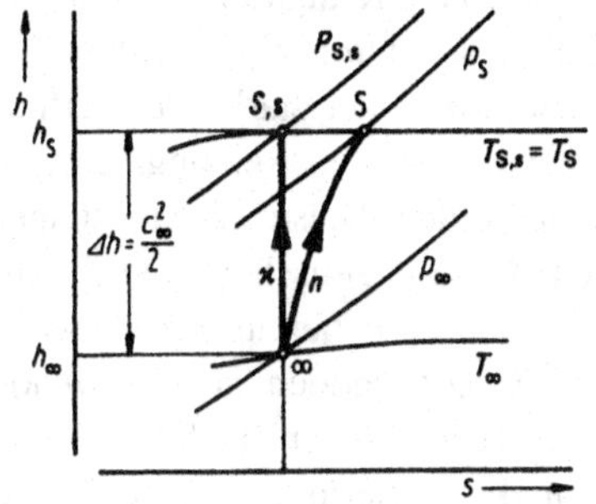

Abb. 5.59 Ideale und reale Verdichtung der Staupunktströmung nach Abb. 5.58

Die Staupunkttemperatur oder kurz **Stautemperatur** T_S, d. h. die Temperatur am Staupunkt, ergibt sich theoretisch aus der Energiegleichung bei idealem Gasverhalten:

E ⊗–Ⓢ mit $c_s = 0$; $T_{S,s} \approx T_S$ und $c_p = \text{konst}$:

$$c_\infty^2/2 = h_{S,s} - h_\infty = c_p \cdot (T_S - T_\infty)$$

Hieraus

$$T_S = T_\infty + (1/c_p) \cdot (c_\infty^2/2)$$

mit $c_p = [\varkappa/(\varkappa - 1)] \cdot R$ (Ideales Gas!) und $c_\infty = a_\infty \cdot Ma_\infty = \sqrt{\varkappa \cdot R \cdot T_\infty} \cdot Ma_\infty$ wird

$$T_S = T_\infty + \frac{\varkappa - 1}{\varkappa} \cdot \frac{1}{R} \cdot \frac{1}{2} \cdot \varkappa \cdot R \cdot T_\infty \cdot Ma_\infty^2$$

$$\boldsymbol{T_S = T_\infty \cdot \left[1 + \frac{\varkappa - 1}{2} \cdot Ma_\infty^2\right]} \tag{5.232}$$

Bei den in Abschn. 5.5.3.2 aufgeführten Beispielen würden sich gemäß (5.232) Staupunkttemperaturen ergeben von:

$$T_S = 232 \cdot (1 + 0{,}2 \cdot Ma_\infty^2)\ [\text{K}].$$

Das wären bei Fall a) 446.223 K; b) 48.792 K; c) 30.372 K und d) 769 K.

Die ersten drei Werte entsprechen nicht der Wirklichkeit da Luft unter diesen Verhältnissen dissoziiert bzw. sogar ionisiert → Realgaseffekte. Dissoziations- und Ionisationsenergie sind sehr hoch (endotherme Vorgänge), weshalb die Staupunkttemperatur entsprechend niedriger bleibt, was fast immer vorteilhaft ist.

Bei sehr hohen Geschwindigkeiten (*Ma*-Zahlen) spielen die Realgaseffekte eine entscheidende Rolle, die durch eine Reihe chemischer Reaktionen infolge der starken Lufterhitzung in Verdichtungsstößen und Reibungsschichten hervorgerufen werden. Diese Effekte können unter Verwendung von chemischem und thermischem Gleichgewicht heute bereits berechnet werden. In Zukunft wird es jedoch auch notwendig sein, Strömungen zu berechnen, die bezüglich der chemischen und der thermodynamischen Zustände nicht im Gleichgewicht sind. Dabei müssen die thermischen Relaxations[10]vorgänge als zeitabhängige Differenzialgleichungen mit in das zu lösende System der Strömungsdifferenzialgleichungen einbezogen werden.

Bemerkung: Trotz Außentemperatur von ca. −50 °C und geringer Luftdichte (nur etwa 0,4 kg/m³) in 10 km Höhe (Tab. 6.4) würde die Flugzeugaußenhaut, abhängig von der Flug-MACH-Zahl, etwa folgende Temperaturen infolge Luftreibung erreichen:

Ma	Temperatur
2	ca. 150 °C
3	ca. 400 °C
5	ca. 1500 °C

Deshalb sind Kühlung und besondere Werkstoffe notwendig.

Für isentrope Verdichtung (Zweitindex s) der Stauströmung wäre der Absolutdruck im Staupunkt, der theoretische Staupunktdruck $p_{S,s}$ (gemäß (5.12) oder (5.139)):

$$(p_{S,s}/p_\infty)^{(\varkappa-1)/\varkappa} = T_S/T_\infty$$

Hieraus mit (5.232):

$$p_{S,s} = p_\infty \cdot \left[1 + \frac{\varkappa - 1}{2} \cdot Ma_\infty^2\right]^{\frac{\varkappa}{\varkappa-1}} \tag{5.233}$$

Wegen der Entropievermehrung im Stoß ist der bei tatsächlicher Verdichtung erreichte **Staupunktdruck** p_S, wie begründet, kleiner als der isentrope, also $p_S < p_{S,s}$.

Der Staupunktdruck p_S (Gesamtwert) ist die Summe von Staudruck q nach (5.231) und statischem Druck p_∞ der ungestörten Anströmung.

Der Abstand t (Abb. 5.58) der Kopfwelle von der Vorderkante des überschallschnellen umströmten Körpers ist abhängig von der Anström-MACH-Zahl Ma_∞, Tab. 5.6.

Auch vor PITOT-Rohren (Abb. 3.35) entstehen in Überschallströmungen derartige Kopfwellen. Das ist beim Messen mit diesen Geräten zu beachten (5.231).

[10] Relaxation … Erschlaffung, Abschwächung.

Tab. 5.6 Verhältnis von Kopfwellenabstand t und Nasenkrümmungsradius R des angeströmten Körpers für einige MACH-Zahlen Ma_∞ der Anströmung (gemäß Abb. 5.58)

Ma_∞	1,5	2	7
t/R	0,7	0,35	0,15

Die Ausbildung der Körpernase und damit der Kopfwelle beeinflusst wesentlich die Größe des Strömungswiderstandes, was die von CRANZ und BECKER durchgeführten Messungen an Geschossen, Abb. 5.60, bestätigen. Die Widerstandswerte zeigen deshalb deutlich den Einfluss der Schallgeschwindigkeit.

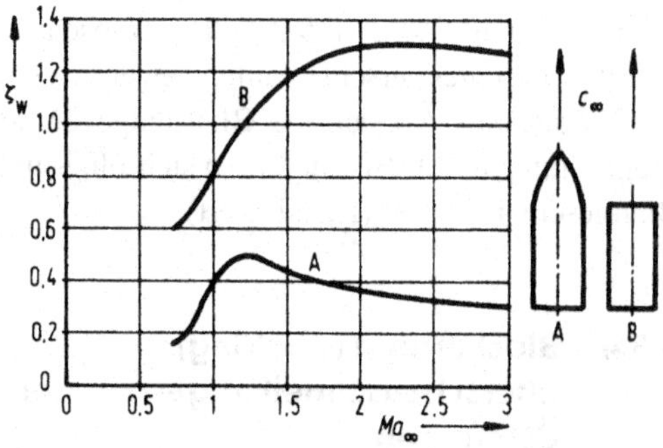

Abb. 5.60 Widerstandsbeiwerte ζ_W von Geschossen nach CRANZ und BECKER

Im Schallbereich (Transsonic) steigen die Widerstandswerte bei allen Körperformen kräftig an. Zu dem Flächen- sowie Formwiderstand kommt der sog. Wellenwiderstand hinzu, der, wie ausgeführt, durch die von der Stoßfront verursachten Verluste bedingt ist. Er besitzt, wie erwähnt, eine gewisse Ähnlichkeit mit dem Wellenwiderstand der Schiffe. Bei hohen MACH-Zahlen streben die Widerstandszahlen, geringfügig abfallend, einem konstanten Wert zu. Dies kommt daher, dass der „Sog" hinter dem Geschoss mit Erreichen etwa des Vakuums seine Grenze findet und sich auch die Wellenform kaum noch ändert. Um den Wellenwiderstand möglichst klein zu halten, sollten deshalb Körper für Überschallströmungen vorn, als auch hinten, möglichst spitz zulaufend ausgebildet werden.

Für den Bewegungswiderstand von Körpern, z. B. Geschosse nach Abb. 5.60, gilt entsprechend der Beziehung für den Druckwiderstand:

Widerstandskraft F_W (gemäß (4.289)):

$$F_W = \zeta_W \cdot \varrho_\infty \cdot (c_\infty^2/2) \cdot A_{St} \qquad (5.234)$$

Hierbei ist A_{St} die Querschnittsfläche des Widerstandskörpers senkrecht zur Bewegung.

Der große Unterschied gegenüber der Unterschallströmung geht sehr klar aus Versuchen von BUSEMANN hervor. In Abb. 5.61 sind die Messergebnisse einer Überschallströmung mit $Ma_\infty = 1{,}47$ um einen von vorn bzw. hinten angeströmten, profilartig verkleideten sowie einen unverkleideten Zylinder dargestellt. Auch dieses Bild bestätigt, dass Überschallprofile möglichst dünn ausgebildet sein sowie vorne und hinten spitz auslaufen sollten. Dabei sollten die Profile um so schlanker sein, je höher die MACH-Zahl ist. Die hierbei geringe Auftriebszahl ζ_A wird durch die hohe Fluggeschwindigkeit kompensiert (4.301). Die Probleme beim Starten und Landen (c_∞ gering) sind durch entsprechende Maßnahmen auszugleichen, z. B. Zusatztragflächen (A_{Fl}-Vergrößerung). Idealprofil wäre daher die ebene, vorne und hinten angeschärfte Rechteckplatte unter Anstellung δ gemäß Abb. 5.55. Da dies jedoch aus Festigkeitsgründen nicht zu verwirklichen ist, wird es, wie erwähnt, durch das Doppelkeil- oder Linsenprofil gemäß Abb. 5.56 angenähert.

Das Diagramm nach Abb. 5.61 bestätigt die Tatsache, dass der Widerstand bei dem von der Spitze her überschallschnell angeströmten, profilierten Zylinder wesentlich kleiner ist (etwa die Hälfte) als bei umgekehrter Anströmrichtung. Die etwas vereinfachende Aussage, dass sich ein normaler Tragflügel bei Überschall besser nach rückwärts bewegt, ist deshalb prinzipiell richtig.

Zusammenfassend kann hier entsprechend Abb. 5.62 festgehalten werden:

Die **ζ_A-Werte** gehen selten über **0,6 bis 0,9** hinaus und sind damit nur etwa halb so groß wie bei quasi raumbeständiger Strömung.

Die **ζ_W-Werte** sind mit **0,2 bis 0,4** hoch im Vergleich zu Unterschall (bis etwa 10-fach).

Überschallprofile haben im Unterschallbereich wegen der spitzen Profilnase, der schwachen Krümmung und der schlanken Form sehr ungünstige Profilwerte im Vergleich zu typi-

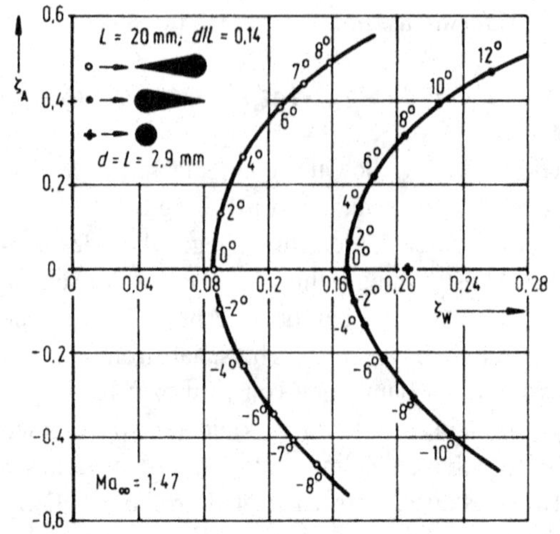

Abb. 5.61 Polaren bei 1,4facher Schallgeschwindigkeit von unverkleidetem und profiliert verkleidetem Zylinder bei verschiedenen Anströmrichtungen (von vorne, als auch von hinten) nach BUSEMANN, aber ohne Anstellung, also $\delta = 0$ (Abb. 4.129)

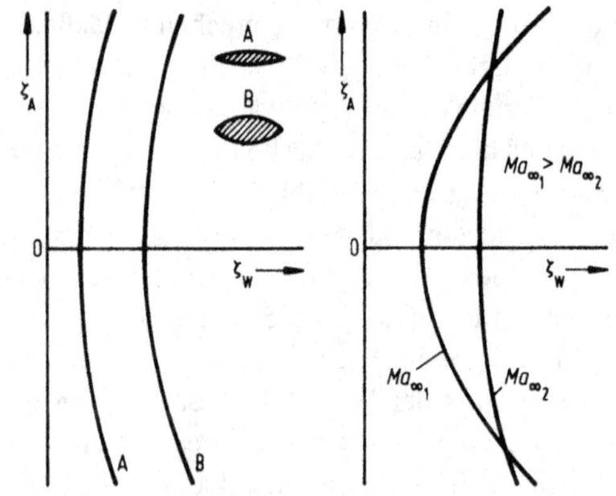

Abb. 5.62 Einfluss von Profilform und MACH-Zahl auf die Polarenform bei Überschall ($Ma_\infty > 1$)

schen Unterschallprofilen. Umgekehrt gilt dasselbe für Unterschallprofile, die deshalb für Überschall kaum geeignet sind. Infolge des geringen Auftriebs im Langsamflug müssen daher, wie zuvor ausgeführt, bei Hochgeschwindigkeits-Tragflächen meist große Start- bzw. Landehilfen verwendet werden oder die Profile verstellbar sein. Landeklappen, Grenzschichtabsaugung und Ausblasen von Luft sind hierzu, wie schon erwähnt, die verbreitetsten Methoden. Verstellbare Tragflächenprofile lassen sich technisch noch nicht verwirklichen. Das Vergrößern der Tragflächen durch Ausfahren von Zusatztragflächen ist jedoch realisierbar und wird häufig angewendet. Als weiteres stößt die Steuerfähigkeit von Flugzeugen im Hochgeschwindigkeitsbereich auf Schwierigkeiten. Wegen der verwickelten Strömungsverhältnisse und der oft nicht beherrschbaren Grenzschichtablösungen treten mitunter Situationen auf, bei denen eine Betätigung des Ruders überhaupt keine Steuerwirkung ergibt. Die Ruderklappe arbeitet dann in einer Totraumzone.

Der besondere posaunenähnliche Ton, den z. B. Luftschrauben (Propeller) aussenden, deren Flügelspitzen sich mit Überschallgeschwindigkeit bewegen, hat hier ebenfalls in den entsprechenden Verdichtungsstoß-Wellen (Abb. 5.58) ihren Ursprung (Abschn. 5.2.2). Bei Hubschrauberrotoren ist dies verschiedentlich jeweils an den Stellen der Fall, wo sich das Blatt entgegen der Flugrichtung dreht. Hier addieren sich Flug- und Blattgeschwindigkeit (Relativwert).

5.5.4 Blockierung (Choking) überschallschnell angeströmter Öffnungen

Da diese Strömung als *Kombination* von Außen- und Innenströmung gelten kann, soll sie hier behandelt werden:

Trifft Überschallströmung auf einen Auffangtrichter mit Querschnittsverengung, Abb. 5.63, der deshalb als Überschalldiffusor wirkt, können zwei Fälle auftreten:

a) Das überschallschnelle Fluid fließt unter geringem Verdichten und damit Absinken der MACH-Zahl durch die Verengung, Abb. 5.63a.
b) Vor der Öffnung des Auffangtrichters bildet sich wegen starkem Rückstau ein Verdichtungsstoß aus, hinter dem dann die Öffnung zum einen Teil mit Unterschall durchströmt und zum anderen Teil mit verringertem Überschall umströmt wird, Abb. 5.63b.

Die Erscheinung nach Fall b wird auch als Blockierung oder englisch mit choking bezeichnet.

Logisch wäre, dass Fall a dann eintritt, wenn der verengte Querschnitt A_2 des Trichters größer oder gleich dem LAVAL-Querschnitt ist, der

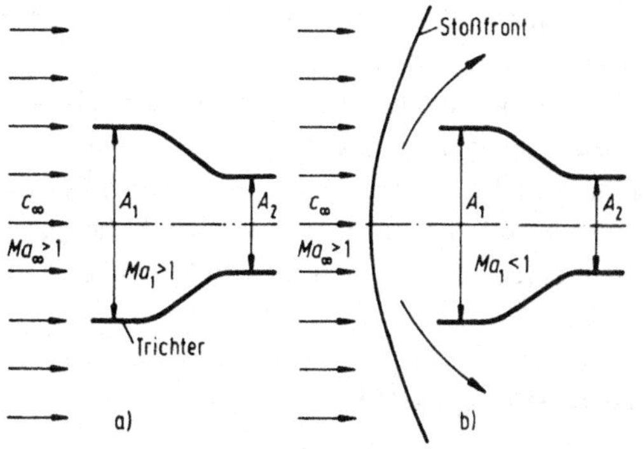

Abb. 5.63 Trichter mit Querschnittsverengung in Überschall-Strömungsrichtung:
a) Durchströmung ohne Blockierung
b) Durchströmung mit Blockierung

zum Anströmzustand gehört, weil dann in A_2 gerade $Ma_2 = 1$ und damit der kleinstmögliche Querschnitt der Stromröhre entsprechend einem Überschalldiffusor erreicht würde. Tatsächlich legt sich jedoch schon bei geringerer Verengung ein Stoß vor die Öffnung. Durch den infolge Irreversibilität auftretenden Ruhedruckverlust im Stoß, wird auch die Dichte im kritischen Querschnitt geringer, so dass bei $Ma_2 = 1$ durch Abströmfläche A_2 weniger Masse hindurchströmen kann als der Theorie entspricht. Experimentell finden sich, abhängig von der Anström-MACH-Zahl Ma_∞, für Luft die in Tab. 5.7 zulässigen Querschnittsverengungen gemäß Flächenverhältnis A_2/A_1, bei denen sich gerade eine Stoßfront vor die Öffnung legt.

Tab. 5.7 Flächenverhältnis A_2/A_1, ab dem Blockierung auftritt, abhängig von der Angström-MACH-Zahl $Ma_\infty = c_\infty/a_\infty$

Ma_∞	1	1,5	2,0	2,5	3,0	2,5
A_2/A_1	1	0,92	0,82	0,76	0,72	0,65

Diese Blockierungs-Erscheinung ist besonders für Überschallströmungen durch Profilgitter von Bedeutung. Bei entsprechender Konfiguration ist Überschallströmung durch Schaufelgitter deshalb nur beschränkt ungestört möglich. Es kommt häufig zur sog. Verstopfung.

Bei **Überschallflugzeugen** ist ein spitzer Stab entsprechend weit vor dem eigentlichen Flugzeugkörper angebracht, um dadurch die unvermeidliche Stoßfront gemäß Abb. 5.57 gezielt auszulösen. Dadurch wird erreicht, dass sich das gesamte Flugzeug innerhalb des **Störgebietes** befindet und so einigermaßen geklärte sowie beherrschbare Verhältnisse der Flugzeug-Umströmung vorliegen.

5.5.5 Übungsbeispiele

Übung 74

Ein Flugzeug für $Ma_\infty = 1{,}47$ und dem Seitenverhältnis $\lambda = 1 : 10$ soll im Reiseflug mit $\delta = 4°$ Anstellung in 10 km Höhe fliegen. Als Profile der Rechtecktragflächen sollen verkleidete Zylinder entsprechend Abb. 5.61 eingesetzt werden. Die Flugzeugmasse beträgt $m = 48$ t.

Gesucht:

a) Fluggeschwindigkeit
b) Fläche und Abmessungen der Tragflügel
  b_1) bei spitzem Ende als Profilnase
  b_2) bei abgerundetem Ende als Profilnase
c) Vortriebsleistung
  c_1) bei spitzem Ende als Profilnase
  c_2) bei abgerundetem Ende als Profilnase
d) Staudruck und Staupunktsdruck
e) Stautemperatur.

Bemerkung: Der induzierte Widerstand soll, obwohl praktisch nicht zulässig, vernachlässigt werden. ◀

Übung 75

Eine um $\delta = 5°$ schräggestellte ebene Platte soll von Heißluft (200 °C; 1,1 bar) mit $Ma_\infty = 2{,}8$ angeströmt werden. Plattengröße: Breite 1,8 m; Tiefe 0,8 m.

Gesucht:

a) Anströmgeschwindigkeit
b) *Re*-Zahl
c) Beiwerte und Kräfte, die auf die Platte wirken. ◀

Übung 76

Ein zylindrisches Geschoss von 2,5 cm Durchmesser fliegt mit einer Geschwindigkeit von 1000 m/s. Luftzustand: 25 °C; 980 mbar.

Gesucht:

a) MACH-Zahl
b) Flugwiderstand bei angespitztem und nichtangespitztem Geschoss
c) Staudruck und Staupunktdruck
d) Stautemperatur. ◄

Übung 77

Wie ändern sich in Übung 57 die Verhältnisse, wenn das Flugzeug eine Geschwindigkeit von 550 km/h erreichen und der Anstellwinkel beibehalten werden soll? ◄

Ergänzung zum Energiesatz, Abschn. 3.3.6.3 und 5.3.1.2

Was Energie letztlich ist, liegt noch im Dunkel. Es bleibt nur die Erkenntnis: Energie ist die Fähigkeit, Arbeit zu verrichten. Dadurch macht sie sich bemerkbar.

Bekannt sind die verschiedenenn Energiearten und deren mathematische Beschreibung sowie Verwendung als auch Umwandlung in einander.

Die einzelnen Medium-Teilchen (Atome, Moleküle) haben keine Temperatur und keinen Druck. Diese sind deshalb statistische Größen durch die Gesamtheit der Teilchen des betreffenden Mediumssystem, d. h. deren dreidimensional ungerichtete, also chaotische Bewegungsintensität und deren Bindungskräfte untereinander. Bei Flüssigkeiten und Festkörpern sind es die Schwingungsbewegungen (Temperatur) und die Bindungskräfte (Druck) der Teilchen. Bei Gasen und Dämpfen sind es Geschwindigkeit und Weg (Amplitude) der ungerichteten Teilchenschwingungen (kinetische Gastheorie).

Darauf baut somit die sog. molekulare Gastheorie auf, die Teil der statistischen Mechanik ist und unter Anderen wesentlich auf MAXWELL[11] zurückgeht. Er entwickelte ein zur Beschreibung der Auswirkungen notwendiges mathematisches Gleichungssystem. Dieses gab auch erste Ungefährwerte für die relevanten Größen des Verhaltens der Teilchen an für deren chaotischen, also nicht berechenbaren Zickzack-Bewegungen:

Größenordnungen

Die freie Wellenlänge 10^{-7} m, d. h. bis zum Stoß eines Teilchen mit einem Anderen. Bewegungsgeschwindigkeit, auch thermische Geschwindigkeit genannt, bis 2000 m/s. Anzahl der Stöße 10^{10} pro Sekunde. Zum Vergleich dazu liegen, wie schon am Ende von Abschn. 1.4 erwähnt, der Durchmesser von Atomen bei 10^{-10} m und deren Kern bei 10^{-15} m. Der Kern (Protonen- und Neutronenbündel) ist somit mehrere Zehnerpotenzen (Dekaden) kleiner als der der Elektronenhülle der Atome. Dazwischen besteht Vakuum und im stabilen, d. h. neutralem Gleichgewichtszustand ein stationäres elektromagnetisches Feld. Diese Vorstellung geht auf das sog. BOHRsche[12] Atommodell zurück. Teilchendurchmesser $6 \cdot 10^{-10}$ m beim Kleinsten und deshalb leichtesten Molekül, dem des Wasserstoffs H_2. Dessen Masse beträgt $4{,}5 \cdot 10^{-27}$ kg. Die sog. LOSCHMIDT[13]zahl, abgekürzt Lo-Zahl, beträgt $6{,}023 \cdot 10^{23}$ Teilchen je Molmasse. Diese Größe wird auch als AVOGADRO[14]konstante bezeichnet. Zum Beispiel beträgt die Molmasse von Wasserstoff H_2 2,016 g, von Sauerstoff O_2 32 g und deshalb von Wasser H_2O 18,016 g, mit g für Gramm.

Im normalen Leben sichtbaren Bereich – also ohne Mikroskop – und den üblichen Geschwindigkeiten (ungleich kleiner als der des Lichtes) liefern die EUKLIDsche[15] Geometrie

[11] MAXWELL; James Clerk (1831 bis 1879) engl. Physiker.
[12] BOHR, Niels (1855 bis 1962) dän. Physiker.
[13] LOSCHMIDT, Josef (1821 bis 1895) östr. Physiker.
[14] AVOGADRO, Graf Amedeo (1776 bis 1856) ital. Physiker und Chemiker.
[15] EUKLID, von Alexander (um 360 bis 280 v Chr.) griech. Mathematiker.

und die NEWTONschen[16] Gesetze voll brauchbare Ergebnisse. Im Weltraum (Makrokosmos) bei den dort hohen Geschwindigkeiten ist gemäß den Erkenntnissen von EINSTEIN[17] (Relativitätstheorie, gekrümmtes Raumzeitsystem) vorzugehen und im Atomebereich (Mikrokosmos) sind gemäß PLANCK[18] (Wirkungsquantum) und HEISENBERG[19] (Unschärferelation) zu verfahren.

Gasgleichung (5.20) Erfahrungssatz (Axiom); ermittelt durch Experimente bei idealen Gasen und Extrapolation (Idealisierung).

Dritter Haupsatz der Thermodynamik legt fest: Bei Absoluttemperatur $T = 0\,\mathrm{K}$ sind $q = 0$ und $s = 0$.

Zustandsgrößen

$$u = f(v, T) \rightarrow \mathrm{d}u = \frac{\partial u}{\partial v} \cdot \mathrm{d}v + \frac{\partial u}{\partial T} \cdot T$$

$$h = f(p, T) \rightarrow \mathrm{d}h = \frac{\partial h}{\partial p} \cdot \mathrm{d}p + \frac{\partial h}{\partial T} \cdot T$$

hierbei gemäß Überströmversuch von GAY-LUSSAC[20] (1807):

$$\frac{\partial u}{\partial v} = 0 \quad \text{und} \quad c_\mathrm{v} = \frac{\partial u}{\partial T} \rightarrow \mathrm{d}u = c_\mathrm{v} \cdot \mathrm{d}T$$

$$\frac{\partial h}{\partial p} = 0 \quad \text{und} \quad c_\mathrm{p} = \frac{\partial h}{\partial T} \rightarrow \mathrm{d}h = c_\mathrm{p} \cdot \mathrm{d}T$$

u und h somit reine Temperaturfunktionen (kalorische oder joulsche Zustandsgleichungen idealer Gase), weshalb auch keine partiellen Differenzialsymbole ∂ mehr notwendig.

Energiehierarchie Wie überall in der Natur besteht auch bei Energie (Fähigkeit Arbeit zu verrichten) eine Hierarchie, also eine technische Qualitätsrangfolge. Die Elektroenergie steht ganz oben als höchste, wertvollste und die Wärmeenergie steht ganz unten als niedrigste, geringwertigste. Unmittelbar nach der elektrischen Energie kommt die mechanische. Elektrische Energie ist kleinst parzellierbar, mechanische nur schwieriger. Elektrische und mechanische Energie sind zudem praktisch weitgehend ineinander umwandelbar. Dagegen ist Wärmeenergie je nach Temperatur- und Drucksituation entsprechend aufwendig, aber immer nur teilweise in mechanische umwandelbar (große Abwärme): Der Prozessverlauf erfolgt gemäß den von CARNOT[21] gefundenen physikalischen Naturgesetzen (Wissenszweig Thermodynamik).

[16] NEWTON, Isaak (1643 bis 1727) engl. Physiker und Mathematiker.
[17] EINSTEIN, Albert (1879 bis 1955) dt. Physiker.
[18] PLANCK, Max (1858 bis 1947) dt. Physiker.
[19] HEISENBERG, Werner (1901 bis 1976) dt. Physiker.
[20] GAY-LUSSAC, Louis Josef (1778 bis 1850) frz. Chemiker und Physiker.
[21] CARNOT, Nicolas Léonard Sadi (1796 bis 1832) frz. Physiker.

6 Anhang

6.1 Übersicht

H. Sigloch, *Technische Fluidmechanik*, https://doi.org/10.1007/978-3-662-64629-8_6

6.2 Tabellen und Bilder

Tab. 6.1 Wichtige Normen für die Fluidmechanik

DIN 1301	Einheiten; Einheitennamen, Einheitenzeichen
DIN 1302	Mathematische Zeichen
DIN 1303	Schreibweise von Tensoren (Vektoren)
DIN 1304	Allgemeine Formelzeichen
DIN 1305	Masse, Gewicht, Gewichtskraft, Fallbeschleunigung
DIN 1306	Dichte, Begriffe
DIN 1313	Schreibweise physikalischer Gleichungen in Naturwissenschaft und Technik
DIN 1314	Druck; Begriffe, Einheiten
DIN 1342	Viskosität NEWTONscher Flüssigkeiten
DIN 1343	Normzustand, Normvolumen
DIN 1345	Technische Thermodynamik; Formelzeichen, Einheiten
DIN 1952	VDI-Durchflussmessregeln; Durchflussmessung mit genormten Düsen, Blenden und VENTURIdüsen
DIN 5492	Formelzeichen der Strömungsmechanik
DIN 5494	Größensysteme und Einheitensysteme
DIN 5497	Mechanik starrer Körper; Formelzeichen
DIN 19202	Durchflussmesstechnik; Kennzeichnung und Prüfverfahren für Durchflussmesser
DIN 19204	Durchflusseinheiten und Skalen für die Durchflussmesstechnik

Tab. 6.1 (Fortsetzung)

DIN 51511	Schmierstoffe: SAE-Viskositätsklassen für Motoren-Schmieröle
DIN 51512	SAE-Viskositätsklassen für Kraftfahrzeug-Getriebeöle
DIN 51550	Viskosimetrie; Bestimmung der Viskosität, Allgemeines
DIN 51560	Prüfung von Mineralölen, flüssigen Brennstoffen und verwandten Flüssigkeiten. Bestimmung der relativen Ausflusszeit mit dem ENGLER-Gerät
DIN 51562	Viskosimetrie: Messung der kinematischen Viskosität mit dem UBBELOHDE-Viskosimeter
DIN 51563	Prüfung von Mineralölen und verwandten Stoffen; Bestimmung des Viskositäts-Verhaltens (VT-Kurve); Richtungskonstante m
DIN 53012	Kapillarviskosimetrie NEWTONscher Flüssigkeiten; Fehlerquellen und Korrekturen
DIN 53015	Messung der Viskosität mit dem Kugelfall-Viskosimeter nach HÖPPLER
DIN 53016	Messung der Viskosität mit dem Freifluss-Viskosimeter

Tab. 6.2 Volumenausdehnungskoeffizient β in grd^{-1} (Richtwerte) einiger Flüssigkeiten bei 1 bar Druck und in dem üblichen mittleren Temperaturbereich (1 grad = 1 °C = 1 K).
Abkürzung grd gemäß Abschn. 5.3.1.2.1

Fluid	$[\text{grd}^{-1}]$
Azeton	0,00143
Ether	0,00162
Benzin	0,00100
Benzol	0,00106
Ethanol	0,00143
Mineralöl	0,00078
Quecksilber	0,00018
Wasser	0,00035

Volumenausdehnung $\Delta V = \beta \cdot \Delta t \cdot V_0$ bei Temperaturänderung $\Delta t = t - t_0$
Endvolumen bei konstantem Druck $V = V_0 + \Delta V$
Bemerkungen:
Temperatur-Dimension grd ist Statthalter für Grad CELSIUS °C und KELVIN K, da 1 °C = 1 K oder $\Delta t[°\text{C}] = \Delta T[\text{K}]$.
$\varrho_0 \cdot V_0 = \varrho \cdot V = m$
$\varrho_0 \cdot V_0 = (\varrho_0 + \Delta\varrho) \cdot (V_0 + \Delta V)$
$\varrho_0 \cdot V_0 = \varrho_0 \cdot V_0 + \varrho_0 \cdot \Delta V + \Delta\varrho \cdot V_0 + \Delta\varrho \cdot \Delta V$
Mit $\Delta\varrho \cdot \Delta V$ als klein von 2. Ordnung in guter Näherung vernachlässigbar, wird:
$\frac{\Delta V}{V_0} = -\frac{\Delta\varrho}{\varrho_0} = \beta \cdot \Delta t$
Mit Index 0 vor und ohne nach der Temperaturänderung $\Delta t = t - t_0$.

Tab. 6.3 Begriffe nach DIN 2401, Bl. 1, Rohrleitungen

Nenndruck: Der Nenndruck ND einer Rohrleitung ist der Druck, für den genormte Rohrleitungsteile bei Zugrundelegung eines bestimmten, in den jeweiligen Maßnormen genannten Ausgangswerkstoffes bei der Temperatur 20 °C ausgelegt sind
Druckstufen: Stufung der Nenndrücke in Anlehnung an die Normzahlen. Die Druckstufen der Nenndrücke bilden die Grundlage für den Aufbau der Normen für Rohrleitungsteile
Zulässiger Betriebsdruck: Der zulässige Betriebsdruck in einer Rohrleitung ist der höchste Druck, dem für einen bestimmten Nenndruck ausgelegte Rohrleitungsteile im Betrieb unterworfen werden dürfen. Seine Höhe richtet sich nach der Betriebstemperatur und dem Werkstoff. Wird der in den Maßnormen vorgesehene Ausgangswerkstoff verwendet, so ist bei der Temperatur 20 °C der zulässige Betriebsdruck gleich dem Nenndruck. Bei anderen Temperaturen ist seine Abhängigkeit vom Nenndruck für einzelne Werkstoffe bzw. Werkstoffgruppen besonderen Normen zu entnehmen. Druckschwankungen, mögliche Temperaturerhöhungen sowie zusätzliche mechanische Beanspruchungen sind bei der Ermittlung des zulässigen Betriebsdruckes zu berücksichtigen. In solchen Fällen kann es zweckmäßig sein, eine höhere Nenndruckstufe zu verwenden
Prüfdruck: Der Prüfdruck ist der zur Prüfung der einzelnen Rohrleitungsteile vom Hersteller anzuwendende Druck bei Raumtemperatur. Soweit in einzelnen Normen nichts anderes festgelegt ist, ist seine Höhe gleich dem 1,5-fachen Nenndruck
Nennweite (nach DIN 2402): Die Nennweite NW ist eine Kenngröße. Sie wird bei Rohrleitungssystemen als kennzeichnendes Merkmal zueinandergehörender Teile, wie Rohre, Rohrverbindungen (Flansche), Formstücke, Armaturen usw. benutzt. Die Nennweite hat keine Einheit und darf nicht als Maßeintragung im Sinne von DIN 406 benutzt werden. Die Nennweiten entsprechen bei üblicher Wanddicke annähernd den *lichten Durchmessern (lichte Weite)* in mm der Rohrleitungsteile. Da im Allgemeinen die Außenabmessungen der Rohre, Formstücke, Armaturen usw. mit Rücksicht auf Anwendung, Herstellung und Verarbeitung (Montage) festliegen, können die lichten Durchmesser je nach den ausgeführten Wanddicken Unterschiede gegenüber den Kenngrößen der Nennweite aufweisen, z. B. dickwandige Ausführung. Die Nenn-Weite NW wird auch als Nenn-Durchmesser DN bezeichnet

Tab. 6.4 Zahlenwerte der Standardatmosphäre ICAO und Normatmosphäre nach DIN 5450 für Höhe von 0 bis 20 km über dem Meer (NN). ICAO, International Civil Aviation Organization (Abschn. 2.2.8.1).
z Höhe über NN, p Druck. ϱ Dichte, T Kelvin-Temperatur und t Celsius-Temperatur, a Schallgeschwindigkeit sowie ν kinematische Viskosität.
Bis $z \approx 10$ km Höhe Troposphäre. Ab Höhe ca. $z = 10$ km bis etwa $z = 50$ km Stratosphäre. Darüber Mesosphäre (bis ca. 100 km) und danach Thermosphäre

z	p	ϱ	T	t	a	$10^6 \cdot \nu$
km	bar	kg/m³	K	°C	m/s	m²/s
0	1,0133	1,225	288,15	15	341	14,6
1	0,8988	1,112	281,7	8,55	337	15,8
2	0,7950	1,007	275,2	2,05	333	17,2
3	0,7012	0,909	268,7	−4,45	329	18,6
4	0,6166	0,819	262,2	−10,95	326	20,3
5	0,5405	0,736	255,7	−17,45	322	22,1
6	0,4722	0,660	249,2	−23,95	317	24,1
7	0,4111	0,590	242,7	−30,45	312	26,5
8	0,3565	0,526	236,2	−36,95	309	29,0
9	0,3080	0,467	229,7	−43,45	303	31,9
10	0,2650	0,414	223,3	−49,85	300	35,2
11	0,2270	0,365	216,5	−56,65	295	38,9
12	0,1930	0,311	216,5	−56,65	295	45,6
13	0,1650	0,265	216,5	−56,65	295	53,4
14	0,1410	0,227	216,5	−56,65	295	62,5
15	0,1200	0,194	216,5	−56,65	295	73,2
16	0,1030	0,165	216,5	−56,65	295	85,7
17	0,0879	0,141	216,5	−56,65	295	100,3
18	0,0751	0,121	216,5	−56,65	295	117,5
19	0,0641	0,103	216,5	−56,65	295	137,5
20	0,0547	0,088	216,5	−56,65	295	161,0

Bemerkung: Temperaturabfall bis 11 km Höhe (Troposphäre) ungefähr linear 6,5 °C je 1000 m Höhenzunahme.

Tab. 6.5 Viskositäten η [Pa s] und ν [m^2/s] von Wasser in Abhängigkeit von der Temperatur t [°C] und dem Druck p [bar] [98]. Werte des thermischen kritischen Punktes: $p_{kr} = 231$ bar; $t_{kr} = 374{,}15$ °C

Temp. t	Druck p									
	1 bar		50 bar		100 bar		200 bar		300 bar	
°C	$10^6 \cdot \eta$	$10^6 \cdot \nu$	$10^6 \cdot \eta$	$10^6 \cdot \nu$	$10^6 \cdot \eta$	$10^6 \cdot \nu$	$10^6 \cdot \eta$	$10^6 \cdot \nu$	$10^6 \cdot \eta$	$10^6 \cdot \nu$
0	1827	1,792	1813	1,774	1804	1,761	1781	1,730	1760	1,702
10	1333	1,297	1330	1,302	1324	1,292	1316	1,278	1308	1,268
20	1022	1,004	1021	1,001	1020	0,997	1018	0,991	1015	0,984
30	813	0,801	813	0,799	814	0,798	814	0,795	815	0,792
40	665	0,658	666	0,657	667	0,656	669	0,656	671	0,655
50	557	0,553	558	0,553	560	0,553	563	0,554	566	0,555
60	475	0,474	477	0,475	478	0,475	481	0,476	485	0,478
70	412	0,413	414	0,414	416	0,415	419	0,418	424	0,420
80	362	0,365	365	0,367	368	0,370	373	0,373	379	0,377
90	321	0,326	325	0,329	330	0,334	337	0,339	344	0,345
100	288	0,295	293	0,299	299	0,304	307	0,311	315	0,318
120	(bei $p = 1{,}0136$ bar)		243	0,252	250	0,259	258	0,266	267	0,274
140			206	0,218	211	0,222	220	0,230	228	0,238
160			178	0,192	182	0,195	189	0,202	197	0,209
180			157	0,173	160	0,176	166	0,181	172	0,187
200			142	0,161	144	0,162	148	0,165	152	0,169
220			129	0,150	131	0,152	134	0,154	137	0,156
240			118	0,142	120	0,143	122	0,144	125	0,146
260			110	0,137	111	0,138	113	0,138	116	0,140
280					103	0,134	105	0,134	108	0,135
300					96	0,132	98	0,131	101	0,132
320							91	0,129	95	0,131
340							81	0,125	87	0,128
360							68	0,123	78	0,125
380									66	0,123
400									44	0,121
450									31	0,119

Tab. 6.6 Realgasfaktor $Z = (p \cdot v)/(R \cdot T)$ trockener Luft, abhängig von Druck und Temperatur [98]

Druck	Temperatur in °C								
[bar]	−50	0	50	100	200	300	500	1000	
1	0,998	0,999	1,000	1,000	1,000	1,000	1,000	1,000	Z
5	0,992	0,997	0,999	1,000	1,001	1,002	1,002	1,001	
10	0,985	0,994	0,999	1,001	1,003	1,004	1,004	1,003	
50	0,931	0,978	0,998	1,009	1,017	1,019	1,019	1,014	
100	0,888	0,970	1,006	1,024	1,038	1,041	1,039	1,029	
150	0,884	0,980	1,023	1,045	1,061	1,063	1,059	1,045	
200	0,917	1,005	1,049	1,070	1,086	1,087	1,080	1,060	
300	1,042	1,090	1,120	1,135	1,141	1,137	1,121	1,089	
500	1,362	1,326	1,308	1,295	1,270	1,246	1,206	1,147	
1000	2,167	1,972	1,842	1,749	1,625	1,542	1,432	1,289	

Tab. 6.7 Dichte ϱ [kg/m³] und kinematische Viskosität ν [m²/s] von Wasser in Abhängigkeit von der Temperatur t [°C]. Bis 100 °C bei 1 bar, darüber im Siedezustand [65]. $\nu = \eta/\varrho \rightarrow 1 \cdot 10^{-6}\,\mathrm{m^2/s} = 1\,\mathrm{mm^2/s}$

t	ϱ	$10^6 \cdot \nu$
0	999,8	1,792
1	999,9	1,730
2	999,9	1,671
3	1000,0	1,615
4	1000,0	1,562
5	1000,0	1,512
6	999,9	1,464
7	999,9	1,418
8	999,8	1,375
9	999,7	1,335
10	999,6	1,297
11	999,5	1,261
12	999,4	1,227
13	999,3	1,194
14	999,2	1,163
15	999,0	1,134
16	998,8	1,106
17	998,7	1,079
18	998,5	1,053
19	998,4	1,028
20	998,2	1,004
21	998,0	0,980
22	997,8	0,957
23	997,5	0,935
24	997,3	0,914
25	997,0	0,894
26	996,8	0,875
27	996,5	0,856
28	996,2	0,837
29	995,9	0,819
30	995,6	0,801
32	994,9	0,768
35	994,0	0,723
40	992,2	0,658
45	990,2	0,601
50	988,0	0,553
55	985,7	0,511
60	983,2	0,474
65	980,5	0,441
70	977,7	0,412
75	974,8	0,387
80	971,8	0,365
85	968,7	0,345
90	965,3	0,326
95	961,9	0,310
100	958,3	0,295
150	916,9	0,205
200	864,7	0,161
250	799,2	0,140
300	712,5	0,132
350	572,4	0,125
374,15	317,5	0,123

$\eta(t) = a \cdot e^{b/(t+c)}$
mit t [°C] und $a = 0{,}0318$ mPa s, $b = 484{,}3726$ °C, $c = 120{,}2202$ °C
$\varrho(t) = \varrho_0 \cdot [1 - \beta \cdot (t - t_0)]$ sowie $\Delta\varrho = \varrho - \varrho_0$
mit t [°C] bis etwa $t = 100$ °C und $t_0 = 10$ °C; $\Delta t = t - t_0$, $\varrho_0 = \varrho(t_0) = \varrho(10\,°\mathrm{C}) = 999{,}6\,\mathrm{kg/m^3}$, $\beta(t) = 0{,}00031 \cdot (0{,}23 + 0{,}83 \cdot (t/t_0)^{0{,}06})$

Tab. 6.8 Normdichte und dynamische Viskosität η [Pa s] von Gasen bei 1 bar Druck und verschiedenen Temperaturen

Gas	ϱ_n [kg/m³] (20 °C; 1 bar)	ϱ_N [kg/m³] (0 °C; 1,0133 bar)	$10^6 \cdot \eta$					
			−30 °C	0 °C	50 °C	100 °C	200 °C	300 °C
Luft	1,189	1,293	15,9	17,7	20,4	22,7	26,5	30,3
O_2	1,314	1,429	17,7	19,4	22,2	25,1	29,6	33,6
N_2, CO	1,126	1,149	15,5	17,0	19,4	21,7	25,7	28,5
CO_2	1,783	1,817	13,0	14,4	16,6	18,9	23,2	27,2
NH_3	0,695	0,709	8,5	9,5	11,5	13,4	17,2	21,0
Cl_2	2,9	3,002	11,6	12,8	15,0	17,2	21,4	25,6
H_2	0,0809	0,0826	8,2	8,9	9,9	10,9	12,6	14,2
CH_4	0,647	0,659	9,5	10,5	12,2	13,8	16,4	18,7
H_2S	1,387	1,415	10,7	12,0	14,2	16,4		

Index n für Technischer Normzustand; Index N für Physikalischer Normzustand

Tab. 6.9 Dichte ϱ [kg/m^3] (Richtwerte) von Flüssigkeiten bei 15 °C und 1 bar

Flüssigkeit	Dichte ϱ [kg/m^3]
Ether	730
Alkohole	
Methanol	790
Ethanol	710
Benzine	
Flugbenzin (Kerosin)	720
Fahrzeugbenzin	735
Diesel	850
Glyzerin	1260
Mineralöle	
Spindelöl	900
Maschinenöl	910
Zylinderöl	930
Natronlauge	
mit 22 % NaOH	1250
mit 66 % NaOH	1700
Organische Öle	
Olivenöl	920
Rizinusöl	960
Salpetersäure	
mit 70 % HNO_3	1420
Salzsäure	
mit 20 % HCl	1100
Schwefelsäure	
mit 65 % H_2SO_4	1600
Spiritus, 90 Vol-%	820
Steinkohlenteeröl	1200
Teeröl (allgemein)	1100
Terpentinöl	860

Tab. 6.10 Mittlere Strömungsgeschwindigkeit c in Rohrleitungen (Richtwerte)

Medium, Leitung	c in m/s
Wasser (Flüssigkeiten)	
Kürzere Leitungen	1 bis 5
Längere Leitungen	0,5 bis 2
Trinkwasser-Verteilungsnetze	1 bis 3
Pumpen-Saugleitungen	0,8 bis 2
Pumpen-Druckleitungen	1,5 bis 5
Turbinen-Zuleitungen	2 bis 9
Öl – Pipeline	1 bis 3
Luft (Gase)	
Bei niedrigen Drücken (Niederdruck)	10 bis 50
Bei mittleren Drücken (Mitteldruck)	3 bis 30
Bei hohen Drücken (Hochdruck)	3 bis 10
Pressluft (Druckgas)	3 bis 25
Stadtgas-Verteilungsnetze	0,5 bis 2,5
Gas-Fernleitungen (Erdgas, H_2 u. a.)	10 bis 60
Abgas	15 bis 30
Rauchgas (Kamine)	
natürlicher Zug (Schwerkraft)	4 bis 6
künstlicher Zug (Gebläse)	10 bis 16
Wasserdampf	
Sattdampf-Leitungen	15 bis 35
Heißdampf-Leitungen mit	
$v \approx 0{,}025\,\text{m}^3/\text{kg}$	30 bis 40
$v \approx 0{,}05\,\text{m}^3/\text{kg}$	40 bis 60
$v \approx 0{,}1\,\text{m}^3/\text{kg}$	60 bis 80
$v \approx 0{,}2\,\text{m}^3/\text{kg}$	80 bis 150
$p = 1$ bis 10 bar	15 bis 25
$p = 10$ bis 40 bar	20 bis 40
$p = 40$ bis 120 bar	30 bis 60

Bemerkungen:
Die Richtwerte gelten nur für Rohrleitungen mit gleichmäßigem Durchsatz, also stationärer Strömung.
Bei steigendem Rohrdurchmesser D und/oder sinkender Rauigkeit k kann, da D/k, bzw. D/k_s größer und damit die Rohrreibungszahl λ (Abb. 6.11) kleiner wird, die Strömungsgeschwindigkeit c entsprechend höher sein.
Richtwerte gemäß Abschn. 4.1.1.3.5, optimaler Rohrdurchmesser.

Tab. 6.11 Kritische REYNOLDS-Zahlen Re_{kr} verschiedener Rohrleitungsteile

Rohrsystemteil	Re_{kr}
Rohre	2300 bis 2400
Konzentrische Spalte	1100 bis 1200
Exzentrische Spalte	1000 bis 1100
Konzentrische Spalte mit Aussparung	$\approx$ 700
Exzentrische Spalte mit Aussparung	$\approx$ 400
Krümmer	500 bis 1000
Drehschieber, Hähne	500 bis 800
Steuerschlitz mit Kolbenschieber	200 bis 300
Ventile mit Flach- oder Kegelsitz	20 bis 100

Tab. 6.12 Windgeschwindigkeit c_{Lu} (Windstärke-Skala nach BEAUFORT).
B ... BEAUFORT-Grad (Windstärke)

B [–]	c_{Lu} [m/s]	Wirkung
0	0 bis 0,29	Windstille
1	0,3 bis 1,59	Leiser Zug
2	1,6 bis 3,39	Leichter Wind
3	3,4 bis 5,49	Schwacher Wind
4	5,5 bis 7,99	Mäßiger Wind
5	8,0 bis 10,79	Frischer Wind
6	10,8 bis 13,89	Starker Wind
7	13,9 bis 17,19	Steifer Wind
8	17,2 bis 20,79	Stürmischer Wind
9	20,8 bis 24,49	Leichter Sturm
10	24,5 bis 28,49	Voller Sturm
11	28,5 bis 32,69	Schwerer Sturm
12	32,7 bis 36,99	Schwacher Orkan
13	37,0 bis 41,99	Leichter Orkan
14	42,0 bis 46,19	Mittlerer Orkan
15	46,2 bis 50,99	Kräftiger Orkan
16	51,0 bis 55,99	Schwerer Orkan
17	$\geq$ 56	Schwerster Orkan

Umrechnungs-Faustformel für Bereich
$B = 2$ bis 7: $c_{Lu} \approx (2{,}5 \cdot B - 1)$ [m/s] (ca. Mittelwert)
Bemerkungen:
Windstärke 9 $\rightarrow$ Wirbelsturm (Zweige werden geknickt).
Windstärke $\geq 12 \rightarrow$ Hurrikan (Atlantik), Taifun (Westpazifik), Zyklon (Indischer Ozean). Zerstörende und verwüstende Wirkungen.

Tab. 6.13 Menschliche Schallgrößen für Frequenzen von 18 bis 18.000 Hz

	Schallintensität	Schalldruck
Hörgrenze	$J_0 = 1 \cdot 10^{-12}\,\mathrm{W/m^2}$	$p_0 = 20 \cdot 10^{-6}\,\mathrm{Pa}$
Schmerzgrenze	$J_{SG} = 1\,\mathrm{W/m^2}$	$p_{SG} = 20\,\mathrm{Pa}$

Schallpegel: $L_{SL} = \lg(J_{SL}/J_0) = \lg(p_{SL}/p_0)^2$ [B] mit
J_{SL} ... vorhandene Schallintensität
p_{SL} ... vorhandener Schalldruck
B Bel (Einheit); dB ... Dezibel. 10 dB = 1 B
(abgeleitet von A. G. BELL, 1847 bis 1922)
An Hörgrenze $L_0 = \lg(10^{-12}/10^{-12}) = \lg 1 = 0\,\mathrm{B}$
An Schmerzgrenze $L_{SG} = \lg(1/10^{-12}) = 12\,\mathrm{B} = 120\,\mathrm{dB}$
Menschliches Empfinden:
Geräusch ... Schallgemisch verschiedener Frequenzen
Lärm ... starkes Geräusch, das stört und evtl. schädigt ($>$ 85 dB gehörschädigend; $>$ 120 dB gehörzerstörend)
Lärmpegel über 90 dB führen schon nach 2 bis 4 Stunden Einwirkdauer zu irreversiblen, d. h. nicht heilbaren Gehörschäden. Unter 85 dB erfolgt keine Schädigung.

Tab. 6.14 Bezeichnungen der Zehnerpotenzen als Faktoren zur Einheitenmultiplikation. Internationale Dimensions-Vorsatzzeichen nach DIN 1301 und 58122

Zehnerpotenz	Vorsatz	Vorsatzzeichen	Benennung
10^{-18}	Atto	a	Trillionstel
10^{-15}	Femto	f	Billiardstel
10^{-12}	Piko	p	Billionstel
10^{-9}	Nano	n	Milliardstel
10^{-6}	Mikro	µ	Millionstel
10^{-3}	Milli	m	Tausendstel
10^{-2}	Zenti	c	Hundertstel
10^{-1}	Dezi	d	Zehntel
10^{0}	–	–	Eins
10^{1}	Deka	da	Zehn
10^{2}	Hekto	h	Hundert
10^{3}	Kilo	k	Tausend
10^{6}	Mega	M	Million
10^{9}	Giga	G	Miliarde
10^{12}	Tera	T	Billion
10^{15}	Peta	P	Billiarde
10^{18}	Exa	E	Trillion

Tab. 6.15 Rauigkeitswerte von Rohren und Kanälen (Anhaltswerte für die absolute Rauheit k)

Rohrart, Werkstoffe	Zustand	k in mm
Neue gezogene oder gepresste Rohre aus Nichteisenmetall, Glas, Kunststoff		
Hochwertige	technisch glatt	0,001 bis 0,0015
Handelsübliche		0,0015 bis 0,007
Neue Gummi-Druckschläuche	technisch glatt	≈ 0,0016
Neue Stahlrohre		
Nahtlos gewalzt oder gezogen	Walzhaut	0,02 bis 0,06
	ungeheizt	0,02 bis 0,06
	gebeizt	0,02 bis 0,05
	enge Rohre	bis 0,01
	rostfrei	0,08 bis 0,09
Aus Blech geformt und längsgeschweißt	Walzhaut u. Schweißnaht	0,04 bis 0,10
Mit Überzug	Metallspritzung	0,08 bis 0,09
	sauber verzinkt	0,07 bis 0,10
	handelsüblich verzinkt	0,1 bis 0,16
	bitumiert	0,02 bis 0,05
	zementiert	≈ 0,18
	galvanisiert	≈ 0,008
Gebrauchte Stahlrohre	leicht angerostet	≈ 0,15
	mäßig angerostet	0,15 bis 0,4
	leicht verkrustet	0,15 bis 0,4
	mäßig verkrustet	≈ 1,5
	stark verkrustet	2,0 bis 4,0
	gereinigt	0,15 bis 0,20
	mehrjähriger Betrieb	≈ 0,5
Neue Gussrohre (Grauguss, Temperguss)	Gusshaut	0,2 bis 0,6
	bitumiert	0,1 bis 0,13
Gebrauchte Gussrohre	leicht angerostet	0,3 bis 0,8
	mäßig angerostet	1,0 bis 1,5
	stark angerostet	2 bis 5
	verkrustet	1,5 bis 4
	gereinigt	0,3 bis 1,5
Neue Steinzeugrohre (gebrannter Ton)		0,1 bis 0,8
Neue Zementrohre (z. B. Eternitrohre)		0,03 bis 0,2
Neue Betonrohre und -kanäle	Glattstrich	0,3 bis 0,8
	geglättet (mittelrau)	1,0 bis 2,0
	sorgfältig geglättet	0,1 bis 0,15
	ungeglättet (rau)	2,0 bis 3,0
	geschleudert (glatt)	0,2 bis 0,7
	Rohrstrecken ohne Stöße	≈ 0,2
	Rohrstrecken mit Stöße	≈ 2,0
Gebrauchte Betonrohre und -kanäle (Wasser-Betrieb)	mehrjähriger Betrieb	0,2 bis 0,3
Holzrohre und -kanäle	glatt (neu)	0,2 bis 0,9
	rau (neu)	1,0 bis 2,5
	nach langem Betrieb	≈ 0,1
Backsteinkanäle	Mauerwerk gut gefugt	1,2 bis 2,5
Bruchstein	unbearbeitet	8 bis 15
	Mauerwerk bearbeitet	1,5 bis 3,0

Bei technisch erzeugten Rohren und gleichmäßigen Flächen gilt: $k_s \approx (1 \text{ bis } 1{,}6) \cdot k$. Vgl. Abb. 6.44. $k \mathrel{\hat{=}} R_t$.

Tab. 6.16 Beispiel-Rechnungen zur Ermittlung der zulässigen Rauigkeitshöhe k_{zul} nach Abb. 6.43

Gattung	nähere Bezeichnung	Länge L[a]	Geschwindigkeit c_∞		Druck p	Temp. t	kin. Viskosität ν	$Re_\infty = \frac{c_\infty \cdot L}{\nu}$	zulässige Rauigkeit k_{zul}
		m	km/h	m/s	bar	°C	m²/s	–	mm
Schiff	groß, schnell	250	56 (30 kn)	15,6	1	15	$1{,}0 \cdot 10^{-6}$	$1 \cdot 10^9$	0,007
	klein, langsam	50	18 (10 kn)	5	1	15	$1{,}0 \cdot 10^{-6}$	$3 \cdot 10^8$	0,02
Luftschiff		250	120	33,3	1	15	$15 \cdot 10^{-6}$	$5 \cdot 10^8$	0,05
Flugzeug (Tragflügel)	mittel	4	600	166,7	1	15	$15 \cdot 10^{-6}$	$5 \cdot 10^7$	0,01
	klein, langsam	2	200	55,5	1	15	$15 \cdot 10^{-6}$	$8 \cdot 10^6$	0,025
Gebläseschaufel	langsam	0,1		150	1	15	$15 \cdot 10^{-6}$	$1 \cdot 10^6$	0,01
Modelltragflügel	klein	0,2	144	40	1	15	$15 \cdot 10^{-6}$	$5 \cdot 10^5$	0,05
Dampfturbinenschaufel	Mitteldruck	10 mm		200	100	300	$0{,}4 \cdot 10^{-6}$	$5 \cdot 10^6$	0,0002
	Hochdruck	10 mm		200	200	500	$0{,}8 \cdot 10^{-6}$	$2{,}5 \cdot 10^6$	0,0005
	Niederdruck	100 mm		400	< 10	200	$8 \cdot 10^{-6}$	$5 \cdot 10^6$	0,002
Gasturbinen- und Kreiselverdichterschaufeln									0,005 bis 0,01
Wasserturbinen- und Kreiselpumpenschaufeln									0,01 bis 0,05

[a] Länge L in Strömungsrichtung (Körper- bzw. Profillänge). Knoten kn → 1 kn = 1,852 km/h

Tab. 6.17 Widerstandszahlen ζ_W von Kugeln, Kreiszylindern und Kreisscheiben jeweils mit Durchmesser D, abhängig von REYNOLDS-Zahl Re_∞.

REYNOLDS-Zahl $Re_\infty = \frac{c_\infty \cdot D}{\nu}$	ζ_W von Kugel	Kreiszylinder (quer angeströmt, $L \to \infty$)	Kreisscheibe (quer angeströmt)
$1 \cdot 10^{-1} = 0{,}1$	250	60	250
$5 \cdot 10^{-1} = 0{,}5$	50	17	
$1 \cdot 10^0 = 1$	30	10	25
$5 \cdot 10^0 = 5$	7	3,8	
$1 \cdot 10^1 = 10$	4,5	3	4
$5 \cdot 10^1 = 50$	1,7	1,6	
$1 \cdot 10^2 = 100$	1,2	1,5	1,5
$5 \cdot 10^2 = 500$	0,6	1,3	
$1 \cdot 10^3 = 1000$	0,5	1	1,2
$5 \cdot 10^3$	0,4	1	
$1 \cdot 10^4$	0,4	1,3	
$5 \cdot 10^4$	0,5	1,3	
$1 \cdot 10^5$	0,45	1,3	
$2 \cdot 10^5$	0,4	1,2	
$3 \cdot 10^5$	0,1	1,0	
$4 \cdot 10^5$	0,09	0,8	
$5 \cdot 10^5$	0,09	0,3	
$6 \cdot 10^5$	0,1	0,33	
$8 \cdot 10^5$	0,13	0,35	
$1 \cdot 10^6$	0,15	0,38	

Bemerkung: Hinweis auf Abb. 6.45

Tab. 6.18 Widerstandszahlen ζ_W (bzw. C_W) von Fahrzeugen (Richtwerte). $Re \gg Re_{kr}$

Fahrzeugart		Stirnfläche A_{St} [m²]	Widerstandsbeiwerte ζ_W	
			derzeit	erreichbar
PKW				
Ältere Form (z. B. VW-Käfer!)		1,80	0,6 bis 0,45 (0,48!)	
Ponton-Form (Mittelklasse-Wagen)			0,48 bis 0,40	0,20
Stromlinien-Form (windschnittig)			0,35 bis 0,24	0,18 bis 0,15
VW	Polo	2,05	0,32	
	Golf	2,22	0,32	
	Jetta	2,20	0,31	
	Eos	2,16	0,33	
	Passat	2,25	0,29	
	Passat-Variant	2,29	0,30	
	Phaeton	2,35	0,31	
	Tiguan	2,55	0,38	
	XL_1 (1 Liter!)	1,78	0,186	
OPEL	Corsa	2,13	0,31	
	Astra	2,10	0,32	
	Astra Twin Top	2,06	0,32	
	Astra GTC	2,03	0,34	
	Insignia	2,33	0,28	
	Meriva	2,40	0,33	
AUDI	A2	1,98	0,25	
	A3	2,13	0,32	
	A4	2,14	0,23	
	A6	2,05	0,30	
	A8	2,41	0,27	
	Q5	2,65	0,33	
MERCEDES	A-Klasse	2,03	0,26	
	B-Klasse	2,43	0,31	
	C-Klasse	2,00	0,24	
	C 200 CDI	2,17	0,25	
	C 220 CDI	2,17	0,28	
	CLK 180 K	2,05	0,29	
	CLK 220	2,56	0,34	
	CLK 280	2,35	0,35	
	E-Klasse	2,17	0,25	
	S-Klasse	2,40	0,22	
	Smart Fortwo	2,06	0,35	
	EQS			0,17
PORSCHE	Panamera	2,33	0,29	
	Cayenne	2,80	0,36	
FORD	Ka	2,11	0,34	
	Fiesta	2,08	0,32	
	Focus	2,25	0,31	
	Focus C-Max	2,45	0,31	
	Mondeo	2,13	0,31	
	Cougar	1,96	0,31	

Tab. 6.18 (Fortsetzung)

Fahrzeugart		Stirnfläche A_{St} [m^2]	Widerstandsbeiwerte ζ_W derzeit	erreichbar
BMW	118	2,09	0,30	
	118 d	2,26	0,27	
	316 und M	1,88	0,32	
	320	2,11	0,28	
	320 d	2,29	0,30	
	320 Touring	2,11	0,29	
	525	2,12	0,28	
	7er	2,38	0,29	
	X1	2,34	0,32	
	X3	2,50	0,29	
TESLA			0,23	
SAAB	9000 E	2,05	0,34	
VOLVO	C 30	2,18	0,31	
	S 80	2,34	0,29	
	Experimental Hybrid (Gasturbine, 70 kW; 90.000 min^{-1} + Elektromotor + Batterie)	2,00	0,23	
VW	1-Liter-Auto XL_1	1,78	0,186	
JAGUAR	XJ 6	2,35	0,31	
FIAT	Punto	2,01	0,34	
PEUGEOT	207	2,10	0,31	
	407	2,23	0,29	
CITROËN	C 6	2,37	0,31	
RENAULT	Clio	2,12	0,34	
	Twingo	2,14	0,34	
MAZDA	’2	2,11	0,31	
NISSAN	Micra	2,08	0,33	
SKODA	FABIA	2,12	0,33	
Offene Form (Kabriolett)			0,6 bis 0,3	
AUDI	A3	2,13	0,31	
	A4	2,19	0,27	
OPEL	Astra geschlossen	1,94	0,33	
	Astra offen	1,86	0,42	
VW	Golf geschlossen	2,15	0,34	
	Golf offen	2,01	0,42	
BMW	120 i	2,03	0,32	
Sport-Form			0,35 bis 0,22	0,17
VW	Scirocco	2,14	0,34	
PORSCHE	911	1,98	0,31	
	959	1,92	0,31	
	968	1,88	0,34	
AUDI	TT	2,09	0,30	
	A5 FSI	2,18	0,31	
FERRARI	F40	1,90	0,34	
Rennfahrzeug (Formel 1)[a]			1,5 bis 1,1	
Kombi-Form (ζ_W-Wert ca. 10 bis 15 % höher als bei Limousine)		1,8 bis 2,2	0,40 bis 0,30	0,25

Tab. 6.18 (Fortsetzung)

Fahrzeugart		Stirnfläche A_{St} [m²]	Widerstandsbeiwerte ζ_W derzeit	erreichbar
Motorräder				
unverkleidet ohne Fahrer			0,75 bis 0,65	
verkleidet ohne Fahrer			0,45 bis 0,35	
mit Fahrer			bis ca. 2,5-mal größer	
LKW				
Lastzug ohne Anhänger	ohne Luftleitbleche		0,8 bis 0,6	0,5
	mit Luftleitblechen		0,65 bis 0,45	0,35
Lastzug mit Anhänger			1,0 bis 0,7	0,5
Sattelzug			0,9 bis 0,65	0,45
Omnibus			0,6 bis 0,5	0,35
Lokomotiven				
Diesel			0,6 bis 0,5	0,35
Elektro			0,5 bis 0,4	0,32
Zug ICE (Triebkopf)			0,23	
Stromlinienkörper (zum Vergleich)			0,08 bis 0,05	

[a] Abtriebskraft durch Heckflügel ca. 10 … 14 kN wegen notwendiger Bodenhaftung (Fahrzeugmasse ca. 600 kg). Kurven-Querbeschleunigung ca. $3g$ bis $4g$ wegen Fliehkraftwirkung.
Bemerkungen: $Re = w_\infty \cdot L/\nu_\infty$ ohne Einfluss, da vielfach größer als Re_{kr} (raues Verhalten gemäß Abb. 6.42). Weltrekordfahrzeug 1239,8 km/h (Überschall). Dazu notwendige Antriebsleistung ca. 75.000 kW durch zwei Turbinentriebwerke. Delphine $\zeta_W = 0{,}03$

Tab. 6.19 Anstellwinkel δ und Gleitzahl ε sowie Gleitwinkel γ verschiedener Körper (Anhaltswerte) mit Seitenverhältnis λ gemäß (4.299)

Umströmter Körper	Anstellwinkel δ	Gleitzahl ε	Gleitwinkel $\gamma = \arctan \varepsilon$
Ebene Platte ($\lambda = 0{,}17$)	4°	0,5	27°
Gewölbte Platte ($\lambda = 0{,}2$, $f/L = 0{,}04$)	4°	0,1	6°
Tragflügel	4°	0,02 bis 0,07	1° bis 4°

Tab. 6.20a Griechisches Alphabet

A	α	a	Alpha
B	β	b	Beta
Γ	γ	g	Gamma
Δ	δ	d	Delta
E	ε	e	Epsilon
Z	ζ	(z)	Zeta
H	η	e	Eta
Θ	ϑ	th	Theta
I	ι	i	Iota
K	κ	k	Kappa
Λ	λ	l	Lambda
M	μ	m	My
N	ν	n	Ny
Ξ	ξ	(x)	Ksi
O	o	o	Omikron
Π	π	p	Pi
P	ϱ	r	Rho
Σ	σ	s	Sigma
T	τ	t	Tau
Υ	υ	y	Ypsilon
Φ	φ	ph	Phi
X	χ	ch	Chi
Ψ	ψ	ps	Psi
Ω	ω	o	Omega

Tab. 6.20b Römische Ziffern (Zahlen)

I	1
II	2
III	3
IV	4
V	5
VI	6
VII	7
VIII	8
IX	9
X	10
XX	20
XXX	30
XL	40
L	50
LX	60
LXX	70
LXXX	80
XC	90
IC	99
C	100

Tab. 6.20b (Fortsetzung)

CC	200
CCC	300
CD	400
D	500
DC	600
DCC	700
DCCC	800
CM	900
XM	990
IM	999
M	1000
MI	1001

Tab. 6.21 Thermische Stoffgrößen $\varkappa$ und R

Isentropenexponent $\boldsymbol{\varkappa}$

Nach der kinetischen Gastheorie gilt für ideale Gase:

$\varkappa = (2 + f)/f$

Hierbei ist f die Anzahl der Bewegungsfreiheitsgrade der Teilchen (Atome bzw. Moleküle).

Die Teilchen werden dabei als starre Verbindungen der Atome betrachtet.

Nach der Beziehung ergeben sich für:

Einatomige Moleküle, d. h. Atome (z. B. He, Ar):

$f = 3 \rightarrow \varkappa = 5/3 = 1{,}66$

Zweiatomige Moleküle (z. B. Luft, H_2, N_2, O_2):

$f = 5 \rightarrow \varkappa = 7/5 = 1{,}40$

(Hantelmodell mit 3 Translations- und 2 Rotationsfreiheitsgraden, also $f = 5$)

Mehratomige Moleküle (z. B. H_2O-Dampf, CH_4, NH_3):

$f = 6 \rightarrow \varkappa = 8/6 = 1{,}33 \ldots 1{,}30$

Wasserdampf

Heißdampf ($T_{Da} > T_{Si}$ und $x = 1$):

$\varkappa = 1{,}30$

Sattdampf ($T_{Da} = T_{Si}$ und $x = 1$):

$\varkappa = 1{,}135$

Nassdampf ($T_{Da} = T_{Si}$ und $x < 1$):

$\varkappa = 1{,}035 + 0{,}1 \cdot x$ (nach ZEUNER)

Mit

$T_{Da} \ldots$ Dampftemperatur

$T_{Si} \ldots$ Siedetemperatur, *abhängig vom Druck* p;

$T_{Si} = F(p)$

$x \ldots$ Dampfgehalt ($0 < x \leq 1$)

Gaskonstante R

Universelle oder *absolute Gaskonstante*:

$\hat{R} = 8315$ [J/(kmol · K)]

Bezogene oder spezifische *Gaskonstante*:

$R = \hat{R}/M$ mit M [kg/kmol] … Molmasse.

Angewendet z. B. auf Luft mit $M = 28{,}963$ kg/kmol:

$R = \frac{8315}{28{,}963}\left[\frac{\mathrm{J/(kmol \cdot K)}}{\mathrm{kg/kmol}}\right] = 287\,\frac{\mathrm{J}}{\mathrm{kg \cdot K}}$

Tab. 6.22 Stoffwerte verschiedener Gase (Dämpfe), Bezugsdruck 1 bar

Fluid		Atom-zahl	M	Bezugstemp. t	ϱ	c_p	c_v	R	$\varkappa$	l_d	$10^6 \cdot \nu$	$\Delta c_p/\Delta p$
Benennung	Chem. Symbol		$\frac{kg}{kmol}$	°C	$\frac{kg}{m^3}$	$\frac{J}{kg\,K}$	$\frac{J}{kg\,K}$	$\frac{J}{kg\,K}$	–	$\frac{kJ}{kg}$	$\frac{m^2}{s}$	$\frac{J/(kg\,K)}{bar}$
Anorganische Gase (Dämpfe)												
Helium	He	1	4,003	20	0,1751	5.238	3.160	2.078	1,66	20,9	104,2	
Argon	Ar	1	39,944	20	1,364	524	316	208	1,66	157,4	16,1	
Wasserstoff	H_2	2	2,016	50	0,0720	14.244	10.120	4.124	1,40	460,6	128	1,28
Stickstoff	N_2	2	28,016	0	1,2272	1.039	742	297	1,40	199,3	13,3	2,13
Sauerstoff	O_2	2	32,000	20	1,3136	915	655	260	1,40	21,4	18,4	2,56
Luft	–	2	28,964	20	1,1890	1.005	718	287	1,40	196,8	15,1	1,71
Kohlenmonoxid	CO	2	28,010	0	1,1463	1.051	754	297	1,40	216,1	13,3	2,56
Stickoxid	NO	2	30,008	0	1,1315	996	719	277	1,40	460,6	13,4	
Kohlendioxid	CO_2	3	44,010	50	1,5852	819	630	189	1,30	531,8	10,0	9,36
Wasserdampf (Heißdampf)	H_2O	3	18,016	100	0,5796	2.135	1.674	461	1,30	2257,2	22,1	
Organische Gase (Dämpfe)												
Azetylen	C_2H_2	4	26,036	100	1,1487	1.641	1.321	320	1,25	80,4	8,2	19,2
Methan	CH_4	5	16,042	20	0,6440	2.156	1.637	519	1,32	548,5	10,8	8,54
Ethan	C_2H_6	8	30,068	0	2,011	1.667	1.390	277	1,20	540,1	4,19	
Kältemittel												
Ammoniak	NH_3	4	16,042	100	0,530	2.230	1.742	488	1,31	1369,2	24,1	
Freone (bei Sättigungsdruck)												
Freon 11 (R 11)	$CFCl_3$	5	137,38	0	2,43	540	478	62	1,13	181,7	4,1	
Freon 13 (R 13)	CF_3Cl	5	104,47	0	131,5	620	530	90	1,17	146,6	0,1	

Anmerkungen: Δc_p in J/(kg K), Änderungen von c_p, bezogen auf die Druckänderung Δp in bar. Kennzeichnet das thermodynamische Realgasverhalten.
l_d … Kondensations- bzw. Verdampfungswärme (latente Wärme)
$R \approx$ konst; $c_p \approx$ konst; $c_v \approx$ konst bei $p \leq 50$ bar und $T > T_{Si}$ mit T_{Si} … Siedetemperatur
spezifische Wärmekapazität von Wasser $c_{Wa} = 4186{,}66 \approx 4187$ J/(kg·K).
Da $\mathrm{d}q = \mathrm{d}u + p \cdot \mathrm{d}v = \mathrm{d}h - v \cdot \mathrm{d}p$ (1. Hauptsatz der Thermodynamik) ist bei Druck $p =$ konst, also $\mathrm{d}p = 0$, dann $\mathrm{d}q = \mathrm{d}h$ und deshalb nach Integration, wenn $c_p \approx$ konst: $q = \Delta h = c_p \cdot \Delta t$ die sog. fühlbare Wärme im Unterschied zur Latentwärme (Schmelz- und Verdampfungswärme).

Tab. 6.22a Energiewerte von fossilen Brennstoffen

Heizwerte H_u von Energieträgern bei 20 °C; 1 bar		
Steinkohle	29,3 kJ/g	
Braunkohle	8,1 kJ/g	
Brennholz	14,6 kJ/g	
Benzin	43,5 kJ/g	30.590 kJ/l
Heizöl	42,7 kJ/g	29.890 kJ/l
Methanol	19,6 kJ/g	15.630 kJ/l
Erdgas	50,02 kJ/g	31.750 kJ/l
Wasserstoff	119,9 kJ/g	10.046 kJ/l

Heizwerte H (Verbrennungswärme): H_o oberer und H_u unterer Heizwert. Das bedeutet H_o mit und H_u ohne Kondensationswärme des H_2O-Dampfanteiles vom Verbrennungsgas.

Tab. 6.22b Flüssiger Wasserstoff

Siedepunkt	−253 °C
Dichte ϱ[a]	0,0708 g/cm³
Heizwert H_u[a]	8489 kJ/l

[a] bei 20 °C

Tab. 6.22c

Umrechnungsfaktoren Energie
1 kcal = 4,187 kJ
1 kWh = 3600 kJ
1 kg SKE = 29.300 kJ

Energieinhalte verschiedener Energieträger im Vergleich bei technischen Normzustand (20 °C; 1 bar)
Der Heizwert von 1 l Benzin oder 1 l Heizöl entspricht in etwa: 1 kg Steinkohle 1 m³ Erdgas 3 m³ gasförmigen Wasserstoff 2 l Methanol 3,5 l Wasserstoff

Tab. 6.23 Zusammenstellung wichtiger vektoranalytischer Rechenoperationen, Matrix-Symbole und Transporttheorem in kartesischen Koordinaten x, y, z

Vektoroperationen

$\vec{e}; \vec{e}_x; \vec{e}_y; \vec{e}_z$

Einheitsvektoren in der Vektorrichtung und den Koordinaten-Richtungen.

$|\vec{e}| = |\vec{e}_x| = |\vec{e}_y| = |\vec{e}_z| = 1 = e = e_x = e_y = e_z$

$\vec{n}_x = \vec{e} \cdot \cos\alpha_x$

Richtungscosinus des Einheitsvektors $\vec{e}$ in der x-Richtung:

$|\vec{n}_x| = n_x = |\vec{e}| \cdot \cos\alpha_x = \cos\alpha_x \le 1$

Entsprechend in den anderen Richtungen y und z mit Winkel α_y und α_z je zwischen Vektor und zugehöriger Koordinatenrichtung

---

$C = \vec{A} \cdot \vec{B}$

Skalarprodukt C (Skalar) der beiden Vektoren $\vec{A}$ und $\vec{B}$

$$C = \vec{A} \cdot \vec{B} = |\vec{A}| \cdot |\vec{B}| \cdot \cos(\sphericalangle \vec{A}; \vec{B})$$
$$= \{A_x \quad A_y \quad A_z\} \cdot \begin{Bmatrix} B_x \\ B_y \\ B_z \end{Bmatrix}$$
$$= A_x \cdot B_x + A_y \cdot B_y + A_z \cdot B_z$$

$(\sphericalangle \vec{A}; \vec{B}) \ldots$ eingeschlossener Winkel zwischen den beiden Vektoren $\vec{A}$ und $\vec{B}$

$\vec{C} = \vec{A} \times \vec{B}$

Vektorprodukt $\vec{C}$ (Vektor) der beiden Vektoren $\vec{A}$ und $\vec{B}$ (Kennzeichen $\times$). Vektor $\vec{C}$ steht senkrecht auf der durch die beiden Ausgangs-Vektoren $\vec{A}$ und $\vec{B}$ aufgespannten Ebene und ist im Sinne einer Schraubenlängsbewegung gerichtet, wenn Vektor $\vec{A}$ nach Vektor $\vec{B}$ gedreht wird.

$$\vec{C} = \vec{A} \times \vec{B} = \begin{vmatrix} \vec{e}_x & \vec{e}_y & \vec{e}_z \\ A_x & A_y & A_z \\ B_x & B_y & B_z \end{vmatrix}$$
$$= \vec{e}_x \cdot (A_y \cdot B_z - B_y \cdot A_z)$$
$$- \vec{e}_y \cdot (A_x \cdot B_z - B_x \cdot A_z)$$
$$+ \vec{e}_z \cdot (A_x \cdot B_y - B_x \cdot A_y)$$

$|\vec{C}| = |\vec{A} \times \vec{B}| = A \cdot B \cdot \sin(\sphericalangle \vec{A}; \vec{B})$

$\nabla \ldots$

Nabla- oder HAMILTON[a]-Operator (formaler oder symbolischer Vektor → Vektoroperator)

$\nabla = \vec{e}_x \cdot \frac{\partial}{\partial x} + \vec{e}_y \cdot \frac{\partial}{\partial y} + \vec{e}_z \cdot \frac{\partial}{\partial z}$

Tab. 6.23 (Fortsetzung)

Gradient

$$\operatorname{grad} F = \nabla F = \left(\vec{e}_x \cdot \frac{\partial}{\partial x} + \vec{e}_y \cdot \frac{\partial}{\partial y} + \vec{e}_z \cdot \frac{\partial}{\partial z}\right) F$$
$$= \vec{e}_x \cdot \frac{\partial F}{\partial x} + \vec{e}_y \cdot \frac{\partial F}{\partial y} + \vec{e}_z \cdot \frac{\partial F}{\partial z}$$

Gradient der skalaren Funktion F. Ist ein Vektor, der auf den Flächen $F =$ konst senkrecht steht

Divergenz

$$\operatorname{div} \vec{c} = \nabla \cdot \vec{c} = \left\{\frac{\partial}{\partial x} \quad \frac{\partial}{\partial y} \quad \frac{\partial}{\partial z}\right\} \cdot \begin{Bmatrix} c_x \\ c_y \\ c_z \end{Bmatrix}$$
$$= \frac{\partial c_x}{\partial x} + \frac{\partial c_y}{\partial y} + \frac{\partial c_z}{\partial z}$$

Grenzwert vom Durchfluss des Vektors $\vec{c}$ über eine geschlossene Oberfläche auf das gegen null konvergierende, hiervon umschlossene Volumen bezogen, gemäß GAUSS-Satz (3.28)

Rotor

$$\operatorname{rot} \vec{c} = \nabla \times \vec{c} = \begin{vmatrix} \vec{e}_x & \vec{e}_y & \vec{e}_z \\ \frac{\partial}{\partial x} & \frac{\partial}{\partial y} & \frac{\partial}{\partial z} \\ c_x & c_y & c_z \end{vmatrix}$$
$$= \vec{e}_x \cdot \left(\frac{\partial c_z}{\partial y} - \frac{\partial c_y}{\partial z}\right) - \vec{e}_y \cdot \left(\frac{\partial c_z}{\partial x} - \frac{\partial c_x}{\partial z}\right)$$
$$+ \vec{e}_z \cdot \left(\frac{\partial c_y}{\partial x} - \frac{\partial c_x}{\partial y}\right)$$

Grenzwert des Linienintegrals (Zirkulation, (4.232)) von Vektor $\vec{c}$ längs einer geschlossenen Linie, auf die gegen null konvergierende, hiervon umschlossene Fläche bezogen, gemäß STOKES-Satz (4.238). Falls Vektor $\vec{c}$ eine Geschwindigkeit, ist rot $\vec{c}$ gleich dem Zweifachen der zugehörigen Winkelgeschwindigkeit $\vec{\omega}$ des Fluidbereiches (3.22)

Δ …

LAPLACE- oder **Delta-Operator** (formaler oder symbolischer Skalar → Skalaroperator)

$\Delta = \operatorname{div}(\operatorname{grad}) = \nabla(\nabla)$

$\Delta = \nabla(\nabla)$

$$= \frac{\partial}{\partial x}\left(\frac{\partial}{\partial x}\right) + \frac{\partial}{\partial y}\left(\frac{\partial}{\partial y}\right) + \frac{\partial}{\partial z}\left(\frac{\partial}{\partial z}\right)$$
$$= \frac{\partial^2}{\partial x^2} + \frac{\partial^2}{\partial y^2} + \frac{\partial^2}{\partial z^2}$$

Aussprache: Nabla von Nabla

Beispiel:

$$\Delta\phi = \left(\frac{\partial^2}{\partial x^2} + \frac{\partial^2}{\partial y^2} + \frac{\partial^2}{\partial z^2}\right)\phi$$
$$= \frac{\partial^2 \phi}{\partial x^2} + \frac{\partial^2 \phi}{\partial y^2} + \frac{\partial^2 \phi}{\partial z^2}$$

Tab. 6.23 (Fortsetzung)

Unterschied:

$$\nabla^2 = \nabla \cdot \nabla = \left(\frac{\partial}{\partial x} \quad \frac{\partial}{\partial y} \quad \frac{\partial}{\partial z}\right) \cdot \begin{pmatrix} \partial/\partial x \\ \partial/\partial y \\ \partial/\partial z \end{pmatrix}$$
$$= \left(\frac{\partial}{\partial x}\right)^2 + \left(\frac{\partial}{\partial y}\right)^2 + \left(\frac{\partial}{\partial z}\right)^2$$

Aussprache: Nabla mal Nabla

$\Delta\vec{a} = (\Delta a_x) \cdot \vec{e}_x + (\Delta a_y) \cdot \vec{e}_y + (\Delta a_z) \cdot \vec{e}_z$

Matrizen-Symbole

$$\overbrace{\begin{bmatrix} a_{11} & a_{12} & a_{13} & a_{14} & a_{15} \\ a_{21} & a_{22} & a_{23} & a_{24} & a_{25} \\ a_{31} & a_{32} & a_{33} & a_{34} & a_{35} \end{bmatrix}}^{m} \Bigg\} n$$

Nebendiagonale Hauptdiagonale

Matrix:
n Zeilen (Erst-Index)
m Spalten (Zweit-Index)

$\begin{Bmatrix} a_1 \\ a_2 \\ a_3 \end{Bmatrix}$ Vektor (Spaltenmatrix oder Spaltenvektor)

$\begin{Bmatrix} a_1 \\ a_2 \\ a_3 \end{Bmatrix}^T = \{a_1 \; a_2 \; a_3\}$ Transponierter Vektor (Zeilenmatrix oder Zeilenvektor)

Zur Unterscheidung vom Spaltenvektor werden für den Zeilenvektor oft auch eckige Klammern verwendet.

( ) Allgemeines Symbol für Matrizen, z. B. oft bei Matrix-Gleichungen verwendet. Verschiedentlich werden hierfür jedoch auch eckige Klammer benützt.

{ } Allgemeines Vektorsymbol

Vektor … Matrixsonderform (Spalten- oder Zeilenmatrix)

Übermatrix … Elemente der Matrix sind selbst wieder Matrizen.

Bandmatrix … Matrix, bei der nur die Stellen (Elemente) um die Hauptdiagonale mit Zahlen ungleich null besetzt sind. Bandbreite bezeichnet dabei die Anzahl der Reihen mit von null verschiedenen Elementen.

Schreibweise:

Vektoren $\vec{a}; \vec{b}; \ldots$ oder $\underline{a}; \underline{b}; \ldots$

Matrizen, Tensoren $\vec{\vec{A}}; \vec{\vec{B}}; \ldots$ oder $\underline{\underline{A}}; \underline{\underline{B}}; \ldots$

Symmetrische Matrizen: Diese sind gekennzeichnet durch die Symmetrie ihrer Glieder zur Hauptdiagonalen, also bei $m = n$ (Spalten-Anzahl = Zeilen-Anzahl), z. B. für $m = n = 4$:

$a_{21} = a_{12} \quad a_{31} = a_{13} \quad a_{32} = a_{23}$

$a_{41} = a_{14} \quad a_{42} = a_{24} \quad a_{43} = a_{34}$

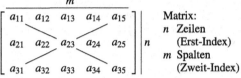

Tab. 6.23 (Fortsetzung)

FALKsches Matrix-Multiplikationsschema

Symbolisch dargestellte Matrizenduplikation

$\underline{\underline{A}} \cdot \underline{\underline{B}} = \underline{\underline{C}}$ oder $\vec{\vec{A}} \cdot \vec{\vec{B}} = \vec{\vec{C}}$

Hinweis: Unterstrich häufig Kennzeichen für Matrix

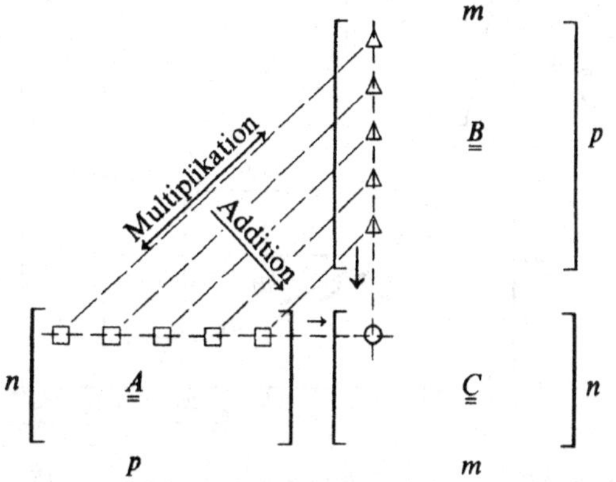

$\underline{\underline{A}}$: (p, n)-Matrix; n Zeilen, p Spalten
$\underline{\underline{B}}$: (p, m)-Matrix; p Zeilen, m Spalten
$\underline{\underline{C}}$: (n, m)-Matrix; n Zeilen, m Spalten

Multiplikation nur möglich, wenn Spalten-Anzahl von Matrix $\underline{\underline{A}}$ mit Zeilen-Anzahl von Matrix $\underline{\underline{B}}$ übereinstimmt.

Multiplikationsablauf: Erste Zeile von $\underline{\underline{A}}$ gliedweise multipliziert mit erster Spalte von $\underline{\underline{B}}$ ergibt dann addiert erstes Glied von Ergebnis-Matrix $\underline{\underline{C}}$. Entsprechend die anderen $\underline{\underline{C}}$-Glieder (c_{ij})

Tensor-Operator ⊗

$$\vec{A} \otimes \vec{B} = \begin{Bmatrix} A_x \\ A_y \\ A_z \end{Bmatrix} \cdot \{B_x \quad B_y \quad B_z\}$$

$$= \begin{pmatrix} A_x \cdot B_x & A_x \cdot B_y & A_x \cdot B_z \\ A_y \cdot B_x & A_y \cdot B_y & A_y \cdot B_z \\ A_z \cdot B_x & A_z \cdot B_y & A_z \cdot B_z \end{pmatrix}$$

Hinweis auf Unterschied zu Skalarprodukt

Tab. 6.23 (Fortsetzung)

Transporttheorem

Das vollständige Differenzial nach der Zeit t einer transienten Feldgröße Θ wird in der EULER-Darstellung auch als Transporttheorem bezeichnet:

$$\Theta = f(\vec{s}, t) = F(x, y, z, t)$$

Dazu vollständiges oder totales Differenzial:

$$\mathrm{d}\Theta = \tfrac{\partial \Theta}{\partial x} \cdot \mathrm{d}x + \frac{\partial \Theta}{\partial y} \cdot \mathrm{d}y + \frac{\partial \Theta}{\partial z} \cdot \mathrm{d}z + \frac{\partial \Theta}{\partial t} \cdot \mathrm{d}t$$

Unter Verwenden von

- Gradienten

$$\nabla \Theta = \mathrm{grad}\, \Theta = \frac{\partial \Theta}{\partial x} \cdot \vec{e}_x + \frac{\partial \Theta}{\partial y} \cdot \vec{e}_y + \frac{\partial \Theta}{\partial z} \cdot \vec{e}_z$$

- Wegvektor

$$\mathrm{d}\vec{s} = \mathrm{d}x \cdot \vec{e}_x + \mathrm{d}y \cdot \vec{e}_y + \mathrm{d}z \cdot \vec{e}_z$$

kann auch mit Hilfe des Skalarproduktes geschrieben werden:

$$\mathrm{d}\Theta = \mathrm{d}\vec{s} \cdot \nabla \Theta + \frac{\partial \Theta}{\partial t} \cdot \mathrm{d}t$$

mit

$$\mathrm{d}\vec{s} \cdot \nabla \Theta = \{\mathrm{d}x\ \mathrm{d}y\ \mathrm{d}z\} \cdot \begin{Bmatrix} \partial \Theta/\partial x \\ \partial \Theta/\partial y \\ \partial \Theta/\partial z \end{Bmatrix}$$

$$= \mathrm{d}x \cdot \frac{\partial \Theta}{\partial x} + \mathrm{d}y \cdot \frac{\partial \Theta}{\partial y} + \mathrm{d}z \cdot \frac{\partial \Theta}{\partial z}$$

Oder in Indexschreibweise mit $x_i = x; y; z$:

$$\mathrm{d}\Theta = \mathrm{d}x_i \cdot \frac{\partial \Theta}{\partial x_i} + \frac{\partial \Theta}{\partial t} \cdot \mathrm{d}t$$

Die Differenziation nach der Zeit t ergibt letztlich:

$$\frac{\mathrm{d}\Theta}{\mathrm{d}t} = \frac{\mathrm{d}x}{\mathrm{d}t} \cdot \frac{\partial \Theta}{\partial x} + \frac{\mathrm{d}y}{\mathrm{d}t} \cdot \frac{\partial \Theta}{\partial y} + \frac{\mathrm{d}z}{\mathrm{d}t} \cdot \frac{\partial \Theta}{\partial z} + \frac{\partial \Theta}{\partial t}$$

$$= c_x \cdot \frac{\partial \Theta}{\partial x} + c_y \cdot \frac{\partial \Theta}{\partial y} + c_z \cdot \frac{\partial \Theta}{\partial z} + \frac{\partial \Theta}{\partial t}$$

Entsprechend wieder in Vektoranalysis-Darstellung:

$$\frac{\mathrm{d}\Theta}{\mathrm{d}t} = \vec{c} \cdot \nabla \Theta + \frac{\partial \Theta}{\partial t}$$

Oder wieder in Indexschreibweise mit $x_i = x; y; z$:

$$\frac{\mathrm{d}\Theta}{\mathrm{d}t} = c_i \cdot \frac{\partial \Theta}{\partial x_i} + \frac{\partial \Theta}{\partial t}$$

Das Transporttheorem $\mathrm{d}\Theta/\mathrm{d}t$ wird, um Verwechslungen mit $\partial \Theta/\partial t$ zu vermeiden, vielfach auch als $\mathrm{D}\Theta/\mathrm{D}t$ geschrieben.

Wenn die Feldgröße Θ kein Skalar, sondern ein Vektor ist, ergeben sich die drei Komponenten-Gleichungen $\mathrm{d}\Theta_i/\mathrm{d}t$, bzw. $\mathrm{D}\Theta_i/\mathrm{D}t$ mit $i = x; y; z$ für das Transporttheorem. Der Skalar-Term $\vec{c} \cdot \nabla \Theta$ führt auch die Benennung konvektive Ableitung von Feldgröße Θ und $\partial \Theta/\partial t$ lokale Ableitung

[a] HAMILTON, Rowan (1805 bis 1865), engl. Mathematiker

Tab. 6.24 Koordinatentransformationen
(→ bedeutet Umwandlung in)

$(x; y) \rightarrow (t; n)$

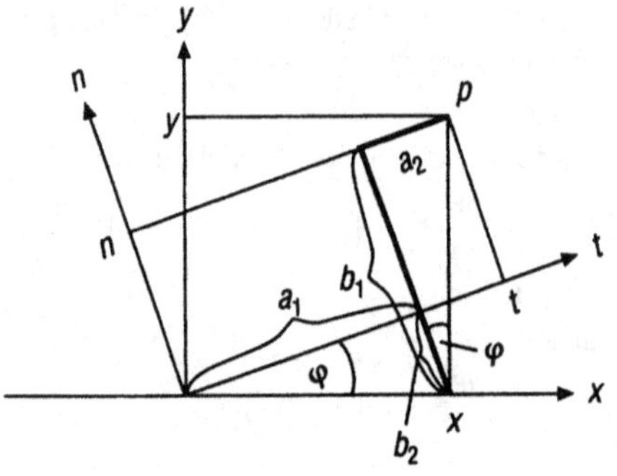

$t = a_1 + a_2 = x \cdot \cos\varphi + y \cdot \sin\varphi$

$n = b_1 - b_2 = y \cdot \cos\varphi - x \cdot \sin\varphi$

weshalb analog:

$\mathrm{d}t = \mathrm{d}x \cdot \cos\varphi + \mathrm{d}y \cdot \sin\varphi$

$\mathrm{d}n = \mathrm{d}y \cdot \cos\varphi + \mathrm{d}x \cdot \sin\varphi$

$(n; t) \rightarrow (x; y)$

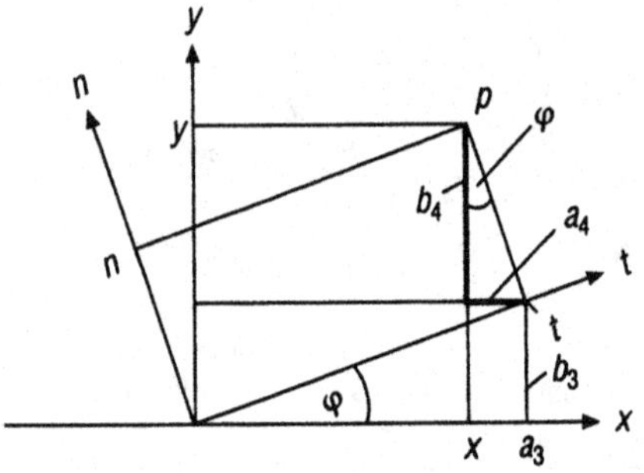

$x = a_3 - a_4 = t \cdot \cos\varphi - n \cdot \sin\varphi$

$y = b_3 + b_4 = t \cdot \sin\varphi + n \cdot \cos\varphi$

weshalb analog:

$\mathrm{d}x = \mathrm{d}t \cdot \cos\varphi - \mathrm{d}n \cdot \sin\varphi$

$\mathrm{d}y = \mathrm{d}t \cdot \sin\varphi + \mathrm{d}n \cdot \cos\varphi$

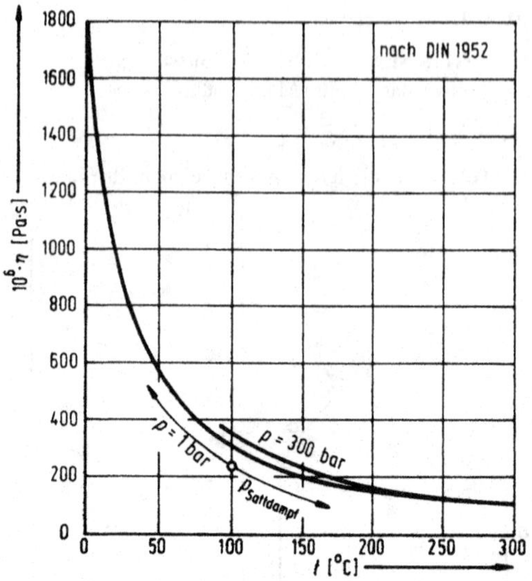

Abb. 6.1 Dynamische Viskosität η von Wasser, abhängig von Temperatur t und Druck p (Parameter)

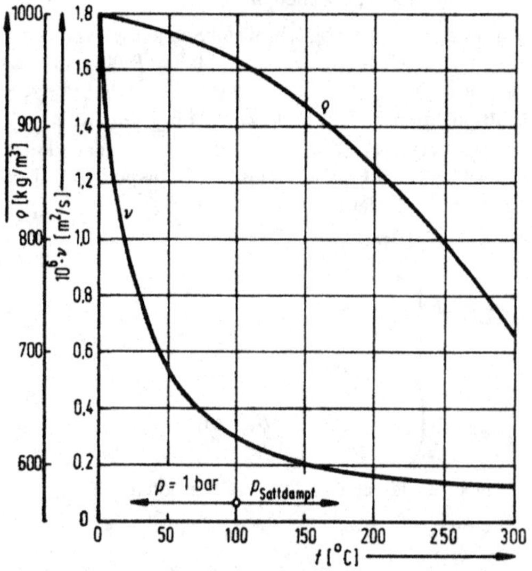

Abb. 6.2 Kinematische Viskosität ν und Dichte ϱ von Wasser, abhängig von Temperatur t und Druck p

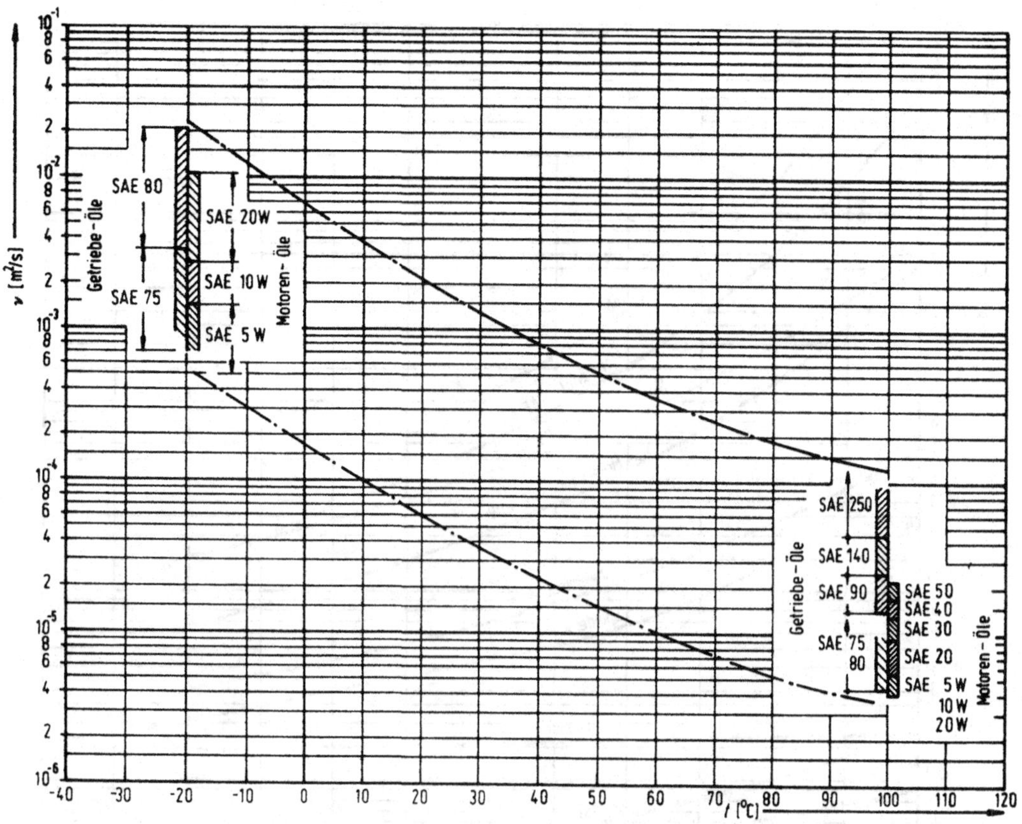

Abb. 6.3 Viskositätsbereiche der SAE-Klassen für Getriebeöle (DIN 51512) und Motorenöle (DIN 51511). Dabei gilt: Je größer die Zahl der SAE-Klasse, desto höher die Viskosität des betreffenden Öles

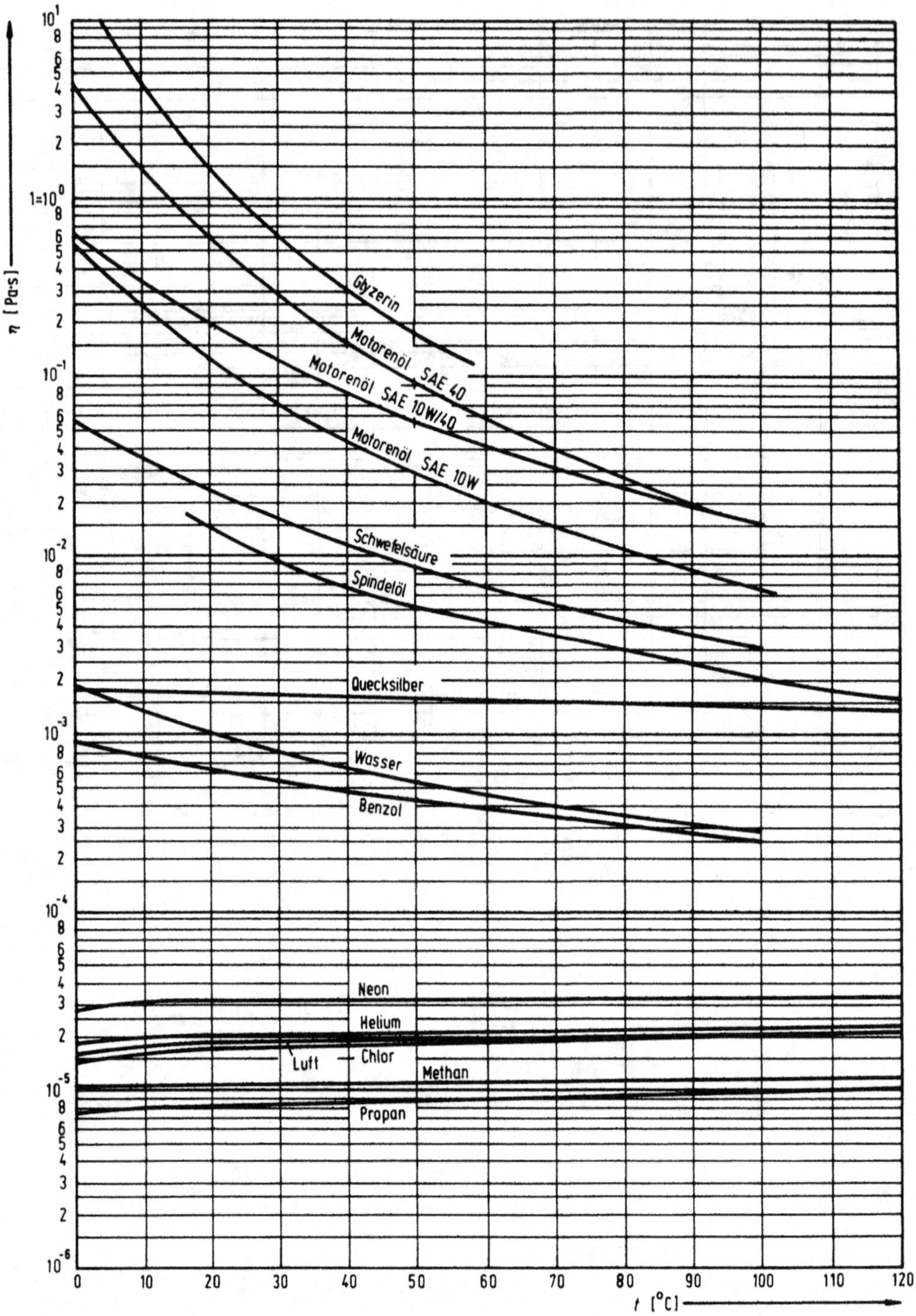

Abb. 6.4 Dynamische Viskosität η [Pa s] von Fluiden (Flüssigkeiten und Gasen), abhängig von der Temperatur t [°C] bei 1 bar Druck

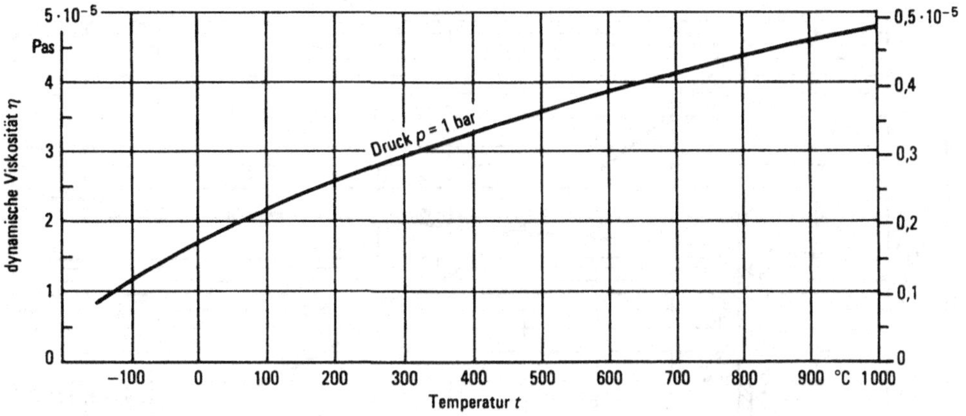

Abb. 6.5 Dynamische Viskosität von Luft, abhängig von der Temperatur, $\eta = f(t)$, bei 1 bar Druck

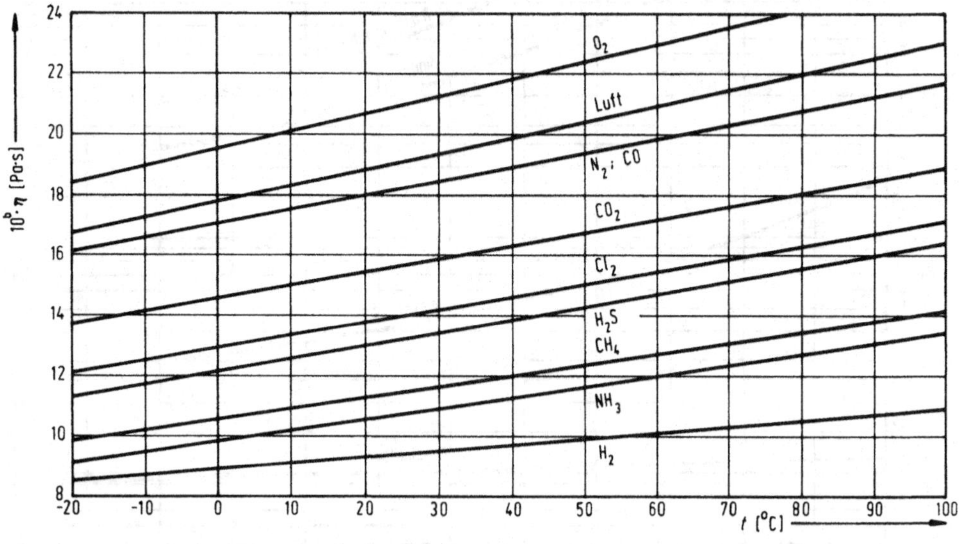

Abb. 6.6 Dynamische Viskosität η [Pa s] von Gasen, abhängig von der Temperatur t [°C] bei 1 bar Druck

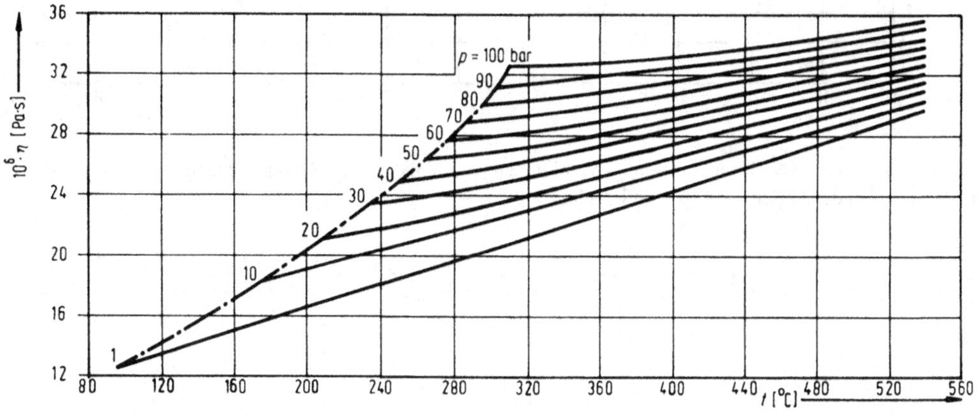

Abb. 6.7 Dynamische Viskosität η [Pa s] von Wasserdampf, abhängig von Temperatur t und Druck p

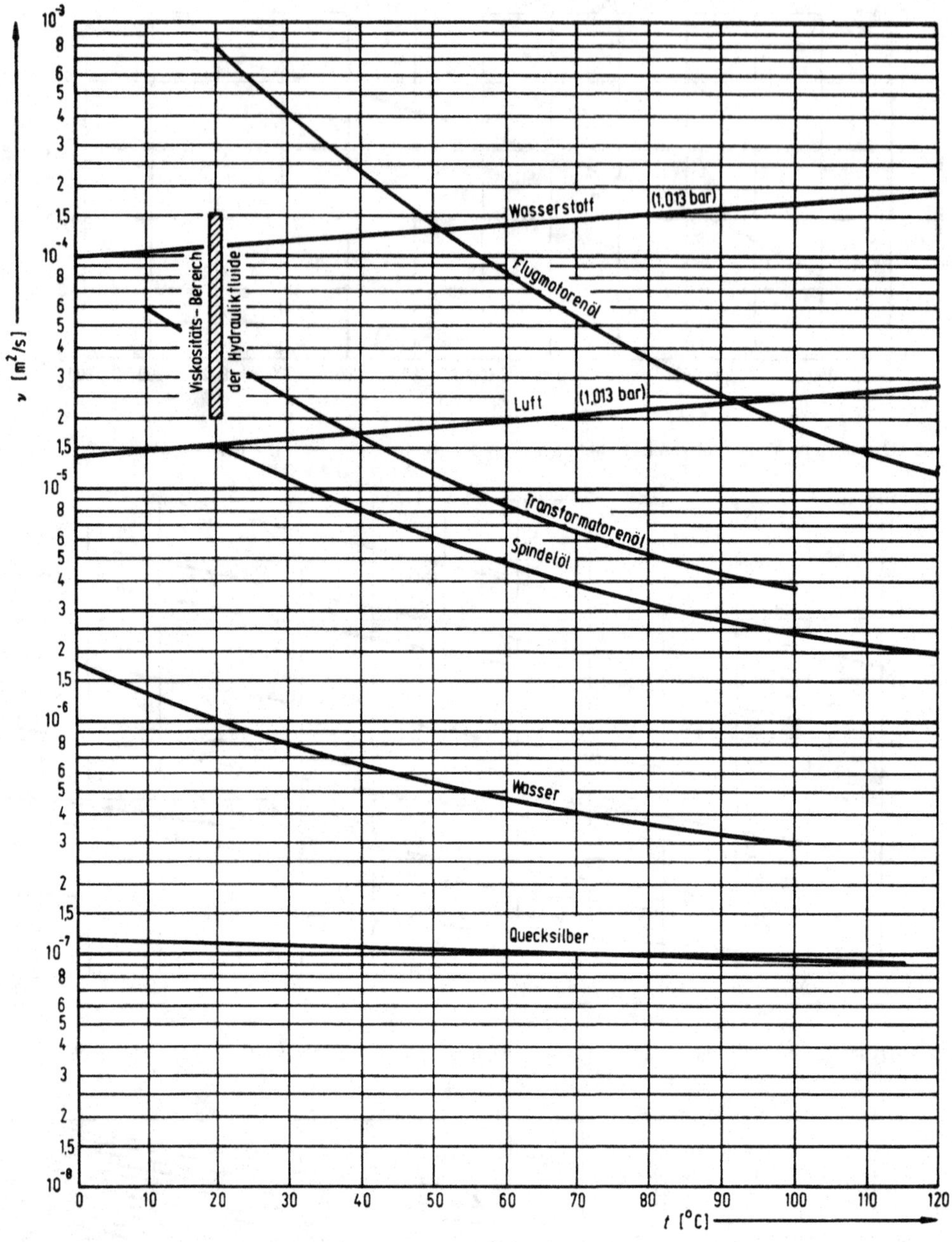

Abb. 6.8 Kinematische Viskosität ν in m^2/s von Fluiden (Flüssigkeiten und Gasen), abhängig von der Temperatur t in °C und dem bei den Gasen aufgeführten Druck

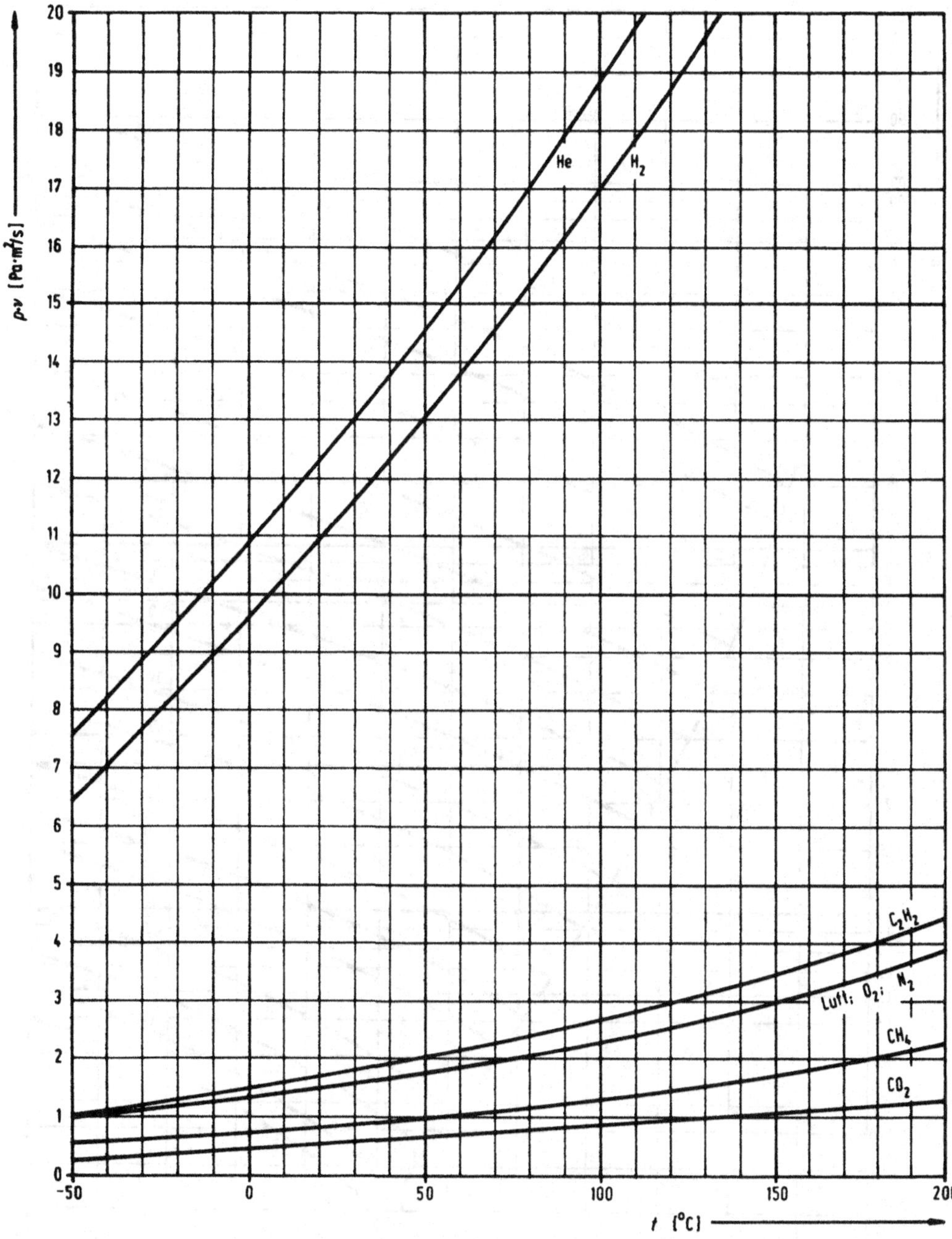

Abb. 6.9 Kinematische Viskosität ν [m²/s] von Gasen, abhängig von Temperatur t [°C] und Druck p [Pa]. $\nu = (p \cdot \nu)/p$ [(Pa m²/s)/Pa = m²/s] mit dem zugehörigen Fluiddruck p [Pa]

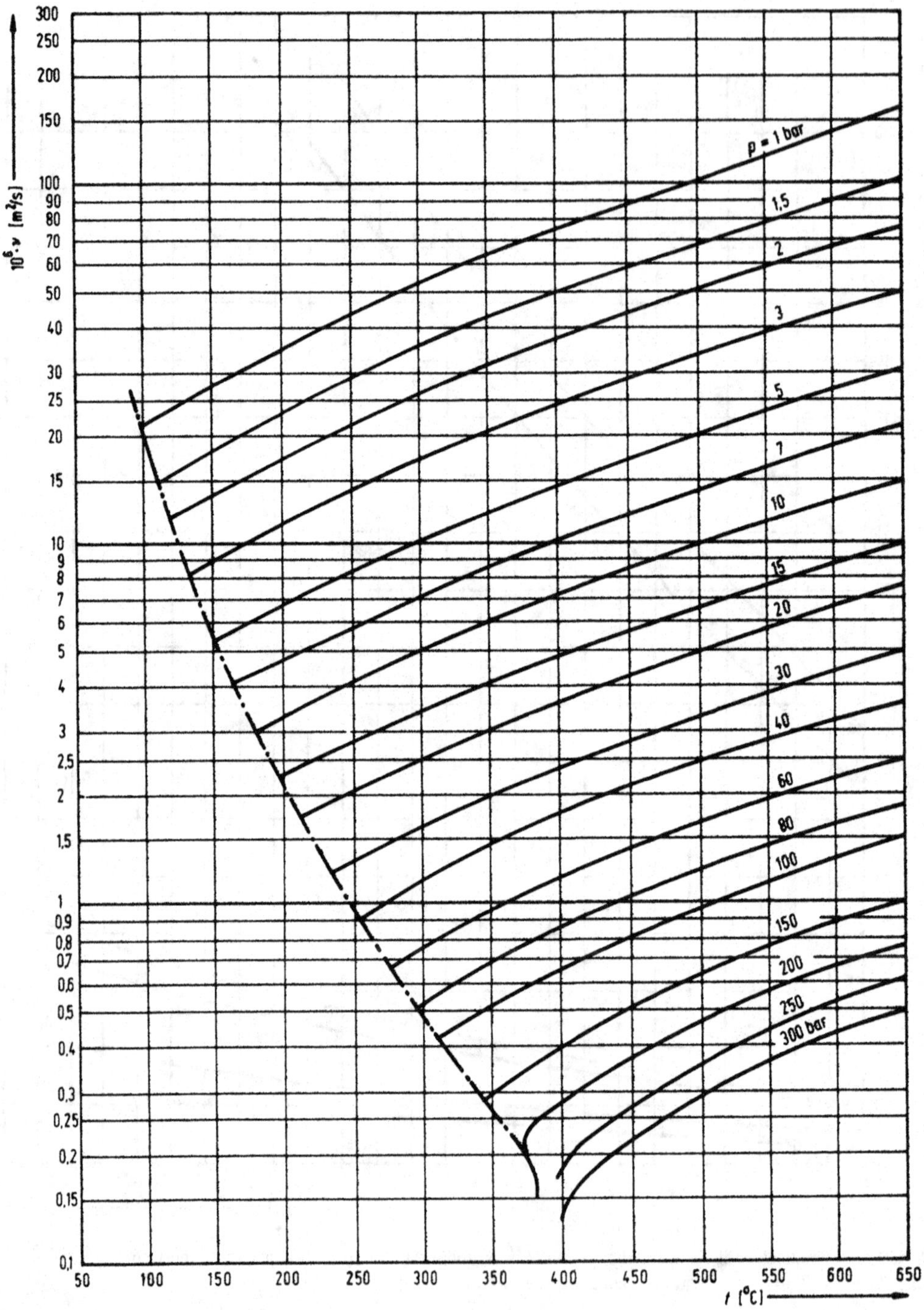

Abb. 6.10 Kinematische Viskosität ν [m^2/s] von Wasserdampf, abhängig von Temperatur t [°C] (Abszisse) und Druck p [bar] (Parameter)

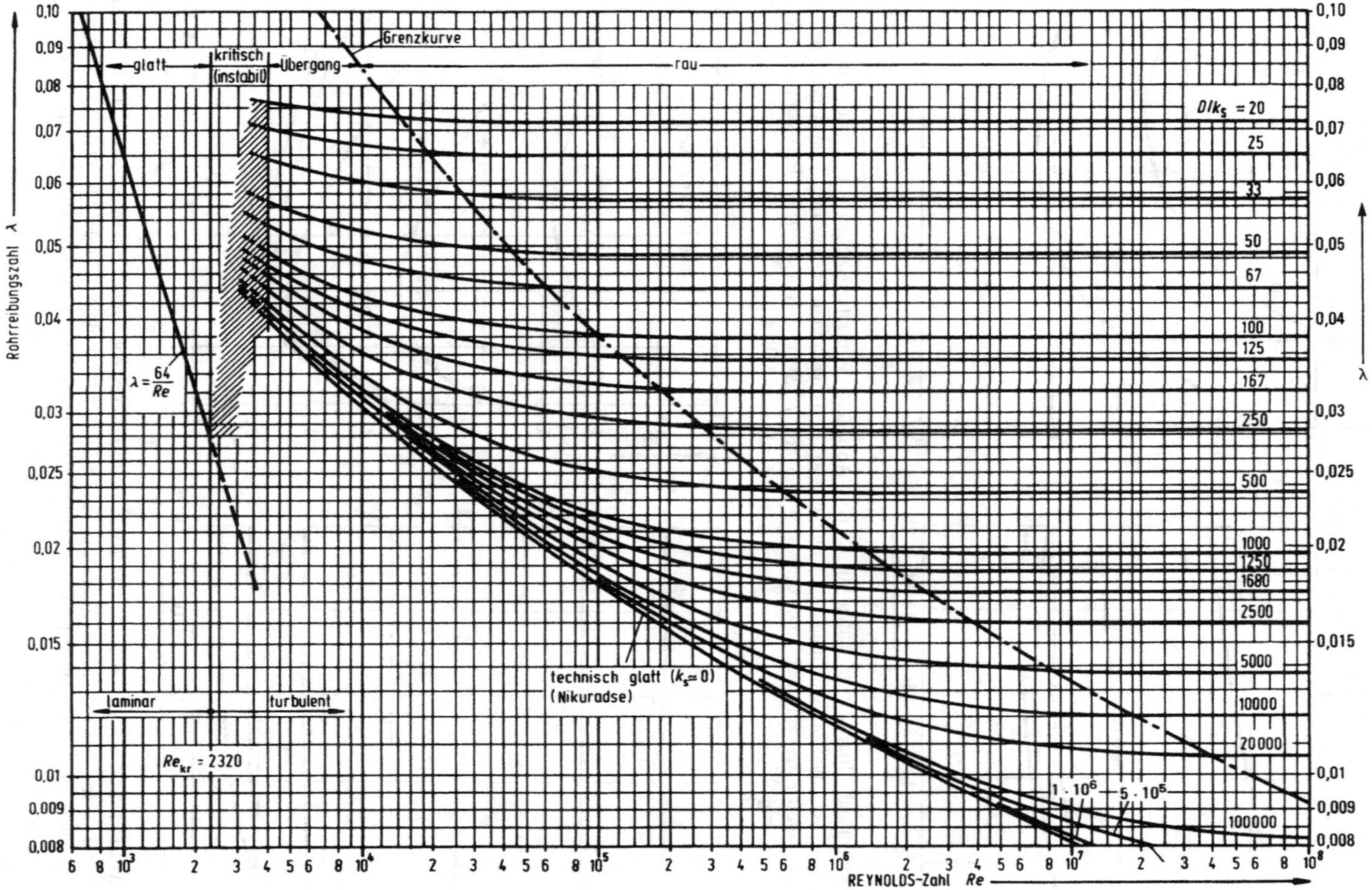

Abb. 6.11 Widerstandsdiagramm nach MOODY und COLEBROOK, so genanntes MOODY- oder COLEBROOK-Diagramm. Rohrreibungsziffer λ als Funktion von REYNOLDS-Zahl Re und dem Kehrwert D/k_s der relativen Sandrauigkeit k_s/D (inverse relative Sandrauigkeit des Rohres als Parameter), weshalb auch als Rohrreibungszahl-Diagramm bezeichnet $\rightarrow \lambda = f(Re, D/k_s)$

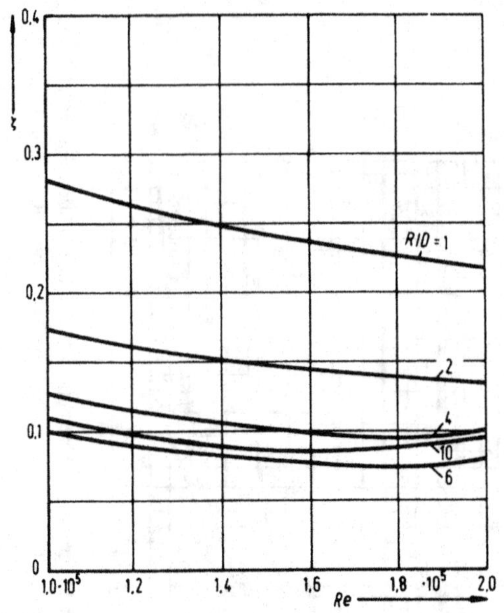

Abb. 6.12 Widerstandsziffern ζ von glatten 90°-Kreisrohrkrümmern für verschiedene Krümmungsverhältnisse R/D, abhängig von der *Re*-Zahl, nach HOFMANN (Cu-Zn-Sn-Legierung, sorgfältig glatt)

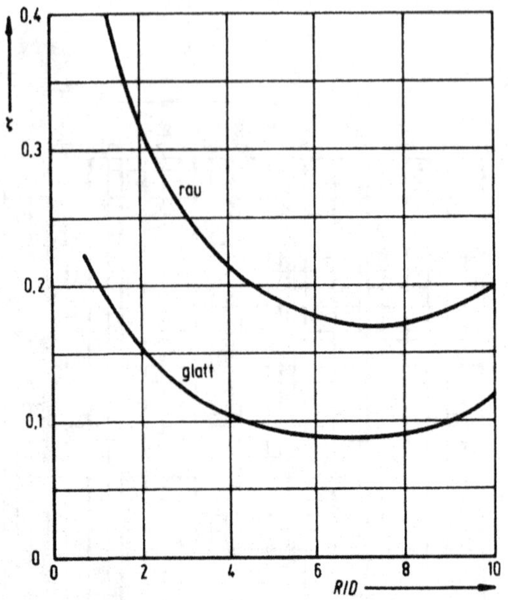

Abb. 6.14 Widerstandsziffern ζ von glatten und rauen 90°-Kreisrohrkrümmern, abhängig vom Krümmungsverhältnis R/D, nach HOFMANN bei REYNOLDSzahl $Re \geq 2250$ (auch Abb. 4.15)

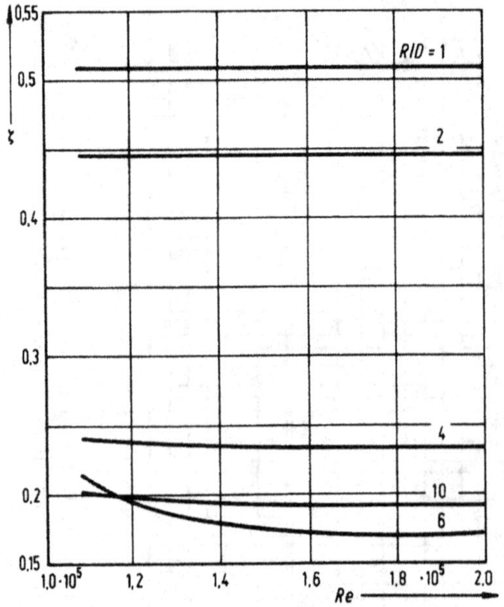

Abb. 6.13 Widerstandsziffern ζ von rauen 90°-Kreisrohrkrümmern für verschiedene Krümmungsverhältnisse R/D, abhängig von der *Re*-Zahl, nach HOFMANN (Sandrauigkeit $k_s \leq 0{,}25$ mm)

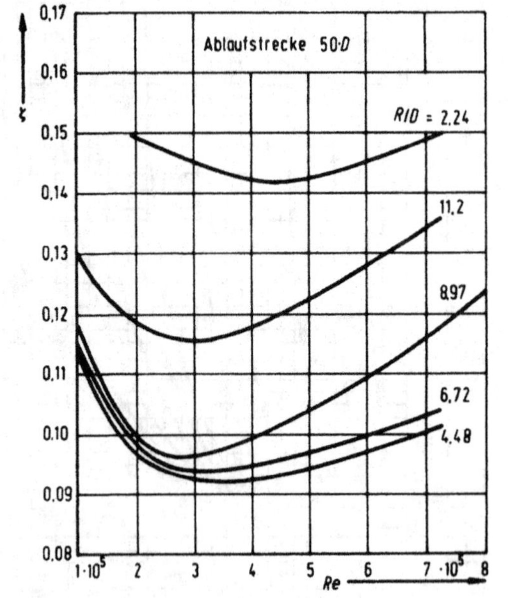

Abb. 6.15 Widerstandsziffern ζ von 90°-Kreisrohr-Stahlkrümmern für verschiedene Krümmungsverhältnisse R/D, abhängig von der *Re*-Zahl bei einer Ablaufstrecke $50 \cdot D$ (GREGORIG)

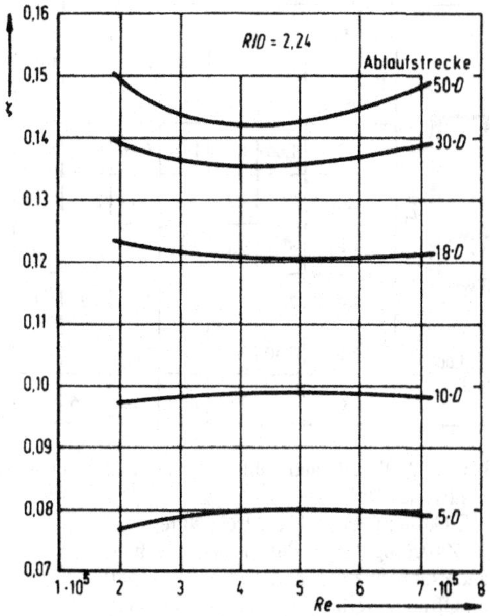

Abb. 6.16 Widerstandszahlen ζ von 90°-Kreisrohr-Stahlkrümmern mit Krümmungsverhältnis $R/D = 2{,}24$ und verschiedenen Ablaufstrecken (GREGORIG)

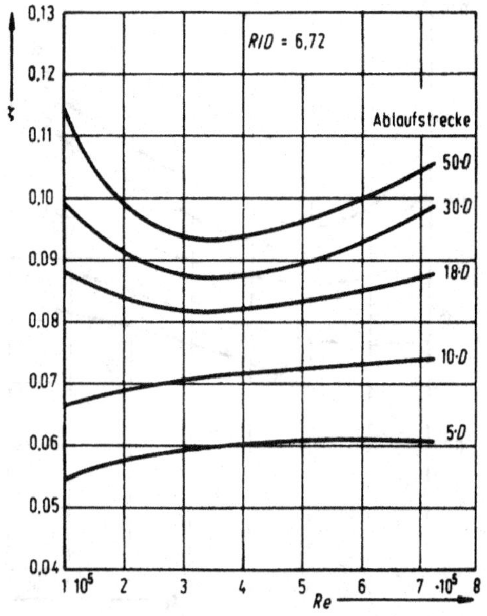

Abb. 6.18 Widerstandszahlen ζ von 90°-Kreisrohr-Stahlkrümmern mit Krümmungsverhältnis $R/D = 6{,}72$ und verschiedenen Ablaufstrecken (GREGORIG)

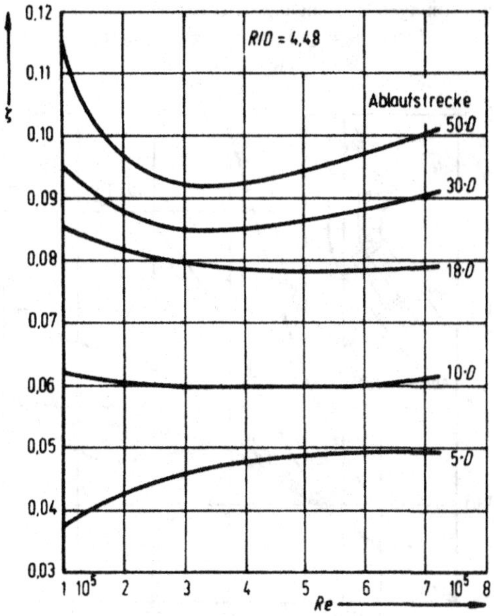

Abb. 6.17 Widerstandszahlen ζ von 90°-Kreisrohr-Stahlkrümmern mit Krümmungsverhältnis $R/D = 4{,}48$ und verschiedenen Ablaufstrecken (GREGORIG)

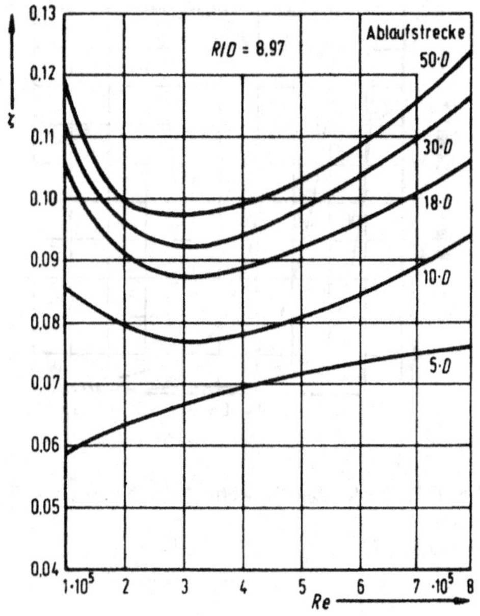

Abb. 6.19 Widerstandszahlen ζ von 90°-Kreisrohr-Stahlkrümmern mit Krümmungsverhältnis $R/D = 8{,}97$ und verschiedenen Ablaufstrecken (GREGORIG)

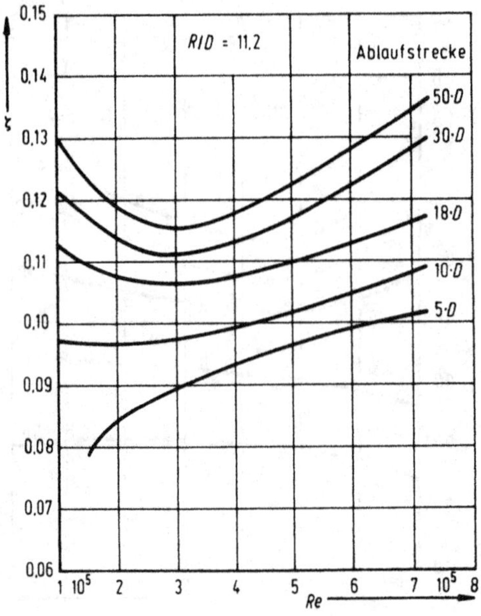

Abb. 6.20 Widerstandszahlen ζ von 90°-Kreisrohr-Stahlkrümmern mit Krümmungsverhältnis $R/D = 11{,}2$ und verschiedenen Ablaufstrecken (GREGORIG)

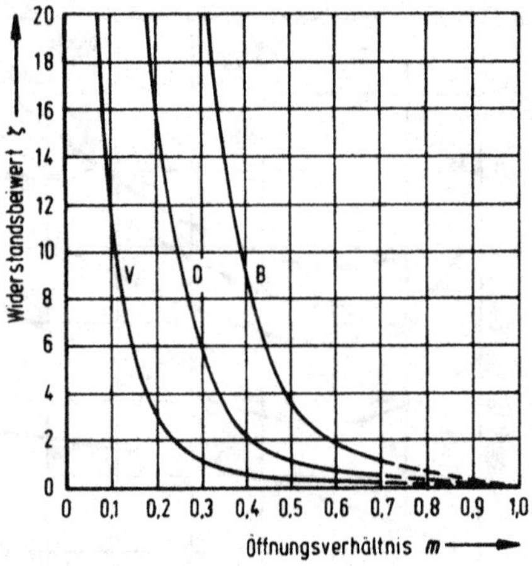

Abb. 6.21 Widerstandsbeiwerte ζ der Norm-Drosselgeräte.
B Blende, D Düse, V *Venturi-Düse* kurz

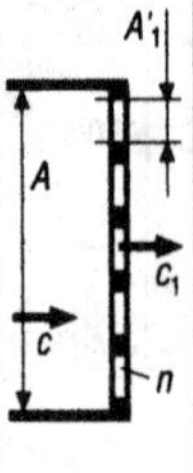 $A_1 = n \cdot A'_1$ n...Lochzahl	$\beta = A_1/A$ → ; c [m/s] ↓	0,1	0,2	0,3	0,4	0,5	0,6	
	0,5	1,06	1,15	1,09	0,96	0,90	0,83	ζ
	1,0	2,16	2,31	2,21	2,17	2,13	2,09	ζ
	1,5	2,31	2,43	2,31	2,18	2,11	2,07	ζ
	2,0	2,36	2,58	2,45	2,31	2,24	2,19	ζ
	2,5	2,40	2,53	2,40	2,26	2,21	1,96	ζ
	3,0	2,45	2,61	2,58	2,42	2,36	2,31	ζ

Abb. 6.22 Widerstandszahlen ζ von Lochblechgittern (Richtwerte).
A ... Gesamtfläche; A_1 ... freie Gitterfläche;
c ... Zuströmgeschwindigkeit in Querschnitt A.
Handelsüblich: Lückengrad $\beta = A_1/A = 0{,}5$, entspricht dem Öffnungsverhältnis m gemäß (4.66a),
Drahtgeflechtgitter: Tabellenwerte etwa halbieren
Vogelschutzgitter: $\beta = A_1/A = 0{,}8$ für Gitter 20 ⊠ × 2 mm und 10 ⊠ × 1 mm
$c_1 = c \cdot A/A_1 = c/(A_1/A) = c/\beta$ Strömungsgeschwindigkeit im Gitterquerschnitt A'_1, bzw. $A_1 = n \cdot A'_1$ mit n Anzahl der Öffnungen (Durchgänge, Löcher).
Druckverlust $\Delta p_V = \varrho \cdot Y_V = \varrho \cdot \zeta \cdot c_1^2/2 = \varrho \cdot (\zeta/\beta^2) \cdot (c^2/2)$

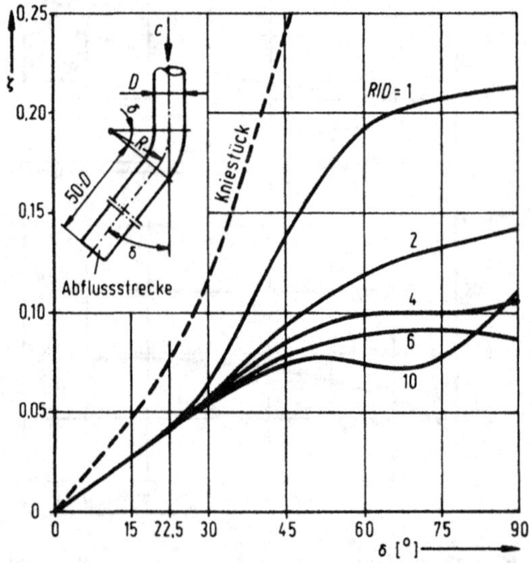

Abb. 6.23 Widerstandsbeiwerte ζ von technisch glatten Kreisrohr-Krümmern, abhängig vom Umlenkwinkel δ bei verschiedenen Krümmungsverhältnissen R/D als Parameter (WASIELEWSKI)

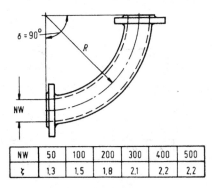

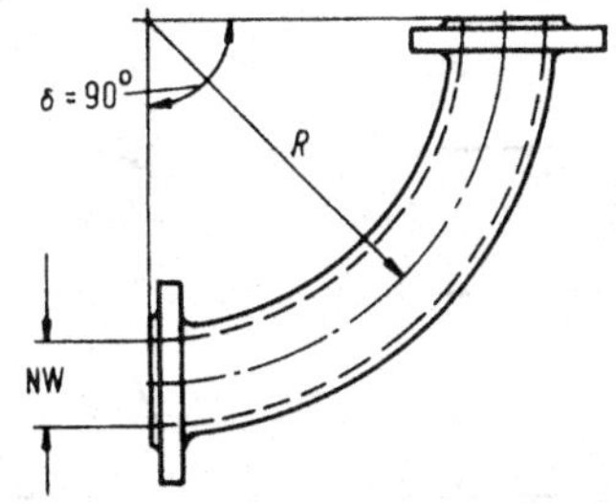

NW	50	100	200	300	400	500
ζ	1,3	1,5	1,8	2,1	2,2	2,2

Abb. 6.24 Widerstandsbeiwerte ζ von Grauguss-Krümmern (rau) mit $\delta = 90°$ und Krümmungsverhältnis $R/\mathrm{NW} = 3$ bis 5 (Richtwerte). NW ... Nennweite, d. h. bei normaler (üblicher) Wanddicke lichter Durchmesser in mm (Tab. 6.3)

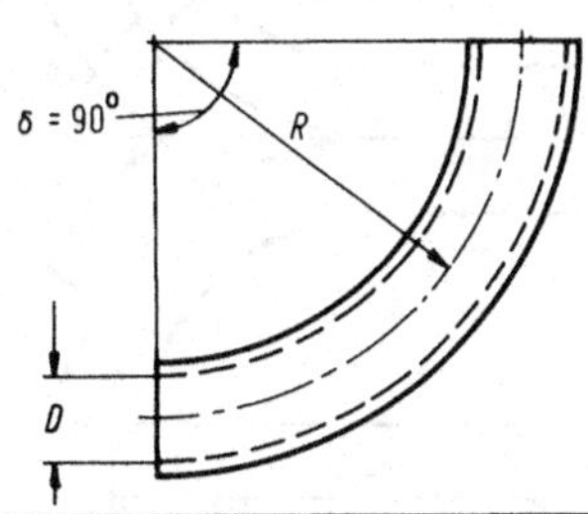

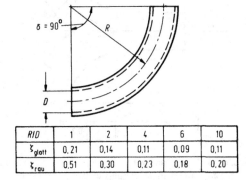

R/D	1	2	4	6	10
ζ_{glatt}	0,21	0,14	0,11	0,09	0,11
ζ_{rau}	0,51	0,30	0,23	0,18	0,20

Abb. 6.25 Widerstandsbeiwerte ζ von rauen Stahl-Krümmern mit $\delta = 90°$ (Richtwerte)

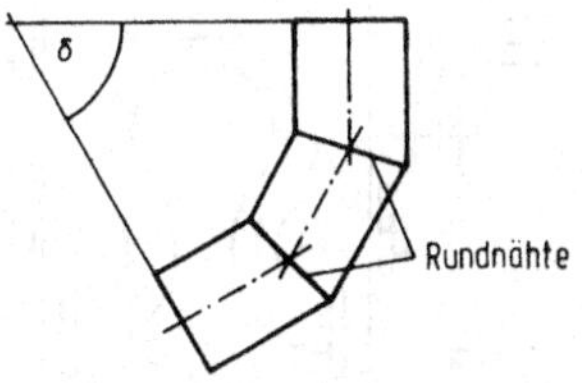

δ	15°	22,5°	30°	45°	60°	90°
Anzahl der Rundnähte	1	1	2	2	3	3
ζ_{glatt}	0,06	0,08	0,10	0,15	0,10	0,25
ζ_{rau}	0,08	0,10	0,12	0,18	0,25	0,31

Abb. 6.26 Widerstandsbeiwerte ζ von rauen Segment-Krümmern (Richtwerte)

$$\frac{H}{B} < 1 \qquad \zeta_{\square} \approx \frac{H}{B} \cdot \zeta_{\circ}$$

$$\frac{H}{B} > 1 \qquad \zeta_{\square} \approx \sqrt{\frac{H}{B}} \cdot \zeta_{\circ}$$

Mit
$\zeta_{\circ}$ ... Widerstandszahl des Krümmers mit Kreisquerschnitt von gleichwertigem Durchmesser

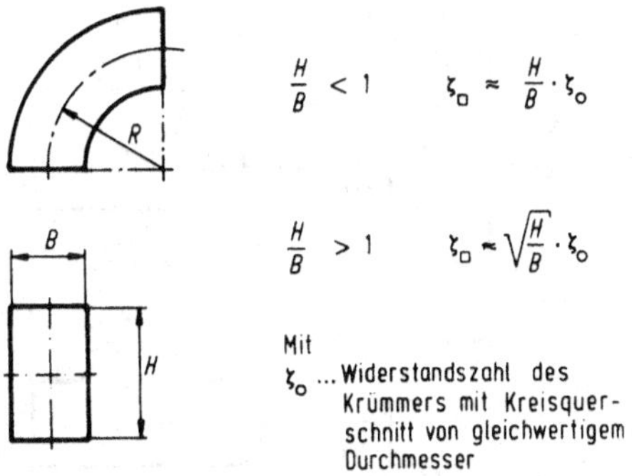

Abb. 6.27 Widerstandszahlen ζ von üblich rauen 90°-Rechteckrohr-Krümmern

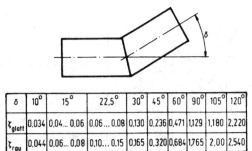

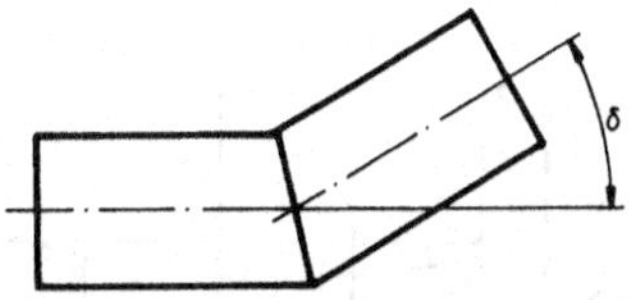

δ	10°	15°	22,5°	30°	45°	60°	90°	105°	120°
ζ_{glatt}	0,034	0,04...0,06	0,06...0,08	0,130	0,236	0,471	1,129	1,180	2,220
ζ_{rau}	0,044	0,06...0,08	0,10...0,15	0,165	0,320	0,684	1,765	2,00	2,540

Abb. 6.28 Widerstandszahlen ζ von rauen, scharfkantigen Kniestücken (THOMA)

$\zeta = 2...2,5$ $\zeta = 3...3,7$ $\zeta = 4...5$

Kleine Werte für geringe Rauigkeit und/oder große Durchmesser.
Große Werte für größere Rauigkeit und/oder kleine Durchmesser.

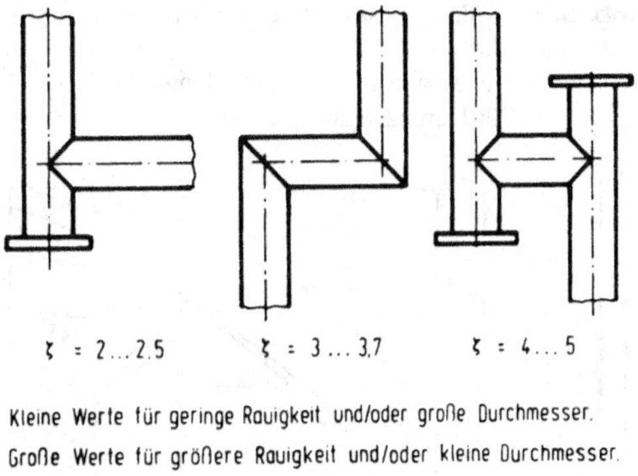

Abb. 6.29 Widerstandszahlen ζ von zusammengesetzten Abknickungen (rau)

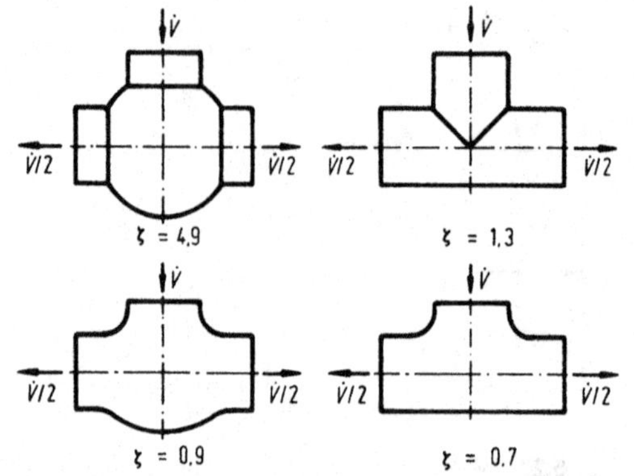

Abb. 6.30 Widerstandszahlen ζ von rauen T-Verzweigungsstücken

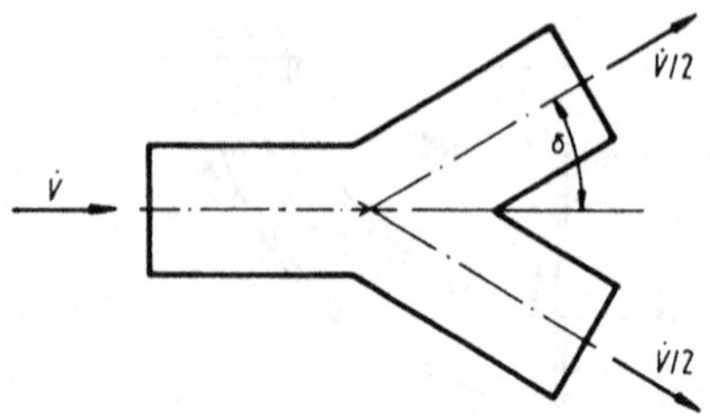

δ	$10°$	$30°$	$45°$	$60°$	$90°$
ζ	0,1	0,3	0,7	1,0	1,4

Abb. 6.33 Widerstandszahlen ζ von rauen, abgewinkelten Hosenrohren, abhängig vom Ablenkungswinkel δ

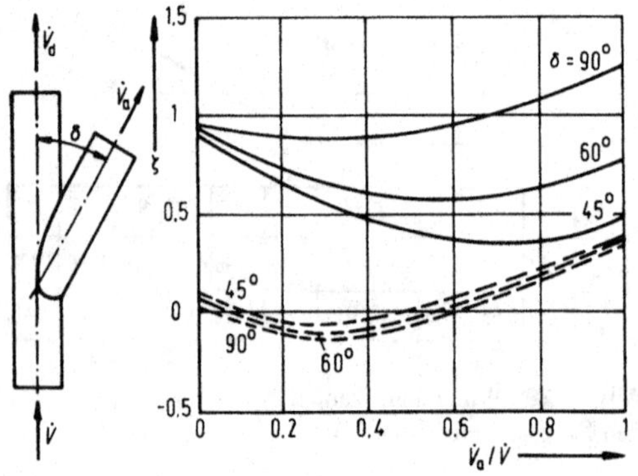

Abb. 6.31 Widerstandszahlen ζ von rauen Trennungs-Abzweigstücken:
——— ζ_a für Abzweigungsweg (Seitenweg)
– – – – – ζ_d für Durchgangsweg (Hauptweg)

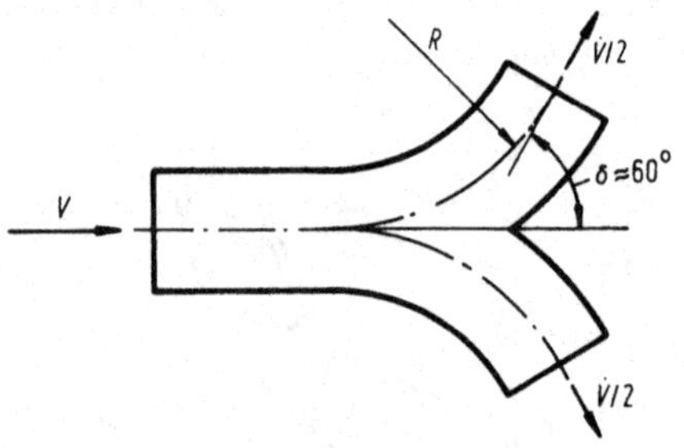

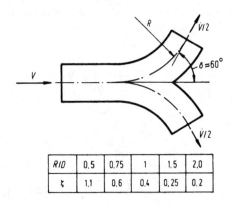

R/D	0,5	0,75	1	1,5	2,0
ζ	1,1	0,6	0,4	0,25	0,2

Abb. 6.34 Widerstandszahlen ζ von rauen, gekrümmten Hosenrohren mit dem Ablenkungswinkel von $\delta = 60°$

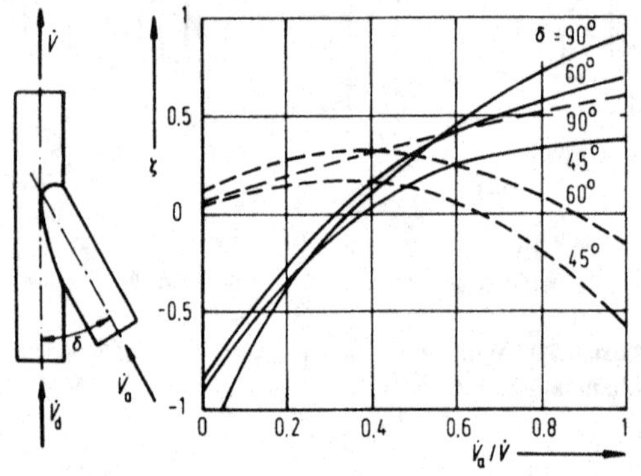

Abb. 6.32 Widerstandszahlen ζ von rauen Vereinigungs-Abzweigstücken:
——— ζ_a für Abzweigungsweg (Seitenweg)
– – – – – ζ_d für Durchgangsweg (Hauptweg)

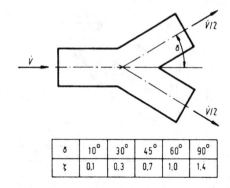

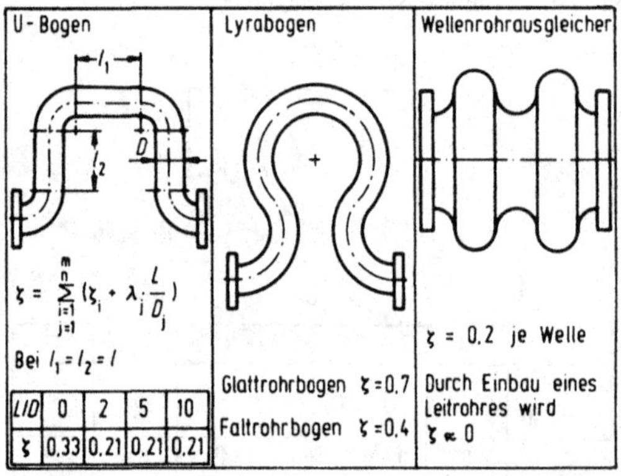

L/D	0	2	5	10
ζ	0,33	0,21	0,21	0,21

Abb. 6.35 Widerstandszahlen ζ von rauen Dehnungsausgleichern (Kompensatoren)

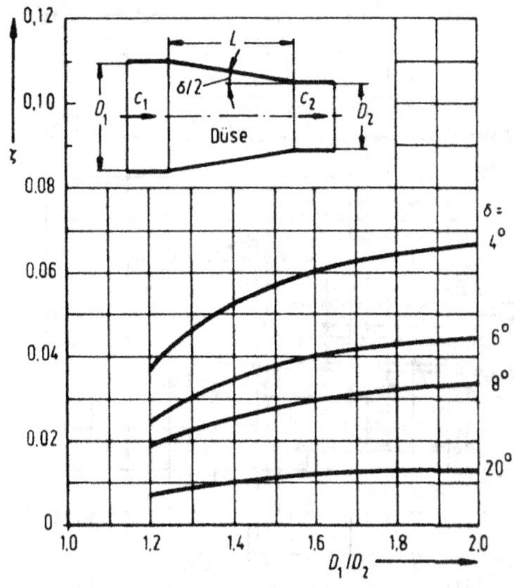

Abb. 6.36 Widerstandsbeiwerte ζ von rauen, stetigen Querschnittsverengungen (Düsen) in Abhängigkeit von D_1/D_2 (Kehrwert des Durchmesser-Verengungsverhältnisses) für verschiedene Verengungswinkel δ als Parameter (RICHTER)

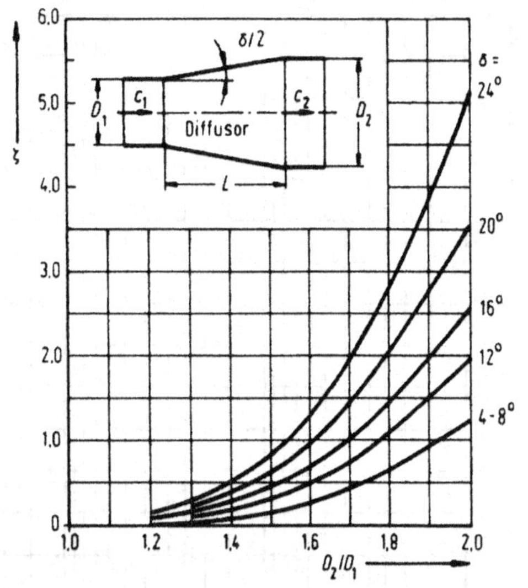

Abb. 6.37 Widerstandsbeiwerte ζ von rauen, stetigen Querschnittserweiterungen (Diffusoren) in Abhängigkeit vom Durchmesser-Erweiterungsverhältnis D_2/D_1 für verschiedene Erweiterungswinkel δ als Parameter (RICHTER)

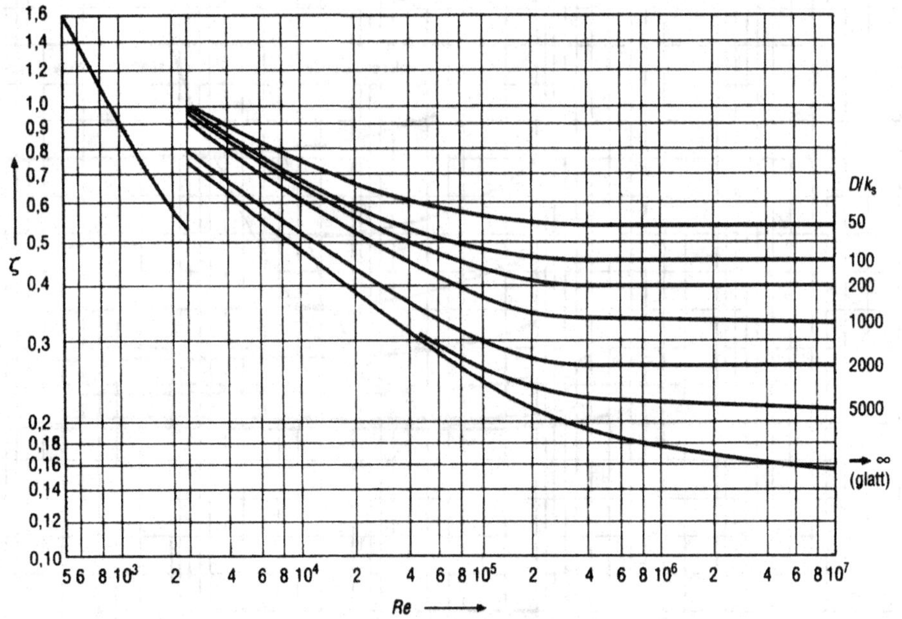

Abb. 6.38 Widerstandsbeiwerte ζ von Kreisrohrkrümmern mit $\delta = 90°$, $R/D = 4$ und verschiedenen inversen relativen Rauigkeiten D/k_s als Parameter-Kurven in Abhängigkeit von der Re-Zahl

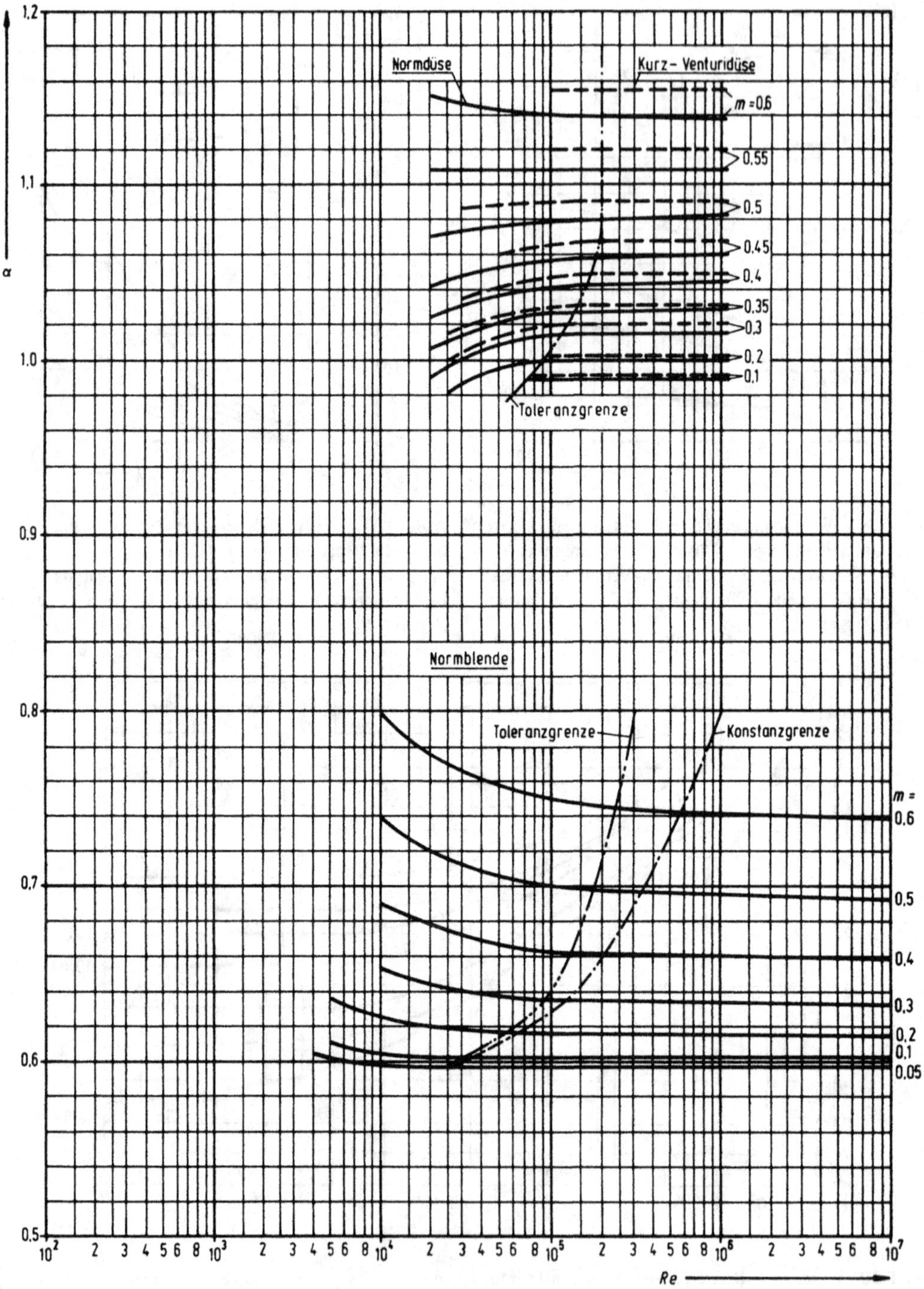

Abb. 6.39 Durchflusszahlen α von Normblenden und Normdüsen nach DIN 1952 mit Abszisse REYNOLDS-Zahl $Re \equiv Re_1 = c_1 \cdot D_1/\nu_1$ und als Parameter das Öffnungsverhältnis $m = A_2/A_1$, gemäß Abb. 4.31

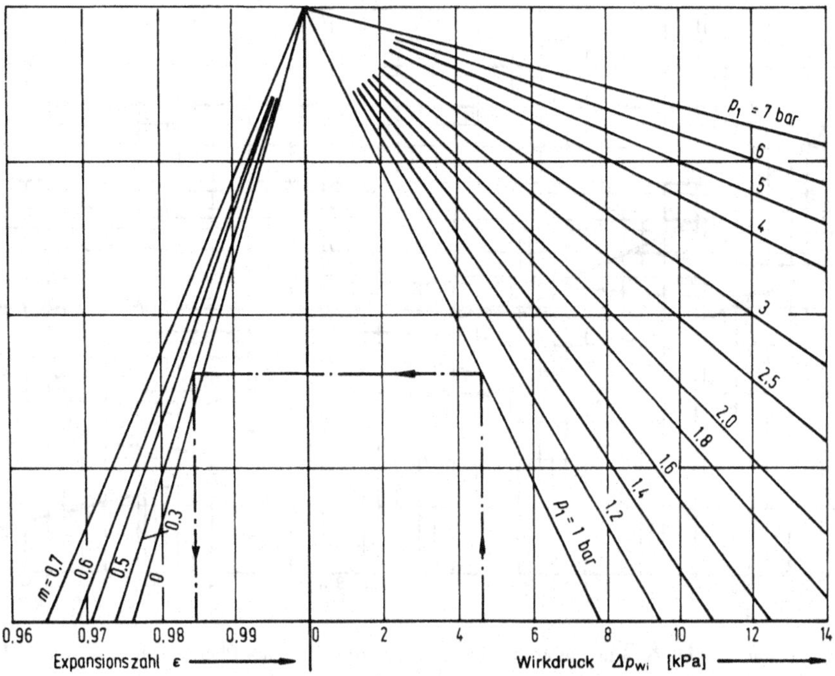

Abb. 6.40 Expansionszahlen ε von Norm-Blenden und Norm-Düsen nach DIN 1952 für **Wasserdampf** (Heißdampf $\varkappa = 1{,}31$), abhängig vom Wirkdruck Δp_{Wi}, dem absoluten Zuströmdruck p_1 und dem Öffnungsverhältnis $m = A_2/A_1$

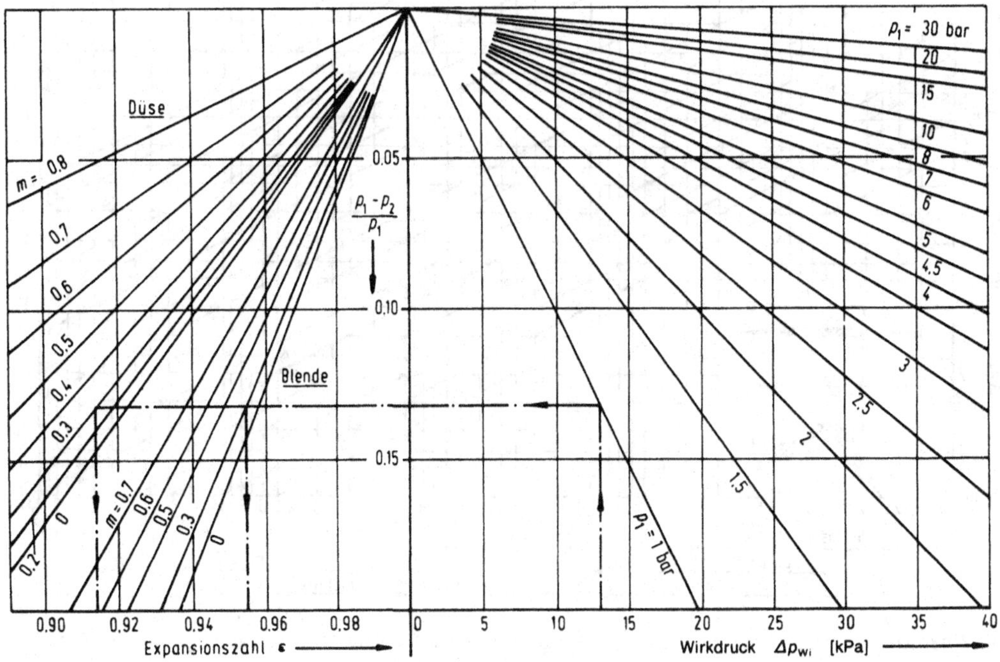

Abb. 6.41 Expansionszahlen ε von Norm-Blenden nach DIN 1952 für **Luft** ($\varkappa = 1{,}4$) und **Industriegase** ($\varkappa = 1{,}38$), abhängig vom Wirkdruck Δp_{Wi} mit Parametern, dem absoluten Zuströmdruck p_1 und dem Öffnungsverhältnis $m = A_2/A_1$

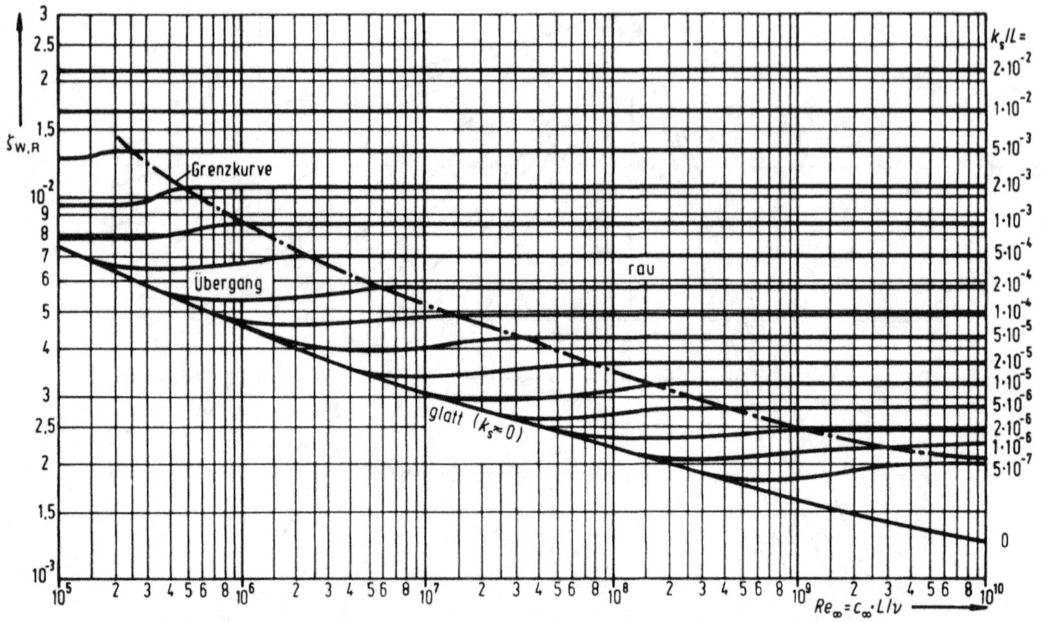

Abb. 6.42 Widerstandszahlen $\zeta_{W,R}$ inkompressibel längs angeströmter ebener Platten, abhängig von der REYNOLDS-Zahl $Re = c_\infty \cdot L/\nu$ für verschiedene relative Sandrauigkeiten k_s/L (nach (4.112))

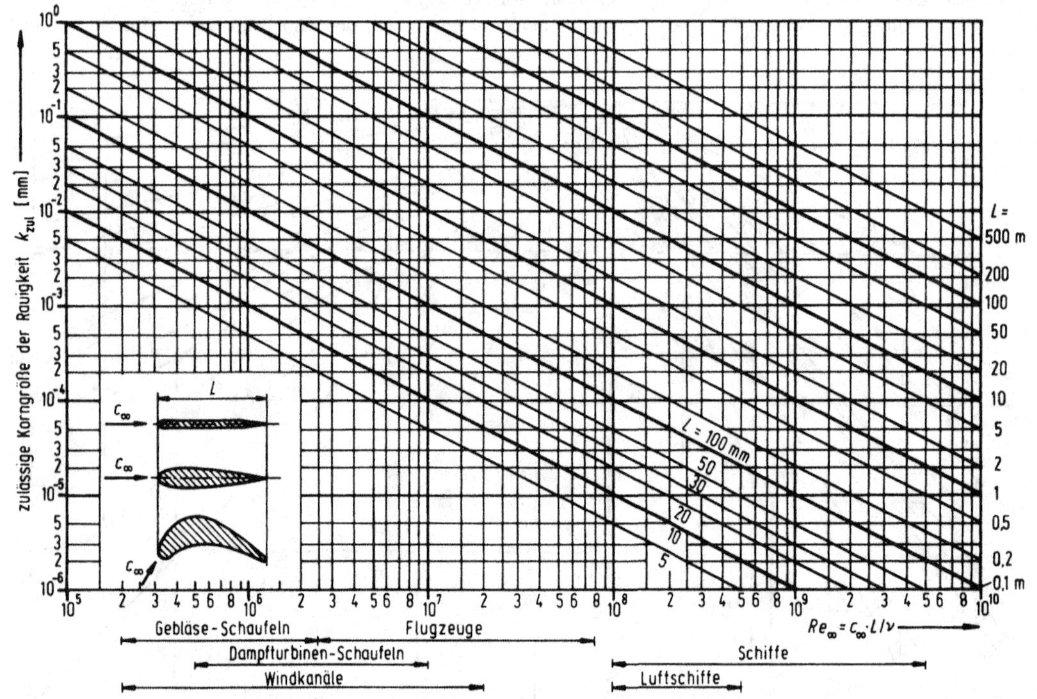

Abb. 6.43 Zulässige Rauigkeitshöhe k_{zul} für längsangeströmte raue Platten und Profile, abhängig von der REYNOLDS-Zahl $Re = c_\infty \cdot L/\nu$ für verschiedene Körperlängen L (Parameter) nach (4.114)

Abb. 6.44 Technisch erreichbare Rauigkeiten k bei Flächen, abhängig von der Herstellung (Bearbeitung). Hinweis: k entspricht R_t bzw. R_z gemäß DIN 4760, bzw. DIN 4762. Also $k \equiv R_t$

Herstellung	k [mm]
gegossen	0,25 ... 0,06
gewalzt	0,06 ... 0,01
gezogen	0,02 ... 0,005
sandgestrahlt	0,1 ... 0,01
gebeizt	0,05 ... 0,02
gefräst	0,06 ... 0,008
gedreht	0,06 ... 0,006
geschliffen	0,008 ... 0,002
poliert	0,001 ... 0,0005
Farbüberzug	0,005 ... 0,02

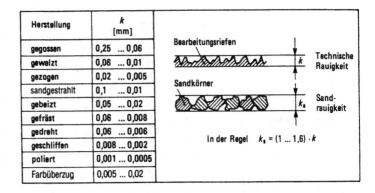

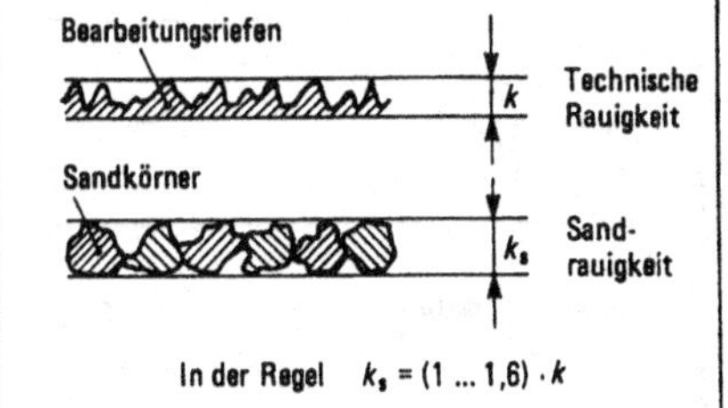

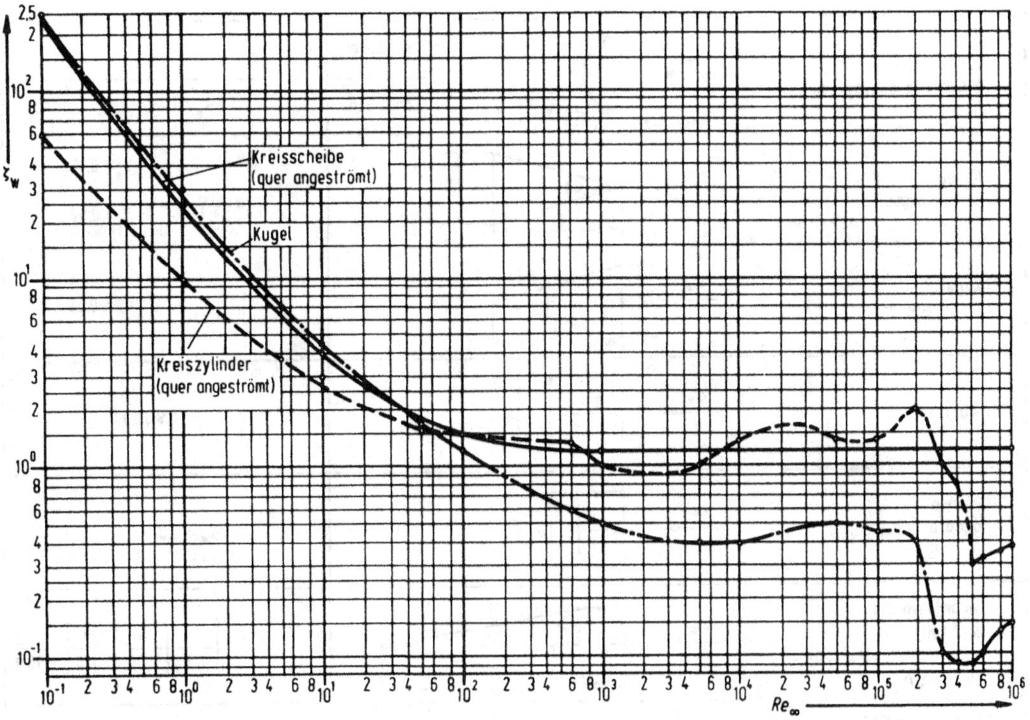

Abb. 6.45 Diagramm zu Tab. 6.17. Widerstandsbeiwert ζ_W von Kugel, Kreiszylinder und Kreisscheibe, abhängig von der auf den Durchmesser D und die ungestörte Anströmgeschwindigkeit c_∞ bezogenen REYNOLDS-Zahl $Re_\infty = c_\infty \cdot D/\nu$. Bis etwa $Re = 60$ keine Strömungsablösung auf der Leeseite (Rückseite) und deshalb keine Wirbelbildung bei Kreiszylinder und oft auch Kugel. Hinweis auf Abb. 4.119

Kreiszylinder oder Quader längs, d. h. stirnseitig in Achsrichtung angeströmt:

L/D	1	2	3	4
ζ_W	0,91	0,85	0,87	0,99

L ... Körperlänge in Strömungsrichtung
D ... Durchmesser bzw. Seitenkantenmaß

Bemerkung: Gemäß Versuchen fällt ζ_W bis etwa $L/D = 2$ ab, weil der Druck stärker zurückgeht, als der Reibungswiderstand ansteigt. Anschließend, d. h. ab $L/D > 2$, ist es umgekehrt. Der Reibungswiderstand steigt jetzt stärker an als der Druckwiderstand abfällt.

Faustregel: Bei stumpfen Körpern ist der Reibungswiderstand um etwa eine Größenordnung (10-fach), also um eine Dekade kleiner als der Druckwiderstand

Körperform und Anströmrichtung			Widerstandsbeiwert ζ_w
Kreisscheibe quer angeströmt $Re > 10^3$	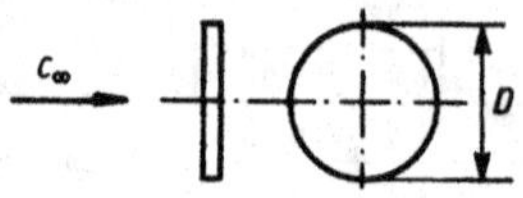		ζ_w = 1,1 bis 1,3 (1,5)
Rechteckplatte quer angeströmt	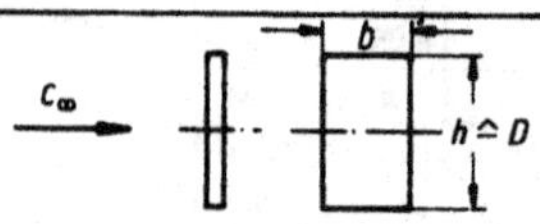		h/b: 1 / 4 / 10 / 20 / ∞ ζ_w: 1,11 / 1,19 / 1,29 / 1,45 / 2,0
Hohle Halbkugel Kugelseite angeströmt	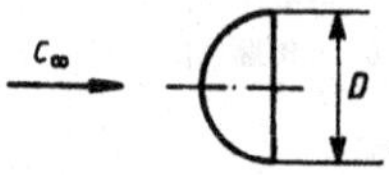	mit Boden	ζ_w = 0,42
		ohne Boden	ζ_w = 0,34
Hohle Halbkugel Flachseite angeströmt	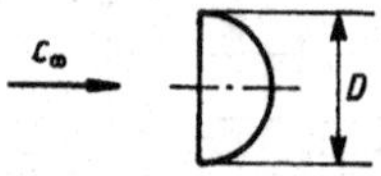	mit Boden	ζ_w = 1,17
		ohne Boden	ζ_w = 1,34
Kegel Spitze angeströmt	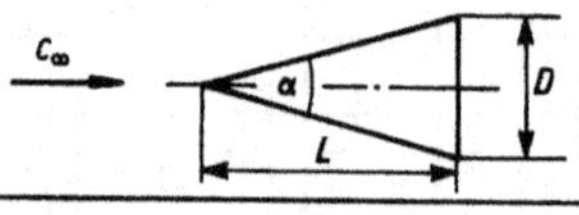		α = 30° ζ_w = 0,35 α = 60° ζ_w = 0,52
Kegel Flachseite angeströmt	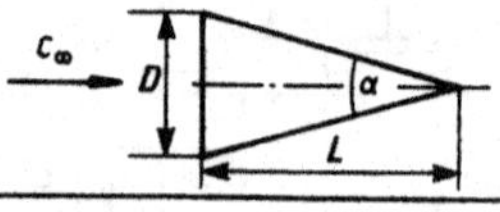		α = 15° ζ_w = 0,58
Würfel	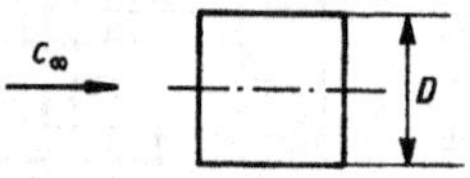		ζ_w = 0,9 bis 1,0
Prisma quadratisch ∞ lang	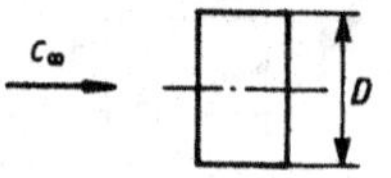		ζ_w = 2,0
Stromlinienkörper ∞ breit von vorne angeströmt $Re = L \cdot c_\infty/\nu \geq 10^5$	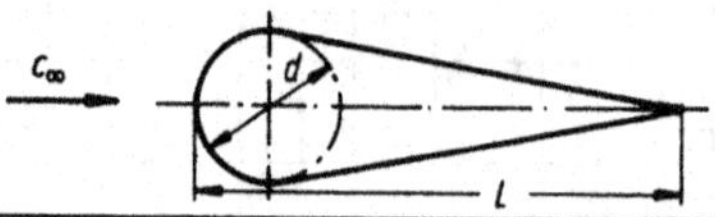		L/d: 2 / 3 / 5 / 10 / 20 ζ_w: 0,2 / 0,1 / 0,06 / 0,084 / 0,095
Stromlinienkörper ∞ breit von hinten angeströmt $Re = L \cdot c_\infty/\nu \geq 10^5$	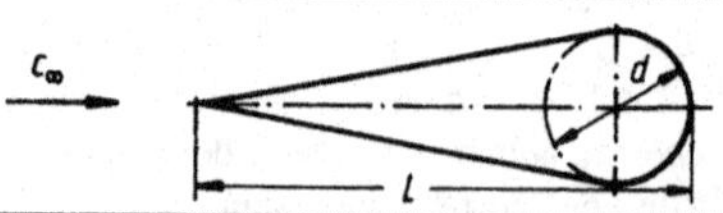		L/d: 2 / 3 / 5 / 10 / 20 ζ_w: 0,4 / 0,2 / 0,12 / 0,17 / 0,19
Ellipsoid (Stromlinienkörper) ∞ breit; $L/d = 2$ längs angeströmt $Re = L \cdot c_\infty/\nu \geq 10^5$	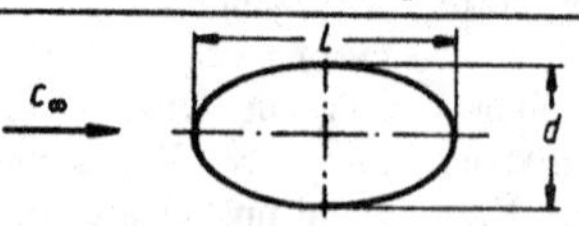		ζ_w = 0,10
I-Profil	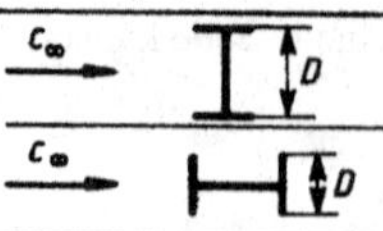		ζ_w = 2,05 ζ_w = 0,87

Abb. 6.46 Widerstandsbeiwerte ζ_W von Widerstands- und Profilkörpern. Widerstandskörper $Re = D \cdot c_\infty/\nu$; Stromlinienkörper $Re = L \cdot c_\infty/\nu$

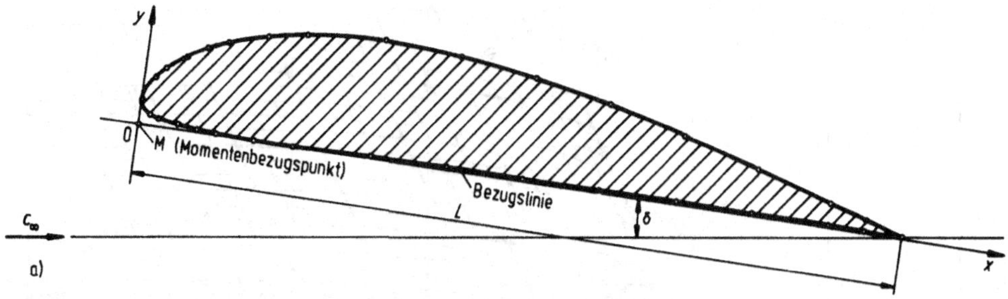

100·x/L	100·y_o/L	100·y_u/L
0	3,20	3,20
1,25	6,25	1,50
2,50	7,65	1,05
5	9,40	0,55
7,5	10,85	0,25
10	11,95	0,10
15	13,40	0,00
20	14,40	0,00
30	15,05	0,20
40	14,60	0,40
50	13,35	0,45
60	11,35	0,50
70	8,90	0,45
80	6,15	0,30
90	3,25	0,15
95	1,75	0,05
100	0,15	0,15

b)

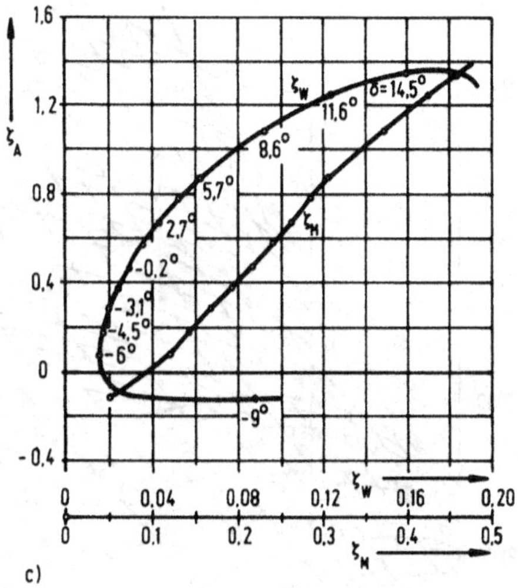

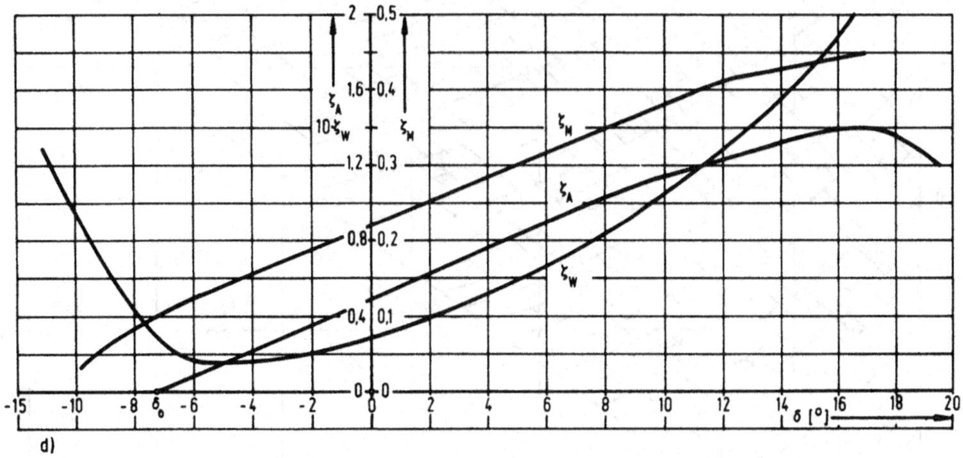

Abb. 6.47 Tragflügel-Profil G 387 ($\Lambda \to \infty$, $Re \geq 5 \cdot 10^5$), Profilwerte, Polaren.
Da $\Lambda \to \infty$ bei Profilwerten oft Zusatzindex ∞ beigefügt, also $\zeta_{A,\infty}$; $\zeta_{W,\infty}$; $\zeta_{M,\infty}$; ε_∞; δ_∞.
a) Profilkontur
b) Profilmaße (Profiltabelle).
Da *Göttinger*-Profil ist Profiltangente Bezugslinie.
c) Polarendiagramm nach LILIENTHAL
ζ_W-Linie: $\zeta_A = f(\zeta_W)$ mit Parameter δ und zugehöriger ζ_M-Linie: $\zeta_A = f(\zeta_M)$
d) Aufgelöstes Polarendiagramm.
Linien ζ_A, ζ_W, ζ_M, als Funktion von δ

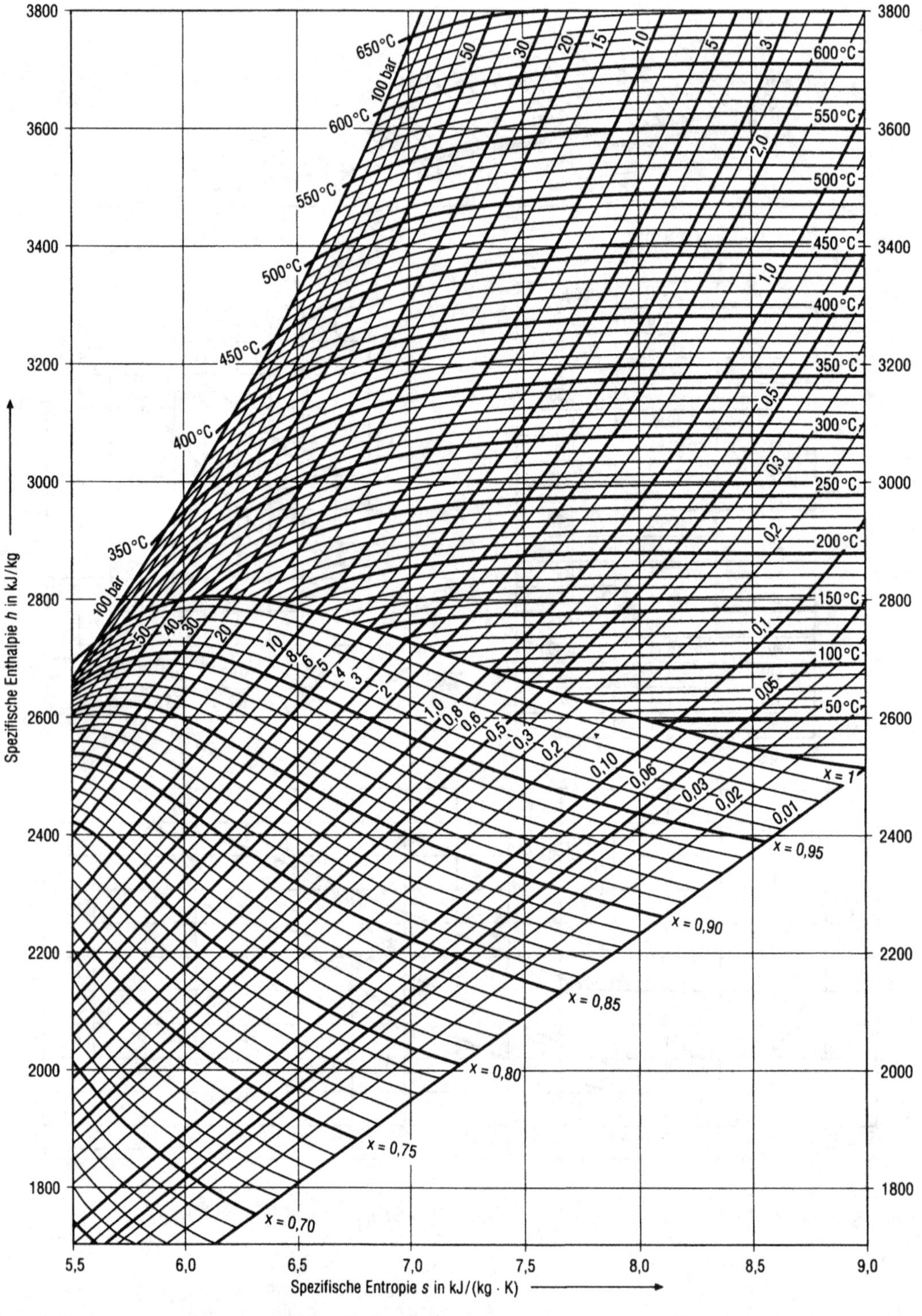

Abb. 6.48 (h, s)-Diagramm (Ausschnitt) für Wasserdampf nach MOLLIER

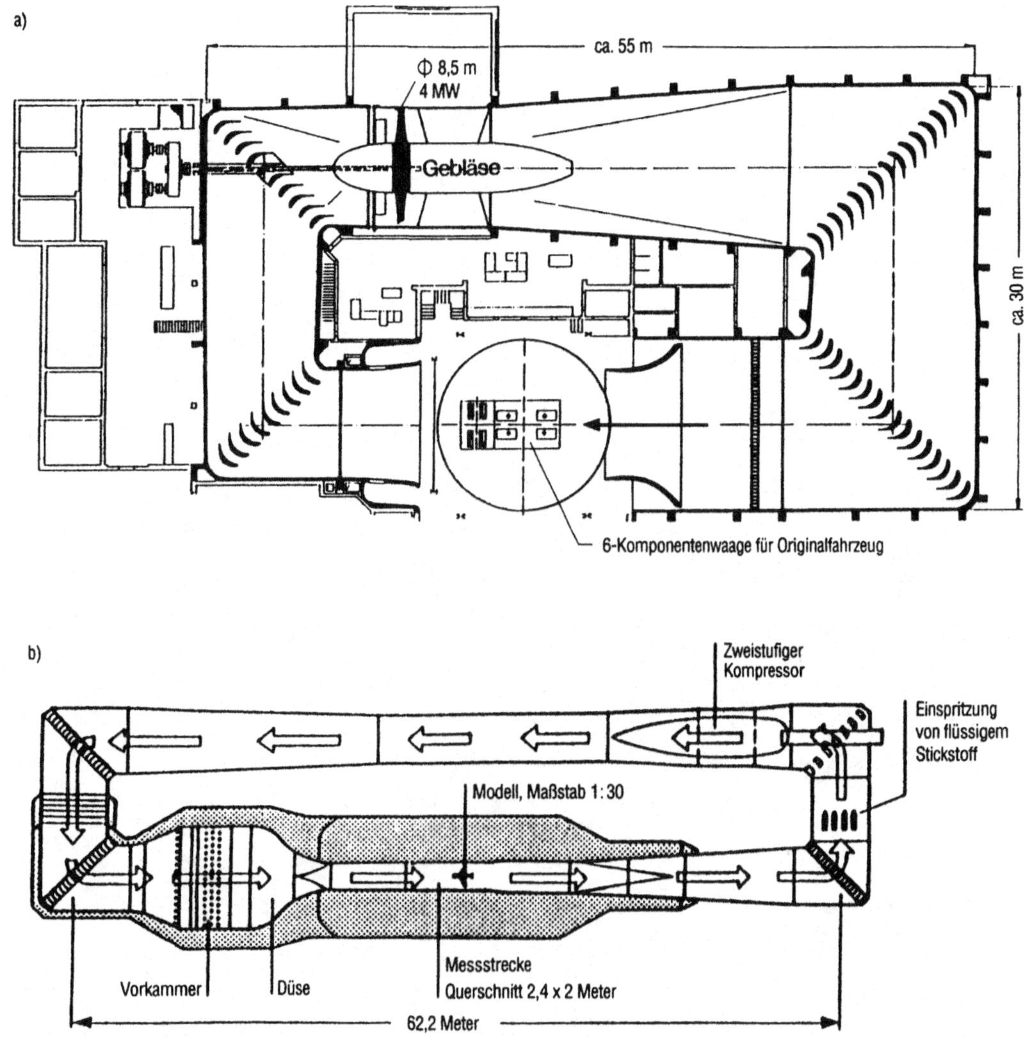

Abb. 6.49 Windkanäle (Draufsicht) nach PRANDTL- oder Göttinger-Prinzip, d. h. in geschlossener Kreislauf-Ausführung (Unterschall-Kanäle).

a) Normalausführung für PKW in Originalgröße. Düsenaustrittsquerschnitt: Breite ca. 8 m, Höhe ca. 6 m. Wind-, d. h. Düsenaustritts-Geschwindigkeit bis ca. 280 km/h. Antriebsleistung ca. 4 MW. Sechskomponentenwaage für Kräfte F_x, F_y, F_z und Momente M_x, M_y, M_z.

b) Kryoausführung (Tieftemperaturbauweise) für Flugzeugmodell-Größe bis ca. 2 m Spannweite. Zur Einhaltung der physikalischen Ähnlichkeitsbedingungen (Abschn. 3.3.1), d. h. *Ma*- und *Re*-Zahl je unverändert, Temperatur-Absenkung auf ca. 100 K und Druckerhöhung bis auf etwa 4,5 bar Überdruck. Notwendige Antriebsleistung deshalb bis ca. 50 MW bei *Ma*-Zahl etwa 0,9

Lösungen der Übungsbeispiele

7

Übung 1

Wasserverlust

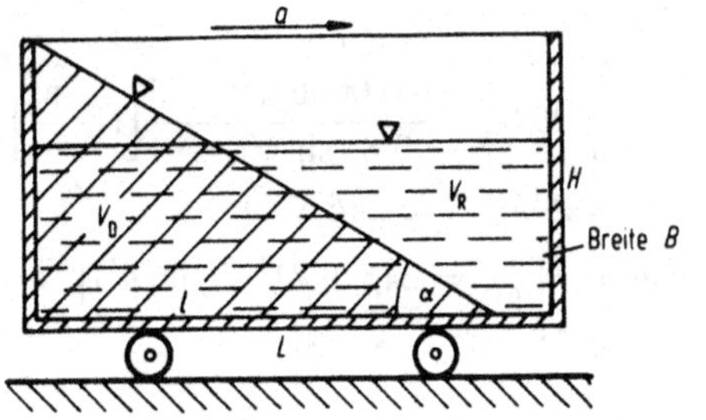

Abb. 7.1 Lösungsskizze zu Übung 1: Rechtecktransportbehälter

$$\Delta V = V_R - V_D$$
$$V_D = \frac{1}{2} \cdot l \cdot H \cdot B$$
$$l = H / \tan\alpha$$

nach (2.1);

$$\tan\alpha = \frac{a}{g} = \frac{3}{9{,}81} = 0{,}3058$$
$$l = 2{,}5/0{,}3058\,[\text{m}] = 8{,}175\,\text{m}$$
$$V_D = \frac{1}{2} \cdot 8{,}175 \cdot 2{,}5 \cdot 2{,}8\,[\text{m}^3] = 28{,}6\,\text{m}^3$$
$$\boldsymbol{\Delta V = 50 - 28{,}6 = 21{,}4\,\text{m}^3} \quad \blacktriangleleft$$

Übung 2

1. Gleichung (2.11) mit $H_0 = 0{,}1$ m, $z_R = H = 0{,}15$ m und $R = 0{,}125$ m umgestellt und eingesetzt ergibt:

$$\omega = \sqrt{4 \cdot g \frac{H - H_0}{R^2}}$$
$$= \sqrt{4 \cdot 9{,}81 \frac{0{,}15 - 0{,}1}{0{,}125^2}} \left[\sqrt{\frac{\text{m}}{\text{s}^2} \cdot \frac{\text{m}}{\text{m}^2}}\right]$$
$$\omega = 11{,}21\,\text{s}^{-1}$$
$$n = \frac{\omega}{2\pi} = \frac{11{,}21}{2 \cdot \pi}$$
$$= 1{,}78 \cdot \text{s}^{-1} = 107\,\text{min}^{-1}$$

2. Mit (2.8)

$$H = h_1 + h_2 = 2 \cdot h_1 = \frac{\omega^2}{2g} \cdot R^2\,.$$

Hieraus

$$\omega = \frac{1}{R} \cdot \sqrt{2 \cdot g \cdot H}$$
$$= \frac{1}{0{,}125} \cdot \sqrt{2 \cdot 9{,}81 \cdot 0{,}15} \left[\frac{1}{\text{m}} \sqrt{\frac{\text{m}}{\text{s}^2} \cdot \text{m}}\right]$$
$$\boldsymbol{\omega = 13{,}72\,\text{s}^{-1}}$$
$$\boldsymbol{n} = \frac{\omega}{2\pi} = 2{,}18\,\text{s}^{-1} = \mathbf{131\,min^{-1}}$$

H. Sigloch, *Technische Fluidmechanik*, https://doi.org/10.1007/978-3-662-64629-8_7

3. $\Delta V = V_1 - V_2$
$$= \frac{\pi \cdot D^2}{4} \cdot H_{0,1} - \frac{\pi \cdot D^2}{4} \cdot H_{0,2}$$

Mit $H_{0,1} = H_0$ und $H_{0,2} = H/2$ wird:

$$\Delta V = \frac{\pi \cdot D^2}{4} \cdot \left(H_0 - \frac{H}{2}\right)$$
$$= \frac{\pi \cdot 0{,}25^2}{4} \cdot \left(0{,}1 - \frac{0{,}15}{2}\right) \; [\mathrm{m}^2 \cdot \mathrm{m}]$$
$$\boldsymbol{\Delta V} = 1{,}23 \cdot 10^{-3}\,\mathrm{m}^3 \mathbf{= 1{,}23\,l}$$

4. $\boldsymbol{z_R} = h_1 + h_2 = 2 \cdot H_0 \mathbf{= 200\,mm}$.

5. Wieder aus (2.11)

$$\omega = \frac{1}{R} \cdot \sqrt{4 \cdot g(z_R - H_0)}$$
$$= \frac{2}{R} \cdot \sqrt{g \cdot H_0} = \frac{2}{0{,}125} \cdot \sqrt{9{,}81 \cdot 0{,}1}$$
$$\omega = 15{,}85\,\mathrm{s}^{-1}$$
$$\boldsymbol{n} = 2{,}52\,\mathrm{s}^{-1} \mathbf{= 151\,min^{-1}} \quad \blacktriangleleft$$

Übung 3

1. Nach (2.62)

$$F = p_{S,ü} \cdot A = \varrho \cdot g \cdot t_S \cdot A$$

mit

$$t_S = y_S \cdot \sin\alpha$$
$$= (y_1 + H_S)\sin\alpha = t_1 + H_S \cdot \sin\alpha$$
$$H_S = \frac{H_{Dr}}{3} = \frac{\sqrt{b^2 - (a/2)^2}}{3}$$
$$= \frac{\sqrt{0{,}3^2 - (0{,}4/2)^2}}{3} \left[\frac{\sqrt{\mathrm{m}^2\,\mathrm{m}^2}}{1}\right]$$
$$H_S = (0{,}224/3)\,[\mathrm{m}] = 0{,}075\,\mathrm{m}$$
$$t_S = 0{,}6 + 0{,}075 \cdot \sin 60°\,[\mathrm{m}] = 0{,}665\,\mathrm{m}$$
$$A = \frac{1}{2} \cdot H_{Dr} \cdot a$$
$$= \frac{1}{2} \cdot 0{,}224 \cdot 0{,}4 = 0{,}045\,\mathrm{m}^2$$
$$F = 10^3 \cdot 9{,}81 \cdot 0{,}665 \cdot 0{,}045 \cdot \left[\frac{\mathrm{kg}}{\mathrm{m}^3} \cdot \frac{\mathrm{m}}{\mathrm{s}^2} \cdot \mathrm{m} \cdot \mathrm{m}^2\right]$$
$$\boldsymbol{F} \mathbf{= 294\,N}$$

2. $e = y_D - y_S = \dfrac{I_S}{y_S \cdot A}$

I_S z. B. nach DUBBEL [96]:

$$I_S = \frac{a \cdot H_{Dr}^3}{36} = \frac{0{,}4 \cdot 0{,}224^3}{36}\,[\mathrm{m}^4]$$
$$= 1{,}25 \cdot 10^{-4}\,\mathrm{m}^4$$
$$y_S = t_S/\sin\alpha = 0{,}665/\sin 60° = 0{,}768\,\mathrm{m}$$
$$e = \frac{1{,}25 \cdot 10^{-4}}{0{,}768 \cdot 0{,}045}\left[\frac{\mathrm{m}^4}{\mathrm{m} \cdot \mathrm{m}^2}\right]$$
$$= 3{,}62 \cdot 10^{-3}\,\mathrm{m} \approx 3{,}6\,\mathrm{mm}$$

Momentensatz:

$$F \cdot (l_1 + H_S + e) = F_G \cdot l_2 \cdot \sin\alpha\,.$$

Hieraus:

$$F_G = F \cdot \frac{l_1 + e + H_S}{l_2 \cdot \sin\alpha}$$
$$= 294 \frac{0{,}5 + 0{,}0036 + 0{,}075}{0{,}8 \cdot \sin 60}\left[\mathrm{N} \cdot \frac{\mathrm{m}}{\mathrm{m}}\right]$$
$$F_G = 245{,}5\,\mathrm{N} \approx 246\,\mathrm{N}$$
$$\boldsymbol{m} = F_G/g = 246/9{,}81\,[\mathrm{N}/(\mathrm{m/s}^2)]$$
$$\mathbf{= 25{,}1\,kg} \quad \blacktriangleleft$$

Übung 4

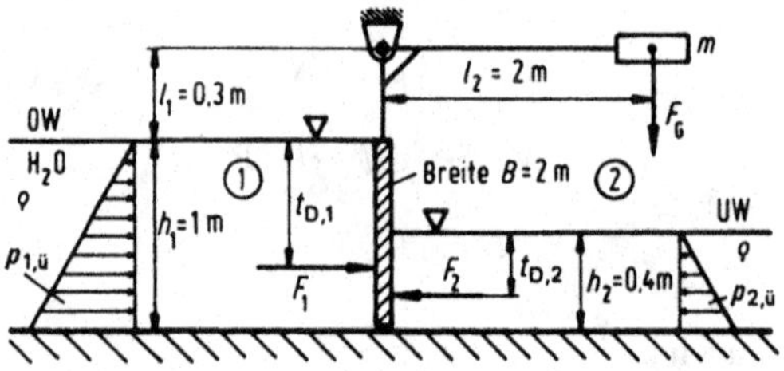

Abb. 7.2 Lösungsskizze zu Übung 4: rechteckiger Kanal

Mit (2.62), (2.63) und $I_S = \frac{1}{12} \cdot B \cdot H^3$ werden allgemein:

$$F = p_{S,ü} \cdot A = \varrho \cdot g \cdot t_S \cdot A$$
$$= \varrho \cdot g \cdot \frac{h}{2} \cdot h \cdot B = \frac{1}{2} \cdot \varrho \cdot g \cdot B \cdot h^2$$
$$t_D = t_S + e = t_S + \frac{I_S}{A \cdot t_S}$$
$$= \frac{h}{2} + \frac{B \cdot h^3/12}{B \cdot h \cdot h/2} = \frac{2}{3}h$$

und damit für die Klappenseiten 1 sowie 2:

$$F_1 = \frac{1}{2} \cdot \varrho \cdot g \cdot B \cdot h_1^2$$
$$= \frac{1}{2} \cdot 10^3 \cdot 9{,}81 \cdot 2 \cdot 1^2$$
$$\cdot \left[\frac{\text{kg}}{\text{m}^3} \cdot \frac{\text{m}}{\text{s}^2} \cdot \text{m} \cdot \text{m}^2\right]$$
$$= 9810\,\text{N}$$
$$t_{\text{D},1} = \frac{2}{3} \cdot h_1 = \frac{2}{3} \cdot 1[\text{m}] = 0{,}67\,\text{m}$$
$$F_2 = \frac{1}{2} \cdot \varrho \cdot g \cdot B \cdot h_2^2$$
$$= \frac{1}{2} \cdot 10^3 \cdot 9{,}81 \cdot 2 \cdot 0{,}4^2 = 1570\,\text{N}$$
$$t_{\text{D},2} = \frac{2}{3} \cdot h_2 = \frac{2}{3} \cdot 0{,}4\,[\text{m}] = 0{,}27\,\text{m}$$

F_G aus $\Sigma M = 0$ mit MP im Klappenlager:

$$F_1 \cdot (t_{\text{D},1} + l_1) - F_2 \cdot [t_{\text{D},2} + (h_1 - h_2) + l_1]$$
$$- F_\text{G} \cdot l_2 = 0$$

Hieraus:

$$F_\text{G} = \frac{1}{l_2} \cdot [F_1 \cdot (t_{\text{D},1} + l_1)$$
$$- F_2(t_{\text{D},2} + h_1 - h_2 + l_1)]$$
$$= \frac{1}{2} \cdot [9810(0{,}67 + 0{,}3)$$
$$- 1570(0{,}27 + 1 - 0{,}4 + 0{,}3)]$$
$$\cdot \left[\frac{1}{\text{m}} \cdot \text{N} \cdot \text{m}\right]$$
$$= 3840\,\text{N}$$
$$\boldsymbol{m = F_\text{G}/g = 391{,}4\,\text{kg}} \quad \blacktriangleleft$$

Übung 5

Nach (2.67): $F = \varrho \cdot g \cdot V$.
Mit

$$V = R^2 \cdot \pi \cdot H - \frac{1}{2} \cdot \frac{4}{3} R^3 \cdot \pi$$
$$= R^2 \cdot \pi \cdot \left(H - \frac{2}{3} \cdot R\right)$$
$$= 0{,}2^2 \cdot \pi \cdot \left(3 - \frac{2}{3} \cdot 0{,}2\right) [\text{m}^2 \cdot \text{m}]$$
$$= 0{,}36\,\text{m}^3$$

wird:

$$F = 10^3 \cdot 9{,}81 \cdot 0{,}36 \left[\frac{\text{kg}}{\text{m}^3} \cdot \frac{\text{m}}{\text{s}^2} \cdot \text{m}^3\right]$$
$$\boldsymbol{F = 3534\,\text{N}} \quad \blacktriangleleft$$

Übung 6

Ebenfalls nach (2.67)

$$F = \varrho \cdot g \cdot V$$

Mit

$$V = V_1 + V_2 + V_3$$
$$= H \cdot D_1 \cdot l_1 - \frac{1}{2} \cdot \frac{D_1^2 \cdot \pi}{4} \cdot l_1$$
$$+ H \cdot D_2 \cdot l_2 - \frac{1}{2} \cdot \frac{D_2^2 \cdot \pi}{4} \cdot l_2$$
$$+ H \cdot D_3 \cdot l_3 - \frac{1}{2} \cdot \frac{D_3^2 \cdot \pi}{4} \cdot l_3$$
$$= D_1 \cdot l_1 \cdot \left(H - \frac{\pi}{8} \cdot D_1\right)$$
$$+ D_2 \cdot l_2 \cdot \left(H - \frac{\pi}{8} \cdot D_2\right)$$
$$+ D_3 \cdot l_3 \cdot \left(H - \frac{\pi}{8} \cdot D_3\right)$$
$$= 0{,}2 \cdot 0{,}25 \cdot \left(0{,}4 - \frac{\pi}{8} \cdot 0{,}2\right)$$
$$+ 0{,}3 \cdot 0{,}12 \cdot \left(0{,}4 - \frac{\pi}{8} \cdot 0{,}3\right)$$
$$+ 0{,}24 \cdot 0{,}18 \cdot \left(0{,}4 - \frac{\pi}{8} \cdot 0{,}24\right) [\text{m}^3]$$
$$V = 0{,}0395\,\text{m}^3$$

wird:

$$F = 7{,}25 \cdot 10^3 \cdot 9{,}81 \cdot 0{,}0395$$
$$\cdot \left[\frac{\text{kg}}{\text{m}^3} \cdot \frac{\text{m}}{\text{s}^2} \cdot \text{m}^3\right]$$
$$\boldsymbol{F = 2809\,\text{N}} \quad \blacktriangleleft$$

Übung 7

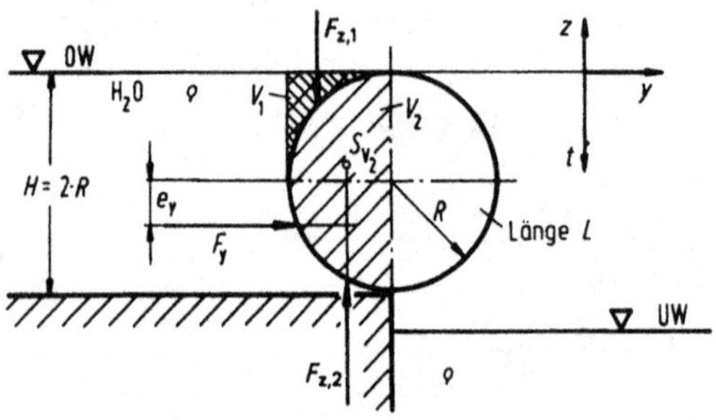

Abb. 7.3 Lösungsskizze zu Übung 7: Walzenwehr

a) Vertikalkräfte (z-Richtung) nach (2.70) gemäß Abb. 7.3:

$$\begin{aligned}F_{z,1} &= \varrho \cdot g \cdot V_1\\ &= \varrho \cdot g\big(R \cdot R \cdot L - (R^2\pi/4) \cdot L\big)\\ &= (1 - \pi/4) \cdot \varrho \cdot g \cdot R^2 \cdot L\\ F_{z,2} &= \varrho \cdot g \cdot V_2\\ &= \varrho \cdot g\big(R^2 \cdot L + (R^2\pi/4) \cdot L\big)\\ &= (1 + \pi/4) \cdot \varrho \cdot g \cdot R^2 \cdot L\\ F_z &= F_{z,2} - F_{z,1} = (\pi/2) \cdot \varrho \cdot g \cdot R^2 \cdot L\end{aligned}$$

(ARCHIMEDES!)

Horizontalkraft (y-Richtung) nach (2.68):

$$\begin{aligned}F_y = p_{S,y,ü} \cdot A_y &= \varrho \cdot g \cdot t_{S,y} \cdot A_y\\ &= \varrho \cdot g \cdot R \cdot 2 \cdot R \cdot L\\ &= 2 \cdot \varrho \cdot g \cdot L \cdot R^2\end{aligned}$$

Exzentrizität von F_y nach (2.69):

$$e_y = \frac{I_{S,y}}{A_y \cdot t_{S,y}} = \frac{L \cdot D^3 \cdot 2}{12 \cdot D \cdot L \cdot D} = \frac{D}{6} = \frac{R}{3}$$

b) Zwei Möglichkeiten bestehen:

Möglichkeit 1: Die Wirkungslinien von $F_{1,z}$ und $F_{2,z}$ fallen nicht zusammen, da die Schwerpunkte von V_1 und V_2 infolge Verschiedenheit nicht auf der gleichen Linie liegen können. Der Druck wirkt jedoch überall senkrecht auf die Walzenoberfläche. Die Wirkungslinien aller Kräfte je Flächeneinheit gehen daher durch den Walzenmittelpunkt. Ein Moment auf die Walze kann somit nicht vorhanden sein.

Möglichkeit 2: Da hier das Gesetz von ARCHIMEDES gilt, weil die linke Walzenwehrhälfte in das Fluid eingetaucht ist, geht die Vertikalkraft F_z durch den Schwerpunkt des von der Walze verdrängten Flüssigkeitsvolumens. Dieser liegt im Abstand e_z (waagrechte Exzentrizität) vom Walzenmittelpunkt entfernt. Nach Flächenschwerpunkts-Tabellen, z. B. Hütte [97], gilt:

$$e_z = (4/3) \cdot (R/\pi) \approx 0{,}4244 \cdot R$$

Der Auftrieb auf die rechte Walzenwehrhälfte durch die umgebende Luft ist wegen deren vergleichsweise geringen Dichte unbedeutend, also vernachlässigbar.

Für das resultierende Drehmoment T ergibt sich dann:

$$\begin{aligned}T &= -F_z \cdot e_z + F_y \cdot e_y\\ &= -\frac{\pi}{2} \cdot \varrho \cdot g \cdot R^2 \cdot L \cdot \frac{4}{3} \cdot \frac{R}{\pi}\\ &\quad + \varrho \cdot g \cdot 2 \cdot L \cdot R^2 \cdot \frac{R}{3}\\ \boldsymbol{T} &= -\frac{2}{3} \cdot \varrho \cdot g \cdot L \cdot R^3\\ &\quad + \frac{2}{3} \cdot \varrho \cdot g \cdot L \cdot R^3 \mathbf{= 0}\end{aligned}$$

c) Das resultierende Moment muss null sein, sonst würde es sich um ein Perpetuum Mobile handeln, d. h. um eine Maschine, die sich ständig unter Arbeitsabgabe dreht, d. h. Energie aus dem Nichts bereitstellt. ◄

Übung 8

Geometrische Zusammenhänge: Volumen von der im Wasser liegenden „Kugelkalotte“ (Höhe H) gemäß Abb. 7.4:

$$V_{\text{Kal}} = \frac{\pi}{3} \cdot H^2 \cdot (3R - H)$$

Radius

$$r = \sqrt{R^2 - (H - R)^2} = \sqrt{2 \cdot R \cdot H - H^2}$$

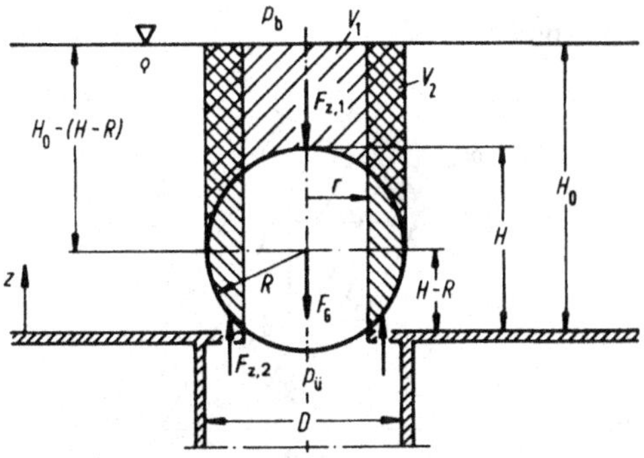

Abb. 7.4 Lösungsskizze zu Übung 8: Bodenablass

a) Nach Lösungsskizze, Abb. 7.4 gilt auch

$$F_z = F_{z,1} - F_{z,2} + F_G$$

mit:

$$F_{z,1} = \varrho\, g\, V_1 = \varrho\, g\left(V_{\text{Zyl}} - \frac{1}{2}V_{\text{Ku}}\right)$$

$$= \varrho\, g\left[R^2\pi(H_0 - (H-R)) - \frac{1}{2}\cdot\frac{4}{3}R^3\pi\right]$$

$$F_{z,1} = \varrho\, g\, \pi\, H\, R^2\left[\frac{H_0}{H} + \frac{R}{H} - 1 - \frac{2}{3}\frac{R}{H}\right]$$

$$= \varrho\, g\, \pi\, H\, R^2\left[\frac{H_0}{H} + \frac{1}{3}\frac{R}{H} - 1\right]$$

$$F_{z,2} = \varrho\, g\, V_2$$

$$= \varrho\, g\left[V_{\text{Kal}} - \frac{1}{2}V_{\text{Ku}} + V_{\text{Zyl,R}} - V_{\text{Zyl,r}}\right]$$

$$= \varrho\, g\left[\frac{\pi}{3}H^2(3R-H) - \frac{1}{2}\cdot\frac{4}{3}R^3\pi + R^2\pi(H_0+R-H) - r^2\pi H_0\right]$$

$$= \varrho\, g\, \pi\, H\, R^2\left[\frac{1}{3}\frac{H}{R^2}(3R-H) - \frac{2}{3}\frac{R}{H} + \frac{1}{H}(H_0+R-H) - \frac{r^2}{R^2}\frac{H_0}{H}\right]$$

$$= \varrho\, g\, \pi\, H\, R^2\left[\frac{H}{R} - \frac{1}{3}\frac{H^2}{R^2} - \frac{2}{3}\frac{R}{H} + \frac{H_0}{H} + \frac{R}{H} - 1 - \frac{2RH-H^2}{R^2}\frac{H_0}{H}\right]$$

$$= \varrho\, g\, \pi\, H\, R^2\left[\frac{H}{R} - \frac{1}{3}\frac{H^2}{R^2} + \frac{1}{3}\frac{R}{H} + \frac{H_0}{H} - 1 - 2\frac{H_0}{R} + \frac{H H_0}{R^2}\right]$$

$F_{z,1}$ und $F_{z,2}$ eingesetzt in Gl. für F_z ergibt:

$$F_z = \varrho\, g\, \pi\, H\, R^2\left[\left(\frac{H_0}{H} + \frac{1}{3}\frac{R}{H} + \frac{H_0}{H} - 1\right) - \left(\frac{H}{R} - \frac{1}{3}\frac{H^2}{R^2} + \frac{1}{3}\frac{R}{H} - 1 - 2\cdot\frac{H_0}{R} + \frac{H H_0}{R^2}\right)\right] + F_G$$

$$F_z = \varrho\, g\, \pi\, H\, R^2\left[-\frac{H}{R} + \frac{1}{3}\frac{H^2}{R^2} + 2\frac{H_0}{R} - \frac{H H_0}{R^2}\right] + F_G$$

$$F_z = \varrho\, g\, \pi\, H^2\, R\left[-1 + \frac{1}{3}\frac{H}{R} + 2\frac{H_0}{H} - \frac{H_0}{R}\right] + F_G$$

$$\boldsymbol{F_z = \varrho\cdot g\cdot \pi\cdot H^2 \cdot R\left[\frac{H_0}{H}\cdot\left(2-\frac{H}{R}\right) - \left(1-\frac{H}{3\cdot R}\right)\right] + F_G}$$

b) $\boldsymbol{p_ü} = \dfrac{F_z}{r^2\cdot\pi} = \boldsymbol{\dfrac{F_z}{(2\cdot R\cdot H - H^2)\cdot\pi}}$
mit F_z nach a)

c) Bedingung: $F_z = F_G$
Dann muss sein:

$$\varrho\cdot g\cdot\pi\cdot H^2\cdot R \cdot\left[\frac{H_0}{H}\cdot\left(2-\frac{H}{R}\right) - \left(1-\frac{H}{3\cdot R}\right)\right] = 0$$

Hieraus

$$\frac{H_0}{H}\cdot\left(2-\frac{H}{R}\right) = 1 - \frac{H}{3\cdot R}$$

Mit $\dfrac{H}{H_0} = 1$ wird

$$6 - 3\cdot\frac{H}{R} = 3 - \frac{H}{R}$$

Hieraus

$$H = (3/2)\cdot R = 1{,}5\cdot R \blacktriangleleft$$

Übung 9

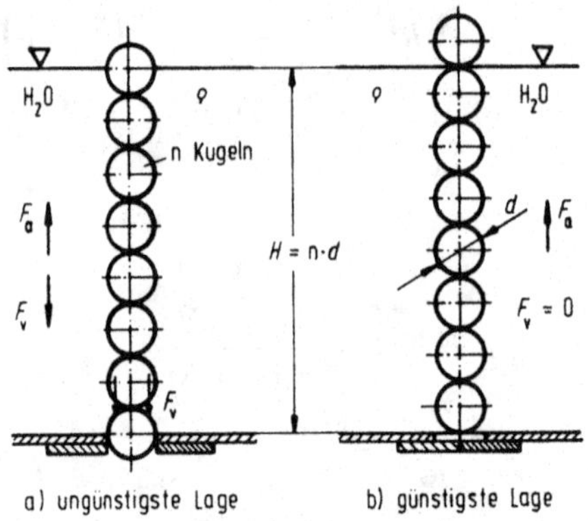

Abb. 7.5 Lösungsskizze zu Übung 9: Perpetuum Mobile. Lagen der Kugeln im Wasser bei dichtester Packung. F_a Aufkraft, F_v Abkraft (Index: a ... auf; v ... vertikal ab)

Bei der dichtesten Packung (Kugeln berühren sich) als günstigster Anordnung müsste sich die maximale Kraftwirkung ergeben. Die Gegenüberstellung der beiden Grenzlagen (Abb. 7.5) ergibt:

Lage a:

$$F_a = \left(n - \frac{1}{2}\right) \cdot \frac{\pi}{6} \cdot d^3 \cdot \varrho \cdot g$$

$$F_v = \left(n \cdot d \cdot \frac{d^2\pi}{4} - \frac{1}{2} \cdot \frac{\pi}{6} \cdot d^3\right) \cdot \varrho \cdot g$$

$$= \left(\frac{3}{2} \cdot n - \frac{1}{2}\right) \cdot \frac{\pi}{6} \cdot d^3 \cdot \varrho \cdot g$$

also $F_v > F_a$

Lage b:

$$F_a = n \cdot \frac{\pi}{6} \cdot d^3 \cdot \varrho \cdot g$$

$$F_v = 0$$

also $F_v < F_a$

Das System bewegt sich demnach nicht. Allenfalls führt es kurze Schwingungen aus, bis der Gleichgewichtszustand, der zwischen den beiden Grenzlagen a und b liegt, gefunden ist.

Es handelt sich deshalb um kein Perpetuum Mobile. ◄

Übung 10

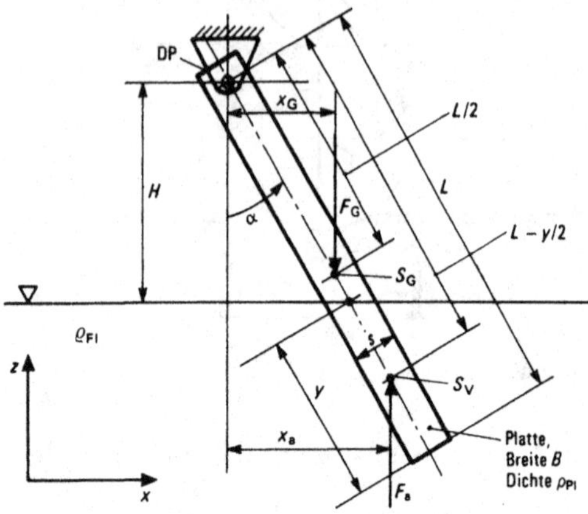

Abb. 7.6 Lösungsskizze zu Übung 10 ($s \ll L$)

Momentenansatz gemäß Abb. 7.6:

Für DP $\sum M = 0$: $F_G \cdot x_G - F_a \cdot x_a = 0$ mit

$$x_G = (L/2) \cdot \sin\alpha$$

$$x_a = (L - y/2) \cdot \sin\alpha$$

$$F_G = g \cdot m_{Pl} = g \cdot \varrho_{Pl} \cdot V_{Pl}$$
$$= g \cdot \varrho_{Pl} \cdot L \cdot B \cdot s$$

$$F_a = g \cdot m_{Fl} = g \cdot \varrho_{Fl} \cdot V_{Fl}$$
$$= g \cdot \varrho_{Fl} \cdot y \cdot B \cdot s$$

eingesetzt in Momenten-Ansatz:

$$g \cdot \varrho_{Pl} \cdot L \cdot B \cdot s(L/2) \cdot \sin\alpha$$
$$- g \cdot \varrho_{Fl} \cdot y \cdot B \cdot s(L - y/2) \cdot \sin\alpha = 0$$

$$\varrho_{Pl} \cdot L^2/2 - \varrho_{Fl} \cdot y \cdot (L - y/2) = 0$$

$$y \cdot (L - y/2) = (\varrho_{Pl}/\varrho_{Fl}) \cdot L^2/2$$

$$y \cdot L - y^2/2 = (\varrho_{Pl}/\varrho_{Fl}) \cdot L^2/2$$

$$y^2 - 2y \cdot L = -(\varrho_{Pl}/\varrho_{Fl}) \cdot L^2$$

Quadratische Gleichung; Lösung durch Ergänzen (addieren) von L^2:

$$L^2 - 2 \cdot L \cdot y + y^2 = L^2 - (\varrho_{Pl}/\varrho_{Fl}) \cdot L^2$$

$$(L - y)^2 = L^2(1 - \varrho_{Pl}/\varrho_{Fl})$$

$$L - y = L \cdot \sqrt{1 - \varrho_{Pl}/\varrho_{Fl}}$$

Damit:

a) $\cos\alpha = H/(L-y)$

$$= (H/L)\cdot(1/\sqrt{1-\varrho_{\text{Pl}}/\varrho_{\text{Fl}}})$$

b) $\alpha = 0 \rightarrow \cos\alpha = 1$

$$\rightarrow H = L\cdot\sqrt{1-\varrho_{\text{Pl}}/\varrho_{\text{Fl}}}$$

Es bestehen also nur Lösungen bei $\varrho_{\text{Pl}} \leq \varrho_{\text{Fl}}$, da sonst Wurzel imaginär. Zudem ist b) Sonderfall von a).

Allgemein kann bei $\alpha = 0$ Abstand $H < L$ und Länge L beliebig sowie auch $\varrho_{\text{Pl}} \gtreqless \varrho_{\text{Fl}}$ sein. Es besteht dann jedoch labiles Gleichgewicht. Bestätigung durch andere Herleitung über $\Sigma F = 0$. ◄

Übung 11

a) K ①–②, ③: $\dot V_1 = \dot V_2 + \dot V_3$
Mit $\dot V_2 : \dot V_3 = 2:1 \rightarrow \dot V_2 = 2\cdot\dot V_3$ wird

$$\dot V_3 = (1/3)\cdot\dot V_1 \quad \text{und}$$
$$A_3\cdot c_3 = (1/3)\cdot A_1\cdot c_1$$

Da $c_3 = c_1$ ergibt sich:

$$A_3 = (1/3)\cdot A_1$$
$$D_3 = D_1\cdot\sqrt{1/3} = 0{,}58\cdot D_1$$
$$\approx 0{,}6\cdot D_1 = 60\,\text{mm}$$
$$\boldsymbol{D_3 = \text{NW}\,60}$$

b) $\dot V_2 = 2\cdot\dot V_3 = 2\cdot(1/3)\cdot\dot V_1 = (2/3)\cdot\dot V_1$

$$A_2\cdot c_2 = (2/3)\cdot A_1\cdot c_1$$

da $A_2 = A_1$, wird

$$c_2 = (2/3)\cdot c_1$$

Mit

$$c_1 = \frac{\dot V}{A_1} = \frac{\dot V}{D_1^2\cdot\pi/4}$$
$$= \frac{42{,}4}{0{,}1^2\cdot\pi/4\cdot 3600}\left[\frac{\text{m}^3}{\text{h}}\cdot\frac{1}{\text{m}^2}\cdot\frac{\text{h}}{\text{s}}\right]$$
$$c_1 = 1{,}5\,\text{m/s}$$

wird

$$\boldsymbol{c_2} = (2/3)\cdot c_1 \boldsymbol{= 1\,\text{m/s}} \quad ◄$$

Übung 12

$$\dot m = \dot V\cdot\varrho = A\cdot c\cdot\frac{1}{v}$$

Mit

1. $c = 3\ldots25\,\text{m/s}$ lt. Tab. 6.10.
2. $p\cdot v = R\cdot T \rightarrow v = \dfrac{R\cdot T}{p}$

Luft: $R = 287\,\frac{\text{N m}}{\text{kg K}}$ (Tab. 6.22)

$$T = 273 + 22 = 295\,\text{K}$$
$$p = 1 + 8 = 9\,\text{bar} = 9\cdot10^5\,\frac{\text{N}}{\text{m}^2}$$
$$v = \frac{287\cdot295}{9\cdot10^5}\left[\frac{\text{N}\cdot\text{m}\cdot\text{K}}{\text{kg}\cdot\text{K}\cdot\text{N/m}^2}\right]$$
$$= 0{,}0941\,\frac{\text{m}^3}{\text{kg}}$$

Mit diesen Werten, bei festgelegt $c = 3\,\text{m/s}$ (unterer Betrag wegen Verlusten) ergibt sich:

$$A = \dot m\cdot\frac{v}{c}$$
$$= \frac{225}{3600}\cdot\frac{0{,}0941}{3}\left[\frac{\text{kg/h}}{\text{s/h}}\cdot\frac{\text{m}^3/\text{kg}}{\text{m/s}}\right]$$
$$A = 1{,}959\cdot10^{-3}\,\text{m}^2$$
$$A = \frac{D^2\pi}{4} = 1959\,\text{mm}^2$$
$$\rightarrow \boldsymbol{D = 50\,\text{mm}} \quad ◄$$

Übung 13

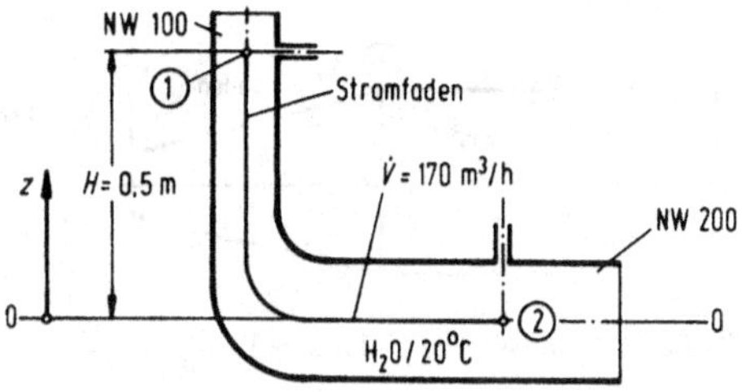

Abb. 7.7 Lösungsskizze zu Übung 13

$$\text{E ①–②: } z_1\cdot g + \frac{p_1}{\varrho} + \frac{c_1^2}{2} = z_2\cdot g + \frac{p_2}{\varrho} + \frac{c_2^2}{2}$$

Mit $z_1 = H$; $z_2 = 0$

$$\text{D ①:}\quad c_1 = \frac{\dot{V}_1}{A_1} = \frac{170}{3600 \cdot 0{,}1^2 \cdot \pi/4}\left[\frac{\text{m}^3}{\text{s}\cdot\text{m}^2}\right] = 6{,}01\,\text{m/s}$$

$$\text{K ①–②:}\quad c_2 = c_1\left(\frac{D_1}{D_2}\right)^2 = 6{,}01\left(\frac{100}{200}\right)^2\left[\frac{\text{m}}{\text{s}}\right] = 1{,}5\,\text{m/s}$$

wird:

$$H \cdot g + \frac{p_1}{\varrho} + \frac{c_1^2}{2} = \frac{p_2}{\varrho} + \frac{c_2^2}{2}$$

Hieraus

$$\Delta p = p_2 - p_1 = \varrho \cdot \left(g \cdot H + \frac{c_1^2}{2} - \frac{c_2^2}{2}\right)$$

$$\Delta p = 10^3 \cdot \left(9{,}81 \cdot 0{,}5 + \frac{6{,}01^2}{2} - \frac{1{,}5^2}{2}\right) \cdot \left[\frac{\text{kg}}{\text{m}^3}\left(\frac{\text{m}}{\text{s}^2}\cdot\text{m} + \frac{\text{m}^2}{\text{s}^2} - \frac{\text{m}^2}{\text{s}^2}\right)\right]$$

$$\Delta p = 21{,}8 \cdot 10^3\left[\frac{\text{N}}{\text{m}^2}\right] = 0{,}22 \cdot 10^5\,\text{Pa}$$

$$\boldsymbol{\Delta p = 0{,}22\,\text{bar}} \quad ◄$$

Übung 14

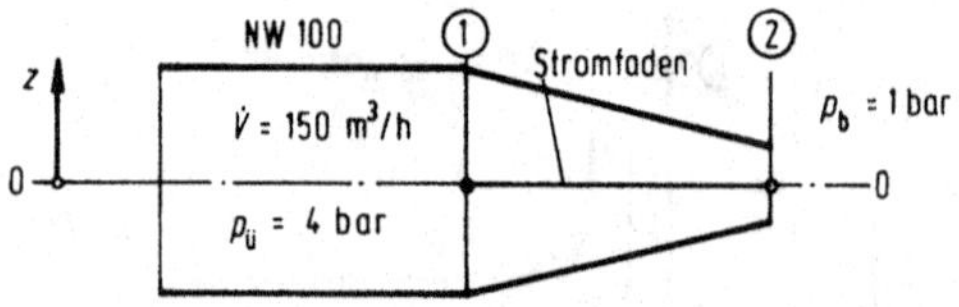

Abb. 7.8 Lösungsskizze zu Übung 14

$$\text{E ①–②:}\quad z_1 \cdot g + \frac{p_1}{\varrho} + \frac{c_1^2}{2} = z_2 \cdot g + \frac{p_2}{\varrho} + \frac{c_2^2}{2}$$

Mit

$$z_1 = 0;\quad p_1 = p_{ü} + p_b$$
$$z_2 = 0;\quad p_2 = p_b$$

$$\text{D ①:}\quad c_1 = \frac{\dot{V}}{A_1} = \frac{150 \cdot 4}{3600 \cdot 0{,}1^2 \cdot \pi}\left[\frac{\text{m}^3/\text{h}}{\text{s/h}\cdot\text{m}^2}\right] = 5{,}3\,\text{m/s}$$

wird:

$$\frac{p_{ü} + p_b}{\varrho} + \frac{c_1^2}{2} = \frac{p_b}{\varrho} + \frac{c_2^2}{2}$$

Hieraus:

$$\text{a)}\quad c_2 = \sqrt{c_1^2 + 2 \cdot \frac{p_{ü}}{\varrho}} = \sqrt{5{,}3^2 + 2 \cdot \frac{4 \cdot 10^5}{10^3}} \cdot \left[\sqrt{\frac{\text{m}^2}{\text{s}^2} + \frac{\text{N/m}^2}{\text{kg/m}^3}}\right]$$

$$\boldsymbol{c_2 = 28{,}8\,\text{m/s}}$$

$$\text{b) D ②:}\quad A_2 = \frac{\dot{V}}{c_2} = \frac{150}{3600 \cdot 28{,}8}\left[\frac{\text{m}^3/\text{h}}{(\text{s/h})\cdot\text{m/s}}\right] = 1{,}45 \cdot 10^{-3}\,\text{m}^2$$

Hieraus:

$\boldsymbol{D_2} = 0{,}0430\,\text{m} \approx$ **40 mm = NW 40** ◄

Übung 15

$$\text{E ①–②:}\quad z_1 \cdot g + \frac{p_1}{\varrho} + \frac{c_1^2}{2} = z_2 \cdot g + \frac{p_2}{\varrho} + \frac{c_2^2}{2}$$

Mit

$$z_1 = H_1 + H_2;\quad p_1 = p_b;\quad c_1 \approx 0$$
$$z_2 = 0;\quad p_2 = p_b + \varrho \cdot g \cdot H_2;\quad c_2 = ?$$

wird:

$$(H_1 + H_2) \cdot g + \frac{p_b}{\varrho} = \frac{p_b + \varrho \cdot g \cdot H_2}{\varrho} + \frac{c_2^2}{2}$$

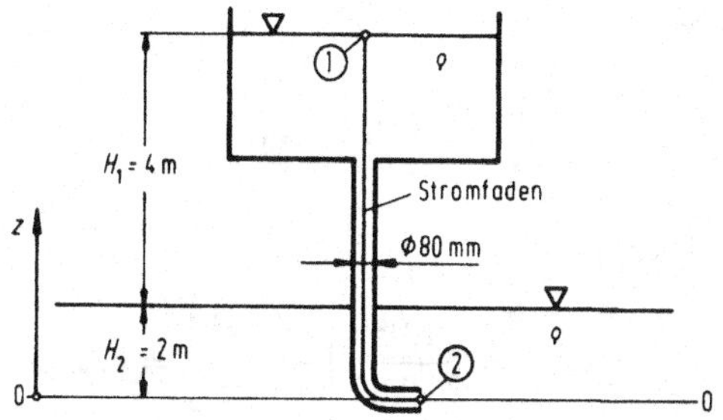

Abb. 7.9 Lösungsskizze zu Übung 15

Hieraus:

$$c_2 = \sqrt{2 \cdot g \cdot H_1}$$

$$c_2 = \sqrt{2 \cdot 9{,}81 \cdot 4} \left[\sqrt{\frac{\text{m}}{\text{s}^2} \cdot \text{m}}\right] = 8{,}86\,\frac{\text{m}}{\text{s}}$$

Damit:

$$\dot{V} = c_2 \cdot A = 8{,}86 \cdot \frac{0{,}08^2 \cdot \pi}{4} \left[\frac{\text{m}}{\text{s}} \cdot \text{m}^2\right]$$

$$\boldsymbol{\dot{V} = 0{,}0445\,\text{m}^3/\text{s} = 160\,\text{m}^3/\text{h}} \quad \blacktriangleleft$$

Übung 16

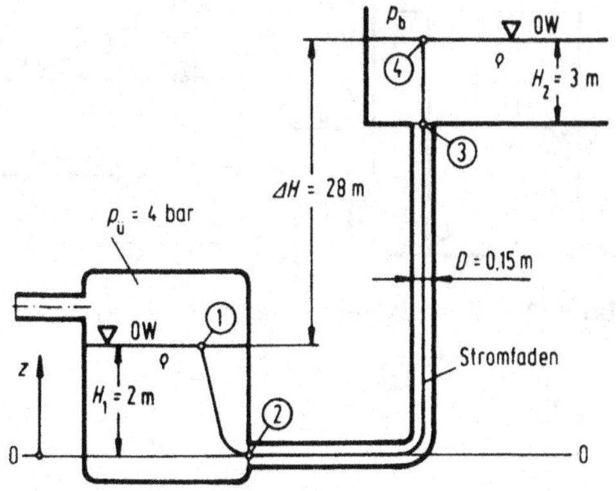

Abb. 7.10 Lösungsskizze zu Übung 16

a) E ①–③: $z_1 \cdot g + \frac{p_1}{\varrho} + \frac{c_1^2}{2} = z_3 \cdot g + \frac{p_3}{\varrho} + \frac{c_3^2}{2}$

Mit

$$z_1 = H_1; \quad p_1 = p_{\text{ü}} + p_{\text{b}}; \quad c_1 \approx 0$$
$$z_3 = H_1 + \Delta H - H_2;$$
$$p_3 = p_{\text{b}} + H_2 \cdot \varrho \cdot g; \quad c_3 = ?$$

wird:

$$H_1 \cdot g + \frac{p_{\text{ü}} + p_{\text{b}}}{\varrho} = (H_1 + \Delta H - H_2) \cdot g + \frac{p_{\text{b}} + \varrho \cdot g \cdot H_2}{\varrho} + \frac{c_3^2}{2}$$

$$(p_{\text{ü}}/\varrho) = \Delta H \cdot g + (c_3^2/2)$$

Hieraus:

$$c_3 = \sqrt{2 \cdot \left(\frac{p_{\text{ü}}}{\varrho} - \Delta H \cdot g\right)}$$

$$c_3 = \sqrt{2 \cdot \left(\frac{4 \cdot 10^5}{1 \cdot 10^3} - 28 \cdot 9{,}81\right)} \cdot \left[\sqrt{\frac{\text{Pa}}{\text{kg}/\text{m}^3}\text{m} - \frac{\text{m}}{\text{s}^2}}\right]$$

$$c_3 = 15{,}83\,\text{m}/\text{s}$$

Damit:

$$\dot{V} = c_3 \cdot A_3 = c_3 \cdot (D^2 \cdot \pi/4) = 15{,}83 \cdot \frac{0{,}15^2 \cdot \pi}{4} \left[\frac{\text{m}}{\text{s}} \cdot \text{m}^2\right]$$

$$\boldsymbol{\dot{V} = 0{,}28\,\text{m}^3/\text{s} = 1008\,\text{m}^3/\text{h}}$$

b) E ①–②: $z_1 \cdot g + \frac{p_1}{\varrho} + \frac{c_1^2}{2} = z_2 \cdot g + \frac{p_2}{\varrho} + \frac{c_2^2}{2}$

Mit

$$z_1 = H_1; \quad p_1 = p_{\text{ü}} + p_{\text{b}}; \quad c_1 \approx 0$$
$$z_2 = 0; \quad p_2 = ?; \quad c_2 = c_3$$

wird:

$$H_1 \cdot g + ((p_{\text{ü}} + p_{\text{b}})/\varrho) = (p_2/\varrho) + (c_3^2/2)$$

Hieraus

$$p_{2,\text{ü}} = p_2 - p_{\text{b}} = p_{\text{ü}} + \varrho \cdot \left(H_1 \cdot g - \frac{c_3^2}{2}\right)$$

$$p_{2,\text{ü}} = 4 \cdot 10^5 + 10^3 \cdot \left(2 \cdot 9{,}81 - \frac{15{,}83^2}{2}\right) \cdot \left[\text{Pa}\frac{\text{kg}}{\text{m}^3} - \left(\text{m} \cdot \frac{\text{m}}{\text{s}^2}\frac{\text{m}^2}{\text{s}^2}\right)\right]$$

$$\boldsymbol{p_{2,\text{ü}} = 2{,}94 \cdot 10^5\,\text{Pa} = 2{,}94\,\text{bar}}$$

Bemerkung zu a): Nach dem Austritt wird die Ausströmungsgeschwindigkeit c_3 verwirbelt, d. h., die zugehörige Energie $c_3^2/2$ wird in Wärme umgesetzt und ist daher mechanisch verloren. Deshalb muss Austrittsdruck $p_3 = p_b + \varrho\, g\, H_2$ sein, also so groß wie der hydrostatische Gegendruck. Wichtiger Unterschied zum Eintritt, Stelle ② in Abb. 7.10. Hier ist der Druck wegen Teilumsetzung in Geschwindigkeitsenergie nicht durch die Fluidstatik festgelegt. ◀

Übung 17

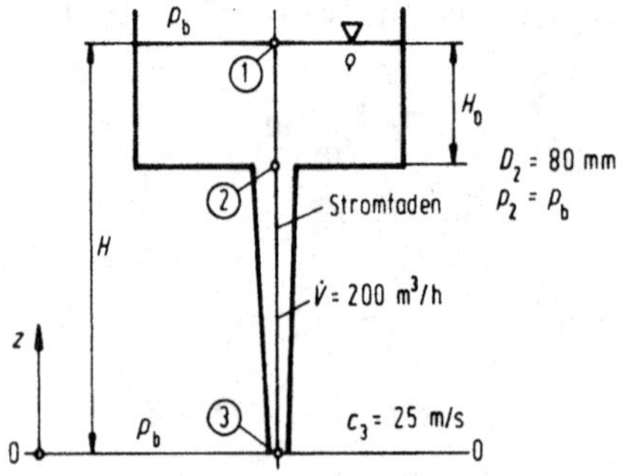

Abb. 7.11 Lösungsskizze zu Übung 17

a) D ③: $$A_3 = \frac{\dot{V}}{c_3} = \frac{200}{3600 \cdot 25}\left[\frac{\text{m}^3/\text{h}}{(\text{s/h}) \cdot \text{m/s}}\right] = 2{,}22 \cdot 10^{-3}\,\text{m}^2$$

$$\boldsymbol{D_3 = 0{,}053\,\text{m} \approx 50\,\text{mm}}$$

b) E ①–②:

$$z_1 \cdot g + \frac{p_1}{\varrho} + \frac{c_1^2}{2} = z_2 \cdot g + \frac{p_2}{\varrho} + \frac{c_2^2}{2}$$

Mit

$$z_1 = H; \quad p_1 = p_b; \quad c_1 \approx 0$$
$$z_2 = H - H_0; \quad p_2 = p_b; \quad c_2 = ?$$

und

D ②: $$c_2 = \frac{\dot{V}}{A_2} = \frac{200 \cdot 4}{3600 \cdot 0{,}08^2 \cdot \pi}\left[\frac{\text{m}^3}{\text{s} \cdot \text{m}^2}\right] = 11{,}05\,(\text{m/s})$$

wird:

$$H \cdot g + \frac{p_b}{\varrho} = g(H - H_0) + \frac{p_b}{\varrho} + \frac{c_2^2}{2}$$

Hieraus:

$$\boldsymbol{H_0} = \frac{c_2^2}{2 \cdot g} = \frac{11{,}05^2}{2 \cdot 9{,}81}\left[\frac{\text{m}^2 \cdot \text{s}^2}{\text{s}^2 \cdot \text{m}}\right] = \mathbf{6{,}23\,m}$$

c) E ①–③: $$z_1 \cdot g + \frac{p_1}{\varrho} + \frac{c_1^2}{2} = z_3 \cdot g + \frac{p_3}{\varrho} + \frac{c_3^2}{2}$$

Mit

$$z_1 = H; \quad p_1 = p_b; \quad c_1 \approx 0$$
$$z_3 = 0; \quad p_3 = p_b; \quad c_3 = 25\,\text{m/s}$$

wird:

$$\boldsymbol{H} = \frac{c_3^2}{2 \cdot g} = \frac{25^2}{2 \cdot 9{,}81}\left[\frac{\text{m}^2 \cdot \text{s}^2}{\text{s}^2 \cdot \text{m}}\right] = \mathbf{31{,}86\,m} \; ◀$$

Übung 18

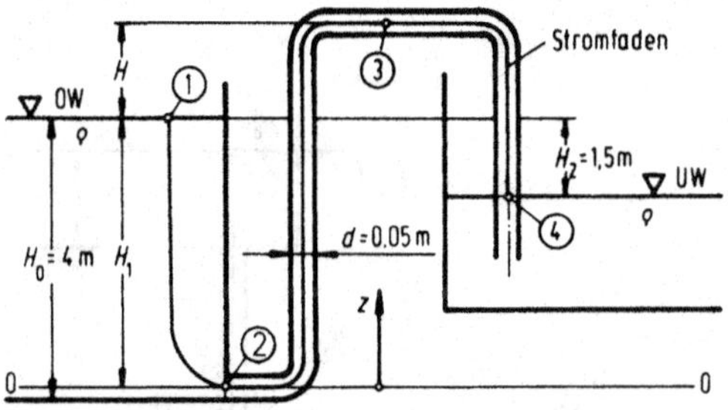

Abb. 7.12 Lösungsskizze zu Übung 18: Heberleitung

a) E ①–④:

$$z_1 \cdot g + \frac{p_1}{\varrho} + \frac{c_1^2}{2} = z_4 \cdot g + \frac{p_4}{\varrho} + \frac{c_4^2}{2}$$

Mit

$$z_1 = H_1; \quad p_1 = p_b; \quad c_1 \approx 0$$
$$z_4 = H_1 - H_2; \quad p_4 = p_b; \quad c_4 = ?$$

wird:

$$H_1 \cdot g = (H_1 - H_2) \cdot g + (c_4^2/2)$$

Hieraus:

$$c_4 = \sqrt{2 \cdot g \cdot H_2}$$
$$= \sqrt{2 \cdot 9{,}81 \cdot 1{,}5}\left[\sqrt{\frac{\mathrm{m}}{\mathrm{s}^2}\cdot \mathrm{m}}\right]$$
$$= 5{,}42\,\frac{\mathrm{m}}{\mathrm{s}}$$

Damit:

$$\dot{V} = c_4 \cdot A_4 = 5{,}42 \cdot \frac{0{,}05^2 \cdot \pi}{4}\left[\frac{\mathrm{m}}{\mathrm{s}}\cdot \mathrm{m}^2\right]$$
$$= 0{,}0107\,\frac{\mathrm{m}^3}{\mathrm{s}}$$

b) E ①–③:

$$z_1 \cdot g + \frac{p_1}{\varrho} + \frac{c_1^2}{2} = z_3 \cdot g + \frac{p_3}{\varrho} + \frac{c_3^2}{2}$$

Mit

$$z_1 = H_1; \quad p_1 = p_b; \quad c_1 \approx 0$$
$$z_3 = H + H_1; \quad p_3 \geq p_{Da}; \quad c_3 = 5{,}42\,\mathrm{m/s}$$

wird:

$$H_1 \cdot g + \frac{p_b}{\varrho} \geq (H + H_1)\cdot g + \frac{p_{Da}}{\varrho} + \frac{c_3^2}{2}$$

Hieraus:

$$H \leq \frac{1}{g}\cdot\left(\frac{p_b - p_{Da}}{\varrho} - \frac{c_3^2}{2}\right)$$

Nach Tab. 2.1 für Wasser mit 50 °C: $p_{Da} = 0{,}123$ bar und $\varrho = 988\,\mathrm{kg/m^3}$ (Tab. 6.7).

Damit:

$$H \leq \frac{1}{9{,}81}\cdot\left(\frac{1\cdot 10^5 - 0{,}123\cdot 10^5}{0{,}988\cdot 10^3} - \frac{5{,}42^2}{2}\right)$$
$$\left[\frac{\mathrm{s}^2}{\mathrm{m}}\cdot\left(\frac{\mathrm{N/m^2}}{\mathrm{kg/m^3}}\,\frac{\mathrm{m}^2}{\mathrm{s}^2}\right)\right]$$

$\boldsymbol{H \leq 7{,}55\,\mathrm{m}}$ ◄

Übung 19

Die Flüssigkeitsmasse in der Leitung muss in 10 s von 1,5 m/s gleichmäßig auf 0 verzögert werden ($\mathrm{d}c/\mathrm{d}t = \Delta c/\Delta t$). Hierfür gilt gemäß Beispiel 4 nach NEWTON:

$$F = m \cdot a$$

Mit

$$a = \frac{\Delta c}{\Delta t} = \frac{c_a - c_e}{\Delta t}$$
$$= \frac{1{,}5 - 0}{10}\left[\frac{\mathrm{m/s}}{\mathrm{s}}\right] = 0{,}15\,\mathrm{m/s^2}$$

und $m = \varrho \cdot V = \varrho \cdot A \cdot L$ wird:

$$F = \varrho \cdot A \cdot L \cdot a$$

Andererseits:

$$F = \Delta p \cdot A$$

Durch Gleichsetzen ergibt sich:

$$\Delta p = \varrho \cdot L \cdot a$$
$$= 10^3 \cdot 2500 \cdot 0{,}15\left[\frac{\mathrm{kg}}{\mathrm{m}^3}\cdot \mathrm{m}\cdot\frac{\mathrm{m}}{\mathrm{s}^2}\right]$$

$\boldsymbol{\Delta p = 3{,}75 \cdot 10^5\,\mathrm{N/m^2} = 3{,}75 \cdot 10^5}$ **Pa**
$\boldsymbol{= 3{,}75\,\mathrm{bar}}$

Es treten also schon bei sehr geringen Verzögerungen große Drucksteigerungen auf.

Die Druckerhöhungen bei großen Beschleunigungen (positive und negative), den sog. Wasserschlägen, sind meist unzulässig hoch. Diese müssen, um Zerstörungen zu vermeiden, durch entsprechende Maßnahmen unterbunden, mindestens abgeschwächt werden (Übung 20). ◄

Übung 20

Mit $a_c \approx a = 1437\,\mathrm{m/s}$ und $\varrho \approx 10^3\,\mathrm{kg/m^3}$ (Tab. 1.16) nach (3.82):

a) $\Delta p_{max} = \varrho \cdot a_c \cdot (\Delta c)_{max}$
$= \varrho \cdot a_c \cdot c_0$ da $c = 0$

$\Delta p_{max} = 10^3 \cdot 1437 \cdot 8$
$\cdot [(\mathrm{kg/m^3}) \cdot (\mathrm{m/s}) \cdot \mathrm{m/s}]$
$\approx 115 \cdot 10^5\,\mathrm{Pa} = 115\,\mathrm{bar}$
(unzulässig!!)

b) $t \leq 2 \cdot L/a_c$
$= 2 \cdot 1850/1437\,[\mathrm{m/(m/s)}] \approx 2{,}6\,\mathrm{s}$ ◄

Übung 21

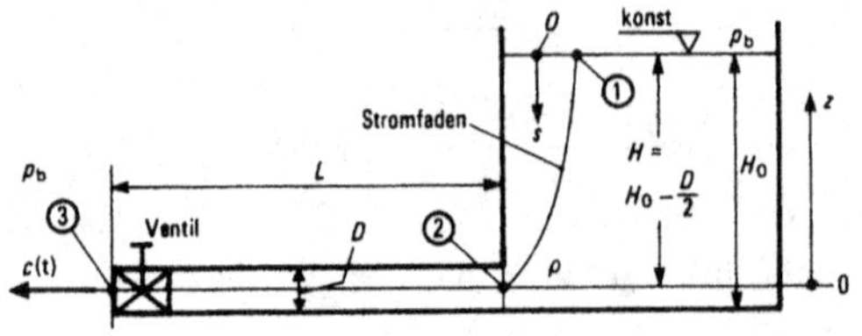

Abb. 7.13 Lösungsskizze zu Übung 21

Die Geschwindigkeit im Bereich ① bis kurz vor ② kann vernachlässigt werden (großer Querschnitt). Zwischen ② und ③ im Abflussrohr ist, da $D =$ konst, die Strömungsgeschwindigkeit gleich groß. Ausgangspunkt ist (3.81) zwischen ① und ③:

$$z_1 \cdot g + (p_1/\varrho) + (c_1^2/2) + \int_0^{s_1} (\partial c/\partial t)\partial s$$

$$= z_3 \cdot g + (p_3/\varrho) + (c_3^2/2) + \int_0^{s_3} (\partial c/\partial t)\partial s$$

mit

$$z_1 = H = H_0 - D/2; \quad p_1 = p_b; \quad c_1 \approx 0$$
$$z_3 = 0; \quad p_3 = p_b; \quad c_3 = c(t)$$

$$\int_0^{s_1} = 0 \rightarrow s_1 = 0, \text{ Anfang der } s\text{-Koordinate}$$

und:

$$\int_0^{s_3} = \int_{s_2}^{s_3} = \int_0^{L}$$

da im Bereich ①–② $\partial c/\partial t = 0$, weil $c =$ konst (≈ 0).

Im Abflussrohr ist, da $D =$ konst, die Strömungsgeschwindigkeit nur zeitabhängig, also $c = f(t)$. Deshalb ist entlang des Rohres $\partial c/\partial t$ wegunabhängig und damit im Wegintegral eine Konstante. Auch sind daher partielle Differenziale nicht mehr notwendig.

$$\int_0^{s_3} (\partial c/\partial t)\partial s = \frac{\partial c}{\partial t} \cdot \int_0^{L} \mathrm{d}s$$

$$= \frac{\mathrm{d}c}{\mathrm{d}t} \cdot s\Big|_0^L = \frac{\mathrm{d}c}{\mathrm{d}t} \cdot L$$

Alles in die Ausgangs-Gl. eingesetzt:

$$g \cdot H = c^2/2 + L \cdot \mathrm{d}c/\mathrm{d}t \quad \text{(D-Gl.)}$$

Hieraus:

$$\mathrm{d}c/\mathrm{d}t = (g \cdot H - c^2/2)/L$$

Integriert:

$$\int_0^t \mathrm{d}t = \int_0^c \frac{L}{g \cdot H - c^2/2} \mathrm{d}c$$

$$= \frac{L}{g \cdot H} \int_0^c \frac{1}{1 - (c/\sqrt{2gH})^2} \mathrm{d}c$$

mit Substitution $x = c/\sqrt{2g \cdot H}$, also $c = \sqrt{2g \cdot H} \cdot x \rightarrow \mathrm{d}c = \sqrt{2g \cdot H} \cdot \mathrm{d}x$:

$$t = \frac{L}{g \cdot H} \cdot \sqrt{2g \cdot H} \cdot \int \frac{1}{1 - x^2} \mathrm{d}x$$
$$= \frac{2 \cdot L}{\sqrt{2g \cdot H}} \cdot \operatorname{artanh} x$$
$$t = \frac{L}{g \cdot H} \cdot \sqrt{2 \cdot g \cdot H} \cdot \operatorname{artanh} \frac{c}{\sqrt{2g \cdot H}}\Bigg|_0^c$$
$$= \frac{2 \cdot L}{\sqrt{2g \cdot H}} \cdot \operatorname{artanh} \frac{c}{\sqrt{2g \cdot H}}$$

Umgestellt nach c

$$c = \sqrt{2 \cdot g \cdot H} \cdot \tanh\left[\left(\sqrt{2 \cdot g \cdot H}/(2 \cdot L)\right) \cdot t\right]$$

Mit der stationären Ausflussgeschwindigkeit nach Torricelli, (3.94), $c_{\text{stat}} = \sqrt{2g \cdot H}$ wird

$$c(t)/c_{\text{stat}} = \tanh[(c_{\text{stat}}/(2 \cdot L)) \cdot t] \quad ◄$$

Übung 22

EE ①–②:

$$z_1 \cdot g + \frac{p_1}{\varrho} + \frac{c_1^2}{2}$$
$$= z_2 \cdot g + \frac{p_2}{\varrho} + \frac{c_2^2}{2} + Y_{V,12}$$

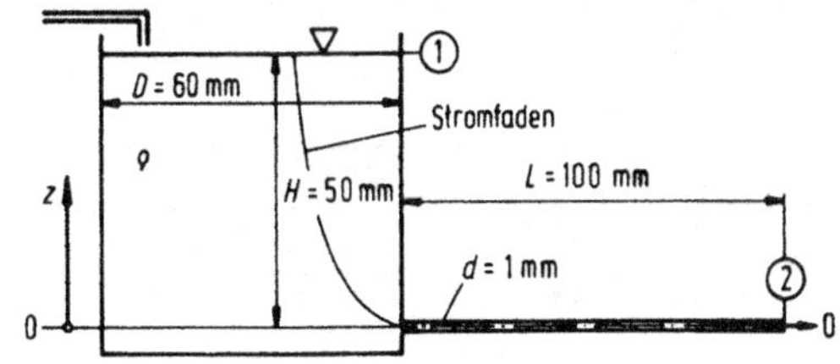

Abb. 7.14 Lösungsskizze zu Übung 22

Mit

$$z_1 = H; \quad p_1 = p_b; \quad c_1 \approx 0 \quad \text{da } D \gg d$$
$$z_2 = 0; \quad p_2 = p_b; \quad c_2 = ?$$

und

$$Y_{V,12} = \lambda \cdot \frac{L}{d} \cdot \frac{c_2^2}{2}$$

wird:

$$H = \frac{c_2^2}{2 \cdot g} \cdot \left(1 + \lambda \cdot \frac{L}{d}\right) \qquad (7.1)$$

Weiter aus D ②: $c_2 = \dot{V}/A_2$ wobei:

$$\dot{V} = \frac{\Delta V}{\Delta t} = \frac{150}{20}\left[\frac{\text{cm}^3}{\text{min}}\right] = 7{,}5\,\frac{\text{cm}^3}{\text{min}}$$
$$= 7{,}5 \cdot \frac{\text{cm}^3}{\text{min}} \cdot \frac{1\,\text{min}}{60 \cdot \text{s}} \cdot \frac{1 \cdot \text{m}^3}{10^6 \cdot \text{cm}^3}$$
$$= 1{,}25 \cdot 10^{-7}\,\text{m}^3/\text{s}$$
$$A_2 = \frac{d^2\pi}{4} = \frac{(1 \cdot 10^{-3})^2 \cdot \pi}{4}\,[\text{m}^2]$$
$$= 0{,}785 \cdot 10^{-6}\,\text{m}^2$$
$$c_2 = \frac{1{,}25 \cdot 10^{-7}}{0{,}785 \cdot 10^{-6}}\left[\frac{\text{m}^3}{\text{s}} \cdot \frac{1}{\text{m}^2}\right] = 0{,}159\,\frac{\text{m}}{\text{s}}$$

Bei dieser kleinen Geschwindigkeit kann erwartet werden, dass laminare Strömung vorliegt, also:

$$\lambda = \frac{64}{Re} = \frac{64 \cdot \nu}{c_2 \cdot d}$$

Hieraus:

$$\nu = \frac{\lambda}{64} \cdot c_2 \cdot d \qquad (7.2)$$

Aus (7.1) folgt:

$$\lambda = \left(\frac{2 \cdot g \cdot H}{c_2^2} - 1\right) \cdot \frac{d}{L}$$
$$= \left(\frac{2 \cdot 9{,}81 \cdot 0{,}05}{0{,}159^2}\left[\frac{(\text{m/s}^2) \cdot \text{m}}{\text{m}^2/\text{s}^2}\right] - 1\right)\frac{1}{100}$$
$$\lambda = 0{,}378$$

Damit ergibt sich aus Beziehung (7.2)

$$\nu = \frac{0{,}378}{64} \cdot 0{,}159 \cdot 1 \cdot 10^{-3}\left[\frac{\text{m}}{\text{s}} \cdot \text{m}\right]$$
$$\mathbf{= 0{,}939 \cdot 10^{-6}\,m^2/s}$$

Es könnte sich um Wasser von etwa 23 °C mit $\nu = 0{,}935 \cdot 10^{-6}\,\text{m}^2/\text{s}$ handeln (Tab. 6.7).

Überprüfung, ob Laminar-Strömung:

$$Re = \frac{c_2 \cdot d}{\nu} = \frac{0{,}159 \cdot 1 \cdot 10^{-3}}{0{,}939 \cdot 10^{-6}}\left[\frac{\text{m/s} \cdot \text{m}}{\text{m}^2/\text{s}}\right]$$
$$= 169 \ll Re_{\text{kr}} \quad ◄$$

Übung 23

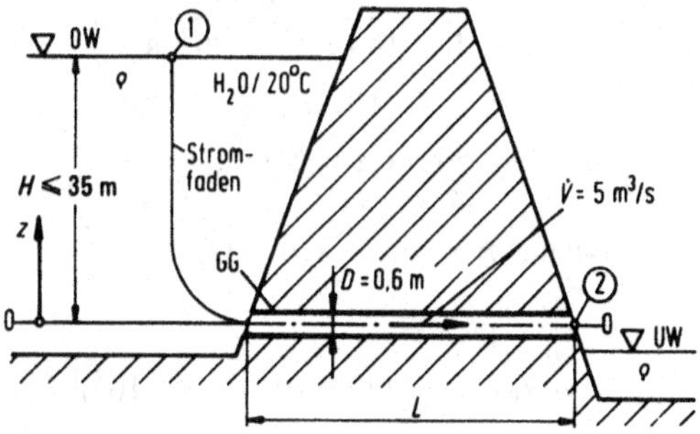

Abb. 7.15 Lösungsskizze zu Übung 23

EE ①–②:

$$z_1 \cdot g + \frac{p_1}{\varrho} + \frac{c_1^2}{2}$$
$$= z_2 \cdot g + \frac{p_2}{\varrho} + \frac{c_2^2}{2} + Y_{V,12}$$

Mit

$$z_1 = H; \quad p_1 = p_b; \quad c_1 \approx 0$$
$$z_2 = 0; \quad p_2 = p_b$$
$$Y_{V,12} = \lambda \cdot \frac{L}{D} \cdot \frac{c_2^2}{2}$$

und D ②

$$c_2 = \frac{\dot{V}}{A_2} = \frac{5}{0{,}6^2 \cdot \pi/4} \left[\frac{\text{m}^3/\text{s}}{\text{m}^2}\right] = 17{,}68\,\frac{\text{m}}{\text{s}}$$

wird:

$$H \cdot g = \frac{c_2^2}{2}\left(1 + \lambda \cdot \frac{L}{D}\right)$$

Hieraus:

$$L = \left(\frac{2 \cdot g \cdot H}{c_2^2} - 1\right) \cdot \frac{D}{\lambda}$$

Bestimmung von λ:
$H_2O/20\,°C$
$\rightarrow \nu = 1{,}004 \cdot 10^{-6}\,\text{m}^2/\text{s}$ (Tab. 6.7)
GG, mäßig angerostet
$\rightarrow k = 1 \ldots 1{,}5\,\text{mm}$,
angenommen: $k_s \approx k \approx 1{,}2\,\text{mm}$ (Tab. 6.15)

$$\begin{aligned} Re &= \frac{c_2 \cdot D}{\nu} \\ &= \frac{17{,}68 \cdot 0{,}6}{1{,}004 \cdot 10^{-6}} \left[\frac{(\text{m/s}) \cdot \text{m}}{\text{m}^2/\text{s}}\right] \\ &= 1{,}06 \cdot 10^7 \\ D/k_s &= 600/1{,}2 = 500/1 = 500 \end{aligned}$$

Hierzu aus Abb. 6.11: $\lambda = 0{,}0235$.
Oder:

$$\begin{aligned} (k_s/D) \cdot Re^{0{,}875} &= (1/500) \cdot (1{,}06 \cdot 10^7)^{0{,}875} \\ &= 2807 > 350 \end{aligned}$$

Deshalb nach (4.34) raues Verhalten, was auch Abb. 6.11 bestätigt. Hierfür λ nach (4.35):

$$\lambda = \frac{1}{(2 \cdot \lg 500 + 1{,}14)^2} = 0{,}0234$$

wie Diagramm-Wert!
Damit wird:

$$L = \left(\frac{2 \cdot 9{,}81 \cdot 35}{17{,}68^2}\left[\frac{(\text{m/s}^2) \cdot \text{m}}{\text{m}^2/\text{s}^2}\right] - 1\right) \cdot \frac{0{,}6}{0{,}0235}\,[\text{m}]$$

$$\mathbf{L = 30{,}55\,m \approx 30{,}5\,m} \quad ◄$$

Übung 24

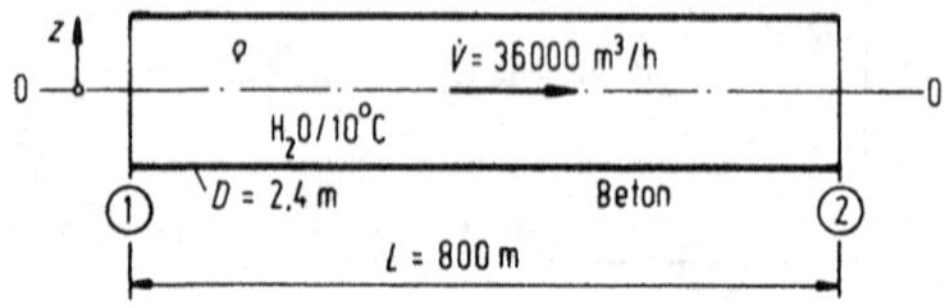

Abb. 7.16 Lösungsskizze zu Übung 24

EE ①–②:

$$\begin{aligned} &z_1 \cdot g + \frac{p_1}{\varrho} + \frac{c_1^2}{2} \\ &= z_2 \cdot g + \frac{p_2}{\varrho} + \frac{c_2^2}{2} + Y_{V,1\,2} \end{aligned}$$

Mit $z_1 = z_2 = 0; c_1 = c_2 = c$ wird:

$$\Delta p = p_1 - p_2 = \varrho \cdot Y_{V,1\,2}$$

Weiter mit $Y_{V,1\,2} = \lambda \cdot \frac{L}{D} \cdot \frac{c^2}{2}$ und aus D:

$$c = \frac{\dot{V}}{A} = \frac{36.000}{2{,}4^2 \cdot \pi/4}\left[\frac{\text{m}^3/\text{h}}{\text{m}^2}\right] \cdot \frac{1 \cdot \text{h}}{3600 \cdot \text{s}}$$
$$c = 2{,}21\,\text{m/s}$$

Bestimmung der Rohrreibungszahl λ:
$H_2O/10\,°C$
$\rightarrow \nu = 1{,}297 \cdot 10^{-6}\,\text{m}^2/\text{s}$ (Tab. 6.7)
Glattstrich-Beton
$\rightarrow k = 0{,}3 \ldots 0{,}8\,\text{mm}$,
angenommen: $k_s \approx k \approx 0{,}5\,\text{mm}$ (Tab. 6.15)

$$\begin{aligned} Re &= \frac{c \cdot D}{\nu} \\ &= \frac{2{,}21 \cdot 2{,}4}{1{,}297 \cdot 10^{-6}} = 4{,}1 \cdot 10^6 \\ D/k_s &= 2400/0{,}5 = 4800 \end{aligned}$$

$\rightarrow \lambda \approx 0{,}0142$ (Abb. 6.11, Übergang!)

Formelmäßige Prüfung von λ:

$$\frac{k_s}{D} \cdot Re^{0{,}875} = \frac{1}{4800} \cdot (4{,}1 \cdot 10^6)^{0{,}875} = 127$$

Nach (4.32) Übergangsbereich. Deshalb λ mit (4.33) überprüfen:

$$\frac{1}{\sqrt{0{,}0142}} \stackrel{!}{=} -2 \cdot \lg\left(\frac{2{,}51}{4{,}1 \cdot 10^6 \cdot \sqrt{0{,}0142}} + 0{,}27\frac{1}{4800}\right)$$

$$8{,}39 \approx 8{,}42\,,$$

genügend genau erfüllt, also bleibt $\lambda = 0{,}0142$.
Dann wird

$$Y_{\mathrm{V},12} = 0{,}0142 \cdot \frac{800}{2{,}4} \cdot \frac{2{,}21^2}{2} \cdot \left[\frac{\mathrm{m}^2}{\mathrm{s}^2}\right] = 11{,}56\,\frac{\mathrm{m}^2}{\mathrm{s}^2}$$

und

$$\Delta p = 10^3 \cdot 11{,}56 \cdot \left[\frac{\mathrm{kg}}{\mathrm{m}^3} \cdot \frac{\mathrm{m}^2}{\mathrm{s}^2}\right] = 11{,}56 \cdot 10^3\,\frac{\mathrm{N}}{\mathrm{m}^2}$$

$$\boldsymbol{\Delta p \approx 0{,}12 \cdot 10^5\,\mathrm{Pa} = 0{,}12\,\mathrm{bar}} \quad ◀$$

Übung 25

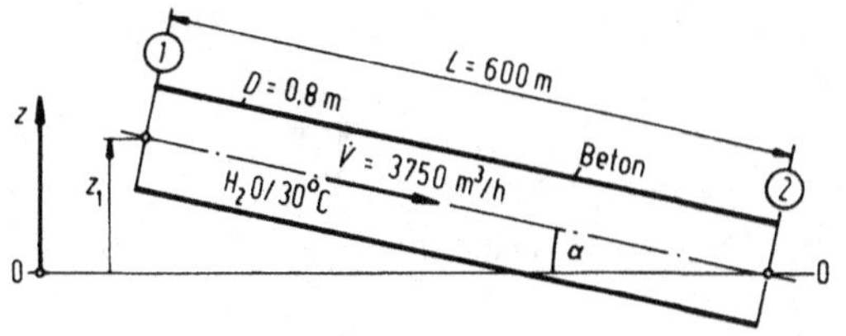

Abb. 7.17 Lösungsskizze zu Übung 25

EE ①–②:

$$z_1 \cdot g + \frac{p_1}{\varrho} + \frac{c_1^2}{2} = z_2 \cdot g + \frac{p_2}{\varrho} + \frac{c_2^2}{2} + Y_{\mathrm{V},12}$$

Mit $z_2 = 0$; $p_1 = p_2 = p_b$; $c_1 = c_2 = c$ und

$$Y_{\mathrm{V},12} = \lambda \cdot \frac{L}{D} \cdot \frac{c^2}{2}$$

wird:

$$\frac{z_1}{L} = \frac{\lambda}{2} \cdot \frac{c^2}{g \cdot D}$$

Hierbei nach D: $c = \dot{V}/A$
Mit

$$\dot{V} = \frac{1}{4} \cdot \frac{15.000}{3600}\left[\frac{\mathrm{m}^3/\mathrm{h}}{\mathrm{s}/\mathrm{h}}\right] = 1{,}042\,\frac{\mathrm{m}^3}{\mathrm{s}}$$

$$A = \frac{\pi}{4} \cdot D^2 = \frac{\pi}{4} \cdot 0{,}8^2[\mathrm{m}^2] = 0{,}503\,\mathrm{m}^2$$

wird:

$$c = \frac{1{,}042}{0{,}503}\left[\frac{\mathrm{m}^3/\mathrm{s}}{\mathrm{m}^2}\right] = 2{,}07\,\mathrm{m/s}$$

Bestimmung von λ:
H_2O/30 °C
→ $\nu = 0{,}801 \cdot 10^{-6}\,\mathrm{m}^2/\mathrm{s}$ (Tab. 6.7)
Beton, geschleudert
→ $k = 0{,}2$ bis $0{,}7$ mm
angenommen: $k_s = 1$ mm (Tab. 6.15)

$$Re = \frac{c \cdot D}{\nu} = \frac{2{,}07 \cdot 0{,}8}{0{,}801 \cdot 10^{-6}}\left[\frac{(\mathrm{m/s}) \cdot \mathrm{m}}{\mathrm{m}^2/\mathrm{s}}\right] \approx 2{,}1 \cdot 10^6$$

$$D/k_s = 800/1 = 800$$

Hierzu nach Abb. 6.11 $\lambda = 0{,}021$ (rau!).
Oder rechnerisch, (4.34):

$$\frac{k_s}{D} \cdot Re^{0{,}875} = \frac{1}{800}(2{,}1 \cdot 10^6)^{0{,}875} = 425 > 350$$

Dazu laut (4.34): raues Verhalten.
Nach (4.35) ist dafür:

$$\lambda = \frac{1}{(2 \cdot \lg(D/k_s) + 1{,}14)^2} = \frac{1}{(2 \cdot \lg 800 + 1{,}14)^2} = 0{,}0207$$

etwa wie Diagrammwert!
Damit wird:

$$\frac{z_1}{L} = 0{,}021\frac{2{,}07^2}{2 \cdot 9{,}81 \cdot 0{,}8}\left[\frac{\mathrm{m}^2/\mathrm{s}^2}{(\mathrm{m/s}^2) \cdot \mathrm{m}}\right] = 0{,}0057$$

Es gilt:

$$\sin\alpha = (z_1/L) = 0{,}0057 \approx \tan\alpha$$

also Gefälle 0,57 %, Höhenunterschied Δz:

$$\Delta z = z_1 = L \cdot \sin\alpha = 3{,}42\,\text{m} \quad ◄$$

Übung 26

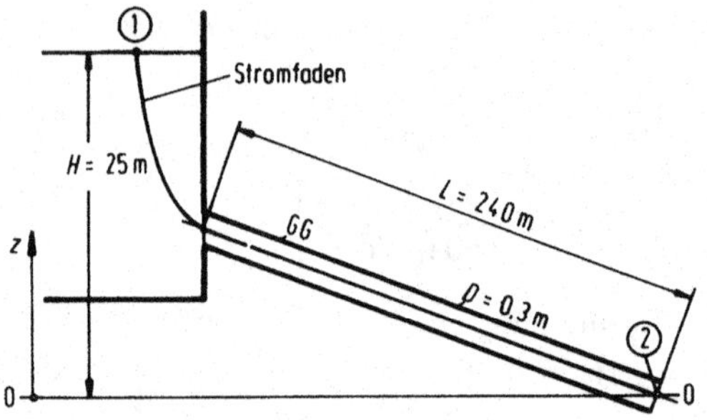

Abb. 7.18 Lösungsskizze zu Übung 26

EE ①–②:

$$z_1 \cdot g + \frac{p_1}{\varrho} + \frac{c_1^2}{2} = z_2 \cdot g + \frac{p_2}{\varrho} + \frac{c_2^2}{2} + Y_{V,12}$$

Mit

$$z_1 = H; \quad p_1 = p_b; \quad c_1 = 0, \text{ da } A_1 \gg A_2$$
$$z_2 = 0; \quad p_2 = p_b; \quad c_2 = ?$$

und

$$Y_{V,12} = \lambda \cdot \frac{L}{D} \cdot \frac{c_2^2}{2}$$

wird:

$$H \cdot g = \frac{c_2^2}{2} + \lambda \cdot \frac{L}{D} \cdot \frac{c_2^2}{2} = \frac{c_2^2}{2} \cdot \left(1 + \lambda \cdot \frac{L}{D}\right)$$

Hieraus

$$c_2 = \sqrt{\frac{2 \cdot g \cdot H}{1 + \lambda \cdot L/D}}$$

Bestimmung der Rohrreibungszahl λ:
H_2O/20 °C
$\rightarrow \nu = 1{,}004 \cdot 10^{-6}\,\text{m}^2/\text{s}$ (Tab. 6.7)
GG gebraucht, mäßig angerostet
$\rightarrow k = 1$ bis 1,5 mm,
angenommen: $k_s = 1{,}2\,\text{mm}$ (Tab. 6.15)

$$Re = \frac{c \cdot D}{\nu} = ? \quad \text{da } c \text{ unbekannt.}$$
$$D/k_s = 300/1{,}2 = 250$$

$\rightarrow \lambda \geq 0{,}0285$ (rau!),
1. Näherung: $\lambda = 0{,}0285$ (Abb. 6.11)
Damit wird in 1. Näherung:

$$c_2 = \sqrt{\frac{2 \cdot 9{,}81 \cdot 25}{1 + 0{,}0285 \cdot 240/0{,}3}} \left[\sqrt{\frac{\text{m}}{\text{s}^2} \cdot \text{m}}\right] = 4{,}54\,\text{m/s}$$

Überprüfung des λ-Wertes:

$$Re = \frac{4{,}54 \cdot 0{,}3}{1{,}004 \cdot 10^{-6}} = 1{,}36 \cdot 10^6$$
$$D/k_s = 250$$

$\rightarrow \lambda = 0{,}0285$ wie 1. Näherung (Abb. 6.11)
Oder rechnerisch:

$$(k_s/D) \cdot Re^{0{,}875} = (1/250) \cdot (1{,}36 \cdot 10^6)^{0{,}875} = 930 > 350$$

$\rightarrow$ rau ((4.34))
Nach (4.35) ist dafür:

$$\lambda = 1/(2 \cdot \lg 250 + 1{,}14)^2 = 0{,}0284$$

fast wie Diagramm-Wert
Also bleibt $c_2 = 4{,}54\,\text{m/s}$
Damit wird:

$$\dot V = c_2 \cdot A_2 = c_2 \cdot D^2 \cdot \pi/4 = 4{,}54 \cdot 0{,}3^2 \frac{\pi}{4} \left[\frac{\text{m}}{\text{s}} \cdot \text{m}^2\right]$$
$$\mathbf{\dot V = 0{,}321\,m^3/s = 1155\,m^3/h} \quad ◄$$

Übung 27

Der Ansatz von Übung 21 ändert sich dahingehend, dass die auf dem Strömungsweg von ② nach ③ durch Reibung verlorengehende mechanische Verlustenergie $Y_V = \lambda \cdot (L/D) \cdot c^2/2$, nach DARCY, (4.25), berücksichtigt werden muss.

Zu bemerken ist, dass hierbei die von der REYNOLDS-Zahl abhängige Rohrreibungszahl $\lambda = f(Re)$ nicht konstant bleibt, da sich $Re = c \cdot D/\nu$ mit der Strömungsgeschwindigkeit c zeitlich ändert. Dies wird näherungsweise als gering vernachlässigt (Annahme) und mit dem Stationärwert λ_{stat} ($\lambda = \lambda_{stat}$) gerechnet.

Die D'Gl. (Differenzialgleichung) von Übung 21 entsprechend ergänzt, ergibt:

$$g \cdot H = c^2/2 + L \cdot \mathrm{d}c/\mathrm{d}t + \lambda \cdot (L/D) \cdot c^2/2$$

Hieraus:

$$\begin{aligned} g \cdot H &= (1 + \lambda \cdot L/D) \cdot c^2/2 + L \cdot \mathrm{d}c/\mathrm{d}t \\ &= K \cdot c^2/2 + L \cdot \mathrm{d}c/\mathrm{d}t \end{aligned}$$

Hierbei Abkürzungsfaktor:

$$K = (1 + \lambda \cdot L/D)$$

Beziehung umgestellt und integriert:

$$\begin{aligned} \int_0^t \mathrm{d}t &= \int_0^c \frac{L}{g \cdot H - K \cdot c^2/2} \mathrm{d}c \\ &= \frac{L}{g \cdot H} \cdot \int_0^c \frac{1}{1 - (c/\sqrt{2\,g\,H/K})^2} \mathrm{d}c \end{aligned}$$

Mit der Substitution $x = c/\sqrt{2 \cdot g \cdot H/K}$ ergibt die Integration entsprechend Übung 21, wenn $\sqrt{2 \cdot g \cdot H}$ durch $\sqrt{2 \cdot g \cdot H/K}$ ersetzt und umgestellt nach $c(t)/c_{stat}$:

$$c(t)/c_{stat} = \tanh\left(\frac{\sqrt{2 \cdot g \cdot H \cdot (1 + \lambda \cdot L/D)}}{2 \cdot L} \cdot t \right)$$

Hierbei jetzt:

$$c_{stat} = \sqrt{2 \cdot g \cdot H/(1 + \lambda \cdot L/D)} \blacktriangleleft$$

Übung 28

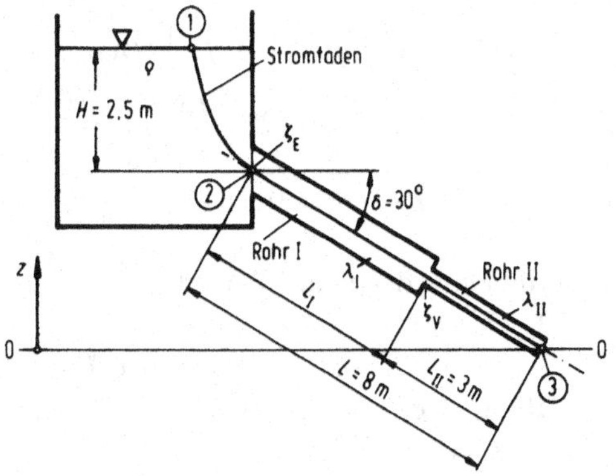

Abb. 7.19 Lösungsskizze zu Übung 28

a) EE ①–③:

$$\begin{aligned} z_1 \cdot g + \frac{p_1}{\varrho} + \frac{c_1^2}{2} \\ = z_3 \cdot g + \frac{p_3}{\varrho} + \frac{c_3^2}{2} + Y_{V,13} \end{aligned}$$

Mit

$$\begin{aligned} &z_1 = L \cdot \sin\delta + H; \quad p_1 = p_b; \quad c_1 \approx 0 \\ &z_3 = 0; \quad p_3 = p_b; \quad c_3 = ? \end{aligned}$$

wird

$$(L \cdot \sin\delta + H) \cdot g = (c_3^2/2) + Y_{V,13}$$

Weiter mit:

$$\begin{aligned} Y_{V,13} &= \sum_{i=①}^{③} Y_{V,i} \\ &= Y_{V,E} + Y_{V,I} + Y_{V,V} + Y_{V,II} \\ &= \zeta_E \cdot \frac{c_I^2}{2} + \lambda_I \cdot \frac{L_I}{D_I} \cdot \frac{c_I^2}{2} \\ &\quad + \zeta_V \cdot \frac{c_{II}^2}{2} + \lambda_{II} \cdot \frac{L_{II}}{D_{II}} \cdot \frac{c_{II}^2}{2} \\ Y_{V,13} &= \left(\zeta_E + \lambda_I \cdot \frac{L_I}{D_I}\right) \cdot \frac{c_I^2}{2} \\ &\quad + \left(\zeta_V + \lambda_{II} \cdot \frac{L_{II}}{D_{II}}\right) \cdot \frac{c_{II}^2}{2} \end{aligned}$$

wobei aus K I–II:

$$c_I = c_{II} \cdot A_{II}/A_I = c_{II} \cdot (D_{II}/D_I)^2$$

Mit $c_{II} \equiv c_3$ eingesetzt ergibt:

$$Y_{V,13} = \left[\left(\zeta_E + \lambda_I \cdot \frac{L_I}{D_I}\right) \cdot \left(\frac{D_{II}}{D_I}\right)^4 + \left(\zeta_V + \lambda_{II} \cdot \frac{L_{II}}{D_{II}}\right)\right] \cdot \frac{c_3^2}{2} = K_{13} \cdot (c_3^2/2)$$

Bestimmung der λ- und ζ-Werte:

$H_2O/10\,°C$
$\to \nu = 1{,}297 \cdot 10^{-6}\,m^2/s$ (Tab. 6.7)
Rohr, gebraucht, GG, mäßig angerostet
$\to k = 1$ bis 1,5 mm,
angenommen: $k_s = 1{,}5$ mm (Tab. 6.15)

λ-Werte: $\lambda = f(Re, D/k_s)$

λ_I: $Re_I = (D_I \cdot c_I)/\nu$ nicht bestimmbar, da c_I noch unbekannt.
$D_I/k_s = 160/1{,}5 = 107$
$\to \lambda_I \geq 0{,}038$ (Abb. 6.11)
λ_{II}: $Re_{II} = (D_{II} \cdot c_{II})/\nu$ nicht bestimmbar, da c_{II} noch unbekannt
$D_{II}/k_s = 80/1{,}5 = 53$
$\to \lambda_{II} \geq 0{,}048$ (Abb. 6.11)
1. Näherung: $\lambda_I = 0{,}038$; $\lambda_{II} = 0{,}048$ gesetzt

ζ-Werte:

ζ_E: $\delta = 30°$ nach (4.63)
$\to \zeta_E = 0{,}7$
ζ_V: $m = (D_{II}/D_I)^2 = (1/2)^2 = 0{,}25$
$\to \zeta_V = 0{,}4$ (Abb. 4.25)

Mit diesen Werten wird in 1. Näherung:

$$K_{13} = \left(0{,}7 + 0{,}038 \cdot \frac{5}{0{,}16}\right) \cdot \left(\frac{0{,}08}{0{,}16}\right)^4 + \left(0{,}4 + 0{,}048 \cdot \frac{3}{0{,}08}\right)$$

$$K_{13} = 0{,}1180 + 2{,}200 = 2{,}318$$

Eingesetzt in die Energiegleichung ergibt:

$$(L \cdot \sin\delta + H)g = \frac{c_3^2}{2} + K_{13} \cdot \frac{c_3^2}{2} = (1 + K_{13}) \cdot \frac{c_3^2}{2}$$

Hieraus

$$c_3 = \sqrt{\frac{2 \cdot g \cdot (L \cdot \sin\delta + H)}{1 + K_{13}}}$$

$$c_3 = \sqrt{\frac{2 \cdot 9{,}81 \cdot (8 \cdot \sin 30° + 2{,}5)}{1 + 2{,}318}} \cdot \left[\sqrt{\frac{m}{s^2} \cdot m}\right] = 6{,}20\,(m/s)$$

Überprüfung der λ-Werte:

$$\lambda_I\text{: } Re_I = (c_I \cdot D_I)/\nu$$

$$c_I = c_{II} \cdot (D_{II}/D_I)^2 = 6{,}2 \cdot (1/2)^2\,m/s = 1{,}55\,m/s$$

$$Re_I = \frac{1{,}55 \cdot 0{,}16}{1{,}297 \cdot 10^{-6}} \approx 2 \cdot 10^5$$

$$D_I/k_{s,I} = 107$$

$\to \lambda_I = 0{,}038$ (Abb. 6.11, wie angenommen)

$$\lambda_{II}\text{: } Re_{II} = \frac{6{,}2 \cdot 0{,}08}{1{,}297 \cdot 10^{-6}} \approx 4 \cdot 10^5$$

$$D_{II}/k_{s,II} = 53$$

$\to \lambda_{II} = 0{,}048$ (Abb. 6.11, wie angenommen)

Somit bleibt $\boldsymbol{c_3 = 6{,}2\,m/s}$

Damit ergibt sich der austretende Volumenstrom:

$$\dot{V} = c_3 \cdot A_3 = c_3 \cdot (\pi/4) \cdot D_{II}^2 = 6{,}2 \cdot \frac{\pi}{4} \cdot 0{,}08^2 \left[\frac{m}{s} \cdot m^2\right]$$

$$\boldsymbol{\dot{V} = 0{,}0312\,m^3/s = 112{,}2\,m^3/h}$$

b) EE ①–②:

$$z_1 \cdot g + \frac{p_1}{\varrho} + \frac{c_1^2}{2} = z_2 \cdot g + \frac{p_2}{\varrho} + \frac{c_2^2}{2} + Y_{V,12}$$

Mit

$$z_1 = H + L \cdot \sin\delta; \quad p_1 = p_b; \quad c_1 \approx 0$$

$$z_2 = L \cdot \sin\delta; \quad p_2 = ?; \quad c_2 = c_I = 1{,}55\,\frac{m}{s}$$

$$Y_{V,12} = \zeta_E \cdot c_I^2/2$$

wird:

$$H \cdot g + \frac{p_b}{\varrho} = \frac{p_2}{\varrho} + \frac{c_I^2}{2} + \zeta_E \cdot \frac{c_I^2}{2}$$

Hieraus:

$$p_{2,ü} = p_2 - p_b = \varrho\left(g \cdot H - (1 + \zeta_E) \cdot \frac{c_I^2}{2}\right)$$
$$= 10^3\left(9{,}81 \cdot 2{,}5 - (1 + 0{,}7)\frac{1{,}55^2}{2}\right)$$
$$\cdot \left[\frac{kg}{m^3}\left(\frac{m}{s^2} \cdot m - \frac{m^2}{s^2}\right)\right]$$
$$= 10^3(24{,}525 - 2{,}042)\,[N/m^2]$$
$$= 22{,}48 \cdot 10^3\,N/m^2$$

$$\mathbf{p_{2,ü} = 0{,}22 \cdot 10^5\,Pa = 0{,}22\,bar}$$ ◄

Übung 29

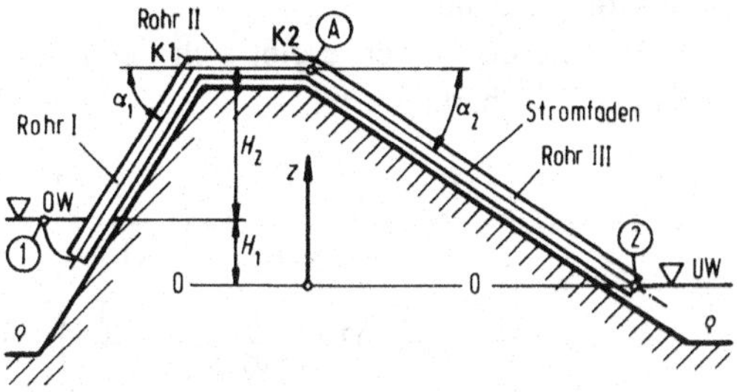

Abb. 7.20 Lösungsskizze zu Übung 29: Heberanlage

a) EE ①–②:

$$z_1 \cdot g + \frac{p_1}{\varrho} + \frac{c_1^2}{2}$$
$$= z_2 \cdot g + \frac{p_2}{\varrho} + \frac{c_2^2}{2} + Y_{V,12}$$

Mit

$$z_1 = H_1; \quad p_1 = p_b; \quad c_1 \approx 0$$
$$z_2 = 0; \quad p_2 = p_b; \quad c_2 = ?$$

wird

$$c_2^2/2 = H_1 \cdot g - Y_{V,12}$$

Weiterhin gilt V ①–② (V ... Verlust):

$$Y_{V,12} = \sum_{i=①}^{②} Y_{V,i}$$
$$= Y_{V,E} + Y_{V,RI} + Y_{V,RII}$$
$$+ Y_{V,K1} + Y_{V,K2} + Y_{V,RIII}$$
$$= \zeta_E \frac{c_I^2}{2} + \lambda_I \frac{L_I}{D_I}\frac{c_I^2}{2} + \zeta_{K1}\frac{c_{II}^2}{2}$$
$$+ \lambda_{II}\frac{L_{II}}{D_{II}}\frac{c_{II}^2}{2}$$
$$+ \zeta_{K2}\frac{c_{III}^2}{2} + \lambda_{III}\frac{L_{III}}{D_{III}} \cdot \frac{c_{III}^2}{2}$$
$$Y_{V,12} = \left(\zeta_E + \lambda_I \cdot \frac{L_I}{D_I}\right) \cdot \frac{c_I^2}{2}$$
$$+ \left(\zeta_{K1} + \lambda_{II} \cdot \frac{L_{II}}{D_{II}}\right) \cdot \frac{c_{II}^2}{2}$$
$$+ \left(\zeta_{K2} + \lambda_{III} \cdot \frac{L_{III}}{D_{III}}\right) \cdot \frac{c_{III}^2}{2}$$

Hierbei aus

$$\text{K I–III:} \quad c_I = c_{III} \cdot (D_{III}/D_I)^2$$
$$\text{K II–III:} \quad c_{II} = c_{III} \cdot (D_{III}/D_{II})^2$$

und mit $c_{III} = c_2$ wird:

$$Y_{V,12} = \left[\left(\zeta_E + \lambda_I \frac{L_I}{D_I}\right) \cdot \left(\frac{D_{III}}{D_I}\right)^4\right.$$
$$+ \left(\zeta_{K1} + \lambda_{II}\frac{L_{II}}{D_{II}}\right) \cdot \left(\frac{D_{III}}{D_{II}}\right)^4$$
$$\left. + \left(\zeta_{K2} + \lambda_{III}\frac{L_{III}}{D_{III}}\right)\right] \cdot \frac{c_2^2}{2}$$
$$= K_{12} \cdot c_2^2/2$$

Eingesetzt in Gl. für c_2^2 ergibt:

$$c_2^2/2 = H_1 \cdot g - K_{12} \cdot c_2^2/2$$

hieraus

$$c_2 = \sqrt{\frac{2 \cdot g \cdot H_1}{1 + K_{12}}}$$

Ermittlung des Faktors K_{12}: Hierfür ist die Bestimmung der Verlustbeiwerte λ und ζ notwendig.

$\boldsymbol{\lambda}$-Werte: $\lambda = f(Re, D/k_s)$

$H_2O/20\,°C$

$\rightarrow \nu = 1{,}004 \cdot 10^{-6}\,m^2/s$ (Tab. 6.7)

GG-Rohr, gebraucht, leicht angerostet

$\rightarrow k = 0{,}3 \ldots 0{,}8\,mm$,

angenommen: $k_s = 0{,}6\,mm$ (Tab. 6.15)

λ_I: $Re_I = (c_I \cdot D_I)/\nu$ nicht bestimmbar, da c_I noch unbekannt

$$\frac{D_I}{k_{s,I}} = \frac{150}{0{,}6} = 250$$

$\rightarrow \lambda_I \geq 0{,}0285$ (Abb. 6.11)

λ_{II}: $Re_{II} = \dfrac{c_{II} \cdot D_{II}}{\nu}$ nicht bestimmbar, da c_{II} noch unbekannt

$$\frac{D_{II}}{k_{s,II}} = \frac{120}{0{,}6} = 200$$

$\rightarrow \lambda_{II} \geq 0{,}03$ (Abb. 6.11)

λ_{III}: $Re_{III} = \dfrac{c_{III} \cdot D_{III}}{\nu}$ nicht bestimmbar, da c_{III} noch unbekannt

$$\frac{D_{III}}{k_{s,III}} = \frac{100}{0{,}6} = 167$$

$\rightarrow \lambda_{III} \geq 0{,}032$ (Abb. 6.11)

1. Näherung:

$$\boldsymbol{\lambda_I = 0{,}0285;\ \lambda_{II} = 0{,}03;\ \lambda_{III} = 0{,}032}$$

$\boldsymbol{\zeta}$-Werte: $\zeta = f(\text{Form}, k)$; rau

ζ_E: Nach Abb. 4.19a. $\zeta_E = 0{,}5$ (ungünstiger Fall)

Die Kniestücke sind gleichzeitig mit Durchmesserreduktion ausgebildet, scharfkantig und rau.

ζ_{K1}: $\alpha_1 = 45° \mathrel{\hat{=}} \delta$. Hierzu nach

Abb. 6.23 $\rightarrow \zeta = 0{,}24$ bei techn. glatt

Abb. 6.26 $\rightarrow \zeta = 0{,}18$

Abb. 6.28 $\rightarrow \zeta = 0{,}32$

Als unstetige Querschnittsverengung nach Abb. 4.24.

$$m = (D_{II}/D_I)^2 = (120/150)^2 = 0{,}64$$

$$\rightarrow \zeta = 0{,}24 \text{ (Abb. 4.25)}$$

Da Kombination Kniestück + Querschnittsreduktion, erwartet:

$$\boldsymbol{\zeta_{K1} \approx 0{,}45} \quad \text{(Annahme)}$$

ζ_{K2}: $\alpha_2 = 15° \mathrel{\hat{=}} \delta$. Hierzu nach

Abb. 6.23 $\rightarrow \zeta = 0{,}05$ bei techn. glatt

Abb. 6.26 $\rightarrow \zeta = 0{,}08$

Abb. 6.28 $\rightarrow \zeta = 0{,}06 \ldots 0{,}08$

Als unstetige Querschnittsverengung nach Abb. 4.24.

$$m = (D_{III}/D_{II})^2 = (100/120)^2 = 0{,}69$$

$$\rightarrow \zeta = 0{,}2 \text{ (Abb. 4.25)}$$

Da ebenfalls Kombination von Kniestück und Querschnittsreduktion, erwartet:

$$\boldsymbol{\zeta_{K2} \approx 0{,}25}$$

Schätzungen, da exakte Werte nur experimentell ermittelbar und keine zutreffenderen Diagramme vorhanden.

Mit diesen Werten ergibt sich der Faktor K_{12} in 1. Näherung:

$$K_{12} = \left(0{,}5 + 0{,}0285 \cdot \frac{8}{0{,}15}\right) \cdot \left(\frac{0{,}1}{0{,}15}\right)^4 + \left(0{,}45 + 0{,}03 \cdot \frac{50}{0{,}12}\right) \cdot \left(\frac{0{,}1}{0{,}12}\right)^4 + \left(0{,}25 + 0{,}032 \cdot \frac{29}{0{,}1}\right)$$

$$K_{12} = 0{,}399 + 6{,}245 + 9{,}530 = 16{,}174$$

Damit wird:

$$c_2 = \sqrt{\frac{2 \cdot 9{,}81 \cdot 3{,}5}{1 + 16{,}174}} \left[\sqrt{\frac{m}{s^2} \cdot m}\right] = 2\,m/s$$

Überprüfung der λ-Werte:

λ_I: $Re_I = (c_I \cdot D_I)/\nu_I = (c_I \cdot D_I)/\nu$

$$c_I = c_{III} \cdot (D_{III}/D_I)^2 = 2 \cdot (0{,}1/0{,}15)^2 = 0{,}89\,m/s$$

$H_2O/20\,°C$

$$\rightarrow \nu = 1{,}004 \cdot 10^{-6}\,\frac{m^2}{s} \text{ (Tab. 6.7)}$$

$$Re_{\mathrm{I}} = \frac{0{,}89 \cdot 0{,}15}{1{,}004 \cdot 10^{-6}} = 1{,}32 \cdot 10^5$$
$$D_{\mathrm{I}}/k_{\mathrm{s,I}} = 250$$

$\rightarrow \lambda_{\mathrm{I}} = 0{,}0293$ (Abb. 6.11)

λ_{I} etwa wie in 1. Näherung angenommen. Da, wie die bisherige Rechnung zeigt, von geringem Einfluss auf $K_{1\,2}$, kann bleiben: $\lambda_{\mathrm{I}} = 0{,}0285$

λ_{II}: $Re_{\mathrm{II}} = \dfrac{c_{\mathrm{II}} \cdot D_{\mathrm{II}}}{\nu_{\mathrm{II}}} = \dfrac{c_{\mathrm{II}} \cdot D_{\mathrm{II}}}{\nu}$ da $\nu(t) =$ konst

$$\begin{aligned} c_{\mathrm{II}} &= c_{\mathrm{III}} \cdot (D_{\mathrm{III}}/D_{\mathrm{II}})^2 \\ &= 2 \cdot (0{,}1/0{,}12)^2 = 1{,}39\,\mathrm{m/s} \\ Re_{\mathrm{II}} &= \frac{1{,}39 \cdot 0{,}12}{1{,}004 \cdot 10^{-6}} = 1{,}66 \cdot 10^5 \\ D_{\mathrm{II}}/k_{\mathrm{s,II}} &= 200 \end{aligned}$$

$\rightarrow \lambda_{\mathrm{II}} = 0{,}0307 \approx 0{,}03$ (Abb. 6.11, wie angen.)

λ_{III}:

$$\begin{aligned} Re_{\mathrm{III}} &= \frac{2 \cdot 0{,}1}{1{,}004 \cdot 10^{-6}} \approx 2 \cdot 10^5 \\ D_{\mathrm{III}}/k_{\mathrm{s,III}} &= 167 \end{aligned}$$

$\rightarrow \lambda_{\mathrm{III}} = 0{,}0325 \approx 0{,}032$ (Abb. 6.11, wie angen.)

Es bleibt deshalb $\boldsymbol{c_2 = 2\,\mathrm{m/s}}$.

Damit wird der Volumenstrom im Rohrsystem:

$$\begin{aligned} \dot{V} &= c_2 A_2 = c_2 \frac{\pi}{4} D_{\mathrm{III}}^2 = 2 \frac{\pi}{4} 0{,}1^2 \left[\frac{\mathrm{m}}{\mathrm{s}} \mathrm{m}^2\right] \\ &= \mathbf{0{,}0157\,m^3/s} \end{aligned}$$

b) Der kleinste Druck tritt im Rohr auf der Dammkrone (höchster Punkt) auf. Infolge der Reibungsverluste wird der niedrigste Druck kurz vor (Fall 1) oder eher kurz nach (Fall 2) dem zweiten Kniestück K2 auftreten (Stelle A).

Grund: Der Durchmesser ändert sich im Kniestück von 120 auf 100 mm, weshalb der Druck gemäß E-Gl. ebenfalls sinkt.

Der Druck in Stelle A ergibt sich wieder aus der Energiegleichung, angesetzt zwischen Stelle ① und Ⓐ oder zwischen den Stellen Ⓐ und ②. Mit Berücksichtigen der Abströmenergie → EE Ⓐ–②:

$$\begin{aligned} z_{\mathrm{A}} \cdot g &+ \frac{p_{\mathrm{A}}}{\varrho} + \frac{c_{\mathrm{A}}^2}{2} \\ &= z_2 \cdot g + \frac{p_2}{2} + \frac{c_2^2}{2} + Y_{\mathrm{V,A2}} \end{aligned}$$

Mit:

$$\begin{aligned} z_{\mathrm{A}} &= H_1 + H_2; \quad p_{\mathrm{A}} = ?; \\ c_{\mathrm{A}} &= c_{\mathrm{II}} = c_{\mathrm{III}} (D_{\mathrm{III}}/D_{\mathrm{II}})^2 \\ z_2 &= 0; \quad p_2 = p_{\mathrm{b}}; \quad c_2 = c_{\mathrm{III}} \end{aligned}$$

Fall 1: Stelle A kurz vor K2 → $c_{\mathrm{A}} = c_{\mathrm{III}} = c_2$

$$\begin{aligned} Y_{\mathrm{V,A2}} &= Y_{V,\mathrm{K2}} + Y_{\mathrm{V,III}} \\ &= \left(\zeta_{\mathrm{K2}} + \lambda_{\mathrm{III}} \cdot \frac{L_{\mathrm{III}}}{D_{\mathrm{III}}}\right) \frac{c_{\mathrm{III}}^2}{2} \\ &= (0{,}25 + 0{,}032 \cdot (29/0{,}1)) \cdot c_{\mathrm{III}}^2/2 \\ &= 9{,}53 \cdot c_2^2/2 \quad (\text{lt. } \mathrm{K}_{1\,2}\text{; Frage a}) \end{aligned}$$

ergibt:

$$\begin{aligned} (H_1 + H_2) \cdot g &+ \frac{p_{\mathrm{A}}}{\varrho} + \frac{c_2^2}{2} \cdot \left(\frac{D_{\mathrm{III}}}{D_{\mathrm{II}}}\right)^4 \\ &= \frac{p_{\mathrm{b}}}{\varrho} + \frac{c_2^2}{2} + 9{,}53 \cdot \frac{c_2^2}{2} \end{aligned}$$

Hieraus:

$$\begin{aligned} \frac{p_{\mathrm{A}} - p_{\mathrm{b}}}{\varrho} &= \left(10{,}53 - \left(\frac{D_{\mathrm{III}}}{D_{\mathrm{II}}}\right)^4\right) \cdot \frac{c_2^2}{2} \\ &\quad - (H_1 + H_2) g \\ &= \left(10{,}53 - \left(\frac{0{,}1}{0{,}12}\right)^4\right) \cdot \frac{2^2}{2} \left[\frac{\mathrm{m}^2}{\mathrm{s}^2}\right] \\ &\quad - (3{,}5 + 4) \cdot 9{,}81 \left[\mathrm{m} \cdot \frac{\mathrm{m}}{\mathrm{s}^2}\right] \\ &= -53{,}48\,\mathrm{m^2/s^2} \\ p_{\mathrm{b}} - p_{\mathrm{A}} &= 53{,}48 \cdot \left[\frac{\mathrm{m}^2}{\mathrm{s}^2}\right] \cdot \varrho \\ &= 53{,}48 \cdot 10^3 \left[\frac{\mathrm{m}^2}{\mathrm{s}^2} \cdot \frac{\mathrm{kg}}{\mathrm{m}^3}\right] \\ &= 0{,}53 \cdot 10^5\,\mathrm{Pa} \\ &= \mathbf{0{,}53\,bar} = \boldsymbol{p_{\mathrm{A,u}}} \end{aligned}$$

Fall 2: Stelle A kurz nach K2 → $c_A = c_{III} = c_2$

$$Y_{V,A2} = \lambda_{III} \cdot \frac{L_{III}}{D_{III}} \cdot \frac{c_{III}^2}{2}$$
$$= 9{,}28 \cdot \frac{c_{III}^2}{2} \quad \text{(lt. } K_{12}\text{; Frage a)}$$

Damit wird:

$$(H_1 + H_2) \cdot g + \frac{p_A}{\varrho} + \frac{c_2^2}{2}$$
$$= \frac{p_b}{\varrho} + \frac{c_2^2}{2} + 9{,}28 \cdot \frac{c_2^2}{2}$$

$$p_A - p_b$$
$$= \left(9{,}28 \cdot c_2^2/2 - (H_1 + H_2) \cdot g\right) \cdot \varrho$$
$$= \left(9{,}28 \cdot 2^2/2 - (3{,}5 + 4) \cdot 9{,}81\right) \cdot 10^3 \text{ [Pa]}$$
$$= -55{,}02 \cdot 10^3 \text{ Pa} = -0{,}55 \text{ bar}$$

Unterdruck!

Ergebnis: Kleinster Druck bei Stelle A nach K2; Unterschied jedoch gering (0,02 bar).

Ohne Berücksichtigen der Abströmenergie $c_2^2/2$: Die kinetische Austrittsenergie $c_2^2/2$ könnte nur dann weitgehend zurückgewonnen, d. h. in Druckenergie umgesetzt werden, wenn an das Rohr ein Diffusor angebaut würde. Dann ergäbe sich bei:

Fall 1:

$$(H_1 + H_2) \cdot g + \frac{p_A}{\varrho} + \frac{c_{III}^2}{2} \cdot \left(\frac{D_{III}}{D_{II}}\right)^4$$
$$= (p_b/\varrho) + 9{,}53 \cdot c_{III}^2/2$$

hieraus

$$p_A - p_b$$
$$= \varrho \cdot \left[(9{,}53 - (D_{III}/D_{II})^4) \cdot (c_{III}^2/2) - (H_1 + H_2) \cdot g\right]$$
$$= 10^3\left[(9{,}53 - (0{,}1/0{,}12)^4)(2^2/2) - (3{,}5 + 4) \cdot 9{,}81\right] \text{ [Pa]}$$
$$= -55{,}48 \cdot 10^3 \text{ Pa} \approx -0{,}55 \text{ bar}$$

Fall 2:

$$(H_1 + H_2) \cdot g + (p_A/\varrho) + c_{III}^2/2$$
$$= (p_b/\varrho) + 9{,}28 \cdot c_{III}^2/2$$

hieraus

$$p_A - p_b$$
$$= \varrho \cdot \left[8{,}28 \cdot (c_{III}^2/2) - (H_1 + H_2) \cdot g\right]$$
$$= 10^3\left[8{,}28 \cdot (2^2/2) - (3{,}5 + 4) \cdot 9{,}81\right] \text{ [Pa]}$$
$$= -57{,}02 \cdot 10^3 \text{ Pa} \approx -0{,}57 \text{ bar}$$

$$p_{A,u} = p_b - p_A \approx 0{,}57 \text{ bar} \quad \text{(Unterdruck)}$$

Ergebnis: Unterschied in beiden Fällen gegenüber den vorhergehenden Berechnungen jeweils etwa 0,02 bar.

c) α) EE ①–②:

$$z_1 \cdot g + \frac{p_1}{\varrho} + \frac{c_1^2}{2}$$
$$= z_2 \cdot g + \frac{p_2}{\varrho} + \frac{c_2^2}{2} + Y_{V,12}$$

Mit

$$z_1 = H; \quad p_1 = p_b; \quad c_1 \approx 0$$
$$z_2 = 0; \quad p_2 = p_b; \quad c_2 = ?$$

und

$$Y_{V,12} = Y_{V,E} + Y_{V,RI} + Y_{K1} + Y_{V,RII} + Y_{K2} + Y_{V,RIII}$$
$$= \left(\zeta_E + \lambda \cdot \frac{L_{ges}}{D} + \zeta_{K1} + \zeta_{K2}\right) \cdot \frac{c_2^2}{2}$$

wird:

$$H_1 \cdot g = \left[1 + \lambda \cdot \frac{L_{ges}}{D} + \zeta_E + \zeta_{K1} + \zeta_{K2}\right] \cdot \frac{c_2^2}{2}$$

Hieraus:

$$c_2 = \sqrt{\frac{2 \cdot g \cdot H_1}{1 + \lambda \cdot L_{ges}/D + \zeta_E + \zeta_{K1} + \zeta_{K2}}}$$

Mit den λ- und ζ-Werten von Frage a) ergibt sich in 1. Näherung:

$$c_2 = \sqrt{\frac{2 \cdot 9{,}81 \cdot 3{,}5}{1 + 0{,}0285 \cdot \frac{8+50+29}{0{,}15} + 0{,}5 + 0{,}32 + 0{,}08}} \cdot \left[\sqrt{(\text{m/s}^2) \cdot \text{m}}\right]$$

$$c_2 = 1{,}93 \text{ m/s}$$

nur wenig verschieden von Frage a).

Überprüfung des λ-Wertes:

$$Re = \frac{c_2 \cdot D}{\nu} = \frac{1{,}39 \cdot 0{,}15}{1{,}004 \cdot 10^{-6}} = 2{,}9 \cdot 10^5$$

$$D/k_s = 150/0{,}6 = 250$$

$\rightarrow \lambda = 0{,}0285$ (Abb. 6.11, wie angen.)

Es bleibt deshalb $c_2 = 1{,}93\,\mathrm{m/s}$. Damit wird:

$$\dot{V} = c_2 \cdot (\pi/4) \cdot D^2$$
$$= 1{,}93 \cdot (\pi/4) \cdot 0{,}15^2 \,[(\mathrm{m/s}) \cdot \mathrm{m}^2]$$
$$\dot{V} = 0{,}0341\,\mathrm{m}^3/\mathrm{s} = 122{,}8\,\mathrm{m}^3/\mathrm{h}$$

$\dot{V}$ ist also fast doppelt so hoch wie bei Frage a).

β) Druck in Stelle A: EE ①–Ⓐ:

$$z_1 \cdot g + \frac{p_1}{\varrho} + \frac{c_1^2}{2} = z_A \cdot g + \frac{p_A}{\varrho} + \frac{c_A^2}{2} + Y_{V,1A}$$

Mit

$$z_1 = H_1; \quad p_1 = p_b; \quad c_1 \approx 0$$
$$z_A = H_1 + H_2; \quad p_A = ?; \quad c_A = c_2$$

und

$$Y_{V,1A} = \left(\lambda \cdot \frac{L_I + L_{II}}{D} + \zeta_E + \zeta_{K1} + \zeta_{K2}\right) \cdot \frac{c_A^2}{2}$$
$$= \left(0{,}0285 \cdot \frac{8 + 50}{0{,}15} + 0{,}5 + 0{,}32 + 0{,}08\right) \cdot c_2^2/2$$
$$= 11{,}92 \cdot (c_2^2/2)$$

wird:

$$p_A = p_b - \left(H_2 \cdot g + 11{,}92 \cdot \frac{c_2^2}{2}\right) \cdot \varrho$$

$$p_A = 1 \cdot 10^5 - \left(4 \cdot 9{,}81 + 11{,}92 \cdot \frac{1{,}93^2}{2}\right) \cdot 10^3 \cdot \left[\frac{\mathrm{N}}{\mathrm{m}^2} - \left(\mathrm{m} \cdot \frac{\mathrm{m}}{\mathrm{s}^2} + \frac{\mathrm{m}^2}{\mathrm{s}^2}\right) \cdot \frac{\mathrm{kg}}{\mathrm{m}^3}\right]$$

$$p_A = 1 \cdot 10^5 - 0{,}61 \cdot 10^5\,[\mathrm{N/m}^2]$$
$$p_A = 0{,}39 \cdot 10^5\,\mathrm{Pa} = 0{,}39\,\mathrm{bar}$$

und

$$p_{A,u} = p_b - p_A = 0{,}62\,\mathrm{bar}$$

(Unterdruck!) ◀

Übung 30

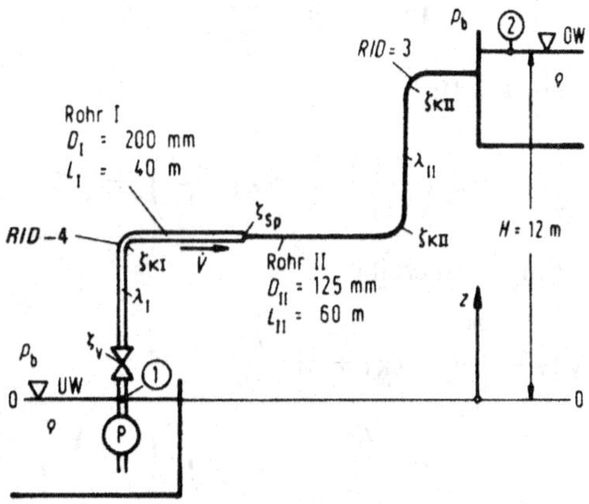

Abb. 7.21 Lösungsskizze zu Übung 30

EE ①–②:

$$z_1 \cdot g + \frac{p_1}{\varrho} + \frac{c_1^2}{2} = z_2 \cdot g + \frac{p_2}{\varrho} + \frac{c_2^2}{2} + Y_{V,12}$$

Mit

$$z_1 = 0; \quad p_1 = p_P = p_{P,ü} + p_b;$$
$$c_1 = c_I = ?$$
$$z_2 = H; \quad p_2 = p_b; \quad c_2 \approx 0$$

wird:

$$\frac{p_P}{\varrho} + \frac{c_1^2}{2} = H \cdot g + \frac{p_b}{\varrho} + Y_{V,12}$$

Annahme: Kinetische Energie $c_{II}^2/2$ am Übertritt von Rohr II in OW-Behälter wird – wie bei einem Diffusor – zurückgewonnen, d. h. in Druck umgesetzt. Ist in der Praxis jedoch oftmals nicht der Fall.

Weiter gilt:

$$Y_{V,12} = \sum_{i=①}^{②} Y_{V,i}$$
$$= Y_{V,V} + Y_{V,RI} + Y_{V,KI} + Y_{V,Sp} + Y_{V,RII} + 2 \cdot Y_{V,KII}$$
$$= \left(\zeta_V + \zeta_{KI} + \lambda_I \cdot \frac{L_I}{D_I}\right) \cdot \frac{c_I^2}{2} + \left(\zeta_{Sp} + \lambda_{II} \cdot \frac{L_{II}}{D_{II}} + 2 \cdot \zeta_{KII}\right) \cdot \frac{c_{II}^2}{2}$$

aus K I–II:

$$c_{II} = c_I \cdot \left(\frac{D_I}{D_{II}}\right)^2 = c_I \cdot \left(\frac{200}{125}\right)^2 = 2{,}56 \cdot c_I$$

Eingesetzt ergibt:

$$Y_{V,12} = \left[\zeta_V + \zeta_{KI} + \lambda_I \cdot \frac{L_I}{D_I} + \left(\zeta_{Sp} + \lambda_{II} \cdot \frac{L_{II}}{D_{II}} + 2 \cdot \zeta_{KII}\right) \cdot \left(\frac{D_I}{D_{II}}\right)^4\right] \cdot \frac{c_I^2}{2}$$
$$Y_{V,12} = K_{12} \cdot c_I^2/2$$

Hierbei Abkürzung K_{12} für gesamten Ausdruck der eckigen Klammer.

Bestimmung der λ- und ζ-Werte:

$H_2O/10\,°C$
$\rightarrow \nu = 1{,}297 \cdot 10^{-6}\,m^2/s$ (Tab. 6.7)
Rohr, St leicht verkrustet
$\rightarrow k = 0{,}15$ bis $0{,}4\,mm$,
angenommen: $k_s = 0{,}4\,mm$ (Tab. 6.15)

λ-Werte:

λ_I: $Re_I = c_I \cdot D_I/\nu = ?$, da c_I unbekannt.
$D_I/k_s = 200/0{,}4 = 500$
$\rightarrow \lambda_I \geq 0{,}0235$ (Abb. 6.11)
λ_{II}: $Re_{II} = c_{II} \cdot D_{II}/\nu = ?$, da c_{II} unbekannt.
$D_{II}/k_s = 125/0{,}4 = 313$
$\rightarrow \lambda_{II} \geq 0{,}027$ (Abb. 6.11)
1. Näherung: $\lambda_I = 0{,}0235$; $\lambda_{II} = 0{,}027$ gesetzt

ζ-Werte:

ζ_V: NW200; Abb. 4.30
$\rightarrow \zeta_V = 3{,}85$
ζ_{KI}: $R/D = 4$, rau; Abb. 4.15
$\rightarrow \zeta_{KI} = 0{,}23$
ζ_{Sp}: $m = (125/200)^2 = 0{,}39$; Abb. 4.25
$\rightarrow \zeta_{Sp} = 0{,}35$
ζ_{KII}: $R/D = 3$, rau; Abb. 4.15
$\rightarrow \zeta_{KII} = 0{,}26$

Eingesetzt ergibt sich in 1. Näherung für Reibungs-Faktor K_{12}:

$$K_{12} = 3{,}85 + 0{,}23 + 0{,}0235 \cdot \frac{40}{0{,}2} + \left(0{,}35 + 0{,}027 \cdot \frac{60}{0{,}125} + 2 \cdot 0{,}26\right) \cdot 2{,}56^2$$
$$K_{12} = 8{,}78 + 90{,}64 = 99{,}4.$$

Damit wird:

$$Y_{V,12} = 99{,}4 \cdot c_I^2/2 = 49{,}7 \cdot c_I^2$$

Eingesetzt in E-Gl.:

$$\frac{p_P}{\varrho} + \frac{c_I^2}{2} = H \cdot g + \frac{p_b}{\varrho} + 49{,}7 \cdot c_I^2$$
$$\frac{1}{\varrho} \cdot p_{P,ü} = \frac{1}{\varrho}(p_P - p_b) = H \cdot \varrho + 49{,}2 \cdot c_I^2$$

Hieraus:

$$c_I = \sqrt{\frac{1}{49{,}2} \cdot ((p_{P,ü}/\varrho) - g \cdot H)}$$
$$c_I = \sqrt{\frac{1}{49{,}2} \cdot ((5 \cdot 10^5/10^3) - 9{,}81 \cdot 12)} \cdot \left[\sqrt{\frac{N/m^2}{kg/m^3}\frac{m}{s^2} \cdot m}\right]$$

$\mathbf{c_I = 2{,}78\,m/s \approx 2{,}8\,m/s}$

Überprüfung der λ-Werte:

λ_I: $Re_I = \frac{c_I \cdot D_I}{\nu} = \frac{2{,}78 \cdot 0{,}2}{1{,}297 \cdot 10^{-6}} = 4{,}3 \cdot 10^5$
$D_I/k_s = 500$
Damit nach Abb. 6.11: $\lambda_I = 0{,}0238$
λ_{II}: $Re_{II} = \frac{c_{II} \cdot D_{II}}{\nu}$
$c_{II} = 2{,}56 \cdot c_I = 2{,}56 \cdot 2{,}78 = 7{,}12\,m/s$
$Re_{II} = \frac{7{,}12 \cdot 0{,}125}{1{,}297 \cdot 10^{-6}} = 6{,}9 \cdot 10^5$
$D_{II}/k_s = 313$
Damit bleibt nach Abb. 6.11: $\lambda_{II} = 0{,}027$

λ-Werte etwa wie angenommen, deshalb bleibt $c_{\mathrm{I}} = 2{,}78\,\mathrm{m/s}$. Damit wird:

$$\dot{V} = A_{\mathrm{I}} \cdot c_{\mathrm{I}} = \frac{\pi}{4} \cdot D_{\mathrm{I}}^2 \cdot c_{\mathrm{I}}$$

$$= \frac{\pi}{4} \cdot 0{,}2^2 \cdot 2{,}78\,[\mathrm{m}^2 \cdot \mathrm{m/s}]$$

$$\boldsymbol{\dot{V} = 0{,}0873\,\mathrm{m^3/s} = 314\,\mathrm{m^3/h}}$$

EE UW-① mit Energiezufuhr Y_{P} (Pumpe):

$$z_{\mathrm{UW}} \cdot g + \frac{p_{\mathrm{UW}}}{\varrho} + \frac{c_{\mathrm{UW}}^2}{2}$$

$$= z_1 \cdot g + \frac{p_1}{\varrho} + \frac{c_1^2}{2} + Y_{\mathrm{V,P}} - Y_{\mathrm{P}}$$

Mit

$$z_{\mathrm{UW}} = 0; \quad p_{\mathrm{UW}} = p_{\mathrm{b}}; \quad c_{\mathrm{UW}} \approx 0$$

$$z_1 = 0; \quad p_1 = p_{\mathrm{P}}; \quad c_1 = c_{\mathrm{I}}$$

wird:

$$Y_{\mathrm{P}} = \frac{p_{\mathrm{P}} - p_{\mathrm{b}}}{\varrho} + \frac{c_{\mathrm{I}}^2}{2} + Y_{\mathrm{V,P}}$$

$$= \frac{1}{\varrho} p_{\mathrm{P,ü}} + \frac{c_{\mathrm{I}}^2}{2} + Y_{\mathrm{V,P}}$$

Da Pumpenverluste $Y_{\mathrm{V,P}}$ nicht bekannt, wird mit den theoretischen Werten gerechnet ($Y_{\mathrm{V,P}} = 0$):

$$Y_{\mathrm{P,th}} = \frac{1}{\varrho} \cdot p_{\mathrm{P,ü}} + \frac{c_{\mathrm{I}}^2}{2}$$

$$= \frac{5 \cdot 10^5}{10^3} \left[\frac{\mathrm{N/m^2}}{\mathrm{kg/m^3}}\right] + \frac{2{,}8^2}{2} \left[\frac{\mathrm{m}^2}{\mathrm{s}^2}\right]$$

$$= 500 + 3{,}92\,[\mathrm{m^2/s^2}] = 503{,}92\,\mathrm{m^2/s^2}$$

Damit wird:

$$P_{\mathrm{P,th}} = \dot{m} \cdot Y_{\mathrm{P,th}} = \varrho \cdot \dot{V} \cdot Y_{\mathrm{P,th}}$$

$$= 10^3 \cdot 0{,}086 \cdot 503{,}92$$

$$\cdot [(\mathrm{kg/m^3}) \cdot (\mathrm{m^3/s}) \cdot (\mathrm{m^2/s^2})]$$

$$\boldsymbol{P_{\mathrm{P,th}} = 43 \cdot 10^3\,\frac{\mathrm{N \cdot m}}{\mathrm{s}}}$$

$$\boldsymbol{= 43 \cdot 10^3\,\mathrm{W} = 43\,\mathrm{kW}}$$

Die tatsächliche, d. h. notwendige Leistung der Pumpe ist um deren Verluste größer; $P_{\mathrm{P,e}} = P_{\mathrm{P,th}}/\eta_{\mathrm{e}}$, effektiver Wert. Hierbei effektiver Wirkungsgrad gemäß Erfahrung und/oder Versuchen. ◄

Übung 31

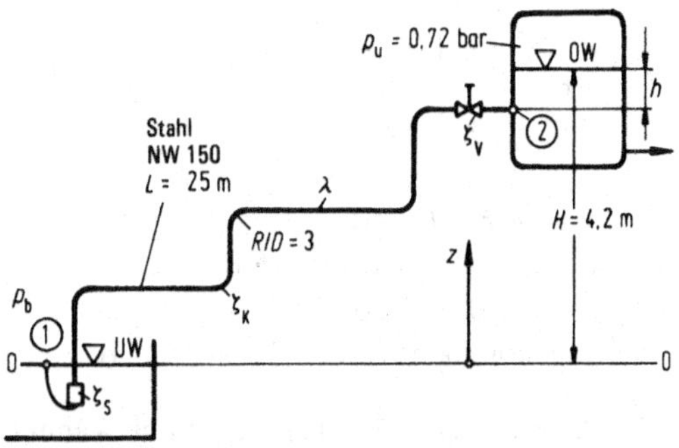

Abb. 7.22 Lösungsskizze zu Übung 31

EE ①–②:

$$z_1 \cdot g + \frac{p_1}{\varrho} + \frac{c_1^2}{2}$$

$$= z_2 \cdot g + \frac{p_2}{\varrho} + \frac{c_2^2}{2} + Y_{\mathrm{V,12}}$$

Mit

$$z_1 = 0; \quad p_1 = p_{\mathrm{b}}; \quad c_1 \approx 0$$

$$z_2 = H - h; \quad p_2 = p_{\mathrm{b}} - p_{\mathrm{u}} + \varrho \cdot g \cdot h;$$

$$c_2 = ?$$

wird:

$$\frac{p_{\mathrm{b}}}{\varrho} = (H - h) \cdot g + \frac{p_{\mathrm{b}} - p_{\mathrm{u}} + \varrho \cdot g \cdot h}{\varrho}$$

$$+ (c_2^2/2) + Y_{\mathrm{V,12}}$$

$$0 = H \cdot g - \frac{p_{\mathrm{u}}}{\varrho} + \frac{c_2^2}{2} + Y_{\mathrm{V,12}}$$

Bemerkung: Kinetische Energie $c_2^2/2$ kann nicht zurückgewonnen, d. h. in Druck umgesetzt werden, da kein Ausströmdiffusor vorhanden. Sie geht daher über Wirbelbildung verloren, d. h. wird in Wärme umgesetzt.

Mit

$$Y_{\mathrm{V,12}} = \underbrace{\left(\zeta_{\mathrm{S}} + \lambda \cdot \frac{L}{D} + 5 \cdot \zeta_{\mathrm{K}} + \zeta_{\mathrm{V}}\right)}_{K_{12}} \cdot \frac{c_2^2}{2}$$

$$= K_{12} \cdot c_2^2/2$$

folgt:

$$0 = H \cdot g = \frac{p_{\mathrm{u}}}{\varrho} + (1 + K_{12}) \frac{c_2^2}{2}$$

Hieraus:

$$c_2 = \sqrt{\frac{2}{1+K_{12}}\left(\frac{p_u}{\varrho} - H \cdot g\right)}$$

Bestimmung der λ- und ζ-Werte:

λ: $\lambda = f(Re, D/k_s)$
Rohr, St mäßig angerostet
$\rightarrow k = 0{,}15 \ldots 0{,}4\,\mathrm{mm}$,
angenommen: $k_s = 0{,}3\,\mathrm{mm}$ (Tab. 6.15)

$Re = c_2 \cdot D/\nu = ?$ da c_2 noch unbekannt

$D/k_s = 150/0{,}3 = 500$

$\rightarrow \lambda \geq 0{,}0235$ (Abb. 6.11)
1. Näherung: $\lambda = 0{,}0235$ gesetzt

ζ-Werte:
ζ_S: nach Tab. 4.2 $\zeta_S = 2$ bis 3,
angen. $\zeta_S = 2{,}5$
ζ_K: nach Abb. 4.15 für $R/D = 3 \rightarrow \zeta_K = 0{,}26$
ζ_V: nach Abb. 4.30 für NW150
$\rightarrow \zeta_V = 0{,}6$
Mit diesen Werten wird Faktor K_{12} in 1. Näherung:

$$K_{12} = 2{,}5 + 0{,}0235 \cdot \frac{25}{0{,}15} + 5 \cdot 0{,}26 + 0{,}6$$
$$= 8{,}32$$

Damit ergibt sich die Ausflussgeschwindigkeit:

$$c_2 = \sqrt{\frac{2}{1+8{,}32} \cdot \left(\frac{0{,}72 \cdot 10^5}{10^3} - 4{,}2 \cdot 9{,}81\right)}$$
$$\cdot \left[\sqrt{\frac{\mathrm{N/m^2}}{\mathrm{kg/m^3}} \cdot \mathrm{m} \cdot \frac{\mathrm{m}}{\mathrm{s^2}}}\right]$$
$$= 2{,}57\,\mathrm{m/s}$$

Überprüfung des λ-Wertes:
$H_2O/15\,°C$
$\rightarrow \nu = 1{,}134 \cdot 10^{-6}\,\mathrm{m^2/s}$ (Tab. 6.7)

$$Re = \frac{c_2 \cdot D}{\nu} = \frac{2{,}57 \cdot 0{,}15}{1{,}134 \cdot 10^{-6}} = 3{,}4 \cdot 10^5$$

$D/k_s = 500$

$\rightarrow \lambda = 0{,}024$ (Abb. 6.11)

Dann wird in 2. Näherung:

$$K_{12} = 2{,}5 + 0{,}024 \cdot \frac{25}{0{,}15} + 5 \cdot 0{,}26 + 0{,}6$$
$$= 8{,}4$$

Damit:

$$c_2 = \sqrt{\frac{2}{1+8{,}4} \cdot \left(\frac{0{,}72 \cdot 10^5}{10^3} - 4{,}2 \cdot 9{,}81\right)}$$
$$= 2{,}56\,\mathrm{m/s}$$

Nur geringfügige und deshalb vernachlässigbare Veränderung von c_2, so dass eine zweite Nachprüfung von λ nicht mehr notwendig.

Der angesaugte Volumenstrom wird dann:

$$\dot{V} = A \cdot c_2 = (\pi/4) \cdot D^2 \cdot c_2$$

mit $c_2 = 2{,}56\,\mathrm{m/s}$ folgt:

$$\dot{V} = (\pi/4) \cdot 0{,}15^2 \cdot 2{,}56 \left[\mathrm{m^2} \cdot \frac{\mathrm{m}}{\mathrm{s}}\right]$$

$$\mathbf{\dot{V} = 0{,}045\,m^3/s = 162{,}8\,m^3/h}$$ ◄

Übung 32

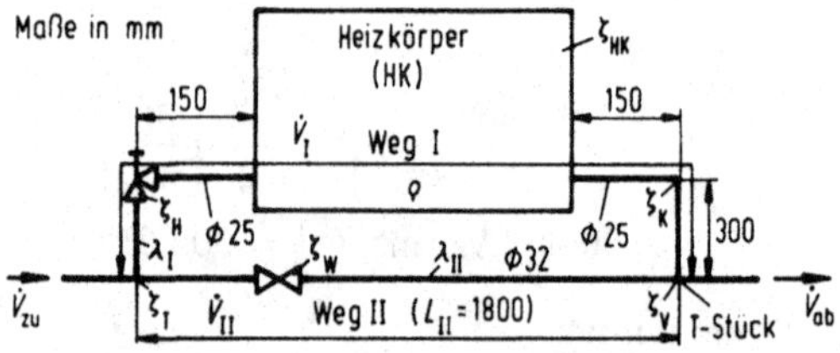

Abb. 7.23 Lösungsskizze zu Übung 32

a) Die beiden Strömungszweige, Kurzschlussweg II und Heizkörperweg I sind parallel geschaltet. Deshalb Druckverlust in beiden Zweigen gleich groß (Abschn. 4.1.1, 5.1):

$$Y_{V,I} = Y_{V,II}$$

Außerdem gilt die Kontinuitätsbedingung:

$$\dot{V}_{zu} = \dot{V}_I + \dot{V}_{II} = \dot{V}_{ab}$$

Auswertung:

$$Y_{\mathrm{V,I}} = \left(\zeta_{\mathrm{T,I}} + \lambda_{\mathrm{I}} \cdot \frac{L_{\mathrm{I}}}{D_{\mathrm{I}}} + \zeta_{\mathrm{H}} + \zeta_{\mathrm{HK}} + \zeta_{\mathrm{K}}\right) \cdot \frac{c_{\mathrm{I}}^2}{2} + \zeta_{\mathrm{V,I}} \cdot \frac{c_{\mathrm{ab}}^2}{2}$$

$$Y_{\mathrm{V,II}} \approx \left(\zeta_{\mathrm{T,II}} + \lambda_{\mathrm{II}} \cdot \frac{L_{\mathrm{II}}}{D_{\mathrm{II}}} + \zeta_{\mathrm{W}}\right) \cdot \frac{c_{\mathrm{II}}^2}{2} + \zeta_{\mathrm{V,II}} \cdot \frac{c_{\mathrm{ab}}^2}{2}$$

Strömungsgeschwindigkeit in allen Bauteilen von Weg I (außer HK) und auch von Weg II näherungsweise jeweils etwa gleich groß → $c_{\mathrm{I}} \approx c_{\mathrm{II}} \approx c_{\mathrm{ab}}$.

Also Zu- und Abflussgeschwindigkeit gleich gesetzt ($c_{\mathrm{zu}} \approx c_{\mathrm{ab}}$), wie in Heizungszweigen üblich (Isokinetik). Falls Unterschied vorhanden, wirkt sich dieser erfahrungsgemäß kaum aus, weshalb auch dann meist vernachlässigbar.

Bestimmung der λ- und ζ-Werte:

$H_2O/70\,°C$
→ $\nu = 0{,}412 \cdot 10^{-6}\,\mathrm{m^2/s}$ (Tab. 6.7)
Rohr, St leicht angerostet
→ $k_s \approx 0{,}15\,\mathrm{mm}$ (Tab. 6.15)

λ_{I}:

$$Re_{\mathrm{I}} = \frac{1{,}1 \cdot 0{,}025}{0{,}412 \cdot 10^{-6}} = 6{,}7 \cdot 10^4$$

$$D_{\mathrm{I}}/k_s = 25/0{,}15 = 167$$

→ $\lambda_{\mathrm{I}} = 0{,}0335$ (Abb. 6.11)

λ_{II}:

$$Re_{\mathrm{II}} = \frac{1{,}2 \cdot 0{,}032}{0{,}412 \cdot 10^{-6}} = 9{,}3 \cdot 10^4$$

$$D_{\mathrm{II}}/k_s = 32/0{,}15 = 213$$

→ $\lambda_{\mathrm{II}} = 0{,}0315$ (Abb. 6.11)

ζ_{T}:

$$\dot{V}_{\mathrm{I}} = c_{\mathrm{I}} \cdot A_{\mathrm{I}} = 1{,}1 \cdot \frac{\pi}{4} \cdot 0{,}025^2 \left[\frac{\mathrm{m}}{\mathrm{s}} \cdot \mathrm{m}^2\right] = 5{,}4 \cdot 10^{-4}\,\mathrm{m^3/s}$$

$$\dot{V}_{\mathrm{II}} = c_{\mathrm{II}} \cdot A_{\mathrm{II}} = 1{,}2 \cdot \frac{\pi}{4} \cdot 0{,}032^2 \left[\frac{\mathrm{m}}{\mathrm{s}} \cdot \mathrm{m}^2\right] = 9{,}7 \cdot 10^{-4}\,\mathrm{m^3/s}$$

$$\dot{V}_{\mathrm{zu}} = \dot{V}_{\mathrm{I}} + \dot{V}_{\mathrm{II}} = 15{,}1 \cdot 10^{-4}\,\mathrm{m^3/s}$$

$\dot{V}_{\mathrm{I}}/\dot{V}_{\mathrm{zu}} = 0{,}36$ (Abb. 6.31, $\delta = 90°$)
→ $\zeta_{\mathrm{T,I}} = \zeta_{\mathrm{a}} = 0{,}9$
$\zeta_{\mathrm{T,II}} = \zeta_{\mathrm{d}} = -0{,}15$

ζ_{V}:
$\dot{V}_{\mathrm{I}}/\dot{V}_{\mathrm{ab}} = 0{,}36$ (Abb. 6.32, $\delta = 90°$)
→ $\zeta_{\mathrm{V,I}} = \zeta_{\mathrm{a}} = 0{,}05$
$\zeta_{\mathrm{V,II}} = \zeta_{\mathrm{d}} = 0{,}32$

ζ_{H}: NW 25
→ $\zeta_{\mathrm{H}} = 2{,}8$ (Abb. 4.30)

ζ_{K}: angen. $R/D = 1$, rau
→ $\zeta_{\mathrm{K}} = 0{,}5$ (Abb. 4.15)

Mit diesen Werten ergibt sich:

$$Y_{\mathrm{V,I}} = \left(0{,}9 + 0{,}0335 \cdot \frac{0{,}9}{0{,}025} + 2{,}8 + 2{,}75 + 0{,}5 + 0{,}05\right) \cdot \frac{1{,}1^2}{2} = 4{,}965\,\mathrm{m^2/s^2}$$

$$Y_{\mathrm{V,II}} = \left(-0{,}15 + 0{,}0315 \cdot \frac{1{,}8}{0{,}032} + 0{,}32 + \zeta_{\mathrm{W}}\right) \cdot \frac{1{,}2^2}{2} = 1{,}398 + 0{,}72 \cdot \zeta_{\mathrm{W}} \left[\frac{\mathrm{m}^2}{\mathrm{s}^2}\right]$$

Gleichgesetzt:

$$Y_{\mathrm{V,I}} = Y_{\mathrm{V,II}}$$

$$4{,}965 = 1{,}398 + 0{,}72 \cdot \zeta_{\mathrm{W}}$$

Hieraus:

$$\boldsymbol{\zeta_{\mathrm{W}} = 4{,}95}$$

Nach Abb. 4.30 erreichen Durchgangsventile von NW 32 solche ζ-Werte (geöffnet oder teilweise geschlossen).

b) Aus D: $A = \dot{V}/c$ mit $A_{\mathrm{zu}} = A_{\mathrm{ab}}$, da $\dot{V}_{\mathrm{zu}} = \dot{V}_{\mathrm{ab}}$ und $c_{\mathrm{zu}} = c_{\mathrm{ab}}$ wird

$$A_{\mathrm{zu}} = A_{\mathrm{ab}} = 1{,}51 \cdot 10^{-3}/1{,}2 \left[\frac{\mathrm{m^3/s}}{\mathrm{m/s}}\right] = 1{,}258 \cdot 10^{-3}\,\mathrm{m}^2 \quad \text{und}$$

$$\boldsymbol{D_{\mathrm{zu}} = D_{\mathrm{ab}}} = 0{,}04\,\mathrm{m} = \mathbf{40\,mm}$$

c) $\boldsymbol{\Delta p_{\mathrm{V}}} = \varrho \cdot Y_{\mathrm{V,I}} = \varrho \cdot Y_{\mathrm{V,II}}$

$$= 977{,}7 \cdot 4{,}965 \left[\frac{\mathrm{kg}}{\mathrm{m}^3} \cdot \frac{\mathrm{m}^2}{\mathrm{s}^2}\right]$$

$$\mathbf{= 0{,}0485 \cdot 10^5 \ \frac{N}{m^2}}$$

$$\mathbf{\approx 0{,}05 \cdot 10^5 \ N/m^2}$$

$$\boldsymbol{\Delta p_{\mathrm{V}}} \mathbf{= 0{,}05 \cdot 10^5 \ Pa = 0{,}05 \ bar}$$

$$\boldsymbol{P_{\mathrm{V}}} = \Delta p_{\mathrm{V}} \cdot (\dot{V}_{\mathrm{I}} + \dot{V}_{\mathrm{II}}) = \Delta p_{\mathrm{V}} \cdot \dot{V}_{\mathrm{zu}}$$

$$= 0{,}05 \cdot 10^5 \cdot 15{,}1 \cdot 10^{-4} \left[\frac{\mathrm{N}}{\mathrm{m}^2} \cdot \frac{\mathrm{m}^3}{\mathrm{s}}\right]$$

$$\mathbf{= 7{,}55 \ W} \quad \blacktriangleleft$$

Übung 33

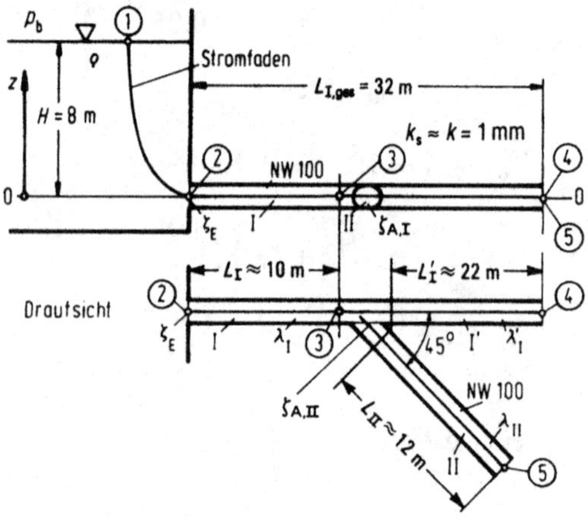

Abb. 7.24 Lösungsskizze zu Übung 33

a) EE ③–④:

$$z_3 \cdot g + \frac{p_3}{\varrho} + \frac{c_3^2}{2}$$

$$= z_4 \cdot g + \frac{p_4}{\varrho} + \frac{c_4^2}{2} + Y_{\mathrm{V},34}$$

Mit

$$z_3 = 0; \quad p_3 = p_{3,\ddot{u}} + p_{\mathrm{b}}; \quad c_3 = ?$$
$$z_4 = 0; \quad p_4 = p_{\mathrm{b}}; \quad c_4 = ?$$

und

$$Y_{\mathrm{V},34} = \left(\lambda'_{\mathrm{I}} \cdot \frac{L'_{\mathrm{I}}}{D_{\mathrm{I}}} + \zeta_{\mathrm{A,I}}\right) \cdot \frac{c_4^2}{2}$$

wird:

$$\frac{p_{3,\ddot{u}}}{\varrho} + \frac{c_3^2}{2} = \left(1 + \lambda'_{\mathrm{I}} \cdot \frac{L'_{\mathrm{I}}}{D_{\mathrm{I}}} + \zeta_{\mathrm{A,I}}\right) \cdot \frac{c_4^2}{2}$$

EE ③–⑤ ergibt entsprechend:

$$\frac{p_{3,\ddot{u}}}{\varrho} + \frac{c_3^2}{2} = \left(1 + \lambda_{\mathrm{II}} \cdot \frac{L_{\mathrm{II}}}{D_{\mathrm{II}}} + \zeta_{\mathrm{A,II}}\right) \cdot \frac{c_5^2}{2}$$

Gleichgesetzt:

$$\left(1 + \lambda' \cdot \frac{L'_{\mathrm{I}}}{D'_{\mathrm{I}}} + \zeta_{\mathrm{A,I}}\right) \cdot \frac{c_4^2}{2}$$
$$= \left(1 + \lambda_{\mathrm{II}} \cdot \frac{L_{\mathrm{II}}}{D_{\mathrm{II}}} + \zeta_{\mathrm{A,II}}\right) \cdot \frac{c_5^2}{2}$$

Bestimmung der λ- und ζ-Werte:

H_2O/20 °C

$\rightarrow \nu = 1{,}004 \cdot 10^{-6}\ \mathrm{m^2/s}$ (Tab. 6.7)

$\lambda'_{\mathrm{I}}, \lambda_{\mathrm{I}}, \lambda_{\mathrm{II}}$:

$$Re = ?, \quad \text{da } c \text{ unbekannt}$$
$$D/k_{\mathrm{s}} = 100/1 = 100$$

$\rightarrow \lambda \geq 0{,}038$ (Abb. 6.11)

1. Näherung $\lambda'_{\mathrm{I}} = \lambda_{\mathrm{I}} = \lambda_{\mathrm{II}} = 0{,}038$ gesetzt:

$\zeta_{\mathrm{A,I}}, \zeta_{\mathrm{A,II}}$:

$\delta = 45°$, angen. $\dot{V}_{\mathrm{II}}/\dot{V}_{\mathrm{I}} = 0{,}6$ (Abb. 6.31)

$\rightarrow \zeta_{\mathrm{A,I}} = \zeta_{\mathrm{d}} = 0{,}07$

$\zeta_{\mathrm{A,II}} = \zeta_{\mathrm{a}} = 0{,}37$

Eingesetzt ergibt 1. Näherung:

$$\left(1 + 0{,}038 \cdot \frac{22}{0{,}1} + 0{,}07\right) \cdot \frac{c_4^2}{2}$$
$$= \left(1 + 0{,}038 \cdot \frac{12}{0{,}1} + 0{,}37\right) \cdot \frac{c_5^2}{2}$$

$$\rightarrow c_5 = 1{,}26 \cdot c_4$$

K I–I'–II:

$$\dot{V}_{\mathrm{I}} = \dot{V}'_{\mathrm{I}} + \dot{V}_{\mathrm{II}}$$
$$A_{\mathrm{I}} \cdot c_{\mathrm{I}} = A'_{\mathrm{I}} \cdot c'_{\mathrm{I}} + A_{\mathrm{II}} \cdot c_{\mathrm{II}}$$

Mit $A_{\mathrm{I}} = A'_{\mathrm{I}} = A_{\mathrm{II}}$; $c'_{\mathrm{I}} = c_4$; $c_{\mathrm{II}} = c_5$ wird

$$c_{\mathrm{I}} = c_4 + c_5$$

Hieraus mit der Gleichung für c_5:

$$\boldsymbol{c_4 = 0{,}44 \cdot c_{\mathrm{I}}}$$

Damit Überprüfung von $\dot{V}_{\mathrm{II}}/\dot{V}_{\mathrm{I}}$:

$$\frac{\dot{V}_{\mathrm{II}}}{\dot{V}_{\mathrm{I}}} = \frac{A_{\mathrm{II}} \cdot c_{\mathrm{II}}}{A_{\mathrm{I}} \cdot c_{\mathrm{I}}} = \frac{c_{\mathrm{II}}}{c_{\mathrm{I}}} = \frac{c_5}{c_{\mathrm{I}}} = \frac{1{,}26 \cdot c_4}{c_4/0{,}44}$$
$$= 0{,}55 \approx 0{,}6$$

Etwa wie angenommen, also bleiben $\zeta_{\mathrm{A,I}}$ und $\zeta_{\mathrm{A,II}}$.

EE ①–④:

$$z_1 \cdot g + \frac{p_1}{\varrho} + \frac{c_{\mathrm{I}}^2}{2}$$
$$= z_4 \cdot g + \frac{p_4}{\varrho} + \frac{c_4^2}{2} + Y_{\mathrm{V},14}$$

Mit

$$z_1 = H; \quad p_1 = p_{\mathrm{b}}; \quad c_1 \approx 0$$
$$z_4 = 0; \quad p_4 = p_{\mathrm{b}}; \quad c_4 = ?$$

wird:

$$H \cdot g = (c_4^2/2) + Y_{\mathrm{V},14}$$

Hierbei:

$$Y_{\mathrm{V},14} = \left(\zeta_{\mathrm{E}} + \lambda_{\mathrm{I}} \cdot \frac{L_{\mathrm{I}}}{D_{\mathrm{I}}}\right) \cdot \frac{c_{\mathrm{I}}^2}{2}$$
$$+ \left(\zeta_{\mathrm{A,I}} + \lambda'_{\mathrm{I}} \cdot \frac{L'_{\mathrm{I}}}{D'_{\mathrm{I}}}\right) \cdot \frac{c_{\mathrm{I}}'^2}{2}$$

Bestimmung der λ- und ζ-Werte:

Wie unter Frage a) in 1. Näherung angenommen:

$$\lambda_{\mathrm{I}} = \lambda'_{\mathrm{I}} = 0{,}038 \quad \text{und} \quad \zeta_{\mathrm{A,I}} = 0{,}07$$

ζ_{E}: scharfkantig
$\to \zeta_{\mathrm{E}} = 0{,}5$ (Abb. 4.19a)

Eingesetzt ergibt in 1. Näherung mit $D'_{\mathrm{I}} = D_{\mathrm{I}}$:

$$Y_{\mathrm{V},14} = \left(0{,}5 + 0{,}038 \cdot \frac{10}{0{,}1}\right) \cdot \frac{(c_4/0{,}44)^2}{2}$$
$$+ \left(0{,}07 + 0{,}038 \cdot \frac{22}{0{,}1}\right) \cdot \frac{c_4^2}{2}$$
$$= 15{,}81 \cdot c_4^2$$

Damit wird:

$$H \cdot g = (c_4^2/2) + 15{,}81 \cdot c_4^2 = 16{,}31 \cdot c_4^2$$

Hieraus:

$$c_4 = \sqrt{\frac{H \cdot g}{16{,}31}} = \sqrt{\frac{8 \cdot 9{,}81}{16{,}31}} \left[\sqrt{\mathrm{m}\frac{\mathrm{m}}{\mathrm{s}^2}}\right]$$
$$= 2{,}19\,\frac{\mathrm{m}}{\mathrm{s}}$$

Damit:

$$c_{\mathrm{I}} = c_4/0{,}44 = \mathbf{4{,}98\,m/s}$$
$$c'_{\mathrm{I}} = c_4 = \mathbf{2{,}19\,m/s}$$
$$c_{\mathrm{II}} = c_5 = c_{\mathrm{I}} - c_4 = \mathbf{2{,}79\,m/s}$$

Überprüfung der λ-Werte:

$H_2O/20\,°C$
$\to \nu = 1{,}004 \cdot 10^{-6}\,\mathrm{m^2/s}$ (Tab. 6.7)
λ_{I}:

$$Re_{\mathrm{I}} = \frac{4{,}98 \cdot 0{,}1}{1{,}004 \cdot 10^{-6}} = 5{,}0 \cdot 10^5$$

$$D_{\mathrm{I}}/k_{\mathrm{s}} = 100$$

$\to \lambda_{\mathrm{I}} = 0{,}038$ (Abb. 6.11)
λ'_{I}:

$$Re'_{\mathrm{I}} = \frac{2{,}19 \cdot 0{,}1}{1{,}004 \cdot 10^{-6}} = 2{,}2 \cdot 10^5$$

$$D'_{\mathrm{I}}/k_{\mathrm{s}} = 100$$

$\to \lambda'_{\mathrm{I}} = 0{,}038$ (Abb. 6.11)
λ_{II}:

$$Re_{\mathrm{II}} = \frac{2{,}79 \cdot 0{,}1}{1{,}004 \cdot 10^{-6}} \approx 2{,}8 \cdot 10^5$$

$$D_{\mathrm{II}}/k_{\mathrm{s}} = 100$$

$\to \lambda_{\mathrm{II}} = 0{,}038$ (Abb. 6.11)

Die λ-Werte stimmen mit den angenommenen überein. Die ermittelten Geschwindigkeiten sind deshalb richtig.

b) D: $\dot{V} = c \cdot A$

$$A_{\mathrm{I}} = A'_{\mathrm{I}} = A_{\mathrm{II}} = (\pi/4) \cdot D^2$$
$$= (\pi/4) \cdot 0{,}1^2\,\mathrm{m}^2$$
$$= 7{,}85 \cdot 10^{-3}\,\mathrm{m}^2$$

$$\dot{V}_{\mathrm{I}} = c_{\mathrm{I}} \cdot A_{\mathrm{I}} = 4{,}98 \cdot 7{,}85 \cdot 10^{-3} \left[\frac{\mathrm{m}}{\mathrm{s}} \cdot \mathrm{m}^2\right]$$
$$\mathbf{= 0{,}04\,m^3/s}$$

$$\dot{V}'_{\mathrm{I}} = c'_{\mathrm{I}} \cdot A'_{\mathrm{I}} = 2{,}19 \cdot 7{,}85 \cdot 10^{-3} \left[\frac{\mathrm{m}}{\mathrm{s}} \cdot \mathrm{m}^2\right]$$
$$\mathbf{= 0{,}017\,m^3/s}$$

$$\dot{V}_{\mathrm{II}} = c_{\mathrm{II}} \cdot A_{\mathrm{II}} = 2{,}79 \cdot 7{,}85 \cdot 10^{-3} \left[\frac{\mathrm{m}}{\mathrm{s}} \cdot \mathrm{m}^2\right]$$
$$\mathbf{= 0{,}022\,m^3/s} \quad \blacktriangleleft$$

Übung 34

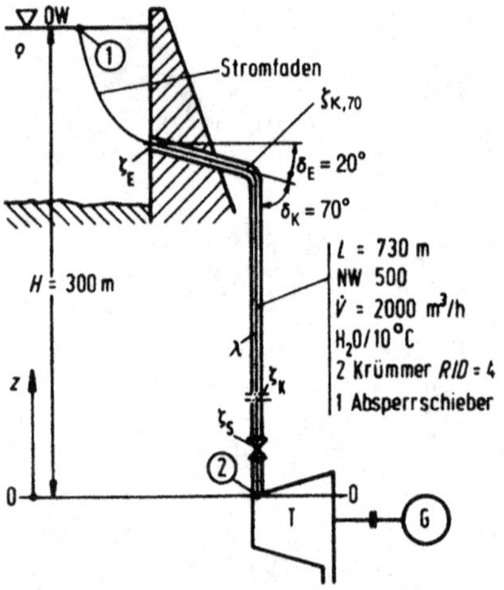

Abb. 7.25 Lösungsskizze zu Übung 34

EE ①–②:

$$z_1 \cdot g + \frac{p_1}{\varrho} + \frac{c_1^2}{2}$$
$$= z_2 \cdot g + \frac{p_2}{\varrho} + \frac{c_2^2}{2} + Y_{\mathrm{V},12}$$

Mit

$$z_1 = H; \quad p_1 = p_{\mathrm{b}}; \quad c_1 \approx 0$$
$$z_2 = 0; \quad p_2 = ?; \quad c_2 = c = \dot{V}/A$$

und

$$Y_{\mathrm{V},12} = \Bigg(\zeta_{\mathrm{E}} + \zeta_{\mathrm{K},70} + 2 \cdot \zeta_{\mathrm{K}} + \lambda \cdot \frac{L}{D} + \zeta_{\mathrm{S}}\Bigg) \cdot \frac{c_2^2}{2}$$
$$= K_{12} \cdot \frac{c_2^2}{2}$$

mit

$$K_{12} = \left(\zeta_{\mathrm{E}} + \zeta_{\mathrm{K},70} + 2 \cdot \zeta_{\mathrm{K}} + \lambda \cdot \frac{L}{D} + \zeta_{\mathrm{S}}\right)$$

wird:

$$p_{2,\ddot{\mathrm{u}}} = p_2 - p_{\mathrm{b}}$$
$$= \varrho \cdot \left[H \cdot g - (1 + K_{12}) \cdot \frac{c_2^2}{2}\right]$$

Bestimmung der λ- und ζ-Werte:

λ: $\lambda = f(Re, D/k_{\mathrm{s}})$

$$Re = \frac{c \cdot D}{\nu}$$

$$c = \frac{\dot{V}}{A} = \frac{2000}{0{,}5^2 \cdot \pi/4} \cdot \frac{1}{3600} \left[\frac{\mathrm{m}^3/\mathrm{h}}{\mathrm{m}^2} \cdot \frac{\mathrm{h}}{\mathrm{s}}\right]$$
$$= 2{,}83\,\mathrm{m/s}$$

$H_2O/10\,°C$
$\rightarrow \nu = 1{,}297 \cdot 10^{-6}\,\mathrm{m^2/s}$ (Tab. 6.7)
Rohr, St leicht angerostet
$\rightarrow k \approx 0{,}15\,\mathrm{mm}$,
angenommen: $k_{\mathrm{s}} \approx 0{,}15\,\mathrm{mm}$ (Tab. 6.15)

$$Re = \frac{2{,}83 \cdot 0{,}5}{1{,}297 \cdot 10^{-6}} = 1{,}1 \cdot 10^6$$
$$D/k_{\mathrm{s}} = 500/0{,}15 = 3333$$

$\rightarrow \lambda = 0{,}016$ (Abb. 6.11)

ζ_{E}: $\delta_{\mathrm{E}} = 20°$ scharfkantig (4.63)
$\rightarrow \zeta_{\mathrm{E}} = 0{,}5 + 0{,}3 \cdot \sin 20° + 0{,}2 \cdot \sin^2 20°$
$= 0{,}63$

ζ_{K}: $R/D = 4$, rau:
$\rightarrow \zeta = 0{,}22$ Abb. 4.15
$\rightarrow \zeta = 0{,}22$ Abb. 6.14
$\rightarrow \zeta = 0{,}23$ Abb. 6.25
$\rightarrow \zeta_{\mathrm{K}} \approx 0{,}23$

$\zeta_{K,70}$ (4.58):

$$\zeta_{K,70} = \left(\frac{70}{90}\right)^{3/4} \cdot 0{,}23 = 0{,}19$$

ζ_S: NW 500 → $\zeta_S = 0{,}31$ (Abb. 4.30)

Mit diesen Werten ergibt sich für Faktor K_{12}:

$$\begin{aligned} K_{12} &= 0{,}63 + 0{,}19 + 2 \cdot 0{,}23 \\ &\quad + 0{,}016 \cdot (730/0{,}5) + 0{,}31 \\ &= 0{,}63 + 0{,}65 + 23{,}36 + 0{,}31 \\ &= 1{,}59 + 23{,}36 \\ &= 24{,}95 \end{aligned}$$

Es ergibt sich: Reibfaktor K_{12} wird also fast ausschließlich durch die Rohrreibung bestimmt. Der Anteil aller Einbauten beträgt nur etwa 6 %.

Eingesetzt:

$$p_{2,\ddot{u}} = 10^3 \cdot \left[300 \cdot 9{,}81 - (1 + 24{,}95) \cdot \frac{2{,}83^2}{2}\right] \cdot \left[\frac{\text{kg}}{\text{m}^3} \cdot \left(\text{m} \cdot \frac{\text{m}^2}{\text{s}^2} - \frac{\text{m}^2}{\text{s}^2}\right)\right]$$

$$\boldsymbol{p_{2,\ddot{u}}} = 28{,}4 \cdot 10^5 \text{N/m}^2 = 28{,}4 \cdot 10^5 \text{ Pa}$$

$$\mathbf{= 28{,}4\,bar}$$

Der Turbine zugeführte Leistung:

$$\begin{aligned} P &= p_{2,\ddot{u}} \cdot \dot{V} \\ &= 28{,}4 \cdot 10^5 \cdot \frac{2000}{3600}\left[\frac{\text{N}}{\text{m}^2} \cdot \frac{\text{m}^3}{\text{s}}\right] \\ &= 1{,}58 \cdot 10^6 \,\text{N m/s} \end{aligned}$$

$$\boldsymbol{P = 1{,}58 \cdot 10^6\,\mathbf{W} = 1{,}58\,\mathbf{MW}}$$

Kinetische Leistung $\dot{m} \cdot c^2/2$ des strömenden Mediums hierbei, da vergleichsweise klein, vernachlässigt.

Rohrleitungswirkungsgrad:

$$\eta_R = \frac{P_{\text{nutz}}}{P_{\text{th}}} = \frac{P}{P_{\text{th}}} = \frac{\dot{V} \cdot p_{2,\ddot{u}}}{\dot{V} \cdot p_{\text{th},\ddot{u}}} = \frac{p_{2,\ddot{u}}}{\varrho \cdot g \cdot H}$$

$$\boldsymbol{\eta_R} = \frac{28{,}4 \cdot 10^5}{10^3 \cdot 9{,}81 \cdot 300} \cdot \left[\frac{\text{N/m}^2}{(\text{kg/m}^3) \cdot (\text{m/s}^2) \cdot \text{m}}\right]$$

$$\mathbf{= 0{,}96} \quad ◄$$

Übung 35

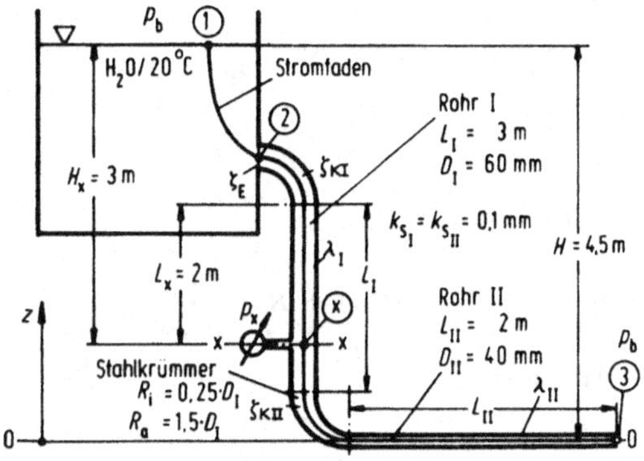

Abb. 7.26 Lösungsskizze zu Übung 35

a) EE ①–③:

$$z_1 \cdot g + \frac{p_1}{\varrho} + \frac{c_1^2}{2} = z_3 \cdot g + \frac{p_3}{\varrho} + \frac{c_3^2}{2} + Y_{V,13}$$

Mit

$$z_1 = H; \quad p_1 = p_b; \quad c_1 \approx 0$$

$$z_3 = 0; \quad p_3 = p_b; \quad c_3 = c_{II} = ?$$

und

$$\begin{aligned} Y_{V,13} &= Y_{V,E} + Y_{V,K} + Y_{V,I} + Y_{V,K} + Y_{V,II} \\ &= \left(\zeta_E + \zeta_{K,I} + \lambda_I \cdot \frac{L_I}{D_I}\right) \cdot \frac{c_I^2}{2} \\ &\quad + \left(\zeta_{K,II} + \lambda_{II} \cdot \frac{L_{II}}{D_{II}}\right) \cdot \frac{c_{II}^2}{2} \end{aligned}$$

und K I–II:

$$\begin{aligned} A_I \cdot c_I &= A_{II} \cdot c_{II} \\ c_I &= c_{II} \cdot \frac{A_{II}}{A_I} \\ &= c_{II} \cdot \left(\frac{D_{II}}{D_I}\right)^2 = c_{II} \cdot \left(\frac{40}{60}\right)^2 \\ &= \frac{1}{2{,}25} \cdot c_{II} = 0{,}444 \cdot c_{II} \end{aligned}$$

$$Y_{V,13} = \left[\left(\zeta_E + \zeta_{K,I} + \lambda_I \cdot \frac{L_I}{D_I}\right) \cdot \left(\frac{D_{II}}{D_I}\right)^4 + \zeta_{K,II} + \lambda_{II} \cdot \frac{L_{II}}{D_{II}}\right] \cdot \frac{c_{II}^2}{2}$$

$$= K_{13} \cdot \frac{c_{II}^2}{2}$$

wird

$$H \cdot g = (1 + K_{13}) \cdot \frac{c_3^2}{2}$$

Hieraus

$$c_3 = \sqrt{\frac{2 \cdot g \cdot H}{1 + K_{13}}}$$

Bestimmung der λ- und ζ-Werte:

$H_2O/20\,°C$

$\rightarrow \nu = 1{,}004 \cdot 10^{-6}\,m^2/s$ (Tab. 6.7)

λ_I:

$$Re_I = \frac{c_I \cdot D_I}{\nu} = ?, \text{ da } c_I \text{ unbekannt.}$$

$D_I/k_{s,I} = 60/0{,}1 = 600$

$\rightarrow \lambda_I \geq 0{,}023$ (Abb. 6.11)

λ_{II}:

$$Re_{II} = \frac{c_{II} \cdot D_{II}}{\nu} = ?, \text{ da } c_{II} \text{ unbekannt.}$$

$D_{II}/k_{s,II} = 40/0{,}1 = 400$

$\rightarrow \lambda_{II} \geq 0{,}025$ (Abb. 6.11)

1. Näherung: $\lambda_I = 0{,}023$; $\lambda_{II} = 0{,}025$

ζ_E: scharfkantig

$\rightarrow \zeta_E = 0{,}5$ (Abb. 4.19a)

$\zeta_{K,I}$: angen. $R/D = 3$

$\rightarrow \zeta_{K,I} = 0{,}26$ (Abb. 4.15)

$\zeta_{K,II}$:

$$R_i/D_I = 0{,}25; \quad R_a/D_I = 1{,}5$$

$$A_A/A_E = (D_{II}/D_I)^2 = 0{,}44 \approx 0{,}5$$

$\rightarrow \zeta_{K,II} = 0{,}36$ (Abb. 4.16)

Mit diesen Werten ergibt sich für Faktor K_{13}:

$$K_{13} = \left(0{,}5 + 0{,}26 + 0{,}023 \cdot \frac{3}{0{,}06}\right) \cdot \left(\frac{40}{60}\right)^4 + 0{,}36 + 0{,}025 \cdot \frac{2}{0{,}04}$$

$$= 1{,}987$$

Eingesetzt ergibt 1. Näherung für c_3:

$$c_3 = \sqrt{\frac{2 \cdot 9{,}81 \cdot 4{,}5}{1 + 1{,}987}} \left[\sqrt{\frac{m}{s^2} \cdot m}\right] = 5{,}44\,m/s$$

Überprüfung der λ-Werte:

$$c_{II} = c_3 = 5{,}44\,m/s;$$

$$c_I = 0{,}444 \cdot c_{II} = 2{,}39\,m/s$$

λ_I:

$$Re_I = \frac{2{,}39 \cdot 0{,}06}{1{,}004 \cdot 10^{-6}} = 1{,}4 \cdot 10^5$$

$D_I/k_{s,I} = 60/0{,}1 = 600$

$\rightarrow \lambda_I = 0{,}024$ (Abb. 6.11)

λ_{II}:

$$Re_{II} = \frac{5{,}44 \cdot 0{,}04}{1{,}004 \cdot 10^{-6}} = 2{,}2 \cdot 10^5$$

$D_{II}/k_{s,II} = 40/0{,}1 = 400$

$\rightarrow \lambda_{II} = 0{,}0255$ (Abb. 6.11)

Damit ergibt sich der endgültige Wert für K_{13}:

$$K_{13} = \left(0{,}5 + 0{,}26 + 0{,}024 \cdot \frac{3}{0{,}06}\right) \cdot \left(\frac{40}{60}\right)^4 + 0{,}36 + 0{,}0255 \cdot \frac{2}{0{,}04} = 2{,}022$$

Eingesetzt ergibt sich letztlich für c_3:

$$\mathbf{c_3} = \sqrt{\frac{2 \cdot 9{,}81 \cdot 4{,}5}{1 + 2{,}022}} \mathbf{= 5{,}41\,m/s}$$

Damit folgt für den ausfließenden Volumenstrom:

$$\dot{V}_3 = c_3 \cdot A_3 = 5{,}41 \cdot \frac{\pi}{4} \cdot 0{,}04^2 \left[\frac{m}{s} \cdot m^2\right]$$

$$\mathbf{= 6{,}80 \cdot 10^{-3}\,m^3/s}$$

b) EE ①–ⓧ:

$$z_1 \cdot g + \frac{p_1}{\varrho} + \frac{c_1^2}{2} = z_x \cdot g + \frac{p_x}{\varrho} + \frac{c_x^2}{2} + Y_{V,1x}$$

Mit

$$z_1 = H; \quad p_1 = p_b; \quad c_1 \approx 0$$
$$z_x = H - H_x; \quad p_x = ?;$$
$$c_x = c_I = 0{,}444 \cdot c_3$$

und

$$Y_{V,1x} = \left(\zeta_E + \zeta_{K,I} + \lambda_I \cdot \frac{L_x}{D_I}\right) \cdot \frac{c_I^2}{2}$$
$$= \left(0{,}5 + 0{,}26 + 0{,}024 \cdot \frac{2}{0{,}06}\right) \cdot \frac{c_I^2}{2}$$
$$= 1{,}56 \cdot c_I^2/2$$

wird:

$$H \cdot g + \frac{p_b}{\varrho} = (H - H_x) \cdot g + \frac{p_x}{\varrho} + \frac{c_I^2}{2} + 1{,}56 \cdot \frac{c_I^2}{2}$$

Hieraus:

$$p_{x,ü} = p_x - p_b = \varrho \cdot \left(H_x \cdot g - 1{,}28 \cdot c_I^2\right)$$

Zahlenwerte eingesetzt ergibt:

$$p_{x,ü} = 10^3\left(9{,}81 \cdot 3 - 1{,}28 \cdot (0{,}444 \cdot 5{,}41)^2\right) \cdot \left[\frac{kg}{m^3}(m^2/s^2)\right]$$

$$\mathbf{p_{x,ü}} = 0{,}220 \cdot 10^5\,N/m^2 \approx 0{,}22 \cdot 10^5\,Pa$$
$$\mathbf{= 0{,}22\,bar} \quad ◄$$

Übung 36

Bestimmung der λ- und ζ-Werte

λ_I:

$$Re_I = ? \quad \text{da } c_I \text{ noch unbekannt}$$
$$D_I/k_s = 150/0{,}5 = 300$$

$\rightarrow \lambda_I \geq 0{,}0275$ (Abb. 6.11)

λ_{II}:

$$Re_{II} = ?$$
$$D_{II}/k_s = 100/0{,}5 = 200$$

$\rightarrow \lambda_{II} \geq 0{,}0305$ (Abb. 6.11)

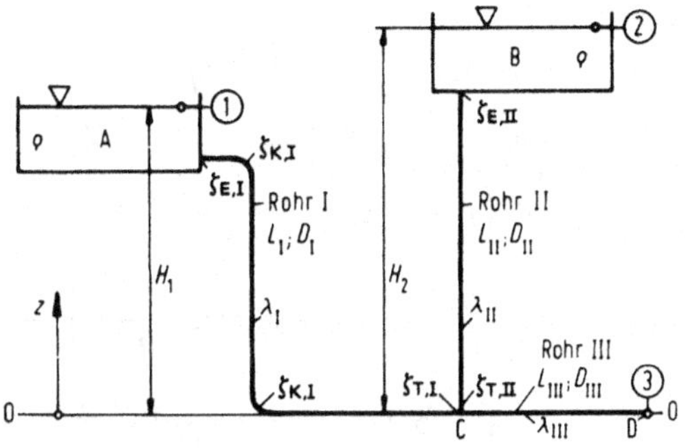

Abb. 7.27 Lösungsskizze zu Übung 36

λ_{III}:

$$Re_{III} = ?$$
$$D_{III}/k_s = 250/0{,}5 = 500$$

$\rightarrow \lambda_{III} \geq 0{,}0235$ (Abb. 6.11)

In 1. Näherung gesetzt:

$$\lambda_I = 0{,}0275;$$
$$\lambda_{II} = 0{,}0305;$$
$$\lambda_{III} = 0{,}0235$$

ζ_E: Scharfkantig
$\rightarrow \zeta_{E,I} = \zeta_{E,II} = \zeta_E = 0{,}5$ (Abb. 4.19a)
ζ_K: $R/D = 5$, rau
$\rightarrow \zeta_{K,I} = 0{,}20$ (Abb. 4.15)

Näherungsweise nach Abb. 6.32, obwohl Durchmesser D ungleich.

ζ_T: $\delta = 90°$ angenommen,
$\dot{V}_{II}/\dot{V}_{III} = \dot{V}_a/\dot{V} = 0{,}35$ (Abb. 6.32)
$\rightarrow \zeta_{T,I} = \zeta_d = 0{,}35$
$\zeta_{T,II} = \zeta_a = 0{,}1$

EE ①–③:

$$z_1 \cdot g + \frac{p_1}{\varrho} + \frac{c_1^2}{2} = z_3 \cdot g + \frac{p_3}{\varrho} + \frac{c_3^2}{2} + Y_{V,13}$$

Mit

$$z_1 = H_1; \quad p_1 = p_b; \quad c_1 \approx 0$$
$$z_3 = 0; \quad p_3 = p_b; \quad c_3 = c_{III} = ?$$

und

$$Y_{V,13} = \left(\zeta_{E,I} + 2\cdot\zeta_{K,I} + \lambda_I\cdot\frac{L_I}{D_I}\right)\cdot\frac{c_I^2}{2}$$
$$+\left(\zeta_{T,I} + \lambda_{III}\cdot\frac{L_{III}}{D_{III}}\right)\cdot\frac{c_{III}^2}{2}$$
$$= \left(0{,}5 + 2\cdot 0{,}2 + 0{,}0275\cdot\frac{500}{0{,}15}\right)\cdot\frac{c_I^2}{2}$$
$$+\left(0{,}35 + 0{,}0235\cdot\frac{800}{0{,}25}\right)\cdot\frac{c_{III}^2}{2}$$
$$= 46{,}28\cdot c_I^2 + 37{,}75\cdot c_{III}^2$$

wird:

$$H_1\cdot g = 0{,}5\cdot c_{III}^2 + Y_{V,1,3}$$
$$H_1\cdot g = 46{,}28\cdot c_I^2 + 38{,}25\cdot c_{III}^2 \qquad \text{(A)}$$

EE ②–③:

$$z_2\cdot g + \frac{p_2}{\varrho} + \frac{c_2^2}{2}$$
$$= z_3\cdot g + \frac{p_3}{\varrho} + \frac{c_3^2}{2} + Y_{V,23}$$

Mit

$$z_2 = H_2;\quad p_1 = p_b;\quad c_2\approx 0$$
$$z_3 = 0;\quad p_3 = p_b;\quad c_3 = c_{III} = ?$$

und

$$Y_{V,23} = \left(\zeta_{E,II} + \lambda_{II}\cdot\frac{L_{II}}{D_{II}}\right)\cdot\frac{c_{II}^2}{2}$$
$$+\left(\zeta_{T,II} + \lambda_{III}\cdot\frac{L_{III}}{D_{III}}\right)\cdot\frac{c_{III}^2}{2}$$
$$= \left(0{,}5 + 0{,}0305\cdot\frac{300}{0{,}1}\right)\cdot\frac{c_{II}^2}{2}$$
$$+\left(0{,}1 + 0{,}0235\cdot\frac{800}{0{,}25}\right)\cdot\frac{c_{III}^2}{2}$$
$$= 46\cdot c_{II}^2 + 37{,}7\cdot c_{III}^2$$

wird:

$$H_2\cdot g = (c_{III}^2/2) + Y_{V,23}$$
$$H_2\cdot g = 46\cdot c_{II}^2 + 38{,}2\cdot c_{III}^2 \qquad \text{(B)}$$

K I–II–III:

$$\dot V_I + \dot V_{II} = \dot V_{III}$$
$$c_I\cdot D_I^2 + c_{II}\cdot D_{II}^2 = c_{III}\cdot D_{III}^2 \qquad \text{(C)}$$

Damit sind drei Gleichungen (A), (B) und (C) für die drei unbekannten Geschwindigkeiten c_I, c_{II} und c_{III} verfügbar. Dieses Gleichungssystem muss gelöst werden, wobei $0{,}05\cdot c_{III}^2$ vermutlich als gering vernachlässigt:

(A) – (B):

$$(H_1 - H_2)\cdot g = 46{,}28\cdot c_I^2 - 46\cdot c_{II}^2$$

Hieraus:

$$c_I^2 = \frac{1}{46{,}28}\cdot\left[(H_1 - H_2)\cdot g + 46\cdot c_{II}^2\right]$$

aus (B):

$$c_{III}^2 = \frac{1}{38{,}2}\cdot\left[H_2\cdot g - 46\cdot c_{II}^2\right]$$

in (C) eingesetzt:

$$D_I^2\cdot\sqrt{\frac{1}{46{,}28}\cdot\left[(H_1 - H_2)\cdot g + 46\cdot c_{II}^2\right]}$$
$$+ D_{II}^2\cdot c_{II}$$
$$= D_{III}^2\cdot\sqrt{\frac{1}{38{,}2}\cdot\left[H_2\cdot g - 46\cdot c_{II}^2\right]}$$

$D_I = 0{,}15$ m, $D_{II} = 0{,}1$ m, $D_{III} = 0{,}25$ m sowie $H_1 = 25$ m, $H_2 = 30$ m und $g = 9{,}81\ \text{m/s}^2$ eingesetzt liefert Wurzelgleichung für c_{II} in m/s:

$$0{,}15^2\cdot\sqrt{\frac{1}{46{,}28}\cdot\left[(25-30)\cdot 9{,}81 + 46\cdot c_{II}^2\right]}$$
$$+ 0{,}1^2\cdot c_{II}$$
$$= 0{,}25^2\cdot\sqrt{\frac{1}{38{,}2}\cdot\left(30\cdot 9{,}81 - 46\cdot c_{II}^2\right)}$$
$$\cdot\left[\sqrt{\text{m}\cdot\frac{\text{m}}{\text{s}^2}\left(\frac{\text{m}^2}{\text{s}^2}\right)}\right]$$

$$0{,}0225\cdot\sqrt{0{,}994\cdot c_{II}^2 - 1{,}06} + 0{,}01\cdot c_{II}$$
$$= 0{,}0625\cdot\sqrt{7{,}704 - 1{,}204\cdot c_{II}^2}$$
$$2{,}25\cdot\sqrt{0{,}994 c_{II}^2 - 1{,}06} + c_{II}$$
$$= 6{,}25\cdot\sqrt{7{,}704 - 1{,}204\cdot c_{II}^2}$$

Die Gleichung quadriert liefert:

$$5{,}063\left(0{,}994\cdot c_{\text{II}}^2-1{,}06\right)+4{,}5\cdot c_{\text{II}}\cdot\sqrt{0{,}994\cdot c_{\text{II}}^2-1{,}06}+c_{\text{II}}^2=39{,}063\cdot\left(7{,}704-1{,}204\cdot c_{\text{II}}^2\right)$$

$$4{,}5\cdot c_{\text{II}}\cdot\sqrt{0{,}994\cdot c_{\text{II}}^2-1{,}06}=306{,}308-53{,}064\cdot c_{\text{II}}^2$$

$$c_{\text{II}}\cdot\sqrt{0{,}994\cdot c_{\text{II}}^2-1{,}06}=68{,}068-11{,}792\cdot c_{\text{II}}^2$$

Die Gleichung nochmals quadriert ergibt:

$$c_{\text{II}}^2\cdot\left(0{,}994\cdot c_{\text{II}}^2-1{,}06\right)=4633{,}253-1605{,}316\cdot c_{\text{II}}^2+139{,}051\cdot c_{\text{II}}^4$$

$$138{,}057\cdot c_{\text{II}}^4-1604{,}256\cdot c_{\text{II}}^2+4633{,}253=0$$

$$c_{\text{II}}^4-11{,}620\cdot c_{\text{II}}^2+33{,}560=0$$

$$c_{\text{II}}^2=\frac{11{,}620\pm\sqrt{11{,}620^2-4\cdot 33{,}560}}{2}=5{,}81\pm 0{,}44$$

Mathematisch bestehen zwei Lösungen:

1. Lösung:

$$c_{\text{II}}^2=6{,}25\rightarrow c_{\text{II}}=2{,}50\,\text{m/s}$$

Damit werden:

$$c_{\text{I}}=\sqrt{\frac{1}{46{,}28}\cdot\left[(25-30)\cdot 9{,}81+46\cdot 2{,}50^2\right]}\cdot\left[\sqrt{\text{m}\cdot\text{m/s}^2}\right]$$

$$c_{\text{I}}=2{,}27\,\text{m/s}$$

$$c_{\text{III}}=\sqrt{\frac{1}{38{,}2}\cdot\left[30\cdot 9{,}81-46\cdot 2{,}50^2\right]}\cdot\left[\sqrt{\text{m}\cdot\frac{\text{m}}{\text{s}^2}}\right]=\sqrt{0{,}178}=0{,}42\,\text{m/s}$$

2. Lösung:

$$c_{\text{II}}^2=5{,}37\rightarrow c_{\text{II}}=2{,}32\,\text{m/s}$$

Damit werden (Dimensionen wie vorher):

$$c_{\text{I}}=\sqrt{\frac{1}{46{,}28}\cdot\left[(25-30)\cdot 9{,}81+46\cdot 2{,}32^2\right]}=2{,}07\,\text{m/s}$$

$$c_{\text{III}}=\sqrt{\frac{1}{38{,}3}\cdot\left[30\cdot 9{,}81-46\cdot 2{,}32^2\right]}=1{,}10\,\text{m/s}$$

Prüfung der Lösungen: Mit Rohrquerschnitten $A=D^2\pi/4$

$\rightarrow\ A_{\text{I}}=17{,}67\cdot 10^{-3}\,\text{m}^2;$

$A_{\text{II}}=7{,}85\cdot 10^{-3}\,\text{m}^2;$

$A_{\text{III}}=49{,}08\cdot 10^{-3}\,\text{m}^2$

Tab. 7.1 Lösungsvarianten

	1. Lösung	2. Lösung
$\dot{V}_{\text{I}}=c_{\text{I}}\cdot A_{\text{I}}$	0,040 m^3/s	0,037 m^3/s
$\dot{V}_{\text{II}}=c_{\text{II}}\cdot A_{\text{II}}$	0,020 m^3/s	0,018 m^3/s
$\dot{V}_{\text{III}}=c_{\text{III}}\cdot A_{\text{III}}$	0,020 m^3/s	0,054 m^3/s
$\dot{V}_{\text{I}}+\dot{V}_{\text{II}}$	0,060 m^3/s	0,055 m^3/s
$\dot{V}_{\text{II}}/\dot{V}_{\text{III}}$	1	0,33

Ergebnis: Die 2. Lösung erfüllt

$$\text{K I–II–III}\rightarrow\dot{V}_{\text{I}}+\dot{V}_{\text{II}}=\dot{V}_{\text{III}}$$

Vorhandene geringfügige Abweichung durch Rundungsfehler bedingt. Auch wird Ausgangsannahme $\dot{V}_{\text{II}}/\dot{V}_{\text{III}}=0{,}35$ gut erfüllt. Neurechnung daher nicht notwendig, was jedoch nur selten auf Anhieb der Fall. Meist sind wegen unzulänglicher Anfangsschätzung (Startwert) mehrere Rechengänge erforderlich (Iteration).

Überprüfung der λ-Werte:

$H_2O/10\,°\text{C}$

$\rightarrow\nu=1{,}297\cdot 10^{-6}\,\text{m}^2/\text{s}$ (Tab. 6.7)

λ_{I}:

$$Re_{\text{I}}=\frac{2{,}07\cdot 0{,}15}{1{,}297\cdot 10^{-6}}=2{,}4\cdot 10^5$$

$$D_{\text{I}}/k_{\text{s}}=150/0{,}5=300$$

$$\rightarrow\lambda_{\text{I}}=0{,}0275\ \text{(Abb. 6.11)}$$

λ_{II}:

$$Re_{II} = \frac{2{,}32 \cdot 0{,}1}{1{,}297 \cdot 10^{-6}} = 1{,}8 \cdot 10^5$$

$$D_{II}/k_s = 100/0{,}5 = 200$$

$\rightarrow \lambda_{II} = 0{,}0305$ (Abb. 6.11)

λ_{III}:

$$Re_{III} = \frac{1{,}10 \cdot 0{,}25}{1{,}297 \cdot 10^{-6}} = 2{,}1 \cdot 10^5$$

$$D_{III}/k_s = 250/0{,}5 = 500$$

$\rightarrow \lambda_{III} = 0{,}0244$ (Abb. 6.11)

Die geringfügigen Abweichungen der λ-Werte können ebenfalls näherungsweise unbeachtet bleiben.

Korrektur-Rechnung also auch wegen λ-Werten nicht notwendig. Es gilt somit die 2. Lösung unverändert. ◄

Übung 37

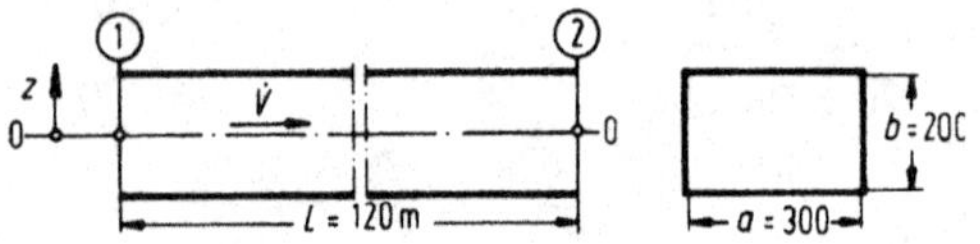

Abb. 7.28 Lösungsskizze zu Übung 37

a) EE ①–②:

$$g \cdot z_1 + \frac{p_1}{\varrho} + \frac{c_1^2}{2} = g \cdot z_2 + \frac{p_2}{\varrho} + \frac{c_2^2}{2} + Y_{V,12}$$

Mit

$$z_1 = z_2 = 0; \quad c_1 = c_2 = c; \quad p_1 - p_2 = \Delta p$$

und

$$Y_{V,1,2} = \lambda \cdot \frac{L}{D_{gl}} \cdot \frac{c^2}{2}$$

wird:

$$\Delta p = \varrho \cdot Y_{V,12} = \varrho \cdot \lambda \cdot \frac{L}{D_{gl}} \cdot \frac{c^2}{2} = \Delta p_V$$

Bestimmung von ϱ, c, D_{gl} und λ:

ϱ:

$$\varrho = 1/v$$

$$v = \frac{R \cdot T}{p} \quad \text{aus dem Gasgesetz}$$

$$R = 287\,\mathrm{J/(kg \cdot K)}$$

$$v = \frac{287 \cdot 353}{1{,}2 \cdot 10^5}\left[\frac{(\mathrm{J/kg \cdot K}) \cdot \mathrm{K}}{\mathrm{N/m^2}}\right] = 0{,}8443\,\mathrm{m^3/kg}$$

$$\varrho = 1{,}184\,\mathrm{kg/m^3}$$

(R nach Tab. 6.22)

c:

$$c = \frac{\dot V}{A} = \frac{\dot V}{a \cdot b} = \frac{10.000}{0{,}2 \cdot 0{,}3} \cdot \frac{1}{3600}\left[\frac{\mathrm{m^3/h}}{\mathrm{m \cdot m}} \cdot \frac{\mathrm{h}}{\mathrm{s}}\right]$$

$$c = 46{,}29\,\mathrm{m/s}$$

D_{gl}:

$$D_{gl} = \frac{4 \cdot A}{U} = \frac{4 \cdot a \cdot b}{2(a+b)} = \frac{2 \cdot a \cdot b}{a+b} = \frac{2 \cdot 0{,}2 \cdot 0{,}3}{0{,}2 + 0{,}3}\left[\frac{\mathrm{m \cdot m}}{\mathrm{m}}\right]$$

$$D_{gl} = 0{,}24\,\mathrm{m}$$

λ:

$$\lambda = f(Re, D/k_s)$$

St, verzinkt
$\rightarrow k = 0{,}1$ bis $0{,}16$ mm,
angenommen: $k_s = 0{,}15$ mm (Tab. 6.15)
Luft 80 °C
$\rightarrow p \cdot \nu = 2{,}05\,\mathrm{Pa \cdot m^2/s}$ (Tab. 6.9)
Hieraus:

$$\nu = \frac{p \cdot \nu}{p} = \frac{2{,}05}{1{,}2 \cdot 10^5}\left[\frac{\mathrm{Pa \cdot m^2/s}}{\mathrm{Pa}}\right] = 1{,}71 \cdot 10^{-5}\,\frac{\mathrm{m^2}}{\mathrm{s}}$$

$$Re = \frac{c \cdot D_{gl}}{\nu} = \frac{46{,}29 \cdot 0{,}24}{1{,}71 \cdot 10^{-5}} = 6{,}5 \cdot 10^5$$

$$D_{gl}/k_s = 240/0{,}15 = 1600$$

$\rightarrow \lambda = 0{,}018$ (Abb. 6.11)

Die Werte eingesetzt ergibt für Δp:

$$\Delta p = 1{,}184 \cdot 0{,}018 \cdot \frac{120}{0{,}24} \cdot \frac{46{,}29^2}{2} \cdot \left[\frac{\mathrm{kg}}{\mathrm{m}^3} \cdot \frac{\mathrm{m}}{\mathrm{m}} \cdot \frac{\mathrm{m}^2}{\mathrm{s}^2}\right]$$

$$\boldsymbol{\Delta p} = 0{,}114 \cdot 10^5\,\mathrm{N/m^2} = 0{,}114 \cdot 10^5\,\mathrm{Pa} \mathbf{= 0{,}114\,bar}$$

$$P = \dot{m} \cdot Y = \varrho \cdot \dot{V} \cdot \Delta p/\varrho = \dot{V} \cdot \Delta p$$

$$P = \frac{10.000}{3600} \cdot 0{,}114 \cdot 10^5 \left[\frac{\mathrm{m^3/h}}{\mathrm{s/h}} \cdot \frac{\mathrm{N}}{\mathrm{m}^2}\right]$$

$$\boldsymbol{P} = 0{,}3167 \cdot 10^5\,\mathrm{W} \mathbf{= 31{,}67\,kW} \quad ◄$$

Übung 38

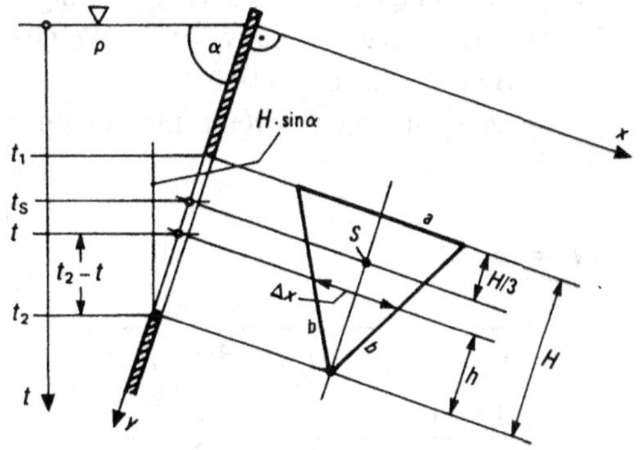

Abb. 7.29 Lösungsskizze zu Übung 38. Tiefenkoordinate t

Berechnung als große Öffnung, gemäß (4.80), wobei wichtig: Nicht verwechseln Tiefe t mit Zeit t. Hier Tiefe t.

$$\dot{V} = \mu \cdot \dot{V}_{\text{th}} = \mu \cdot \frac{\sqrt{2g}}{\sin\alpha} \cdot \int_{t_1}^{t_2} \Delta x(t) \cdot t^{1/2}\mathrm{d}t$$

Mit (nach Skizze, Abb. 7.29):

$$t_2 = t_1 + H \cdot \sin\alpha \qquad H = \sqrt{b^2 - (a/2)^2}$$

$$\Delta x/a = h/H \qquad h = (t_2 - t)/\sin\alpha$$

$$\Delta x = a \cdot h/H = [a/(H \cdot \sin\alpha)] \cdot (t_2 - t)$$

wird:

$$\dot{V} = \mu \frac{\sqrt{2 \cdot g}}{\sin\alpha} \cdot \frac{a}{H \cdot \sin\alpha} \cdot \int_{t_1}^{t_2} (t_2 - t) \cdot t^{1/2}\mathrm{d}t$$

Integral-Auswertung:

$$J = \int_{t_1}^{t_2} (t_2 \cdot t^{1/2} - t^{3/2})\mathrm{d}t$$

$$= \left(t_2 \cdot \frac{t^{3/2}}{3/2} - \frac{t^{5/2}}{5/2}\right)\Bigg|_{t_1}^{t_2}$$

$$= 2\left[\left(\frac{1}{3} \cdot t_2 \cdot t_2^{3/2} - \frac{1}{5} \cdot t_2^{5/2}\right) - \left(\frac{1}{3} \cdot t_2 \cdot t_1^{3/2} - \frac{1}{5} \cdot t_1^{5/2}\right)\right]$$

$$= 2 \cdot \left(\frac{2}{15} \cdot t_2^{5/2} - \frac{1}{3} \cdot t_2 \cdot t_1^{3/2} + \frac{1}{5} \cdot t_1^{5/2}\right)$$

Eingesetzt:

$$\dot{V} = \mu \frac{a \cdot \sqrt{2 \cdot g}}{H \cdot (\sin\alpha)^2} \cdot 2 \cdot \left(\frac{2}{15} \cdot t_2^{5/2} - \frac{1}{3} \cdot t_2 \cdot t_1^{3/2} + \frac{1}{5} \cdot t_1^{5/2}\right)$$

Zahlen-Auswertung: $\mu = 0{,}63$ (Abb. 4.42):

$$H = \sqrt{30^2 - (40/2)^2}\,[\sqrt{\mathrm{cm}^2}]$$

$$= 22{,}36\,\mathrm{cm} \approx 22{,}4\,\mathrm{cm}$$

$$t_2 = 60 + 22{,}36 \cdot \sin 60\,[\mathrm{cm}]$$

$$= 79{,}36\,\mathrm{cm} \approx 79{,}4\,\mathrm{cm}$$

$$\dot{V} = 0{,}63 \cdot \frac{0{,}4 \cdot \sqrt{2 \cdot 9{,}81} \cdot 2}{0{,}224 \cdot (\sin 60)^2} \cdot \left(\frac{2}{15} \cdot 0{,}794^{5/2} - \frac{1}{3} \cdot 0{,}794 \cdot 0{,}6^{3/2} + \frac{1}{5} \cdot 0{,}6^{5/2}\right) \cdot \left[\frac{\mathrm{m} \cdot \sqrt{\mathrm{m/s^2}}}{\mathrm{m}} \cdot (\mathrm{m}^{5/2} - \mathrm{m} \cdot \mathrm{m}^{3/2} + \mathrm{m}^{5/2})\right]$$

$$\dot{V} = 0{,}102\,\mathrm{m^3/s}$$

Zum Vergleich: Berechnung als kleine Öffnung, (4.78),

$$\dot{V} = \mu \cdot A_{\mathrm{M}} \cdot \sqrt{2g \cdot T}$$

$$A_{\mathrm{M}} = (1/2) \cdot a \cdot H$$

$$= (1/2) \cdot 0{,}4 \cdot 0{,}224\,[\mathrm{m} \cdot \mathrm{m}]$$

$$= 0{,}0448\,\mathrm{m}^2$$

$$T = t_S = t_1 + \frac{1}{3} \cdot H \cdot \sin\alpha$$
$$= 0{,}6 + \frac{1}{3} \cdot 0{,}224 \cdot \sin 60 = 0{,}665\,\mathrm{m}$$
$$\dot{V} = 0{,}63 \cdot 0{,}0448 \cdot \sqrt{2 \cdot 9{,}81 \cdot 0{,}665}$$
$$\cdot \left[\mathrm{m}^2 \cdot \sqrt{(\mathrm{m/s}^2) \cdot \mathrm{m}}\right]$$
$$\dot{V} = 0{,}102\,\mathrm{m}^3/\mathrm{s}$$

Also praktisch keine Abweichung, Öffnung daher noch „klein". ◀

Übung 39

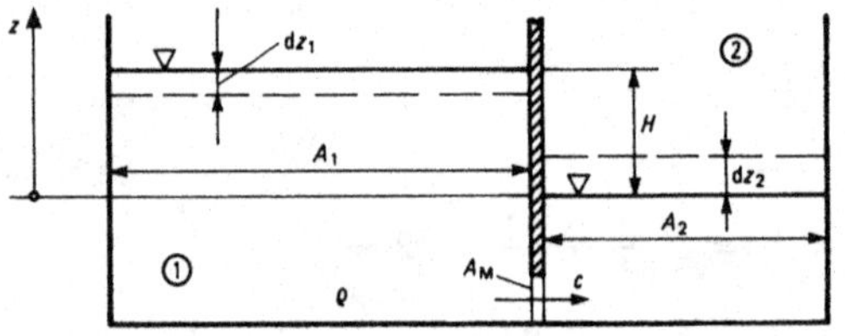

Abb. 7.30 Lösungsskizze zu Übung 39. Nullpunkt von z-Koordinate unterwasserfest angeordnet (Relativsystem), d. h., er steigt mit dem Spiegel im Behälterteil ②

Instationäres Problem, da Spiegelhöhe und damit Strömungsgeschwindigkeit zeitlich nicht konstant, also Funktionen der Zeit t (Abb. 7.30).

Bemerkung: Wieder Zeit t nicht verwechseln mit Tiefe t.

Spiegelabstand $z(t) \rightarrow$ von H bis 0.

Zeitabhängige differenzielle Gesamthöhenänderung der Spiegel um $\mathrm{d}z = \mathrm{d}z_1 + \mathrm{d}z_2$:

$$\mathrm{d}z = \mathrm{d}z_1 + \mathrm{d}z_2 = \mathrm{d}V/A_1 + \mathrm{d}V/A_2$$
$$= \mathrm{d}V(1/A_1 + 1/A_2)$$
$$\mathrm{d}z = \mathrm{d}V \cdot K \quad \text{mit } K = 1/A_1 + 1/A_2$$

Hieraus:

$$\mathrm{d}z/\mathrm{d}t = K \cdot \mathrm{d}V/\mathrm{d}t = K \cdot \dot{V}$$

Mit (4.86)

$$\mathrm{d}z/\mathrm{d}t = K \cdot \mu \cdot A_M \cdot \sqrt{2 \cdot g \cdot z}$$
$$= K \cdot \mu \cdot A_M \cdot \sqrt{2 \cdot g} \cdot z^{1/2}$$

D'Gl. umgestellt und integriert, mit Abkürzung:

$$B = (K \cdot \mu \cdot A_M \cdot \sqrt{2 \cdot g})^{-1}$$
$$= \left[(1/A_1 + 1/A_2) \cdot \mu \cdot A_M \cdot \sqrt{2 \cdot g}\right]^{-1}$$
$$\mathrm{d}t = \left(K \cdot \mu \cdot A_M \cdot \sqrt{2 \cdot g}\right)^{-1} \cdot z^{-1/2} \cdot \mathrm{d}z$$
$$= B \cdot z^{-1/2} \cdot \mathrm{d}z$$
$$\int_0^T \mathrm{d}t = \left| B \cdot \int_H^0 z^{-1/2} \cdot \mathrm{d}z \right|$$
$$t\Big|_0^T = \left| B \cdot [z^{1/2}/(1/2)]\Big|_H^0 \right|$$

(Integration entgegen Koordinatenrichtung z. Deshalb wird Integral negativ. Da nur Wert benötigt, Betragsstriche gesetzt.)

Grenzen eingesetzt, ergibt für Ausflusszeit T:

$$T = B \cdot 2 \cdot \sqrt{H}$$
$$= \frac{2}{(1/A_1 + 1/A_2) \cdot \mu \cdot A_M \cdot \sqrt{2g}} \cdot \sqrt{H}$$
$$T = \frac{1}{\mu} \cdot \frac{A_2}{A_M} \cdot \frac{1}{1 + A_2/A_1} \cdot \sqrt{2 \cdot \frac{H}{g}}$$

Bei aufgestautem Gewässer (See, $A_1 \rightarrow \infty$) mit Solenablauf (Querschnitt A_M), jedoch Querfläche A_2 endlich, ergibt sich durch Grenzübergang (lim-Bildung).

$$T = \frac{1}{\mu} \cdot \frac{A_2}{A_M} \cdot \sqrt{2 \cdot \frac{H}{g}} \cdot \lim_{A_1 \to \infty}\left(\frac{1}{1 + A_2/A_1}\right)$$
$$= \frac{1}{\mu} \cdot \frac{A_2}{A_M} \cdot \sqrt{2 \cdot \frac{H}{g}} \quad ◀$$

Übung 40

Gleichung (4.108)

$$F_{W,R} = \zeta_{W,R} \cdot \varrho \cdot (c_\infty^2/2) \cdot A_0$$

mit $c_\infty = 20\,\mathrm{m/s}$, $A_0 = 2 \cdot b \cdot L = 2 \cdot 1{,}5 \cdot 0{,}2 = 0{,}6\,\mathrm{m}^2$, $\varrho = 1{,}189\,\mathrm{kg/m}^3$ nach Tab. 6.8,

$\nu = 1{,}55 \cdot 10^{-5}\,\text{m}^2/\text{s}$ nach Abb. 6.8 $\zeta_{\text{W,R}} = f(Re_{\text{L}})$:

$$Re_{\text{L}} = \frac{c_\infty \cdot L}{\nu} = \frac{20 \cdot 0{,}2}{1{,}55 \cdot 10^{-5}} = 2{,}6 \cdot 10^5$$

$$Re_{\text{L}} < Re_{\text{kr}} = (3 \text{ bis } 5) \cdot 10^5,$$

also laminare Grenzschicht auf ganzer Plattenlänge.

Deshalb nach (4.107)

$$\zeta_{\text{W,R}} = \frac{1{,}328}{\sqrt{Re_{\text{L}}}} = \frac{1{,}328}{\sqrt{2{,}6 \cdot 10^5}} = 2{,}60 \cdot 10^{-3}$$

Nach Abb. 6.42 für $k_s \approx 0$: $\zeta_{\text{W,R}} = 6 \cdot 10^{-3} \rightarrow$ also mehr als doppelt so groß!

Welcher Wert der Wirklichkeit entspricht, ist letztlich nur experimentell klärbar.

Mit $\zeta_{\text{W,R}} = 2{,}60 \cdot 10^{-3}$ wird:

$$F_{\text{W,R}} = 2{,}60 \cdot 10^{-3} \cdot 1{,}189 \cdot (20^2/2) \cdot 0{,}6 \cdot \left[\frac{\text{kg}}{\text{m}^3} \cdot \frac{\text{m}^2}{\text{s}^2} \cdot \text{m}^2\right]$$

$$\boldsymbol{F}_{\text{W,R}} = 0{,}37\,\text{N bzw. } 0{,}85\,\text{N}$$

bei $\zeta_{\text{W,R}} = 0{,}006$. ◄

Übung 41

Es gilt:

$$P_{\text{W,R}} = F_{\text{W,R,ges}} \cdot c_{\text{P}}$$

mit $F_{\text{W,R,ges}} = F_{\text{W,R,Wa}} + F_{\text{W,R,Lu}}$, $c_{\text{P}} = 10\,\text{m/s}$

Wasserseite: Kraft $F_{\text{W,R,Wa}}$ nach (4.108)

$$F_{\text{W,R,Wa}} = \zeta_{\text{W,R,Wa}} \cdot \varrho \cdot (1/2) \cdot c^2_{\infty,\text{Wa}} \cdot A_{0,\text{Wa}}$$

$$\zeta_{\text{W,R,Wa}} = f\left(Re_{\text{L}}, \frac{k_s}{L}\right)$$

H_2O (Tab. 6.7, 10 °C)
$\rightarrow \nu_{\text{Wa}} = 1{,}297 \cdot 10^{-6}\,\text{m}^2/\text{s}$
$\varrho_{\text{Wa}} = 10^3\,\text{kg/m}^3$
Holz, rau
$\rightarrow k = 1$ bis 2,5 mm,
angenommen: $k_s = 2\,\text{mm}$ (Tab. 6.15)

$$k_s/L = 2 \cdot 10^{-3}/8 = 0{,}25 \cdot 10^{-3}$$

$$c_{\infty,\text{Wa}} = c_{\text{P}} = 10\,\text{m/s}$$

$$Re_{\text{L,Wa}} = \frac{c_{\infty,\text{Wa}} \cdot L}{\nu_{\text{Wa}}} = \frac{10 \cdot 8}{1{,}297 \cdot 10^{-6}} = 6{,}2 \cdot 10^7$$

$$Re_{\text{L,Wa}} > Re_{\text{kr}} = 5 \cdot 10^5,$$

also turbulente Grenzschicht mit laminarer Anlaufstrecke.

Da $10^{-2} > k_s/L > 10^{-6}$, gilt (4.112):

$$\zeta_{\text{W,R,Wa}} = [1{,}89 - 1{,}62 \cdot \lg(k_s/L)]^{-2{,}5} = [1{,}89 - 1{,}62 \cdot \lg(0{,}25 \cdot 10^{-3})]^{-2{,}5} = 6{,}03 \cdot 10^{-3}$$

Oder nach Abb. 6.42: $\zeta_{\text{W,R,Wa}} = 6 \cdot 10^{-3}$

$$A_{0,\text{Wa}} = b \cdot L = 5 \cdot 8 = 40\,\text{m}^2$$

$$F_{\text{W,R,Wa}} = 6 \cdot 10^{-3} \cdot 10^3 \cdot (1/2) \cdot 10^2 \cdot 40 \cdot \left[\frac{\text{kg}}{\text{m}^3} \cdot \frac{\text{m}^2}{\text{s}^2} \cdot \text{m}^2\right] = 12.000\,\text{N}$$

Luftseite: Kraft $F_{\text{W,R,Lu}}$ ebenfalls nach (4.108):

$$F_{\text{W,R,Lu}} = \zeta_{\text{W,R,Lu}} \cdot \varrho_{\text{Lu}} \cdot (1/2) \cdot c^2_{\infty,\text{Lu}} \cdot A_{0,\text{Lu}}$$

$$c_{\infty,\text{Lu}} = 10 + 18 = 28\,\text{m/s}$$

Luft 20 °C/1 bar:
Nach Tab. 6.8: $\varrho = 1{,}189\,\text{kg/m}^3$
Nach Abb. 6.9: $\nu = 1{,}55 \cdot 10^{-5}\,\text{m}^2/\text{s}$

$$Re_{\text{L,Lu}} = \frac{218}{1{,}55 \cdot 10^{-5}} = 1{,}4 \cdot 10^7 > Re_{\text{kr}}$$

Da gleiche relative Rauigkeit wie auf Wasserseite und überkritische Strömung, gilt wieder (4.112) und Abb. 6.42:

$$\zeta_{\text{W,R,Lu}} = [1{,}89 - 1{,}62 \cdot \lg(k_s/L)]^{-2{,}5} = [1{,}89 - 1{,}62 \cdot \lg(0{,}25 \cdot 10^{-3})]^{-2{,}5} = 6{,}03 \cdot 10^{-3}$$

Oder nach Abb. 6.42: $\zeta_{\text{W,R,Lu}} = 6 \cdot 10^{-3}$

Es ergibt sich, da gleiche relative Rauigkeit, zwangsläufig der gleiche ζ-Wert wie auf der Wasserseite.

Gerechnet mit $\zeta_{\mathrm{W,R,Lu}} = 6 \cdot 10^{-3}$

$$A_{0,\mathrm{Lu}} = A_{0,\mathrm{Wa}} = 40\,\mathrm{m}^2$$

$$F_{\mathrm{W,R,Lu}} = 6 \cdot 10^{-3} \cdot 1{,}189 \cdot (1/2) \cdot 28^2 \cdot 40 \cdot \left[\frac{\mathrm{kg}}{\mathrm{m}^3} \cdot \frac{\mathrm{m}^2}{\mathrm{s}^2} \cdot \mathrm{m}^2\right] = 111{,}9\,\mathrm{N} \approx 112\,\mathrm{N}$$

Damit werden:

$$F_{\mathrm{W,R,ges}} = 12.000 + 112 \approx 12.110\,\mathrm{N}$$

$$P_{\mathrm{W,R}} = F_{\mathrm{W,R,ges}} \cdot c_{\mathrm{P}}$$

$$P_{\mathrm{W,R}} = 12.110 \cdot 10\ [\mathrm{N} \cdot \mathrm{m/s}] = 121.100\,\mathrm{W} = 121\,\mathrm{kW} \quad ◄$$

Übung 42

Plattenreibung mit $A_0 = L \cdot T$

Gleichung (4.108)

$$F_{\mathrm{W,R}} = \zeta_{\mathrm{W,R}} \cdot A_0 \cdot \varrho \cdot c_{\infty}^2/2$$

(4.115)

$$k_{\mathrm{zul}} \leq 100 \cdot L/Re_{\mathrm{L}} \quad \text{und} \quad k = k_{\mathrm{vorh}}$$

Tab. 6.7: Bei angen. 10 °C

$$\nu = 1{,}297 \cdot 10^{-6}\,\mathrm{m}^2/\mathrm{s}$$

Tab. 6.15: Beton, ungeglättet $k = 2$ bis 3 mm

$$k_{\mathrm{s}} = (1 \text{ bis } 1{,}6) \cdot k = (1 \text{ bis } 1{,}6) \cdot (2 \text{ bis } 3) = 2 \text{ bis } 4{,}8\,\mathrm{mm}$$

$$k_{\mathrm{s}} = 3{,}4\,\mathrm{mm} \text{ gesetzt (Mittelwert!)}$$

$$k_{\mathrm{s}}/L = 3{,}4/200.000 = 1{,}7 \cdot 10^{-5}$$

$$Re_{\mathrm{L}} = c_{\infty} \cdot L/\nu = 7 \cdot 200/(1{,}297 \cdot 10^{-6}) = 1{,}08 \cdot 10^9$$

$$k_{\mathrm{zul}} \leq 100 \cdot 200/(1{,}08 \cdot 10^9)[\mathrm{m}] = 1{,}85 \cdot 10^{-5}\,\mathrm{m} \approx 0{,}02\,\mathrm{mm}$$

$$k_{\mathrm{zul}} \ll k_{\mathrm{vorh}} \quad (k_{\mathrm{vorh}} = 2 \ldots 3\,\mathrm{mm})$$

$\rightarrow$ raue Platte

$$\zeta_{\mathrm{W,R}} = (1{,}89 - 1{,}62\lg(k_{\mathrm{s}}/L))^{-2{,}5}$$

$$\zeta_{\mathrm{W,R}} = (1{,}89 - 1{,}62\lg(1{,}7 \cdot 10^{-5}))^{-2{,}5} = 0{,}0035$$

(nach (4.112))

Oder aus Abb. 6.42: $\zeta_{\mathrm{W,R}} \approx 3{,}2 \cdot 10^{-3}$ (rau!)

$$F_{\mathrm{W,R}} = 0{,}0035 \cdot 200 \cdot 4 \cdot 10^3 \cdot 7^2/2 \cdot [\mathrm{m} \cdot \mathrm{m} \cdot (\mathrm{kg/m^3})\mathrm{m^2/s^2}]$$

$$\mathbf{F_{W,R}} = 68{,}6 \cdot 10^3\,\mathrm{N} \approx \mathbf{70\,kN} \quad ◄$$

Übung 43

Freie Scheibe zugrunde gelegt, da hierbei Radreibung höher als bei umschlossener.

$$T_{\mathrm{R}} = \zeta_{\mathrm{T}} \cdot A_0 \cdot R \cdot \varrho \cdot u^2/2$$

nach (4.119) je Rad

$$k = 0{,}02 \text{ bis } 0{,}05\,\mathrm{mm}$$

nach Abb. 6.44 und Tab. 6.14 für gebeizte Flächen.

$$k_{\mathrm{s}} = (1 \text{ bis } 1{,}6) \cdot k = (1 \text{ bis } 1{,}6) \cdot (0{,}02 \text{ bis } 0{,}05) = 0{,}02 \text{ bis } 0{,}08\,\mathrm{mm}$$

$$k_{\mathrm{s}} = 0{,}05 \text{ gesetzt (Mittelwert)}$$

Luft 1 bar, 20 °C (Tab. 6.8, Abb. 6.8)

$\rightarrow \varrho = 1{,}19\,\mathrm{kg/m^3}$

$\nu = 1{,}6 \cdot 10^{-5}\,\mathrm{m^2/s}$

(4.116):

$$Re = \frac{R \cdot u}{\nu} = \frac{0{,}3 \cdot 180/3{,}6}{1{,}6 \cdot 10^{-5}}\left[\frac{\mathrm{m} \cdot \mathrm{m/s}}{\mathrm{m^2/s}}\right] = 9{,}37 \cdot 10^5$$

(4.123):

$$\zeta_{\mathrm{T}} = \frac{0{,}023}{\sqrt[5]{Re}} = \frac{0{,}023}{\sqrt[5]{9{,}37 \cdot 10^5}} = 1{,}5 \cdot 10^{-3}$$

(4.124):

$$\zeta_T = \frac{0{,}11}{(1{,}12 + \lg(R/k_s))^{2,5}}$$
$$= \frac{0{,}11}{(1{,}12 + \lg(300/0{,}05))^{2,5}}$$
$$= 2{,}1 \cdot 10^{-3} \text{ (verwendet!)}$$

Mantel-Berücksichtigung:
Möglichkeit 1, durch (4.125):

$$A_0 = 2 \cdot R \cdot \pi(R + b)$$
$$= 2 \cdot 0{,}3 \cdot \pi(0{,}3 + 0{,}2)[\mathrm{m}^2]$$
$$A_0 = 0{,}942\,\mathrm{m}^2$$

damit

$$T_R = 2{,}1 \cdot 10^{-3} \cdot 0{,}942 \cdot 0{,}3$$
$$\cdot 1{,}19 \cdot (180/3{,}6)^2/2$$
$$\cdot [\mathrm{m}^2 \cdot \mathrm{m} \cdot (\mathrm{kg/m}^3) \cdot (\mathrm{m/s})^2]$$
$$T_R = 0{,}883\,\mathrm{N\,m} \approx 0{,}88\,\mathrm{N\,m}$$

Möglichkeit 2, durch (4.127):

$$\zeta_T + \Delta\zeta_T = (1 + 1{,}15 \cdot b/R) \cdot \zeta_T$$
$$= (1 + 1{,}15 \cdot 20/30) \cdot 2{,}1 \cdot 10^{-3}$$
$$= 3{,}71 \cdot 10^{-3}$$
$$A_0 = 2 \cdot R^2 \cdot \pi = 2 \cdot 0{,}3^2 \cdot \pi\ [\mathrm{m}^2]$$
$$= 0{,}565\,\mathrm{m}^2$$
$$T_R = 3{,}71 \cdot 10^{-3} \cdot 0{,}565 \cdot 0{,}3$$
$$\cdot 1{,}19\,(180/3{,}6)^2/2$$
$$\cdot [\mathrm{m}^2 \cdot \mathrm{m} \cdot (\mathrm{kg/m}^3) \cdot (\mathrm{m/s})^2]$$
$$T_R = 0{,}935\,\mathrm{N\,m}$$
$$\approx 0{,}94\,\mathrm{N\,m}\ (\approx 7\,\%\ \text{größer!})$$

Vier Räder:

$$\boldsymbol{T_{R,ges}} = 4 \cdot T_R = 4 \cdot 0{,}94\,\mathrm{N\,m} = \mathbf{3{,}76\,N\,m}$$

Reib-, d. h. Verlustleistung, (4.120):

$$\boldsymbol{P_R} = T_{R,ges} \cdot \omega = T_{T,ges} \cdot u/R$$
$$= 3{,}76 \cdot 50/0{,}3\ [\mathrm{N\,m} \cdot (\mathrm{m/s})/\mathrm{m}]$$
$$= 626{,}7\,\mathrm{W} \approx \mathbf{0{,}63\,kW} \quad ◄$$

Übung 44

Umschlossene Scheibe, (4.119), (4.120) mit (4.129) bis (4.134).

H_2O-Sattdampf 1 bar $\rightarrow t = 100\,°\mathrm{C}$
$\rightarrow \nu = 22{,}1 \cdot 10^{-6}\,\mathrm{m}^2/\mathrm{s}$

$$\varrho = 0{,}5796\,\mathrm{kg/m}^3 \approx 0{,}58\,\mathrm{kg/m}^3$$

(Abb. 6.10, Tab. 6.22)

Abb. 6.44:

$$k = 0{,}0005 \text{ bis } 0{,}001\,\mathrm{mm};$$
$$k_s = (1 \text{ bis } 1{,}6) \cdot k$$
$$k_s = (1 \text{ bis } 1{,}6) \cdot (0{,}0005 \text{ bis } 0{,}001)$$
$$= 0{,}0005 \text{ bis } 0{,}0016\,\mathrm{mm}$$
$$k_s = 0{,}001 \text{ gesetzt (etwa Mittelwert)}$$

(4.116): $Re = R \cdot u/\nu$
mit $n = 4800/60 = 80\,\mathrm{s}^{-1}$:

$$u = D \cdot \pi \cdot n = 0{,}7 \cdot \pi \cdot 80\ [\mathrm{m} \cdot 1/\mathrm{s}]$$
$$= 175{,}93\,\mathrm{m/s}$$
$$Re = \frac{0{,}35 \cdot 175{,}93}{22{,}1 \cdot 10^{-6}}$$
$$= 2{,}79 \cdot 10^6 > Re_{kr} \rightarrow \text{turbulent}$$

(4.133):

$$\zeta_T = [1{,}1 \cdot \lg(R/k_s) - 0{,}7 \cdot (s/R)^{0{,}25}]^{-2}$$
$$= \left[1{,}1 \cdot \lg\frac{350}{0{,}001} - 0{,}7 \cdot \left(\frac{20}{350}\right)^{0{,}25}\right]^{-2}$$
$$= 0{,}0302 \approx 0{,}03$$

Mantel-Berücksichtigung:
1. Möglichkeit, durch (4.125):

$$A_0 = 2 \cdot R \cdot \pi(R + b)$$
$$= 2 \cdot 0{,}35 \cdot \pi \cdot (0{,}35 + 0{,}03)[\mathrm{m}^2]$$
$$= 0{,}836\,\mathrm{m}^2$$
$$T_R = \zeta_T \cdot A_0 \cdot R \cdot \varrho \cdot u^2/2$$
$$= 0{,}03 \cdot 0{,}836 \cdot 0{,}35 \cdot 0{,}58 \cdot 175{,}93^2/2$$
$$\cdot [\mathrm{m}^2 \cdot \mathrm{m} \cdot (\mathrm{kg/m}^3) \cdot (\mathrm{m/s})^2]$$
$$= 78{,}8\,\mathrm{Nm}$$

2. Möglichkeit, durch (4.134)

$$\Delta\zeta_{\mathrm{T}} = \frac{b}{R}\left(\frac{2}{Re}\cdot\frac{R}{t} + \frac{0{,}1}{\sqrt[5]{Re}}\cdot\frac{(R/t)+1}{2\cdot(R/t)+1}\right)$$
$$= \frac{30}{350}\left(\frac{2}{2{,}79\cdot 10^6}\cdot\frac{350}{1{,}5} + \frac{0{,}1}{\sqrt[5]{2{,}79\cdot 10^6}}\cdot\frac{(350/1{,}5)+1}{2\cdot(350/1{,}5)+1}\right)$$
$$= 2{,}35\cdot 10^{-4}$$
$$\zeta_{\mathrm{T,kor}} = \zeta_{\mathrm{T}} + \Delta\zeta_{\mathrm{T}} = 0{,}03 + 2{,}35\cdot 10^{-4} = 0{,}0302$$
$$A_0 = 2\cdot R^2\cdot\pi = 2\cdot 0{,}35^2\cdot\pi\,[\mathrm{m^2}] = 0{,}7697 \approx 0{,}77\,\mathrm{m^2}$$
$$T_{\mathrm{R}} = 0{,}0302\cdot 0{,}77\cdot 0{,}35\cdot 0{,}58\cdot 175{,}93^2/2$$
$$= 73\,\mathrm{N\,m}\ \text{(Unterschied zu 1. ca. 7,3 \%)}$$
$$P_{\mathrm{T}} = T_{\mathrm{R}}\cdot\omega = T_{\mathrm{R}}\cdot 2\cdot\pi\cdot n = 78{,}8\cdot 2\cdot\pi\cdot 80\,[\mathrm{N\,m\cdot s^{-1}}]$$
$$P_{\mathrm{R}} \approx 39.609\,\mathrm{W} \approx 40\,\mathrm{kW}$$
$$\eta_{\mathrm{R}} = P_{\mathrm{e}}/(P_{\mathrm{e}} + P_{\mathrm{R}}) = 180/(180+40) \approx 0{,}82 \mathrel{\hat{=}} 82\,\%$$

→ Verlust 18 % (hoch, obwohl poliert!) ◄

Übung 45

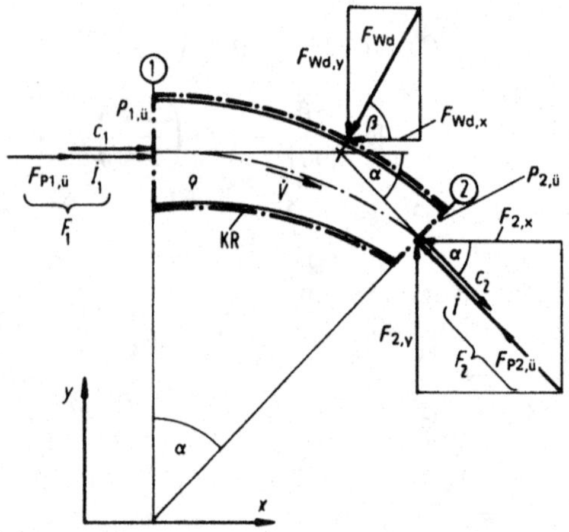

Abb. 7.31 Lösungsskizze zu Übung 45

$$\text{IS ①–②: } \sum\vec{F} = 0 \to \sum F_{\mathrm{x}} = 0,\quad \sum F_{\mathrm{y}} = 0$$

1. $\sum F_{\mathrm{x}} = 0$:

$$F_1 - F_{\mathrm{Wd,x}} - F_{2,\mathrm{x}} = 0$$
$$\to F_{\mathrm{Wd,x}} = F_1 - F_{2,\mathrm{x}} = F_1 - F_2\cdot\cos\alpha$$

2. $\sum F_{\mathrm{y}} = 0$:

$$-F_{\mathrm{Wd,y}} + F_{2,\mathrm{y}} = 0$$
$$\to F_{\mathrm{Wd,y}} = F_{2,\mathrm{y}} = F_2\cdot\sin\alpha$$

Mit

$$F_1 = \dot{I}_1 + F_{p_{1,ü}} = \dot{m}\cdot c_1 + A_1\cdot p_{1,ü} = A_1\cdot(\varrho\cdot c_1^2 + p_{1,ü})$$
$$F_2 = \dot{I}_2 + F_{p_{2,ü}} = \dot{m}\cdot c_2 + A_2\cdot p_{2,ü} = A_2\cdot(\varrho\cdot c_2^2 + p_{2,ü})$$

und

$$\text{D ①:}\quad c_1 = \frac{\dot{V}}{A_1} = \frac{750/3600}{0{,}3^2\cdot\pi/4}\left[\frac{\mathrm{m^3/s}}{\mathrm{m^2}}\right] = 2{,}95\,\mathrm{m/s}$$
$$\text{D ②:}\quad c_2 = \frac{\dot{V}}{A_2} = \frac{750/3600}{0{,}2^2\cdot\pi/4}\left[\frac{\mathrm{m^3/s}}{\mathrm{m^2}}\right] = 6{,}63\,\mathrm{m/s}$$

EE ①–②:

$$z_1\cdot g + \frac{p_1}{\varrho} + \frac{c_1^2}{2} = z_2\cdot g + \frac{p_2}{\varrho} + \frac{c_2^2}{2} + Y_{\mathrm{V,12}}$$

Mit

$$z_1 = 0;\quad p_1 = 2{,}5\cdot 10^5\,\frac{\mathrm{N}}{\mathrm{m^2}};\quad c_1 = 2{,}95\,\mathrm{m/s}$$
$$z_2 = 0;\quad p_2 = ?;\quad c_2 = 6{,}63\,\mathrm{m/s}$$

und

$$Y_{\mathrm{V,12}} = \zeta_{75}\cdot\frac{c_2^2}{2}$$

wird:

$$R_{\mathrm{a}}/b_{\mathrm{E}} = \frac{900}{300} = 3;\quad R_{\mathrm{i}}/b_{\mathrm{E}} = \frac{600}{300} = 2$$
$$A_{\mathrm{A}}/A_{\mathrm{E}} = \left(\frac{200}{300}\right) \approx 0{,}5$$
$$\to \zeta_{90} = 0{,}10\ \text{(Abb. 4.16)}$$

$$\zeta_{75} = \left(\frac{75}{90}\right)^{3/4} \cdot \zeta_{90} = 0{,}087 \approx 0{,}09$$

Eingesetzt in E ①–② liefert:

$$\begin{aligned}
p_2 &= p_1 + \varrho\left[\frac{c_1^2}{2} - \frac{c_2^2}{2}(1+\zeta_{75})\right]\\
&= 2{,}5 \cdot 10^5\\
&\quad + 10^3\left[\frac{2{,}95^2}{2} - \frac{6{,}63^2}{2} \cdot (1+0{,}09)\right]\\
&\quad \cdot \left[\frac{\mathrm{N}}{\mathrm{m^2}}\frac{\mathrm{kg}}{\mathrm{m^3}}\left(\frac{\mathrm{m^2}}{\mathrm{s^2}}\frac{\mathrm{m^2}}{\mathrm{s^2}}\right)\right]\\
&\approx 2{,}3 \cdot 10^5\,\mathrm{N/m^2}\\
&= 2{,}3 \cdot 10^5\,\mathrm{Pa} = 2{,}3\,\mathrm{bar}\\
p_{1,\ddot{u}} &= p_1 - p_b = 2{,}5 - 1\,[\mathrm{bar}]\\
&= 1{,}5\,\mathrm{bar} = 1{,}5 \cdot 10^5\,\mathrm{N/m^2}\\
p_{2,\ddot{u}} &= p_2 - p_b = 2{,}3 - 1\,[\mathrm{bar}]\\
&= 1{,}3\,\mathrm{bar} = 1{,}3 \cdot 10^5\,\mathrm{N/m^2}
\end{aligned}$$

Mit diesen Werten ergeben sich für die Kräfte:

$$\begin{aligned}
F_1 &= \frac{\pi}{4} \cdot 0{,}3^2(10^3 \cdot 2{,}95^2 + 1{,}5 \cdot 10^5)\\
&\quad \cdot \left[\mathrm{m^2}\left(\frac{\mathrm{kg}}{\mathrm{m^3}} \cdot \frac{\mathrm{m^2}}{\mathrm{s^2}} + \frac{\mathrm{N}}{\mathrm{m^2}}\right)\right]\\
&= 0{,}1122 \cdot 10^5\,\mathrm{N} = 11{,}22\,\mathrm{kN}\\
F_2 &= \frac{\pi}{4} \cdot 0{,}2^2 \cdot (10^3 \cdot 6{,}63^2 + 1{,}3 \cdot 10^5)\,[\mathrm{N}]\\
&= 0{,}0547 \cdot 10^5\,\mathrm{N} = 5{,}47\,\mathrm{kN}
\end{aligned}$$

Damit werden:

$$\begin{aligned}
F_{\mathrm{Wd,x}} &= 11{,}22 - 5{,}47 \cdot \cos 75°\,[\mathrm{kN}]\\
&= 9{,}80\,\mathrm{kN}\\
F_{\mathrm{Wd,y}} &= 5{,}47 \cdot \sin 75°\,[\mathrm{kN}] = 5{,}28\,\mathrm{kN}\\
\boldsymbol{F_{\mathrm{Wd}}} &= \sqrt{F_{\mathrm{Wd,x}}^2 + F_{\mathrm{Wd,y}}^2}\\
&= \sqrt{9{,}80^2 + 5{,}28^2}\\
&= \mathbf{11{,}13\,kN}\\
\tan\beta &= F_{\mathrm{Wd,y}}/F_{\mathrm{Wd,x}} = 5{,}28/9{,}80\\
&= 0{,}5388\\
\rightarrow \boldsymbol{\beta} &= \mathbf{28{,}3°} \quad \blacktriangleleft
\end{aligned}$$

Übung 46

a) Nach (4.151):

$$F_{\mathrm{Wd}} = \varrho \cdot \dot{V}_1 \cdot (c_{\mathrm{D\ddot{u}}} - u) \cdot (1 + \cos\beta)$$

Mit $u = 0$ und deshalb $\dot{V}_1 = \dot{V}_{\mathrm{D\ddot{u}}}$ wird:

$$F_{\mathrm{Wd,0}} = \varrho \cdot \dot{V}_{\mathrm{D\ddot{u}}} \cdot c_{\mathrm{D\ddot{u}}}(1 + \cos\beta)$$

Nach TORRICELLI-Beziehung (3.92); (3.94):

$$\begin{aligned}
c_{\mathrm{D\ddot{u}}} &= \varphi_{\mathrm{D\ddot{u}}} \cdot c_{\mathrm{D\ddot{u},th}} = \varphi_{\mathrm{D\ddot{u}}} \cdot \sqrt{2 \cdot \Delta p/\varrho}\\
&= \varphi_{\mathrm{D\ddot{u}}} \cdot \sqrt{2 \cdot (p_{\mathrm{D\ddot{u}}} - p_b)/\varrho}\\
&= \varphi_{\mathrm{D\ddot{u}}} \cdot \sqrt{2 \cdot p_{\mathrm{D\ddot{u},\ddot{u}}}/\varrho}
\end{aligned}$$

Bei guten Düsen nach Tab. 4.3: $\alpha_{\mathrm{D\ddot{u}}} \approx 1$, $\varphi_{\mathrm{D\ddot{u}}} = 0{,}97$ bis $0{,}99$, Mittelwert $\varphi_{\mathrm{D\ddot{u}}} = 0{,}98$

Damit:

$$\begin{aligned}
c_{\mathrm{D\ddot{u}}} &= 0{,}98 \cdot \sqrt{2 \cdot \frac{9 \cdot 10^5}{10^3}}\left[\sqrt{\frac{\mathrm{N/m^2}}{\mathrm{kg/m^3}}}\right]\\
&= 41{,}58\,\mathrm{m/s}
\end{aligned}$$

und mit Index 0 bei $u = 0$ (Stillstand):

$$\begin{aligned}
F_{\mathrm{Wd,0}} &= 10^3 \cdot \frac{1500}{3600} \cdot 41{,}58(1 + \cos 4°)\\
&\quad \cdot \left[\frac{\mathrm{kg}}{\mathrm{m^3}} \cdot \frac{\mathrm{m^3}}{\mathrm{s}} \cdot \frac{\mathrm{m}}{\mathrm{s}}\right]\\
\boldsymbol{F_{\mathrm{Wd,0}}} &= 34{,}61 \cdot 10^3\,\mathrm{N} = \mathbf{34{,}61\,kN}
\end{aligned}$$

b) Nach (4.159):

$$u = c_{\mathrm{D\ddot{u}}}/2 = 41{,}58/2 = 20{,}79\,\mathrm{m/s}$$

Hieraus

$$\boldsymbol{n} = \frac{u}{D \cdot \pi} = \frac{20{,}79}{1{,}2 \cdot \pi}\left[\frac{\mathrm{m/s}}{\mathrm{m}}\right] = \mathbf{5{,}51\,s^{-1}}$$

Frequenz-Drehzahl ist jedoch:

$$n = 5{,}\bar{5}\,\mathrm{s^{-1}}$$

bei 18-poligem Generator ($n = (50/9)\,\mathrm{s^{-1}}$)

Nach (4.160):

$$P_{\max} = \frac{1}{4} \cdot \varrho \cdot \dot{V}_{\text{Dü}} \cdot c_{\text{Dü}}^2 \cdot (1 + \cos\beta)$$
$$= \frac{1}{4} \cdot 10^3 \cdot \frac{1500}{3600} \cdot 41{,}58^2 \cdot (1 + \cos 4°) \cdot \left[\frac{\text{kg}}{\text{m}^3} \cdot \frac{\text{m}^3/\text{h}}{\text{s/h}} \cdot \frac{\text{m}^2}{\text{s}^2}\right]$$
$$P_{\max} = 359{,}7 \cdot 10^3 \,\frac{\text{N m}}{\text{s}} \approx 360 \cdot 10^3\,\text{W}$$
$$\boldsymbol{P_{\max} = 360\,\text{kW}}$$

c) $u_{\max} = c_{\text{Dü}} = 41{,}58\,\text{m/s}$

$$\boldsymbol{n_{\max}} = \frac{u_{\max}}{D \cdot \pi} = \frac{41{,}58}{1{,}2 \cdot \pi}\left[\frac{\text{m/s}}{\text{m}}\right] \boldsymbol{= 11{,}03\,\text{s}^{-1}}$$

d) $D_{\text{Dü}} = \sqrt{A_{\text{Dü}} \cdot 4/\pi}$
mit $A_{\text{Dü}} = \dot{V}_{\text{Dü}}/(c_{\text{Dü}} \cdot \alpha_{\text{Dü}})$
aus $\dot{V}_{\text{Dü}} = \alpha_{\text{Dü}} \cdot A_{\text{Dü}} \cdot c_{\text{Dü}}$
Zahlenauswertung:

$$\dot{V}_{\text{Dü}} = \frac{1500}{3600}\left[\frac{\text{m}^3/\text{h}}{\text{s/h}}\right] = 0{,}4167\,\frac{\text{m}^3}{\text{s}}$$

$\alpha_{\text{Dü}} \approx 1$ nach Tab. 4.3

$$A_{\text{Dü}} = \frac{0{,}4167}{41{,}58}\left[\frac{\text{m}^3/\text{s}}{\text{m/s}}\right] = 0{,}0100\,\text{m}^2$$
$$D_{\text{Dü}} = \sqrt{0{,}0100 \cdot 4/\pi}\,\left[\sqrt{\text{m}^2}\right] = 0{,}113\,\text{m} \blacktriangleleft$$

Übung 47

DS ② → $\sum T = 0$
mit MPin DP: $-\dot{L}_2 + T_{\text{Wd,0}} = 0$
Hieraus:

$$T_{\text{Wd,0}} = \dot{L}_2 = 2 \cdot \dot{I}_2 \cdot R = 2 \cdot \dot{I}_{2,\text{u}} \cdot r$$
$$= 2 \cdot \dot{I}_2 \cdot \sin\beta \cdot r$$
$$= 2 \cdot \dot{m}_2 \cdot w_2 \cdot \sin\beta \cdot r$$
$$= 2 \cdot \varrho \cdot A_2 \cdot w_2^2 \cdot \sin\beta \cdot r$$

Hierbei $\beta = \alpha - \gamma = 65° - 20° = 45°$

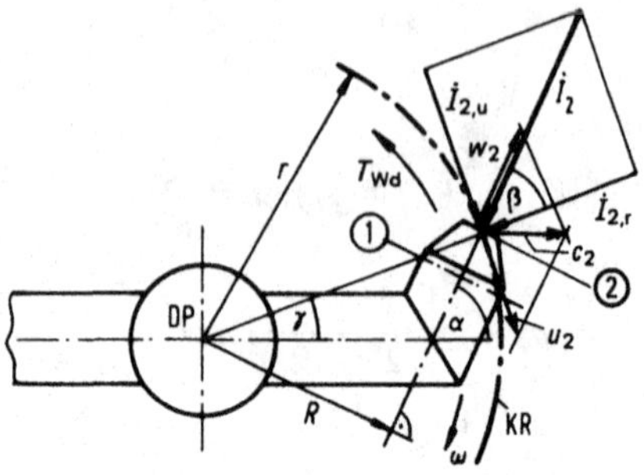

Abb. 7.32 Lösungsskizze zu Übung 47

Aus E ①–②:

$$z_1 \cdot g + \frac{p_1}{\varrho} + \frac{w_1^2}{2} = z_2 \cdot g \cdot \frac{p_2}{\varrho} + \frac{w_{2,\text{th}}^2}{2}$$

wobei

$$z_1 = 0; \quad p_1 = p_{1,\text{ü}} + p_{\text{b}}$$
$$z_2 = 0; \quad p_2 = p_{\text{b}}$$

K ①–②: $w_1 = w_{2,\text{th}} \cdot (D_2/D_1)^2$
folgt:

$$\frac{p_{1,\text{ü}}}{\varrho} = \frac{w_{2,\text{th}}^2}{2} \cdot [1 - (D_2/D_1)^4]$$

Hieraus

$$w_{2,\text{th}} = \frac{1}{\sqrt{1 - (D_2/D_1)^4}} \cdot \sqrt{2 \cdot \frac{p_{1,\text{ü}}}{\varrho}}$$
$$= \frac{1}{\sqrt{1 - (15/30)^4}} \cdot \sqrt{2 \cdot \frac{3 \cdot 10^5}{10^3}} \cdot \left[\sqrt{\frac{\text{N/m}^2}{\text{kg/m}^3}}\right]$$
$$= 25{,}3\,\text{m/s}$$
$$w_2 = \varphi_{\text{Dü}} \cdot w_{2,\text{th}}$$

hierbei nach Tab. 4.3: $\varphi_{\text{Dü}} = 0{,}96$

$$w_2 = 0{,}96 \cdot 25{,}3 = 24{,}29\,\text{m/s}$$

Damit folgt für das Festhaltemoment $T_{\text{Wd,0}}$:

$$T_{\text{Wd,0}} = 2 \cdot 10^3 \cdot \frac{\pi}{4} \cdot (15 \cdot 10^{-3})^2 \cdot 24{,}29^2 \cdot \sin 45° \cdot 0{,}1 \cdot \left[\frac{\text{kg}}{\text{m}^3} \cdot \text{m}^2 \cdot \frac{\text{m}^2}{\text{s}^2} \cdot \text{m}\right]$$
$$\boldsymbol{T_{\text{Wd,0}} = 15{,}27\,\text{Nm}}$$

b) Gleichgewicht besteht, wenn $T = T_R$ ist (T_R ... Reibungsmoment). Mit (4.204) wird:

$$T_R = 2 \cdot A_a \cdot R \cdot p_ü \cdot \sqrt{1+\Omega^2} \cdot (\sqrt{1+\Omega^2} - \Omega)$$

Dabei ist die dimensionslose Winkelgeschwindigkeit Ω nach (4.194):

$$\Omega = \frac{\omega}{\frac{1}{R} \cdot \sqrt{2p_ü/\varrho}}$$

$$\omega = 2 \cdot \pi \cdot n = 2 \cdot \pi \cdot \frac{1500}{60} \left[\frac{1/\text{min}}{\text{s/min}}\right] = 157{,}1\,\text{s}^{-1}$$

$$R = r \cdot \sin\beta = 100 \cdot \sin 45° \,[\text{mm}] = 70{,}7\,\text{mm}$$

$$\Omega = \frac{157{,}1}{(1/0{,}0707) \cdot \sqrt{2 \cdot 3 \cdot 10^5/10^3}} = \left[\frac{1/\text{s}}{\frac{1}{\text{m}} \cdot \sqrt{(\text{N/m}^2)/(\text{kg/m}^3)}}\right] = 0{,}4$$

Ausströmquerschnitt A_a (2 Düsen):

$$A_a = 2 \cdot A_{Dü} = 2 \cdot \frac{\pi}{4} \cdot D_{Dü}^2 = 2 \cdot \frac{\pi}{4} \cdot (15 \cdot 10^{-3})^2 \,[\text{m}^2] = 3{,}534 \cdot 10^{-4}\,\text{m}^2$$

Mit diesen Werten wird das Reibungsmoment:

$$T_R = 2 \cdot 3{,}534 \cdot 10^{-4} \cdot 0{,}0707 \cdot 3 \cdot 10^5 \cdot \sqrt{1+0{,}453^2} \cdot (\sqrt{1+0{,}453^2} - 0{,}453) \cdot [\text{m}^2 \cdot \text{m} \cdot \text{N/m}^2]$$

$$\boldsymbol{T_R} = 14{,}99 \cdot 0{,}708 [\text{N m}] = \mathbf{10{,}61\,N\,m}$$

Das dimensionslose Drehmoment nach (4.206)

$$\Theta = T/T_0 = \sqrt{1+\Omega^2} \cdot (\sqrt{1+\Omega^2} - \Omega)$$

$$\boldsymbol{\Theta} = \sqrt{1+0{,}453^2} \cdot (\sqrt{1+0{,}453^2} - 0{,}453) = 0{,}7079 \approx \mathbf{0{,}71}$$

c) $\boldsymbol{P_R} = T_R \cdot \omega = 10{,}61 \cdot 157{,}1\,[\text{Nm} \cdot \text{s}^{-1}] = \mathbf{1667\,W}$

d) Nach (4.208) und mit (4.200):

$$P_{th} \approx \dot{m} \cdot p_ü/\varrho = \varrho \cdot A_a \cdot w_a \cdot p_ü/\varrho = A_a \cdot w_a \cdot p_ü$$

Mit (4.195) wird:

$$P_{th} = A_a \cdot p_ü \cdot \sqrt{2 \cdot p_ü/\varrho} \cdot \sqrt{1+\Omega^2} = 3{,}534 \cdot 10^{-4} \cdot 3 \cdot 10^5 \cdot \sqrt{2 \cdot \frac{3 \cdot 10^5}{10^3}} \cdot \sqrt{1+0{,}453^2} \left[\text{m}^2 \cdot \frac{\text{N}}{\text{m}^2} \cdot \sqrt{\frac{\text{N/m}^2}{\text{kg/m}^3}}\right]$$

$$\boldsymbol{P_{th}} = \mathbf{2851\,W}$$

e) $\boldsymbol{\eta_{th}} = P_R/P_{th} = 1667/2851 = \mathbf{0{,}58}$
Oder nach (4.209):

$$\eta_{th} = 2 \cdot \Omega(\sqrt{1+\Omega^2} - \Omega) = 2 \cdot 0{,}453(\sqrt{1+0{,}453^2} - 0{,}453)$$

$$\eta_{th} = 0{,}58$$

f) Nach (4.200): $\dot{m} = \varrho \cdot \dot{V} = \varrho \cdot w_a \cdot A_a$ und mit (4.195) wird:

$$\dot{m} = \varrho \cdot A_a \cdot \sqrt{2 \cdot p_ü/\varrho} \cdot \sqrt{1+\Omega^2} = 10^3 \cdot 3{,}534 \cdot 10^{-4} \cdot \sqrt{2 \cdot \frac{3 \cdot 10^5}{10^3}} \cdot \sqrt{1+0{,}453^2} \left[\frac{\text{kg}}{\text{m}^3} \cdot \text{m}^2 \cdot \sqrt{\frac{\text{N/m}^2}{\text{kg/m}^3}}\right]$$

$$\dot{m} = 9{,}50\,\text{kg/s}$$

g) Mit Index e ... Eintritt; a ... Austritt:

$$c_e = \frac{\dot{V}}{A_e} = \frac{\dot{m}}{\varrho \cdot A_e} = \frac{\dot{m}}{\varrho \cdot 2 \cdot D_e^2 \cdot \pi/4} = \frac{9{,}5}{10^3 \cdot 2 \cdot 0{,}03^2 \cdot \pi/4} \left[\frac{\text{kg/s}}{(\text{kg/m}^3) \cdot \text{m}^2}\right]$$

$$c_e = 6{,}72\,\text{m/s}$$

h) $w_{a,0} = c_a = c_{2,th} = 25{,}3\,\text{m/s}$

Nach (4.195)

$$w_a = \sqrt{2 \cdot \frac{p_ü}{\varrho}} \cdot \sqrt{1 + \Omega^2} = \sqrt{2 \cdot \frac{3 \cdot 10^5}{10^3}} \cdot \sqrt{1 + 0{,}453^2} \cdot \left[\sqrt{\frac{\text{N/m}^2}{\text{kg/m}^3}}\right]$$

$$w_a = 26{,}89\,\text{m/s}$$

Damit $\boldsymbol{w_a/w_{a,0}} = 26{,}89/25{,}3 = \mathbf{1{,}06}$

i) $c_2^2 = u_2^2 + w_2^2 - 2 \cdot u_2 \cdot w_2 \cdot \cos\beta$ (Cosinus-Satz)

1. *Ideale Strömung*, d. h. reibungsfrei:

$$w_2^2 = u_2^2 + 2 \cdot p_{e,ü}/\varrho$$

gemäß (4.193) bei $c_e \approx 0$

$$c_2^2 = 2 \cdot p_{e,ü}/\varrho$$

nach TORRICELLI aus E ⓔ–② mit $p_{e,ü} = p_e - p_a$ und ② ≡ ⓐ

Eingesetzt im Cosinus-Ansatz:

$$\begin{aligned} 2 \cdot p_{e,ü}/\varrho &= u_2^2 + u_2^2 + 2p_{e,ü}/\varrho \\ &\quad - 2 \cdot u_2 \cdot \sqrt{u_2^2 + 2p_{e,ü}/\varrho} \cdot \cos\beta \\ u_2 &= \sqrt{u_2^2 + 2 \cdot p_{e,ü}/\varrho} \cdot \cos\beta \\ u_2^2 &= (u_2^2 + 2p_{e,ü}/\varrho) \cdot \cos^2\beta \\ u_2^2(1 - \cos^2\beta) &= (2 \cdot p_{e,ü}/\varrho) \cdot \cos^2\beta \\ &= c_2^2 \cdot \cos^2\beta \\ \boldsymbol{u_2} &= c_2 \cdot \cos\beta/\sqrt{1 - \cos^2\beta} \\ &= c_2 \cdot \cos\beta/\sin\beta \\ &\boldsymbol{= c_2 \cdot \cot\beta_2} \end{aligned}$$

2. *Reale Strömung*, also reibungsbehaftet (Y_V):

Nach (3.104) mit $Y_V \rightarrow$ EER ⓔ–②:

$$\begin{aligned} &z_e \cdot g + p_e/\varrho + w_e^2/2 - u_e^2/2 \\ &= z_2 \cdot g + p_2/\varrho + w_2^2/2 - u_2^2/2 + Y_V \end{aligned}$$

mit

$z_e \approx z_2$;

$p_e = p_b + p_{e,ü}$; $u_e = 0$; $w_e \approx 0$ gesetzt

$p_2 = p_b$; $w_2 = c_?$ $(A_e \gg A_2)$

folgt:

$$p_ü/\varrho = (w_2^2/2) - (u_2^2/2) + Y_V$$

wobei:

$$Y_V = \lambda_e(L_e/D_e) \cdot (w_e^2/2) + \zeta \cdot w_2^2/2$$

mit $w_e = (A_2/A_e) \cdot w_2$, falls nicht vernachlässigbar.

$$\begin{aligned} Y_V &= [\lambda_e(L_e/D_e) \cdot (A_2/A_e)^2 + \zeta] \cdot w_2^2/2 \\ &= K \cdot w_2^2/2 \end{aligned}$$

Ergibt letztlich:

$$p_{e,ü}/\varrho = w_2^2/2 - u_2^2/2 + K \cdot w_2^2/2$$

Hieraus:

$$w_2^2 = (2 \cdot (p_{e,ü}/\varrho) + u_2^2)/(1 + K)$$

EE ⓔ–②:

$$\begin{aligned} &z_e/g + p_e/\varrho + c_e^2/2 \\ &= z_2 g + p_2/\varrho + c_2^2/2 + Y_V \end{aligned}$$

Hieraus mit $c_e \approx 0$ und den Bedingungen von zuvor:

$$p_{e,ü}/\varrho = c_2^2/2 + K \cdot w_2^2/2$$

Umgestellt:

$$c_2^2 = 2 \cdot p_{e,ü}/\varrho - K \cdot w_2^2$$

Mit w_2^2 von vorher:

$$\begin{aligned} c_2^2 &= 2 \cdot p_{e,ü}/\varrho \\ &\quad - K\big(2 \cdot p_{e,ü}/\varrho + u_2^2\big)/(1 + K) \\ c_2^2 &= [1 - K/(1 + K)] \cdot (2 \cdot p_{e,ü})/\varrho \\ &\quad - [K/(1 + K)] \cdot u_2^2 \\ c_2^2 &= [1/(1 + K)] \cdot (2 \cdot p_{e,ü})/\varrho \\ &\quad - [K/(1 + K)] \cdot u_2^2 \end{aligned}$$

Eingesetzt in Ausgangsgleichung (Cosinussatz):

$$\frac{1}{1+K}\cdot\frac{2\cdot p_{e,ü}}{\varrho}-\frac{K}{1+K}\cdot u_2^2$$
$$=u_2^2+\frac{2\cdot p_{e,ü}/\varrho+u_2^2}{1+K}$$
$$-2\cdot u_2\cdot\sqrt{\frac{2\cdot p_{e,ü}/\varrho+u_2^2}{1+K}}\cdot\cos\beta$$
$$\frac{-K-(1+K)-1}{1+K}\cdot u_2^2$$
$$=2\cdot u_2\cdot\sqrt{\frac{2\cdot p_{e,ü}/\varrho+u_2^2}{1+K}}\cdot\cos\beta$$

Quadriert:

$$u_2=\sqrt{[2\cdot p_{e,ü}/\varrho+u_2^2]/(1+K)}\cdot\cos\beta$$
$$u_2^2=\{[2/(1+K)]\cdot p_{e,ü}/\varrho$$
$$+[1/(1+K)]\cdot u_2^2\}\cos^2\beta$$
$$u_2^2[1-\cos^2\beta/(1+K)]$$
$$=[\cos^2\beta/(1+K)]\cdot 2\cdot p_{e,ü}/\varrho$$
$$u_2=\sqrt{\frac{\cos^2\beta/(1+K)}{1-\cos^2\beta/(1+K)}}\cdot\sqrt{\frac{2\cdot p_{e,ü}}{\varrho}}$$
$$u_2=\frac{\cos\beta}{\sqrt{K+\sin^2\beta}}\cdot\sqrt{2\cdot\frac{p_{e,ü}}{\varrho}}$$

Mit $c_{2,th}=\sqrt{2\cdot p_{e,ü}/\varrho}$ (TORRICELLI)

$$u_2=\left[\cos\beta/\sqrt{K+\sin^2\beta}\right]\cdot c_{2,th}$$

Sonderfall: $\beta=0$, d. h. tangentialer Austritt, $u_2/c_{2,th}=1/\sqrt{K}>0$, da $K>0$ und Abkürzung $K=\lambda_e(L_e/D_e)\cdot(A_2/A_e)^2+\zeta$ von vorher. ◄

Übung 48

a) $F_p=3000\,N$; $c_{zu}=c_{Fl}=240\,km/h=66{,}67\,m/s$

Aus (4.178) mit $\varrho=1{,}189$ nach Tab. 6.8:

$$C_S=\frac{2\cdot F_P}{A_P\cdot\varrho\cdot c_{zu}^2}$$
$$=\frac{2\cdot 3000}{\frac{\pi}{4}\cdot 2^2\cdot 1{,}189\cdot 66{,}67^2}\cdot\left[\frac{N}{m^2\cdot kg/m^3\cdot m^2/s^2}\right]$$
$$\mathbf{C_S=0{,}361}$$

b) Aus (4.177)

$$\mathbf{c_{ab}}=c_{zu}\cdot\sqrt{C_S+1}$$
$$=66{,}67\cdot\sqrt{0{,}361+1}$$
$$\mathbf{=77{,}8\,m/s}$$

c) Nach (4.176)

$$\mathbf{c_P}=(c_{ab}+c_{zu})/2=(77{,}8+66{,}67)/2$$
$$\mathbf{=72{,}24\,m/s}$$

d) Nach (4.180)

$$\eta_{\mathbf{P,th}}=\frac{2}{C_S}\cdot(\sqrt{1+C_S}-1)$$
$$=\frac{2}{0{,}361}\cdot(\sqrt{1+0{,}361}-1)$$
$$\mathbf{=0{,}923}$$

e) $\boldsymbol{P}_{\text{th, nutz}}=F_P\cdot c_{zu}$

$$=3000\cdot 66{,}67\left[N\cdot\frac{m}{s}\right]$$
$$\mathbf{=200\,kW}\quad ◄$$

Übung 49

a) Nach (4.169)

$$F_S=(\dot m_{Lu}+\dot m_{Br})\cdot c_{Dü}-\dot m_{Lu}\cdot c_{Flug}$$

mit

$$\dot m_{Br}=0{,}015\cdot\dot m_{Lu}\quad\text{und}$$
$$c_{Flug}=1000\,km/h=277{,}78\,m/s$$
$$F_S=\dot m_{Lu}\cdot(1{,}015\cdot c_{Dü}-c_{Flug})$$

Hieraus:

$$c_{\text{Dü}} = \frac{1}{1{,}015} \cdot \left(\frac{F_\text{S}}{\dot{m}_\text{Lu}} + c_\text{Flug} \right)$$

$$= \frac{1}{1{,}015} \cdot \left(\frac{32 \cdot 10^3}{55} \left[\frac{\text{N}}{\text{kg/s}} \right] + 277{,}78 \left[\frac{\text{m}}{\text{s}} \right] \right)$$

$$\boldsymbol{c_{\text{Dü}}} = 846{,}9\,\text{m/s} = \mathbf{3049\,km/h}$$

b) Nach (4.171)

$$F_\text{S} = \dot{m}_\text{Ga} \cdot c_\text{Dü} = (\dot{m}_\text{Lu} + \dot{m}_\text{Br}) \cdot c_\text{Dü}$$
$$= 1{,}015 \cdot \dot{m}_\text{Lu} \cdot c_\text{Dü}$$

Hieraus:

$$c_\text{Dü} = \frac{F_\text{S}}{1{,}015 \cdot \dot{m}_\text{Lu}} = \frac{32 \cdot 10^3}{1{,}015 \cdot 55} \left[\frac{\text{N}}{\text{kg/s}} \right]$$

$$\boldsymbol{c_{\text{Dü}}} = 573{,}22\,\text{m/s} = \mathbf{2064\,km/h} \quad ◀$$

Übung 50

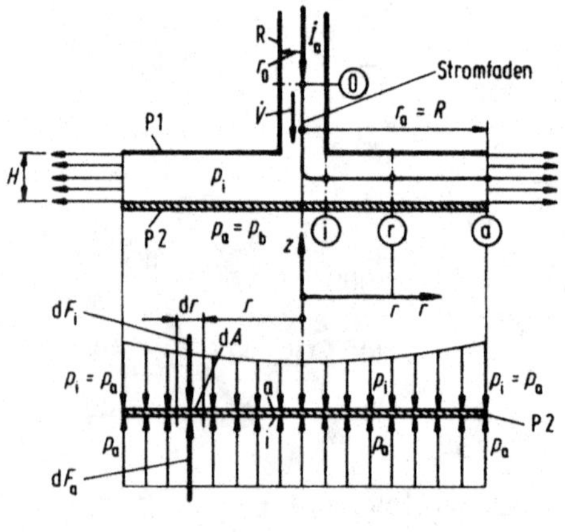

Abb. 7.33 Lösungsskizze zu Übung 50

a) Ableitungen

1. Druckverlauf E ⓡ–ⓐ:

$$z \cdot g = \frac{p_\text{i}}{\varrho} + \frac{c^2}{2} = z_\text{a} \cdot g + \frac{p_\text{a}}{\varrho} + \frac{c_\text{a}^2}{2}$$

Mit $z = z_\text{a}$ und K ⓡ–ⓐ:

$$A \cdot c = A_\text{a} \cdot c_\text{a}$$
$$2 \cdot r \cdot \pi \cdot H \cdot c = 2 \cdot r_\text{a} \cdot \pi \cdot H \cdot c_\text{a}$$
$$c = c_\text{a} \cdot r_\text{a}/r$$

wird

$$\frac{p_\text{i}}{\varrho} + \frac{c_\text{a}^2}{2} \cdot \left(\frac{r_\text{a}}{r} \right)^2 = \frac{p_\text{a}}{\varrho} + \frac{c_\text{a}^2}{2}$$

$$\boldsymbol{p_\text{i} = p_\text{a} - \varrho \cdot \frac{c_\text{a}^2}{2} \cdot \left[\left(\frac{r_\text{a}}{r} \right)^2 - 1 \right]} \quad \text{(Parabel!)}$$

$p_\text{i} \leq p_\text{a}$ da $r \leq r_\text{a}$

Mit

$$c_\text{a} = \frac{\dot{V}}{A_\text{a}} = \frac{\dot{V}}{2 \cdot \pi \cdot r_\text{a} \cdot H}$$

2. Kräfte:

Druck-Kräfte

Bereich $r_0 \leq r \leq r_\text{a}$:

$$\text{d}F_1 = \text{d}F_\text{a} - \text{d}F_\text{i} = p_\text{a} \cdot \text{d}A - p_\text{i} \cdot \text{d}A$$
$$= (p_\text{a} - p_\text{i}) \cdot \text{d}A$$

$$\text{d}F_1 = \varrho \cdot \frac{c_\text{a}^2}{2} \cdot \left[\left(\frac{r_\text{a}}{r} \right)^2 - 1 \right] \cdot \text{d}A$$

$$\text{d}F_1 = \varrho \cdot \frac{c_\text{a}^2}{2} \cdot \left[\left(\frac{r_\text{a}}{r} \right)^2 - 1 \right] \cdot 2r \cdot \pi \cdot \text{d}r$$

$$\text{d}F_1 = \pi \cdot \varrho \cdot c_\text{a}^2 \cdot \left[\frac{r_\text{a}^2}{r} - r \right] \cdot \text{d}r$$

Hiermit:

$$F_1 = \int_{r_0}^{r_\text{a}} \text{d}F_1 = \pi \cdot \varrho \cdot c_\text{a}^2 \cdot \int_{r_0}^{r_\text{a}} \left(\frac{r_\text{a}^2}{r} - r \right) \text{d}r$$

$$F_1 = \pi \cdot \varrho \cdot c_\text{a}^2 \left(r_\text{a}^2 \cdot \ln r - \frac{r^2}{2} \right) \Bigg|_{r_0}^{r_\text{a}}$$

$$F_1 = \pi \cdot \varrho \cdot c_\text{a}^2 \cdot \left[\left(r_\text{a}^2 \cdot \ln r_\text{a} - \frac{r_\text{a}^2}{2} \right) - \left(r_\text{a}^2 \cdot \ln r_0 - \frac{r_0^2}{2} \right) \right]$$

$$F_1 = \pi \cdot \varrho \cdot c_\text{a}^2 \cdot \left[r_\text{a}^2 \cdot \ln \frac{r_\text{a}}{r_0} - \frac{r_\text{a}^2}{2} + \frac{r_0^2}{2} \right]$$

$$F_1 = \pi \cdot \varrho \cdot c_\text{a}^2 \cdot \frac{r_\text{a}^2}{2} \left[2 \cdot \ln \frac{r_\text{a}}{r_0} - 1 + \left(\frac{r_0}{r_\text{a}} \right)^2 \right]$$

Mit $c_a = \dot{V}/(2 \cdot r_a \cdot \pi \cdot H)$ wird letztlich:

$$F_1 = \frac{1}{8 \cdot \pi} \cdot \varrho \cdot \left(\frac{\dot{V}}{H}\right)^2 \cdot \left[\left(\frac{r_0}{r_a}\right)^2 - \ln\left(\frac{r_0}{r_a}\right)^2 - 1\right]$$

F_1 wirkt in z-Richtung:
Bereich $r \leq r_0$:

$$F_0 = A_0(p_a - p_{i,0}) = r_0^2 \cdot \pi \cdot (p_a - p_{i,0}) \quad \text{in } z\text{-Richtung.}$$

Mit $p_{i,0}$ aus Druckverlauf, wobei $r = r_0$:

$$F_0 = r_0^2 \cdot \pi \cdot \varrho \cdot \frac{c_a^2}{2} \cdot \left[\left(\frac{r_a}{r_0}\right)^2 - 1\right]$$

$$F_0 = r_0^2 \cdot \pi \cdot \varrho \cdot \frac{1}{2} \cdot \left(\frac{\dot{V}}{2 \cdot \pi \cdot r_a \cdot H}\right)^2 \cdot \left[\left(\frac{r_a}{r_0}\right)^2 - 1\right]$$

$$F_0 = \frac{1}{8 \cdot \pi} \cdot \varrho \cdot \left(\frac{r_0}{r_a}\right)^2 \cdot \left(\frac{\dot{V}}{H}\right)^2 \cdot \left[\left(\frac{r_a}{r_0}\right)^2 - 1\right]$$

$$F_0 = \frac{1}{8 \cdot \pi} \cdot \varrho \cdot \left(\frac{\dot{V}}{H}\right)^2 \cdot \left[1 - \left(\frac{r_0}{r_a}\right)^2\right]$$

Resultierende Druckkraft in z-Richtung

$$F = F_1 + F_0$$

Impulskraft (Impulsstrom) in $(-z)$-Richtung

$$\dot{I}_0 = \dot{m}_0 \cdot c_0 = \varrho \cdot \dot{V} \cdot c_0 = \varrho \cdot \dot{V} \cdot \frac{\dot{V}}{\pi \cdot r_0^2}$$

$$\dot{I}_0 = \frac{1}{\pi} \cdot \varrho \cdot \frac{\dot{V}^2}{r_0^2} = \frac{1}{\pi} \cdot \varrho \cdot \left(\frac{\dot{V}}{r_0}\right)^2$$

Wandkraft F_{wd} in z-Richtung

$$F_z = F - \dot{I} = F_1 + F_0 - \dot{I}_0$$

$$F_z = \frac{1}{8 \cdot \pi} \cdot \varrho \cdot \left(\frac{\dot{V}}{H}\right)^2 \cdot \left\{\left[\left(\frac{r_0}{r_a}\right)^2 - \ln\left(\frac{r_0}{r_a}\right)^2 - 1\right] + \left[1 - \left(\frac{r_0}{r_a}\right)^2\right]\right\} - \frac{1}{\pi} \cdot \varrho \cdot \frac{\dot{V}^2}{r_0^2}$$

$$\boldsymbol{F_z = \frac{1}{8 \cdot \pi} \cdot \varrho \cdot \left(\frac{\dot{V}}{r_0}\right)^2 \cdot \left[2\left(\frac{r_0}{H}\right)^2 \cdot \ln\left(\frac{r_a}{r_0}\right) - 8\right]}$$

Die notwendige Wandkraft F_{wd} muss so groß wie die Fluidkraft F_z sein und zu dieser entgegengesetzt wirken, also:

$$F_{Wd} = F_z \quad \text{in } (-z)\text{-Richtung wirkend.}$$

b) Zahlenrechnungen:

1. $\dot{V} = 282{,}75\,\text{m}^3/\text{h} = 0{,}0785\,\text{m}^3/\text{s}$

$$c_0 = \dot{V}/A_0 = \dot{V}/(r_0^2 \cdot \pi) = \frac{0{,}0785}{\pi \cdot 0{,}05^2}\left[\frac{\text{m}^3/\text{s}}{\text{m}^2}\right] = 10\,\text{m/s}$$

K ⓪–ⓘ:

$$c_0 \cdot A_0 = c_i \cdot A_i$$

Da $c_0 = c_i$ wird $A_0 = A_i$

$$A_0 = r_0^2 \cdot \pi$$
$$A_i = 2 \cdot r_i \cdot \pi \cdot H = 2 \cdot r_0 \cdot \pi \cdot H$$

$$\rightarrow H = \frac{r_0}{2} = 25\,\text{mm}$$

2. $c_a = \dfrac{\dot{V}}{A_a} = \dfrac{0{,}0785}{2 \cdot 0{,}5 \cdot \pi \cdot 0{,}025}\left[\dfrac{\text{m}^3/\text{s}}{\text{m} \cdot \text{m}}\right] = 0{,}999 \approx 1\,\text{m/s}$

oder aus K ⓘ–ⓐ:

$$c_a = c_i \cdot r_i / r_a = 10 \cdot 50/500 = 1\,\text{m/s}$$

$$p_\mathrm{i} = 10^5 - 10^3 \cdot \frac{1^2}{2} \cdot \left(\left(\frac{0{,}5}{r}\right)^2 - 1\right) \cdot \left[\mathrm{Pa} - (\mathrm{kg/m^3}) \cdot (\mathrm{m^2/s^2})\right]$$

$$\boldsymbol{p_\mathrm{i} = 10^5 - 10^3 \cdot \frac{1}{2} \cdot \left[\left(\frac{0{,}5}{r}\right)^2 - 1\right]}$$

in Pa mit r in m

3. $$F_1 = \frac{1}{8\cdot\pi} \cdot 10^3 \cdot \left(\frac{0{,}0785}{0{,}025}\right)^2 \cdot \left[\left(\frac{0{,}05}{0{,}5}\right)^2 - \ln\left(\frac{0{,}05}{0{,}5}\right)^2 - 1\right] \cdot \left[\frac{\mathrm{kg}}{\mathrm{m^3}} \cdot \left(\frac{\mathrm{m^3/s}}{\mathrm{m}}\right)^2\right]$$

$$F_1 = 1418\,\mathrm{N}$$

$$F_0 = \frac{1}{8\cdot\pi} \cdot 10^3 \cdot \left(\frac{0{,}0785}{0{,}025}\right)^2 \cdot \left[1 - \left(\frac{0{,}05}{0{,}5}\right)^2\right]\left[\frac{\mathrm{kg}}{\mathrm{m^3}} \cdot \left(\frac{\mathrm{m^3/s}}{\mathrm{m}}\right)^2\right]$$

$$F_0 = 388\,\mathrm{N}$$

$$\dot{I}_0 = \frac{1}{\pi} \cdot 10^3 \cdot \left(\frac{0{,}0785}{0{,}05}\right)^2 \cdot \left[\frac{\mathrm{kg}}{\mathrm{m^3}} \cdot \left(\frac{\mathrm{m^3/s}}{\mathrm{m}}\right)^2\right] = 784\,\mathrm{N}$$

$$F = 1418 + 388 = 1806\,\mathrm{N}$$

Hiermit

$$\boldsymbol{F_\mathrm{Wd}} = F_z = 1806 - 784\,[\mathrm{N}] \mathbf{= 1022\,N} \quad \text{oder}$$

$$F_\mathrm{Wd} = \frac{1}{8\cdot\pi} \cdot 10^3 \cdot \left(\frac{0{,}0785}{0{,}05}\right)^2 \cdot \left[2 \cdot \left(\frac{0{,}05}{0{,}025}\right)^2 \cdot \ln\frac{0{,}5}{0{,}05} - 8\right][\mathrm{N}]$$

$$\boldsymbol{F_\mathrm{Wd} = 1022\,N}$$

4. Mit $r = r_\mathrm{i} = r_0$ folgt aus Gleichung für den Druckverlauf nach Frage b2):

$$p_{\mathrm{i},0} = 10^5 - 10^3 \cdot \frac{1}{2} \cdot \left[\left(\frac{0{,}5}{0{,}05}\right)^2 - 1\right]\left[\frac{\mathrm{N}}{\mathrm{m^2}}\right] = 0{,}505 \cdot 10^5\,\mathrm{Pa} = 0{,}505\,\mathrm{bar}$$

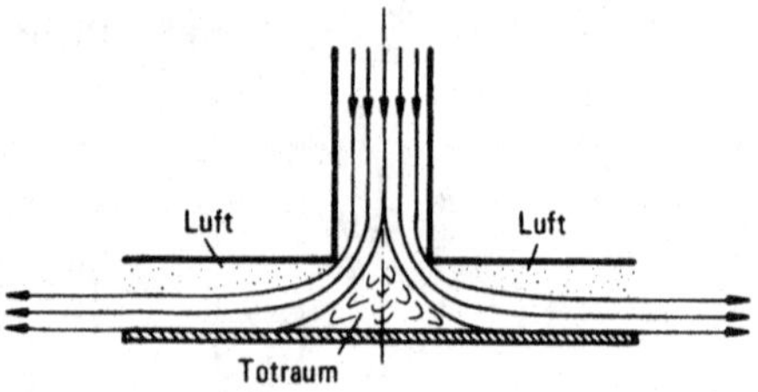

Abb. 7.34 Lösungsskizze zu Übung 50, Frage c)

c) Der Raum zwischen den Scheiben ist nur dann vollständig mit Fluid gefüllt, wenn p_i und damit $p_{\mathrm{i},0} = p_\mathrm{i}$ entsprechend der Energiegleichung geringer sind als der Außendruck p_a. Ist dies nicht der Fall, löst sich die Strömung ab. Die Strömung hat dann etwa den Verlauf nach Abb. 7.34. ◀

Übung 51

$F_\mathrm{W} = \zeta_\mathrm{W} \cdot \varrho \cdot \frac{c_\infty^2}{2} \cdot A_\mathrm{St}$ nach (4.289)

Mit

$$A_\mathrm{St} = H \cdot \frac{1}{2}(D_\mathrm{F} + D_\mathrm{K}) = 100 \cdot \frac{1}{2}(4+2)[\mathrm{m^2}] = 300\,\mathrm{m^2}$$

Luft 20 °C, 1 bar
$\varrho = 1{,}189\,\mathrm{kg/m^3}$ Tab. 6.8
$p \cdot \nu = 1{,}5\,\mathrm{Pa \cdot m^2/s}$ Abb. 6.9
$\nu = (p\cdot\nu)/p = 1{,}5 \cdot 10^{-5}\,\mathrm{m^2/s}$
$c_\infty = c_\mathrm{Lu} = 25\,\mathrm{m/s}$
$\zeta_\mathrm{W} = f(Re, L/D_\mathrm{m})$ mit $D_\mathrm{m} = \frac{1}{2}(D_\mathrm{F} + D_\mathrm{K})$

$$Re = \frac{c_\infty \cdot D_\mathrm{m}}{\nu} = \frac{25 \cdot 3}{1{,}5 \cdot 10^{-5}} = 5 \cdot 10^6$$

$L/D_\mathrm{m} = 100/3 = 33$ sehr groß!

Deshalb näherungsweise nach Tab. 6.17 bzw. Abb. 6.45 extrapoliert:

$$\zeta_\mathrm{W} \approx 0{,}5$$

$$F_\mathrm{W} = 0{,}5 \cdot 1{,}189 \cdot \frac{25^2}{2} \cdot 300 \cdot \left[\frac{\mathrm{kg}}{\mathrm{m^3}} \cdot \frac{\mathrm{m^2}}{\mathrm{s^2}} \cdot \mathrm{m^2}\right]$$

$$\boldsymbol{F_\mathrm{W}} = 55.734\,\mathrm{N} \approx \mathbf{56\,kN} \quad ◀$$

Übung 52

$P_{W,0} = \zeta_W \cdot \frac{\varrho}{2} \cdot A_{St} \cdot c_F^3$ nach (4.293) mit

$P_{W,0} = P_M \cdot \eta = 110 \cdot 0{,}8 = 88\,\text{kW}$

$\zeta_W = 0{,}28$ bis 0,40 nach Tab. 6.18

$\zeta_W = 0{,}35$ (angenommen etwa Mittelwert)

$A_{St} = B \cdot H = 1{,}6 \cdot 1{,}2 = 1{,}92\,\text{m}^2$

Mit diesen Werten und $\varrho = 1{,}189$ (Tab. 6.8) ergibt sich:

$$c_F = \sqrt[3]{\frac{2 \cdot P_{W,0}}{\zeta_W \cdot \varrho \cdot A_{St}}}$$

$$= \sqrt[3]{\frac{2 \cdot 88 \cdot 10^3}{0{,}35 \cdot 1{,}189 \cdot 1{,}92}} \left[\sqrt[3]{\frac{\text{N m/s}}{(\text{kg/m}^3) \cdot \text{m}^2}}\right]$$

$\mathbf{c_F = 60{,}39\,m/s = 217\,km/h}$ ◄

Übung 53

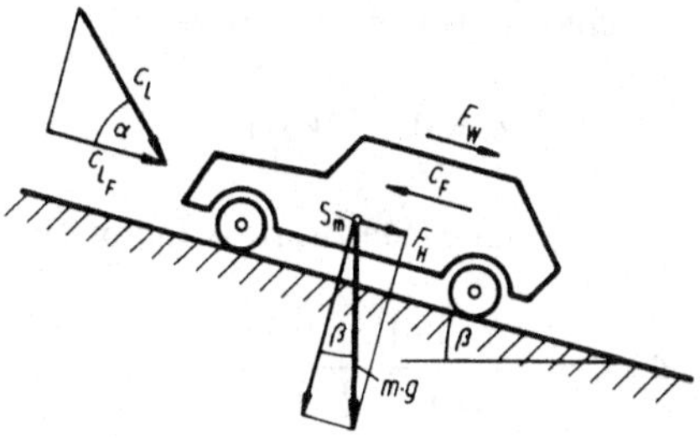

Abb. 7.35 Lösungsskizze zu Übung 53

$$P_F = c_F \cdot F_F = c_F \cdot (F_H + F_W).$$

Mit $F_H = m \cdot g \cdot \sin\beta$ wobei $\sin\beta \approx \tan\beta = 5/100 = 0{,}05$

$$F_H = 1200 \cdot 9{,}81 \cdot 0{,}05\,[\text{kg} \cdot \text{m/s}^2] = 589\,\text{N}$$

$$F_W = \zeta_W \cdot \varrho \cdot \frac{w^2}{2} \cdot A_{St}$$

nach (4.290)

$\zeta_W = 0{,}32$ nach Tab. 6.18

$\varrho = 1{,}189$ nach Tab. 6.8

$$w = c_F + c_{Lu} \cdot \cos\alpha = \frac{100}{3{,}6} + 10 \cdot \cos 30°\,[\text{m/s}] = 36{,}43\,\text{m/s}$$

$A_{St} \approx B \cdot H = 1{,}61 \cdot 1{,}41 = 2{,}27\,\text{m}^2$

$$F_W = 0{,}32 \cdot 1{,}189 \cdot \frac{36{,}43^2}{2} \cdot 2{,}27 \cdot \left[\frac{\text{kg}}{\text{m}^3} \cdot \frac{\text{m}^2}{\text{s}^2} \cdot \text{m}^2\right] = 573\,\text{N}$$

$$F_F = F_H + F_W = 573 + 589 = 1162\,\text{N}$$

$$P_F = \frac{100}{3{,}6} \cdot 1162\,[\text{m/s} \cdot \text{N}] = 32{,}3 \cdot 10^3\,\text{W} = 32{,}3\,\text{kW}$$

$\mathbf{P_M = P_F/\eta_G = 32{,}3/0{,}85 = 38\,kW}$ ◄

Übung 54

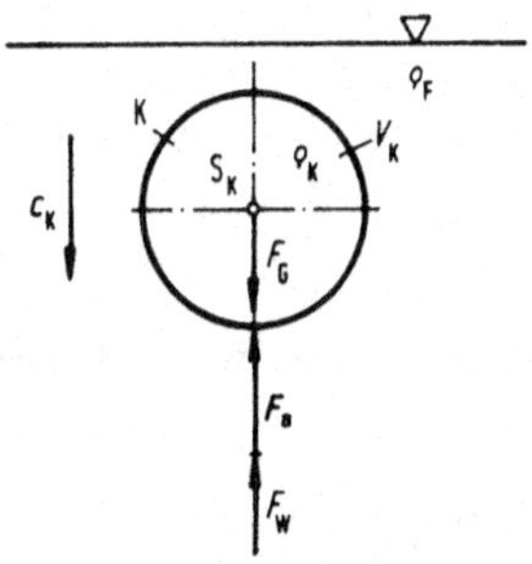

Abb. 7.36 Lösungsskizze zu Übung 54

Gleichgewichtsbedingung: $\sum F = 0$, also:

$$F_G - F_a - F_W = 0.$$

Mit F_W nach (4.294) wird:

$$V_K \cdot \varrho_K \cdot g - V_K \cdot \varrho_F \cdot g - 3 \cdot \pi \cdot \eta \cdot D_K \cdot c_K = 0.$$

Hieraus bei vertikalem Fallweg Δh in Fallzeit Δt:

$$\eta = \frac{V_K \cdot g(\varrho_K - \varrho_F)}{3 \cdot \pi \cdot D_K \cdot c_K}$$

Mit $V_K = D_K^3 \cdot \frac{\pi}{6}$ und $c_K = \frac{\Delta h}{\Delta t}$ wird:

$$\eta = \frac{1}{18} \cdot \frac{g}{\Delta h} \cdot D_K^2 \cdot (\varrho_K - \varrho_F) \cdot \Delta t \quad \text{und}$$

$$\nu = \frac{\eta}{\varrho_F} = \frac{1}{18} \cdot \frac{g}{\Delta h} \cdot D_K^2 \cdot \left(\frac{\varrho_K}{\varrho_F} - 1\right) \cdot \Delta t$$

Die Zahlenwerte eingesetzt, ergibt:

$$\nu = \frac{1}{18} \cdot \frac{9{,}81}{0{,}6} \cdot (10 \cdot 10^{-3})^2 \cdot \left(\frac{2{,}5}{0{,}85} - 1\right) \cdot 3{,}8 \left[\frac{\mathrm{m/s^2}}{\mathrm{m}} \cdot \mathrm{m^2 \cdot s}\right]$$

$$\boldsymbol{\nu = 6{,}70 \cdot 10^{-4}\,\mathrm{m^2/s}} \quad ◄$$

Übung 55

Nach (4.296) bei vernachlässigtem statischen Auftrieb F_a, da sicher vergleichsweise gering:

$$F_W = F_G$$

mit $F_G = m \cdot g$ und (4.289):

$$\zeta_W \cdot \varrho \cdot (c_\infty^2/2) \cdot A_{St} = m \cdot g$$

hieraus

$$A_{St} = m \cdot g / [\zeta_W \cdot \varrho \cdot c_\infty^2/2]$$

mit

Abb. 6.46 $\zeta_W = 1{,}34$
Tab. 6.22 $\varrho \approx 1{,}19\,\mathrm{kg/m^3}$;
$\nu = 15{,}1 \cdot 10^{-6}\,\mathrm{m^2/s}$

$$A_{St} = \frac{120 \cdot 9{,}81}{1{,}34 \cdot 1{,}19 \cdot 8^2/2} \left[\frac{\mathrm{kg \cdot m/s^2}}{(\mathrm{kg/m^3}) \cdot (\mathrm{m/s})^2}\right] = 23{,}07\,\mathrm{m^2}$$

$$D = \sqrt{A_{St} \cdot 4/\pi} = 5{,}42\,\mathrm{m}$$

$$Re = c_\infty \cdot D/\nu = 8 \cdot 5{,}42/(15{,}1 \cdot 10^{-6}) = 2{,}9 \cdot 10^6$$

Gemäß (3.52a)–(5.52c) überkritische Umströmung und somit ζ_W etwa unabhängig von der *Re*-Zahl. ◄

Übung 56

a) Reiseflug-Geschwindigkeit:Nach Tab. 6.4 in $z = 11\,\mathrm{km}$ Höhe: $a_\infty = 295\,\mathrm{m/s}$.
Damit:

$$c_\infty = Ma \cdot a_\infty = 0{,}9 \cdot 295\,[\mathrm{m/s}] = 265{,}5\,\mathrm{m/s}$$

Gleichgewichtsbedingung: $F_A = F_G$

Aus (4.301)

$$\zeta_A = \frac{F_A}{\varrho_\infty \cdot A_{Fl} \cdot c_\infty^2/2} = \frac{m \cdot g}{\varrho_\infty \cdot A_{Fl} \cdot c_\infty^2/2}$$

Mit der Luftdichte in $z = 11\,\mathrm{km}$ Höhe von im Mittel $\varrho = 0{,}365\,\mathrm{kg/m^3}$ laut Tab. 6.4 wird:

$$\zeta_{A,R} = \frac{3{,}2 \cdot 10^5 \cdot 9{,}81}{0{,}365 \cdot 511 \cdot 265{,}5^2/2} \cdot \left[\frac{\mathrm{kg \cdot m/s^2}}{(\mathrm{kg/m^3}) \cdot \mathrm{m^2} \cdot \mathrm{m^2/s^2}}\right]$$

$\boldsymbol{\zeta_{A,R} = 0{,}478}$ (Reiseflugwert → Index R)

b) Abhebegeschwindigkeit beim Start:

$$c_\infty = 234/3{,}6 = 65\,\mathrm{m/s}$$

Luftdichte am Boden (Tab. 6.4):

$$\varrho = 1{,}225\,\mathrm{kg/m^3}.$$

Dazu notwendig (Startwert → Index S):

$$\zeta_{A,S} = \frac{3{,}2 \cdot 10^5 \cdot 9{,}81}{1{,}225 \cdot 511 \cdot 65^2/2} = \mathbf{2{,}374}$$

Beim Abheben des Flugzeuges muss in Wirklichkeit der $\zeta_{A,S}$-Wert nicht ganz so hoch sein, da durch die Flugneigung die vertikale Schubkomponente der Triebwerke mitträgt. Die Schubkraft der Triebwerke beträgt 800 kN, also etwa ein Viertel der Gewichtskraft $F_G = m \cdot g$ des Flugzeuges. ◄

Übung 57

a) $\zeta_A = f(\delta)$. Aus (4.301)

$$\zeta_A = \frac{F_A}{\varrho_\infty \cdot A_{Fl} \cdot c_\infty^2/2}$$

Dabei für die zwei Tragflächen

$$F_A = F_G = m \cdot g = 4200 \cdot 9{,}81\,[\mathrm{kg \cdot m/s^2}] = 41.202\,\mathrm{N}$$

Da notwendigerweise zwei Tragflächen, ist:

$$A_{\text{Fl}} = 2 \cdot b \cdot L = 2 \cdot \lambda \cdot b^2 = 2 \cdot \frac{1}{6} \cdot 6{,}4^2\,[\text{m}^2]$$
$$= 13{,}66\,\text{m}^2$$
$$\varrho_\infty = \frac{1}{v_\infty} = \frac{p_\infty}{R \cdot T_\infty}$$
$$= \frac{0{,}88 \cdot 10^5}{287 \cdot 285}\left[\frac{\text{N/m}^2}{\text{J/(kg}\cdot\text{K)}\cdot\text{K}}\right]$$
$$= 1{,}076\,\text{kg/m}^3$$
$$c_\infty = 350\,\text{km/h} = 97{,}22\,\text{m/s}$$
$$\zeta_{\text{A}} = \frac{41.202}{1{,}076 \cdot 13{,}66 \cdot 97{,}22^2/2} \cdot \left[\frac{\text{N}}{(\text{kg/m}^3)\cdot\text{m}^2\cdot\text{m}^2/\text{s}^2}\right]$$
$$\boldsymbol{\zeta_{\text{A}} = 0{,}593}$$

Dieser Auftriebsbeiwert wird nach der zum Profil gehörenden Polaren (Abb. 6.47) bei einem Anstellwinkel von $\delta \approx 1{,}8°$ erreicht.

b) $P_{\text{W}} = F_{\text{W}} \cdot c_\infty$. Hierbei nach (4.302)

$$F_{\text{W}} = \zeta_{\text{W}} \cdot \varrho_\infty \cdot (c_\infty^2/2) \cdot A_{\text{Fl}}$$

$\zeta_{\text{W}} \approx 0{,}035$ nach Abb. 6.47 bei $\delta \approx 1{,}8°$

$$F_{\text{W}} = 0{,}035 \cdot 1{,}076 \cdot \frac{97{,}22^2}{2} \cdot 13{,}66 \cdot \left[\frac{\text{kg}}{\text{m}^3}\cdot\frac{\text{m}^2}{\text{s}^2}\cdot\text{m}^2\right]$$
$$F_{\text{W}} = 2431{,}15\,\text{N} \approx \mathbf{2431\,N}$$
$$P_{\text{W}} = 2431{,}15 \cdot 97{,}22\,[\text{N}\cdot(\text{m/s})]$$
$$= 236.356{,}67\,\text{W}$$
$$\boldsymbol{P_{\text{W}} \approx 236\,\text{kW}}$$

c) $Re = \dfrac{c_\infty \cdot L}{\nu}$

$L = b \cdot \lambda = 6{,}4 \cdot 1/6 = 1{,}067\,\text{m}$
Luft 12 °C $\rightarrow p \cdot \nu = 1{,}4\,\text{Pa} \cdot \frac{\text{m}^2}{\text{s}}$ (Abb. 6.9)
Hieraus:

$$\nu = \frac{p \cdot \nu}{p} = \frac{1{,}4}{0{,}88 \cdot 10^5}\left[\frac{\text{Pa}\cdot\text{m}^2/\text{s}}{\text{Pa}}\right]$$
$$= 1{,}6 \cdot 10^{-5}\,\text{m}^2/\text{s}$$
$$\boldsymbol{Re} = \frac{97{,}22 \cdot 1{,}067}{1{,}6 \cdot 10^{-5}}\left[\frac{\text{m/s}\cdot\text{m}}{\text{m}^2/\text{s}}\right] = \mathbf{6{,}6 \cdot 10^6}$$

d) $M = \zeta_{\text{M}} \cdot \varrho_\infty \cdot \dfrac{c_\infty^2}{2} \cdot A_{\text{Fl}} \cdot L$ nach (4.304)
$\zeta_{\text{M}} \approx 0{,}24$ nach Abb. 6.47 für $\delta = 1{,}8°$

$$M = 0{,}24 \cdot 1{,}076 \cdot \frac{97{,}22^2}{2} \cdot 13{,}66 \cdot 1{,}067 \cdot \left[\frac{\text{kg}}{\text{m}^3}\cdot\frac{\text{m}^2}{\text{s}^2}\cdot\text{m}^2\cdot\text{m}\right]$$
$$\boldsymbol{M = 17.787{,}7\,\text{N\,m}}$$

e) Nach (4.309)

$$s \approx \frac{M}{F_{\text{A}}} = \frac{17.787{,}7}{41.202}\left[\frac{\text{N}\cdot\text{m}}{\text{N}}\right] = \mathbf{0{,}432\,m}$$

Oder nach (4.310):

$$s \approx \frac{\zeta_{\text{M}}}{\zeta_{\text{A}}} \cdot L = \frac{0{,}24}{0{,}593} \cdot L = 0{,}405 \cdot L$$
$$s \approx 0{,}405 \cdot 1{,}067\,[\text{m}] = 0{,}432\,\text{m}$$

Druckmittelpunktsrücklage:

$$\boldsymbol{s/L \approx \zeta_{\text{M}}/\zeta_{\text{A}} = 0{,}405}$$

f) $Ma_\infty = c_\infty/a_\infty$

$$a_\infty = \sqrt{\varkappa \cdot R \cdot T_\infty}$$
$$= \sqrt{1{,}4 \cdot 287 \cdot 285}\left[\sqrt{\frac{\text{m}^2}{\text{s}^2\cdot\text{K}}\cdot\text{K}}\right]$$
$$a_\infty = 338{,}4\,\text{m/s}$$
$$Ma_\infty = 97{,}22/338{,}4 = 0{,}29$$
$$Ma_\infty < 0{,}3,$$

also inkompressibles Verhalten!

g) $\zeta_{\text{A}} = \frac{F_{\text{A}}}{\varrho_\infty \cdot A_{\text{Fl}} \cdot c_\infty^2/2}$ wieder aus (4.301)

$$c_\infty = 240\,\text{km/h} = 66{,}67\,\text{m/s}$$
$$\zeta_{\text{A}} = \frac{41.202}{1{,}076 \cdot 13{,}66 \cdot 66{,}67^2/2}$$
$$= 1{,}26 \quad \text{oder}$$
$$\zeta_{\text{A}} = 0{,}593\left(\frac{97{,}22}{66{,}67}\right)^2 = 1{,}26$$

Hierzu aus Polare (Abb. 6.47) $\delta \approx 12{,}5°$.

Bei $\delta \approx 12{,}5°$ sind: $\zeta_W \approx 0{,}136$; $\zeta_M \approx 0{,}42$
Damit:

$$F_W = \zeta_W \cdot \varrho_\infty \cdot \frac{c_\infty^2}{2} \cdot A_{Fl}$$
$$= 0{,}136 \cdot 1{,}076 \cdot \frac{66{,}67^2}{2} \cdot 13{,}66\ [\mathrm{N}]$$

$\boldsymbol{F_W} = \mathbf{4442{,}55\,N} \approx 4443\,\mathrm{N}$

$$P_W = F_W \cdot c_\infty = 4442{,}55 \cdot 66{,}67$$
$$= 296.185\,\mathrm{W}$$

$\boldsymbol{P_W} = \mathbf{296\,kW}$

nach (4.304):

$$M = \zeta_M \cdot \varrho_\infty \cdot (c_\infty^2/2) \cdot A_{Fl} \cdot L$$
$$\boldsymbol{M} = 0{,}42 \cdot 1{,}076 \cdot \frac{66{,}67^2}{2} \cdot 13{,}66 \cdot 1{,}067\ [\mathrm{N\,m}]$$
$$= \mathbf{14.639\,N\,m}$$

$$s = \frac{\zeta_M}{\zeta_A} \cdot L = \frac{0{,}42}{1{,}26} \cdot L = 0{,}333 \cdot L$$
$$= \mathbf{0{,}333 \cdot 1{,}067\,[m] = 0{,}357\,m}$$

$$s/L = 0{,}333$$

$$\boldsymbol{Re} = \frac{c_\infty \cdot L}{\nu} = \frac{66{,}67 \cdot 1{,}067}{1{,}6 \cdot 10^{-5}} = \mathbf{4{,}4 \cdot 10^6}$$

$$Ma_\infty = c_\infty/a_\infty = 66{,}67/338{,}4 = 0{,}2$$

h) Laut Polare (Abb. 6.47):

$$\zeta_{A,\max} \approx 1{,}4 \quad \text{bei } \delta \approx 16{,}8°$$

Hierbei außerdem:
Abb. 6.47d: $\zeta_W \approx 0{,}21$; $\zeta_M \approx 0{,}45$
Abb. 6.47c: $\zeta_W \approx 0{,}17$; $\zeta_M \approx 0{,}45$

Die beiden Polarendiagramme des Profils stimmen somit zumindest an dieser Stelle in den ζ_W-Linien nicht überein. Grund unbekannt. Wahrscheinlich Zeichnungsfehler. Der ungünstigere Wert wird der Berechnung zugrundegelegt.

Wieder aus (4.301):

$$c_{\infty,\min} = \sqrt{\frac{2 \cdot F_A}{\zeta_{A,\max} \cdot \varrho_\infty \cdot A_{Fl}}}$$
$$= \sqrt{\frac{2 \cdot 41.202}{1{,}4 \cdot 1{,}076 \cdot 13{,}66}} \cdot \left[\sqrt{\frac{\mathrm{N}}{(\mathrm{kg/m^3}) \cdot \mathrm{m^2}}}\right]$$

$\boldsymbol{c_{\infty,\min}} = \mathbf{63{,}28\,m/s \approx 228\,km/h}$

Dabei:

$$F_W = \zeta_W \cdot \varrho_\infty \cdot (c_\infty^2/2) \cdot A_{Fl}$$
$$= 0{,}21 \cdot 1{,}076 \cdot \frac{63{,}28^2}{2} \cdot 13{,}66 \cdot \left[\frac{\mathrm{kg}}{\mathrm{m^3}} \cdot \frac{\mathrm{m^2}}{\mathrm{s^2}} \cdot \mathrm{m^2}\right]$$

$\boldsymbol{F_W} = \mathbf{6180\,N}$

$$P_W = F_W \cdot c_\infty = 6180 \cdot 63{,}28 = 391.070\,\mathrm{W}$$

$\boldsymbol{P_W} = \mathbf{391\,kW}$

Diese Leistung ist also etwa das 1,6-fache der Reiseflugleistung.

$$M = \zeta_M \cdot \varrho_\infty \cdot (c_\infty^2/2) \cdot A_{Fl} \cdot L$$
$$= 0{,}45 \cdot 1{,}076 \cdot \frac{63{,}28^2}{2} \cdot 13{,}66 \cdot 1{,}067\ [\mathrm{N\,m}]$$

$\boldsymbol{M} = \mathbf{14.130\,N\,m}$

$$s = \frac{\zeta_M}{\zeta_A} \cdot L = \frac{0{,}45}{1{,}4} \cdot L$$
$$= 0{,}321 \cdot L = \mathbf{0{,}343\,m}$$

$$s/L = 0{,}321$$

Abhängig vom Flugzustand verschiebt sich also der Druckmittelpunkt. Das Flugzeug muss deshalb ausgetrimmt werden. Das Profil ist somit nicht druckpunktfest.

i) Auftriebskraft bei Landegeschwindigkeit und maximaler Anstellung:

Mit $c_\infty = 190\,\mathrm{km/h} = 52{,}78\,\mathrm{m/s}$ wird

$$F_A = 1{,}4 \cdot 1{,}076 \cdot \frac{52{,}78^2}{2} \cdot 13{,}66 = 28.662\,\mathrm{N}$$

Die Fallbeschleunigungskraft F_F ist gleich der nichtkompensierten Gewichtskraft $F_G - F_A$, also:

$$F_F = F_G - F_A$$
$$= 41.202 - 28.662 = 12.540\,\text{N}$$

Hiermit Fallbeschleunigung a_F bei vollbeladenem Flugzeug:

$$\boldsymbol{a_F} = F_F/m = \frac{12.540}{4200}\left[\frac{\text{N}}{\text{kg}}\right] = \mathbf{2{,}99\,m/s^2}$$
$$\boldsymbol{a_F = 0{,}3 \cdot g}$$

Diese Fallbeschleunigung ist für den üblichen zivilen Flugbetrieb im Normalfall zu groß. Solche Werte für a_F (bei Berücksichtigen des Randeinflusses noch größer, d. h. ungünstiger) werden praktisch nur in Notfällen oder gewolltem Sturzflug erreicht. Zur Verringerung von a_F sind entsprechende Maßnahmen notwendig, wie höhere Landegeschwindigkeit, oder besser, höheres ζ_A durch stärkere Anstellung δ und Vergrößern der Tragfläche A_{Fl} über ausfahrbare Landeklappen mit Krümmungsverstärkung.

Ergänzung: Das Berücksichtigen des Einflusses der endlichen Spannweite ergibt folgende Änderungen:

zu a) Mit (4.311):

$$\Delta\hat{\delta} = \lambda \cdot \zeta_{A,\infty}/\pi \text{ wobei vorerst } \zeta_{A,\infty} = \zeta_{A,\text{ges}}$$
$$\Delta\hat{\delta} = (1/6) \cdot 0{,}593/\pi = 0{,}0316$$

$$\rightarrow \Delta\delta = 1{,}8^\circ$$
→ so groß wie δ_∞, also großer Einfluss!

(4.312):

$$\delta = \delta_\infty + \Delta\delta = 1{,}8^\circ + 1{,}8^\circ = 3{,}6^\circ$$

Hierzu aus Abb. 6.47:

$$\zeta_{A,\infty} \approx 0{,}762; \quad \zeta_{W,\infty} \approx 0{,}05$$

zu b) (4.315):

$$\zeta_{W,i} = \zeta_{A,\infty}^2 \cdot \lambda/\pi$$
$$= 0{,}762^2 \cdot (1/6)/\pi = 0{,}03$$

Oder aus Abb. 4.156 bei $\Lambda = 1/\lambda = 6$:

$$\zeta_{W,i} = 0{,}02$$

Grund für Abweichung unbekannt.

(4.314):

$$\zeta_{W,\text{ges}} = \zeta_{W,\infty} + \zeta_{w,i}$$
$$= 0{,}05 + 0{,}03 = 0{,}08$$

ergibt

$$\zeta_{W,i}/\zeta_{w,\text{ges}} = 0{,}03/0{,}08 \approx 0{,}38 \mathrel{\hat{=}} 38\,\%$$

Erhöhung (Verschlechterung) also 38 %.

$$F_{W,\text{ges}} = \zeta_{W,\text{ges}} \cdot \varrho_\infty \cdot (c_\infty^2/2) \cdot A_{Fl}$$
$$= 0{,}08 \cdot 1{,}076 \cdot (97{,}22^2/2) \cdot 13{,}66 \cdot [(\text{kg/m}^3) \cdot (\text{m/s})^2 \cdot \text{m}^2]$$
$$F_{W,\text{ges}} = 0{,}08 \cdot 69461{,}5\,\text{N} = 5557\,\text{N}$$
$$P_W = F_{W,\text{ges}} \cdot c_\infty = 5557 \cdot 97{,}22\,[\text{N m/s}]$$
$$= 540.252\,\text{W} \approx 540\,\text{kW}$$

zu d) Näherungsweise aus Abb. 6.47c oder d, da weder Diagramm noch Beziehung (Formel) für Einfluss von Randwirbel auf Moment, bzw. Momentenbeiwert ζ_M verfügbar.

Bei $\delta = 3{,}6^\circ \rightarrow \zeta_M \approx 0{,}28$

zu g):

$$\delta = \delta_\infty + \Delta\delta = 1{,}25 + 1{,}8 = 14{,}3^\circ$$

(ungünstig groß → Ablösegefahr)

Hierzu aus Abb. 6.47:

$$\zeta_{A,\infty} = 1{,}35; \quad \zeta_{W,\infty} = 0{,}16; \quad \zeta_M = 0{,}45$$

(4.315):

$$\zeta_{w,i} = 1{,}35^2 \cdot (1/6) \cdot \pi = 0{,}097 \approx 0{,}1$$

(4.314):

$$\zeta_{\text{W, ges}} = 0{,}16 + 0{,}1 = 0{,}26$$
$$\zeta_{\text{W, i}}/\zeta_{\text{W, ges}} = 0{,}1/0{,}26 = 0{,}38$$
$$\mathrel{\hat{=}} 38\,\% \quad \text{Erhöhungsanteil}$$
$$F_{\text{W, ges}} = \zeta_{\text{W, ges}} \cdot \varrho_\infty \cdot (c_\infty^2/2) \cdot A_{\text{Fl}}$$
$$= 0{,}26 \cdot 1{,}076 \cdot (66{,}67^2/2) \cdot 13{,}66 \cdot [(\text{kg/m}^3) \cdot (\text{m/s})^2 \cdot \text{m}^2]$$
$$= 8493\,\text{N}$$
$$P_{\text{W}} = F_{\text{W, ges}} \cdot c_\infty$$
$$= 8493 \cdot 66{,}67\,[\text{N} \cdot \text{m/s}]$$
$$= 566.228\,\text{W} \approx 566\,\text{kW}$$
$$s \approx \frac{\zeta_{\text{M}}}{\zeta_{\text{A}}} \cdot L = \frac{0{,}45}{1{,}35} \cdot L = 0{,}333 \cdot L$$
$$s = 0{,}333 \cdot 1{,}067[\text{m}] = 0{,}356\,\text{m}$$
$$s/L = 0{,}333 \quad \text{(wie zuvor!)}$$

Entsprechend bei den restlichen Fragen.

Oder entsprechende Tragflächen-Vergrößerung, damit Betrieb bei Anstellung $\delta = 1{,}8°$ möglich:

$$\delta_\infty = \delta - \Delta\delta = 1{,}8° - 1{,}8° = 0°$$

Aus Abb. 6.47d für

$$\delta = 1{,}8°: \quad \zeta_{\text{A},\infty} = 0{,}6; \quad \zeta_{\text{W},\infty} = 0{,}04$$
$$\delta_\infty = 0°: \quad \zeta_{\text{A},\infty} = 0{,}5$$

und aus (4.315) sowie (4.314):

$$\zeta_{\text{W, i}} = \zeta_{\text{A},\infty}^2 \cdot \lambda/\pi = 0{,}6^2 \cdot (1/6)/\pi = 0{,}02$$
$$\zeta_{\text{W, ges}} = \zeta_{\text{W},\infty} + \zeta_{\text{W, i}} = 0{,}04 + 0{,}02 = 0{,}06$$

Aus (4.301) mit $\zeta_{\text{A},\infty} = 0{,}5$ für $\delta = 0°$:

$$A_{\text{Fl}} = \frac{F_{\text{A}}}{\zeta_{\text{A},\infty} \cdot \varrho_\infty \cdot c_\infty^2/2} = \frac{41.202}{0{,}5 \cdot 1{,}076 \cdot 97{,}22^2/2} \cdot \left[\frac{\text{N}}{(\text{kg/m}^3) \cdot (\text{m/s})^2}\right]$$
$$= 16{,}21\,\text{m}^2$$

Nach (4.302):

$$F_{\text{W, ges}} = \zeta_{\text{W, ges}} \cdot A_{\text{Fl}} \cdot \varrho_\infty \cdot c_\infty^2/2$$
$$= 0{,}06 \cdot 16{,}21 \cdot 1{,}076 \cdot \frac{97{,}22^2}{2} \cdot \left[\text{m}^2 \cdot \frac{\text{kg}}{\text{m}^3} \cdot \left(\frac{\text{m}}{\text{s}}\right)^2\right]$$
$$= 4945\,\text{N}$$

Unterschied zur Anstellungs-Vergrößerung:

$$(5557 - 4975)/5557 = 0{,}10 \mathrel{\hat{=}} 10\,\%$$

Somit 10 % günstiger und keine Ablösegefahr, weshalb bessere Ausführung.

Bemerkung: Der Randeinfluss infolge endlicher Flügellänge führt also etwa zu einer Verdoppelung des Widerstandes (Kraft und Leistung) der Tragflächen. ◄

Übung 58

Anfangszustand (Index 1): Druck: $p_1 = 75\,\text{bar} = 75 \cdot 10^5\,\text{Pa}$; Temperatur: $T_1 = 793\,\text{K}$; Dichte: $\varrho_1 = 1/v_1$

1. Aus Gasgleichung mit $R = 461\,\text{J/(kg} \cdot \text{K)}$ nach Tab. 6.22; da Heißdampf zulässig.

$$v_1 = \frac{R \cdot T_1}{p_1} = \frac{461 \cdot 793}{75 \cdot 10^5}\left[\frac{\text{J/(kg} \cdot \text{K)} \cdot \text{K}}{\text{N/m}^2}\right]$$
$$= 0{,}0487\,\text{m}^3/\text{kg}$$

2. Aus (h, s)-Diagramm: $v_1 = 0{,}047\,\text{m}^3/\text{kg}$

Gerechnet mit Diagramm-Wert, weil dieser die Abweichungen vom thermodynamischen idealen Gasverhalten berücksichtigt.

Damit

$$\varrho_1 = 1/v_1 = 1/0{,}047 = 21{,}28\,\text{kg/m}^3$$

Viskositäten:

- Dynamische, nach Abb. 6.7:

$$\eta_1 \approx 34 \cdot 10^{-6}\,\text{Pa} \cdot \text{s}$$

- Kinematische, nach Abb. 6.10:

$$\nu_1 \approx 1{,}5 \cdot 10^{-6}\,\text{m}^2/\text{s}$$

Oder

$$\nu_1 = \frac{\eta_1}{\varrho_1} = \frac{34 \cdot 10^{-6}}{21{,}28} \left[\frac{\text{Pa} \cdot \text{s}}{\text{kg/m}^3}\right] = 1{,}59 \cdot 10^{-6}\,\text{m}^2/\text{s}$$

Mittlere Strömungsgeschwindigkeit aus Durchfluss:

$$c_1 = \frac{\dot{m}}{\varrho_1 \cdot A_1} = \frac{41{,}67}{21{,}28 \cdot 0{,}0707} \left[\frac{\text{kg/s}}{(\text{kg/m}^3) \cdot \text{m}^2}\right] = 27{,}7\,\text{m/s}$$

Rohrreibungsziffer $\lambda_1 = f(Re_1, D/k_s)$

$$Re_1 = \frac{c_1 \cdot D}{\nu} = \frac{27{,}7 \cdot 0{,}3}{1{,}5 \cdot 10^{-6}} = 5{,}5 \cdot 10^6$$

$$D/k_s = 300/0{,}6 = 500$$

$\rightarrow \lambda_1 = 0{,}0235$ (Abb. 6.11, rau)

Oder mit Formel für raues Verhalten nach KÁRMÁN-NIKURADSE, (4.35):

$$\lambda_1 = \frac{1}{(2 \cdot \lg D/k_s + 1{,}14)^2} = \frac{1}{(2 \cdot \lg 500 + 1{,}14)^2} = 0{,}0234 \quad \text{(etwa wie Diagrammwert!)}$$

Näherungsverfahren:

I. Durchlauf

1. Schritt: Isotherme Strömung (5.74)

$$\Delta p_V = \varrho_1 \cdot Y_V = \varrho_1 \cdot \lambda_1 \cdot \frac{L}{D} \cdot \frac{c_1^2}{2} = 21{,}28 \cdot 0{,}0235 \cdot \frac{700}{0{,}3} \cdot \frac{27{,}7^2}{2} \left[\frac{\text{kg}}{\text{m}^3} \cdot \frac{\text{m}^2}{\text{s}^2}\right]$$

$$\boldsymbol{\Delta p_V} = 4{,}48 \cdot 10^5\,\text{N/m}^2 \approx 4{,}5 \cdot 10^5\,\text{Pa} = \mathbf{4{,}5\,bar}$$

2. Schritt: Enddruck

$$p_2 = p_1 - \Delta p_V = 75 - 4{,}5 = 70{,}5\,\text{bar}$$

3. Schritt: Endtemperatur

$$T_2 \approx T_1 (p_2/p_1)^{\frac{\varkappa - 1}{\varkappa}}$$

Mit $\varkappa = 1{,}3$ für Heißdampf (Tab. 6.22)

$$T_2 \approx 793 \cdot (70{,}5/75)^{\frac{1{,}3-1}{1{,}3}} = 781{,}8\,\text{K} \approx 782\,\text{K}$$

4. Schritt: Mittlere Temperatur

$$\overline{T} = \frac{1}{2} \cdot (T_1 + T_2) = \frac{1}{2} \cdot (793 + 782) = 787{,}5\,\text{K}$$

5. Schritt: Polytrope Rohrströmung (5.71)

$$\Delta p_V = \varrho_1 \cdot \lambda_1 \cdot \frac{L}{D} \cdot \frac{c_1^2}{2} \cdot \frac{\overline{T}}{T_1} = 21{,}28 \cdot 0{,}0235 \cdot \frac{700}{0{,}3} \cdot \frac{27{,}7^2}{2} \cdot \frac{787{,}5}{793}\,[\text{Pa}]$$

$$\boldsymbol{\Delta p_V} = 4{,}45 \cdot 10^5\,\text{Pa} = \mathbf{4{,}45\,bar}$$

Dieser Wert stimmt praktisch überein mit dem des ersten Schrittes. Ein zweiter Durchlauf des Näherungsverfahrens ist daher nicht mehr notwendig. Die Iteration kann deshalb abgebrochen werden.

Ergebnis: $\boldsymbol{\Delta p_V} = \mathbf{4{,}5\,bar}$ ◄

Übung 59

Es handelt sich um eine polytrope Rohrströmung. Der Enddruck p_2 ergibt sich aus (5.70):

$$\frac{p_1^2 - p_2^2}{2 \cdot p_1} \approx \varrho_1 \cdot \lambda_1 \cdot \frac{L}{D} \cdot \frac{c_1^2}{2} \cdot \frac{\overline{T}}{T_1}$$

Oder mit (5.71):

$$p_2 = p_1 - \Delta p_V = p_1 - \varrho_1 \cdot \lambda_1 \cdot \frac{L}{D} \cdot \frac{c_1^2}{2} \cdot \frac{\overline{T}}{T_1}$$

Anfangszustand (Index 1):

Druck: $p_1 = 25\,\text{bar} = 25 \cdot 10^5\,\text{Pa} = 25 \cdot 10^5\,\text{N/m}^2$

Temperatur: $T_1 = 273 + t = 693\,\text{K}$

Dichte: $\varrho_1 = 1/v_1$

1. Aus Gasgleichung
   Mit $R = 461\,\mathrm{J/(kg \cdot K)}$ aus Tab. 6.22:

$$v_1 = \frac{R \cdot T_1}{p_1} = \frac{461 \cdot 693}{25 \cdot 10^5} \left[\frac{\mathrm{J/(kg \cdot K) \cdot K}}{\mathrm{N/m^2}}\right] = 0{,}128\,\mathrm{m^3/kg}$$

2. Aus (h,s)-Diagramm: $v_1 = 0{,}127\,\mathrm{m^3/kg}$

$$\varrho_1 = 1/0{,}127 = 7{,}87\,\mathrm{kg/m^3}$$

Viskositäten mit $\mathrm{Pa \cdot s} = \mathrm{kg/(m \cdot s)}$

- Dynamische, nach Abb. 6.7:

$$\eta_1 \approx 27 \cdot 10^{-6}\,\mathrm{Pa \cdot s}$$

- Kinematische, nach Abb. 6.10:

$$\nu_1 \approx 3{,}2 \cdot 10^{-6}\,\mathrm{m^2/s}$$

  oder

$$\nu_1 = \eta_1 \cdot v_1 = 27 \cdot 10^{-6} \cdot 0{,}127 = 3{,}4 \cdot 10^{-6}\,\mathrm{m^2/s}$$

Mittlere Strömungsgeschwindigkeit:
   Aus Durchfluss

$$c_1 = \frac{\dot{m}}{A_1 \cdot \varrho_1} = \frac{\dot{m} \cdot v_1}{A_1} = \frac{20 \cdot 0{,}127}{0{,}04908}\left[\frac{\mathrm{kg/s \cdot m^3/kg}}{\mathrm{m^2}}\right] = 51{,}7\,\mathrm{m/s}$$

Rohrreibungszahl $\lambda_1 = f(Re_1, D_1/k_s)$

$$Re_1 = \frac{c_1 \cdot D_1}{\nu} = \frac{51{,}7 \cdot 0{,}25}{3{,}2 \cdot 10^{-6}} = 4 \cdot 10^6$$

$$D_1/k_s = 250/0{,}05 = 5000$$

   → $\lambda = 0{,}014$ (Abb. 6.11, praktisch rau)
   Kontrolle mit Formel:

1. Für raues Verhalten gilt nach Kármán-Nikuradse, (4.35):

$$\lambda_1 = \frac{1}{(2 \cdot \lg(D/k_s) + 1{,}14)^2} = \frac{1}{(2 \cdot \lg 5000 + 1{,}14)^2} = 0{,}0137 \approx 0{,}014$$

2. Für Übergangsgebiet nach Colebrook, d. h. (4.33):

$$\frac{1}{\sqrt{\lambda_1}} = -2 \cdot \lg\left(\frac{2{,}51}{Re_1 \cdot \sqrt{\lambda_1}} + 0{,}27 \cdot \frac{k_s}{D_1}\right)$$

$$\frac{1}{\sqrt{0{,}014}} \stackrel{?}{=} -2 \cdot \lg\left(\frac{2{,}51}{4 \cdot 10^6 \cdot \sqrt{0{,}014}} + 0{,}27 \cdot \frac{0{,}05}{250}\right)$$

$$8{,}452 \approx 8{,}454$$

   → Gleichung gut erfüllt, also $\lambda_1 = 0{,}014$.
   Endtemperatur:

$$T_2 = t_2 + 273 = 623\,\mathrm{K}$$

   Mittlere Temperatur:

$$\overline{T} = \frac{1}{2} \cdot (T_1 + T_2) = \frac{1}{2} \cdot (693 + 623) = 658\,\mathrm{K}$$

Mit diesen Werten ergeben:

1. Gleichung (5.70)

$$\frac{p_1^2 - p_2^2}{2 \cdot p_1} \approx 7{,}87 \cdot 0{,}014 \cdot \frac{400}{0{,}25} \cdot \frac{51{,}7^2}{2} \cdot \frac{658}{693}\left[\frac{\mathrm{kg}}{\mathrm{m^3}} \cdot \frac{\mathrm{m^2}}{\mathrm{s^2}}\right] \approx 2{,}237 \cdot 10^5\,\mathrm{Pa}$$

Hieraus

$$p_1^2 - p_2^2 = \frac{p_1^2 - p_2^2}{2 \cdot p_1} \cdot 2 \cdot p_1 \approx 2{,}237 \cdot 10^5 \cdot 2 \cdot 25 \cdot 10^5\,\mathrm{Pa^2} \approx 111{,}85 \cdot 10^{10}\,\mathrm{Pa^2}$$

$$\begin{aligned} p_2^2 &= p_1^2 - (p_1^2 - p_2^2) \\ &= (25 \cdot 10^5)^2 - 111{,}85 \cdot 10^{10} \\ &= 513 \cdot 10^{10}\,\text{Pa}^2 \\ \boldsymbol{p_2} &= 22{,}65 \cdot 10^5\,\text{Pa} \boldsymbol{= 22{,}65}\ \text{bar} \end{aligned}$$

2. Gleichung (5.71)

$$\begin{aligned} \Delta p_V &\approx 7{,}87 \cdot 0{,}014 \\ &\quad \cdot \frac{400}{0{,}25} \cdot \frac{51{,}7^2}{2} \cdot \frac{658}{693}\,[\text{N/m}^2] \\ \Delta p_V &\approx 2{,}24 \cdot 10^5\,\text{Pa} = 2{,}24\,\text{bar} \end{aligned}$$

Damit

$$\boldsymbol{p_2} = p_1 - \Delta p_V = 25 - 2{,}24 \boldsymbol{= 22{,}76\,\text{bar}}$$

(etwa wie zuvor!) ◄

Übung 60

a) Nach (5.74)

$$Y_V = \frac{\Delta p_V}{\varrho_1} = \lambda_1 \cdot \frac{L}{D} \cdot \frac{c_1^2}{2}$$

Anfangszustand (Index 1):
Druck: $p_1 = 60\,\text{bar} = 60 \cdot 10^5\,\text{N/m}^2$
Temperatur: $T_1 = t_1 + 273 = 283\,\text{K}$
Dichte: $\varrho_1 = 1/v_1$
Aus Gasgleichung mit $R = 4124\,\text{J/(kg} \cdot \text{K)}$ (Tab. 6.22):

$$\begin{aligned} \varrho_1 &= \frac{1}{v_1} = \frac{p_1}{R \cdot T_1} \\ &= \frac{60 \cdot 10^5}{4124 \cdot 283} \left[\frac{\text{N/m}^2}{\text{J/(kg} \cdot \text{K)} \cdot \text{K}}\right] \\ &= 5{,}141\,\text{kg/m}^3 \end{aligned}$$

Kinematische Viskosität: Nach Abb. 6.9

$$p_1 \cdot \nu_1 \approx 10{,}2\,\text{Pa} \cdot \frac{\text{m}^2}{\text{s}}.$$

Hieraus

$$\begin{aligned} \nu_1 &= \frac{p_1 \cdot \nu_1}{p_1} = \frac{10{,}2}{60 \cdot 10^5} \left[\frac{\text{Pa} \cdot \text{m}^2/\text{s}}{\text{Pa}}\right] \\ &= 0{,}17 \cdot 10^{-5}\,\text{m}^2/\text{s} \end{aligned}$$

Mittlere Geschwindigkeit. Aus Durchfluss:

$$\begin{aligned} c_1 &= \frac{\dot{m}}{\varrho_1 \cdot A_1} \\ &= \frac{0{,}333}{5{,}141 \cdot 7{,}854 \cdot 10^{-3}} \left[\frac{\text{kg/s}}{\text{kg/m}^3 \cdot \text{m}^2}\right] \\ &= 8{,}25\,\text{m/s} \end{aligned}$$

Rohrreibungszahl $\lambda_1 = f(Re_1, D/k_s)$

$$Re_1 = \frac{c_1 \cdot D_1}{\nu_1} = \frac{8{,}25 \cdot 0{,}1}{0{,}17 \cdot 10^{-5}} = 4{,}85 \cdot 10^5$$

$$D_1/k_s = 100/0{,}05 = 2000$$

$\rightarrow \lambda_1 = 0{,}0178$ (Abb. 6.11, Übergang)
Oder mit Formel für Übergang nach COLEBROOK, also (4.33):

$$\begin{aligned} \frac{1}{\sqrt{\lambda_1}} &= -2 \cdot \lg\left(\frac{2{,}51}{4{,}85 \cdot 10^5 \cdot \sqrt{0{,}0178}} + 0{,}27 \cdot \frac{0{,}05}{100}\right) \\ \frac{1}{\sqrt{\lambda_1}} &= 7{,}5199 \end{aligned}$$

$\rightarrow \lambda_1 = 0{,}0177$ (etwa wie Diagrammwert)

Mit diesen Zahlenwerten ergeben sich:

$$\begin{aligned} Y_V &= 0{,}0178 \cdot \frac{250}{0{,}1} \cdot \frac{8{,}25^2}{2} \left[\frac{\text{m}}{\text{m}} \cdot \frac{\text{m}^2}{\text{s}^2}\right] \\ &= 1514{,}4\,\text{m}^2/\text{s}^2 \\ \Delta p_V &= \varrho_1 \cdot Y_V = 5{,}141 \cdot 1514{,}4 \left[\frac{\text{kg}}{\text{m}^3} \cdot \frac{\text{m}^2}{\text{s}^2}\right] \\ &= 7785{,}5\,[\text{N/m}^2] \\ \Delta p_V &\approx 7{,}79 \cdot 10^3\,\text{Pa} \\ &= 7{,}79\,\text{kPa} = 0{,}078\,\text{bar} \end{aligned}$$

b) Nach (5.75)

$$Y_{V,\,\text{ges}} = \left(\lambda_1 \cdot \frac{L}{D} + \sum_{i-1}^{n} \zeta_i\right) \frac{c_1^2}{2}$$

ζ-Werte:
Schieber NW 100, Abb. 4.30: $\zeta_S = 0{,}3$
Krümmer $R/D = 4$, Abb. 4.15: $\zeta_K = 0{,}22$

$$\begin{aligned} \sum_{i-1}^{n} \zeta_i &= 4 \cdot \zeta_K + 2 \cdot \zeta_S \\ &= 4 \cdot 0{,}22 + 2 \cdot 0{,}3 = 1{,}48 \end{aligned}$$

Damit werden:

$$Y_{\mathrm{V,\,ges}} = \left(0{,}0178 \cdot \frac{250}{0{,}1} + 1{,}48\right)\frac{8{,}25^{\,2}}{2} \cdot \left[\frac{\mathrm{m}^2}{\mathrm{s}^2}\right]$$

$$= (44{,}5 + 1{,}48)\frac{8{,}25^{\,2}}{2} = 1564\,\mathrm{m}^2/\mathrm{s}^2$$

Die Verlustenergie wird also fast ausschließlich durch die gerade Rohrleitung bestimmt. Die Krümmer und Schieber sind von geringem Einfluss.

$$\Delta p_{\mathrm{V,\,ges}} = \varrho_1 \cdot Y_{\mathrm{V,\,ges}}$$

$$= 5{,}141 \cdot 1564{,}8 \left[\frac{\mathrm{kg}}{\mathrm{m}^3} \cdot \frac{\mathrm{m}^2}{\mathrm{s}^2}\right]$$

$$\boldsymbol{\Delta p_{\mathrm{V,\,ges}}} = 8044{,}6\,\mathrm{N/m}^2 = 8{,}04\,\mathrm{kPa}$$

$$\mathbf{= 0{,}08\,bar} \quad \blacktriangleleft$$

Übung 61

Nach (5.74)

$$\Delta p_{\mathrm{V}} = \varrho_1 \cdot Y_{\mathrm{V}} = \varrho_1 \cdot \lambda_1 \cdot \frac{L}{D} \cdot \frac{c_1^2}{2}$$

$$\Delta p_{\mathrm{V}} = 7{,}87 \cdot 0{,}014 \cdot \frac{400}{0{,}25} \cdot \frac{51{,}7^2}{2}\left[\frac{\mathrm{kg}}{\mathrm{m}^3} \cdot \frac{\mathrm{m}^2}{\mathrm{s}^2}\right]$$

$$\boldsymbol{\Delta p_{\mathrm{V}}} = 2{,}36 \cdot 10^5\,\mathrm{N/m}^2 = 2{,}36 \cdot 10^5\,\mathrm{Pa}$$

$$\mathbf{= 2{,}36\,bar}$$

$$\boldsymbol{p_2} = p_1 - \Delta p_{\mathrm{V}} = 25 - 2{,}36 \mathbf{= 22{,}64\,bar}$$

Nur wenig verschieden vom Druckverlust ($\Delta p_{\mathrm{V}} = 2{,}24$ bar) nach Übung 59. ◀

Übung 62

Es handelt sich ebenfalls um polytrope Rohrströmung.

Anfangszustand:

Temperatur: $T_1 = t_1 + 273$

$$= 160 + 273\,[\mathrm{K}] = 433\,\mathrm{K}$$

Druck: $p_1 = 2{,}2\,\mathrm{bar} = 2{,}2 \cdot 10^5\,\mathrm{N/m}^2$

Dichte: $\varrho_1 = 1/v_1$

1. Aus Gasgleichung mit $R = 461\,\mathrm{J/(kg \cdot K)}$ nach Tab. 6.22:

$$v_1 = \frac{R \cdot T_1}{p_1} = \frac{461 \cdot 433}{2{,}2 \cdot 10^5}\left[\frac{(\mathrm{J/(kg \cdot K)}) \cdot \mathrm{K}}{\mathrm{N/m}^2}\right]$$

$$= 0{,}907\,\mathrm{m}^3/\mathrm{kg}$$

2. Aus (h, s)-Diagramm $v_1 = 0{,}92\,\mathrm{m}^3/\mathrm{kg}$
   Gerechnet mit $v_1 = 0{,}91\,\mathrm{m}^3/\mathrm{kg}$
   $\rightarrow \varrho_1 = 1{,}1\,\mathrm{kg/m}^3$
   Viskositäten:

- Dynamische, nach Abb. 6.7:

$$\eta_1 \approx 15{,}5 \cdot 10^{-6}\,\mathrm{Pa \cdot s}$$

- Kinematische, nach Abb. 6.10:

$$\nu_1 \approx 14 \cdot 10^{-6}\,\mathrm{m}^2/\mathrm{s}$$

Oder

$$\nu_1 = \frac{\eta_1}{\varrho_1} = \frac{15{,}5 \cdot 10^{-6}}{1{,}1}\left[\frac{\mathrm{Pa \cdot s}}{\mathrm{kg/m}^3}\right]$$

$$= 14{,}1 \cdot 10^{-6}\,\mathrm{m}^2/\mathrm{s}$$

Mittlere Geschwindigkeit c_1: Aus Durchfluss

$$c_1 = \frac{\dot{m}}{A_1 \cdot \varrho_1} = \frac{8{,}2}{0{,}196 \cdot 1{,}1}\left[\frac{\mathrm{kg/s}}{\mathrm{m}^2 \cdot \mathrm{kg/m}^3}\right]$$

$$= 38{,}0\,\mathrm{m/s}$$

Reibungszahl: $\lambda_1 = f(Re_1, D/k_s)$

$$Re_1 = \frac{c_1 \cdot D}{\nu_1} = \frac{38 \cdot 0{,}5}{14 \cdot 10^{-6}} = 1{,}4 \cdot 10^6$$

$$D/k_s = 500/0{,}6 = 833$$

$\rightarrow \lambda_1 = 0{,}0205$ (Abb. 6.11, rau)

Mit der Formel für raues Verhalten nach KÁRMÁN-NIKURADSE, (4.35):

$$\lambda_1 = \frac{1}{(2 \cdot \lg(D/k_s) + 1{,}14)^2} = \frac{1}{(2 \cdot \lg 833 + 1{,}14)^2}$$

$$= 0{,}0205 \quad \text{(wie Diagrammwert)}$$

Endtemperatur: Der Temperaturabfall infolge der durch Druckverlust bedingten Dampfexpansion ist rechnerisch nur schwer zu fassen. Deshalb wird näherungsweise nur der Wärmeverlust berücksichtigt:

$\dot{Q} = A_0 \cdot \dot{q}$ und andererseits $\dot{Q} = \dot{m} \cdot c_p \cdot \Delta t$

Gleichgesetzt und umgeformt ergibt:

$$\Delta t = \frac{A_0 \cdot \dot{q}}{\dot{m} \cdot c_p} = \frac{D_a \cdot \pi \cdot L \cdot \dot{q}}{\dot{m} \cdot c_p}$$

Mit $c_p = 2135\,\mathrm{J/(kg \cdot K)}$ nach Tab. 6.22 wird:

$$\Delta t = \frac{0{,}7 \cdot \pi \cdot 2450 \cdot 72}{8{,}2 \cdot 2135} \cdot \left[\frac{\mathrm{m \cdot m \cdot J/(s \cdot m^2)}}{\mathrm{(kg/s) \cdot J/(kg \cdot K)}}\right] = 22{,}2\,\mathrm{K}$$

$$T_2 = T_1 - \Delta t = 433 - 22 = 411\,\mathrm{K}$$

Mittlere Temperatur:

$$\overline{T} = T_1 - (1/2) \cdot \Delta t = 433 - (1/2) \cdot 22 = 422\,\mathrm{K}$$

Damit wird nach (5.71):

$$\Delta p_V = 0{,}0205 \cdot 1{,}1 \cdot \frac{2450}{0{,}5} \cdot \frac{38^2}{2} \cdot \frac{422}{433} \cdot \left[\frac{\mathrm{kg}}{\mathrm{m^3}} \cdot \frac{\mathrm{m}}{\mathrm{m}} \cdot \left(\frac{\mathrm{m}}{\mathrm{s}}\right)^2 \cdot \frac{\mathrm{K}}{\mathrm{K}}\right]$$

$$\boldsymbol{\Delta p_V} = 7{,}78 \cdot 10^4\,\mathrm{N/m^2} \approx 0{,}8 \cdot 10^5\,\mathrm{Pa} \mathbf{= 0{,}8\,bar}$$

$$\boldsymbol{p_2} = p_1 - \Delta p_V = 2{,}2 - 0{,}8 \mathbf{= 1{,}4\,bar} \quad ◄$$

Übung 63

Bei dem großen Höhenunterschied kann die potenzielle Energie und damit der Druckanteil infolge der Gewichtskraft der Luftsäule nicht mehr vernachlässigt werden.

Die durch Reibungsverluste entstehende Wärme wird infolge fehlender Isolierung über das Bewetterungsrohr durch Wärmeleitung nach außen abgeführt, wodurch sich etwa isothermes Verhalten ergibt. Infolge dieser Wärmeverluste ist es nicht sinnvoll,

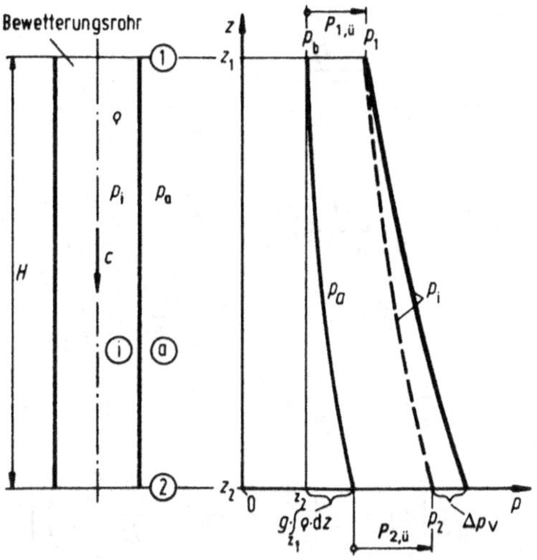

Abb. 7.37 Lösungsskizze zu Übung 63: Druckverlauf in und außerhalb des Bewetterungsrohres.
——— Hydrostatischer Druckverlauf (ohne Strömung)
- - - - - Druckverlauf bei Strömung

die Energiegleichung in Solentiefe anzuwenden. Um andererseits die unhandliche Beziehung für isotherme Luftschichtung, (2.52) u. Abschn. 2.2.8.2, zu umgehen, kann näherungsweise mit dem hydrostatischen Grundgesetz gerechnet werden, da – wegen gleichbleibendem Querschnitt – die Strömungsgeschwindigkeit im Rohr etwa konstant ist. Dabei wird an Stelle der veränderlichen Luftdichte die mittlere im Bewetterungsrohr zugrundegelegt. In Abb. 7.37 ist der prinzipielle Druckverlauf aufgetragen.

Nach dem hydrostatischen Grundgesetz gilt unter Berücksichtigung des Druckverlustes:

$$p_2 \approx p_1 + \overline{\varrho} \cdot g \cdot H - \Delta p_V$$

Hierbei

$$\overline{\varrho} = \frac{1}{2}(\varrho_1 + \varrho_2) = \frac{1}{2} \cdot \left(\frac{1}{v_1} + \frac{1}{v_2}\right)$$

Nach Gasgesetz

$$v_2 = R \cdot T_2/p_2 = R \cdot T/p_2$$

$$\overline{\varrho} = (1/2) \cdot (\varrho_1 + p_2/(R \cdot T))$$

$$\Delta p_V = \varrho_1 \cdot \lambda_1 \cdot (L/D) \cdot (c_1^2/2)$$

Eingesetzt:

$$p_2 \approx p_1 + \frac{g \cdot H}{2} \cdot \left(\varrho_1 + \frac{p_2}{R \cdot T}\right) - \varrho_1 \cdot \lambda_1 \cdot \frac{L}{D} \cdot \frac{c_1^2}{2}$$

$$p_2\left(1 - \frac{g \cdot H}{2 \cdot R \cdot T}\right) = p_1 + \varrho_1 \cdot \left(\frac{g \cdot H}{2} - \lambda_1 \cdot \frac{L}{D} \cdot \frac{c_1^2}{2}\right)$$

$$p_2 \approx \frac{1}{1 - \frac{g \cdot H}{2 \cdot R \cdot T}} \cdot \left[p_1 + \varrho_1\left(\frac{g \cdot H}{2} - \lambda_1 \cdot \frac{L}{D} \cdot \frac{c_1^2}{2}\right)\right]$$

Anfangszustand:

Druck: $p_1 = p_{1,\ddot{u}} + p_b = 1{,}2 + 1{,}02 = 2{,}22\,\text{bar} = 2{,}22 \cdot 10^5\,\text{N/m}^2$

Temperatur: $T_1 = T = 273 + t = 273 + 22 = 295\,\text{K}$

Dichte: Mit $R = 287\,\text{J/(kg} \cdot \text{K)}$ (Tab. 6.22)

$$\varrho_1 = \frac{p_1}{R \cdot T} = \frac{2{,}22 \cdot 10^5}{287 \cdot 295}\left[\frac{\text{N/m}^2}{(\text{J/(kg} \cdot \text{K))} \cdot \text{K}}\right] = 2{,}622\,\text{kg/m}^3$$

Viskosität: Nach Abb. 6.9

$$\nu_1 \cdot p_1 \approx 1{,}5\,\text{Pa} \cdot \text{m}^2/\text{s}$$

Hieraus

$$\nu_1 = \frac{\nu_1 \cdot p_1}{p_1} = \frac{1{,}5}{2{,}22 \cdot 10^5} = 6{,}76 \cdot 10^{-6}\,\text{m}^2/\text{s}$$

Mittlere Strömungsgeschwindigkeit:

$$c_1 = \frac{\dot{m}}{\varrho_1 \cdot A_1} = \frac{0{,}889}{2{,}622 \cdot 0{,}1257}\left[\frac{\text{kg/s}}{\text{kg/m}^3 \cdot \text{m}^2}\right] = 2{,}7\,\text{m/s}$$

Rohrreibungszahl $\lambda_1 = f(Re_1, D_1/k_s)$:

$$Re_1 = \frac{c_1 \cdot D_1}{\nu_1} = \frac{2{,}7 \cdot 0{,}4}{6{,}76 \cdot 10^{-6}} = 1{,}6 \cdot 10^5$$

$$D/k_s = 400/0{,}4 = 1000$$

$\rightarrow \lambda_1 = 0{,}0213$ (Abb. 6.11, Übergang)

Mit Formel für Übergang nach COLEBROOK, also (4.33):

$$\frac{1}{\sqrt{\lambda_1}} = -2 \cdot \lg\left(\frac{2{,}51}{Re_1 \cdot \sqrt{\lambda_1}} + 0{,}27\frac{k_s}{D}\right)$$

$$\frac{1}{\sqrt{\lambda_1}} = -2 \cdot \lg\left(\frac{2{,}51}{1{,}6 \cdot 10^5 \cdot \sqrt{0{,}0213}} + 0{,}27 \cdot \frac{0{,}4}{400}\right)$$

$$\frac{1}{\sqrt{\lambda_1}} = 6{,}846$$

$$\sqrt{\lambda_1} = 0{,}146$$

$$\lambda_1 = 0{,}0213 \quad \text{(wie Diagrammwert)}$$

Die Zahlenwerte in die Beziehung für p_2 eingesetzt ergibt:

$$p_2 \approx \frac{1}{1 - \frac{9{,}81 \cdot 900}{2 \cdot 287 \cdot 295}} \cdot \left[2{,}22 \cdot 10^5 + 2{,}622\left(\frac{9{,}81 \cdot 900}{2} - 0{,}021 \cdot \frac{900}{0{,}4} \cdot \frac{2{,}7^2}{2}\right)\right]$$

$$\cdot \left[\frac{1}{1 - \frac{(\text{m/s}^2) \cdot \text{m}}{(\text{m}^2/(\text{s}^2 \cdot \text{K})) \cdot \text{K}}}\right] \cdot \left[\frac{\text{N}}{\text{m}^2} + \frac{\text{kg}}{\text{m}^3}\left(\frac{\text{m}}{\text{s}^2} \cdot \text{m} - \frac{\text{m}^2}{\text{s}^2}\right)\right]$$

$\boldsymbol{p_2} \approx 2{,}46 \cdot 10^5\,\text{N/m}^2 = 2{,}46 \cdot 10^5\,\text{Pa}$ **= 2,46 bar** ◄

Übung 64

Das vorhandene Druckverhältnis $p_2/p_1 = 1/3{,}5 = 0{,}286$ ist kleiner als das LAVALdruckverhältnis $P_L = 0{,}528$ (Tab. 5.1). Deshalb treten im Austrittsquerschnitt der „Mündung“ die LAVALwerte auf.

a) $\dot{m}_{\max} = \varphi_M \cdot \dot{m}_L$ nach (5.108) mit
$\varphi_M = 0{,}97$ (Abschn. 5.3.3.2.1)
$\dot{m}_L = A_M \cdot \Psi_{A,L} \cdot \sqrt{2 \cdot (p_1/v_1)}$ nach (5.104)
$\Psi_{A,L} = 0{,}484$ nach Tab. 5.1

$$v_1 = \frac{R \cdot T_1}{p_1} = \frac{287 \cdot 298}{3{,}5 \cdot 10^5}\left[\frac{\mathrm{J}}{\mathrm{kg \cdot K}} \cdot \frac{\mathrm{K}}{\mathrm{N/m^2}}\right] = 0{,}244\,\mathrm{m^3/kg}$$

$$\dot{m}_L = 2 \cdot 10^{-4} \cdot 0{,}484 \cdot \sqrt{2 \cdot \frac{3{,}5 \cdot 10^5}{0{,}244}} \cdot \left[\mathrm{m}^2 \cdot \sqrt{\frac{\mathrm{N/m^2}}{\mathrm{m^3/kg}}}\right] = 0{,}164\,\mathrm{kg/s}$$

Dann wird:

$$\boldsymbol{\dot{m}_{\max}} = 0{,}97 \cdot 0{,}164 = \mathbf{0{,}159\,kg/s} = \mathbf{572{,}5\,kg/h}$$

b) Nach (5.10):

$$c_2 = c_{kr} = \varphi_M \cdot c_L = \varphi_M \cdot \Psi_{G,L} \cdot \sqrt{2 \cdot p_1 \cdot v_1}$$

mit $\Psi_{G,L} = 0{,}764$ gemäß Tab. 5.1

$$c_2 = 0{,}97 \cdot 0{,}764 \cdot \sqrt{2 \cdot 3{,}5 \cdot 10^5 \cdot 0{,}244} \cdot \left[\sqrt{(\mathrm{N/m^2}) \cdot (\mathrm{m^3/kg})}\right]$$

$$\boldsymbol{c_2} = 0{,}97 \cdot 315{,}75\,\mathrm{m/s} = \mathbf{306{,}3\,m/s}$$

c) $\boldsymbol{p_{2,M}} = p_L = p_1 \cdot P_L = 3{,}5 \cdot 0{,}528\,[\mathrm{bar}] = \mathbf{1{,}848\,bar}$

Aus $p_1 \cdot v_1^{\varkappa} = p_{2,M} \cdot v_{kr}^{\varkappa}$ und $p_1/p_{2,M} = 1/P_L$ folgt:

$$\boldsymbol{v_{kr}} = v_1 \cdot \left(\frac{p_1}{p_{2,M}}\right)^{1/\varkappa} = 0{,}244 \cdot \left(\frac{1}{0{,}528}\right)^{1/1{,}4} = \mathbf{0{,}385\,m^3/kg}$$

$v_{2,M} > v_{kr}$ infolge Reibung, jedoch meist $v_{kr} \approx v_{2,M}$

$$\boldsymbol{T_{kr}} = \frac{p_L \cdot v_{kr}}{R} = \frac{1{,}848 \cdot 10^5 \cdot 0{,}385}{287}\left[\frac{(\mathrm{N/m^2}) \cdot \mathrm{m^3/kg}}{\mathrm{J/(kg \cdot K)}}\right] = \mathbf{248}\,\mathrm{K}$$

$$c_2 = \sqrt{2 \cdot \Delta h}$$

aus (5.80) bei $c_1 \approx 0$.
Hieraus:

$$\Delta h = \frac{c_2^2}{2} = \frac{306{,}3^2}{2}\left[\frac{\mathrm{m^2}}{\mathrm{s^2}}\right] = 46.910\,\mathrm{m^2/s^2}$$

Aus $\Delta h = c_p(T_1 - T_2)$ mit $c_p = 1005\,\frac{\mathrm{J}}{\mathrm{kg \cdot K}}$ nach Tab. 6.22, folgt:

$$T_2 = T_1 - \frac{\Delta h}{c_p} = 298\,\mathrm{K} - \frac{46.910}{1005}\left[\frac{\mathrm{m^2/s^2}}{\mathrm{J/(kg \cdot K)}}\right]$$

$$\boldsymbol{T_2} = \mathbf{251{,}3\,K}$$

Hiermit:

$$\boldsymbol{v_2} = \frac{R \cdot T_2}{p_L} = \frac{287 \cdot 251{,}3}{1{,}848 \cdot 10^5}\left[\frac{(\mathrm{J/(kg \cdot K)}) \cdot \mathrm{K}}{\mathrm{N/m^2}}\right] = \mathbf{0{,}390\,m^3/kg}$$

d) Der Leistungsverlust ist identisch dem Energiestromverlust.

$$P = \dot{m}_{\max} \cdot \Delta h_s$$

$$\Delta h_s = \frac{\varkappa}{\varkappa - 1} \cdot R \cdot T_1 \cdot \left[1 - \left(\frac{p_2}{p_1}\right)^{\frac{\varkappa-1}{\varkappa}}\right]$$

nach (5.36a) und (5.36b)

$$\Delta h_s = \frac{1{,}4}{1{,}4 - 1} \cdot 287 \cdot 298 \cdot \left[1 - \left(\frac{1}{3{,}5}\right)^{\frac{1{,}4-1}{1{,}4}}\right]\left[\frac{\mathrm{J}}{\mathrm{kg \cdot K}} \cdot \mathrm{K}\right] = 90065{,}6\,\mathrm{J/kg} \approx 90{,}07\,\mathrm{kJ/kg}$$

$$\boldsymbol{P} = 0{,}159 \cdot 90{,}07 \left[\frac{\text{kg}}{\text{s}} \cdot \frac{\text{kJ}}{\text{kg}}\right] = 14{,}32\,\text{kJ/s}$$

$$\boldsymbol{= 14{,}32\,\text{kW}}$$

e) $W = P \cdot t_a$. Mit $t_a = 8760\,\text{h/a}$ wird:

$$W = 14{,}32 \cdot 8760\;[\text{kW} \cdot \text{h/a}]$$
$$= 125.443\,\text{kW h/a}$$
$$\boldsymbol{W \approx 125\,\text{MW h/a}}$$

f) $W_{el} = \dfrac{W}{\eta} = \dfrac{125.443}{0{,}6} = 209.071\,\text{kW h/a}$

$$K = W_{el} \cdot k_{el}$$
$$= 209.071 \cdot 0{,}1\;[\text{kW h/a} \cdot \text{EUR/kW h}]$$
$$\boldsymbol{K = 20.907\,\text{EUR/a}} \quad ◄$$

Übung 65

Tab. 7.2 Laut Tab. 5.1 sowie Tab. 6.22 LAVAL- und Stoffwerte

	Luft	Heißdampf
$\varkappa$ [–]	1,4	1,3
P_L [–]	0,528	0,546
$\Psi_{G,L}$ [–]	0,764	0,752
$\Psi_{A,L}$ [–]	0,484	0,472
R [J/(kg K)]	287	461
c_p [J/(kg K)]	1005	2135

a) Austrittsgeschwindigkeit c_2: Nach Abschn. 5.3.3.2.1 mit Tab. 7.2 gilt:

$c_2 = \varphi_M \cdot c_L$ mit $\varphi_M = 0{,}97$
$c_L = \Psi_{G,L}\sqrt{2 \cdot p_1 \cdot v_1}$ nach (5.99)
$v_1 = R \cdot T_1 / p_1$
oder aus Anhang (Kap. 6).

1. Heißluft

$$v_1 = \frac{287 \cdot 633}{25 \cdot 10^5}\left[\frac{(\text{J/(kg} \cdot \text{K))} \cdot \text{K}}{\text{N/m}^2}\right]$$
$$= 0{,}0727\,\text{m}^3/\text{kg}$$
$$c_L = 0{,}764 \cdot \sqrt{2 \cdot 25 \cdot 10^5 \cdot 0{,}0727}$$
$$\cdot \left[\sqrt{(\text{N/m}^2) \cdot \text{m}^3/\text{kg}}\right]$$
$$= 460{,}6\,\text{m/s}$$
$$\boldsymbol{c_2} = 0{,}97 \cdot 460{,}6 \boldsymbol{= 446{,}8\,\text{m/s}}$$

2. Heißdampf

$$v_1 = \frac{461 \cdot 633}{25 \cdot 10^5} = 0{,}117\,\text{m}^3/\text{kg}$$

Oder aus (h, s)-Diagramm: $v_1 \approx 0{,}116\,\text{m}^3/\text{kg}$ bzw. aus Dampf-Tafel: $v_1 = 0{,}1141\,\text{m}^3/\text{kg}$ (genauer Wert)

$$c_L = 0{,}752 \cdot \sqrt{2 \cdot 25 \cdot 10^5 \cdot 0{,}1141}$$
$$= 568\,\text{m/s}$$
$$\boldsymbol{c_2} = 0{,}97 \cdot 568 \boldsymbol{= 551\,\text{m/s}}$$

b) Mengenstrom bei $D_M = 2{,}5\,\text{cm}$:
$\dot{m}_{max} = \varphi_M \cdot \dot{m}_L$ (5.108) mit Tab. 7.2
$\dot{m}_L = A_M \cdot \Psi_{A,L} \cdot \sqrt{2 \cdot p_1/v_1}$ (5.104)
$A_M = D_M^2 \cdot \pi/4 = 2{,}5^2 \cdot \pi/4 = 4{,}909\,\text{cm}^2$

1. Heißluft

$$\dot{m}_L = 4{,}909 \cdot 10^{-4} \cdot 0{,}484 \cdot \sqrt{2 \cdot \frac{25 \cdot 10^5}{0{,}0727}}$$
$$\cdot \left[\text{m}^2 \cdot \sqrt{\frac{\text{N/m}^2}{\text{m}^3/\text{kg}}}\right]$$
$$\dot{m}_L = 1{,}970\,\text{kg/s} = 7093{,}5\,\text{kg/h}$$
$$\boldsymbol{\dot{m}_{max}} = 0{,}97 \cdot 1{,}97 \cdot 1{,}91\,\text{kg/s} \boldsymbol{= 6876\,\text{kg/h}}$$

2. Heißdampf

$$\dot{m}_L = 4{,}909 \cdot 10^{-4} \cdot 0{,}472 \cdot \sqrt{2 \cdot \frac{25 \cdot 10^5}{0{,}1141}}$$
$$= 1{,}534\,\text{kg/s}$$
$$\boldsymbol{\dot{m}_{max}} = 0{,}97 \cdot 1{,}534 \boldsymbol{= 1{,}488\,\text{kg/s}}$$
$$= 5356\,\text{kg/h}$$

c) Schubkraft (Rückstoß) $F_S = F_{Wd}$
IS: $F_{Wd} - \dot{I} = 0 \rightarrow F_{Wd} = \dot{I} = \dot{m} \cdot c$

1. Heißluft

$$\boldsymbol{F_{Wd}} = 1{,}91 \cdot 446{,}8\;[(\text{kg/s}) \cdot \text{m/s}]$$
$$\boldsymbol{= 853{,}4\,\text{N}}$$

2. Heißdampf

$$\boldsymbol{F_{Wd}} = 1{,}488 \cdot 551\;[(\text{kg/s}) \cdot \text{m/s}]$$
$$\boldsymbol{= 819{,}9\,\text{N}}$$

d) Gefälleverlust (Verlustenergie; $\mathrm{m}^2/\mathrm{s}^2 = \mathrm{J/kg}$):

$$\Delta h_\mathrm{V} = \frac{c_\mathrm{L}^2}{2}(1 - \varphi_\mathrm{M}^2) \text{ nach (5.87)}$$

1. Heißluft

$$\boldsymbol{\Delta h_\mathrm{V}} = \frac{460{,}6^2}{2} \cdot (1 \cdot 0{,}97^2) \left[\frac{\mathrm{m}^2}{\mathrm{s}^2}\right]$$
$$= 6269 \frac{\mathrm{m}^2}{\mathrm{s}^2} \mathbf{= 6{,}3\,kJ/kg}$$

2. Heißdampf

$$\boldsymbol{\Delta h_\mathrm{V}} = \frac{568^2}{2} \cdot (1 - 0{,}97^2)$$
$$= 9534 \frac{\mathrm{m}^2}{\mathrm{s}^2} \mathbf{= 9{,}5\,kJ/kg}$$

e) Umgesetztes Wärmegefälle, gemäß (5.55)

$$\Delta h_\mathrm{s} = \frac{c_{2,\mathrm{s}}^2}{2} = \frac{c_\mathrm{L}^2}{2} \quad \text{und}$$
$$\Delta h = \Delta h_\mathrm{s} - \Delta h_\mathrm{V} = \varphi_\mathrm{M}^2 \cdot \Delta h_\mathrm{s}$$

1. Heißluft

$$\Delta h_\mathrm{s} = \frac{460{,}6^2}{2} \left[\frac{\mathrm{m}^2}{\mathrm{s}^2}\right] = 106.078 \frac{\mathrm{m}^2}{\mathrm{s}^2}$$
$$= 106.078 \frac{\mathrm{m}^2}{\mathrm{s}^2} \cdot \frac{\mathrm{kg}}{\mathrm{kg}}$$
$$\Delta h_\mathrm{s} = 106 \cdot 10^3\,\mathrm{J/kg} = 106\,\mathrm{kJ/kg}$$
$$\boldsymbol{\Delta h} = 0{,}97^2 \cdot 106 = 99{,}7 \approx \mathbf{100\,kJ/kg}$$

2. Heißdampf

$$\Delta h_\mathrm{s} = \frac{568^2}{2} \left[\frac{\mathrm{m}^2}{\mathrm{s}^2}\right] = 161.312 \frac{\mathrm{m}^2}{\mathrm{s}^2}$$
$$= 161.312 \frac{\mathrm{m}^2}{\mathrm{s}^2} \cdot \frac{\mathrm{kg}}{\mathrm{kg}}$$
$$= 1{,}61 \cdot 10^5\,\mathrm{J/kg} = 161\,\mathrm{kJ/kg}$$
$$\boldsymbol{\Delta h} = 0{,}97^2 \cdot 161 \mathbf{= 151{,}5\,kJ/kg}$$

f) Wirkungsgrad $\eta_{\mathrm{V,M}} = \varphi_\mathrm{M}^2$
(Abschn. 5.3.3.2.1)
Heißluft und Heißdampf

$$\boldsymbol{\eta_{\mathrm{V,M}}} = 0{,}97^2 \mathbf{= 0{,}94}$$

g) Zustandswerte im Austrittsquerschnitt
Druck: $p_2 = p_\mathrm{L} = P_\mathrm{L} \cdot p_1$
Spezifisches LAVAL-Volumen:
$v_\mathrm{L} = v_1 \cdot (p_1/p_\mathrm{L})^{1/\varkappa}$
Oder aus (h, s)-Diagramm bzw. Dampftafel
Temperatur (LAVAL):

$$T_\mathrm{L} = (p_\mathrm{L} \cdot v_\mathrm{L})/R \quad \text{oder}$$
$$T_\mathrm{L} = T_1 - (\Delta h_\mathrm{s}/c_\mathrm{p})$$

bzw. aus (h, s)-Diagramm
Endtemperatur:

$$T_2 = T_1 - \Delta h/c_\mathrm{p}$$

bzw. aus (h, s)-Diagramm
Spezifisches Endvolumen: $v_2 = R \cdot T_2/p_2$

1. Heißluft:

$$p_2 = p_\mathrm{L} = 0{,}528 \cdot 25\,[\mathrm{bar}] = 13{,}2\,\mathrm{bar}$$
$$v_\mathrm{L} = 0{,}0727 \cdot (25/13{,}2)^{1/1{,}4}\,[\mathrm{m}^3/\mathrm{kg}]$$
$$= 0{,}1147\,\mathrm{m}^3/\mathrm{kg}$$
$$T_\mathrm{L} = \frac{13{,}2 \cdot 10^5 \cdot 0{,}1147}{287} \left[\frac{(\mathrm{N/m}^2) \cdot \mathrm{m}^3/\mathrm{kg}}{\mathrm{J/(kg \cdot K)}}\right]$$
$$= 527{,}5\,\mathrm{K}$$

oder

$$T_\mathrm{L} = 633\,\mathrm{K} - \frac{1{,}06 \cdot 10^5}{1005} \left[\frac{\mathrm{J/kg}}{\mathrm{J/(kg \cdot K)}}\right]$$
$$= 527{,}5\,\mathrm{K}$$
$$T_2 = 633\,\mathrm{K} - \frac{1 \cdot 10^5}{1005} \left[\frac{\mathrm{J/kg}}{\mathrm{J/(kg \cdot K)}}\right]$$
$$= 533{,}5\,\mathrm{K}$$
$$v_2 = \frac{287 \cdot 533{,}5}{13{,}2 \cdot 10^5} \left[\frac{(\mathrm{J/(kg \cdot K)}) \cdot \mathrm{K}}{\mathrm{N/m}^2}\right]$$
$$= 0{,}1160\,\mathrm{m}^3/\mathrm{kg}$$

2. Heißdampf:

$$p_2 = p_\mathrm{L} = P_\mathrm{L} \cdot p_1$$
$$= 0{,}546 \cdot 25 = 13{,}65\,\mathrm{bar}$$
$$v_\mathrm{L} = 0{,}117 \cdot (25/13{,}65)^{1/1{,}3}$$
$$= 0{,}1864\,\mathrm{m}^3/\mathrm{kg}$$

$$T_L = \frac{13{,}65 \cdot 10^5 \cdot 0{,}1864}{461} = 552\,\mathrm{K} \quad \text{bzw.}$$

$$T_L = 633 - \frac{1{,}61 \cdot 10^5}{2135} = 557{,}5\,\mathrm{K}$$

$$\to t_L = 284{,}5\,°\mathrm{C}$$

$$T_2 = 633 - \frac{1{,}515 \cdot 10^5}{2135} = 562\,\mathrm{K} \to t_2$$

$$= 289\,°\mathrm{C}$$

$$v_2 = \frac{461 \cdot 562}{13{,}65 \cdot 10^5} = 0{,}1898\,\mathrm{m^3/kg}$$

Bemerkung: c_p, $\varkappa$ und R jeweils nicht konstant, da reales Gasverhalten.

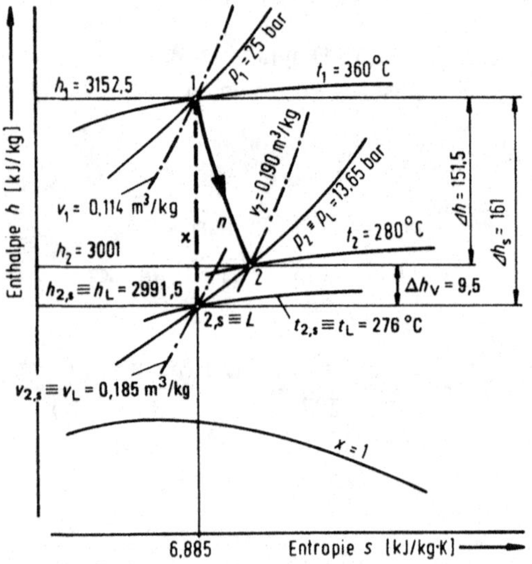

Abb. 7.38 Lösungsskizze zu Übung 65: Darstellung der Zustandsänderung im Ausschnitt vom (h, s)-Diagramm.
– – – – – theoretische (isentrope) Entspannung
——— tatsächliche (polytrope) Entspannung
Bemerkung: v-Werte nur ungenau aus (h, s)-Diagramm ablesbar

Bei Wasserdampf ist es besser, die Werte aus dem (h, s)-Diagramm zu entnehmen, da dieses das reale Verhalten des Dampfes berücksichtigt. In Abb. 7.38 ist die Zustandsänderung mit den zugehörigen Werten im (h, s)-Diagramm dargestellt (prinzipiell). ◄

Übung 66

1. Näherung: Annahme ideale, d. h. isentrope Entspannung.

a) $p_1 \cdot v_1^{\varkappa} = p_2 \cdot v_{2,s}^{\varkappa}$. Mit $v = R \cdot T/p$ wird:

$$p_1 \cdot \left(\frac{R \cdot T_1}{p_1}\right)^{\varkappa} = p_2 \cdot \left(\frac{R \cdot T_{2,s}}{p_2}\right)^{\varkappa}$$

Hieraus:

$$p_1 = p_2 \cdot (T_1/T_{2,s})^{\frac{\varkappa}{\varkappa-1}}$$

CO_2, 3-atomig: $\varkappa = 1{,}3$ (Tab. 6.21 und 6.22)

$$T_{2,s} = 273 - 78{,}5 = 194{,}5\,\mathrm{K}$$
$$T_1 = 273 + 25 = 298\,\mathrm{K}$$
$$\mathbf{p_1} = 1 \cdot (298/194{,}5)^{\frac{1,3}{1,3-1}}\,[\mathrm{bar}] = \mathbf{6{,}35\,bar}$$

Infolge der Strömungsverluste muss der tatsächliche Mindestdruck in der Flasche größer sein als 6,35 bar.

b) $p_2/p_1 = 1/6{,}35 = 0{,}16 < P_L \to$ LAVALdüse notwendig ($P_L = 0{,}54$ nach Tab. 5.1)

c) Nach (5.114), bei c_1 vernachlässigt

$$c_{2,s} = \sqrt{2 \cdot \frac{\varkappa}{\varkappa - 1} \cdot R \cdot T_1 \cdot \left[1 - (p_2/p_1)^{\frac{\varkappa-1}{\varkappa}}\right]}$$

Mit $R = 189\,\mathrm{J/(kg \cdot K)}$ (Tab. 6.22) wird

$$c_{2,s} = \sqrt{2 \cdot \frac{1{,}3}{1{,}3 - 1} \cdot 189 \cdot 298 \cdot \left[1 - 0{,}16^{\frac{1,3-1}{1,3}}\right]}$$
$$\cdot \left[\sqrt{\frac{\mathrm{J}}{\mathrm{kg \cdot K}} \cdot \mathrm{K}}\right]$$

$$c_{2,s} = 410{,}3\,\mathrm{m/s}$$
$$c_2 = \varphi_{Dü} \cdot c_{2,s}$$
$$\varphi_{Dü} = f(f_{Dü})$$

mit $f_{Dü}$ nach (5.117) und $p_L = P_L \cdot p_1 = 0{,}54 \cdot 6{,}35 = 3{,}43$ bar

$$f_{Dü} = \left(\frac{1}{3{,}43}\right)^{\frac{1}{1,3}} \cdot \sqrt{\frac{1{,}3 + 1}{1{,}3 - 1}\left[1 - 0{,}16^{\frac{1,3-1}{1,3}}\right]}$$

$$f_{Dü} = 0{,}63$$

Hierzu nach Abb. 5.17: $\varphi_{Dü} = 0{,}94$. Damit

$$\mathbf{c_2} = 0{,}94 \cdot 410{,}3 = \mathbf{385{,}7\,m/s}$$

d) $Ma_2 = c_2/a_2$ mit

$$a_2 = \sqrt{\varkappa \cdot R \cdot T_2} = \sqrt{1{,}3 \cdot 189 \cdot 194{,}5} \cdot \left[\sqrt{(\mathrm{J}/(\mathrm{kg}\cdot\mathrm{K}))\cdot\mathrm{K}}\right]$$

$$a_2 = 218{,}6\,\mathrm{m/s}$$

$$\boldsymbol{Ma_2} = 385{,}7/218{,}6 = \mathbf{1{,}76} \quad ◀$$

Übung 67

a) mit Tab. 5.1; bzw. Tab. 7.2:

$$p_2/p_1 = 1/1{,}5 = 0{,}67 > P_\mathrm{L}$$

Also unterkritische Ausströmung, d. h. nur einfache Düse notwendig.

b) Nach (5.79)

$$c_{2,\mathrm{s}} = \sqrt{60^2 + \left(2 \cdot \frac{1{,}4}{1{,}4-1} \cdot 287 \cdot 298\right) \cdot \left[1 - \left(\frac{1}{1{,}5}\right)^{\frac{1{,}4-1}{1{,}4}}\right]} \cdot \left[\sqrt{\frac{\mathrm{m}^2}{\mathrm{s}^2} + \frac{\mathrm{J}}{\mathrm{kg}\cdot\mathrm{K}} \cdot \mathrm{K}}\right]$$

$$c_{2,\mathrm{s}} = 262{,}85\,\mathrm{m/s}$$

$$\boldsymbol{c_2} = \varphi_\mathrm{M} \cdot c_{2,\mathrm{s}} = 0{,}97 \cdot 262{,}85y \mathbf{= 255\,m/s}$$

c) $\dot{m} = \frac{\dot{V}}{v} = \frac{A_1 \cdot c_1}{v_1}$

mit

$$v_1 = \frac{R \cdot T_1}{p_1} = \frac{287 \cdot 298}{1{,}5 \cdot 10^5}\left[\frac{(\mathrm{J}/(\mathrm{kg}\cdot\mathrm{K}))\cdot\mathrm{K}}{\mathrm{N/m^2}}\right] = 0{,}570\,\mathrm{m^3/kg}$$

$$A_1 = \frac{D_1^2 \cdot \pi}{4} = \frac{50^2 \cdot \pi}{4}\,[\mathrm{mm^2}] = 1963{,}5\,\mathrm{mm^2} = 1{,}964 \cdot 10^{-3}\mathrm{m^2}$$

$$\dot{\boldsymbol{m}} = \frac{1{,}964 \cdot 10^{-3} \cdot 60}{0{,}570}\left[\frac{\mathrm{m^2}\cdot\mathrm{m/s}}{\mathrm{m^3/kg}}\right] \mathbf{= 0{,}2067\,kg/s}$$

d) $T_2 = T_1 - \Delta h/c_\mathrm{p}$ aus $\Delta h = c_\mathrm{p} \cdot (T_1 - T_2)$

$$\Delta h = \varphi_\mathrm{M}^2 \cdot \Delta h_\mathrm{s}$$

$$\Delta h_\mathrm{s} = w_{\mathrm{t,s}} = \frac{\varkappa}{\varkappa - 1} \cdot R \cdot T_1 \cdot \left[1 - (p_2/p_1)^{\frac{\varkappa-1}{\varkappa}}\right]$$

$$\Delta h_\mathrm{s} = \frac{1{,}4}{1{,}4-1} \cdot 287 \cdot 298 \cdot \left[1 - (1/1{,}5)^{\frac{1{,}4-1}{1{,}4}}\right]\left[\frac{\mathrm{J}}{\mathrm{kg}\cdot\mathrm{K}} \cdot \mathrm{K}\right]$$

$$\Delta h_\mathrm{s} = 32744{,}5\,\mathrm{J/kg}$$

$$\Delta h = 0{,}97^2 \cdot 32744{,}5 = 30.809{,}3\,\mathrm{J/kg}$$

$$T_2 = 298\,\mathrm{K} - \frac{30809{,}3}{1005}\left[\frac{\mathrm{J/kg}}{\mathrm{J}/(\mathrm{kg}\cdot\mathrm{K})}\right] = 267{,}3\,\mathrm{K}$$

$$\boldsymbol{t_2} = \mathbf{-5{,}7}\,°\mathrm{C}$$

$$T_{2,\mathrm{s}} = T_1 - \Delta h_\mathrm{s}/c_\mathrm{p} = 298\,[\mathrm{K}] - \frac{32744{,}5}{1005}\left[\frac{\mathrm{J/kg}}{\mathrm{J}/(\mathrm{kg}\cdot\mathrm{K})}\right]$$

$$T_{2,\mathrm{s}} = 265{,}4\,\mathrm{K}$$

Oder

$$T_{2,\mathrm{s}} = T_1 \cdot (p_2/p_1)^{\frac{\varkappa-1}{\varkappa}} = 298 \cdot (1/1{,}5)^{\frac{1{,}4-1}{1{,}4}}\,[\mathrm{K}] = 265{,}4\,\mathrm{K}$$

Zwischen T_2 und $T_{2,\mathrm{s}}$ vernachlässigbarer Unterschied.

$$v_2 = \frac{R \cdot T_2}{p_2} = \frac{287 \cdot 267{,}3}{1 \cdot 10^5}\left[\frac{(\mathrm{J}/(\mathrm{kg}\cdot\mathrm{K}))\cdot\mathrm{K}}{\mathrm{N/m^2}}\right] = 0{,}7672\,\mathrm{m^3/kg}$$

$$v_{2,\mathrm{s}} = \frac{R \cdot T_{2,\mathrm{s}}}{p_2} = \frac{287 \cdot 265{,}4}{1 \cdot 10^5} = 0{,}7617\,\mathrm{m^3/kg}$$

Oder

$$v_{2,\mathrm{s}} = v_1 \cdot (p_1/p_2)^{1/\varkappa} = 0{,}570 \cdot (1{,}5/1)^{1/1{,}4}\,[\mathrm{m^3/kg}] = 0{,}7615\,\mathrm{m^3/kg}$$

e) $$A_2 = \frac{\dot{m} \cdot v_2}{c_2}$$

$$= \frac{0{,}2067 \cdot 0{,}7672}{255} \left[\frac{(\text{kg/s}) \cdot \text{m}^3/\text{kg}}{\text{m/s}}\right]$$

$$A_2 = 6{,}218 \cdot 10^{-4}\,\text{m}^2$$

$$= 621{,}8\,\text{mm} \to \boldsymbol{D_2 = 28\,\text{mm}}$$

$$A_2/A_1 = 621{,}8/1963{,}5 = 0{,}317$$

f) $\tan \delta/2 = \Delta R/L = \dfrac{\Delta D/2}{L}$

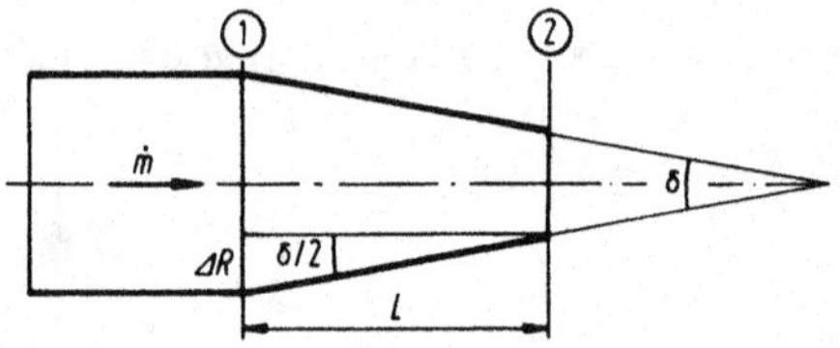

Abb. 7.39 Lösungsskizze zu Übung 67, Frage f)

Hieraus

$$L = \frac{\Delta D}{2} \cdot \frac{1}{\tan \delta/2}$$

$$= \frac{D_1 - D_2}{2} \cdot \frac{1}{\tan \delta/2}$$

$$\boldsymbol{L} = \frac{50 - 28}{2} \cdot \frac{1}{\tan 10°}\,[\text{mm}]$$

$$\boldsymbol{= 62{,}4\,\text{mm}} \quad ◀$$

Übung 68

Tab. 7.3 Nach Tab. 5.1 mit Tab. 6.22 LAVALgrößen und Stoffwerte für Helium sowie H_2O-Heißdampf

	Helium	Heißdampf
$\varkappa$ [–]	1,67	1,3
P_L [–]	0,487	0,546
$\Psi_{G,L}$ [–]	0,791	0,752
$\Psi_{A,L}$ [–]	0,514	0,472
R [J/(kg K)]	2078	461
c_p [J/(kg K)]	5238	2135

a) $p_2/p_1 = 1/25 = 0{,}04 < P_L \to$ überkritisch, also LAVALdüse bei Helium- und Dampfströmung (Tab. 7.3).

b) $A_1 = \dfrac{\dot{m} \cdot v_1}{c_1}$. Hieraus $b_1 = \sqrt{A_1}$

1. Helium:

$$v_1 = \frac{R \cdot T_1}{p_1} = \frac{2078 \cdot 693}{25 \cdot 10^5} \left[\frac{\text{J}}{\text{kg} \cdot \text{K}} \cdot \text{K} \cdot \frac{\text{m}^2}{\text{N}}\right]$$

$$= 0{,}576\,\frac{\text{m}^3}{\text{kg}}$$

$$A_1 = \frac{0{,}1 \cdot 0{,}576}{20} \left[\frac{\text{m}^2 \cdot \text{m}^3/\text{kg}}{\text{m/s}}\right]$$

$$= 2{,}88 \cdot 10^{-3}\,\text{m}^2$$

$$\boldsymbol{b_1} = \sqrt{2{,}88 \cdot 10^3} = 0{,}0537\,\text{m} = 53{,}7\,\text{mm}$$

$$\boldsymbol{\approx 54\,\text{mm}}$$

2. Wasserdampf:

$$v_1 = 0{,}1266\,\text{m}^3/\text{kg}$$

(aus Dampftafel [62])

$$A_1 = \frac{0{,}1 \cdot 0{,}1266}{20} = 0{,}633 \cdot 10^{-3}\,\text{m}^2$$

$$\boldsymbol{b_1} = \sqrt{0{,}633 \cdot 10^3} = 0{,}0252\,\text{m}$$

$$= 25{,}2\,\text{mm} \approx \boldsymbol{25\,\text{mm}}$$

c) $c_M = \varphi_M \cdot c_L$ nach (5.82)

$\varphi_M = 0{,}97$ (Abschn. 5.3.3.2.1)

Mit Berücksichtigung der Zuströmgeschwindigkeit c_1:

$$c_L = \sqrt{c_1^2 + 2 \cdot \frac{\varkappa}{\varkappa + 1} \cdot p_1 \cdot v_1}$$

nach (5.97)

Ohne Berücksichtigung der Zuströmgeschwindigkeit c_1:

$$c_L = \sqrt{2 \cdot \frac{\varkappa}{\varkappa + 1} \cdot p_1 \cdot v_1}$$

$$= \Psi_{G,L} \cdot \sqrt{2 \cdot p_1 \cdot v_1}$$

nach (5.97)

1. Helium:

Mit Zuströmgeschwindigkeit c_1:

$$c_L = \sqrt{20^2 + 2 \cdot \frac{1{,}67}{1{,}67 + 1} \cdot 25 \cdot 10^5 \cdot 0{,}576}$$

$$\cdot \left[\sqrt{\frac{\text{m}^2}{\text{s}^2} + \frac{\text{N}}{\text{m}^2} \cdot \frac{\text{m}^3}{\text{kg}}}\right]$$

$$c_L = 1342{,}29\,\text{m/s}$$

$$\boldsymbol{c_M} = 0{,}97 \cdot 1342{,}29 \boldsymbol{= 1302{,}02\,\text{m/s}}$$

Ohne Zuströmgeschwindigkeit c_1:

$$c_L = \sqrt{2 \cdot \frac{1{,}67}{1{,}67+1} \cdot 25 \cdot 10^5 \cdot 0{,}576} \cdot \left[\sqrt{\frac{N}{m^2} \cdot \frac{m^3}{kg}}\right]$$

$c_L = 1342{,}14\,\mathrm{m/s}$

$\boldsymbol{c_M} = 0{,}97 \cdot 1342{,}14 \mathbf{= 1301{,}88\,m/s}$

2. Wasserdampf (Heißdampf):
Mit Zuströmgeschwindigkeit c_1:

$$c_L = \sqrt{20^2 \cdot 2 \cdot \frac{1{,}3}{1{,}3+1} \cdot 25 \cdot 10^5 \cdot 0{,}1266} = 598{,}48\,\mathrm{m/s}$$

Ohne Zuströmgeschwindigkeit c_1:

$$c_L = \sqrt{2 \cdot \frac{1{,}3}{1{,}3+1} \cdot 25 \cdot 10^5 \cdot 0{,}1266} = 598{,}15\,\mathrm{m/s}$$

$\boldsymbol{c_M} = 0{,}97 \cdot 598{,}15 \mathbf{= 580{,}21\,m/s}$

Der Unterschied durch die Berücksichtigung der Zuströmgeschwindigkeit ist also vernachlässigbar klein, das bedeutet c_1 kann hierbei meist unberücksichtigt bleiben.

Oder nach (5.98) mit $l_{d,1} = 1839\,\mathrm{kJ/kg}$ aus Dampftafel [96] für $p_1 = 25\,\mathrm{bar}$.

$$\begin{aligned} c_L &= \sqrt{2[(\varkappa-1)/(\varkappa+1)] \cdot (h_1 - l_{d,1})} \\ &= \sqrt{2 \cdot [(1{,}3-1)/(1{,}3+1)]} \\ &\quad \cdot \sqrt{\cdot (3{,}287 - 1{,}839) \cdot 10^6}\ [\sqrt{J/kg}] \\ &= 614{,}6\,\mathrm{m/s} \quad \text{(etwa wie zuvor!)} \end{aligned}$$

d) Zuströmgeschwindigkeit c_1 wieder vernachlässigbar. Nach (5.128) gilt dann:

$$A_M = \frac{\dot{m}}{\varphi_M \cdot \Psi_{A,L}} \cdot \sqrt{\frac{1}{2} \cdot \frac{v_1}{p_1}}$$

1. Helium:

$$\begin{aligned} A_M &= \frac{0{,}1}{0{,}97 \cdot 0{,}514} \cdot \sqrt{\frac{1}{2} \cdot \frac{0{,}576}{25 \cdot 10^5}} \\ &\quad \cdot \left[\frac{kg}{s} \cdot \sqrt{\frac{m^3/kg}{N/m^2}}\right] \\ &= 68{,}08 \cdot 10^{-6}\,\mathrm{m^2} = 68{,}08\,\mathrm{mm^2} \end{aligned}$$

$\boldsymbol{b_M} = \sqrt{68{,}08}\,[\sqrt{mm^2}] = 8{,}25\,\mathrm{mm}$
$\mathbf{\approx 8{,}3\,mm}$

2. Wasserdampf:

$$\begin{aligned} A_M &= \frac{0{,}1}{0{,}97 \cdot 0{,}472} \cdot \sqrt{\frac{1}{2} \cdot \frac{0{,}1266}{25 \cdot 10^5}} \\ &= 34{,}76 \cdot 10^{-6}\,\mathrm{m^2} \end{aligned}$$

$\boldsymbol{b_M} = \sqrt{34{,}76}\,[\sqrt{mm^2}] = 5{,}9\,\mathrm{mm} \approx \mathbf{6\,mm}$

e) $c_2 = \varphi_{Dü} \cdot c_{2,s}$ (5.115), wobei nach (5.114) für Gas (Helium), aber nicht bei Dampf, da hier $\varkappa \neq$ konst; $R \neq$ konst.

$$c_{2,s} = \sqrt{c_1^2 + 2 \cdot \frac{\varkappa}{\varkappa - 1} \cdot R \cdot T_1 \cdot \left[1 - \left(\frac{p_2}{p_1}\right)^{\frac{\varkappa-1}{\varkappa}}\right]}$$

$\varphi_{Dü} = f(f_{Dü})$ nach Abb. 5.17 mit (5.116) oder (5.117)

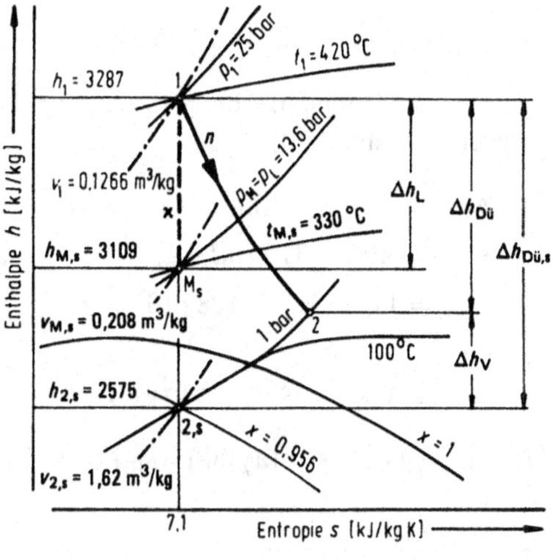

Abb. 7.40 Lösungsskizze zu Übung 68, Frage e)

1. Helium:

$$c_{2,\mathrm{s}} = \sqrt{20^2 + \left(2 \cdot \frac{1{,}67}{1{,}67-1} \cdot 2078 \cdot 693\right) \cdot \left[1 - \left(\frac{1}{25}\right)^{\frac{1{,}67-1}{1{,}67}}\right]} \cdot \left[\sqrt{\mathrm{m^2/s^2} + (\mathrm{m^2/(s^2 \cdot K)}) \cdot \mathrm{K}}\right]$$

$$c_{2,\mathrm{s}} = 2281{,}63\,\mathrm{m/s}$$

$$p_\mathrm{L} = P_\mathrm{L} \cdot p_1 = 0{,}487 \cdot 25 = 12{,}18\,\mathrm{bar}$$

Nach (5.116):

$$f_{\mathrm{Dü}} = \left(\frac{1}{12{,}18}\right)^{\frac{1}{1{,}67}} \cdot \sqrt{\frac{1-(1/25)^{\frac{1{,}67-1}{1{,}67}}}{1-(12{,}18/25)^{\frac{1{,}67-1}{1{,}67}}}} = 0{,}38$$

Oder nach (5.117):

$$f_{\mathrm{Dü}} = \left(\frac{1}{12{,}18}\right)^{\frac{1}{1{,}67}} \cdot \sqrt{\frac{1{,}67+1}{1{,}67-1} \cdot \left(1-(1/25)^{\frac{1{,}67-1}{1{,}67}}\right)} = 0{,}38$$

Hierzu aus Abb. 5.17 extrapoliert: $\varphi_{\mathrm{Dü}} \approx 0{,}87$

$$\boldsymbol{c_2} = 0{,}87 \cdot 2281{,}63 = \mathbf{1985\,m/s}$$

2. Wasserdampf:

$$p_\mathrm{L} = 0{,}546 \cdot 25 = 13{,}65\,\mathrm{bar}$$

Aus (h, s)-Diagramm, Abb. 6.48 (Auszug davon enthält Abb. 7.40):

$$\Delta h_\mathrm{L} = \Delta h_{\mathrm{M,s}} = \Delta h_{\mathrm{kr,s}} = h_1 - h_{\mathrm{M,s}} = 3287 - 3109\,[\mathrm{kJ/kg}] = 178\,\mathrm{kJ/kg} = 178 \cdot 10^3\,\mathrm{m^2/s^2}$$

$$\Delta h_{\mathrm{Dü}} = h_1 - h_{2,\mathrm{s}} = 3287 - 2575 = 712\,\mathrm{kJ/kg}$$

Damit wird nach (5.114) für Dampf:

$$c_{2,\mathrm{s}} = \sqrt{c_1^2 + 2 \cdot \Delta h_{\mathrm{Dü,s}}} = \sqrt{20^2 + 2 \cdot 712.000}\left[\sqrt{\mathrm{m^2/s^2} + \mathrm{J/kg}}\right]$$

$$c_{2,\mathrm{s}} = 1193{,}48\,\mathrm{m/s}$$

und nach (5.116):

$$f_{\mathrm{Dü}} = (p_2/p_\mathrm{L})^{1/\varkappa} \cdot \sqrt{\Delta h_{\mathrm{Dü,s}}/\Delta h_\mathrm{L}}$$

$$f_{\mathrm{Dü}} = (1/13{,}65)^{1/1{,}3} \cdot \sqrt{712/178}$$

$$f_{\mathrm{Dü}} = 0{,}27$$

Hierzu aus Abb. 5.17 extrapoliert: $\varphi_{\mathrm{Dü}} \approx 0{,}83$

$$\boldsymbol{c_2} = 0{,}83 \cdot 1193{,}48 = \mathbf{991\,m/s}$$

Die Zuströmgeschwindigkeit c_1 könnte also auch hier wieder vernachlässigt werden.

f) $\Delta h_\mathrm{V} = \Delta h_\mathrm{s} - \Delta h = \Delta h_\mathrm{s}(1 - \varphi_{\mathrm{Dü}}^2)$

Bei der zulässigen Vernachlässigung von c_1:

$$\Delta h_\mathrm{V} = (c_\mathrm{s}^2/2) \cdot (1 - \varphi_{\mathrm{Dü}}^2)$$

1. Helium:

$$\Delta h_\mathrm{V} = (2281{,}63^2/2) \cdot (1 - 0{,}87^2)\,[\mathrm{m^2/s^2}] = 632.769{,}3\,\mathrm{m^2/s^2}$$

$$\boldsymbol{\Delta h_\mathrm{V}} = 632.769{,}3\,\mathrm{J/kg} \approx \mathbf{633\,kJ/kg} \quad \text{(sehr hoch!)}$$

2. Wasserdampf:

$$\boldsymbol{\Delta h_\mathrm{V}} = \Delta h_{\mathrm{Dü,s}} \cdot (1 - \varphi_{\mathrm{Dü}}^2) = 712 \cdot (1 - 0{,}83)^2 = \mathbf{222\,kJ/kg}$$

Verlustenergie in vorigen Fällen sehr groß. Düsenbeiwert $\varphi_{\mathrm{Dü}}$ muss deshalb vergrößert, also Düsenqualität erhöht werden. Dies zeigt auch der Düsenwirkungsgrad $\eta_{\mathrm{V,Dü}} = \varphi_{\mathrm{Dü}}^2$:

1. Helium: $\eta_{\mathrm{V,Dü}} = 0{,}87^2 \approx 0{,}76$
2. Wasserdampf: $\eta_{\mathrm{V,Dü}} = 0{,}83^2 \approx 0{,}69$

g) $b_2 = \sqrt{A_2}$

$A_2 = (\dot{m} \cdot v_2)/c_2$ aus Durchflussgleichung
$v_2 = R \cdot T_2/p_2$ aus Gasgleichung
$T_2 = T_1 - \Delta h/c_\mathrm{p}$ aus Isentropengleichung
$\Delta h_{\mathrm{Dü}} = \varphi_{\mathrm{Dü}}^2 \cdot \Delta h_{\mathrm{Dü,s}}$

Bei Gas (c_1 wieder vernachlässigt):

$$\Delta h_{\text{Dü}} = \varphi_{\text{Dü}}^2 \cdot \frac{\varkappa}{\varkappa - 1} \cdot R \cdot T_1 \cdot \left[1 - \left(\frac{p_2}{p_1}\right)^{\frac{\varkappa-1}{\varkappa}}\right]$$

Bei Dampf $\Delta h_{\text{Dü, s}}$ aus dem zugehörigem (h, s)-Diagramm

1. Helium (Gas):

$$\Delta h_{\text{Dü}} = 0{,}87^2 \cdot \frac{1{,}67}{1{,}67 - 1} \cdot 2078 \cdot 693 \cdot \left[1 - (1/25)^{\frac{1{,}67-1}{1{,}67}}\right] [(\text{J}/(\text{kg} \cdot \text{K})) \cdot \text{K}]$$

$$\Delta h_{\text{Dü}} = 1{,}97 \cdot 10^6\,\text{J/kg} = 1970\,\text{kJ/kg}$$

$c_p = 5238\,\text{J}/(\text{kg} \cdot \text{K})$ aus Tab. 6.22

$$T_2 = 693\,[\text{K}] - \frac{1{,}97 \cdot 10^6}{5238} \left[\frac{\text{J/kg}}{\text{J}/(\text{kg} \cdot \text{K})}\right] = 317\,\text{K}$$

$$v_2 = \frac{2078 \cdot 317}{1 \cdot 10^5} \left[\frac{(\text{J}/(\text{kg} \cdot \text{K})) \cdot \text{K}}{\text{N/m}^2}\right] = 6{,}59\,\text{m}^3/\text{kg}$$

$$A_2 = \frac{0{,}1 \cdot 6{,}59}{1985} \left[\frac{(\text{kg/s}) \cdot \text{m}^3/\text{kg}}{\text{m/s}}\right] = 332 \cdot 10^{-6}\,\text{m}^2$$

$$\boldsymbol{b_2} = \sqrt{332\,\text{mm}^2} = 18{,}2\,\text{mm} \approx \mathbf{18\,mm}$$

2. Wasserdampf:
Aus (h, s)-Diagramm (Punkt 2):

$$h_2 = h_{2,\text{s}} + \Delta h_{\text{V}} = 2575 + 222 = 2797\,\text{kJ/kg}$$

Hierzu aus (h, s)-Diagramm mit $p_2 = 1$ bar:

$$t_2 = 160\,°\text{C} \quad \text{und} \quad v_2 = 2{,}05\,\text{m}^3/\text{kg}$$

Damit

$$A_2 = \frac{0{,}1 \cdot 2{,}05}{991} \left[\frac{(\text{kg/s}) \cdot \text{m}^3/\text{kg}}{\text{m/s}}\right] = 206{,}9 \cdot 10^{-6}\,\text{m}^2 = 206{,}9\,\text{mm}^2$$

$$\boldsymbol{b_2} = \sqrt{206{,}9\,\text{mm}^2} = 14{,}4\,\text{mm} \approx \mathbf{14{,}5\,mm}$$

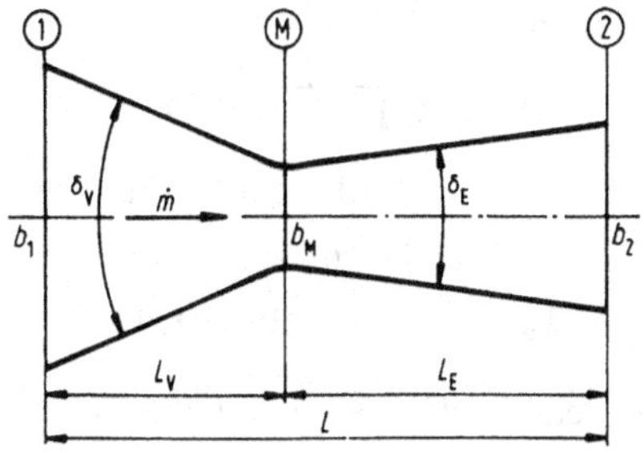

Abb. 7.41 Lösungsskizze 2 zu Übung 68, Frage h)

h) Nach Abb. 7.41 gilt:

$$L = L_{\text{V}} + L_{\text{E}}$$

mit

$$L_{\text{V}} = \frac{b_1 - b_{\text{M}}}{2} \cdot \frac{1}{\tan \delta_{\text{V}}/2} \quad \text{und}$$

$$L_{\text{E}} = \frac{b_2 - b_{\text{M}}}{2} \cdot \frac{1}{\tan \delta_{\text{E}}/2}$$

1. Helium:

$$L_{\text{V}} = \frac{54 - 8{,}3}{2} \cdot \frac{1}{\tan(45°/2)}\,[\text{mm}] = 55{,}16 \approx 55\,\text{mm}$$

$$L_{\text{E}} = \frac{18 - 8{,}3}{2} \cdot \frac{1}{\tan(45°/2)}\,[\text{mm}] = 36{,}84 \approx 37\,\text{mm}$$

$$\boldsymbol{L} = 55 + 37 = \mathbf{92\,mm}$$

2. Wasserdampf:

$$L_{\text{V}} = \frac{25 - 6}{2} \cdot \frac{1}{\tan(45°/2)}\,[\text{mm}] = 22{,}94 \approx 23\,\text{mm}$$

$$L_{\text{E}} = \frac{14{,}5 - 6}{2} \cdot \frac{1}{\tan(45°/2)}\,[\text{mm}] = 32{,}28 \approx 32\,\text{mm}$$

$$\boldsymbol{L} = 23 + 32 = \mathbf{55\,mm}$$

i) $Ma_2 = c_2/a_2$
mit $a_2 = \sqrt{\varkappa \cdot R \cdot T_2} = \sqrt{\varkappa \cdot p_2 \cdot v_2}$

1. Helium:

$$a_2 = \sqrt{1{,}67 \cdot 2078 \cdot 317} \cdot \left[\sqrt{(\mathrm{J/(kg\cdot K)})\cdot \mathrm{K}}\right] = 1049\,\mathrm{m/s}$$

$$\boldsymbol{Ma_2} = 1985/1049 = \mathbf{1{,}9}$$

Theoretisch, also isentrop (R aus Tab. 7.3):

$$T_{2,\mathrm{s}} = T_1 \cdot (p_2/p_1)^{\frac{\varkappa-1}{\varkappa}} = 693 \cdot (1/25)^{\frac{1{,}67-1}{1{,}67}}\ [\mathrm{K}] = 190{,}5\,\mathrm{K}$$

$$R = 2078\,\mathrm{J/(kg\cdot K)} = 2078\,\mathrm{m^2/(s^2\cdot K)}$$

$$a_{2,\mathrm{s}} = \sqrt{1{,}67 \cdot 2078 \cdot 190{,}5} = 813\,\mathrm{m/s}$$

$$\boldsymbol{Ma_{2,\mathrm{s}}} = c_{2,\mathrm{s}}/a_{2,\mathrm{s}} = 2281{,}63/813 = \mathbf{2{,}8}$$

2. Wasserdampf:

$$a_2 = \sqrt{1{,}3 \cdot 1 \cdot 10^5 \cdot 2{,}05} \cdot \left[\sqrt{(\mathrm{N/m^2})\cdot \mathrm{m^3/kg}}\right] = 516{,}2\,\mathrm{m/s}$$

$$\boldsymbol{Ma_2} = 991/516{,}2 = \mathbf{1{,}9}$$

Theoretisch, also isentrop: $\varkappa = 1{,}17$, geschätzter Mittelwert (Abb. 5.10), da Expansion ins Nassdampfgebiet:

$$a_{2,\mathrm{s}} = \sqrt{\varkappa \cdot p \cdot v_{2,\mathrm{s}}} = \sqrt{1{,}17 \cdot 1 \cdot 10^5 \cdot 1{,}62} \cdot \left[\sqrt{\mathrm{N/m^2}\cdot \mathrm{m^3/kg}}\right]$$

$$a_{2,\mathrm{s}} = 435{,}36\,\mathrm{m/s} \approx 435{,}4\,\mathrm{m/s}$$

$$\boldsymbol{Ma_{2,\mathrm{s}}} = c_{2,\mathrm{s}}/a_{2,\mathrm{s}} = 1193{,}48/435{,}4 = 2{,}74 \approx \mathbf{2{,}7}$$ ◄

Übung 69

a) Nach (5.123):

$$\dot{m} = \varphi_\mathrm{M} \cdot A_\mathrm{M} \cdot \Psi_{\mathrm{A,L}} \cdot \sqrt{2 \cdot p_1/v_1}$$

Mit $\varphi_\mathrm{M} = 0{,}97$ (Abschn. 5.3.3.2.1) $\Psi_{\mathrm{A,L}} = 0{,}484$ (Tab. 5.1)

$$v_1 = \frac{R \cdot T_1}{p_1} = \frac{287 \cdot 298}{20 \cdot 10^5} \left[\frac{(\mathrm{J/(kg\cdot K)})\cdot \mathrm{K}}{\mathrm{N/m^2}}\right] = 0{,}0428\,\mathrm{m^3/kg}$$

$$A_\mathrm{M} = a \cdot b = 20 \cdot 30 = 600\,\mathrm{mm^2} = 0{,}6 \cdot 10^{-3}\,\mathrm{m^2}$$

$$\dot{m} = 0{,}97 \cdot 0{,}6 \cdot 10^{-3} \cdot 0{,}484 \cdot \sqrt{2 \cdot 20 \cdot 10^5/0{,}0428} \cdot \left[\mathrm{m^2} \cdot \sqrt{(\mathrm{N/m^2})\cdot \mathrm{kg/m^3}}\right]$$

$$\boldsymbol{\dot{m}} = 2{,}723\,\mathrm{kg/s} = \mathbf{9803\,kg/h}$$

b) Nach (5.115) mit $c_1 \approx 0$

$$c_2 = \varphi_{\mathrm{Dü}} \cdot c_{2,\mathrm{s}}$$

wobei

$$c_{2,\mathrm{s}} = \sqrt{2 \cdot \frac{\varkappa}{\varkappa - 1} \cdot p_1 \cdot v_1} \cdot \sqrt{\left[1 - (p_2/p_1)^{\frac{\varkappa-1}{\varkappa}}\right]}$$

und $\varphi_{\mathrm{Dü}} = f(f_{\mathrm{Dü}})$:

$$f_{\mathrm{Dü}} = \left(\frac{p_2}{p_\mathrm{L}}\right)^{1/\varkappa} \cdot \sqrt{\frac{\varkappa + 1}{\varkappa - 1} \cdot \left[1 - (p_2/p_1)^{\frac{\varkappa-1}{\varkappa}}\right]}$$

wobei $p_\mathrm{L} = P_\mathrm{L} \cdot p_1 = 0{,}528 \cdot 20 = 10{,}56\,\mathrm{bar}$

$$f_{\mathrm{Dü}} = \left(\frac{4}{10{,}56}\right)^{1/1{,}4} \cdot \sqrt{\frac{1{,}4 + 1}{1{,}4 - 1} \cdot \left[1 - (4/20)^{\frac{1{,}4-1}{1{,}4}}\right]} = 0{,}74$$

Hierzu aus Abb. 5.17: $\varphi_{\mathrm{Dü}} = 0{,}955$

$$c_{2,\mathrm{s}} = \sqrt{2 \cdot \frac{1{,}4}{1{,}4 - 1} \cdot 20 \cdot 10^5 \cdot 0{,}0428} \cdot \sqrt{\left[1 - (4/20)^{\frac{1{,}4-1}{1{,}4}}\right]} \cdot \left[\sqrt{\frac{\mathrm{N}}{\mathrm{m^2}} \cdot \frac{\mathrm{m^3}}{\mathrm{kg}}}\right]$$

$$c_{2,\mathrm{s}} = 469{,}97\,\mathrm{m/s}$$

$$\boldsymbol{c_2} = 0{,}955 \cdot 469{,}97 = 448{,}8\,\mathrm{m/s} \approx \mathbf{449\,m/s}$$

c) $\Delta h_V = \frac{c_{2,s}^2}{2} \cdot (1 - \varphi_{Dü}^2)$

$= \frac{469{,}97^2}{2} \cdot (1 - 0{,}955^2)\,[m^2/s^2]$

$\boldsymbol{\Delta h_V} = 9715{,}6\,m^2/s^2 = 9715{,}6\,J/kg$

$\boldsymbol{\approx 9{,}7\,kJ/kg}$

$\eta_{V,Dü} = \varphi_{Dü}^2 = 0{,}955^2 \boldsymbol{= 0{,}91}$

nach (5.119)

d) $A_2 = A_M \cdot \frac{\varphi_M}{\varphi_{Dü}} \cdot \Psi_{A,L}/\Psi_{A,2}$

nach (5.130) mit (5.90):

$$\Psi_{A,2} = \sqrt{\frac{1{,}4}{1{,}4-1}} \cdot \sqrt{\left[\left(\frac{4}{20}\right)^{\frac{2}{1{,}4}} - \left(\frac{4}{20}\right)^{\frac{1{,}4+1}{1{,}4}}\right]} = 0{,}36$$

$$\boldsymbol{A_2} = 600 \cdot \frac{0{,}97}{0{,}955} \cdot \frac{0{,}484}{0{,}36}\,[mm^2] \boldsymbol{= 819{,}3\,mm^2}$$

e) $v_2 = \frac{c_2 \cdot A_2}{\dot{m}}$

$= \frac{449 \cdot 819{,}3 \cdot 10^{-6}}{2{,}723}\left[\frac{(m/s)\cdot m^2}{kg/s}\right]$

$\boldsymbol{v_2 = 0{,}1351\,m^3/kg}$

$T_2 = \frac{p_2 \cdot v_2}{R}$

$= \frac{4 \cdot 10^5 \cdot 0{,}1351}{287}\left[\frac{N/m^2 \cdot m^3/kg}{J/(kg \cdot K)}\right]$

$\boldsymbol{T_2 = 188{,}3\,K}$

$\boldsymbol{t_2 = -84{,}7}\,°C$

Oder aus $\Delta h_{Dü} = c_p(T_1 - T_2)$

$$T_2 = T_1 - \Delta h_{Dü}/c_p$$

Mit

$$\Delta h_{Dü} = \eta_{V,Dü} \cdot \Delta h_{Dü} = \varphi_{Dü}^2 \cdot \Delta h_{Dü,s}$$

$\Delta h_{Dü,s} = c_{2,s}^2/2 = 469{,}97^2/2\,[m^2/s^2]$

$= 110.436\,m^2/s^2$

$= 110.436\,J/kg = 110{,}4\,kJ/kg$

$\Delta h_{Dü} = 0{,}955^2 \cdot 110{,}4\,[kJ/kg]$

$= 100{,}7\,kJ/kg$ oder

$\Delta h_{Dü} = c_2^2/2 = 449^2/2 = 100.800\,m^2/s^2$

$= 100{,}8\,kJ/kg$

$\boldsymbol{T_2} = 298\,K - \frac{100.800}{1005}\left[\frac{J/kg}{J/(kg \cdot K)}\right]$

$\boldsymbol{= 197{,}7\,K}$

Unterschied infolge Vernachlässigung von $v_L/c_{2,kr}$ bei Berechnung von $\dot{m}$ und der Nichtkonstanz von c_p.

Zum Vergleich: Theoretische Werte bei idealer, d. h. isentroper Entspannung:

$v_{2,s} = v_1 \cdot (p_1/p_2)^{1/\varkappa}$

$= 0{,}0428 \cdot (20/4)^{1/1{,}4}\,[m^3/kg]$

$\boldsymbol{v_{2,s} = 0{,}1351\,m^3/kg}$

$T_{2,s} = p_2 \cdot v_{2,s}/R$

$= \frac{4 \cdot 10^5 \cdot 0{,}1351}{287}\left[\frac{(N/m^2)\cdot m^3/kg}{J/(kg \cdot K)}\right]$

$\boldsymbol{T_{2,s} = 188{,}3\,K}$ oder

$T_{2,s} = T_1 - \Delta h_s/c_p$

$= 298\,K - \frac{110.400}{1005}\left[\frac{J/kg}{J/(kg \cdot K)}\right]$

$T_{2,s} = 188{,}1\,K$ (praktisch gleich!) ◄

Übung 70

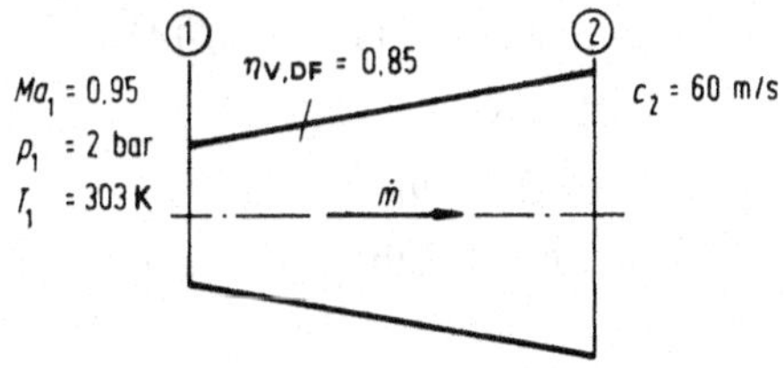

Abb. 7.42 Lösungsskizze zu Übung 70

a) Aus K ①–②:

$$c_1 \cdot A_1/v_1 = c_2 \cdot A_2/v_2$$

folgt für das Flächenverhältnis:

$$\frac{A_2}{A_1} = \frac{v_2}{v_1} \cdot \frac{c_1}{c_2}\,.$$

Mit

$$c_1 = Ma_1 \cdot a_1$$
$$a_1 = \sqrt{\varkappa \cdot R \cdot T_1}$$

N_2: $\varkappa = 1{,}4$; $R = 297\,\frac{\text{J}}{\text{kg K}}$ (Tab. 6.22)

$$a_1 = \sqrt{1{,}4 \cdot 297 \cdot 303}\left[\sqrt{\text{K} \cdot \text{J}/(\text{kg} \cdot \text{K})}\right]$$
$$= 354{,}9\,\text{m/s}$$
$$c_1 = 0{,}95 \cdot 354{,}9 = 337{,}2\,\text{m/s}$$
$$v_1 = \frac{R \cdot T_1}{p_1} = \frac{297 \cdot 303}{2 \cdot 10^5}\left[\frac{(\text{J}/(\text{kg} \cdot \text{K})) \cdot \text{K}}{\text{N/m}^2}\right]$$
$$= 0{,}450\,\text{m}^3/\text{kg}$$
$$v_2 = \frac{R \cdot T_2}{p_2}$$

mit p_2 aus (5.145)

$$\left(\frac{p_2}{p_1}\right)^{\frac{\varkappa-1}{\varkappa}} - 1$$
$$= \frac{\eta_{\text{V,DF}}}{2} \cdot \frac{\varkappa - 1}{\varkappa} \cdot \frac{1}{p_1 \cdot v_1}\left(c_2^2 - c_1^2\right)$$
$$= \frac{0{,}85}{2} \cdot \frac{1{,}4 - 1}{1{,}4} \cdot \frac{1}{2 \cdot 10^5 \cdot 0{,}45}$$
$$\cdot\,(337{,}2^2 - 60^2)$$
$$\cdot\left[\frac{\text{m}^2 \cdot \text{kg}}{\text{N} \cdot \text{m}^3} \cdot \text{m}^2/\text{s}^2\right]$$
$$= 0{,}1485$$

Hieraus

$$p_2/p_1 = (0{,}1485 + 1)^{\frac{\varkappa}{\varkappa-1}} = 0{,}1485^{\frac{1{,}4}{1{,}4-1}}$$
$$= 1{,}6238$$
$$p_2 = 1{,}6238 \cdot p_1$$
$$= 1{,}6238 \cdot 2\,[\text{bar}] = 3{,}25\,\text{bar}$$

T_2 nach (5.147)

$$T_2 = 303 \cdot \left[1 + \frac{1}{0{,}85} \cdot \left(\left(\frac{3{,}25}{2}\right)^{\frac{1{,}4-1}{1{,}4}} - 1\right)\right]\,[\text{K}]$$

$\boldsymbol{T_2 = 356\,\text{K}} \rightarrow t_2 = 83\,°\text{C}$

$$v_2 = \frac{297 \cdot 356}{3{,}25 \cdot 10^5}\left[\frac{(\text{J}/(\text{kg} \cdot \text{K})) \cdot \text{K}}{\text{N/m}^2}\right]$$
$$= 0{,}3253\,\text{m}^3/\text{kg}$$
$$\frac{\boldsymbol{A_2}}{\boldsymbol{A_1}} = \frac{0{,}3253}{0{,}450} \cdot \frac{337{,}2}{60} = \mathbf{4{,}06}$$

b) $Ma_2 = c_2/a_2$

$$a_2 = \sqrt{\varkappa \cdot R \cdot T_2}$$
$$= \sqrt{1{,}4 \cdot 297 \cdot 356}\left[\sqrt{\frac{\text{J}}{\text{kg} \cdot \text{K}} \cdot \text{K}}\right]$$
$$a_2 = 384{,}74\,\text{m/s}$$
$$\boldsymbol{Ma_2} = 60/384{,}74 = \mathbf{0{,}156} \quad ◄$$

Übung 71

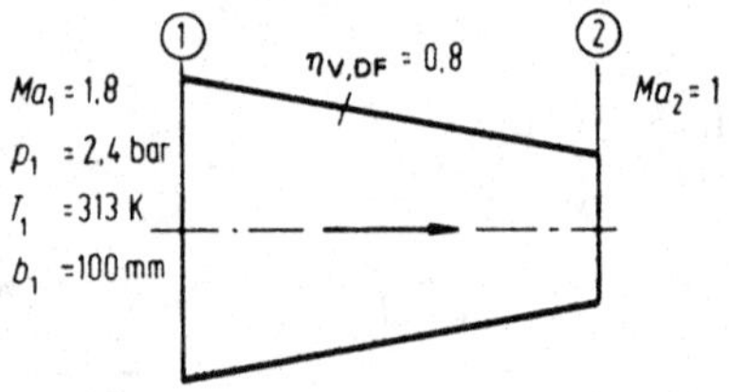

Abb. 7.43 Lösungsskizze 1 zu Übung 71

a) $\dot{m} = \dfrac{A_1 \cdot c_1}{v_1}$ mit

$$A_1 = \frac{\pi}{4} \cdot D_1^2 = 78{,}5\,\text{cm}^2 = 78{,}4 \cdot 10^{-4}\,\text{m}^2$$

$R = 4124\,\text{J}/(\text{kg} \cdot \text{K})$; $\varkappa = 1{,}4$ (Tab. 6.22)

$$v_1 = \frac{R \cdot T_1}{p_1} = \frac{4124 \cdot 313}{2{,}4 \cdot 10^5}\left[\frac{(\text{J}/(\text{kg} \cdot \text{K})) \cdot \text{K}}{\text{N/m}^2}\right]$$
$$= 5{,}378\,\text{m}^3/\text{kg}$$
$$c_1 = Ma_1 \cdot a_1$$
$$a_1 = \sqrt{\varkappa \cdot R \cdot T_1}$$
$$= \sqrt{1{,}4 \cdot 4124 \cdot 313}\left[\sqrt{\frac{\text{m}^2}{\text{s}^2 \cdot \text{K}} \cdot \text{K}}\right]$$
$$a_1 = 1344{,}3\,\text{m/s}$$
$$c_1 = 1{,}8 \cdot 1344{,}3 = 2419{,}7\,\text{m/s}$$
$$\dot{\boldsymbol{m}} = \frac{78{,}5 \cdot 10^{-4} \cdot 2419{,}7}{5{,}378}\left[\frac{\text{m}^2 \cdot \text{m/s}}{\text{m}^3/\text{kg}}\right]$$
$$= \mathbf{3{,}532\,kg/s}$$

b) Kompressionstemperatur T_2:
Lt. Aufg. $Ma_2 = 1$ (Laval-Punkt).
Da also $Ma_2 = c_2/a_2 = 1$ folgt:

$$c_2 = a_2$$

Mit $a_2 = \sqrt{\varkappa \cdot R \cdot T_2}$

$$c_2 = \sqrt{c_1^2 - 2 \cdot \Delta h}$$
$$= \sqrt{c_1^2 - 2 \cdot c_p(T_2 - T_1)}$$
$$\varkappa \cdot R \cdot T_2 = c_1^2 - 2 \cdot c_p(T_2 - T_1)$$

Umgestellt:

$$T_2(\varkappa \cdot R + 2 \cdot c_p) = c_1^2 + 2 \cdot c_p \cdot T_1$$

Hieraus:

$$T_2 = \frac{c_1^2 + 2 \cdot c_p \cdot T_1}{\varkappa \cdot R + 2 \cdot c_p} \qquad \text{(A)}$$

Oder mit $c_p = (\varkappa/(\varkappa - 1)) \cdot R$ aus $\varkappa = c_p/c_v$ und $R = c_p - c_v$:

$$T_2 = \frac{c_1^2 + 2 \cdot c_p \cdot T_1}{\varkappa \cdot R\left(1 + \dfrac{2}{\varkappa - 1}\right)}$$
$$= \frac{\varkappa - 1}{\varkappa(\varkappa + 1)} \cdot \frac{c_1^2 + 2 \cdot c_p \cdot T_1}{R} \qquad \text{(B)}$$

Zahlenwerte eingesetzt, ergibt mit c_p aus Tab. 6.22:

Nach erster Beziehung (A):

$$T_2 = \frac{2419{,}7^2 + 2 \cdot 14.244 \cdot 313}{1{,}4 \cdot 4124 + 2 \cdot 14.244} \cdot \left[\frac{\text{m}^2/\text{s}^2 + (\text{J}/(\text{kg} \cdot \text{K})) \cdot \text{K}}{\text{J}/(\text{kg} \cdot \text{K})}\right]$$
$$T_2 = 431\,\text{K}$$

Oder nach zweiter Gleichung (B):

$$T_2 = \frac{1{,}4 - 1}{1{,}4(1{,}4 + 1)} \cdot \frac{2419{,}7^2 + 2 \cdot 14.244 \cdot 313}{4124} \cdot \left[\frac{\text{m}^2/\text{s}^2}{\text{J}/(\text{kg} \cdot \text{K})}\right]$$
$$T_2 = 426\,\text{K}$$

Mittelwert: $\boldsymbol{T_2 = 429\,\text{K}}$

Unterschied infolge Ungenauigkeiten bei den Stoffwerten $\varkappa$, R, c_p, c_v (reales Gas).

Verdichtungsenddruck p_2 aus (5.147):

$$T_2 = T_1\left[1 + \frac{1}{\eta_{\text{V,DF}}}\left((p_2/p_1)^{\frac{\varkappa-1}{\varkappa}} - 1\right)\right]$$

Umgestellt:

$$(p_2/p_1)^{\frac{\varkappa-1}{\varkappa}} - 1 = \eta_{\text{V,DF}}\left(\frac{T_2}{T_1} - 1\right)$$

Hieraus:

$$\frac{p_2}{p_1} = \left[\eta_{\text{V,DF}}\left(\frac{T_2}{T_1} - 1\right) + 1\right]^{\frac{\varkappa}{\varkappa-1}}$$

Zahlenwerte wieder eingesetzt:

$$\frac{p_2}{p_1} = \left[0{,}8\left(\frac{429}{313} - 1\right) + 1\right]^{\frac{1{,}4}{1{,}4-1}}$$
$$= 2{,}48 \approx 2{,}5$$
$$\boldsymbol{p_2} = 2{,}5 \cdot p_1 = 2{,}5 \cdot 2{,}4[\text{bar}] \boldsymbol{= 6\,\text{bar}}$$

Spezifisches Verdichtungsendvolumen:

$$\boldsymbol{v_2} = \frac{R \cdot T_2}{p_2}$$
$$= \frac{4124 \cdot 429}{6 \cdot 10^5}\left[\frac{(\text{J}/(\text{kg} \cdot \text{K})) \cdot \text{K}}{\text{N}/\text{m}^2}\right]$$
$$\boldsymbol{= 2{,}95\,\text{m}^3/\text{kg}}$$

c) $c_2 = a_2 = \sqrt{\varkappa \cdot R \cdot T_2}$

$$= \sqrt{1{,}4 \cdot 4124 \cdot 429}\left[\sqrt{(\text{J}/(\text{kg} \cdot \text{K})) \cdot \text{K}}\right]$$
$$\boldsymbol{c_2 = 1574\,\text{m/s}}$$

Oder zur Kontrolle nach (5.145):

$$c_2^2 = c_1^2 - \frac{2}{\eta_{\text{V,DF}}} \cdot \frac{\varkappa}{\varkappa - 1} \cdot p_1 \cdot v_1 \cdot \left[(p_2/p_1)^{(\varkappa-1)/\varkappa} - 1\right]$$
$$c_2^2 = 2419{,}7^2 - \frac{2}{0{,}8} \cdot \frac{1{,}4}{1{,}4 - 1} \cdot 2{,}4 \cdot 10^5 \cdot 5{,}378 \cdot \left[\left(\frac{6}{2{,}4}\right)^{\frac{1{,}4-1}{1{,}4}} - 1\right] \cdot \left[\frac{\text{m}^2}{\text{s}^2} - \frac{\text{N}}{\text{m}^2} \cdot \frac{\text{m}^3}{\text{kg}}\right]$$
$$\boldsymbol{c_2 = 1573{,}3\,\text{m/s}}$$

Abweichung wieder infolge Rechnungsungenauigkeiten und Rundungen bei den Stoffgrößen.

d) $\Delta h = c_p \cdot (T_2 - T_1)$

$$= 14.244\,(429 - 313)\left[\frac{\text{J}}{\text{kg}\cdot\text{K}}\cdot\text{K}\right]$$

$$\boldsymbol{\Delta h} = 1.652.300\,\text{J/kg} \approx \mathbf{1652\,kJ/kg}$$

Hiermit aus (5.142):

$$\Delta h_s = \eta_{V,DF}\cdot\Delta h$$
$$= 0{,}8\cdot 1652 = 1322\,\text{kJ/kg}$$
$$P = \dot{m}\cdot\Delta h = 3{,}532\cdot 1652\left[\frac{\text{kg}}{\text{s}}\cdot\frac{\text{kJ}}{\text{kg}}\right]$$
$$= 5835\,\text{kJ/s}$$
$$\boldsymbol{P} = 5835\,\text{kW} \approx \mathbf{5{,}8\,MW}$$
$$\boldsymbol{P_{th}} = P_s = \eta_{V,DF}\cdot P = 0{,}8\cdot 5{,}8$$
$$\mathbf{= 4{,}6\,MW}$$

e) $\Delta h_V = \Delta h - \Delta h_s$

Mit $\Delta h_s = \eta_{V,DF}\cdot\Delta h$ wird

$$\Delta h_V = \Delta h\,(1 - \eta_{V,DF})$$
$$= \Delta h_s\left(\frac{1}{\eta_{V,DF}} - 1\right)$$
$$\boldsymbol{\Delta h_V} = 1652\,(1 - 0{,}8) \mathbf{= 330\,kJ/kg}$$

Hiermit folgt die Verlustleistung:

$$P_V = \dot{m}\cdot\Delta h_V$$
$$= 3{,}532\cdot 330\,[(\text{kg/s})\cdot\text{kJ/kg}]$$
$$\boldsymbol{P_V} = 1167\,\text{kW} \approx \mathbf{1{,}2\,MW}$$

Temperaturerhöhung infolge der Energieverluste aus:

$$\Delta h_V = \Delta h - \Delta h_s$$
$$= c_p\,(T_2 - T_1) - c_p\,(T_{2,s} - T_1)$$
$$\Delta h_V = c_p\,(T_2 - T_{2,s})$$

Umgestellt, ergibt:

$$\boldsymbol{T_2 - T_{2,s}} = \Delta h_V / c_p$$
$$= \frac{330}{14{,}244}\left[\frac{\text{kJ/kg}}{\text{kJ/(kg}\cdot\text{K)}}\right] \mathbf{= 23\,K}$$
$$\boldsymbol{T_{2,s}} = T_2 - (T_2 - T_{2,s})$$
$$= 429 - 23 \mathbf{= 406\,K}$$

Oder aus Isentropengleichung:

$$T_{2,s} = T_1\cdot(p_2/p_1)^{\frac{\varkappa-1}{\varkappa}}$$
$$= 313\cdot 2{,}5^{\frac{1{,}4-1}{1{,}4}} = 406{,}7\,\text{K}$$

f) Aus Durchfluss D 2:

$$A_2 = \frac{\dot{m}\cdot v_2}{c_2}$$
$$= \frac{3{,}532\cdot 2{,}96}{1577{,}5}\left[\frac{(\text{kg/s})\cdot\text{m}^3/\text{kg}}{\text{m/s}}\right]$$
$$A_2 = 66{,}27\cdot 10^{-4}\,\text{m}^2 = 66{,}27\,\text{cm}^2$$
$$\rightarrow \boldsymbol{D_2} = 9{,}19\,\text{cm} \approx \mathbf{92\,mm}$$

Flächenverhältnis:

$$A_2/A_1 = 66{,}27/78{,}5 = 0{,}84$$

Durchmesserverhältnis:

$$D_2/D_1 = 92/100 = 0{,}92$$

g) Um die Bedingung $Ma_2 = 1$ zu verwirklichen, müsste nach Frage b) auch bei idealer Strömung die Endtemperatur 429 K erreicht werden, also:

$$T_{2',s} = 429\,\text{K}$$

Der dabei theoretisch erzielte Druck wäre nach der Isentropengleichung:

$$p_{2',s} = p_1\cdot(T_{2',s}/T_1)^{\frac{\varkappa}{\varkappa-1}}$$
$$= 2{,}4\,(429/313)^{\frac{1{,}4}{1{,}4-1}}\,[\text{bar}]$$
$$\boldsymbol{p_{2',s}} = 7{,}23\,\text{bar} \approx \mathbf{7{,}2\,bar}$$

Druckverlust der realen Strömung demnach:

$$\Delta p_V = p_{2',s} - p_2 = 7{,}2 - 6 = 1{,}2\,\text{bar}$$
$$\boldsymbol{\Delta p_V / p_{2',s}} = 1{,}2/7{,}2 = 0{,}17 \mathrel{\widehat{=}} \mathbf{17\,\%}$$

h) $\boldsymbol{v_{2',s}} = \dfrac{R\cdot T_{2',s}}{p_{2',s}}$

$$= \frac{4124\cdot 429}{7{,}2\cdot 10^5}\left[\frac{(\text{J/(kg}\cdot\text{K))}\cdot\text{K}}{\text{N/m}^2}\right]$$
$$\mathbf{= 2{,}457\,m^3/kg}$$
$$c_{2',s} = a_2 = \sqrt{\varkappa\cdot R\cdot T_{2',s}}$$
$$= c_2$$

nach Frage c), also:

$$\boldsymbol{c_{2',s} = c_2 = \mathbf{1577{,}5\,m/s}}$$

Oder entsprechend (5.136):

$$c_{2',s} = \sqrt{c_1^2 - 2 \cdot \frac{\varkappa}{\varkappa - 1} \cdot p_1 \cdot v_1 \cdot \left[\left(\frac{p_{2',s}}{p_1}\right)^{\frac{\varkappa-1}{\varkappa}} - 1\right]}$$

$$c_{2',s}^2 = 2419{,}7^2 - 2 \cdot \frac{1{,}4}{1{,}4-1} \cdot 2{,}4 \cdot 10^5 \cdot 5{,}378 \cdot \left[\left(\frac{7{,}2}{2{,}4}\right)^{\frac{1{,}4-1}{1{,}4}} - 1\right] \cdot \left[\frac{\mathrm{m}^2}{\mathrm{s}^2} - \frac{\mathrm{N}}{\mathrm{m}^2} \cdot \frac{\mathrm{m}^3}{\mathrm{kg}}\right]$$

$$c_{2',s} = \sqrt{c_{2,s}^2} = 1588{,}5\,\mathrm{m/s}$$

Abweichung wieder bedingt durch Rechen- und Stoffwertungenauigkeiten. Mit größerem Wert (sichere Seite) Berechnung fortgesetzt:

Austrittsquerschnitt aus Durchflussgleichung:

$$A_{2',s} = \frac{\dot{m} \cdot v_{2',s}}{c_{2',s}} = \frac{3{,}532 \cdot 2{,}457}{1588{,}5}\left[\frac{\mathrm{kg/s} \cdot \mathrm{m^3/kg}}{\mathrm{m/s}}\right]$$

$$A_{2',s} = 54{,}6 \cdot 10^{-4}\,\mathrm{m}^2 = 54{,}6\,\mathrm{cm}^2$$

$$\rightarrow \boldsymbol{D_{2',s}} = 8{,}34\,\mathrm{cm} \boldsymbol{\approx 83\,mm}$$

i) Siehe Abb. 7.44

i)

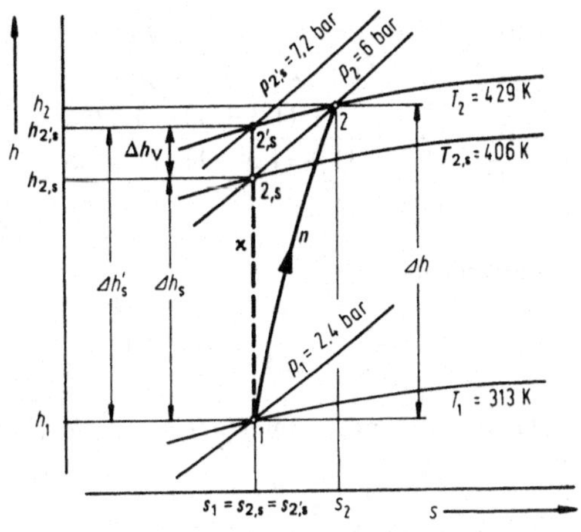

Abb. 7.44 Lösungsskizze 2 zu Übung 71, Frage i)

j)
$$\frac{\Delta h'_s}{\Delta h} = \frac{w'_{t,s}}{\frac{1}{\eta_{V,DF}} \cdot w_{t,s}} = \frac{\frac{\varkappa}{\varkappa-1} \cdot p_1 \cdot v_1 \cdot \left[(p_{2',s}/p_1)^{\frac{\varkappa-1}{\varkappa}} - 1\right]}{\frac{1}{\eta_{V,DF}} \cdot \frac{\varkappa}{\varkappa-1} \cdot p_1 \cdot v_1 \cdot \left[(p_2/p_1)^{\frac{\varkappa-1}{\varkappa}} - 1\right]}$$

$$\frac{\Delta h'_s}{\Delta h} = \eta_{V,DF} \cdot \frac{(p_{2',s}/p_1)^{\frac{\varkappa-1}{\varkappa}} - 1}{(p_2/p_1)^{\frac{\varkappa-1}{\varkappa}} - 1}$$

$$\frac{\Delta h'_s}{\Delta h} = \eta_{V,DF} \cdot \frac{(7{,}2/2{,}4)^{\frac{1{,}4-1}{1{,}4}} - 1}{(6/2{,}4)^{\frac{1{,}4-1}{1{,}4}} - 1} = 1{,}23 \cdot \eta_{V,DF}$$

$$\approx 1{,}25 \cdot \eta_{V,DF} = 1{,}25 \cdot 0{,}8 = 1$$

Hieraus folgt $\Delta h = \Delta h'_s$, das bedeutet, die Zustandsänderung liegt in dem Bereich des zugehörigen (h, s)-Diagrammmes, in welchem die Temperaturlinie T_2 parallel zur s-Achse verläuft, also zugleich Isenthalpe ist.

Weiter gilt: $\eta_{V,DF} = \Delta h_s / \Delta h$ und im vorliegenden Fall ist:

$$\Delta h_s/\Delta h = \Delta h_s/\Delta h'_s = 1/1{,}25 = 0{,}8 = \eta_{V,DF}$$ ◄

Übung 72

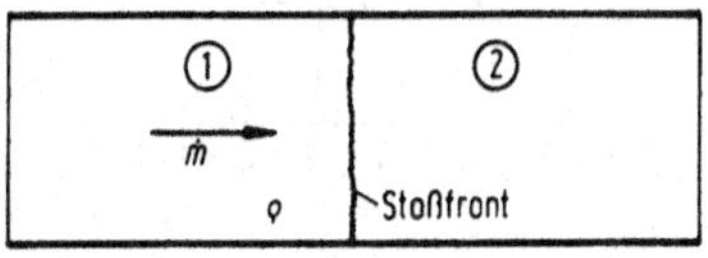

Abb. 7.45 Lösungsskizze 1 zu Übung 72

a) $Ma_1 = c_1/a_1$

$$a_1 = \sqrt{\varkappa \cdot R \cdot T_1} \quad (7.3)$$

$\varkappa = 1{,}3$ und $R = 189\,\frac{\mathrm{J}}{\mathrm{kg \cdot K}}$ (Tab. 6.22)

$$a_1 = \sqrt{1{,}3 \cdot 189 \cdot 333}\,[\sqrt{\mathrm{J/(kg \cdot K) \cdot K}}] = 286\,\mathrm{m/s}$$

$$\boldsymbol{Ma_1} = 600/286 \boldsymbol{= 2{,}1}$$

b) Nach (5.170):

$$c_2 = \frac{c_1}{\varkappa + 1} \cdot [\varkappa - 1 + 2/Ma_1^2]$$
$$= \frac{600}{1{,}3 + 1} \cdot [1{,}3 - 1 + 2/2{,}1^2] \left[\frac{\text{m}}{\text{s}}\right]$$
$$\boldsymbol{c_2 = 196{,}6\,\text{m/s}}$$

Oder nach (5.177):

$$c_2 = c_L^2 / c_1$$

mit $c_L^2 = 2 \cdot \frac{\varkappa-1}{\varkappa+1} \cdot h_R$ aus (5.176),
$h_R = \frac{c_1^2}{2} + \frac{\varkappa}{\varkappa-1} \cdot R \cdot T_1$ nach (5.173)

$$h_R = \frac{600^2}{2} + \frac{1{,}3}{1{,}3 - 1} \cdot 189 \cdot 333 \left[\frac{\text{m}^2}{\text{s}^2}\right]$$
$$= 452.727\,\text{m}^2/\text{s}^2$$
$$c_L^2 = 2 \cdot \frac{1{,}3 - 1}{1{,}3 + 1} \cdot 452.727\,\frac{\text{m}^2}{\text{s}^2}$$
$$= 118.102{,}7\,\text{m}^2/\text{s}^2$$
$$c_2 = 118.102{,}7/600$$
$$= 196{,}8\,\text{m/s} \quad \text{(fast wie zuvor!)}$$

c) Nach (5.185):

$$Ma_2^2 = \frac{(\varkappa - 1) \cdot Ma_1^2 + 2}{2 \cdot \varkappa \cdot Ma_1^2 - (\varkappa - 1)}$$
$$= \frac{(1{,}3 - 1) \cdot 2{,}1^2 + 2}{2 \cdot 1{,}3 \cdot 2{,}1^2 - (1{,}3 - 1)}$$
$$Ma_2^2 = 0{,}3$$
$$\boldsymbol{Ma_2} = \sqrt{0{,}3} \boldsymbol{= 0{,}55}$$

d) Enddruck p_2 nach (5.180):

$$p_2 = p_1 \cdot \left[1 + \frac{2 \cdot \varkappa}{\varkappa + 1}(Ma_1^2 - 1)\right]$$
$$= 5 \cdot \left[1 + \frac{2 \cdot 1{,}3}{1{,}3 + 1}(2{,}1^2 - 1)\right] [\text{bar}]$$
$$\boldsymbol{p_2 = 24{,}27\,\text{bar}}$$

Spezifisches Endvolumen v_2 nach (5.182):

$$v_2 = \frac{v_1}{\varkappa + 1} \cdot [\varkappa - 1 + 2/Ma_1^2]$$

Hierbei nach Gasgleichung

$$v_1 = \frac{R \cdot T_1}{p_1} = \frac{189 \cdot 333}{5 \cdot 10^5} \left[\frac{(\text{J/(kg} \cdot \text{K))} \cdot \text{K}}{\text{N/m}^2}\right]$$
$$= 0{,}1259\,\text{m}^3/\text{kg}$$
$$v_2 = \frac{0{,}1259}{1{,}3 + 1} \cdot [1{,}3 - 1 + 2/2{,}1^2] \left[\frac{\text{m}^3}{\text{kg}}\right]$$
$$\boldsymbol{v_2 = 0{,}0412\,\text{m}^3/\text{kg}}$$

Endtemperatur T_2 nach (5.184):

$$T_2 = \frac{T_1}{\varkappa + 1} \cdot [\varkappa - 1 + 2/Ma_1^2] \cdot \left[1 + \frac{2 \cdot \varkappa}{\varkappa + 1} \cdot (Ma_1^2 - 1)\right]$$
$$T_2 = \frac{333}{1{,}3 + 1} \cdot [1{,}3 - 1 + 2/2{,}1^2] \cdot \left[1 + \frac{2 \cdot 1{,}3}{1{,}3 + 1} \cdot (2{,}1^2 - 1)\right] [\text{K}]$$
$$\boldsymbol{T_2} = 529{,}6\,\text{K} \approx \boldsymbol{530\,\text{K}} \rightarrow t_2 = 257\,°\text{C}$$

Oder nach Gasgleichung:

$$T_2 = \frac{p_2 \cdot v_2}{R}$$
$$= \frac{24{,}75 \cdot 10^5 \cdot 0{,}0412}{189} \left[\frac{(\text{N/m}^2) \cdot \text{m}^3/\text{kg}}{\text{J/(kg} \cdot \text{K)}}\right]$$
$$= 529{,}7\,\text{K}$$

Kontrollrechnung:
Nach (5.189):

$$\frac{\varrho_2}{\varrho_1} = \frac{(\varkappa - 1) + (\varkappa + 1) \cdot p_2/p_1}{(\varkappa + 1) + (\varkappa - 1) \cdot p_2/p_1}$$
$$= \frac{(1{,}3 - 1) + (1{,}3 + 1) \cdot 24{,}27/5}{(1{,}3 + 1) + (1{,}3 - 1) \cdot 24{,}27/5}$$
$$= 3{,}052$$

Andererseits:

$$\frac{\varrho_2}{\varrho_1} = \frac{v_1}{v_2} = \frac{0{,}1259}{0{,}0412} = 3{,}056$$

$Ma_2 = c_2/a_2$ mit $R\,[\text{m}^2/(\text{s}^2 \cdot \text{K})]$ und $T_2\,[\text{K}]$:

$$a_2 = \sqrt{\varkappa \cdot R \cdot T_2} = \sqrt{1{,}3 \cdot 189 \cdot 529{,}6}$$
$$= 360{,}7\,\text{m/s}$$
$$Ma_2 = 196{,}8/360{,}7 = 0{,}55$$

(wie bei Frage c)

e) EE ①–②: $h_1 + c_1^2/2 = h_2 + c_2^2/2 = h_R$

Mit $h_R = 452.727\,m^2/s^2$ nach Frage b) wird:

$$h_2 = h_R - c_2^2/2$$
$$= 452.727 - 196{,}8^2/2\,[m^2/s^2]$$
$$\boldsymbol{h_2} = 433.362\,m^2/s^2 = \mathbf{433.362\,J/kg}$$

oder:

$$h_2 = c_p \cdot T_2$$

wenn $h = 0$ bei $T = 0$ und mit $c_p = 819\,J/(kg \cdot K)$ (Tab. 6.22) wird:

$$h_2 = 819 \cdot 529{,}6\,[(J/(kg \cdot K)) \cdot K]$$
$$h_2 = 433.742\,J/kg \quad \text{(etwa wie zuvor)}$$

f) Nach (5.186):

$$\Delta s = c_p \cdot \ln\left[\frac{T_2}{T_1} \cdot (p_1/p_2)^{\frac{\varkappa-1}{\varkappa}}\right]$$
$$= 819 \cdot \ln\left[\frac{529{,}6}{333} \cdot (5/24{,}27)^{\frac{1,3-1}{1,3}}\right] \cdot \left[\frac{J}{kg \cdot K}\right]$$
$$\boldsymbol{\Delta s} = \mathbf{81{,}42\,J/(kg \cdot K)}$$

g) Aus Isentropenbeziehung mit Gasgleichung:

$$p_{2,s} = p_1 \cdot (T_{2,s}/T_1)^{\frac{\varkappa}{\varkappa-1}}$$

Mit $\boldsymbol{T_{2,s}} = T_2 = \mathbf{529{,}6\,K}$ wird:

$$\boldsymbol{p_{2,s}} = 5 \cdot (529{,}6/333)^{\frac{1,3}{1,3-1}}\,[bar] = \mathbf{37{,}34\,bar}$$

Aus Gasgleichung:

$$\boldsymbol{v_{2,s}} = \frac{R \cdot T_{2,s}}{p_{2,s}}$$
$$= \frac{189 \cdot 529{,}6}{37{,}34 \cdot 10^5}\left[\frac{(J/(kg \cdot K)) \cdot K}{N/m^2}\right]$$
$$= \mathbf{0{,}0268\,m^3/kg}$$

h) Exergieverlust Δh_V nach Abb. 7.46:

$$\Delta h_V = h_2 - h_{2',s}$$

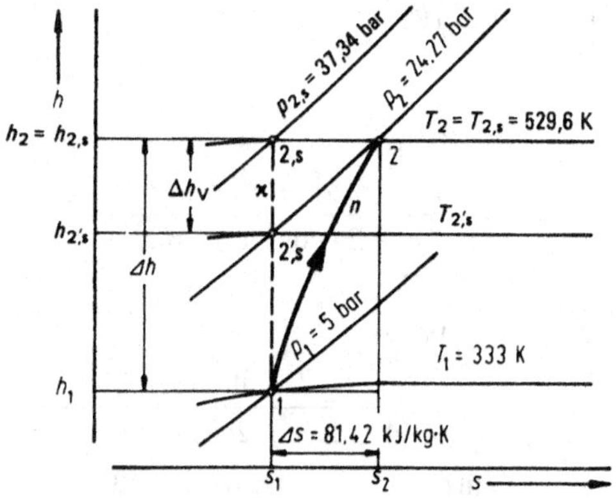

Abb. 7.46 Lösungsskizze 2 zu Übung 72, Frage h)

mit

$$h_{2',s} = c_p \cdot T_{2',s}$$
$$T_{2',s} = T_1(p_{2',s}/p_1)^{\frac{\varkappa-1}{\varkappa}} = T_1 \cdot (p_2/p_1)^{\frac{\varkappa-1}{\varkappa}}$$
$$= 333 \cdot (24{,}27/5)^{\frac{1,3-1}{1,3}}\,[K] = 479{,}48\,K$$
$$h_{2',s} = 819 \cdot 479{,}48\,[(J/(kg \cdot K)) \cdot K]$$
$$= 392.694\,J/kg$$
$$\boldsymbol{\Delta h_V} = 433.362 - 392.694 = 40.668\,J/kg$$
$$\approx \mathbf{41\,kJ/kg}$$

i) $$\eta_V = \frac{\Delta h - \Delta h_V}{\Delta h} = 1 - \frac{\Delta h_V}{\Delta h}$$
$$= 1 - \frac{\Delta h_V}{h_2 - h_1}$$

Mit:

$$h_1 = c_p \cdot T_1 = 819 \cdot 333\,[(J/(kg \cdot K)) \cdot K]$$
$$= 272.727\,J/kg$$
$$\Delta h = h_2 - h_1 = 433.362 - 272.727\,[J/kg]$$
$$= 160.635\,J/kg$$
$$\boldsymbol{\eta_V} = 1 - \frac{40.668}{160.635} = 0{,}747$$
$$\approx \mathbf{0{,}75} \mathrel{\hat{=}} 75\,\% \quad ◄$$

Übung 73

a) $Ma_1 = c_1/a_1$ mit $\varkappa = 1{,}4$; $R = 287\,m^2/(s^2 \cdot K)$; $T_1 = 313\,K$:

$$a_1 = \sqrt{\varkappa \cdot R \cdot T_1} = \sqrt{1{,}4 \cdot 287 \cdot 313}\,[m/s]$$
$$= 354{,}6\,m/s$$
$$\boldsymbol{Ma_1} = 540/354{,}6 = \mathbf{1{,}52}$$

b) Nach (5.196):

$$\tan\delta = \frac{2}{\tan\alpha_1} \cdot \frac{Ma_1^2\cdot\sin^2\alpha_1 - 1}{(\varkappa + 2\cdot\cos 2\alpha_1)\cdot Ma_1^2 + 2}$$

$$\tan 10° = \frac{2}{\tan\alpha_1} \cdot \frac{1{,}52^2\cdot\sin^2\alpha_1 - 1}{(1{,}4 + 2\cdot\cos 2\alpha_1)\cdot 1{,}52^2 + 2}$$

$$0{,}18\cdot\frac{\tan\alpha_1}{2} = \frac{\sin^2\alpha_1 - 0{,}43}{1{,}4 + 2\cdot\cos 2\alpha_1 + 0{,}86}$$

$$0{,}09\cdot\tan\alpha_1 = \frac{\sin^2\alpha_1 - 0{,}43}{2{,}26 + 2\cdot\cos 2\alpha_1}$$

$$0{,}18\cdot\tan\alpha_1 = \frac{\sin^2\alpha_1 - 0{,}43}{1{,}13 + \cos 2\alpha_1}$$

Mit $\cos 2\alpha_1 = \cos^2\alpha_1 - \sin^2\alpha_1 = 1 - 2\cdot\sin^2\alpha_1$:

$$0{,}18\cdot\tan\alpha_1 = \frac{\sin^2\alpha_1 - 0{,}43}{2{,}13 - 2\cdot\sin^2\alpha_1}$$

$$0{,}36\cdot\tan\alpha_1 = -\frac{\sin^2\alpha_1 - 0{,}43}{\sin^2\alpha_1 - 1{,}07}$$

Näherungsweise Lösung dieser impliziten transzendenten Gleichung:
Mit

$$f(\alpha_1) = 0{,}36\cdot\tan\alpha_1 \quad \text{und}$$

$$F(\alpha_1) = -\frac{\sin^2\alpha_1 - 0{,}43}{\sin^2\alpha_1 - 1{,}07}$$

gilt

$$f(\alpha_1) = F(\alpha_1)$$

Auswertung mithilfe von Tab. 7.4 ergibt die Lösung

$$\boldsymbol{\alpha_1} = 52{,}9° \approx \mathbf{53°}$$

Tab. 7.4 Systematische Auswertung der Gleichung $f(\alpha_1) = F(\alpha_1)$

α_1	50°	60°	55°	52°	53°	52,5°	52,9°
$f(\alpha_1)$	0,429	0,624	0,514	0,460	0,478	0,469	0,476
$F(\alpha_1)$	0,325	1,00	0,604	0,425	0,481	0,453	0,475

c) Nach (5.197) mit $\alpha_2 = \alpha_1 - \delta = 53° - 10° = 43°$:

$$Ma_2^2\cdot\sin^2\alpha_2 = \frac{(\varkappa - 1)\cdot Ma_1^2\cdot\sin^2\alpha_1 + 2}{2\cdot\varkappa\cdot Ma_1^2\cdot\sin^2\alpha_1 - (\varkappa - 1)}$$

$$Ma_2^2\cdot\sin^2 43° = \frac{(1{,}4 - 1)\cdot 1{,}52^2\cdot\sin^2 53° + 2}{2\cdot 1{,}4\cdot 1{,}52^2\cdot\sin^2 53° - (1{,}4 - 1)} = 0{,}69$$

Hieraus $\boldsymbol{Ma_2} = \mathbf{1{,}22}$

d) Nach (5.198) und (5.199):

$$c_{1,\mathrm{n}}\cdot c_{2,\mathrm{n}} = c_\mathrm{L}^2 = c_{1,\infty}^2\cdot(\varkappa - 1)/(\varkappa + 1)$$

Hierbei nach Abb. 5.37:

$$c_{1,\infty}^2 = c_{1,\mathrm{n}}^2 + 2\cdot h_1 = 2(c_{1,\mathrm{n}}^2/2 + h_1) = 2\cdot h_{\mathrm{R,n}}$$

$$c_{1,\mathrm{n}} = c_1\cdot\sin\alpha_1 = 540\cdot\sin 53°\,[\mathrm{m/s}] = 431\,\mathrm{m/s}$$

$$h_1 = c_\mathrm{p}\cdot T_1 = 1005\cdot 313\,[(\mathrm{J/(kg\cdot K)})\cdot\mathrm{K}]$$

$$h_1 = 314.565\,\mathrm{J/kg} = 314.565\,\mathrm{m^2/s^2}$$

$$c_{1,\infty}^2 = 431^2 + 2\cdot 314.565\,[\mathrm{m^2/s^2}] = 814.891\,\mathrm{m^2/s^2}$$

$$c_{1,\infty} = 903\,\mathrm{m/s}$$

$$c_\mathrm{L}^2 = 814.891\cdot\frac{1{,}4 - 1}{1{,}4 + 1} = 135.815\,\mathrm{m^2/s^2}$$

$$c_\mathrm{L} = 369\,\mathrm{m/s}$$

$$c_{2,\mathrm{n}} = c_\mathrm{L}^2/c_{1,\mathrm{n}} = 135.815/431 = 315\,\mathrm{m/s}$$

$$\boldsymbol{c_2} = c_{2,\mathrm{n}}/\sin\alpha_2 = 315/\sin 43° \mathbf{= 462\,m/s}$$

Oder nach (5.200):

$$\frac{c_2}{c_1} = \frac{\cos\alpha_1}{\cos\alpha_2} = \frac{\cos 53°}{\cos 43°} = 0{,}82$$

$$c_2 = 0{,}82\cdot c_1 = 0{,}82\cdot 540 = 444\,\mathrm{m/s}$$

Abweichung (ungefähr 4 %) relativ groß. Bedingt durch Rundungen und auch Stoffwertungenauigkeiten.

Bei Betrachtung als kleine Ablenkung $\Delta\delta$ ergibt (5.205):

$$\begin{aligned}\frac{\Delta c}{c_1} &= -\Delta\delta \cdot \tan\alpha_1 = -10 \cdot \frac{2\pi}{360} \cdot \tan 53° \\ &= -0{,}23 \\ \Delta c &= -0{,}23 \cdot c_1 = -0{,}23 \cdot 540 \\ &= -124\,\mathrm{m/s}\end{aligned}$$

Andererseits:

$$\Delta c = c_2 - c_1$$

Hieraus:

$$c_2 = c_1 + \Delta c = 540 - 124 = 416\,\mathrm{m/s}$$

Die Abweichung gegenüber der Rechnung zuvor ist zu groß. Die 10°-Ablenkung kann deshalb nicht mehr als klein angesehen werden.

e) Dichten nach (5.202) mit $\alpha_2 = \alpha_1 - \delta$:

$$\begin{aligned}\frac{\varrho_2}{\varrho_1} &= \frac{\tan\alpha_1}{\tan\alpha_2} = \frac{\tan 53°}{\tan 43°} = 1{,}42 \\ \varrho_2 &= 1{,}42 \cdot \varrho_1 \\ \varrho_1 &= \frac{1}{v_1} = \frac{p_1}{R \cdot T_1} \\ &= \frac{1{,}8 \cdot 10^5}{287 \cdot 313}\left[\frac{\mathrm{N/m^2}}{\mathrm{J/(kg\cdot K)\cdot K}}\right] \\ &= 2{,}004\,\mathrm{kg/m^3} \\ \boldsymbol{\varrho_2} &= 1{,}42 \cdot 2{,}004 = \mathbf{2{,}846\,kg/m^3} \quad \text{oder} \\ \boldsymbol{v_2} &= 1/\varrho_2 = \mathbf{0{,}352\,m^3/kg}\end{aligned}$$

Drücke nach (5.203):

$$\begin{aligned}\frac{p_2}{p_1} &= 1 + \varkappa \cdot Ma_1^2 \cdot \sin^2\alpha_1 \cdot \left(1 - \frac{\tan\alpha_2}{\tan\alpha_1}\right) \\ &= 1 + 1{,}4 \cdot 1{,}52^2 \cdot \sin^2 53° \\ &\quad \cdot \left(1 - \frac{\tan 43°}{\tan 53°}\right) \\ &= 1{,}64 \\ \boldsymbol{p_2} &= 1{,}64 \cdot p_1 = 1{,}64 \cdot 1{,}8\,[\mathrm{bar}] = \mathbf{2{,}95\,bar}\end{aligned}$$

Temperatur T_2 nach Gasgleichung:

$$\begin{aligned}T_2 &= \frac{p_2 \cdot v_2}{R} \\ &= \frac{2{,}95 \cdot 10^5 \cdot 0{,}352}{287}\left[\frac{(\mathrm{N/m^2})\cdot \mathrm{m^3/kg}}{\mathrm{J/(kg\cdot K)}}\right] \\ \boldsymbol{T_2} &= \mathbf{362\,K}\end{aligned}$$

Kontrollrechnung:

$$\begin{aligned}a_2 &= \sqrt{\varkappa \cdot R \cdot T_2} \\ &= \sqrt{1{,}4 \cdot 287 \cdot 362} = 381\,\mathrm{m/s} \\ \boldsymbol{Ma_2} &= c_2/a_2 = \frac{462}{380} \mathbf{= 1{,}22}\end{aligned}$$

(wie bei Frage c)

f) Nach (5.186):

$$\begin{aligned}\Delta s &= c_\mathrm{p} \cdot \ln\left[\frac{T_2}{T_1} \cdot (p_1/p_2)^{\frac{\varkappa-1}{\varkappa}}\right] \\ &= 1005 \cdot \ln\left[\frac{362}{313} \cdot (1{,}8/2{,}95)^{\frac{1{,}4-1}{1{,}4}}\right] \\ &\quad \cdot \left[\frac{\mathrm{J}}{\mathrm{kg\cdot K}}\right] \\ \Delta s &= 4{,}3\,\mathrm{J/(kg\cdot K)}\end{aligned}$$

(sehr wenig, also fast reversibel)

g) Nach (5.191):

$$\begin{aligned}\Delta h_\mathrm{V} &= \frac{\varkappa}{\varkappa - 1} \cdot R \cdot \left[T_2 - T_1(p_2/p_1)^{\frac{\varkappa-1}{\varkappa}}\right] \\ \Delta h_\mathrm{V} &= \frac{1{,}4}{1{,}4-1} \cdot 287 \\ &\quad \cdot \left[362 - 313(2{,}95/1{,}8)^{\frac{1{,}4-1}{1{,}4}}\right] \\ &\quad \cdot \left[\frac{\mathrm{J}}{\mathrm{kg\cdot K}} \cdot \mathrm{K}\right] \\ \boldsymbol{\Delta h_\mathrm{V}} &= \mathbf{1558\,J/kg}\end{aligned}$$

h) Nach (5.192):

$$\eta_\mathrm{V} = \frac{\Delta h - \Delta h_\mathrm{V}}{\Delta h} = 1 - \frac{\Delta h_\mathrm{V}}{\Delta h}$$

mit

$$\Delta h = c_p \cdot (T_2 - T_1) = 1005 \cdot (362 - 313) \cdot [(\mathrm{J}/(\mathrm{kg}\cdot\mathrm{K}))\cdot\mathrm{K}]$$

$$\Delta h = 49.245\,\mathrm{J/kg}$$

$$\eta_V = 1 - \frac{1558}{49.245} = \mathbf{0{,}97} \text{ (fast ideal!)} \blacktriangleleft$$

Übung 74

a) $c_\infty = Ma_\infty \cdot a_\infty$, $a_\infty = \sqrt{\varkappa \cdot R \cdot T_\infty}$

Nach Tab. 6.4, Standardatmosphäre in 10.000 m Höhe: $p = 0{,}2650\,\mathrm{bar} = p_\infty$; $T = 223{,}3\,\mathrm{K}$; $\varrho = 0{,}414\,\mathrm{kg/m^3} = \varrho_\infty$

$$a_\infty = \sqrt{1{,}4 \cdot 287 \cdot 223{,}3} \cdot \left[\sqrt{(\mathrm{m^2}/(\mathrm{s^2}\cdot\mathrm{K}))\cdot\mathrm{K}}\right]$$

$$a_\infty = 299{,}5\,\mathrm{m/s}$$

$$c_\infty = 1{,}47 \cdot 299{,}5 = 440{,}3\,\mathrm{m/s} = 1585\,\mathrm{km/h}$$

b) Gleichgewichtsbedingung: $F_A = F_G = m \cdot g$

Hiermit aus (4.301) je Flügel mit $F_A = F_G/2$:

$$A_{Fl} = \frac{F_G/2}{\zeta_A \cdot \varrho_\infty \cdot c_\infty^2/2} = \frac{(m\cdot g)/2}{\zeta_A \cdot \varrho_\infty \cdot c_\infty^2/2}$$

b$_1$) Nach Abb. 5.61 für $\delta = 4°$:

$$\zeta_A = 0{,}265; \quad \zeta_W = 0{,}105$$

Hiermit:

$$A_{Fl} = \frac{24.000 \cdot 9{,}81/2}{0{,}265 \cdot 0{,}414 \cdot 440{,}3^2/2} \cdot \left[\frac{\mathrm{kg\cdot m/s^2}}{\mathrm{kg/m^3 \cdot m^2/s^2}}\right]$$

$$A_{Fl} = 11{,}07\,\mathrm{m^2}$$

Hieraus mit (4.299):

$$b = \sqrt{A_{Fl}/\lambda} = \sqrt{11{,}07 \cdot 10}\left[\sqrt{\mathrm{m^2}}\right] = 10{,}52\,\mathrm{m} \approx 10{,}5\,\mathrm{m}$$

$$\boldsymbol{L} = \lambda \cdot b = (1/10) \cdot 10{,}5\,[\mathrm{m}] = \mathbf{1{,}05\,m}$$

Spannweite

$$\boldsymbol{B} \approx 2 \cdot b = 2 \cdot 10{,}5 = \mathbf{21\,m}$$

b$_2$) Ebenfalls nach Abb. 5.61 für $\delta = 4°$

$$\zeta_A = 0{,}145; \quad \zeta_W = 0{,}175.$$

Damit:

$$A_{Fl} = \frac{24.000 \cdot 9{,}81/2}{0{,}145 \cdot 0{,}414 \cdot 440{,}3^2/2} = 20{,}23\,\mathrm{m^2} \quad \text{oder}$$

$$\boldsymbol{A_{Fl}} = \frac{0{,}265}{0{,}145} \cdot 11{,}07\,\mathrm{m^2} = \mathbf{20{,}23\,m^2}$$

$$\boldsymbol{b} = \sqrt{20{,}23 \cdot 10} = 14{,}22\,\mathrm{m} \approx \mathbf{14{,}2\,m}$$

$$\boldsymbol{L} = \lambda \cdot b = (1/10) \cdot 14{,}2 = \mathbf{1{,}42\,m}$$

Spannweite

$$\boldsymbol{B} \approx 2 \cdot b = 2 \cdot 14{,}2 = \mathbf{28{,}4\,m}$$

Infolge schlechterem ζ_A größere Tragfläche notwendig.

c) $P_W = F_W \cdot c_\infty$. Hierbei nach (4.302):

$$F_W = \zeta_W \cdot \varrho_\infty \cdot (c_\infty^2/2) \cdot A_{Fl}$$

c$_1$)

$$F_W = 0{,}105 \cdot 0{,}414 \cdot \frac{440{,}3^2}{2} \cdot 22{,}14 \cdot \left[\frac{\mathrm{kg}}{\mathrm{m^3}} \cdot \frac{\mathrm{m^2}}{\mathrm{s^2}} \cdot \mathrm{m^2}\right]$$

$$F_W = 93.290\,\mathrm{N} \approx 93{,}3\,\mathrm{kN}$$

$$\boldsymbol{P_W} = 93{,}3 \cdot 440{,}3 \left[\mathrm{kN} \cdot \frac{\mathrm{m}}{\mathrm{s}}\right] = 41.080\,\mathrm{kW} \approx \mathbf{41\,MW}$$

c$_2$)

$$F_W = 0{,}175 \cdot 0{,}414 \cdot \frac{440{,}3^2}{2} \cdot 40{,}46 \cdot \left[\frac{\mathrm{kg}}{\mathrm{m^3}} \cdot \frac{\mathrm{m^2}}{\mathrm{s^2}} \cdot \mathrm{m^2}\right]$$

$$F_W = 284.140\,\mathrm{N} \approx 284\,\mathrm{kN}$$

$$\boldsymbol{P_W} = 284 \cdot 440{,}3 \left[\mathrm{kN} \cdot \frac{\mathrm{m}}{\mathrm{s}}\right] = 125.045\,\mathrm{kW} \approx \mathbf{125\,MW}$$

Bei stumpfer Profilnase wäre also etwa die dreifache Vortriebsleistung P_W notwendig.

d) Nach (5.231):

$$q = p_S - p_\infty = \varrho_\infty \cdot (c_\infty^2/2) \cdot \beta$$

$\beta \approx 1{,}52$ für $Ma_\infty = 1{,}47$ nach Tab. 5.5:

$$q = 0{,}414 \cdot \frac{440{,}3^2}{2} \cdot 1{,}52\,[\text{kg/m}^3 \cdot \text{m}^2/\text{s}^2]$$

$$\boldsymbol{q} = 0{,}61 \cdot 10^5\,\text{Pa} \mathbf{= 0{,}61\,bar}$$

$$\boldsymbol{p_S} = p_{\text{ges}} = p_\infty + q = 0{,}265 + 0{,}61$$

$$\mathbf{= 0{,}875\,bar}$$

Wäre die Staustrom-Verdichtung isentrop, würde sich nach (5.233) für den Staudruck ergeben:

$$p_{S,s} = p_\infty \cdot \left[1 + \frac{\varkappa - 1}{2} \cdot Ma_\infty^2\right]^{\frac{\varkappa}{\varkappa-1}}$$

$$p_{S,s} = 0{,}265 \cdot \left[1 + \frac{1{,}4 - 1}{1{,}4} \cdot 1{,}47^2\right]^{\frac{1{,}4}{1{,}4-1}}\ [\text{bar}]$$

$$p_{S,s} = 0{,}932\,\text{bar}$$

Infolge der Exergieverluste durch den vor der Profilnase auftretenden Verdichtungsstoß (Entropiezunahme) muss am Staupunkt ein Druckverlust von

$$\Delta p_V = p_{S,s} - p_S$$
$$= 0{,}932 - 0{,}875 - 0{,}057\,\text{bar}$$

hingenommen werden. Das sind etwa 6,5 % des Staudrucks p_S (Transschall!).

e) Nach (5.232):

$$T_S = T_\infty[1 + ((\varkappa - 1)/2)Ma_\infty^2]$$

$$T_S = 223{,}3[1 + ((1{,}4 - 1)/2) \cdot 1{,}47^2][\text{K}]$$

$$\boldsymbol{T_S} = 319{,}8\,\text{K} \approx \mathbf{320\,K} \rightarrow t_S = 47\,°\text{C} \quad ◄$$

Übung 75

a) $c_\infty = Ma_\infty \cdot a_\infty$ mit

$$a_\infty = \sqrt{\varkappa \cdot R \cdot T_\infty} = \sqrt{1{,}4 \cdot 287 \cdot 473}$$

$$a_\infty = 435{,}95\,\text{m/s} \approx 436\,\text{m/s}$$

$$c_\infty = 2{,}8 \cdot 435{,}95 = 1220{,}66\,\text{m/s}$$

$$\mathbf{= 4394\,km/h}$$

b) $Re_\infty = c_\infty \cdot L/\nu_\infty$ mit $\nu_\infty \equiv \nu$
Luft 200 °C; 1,1 bar. Hierzu nach Abb. 6.9:

$$p \cdot \nu = 3{,}85 \cdot \text{Pa} \cdot \text{m}^2/\text{s}$$

Hieraus:

$$\nu = (p \cdot \nu)/p = 3{,}85/(1{,}1 \cdot 10^5)\,[\text{m}^2/\text{s}]$$
$$= 3{,}5 \cdot 10^{-5}\,\text{m}^2/\text{s}$$

$$\boldsymbol{Re_\infty} = \frac{1220{,}66 \cdot 0{,}8}{3{,}5 \cdot 10^5}\left[\frac{\text{m/s} \cdot \text{m}}{\text{m}^2/\text{s}}\right] \mathbf{= 2{,}8 \cdot 10^7}$$

c) Auftrieb: Beiwert nach (5.227):

$$\zeta_A = 4 \cdot \frac{\sqrt{Ma_\infty^2 - 1}}{Ma_\infty^2} \cdot \widehat{\delta}$$
$$= 4 \cdot \frac{\sqrt{2{,}8^2 - 1}}{2{,}8^2} \cdot 5 \cdot \frac{2\pi}{360}$$
$$\mathbf{= 0{,}116}$$

Auftriebskraft nach (4.301):

$$F_A = \zeta_A \cdot \varrho_\infty \cdot (c_\infty^2/2) \cdot A_{\text{Fl}}$$

$$\varrho_\infty = \frac{1}{v_\infty} = \frac{p_\infty}{R \cdot T_\infty}$$
$$= \frac{1{,}1 \cdot 10^5}{287 \cdot 473}\left[\frac{\text{N/m}^2}{(\text{J}/(\text{kg} \cdot \text{K})) \cdot \text{K}}\right]$$
$$= 0{,}810\,\text{kg/m}^3$$

$$A_{\text{Fl}} = b \cdot L = 0{,}8 \cdot 1{,}8\,[\text{m}^2] = 1{,}44\,\text{m}^2$$

$$F_A = 0{,}116 \cdot 0{,}810 \cdot \frac{1220{,}66^2}{2} \cdot 1{,}44 \cdot \left[\frac{\text{kg}}{\text{m}^3} \cdot \frac{\text{m}^2}{\text{s}^2} \cdot \text{m}^2\right]$$

$$\boldsymbol{F_A} = 1{,}008 \cdot 10^5\,\text{N} \approx \mathbf{100\,kN}$$

Widerstände:

1. (Wellen-)Widerstand:
Beiwert nach (5.230):

$$\zeta_{W,We} = \frac{1}{4} \cdot \frac{Ma_\infty^2}{\sqrt{Ma_\infty^2 - 1}} \cdot \zeta_A^2$$
$$= \frac{1}{4} \cdot \frac{2{,}8^2}{\sqrt{2{,}8^2 - 1}} 0{,}116^2$$

$$\boldsymbol{\zeta_{W,We}} \mathbf{= 0{,}010}$$

Oder nach (5.229):

$$\zeta_{W,We} = \zeta_A \cdot \hat{\delta} = 0{,}116 \cdot 5 \cdot \frac{2\pi}{360} = 0{,}010$$

Kraft entsprechend (4.302) bzw. (5.234):

$$F_{W,We} = \zeta_{W,We} \cdot \varrho_\infty \cdot (c_\infty^2/2) \cdot A_{Fl}$$
$$= 0{,}01 \cdot 0{,}810 \cdot \frac{1220{,}66^2}{2} \cdot 1{,}44$$
$$\cdot [\text{Dimension wie zuvor}]$$
$$\boldsymbol{F_{W,We}} = 8690\,\text{N} \approx \mathbf{8{,}7\,kN}$$

2. Flächenwiderstand:
Beiwert nach (4.111):

$$\zeta_{W,R} = \frac{0{,}455}{(\lg Re_L)^{2{,}58}} - \frac{B}{Re_L}$$

Da Konstante B, Tab. 4.6, für $Re_L > 3 \cdot 10^6$ nicht bekannt, wird näherungsweise (ungünstigster Fall) gesetzt: $B = 0$. Dann ergibt sich:

$$\zeta_{W,R} = \frac{0{,}455}{(\lg 2{,}8 \cdot 10^7)^{2{,}58}}$$
$$= 2{,}56 \cdot 10^{-3} \approx 0{,}003$$

Kraft nach (4.108):

$$F_{W,R} = \zeta_{W,R} \cdot \varrho_\infty \cdot (c_\infty^2/2) \cdot A_0$$
$$A_0 = 2 \cdot b \cdot L = 2 \cdot A_{Fl} = 2{,}88\,\text{m}^2$$
$$F_{W,R} = 2{,}56 \cdot 10^{-3} \cdot 0{,}810 \cdot \frac{1220{,}66^2}{2} \cdot 2{,}88$$
$$\cdot \left[\frac{\text{kg}}{\text{m}^3} \cdot \frac{\text{m}^2}{\text{s}^2} \cdot \text{m}^2\right]$$
$$\boldsymbol{F_{W,R}} = 4449\,\text{N} \approx \mathbf{4{,}5\,kN}$$

3. Gesamtwiderstandskraft:

$$F_W = F_{W,We} + F_{W,R} = 8{,}7 + 4{,}5 = 13{,}2\,\text{kN}$$

Widerstandsleistung:

$$P_W = F_W \cdot c_\infty = 13{,}2 \cdot 1220{,}66\,[\text{kN} \cdot \text{m/s}]$$
$$\boldsymbol{P_W} = 16.112\,\text{kW} \approx \mathbf{16\,MW}$$ ◄

Übung 76

a) $Ma_\infty = c_\infty / a_\infty$

$$a_\infty = \sqrt{\varkappa \cdot R \cdot T_\infty}$$
$$= \sqrt{1{,}4 \cdot 287 \cdot 298}$$
$$\cdot \left[\sqrt{(\text{m}^2/(\text{s}^2 \cdot \text{K})) \cdot \text{K}}\right]$$
$$= 346\,\text{m/s}$$
$$\boldsymbol{Ma_\infty} = 1000/346 = 2{,}89 \approx \mathbf{2{,}9}$$

b) Nach (5.234):

$$F_W = \zeta_W \cdot \varrho_\infty \cdot (c_\infty^2/2) \cdot A_{St}$$
$$A_{St} = D^2 \cdot \pi/4 = 0{,}025^2 \cdot (\pi/4)\,[\text{m}^2]$$
$$= 4{,}91 \cdot 10^{-4}\,\text{m}^2$$
$$\varrho_\infty = \frac{1}{v_\infty} = \frac{p_\infty}{R \cdot T_\infty}$$
$$\varrho_\infty = \frac{0{,}98 \cdot 10^5}{287 \cdot 298}\left[\frac{\text{N/m}^2}{(\text{J}/(\text{kg} \cdot \text{K})) \cdot \text{K}}\right]$$
$$= 1{,}146\,\text{kg/m}^3$$

Nach Abb. 5.60 für $Ma_\infty = 2{,}9$

1. Angespitztes Geschoss: $\zeta_W = 0{,}3$
2. Stumpfes Geschoss $\zeta_W = 1{,}3$

(jeweils 4,3-fach)
Damit ergeben sich:

1. Angespitztes Geschoss:

$$F_W = 0{,}3 \cdot 1{,}146 \cdot \frac{1000^2}{2} \cdot 4{,}91 \cdot 10^{-4}$$
$$\cdot \left[\frac{\text{kg}}{\text{m}^3} \cdot \frac{\text{m}^2}{\text{s}^2} \cdot \text{m}^2\right]$$
$$\boldsymbol{F_W} = \mathbf{84{,}4\,N}$$

2. Stumpfes Geschoss:

$$\boldsymbol{F_W} = (1{,}3/0{,}3) \cdot 84\,\text{N} = \mathbf{365{,}7\,N}$$

Der Fortbewegungswiderstand stumpfer Geschosse ist also bedeutend größer als der angespitzter ($\approx$ 4-fach wegen ζ_W).

c) Staudruck und Staupunktdruck
Nach (5.231):

$$q = p_S - p_\infty = \varrho_\infty \cdot \frac{c_\infty^2}{2} \cdot \beta$$

$$\beta = 1{,}74 \quad \text{für} \quad Ma_\infty = 2{,}9$$

nach Tab. 5.5.

$$q = 1{,}146 \cdot \frac{1000^2}{2} \cdot 1{,}74 \left[\frac{\text{kg}}{\text{m}^3} \cdot \text{m}^2/\text{s}^2\right]$$

$$q = 9{,}975 \cdot 10^5\,\text{N/m}^2$$

$$\boldsymbol{q} = 9{,}975 \cdot 10^5\,\text{Pa} \approx \mathbf{10\,bar}$$

Damit:

$$\boldsymbol{p_S} = p_{\text{ges}} = p_\infty + q = 0{,}98 + 9{,}975 \approx \mathbf{11\,bar}$$

Bei isentroper Staupunktströmung ergäbe sich nach (5.233):

$$p_{S,s} = p_\infty \left[1 + \frac{\varkappa - 1}{2} \cdot Ma_\infty^2\right]^{\frac{\varkappa}{\varkappa - 1}}$$

$$= 0{,}98 \cdot \left[1 + \frac{1{,}4 - 1}{2} \cdot 2{,}9^2\right]^{\frac{1{,}4}{1{,}4-1}} [\text{bar}]$$

$$\boldsymbol{p_{S,s}} = 0{,}98 \cdot 31{,}59\,\text{bar} = 30{,}96 \approx \mathbf{31\,bar}$$

Der Druck- und damit Exergieverlust (Entropiezunahme) infolge des Verdichtungsstoßes (Stirnwelle) ist demnach erheblich.

d) Stautemperatur nach (5.232):

$$T_S = T_\infty \cdot \left[1 + \frac{\varkappa - 1}{2} Ma_\infty^2\right]$$

$$= 298 \cdot \left[1 + \frac{1{,}4 - 1}{2} \cdot 2{,}9^2\right] [\text{K}]$$

$$\boldsymbol{T_S} = 298 \cdot 2{,}682\,\text{K} = 799{,}2\,\text{K} \approx \mathbf{800\,K}$$ ◄

Übung 77

$Ma_\infty = c_\infty / a_\infty = 152{,}8/338{,}4 = 0{,}45 > 0{,}3$

Die Luft kann also nicht mehr als inkompressibel betrachtet werden.

Für $0{,}3 \le Ma_\infty \le 0{,}85$ gilt nach (5.217):

$$\zeta_{\text{A, kompr}} = \frac{\zeta_{\text{A, inkompr}}}{\sqrt{1 - Ma_\infty^2}} = \frac{\zeta_{\text{A, inkompr}}}{\sqrt{1 - 0{,}45^2}} = 1{,}12 \cdot \zeta_{\text{A, inkompr}}$$

Mit $\zeta_{\text{A, inkompr}} = \zeta_\text{A} = 0{,}593$ für den Reiseflug nach Übung 57, Frage a) wird:

$$\zeta_{\text{A, kompr}} = 1{,}12 \cdot 0{,}593 = 0{,}664$$

Die Anstellung könnte entsprechend herabgesetzt, oder die Tragflächen verkleinert werden.

Erforderliche Größe der Tragfläche entsprechend aus (4.301) mit $F_\text{A} = F_\text{G}$:

$$A_{\text{Fl, ges}} = \frac{F_\text{G}}{\zeta_{\text{A, kompr}} \cdot \varrho_\infty \cdot c_\infty^2/2}$$

$$A_{\text{Fl, ges}} = \frac{41.202}{0{,}664 \cdot 1{,}076 \cdot 152{,}8^2/2} \cdot \left[\frac{\text{N}}{(\text{kg/m}^3) \cdot \text{m}^2/\text{s}^2}\right]$$

$$A_{\text{Fl, ges}} = 4{,}94\,\text{m}^2$$

Je Tragfläche: $A_\text{Fl} = A_{\text{Fl, ges}}/2 = 2{,}47\,\text{m}^2$

Mit $\lambda = 1/6$ nach (4.299):

$$\boldsymbol{b} = \sqrt{A_\text{Fl}/\lambda} = \sqrt{2{,}47 \cdot 6}\,[\sqrt{\text{m}^2}] = \mathbf{3{,}85\,m}$$

$$\boldsymbol{L} = b \cdot \lambda = 3{,}85 \cdot (1/6) = \mathbf{0{,}64\,m}$$

Nach der PRANDTL-GLAUERT-Analogie (Abschn. 5.5.2) ist ζ_W bis etwa $Ma_\infty = 0{,}85$ näherungsweise unabhängig von Ma_∞. Deshalb hier, da $Ma_\infty = 0{,}45$:

$$\zeta_{\text{W, kompr}} = \zeta_{\text{W, inkompr}} = 0{,}035$$

Damit wird der Flugwiderstand der Tragflächen entsprechend (4.302):

$$F_\text{W} = \zeta_{\text{W, kompr}} \cdot \varrho_\infty \cdot (c_\infty^2/2) \cdot A_\text{Fl}$$

$$F_\text{W} = 0{,}035 \cdot 1{,}076 \cdot (152{,}8^2/2) \cdot 4{,}94 \cdot \left[(\text{kg/m}^3) \cdot (\text{m}^2/\text{s}^2) \cdot \text{m}^2\right]$$

$$\boldsymbol{F_\text{W}} \approx \mathbf{2172\,N}$$

Und die notwendige Vortriebsleistung:

$$P_\text{W} = F_\text{W} \cdot c_\infty = 2172 \cdot 152{,}8\,[\text{N} \cdot \text{m/s}]$$

$$\boldsymbol{P_\text{W}} = 331.882\,\text{W} \approx \mathbf{332\,kW}$$

Bei niedrigem Unterschallflug ($Ma \le 0{,}3$) und deshalb etwa Inkompressibilität ist nach Übung 57, Frage b, eine Vortriebsleistung von ca. 236 kW notwendig, also nur etwa 70 % von 332 kW bei hier $Ma = 0{,}45$ (höherer Unterschall). ◄

Anmerkung zur Energie

Allgemein

$$E = F \cdot s \quad \text{(Definition)}$$

Statik Mit Druck p ist $F = p \cdot A$ und Volumen $V = A \cdot s$:

$$\boldsymbol{E = p \cdot A \cdot s = p \cdot V}$$

Dynamik Mit der mittleren Geschwindigkeit $\bar{v}$, der Masse m entlang des Weges s während der Zeit $t = \Delta t = t_\text{e} - t_\text{a} = t_\text{e} - 0 = t_\text{e}$ zwischen den Geschwindigkeiten am Anfang v_a und Ende v_e, also $\bar{v} = (v_\text{a} + v_\text{e})/2$. Bei gleichbleibender Beschleunigung a und $v_\text{a} = 0$ ist $\bar{v} = v_\text{e}/2$. Dann:

$$\begin{aligned} F &= m \cdot a = m \cdot \Delta v / \Delta t \\ &= m \cdot (v_\text{e} - v_\text{a})/t = m \cdot v_\text{e}/t \\ s &= \bar{v} \cdot t = (v_\text{e}/2) \cdot t \end{aligned}$$

Gemäß NEWTON: $\bar{v} = v_\text{e}/2$ und Index e weglassen:

$$\boldsymbol{E = m \cdot v^2/2}$$

Gemäß EINSTEIN bei der Umwandlung von Masse m in Energie E in der Form von Strahlung ist immer $v_\text{e} = c$ und auch immer $\bar{v} = c$ der Lichtgeschwindigkeit $c = 299.792.458\,\text{m/s} \sim 300.000\,\text{km/s}$:

$$\boldsymbol{E = m \cdot c^2}$$

Grundlage oder Ausgangspunkt von NEWTON und EINSTEIN ist die **Axiomatik**, der Lehre vom Definieren und Beweisen unter zuhilfenahme von Axiomen, also theoretisch nicht beweisbaren, sondern nur erfahrungsgemäßen Grundsätzen.

Schrifttum

Lehrbücher

1. *Rödel, Heinrich*: Hydromechanik, Carl Hanser Verlag, München.
2. *Kalide, Wolfgang*: Technische Strömungslehre, Carl Hanser Verlag, München.
3. *Bohl, Willi*: Technische Strömungslehre, Vogel-Verlag, Würzburg.
4. *Jogwich, Albert*: Strömungslehre, Verlag W. Girardet, Essen.
5. *Estel; Pohlenz; Boesler*: Mechanik der Flüssigkeiten und Gase, Wilhelm Heyne Verlag.
6. *Gersten, Klaus*: Einführung in die Strömungstechnik, Vieweg Verlag, Wiesbaden.
7. *Windemuth, Eberhard*: Strömungstechnik, Springer-Verlag, Berlin.
8. *Hackeschmidt, Manfred*: Grundlagen der Strömungstechnik, VEB Deutscher Verlag für Grundstoffindustrie, Berlin.
9. *Neunass, Ewald*: Praktische Strömungslehre, VEB-Verlag Technik, Berlin.
10. *Becker, Ernst*: Technische Strömungslehre, Verlag B. G. Teubner, Stuttgart.
11. *Leiter, Erich*: Strömungstechnik, Vieweg-Verlag, Braunschweig.
12. *Eck, Bruno*: Technische Strömungslehre, Springer-Verlag, Berlin, Zwei Bände.
13. *Wieghardt, Karl*: Theoretische Strömungslehre, Verlag B. G. Teubner, Stuttgart.
14. *Eppler, Richard*: Strömungsmechanik, Akademische Verlagsgesellschaft, Wiesbaden.
15. *Böswirth, L.*: Technische Strömungslehre, Vieweg-Verlag, Braunschweig.
16. *Pálffy, S.*: Fluidmechanik, Birkhäuser Verlag, Stuttgart.
17. *Ritter, R.; Tasca, D.*: Fluidmechanik in Theorie und Praxis, Harri Deutsch-Verlag, Frankfurt.
18. *Truckenbrodt, E.*: Lehrbuch der angewandten Fluidmechanik, Springer-Verlag, Berlin.
19. *Käppeli, Ernst*: Strömungslehre und Strömungsmaschinen, Selbstverlag, Rüti (Schweiz).
20. *Böss, P.*: Grundlagen der technischen Hydromechanik, Verlag Oldenbourg, München.
21. *Stock, H.*: Hydrodynamik, Harri Deutsch-Verlag, Frankfurt, Zwei Bände.
22. *Giles, R.*: Strömungslehre und Hydraulik, McGraw Hill, Hamburg.
23. *Zierep, J.; Bühler, K.*: Strömungsmechanik, Springer-Verlag, Berlin.
24. *Lüst, R.*: Hydromechanik, Bibl. Institut, Mannheim.
25. *Schade, H.; Kunz, E.*: Strömungslehre, Verlag W. de Gruyter, Berlin.
26. *Kneser, H.D.*: Physik, Springer-Verlag, Berlin.
27. *Hering, E.; Martin, R.; Stohrer, M.*: Physik für Ingenieure, VDI-Verlag, Düsseldorf.
28. *Pawlowski, J.*: Die Ähnlichkeitstheorie in der physikalisch-technischen Forschung – Grundlagen und Anwendungen, Springer-Verlag, Berlin.
29. *Zierep, J.*: Ähnlichkeitsgesetze und Modellregeln der Strömungslehre, Verlag G. Braun, Karlsruhe.
30. *Görtler, H.*: Dimensionsanalyse – Theorie der physikalischen Dimensionen mit Anwendungen, Springer-Verlag, Berlin.

Übungsbücher

31. *Kalide, Wolfgang*: Aufgabensammlung zur technischen Strömungslehre, Carl Hanser Verlag, München.
32. *Bohl, W.; Wagner, W.*: Technische Strömungslehre; Aufgaben und Lösungen, Vogel-Verlag, Würzburg.
33. *Becker, E.; Plitz, E.*: Übungen zur Technischen Strömungslehre, Verlag B. G. Teubner, Stuttgart.
34. *Federhofer, Karl*: Aufgaben aus der Hydromechanik, Springer-Verlag, Berlin.
35. *Szabó, István*: Repetitorium und Übungsbuch der Technischen Mechanik, Springer-Verlag, Berlin.
36. *Oswatitsch, K.; Schwarzenberger, R.*: Übungen zur Gasdynamik, Springer-Verlag, Wien.

Weiterführendes Schrifttum

37. *Truckenbrodt, E.*: Fluidmechanik, Springer-Verlag, Berlin, Zwei Bände.
38. *Prandtl, L.; Oswatitsch, K.; Wieghardt, K.*: Führer durch die Strömungslehre, Vieweg-Verlag, Wiesbaden.

H. Sigloch, *Technische Fluidmechanik*, https://doi.org/10.1007/978-3-662-64629-8

39. *Albring, W.*: Angewandte Strömungslehre, Verlag Theodor Steinkopff Dresden.
40. *Schlichting, H.*: Grenzschicht-Theorie, Springer-Verlag, Berlin.
41. *Pfleiderer, C.*: Die Kreiselpumpen für Flüssigkeiten und Gase, Springer-Verlag, Berlin.
42. *Szabó, István*: Einführung in die Technische Mechanik, Springer-Verlag, Berlin.
43. *Timm, Joachim*: Hydromechanisches Berechnen, Verlag B. G. Teubner, Stuttgart.
44. *Hutarew, Georg*: Einführung in die Technische Hydraulik, Springer-Verlag, Berlin.
45. *Spurk, I*: Strömungslehre, Springer-Verlag, Berlin.
46. *Dubs, F.*: Hochgeschwindigkeits-Aerodynamik, Birkhäuser-Verlag, Stuttgart.
47. *Molerus, O.*: Fluid-Feststoff-Strömungen, Springer-Verlag, Berlin.
48. *Böhme, G.*: Strömungsmechanik nicht-newtonscher Fluide, Teubner-Verlag, Stuttgart.
49. *Grahl, K.; Schwarz, M.*: Strömungstechnik, VDI-Verlag, Düsseldorf.
50. *Ebert, Fritz*: Strömungen nicht-newtonscher Medien, Vieweg-Verlag, Braunschweig.
51. *Tietjens, O.*: Strömungslehre, Springer-Verlag, Berlin, Zwei Bände.
52. *Zoebl, H.; Kruschik, J.*: Strömung durch Rohre und Ventile, Springer-Verlag, Berlin.
53. *Richter, H.*: Rohrhydraulik, Springer-Verlag, Berlin.
54. *Piwinger, F.*: Stellgeräte und Armaturen für strömende Stoffe, VDI-Verlag, Düsseldorf.
55. *Herning, F.*: Stoffströme in Rohrleitungen, VDI-Verlag, Düsseldorf.
56. *Wuest, Walter*: Strömungsmeßtechnik, Vieweg-Verlag, Braunschweig.
57. *Herning, F.*: Grundlagen und Praxis der Durchflußmessung, VDI-Verlag, Düsseldorf.
58. *Kretzschmer, F.*: Taschenbuch der Durchflußmessung mit Blenden, VDI-Verlag, Düsseldorf.
59. *Orlicek, Reuther*: Zur Technik der Mengen- und Durchflußmessung von Flüssigkeiten, Oldenbourg-Verlag, München.
60. *Ubbelohde, L.*: Viskositäts-Temperatur-Blätter, Hirzel-Verlag, Stuttgart.
61. *Ubbelohde, L.*: Zur Viskosimetrie, Hirzel-Verlag, Stuttgart.
62. *Schmidt, E.*: Thermodynamik, Springer-Verlag, Berlin.
63. *Baehr, H.-D.*: Thermodynamik, Springer-Verlag, Berlin.
64. *Böswirth, L.; Plint, A.*: Technische Wärmelehre, VDI-Verlag, Düsseldorf.
65. *Gröber; Erk; Grigull*: Grundgesetze der Wärmeübertragung, Springer-Verlag, Berlin.
66. *Dubs, Fritz*: Aerodynamik der reinen Unterschallströmung, Birkhäuser Verlag, Stuttgart.
67. *Becker, Ernst*: Gasdynamik, Verlag B. G. Teubner, Stuttgart.
68. *Oswatitsch, Klaus*: Grundlagen der Gasdynamik, Springer-Verlag, Berlin.
69. *Ganzer, U.*: Gasdynamik, Springer-Verlag, Berlin.
70. *Zierep, J.*: Theoretische Gasdynamik, G. Braun-Verlag, Karlsruhe.
71. *Schlichting, H.; Truckenbrodt, E.*: Aerodynamik des Flugzeuges, Springer-Verlag, Berlin.
72. *Riegels, Friedrich, W.*: Aerodynamische Profile, Verlag Oldenbourg, München.
73. *Wortmann, F. X.; Althaus, D.*: Stuttgarter Profilkatalog, Vieweg-Verlag, Wiesbaden.
74. *Betz, A.*: Konforme Abbildung, Springer-Verlag, Berlin.
75. *Trutnovsky, Karl*: Berührungsfreie Dichtungen, Grundlagen und Anwendung der Strömung durch Spalte und Labyrinthe, VDI-Verlag, Düsseldorf.
76. *Böswirth, L.*: *Mollier-*(h, s)-Diagramm von Wasserdampf, VDI-Verlag, Düsseldorf.
77. *Scheffler, K.; Straub, J.; Grigull, U.*: Wasserdampftafeln, Springer-Verlag, Berlin.
78. *Sigloch, H.*: Strömungsmaschinen, Hanser-Verlag, München.
79. *Zielke, W.*: Die elektronische Berechnung von Rohr- und Gerinneströmung.
80. *Chung, T. J.*: Finite Elemente der Strömungstechnik, Hanser-Verlag, München.
81. *Kirchgraber, U.; Stiefel, E.*: Methoden der analytischen Strömungsrechnung und ihre Anwendungen, Teubner-Verlag, Stuttgart.
82. *Antes, Heinz*: Anwendungen der Methode der Randelemente in der Elastodynamik und der Fluiddynamik, Springer-Verlag, Berlin.
83. *Schneider, W.*: Mathematische Methoden der Strömungsmechanik, Vieweg-Verlag, Wiesbaden.
84. *Traupel, W.*: Thermische Strömungsmaschinen, Springer-Verlag, Berlin. Zwei Bände.
85. *Schönung, B. E.*: Numerische Strömungsmechanik, Springer-Verlag, Berlin.
86. *Zurmühl, R.*: Praktische Mathematik, Springer-Verlag, Berlin.
87. *Marsal, O.*: Finite Differenzen und Elemente, Springer-Verlag, Berlin.
88. *Zienkiewicz, O. C.*: Methode der finiten Elemente, Hanser-Verlag, München.
89. *Vreugdenhil, C. B.*: Computational Hydraulics, Springer-Verlag, Berlin.
90. *Kämel, Franeck, Recke*: Einführung in die Methode der finiten Elemente, Hanser-Verlag, München.
91. *Leder, A.*: Abgelöste Strömungen; Physikalische Grundlagen, Vieweg-Verlag, Wiesbaden.
92. *Noll, B.*: Numerische Strömungsmechanik. Springer-Verlag, Berlin.
93. *Oertel, H.; Laurin, E.*: Numerische Strömungsmechanik. Springer-Verlag, Berlin.
94. *Ferzinger, J.-H.; Periè*: Numerische Strömungsmechanik. Springer-Verlag, Berlin.
95. *Lewinsky-Kesslitz, H.-P.*: Druckstoßberechnung für die Praxis. Fortis-Verlag FH, Mainz.

Handbücher

96. *Dubbel*: Taschenbuch für den Maschinenbau, Springer-Verlag, Berlin.
97. *Hütte*: Die Grundlagen der Ingenieurwissenschaften. Springer-Verlag, Berlin.
98. VDI-Wärmeatlas, VDI-Verlag, Düsseldorf.
99. Energietechnische Arbeitsmappe, VDI-Verlag, Düsseldorf.
100. *Landolt-Börnstein*: Zahlenwerte und Funktionen aus Physik, Chemie, Astronomie, Geophysik und Technik; 4. Band Technik, 1. Teil, Springer-Verlag, Berlin.
101. *Klein, Martin*: Einführung in die DIN-Normen, Verlag B. G. Teubner, Stuttgart.
102. DIN-Taschenbuch, Band 9: Gußrohrleitungen, Beuth-Verlag, Berlin.
103. DIN-Taschenbuch, Band 12: Wasserversorgungs-Normen, Beuth-Verlag, Berlin.
104. DIN-Taschenbuch, Band 13: Abwassernormen, Beuth-Verlag, Berlin.
105. DIN-Taschenbuch, Band 15: Normen für Stahlrohrleitungen, Beuth-Verlag, Berlin.
106. *Bussel van, P. W. E. A.*: Gas-Zentralheizungen, VDI-Verlag, Düsseldorf.
107. *Bronstein, I.N.; Semendjajew, K.A.; Musiol, G.; Mühlig, H.*: Taschenbuch der Mathematik, Verlag Harri Deutsch, Frankfurt/M.
108. *Wagner, W.*: Strömungs- und Druckverlust, Vogel Fachbuch, Würzburg.

Stichwortverzeichnis

Printed in the United States
by Baker & Taylor Publisher Services